经典译丛·实用电子与电气基础

开关电源仿真与设计
——基于SPICE（第二版）（修订版）

Switch-Mode Power Supplies
SPICE Simulations and Practical Designs, Second Edition

［法］Christophe P. Basso 著

吕章德　译

電子工業出版社
Publishing House of Electronics Industry
北京·BEIJING

内 容 简 介

本书全面介绍了开关电源变换器的理论和仿真方法，内容主要有：电源变换器介绍、小信号建模、反馈和控制环、基本功能电路和通用模型、非隔离变换器前端整流和功率因数校正电路的仿真与设计、反激式变换器的仿真和设计、正激式变换器的仿真和设计等。本书创建了多种市场上流行的变换器的理论方程，给出了相应的 SPICE 模型，提供了大量电路和仿真曲线插图，为读者描述了完整的开关电源变换器理论和仿真设计方法。本书的特色是不对开关电源理论进行过于学术化的讨论，只给出必需的理论方程推导，同时通过大量实例介绍仿真方法，并提供了应用常用仿真软件对这些开关电源变换器电路进行仿真的完整模型，架起了理论分析和市场应用之间的桥梁。

本书可供电气信息类、自动化控制等相关专业高校师生参考，也可供从事开关电源仿真与设计的工程技术人员参考。

Christophe P. Basso

Switch-Mode Power Supplies: SPICE Simulations and Practical Designs, Second Edition

ISBN: 9780071823463

版权贸易合同登记号　图字：01-2015-1560

图书在版编目（CIP）数据

开关电源仿真与设计：基于 SPICE：第二版：修订版/（法）克利斯朵夫·P. 巴索（Christophe P. Basso）著；吕章德译. —北京：电子工业出版社，2023.11
（经典译丛 . 实用电子与电气基础）
书名原文：Switch-Mode Power Supplies: SPICE Simulations and Practical Designs, Second Edition
ISBN 978-7-121-46741-7

Ⅰ. ①开… Ⅱ. ①克… ②吕… Ⅲ. ①开关电源－计算机仿真 ②开关电源－电路设计 Ⅳ. ①TN86

中国国家版本馆 CIP 数据核字（2023）第 225696 号

责任编辑：杨　博
印　　刷：三河市鑫金马印装有限公司
装　　订：三河市鑫金马印装有限公司
出版发行：电子工业出版社
　　　　　北京市海淀区万寿路 173 信箱　邮编：100036
开　　本：787×1092　1/16　印张：45.25　字数：1277 千字
版　　次：2009 年 5 月第 1 版
　　　　　2023 年 11 月第 3 版
印　　次：2023 年 11 月第 1 次印刷
定　　价：199.00 元

凡所购买电子工业出版社图书有缺损问题，请向购买书店调换。若书店售缺，请与本社发行部联系，联系及邮购电话：（010）88254888，88258888。

质量投诉请发邮件至 zlts@phei.com.cn，盗版侵权举报请发邮件至 dbqq@phei.com.cn。

本书咨询联系方式：yangbo2@phei.com.cn，（010）88254472。

译 者 序

本书作者 Basso 先生是安森美公司法国图卢兹分公司的工程主管,他在 ac-dc 和 dc-dc 开关电源设计领域有独到的研究,是许多 PWM 控制器的研制者。他研制的 NCP120X 系列控制器已经成为离线电源的待机功率标准。本书第一版涉及两方面的内容——开关电源和电路仿真。就开关电源而言,它作为一种电子设备专用电源,极受当今工程技术人员关注。开关电源以其轻、薄、小和高效率的特点为人们所熟悉,是各种电子设备小型化和低成本化不可缺少的一种电源方式,已成为当今电源的主流。与此相应,国内出版了许多介绍开关电源工作原理和设计的好书,大大方便了从事开关电源研究和设计的工程技术人员。但美中不足的是,这类书籍的内容往往过于学术化,使初涉开关电源设计领域的工作者望而却步。另外,这类书籍缺乏比较直观的、可供读者直接进行训练的手段。本书的另一主题是 SPICE 仿真。近十多年来,电力电子技术在国内外蓬勃发展,相应的仿真方法和软件也大量出现,并得到了广泛应用。书中对开关电源的理论做了十分清晰但不复杂的分析推导,并给出了目前市场上流行的开关电源拓扑的 SPICE 模型及仿真结果,提供了大量插图,很好地架起了理论和实际之间的桥梁,使初学者能很快通过书中实例,应用仿真方法来体会电路的奥秘。同时,熟练的设计者能从书中找到许多设计和仿真过程中碰到的疑难问题的解决方法。

本书的第二版对第一版做了许多更新,在理论上新增了基本方程及详尽的公式推导,新增了均方根电流分析、QR 变换器、跨导放大器补偿电路、晶体管级 TL431 模型等内容;在仿真技术上应用了 SPICE 的新特点和功能,详细解释了如何进行开关电源仿真、测试及改进设计的步骤。第二版提供了用最新 SPICE 工具快速设计制造更小型、更高效散热电源的方法。本书是从事开关电源电路开发、设计和应用的工程技术人员及 LED 灯具驱动设计人员、电力电子类专业高年级学生和研究生的优秀参考书。

由于译者水平有限,错误之处在所难免,敬请读者指正。

吕章德

于绍兴文理学院

前　言①

很高兴向读者介绍本书的第二版。我想感谢所有为本书第一版的出版做出过贡献的读者。我收到了来自世界各地的大量温暖和支持性的信息，这些信息对我而言都是非常有益的。没有你们，这本新书将不会存在。有些读者友好地指出了第一版中发现的排印错误和内容差错。几年来我把这些信息列表汇总，并用该列表来使方程和图形更简洁。

修订一本书并不简单，因为有些读者会对新书中更新的内容过少而不满，而有些读者会抱怨新版本与他们所购买的第一版相比呈现过多不同的内容！毋庸置疑，要让两类人都高兴是很困难的事情。忠实于原有的方法，我增加了一些经过详尽数学处理的主题，便于读者理解和学习本书。第 1 章增加了基本开关单元电路的均方根描述。在大多数现有著作中，作者只给出公式而没有公式推导，经常会把读者的分析限制在单向模式中。本书探讨了双向模式并做了详细探讨，章末以表格形式做了清晰的总结。本书提供大量的 Mathcad 文档②，以便于读者评估自己的电路。第 2 章扩展了工作于非连续导通模式升压变换器 PWM 开关和前馈补偿增益的内容。第 3 章现在包含了基于 OTA 的补偿电路并提供了晶体管级 TL431 模型。第 4 章对 D 触发器和前沿消隐定时器模块做了一些修改。第 6 章增加了工作于电压或电流模式的边界导通升压 PFC 电路的完整小信号分析。第 7 章详细讨论了所有固定频率非连续和连续反激式变换器的过功率现象，包括准谐振的情况，其中一个附录中论述了准谐振反激式变换器小信号模型。第 8 章包含了工作于电压模式控制的有源钳位正激式变换器的新的小信号模型。

希望读者能对第二版，特别是对新增加的内容感兴趣。尽管尽了最大努力，但少许拼写或内容错误总会逃过我的眼睛，若读者能把对本书的校正或评论信息发送至 cbasso@wanadoo.fr，我会非常高兴。通常，我会将这些信息保留并把它们汇总③，以便于读者们阅读交流。我先向你表示感谢并祝你在设计中好运。

Christophe P. Basso

---

① 中译本中的一些图示、参考文献、符号及其正斜体形式等沿用了英文原著的表示方式，特此说明。完整的参考文献列表可通过邮箱 yangbo2@phei.com.cn 申请，也可登录华信教育资源网（www.hxedu.com.cn）搜索本书并下载。

② ③ 可通过邮箱 yangbo2@phei.com.cn 申请。

致　　谢

　　首先要真诚地感谢我的家庭成员——我的妻子 Anne 及两个可爱的孩子 Lucile 和 Paul。修订近千页的书稿不可能一夜完成，我很庆幸可以花费非常多的时间来修改和书写新的段落而未影响家庭生活。现在，书稿已经完成，我很高兴又可以和家人一起徒步旅行、骑车、阅读，一起度过休闲时光。

　　本书的修订出版得到了许多人的帮助。我想感谢安森美公司的朋友和同事 Joël Turchi，感谢他与我做了许多次长时间的技术主题讨论并为我审阅了书稿；我也很幸运地能经常与一起工作的团队成员进行讨论，他们是 Thierry Sutto、Stéphanie Cannenterre、Yann Vaquetté 和 Jose Capilla 博士。他们认真审阅了第二版的书稿。特别感谢安森美公司的 Alain Laprade，他帮助审阅了本书第二版的其中几章。

　　感谢我的父母 Michele 和 Paul Basso。在我 14 岁时，是他们给我买了第一个电源，培养了我对电子电路的兴趣，尽管付出了多次跳闸的代价。还要感谢我少年时期的老师 Rene Vinci 和 Bernard Métral，他们给我这样好动的学生慢慢地灌输了热情和知识。那时，我在 *Radio-Plans*（1982）杂志上发表了第一篇文章。感谢我的朋友 Claude Ducros 和 Christian Duchemin，他们是该杂志的最后一任主编，现在这一杂志已经停刊。最后，感谢蒙彼利埃大学的 Claudé Duchémin 指引我走上了开关电源之路。

　　本书第一版和第二版吸收了许多知名专家的意见和建议，我为能与他们一起工作而深感荣幸。真诚感谢他们审阅第一版书稿并指出不准确的内容，他们是：Vatche Vorperian 博士（喷气推进实验室）， Richard Redl 博士（Elfi），Ed Bloom（e/j BLOOM 联合公司），Raymond Ridley 博士（Ridley 工程公司），Ivo Barbi 博士（圣卡塔琳娜联邦大学电力电子技术研究所），Jeff Hall（安森美公司），Dhaval Dalal（Acptek 公司）和为磁性设计部分贡献了两个附录的 Monsieur Mullett（安森美公司我以前的同事）；Christian Zardini（已从 ENSEIRB 工程学校退休），Franki Poon 和 S. C. Tan 博士[保和电力电子实验室（Power Elab）和香港理工大学]，Dylan Lu 博士（悉尼大学），Arnaud Obin（Lord 工程公司前职员），V. Ramanarayanan 博士（印度班加罗尔科技研究所电气工程部），Jean-Paul Ferrieux 博士（格勒诺布尔电子技术实验室），Steve Sandler（AEi 系统公司），Didier Balocco 博士（安全电力系统公司前职员），Pierre Aloisi（摩托罗拉公司前职员）。

　　感谢 Intusoft 软件公司员工 Larry 和 Lise Meares 及其整个支持团队（George、Farhad、Everett 和 Tim），他们在本书大量例证电路的测试过程中为我提供了很大的帮助。还要感谢仿真软件的编辑，他们慷慨地贡献了仿真例子。

　　最后，感谢 McGraw-Hill 出版公司的 Mike McCabe 为我提供了出版新版的机会。

符 号 表

A_e	磁性材料横截面面积
BV_{DSS}	漏源击穿电压
B	磁介质内感应磁通密度
BCM	边界导通模式
B_r	磁场为零时的剩余感应磁通密度
B_{sat}	μ_r 下降为 1 时的感应磁通密度
CCM	连续导通模式
CL	闭环
C_{lump}	电路中某点上存在的总电容
CRM	临界导通模式
CTR	光耦合器电流传输系数
D 或 d	变换器占空比,在 DCM 分析中也用 d_1 表示
D' 或 d'	占空周期中的截止时间($d'=1-d$)
d_2, d_3	DCM 条件下占空周期中的截止时间:$1=d_1+d_2+d_3$
DT	死区时间
D_0	偏置点分析过程中的静态占空比
ΔI_L	电感纹波电流峰–峰值
ESR	等效串联电阻
ESL	等效串联电感
η	变换器效率
f_c	交叉频率,$|T(f_c)|=0\,\text{dB}$
F_{sw}	开关频率
F_{line}	输入电源频率
$G(f)$	补偿频率响应
Gf_c	所选交叉频率处的增益
φ	磁介质中的磁通量
φ_m	交叉频率 f_c 处的相位裕度
g_m	运算跨导放大器(OTA)的跨导
H	磁化力
H_c	使磁通密度回到零所需的矫顽磁场
$H(f)$	变压器功率级频率响应
I_a、I_p 和 I_c	流入或流出 PWM 开关端点的平均电流
I_C	电容电流
I_d	二极管电流
I_D	MOSFET 漏极电流
I_{in}	变换器输入电流
$I_{in,rms}$ 或 I_{ac}	变换器输入电源的输入电流有效值

I_L	电感电流
I_{mag}	正激式变换器磁化电感电流
I_{out}	变换器输出电流
I_p	基于变压器的变换器原边电流
I_{peak}	元件峰值电流
I_{sec}	基于变压器的变换器副边电流
I_{valley}	元件谷值电流
k_D	MOSFET BV_{DSS} 降额因子
k_d	二极管 V_{RRM} 降额因子
l、l_e、l_m	平均磁程长度
l_g	变压器空隙宽度
L_p	变压器原边电感（常用于反激式变换器）
LHP	左半平面零点（LHPZ）或极点（LHPP）
L_{leak}	原边测得的变换器总漏感（所有输出端短路）
L_{mag}	变压器磁化电感（常用于正激式变换器）
L_{sec}	变压器副边电感
M	变换器变换比，V_{out}/V_{in}
M_c	电流模式变换器斜坡补偿
M_r	电流模式设计斜坡系数（表示为截止斜率的百分比）
μ_r	相对磁导率
μ_i	原点处磁化曲线斜率的初始磁导率
μ_0	空气磁导率
N	用原边绕组归一化后的变压器匝数比，如 $N_p = 10$，$N_s = 3$ 则 $N = 0.3$
OL	开环参数，如增益、相位或输出阻抗
P_{cond}	元件导通损耗，即回路电阻和有效电流的平方的乘积
PF	功率因数
PFC	功率因数校正
P_{out}	变换器输出功率
PIV	二极管峰值反向电压
P_{SW}	元件开关损耗，即电流和电压的交叠区域
Q	滤波器品质系数或电量（库仑）
Q_r	二极管恢复阻断能力之前需要抽取的电荷
Q_{rr}	二极管总恢复电荷
Q_G	使 MOSFET 完全导通需要的电荷量
r_{Cf}	电容串联电阻，也表示为 ESR
r_{Lf}	电感串联电阻，也表示为 ESL
$R_{DS(on)}$	MOSFET 导通时的漏源电阻
rms	均方根
R_{sense} 或 R_i	电流模式变换器检测电阻，有时也称为负载电阻
RHP	右半平面零点（RHPZ）或极点（RHPP）
S_a 或 S_e	外部斜坡补偿
S_{on} 或 S_1	导通期间电感电流斜率
SEPIC	单端初级电感变换器
SMPS	开关电源

SPICE	集成电路通用仿真程序
S_{off} 或 S_2	截止期间的电感电流斜率
S_r	二极管阻断时，外部施加的阻断斜率
t_c	整流二极管导通时间
t_d	集中电容放电时间
t_{on}	功率开关导通时间
t_{off}	功率开关截止时间
t_{prop}	控制器逻辑电路延迟时间
t_{rr}	二极管反向恢复时间
THD	总谐波失真
TVS	瞬态电压抑制器
$T(f)$	补偿环路增益
T_j	结温
T_{sw}	开关周期
V_{ac}、V_{cp}	PWM 开关端点平均电压
V_{bulk}	集中电容两端电压
$V_{bulk,max}$ 或 V_{peak}	输入电压最大条件（忽略纹波）下的集中电容两端电压
V_C	电容两端电压
$V_{ce(sat)}$	双极型晶体管发射极和集电极之间的饱和压降
V_{clamp}	钳位电压
V_{DS}	MOSFET 漏源电压
V_f	二极管正向压降
V_{GS}	MOSFET 栅源电压
V_{in}	变换器输入电压
$V_{in,rms}$ 或 V_{ac}	输入有效电压
V_L	电感两端电压
V_{leak}	漏电感两端电压
V_{min} 或 $V_{bulk,min}$	集中电容两端的最小电压
V_{OS}	RCD 钳位过冲电压
V_{out}	输出电压
V_{peak}	电压模式 PWM 锯齿斜坡峰值幅度
V_p	负载阶跃时的欠压脉冲响应峰值
V_r	基于变压器的变换器副边电压折算到原边的电压值
V_{sense}	电流模式变换器检测电阻两端产生的电压
V_{ripple}	纹波电压峰-峰值
V_{RRM}	二极管最大重复反向电压
ζ	阻尼因子（容易与 ξ 相混）

目　　录

第1章 电源变换器简介

任何商业上成功的仿真软件，必然拥有一个友好的用户界面。随着集成电路和设备复杂程度的不断增加，对用户界面的要求也越来越高。尽管有许多书籍致力于介绍集成电路仿真软件（SPICE），然而提到 SPICE 软件时，人们仍然觉得相当陌生。

SPICE 是由美国加州大学伯克利分校于 20 世纪 70 年代中期开发出来的，SPICE 程序开发的主要目的是满足电子工业，主要是集成电路制造商的需要。然而，在独立编程者的技术支持和经费资助下，SPICE 程序在数年内，设计出了许多实用的软件包，特别是对于初学者，得到了既便宜又方便的入门机会。

SPICE 能在很大程度上帮助设计者缩短研制设备的过程，即使 SPICE 本身不能产生电路图。如果设计者从不熟悉的概念开始工作，SPICE 是很有效的。它可以通过揭示所要设计电路的波形，让设计者很快抓住电路的全部含义。设计者可以使用仿真引擎来观察要构建的电路，在实际连接电路之前考察所有电路参数。

本书是为各领域内的电源设计者、专家而写的，但也适用于希望理解开关电源变换器机理的初学者。在计算机屏幕上操作虚拟元件，提供了一种有趣、安全的学习仿真技术的途径——没有高压的危险。同时，从仿真中得到的结果，将让设计者在实验工作台上连接电路时变得更便捷。对专家而言，用仿真引擎仿真一些新的概念也是很有益的。

1.1 电路真的需要仿真吗

当问到仿真软件或新款计算机时，读者或许听过很多次这类问题。下面的描述并不表示对计算机仿真彻底的肯定，但这些描述在某种程度上可认为是对讨论仿真软件有帮助的观点。

（1）业内有着这样的论点：仿真可以避免时间和金钱的浪费。SPICE 内在的迭代能力使其可以应用于许多场合，方便地检测电路的设计缺陷和产品的弱点。闭环开关电源的稳定性是 SPICE 的一个典型应用，如讨论某些关键反馈元件参数变化（如可变负载影响极点）或者性能随着温度升高而降低和老化的问题（如电解串联等效电阻）。另外，电路设计思想也能通过计算机仿真被快速地测试和评估，如果设计思想值得尝试，可进一步在实验室细化。

（2）在设计者准备做实验之前或等待实验样品送达之前，可以通过下载元件模型进行仿真，从而熟悉主要的单元电路，开始项目设计。一旦元件送到，设计者已经通过仿真器中的原型电路建模对电路有了认识，因此第一个基于计算机的实验，对实验台上设计项目的实际修改会有明显的益处。

（3）在设计者没有相应的测试设备和无法做实际测试的情况下，SPICE 随时可以为设计者做仿真测试——带宽测量是一个很好的例子。如果设计者没有网络分析仪，那么小信号模型可以帮助其完善反馈环。在运行最终电路模型时，稳定性评估会变得更快速有效。

（4）电源库是安全的，可以让设计者做任何假设性实验。即使在电路连接错误的情况下，电路中产生大电流和几千伏电压也不会引发爆炸。另外，电源库可以让大家看到把光耦元件设计成短路或把电阻设计成开路时电路的反应。SPICE 能给大家提供这些方面的答案。

1.2   本书讨论的内容

本书将详细介绍 SPICE 的优点，让大家理解、仿真、测试，并最终完善要设计的开关电源。通过提供具体的仿真要点，本书致力于为大家的开关电源设计尽可能地提供便利。与其他书籍不同，作者努力在理论分析、必要的理解、仿真实例和仿真结果的探讨等方面进行平衡。这一思想贯穿于全书。

第 1 章介绍开关电源技术和变换器的类型，并引入帮助读者更好理解平均技术的几个重要结果。第 2 版中包含了基本开关单元电路均方根（rms）电流关系式的综合推导，这些单元电路是工作于连续或非连续导通模式的降压、升压和降压−升压变换器。通常，给出了详细的推导步骤，便于读者在遇到不同开关单元电路时参照和学习该技术。本章还增加了一个新附录。第 2 章介绍平均模型的推导，描述了不同的平均模型。很好地理解这一章是全面学习本书的基础。这一章可以帮助读者探讨一些由不良电路模型产生的奇怪的 SPICE 数据。如果不能理解已有模型的推导方法，那么在求解这些问题时将会遇到一些困难。第 2 章还会学习连接平均模型的方法，然后运行基本的仿真。第 2 版中增加了前馈调制器的内容，增加了对小信号 PWM 开关的更详细讨论。特别地，给出了如何用同一的电压模式平均模型，通过在模型中加一个"占空比发生器"将其变换为电流模式简化模型。新增的附录中讨论了非连续导通模式（DCM）电压模式升压小信号传输函数。闭环显然是变换器设计中的一个重要方面，但常常被忽略，本书不会发生这种情况。第 3 章引导读者进行控制环设计，同样应用大家在文献中经常看到的实例。这些实例将使用 TL431 而不只是运算放大器。本章增加了由类型 1 和类型 2 运算跨导放大器（OTA）构成的比较器内容。在专门的附录中增加了完整的 TL431 晶体管级模型的讨论。由于不是每个集成电路都有 SPICE 模型，第 4 章将描述通用开关模型的推导。第 4 章对那些希望加强 SPICE 模型编写知识的读者来说会很感兴趣。本章新增了功能更强的 D 触发器描述和几个新的电路。第 5 章将描述三种基本非隔离拓扑结构的实际设计，包括前端滤波器。在分析离线变换器之前，第 6 章将给出如何设计整流电路，并讨论不同的功率因数校正技术。在该章的附录中新增了流行的、工作于边界线条件的功率因素校正（PFC）电路小信号响应。第 7 章完全致力于反激式变换器的讨论，最后给出了具体的例子。新增一节涵盖了对所有工作模式，包括准谐振（QR）变换器的过功率问题的讨论。一个新增的附录给出了 QR 变换器小信号响应。新增的非线性电容开关损耗在专门的附录中探讨。最后，正激式变换器放在第 8 章中讨论，同样涉及设计例子。更新了耦合电感章节的内容，给出了完整的工作于电压模式的有源钳位变换器小信号模型及实验结果。

对 SPICE 而言，软件版本的语法是很重要的问题。大多数 SPICE 编辑器使用专用的语法，有的与 SPICE 3 一致，使得从一个软件平台转换到另一个软件平台变得很困难。为了允许使用不同的仿真器，本书给出的标准模型与 Intusoft 的 IsSpice（位于美国加州圣佩德罗）和 CADENCE 的 PSpice 相兼容。

为了帮助读者快速地练习书中的例子，书中的仿真文件包含在配套资源中，请详细参看附录 8E 中的说明。资源文档中提供了一些书中应用 IsSpice 和 PSpice 语法编写的仿真例子。如果读者的计算机安装了其中一种软件，就可以很方便地在计算机中加载这些例子。对于学生或 SPICE 软件的初学者，一些仿真软件的演示版本可以让大家打开前述文件，并仿真其中的一部分（这些演示版本只具有限制功能），来体会完整功能软件能做的工作。配套资源还包含 PPT 和 Mathcad 文件，可让读者输入自己的设计参数并检查小信号响应或基本开关单元电路的均方根关系式。

对于专业的电源设计者，可以提供另外的库文件，这些库文件包含了书中的设计例子以及大量的应用实际控制器的工业应用。

1.3 本书不讨论的内容

本书不讨论 SPICE 的操作方法，也不求解典型的电子电路。本书假设读者已熟悉 SPICE 仿真的基本知识。许多书籍和文章提供了这方面的内容，详细情况请看参考文献 [1,2]。无论如何，参考文献可帮助读者选择某个具体领域来加深相关的知识，如某些不熟悉的拓扑。如果一些理论性的结果令读者感到晦涩难懂，那么我们强烈建议读者先去深入阅读文献来理解相应的理论。

本书只集中讨论系统方法，而不讨论典型分立功率元件（如二极管、MOSFET 等）的 SPICE 描述。

最后要声明的是，SPICE 不能代替实验。这句话看上去很简单，但作者经常看到设计者把实验板扔进垃圾桶并声称："SPICE 说电路能工作。" 所有的思想在纸上都是可行的，但设计者很有可能面对实际测量失败的结果。把 SPICE 当作设计伙伴，用它来揭示电路内部难以观察的波形。但是始终应该对得到的数据进行理性分析：这是真实的性能吗？我是否在某个地方出错了，一些简单的计算是否或多或少能验证我所看到的？

介绍完上述内容后，现在我们探讨复杂的开关电源（SMPS）设计和 SPICE 仿真。

1.4 用电阻变换电源

在电子世界里，不同类型的电路必须共存，如逻辑器件、模拟电路、微处理器等。令人遗憾的是，对设计而言，这些电路不能用单个的、固定的电源来处理。微处理器或数字信号处理器需要稳定的 3.3 V 或更低的电源，前端采集卡需要±15 V 的电源，而某些逻辑器件需要约 5 V 的标准电源。对于由单一电源供电（如主电源输出或电池）的电路板，如何采用电源、如何给相应电路分配不同的电压？解决这个问题需要在电路中插入所谓的变换器，来提供电路需要的电压。

1.4.1 电阻分压器

图 1.1 所示为设计者认为最简单的选择——电阻分压器。若数字信号处理器的电源为 3.3 V 时，消耗电流为 66 mA，则该 DSP 可以用 50 Ω的电阻代替，与电源为 5 V、电流为 50 mA 的逻辑电路通过用 100 Ω的电阻代替是相同的。从 12 V 电源，可以计算降压电阻：

$$R_1 = \frac{12-5}{50m} = 140\,\Omega \tag{1.1}$$

$$R_2 = \frac{12-3.3}{66m} = 132\,\Omega \tag{1.2}$$

在进一步讨论之前，注意 0.066 A 或 0.05 A 在计算过程中分别表示为 66 m 或 50 m。这是 SPICE 中保留的单位符号，需要严格遵守。单位符号遵守以下规则，将进一步应用于本书的其余部分：

$$p = pico = 10^{-12}, \quad n = nano = 10^{-9}$$
$$\mu = micro = 10^{-6}, \quad m = milli = 10^{-3}$$
$$k = kilo = 10^{3}, \quad Meg = mega = 10^{6}$$

注意：不要把 mega 和 milli 相混：$10\,m\Omega = 10\,m$，$1\,M\Omega = 1\,Meg$。

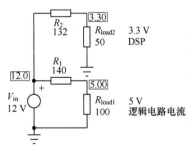

图 1.1 通过电阻实现的最简单的电压分配

很遗憾，这些电阻也是产生持续压降的原因，它将以热的形式产生功率消耗。每个电阻上消耗的功率为

$$P_1 = \frac{(12-5)^2}{140} = 350 \text{ mW} \tag{1.3}$$

$$P_2 = \frac{(12-3.3)^2}{132} = 573.4 \text{ mW} \tag{1.4}$$

从这些数值中，将传递的输出功率 P_{out} 除以从电源上得到的功率 P_{in}，可计算得到系统效率：

$$P_{out} = \frac{5^2}{100} + \frac{3.3^2}{50} = 250\text{m} + 218\text{m} = 468 \text{ mW} \tag{1.5}$$

$$P_{in} = \frac{12^2}{100+140} + \frac{12^2}{50+132} = 600\text{m} + 791\text{m} = 1.39 \text{ W} \tag{1.6}$$

用希腊字母 η 表示的效率为

$$\eta = \frac{P_{out}}{P_{in}} = \frac{0.468}{1.39} \times 100 = 33.6\% \tag{1.7}$$

这个效率是很低的。

以热方式产生的损耗为

$$P_{loss} = P_{in} - P_{out} = \frac{P_{out}}{\eta} - P_{out} = P_{out}\left(\frac{1}{\eta} - 1\right) \tag{1.8}$$

在该例中，损耗是 $1.39\,\text{W} - 0.468\,\text{W} = 922\,\text{mW}$。

1.4.2　闭环系统

如果负载变化，或者输入电压漂移，将会发生什么？由于输入/输出传输比（用 M 表示）是固定的，输出电压也将变化。因此，如果输出电压是变量，需要考虑一种调节系统，它始终能观测输出功率的变化来调整串联电阻以保持输出电压恒定。对于一个设计良好的系统，变换器还须能独立于输入电压变化进行适当的调整。为达此目的，需要使用几个特殊的元件，例如：

- 参考电压 V_{ref}：这个电压定义为具有极好的温度稳定性和很高的数值精度（如±1%）。一个可编程并联调压器（如 TL431 可调整齐纳二极管）可完成该任务。
- 运算放大器：观测输出电压的一部分（αV_{out}），并将它与参考电压 V_{ref} 比较。运放实际上是通过放大误差信号（αV_{out} 和 V_{ref} 之差）来驱动串联调整元件的。被运放检测的误差通常用希腊字母 ε 表示：$\varepsilon = \alpha V_{out} - V_{ref}$。

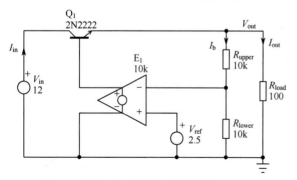

图 1.2　增加误差放大器以构建线性调压器

- 串联调整元件：可以是工作于线性模式下的 MOSFET 或双极型晶体管，起到必需的可变电阻的作用。如果是 MOSFET，静态驱动功率为零。对于双极型晶体管，需要提供足够的基极电流来传送合适的集电极电流或发射极电流。这就是偏置电流。

最后，图 1.2 所示为改进电阻变换器的方式。例如，5 V 电路，误差放大器由电压控制电压源构成，增益为 10k（或 80 dB）。误差放

大器的输入之一接参考电压，而另一个输入端（反向输入端）被输出电压的一部分偏置。这实际上是一个输入电压范围受到限制的线性调压器，因为 V_{in} 至少比 V_{out} 高 V_{be}，以便确保对 Q_1 有适当的驱动。如果 V_{out} 低于目标（本例中为 5 V），E_1 输出增加，Q_1 驱动电流加强，最终导致 V_{out} 升高。另外，假如负载突然减少，因此 V_{out} 超过 5 V。由于 E_1 的存在，Q_1 驱动电流下降，降低输出电压直到调压器输出重新调整为 5 V。

输出电压的观测值是由 R_{upper} 和 R_{lower} 构成的电阻分压器获得的，它是输出电压的一部分（αV_{out}），可直接计算分压电阻值：

（1）固定流经分压桥的电流，本例中 E_1 没有电流偏置（因为多数为 MOS 偏置技术），如取 $I_b = 250\,\mu\text{A}$，较低的电流值是可以接受的，但在噪声环境下会降低抗干扰能力。

（2）$I_b = 250\,\mu\text{A}$，全部流过 R_{lower}，R_{lower} 两端产生 2.5 V 的电压。因此，$R_{\text{lower}} = 2.5/250\mu = 10\,\text{k}\Omega$。

（3）电阻 R_{upper} 两端的电压降是 $V_{\text{out}} - V_{\text{ref}}$。这样，$R_{\text{upper}} = (V_{\text{out}} - V_{\text{ref}})/I_b = (5 - 2.5)/250\mu = 10\,\text{k}\Omega$。

如果忽略驱动 Q_1 所需的功率，则所有源电流 I_{in} 流入负载作为输出电流 I_{out}。故应用式（1.7），可以推导出该线性调压器的效率为

$$\eta = \frac{P_{\text{out}}}{P_{\text{in}}} = \frac{V_{\text{out}} I_{\text{out}}}{V_{\text{in}} I_{\text{in}}} \approx \frac{V_{\text{out}}}{V_{\text{in}}} = M \tag{1.9}$$

若画出效率与输入电压的关系曲线，在小 M 系数情况下，可以看到效率变得很低（见图 1.3）。因此，电阻分压器型变换器，也即串联调整调节器，适用于在 M 不低于 0.3 的场合。另外，热损耗的负担也将成为实际应用的障碍。另外，当用户需要让调压器工作于 M 接近 1 时（V_{in} 很接近 V_{out}），由 PNP 组成的低压差调节器是个很好的选择。输入下限与晶体管电压 $V_{\text{ce(sat)}}$（几百 mV 或更小）相关，而与 V_{be}（在室温 25℃时，约为 650 mV）无关。

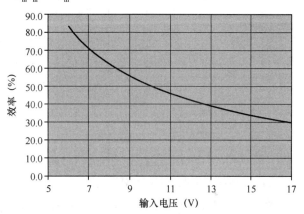

图 1.3 随着 M 减小效率很快下降（$V_{\text{out}} = 5\,\text{V}$）

下面给出线性调压器的三种不同的输出例子，以结束对调压器效率的研究，其输出和输入条件变化如下：

（1）$V_{\text{in}} = 14\,\text{V}$ $V_{\text{out}} = 5\,\text{V}$ $\Delta V = V_{\text{in}} - V_{\text{out}} = 9\,\text{V}$ $\eta = 5 \times 100/14 = 35.7\%$

（2）$V_{\text{in}} = 14\,\text{V}$ $V_{\text{out}} = 12\,\text{V}$ $\Delta V = V_{\text{in}} - V_{\text{out}} = 2\,\text{V}$ $\eta = 12 \times 100/14 = 85.7\%$

（3）$V_{\text{in}} = 5\,\text{V}$ $V_{\text{out}} = 3\,\text{V}$ $\Delta V = V_{\text{in}} - V_{\text{out}} = 2\,\text{V}$ $\eta = 3 \times 100/5 = 60\%$

从上述结果可以看到，当 ΔV 较小时，应用线性调压器可以得到高的效率（见图 1.3），但如果 $V_{\text{out}} \gg \Delta V$，同样可以得到高的效率。

1.4.3　用线性调压器推导实用式

本节将利用图 1.2 来推导将要讨论的有关线性或非线性闭环电路的一般描述。假设移去误差放大器，用如图 1.2 所示的运算放大器的实际输出 5.77 V 固定电压源代替，如图 1.4 所示。调压器成为一个简单的、受输出阻抗和输出电压影响的射极跟随电路。这样，电路可以用如图 1.5 所示的等效戴维南发生器描述。$R_{\text{s,OL}}$ 表示开环输出阻抗，V_{th} 表示偏置电压为控制电压 V_c 时传送的电压，V_c 在本电路中固定 5.77 V。通过这一描述，忽略输入电压的贡献，可重画闭环调压器。

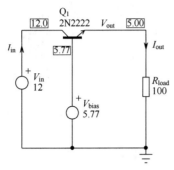

图 1.4 如果反馈受到压制，就不存在用来调节 Q₁ 偏置点的输出电压，电路运行在开环状态

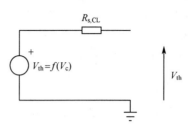

图 1.5 调压器运行在闭环时的等效戴维南发生器

如图 1.6 所示，$V_{out}(s)$ 通过电阻分压器与 $V_{ref}(s)$ 比较，分压器受传输比 α 影响。$H(0)$ 表示静态或直流的输出电压和控制电压之间的关系，如本例中，$V_c = 5.77$ V，得到 $V_{out} = 5$ V。从该电路结构中能得到的期望理论直流电压（$s = 0$，为清楚起见不用 $s = 0$ 这个下标）为

$$V_{out} = \frac{V_{ref}}{\alpha} \qquad (1.10)$$

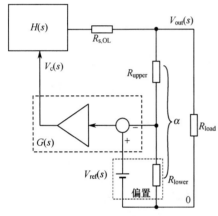

图 1.6 当环路闭合时，假设忽略输入扰动，戴维南发生器经历动态变换

然而，整个增益链和不同的阻抗都会影响输出电压值。应用代数运算，可以写出如下静态的输出电压的表达式：

$$V_{out} = (V_{ref} - \alpha V_{out})HG - R_{s,OL}\frac{V_{out}}{R_{load}} \qquad (1.11)$$

$$V_{out} = \frac{V_{ref}HG}{1 + \alpha HG + \dfrac{R_{s,OL}}{R_{load}}} \qquad (1.12)$$

静态输出误差，即想要得到的输出电压与最后得到的输出电压 V_{out} 的偏差，由式（1.10）减去式（1.12）推导得到：

$$V_{error} = \frac{V_{ref}}{\alpha} - \frac{V_{ref}HG}{1 + \alpha HG + \dfrac{R_{s,OL}}{R_{load}}} = V_{ref}\left[\frac{1}{\alpha} - \frac{1}{\dfrac{1}{HG} + \alpha + \left(\dfrac{R_{s,OL}}{R_{load}}\dfrac{1}{HG}\right)}\right] \qquad (1.13)$$

如果考虑 $R_{s,OL} \ll R_{load}$，式（1.13）可简化为

$$V_{error} = V_{ref}\left(\frac{1}{\alpha} - \frac{1}{\alpha + \dfrac{1}{HG}}\right) \qquad (1.14)$$

式（1.14）等于 0，如果

$$\alpha = \alpha + \frac{1}{HG} \qquad (1.15)$$

从式（1.15）可以看到，增大直流增益 $G(0)$，能帮助减小静态误差，而静态误差最终会影响输出电压精度。

另一受环路增益影响的重要参数是闭环输出阻抗。系统的输出阻抗可以用不同的方法推导。如图 1.5 所示，闭环发生器可以简化成戴维南等效，即由电压源 V_{th} 和输出阻抗 $R_{s,CL}$ 串联而成，

其中电压源 V_{th} 为式（1.12）无任何负载或 $R_{load} = \infty$ 时测得的 V_{out}，而输出阻抗 $R_{s,CL}$ 是需要计算的参数。计算连接于输出与地之间的电阻 R_{LX} 的一种选择，将使输出电压从 $V_{out} = V_{th}$ 减小到 $V_{out} = V_{th}/2$。如果出现这种情况，R_{LX} 简单地等于 $R_{s,CL}$，即用相同的电阻构建了电阻分压器。假设 $R_{load} = \infty$，对式（1.12）进行运算，得到 $V_{th}/2 = V_{out}(R_{LX})$ 或

$$\frac{V_{ref}HG}{2(1+\alpha HG)} = \frac{V_{ref}HG}{1+\alpha HG + \dfrac{R_{s,OL}}{R_{LX}}} \tag{1.16}$$

如果把 αHG 称为静态环路增益 T，那么闭环输出阻抗为

$$R_{LX} = R_{s,CL} = \frac{R_{s,OL}}{1+\alpha HG} = \frac{R_{s,OL}}{1+T} \tag{1.17}$$

从式（1.17）得到如下结论：

（1）如果直流环路增益大，那么 $R_{s,CL}$ 接近于 0。

（2）为了稳定的目的，电路有一个补偿反馈回路 $G(s)$，当频率增加时，环路增益 $T(s)$ 减小，$R_{s,CL}$ 开始增大。阻抗与电感器一样随频率增加。后面我们还会回到这个结果。

（3）当闭环增益 $T(s)$ 下降为 0 时，系统呈现出的输出阻抗 $R_{s,OL}$ 与没有反馈时一样。系统运行在开环状态。

为什么要讨论静态和频率依赖的增益呢？因为图 1.5 和图 1.6 并不代表真正的调压器。实际上，$G(s)$ 是由实际的运算放大器组成的，只要存在局部反馈，运算放大器的反向引脚假设为虚地。也就是说，在小信号模型中 R_{lower} 简单地从电路图中消失，α 不再起作用。这个内容会在附录 3D 中讨论。

本例中，假设不去解释输入电压的扰动。这一假设对双极型晶体管来说是合理的，厄利效应的微弱影响，使晶体管成为较好的电流发生器，几乎与 V_{ce} 的变化无关。然而，当 V_{out} 与 V_{in} 彼此接近时，晶体管成闭合的开关而不是电流源。因此，输入电压开始起作用。重绘图 1.6，图中包括了输入电压源，

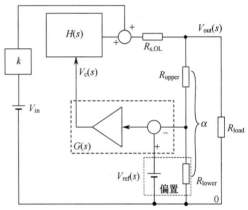

图 1.7　在前面调压器模式中增加输入扰动 kV_{in}

如图 1.7 所示，k 表示开环音频敏感性，用 $A_{s,OL}$ 表示，它表示输入电压对输出电压的贡献。

与前面一样，写出电路的回路方程如下：

$$V_{out} = (V_{ref} - \alpha V_{out})HG + (kV_{in}) - R_{s,OL}\frac{V_{out}}{R_{load}} \tag{1.18}$$

$$V_{out}\left(1+\alpha HG + \frac{R_{s,OL}}{R_{load}}\right) = V_{ref}HG + kV_{in} \tag{1.19}$$

$$V_{out} = \frac{V_{ref}HG}{\left(1+\alpha HG + \dfrac{R_{s,OL}}{R_{load}}\right)} + \frac{kV_{in}}{\left(1+\alpha HG + \dfrac{R_{s,OL}}{R_{load}}\right)} \tag{1.20}$$

同样，考虑到 $R_{s,OL} \ll R_{load}$，有

$$V_{out} = \frac{V_{ref}}{\left(\dfrac{1}{HG}+\alpha\right)} + \frac{kV_{in}}{(1+\alpha HG)} \tag{1.21}$$

式（1.21）表明 V_{out} 由两项组成：

（1）理论输出电压，与由式（1.12）定义的类似，假设 $R_{load} = \infty$，可以得到简化。

（2）输入电压的贡献，新的项为 $k/(1 + \alpha HG)$，或者与以前的定义一样：

$$A_{s,CL} = \frac{A_{s,OL}}{1 + \alpha HG} = \frac{A_{s,OL}}{1 + T} \qquad (1.22)$$

同样，电路的直流增益大，能确保对输入电压纹波（全波整流时 100 Hz 或 120 Hz）有极好的抑制作用。当 $T(s)$ 在高频区减小时，系统运行于开环。注意，假设 k 选择为正极性，但负值也是可以选择的。如何选择实际上依赖于所要研究的电路拓扑结构。

1.4.4 一个实际的工作例子

我们可以用 SPICE 通过相应的功能块仿真一个完整的理论调压器。图 1.8 画出了这个电路，电路中的单元电路在前面已经做过讨论。工作参数如下：

$$R_{s,OL} = 1\ \Omega,\ A_{s,OL} = 50\ mA,\ V_{in} = 15\ V,\ V_{out} = 5\ V,\ V_{ref} = 2.5\ V,\ \alpha = 0.5$$

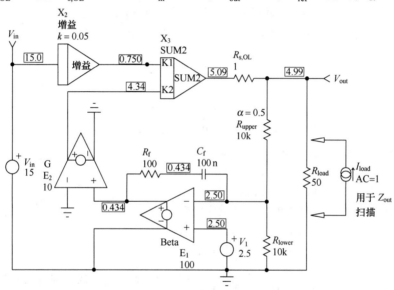

图 1.8　含输出阻抗及输入电压扰动的理论线性调压器

现在，忽略补偿网络 R_f-C_f 的存在，应用上述输入数值，求闭环数值：

应用式（1.17），计算得到 $R_{s,CL} = 1.996\ m\Omega$，或用分贝表示为

$$20\ lg(R_{s,CL}) = 20\ lg(1.996\ m) = -54\ dB\Omega$$

应用式（1.20），计算得到 $V_{out} = 4.991\ 318\ V$。

应用式（1.22），计算得到 $A_{s,CL} = 99.8\ \mu$，或用分贝表示为

$$20\ lg(A_{s,CL}) = 20\ lg\ (99.8\ \mu) = -80\ dB$$

现在，将上述结果与 SPICE 仿真引擎仿真所得的结果比较。可以有几种选择，第一种选择是，用 .TF 语句，它完成 $dV_{out}(V_{in})/dV_{in}$ 计算及输出阻抗测量。SPICE 代码如下：`.TF V(vout) vin`。一旦语句运行，可以在 `.OUT` 文件得到结果：

```
***** SMALL SIGNAL DC TRANSFER FUNCTION

output_impedance_at_V(vout)      1.995928e - 003
vin#Input_impedance              1.000000e + 020
Transfer_function                9.979642e - 005
```

可以看到，仿真数据非常接近于理论计算数值。这里的输入阻抗值是没有意义的，因为从电源没有获取任何电流。现在，加入瞬态阶跃输入，观察输出。阶跃输入指用分段线性语句替代固定 V_{in} 源。这个 SPICE 函数能画出希望得到的时间与幅度的关系曲线。该曲线就是把相应的线性段连在一起。这里从 $t = 0$（$V_{in} = 15\,V$）开始，在 $t = 10\,\mu s$ 时，V_{in} 在 $1\,\mu s$ 时间内突然增加到 $500\,V$：

```
Vin  7  0      PWL  0  15  10u  15  11u  500
```

图 1.9 所示为输入从 15 V 突然增加到 500 V 时的输出响应。可以观察到由 $500 - 15 = 485\,V$ 输入电压变化引起 48.4 mV 的输出偏移。因此，直流音频敏感性为 $0.0484/485 = 99.8\,\mu$，该数据与闭环计算结果相匹配。

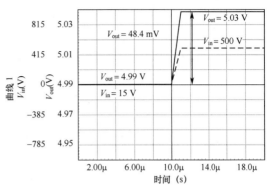

图 1.9　输入阶跃的输出响应

通过电流源来阶跃电路输出，可以求出静态输出阻抗。要做到这样，可移除 R_{load}，连接受 PWL 语句影响的电流源：

```
ILoad  vout  0  PWL  0  0.1  10u  0.1  11u  1end
```

这里，输出在 $1\,\mu s$ 内从 100 mA 以脉冲方式增加到 1 A，输出阻抗为 $\Delta V_{out}/\Delta I_{in}$，图 1.10 为仿真结果。对于 900 mA 阶跃，可看到输出电压有 1.796 41 mV 的偏移。直流输出阻抗为 $1.796\,41\,m/900\,m = 1.996\,m\Omega$，与前面计算之值完全一致。

现在，连接由 R_f 和 C_f 组成的补偿网络，这个网络使总的环路增益 $T(s)$ 依赖于扫描频率。在静态负载电阻处连接 1 A 的交流源，可以扫描交流输出电阻/阻抗，称为变换器的 Z_{out}。电流源正端连接到地，而负端连接到输出。

然后，因为 $I_{out} = 1\,A$，应用图形界面作出 V_{out} 的图形就能得到 Z_{out}，如图 1.11 所示。

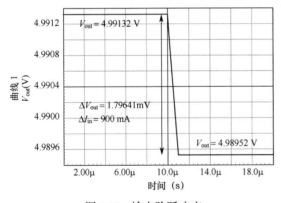

图 1.10　输出阶跃响应

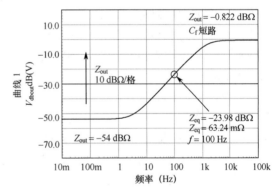

图 1.11　用补偿网络扫描得到的输出阻抗

在这些图形中，可以观察三个区域：

（1）直流区，$f < 1\,Hz$：环路增益 $T(0)$ 极高，C_f 可认为开路。因此，Z_{out} 由式（1.17）定义而且很小。

（2）1 Hz 以上，C_f 开始起作用：环路增益 $T(s)$ 开始变小，式（1.17）的分母减小，结果，Z_{out} 增大。阻抗随频率增加而升高，呈现电感的性能。如果取一点，如选 $f = 100\,Hz$，则可计算出等效电感 L_{eq}。从图 1.11 可得，在 $f = 100\,Hz$ 处，等效电感 $L_{eq} = 63.24m/(2\pi \times 100) = 100.6\,\mu H$。

（3）C_f 完全变成短路，环路增益被 R_{upper} 和 R_f 固定。Z_{out} 接近于开环值 $0\,dB\Omega$（$1\,\Omega$）。

为了滤波，在调压器的输出连接一个 100 μF 的电容，组成一个能产生谐振的 LC 滤波器。谐振频率定义为 $\dfrac{1}{2\pi\sqrt{L_{eq}C}}$，约等于 1.586 kHz。如果在有 100 μF 电容的情况下，再进行 Z_{out} 扫描，可得到图 1.12：谐振发生在上述预测处。这是典型的低压差线性调压器，当输出端连接不同数值的输出电容[3]时，在频谱分析仪上可以看到噪声密度增加。

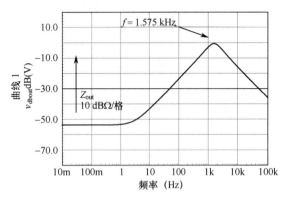

图 1.12 如果连接 100 μF 的去耦电容，
则在 1.575 kHz 处产生谐振

由于变换器的输出阻抗看上去像电感，那么当输出阶跃时，可以看到电感行为。如果中断流过电感的电流 $i(t)$，电感会对抗电流的变化。它会突然改变端电压 $V_L(t)$ 的方向，来保持安匝数乘积恒定。这由著名的楞次公式定义：

$$V_L(t) = -L\frac{\mathrm{d}i_L(t)}{\mathrm{d}t} \qquad (1.23)$$

给图 1.8 所示的电路加阶跃将揭示同样的行为。反馈环会极力对抗由所加电流阶跃带来的电压变化，如图 1.13(a)所示，呈现出过脉冲和欠脉冲。过脉冲的幅度相当严重，峰值达 750 mV。在一些应用中，它与初始的技术指标不兼容。如何改善这种情况呢？一种解决方法是移去补偿网络中由 C_f 构成的积分项。如果把 C_f 短路，R_f 增加到 470 kΩ，能够降低静态误差，但看图 1.13(b)中过脉冲如何变化——峰值为 3.8 mV。这是因为 $T(s)$ 现在与频率无关，当输出阻抗不再视为电感时，图 1.11 中的曲线总体变平坦了。当然，这是纯理论的分析，实际上始终有一个小电容与 R_f 跨接，但过脉冲效应将大大减小。这种技术出现在参考文献[4]中，参考文献[4]介绍了一个用于微处理器的电源。

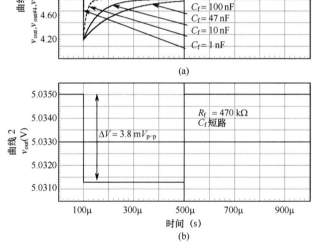

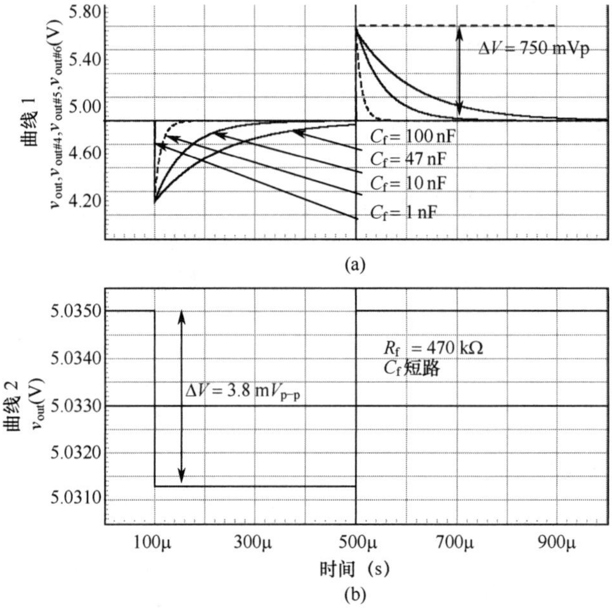

图 1.13 (a)积分补偿产生一些过脉冲；(b)与纯比例增益比较

1.4.5 构建简单通用的线性调压器

如果图 1.2 能正确地工作是因为举例的需要，那么我们需要更精细的调压器来满足未来电源仿真的需要。通常，多输出开关变换器与线性调压器有关，它能：①减少开关纹波；②减小输出电压到合适的数值，这很难从单绕组中获得。

图 1.14 构建了一个简单的正调压器，并进一步把它封装成如图 1.15 所示的子电路。这个调压器利用 TL431 器件，将 R_1 传送来的偏置电流分流到地。电阻 R_2 作为一个计算参数传送给子电路。

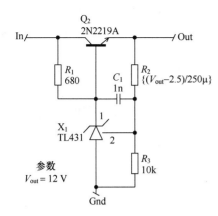

图 1.14　一个简单的通用低功率调压器

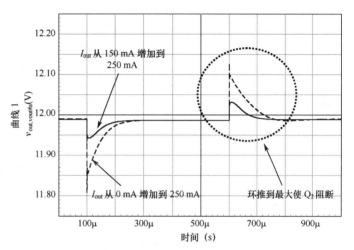

图 1.15　封装到图形符号后的同一调压器

通过简单的积分补偿，使调压器呈现出稳定的性能，如图 1.16 所示。电流从两个不同的起始值脉冲阶跃到 250 mA。第一个从无负载条件开始脉冲阶跃，$I_{out}=0$；而第二个从 150 mA 开始脉冲阶跃。可以看到，调压器的响应有很大的不同，响应依赖于起始值：在无负载条件时，Q_2 只要小的偏置就能保持 12 V 的输出，因为不需要传送电流。因此在 250 mA 脉冲出现时，当 C_1 充电到合适数值时，TL431 需要较长的时间才起作用。这表现为图 1.16 中深的欠脉冲。若 Q_2 已经建立了传

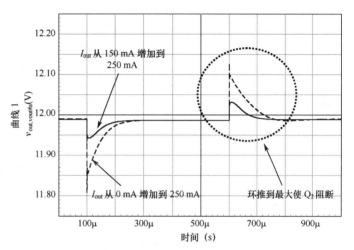

图 1.16　调压器的输出响应随脉冲阶跃时的偏置点不同而不同

送 150 mA 所需的偏置，那么达到 250 mA 偏置只需小的跳跃，只要求较短的时间，因此减少了欠脉冲。

当负载突然断开时，输出电压升高。反馈网除阻断 Q_2 外，无法对抗这种情况。如果负载在这时重新加上去，则负尖峰会比以前观测到的更为严重。

通用负调压器如图 1.17 所示，图 1.18 给出了封装该电路的方式。

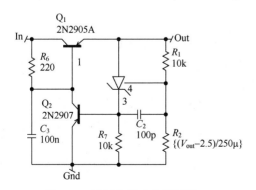

图 1.17　通用负低功率调压器

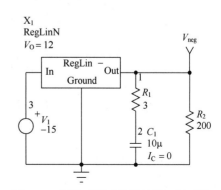

图 1.18　封装成图形符号的同一调压器

负调压器与以前的电路不同，在给定负输出的情况下，电路仍然使用 TL431，但连接的方法不同。电路中的 Q_2 为环路带来了附加的增益，因此，负调压器比正调压器有更宽的带宽，而且电路是稳定的。

1.4.6　线性调压器总结

如我们所看到的，线性调压器并不适合做高频变换，除非 V_{out} 与 V_{in} 之间的电压减小到几百毫伏。然而，线性调压器能很好地抑制纹波，可以在有较大噪声的输出线路上用作滤波整流器。它们对 A/D 变换器之类的噪声敏感电路供电是安全的。

参考文献[5]为希望提高调压器方面知识的读者提供了很好的介绍。

1.5　用开关变换功率

1.4 节表明，电阻压降意味着损耗。在那种情况下，为什么不使用功率开关呢？功率开关一旦闭合，开关两端电阻几乎为 0，而一旦断开，则呈现为开路。事实上，这是个很好的建议。电

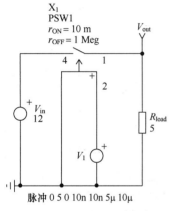

图 1.19　一个简单的开关电路结构，能极大地降低功率损耗

路可能的结构如图 1.19 所示。一个单开关安置在 V_{in} 与 V_{out} 之间，开关由时钟信号激活。当时钟信号为高电平时，功率开关闭合，这是导通时间，用 t_{on} 表示；当时钟信号为低电平时，功率开关断开，V_{out} 下降为 0，这是截止时间，用 t_{off} 表示。电路输出看上去像一个低阻抗的开关结构，以很快的节奏在 V_{in} 与 V_{out} 之间触发转换，在本例中触发频率为 100 kHz。

如果在 R_{load} 两端加一个老式的指针式电压表，指针式的测量机理的惯性会对不断改变的信号不敏感：电压表将测量到平均值，测量得到直流成分。在这种情况下，电压表将测到 6 V。如果尝试着去估计传输的功率，可以用一个测量有效值的电压表（经常用热线式瓦特表），测量到 R_{load} 两端的均方根电压为 8.47 Vrms。还可以计算 R_{load} 两端的均方根电压，因为幅值在 0 和 V_{in} 之间变换的方波信号 $v(t)$ 的有效值可表示为

$$V_{out,rms} = \sqrt{\frac{1}{T_{sw}} \int_0^{T_{sw}} v(t)^2 \mathrm{d}t} = \sqrt{\frac{1}{T_{sw}} \int_0^{DT_{sw}} V_{in}^2 \mathrm{d}t} = V_{in}\sqrt{D} \qquad (1.24)$$

而 D 是占空比，定义为

$$D = t_{on}/T_{sw} \qquad (1.25)$$

开关的截止时间经常表示为

$$D' = t_{off}/T_{sw} \qquad (1.26)$$

如果考虑到 t_{on} 和 t_{off} 之和等于开关周期 T_{sw}，那么式（1.26）可以重新写成

$$D' = \frac{T_{sw} - t_{on}}{T_{sw}} = \frac{T_{sw}}{T_{sw}} - \frac{t_{on}}{T_{sw}} = 1 - D \qquad (1.27)$$

在本例中，$D = 50\%$。式（1.24）可帮助求得传送给 R_{load} 的输出功率为

$$P_{out} = \frac{V_{out,rms}^2}{R_{load}} = 14.37 \text{ W} \qquad (1.28)$$

对输入功率，可以测量流过 V_{in} 电压源的电流，把它乘以 V_{in}，得到输入功率为 $P_{in} = 1.2 \times 12 = 14.4$ W。P_{out} 除以 P_{in} 得出的效率为 99.8%。

对于一个受高频脉冲触发的简单开关而言，这个结果不算坏。为什么效率会那么高呢？因为电路中唯一的电阻回路是X_1，而X_1的导通电阻R_{ON}为10 mΩ。当X_1流过的电流有效值为1.7 A（测量得到）时，子电路X_1消耗的功率为$I_{rms}^2 R_{ON}$ = 29 mW。在这里，它是唯一的损耗。

若不用老式指针式电压表，也可计算R_{load}两端的平均电压。为了得到波形的平均值$v(t)$，记为$\langle v(t) \rangle_{T_{sw}}$，需要对波形在整个开关周期内进行积分。数学上，可以表示成

$$\langle v_{out}(t) \rangle_{T_{sw}} = \frac{1}{T_{sw}} \int_0^{T_{sw}} v(t)\mathrm{d}t \qquad (1.29)$$

在现在的情况下，$v(t)$相当简单。在0到t_{on}之间，$v(t)$为V_{in}，在t_{off}时间范围内$v(t)$为0（见图1.20）。因此，式（1.29）可以重新写成

$$\langle v_{out}(t) \rangle_{T_{sw}} = \frac{1}{T_{sw}} \int_0^{t_{on}} V_{in}\mathrm{d}t = \frac{t_{on}}{T_{sw}} V_{in} = DV_{in} \qquad (1.30)$$

这样，调节占空比D成为调节平均输出电压的一种手段。通常，占空比调节受到反馈环的控制，反馈网络引导脉宽调制器（PWM）产生适当的导通时间。后面还会讨论这个重要的功能块。

1.5.1 所需的滤波器

读者可能认为用单开关变换器已经很好了，然而，还有许多的困扰：我们想设计的是直流发生器，而图1.20看上去并不完全是直流信号。实际上，该信号是直流信号叠加上了高频谐波成分。作用在R_{load}上的有效电压值，由所需要的直流部分加上不需要的由谐波项组成的交流部分计算得到：

$$V_{out,rms} = \sqrt{V_{out,dc}^2 + V_{out,ac}^2} \qquad (1.31)$$

式（1.31）与傅里叶级数展开没有什么不同，傅里叶级数中，A_0是直流分量，其他的谐波构成交流分量。

除去所有不想要的谐波，或摆脱交流成分，需要安装滤波器。可以在电路中放置一个RC滤波器来除去不想要的分量。然而，所有在开关电路中提出的使欧姆损耗最小化的努力，将会因为增加附加的电阻回路（如LC滤波器）而白费，因为该电阻回路会带来热损耗。一个由电感和电容组成的LC滤波器的损耗是有限的。现安装一个与功率开关串联的性能完好的LC滤波器，如图1.21所示。

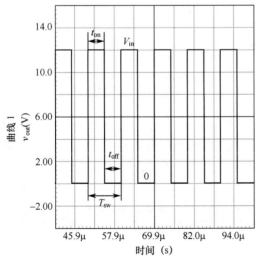

图1.20　R_{load}两端产生的电压

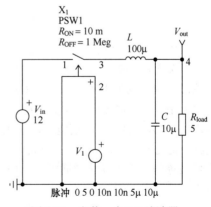

图1.21　安装一个LC滤波器
来除去不想要的谐波

这个变换器看上去很简单，但如果加上直流电源，功率开关（一般是 MOSFET）会在开关截止时烧毁。这是为什么呢？因为当功率开关在 t_{on} 期间闭合时，电感 L 会磁化。由于 V_{in} 出现在电感的左端，而 V_{out} 存在于电感的右端，重写式（1.23），可以得到出电压差产生的斜率 di/dt（单位为安培/秒）：

$$S_{on} = \frac{V_{in} - V_{out}}{L} \quad (1.32)$$

结果，如果 X_1 在 $t_{on} = 5\ \mu s$ 期间闭合，假设电感没有初始电流时，电感 L 上的峰值电流增量为

$$\Delta I_{L,on} = \frac{V_{in} - V_{out}}{L} t_{on} = \frac{12 - 6}{100u} \times 5\mu = 300\ mA \quad (1.33)$$

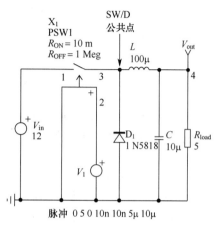

图 1.22　需要续流二极管来确保线圈中安匝数乘积的连续

在导通时间的最后时刻，电感上的电流达到峰值电流 I_{peak}。然而，如式（1.23）描述的那样，电感中的电流应该是连续的，即如果线圈中有电流流过，那么就不得不在功率开关断开时为电感线圈提供一个与电流方向相同的电流回路，来确保电感中安匝数乘积的连续。在本例中，功率开关 X_1 断开时由式（1.23）可知，会产生几千伏的负峰值电压，它会立即损毁功率开关。解决的途径是增加第二个开关，为功率开关断开时提供一条电流的通路。第二个开关就是续流二极管 D_1，如图 1.22 所示。这就构建了一个降压变换器。

1.5.2　电感中电流是连续的还是不连续的

如式（1.32）所描述的，电感在功率开关导通期间经历磁化循环：电感的磁通量在功率开关导通期间积累起来。触发功率开关的控制器使开关断开。开关断开与态变量（如输出电压）或通过反馈环的电感电流相关。现在，电感 L 已被磁化，可以看到在功率开关断开时，二极管 D_1 为电感提供了一条放电通路，同时为输出提供电源。由于二极管的正向电压与输出电压 V_{out} 相比可忽略，因而电感 L 左端电压接近于 0。电感的电压为 $-V_{out}$，因此截止斜率 S_{off} 可定义为

$$S_{off} = -\frac{V_{out}}{L} \quad (1.34)$$

类似地，可以计算开关截止期间电感电流的变化 $\Delta I_{L,off}$：

$$\Delta I_{L,off} = \frac{V_{out}}{L} t_{off} = \frac{6}{100\mu} \times 5\mu = 300\ mA \quad (1.35)$$

在截止时间的最后，电感电流达到最低值 I_{valley}。

当开关导通和截止时，电感电流在 I_{valley} 和 I_{peak} 之间摆动。后面会看到这个摆动的幅度称为电感纹波电流。在降压变换器中，平均电感电流实际上是输出到负载的直流电流。因此，电感纹波电流是以负载电流的平均值为中心的。对于输出电压为 6 V、负载电阻为 5 Ω 的情况，直流电流为 1.2 A，意味着峰值电流高达 1.2 + 0.15 = 1.35 A，而谷值电压低至 1.2 − 0.15 = 1.05 A。在此特殊情况下，由于电感从一个周期到另一个周期始终存储有能量，即谷值电流始终不会为 0，变换器被称为工作于连续导通模式（CCM）。下面是从观察电感电流推导得出的变换器导通模式定义：

- CCM，连续导通模式：在一开关周期内，电感电流从不回到 0。或者说，电感从不"复位"，意味着在开关周期内电感磁通从不回到 0，功率开关闭合时，线圈中还有电流流过。

- DCM，非连续导通模式：在开关周期内，电感电流总会回到 0，意味着电感被适当地"复位"，即功率开关闭合时，电感电流为 0。
- BCM，边界或边界线导通模式：控制器监控电感电流，一旦检测到电流等于 0，功率开关立即闭合。控制器总是等电感电流"复位"来激活开关。如果电感峰值电流高，而截止斜坡相当平，则开关周期延长，因此，BCM 变换器是可变频率系统。BCM 变换器可以称为临界导通模式或 CRM。

如果上述缩写描述工作于稳态模式（V_{in} 固定且 V_{out} 稳定）的变换器，在瞬时不难观察到导通模式的变化。例如，一变换器在标称负载下设计工作于 DCM，但在启动瞬间，电路经历 CCM，直到输出电压达到标称输出。相反，变换器标称负载下设计工作于 CCM，在负载变得较轻时，变换器会进入 DCM 工作状态。一个设计良好的变换器必须能在两种工作模式之间转换而不会产生问题。

图 1.23 通过画电感电流曲线表示了三种不同情况。峰值电流 I_{peak} 和谷值电流 I_{valley} 之差称为纹波电流并记为 ΔI_L。纹波电流的幅度依赖于电感值，直接反映了式（1.31）的交流部分。观察图 1.24，可为纹波电流推导一个简单的表达式。幅度的峰–峰值定义为

$$\Delta I_L = I_{peak} - I_{valley} \tag{1.36}$$

可以看到，连续的直流分量 $I_{L,avg}$ 位于 I_{peak} 和 I_{valley} 之间。因此，$I_{L,avg}$ 处在 S_{on} 和 S_{off} 中间，可很快把式（1.36）更新为

$$\Delta I_L = I_{L,avg} + \frac{S_{on}}{2} t_{on} - \left(I_{L,avg} - \frac{S_{off}}{2} t_{off} \right) = \frac{V_1 t_{on} + V_2 t_{off}}{2L} \tag{1.37}$$

对于降压变换器，$V_1 = V_{in} - V_{out}$，$V_2 = V_{out}$。

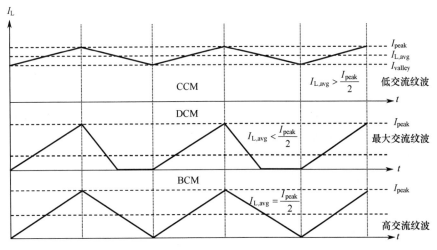

图 1.23　电感工作的三种模式

图 1.24 所示为平衡时的曲线：当电感电流从 I_{valley} 到 I_{peak}，在导通期间，电感磁通积累起来。在截止期间，电感电流从 I_{peak} 下降到 I_{valley}，即电感磁通值回到起始值。图 1.25 所示为电感的磁通量。

图中，φ 表示电感中的磁通量；N 表示电感的匝数；I 表示流过电感的电流。

虽然没有电感磁通的直接信息，但幸运的是，可以用法拉第定律来描述电感两端的电压 $v_L(t)$：

$$v_L(t) = N \frac{d\varphi_L(t)}{dt} \tag{1.38}$$

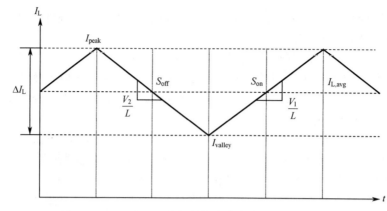

图 1.24 I_{valley} 和 I_{peak} 之间的幅度定义为纹波的峰-峰值

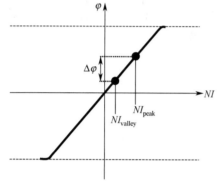

图 1.25 磁通量在开关周期内上升和下降，在平衡时，磁通量始终回到图形中的起始点

对等式两边积分得

$$\int v_L(t)\mathrm{d}t = \int N\frac{\mathrm{d}\varphi_L(t)}{\mathrm{d}t}\mathrm{d}t \qquad (1.39)$$

式中，N 是电感的匝数比，是一个常数。$v_L(t)$ 可以是变量，但在这种情况下，$v_L(t)$ 或者是 V_1，或者是 V_2 [对降压变换器而言，分别是（$V_{in}-V_{out}$）和 V_{out}]，它们在导通和截止时是常数，因此，式（1.39）变成

$$Vt = N\varphi \qquad (1.40)$$

或者，考虑初始条件，有

$$V\Delta t = N\Delta\varphi \qquad (1.41)$$

式（1.41）的单位是伏特·秒，即 V·s，直接反映电感中的磁通行为（表示为韦伯，国际标准单位为 Wb）。这个公式在后面研究正激式变换器时还会用到。

式（1.37）中，乘积项 $V_1 t_{on}$ 和 $V_2 t_{off}$ 分别表示功率开关导通和截止时的电感磁通量 $\Delta\varphi$。由于在平衡或稳态（即变换器稳定在其标称工作点），磁通量回到起始点：

$$V_1 t_{on} = V_2 t_{off} \qquad (1.42)$$

结果，式（1.37）可重写为

$$\Delta I_L = \frac{N\Delta\varphi + N\Delta\varphi}{2L} = \frac{N\Delta\varphi}{L} \qquad (1.43)$$

从式（1.43），可以得到如下几点结论。

- 大电感引入低电流纹波。但是，S_{on} 和 S_{off} 依赖于电感 L，选择大电感值自然减慢系统响应，因为电感 L 会反抗任何电流的变化。
- 如式（1.31）描述的，受低纹波幅度影响的输出电流，与同一电流值下叠加了大交流变化的电流相比，有较低的电流损耗（如图 1.23 中间和底下两条曲线所示）：CCM 工作与 DCM 或 BCM 相比产生较低的导通损耗。
- 相反，小电感值意味产生较大纹波，或工作于 DCM 模式。因为小电感对电流变化的对抗较小，现在系统反应速度更快。然而，较高的导通损耗将导致均方根纹波电流增加（所有阻性回路、$R_{DS(on)}$ 等）：DCM 工作模式与 CCM 工作模式相比会带来更大的导通损耗。

- 如图 1.23 所示，观察电感的峰值电流并与平均值相比较，可以揭示电路的工作模式：

$$\text{CCM：} \quad \langle i_{\text{L}}(t) \rangle_{T_{\text{sw}}} > \frac{I_{\text{peak}}}{2} \qquad (1.44)$$

$$\text{DCM：} \quad \langle i_{\text{L}}(t) \rangle_{T_{\text{sw}}} < \frac{I_{\text{peak}}}{2} \qquad (1.45)$$

$$\text{BCM：} \quad \langle i_{\text{L}}(t) \rangle_{T_{\text{sw}}} = \frac{I_{\text{peak}}}{2} \qquad (1.46)$$

在一些平均模型中，经常通过数学表达式来进行观察，确定变换器的工作模式。它也可用于推导变换器进入或离开某种工作模式的边界条件。

1.5.3 充电和磁通平衡

现在，更仔细地观察式（1.40）可以揭示有趣的结果。如图 1.24 所示，在 t_{on} 期间于电感上加一个电压 V_1，来磁化电感；在 t_{off} 期间于电感上加一个电压 V_2 使它"复位"。在平衡点画出电感电压变化，可以得到如图 1.26 所示的结果。回想式（1.41），导通和截止的电压和时间乘积必须满足图 1.25 所示的曲线：磁通量从一个给定点开始，然后在开关周期结束时回到同一点。对图 1.26 应用这一规则，则有 $V_1 t_{\text{on}} = V_2 t_{\text{off}}$，可得电感 L 两端的平均电压在平衡点为 0：

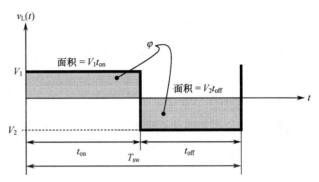

图 1.26　t_{on} 时间段的积分代表了导通期间磁通的变化

$$\frac{1}{T_{\text{sw}}} \int_0^{T_{\text{sw}}} v_{\text{L}}(t) \mathrm{d}t = \langle v_{\text{L}}(t) \rangle_{T_{\text{sw}}} = 0 \qquad (1.47)$$

由式（1.47）描述的定理称为电感的电压时间平衡。

由于电容是电感的对偶元件，故存在类似的定理，称为电容充电平衡。如果外部条件迫使电容 C 两端的电压变化，则电流 $i_{\text{C}}(t)$ 流入电容。式（1.48）描述了电容电流随时间的变化关系：

$$i_{\text{C}}(t) = \frac{\mathrm{d}Q(t)}{\mathrm{d}t} = C \frac{\mathrm{d}v_{\text{C}}(t)}{\mathrm{d}t} \qquad (1.48)$$

如果把电容 C 移到式的左边，两边做积分，得

$$\frac{1}{C} \int_0^t i_{\text{C}}(t) \mathrm{d}t = \int_0^t \frac{\mathrm{d}v_{\text{C}}(t)}{\mathrm{d}t} \mathrm{d}t \qquad (1.49)$$

上式可变换成

$$\frac{1}{C} \int_0^t i_{\text{C}}(t) \mathrm{d}t = \Delta v_{\text{C}}(t) \qquad (1.50)$$

式（1.50）的电流积分表示电荷，单位为库仑（或安培-秒），可导出著名的公式 $\Delta Q_{\text{C}}(t)/C = \Delta v_{\text{C}}(t)$。与电感磁通一样，当电容电流 $i_{\text{C}}(t)$ 为正时，电荷被充进电容器，而电容电流为负时，同样数量的电荷被释放出去。图 1.27 所示为电容 C 中电流的变化。

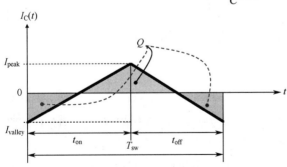

图 1.27　整个开关周期内电容中电流的变化

在平衡状态，计算图中正部分的面积并与负部分的面积比较，它们是相等的。结果，流入电容的电流的平均值等于 0。这是第二定律，称为充电平衡定律，公式表示为

$$\int_0^{T_{sw}} i_C(t)\mathrm{d}t = \langle i_C(t) \rangle_{T_{sw}} = 0 \tag{1.51}$$

1.5.4　能量存储

众所周知，电容和电感是能量存储器件。从电感开始讨论，当电感被磁化时，从楞次定律公式（1.23），可以求得迫使电感内电流变化所需做的功。当偏置电压 $v(t)$ 作用于电感的两端时，电感的瞬态功率 $p(t)$ 很容易用下式表示：

$$p(t) = v_L(t)i_L(t) = L\frac{\mathrm{d}i_L(t)}{\mathrm{d}t}i_L(t) \tag{1.52}$$

计算电感存储能量的大小，需要对式（1.52）积分，电感电流从 0（$t = 0$）到 I_L（$t = t_1$）：

$$W = \int_0^{t_1} p(t)\mathrm{d}t = L\int_0^{I_L} \frac{\mathrm{d}i_L(t)}{\mathrm{d}t}i_L(t)\mathrm{d}t = \frac{1}{2}LI_L^2 \tag{1.53}$$

式（1.53）定义了当电感被电流 I_L 磁化时存储的能量 W，单位为焦耳。把能量 W 乘以开关频率 F_{sw}，得到存储功率（瓦特）。

对于电容，分析方法非常接近。从式（1.53），可计算得到当电容两端的电压从 0（$t = 0$）到 V_C（$t = t_1$）变化时，电容存储的能量为

$$W = \int_0^{t_1} p(t)\mathrm{d}t = \int_0^{t_1} v_C(t)i_C(t)\mathrm{d}t \tag{1.54}$$

将式（1.48）给出的 $I_C(t)$ 代入上式，可将上式重写为

$$W = C\int_0^{V_C} v_C(t)\frac{\mathrm{d}v_C(t)}{\mathrm{d}t}\mathrm{d}t \tag{1.55}$$

从而导出著名的等式

$$W = \frac{1}{2}CV_C^2 \tag{1.56}$$

以上等式中，充电平衡式、电压时间平衡式和存储结果，在开关变换器的分析过程中将起很重要的作用。

1.6　占空比因子

前面已经讲过，变换器的输出特性可以利用占空比 D 来调整。实际上，反馈环路控制 D，例如，无论输入/输出条件如何，都要保持 V_{out} 恒定。如何来阐述占空比 D 呢?

1.6.1　电压工作模式

电压模式控制可能是控制电源的最常用方法。本质上，误差电压（用希腊字母 ε 表示）来自参考电压和输出电压的一部分的差，它与频率和幅度固定的锯齿波比较。这两个信号的交叉点使比较器输出产生跃变。当输出电压偏离目标值时，误差电压 ε 增加。结果，误差信号和锯齿波信号的交点使触发点之间的距离延长，占空比 D 增加。图 1.28 所示为脉冲宽度调制（PWM，占空比因子）是如何组成的。

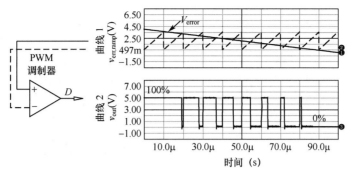

图1.28 电压模式占空比因子：锯齿波与直流电平比较产生误差电压

在图 1.28 中，假设误差信号减小表示占空比减小。可以看到两个极端位置：误差 V_{error} 大于锯齿波峰值，比较器输出恒定高电平。这是占空比为100%的情况。

相反，当传送的误差电压低于锯齿波信号偏置时，比较器输出持续保持低电平，保持功率开关截止，这是占空比为 0 的情况。注意，某些集成控制器接受这种行为（所谓的跳周工作），而另一些集成控制器不是这样的，它们保持最小占空比工作。图 1.29 所示为包含电压模式 PWM 控制器的简单变换器。

电压模式也称为直接占空比控制，因为误差电压直接驱动占空比。

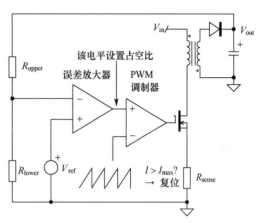

图 1.29 实际的电压模式控制电路结构，其中导通时间的误差电压设置与电感电流无关

1.6.2 电流模式工作

在前面的例子中，PWM 由流过电感的电流来确定是否触发。有些系统包含电流限制电路，它可以复位由错误情况触发的功率开关。然而，电流模式调制器依赖于瞬态电感电流。时钟脉冲将锁存器置 1，并闭合功率开关。电感中的电流以斜率 V/L 增加，当电流到达由误差信号施加的给定设置点，比较器检测出该情况，然后复位锁存器。功率开关断开等待下一个时钟脉冲再次来闭合它。读者需要理解反馈环控制峰值电流设置点也间接控制占空比。电流模式电源如图 1.30 所示。

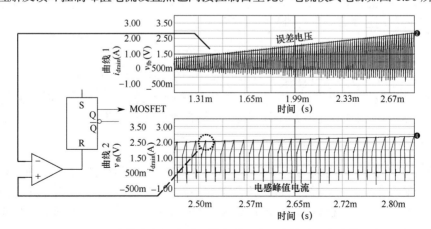

图 1.30 电流模式电源波形，其中误差电压直接设置为峰值电流

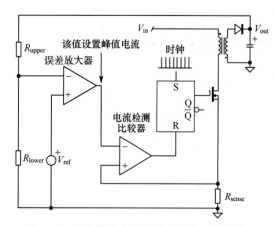

图 1.31 电流模式和电压模式的主要差别在于占空比产生：电压模式直接控制，电流模式通过电感峰值电流间接控制

图 1.31 所示为一个标准电流模式控制器结构。电流模式控制（表示成 CM 控制）和电压模式控制（表示成 VM 控制）提供了相当不同的动态行为。然而，由示波器中看到的典型变换器波形，将无法判断电路应用了哪种 PWM 技术。

1.7 降压变换器

图 1.22 所示的降压变换器中方波发生器后面跟 LC 滤波器。为了精确理解变换器，分别画出开关导通和截止期间对应的电路，如图 1.32 和图 1.33 所示。在图 1.32 中，可以看到功率开关闭合时电流的流动。

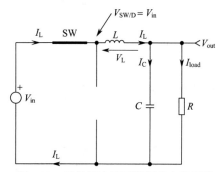

图 1.32 开关闭合导通期间的电流回路

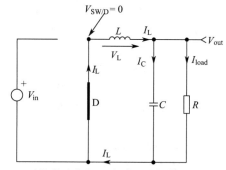

图 1.33 开关截止期间，电感电流保持同一流动方向

1.7.1 导通时间

只要开关闭合，电感电流就开始上升。给电感 L 加一个受串联电阻 r_{Lf} 影响的电压 V，通常产生指数变化的电流，电流可按下式计算：

$$i_L(t) = \frac{V_L}{r_{Lf}}\left(1 - e^{-t\frac{r_{Lf}}{L}}\right) \tag{1.57}$$

式中，V_L 是加在电感两端的电压；r_{Lf} 是电感串联电阻。然而，由于串联电阻很小，将式（1.57）中的指数项在零值附近展开，可得到著名的方程

$$i_L(t) \approx \frac{V_L}{r_{Lf}}\left(1 - 1 + t\frac{r_{Lf}}{L}\right) = \frac{V_L}{L}t \tag{1.58}$$

从降压变换器开关导通期间的结构中可以看到，电感的一端连于 V_{in}（假设开关导通压降为 0），而电感的另一端直接与 V_{out} 相连。应用式（1.58）意味着电流达到开关闭合期间（用 t_{on} 表示）所产生的峰值。这是式（1.33）已经给出的结论，但用初始条件做了修正：

$$I_{peak} = I_{valley} + \frac{V_{in} - V_{out}}{L}t_{on} \tag{1.59}$$

当电流 I_L 流入电感，它也流过连接于输出端的电容 C（I_C）和负载（I_{load}）。负载也经受纹波电压并流过交流电流。然而，为简化起见，在降压变换器情况下，我们假设所有电感纹波电流流过电容 C，而电感直流电流流经 R_{load}。利用该假设将有助于计算三种 dc-dc 变换器输出电压纹波幅度。

1.7.2 截止时间

当电感电流达到 t_{on} 时刻产生的电流值时，PWM 调制器使开关断开。电感为了反抗磁场的突然消失，如式（1.23）描述的那样，产生反向的电压。因为电感电流仍需要保持同一流动方向，二极管导通，如图 1.33 所示。如果忽略二极管的电压降，电感左端接地，而右端电压为 V_{out}。电感的最低电流值 I_{valley} 可以用式（1.35）描述，用初始条件修改成

$$I_{valley} = I_{peak} - \frac{V_{out}}{L} t_{off} \tag{1.60}$$

当新的时钟周期开始时，开关又重新闭合，电流又按式（1.59）变化。可以看到，公共点（SW/D）出现方波信号，其幅度在 V_{in} 和 0 之间变化，进一步与 LC 滤波器集成在一起。下面用仿真来揭示所有的波形。

1.7.3 降压波形——CCM

为了综合理解降压变换器的工作原理，先观察由图 1.22 产生的几个波形，如图 1.34 所示。

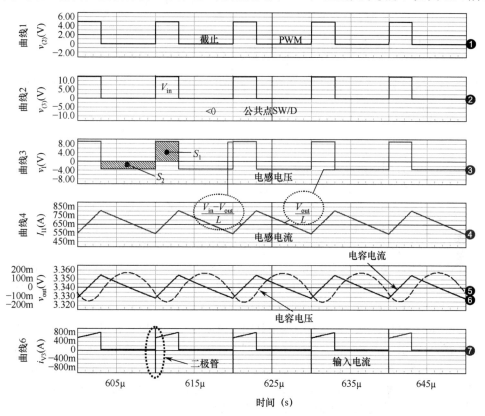

图 1.34 工作于连续导通模式下的典型降压变换器波形

波形 1（曲线 1）表示 PWM 图形，将开关触发成导通和截止。当开关 SW 导通时，公共点 SW/D 电压为 V_{in}。相反，当开关断开时，公共点 SW/D 电压将摆动到负。然而，电感电流对二极管 D 提供偏置电流，出现负压降——这就是续流作用。

波形 3 描述了电感两端电压的变化。式（1.47）指出，在平衡点，电感 L 两端的平均电压为 0，即 $S_1 + S_2 = 0$。面积 S_1 对应于开关导通时电压与时间的乘积，而面积 S_2 代表开关断开时电压与时间的乘积。S_1 简单地用矩形高度（$V_{in} - V_{out}$）乘以 DT_{sw}，而 S_2 也是矩形高度 $-V_{out}$ 乘以 $(1-D)T_{sw}$。

如果对 S_1 和 S_2 求和，然后在整个周期 T_{sw} 内平均，可以得到

$$(D(V_{in}-V_{out})T_{sw}-V_{out}(1-D)T_{sw})\frac{1}{T_{sw}}=0 \qquad (1.61)$$

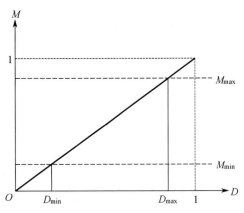

重新排列上述等式，可得 CCM 下著名的降压 dc 传输函数 M：

$$V_{out}=DV_{in} \qquad \text{或} \qquad M=\frac{V_{out}}{V_{in}}=D \qquad (1.62)$$

将上述函数画成曲线，以观察 V_{out} 是如何随 D 变化的，从图 1.35 中可以看到线性变化。如同式（1.62）所给出的，理想情况下，传输特性独立于输出负载。在后面将会看到，这种描述并不十分精确。

另一个简单的技巧——基于平均电感电流为零的事实——可以帮助用来加速确定传输系数。首先，瞬时电感电压 $v_L(t)$ 可写为

$$v_L(t)=v_{SW/D}(t)-V_{out} \qquad (1.63)$$

图 1.35 工作于 CCM 下的 dc 变换系数

受益于式（1.47），通过平均值方法可以将式（1.63）写为

$$\langle v_L(t)\rangle_{T_{sw}}=\langle v_{SW/D}(t)\rangle_{T_{sw}}-\langle V_{out}\rangle_{T_{sw}} \qquad (1.64)$$

根据定义，V_{out} 通过反馈网络保持为常数。然而，公共点 SW/D 在 V_{in}（开关导通期间）和 0（开关断开期间）之间摆动。式（1.64）可以重新写为

$$V_{in}D-V_{out}=0 \ \text{或}\ V_{in}D=V_{out}$$
$$M=V_{out}/V_{in}=D \qquad (1.65)$$

对图 1.34 的底部图形做进一步观察可以得到以下几点。

首先，当开关 SW 闭合时，有很大的尖峰。这是因为开关闭合，将 V_{in} 作用到二极管的阴极，突然中断了二极管的导通周期。如果用 PN 二极管，首先需要将正向导通时 PN 结变回到电中性时的 PN 结，移去所有的少数载流子。二极管除去所有注入电荷需要一定的时间才能恢复到它的断开状态，这个时间称为 t_{rr}。在二极管完全恢复之前，它呈现出短路行为。对于肖特基二极管，有金属-半导体硅结，它没有恢复效应，但有很大的寄生电容。当二极管导通时，一旦放电，SW 很快通过放电电容作用电压 V_{in}，产生电流尖峰。但是，减缓闭合开关 SW 时间将会有助于降低尖峰幅度。

第二点与电流形状有关。从图形中观察到输出纹波很小。输出纹波很平滑，"无脉冲"。意味着输出电流信号能很好地为后续电路所接受，即电源中污染较少。另外，输入电流不仅有尖峰，而且看上去像方波。如果电感 L 的值趋于无穷大，输入电流的形状就是实实在在的方波。因此，该电流是"脉动"电流，包含了大量的污染分量，比一般的正弦形状的电流更难滤波。

作为总结，可以写出关于 CCM 降压变换器的几点结论。

- D 限定在小于 1，降压变换器的输出电压始终小于输入电压（$M<1$）。
- 如果忽略各种欧姆损耗，变换系数 M 与负载电流无关。
- 与以前曾提到过的一样，通过变化占空比 D，可以控制输出电压。
- 降压变换器工作于 CCM，会带来附加损耗。这是因为，二极管反向恢复电荷需要 t_{rr} 的时间来消耗掉。这对于功率开关而言，好像是附加的损耗负担。
- 输出没有脉冲纹波，但有脉冲输入电流。
- 除非使用 P 沟道或 PNP 晶体管，N 沟道或 NPN 晶体管需要一种特殊电路，因为源极或发

射极是连接到开关节点的。

- 因为功率开关能中断输入电流的流动，因此显然需要在电源接通时刻进行短路保护或浪涌限制。

下面减小负载，然后观察非连续导通模式下波形的变化。

1.7.4 DCM 下降压变换波形

现在将输出负载从原来的 5 Ω 降为 40 Ω。因此，在开关断开期间，电感电流完全减小到 0，

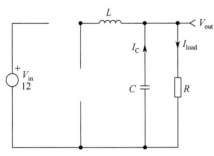

图 1.36　在 DCM 下，存在第三种
状态，此时所有开关断开

等待下一次开关闭合。因为该电流还流过续流二极管，可以期望二极管被自然阻断。开关断开时，二极管截止，出现第三种状态，时间为 D_3T_{sw}，负载由电容供电（见图 1.36）。DCM 降压变换器的仿真波形如图 1.37 所示。

观察曲线 4，可以很清楚地看到电感电流下降到 0，引起二极管截止。如果出现这种情况，电感左端开路。理论上，电感左端的电压应该回到 V_{out}，因为电感 L 不再有电流，不产生振荡。由于周围存在很多寄生电容，例如，二极管和 SW 的寄生电容，形成了振荡回路。如在曲线 2 和曲线 3 中观察到的，出现正弦信号，并在几个周期后消

失，这与电阻阻尼有关。图 1.39 画出了 $v_L(t)$ 和 $i_L(t)$ 的变化曲线。通过应用式（1.47），式中 D_2 表示退磁阶段的占空比（如图 1.39 所示），$v_L(t)$ 和 $i_L(t)$ 的变化曲线可以用来计算 DCM 降压变换器新的传输函数：

$$(V_{in} - V_{out})DT_{sw} - V_{out}D_2T_{sw} = 0 \tag{1.66}$$

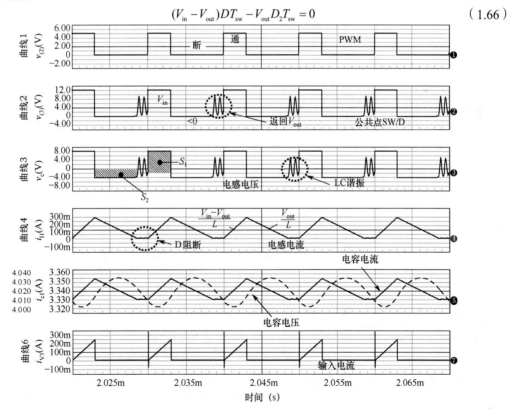

图 1.37　非连续导通模式下降压变换器的典型波形

在降压变换器结构中，输出电流是直流，或者是流过电感 L 的电流的平均值，第二个电感电流 $i_L(t)$ 平均值的公式可以用来求 DCM 降压变换器的传输函数：

$$\frac{DT_{sw}I_{peak}}{2T_{sw}} + \frac{D_2 T_{sw} I_{peak}}{2T_{sw}} = I_{out} \qquad (1.67)$$

从式（1.67），可以求出截止占空比为

$$D_2 = \frac{2I_{out} - DI_{peak}}{I_{peak}} \qquad (1.68)$$

把包含 D_2 的峰值电流定义式（1.69）代入上式，得

$$I_{peak} = \frac{V_{out}}{L} D_2 T_{sw} \qquad (1.69)$$

$$D_2 = \frac{2I_{out} - DD_2 \dfrac{V_{out} T_{sw}}{L}}{V_{out}} \frac{L}{D_2 T_{sw}} \qquad (1.70)$$

从式（1.70）求解 D_2，再将求解结果代入式（1.66），得

$$V_{out} = \frac{V_{in}}{1 + \dfrac{2I_{out}L}{D^2 T_{sw} V_{in}}} = \frac{V_{in}}{1 + \dfrac{2V_{out}L}{D^2 T_{sw} V_{in} R}} \qquad (1.71)$$

在式（1.71）中，两边同乘 $1/V_{in}$，可以得到传输系数 $M = V_{out}/V_{in}$：

$$M = \frac{1}{1 + \dfrac{2ML}{D^2 T_{sw} R}} \qquad (1.72)$$

从这个二阶式中求解 M，得

$$M = \frac{RT_{sw}D^2}{4L}\left[\sqrt{1 + \frac{8L}{RT_{sw}D^2}} - 1\right] = \frac{D^2}{\tau_L 4}\left[\sqrt{1 + \frac{8\tau_L}{D^2}} - 1\right] \qquad (1.73)$$

式中，$\tau_L = L/(RT_{sw})$ 是归一化电感时间常数。我们说"归一化"是因为该参数没有量纲，它本质上不是时间常数。将该式分子和分母同乘以 $\sqrt{1 + \dfrac{8\tau_L}{D^2}} + 1$，重新改写式（1.73），得到 DCM 降压变换器最后的变换系数

$$M = \frac{2}{1 + \sqrt{1 + 8\tau_L/D^2}} \qquad (1.74)$$

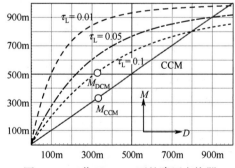

图 1.38　工作于 DCM 下的降压变换器

现在画传输系数 M 和占空比 D 的关系曲线，得到对应 τ_L 取不同值时的一族曲线，如图 1.38 所示。当 τ_L 值较小时，输出电流低，电路工作于深度 DCM，M 很容易达到 1。然而，当增加负载电流并保持电路 DCM 工作时，曲线在远离 $M = 1$ 处结束。

对工作于 DCM 下的降压变换器的总结如下：

- M 依赖于负载电流。
- 对于相同的占空比，DCM 下的传输系数 M 比 CCM 下的大。

特别是由于第一点，一个降压或降压驱动的电路，如正激式变换器，从不设计使变换器在 DCM 下满载工作。

1.7.5 降压变换器 CCM 模式与 DCM 模式的过渡点

当开关周期内电感电流减小到 0 时，称变换器工作于 DCM。相反，在开关周期内电感电流从不达到 0，称变换器工作于 CCM。当负载降低，电感平均电流也降低。对应于电感电流一达到 0 就又马上重新启动的点，称为边界点或临界点。该点对应于电路从 CCM 过渡到 DCM（或相反），没有如图 1.39 中的死区时间。下面计算对应于临界点时的负载电阻或电感值。图 1.40 所示为电感电流在边界点处的变化。跟前面强调的一样，在临界模式下，几何三角形的平均值是峰值除 2，或者表示成

$$\langle i_{\mathrm{L}}(t)\rangle_{T_{\mathrm{sw}}} = \frac{I_{\mathrm{peak}}}{2} \tag{1.75}$$

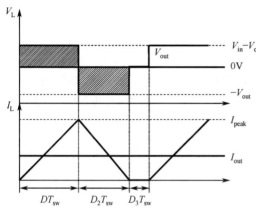

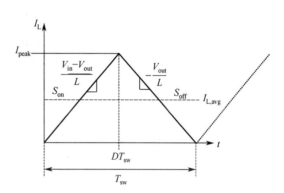

图 1.39　工作于 DCM 时降压变换
　　　　器的电感电压和电流信号

图 1.40　在边界点处的电感电流

通过图 1.40 可以定义不同的斜率：

$$S_{\mathrm{on}} = \frac{V_{\mathrm{in}} - V_{\mathrm{out}}}{L} \tag{1.76}$$

$$S_{\mathrm{off}} = -\frac{V_{\mathrm{out}}}{L} \tag{1.77}$$

从式（1.76）中，可以求得峰值

$$I_{\mathrm{peak}} = \frac{(V_{\mathrm{in}} - V_{\mathrm{out}})DT_{\mathrm{sw}}}{L} \tag{1.78}$$

由式（1.75），得到

$$\langle i_{\mathrm{L}}(t)\rangle_{T_{\mathrm{sw}}} = \frac{(V_{\mathrm{in}} - V_{\mathrm{out}})DT_{\mathrm{sw}}}{2L} \tag{1.79}$$

电感电流的直流分量就是输出电流 I_{out}，即

$$\langle i_{\mathrm{L}}(t)\rangle_{T_{\mathrm{sw}}} = \frac{V_{\mathrm{out}}}{R} \tag{1.80}$$

$$\frac{(V_{\mathrm{in}} - V_{\mathrm{out}})DT_{\mathrm{sw}}}{2L} = \frac{V_{\mathrm{out}}}{R} = \frac{DV_{\mathrm{in}}}{R} \tag{1.81}$$

消去参数 D，式（1.81）简化成

$$(V_{\mathrm{in}} - V_{\mathrm{out}})T_{\mathrm{sw}}R = V_{\mathrm{in}}2L \tag{1.82}$$

分解因子 V_{in}，已知 $V_{\mathrm{out}} = DV_{\mathrm{in}}$，可得

$$R_{\mathrm{critical}} = \frac{2LF_{\mathrm{sw}}}{1 - D} \tag{1.83}$$

$$L_{\text{critical}} = \frac{(1-D)R}{2F_{\text{sw}}} \tag{1.84}$$

上述等式中，将 D 用降压变换器传输函数代替，改写得到

$$R_{\text{critical}} = 2F_{\text{sw}}L\frac{V_{\text{in}}}{V_{\text{in}} - V_{\text{out}}} \tag{1.85}$$

$$L_{\text{critical}} = \frac{R(V_{\text{in}} - V_{\text{out}})}{2F_{\text{sw}}V_{\text{in}}} \tag{1.86}$$

在设计降压变换器时，应用式（1.83）/式（1.85）或式（1.84）/式（1.86）将会给出工作于 CCM 模式下有关损耗的信息。设计者将努力保持工作电流超过临界点，以便让降压变换器在整个负载范围内工作于 CCM。

1.7.6 降压变换器 CCM 输出纹波电压计算

图 1.41 所示为线性斜向上和向下的流过输出电容的电流波形。由式（1.50）知道，本应用中电容两端的电压 V_{out} 可以、通过对电容电流 $i_C(t)$ 进行积分得到。电流是由形如 ax 的直线方程描述的斜线。电流的积分看上去形如 ax^2 抛物线表达式。由于这个信号是非连续的，需要将它限定在一定的边界范围内。电流信号的第一部分（I_{C1}）在 0 和 t_{on} 之间，而第二部分（I_{C2}）在 t_{on} 和 T_{sw} 之间。然而，为了简化分析，将 I_{C2} 限制在 0 和 t_{off} 之间。

降压变换器瞬时电感电流可表示为

$$i_L(t) = \frac{v_{\text{out}}(t)}{R} + i_C(t) = \frac{v_{\text{out}}(t)}{R} + C\frac{dv_{\text{out}}(t)}{dt} \tag{1.87}$$

为进一步简化纹波电压推导，忽略流过负载电阻的交流电流。假设所有电感交流电流流经电容，而只有直流电流流经输出负载，得到

$$i_L(t) \approx \frac{V_{\text{out}}}{R} + i_C(t) \tag{1.88}$$

因此，如图 1.41 所示，电容电流设为 100% 的输出电感纹波：

$$i_C(t) \approx i_L(t) - I_{\text{out}} \tag{1.89}$$

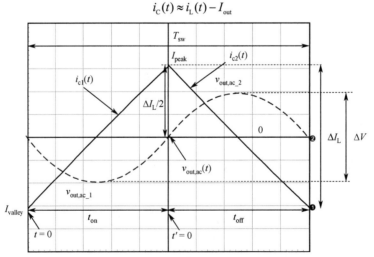

图 1.41　线性电感电流在电容 C 上产生准正弦电压。图中 $v_{\text{out,ac}}(t)$ 表示电容两端的纹波电压

让我们首先把电容电流表达为 i_{C1} 和 i_{C2}。假设将电流波形分成两个不同的阶段 1 和 2。

$$i_{C1}(t) = -\frac{\Delta I_L}{2} + \Delta I_L\frac{t}{t_{\text{on}}}, \qquad t \in [0, t_{\text{on}}] \tag{1.90}$$

$$i_{C2}(t) = \frac{\Delta I_L}{2} - \Delta I_L \frac{t'}{t_{off}}, \qquad t' \in [0, t_{off}] \tag{1.91}$$

式中，$\Delta I_L/2$ 和 $-\Delta I_L/2$ 分别表示 $t = 0$ 时的起点值。为了求得输出纹波，应用式（1.50）对 i_{C1} 和 i_{C2} 在 $0\sim t$ 范围内积分：

$$\frac{1}{C} \int_0^t i_{C1}(t) \ \mathrm{d}t = -\frac{\Delta I_L t}{2C} + \frac{\Delta I_L t^2}{2t_{on}C} = \frac{\Delta I_L}{2C} \left(\frac{t^2}{t_{on}} - t \right) \tag{1.92}$$

$$\frac{1}{C} \int_0^t i_{C2}(t) \ \mathrm{d}t = \frac{\Delta I_L t}{2C} - \frac{\Delta I_L t^2}{2t_{off}C} = \frac{\Delta I_L}{2C} \left(t - \frac{t^2}{t_{off}} \right) \tag{1.93}$$

我们感兴趣的是上述函数的幅度，其峰值会影响幅度。分别令式（1.90）和式（1.91）的导数项为 0，可以求得函数处于峰值时对应的确切时间：

$$-\frac{\Delta I_L}{2} + \Delta I_L \frac{t}{t_{on}} = 0 \quad \rightarrow \quad t = \frac{t_{on}}{2} \tag{1.94}$$

$$\frac{\Delta I_L}{2} - \Delta I_L \frac{t}{t_{off}} = 0 \quad \rightarrow \quad t = \frac{t_{off}}{2} \tag{1.95}$$

将上述结果代入式（1.92）和式（1.93），可得到电容两端纹波电压的通用定义，其中流过电容的电流是线性的：

$$对 t \in [0, t_{on}], \qquad 有 V_{out,ac\_}1 = -\frac{\Delta I_L t_{on}}{8C} \tag{1.96}$$

$$对 t \in [0, t_{off}], \qquad 有 V_{out,ac\_}2 = \frac{\Delta I_L t_{off}}{8C} \tag{1.97}$$

将式（1.97）减去式（1.96），可求得总的纹波峰-峰值 ΔV 为

$$\Delta V = \frac{\Delta I_L t_{off}}{8C} - \left(-\frac{\Delta I_L t_{on}}{8C} \right) = \frac{\Delta I_L}{8C} [t_{on} + t_{off}] = \frac{\Delta I_L T_{sw}}{8C} \tag{1.98}$$

该式描述了 CCM 工作条件下降压变换器纹波峰-峰值定义，有助于计算与纹波相关的输出电容。注意，这一定义不包括等效串联电阻（ESR）效应。

现在来计算降压变换器的 ΔI_L。从图 1.41 可以看到，电感电流在 t_{on} 期间从谷值斜坡上升到峰值，在 t_{off} 期间从峰值斜坡下降到谷值。电感纹波电流定义为由式（1.36）给出的电感峰值电流与谷值电流之差。如果取图 1.41 中谷值电流位于 $t = 0$，则波形重新回到谷值电流时位于开关周期的末尾（稳态），可以写出

$$I_{valley} + S_{on}t_{on} - S_{off}t_{off} = I_{valley} \tag{1.99}$$

重新排列上述方程，利用式（1.76）和式（1.77），有

$$\frac{V_{in} - V_{out}}{L} t_{on} = \frac{V_{out}}{L} t_{off} \tag{1.100}$$

式（1.100）左右两边分别是 CCM 降压变换器电感纹波电流 ΔI_L 定义：

$$\Delta I_L = \frac{V_{in} - V_{out}}{L} t_{on} = \frac{V_{out}}{L} t_{off} \tag{1.101}$$

将式（1.101）右边代入式（1.98）得出

$$\Delta V = \frac{T_{sw} V_{out}}{8LC} t_{off} \tag{1.102}$$

应用式（1.101）的左侧项也可以工作，只是用 t_{on} 而不是 t_{off}，$V_{in} - V_{out}$ 代替了 V_{in}。

已知 $t_{off} = (1 - D)T_{sw}$，代入式（1.102）得到

$$\Delta V = \frac{T_{sw}^2 V_{out} (1 - D)}{8LC} \tag{1.103}$$

因为把降压变换器当作方波发生器，其后紧跟 LC 滤波器，滤波器的截止频率为

$$f_0 = \frac{1}{2\pi\sqrt{LC}} \qquad (1.104)$$

那么

$$LC = \frac{1}{4\pi^2 f_0^2} \qquad (1.105)$$

将式（1.103）中的 LC 用式（1.105）代入，引入开关频率 F_{sw}，得到

$$\Delta V = V_{out} \frac{\pi^2}{2}\left(\frac{f_0}{F_{sw}}\right)^2 (1-D) \qquad (1.106)$$

为了简化上述表达式，让纹波电压对输出电压 V_{out} 归一化，则式（1.106）可以更新为

$$\frac{\Delta V}{V_{out}} = \frac{\pi^2}{2}\left(\frac{f_0}{F_{sw}}\right)^2 (1-D) \qquad (1.107)$$

从上述过程可以看出，求纹波电压表达式看上去相当复杂，通过了许多推导式。实际上，还存在更好的方法。必须考虑输出电容 C 上所带的电荷 Q（单位库仑）。图 1.42 显示了正电荷是如何存储到输出电容上的，而变换器处于平衡状态。如果计算由电流曲线包围的大于 0 的两部分面积，或者说，如果在点 a 和点 b 之间对电容电流求积分，得到

$$\Delta Q = \frac{1}{2}\frac{\Delta I_L}{2}\frac{1}{2}t_{on} + \frac{1}{2}\frac{\Delta I_L}{2}\frac{1}{2}t_{off} = \frac{1}{8}\Delta I_L(t_{on}+t_{off}) = \frac{\Delta I_L T_{sw}}{8} \qquad (1.108)$$

已知由电容两端电压变化 ΔV 引起的电容电荷变化 ΔQ：

$$\Delta Q = C \cdot \Delta V \qquad (1.109)$$

将式（1.108）代入式（1.109），我们重新得到了基本方程（1.98）：

$$\Delta V = \frac{\Delta I_L T_{sw}}{8C} \qquad (1.110)$$

文献[6]和附录 3B 中给出了得到类似结果的另一种有趣方法。

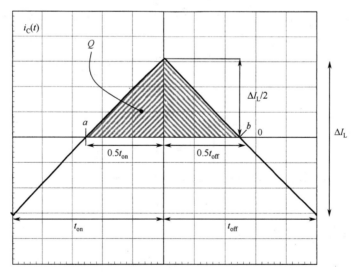

图 1.42　计算输出电容上带的电荷可立即得到纹波电压

1.7.7　考虑 ESR

ESR 表现为一个与电容串联的电阻（如图 1.43 所示）。另外，我们认为所有交流电感电流不

只通过电容 C，而是经过 C 和跟它串联的电阻 R_{ESR}。实际上，存在等效电感，但在这种情况下把它忽略掉。

R_{ESR} 元件上的压降为

$$\Delta V_{ESR} = \Delta I_L R_{ESR} \qquad (1.111)$$

从式（1.111）知道，电感纹波电流流经 R_{ESR}，因此

$$\Delta V_{ESR} = \frac{V_{in} - V_{out}}{L} t_{on} R_{ESR} = \frac{V_{in} - V_{out}}{L} DT_{sw} R_{ESR} \qquad (1.112)$$

通常，$D = V_{out}/V_{in}$，让纹波电压对 V_{out} 归一化，可推出

$$\frac{\Delta V_{ESR}}{V_{out}} = \frac{\dfrac{V_{out}}{D} - \dfrac{DV_{out}}{D}}{L} DT_{sw} R_{ESR} = \frac{1-D}{LF_{sw}} R_{ESR} \qquad (1.113)$$

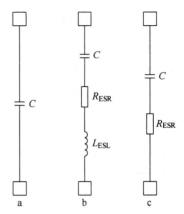

图 1.43 当忽略寄生电感时，电容可以表示成电容和 ESR 电阻的串联

最后的纹波曲线形状，取决于式中占主导地位的是电容项还是电阻项。忽略 ESR 效应时，最后的纹波曲线看上去像正弦曲线；而存在大的 ESR 效应时，纹波曲线将变换为三角波。

1.7.8 降压变换器纹波，数值应用

在图 1.22 所示的例子中，元件参数值如下，ESR 电阻与电容 C 串联：

$$L = 100 \ \mu H, \ C = 10 \ \mu F, \ R_{ESR} = 500 \ m\Omega$$

$$V_{in} = 12 \ V, \ V_{out} = 5.8 \ V, \ F_{sw} = 100 \ kHz, \ D = 0.5$$

求得 LC 截止频率为 5.03 kHz。应用式（1.106），可以求得电容纹波的峰–峰值为

$$\Delta V = \frac{9.87}{2} \times \left(\frac{5.03}{100}\right)^2 \times 0.5 \times 5.8 = 36 \ mV \qquad (1.114)$$

应用式（1.113），得到 ESR 纹波电压

$$\Delta V_{ESR} = \frac{1-D}{LF_{sw}} R_{ESR} V_{out} = \frac{0.5}{100\mu \times 100k} \times 0.5 \times 5.8 = 145 \ mV \qquad (1.115)$$

图 1.44 给出了仿真结果，同时也表明了上述方法的正确性。在本例中，可以看到每一项的作用。然而，当 ESR 在纹波表达式中占主导作用时，最后的波形看上去像三角波（图 1.44 中下面的曲线）。

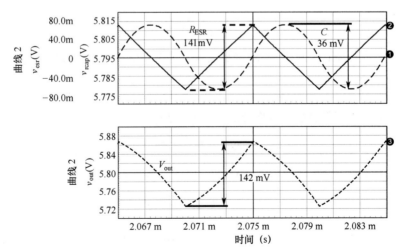

图 1.44 工作于 CCM 的降压变换器仿真输出纹波

1.7.9 降压变换器中的均方根电流

开关器件中的损耗可分为两部分：导通损耗和开关损耗。当所考虑的半导体处于给定的状态，或者导通或者断开，就可以计算得到导通损耗。另一方面，开关损耗包含半导体从断开状态过渡到导通状态或从导通状态过渡到断开状态的损耗。这种情况，称为接通或关闭损耗。分析地求解开关损耗仍然是一个难题，因为状态转换时间与杂散因素密不可分，而这些杂散因素是由驱动阻抗（如 MOSFET）及器件的杂散寄生元件（如寄生电感和寄生电容）产生的。因此，对原型电路的测量通常是精确评估开关损耗大小的唯一途径。

导通损耗计算不太复杂，至少对于像降压变换器这样的简单结构而言如此。重要的是计算当器件处于导通状态时流经器件的均方根电流，假设当器件断开时漏电流忽略不计（注意，并非所有情况都可以做这样的假设，特别是肖特基二极管）。在降压变换器、升压变换器或升压−降压变换器结构中，有源和无源元件对电感、功率开关、输出电容和续流二极管动态电阻 r_d 的均方根电流敏感。

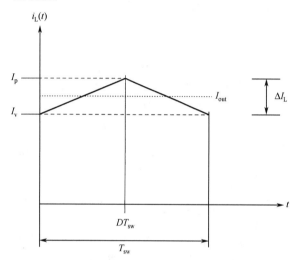

图 1.45 CCM 降压变换器电感纹波电流

在 CCM 或 DCM 中，三种 dc−dc 变换器电路波形具有相似形状。例如，CCM 下的降压变换器电感电流纹波形状看上去与工作在 CCM 下的升压变换器或升压−降压变换器电感纹波形状一样。附录 1D 详细讨论了这些波形，并给出了基于峰值、谷值和纹波电路的均方根值。求降压变换器均方根值的例子包括探讨所有这些变量的定义，以便计算流经电感或两个开关中任何一个的均方根电流。注意，下面将 I_{peak} 和 I_{valley} 改成 I_p 和 I_v，以便简化数学表达式。

图 1.45 绘制了流过工作于 CCM 的降压变换器电感的连续电流。附录 1D 给出了该均方根电流，其表达式如下：

$$I_{L,rms} = \sqrt{\frac{I_v^2 + I_p I_v + I_p^2}{3}} \tag{1.116}$$

所需的第一项是占空比。对于 CCM 降压变换器，推导得到该占空比为

$$D = \frac{V_{out}}{V_{in}} \tag{1.117}$$

应用占空比值，可以计算得到电感纹波电流 ΔI_L 为

$$\Delta I_L = \frac{V_{in} - V_{out}}{L} DT_{sw} \tag{1.118}$$

已知 ΔI_L，容易得到峰值和谷值电流为

$$I_p = I_{out} + \frac{\Delta I_L}{2} \tag{1.119}$$

$$I_v = I_{out} - \frac{\Delta I_L}{2} \tag{1.120}$$

将这些表达式代入式（1.116），得到电感电流为

$$I_{L,rms} = \frac{\sqrt{12I_{out}^2 + \Delta I_L^2}}{2\sqrt{3}}$$

(1.121)

该电感电流在导通时间或 DT_{sw} 阶段流经开关器件。如果按照附录 1D 方法计算图 1.46 的均方根值，可以求得

$$I_{SW,rms} = \frac{\sqrt{D(12I_{out}^2 + \Delta I_L^2)}}{2\sqrt{3}}$$

(1.122)

在断开或 $(1-D)T_{sw}$ 阶段电感电流流过二极管。

根据图 1.47 及附录 1D 所推导的表达式，可以求得

$$I_{d,rms} = \frac{\sqrt{(1-D)(12I_{out}^2 + \Delta I_L^2)}}{2\sqrt{3}}$$

(1.123)

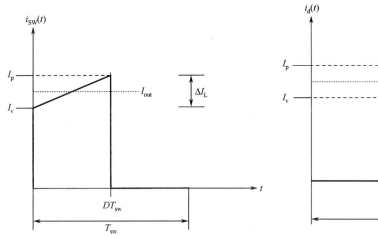

图 1.46　导通期间流过功率开关的电感纹波电流

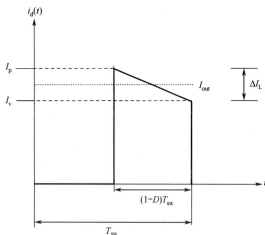

图 1.47　功率开关断开期间流经二极管的电感纹波电流

电容均方根电流可通过式（1.31）求得。假设电感纹波的交流部分流经电容，而直流部分流经负载。可以看到流过电容的纹波交流部分的均方根电流值为

$$I_{C_{out},rms} = \sqrt{I_{L,rms}^2 - I_{out}^2}$$

(1.124)

以下例子说明了这些表达式的应用。假设 CCM 降压变换器具有如下的元器件值：

$$V_{in} = 10\,V,\ V_{out} = 6\,V,\ T_{sw} = 10\,\mu s,\ R_{load} = 10\,\Omega,\ L = 100\,\mu H$$

应用式（1.117）可计算得到占空比为 60%。则纹波电流计算如下：

$$\Delta I_L = \frac{10-6}{100\mu} \times 0.6 \times 10\mu = 240\,mA$$

(1.125)

通过式（1.121），可得到电感均方根电流

$$I_{L,rms} = \frac{\sqrt{12 \times 0.6^2 + 0.24^2}}{2\sqrt{3}} = 604\,mA$$

(1.126)

已知 $I_{L,rms}$，可以计算开关和二极管均方根电流：

$$I_{SW,rms} = \frac{\sqrt{0.6 \times (12 \times 0.6^2 + 0.24^2)}}{2\sqrt{3}} = 468\,mA$$

(1.127)

$$I_{d,rms} = \frac{\sqrt{(1-0.6) \times (12 \times 0.6^2 + 0.24^2)}}{2\sqrt{3}} = 382\,mA$$

(1.128)

最后，利用式（1.124）可计算输出电容均方根电流：

$$I_{C_{out},rms} = \sqrt{0.604^2 - 0.6^2} \approx 69\,\text{mA} \tag{1.129}$$

用于这些计算的所有定义顺便收集于图 1.48 中。

$I_{L,rms}$	$\dfrac{\sqrt{12I_{out}^2 + \Delta I_L^2}}{2\sqrt{3}}$	$\dfrac{V_{out}}{R}\sqrt{1 + \dfrac{1}{12}\left(\dfrac{1-D}{\tau_L}\right)^2}$
$I_{SW,rms}$	$\dfrac{\sqrt{D(12I_{out}^2 + \Delta I_L^2)}}{2\sqrt{3}}$	$\dfrac{V_{out}}{R}\sqrt{D\left[1 + \dfrac{1}{12}\left(\dfrac{1-D}{\tau_L}\right)^2\right]}$
$I_{d,rms}$	$\dfrac{\sqrt{(1-D)(12I_{out}^2 + \Delta I_L^2)}}{2\sqrt{3}}$	$\dfrac{V_{out}}{R}\sqrt{(1-D)\left[1 + \dfrac{1}{12}\left(\dfrac{1-D}{\tau_L}\right)^2\right]}$
$I_{C,rms}$	$\dfrac{\Delta I_L}{2\sqrt{3}}$ $\Delta I_L = \dfrac{V_{in} - V_{out}}{L}DT_{sw}$	$\dfrac{V_{out}}{R}\dfrac{1-D}{\sqrt{12}\tau_L}, \ \tau_L = \dfrac{L}{RT_{sw}}$

图 1.48 降压变换器均方根电流约束式总结（本书推导的约束式及右列为引自文献[7]的约束式）

为实现上述约束式，可以增加输入电容。该电容连接于降压变换器输入电压两端。通常，该电容与电感形成滤波 LC 网络。如果输入电感足够大，假设电感为降压变换器提供 dc 电源（忽略电感纹波），同时所有高频交流电流脉冲由电容提供。这些电流之和为降压变换器和降压-升压变换器形成开关均方根电流，同时也为升压变换器形成电感均方根电流。应用式（1.31），开关均方根电流可表示为

$$I_{SW,rms} = \sqrt{I_{in,dc}^2 + I_{in,ac}^2} \tag{1.130}$$

上述方程中，$I_{in,dc}$ 为由滤波电感（及电源）提供的电流，而 $I_{in,ac}$ 为专门流经输入电容的电流。假设效率为 100%，dc 输入电流定义为

$$I_{in,dc} = \frac{P_{out}}{V_{in}} = \frac{V_{out}I_{out}}{V_{in}} = MI_{out} \tag{1.131}$$

式中，M 依赖于电路拓扑及工作模式（CCM 或 DCM）。考虑降压变换器中的输入电容，求解交流均方根电流，可求得如下表达式：

$$I_{C,rms} = \sqrt{I_{SW,rms}^2 - (MI_{out})^2} \tag{1.132}$$

回到数值应用，输入电容上的均方根电流为

$$I_{C_{in},rms} = \sqrt{0.468^2 - \left(\frac{6}{10} \times 0.6\right)^2} = 299\,\text{mA} \tag{1.133}$$

1.8 升压变换器

升压变换器属于间接能量传输变换器类。供电过程包含能量存储和能量释放两方面。在开关导通期间，电感存储能量，输出电容单独为负载提供电源。在开关断开期间，存储了能量的电感与输入电源串联，为输出提供电源。这种工作模式存在固有的转换延迟。在出现对输出功率有突然需求的情况下，在开关截止期间能量被传输到输出之前，变换器首先不得不通过延长导通时间来增加电感存储的能量。如果输出功率需求足够慢，使电感电流具有相应的建立时间，则在恒定开关周期系统中，尽管在截止期间电流下降，但输出电压不会降低。相反，如果功率需求非常快，电感电流没有充分时间达到合理的峰值，输出电压会降低。这一能量存储和释放的过程会引入转

换电路的延迟，该变换电路在小信号传输函数中以右半平面零点（RHPZ）来建模。

在开关导通期间，降压变换器从电源取得电流，而升压变换器在开关导通和断开时都从电源取得电流，在开关断开期间，电感通过输出网络放电。很快会看到，这种电路结构为 CCM 升压变换器提供非脉冲的输入电流信号，使电路成为低输入纹波的拓扑结构。

图 1.49 所示为升压变换器，仍然包含开关（MOSFET 或双极型晶体管）、电感和电容。

查看图 1.49，可以得到几点结论：首先，电感与输入电源串联，电感总是对抗快速的电流变化，因此，当电感与输入电源串联时，起的作用自然是平滑输入电流信号；其次，功率开关由具有参考地的电压源 V_1 驱动，与降压变换器结构（其控制开关的参考端，如发射极或源极，与开关节点相连）比较，升压变换器结构为控制器提供了简单的驱动。下面研究在开关导通和断开时的驱动。

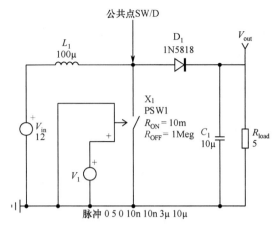

图 1.49　升压变换器首先存储能量，然后将能量发送给输出电容

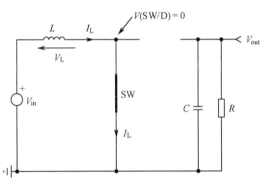

图 1.50　开关导通期间，V_{in} 作用在电感 L 的两端

1.8.2　开关断开期间

当开关断开，电感电流必须找到电流的通路。电感电压反向，以便保持安匝数恒定。电感两端的电压与输入电压 V_{in} 串联。二极管传送电感电流到输出电容，用来帮助电感将能量传递到电容 C（电流 I_C）和负载（电流 I_{load}）。图 1.51 显示了这一情况。在开关断开期间，在开关导通期间存储在电感 L 上的能量按式（1.135）描述的速率消耗：

$$I_{valley} = I_{peak} - \frac{V_{out} - V_{in}}{L} t_{off} \quad （1.135）$$

当新的时钟周期出现时，开关 SW 再次闭合，式（1.134）重新起作用。下面来看工作于 CCM 条件下的升压变换器的特性波形。

1.8.1　开关导通期间

当开关 SW 闭合时，V_{in} 立即出现在电感 L 的两端（忽略开关两端的压降）。结果，电感电流达到峰值，其值由下式给出：

$$I_{peak} = I_{valley} + \frac{V_{in}}{L} t_{on} \quad （1.134）$$

I_{valley} 表示 $t = 0$ 时刻的电流值，在 DCM 情况下，可以为 0；在 CCM 情况下，是非 0 值。

图 1.50 所示为功率开关闭合、负载和电容单独构成回路的情况。开关导通期间电容 C 电压减小。

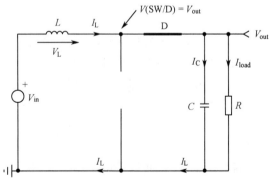

图 1.51　开关断开期间，电流朝同一方向流动，线圈两端电压反向

1.8.3 工作于 CCM 条件下的升压变换器波形

为了对升压变换器工作有一个综合理解，让我们由图 1.52 来分析波形。

曲线 1 代表 PWM 波形，用于触发功率开关导通或断开。开关 SW 导通时，公共点 SW/D 电压降到几乎为 0。相反，开关 SW 断开时，公共点 SW/D 电压增加为输出电压和二极管正向压降 V_f 之和。

曲线 3 描述了电感两端电压的变化。如果把开关导通期间的电压视为正值，那么在开关断开期间的电压为负值。当二极管 D 导通时，电感左端保持在 V_{in}，而电感右端跳到 V_{out}。因此，观察与 V_{in}+端连接的电感电压，意味着在开关断开期间有负的电压摆动，这个负的电压摆动简单地表示成 $-(V_{out}-V_{in})$，也意味着 V_{out} 大于 V_{in}。

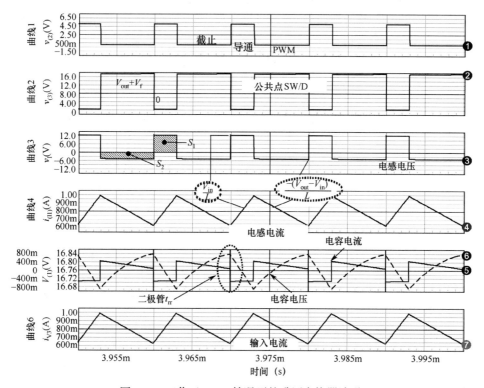

图 1.52 工作于 CCM 情况下的升压变换器波形

如同式（1.47）强调的那样，在平衡时，电感 L 两端电压为 0，即 $S_1 + S_2 = 0$。S_1 对应于开关导通期间电感电压与时间乘积所得的面积，而 S_2 对应于开关断开期间电感电压与时间乘积所得的面积。S_1 是矩形高度 V_{in} 和 DT_{sw} 的乘积，而 S_2 是矩形高度 $-(V_{out}-V_{in})$ 和 $(1-D)T_{sw}$ 或 $D'T_{sw}$ 的乘积。如果将 S_1 和 S_2 相加，并在整个周期 T_{sw} 内求平均，得到

$$[DV_{in}T_{sw} - (V_{out} - V_{in})D'T_{sw}]\frac{1}{T_{sw}} = 0 \tag{1.136}$$

重新排列上述等式，可以得到著名的 CCM 条件下升压变换器直流传输函数 M：

$$V_{in}(D + D') = V_{out}D'$$

$$M = \frac{V_{out}}{V_{in}} = \frac{1}{D'} = \frac{1}{1-D} \tag{1.137}$$

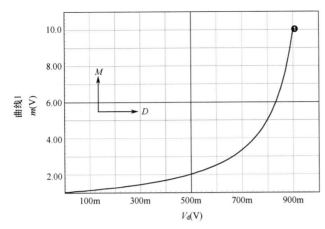

图 1.53　工作于 CCM 下的升压变换器直流变换系数

如果画出该函数，那么可了解 V_{out} 是如何随 D 变化的。由图 1.53 可以看出，两者之间存在非线性变化关系。按照式（1.137），在理想情况下，传输特性与负载无关，当 D 接近于 1 时，传输函数增加到无穷大。后面会看到，只要输出需要一定的电流，就很难得到传输系数超过 4～5 的升压变换器。

如同在降压变换器分析中已经做过的那样，可以应用平均值很快推得到升压变换器的传输函数。假设电感两端的瞬时电压 $v_L(t)$ 为

$$v_L(t) = V_{in} - v_{SW/D}(t) \qquad (1.138)$$

应用式（1.47），得到

$$\langle v_L(t) \rangle_{T_{sw}} = \langle V_{in} \rangle_{T_{sw}} - \langle v_{SW/D}(t) \rangle_{T_{sw}} = 0 \qquad (1.139)$$

定义 V_{in} 为常数，公共点 SW/D 电压在开关导通时降为 0，而在开关断开时，跳到 V_{out}。因此，式（1.139）可重新表述为

$$V_{in} = V_{out} D' \qquad \text{或} \qquad \frac{V_{out}}{V_{in}} = \frac{1}{D'} = M \qquad (1.140)$$

升压变换器几乎有与降压变换器相同的结论。因为升压变换器工作于 CCM 条件下，二极管的阻断点只由开关 SW 的状态确定。结果，突然阻断二极管，使二极管呈现短路，直到二极管完全恢复到自然状态。二极管“短路”意味着 V_{out} 作用在闭合的开关上。功率开关上出现电流尖峰。在图 1.52 上没有看到电流尖峰是因为开关电流没有显示出来。然而，在电容波形中，可以很清楚地看到恢复尖峰。减慢开关闭合的速度有助于减小恢复电流。这是工作于 CCM 条件下的功率因数校正电路（PFC）的主要问题。

与降压变换器不同，升压变换器的输出电流由尖锐的过渡曲线组成，这是典型的间接能量传输变换器的特点（在反激式和降压−升压变换器中还会看到这种形状）。输出纹波是“脉动”的，而输入电流（如最下面的图形所示）是“非脉动”的。这一特点确保升压变换器的软输入特征和噪声输出特性。

对 CCM 条件下升压变换器有以下几个结论。

- 输出电压总是大于输入电压。
- 如果忽略各种欧姆损耗，变换系数 M 与负载电流无关。然而，以后会发现，这些欧姆损耗会将变换系数 M 限制在 4～5。
- 改变占空比 D，可以控制输出电压。
- 升压变换器工作在 CCM 情况下，会带来附加的损耗。因为，二极管反向恢复需要 t_{rr} 的时间来消耗存储的电荷。这个现象对于功率开关而言看上去是一个附加的负担。
- 不存在脉冲输入纹波，但有脉冲输出纹波。
- 当功率开关的一端与地线相连时，较容易控制开关的工作。
- 因为通过 L 和 D，V_{in} 和 V_{out} 之间存在直接的通路，因此升压变换器不能进行短路保护。

下面减小负载，看看升压变换器工作于非连续导通模式下的波形变化。

1.8.4 DCM 条件下升压变换器的波形

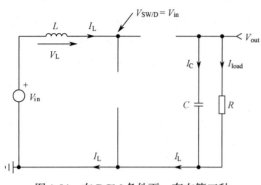

图 1.54 在 DCM 条件下，存在第三种
状态，此时所有开关都断开

现在将输出负载从 5 Ω 减小到 200 Ω。因此，在功率开关断开期间，电感电流全部耗尽为 0，等待开关再次导通，由于电感电流也流过续流二极管，二极管自然阻断。当开关断开，二极管阻断，电路呈第三种状态，时间宽度为 D_3T_{sw}，如图 1.54 所示，是典型的 DCM 工作状态。存储在电容器上的能量单独向负载 R 供电。

在图 1.55 中可清楚地看到电感电流从 I_{peak} 降为 0，导致二极管阻断。二极管在死区时间段内保持阻断状态。这就是第三种状态，持续 D_3T_{sw} 的时间。当二极管阻断，电感右端开路。因为周围存在寄生电容（二极管和开关的寄生电容等），形成振荡电路。寄生电容被充电至 V_{out}，电感右端电压通过电感和寄生电容的振荡回到 V_{in}，如同在曲线 2 和曲线 3 中观察到的那样，出现正弦波形，其阻尼依赖于所考虑回路中的各种欧姆损耗。

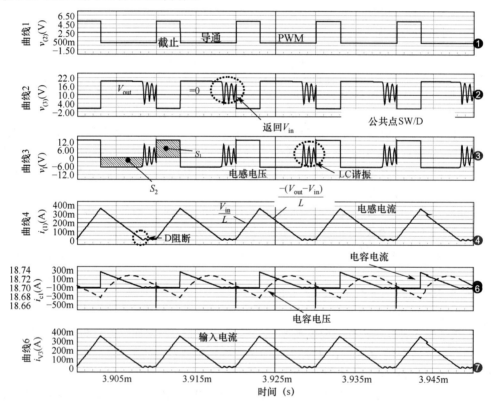

图 1.55 工作于非连续导通模式的典型升压变换器波形

下面计算工作于 DCM 条件下的升压变换器传输系数 M，仍然应用电压-电感平衡，这次应用已经在式（1.138）和式（1.139）中描述过的电感电压：

$$\langle v_L(t)\rangle_{T_{sw}} = \langle V_{in}\rangle_{T_{sw}} - \langle v_{SW/D}(t)\rangle_{T_{sw}} = 0 \tag{1.141}$$

因为输入电压在整个开关周期中不变，需要计算在图 1.56 中显示的公共点 SW/D 上电压的摆

动。需要推导公共点 SW/D 的电压平均值。从图 1.56 可以得到

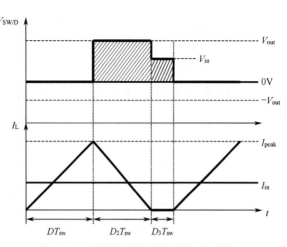

$$\left\langle v_{\mathrm{SW/D}(t)}\right\rangle_{T_{\mathrm{sw}}} = D_2 V_{\mathrm{out}} + D_3 V_{\mathrm{in}} \qquad (1.142)$$

将 $D_3 = 1 - D - D_2$ 代入式（1.142），即

$$\left\langle v_{\mathrm{SW/D}}(t)\right\rangle_{T_{\mathrm{sw}}} = D_2 V_{\mathrm{out}} + (1 - D - D_2) V_{\mathrm{in}} \qquad (1.143)$$

因为 $\left\langle V_{\mathrm{in}}\right\rangle_{T_{\mathrm{sw}}} = \left\langle v_{\mathrm{SW/D}}(t)\right\rangle_{T_{\mathrm{sw}}}$，由式（1.139）有

$$\frac{V_{\mathrm{out}}}{V_{\mathrm{in}}} = \frac{D}{D_2} + 1 \qquad (1.144)$$

在升压变换器中，平均电感电流 $\left\langle i_{\mathrm{L}}(t)\right\rangle_{T_{\mathrm{sw}}}$ 代表平均输入电流 I_{in}。因此，假设效率为 100%，可以写出

$$V_{\mathrm{in}} I_{\mathrm{in}} = V_{\mathrm{out}} I_{\mathrm{out}} \qquad (1.145)$$

已知 $I_{\mathrm{out}} = V_{\mathrm{out}}/R$，重写式（1.145），并对电感电流在整个开关周期求平均，得到

图 1.56　工作于非连续导通模式的升压
变换器公共点电压和电流信号

$$\left\langle i_{\mathrm{L}}(t)\right\rangle_{T_{\mathrm{sw}}} = \frac{D I_{\mathrm{peak}}}{2} + \frac{D_2 I_{\mathrm{peak}}}{2} = \frac{V_{\mathrm{out}}}{V_{\mathrm{in}}} \frac{V_{\mathrm{out}}}{R} \qquad (1.146)$$

从上式可求得占空比 D_2 为

$$D_2 = \frac{2 V_{\mathrm{out}}^{\,2}}{V_{\mathrm{in}} R I_{\mathrm{peak}}} - D \qquad (1.147)$$

上式中，峰值电流 I_{peak} 用包含 D_2 的定义代替，得

$$I_{\mathrm{peak}} = \frac{V_{\mathrm{out}} - V_{\mathrm{in}}}{L} D_2 T_{\mathrm{sw}} \qquad (1.148)$$

将式（1.148）代入式（1.147），得到

$$D_2 = \frac{2 V_{\mathrm{out}}^2}{V_{\mathrm{in}} R (V_{\mathrm{out}} - V_{\mathrm{in}})} \frac{L}{D_2 T_{\mathrm{sw}}} - D \qquad (1.149)$$

从上式中求解 D_2，将结果代入式（1.144），得到传输系数

$$M = \frac{1}{2}\left(1 + \sqrt{1 + \frac{2 T_{\mathrm{sw}} R D^2}{L}}\right) \qquad (1.150)$$

如同降压变换器一样，如果定义归一化的电感时间常数 $\tau_{\mathrm{L}} = L/(R T_{\mathrm{sw}})$，则最后得到

$$M = \frac{1 + \sqrt{1 + \dfrac{2 D^2}{\tau_{\mathrm{L}}}}}{2} \qquad (1.151)$$

现在可以画出传输系数 M 与占空比的关系曲线，得到如图 1.57 所示对于不同 τ_{L} 值的曲线族。

τ_{L} 值小时（如 R 很大），输出电流低，电路工作于深度 DCM，高的 M 系数（> 5）是可以得到的。然而，当增加负载电流（τ_{L} 值增加），仍要电路保持在 DCM 工作状态，要获得较好的 M 系数（如在 2 或 3 范围内）就更困难了。

对工作于 DCM 条件下的升压变换器，总结如下：

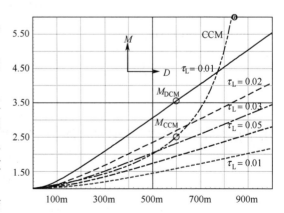

图 1.57　τ_{L} 值变化时不同的传输系数

- M 值依赖于负载电流；
- 和 CCM 下的降压变换器一样，M 和 D 之间存在线性关系；
- 在占空比相同的情况下，工作于 DCM 时的传输系数 M 比工作于 CCM 时的大。

1.8.5 升压变换器工作状态从 DCM 到 CCM 的过渡点

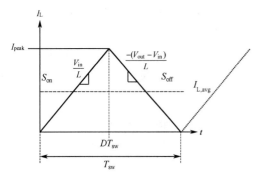

图 1.58 在升压变换器中，平均输入电流就是平均电感电流

在研究降压变换器时，曾经定义过一个点——电路进入或离开 CCM 和 DCM 两种工作模式的分界点。此时，当电感电流纹波值到 0 时，功率开关 SW 立即闭合，电感电流又向上增加。图 1.58 所示为升压变换器电感电流在边界点的电流变化。在边界模式时，对称三角形的电流平均值是最大值的一半[见式（1.75）]。

从图 1.58 中，可以定义不同的斜率：

$$S_{on} = V_{in}/L \tag{1.152}$$

$$S_{off} = -\frac{V_{out} - V_{in}}{L} \tag{1.153}$$

从式（1.152）中，可以得到峰值电流 I_{peak} 的值为

$$I_{peak} = \frac{V_{in}DT_{sw}}{L} \tag{1.154}$$

由于电路工作于临界模式，$\langle i_L(t)\rangle_{T_{sw}} = I_{peak}/2$，重新排列式（1.154）得到

$$\langle i_L(t)\rangle_{T_{sw}} = \frac{V_{in}DT_{sw}}{2L} \tag{1.155}$$

对于升压变换器，假设效率为 100%，则有

$$\langle i_L(t)\rangle_{T_{sw}} = \frac{V_{out}^2}{RV_{in}} \tag{1.156}$$

由式（1.140）可知，$V_{out}/V_{in} = 1/(1-D)$，因此有

$$\frac{V_{in}DT_{sw}}{2L} = \frac{V_{out}V_{out}}{RV_{in}} = \frac{V_{out}}{R(1-D)} \tag{1.157}$$

上式两边同时乘以 $1/V_{in}$，得到

$$\frac{DT_{sw}}{2L} = \frac{1}{R(1-D)}\frac{1}{(1-D)} \tag{1.158}$$

可求得 R 和 L 的临界值：

$$R_{critical} = \frac{2F_{sw}L}{D(1-D)^2} \tag{1.159}$$

$$L_{critical} = \frac{RD(1-D)^2}{2F_{sw}} \tag{1.160}$$

用升压变换器的直流传输函数代替 D，上述等式可重新写为

$$R_{critical} = \frac{2F_{sw}LV_{out}^2}{(1-V_{in}/V_{out})V_{in}^2} \tag{1.161}$$

$$L_{critical} = \frac{(1-V_{in}/V_{out})V_{in}^2R}{2F_{sw}V_{out}^2} \tag{1.162}$$

1.8.6　工作于 CCM 下的升压变换器输出纹波电压计算

遗憾的是，流经电容的电流不再是看上去斜向上和斜向下的电流。能量首先存储在电感中，然后，突然将能量转到电容器上。这个过程产生了电流的不连续性，如图 1.52 所示。为了推导输出纹波，需要理解流入电容的电流的表达式。如同降压变换器纹波计算一样，我们认为二极管电流的交流部分完全流经输出电容，而直流分量流过 R。对于低电压纹波设计而言是对的。利用该事实，得出

$$i_C(t) = i_d(t) - \frac{v_{out}(t)}{R_{load}} \approx i_d(t) - \frac{V_{out}}{R_{load}} \tag{1.163}$$

图 1.59 所示为二极管中电流的变化，强调其中的直流部分 V_{out}/R_{load} 是输出电流。电容电流如图 1.60 所示。

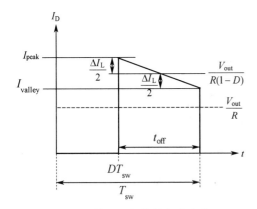

图 1.59　输出二极管的电流变化

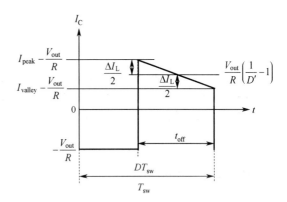

图 1.60　二极管电流减去直流输出

仿真的纹波曲线如图 1.61 所示，从图中可以看到两部分信号：一部分信号发生在开关导通期间，是电容电压的耗尽过程；另一部分发生在开关断开期间，电容器充电。在这一节中，将会写出电容充电阶段的时间公式。如图 1.59 所示，三角形的中部（电感纹波）表示了电感的平均电流 $\langle i_L(t) \rangle_{T_{sw}}$。但这个平均电流只在开关断开期间才传递到输出。因此，可以写为

$$I_{out} = \langle i_L(t) \rangle_{T_{sw}} D' \tag{1.164}$$

已知 $I_{out} = V_{out}/R_{load}$，可以改写式（1.164），来揭示电感电流的直流分量：

$$\frac{V_{out}}{R_{load}} \frac{1}{D'} = \langle i_L(t) \rangle_{T_{sw}} \tag{1.165}$$

这一点与图 1.59 中的 $(I_{peak} + I_{valley})/2$ 相对应，从式（1.163）知道，电容电流实际上是电感

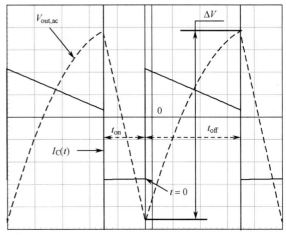

图 1.61　工作于 CCM 下的升压变换器纹波仿真

电流减去其中的直流分量（即输出电流 $I_{out} = V_{out}/R_{load}$）。结果，如果从图 1.59 中所有点减去 I_{out}，就得到了图 1.60，其中中点 $(I_{peak} + I_{valley})/2$ 变为

$$\frac{V_{out}}{R_{load}} \frac{1}{D'} - \frac{V_{out}}{R_{load}} = \frac{V_{out}}{R_{load}} \left(\frac{1}{D'} - 1 \right) \tag{1.166}$$

如果在 0 到 t_{off} 之间把函数 $i_C(t)$ 定义为时间的函数，则可以表示为

$$i_C(t) = \Delta I_L \left[\frac{t_{off} - t}{t_{off}} \right] + \frac{V_{out}}{R_{load}} \left[\frac{1}{D'} - 1 \right] - \frac{\Delta I_L}{2}, t \in [0, t_{off}] \tag{1.167}$$

与降压变换器一样，对 $i_C(t)$ 在 0 到 t 之间积分，再除以 C 可得到电压表达式：

$$\frac{1}{C} \int_0^t i_C(t) \, dt = \frac{1}{C} \left[\frac{\Delta I_L}{t_{off}} \left(t_{off} t - \frac{t^2}{2} \right) + \frac{V_{out}}{R_{load}} \left(\frac{1}{D'} - 1 \right) t - \frac{\Delta I_L}{2} t \right] \tag{1.168}$$

纹波的峰–峰值实际上在 $t = t_{off}$ 时求得。因此，将 $t = t_{off}$ 代入式（1.168）得

$$\Delta V = \left[\frac{V_{out}}{R_{load}} \left(\frac{1}{D'} - 1 \right) t_{off} \right] \frac{1}{C} \tag{1.169}$$

用 $D'T_{sw}$ 代替 t_{off}，得到

$$\Delta V = \frac{T_{sw} D V_{out}}{R_{load} C} \tag{1.170}$$

或者，用 V_{out} 归一化，得到

$$\frac{\Delta V}{V_{out}} = \frac{T_{sw} D}{R_{load} C} \tag{1.171}$$

这是一个另外的例子，例中用多行代数运算得到了简单的结果。实际上，观察图 1.60，升压变换器输出电容电流处于平衡状态，持续时间为 DT_{sw} 的 0 以下的曲线面积与持续时间为 $(1 - D)T_{sw}$ 的 0 以上的曲线面积相等。这是已经表述过的电荷平衡定律，可写为

$$\Delta Q = I_{out} D T_{sw} = \frac{V_{out}}{R_{load}} D T_{sw} \tag{1.172}$$

已知 $\Delta Q = \Delta V C$，因此有

$$\Delta V = \frac{\Delta Q}{C} = \frac{V_{out} D T_{sw}}{R_{load} C} \tag{1.173}$$

这就是式（1.170）所描述的，这里只用了二行代数就把方程推导出来了。

1.8.7　考虑 ESR

ESR 作为一个电阻出现，与电容串联，如图 1.43 所示。为简化计算，认为所有二极管电流交流纹波不再只经过电容 C，而是经过电容 C 和电阻 ESR 的串联组合。二极管电流直流分量只经过输出负载 R。

在电阻 ESR 上产生的压降为

$$\Delta V_{ESR} = \Delta I_C R_{ESR} \tag{1.174}$$

在图 1.59 和图 1.60 中，ΔI_C 对应于 I_{peak}。因此，应用式（1.165）和式（1.153），得到

$$I_{peak} = \frac{V_{out}}{R_{load} D'} - \frac{S_{off}}{2} D' T_{sw} = \frac{I_{out}}{D'} - \frac{(V_{in} - V_{out}) D' T_{sw}}{2L} \tag{1.175}$$

如果应用式（1.137），$V_{out} = V_{in} / (1 - D)$，可得到最后的 ESR 电压表达式：

$$\Delta V_{ESR} = \left(\frac{I_{out}}{D'} + \frac{V_{in} D T_{sw}}{2L} \right) R_{ESR} \tag{1.176}$$

上述等式中的所有项都除以 V_{out}，对输出电压归一化，表达式变为

$$\frac{\Delta V_{ESR}}{V_{out}} = \left(\frac{I_{out}}{V_{out}} \frac{1}{D'} + \frac{V_{in}}{V_{out}} \frac{D T_{sw}}{2L} \right) R_{ESR} = \left(\frac{1}{R_{load} D'} + \frac{D' D T_{sw}}{2L} \right) R_{ESR} \tag{1.177}$$

最后的纹波曲线与上述等式中占支配作用的项有关，如果忽略 ESR 效应，纹波曲线类似于图 1.61 所示的三角波，在 ESR 作用很大的情况下，纹波曲线的形状变换为方波。

1.8.8　升压变换器纹波的数值计算

在本例中，如图 1.49 所示，加入了与电容 C 串联的 ESR 阻值，元件值如下：

$$L = 100\ \mu H,\quad C = 10\ \mu F,\quad R_{ESR} = 500\ m\Omega,\quad V_{in} = 12\ V$$

$$V_{out} = 16.6\ V,\quad F_{sw} = 100\ kHz,\quad D = 0.3,\quad R_{load} = 30\ \Omega$$

应用式（1.170），可得到电容的纹波峰–峰值为

$$\Delta V = \frac{10\mu \times 0.3 \times 16.6}{30 \times 10\mu} = 166\ mV \tag{1.178}$$

应用式（1.177），得到附加的 ESR 纹波电压为

$$\Delta V_{ESR} = \left(\frac{1}{30 \times 0.7} + \frac{0.7 \times 0.3 \times 10\mu}{2 \times 100\mu} \right) \times 0.5 \times 16.6 = (47.6m + 10.5m) \times 0.5 \times 16.6 = 482\ mV \tag{1.179}$$

如图 1.62 所示的仿真结果表明了上述方法的合理性。本例中，在纹波表达式中 ESR 占支配地位，最终的波形类似于方波。

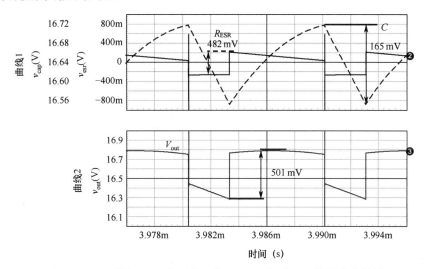

图 1.62　具有附加 ESR 电阻的工作于 CCM 的升压变换器仿真结果

1.8.9　升压变换器中的均方根电流

如同求解降压变换器中的均方根电流那样，本节将计算工作于 CCM 和 DCM 的升压变换器的均方根电流。CCM 升压变换器的电感电流不再如同降压变换器那样跨接成为 dc 输出电流。假定该结构与输入电源串联，则平均电感电流就是输入电流，如图 1.63 所示。

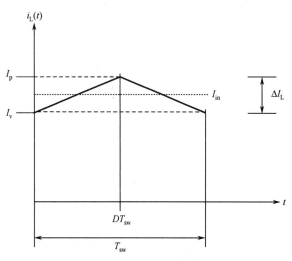

除波形谷、峰的定义外，该波形的均方根值与式（1.116）给出的类似，其纹波电流的变化为

$$\Delta I_L = \frac{V_{in}}{L} D T_{sw} \tag{1.180}$$

假设效率为 100%，则有

图 1.63　电感直流电流不再如同降压变换器那样是 I_{out}，而是直流输入电流

$$I_p = I_{in,avg} + \frac{\Delta I_L}{2} = \frac{P_{out}}{V_{in}} + \frac{V_{in}}{2L}DT_{sw} \tag{1.181}$$

$$I_v = I_{in,avg} - \frac{\Delta I_L}{2} = \frac{P_{out}}{V_{in}} - \frac{V_{in}}{2L}DT_{sw} \tag{1.182}$$

如果将这些表达式代入式（1.116），可得工作于 CCM 的升压变换器的均方根电流表达式：

$$I_{L,rms} = \sqrt{\left(\frac{P_{out}}{V_{in}}\right)^2 + \frac{\Delta I_L^2}{12}} \tag{1.183}$$

除了纹波以输入 dc 电流为中心的情况，开关和二极管电流的波形在形状上与 CCM 降压变换器相比没有什么变化（参见图 1.64 和图 1.65）。对于二极管而言，现在其平均电流为由升压变换器输出的 dc 电流。

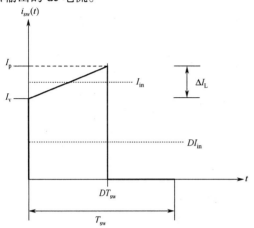

图 1.64 开关平均纹波电流不再如同降压变换器那样是 I_{out}，而是 dc 输入电流

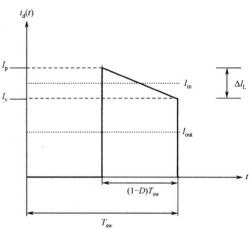

图 1.65 二极管平均纹波电流不再如同降压变换器那样是 I_{out}，而是 dc 输入电流

基于附录 1D 公式，有

$$I_{SW,rms} = \sqrt{D\left[\left(\frac{P_{out}}{V_{in}}\right)^2 + \frac{\Delta I_L^2}{12}\right]} \tag{1.184}$$

$$I_{d,rms} = \sqrt{(1-D)\left[\left(\frac{P_{out}}{V_{in}}\right)^2 + \frac{\Delta I_L^2}{12}\right]} \tag{1.185}$$

假设所有二极管电流的交流成分流经电容，而直流成分流经负载。因此，电容均方根电流为

$$I_{C_{out},rms} = \sqrt{I_{d,rms}^2 - I_{out}^2} = \sqrt{(1-D)\left[\left(\frac{P_{out}}{V_{in}}\right)^2 + \frac{\Delta I_L^2}{12}\right] - I_{out}^2} \tag{1.186}$$

现在用这些表达式来进行数值计算。假设 CCM 升压变换器具有如下元件值：

$$V_{in} = 10\ V,\ V_{out} = 25\ V,\ T_{sw} = 10\ \mu s,\ L = 100\ \mu H,\ R_{load} = 50\ \Omega,\ P_{out} = 12.5\ W$$

首先，用式（1.137）计算占空比：

$$D = \frac{V_{out} - V_{in}}{V_{out}} = \frac{25 - 10}{25} = 0.6 \tag{1.187}$$

电感纹波电流用以下表达式来计算：

$$\Delta I_L = \frac{V_{in}}{L}DT_{sw} = \frac{10}{100\mu} \times 0.6 \times 10\mu = 600\ mA \tag{1.188}$$

电感均方根电流使用式（1.183）容易求得：

$$I_{\text{L,rms}} = \sqrt{\left(\frac{12.5}{10}\right)^2 + \frac{0.6^2}{12}} = 1.262\,\text{A} \tag{1.189}$$

由该表达式，就可以确定开关和二极管均方根电流：

$$I_{\text{SW,rms}} = \sqrt{0.6 \times \left[\left(\frac{12.5}{10}\right)^2 + \frac{0.6^2}{12}\right]} = 0.977\,\text{A} \tag{1.190}$$

$$I_{\text{d,rms}} = \sqrt{(1-0.6)\left[\left(\frac{12.5}{10}\right)^2 + \frac{0.6^2}{12}\right]} = 0.798\,\text{A} \tag{1.191}$$

最后，可求得输出电容电流为

$$I_{C_{\text{out}},\text{rms}} = \sqrt{(1-0.6)\left[\left(\frac{12.5}{10}\right)^2 + \frac{0.6^2}{12}\right] - 0.5^2} = 0.622\,\text{A} \tag{1.192}$$

升压变换器输入电容器电流定义为

$$I_{C_{\text{in}},\text{rms}} = \sqrt{I_{\text{L,rms}}^2 - (MI_{\text{out}})^2} \tag{1.193}$$

代入升压变换器的元件值，求得输入电容电流值为

$$I_{C_{\text{in}},\text{rms}} = \sqrt{1.262^2 - \left(\frac{25}{10} \times 0.5\right)^2} = 173\,\text{mA} \tag{1.194}$$

我们已经推导得到了 CCM 升压变换器的均方根电流公式。然而，工程师能有目的地设计标称功率下工作于 DCM 的升压变换器。电感电流波形更新为如图 1.66 所示。

从图 1.66 求得的均方根值不同于由图 1.63 所得。实际上，信号的均方根值随着纹波幅度的增加而增大。交流纹波越小，均方根值越低。在变换器工作于如图 1.66 所示的深度不连续状态下，均方根值很大且导通损耗与相同输出功率 CCM 变换器相比会有增加。附录 1D 给出了图 1.66 所示信号的均方根值为

$$I_{\text{L,rms}} = I_{\text{p}}\sqrt{\frac{1-D_3}{3}} \tag{1.195}$$

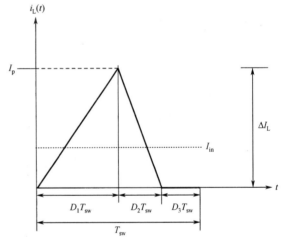

图 1.66　在 DCM 工作条件下，电感电流在一个开关周期内下降到 0

让我们通过几个方程来求解 D_1、D_2 和 D_3 的值。我们知道平均电感电流实际上就是电源直流电流。观察图 1.66，对该信号在整个周期内平均来求得 dc 输入电流：

$$I_{\text{in,avg}} = \frac{1}{2}I_{\text{p}}D_1 + \frac{1}{2}I_{\text{p}}D_2 = \frac{I_{\text{p}}}{2}(D_1 + D_2) \tag{1.196}$$

在 DCM 下，电感纹波电流或峰值电流由下式给出：

$$I_{\text{p}} = \frac{V_{\text{in}}}{L}D_1 T_{\text{sw}} \tag{1.197}$$

由上式导出占空比 D_1：

$$D_1 = \frac{LI_{\text{p}}}{V_{\text{in}}T_{\text{sw}}} \tag{1.198}$$

通过考虑电感电流下斜坡来计算峰值电流:

$$I_{\mathrm{p}} = \frac{V_{\mathrm{out}} - V_{\mathrm{in}}}{L} D_2 T_{\mathrm{sw}} \tag{1.199}$$

由上式导出占空比 D_2:

$$D_2 = \frac{L I_{\mathrm{p}}}{(V_{\mathrm{out}} - V_{\mathrm{in}}) T_{\mathrm{sw}}} \tag{1.200}$$

假设效率为 100%,将式(1.198)和式(1.200)代入式(1.196),可以推导得到峰值电流:

$$\frac{P_{\mathrm{out}}}{P_{\mathrm{in}}} = \frac{I_{\mathrm{p}}}{2} \left(\frac{L I_{\mathrm{p}}}{V_{\mathrm{in}} T_{\mathrm{sw}}} + \frac{L I_{\mathrm{p}}}{(V_{\mathrm{out}} - V_{\mathrm{in}}) T_{\mathrm{sw}}} \right) \tag{1.201}$$

$$I_{\mathrm{p}} = \frac{T_{\mathrm{sw}}(V_{\mathrm{out}} - V_{\mathrm{in}}) \sqrt{\dfrac{2 L P_{\mathrm{out}} V_{\mathrm{out}}}{T_{\mathrm{sw}}(V_{\mathrm{out}} - V_{\mathrm{in}})}}}{L V_{\mathrm{out}}} \tag{1.202}$$

从该定义,我们计算 D_1 和 D_2:

$$D_1 = \frac{(V_{\mathrm{out}} - V_{\mathrm{in}}) \sqrt{\dfrac{2 L P_{\mathrm{out}} V_{\mathrm{out}}}{T_{\mathrm{sw}}(V_{\mathrm{out}} - V_{\mathrm{in}})}}}{V_{\mathrm{in}} V_{\mathrm{out}}} \tag{1.203}$$

$$D_2 = \frac{\sqrt{\dfrac{2 L P_{\mathrm{out}} V_{\mathrm{out}}}{T_{\mathrm{sw}}(V_{\mathrm{out}} - V_{\mathrm{in}})}}}{V_{\mathrm{out}}} \tag{1.204}$$

在 DCM 下, $D_1 + D_2 + D_3 = 1$,因此有

$$D_2 = \frac{V_{\mathrm{in}} - \sqrt{\dfrac{2 L P_{\mathrm{out}} V_{\mathrm{out}}}{T_{\mathrm{sw}}(V_{\mathrm{out}} - V_{\mathrm{in}})}}}{V_{\mathrm{in}}} \tag{1.205}$$

如果现在将所有这些定义代入式(1.195),则得到 DCM 升压变换器均方根电感电流方程,它是一个相当长的方程:

$$I_{\mathrm{L,rms}} = \sqrt{\frac{2 P_{\mathrm{out}} T_{\mathrm{sw}}(V_{\mathrm{out}} - V_{\mathrm{in}}) \sqrt{\dfrac{2 L P_{\mathrm{out}} V_{\mathrm{out}}}{T_{\mathrm{sw}}(V_{\mathrm{out}} - V_{\mathrm{in}})}}}{3 L V_{\mathrm{in}} V_{\mathrm{out}}}} \tag{1.206}$$

开关非连续电流波形如图 1.67 所示,而二极管非连续电流波形如图 1.68 所示。

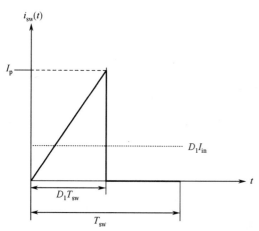

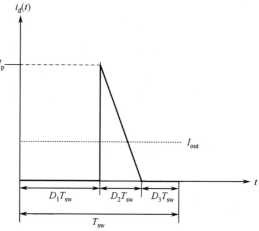

图 1.67　在 DCM 工作条件下,从 0 开始的开关电流　　图 1.68　当开关断开时,二极管电流跳变到峰值

根据附录 1D，这些信号的均方根电流为

$$I_{\text{SW,rms}} = I_{\text{p}}\sqrt{\frac{D_1}{3}} = I_{\text{L,rms}}\sqrt{\frac{D_1}{1-D_3}} \tag{1.207}$$

$$I_{\text{d,rms}} = I_{\text{p}}\sqrt{\frac{D_2}{3}} = I_{\text{L,rms}}\sqrt{\frac{D_2}{1-D_3}} \tag{1.208}$$

如果现在用推导得到的 D_1、D_2 和 D_3 表达式代入，可以得到如下复杂的表达式：

$$I_{\text{SW,rms}} = \frac{V_{\text{out}} - V_{\text{in}}}{V_{\text{out}}}\sqrt{\frac{2P_{\text{out}}T_{\text{sw}}\sqrt{\frac{2LP_{\text{out}}V_{\text{out}}}{T_{\text{sw}}(V_{\text{out}} - V_{\text{in}})}}}{3LV_{\text{in}}}} \tag{1.209}$$

$$I_{\text{d,rms}} = \frac{1}{V_{\text{out}}}\sqrt{\frac{2P_{\text{out}}T_{\text{sw}}(V_{\text{out}} - V_{\text{in}})\sqrt{\frac{2LP_{\text{out}}V_{\text{out}}}{T_{\text{sw}}(V_{\text{out}} - V_{\text{in}})}}}{3L}} \tag{1.210}$$

最后，应用二极管均方根定义和 dc 输出电流可以求得电容均方根电流：

$$I_{C_{\text{out}},\text{rms}} = \sqrt{I_{\text{d,rms}}^2 - I_{\text{out}}^2} = \sqrt{\frac{2P_{\text{out}}T_{\text{sw}}(V_{\text{out}} - V_{\text{in}})\sqrt{\frac{2LP_{\text{out}}V_{\text{out}}}{T_{\text{sw}}(V_{\text{out}} - V_{\text{in}})}}}{3LV_{\text{out}}^2} - I_{\text{out}}^2} \tag{1.211}$$

输入电容均方根电流定义类似于式（1.193）定义的，M 除外，M 表示工作于 DCM 的升压变换器 dc 传输函数。

我们用对 DCM 升压变换器作快速的数值计算来结束本节：

$$V_{\text{in}} = 10\text{ V}, V_{\text{out}} = 28.8\text{ V}, T_{\text{sw}} = 10\text{ μs}, L = 100\text{ μH}, R_{\text{load}} = 300\text{ Ω}, P_{\text{out}} = 2.76\text{ W}, I_{\text{out}} = 96\text{ mA}$$

如果将上述数值代入公式，可以求得

$$D_1 = 0.6, D_2 = 0.32, D_3 = 0.08, I_{\text{L,rms}} = 333\text{ mA}, I_{\text{sw,rms}} = 269\text{ mA},$$

$$I_{\text{d,rms}} = 196\text{ mA}, I_{C_{\text{out}},\text{rms}} = 171\text{ mA}, I_{C_{\text{in}},\text{rms}} = 185\text{ mA}$$

由于这些公式使用方便，我们已经将它们收集于图 1.69 和图 1.70 中。

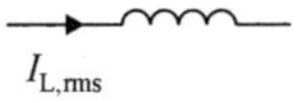 $I_{\text{L,rms}}$	$\sqrt{\left(\frac{P_{\text{out}}}{V_{\text{in}}}\right)^2 + \frac{\Delta I_L^2}{12}}$	$\frac{V_{\text{out}}}{R}\sqrt{\frac{1}{(1-D)^2} + \frac{1}{3}\left(\frac{1}{2\tau_L}\right)^2 D^2(1-D)^2}$
 $I_{\text{sw,rms}}$	$\sqrt{D\left[\left(\frac{P_{\text{out}}}{V_{\text{in}}}\right)^2 + \frac{\Delta I_L^2}{12}\right]}$	$\frac{V_{\text{out}}}{R}\sqrt{\frac{D}{(1-D)^2} + \frac{1}{3}\left(\frac{1}{2\tau_L}\right)^2 D^3(1-D)^2}$
 $I_{\text{d,rms}}$	$\sqrt{(1-D)\left[\left(\frac{P_{\text{out}}}{V_{\text{in}}}\right)^2 + \frac{\Delta I_L^2}{12}\right]}$	$\frac{V_{\text{out}}}{R}\sqrt{\frac{1}{1-D} + \frac{1}{3}\left(\frac{1}{2\tau_L}\right)^2 D^2(1-D)^3}$
 $I_{\text{C,rms}}$	$\sqrt{(1-D)\left[\left(\frac{P_{\text{out}}}{V_{\text{in}}}\right)^2 + \frac{\Delta I_L^2}{12}\right] - I_{\text{out}}^2}$ $\Delta I_L = \frac{V_{\text{in}}}{L}DT_{\text{SW}}$	$\frac{V_{\text{out}}}{R}\sqrt{\frac{D}{1-D} + \frac{D^2(1-D)}{12}\left(\frac{1-D}{\tau_L}\right)^2}$ $\tau_L = \frac{L}{RT_{\text{SW}}}$

图 1.69 CCM 升压变换器均方根关系式总结（书中推导公式位于中间一列，右列引自文献[7]）

$I_{L,\text{rms}}$ (电感)	$I_{\text{peak}}\sqrt{\dfrac{1-D_3}{3}}$	$\dfrac{V_{\text{out}}}{R}\sqrt{\dfrac{2D_1}{3\tau_L}}$
$I_{\text{sw,rms}}$ (开关)	$I_{L,\text{rms}}\sqrt{\dfrac{D_1}{1-D_3}}$	$\dfrac{V_{\text{out}}}{R}\dfrac{\sqrt{1+\dfrac{2D_1^2}{\tau_L}}-1}{\sqrt{3D_1}}$
$I_{d,\text{rms}}$ (二极管)	$I_{L,\text{rms}}\sqrt{\dfrac{D_2}{1-D_3}}$	$\dfrac{V_{\text{out}}}{R}\sqrt{\dfrac{2}{3}\dfrac{\left(\sqrt{1+\dfrac{2D_1^2}{\tau_L}}-1\right)}{D_1}}$
$I_{C,\text{rms}}$ (电容)	$\sqrt{\dfrac{2P_{\text{out}}T_{\text{sw}}(V_{\text{out}}-V_{\text{in}})\sqrt{\dfrac{2LP_{\text{out}}V_{\text{out}}}{T_{\text{sw}}(V_{\text{out}}-V_{\text{in}})}}}{3LV_{\text{out}}^2}-I_{\text{out}}^2}$	$\dfrac{V_{\text{out}}}{R}\sqrt{\dfrac{2}{3}\dfrac{\left(\sqrt{1+\dfrac{2D_1^2}{\tau_L}}-1\right)}{D_1}-1}\qquad \tau_L=\dfrac{L}{RT_{\text{sw}}}$

$$D_1=\frac{(V_{\text{out}}-V_{\text{in}})\sqrt{\dfrac{2LP_{\text{out}}V_{\text{out}}}{T_{\text{sw}}(V_{\text{out}}-V_{\text{in}})}}}{V_{\text{in}}V_{\text{out}}}\quad D_2=\frac{\sqrt{\dfrac{2LP_{\text{out}}V_{\text{out}}}{T_{\text{sw}}(V_{\text{out}}-V_{\text{in}})}}}{V_{\text{out}}}\quad D_3=\frac{V_{\text{in}}-\sqrt{\dfrac{2LP_{\text{out}}V_{\text{out}}}{T_{\text{sw}}(V_{\text{out}}-V_{\text{in}})}}}{V_{\text{in}}}\quad I_p=\frac{T_{\text{sw}}(V_{\text{out}}-V_{\text{in}})\sqrt{\dfrac{2LP_{\text{out}}V_{\text{out}}}{T_{\text{sw}}(V_{\text{out}}-V_{\text{in}})}}}{LV_{\text{out}}}\quad \Delta I_L=\frac{V_{\text{in}}}{L}DT_{\text{sw}}$$

图 1.70　DCM 升压变换器均方根关系式总结（书中推导公式位于中间一列，右列引自文献[7]）

1.9　降压-升压变换器

与升压变换器一样，降压-升压变换器属于间接能量传输变换器类。在一个周期中，首先在线圈中存储能量，然后将能量释放到输出电容。与升压变换器相比，降压-升压变换器结构在元件排列上只做了很小的变化。如同降压变换器，开关控制更复杂，电感的一端与地相连。注意电路中二极管的方向发生了改变，意味着输出电压为负。降压-升压变换器的电路结构如图 1.71 所示。

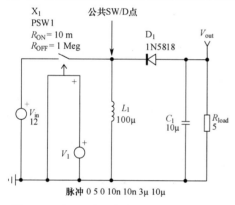

图 1.71　降压-升压变换器中，二极管与开关的连接点电压在开关断时变负

从图 1.71 中可以看到下面几点：电感不与输入电源和输出串联连接；电感分别通过开关 SW 和二极管 D 突然与 V_{in} 和 V_{out} 连接，降压-升压变换器的输入、输出电流特性很差；另外，由于功率开关的参考控制点（发射极或源极）处于开关状态，意味着需要用自举电路来产生浮栅 V_{GS} 信号，功率开关可以使用 P 型 MOSFET（或 PNP 晶体管）或 N 沟道 MOSFET（或 NPN 晶体管），这就增加了变换器的复杂性和成本。

1.9.1　导通期间

当开关闭合，如同升压变换器（忽略开关两端的压降），V_{in} 很快加到电感 L 的两端，结果，电感电流一直增加到峰值，电流值由下式定义：

$$I_{\text{peak}}=I_{\text{valley}}+\frac{V_{\text{in}}}{L}t_{\text{on}} \tag{1.212}$$

I_{valley} 实际上代表了 $t=0$ 时的值，对于 DCM 的情况，可以是零；对于 CCM 的情况，有非零值。图 1.72 所示为这种情况，图中在电感磁化期间，负载和电容与前面的电路断开。与升压变换器的情况类似，在这一阶段电容为负载供电。电容两端的电压将按照时间常数下降。

1.9.2 断开期间

在开关断开期间，电感电流必须有一个电流回路来保持安匝数恒定。电感电压反向，因此输出负电压。二极管 D 导通用来将电感能量转储到电容 C（电流为 I_C）和负载（电流为 I_{load}）上。图 1.73 画出了这种情况。在开关断开期间，开关导通时存储在电感 L 上的能量按照式（1.213）描述的速率消耗：

$$I_{valley} = I_{peak} - \frac{V_{out}}{L} t_{off} \tag{1.213}$$

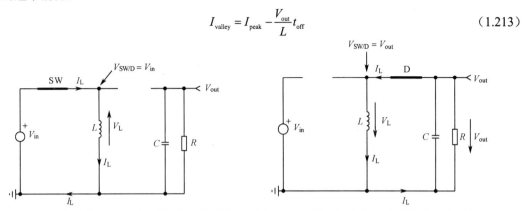

图 1.72　开关闭合期间，V_{in} 加到电感 L 的两端　　图 1.73　开关断开期间，电感电流方向不变，电感两端电压反向，对电容 C 反向充电

当新的时钟周期到来后，SW 再次闭合，式（1.212）再起作用。下面分析 CCM 情况下降压-升压变换器的特征波形。

1.9.3 CCM 情况下的降压-升压变换器波形

要综合理解降压-升压变换器的工作原理，可以观察由图 1.74 所示的所有波形。

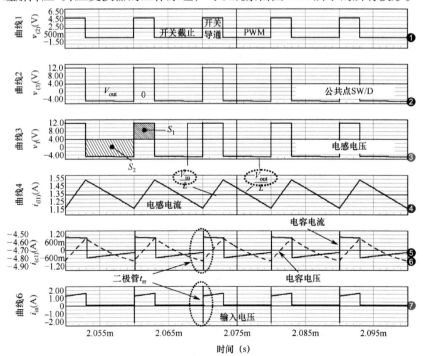

图 1.74　工作于 CCM 下的降压-升压变换器典型波形图

波形 1（曲线 1）代表了 PWM 图形，它用来驱动开关导通和截止。当开关 SW 闭合时，公共点 SW/D 电压达到输入电压 V_{in}。相反，当开关断开时，公共点 SW/D 电压等于输出电压加上二极管的正向压降。在作图和分析的过程中，都忽略二极管的正向压降（V_f）。对二极管的正向压降（V_f）的作用描述，与第 2 章中描述 $R_{DS(on)}$ 的作用一样。

曲线 3 描述了电感两端的电压是如何变化的。注意曲线 2 和曲线 3 是相同的，因为公共点 SW/D 连到电感的右端，都相对于地进行观察。遵循以前的方法，可以写出这个特殊节点 SW/D 的电压，其平均值为 0：

$$\langle v_L(t)\rangle_{T_{sw}} = \langle v_{SW/D}(t)\rangle_{T_{sw}} = 0 \tag{1.214}$$

这意味着

$$V_{in}D - V_{out}D' = 0 \tag{1.215}$$

重新改写上述等式，可以求得传输系数 M，式中出现负 V_{out}：

$$\frac{V_{out}}{V_{in}} = -\frac{D}{1-D} = M \tag{1.216}$$

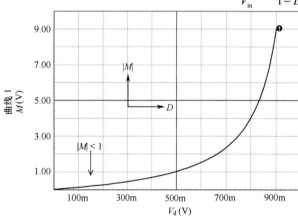

图 1.75 工作于 CCM 的降压-升压变换
器传输系数随占空比 D 的变化

图 1.75 所示为传输系数 M 的绝对值与控制占空比 D 的关系。降压-升压变换器所使用的元件与降压变换器几乎相同。因为电路工作于 CCM，二极管的阻断点完全取决于 SW 的闭合瞬间。结果，突然地阻断二极管使二极管短路，直到二极管完全恢复。功率开关产生一电流尖峰。如图 1.74 所示，底部曲线描述了输入电流。减慢 SW 控制电压，可以降低恢复尖峰。

与降压和升压变换器不同，降压-升压变换器输出和输入电流由尖锐的过渡曲线组成，典型的间接能量传输变换器也是如此。输出和输入纹波具有脉冲的形状，本能地需要适当的滤波器来避免污染输入电源和由变换器供电的后续电路。

对 CCM 降压-升压变换器总结如下：

- 输出电压可以大于也可以小于输入电压。
- 与其他拓扑结构一样，如果忽略各种欧姆损耗，变换系数 M 与负载电流无关。通过变化占空比 D，可以控制输出电压。
- 在 CCM 情况下，工作于升压时，会带来附加的损耗，因为二极管反向恢复需要 t_{rr} 的时间来消耗存储的电荷。这种现象对于功率开关而言看上去是一个附加的负担。
- 存在脉冲输入纹波和脉冲输出纹波。
- 与降压变换器一样，功率开关工作在高压侧，意指功率开关的控制比与参考地相连的开关更复杂。
- 降压-升压变换器当 SW 与输入源串联连接时可以实现短路保护。

下面减小负载，来观察非连续导通模式下波形的变化。

1.9.4 DCM 下降压-升压变换器波形

将输出负载从 5 Ω 增大到 100 Ω，因此在功率开关断开期间，电感完全放电到 0，等待开关再次为其充电。由于电感电流也流过续流二极管，二极管自然阻断。由于开关断开，二极管阻断，电路呈第三种状态，如图 1.76 所示，这是典型的 DCM 工作状态。这一状态的持续时间表示为 $D_3 T_{sw}$。在第三状态期间，存储在电容器 C 上的能量单独向负载 R 供电。

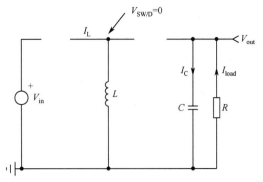

图 1.76　在 DCM 中存在第三态，此时所有的开关断开

如图 1.77 所示，同已知的其他 DCM 情况一样，电感电流在开关导通期间逐渐增大直到 I_{peak}，然后在开关断开期间电流下降直到 0，引起二极管阻断。电感的上端开路，由于存在寄生电容（如二极管和 SW 寄生电容），开始出现振荡信号。理论上，当 L 没有电流流过时，电压应回到 0，也没有振荡。

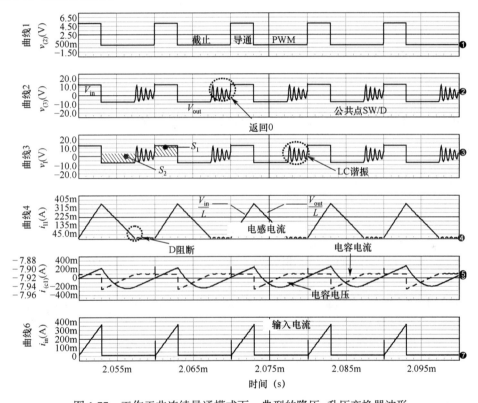

图 1.77　工作于非连续导通模式下，典型的降压-升压变换器波形

现在可以计算工作于 DCM 状态下，降压-升压变换器的传输系数 M。仍然应用电压-电感平衡，用式（1.214）来描述电感电压：

$$\langle v_L(t) \rangle_{T_{sw}} = \langle v_{SW/D}(t) \rangle_{T_{sw}} = 0 \tag{1.217}$$

公共点 SW/D 处电压的变化可以通过图 1.78 详细观察到。以下推导公共点处的平均值。从图 1.78 中，可以得到

$$0 = DV_{in} - D_2 V_{out} \tag{1.218}$$

查看二极管电流波形，可以推导得到 D_2，二极管电流在 D_2 期间即电感退磁时间有电流流过。二极管平均电流中只有直流输出：

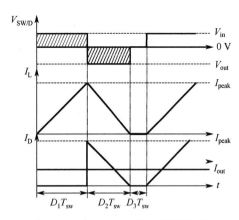

图 1.78　DCM 降压–升压变换器公共
点 SW/D 电压和电流信号

$$\langle i_{\mathrm{D}}(t)\rangle_{T_{\mathrm{sw}}} = \frac{I_{\mathrm{peak}}D_2 T_{\mathrm{sw}}}{2}\frac{1}{T_{\mathrm{sw}}} = I_{\mathrm{out}} \qquad (1.219)$$

已知 $I_{\mathrm{out}} = V_{\mathrm{out}}/R$，重写式（1.219），求得 D_2 为

$$D_2 = \frac{2V_{\mathrm{out}}}{RI_{\mathrm{peak}}} \qquad (1.220)$$

在开关导通期间，电感电流从 0 增加到峰值

$$I_{\mathrm{peak}} = DT_{\mathrm{sw}}\frac{V_{\mathrm{in}}}{L} \qquad (1.221)$$

将式（1.221）代入式（1.220），得到更具体的表达式为

$$D_2 = \frac{2V_{\mathrm{out}}}{R}\frac{L}{DV_{\mathrm{in}}T_{\mathrm{sw}}} = \frac{2V_{\mathrm{out}}\tau_{\mathrm{L}}}{DV_{\mathrm{in}}} \qquad (1.222)$$

式中，$\tau_{\mathrm{L}} = L/(RT_{\mathrm{sw}})$ 为归一化时间常数。将式（1.222）代入式（1.218）得到

$$\frac{2V_{\mathrm{out}}\tau_{\mathrm{L}}}{DV_{\mathrm{in}}}V_{\mathrm{out}} = DV_{\mathrm{in}} \qquad (1.223)$$

重新排列上述等式，得到

$$D^2 V_{\mathrm{in}}^2 = 2V_{\mathrm{out}}^2\tau_{\mathrm{L}} \qquad (1.224)$$

从上述等式中可以求得传输系数 M，假设回到 V_{out} 为负值的情况：

$$M = -D\sqrt{\frac{1}{2\tau_{\mathrm{L}}}} \qquad (1.225)$$

图 1.79 所示为 τ_{L} 取不同值时，传输系数 M 与占空比 D 的关系曲线族。

在式（1.225）中，尽管存在平方根，因其只与常数项有关，仍把它处理成为线性方程。图 1.79 很好地显示了这一结果。

对于小的 τ_{L} 值，输出电流低（如 R 很大），电路工作于深度 DCM 状态，很容易达到很高的 M 系数。然而，当负载电流增加（τ_{L} 值增大），仍要保持 DCM 工作状态，要得到大的 M 系数就变得很困难。

对工作于 DCM 的降压–升压变换器总结如下：

- M 依赖于负载电流；
- M 与 D 之间存在线性关系；
- 对于相同的占空比，DCM 条件下的系数 M 比 CCM 时的大。

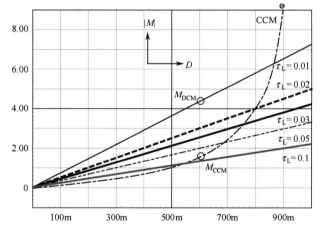

图 1.79　τ_{L} 取不同值时的传输系数

1.9.5　降压–升压变换器 DCM 与 CCM 的过渡点

本节将推导变换器从 CCM 到 DCM（或从 DCM 到 CCM）的过渡点。需要定义这个过渡点，在该点上，电感电流纹波一旦达到 0，开关 SW 又马上激活导通，电感电流重新上升。图 1.80 所示为降压–升压变换器输入电流的变化。

从图 1.80 可以定义开关导通期间的电流斜率为

$$S_{\text{on}} = V_{\text{in}} / L \qquad (1.226)$$

从式（1.212）可求得峰值电流

$$I_{\text{peak}} = \frac{V_{\text{in}} D T_{\text{sw}}}{L} \qquad (1.227)$$

根据图 1.80，可求出平均输入电流

$$\langle i_{\text{in}}(t) \rangle_{T_{\text{sw}}} = \frac{I_{\text{peak}} D}{2} \qquad (1.228)$$

将式（1.227）代入式（1.228），得

$$\langle i_{\text{in}}(t) \rangle_{T_{\text{sw}}} = \frac{V_{\text{in}} D^2 T_{\text{sw}}}{2L} \qquad (1.229)$$

假设效率为 100%，则有

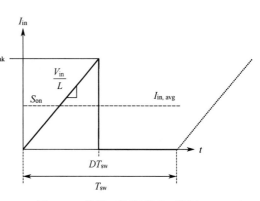

图 1.80　临界工作模式下，降压-升压变换器输入电流信号

$$V_{\text{in}} \langle i_{\text{in}}(t) \rangle_{T_{\text{sw}}} = V_{\text{out}} I_{\text{out}} \rightarrow \frac{V_{\text{in}}^2 D^2 T_{\text{sw}}}{2L} = \frac{V_{\text{out}}^2}{R} \qquad （1.230）$$

已知 $V_{\text{out}} = D V_{\text{in}} / (1 - D)$，得

$$V_{\text{in}}^2 D^2 T_{\text{sw}} R = 2 L V_{\text{out}}^2 \qquad （1.231）$$

求得过渡点处 R 和 L 的临界值为

$$R = \frac{2 L V_{\text{out}}^2}{V_{\text{in}}^2 D^2 T_{\text{sw}}} = \frac{2L}{D^2 T_{\text{sw}}} \left(\frac{V_{\text{out}}}{V_{\text{in}}} \right)^2 = \frac{2 L F_{\text{sw}}}{(1 - D)^2} \qquad （1.232）$$

$$R_{\text{critical}} = \frac{2 L F_{\text{sw}}}{(1 - D)^2} \qquad （1.233）$$

$$L_{\text{critical}} = \frac{(1 - D)^2 R}{2 F_{\text{sw}}} \qquad （1.234）$$

将 D 用降压-升压变换器直流传输函数代替，重写上述等式，应用式（1.216）可得

$$R_{\text{critical}} = 2 L F_{\text{sw}} \left(\frac{V_{\text{in}} + V_{\text{out}}}{V_{\text{in}}} \right)^2 \qquad （1.235）$$

$$L_{\text{critical}} = \frac{R}{2 F_{\text{sw}}} \left(\frac{V_{\text{in}}}{V_{\text{in}} + V_{\text{out}}} \right)^2 \qquad （1.236）$$

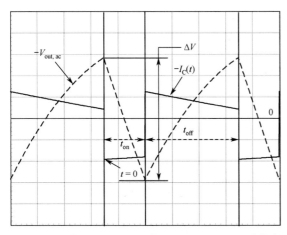

图 1.81　工作于 CCM 下的降压-升压变换器纹波仿真

1.9.6　降压-升压变换器 CCM 条件下输出纹波电压计算

幸运的是，降压-升压变换器电容电流与工作于 CCM 下的升压变换器类似。因此，不需要重做前面已经做过的推导。图 1.81 所示为降压-升压变换器电容电流和输出电压的关系，但乘以 -1，使它看上去像升压变换器输出（升压变换器输出是正的，而降压-升压变换器产生负的输出电压）。因此，可以重新应用在升压变换器中出现过的式（1.171），从而有

$$\frac{\Delta V}{V_{out}} = \frac{T_{sw}D}{R_{load}C} \tag{1.237}$$

式中，变量 D 用由式（1.216）定义的降压–升压传输系数替代，即

$$D = \frac{M}{M+1} \tag{1.238}$$

得到归一化的输出纹波电压为

$$\frac{\Delta V}{V_{out}} = \frac{T_{sw}}{R_{load}C}\frac{M}{M+1} \tag{1.239}$$

1.9.7 考虑 ESR

ESR 以与电容器串联的电阻形式出现，如图 1.43 所示。交流二极管纹波电流不只流过电容 C，而是同时流过电容 C 和与之串联的电阻 R_{ESR}。串联电阻 R_{ESR} 上的压降可简单地表示为

$$\Delta V_{ESR} = \Delta I_C R_{ESR} \tag{1.240}$$

图 1.59 和图 1.60 的波形仍然是有效的，因为二极管电流形状类似于升压的情况。只需将降压–升压变换器的 S_{off} 的定义代入原来的式（1.175），即

$$I_{peak} = \frac{V_{out}}{R_{load}D'} + \frac{S_{off}}{2}D'T_{sw} = \frac{I_{out}}{D'} + \frac{V_{out}D'T_{sw}}{2L} \tag{1.241}$$

将式（1.216）的结果和 $V_{out} = V_{in}D/(1-D)$ 代入式（1.240），得到最后的 ESR 电压

$$\Delta V_{ESR} = \left(\frac{I_{out}}{D'} + \frac{V_{in}DT_{sw}}{2L}\right)R_{ESR} \tag{1.242}$$

为了对输出电压归一化，上式两边同除以 V_{out}，有

$$\frac{\Delta V_{ESR}}{V_{out}} = \left(\frac{I_{out}}{V_{out}D'} + \frac{V_{in}}{V_{out}}\frac{DT_{sw}}{2L}\right)R_{ESR} = \left(\frac{1}{R_{load}D'} + \frac{D'T_{sw}}{2L}\right)R_{ESR} \tag{1.243}$$

依赖于上述等式中起主要作用的项，最后的纹波曲线可能看上去像图 1.81 一样（几乎是三角波），在大 ESR 情况下，也可能变换成方波信号。

1.9.8 降压–升压变换器纹波的数值计算

在图 1.71 所示的例子中，元件参数值如下，ESR 电阻与电容 C 串联：

$$L = 100\ \mu H, \quad C = 10\ \mu F, \quad R_{ESR} = 500\ m\Omega, \quad V_{in} = 12\ V$$

$$V_{out} = 4.68\ V, \quad F_{sw} = 100\ kHz, \quad D = 0.3, \quad R_{load} = 10\ \Omega$$

应用式（1.170），可以得到电容纹波峰–峰值

$$\Delta V = \frac{10u \times 0.3 \times 4.68}{10 \times 10\mu} = 140\ mV \tag{1.244}$$

应用式（1.243），得到 ESR 纹波电压

$$\Delta V_{ESR} = \left(\frac{1}{10 \times 0.7} + \frac{0.7 \times 10\mu}{2 \times 100\mu}\right) \times 0.5 \times 4.68 = (142.8m + 35m) \times 0.5 \times 4.68 = 416\ mV \tag{1.245}$$

图 1.82 所示为仿真结果，同时也表明了上述方法的正确性。在本例中，ESR 在纹波表达式中占主导作用，最后的波形看上去像矩形。

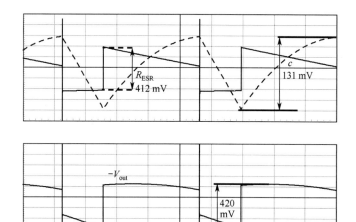

图 1.82　工作于 CCM 的具有附加 ESR 电阻的降压-升压变换器仿真结果

1.9.9　降压-升压变换器中的均方根电流

在 CCM 降压-升压变换器中，电感连接到接地端，在 DT_{sw} 期间与输入电源连通，并且在 $(1-D)T_{sw}$ 期间通过二极管与负载连通。图 1.83 绘制了电感电流波形。电感平均电流实际上是输出到负载的直流电流 I_{out}，可写为

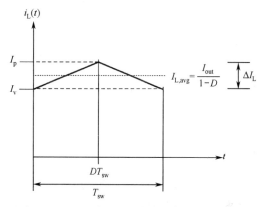

$$I_{out} = \langle i_d(t) \rangle_{T_{sw}} = \langle i_L(t) \rangle_{T_{sw}} (1-D) \qquad （1.246）$$

因此，平均电感电流可以简化为

$$\langle i_L(t) \rangle_{T_{sw}} = \frac{I_{out}}{1-D} \qquad （1.247）$$

现在已经有了平均值，我们可以把上升和下降沿的纹波表达式表示为

图 1.83　CCM 降压-升压变换器电感纹波电流

$$\Delta I_L = \frac{V_{in}}{L} DT_{sw} \qquad （1.248）$$

$$\Delta I_L = \frac{V_{out}}{L}(1-D)T_{sw} \qquad （1.249）$$

让式（1.248）和式（1.249）相等，求解 D 得到

$$D = \frac{V_{out}}{V_{out} + V_{in}} \qquad （1.250）$$

电流的峰值和谷值很快就可以确定：

$$I_p = \langle i_L(t) \rangle_{T_{sw}} + \frac{\Delta I_L}{2} = \frac{I_{out}}{1-D} + \frac{\Delta I_L}{2} \qquad （1.251）$$

$$I_v = \langle i_L(t) \rangle_{T_{sw}} - \frac{\Delta I_L}{2} = \frac{I_{out}}{1-D} - \frac{\Delta I_L}{2} \qquad （1.252）$$

将这些表达式代入式（1.116），得到

$$I_{L,rms} = \sqrt{\frac{\Delta I_L{}^2}{12} + \left(\frac{I_{out}}{1-D}\right)^2} \qquad （1.253）$$

图 1.84 和图 1.85 绘出了开关和二极管的电流波形。

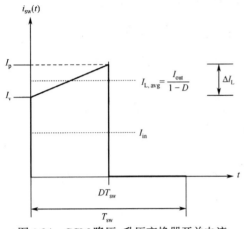

图 1.84 CCM 降压-升压变换器开关电流。
开关平均电流就是 dc 输入电流

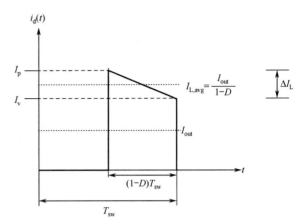

图 1.85 CCM 降压-升压变换器二极管电流

应用附录 1D 来求解这些 CCM 波形，可以得出

$$I_{SW,rms} = \sqrt{D\left[\frac{\Delta I_L^{\;2}}{12} + \left(\frac{I_{out}}{1-D}\right)^2\right]} \qquad (1.254)$$

$$I_{d,rms} = \sqrt{(1-D)\left[\frac{\Delta I_L^{\;2}}{12} + \left(\frac{I_{out}}{1-D}\right)^2\right]} \qquad (1.255)$$

与升压变换器一样，电容器均方根电流依赖于二极管电流：

$$I_{C_{out},rms} = \sqrt{I_{d,rms}^2 - I_{out}^2} = \sqrt{(1-D)\left[\frac{\Delta I_L^{\;2}}{12} + \left(\frac{I_{out}}{1-D}\right)^2\right] - I_{out}^2} \qquad (1.256)$$

由于在两种情况下，功率开关都与输入电源串联，因此降压-升压变换器中的输入电容均方根电流公式与降压变换器的一样：

$$I_{C_{in},rms} = \sqrt{I_{sw,rms}^2 - (MI_{out})^2} \qquad (1.257)$$

现在让我们考虑 CCM 降压-升压变换器的数值应用。假设如下值，可以计算元件约束：

$$V_{in} = 10\,V, \; |V_{out}| = 15\,V, \; T_{sw} = 10\,\mu s, \; L = 100\,\mu H, \; R_{load} = 50\,\Omega$$

用式（1.250）计算占空比：

$$D = \frac{15}{15+10} = 0.6 \qquad (1.258)$$

立刻可以求得纹波电流：

$$\Delta I_L = \frac{10 \times 0.6}{100\mu} \times 10\mu = 0.6\,A \qquad (1.259)$$

借助于现有的数据，应用式（1.253）现在可以计算电感均方根电流：

$$I_{L,rms} = \sqrt{\frac{0.6^2}{12} + \left(\frac{0.3}{1-0.6}\right)^2} = 0.77\,A \qquad (1.260)$$

利用式（1.254）和式（1.255），可计算得到开关和二极管均方根电流值：

$$I_{\text{SW,rms}} = \sqrt{0.6 \times \left[\frac{0.6^2}{12} + \left(\frac{0.3}{1-0.6} \right)^2 \right]} = 0.596\,\text{A} \qquad (1.261)$$

$$I_{\text{d,rms}} = \sqrt{(1-0.6) \times \left[\frac{0.6^2}{12} + \left(\frac{0.3}{1-0.6} \right)^2 \right]} = 0.487\,\text{A} \qquad (1.262)$$

应用式（1.256），另外借助式（1.262）和 I_{out} 可求得电容电流：

$$I_{C_{\text{out}},\text{rms}} = \sqrt{0.487^2 - 0.3^2} = 0.384\,\text{A} \qquad (1.263)$$

输入电容电流为

$$I_{C_{\text{in}},\text{rms}} = \sqrt{0.596^2 - \left(\frac{15}{10} \times 0.3 \right)^2} = 391\,\text{mA} \qquad (1.264)$$

如同升压变换器，降压-升压变换器结构还可设计成工作于非连续工作模式且输出标称功率。在该模式下，电感电流变成非连续模式，如图 1.86 所示。开关和二极管电流也是非连续的，如图 1.87 和图 1.88 所示。

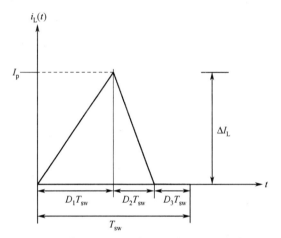

图 1.86 工作于 DCM 的降压-升压变换器电感电流

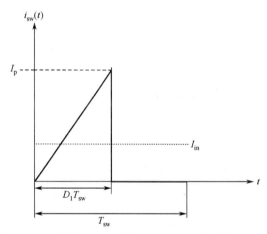

图 1.87 工作于 DCM 的降压-升压变换器晶体管电流

让我们从不同占空比 D_1、D_2 和 D_3 入手。由图 1.86 可知

$$I_{\text{p}} = \frac{V_{\text{in}}}{L} D_1 T_{\text{sw}} \qquad (1.265)$$

并且

$$I_{\text{p}} = \frac{V_{\text{out}}}{L} D_2 T_{\text{sw}} \qquad (1.266)$$

从这两个表达式，可求得 D_1 和 D_2：

$$D_1 = \frac{L I_{\text{p}}}{V_{\text{in}} T_{\text{sw}}} \qquad (1.267)$$

$$D_2 = \frac{L I_{\text{p}}}{V_{\text{out}} T_{\text{sw}}} \qquad (1.268)$$

由于开关与输入电源串联连接，其平均电流就是 dc 输入电流 I_{in}。由图 1.87，可以推导得到峰值电流值：

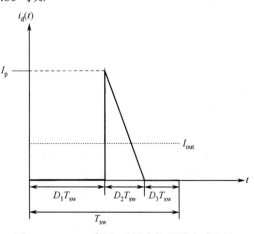

图 1.88 DCM 降压-升压变换器的电感电流

$$\langle i_{sw}(t) \rangle T_{sw} = \frac{I_p}{2} D_1 \qquad (1.269)$$

假设效率为 100%，则有

$$\frac{P_{out}}{P_{in}} = \frac{I_p}{2} D_1 \qquad (1.270)$$

将式（1.267）代入式（1.270），求解 I_p 可得到

$$I_p = \sqrt{\frac{2P_{out}}{LF_{sw}}} \qquad (1.271)$$

如果从该表达式中推导出 P_{out}，可以得到 DCM 降压-升压变换器著名的输出功率表达式：

$$P_{out} = \frac{1}{2} L I_p^2 F_{sw} \qquad (1.272)$$

将式（1.271）代入式（1.267）和式（1.268），可以推导出占空比表达式：

$$D_1 = \sqrt{\frac{2LP_{out}}{T_{sw}}} \frac{1}{V_{in}} \qquad (1.273)$$

$$D_2 = \sqrt{\frac{2LP_{out}}{T_{sw}}} \frac{1}{V_{out}} \qquad (1.274)$$

$$D_3 = 1 - D_1 - D_2 \qquad (1.275)$$

应用现有的这些数值和附录 1D 中的公式，可以计算和重新整理电感、功率开关和二极管的均方根电流：

$$I_{L,rms} = I_p \sqrt{\frac{1-D_3}{3}} = \frac{V_{in} D_1 T_{sw}}{L} \sqrt{\frac{D_1(V_{in}+V_{out})}{3V_{out}}} \qquad (1.276)$$

$$I_{SW,rms} = I_p \sqrt{\frac{D_1}{3}} = \frac{V_{in} D_1^2 T_{sw}}{L} \sqrt{\frac{V_{in}+V_{out}}{3V_{out}} \frac{1}{1-D_3}} \qquad (1.277)$$

$$I_{d,rms} = I_p \sqrt{\frac{D_2}{3}} = \frac{V_{in} D_1 T_{sw}}{L} \sqrt{\frac{(V_{in}+V_{out})D_1}{3V_{out}} \frac{D_2}{1-D_3}} \qquad (1.278)$$

电容均方根电流依赖于电感均方根电流和输出电流：

$$I_{C_{out},rms} = \sqrt{I_{d,rms}^2 - I_{out}^2} = \sqrt{\left(\frac{V_{in} D_1 T_{sw}}{L}\right)\frac{(V_{in}+V_{out})D_1}{3V_{out}} \frac{D_2}{1-D_3} - I_{out}^2} \qquad (1.279)$$

应用式（1.257）可计算输入电容均方根电流，其中 M 是工作于 DCM 的降压-升压变换器直流传输比。

我们通过对 DCM 降压-升压变换器做一快速数值应用来结束本节：

$$V_{in} = 10\,V,\ |V_{out}| = 23.3\,V,\ T_{sw} = 10\,\mu s,\ L = 100\,\mu H$$

$$R_{load} = 300\,\Omega,\ P_{out} = 1.8\,W,\ I_{out} = 78\,mA$$

应用上述公式，可以求得

$$D_1 = 0.6,\ D_2 = 0.258,\ D_3 = 0.14,\ I_{L,rms} = 322\,mA$$

$$I_{SW,rms} = 269\,mA,\ I_{d,rms} = 176\,mA,\ I_{C_{out},rms} = 158\,mA,\ I_{C_{in},rms} = 199\,mA$$

所有用于这些计算的定义顺便收集于图 1.89 和图 1.90 中。

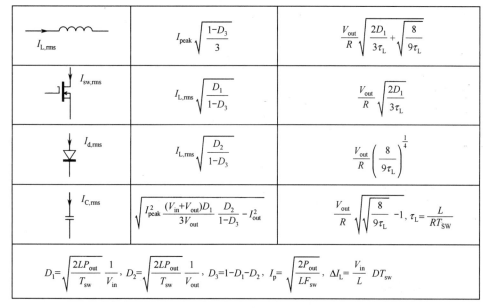

$I_{L,rms}$	$\sqrt{\dfrac{\Delta I_L^2}{12} + \left(\dfrac{I_{out}}{1-D}\right)^2}$	$\dfrac{V_{out}}{R}\sqrt{\dfrac{1}{(1-D)^2} + \dfrac{1}{3}\left(\dfrac{1}{2\tau_L}\right)^2(1-D)^2}$
$I_{sw,rms}$	$\sqrt{D\left[\dfrac{\Delta I_L^2}{12} + \left(\dfrac{I_{out}}{1-D}\right)^2\right]}$	$\dfrac{V_{out}}{R}\sqrt{\dfrac{D}{(1-D)^2} + \dfrac{1}{3}\left(\dfrac{1}{2\tau_L}\right)^2 D(1-D)^2}$
$I_{d,rms}$	$\sqrt{(1-D)\left[\dfrac{\Delta I_L^2}{12} + \left(\dfrac{I_{out}}{1-D}\right)^2\right]}$	$\dfrac{V_{out}}{R}\sqrt{\dfrac{1}{1-D} + \dfrac{1}{3}\left(\dfrac{1}{2\tau_L}\right)^2(1-D)^3}$
$I_{C,rms}$	$\sqrt{(1-D)\left[\dfrac{\Delta I_L^2}{12} + \left(\dfrac{I_{out}}{1-D}\right)^2\right] - I_{out}^2}$ $\Delta I_L = \dfrac{V_{in}}{L}DT_{SW}$	$\dfrac{V_{out}}{R}\sqrt{\dfrac{D}{1-D} + \dfrac{1}{3}\left(\dfrac{1}{2\tau_L}\right)^2(1-D)^3}$ $\tau_L = \dfrac{L}{RT_{SW}}$

图 1.89 CCM 降压–升压变换器均方根电流关系式总结。本书推导的公式位于中间列，右列公式引自文献[7]

$I_{L,rms}$	$I_{peak}\sqrt{\dfrac{1-D_3}{3}}$	$\dfrac{V_{out}}{R}\sqrt{\dfrac{2D_1}{3\tau_L} + \sqrt{\dfrac{8}{9\tau_L}}}$
$I_{sw,rms}$	$I_{L,rms}\sqrt{\dfrac{D_1}{1-D_3}}$	$\dfrac{V_{out}}{R}\sqrt{\dfrac{2D_1}{3\tau_L}}$
$I_{d,rms}$	$I_{L,rms}\sqrt{\dfrac{D_2}{1-D_3}}$	$\dfrac{V_{out}}{R}\left(\dfrac{8}{9\tau_L}\right)^{\frac{1}{4}}$
$I_{C,rms}$	$\sqrt{I_{peak}^2\,\dfrac{(V_{in}+V_{out})D_1}{3V_{out}}\,\dfrac{D_2}{1-D_3} - I_{out}^2}$	$\dfrac{V_{out}}{R}\sqrt{\sqrt{\dfrac{8}{9\tau_L}} - 1}$, $\tau_L = \dfrac{L}{RT_{SW}}$
$D_1 = \sqrt{\dfrac{2LP_{out}}{T_{sw}}}\,\dfrac{1}{V_{in}}$, $D_2 = \sqrt{\dfrac{2LP_{out}}{T_{sw}}}\,\dfrac{1}{V_{out}}$, $D_3 = 1 - D_1 - D_2$, $I_p = \sqrt{\dfrac{2P_{out}}{LF_{sw}}}$, $\Delta I_L = \dfrac{V_{in}}{L}\,DT_{sw}$		

图 1.90 DCM 降压–升压变换器均方根电流关系式总结。本书推导的公式位于中间列，右列公式引自文献[7]

1.10 输入滤波

开关模式变换器存在固有的噪声，会对共用同一电源的设备产生干扰，在汽车应用、长距离通信设备、测量装置等场合特别明显。从前面关于简单拓扑结构（如降压、降压–升压和升压）的研究中，我们发现这些拓扑结构的输入电流信号（或输入电流随时间的变化）可以是平滑的，也可以是脉冲的。在没有预防措施的情况下，尝试在已经连接了降压变换器的电源上再连接一个如取样–保持电路那样的敏感电路是十分困难的。需要在电源输出与变换器输入之间插入一个滤波电路。大多数情况下，电磁干扰（EMI）滤波器是电抗性的。这个问题来自加在滤波器输出的负载（即变换器输入）特性。下面做进一步观察。

在闭环系统中，不管电路工作在何种条件，反馈环路总是努力去保持电路的输出功率恒定。

如果在变换器中，串联一个电表，然后调节输入电源，那么可以发现，当输入电压 V_{in} 增加时，输入电流变小（这就说明电源努力去保持 P_{out} 恒定），而当输入电压 V_{in} 下降时，输入电流 I_{in} 变大。从输入端看，变换器就像一个负阻。记住，工作于升环的同一变换器没有负输入阻抗。

假设电路的效率为 100%，可以通过简单的运算来描述这种行为

$$P_{in} = P_{out} = I_{in}V_{in} = I_{out}V_{out} \tag{1.280}$$

代替考虑直流传输系数 M，来考虑 μ，即 M 的倒数，重新改写式（1.280）得到

$$\frac{V_{in}}{V_{out}} = \frac{I_{out}}{I_{in}} = \mu \tag{1.281}$$

变换器的静态输入可以简单地表示为

$$R_{in} = \frac{V_{in}}{I_{in}} \tag{1.282}$$

电阻的增量为

$$R_{in,inc} = \frac{\mathrm{d}V_{in}}{\mathrm{d}I_{in}} \tag{1.283}$$

上述表达式表示了电阻随扰动的变化。通过简单的运算，增量电阻可以用公式表示为

$$V_{in} = \frac{P_{in}}{I_{in}} \tag{1.284}$$

$$P_{in} = P_{out} = R_{load}I_{out}^2 \tag{1.285}$$

将式（1.285）代入式（1.162），按照式（1.283）的推导方法求得

$$\frac{\mathrm{d}V_{in}(I_{in})}{\mathrm{d}I_{in}} = \frac{\mathrm{d}}{\mathrm{d}I_{in}} \frac{R_{load}I_{out}^2}{I_{in}} \tag{1.286}$$

$$R_{in,inc} = -R_{load}\frac{I_{out}^2}{I_{in}^2} = -R_{load}\mu^2 \tag{1.287}$$

请注意，R_{load} 可以代表其他的开关调压器、简单的电阻或线性调压器。因此，式（1.287）可以写成

$$R_{in,inc} = -\frac{V_{out}}{I_{out}}\mu^2 = -\frac{V_{out}^2}{P_{out}}\mu^2 = -\frac{V_{in}^2}{P_{out}} \tag{1.288}$$

1.10.1 RLC 滤波器

由式（1.288）可知闭环变换器输入电阻看上去是负的。这个结果意味着什么？由于在电源与变换器之间需要连接一个低插入损耗的滤波器，因此很可能选择由 L 和 C 组成的滤波器，而不选择由 R 和 C 组成的滤波器。如图 1.91 所示为理想的滤波器，从图中可以看到变换器和连接在电源与变换器输入之间的滤波器。

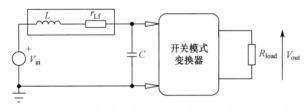

图 1.91　与输入电源串联连接的 LC 滤波器

图 1.91 中出现了一个与电感 L 串联的电阻 r_{Lf}，用来表示电感的直流欧姆损耗。这个 RLC 组合形成了振荡回路。理论表明，当 RLC 网络输入端受到电压脉冲激励时，在输出端就会出现一个衰减的正弦波信号。RLC 网络的传输函数可以由著名的二阶函数来表示：

$$T(s) = \frac{1}{s^2LC + sRC + 1} \tag{1.289}$$

引入谐振频率 ω_0，可以将式（1.289）写成更熟悉的形式：

$$T(s) = \frac{1}{\dfrac{s^2}{\omega_0^2} + 2\zeta \dfrac{s}{\omega_0} + 1}$$ （1.290）

其中，无阻尼的固有振荡为

$$\omega_0 = \frac{1}{\sqrt{LC}}$$ （1.291）

ζ 代表阻尼因子

$$\zeta = R\sqrt{\frac{C}{4L}}$$ （1.292）

特性阻抗为

$$Z_0 = \sqrt{L/C}$$ （1.293）

另外，若不用阻尼因子来表示传输函数，而用品质因子 Q 来表示传输函数，则式（1.290）可以写成

$$T(s) = \frac{1}{1 + \dfrac{s}{\omega_0 Q} + \dfrac{s^2}{\omega_0^2}}$$ （1.294）

其中

$$Q = \frac{1}{2\zeta}$$ （1.295）

如果输入端用单位阶跃函数作为激励信号，则可以得到以下的拉普拉斯式：

$$Y(s) = \frac{1}{1 + \dfrac{s}{\omega_0 Q} + \dfrac{s^2}{\omega_0^2}} \frac{1}{s}$$ （1.296）

为了得到时域响应，需要对式（1.296）做拉普拉斯反变换。这个反变换已经推导过许多次了，结果为[8]

$$y(t) = 1 - \frac{e^{-\zeta\omega_0 t}}{\sqrt{1-\zeta^2}} \sin(\omega_d t + \theta), \quad \zeta < 1$$ （1.297）

其中

$$\omega_d = \omega_0 \sqrt{1-\zeta^2}$$ （1.298）

$$\theta = \arccos(\zeta)$$ （1.299）

在式（1.290）中，阻尼因子 ζ 起重要作用。图1.92所示为RLC滤波器（ $L=1\ \mu H$ ，$C=1\ \mu F$ ）在 1 V 输入阶跃信号激励下的输出电压波形，其中阻尼因子从 0.1 扫描到 0.9。当阻尼因子 ζ 增加，振荡幅度更快速地减小，稳定到 1 V 输入阶跃信号的周围。阻尼因子 ζ 值较低时，波形出现振荡。

影响式（1.290）的极点，用 p_1 和 p_2 表示，表示分母的根（即 $s^2 + 2\zeta\omega_0 s + \omega_0^2 = 0$ ）。这些极点，依赖于 ζ 的值，影响由式（1.296）表示的系统稳定性：

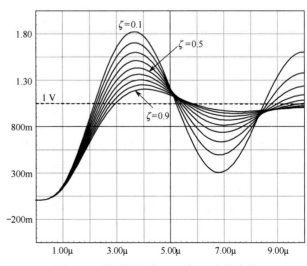

图1.92 阻尼因子在0.1到0.9之间变化

- $\zeta < 0$——这种情况下，极点影响表现为正的实部。无论激励信号的大小如何，瞬态响应发散。

- $\zeta = 0$——这种特殊情况意味着存在两个虚极点 $p_{1,2} = \pm j\omega_0$，使得系统输出永远振荡（没有衰减）。

- $\zeta > 0$——两个极点有实部（欧姆损耗），系统呈现不同的响应，这取决于 ζ，当 $\zeta > 1$，过阻尼；当 $\zeta = 1$，临界阻尼；当 $0 < \zeta < 1$，得到衰减的振荡响应。

1.10.2　更综合的表述

由于电容和电感存在欧姆损耗，图 1.91 需要修改以便反映实际情况（如图 1.93 所示）。然而，由于电路增加了元件，式（1.289）不再有效。新的传输函数可以用文献[6]描述的快速分析技术或章末附录 1A 给出的矩阵方法推导。得到如下方程：

$$T(s) = \frac{R_3}{R_1 + R_3} \frac{1 + sR_2C}{1 + s\dfrac{L + C(R_2R_3 + R_1R_3 + R_2R_1)}{R_1 + R_3} + s^2LC\left(\dfrac{R_3 + R_2}{R_1 + R_3}\right)} \tag{1.300}$$

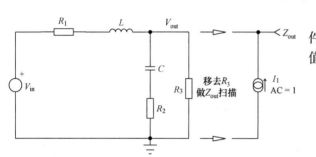

图 1.93　存在寄生元件的完整 RLC 滤波器。如果 R_3 用 1 A 交流电源代替，可以得到输出阻抗 $Z_{out}(s)$

现在的任务是确定式（1.300）中的元件，来揭示新的阻尼因子定义和振荡频率值。通过查看原始式（1.290），可以得到

$$\omega_0 = \frac{1}{\sqrt{LC}}\sqrt{\frac{R_1 + R_3}{R_2 + R_3}} \tag{1.301}$$

$$\zeta = \frac{L + C(R_2R_3 + R_1R_3 + R_2R_1)}{2(R_1 + R_3)}\omega_0 \tag{1.302}$$

按照式（1.295），得到

$$Q = \frac{R_1 + R_3}{L + C(R_2R_3 + R_1R_3 + R_2R_1)} \frac{1}{\omega_0} \tag{1.303}$$

图 1.93 表示了图 1.91 的实际实现，其中电阻 R_3 为滤波器的负载：它是开关模式电源变换器的输入阻抗。如果特殊的 R_3 组合抵消了阻尼因子或使 R_3 变负，则电路存在不稳定性，这一情况我们已经看到。观察 R_3 为何值时，会导致这种特殊结果，令式（1.302）的分子为 0。为了简化公式，考虑到 $R_1 \ll R_3$，$R_2 \ll R_3$，让 ω_0 为常数等于 $1/\sqrt{LC}$，因此有

$$L + C(R_2R_3 + R_1R_3 + R_2R_1) = 0 \tag{1.304}$$

可推导得到

$$R_3 = -\frac{R_1R_2C + L}{C(R_1 + R_2)} \tag{1.305}$$

因此，如果 R_3 变负，如式（1.288）描述的那样，将产生振荡并危害整个变换电路。加载一个具有负阻抗的 LC 滤波器是建立振荡的成熟技术。这些技术包括负阻抗变换器（NIC）、隧道效应二极管、耿氏二极管等。

取 $R_1 = 100\text{ m}\Omega$、$R_2 = 500\text{ m}\Omega$、$C = 1\text{ μF}$ 和 $L = 100\text{ μH}$，对电路做快速仿真。应用式（1.305），当 $R_3 = -166.75\ \Omega$ 时，ζ 为 0。如果图 1.93 中的元件取以上值，然后进行仿真，结果如图 1.94 所示。图中显示，当 $R_3 = -150\ \Omega$，$\zeta < 0$，产生发散振荡；当 $R_3 = -166\ \Omega$，$\zeta = 0$，产生稳态振荡；当 $R_3 = -175\ \Omega$，$\zeta > 0$，产生衰减振荡。

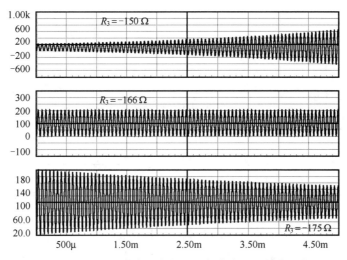

图 1.94　RLC 加载负阻负载时，仿真产生的振荡响应

1.10.3　用 SPICE 创建简单闭环电流源

应用内嵌式来模仿闭环系统是相当容易的方式。在变换器中，输入和输出功率保持恒定且相等（假设效率为 100%）。输入电流应永远调整到使之满足这一事实——输入电流是负增量电阻的来源。如果电流值等于功率除以电流源的端电压（$I=P/V$），那么电压控制的电流源可以用作输入电流源。如果功率 P 是一个固定值，而端电压 V 变化，则电流 I 为满足功率 P 等于常数会进行自动调整。图 1.95 所示为电流源是如何连接的。

SPICE 包含了一个称为 .TF 的分析语句，它可以完成从某点到参考电源（本例中为 V_1）的传输函数计算。这样，60 W 变换器（B_{power} 源的值为 60）由 100 V 输入电压源供电。如果运行仿真软件（本例中，用 IsSpice），可以从输出文件中（扩展名为 *.OUT）得到如下网表：

```
.TF V(4) V1 ; transfer function analysis

***** SMALL SIGNAL DC TRANSFER FUNCTION
output_impedance_at_V(4)   0.000000e+000
v1#Input_impedance   -1.66667e+002
Transfer_function   1.000000e+000
```

从网表的第二行可以看到，从输入源 V_1 看来，存在负阻抗（$-166\ \Omega$）。同样的仿真也可以用 PSpice 来实现，只要把 B_{power} 控制的电流源语法改为

```
G1 4 0 value = { 60 / (V(4)+1) }
```

注意，B_{power} 中有 "1"，这个值放在这里的目的是避免在节点 4 电压为 0 时出现被 0 除的错误。

其他的例子包括在 RLC 滤波器后面连接恒定功率的负载，如图 1.96 所示。输入代表一个连续阶跃的整流交流电压，其值从 150V 下降到 100V。如果配电网上发生扰动或施加很重负载时，会产生这种输入。遗憾的是，负载荷会影响阻尼系数，会产生如图 1.97 所示的振荡。当减小输入电压，反馈环调整负载电流，也将影响阻尼系数。只要 ζ 为正，振荡幅度衰减。然而，当 ζ 为零时，振荡永远不会停止。当 ζ 为负时，振荡还会恶化，会发生发散性振荡，最后的幅度由保护元件产生的钳位效应来限制。如果没有预防措施，电路会因为振荡而烧毁。

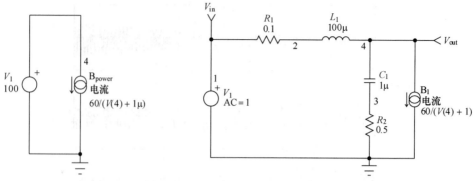

图 1.95　内嵌式能快速模仿闭环系统　　　　图 1.96　RLC 输出连接负阻抗负载

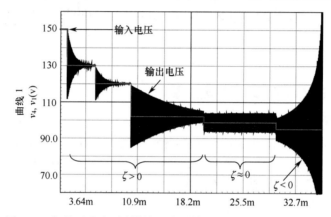

图 1.97　如果不采取预防措施，阶跃输入电压会造成严重的振荡

1.10.4　理解阻抗交叠

Middlebrook 博士指出[9]设计的准则之一是，滤波器的输出阻抗 $Z_{\text{outFILTER}}$ 必须远小于被滤波的变换器的输入阻抗 Z_{inSMPS}：

$$|Z_{\text{outFILTER}}(f)| \ll |Z_{\text{inSMPS}}(f)| \tag{1.306}$$

在直流条件下，可以检查是否满足这个实际准则。如图 1.96 所示，直流条件指 L 短路、C 开路。因此，R_1（或电感欧姆损耗 r_{Lf}）与输入源串联，RLC 滤波器输出直流阻抗为

$$Z_{\text{outFILTER,dc}} = r_{\text{Lf}} \tag{1.307}$$

给定输入功率和工作电压，可求得变换器静态输入阻抗：

$$P_{\text{in}} = \frac{P_{\text{out}}}{\eta} = \frac{V_{\text{in}}^2}{Z_{\text{inSMPS,dc}}} \tag{1.308}$$

从上述等式中，求得直流输入阻抗为

$$Z_{\text{inSMPS,dc}} = \frac{V_{\text{in}}^2 \eta}{P_{\text{out}}} \tag{1.309}$$

回到例子中，看看求得的直流阻抗是什么：

$$Z_{\text{outFILTER,dc}} = 100 \text{ m}\Omega \qquad 或 \qquad 20\lg(100\text{m}) = -20 \text{ dB}\Omega \tag{1.310}$$

$$Z_{\text{inSMPS,dc}} = \frac{100^2 \times 1}{60} = 166 \,\Omega \qquad 或 \qquad 20\lg(166) = -44.4 \text{ dB}\Omega \tag{1.311}$$

显然，式（1.306）的标准从上述等式的结果看完全达到。然而，当用可调谐滤波器时，ω_0

谐振峰会通过品质因子 Q 影响输出阻抗。现在计算图 1.93 所示网络的输出阻抗。应用矩阵方法（见附录 1A），可以立即从最后的表达式 $Z_{outFILTER} = T_{2,2}$ 求得输出阻抗的表达式，它可写为

$$Z_{outFILTER}(s) = \frac{R_1 R_3}{R_1 + R_3} \frac{(sR_2 C + 1)\left(s\dfrac{L}{R_1} + 1\right)}{1 + s\left(\dfrac{(R_2 R_3 + R_3 R_1 + R_1 R_2)C + L}{R_1 + R_3}\right) + s^2 LC\left(\dfrac{R_3 + R_2}{R_1 + R_3}\right)} \tag{1.312}$$

然而，该表达式中包含 R_3，它代表负载。请注意表达式分母与式（1.300）相同。该方程广泛用于快速分析技术。由于我们需要无 R_3 的输出阻抗，把式改写为无负载条件下的阻抗：

$$\lim_{R_3 \to \infty} Z_{outFILTER}(s) = \frac{s(L + R_1 R_2 C) + s^2 LCR_2 + R_1}{s^2 LC + sC(R_1 + R_2) + 1} \tag{1.313}$$

由于上式存在拉普拉斯项，用 $j\omega$ 代替 s，求式（1.313）的模：

$$\|Z_{outFILTER}(\omega)\| = \sqrt{\frac{\left[(CR_2\omega)^2 + 1\right]\left[(\omega L)^2 + R_1^2\right]}{\omega^2(L^2 C^2 \omega^2 - 2LC + R_2^2 C^2 + 2R_2 R_1 C^2 + R_1^2 C^2) + 1}} \tag{1.314}$$

幸运的是，当 $\omega = 0$ 时，式（1.314）可简化为只有 R_1。

我们感兴趣的是输出阻抗峰值时对应的频率值。输出阻抗达到峰值点时，$\omega_0 = 1/\sqrt{LC}$。用 ω_0 代替 ω，可改写式（1.314），重新排列式中的所有项，可以得到很简单的表达式：

$$\|Z_{outFILTER}\|_{max} = \sqrt{\frac{(CR_2^2 + L)(CR_1^2 + L)}{C^2(R_2 + R_1)^2}} \tag{1.315}$$

对于 $R_2 = 0$（如几乎没有与电容串联的 ESR 情况），式（1.315）可简化为

$$\|Z_{outFILTER}\|_{max} = \sqrt{\frac{L(CR_1^2 + L)}{C^2 R_1^2}} \tag{1.316}$$

如果 RLC 网络的特性阻抗表示为

$$Z_0 = \sqrt{L/C} \tag{1.317}$$

将上式代入式（1.316），得

$$\|Z_{outFILTER}\|_{max} = \frac{Z_0^2}{R_1}\sqrt{1 + \left(\frac{R_1}{Z_0}\right)^2} \tag{1.318}$$

上述等式给出了在谐振点输出阻抗达到最大值。为了满足式（1.318），必须确保除在峰值区域外，在整个感兴趣的频率范围内，$Z_{outFILTER}$ 和 Z_{inSMPS} 之间都有很大差值。图 1.98 画出了如图 1.96 所示电路的输出阻抗。可以看到，要得到网络的输出阻抗，需要在滤波器输出连接一个幅度为 1 A 的交流电源。由于 $I_{ac} = 1\,A$，因此输出阻抗数值上直接等于 V_{out}。将以前的元件数值代入式（1.318），可以得到如下峰值：即 $R_1 = 100\,m\Omega$，$L = 100\,\mu H$，$C = 1\,\mu F$，以及 $R_2 = 0$ 或 $R_2 = 500\,m\Omega$。那么按照式（1.293）和式（1.291），可求得

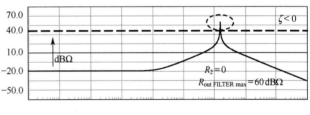

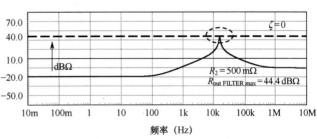

图 1.98　在 RLC 滤波器的输出连接 1 A 的交流源来计算输出阻抗

$$Z_0 = \sqrt{\frac{100\mu}{1\mu}} = 10\ \Omega \tag{1.319}$$

$$f_0 = \frac{1}{2\pi\sqrt{LC}} = 15.9\ \text{kHz} \tag{1.320}$$

当 $R_2 = 0$ 时，有

$$\|Z_{\text{outFILTER}}\|_{\max} = \frac{10^2}{100\text{m}}\sqrt{1 + \left(\frac{100\text{m}}{10}\right)^2} = 1000\ \Omega = 60\ \text{dB}\Omega \tag{1.321}$$

当 $R_2 = 500\ \text{m}\Omega$ 时，有

$$\|Z_{\text{outFILTER}}\|_{\max} = \sqrt{\frac{(1\mu \times 0.5^2 + 100\mu) \times (1\mu \times 0.1^2 + 100\mu)}{1\mu^2 \times (0.5 + 0.1)^2}}$$

$$= \sqrt{\frac{100.25\mu \times 100\mu}{0.36\text{p}}} = 166.8\ \Omega = 44.4\ \text{dB}\Omega \tag{1.322}$$

可以看到，以上的数值已经被仿真所证实，剩下的只是精度问题。当谐振峰很尖锐时，要确保仿真引擎能收集到足够的数据点（每十倍频程），例如，把这个变量设成 1000 以便得到好的精度。

如果 SMPS 输入阻抗曲线和滤波器输出阻抗曲线在某些点交叉，那么就可能发生不稳定的现象。如果两条曲线不交叉，则该电路是稳定的。在上面的曲线中，R_2 减小到 0，峰值达到最大。当电阻 R_2 开始增大时，峰值降低同时稳定性增加。如 R_2 进一步增加，电路的不稳定性将彻底消失——阻尼了 RLC 滤波器。阻尼是一种常用于减小品质因数的技术，它使两条阻抗曲线永不相交。然而，必须小心不要降低效率。插入一个与电容 C_1 串联的电阻是一种可行的方法，但是增加了功率损耗。我们很快会看到如何用更合适的方法阻尼滤波器。一旦滤波器被阻尼，就需要进行新的交流扫描来确定电路是无条件稳定的。

本例中，输入阻抗是一个常数。然而，在闭环系统中，增益影响传输环。只要回路中有增益，就存在负增量电阻。当增益低于 0 dB 时，电路工作于开环状态，负增量电阻效应消失。由于补偿网络在整个频率范围内影响增益环，实际上静态开关电源（SMPS）输入电阻曲线不是水平的，而是有峰值和谷值的。

1.10.5 滤波器阻尼

阻尼滤波器意味着减小品质因数 Q，使得它的峰值不再危害电路的稳定性。一个良好的方案是插入一个与输出负载电阻并联的电阻 R_{damp}，该技术称为并联阻尼。串联阻尼也是存在的，但超出了本章的范围。这里实际上回到了以前讨论的如图 1.99 所示的 RLC 滤波器，图中 R_3 表示了阻尼电阻 R_{damp}，它与 SMPS 输入阻抗并联。

然而，为避免增加直流消耗（V_{out} 实际上是连续电压），与 R_{damp} 串联的位置插入了一个电容 C_{damp}，来阻断直流分量。通常 C_{damp} 按照下式选择：

$$C_{\text{damp}} = 10C_1 \tag{1.323}$$

品质因数选择为约 1，即式（1.303）

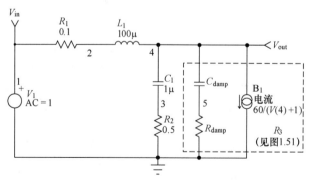

图 1.99　增加了一个作为滤波器负载的电阻，用来降低品质因数（即峰值）

的分子和分母相等，写为

$$L + C(R_2R_3 + R_1R_3 + R_2R_1) = (R_1 + R_3)\frac{1}{\omega_0} \tag{1.324}$$

假设 $\omega_0 = 1/\sqrt{LC}$（$R_1 \ll R_3$ 且 $R_2 \ll R_3$），可求出 $Q \approx 1$ 时 R_3 的值：

$$R_3 = \frac{R_1 - \omega_0(L + R_1R_2C)}{2R_1C\omega_0 - 1} \tag{1.325}$$

可知，电阻 R_3 实际上相当于 $R_{damp} \| Z_{inSMPS,dc}$，需要求出最终的阻尼电阻 R_{damp} 的值：

$$R_{damp} \| Z_{inSMPS,dc} = \frac{R_1 - \omega_0(L + R_1R_2C)}{2R_1C\omega_0 - 1} \tag{1.326}$$

$$R_{damp} = Z_{inSMPS,dc} \frac{L + CR_1R_2 - \dfrac{R_1}{\omega_0}}{\dfrac{Z_{inSMPS,dc}}{\omega_0} + L + CR_2R_1 - \dfrac{R_1}{\omega_0} - 2Z_{inSMPS}CR_1} \tag{1.327}$$

回到图 1.96，电路中各元件值为 $R_1 =$ 100 mΩ，$R_2 = 500$ mΩ，$C = 1$ μF，$L = 100$ μH，$Z_{inSMPS,dc} = 166$ Ω。因此，代入式（1.327）可计算得到阻尼电阻和阻尼电容值分别为

$$R_{damp} = 9.52\Omega$$
$$C_{damp} = 10\ \mu F$$

将上述计算值加入原始 RLC 滤波器中，如图 1.100 所示，并对电路进行交流扫描分析。

图 1.101 揭示了分析结果，肯定了峰值

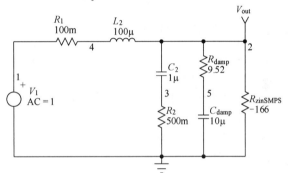

图 1.100　具有负载荷和阻尼元件的修改后的 RLC 滤波器

的存在。阻尼电容值达到原始值的 10 倍就认为太大了，已经无法接受。从图 1.101 可以看到，阻尼电容降到滤波电容的 4 倍，就能提供良好的阻尼作用。假设对滤波器做适当的阻尼，而电路仍然会出现不稳定的情况。为了确认这个假设，在图 1.96 所示的电路中加入输入阶跃激励信号，重新对电路进行仿真，输出的结果如图 1.102 所示。

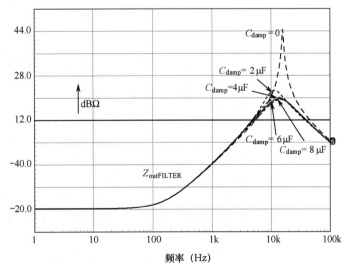

图 1.101　当与 R_{damp} 串联一个适当的电容后，输出阻抗扫描表明了谐振峰的存在

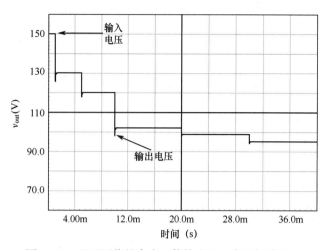

图 1.102 阻尼网络的存在，使输出电压中的振荡消失

1.10.6 计算需要的衰减

我们已经讨论了滤波器和负载荷之间可能的相互作用，下面讨论在给定输入电流纹波指标的条件下如何计算转角频率。例如，当在滤波器输出加载一个能产生 1 A 脉冲电流、有噪声的变换器时，如何放置 f_0 的位置，才能从电源得到 5 mA 的电流有效值。要解决这个问题，首先需要找到 RLC 滤波器和电源的等效模型。一个简化的方案如图 1.103 所示，图中输入源实际上是短路的，因为重要的是有交变电流流过该输入源。负载用脉冲电流源代替，它的形状和频率与变换器有关，可以是脉冲的、非脉冲的、非连续的和临界的，等等。为了简化和清楚起见，电路中未画出阻尼滤波器。

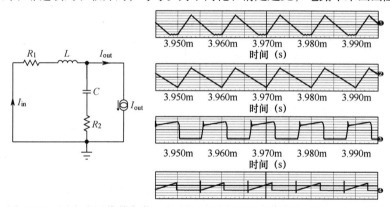

图 1.103 用电流源代替负载，电流源的形状和幅度代表变换器特征；图中右边画出了几个可能的变换器输入电流的形状，如 DCM、CCM

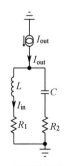

注意，模型中保留了所有的寄生元件，因为它们很明显地影响了滤波器的衰减能力。由于存在两个并联的阻抗，可以将模型画成更方便的方式，如图 1.104 所示。

下面，任务是寻求电感电流 I_{in} 和变换器电流 I_{out} 之间的关系。如图 1.104 所示，应用电流分流定理，可以得到

$$I_{in} = I_{out} \frac{R_2 + \dfrac{1}{sC}}{R_2 + \dfrac{1}{sC} + R_1 + sL} \qquad (1.328)$$

图 1.104 表示模型的另一方式

重排上述等式，写成更熟悉的形式：

$$\frac{I_{\text{in}}}{I_{\text{out}}} = \frac{1+sR_2C}{1+sC(R_1+R_2)+s^2LC} \tag{1.329}$$

式（1.329）表示了一个经典的二阶低通滤波器，其性能受到由电容等效串联电阻 R_2（ESR）产生的零点的影响。结果是，尽管变换器输出方波信号，但可以假设信号的所有谐波分量被滤波器滤除，只有衰减了的基波分量从电路输出端输出。这种近似被称为一阶谐波近似（FHA），可以用正弦信号来分析电路。因此，用 jω 代替 s，其中 ω 代表基波角频率。后面会看到如何从电流信号中得到基频。

在式（1.329）中引入了虚数符号后，需要对式求模来得到最后的幅度：

$$\left\| \frac{I_{\text{in}}}{I_{\text{out}}} \right\| = \sqrt{\frac{R_2{}^2 + \dfrac{1}{(\omega C)^2}}{(R_1+R_2)^2 + \dfrac{1}{(\omega C)^2} - \dfrac{2L}{C} + (\omega L)^2}} \tag{1.330}$$

如果忽略 R_1 和 R_2，上式可简化为

$$\left\| \frac{I_{\text{in}}}{I_{\text{out}}} \right\| = \sqrt{\frac{1}{1-2(\omega/\omega_0)^2+(\omega/\omega_0)^4}} = \sqrt{\frac{1}{\left[1-(\omega/\omega_0)^2\right]^2}} = \frac{1}{\left|1-(\omega/\omega_0)^2\right|} \approx (\omega/\omega_0)^2 \tag{1.331}$$

从式（1.331）中，需要求得 ω_0，以便确定与所需衰减相关的截止频率的位置。它由式（1.332）描述，其中 A_{filter} 是所需的衰减：

$$\omega_0 = \sqrt{A_{\text{filter}}} \cdot \omega \tag{1.332}$$

式（1.332）用来帮助确定与输入纹波约束相关的 LC 滤波器的截止频率。

1.10.7　基频计算

在一阶谐波近似（FHA）技术中，由于所有的谐波都被滤除了，故剩下的是变换器电流信号的基波幅度。这时的振幅与上升时间、占空比等参数有关。周期为 T_{sw} 的周期函数 $f(t)$ 的傅里叶级数表达式可写为

$$f(t) = a_0 + \sum_{n=1}^{\infty}(a_n\cos n\omega t + b_n\sin n\omega t) \tag{1.333}$$

其中，级数表达式中的系数由下式定义：

$$a_0 = \frac{1}{T_{\text{sw}}}\int_0^{T_{\text{sw}}} f(t)\,\mathrm{d}t，这是平均值或直流项 \tag{1.334}$$

$$a_n = \frac{2}{T_{\text{sw}}}\int_0^{T_{\text{sw}}} f(t)\cos n\omega t\,\mathrm{d}t \tag{1.335}$$

$$b_n = \frac{2}{T_{\text{sw}}}\int_0^{T_{\text{sw}}} f(t)\sin n\omega t\,\mathrm{d}t \tag{1.336}$$

设计者需要推导所考虑波形的基频项（$n=1$），也就是输入电流信号 $i(t)$：

$$i_{\text{fund}} = a_1\cos\omega t + b_1\sin\omega t \tag{1.337}$$

和

$$i_{\text{fund,rms}} = \sqrt{\frac{a_1{}^2 + b_1{}^2}{2}} \tag{1.338}$$

假设变换器工作于非连续导通模式，占空比 D 为 66.6%，频率为 66 kHz，如图 1.105 所示。这是一个斜上升信号，从 0 上升到峰值 $I_{\text{peak}} = 10$ A。该信号可以用下述函数描述：

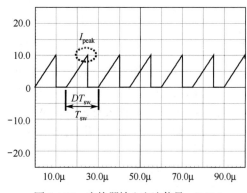

图 1.105 变换器输入电流信号：DCM
信号脉冲峰值达 10 A

$$i(t) = I_{peak} \frac{t}{DT_{sw}}, \text{其中} t \in [0, DT_{sw}] \qquad (1.339)$$

$$i(t) = 0, \text{其中} t \in [DT_{sw}, T_{sw}] \qquad (1.340)$$

将式（1.339）代入式（1.335）和式（1.336），得到

$$a_1 = 2F_{sw} \int_0^{\frac{D}{F_{sw}}} \frac{I_{peak} F_{sw}}{D} \cdot t \cdot \cos(2\pi F_{sw} t)\, \mathrm{d}t \qquad (1.341)$$

$$b_1 = 2F_{sw} \int_0^{\frac{D}{F_{sw}}} \frac{I_{peak} F_{sw}}{D} \cdot t \cdot \sin(2\pi F_{sw} t)\, \mathrm{d}t \qquad (1.342)$$

应用 Mathcad 软件，可得到如下结果：

$$a_1 = I_{peak} \frac{\cos^2(D\pi) - 1 + 2D\pi \sin(D\pi)\cos(D\pi)}{D\pi^2} \qquad (1.343)$$

$$b_1 = I_{peak} \frac{\sin(D\pi)\cos(D\pi) - 2D\pi \cos^2(D\pi) + D\pi}{D\pi^2} \qquad (1.344)$$

对于占空比为 50% 或 $D = 0.5$，因为 $\cos(\pi/2) = 0$，故上述等式可大大简化为

$$a_1 = \frac{I_{peak}}{D\pi^2} \qquad (1.345)$$

$$b_1 = \frac{I_{peak}}{\pi} \qquad (1.346)$$

将 a_1（−3.89）和 b_1（0.946）代入式（1.338），得到这个特殊波形的基波电流的有效值为 2.83 A。为检验这个结果，可以用 SPICE 通过 .FOUR 语句，对电路进行傅里叶分析。如果需观察的节点为 1，那么傅里叶分析语句如下：

```
.FOUR  66.6 kHz  V(1)
```

请注意，观察的频率应作为主要参数传递，如果运行仿真软件，在 .OUT 文件中，能得到高达第 9 次的谐波参数：

```
Fourier analysis for v(1):

No. Harmonics: 10, THD: 56.4316%, Gridsize: 200, Interpolation Degree: 1

HARMONIC      FREQUENCY     MAGNITUDE     PHASE        NORM. MAG     NORM. PHASE

0             0             3.35495       0            0             0
1             66600         4.02125       162.732      1             0
2             133200        1.4641        166.822      0.36409       4.08998
3             199800        1.06248       177.307      0.264217      14.5752
4             266400        0.844345      171.698      0.209971      8.96609
5             333000        0.616013      171.129      0.153189      8.39686
6             399600        0.531826      174.614      0.132254      11.8823
7             466200        0.47188       171.028      0.117347      8.29572
8             532800        0.39115       170.079      0.0972707     7.34702
9             599400        0.355201      171.921      0.0883309     9.1894
```

对于一次谐波，峰值幅度为 4.0 A，转换成有效值为 2.83 A，与前面计算的一致。因为输入信号可以有不同的类型，因此可以推导出许多傅里叶级数。幸运的是，不管信号的形状如何，SPICE 都能很快地计算出来。因此，在设计中应多使用 SPICE。

1.10.8 选择合适的截止频率

假设要对一个 100 kHz CCM 升压变换器进行滤波，输入纹波信号如图 1.106 所示。按照设计指标，信号源的输入纹波应小于 1 mA。以下是为了得到合适的值而应遵循的步骤。

（1）通过 .FOUR 语句计算输入电流的基波分量。从图 1.106 中可得

谐波次数	频率	幅度	相位	归一化幅度	归一化相位
1	100000	0.141061	−54.262	1	0

（2）计算基波的有效值和需要的衰减：

$$i_{\text{fund,rms}} = \frac{141\text{m}}{\sqrt{2}} = 99 \text{ mA}$$

$$A_{\text{filter}} < \frac{1\text{m}}{99\text{m}} < 10 \text{ m} \quad \text{或衰减超过 40 dB}$$

（3）应用式（1.332）确定 LC 滤波器的截止频率为

$$f_0 < \sqrt{0.01 \cdot F_{\text{sw}}} < 10 \text{ kHz}$$

选择 $f_0 = 9$ kHz。

（4）从图 1.106 中，通过仿真引擎测量工具，可以计算流经滤波器电容的电流有效值。

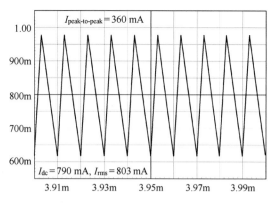

图 1.106　升压变换器输入信号纹波

这个结果是选择滤波器电容的主要判据之一：$I_{\text{ac}} = \sqrt{I_{\text{rms}}^2 - I_{\text{dc}}^2} = 144 \text{ mA rms}$，这是个非常低的值。

（5）由步骤（3）的结果，可以确定两个变量：L 和 C。大多数时间，重要的是由这两个元件产生的总值的大小。一旦元件值确定，需要做一检验，确定这些重要变量是否与元件的最大额定值兼容，即电容的有效电流、电感的峰值电流等。选择电感 L 为 100 μH，通过以下公式可以很快确定电容值：

$$C = \frac{1}{4\pi^2 f_0^2 L} = 3.16 \text{ μF}$$

电感也可选归一化的 4.7 μF。查看数据表格，可以发现 144 mA 低于这种规格电容器的最大额定值。

（6）从零售商的数据表，可以得到 L 和 C 元件的寄生元件：$C_{\text{esr}} = 150$ mΩ(R_2)，$r_{\text{Lf}} = 10$ mΩ(R_1)。

（7）现在将这些寄生电阻加入式（1.330），来检查最终的衰减是否保持在限定范围内。例如，尽管加上寄生元件，仍低于 10m。

$$L = 100 \text{ μH}, \quad R_1 = 10 \text{ mΩ}, \quad C = 4.7 \text{ μF}, \quad R_2 = 150 \text{ mΩ}, \quad \omega = 628 \text{ rad/s}$$

$$\left\| \frac{I_{\text{in}}}{I_{\text{out}}} \right\| = \sqrt{\frac{0.15^2 + \frac{1}{(2.95)^2}}{(160\text{m})^2 + \frac{1}{(2.95)^2} - \frac{200\text{μ}}{4.7\text{μ}} + (62.8)^2}} = 5.9 \text{ m}$$

这一结果低于 10 m 指标。

因此，初始的 99 mA 有效输入电流应视为，输入纹波幅度有效值为 99 m×5.9 m = 584 μA，或峰值为 826 μA。

通过对完整变换器电路进行仿真能检验电路的性能，其中变换器的前端连接滤波元件。在这个简单情况下，如图 1.107 所示，电路运行在开环状态，因此，无须阻尼元件。

仿真结果如图 1.108 所示，其中对信号源电流和升压变换器输入电流都做了快速傅里叶（FFT）分析。可以看到期望结果与测量结果之间有很好的一致性。这里，应用 FFT 命令来显示感兴趣信号的频谱成分。对输入电流应用 .FOUR 语句能得到同样的结果。然而，这个简单的测量不能发现谐振现象，但 FFT 可以测量谐振。

谐波次数	频率	幅度	相位	归一化幅度	归一化相位
1	100000	0.000839704	-30.437	1	0

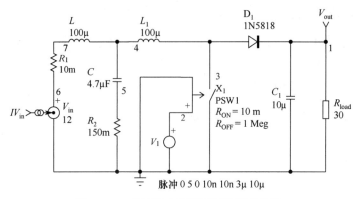

图 1.107 有滤波电路的开环升压变换器

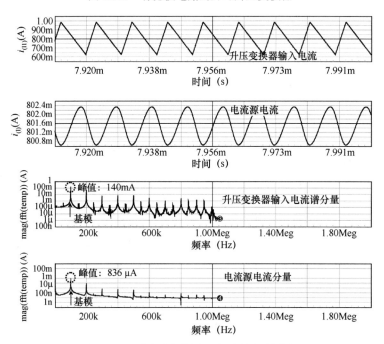

图 1.108 瞬态分析结果及相应的频谱分析

1.11 小结

（1）线性调节器并不十分适合用来构建高效率变换器。然而，如果设计者能保持调节器输入和输出的电压差较低，可得到较好的效率。

（2）最简单的开关调压器是单开关的，且变换器输出方波。然而，如果想要一个连续 dc 电压，则需要一个由电感 L 和电容 C 组成的滤波器，以便去除包含在方波信号中的谐波分量，电路中加入第二个开关器件（二极管）以确保在开关断开期间电流的连续性。这样降压变换器构建完成。

（3）电感中的电流可以是连续的也可以非连续的。如果电感电流在下个开关周期的起始点为 0，则变换器工作在非连续导通模式（DCM）。相反，如果电感中的电流在下个开关周期的起始点大于 0，则变换器工作在连续导通模式（CCM）。工作在 DCM 的变换器的静态和动态行为与工作在 CCM 的行为是不同的。当负载增大或减小时，变换器工作模式变换。一个工作于这两种模式边界的变换器称为工作于边界导通模式（BCM）或临界导通模式（CRM）。

（4）存在不同类型的变换器。三种基本结构为：

- 降压变换器，用来减小输入电压；
- 升压变换器，用来增大输入电压；
- 降压-升压变换器，用来减小或增大输入电压，只是极性相反。

从上述变换器中可推导出其他拓扑：

- 降压变换器，为单开关、多开关正激式变换器（原/副边地隔离）；
- 降压-升压变换器，为反激式变换器（也产生隔离）。

（5）如果线性调节器本质上是静止的（没有开关元件），则开关模式变换器具有固有的噪声。在调节器之前必须接入滤波器来减小通过电源磁心传导的谐波成分。然而，滤波器会产生谐振并会与变换器相冲突。变换器实际上呈现出负输入阻抗，可抵消滤波器阻尼因子。为避免这种情况，可通过安装 RC 等阻尼元件来尽可能地衰减可能的振荡。

原著参考文献

[1] R. Kielkowski, *Inside SPICE,* McGraw-Hill, 1998.

[2] A. Vladimirescu, *The SPICE Book*, John Wiley & Sons, 1993.

[3] R. Pease, *Analog Troubleshooting,* Newnes, 1991.

[4] R. Mamano, "Fueling the Megaprocessors—Empowering Dynamic Energy Management," Unitrode, SEM-1100.

[5] C. Basso et al., "Get the Best from Your LDO Regulator," *EDN Magazine*, February 18, 1999.

[6] V. Vorpérian, "Fast Analytical Techniques for Electrical and Electronic Circuits," Cambridge University Press, 2002.

[7] R. Severns, G. Bloom, "Modern dc-to-dc Switchmode Power Converters Circuits," Van Nostrand Reinhold Co., 1985.

[8] H. Ozbay, *Introduction to Feedback Control Theory*, CRC Press, 1999.

[9] D. Middlebrook, "Design Techniques for Preventing Input-Filter Oscillations in Switched-Mode Regulator," *Advances in Switched-Mode Power Conversion*, vols. 1 and 2, TESLAco, 1983.

附录 1A　RLC 传输函数

本附录详细讨论如何推导 RLC 传输函数和输出阻抗。由于希望得到影响该无源电路的不同参数，一种良好的方法是使用矩阵代数。矩阵代数非常适合于在计算机上进行数值计算，SPICE 延伸了矩阵代数的应用领域。由传输矩阵给出的符号解无法让设计者很好地观察电路的工作。然而，一旦求得传输矩阵 $T(s)$ 包含的矩阵系数，就可立即得到所有感兴趣的参数：

$$T(s) = \begin{bmatrix} \dfrac{Y_1(s)}{U_1(s)} & \dfrac{Y_1(s)}{U_2(s)} \\[2mm] \dfrac{Y_2(s)}{U_1(s)} & \dfrac{Y_2(s)}{U_2(s)} \end{bmatrix} \tag{1.347}$$

式中，Y_1 和 Y_2 分别表示输入电流和输出电压；U_1 和 U_2 表示输入电压和输出电流（如图 1.109 所示）。根据这种排列，从式（1.347）可得到所有感兴趣的变量：

$T_{1,1} =$ 输入导纳

$T_{1,2} =$ 输出电流敏感性

$T_{2,1} =$ 传输函数的音频敏感性

$T_{2,2} =$ 输出阻抗

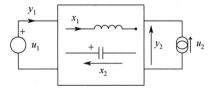

图 1.109　适合矩阵分析格式的各种变量排列

如图 1.109 所示，可以确定所谓的源变量（u_k）、态变量（x_k）和输出变量（y_k）。态变量可视为 $t = 0$ 时刻必需的初始条件。没有这些参数，就不能求解表示电路的微分式。例如，一个简单的 LR 电路，如果知道电感的初始电流，那么就知道

$t > t_0$ 时刻的系统的"态"。可以看到，这就是描述电感电流的 x_1，描述电容初始充电电压的 x_2。

写出所有回路和节点式，把它们表示成变量 x 和 u，进一步把态变量和输出变量表示成如下形式：

$$\dot{x}_1 = Ax_1 + Bu_1 \qquad \text{态式一般形式} \tag{1.348}$$

$$y_1 = Mx_1 + Nu_1 \qquad \text{输出式一般形式} \tag{1.349}$$

式中，$\dot{x}_1 = \dfrac{\mathrm{d}x_1(t)}{\mathrm{d}t}$；$A$ = 态式系数矩阵；u = 源矢量系数矩阵；B = 态式源系数矩阵；M = 输出式态系数矩阵；N = 输出式源系数矩阵。

对 n 阶系统，它有 n 个态变量和 r 个源变量，可写成

$$\dot{x}_1 = a_{11}x_1 + \cdots + a_{1n}x_n \cdots + b_{11}u_1 + \cdots + b_{1r}u_r \tag{1.350}$$

$$\dot{x}_2 = a_{21}x_1 + \cdots + a_{2n}x_n \cdots + b_{21}u_1 + \cdots + b_{2r}u_r \tag{1.351}$$

$$\cdots$$

按照式（1.350）和式（1.351），应用通用矩阵符号，得到

$$\begin{bmatrix} \dot{x}_1 \\ \dot{x}_2 \\ \vdots \\ \dot{x}_n \end{bmatrix} = \begin{bmatrix} a_{11} & a_{12} & \cdots & a_{1n} \\ a_{21} & a_{22} & \cdots & a_{2n} \\ \vdots & \vdots & \ddots & \vdots \\ a_{n1} & a_{n2} & \cdots & a_{nn} \end{bmatrix} \begin{bmatrix} x_1 \\ x_2 \\ \vdots \\ x_n \end{bmatrix} + \begin{bmatrix} b_{11} & b_{12} & \cdots & b_{1n} \\ b_{21} & b_{22} & \cdots & b_{2n} \\ \vdots & \vdots & \ddots & \vdots \\ b_{n1} & b_{n2} & \cdots & b_{nn} \end{bmatrix} \begin{bmatrix} u_1 \\ u_2 \\ \vdots \\ u_r \end{bmatrix}$$

理论指出，n 阶线性无源系统的广义传输函数 $T(s)$ 为

$$T(s) = \left[M(sI - A)^{-1}B + N \right] \tag{1.352}$$

式中，$I = \begin{bmatrix} 1 & 0 \\ 0 & 1 \end{bmatrix}$ 为单位矩阵，把它乘以拉普拉斯算子 s，变为 $sI = \begin{bmatrix} s & 0 \\ 0 & s \end{bmatrix}$。

我们通过一个具有态变量和输出变量的 RLC 电路（如图 1.110 所示）来开始分析。

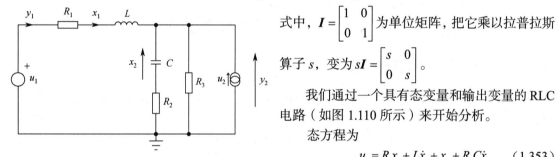

图 1.110　更新了相关变量的 RLC 电路

态方程为

$$u_1 = R_1 x_1 + L\dot{x}_1 + x_2 + R_2 C \dot{x}_2 \tag{1.353}$$

重新整理上式得到

$$\dot{x}_1 = -\frac{R_1}{L}x_1 - \frac{1}{L}x_2 + \frac{1}{L}u_1 - \frac{R_2 C}{L}\dot{x}_2 \tag{1.354}$$

流过 C 和 R_3 的电流实际上由 u_2 和 x_1 之和组成：

$$x_1 + u_2 = C\dot{x}_2 + \frac{x_2 + R_2 C \dot{x}_2}{R_3} \tag{1.355}$$

展开上式并提取公因子，可给出

$$(x_1 + u_2)R_3 = CR_3\dot{x}_2 + x_2 + R_2 C \dot{x}_2 \tag{1.356}$$

$$x_1 R_3 + u_2 R_3 - x_2 = C\dot{x}_2(R_3 + R_2) \tag{1.357}$$

$$\dot{x}_2 = \frac{R_3}{(R_3 + R_2)C}x_1 - \frac{1}{(R_2 + R_3)C}x_2 + \frac{R_3}{(R_2 + R_3)C}u_2 \tag{1.358}$$

把式（1.358）代入式（1.354），提取公因子使之适合式（1.348）的定义：

$$\dot{x}_1 = -\frac{1}{L}\left(R_1 + \frac{R_2 R_3}{R_2 + R_3}\right)x_1 + \frac{1}{L}\left(\frac{R_2}{R_2 + R_3} - 1\right)x_2 + \frac{1}{L}u_1 - \frac{R_2 R_3}{(R_2 + R_3)L}u_2 \tag{1.359}$$

式（1.358）和式（1.359）符合由式（1.350）和式（1.351）描述的二阶系统排列。把它的系数填入 $\boldsymbol{A}$ 和 $\boldsymbol{B}$，得到

$$\boldsymbol{A} = \begin{bmatrix} -\dfrac{R_1R_2 + R_1R_3 + R_2R_3}{(R_2+R_3)L} & \dfrac{-R_3}{(R_2+R_3)L} \\ \dfrac{R_3}{(R_2+R_3)L} & -\dfrac{1}{(R_2+R_3)C} \end{bmatrix}, \quad \boldsymbol{B} = \begin{bmatrix} \dfrac{1}{L} & \dfrac{-R_2R_3}{(R_2+R_3)L} \\ 0 & \dfrac{R_3}{(R_2+R_3)C} \end{bmatrix}$$

观察图 1.110，得输出方程

$$y_1 = x_1 \tag{1.360}$$

$$y_2 = C\dot{x}_2R_2 + x_2 \tag{1.361}$$

$$y_2 = R_2\left(x_1\frac{R_3}{R_2+R_3} + u_2\frac{R_3}{R_2+R_3} - x_2\frac{1}{R_2+R_3}\right) + x_2 \tag{1.362}$$

按照所需要的格式重新整理式（1.362），得到

$$y_2 = x_1\frac{R_2R_3}{R_2+R_3} + x_2\left(1 - \frac{R_2}{R_2+R_3}\right) + u_2\frac{R_3R_2}{R_2+R_3} \tag{1.363}$$

从式（1.360）和式（1.363），通过确定合适的系数可填充 $\boldsymbol{M}$ 和 $\boldsymbol{N}$ 矩阵：

$$\boldsymbol{M} = \begin{bmatrix} 1 & 0 \\ \dfrac{R_3R_2}{R_2+R_3} & \dfrac{R_3}{R_2+R_3} \end{bmatrix}, \quad \boldsymbol{N} = \begin{bmatrix} 0 & 0 \\ 0 & \dfrac{R_3R_2}{R_2+R_3} \end{bmatrix}$$

可应用式（1.352），通过 Mathcad 电子数据表来得到所有相关的参数：

- $T_{2,1}$——传输函数［见式（1.364）］

$$T(s) = \frac{R_3}{R_1+R_3}\frac{1+sR_2C}{1 + s\dfrac{L + C(R_2R_3 + R_1R_3 + R_2R_1)}{R_1+R_3} + s^2LC\left(\dfrac{R_3+R_2}{R_1+R_3}\right)} \tag{1.364}$$

- $T_{2,2}$——输出阻抗［见式（1.365）］

$$Z_{\text{out}}(s) = \frac{R_3R_1}{R_1+R_3}\frac{(sR_2C+1)(sL/R_1+1)}{1 + s\dfrac{L + C(R_2R_3 + R_1R_3 + R_2R_1)}{R_1+R_3} + s^2LC\left(\dfrac{R_3+R_2}{R_1+R_3}\right)} \tag{1.365}$$

- $T_{1,1}$——输入导纳［见式（1.366）］

$$Y_{\text{in}}(s) = \frac{1}{R_1+R_3}\frac{sC(R_2+R_3)+1}{1 + s\dfrac{L + C(R_2R_3 + R_1R_3 + R_2R_1)}{R_1+R_3} + s^2LC\left(\dfrac{R_3+R_2}{R_1+R_3}\right)} \tag{1.366}$$

- $T_{1,2}$——输出电流敏感性［见式（1.367）］

$$T_{1,2}(s) = -\frac{R_3}{R_1+R_3}\frac{1+sR_2C}{1 + s\dfrac{L + C(R_2R_3 + R_1R_3 + R_2R_1)}{R_1+R_3} + s^2LC\left(\dfrac{R_3+R_2}{R_1+R_3}\right)} \tag{1.367}$$

注意到所有这些传输函数都遵循如下形式：

$$T(s) = \frac{N(s)}{D(s)} \tag{1.368}$$

其中 $N(s)$ 是分子，其根为传输函数的零点；$D(s)$ 是分母，其根为传输函数的极点。图 1.110 的所有传输函数都共享同一分母式，这点是引人注目的。

附录 1B 电容等效模型

作为滤波元件连接在电路中的电容并不是始终呈现为电容行为。因为在电容制造过程中，出现寄生元件并使原来电容的特性改变：尽管希望得到纯电容元件的瞬态响应，但最后总有些不同。图 1.111 所示为著名的电容等效电路。

图 1.111 电容等效电路显示了寄生元件的存在

如果通过电流源扫描该等效电路，阻抗特性揭示了几个区域，它们与具体起主导作用的元件有关（如图 1.112 所示）。

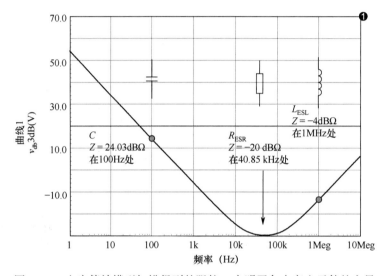

图 1.112 电容等效模型扫描得到的阻抗，表明了各个寄生元件的主导
作用，本例中，$C = 100\ \mu F$，$R_{ESR} = 100\ m\Omega$ 和 $L_{ESL} = 100\ nH$

- 在左边区，即低频区域，电容值占主导地位并在频率增加时阻抗下降。在 100 Hz 点处确认了 100 μF 的阻抗值。
- 在所探讨频谱的中部，电阻性部分占优，曲线较平坦：调谐 LC 滤波器的谐振点位于该区域。在该点可求得 ESR。
- 最后，如果保持调制频率增加，电感项占主导地位，阻抗增加：电容效应消失而寄生电感保留下来。

开关变换器在其输出端接一个电容，当变换器收到输出电流阶跃信号时，寄生元件的存在会影响响应形状。图 1.113 所示为加载动态负载时的变换器简化表示。如果出现突然的输出阶跃（如图 1.114 所示），那么在变换器闭环起作用之前，输出电压只与输出电容有关。因此，总电压降落可表示如下：

$$\Delta V_{out} = i_C(t)R_{ESR} + L_{ESL}\frac{di_C(t)}{dt} + \frac{1}{C}\int_0^{\Delta t} i_C(t)\,dt \qquad (1.369)$$

因为变换器带宽有限，所以无法补偿电压降落。因而，在负载电流上升期间，能量完全通过电容输出。或者说，$i_C(t) = i_{out}(t)$。

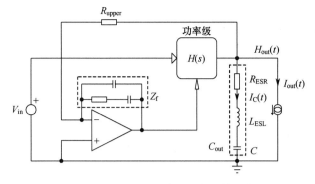
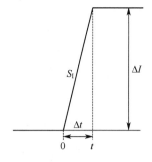

图 1.113　闭环变换器和输出电容的简化表示　　　图 1.114　在变换器输出端加载电流阶跃

负载电流随时间按式（1.370）变化：

$$I_{\text{out}}(t) = \Delta I \frac{t}{\Delta t} = S_{\text{I}} t \tag{1.370}$$

把 $i_{\text{C}}(t)$ 代入式（1.369）得

$$\Delta V_{\text{out}} = R_{\text{ESR}} S_{\text{I}} t + L_{\text{ESL}} S_{\text{I}} \frac{1}{C} \int_0^t S_{\text{I}} t \, \mathrm{d}t \tag{1.371}$$

最后得到

$$\Delta V_{\text{out}} = R_{\text{ESR}} S_{\text{I}} t + L_{\text{ESL}} S_{\text{I}} + \frac{S_{\text{I}} t^2}{2C} \tag{1.372}$$

在上式中 t 用 Δt 代替，提取公因子 S_{I}，可得到

$$\Delta V_{\text{out}} = S_{\text{I}} \left(R_{\text{ESR}} \Delta t + L_{\text{ESL}} + \frac{\Delta t^2}{2C} \right) \tag{1.373}$$

式（1.373）描述了从快速上升电流阶跃得到的电压降落。值得注意的是，我们讨论的是电压降落而不是欠脉冲。尽管只处理寄生元件，但过脉冲/欠脉冲只与电路响应有关。假设需要设计一个降压变换器来为中央处理器（CPU）供电，在这些应用中，电流上升速率一般为 1 kA/μs。在该时间段，变换器努力使电感中的电流增加节奏不要快于 $v_{\text{L}}(t)/L$ 值，其中 $v_{\text{L}}(t)$ 为电感 L 两端的瞬时电压。此时，式（1.373）起作用并有助于选择合适的电容，确保所选电容的寄生元件产生的尖峰保持在可接受的范围内。

式（1.373）表明，输出电压尖峰由三部分组成：

- 由 ESL 带来的电感冲击——实际尖峰，与电流斜率有关；
- 由 ESR 产生的欧姆降落；
- 电容性积分。

用示波器观察变换器的瞬态响应，可揭示所选电容的主导项。图 1.115 所示为电压模式仿真结果（$f_{\text{c}} = 10\ \text{kHz}$），其中把每个寄生项的作用分开讨论。

如果通过式（1.373）对所有项求和，可写出

$$\Delta V_{\text{out}} = 400\text{k} \left(100\text{m} \times 1\mu + 100\text{n} + \frac{1\text{p}}{2 \times 100\mu} \right) = 82\ \text{mV} \tag{1.374}$$

这就是可以在图 1.115 中得到的结果。注意到，与 ESR 和 ESL 的作用相比，由电容产生的作用较小。

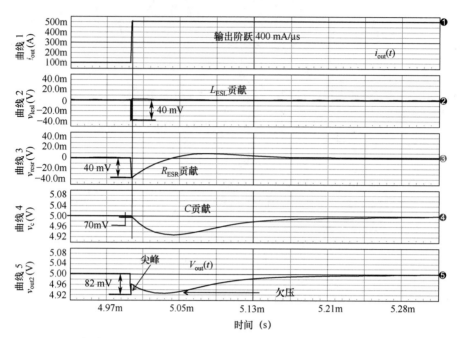

图 1.115　加载了 400 mA 阶跃负载的 CCM 电压模式降压变换器仿真结果，
$S_I = 450$ mA/μs；元件值为 $C = 100$ μF，$R_{ESR} = 100$ mΩ 和 $L_{ESL} = 100$ nH

在一些 ESL 可以忽略的应用中，即当输出电流上升速率不很大时，可用近似公式来预测输出欠脉冲（因此，与反馈有关）。假设变换器时间常数（$1/f_c$，其中 f_c 为交叉频率）比 $R_{ESR}C$ 时间常数小得多，那么降落主要由交叉频率和输出电容决定：

$$\Delta V_{out} \approx \frac{\Delta I_{out}}{2\pi f_c C} \qquad (1.375)$$

该式只在电容项相对于 ESR 占主导地位时成立。或者说，式（1.375）成立的条件为

$$R_{ESR} \leqslant \frac{1}{2\pi f_c C} \qquad (1.376)$$

在交越频率为 10 kHz、100 μF 电容的 ESR 为 100 mΩ，式（1.376）满足

$$100 \text{ mΩ} \leqslant 160 \text{ mΩ}$$

因此，环路欠脉冲可通过式（1.375）估算得出：

$$\Delta V_{out} \approx \frac{0.4}{6.28 \times 10k \times 100\mu} = 64 \text{mV}$$

由图 1.115 中的曲线 4，得到电压差为 70 mV，两者非常接近。

总之，与变换器技术指标的类型有关，可应用式（1.375）来选择电容器。一旦电容选定后，进一步检查寄生项，并求得合适的组合值以便减小 ESR 和 ESL 效应。

附录 1C　电源按拓扑的分类

与具体应用及所要求的输出功率有关，某些拓扑会比另一些更合适。下表列出了大多数受欢迎的拓扑，并给出了基于可能的输出功率进行的选择建议。

拓　扑	应　用	功　率	优　点	缺　点	成本
反激式	手机充电器（<10 W）、笔记本电脑适配器（<100 W）、CRT 电源（<150 W）	<150 W	易于实现，技术成熟，允许较宽输入电压，允许使用大控制器	高峰值电流，漏电感难以控制，电磁干扰信号较大，输出纹波大交流成分大	低
单开关正激式变换器	ATX 电源（<250 W），用于电信的 dc-dc 变换器	<300 W	与耦合电感之间有良好的交叉调节，电磁干扰信号较小，交流成分低导通损耗低	在功率 MOSFET 上存有应力，允许输入电压范围较窄，需要变压器复位，占空比钳位在 50%	中等
双开关正激式变换器	ATX 电源（<500 W），用于电信的 dc-dc 变换器（<500 W）	100～500 W	与耦合电感之间有良好的交叉调节，电磁干扰信号较小，MOSFET 应力钳位在 V_{in}	允许输入电压范围较窄，需要变压器复位，占空比钳位在 50%，需要高压驱动	中等
半桥	ATX 电源（<500 W），用于电信的 dc-dc 变换器	100～500 W	与耦合电感之间有良好的交叉调节，电磁干扰信号较小，MOSFET 应力钳位在 V_{in}，占空比< 100%	允许输入电压范围较窄，需要高压驱动，不容易在电流模式下工作	中等
半桥 LLC	医用电源、LCD 等离子电视	<500 W	电磁干扰信号极低，可在无负载下工作，波形平滑可实现零电压开关（ZVS）	高压驱动，有效成分大，允许输入电压范围较窄，有短路危险	中等
全桥	主机和服务器电源，用于电信的高功率 dc-dc 变换器	>500 W	与耦合电感之间有良好的交叉调节，通过相移实现谐振工作，电磁干扰信号较小，MOSFET 应力钳位在 V_{in}，占空比< 100%	允许输入电压范围较窄，需要双高压驱动，电路需 4 个 MOSFET 驱动	高
推挽结构	dc-dc 变换器	<200 W	MOSFET 控制有参考地，占空比< 100%	电压应力为 $2V_{in}$，原边电感中间抽头	中等

附录 1D　CCM 和 DCM 开关波形的均方根值

本附录详细地给出了如何计算信号的均方根值，这些信号通常是从工作于 CCM 或 DCM 的三种 dc-dc 单元电路（降压变换器、降压-升压变换器和升压变换器）获得的。

用于计算周期为 T_{sw} 的瞬时电流 $i(t)$ 均方根值的公式如下：

$$I_{rms} = \sqrt{\frac{1}{T_{sw}} \int_0^{T_{sw}} i(t)^2 \mathrm{d}t} \qquad (1.377)$$

让我们从工作于 CCM 的流过电感的连续电流开始分析。如图 1.116 所示。

该信号可以分成两个线性段，称为 i_1 和 i_2。这两段可用如下方程表示：

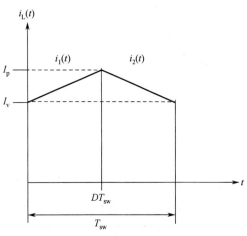

图 1.116　由 CCM 降压变换器、降压-升压变换器或升压变换器产生的连续电感电流

$$i_1(t) = I_v + \frac{I_p - I_v}{DT_{sw}}t \tag{1.378}$$

$$i_2(t) = I_p - \frac{I_p - I_v}{(1-D)T_{sw}}t \tag{1.379}$$

周期信号的均方根值可写为

$$I_{L,rms} = \sqrt{\frac{1}{T_{sw}}\left[\int_0^{DT_{sw}} i_1(t)^2\,dt + \int_0^{(1-D)T_{sw}} i_2(t)^2\,dt\right]} \tag{1.380}$$

如果把式（1.378）和式（1.379）代入式（1.380），得到

$$I_{L,rms} = \sqrt{\frac{1}{T_{sw}}\left[\int_0^{DT_{sw}}\left(I_v + \frac{I_p - I_v}{DT_{sw}}t\right)dt + \int_0^{(1-D)T_{sw}}\left(I_p - \frac{I_p - I_v}{(1-D)T_{sw}}t\right)^2 dt\right]} \tag{1.381}$$

求解该方程并重新整理，给出的最后结果为

$$I_{L,rms} = \sqrt{\frac{I_v^2 + I_p I_v + I_p^2}{3}} \tag{1.382}$$

图 1.117 给出了典型的 CCM 变换器功率开关电流波形。

该信号表达式是简单的。电流从谷点开始沿斜坡增加，在 DT_{sw} 时达到峰值：

$$i(t) = I_v + \frac{I_p - I_v}{DT_{sw}}t \tag{1.383}$$

应用式（1.377）可求解均方根值：

$$I_{SW,rms} = \sqrt{\frac{1}{T_{sw}}\int_0^{DT_{sw}}\left[I_v + \frac{(I_p - I_v)t}{DT_{sw}}\right]^2 dt} = \sqrt{\frac{D}{3}(I_v^2 + I_v I_p + I_p^2)} \tag{1.384}$$

图 1.118 显示了第三个 CCM 变换器波形。该电流流经 CCM 降压变换器、降压–升压变换器或升压变换器的二极管。为方便积分运算，我们将信号左移以便让其在 $t = 0$ 时初始值为 I_p。电流表达式变为

$$i_d(t) = I_p - \frac{I_p - I_v}{(1-D)T_{sw}}t \tag{1.385}$$

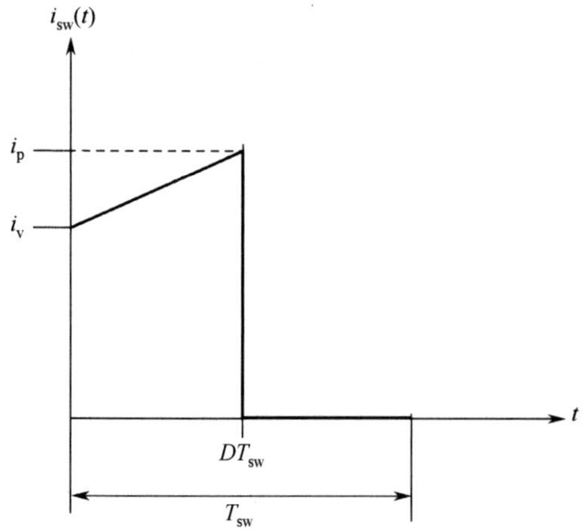

图 1.117 由 CCM 降压变换器、降压–升压变换器或升压变换器产生的开关电流

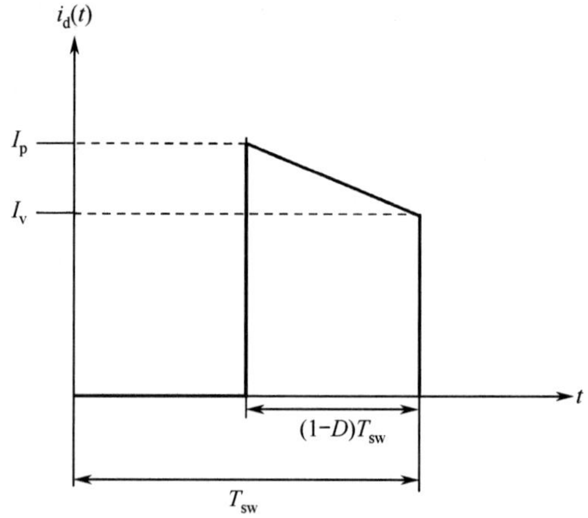

图 1.118 CCM 降压变换器、降压–升压变换器或升压变换器产生的二极管电流

从 0 到 $(1-D)T_{sw}$ 对上式求积分，可求得电流的均方根值：

$$I_{d,rms} = \sqrt{\frac{1}{T_{sw}}\int_0^{(1-D)T_{sw}}\left[I_p - \frac{I_p - I_v}{(1-D)T_{sw}}t\right]^2 dt}$$　　　　（1.386）

求解该方程可得出二极管均方根电流：

$$I_{d,rms} = \sqrt{\frac{(1-D)}{3}(i_v^2 + I_v I_p + I_p^2)}$$　　　　（1.387）

对于非连续情况，当功率开关和二极管都阻断时，出现第三个时间段。该时间段持续 $D_3 T_{sw}$，图 1.119 给出了 DCM 降压变换器、降压–升压变换器或升压变换器的电感电流波形。

该积分可通过将图形分成两个不同段 i_1 和 i_2 来计算：

$$i_1(t) = \frac{I_p}{D_1 T_{sw}}t$$　　　　（1.388）

$$i_2(t) = I_p\left(1 - \frac{t}{T_{sw}(1-D_1-D_3)}\right)$$　　　　（1.389）

该电流的均方根值可由下式计算：

$$I_{L,rms} = \sqrt{\frac{1}{T_{sw}}\left[\int_0^{D_1 T_{sw}} i_1(t)^2 dt + \int_0^{(1-D_1-D_3)T_{sw}} i_2(t)^2 dt\right]}$$　　　　（1.390）

由该式计算得出

$$I_{L,rms} = I_p\sqrt{\frac{1-D_3}{3}}$$　　　　（1.391）

DCM 变换器功率开关电流如图 1.120 所示。其线性增加的电流由如下方程描述：

$$i_{SW}(t) = \frac{I_p}{D_1 T_{sw}}t$$　　　　（1.392）

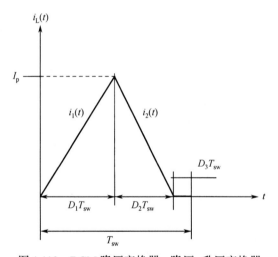

图 1.119　DCM 降压变换器、降压–升压变换器
或升压变换器产生的非连续电感电流

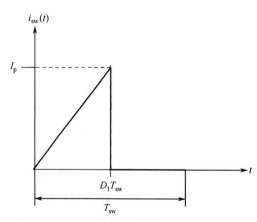

图 1.120　DCM 降压变换器、降压–升压变换
器或升压变换器产生的功率开关电流

均方根值可通过求解下式来计算：

$$I_{SW,rms} = \sqrt{\frac{1}{T_{sw}}\int_0^{D_1 T_{sw}} i_{SW}(t)^2 dt} = \sqrt{\frac{1}{T_{sw}}\int_0^{D_1 T_{sw}}\left(\frac{I_p}{D_1 T_{sw}}\right)^2 dt}$$　　　　（1.393）

由该式得出工作于 DCM 的 dc–dc 变换器功率开关均方根电流为

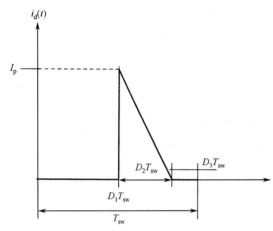

图 1.121　CCM 降压变换器、降压-升压变换
器或升压变换器产生的二极管电流

$$I_{\mathrm{SW,rms}} = I_{\mathrm{p}}\sqrt{D_1/3} \qquad (1.394)$$

二极管电流由图 1.121 给出。同样，我们把信号左移以便在 $t = 0$ 时，函数回到 I_{p}：

$$i_{\mathrm{d}}(t) = I_{\mathrm{p}}\left(1 - \frac{t}{T_{\mathrm{sw}}(1 - D_1 - D_3)}\right) \qquad (1.395)$$

二极管电流均方根值可通过求解下式来计算：

$$I_{\mathrm{d,rms}} = \sqrt{\frac{1}{T_{\mathrm{sw}}}\int_0^{(1-D_1-D_3)T_{\mathrm{sw}}}\left[I_{\mathrm{p}} - \frac{I_{\mathrm{p}}t}{T_{\mathrm{sw}}(1-D_1-D_3)}\right]^2 \mathrm{d}t} \qquad (1.396)$$

由该式计算得出

$$I_{\mathrm{d,rms}} = I_{\mathrm{p}}\sqrt{\frac{1-D_1-D_3}{3}} = I_{\mathrm{p}}\sqrt{\frac{D_2}{3}} \qquad (1.397)$$

我想感谢中国深圳 Yang Fu 先生有关第一版中这些方程的排列的有益建议，作为他建言的结果，我完全重新推导了这些公式并且很有信心以容易阅读的形式把这些公式呈现出来。

第 2 章　小信号建模

第 1 章应用开关元件在时域中描述和仿真了几种基本结构（如降压、升压和降压-升压变换器）。这是开关模型方法，模型中应用了开关元件（如 MOSFET 和二极管等），变量 t 控制着电路的工作。仿真条件通过.TRAN 语句确定，即瞬态分析。在时域中，SPICE 像具有可变步长的采样保持系统一样工作，它首先固定步长（两个仿真点之间的时间间隔，称为时间步长），并尝试着收敛到正确解。这个间隔变化用 T_{step} 表示。如果 SPICE 在该点的计算无法收敛，仿真引擎会减小 T_{step} 并再次尝试收敛。若计算收敛，则该点的计算被接受并存储起来；否则，该点被剔除。结果，对于常数或规则的斜坡信号，SPICE 会选择一个很大的时间步长，因为仿真过程中不会发生变化。相反，一旦出现斜率转换，仿真引擎会减小时间步长以便捕获更多的数据点。图 2.1 所示为这种典型的行为。

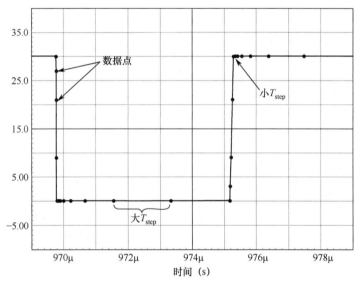

图 2.1　对缓慢变化的信号，SPICE 取大的时间间隔；
当信号发生变化时，SPICE 减小时间步长

当电路仿真工作时间很短（如几毫秒）时，这种情况下能很快得到分析结果。遗憾的是，当需要评估开关频率为 100 kHz 的低带宽系统的瞬态响应时，要得到有用的结果需要花几十毫秒或几百毫秒的时间。在 SPICE 这样的可变时间步长系统中，要得到信号波形，往往需要几十分钟（有时需要几个小时）。仿真一旦完成，从由仿真引擎产生的存储在磁盘上的大量文件中，提取和显示数据也要花几分钟或更长的时间。如果觉得仿真时间过长，则采用如 PSIM 那样具有固定步长的仿真引擎，同样能很方便地求解这类低带宽系统的瞬态响应问题，并能给出很好的解。典型的例子是功率因数校正电路，该电路的开关频率很高，而控制环交越频率仅为 10 Hz。该电路会在后面讨论到。

另一种解决方案是推导平均模型。平均模型可取消任何开关行为，便于产生平滑变化、连续信号。为认清这个概念，先来解释平均的含义：对一个周期函数 $f(t)$ 求平均是指对 $f(t)$ 在整个周期

T内求积分，然后除以周期。这是一个著名的定义，其表达式为

$$\langle f(t)\rangle_T = \frac{1}{T}\int_0^T f(t)\mathrm{d}t \qquad (2.1)$$

式中，$\langle f(t)\rangle_T$表示$f(t)$在整个周期T内的平均值。

对一个时变信号应用式（2.1）会引出离散值的连续性描述，所有离散值代表在连续周期 $0\sim T$，$T\sim T_1$，$T_1\sim T_2$，…内计算得到的$f(t)$的平均值。若用连续函数来连接这些点，该连续函数为平均函数在每个周期最后时刻的值，则这个连续函数根本上是连续的。这样就可得到原来函数的一个"平均的和连续的"函数表示。这就是我们在看电视节目时，眼睛所做的工作：从电视上看到的运动图像实际上是由固定帧连续产生的，但是固定帧以比我们的眼睛能分辨的更快的节奏显示。因此，眼睛观察到图像的连续变化。

同时，平均过程会使纹波消失。这是因为，假设调制周期比开关周期大得多，就像人眼的响应时间比图像固定帧变化的时间（在欧洲为 20 ms）长得多。这个概念如图 2.2 所示，可以看到正弦信号如何调制占空比，从而给电感施加一个电流的变化。占空比的调制满足如下定理：

$$d(t) = D_0 + D_{\mathrm{mod}}\sin\omega_{\mathrm{mod}}t \qquad (2.2)$$

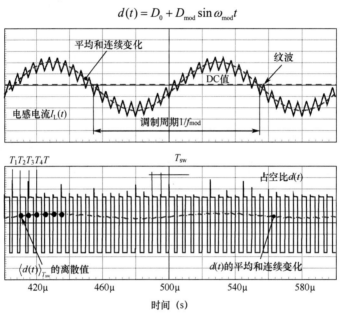

图 2.2　具有缓慢变化低频成分的交流调制电感电流

（注意调制频率和开关频率的不同：$f_{\mathrm{mod}} \ll F_{\mathrm{sw}}$）

式中，D_0表示对应于给定工作点处的稳态占空比，而D_{mod}是调制峰值。D_0和D_{mod}都可认为是常数。

调制周期 $1/f_{\mathrm{mod}}$也比变换器开关周期 T_{sw}大得多。平均函数和连续函数类似于滤波波形，但不完全一致，因为平均函数是数学抽象，而不是与时间有关的物理变量，如图 2.2 所示（已忽略纹波）。

应用平均技术，通过平均式可以描述特殊结构（如降压变换器）的性能。一旦线性地经过工作点，平均式会产生所谓的小信号模型，有助于揭示所研究结构的交流响应，或校验环路闭合和补偿时的稳定性。

可以想象，开关模型和平均模型都有各自的优缺点。

平均模型：

- 涉及小信号响应，可以快速画出波特图或奈奎斯特曲线，能够评估变换器的稳定性、求出输入阻抗变化、检验在无阻尼情况下滤波器是否与设计兼容；

- 没有开关元件，能快速得到仿真结果，可以观察长达几十微秒的瞬态响应（如低带宽的功率因子校正系统），以及查看输出过脉冲是否在指标范围内或失真是否接近于初始指标；
- 观察寄生元件效应是困难的（如电感欧姆损耗或二极管正向降落），尽管有些最新的器件模型已经包含了这些参数；
- 无法评估半导体的开关损耗。

瞬态模型：
- 瞬态模型包括寄生元件，可以查看漏电感效应，量化电源开关电压应力或多输出变换器中产生的不良交叉调节；
- 该模型反映实际情况，若使用合适的元件模型，可以构建虚拟电路实验板，很容易评估纹波电平、导通损耗等参数；
- 开关损耗需要更精确地包含寄生元件的模型，也可以用 SPICE 编辑器编写；
- 由于存在大量的开关过程，所以仿真时间很长；
- 从瞬态仿真中画出波特图是困难和乏味的；
- 在低带宽应用场合，进行瞬态分析十分困难，评估瞬态响应需要很长时间。

读者在本章会发现，为给定拓扑结构建模或推导小信号等效电路有多种选择：

① 对应于两个开关位置，写变换器的态式，在开关周期内求平均；

② 只对开关波形求平均，创建一个等效模型。

两种方法的共同特征是保留了好的小信号线性度，便于求得等效模型。第一种方法是通过态空间平均技术来描述，而另一种方法是开关建模技术。下面从第一种方法开始讨论。

2.1 态空间平均（SSA）

20 世纪 70 年代中期，Ćuk 博士首先将 SSA 技术应用于电源变换器[1]，然后在另一篇与 Middlebrook 合写的论文中对这一方法做了证明[2]。许多书籍对这种建模技术做了详细讨论[3,4,5]。本章不再重复介绍这种技术，但允许读者小小体验一下 SSA 技术。图 2.3 所示为一个简单的降压变换器并强调了态变量。

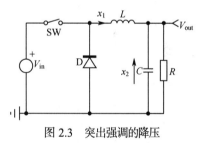

图 2.3　突出强调的降压变换器态变量

态变量通常与存储元件（如电容和电感）有关。若已知给定时刻的电路状态，如 $t = t_0$，即初始条件，则能求解 $t > t_0$ 时刻的系统方程。对于包含电容和电感的电路，态变量分别是电容电压（用 x_2 表示）和电感电流（用 x_1 表示）。

系统 S 的态方程可以写成如下简洁的形式：

$$\dot{x} = Ax(t) + Bu(t) \quad \text{态方程的通用形式} \tag{2.3}$$

$$y(t) = Mx(t) + Nu(t) \quad \text{输出方程的通用形式} \tag{2.4}$$

式中，$x(t)$ 表示态矢量，它包含所研究电路的所有有态变量。在 LC 电路中，态矢量将包含上面讨论的 x_1 和 x_2。输入矢量包含系统的独立输入变量，如输入电压在本例中用 u_1 表示。它也可以包含激励源，如附录 1A 中用于驱动输出阻抗的电流源 u_2。即使本例中不用 u_2（最后等于 0），为举例明晰起见，仍然保留 u_2。

对于降压变换器电路这样的二阶系统，可以写出

$$\dot{x}_1 = a_{11}x_1 + a_{12}x_2 + b_{11}u_1 + b_{12}u_2 \tag{2.5}$$

$$\dot{x}_2 = a_{21}x_1 + a_{22}x_2 + b_{21}u_1 + b_{22}u_2 \tag{2.6}$$

根据式（2.5）和式（2.6），应用通用的矩阵符号，得到

$$\begin{bmatrix} \dot{x}_1 \\ \dot{x}_2 \end{bmatrix} = \begin{bmatrix} a_{11} & a_{12} \\ a_{21} & a_{22} \end{bmatrix} \begin{bmatrix} x_1 \\ x_2 \end{bmatrix} + \begin{bmatrix} b_{11} & b_{12} \\ b_{21} & b_{22} \end{bmatrix} \begin{bmatrix} u_1 \\ u_2 \end{bmatrix} \qquad (2.7)$$

$y(t)$ 称为输出矢量，它提供了一种表示外部波形的途径，该外部波形能表示成态矢量和输入矢量的线性组合。任何从属信号可以放在 $y(t)$ 矢量中。须把输出矢量视为探针，如附录 1A 中 RLC 滤波器的输出电压，因为存在与电容串联的等效串联电阻（ESR），该输出电压与电容电压不同。因为对输入阻抗也感兴趣，因此也选择了输入电流 y_1。

$$\dot{x} = \frac{\mathrm{d}x(t)}{\mathrm{d}t} = \text{态变量的时间导数}$$

$$\boldsymbol{A} = \text{态系数矩阵，} u = \text{源系数，} \boldsymbol{B} = \text{源系数矩阵}$$

$$\boldsymbol{M} = \text{输出系数矩阵，} \boldsymbol{N} = \text{输出源系数矩阵}$$

由于式（2.3）和式（2.4）描述的系统 S 是在时域 t 中，假设式（2.3）和式（2.4）是线性的，可以推导系统的拉普拉斯传输函数。根据拉普拉斯导数特性，可以写出

$$sX(s) = \boldsymbol{A}X(s) + \boldsymbol{B}U(s) \qquad (2.8)$$

$$Y(s) = \boldsymbol{M}X(s) + \boldsymbol{N}U(s) \qquad (2.9)$$

重排式（2.8），得到

$$sX(s) - \boldsymbol{A}X(s) = \boldsymbol{B}U(s) \qquad (2.10)$$

$$X(s)(s\boldsymbol{I} - \boldsymbol{A})(s) = \boldsymbol{B}U(s) \qquad (2.11)$$

最后得到

$$X(s) = (s\boldsymbol{I} - \boldsymbol{A})^{-1}\boldsymbol{B}U(s) \qquad (2.12)$$

式中，$\boldsymbol{I}$ 表示单位矩阵。将式（2.12）和式（2.9）相加，得到

$$Y(s) = \boldsymbol{M}(s\boldsymbol{I} - \boldsymbol{A})^{-1}\boldsymbol{B}U(s) + \boldsymbol{N}U(s) \qquad (2.13)$$

提取因子 $U(s)$，得到

$$Y(s) = [\boldsymbol{M}(s\boldsymbol{I} - \boldsymbol{A})^{-1}\boldsymbol{B} + \boldsymbol{N}]U(s) = T(s)U(s) \qquad (2.14)$$

因此，一般化的 N 阶线性系统传输函数为

$$T(s) = [\boldsymbol{M}(s\boldsymbol{I} - \boldsymbol{A})^{-1}\boldsymbol{B} + \boldsymbol{N}] \qquad (2.15)$$

对这些等式做进一步运算，可以看到：

- $\det(s\boldsymbol{I} - \boldsymbol{A})^{-1}$ 表示特征多项式；
- $\det(s\boldsymbol{I} - \boldsymbol{A})^{-1} = 0$ 是特征式，它的根是传输函数极点；
- 罗斯-霍尔维茨判据是指，若特征多项式的系数都为正，则满足稳定条件（这一技术是非常有用的）。例如，当我们努力去探讨一个线性系统是否稳定，但没有完整地推导出系统的传输函数时，则可以写出态式矩阵 $\boldsymbol{A}$，计算 $(s\boldsymbol{I} - \boldsymbol{A})^{-1}$，检查矩阵的系数。

SSA 的第一步是确定对应于变换器状态的矩阵系数。在连续导通模式（CCM）条件下，存在两种状态（功率开关闭合和断开）。在这两种状态下，所有态变量都是存在的。但在非连续导通模式（DCM）条件下，存在第三种状态，即两个开关都断开。在第三种状态下，电感态变量 x_1 为 0，因为在二极管导通的最后，电感电流消失。每个状态会产生一系列的线性方程，通过矩阵方法把它们的格式统一起来，$\boldsymbol{A}_1$ 和 $\boldsymbol{B}_1$ 用于导通状态，$\boldsymbol{A}_2$ 和 $\boldsymbol{B}_2$ 用于断开状态。后面会看到它们是如何关联的。

2.1.1　SSA 技术用于降压变换器：第一步

首先写出与图 2.3 有关的、功率开关处于闭合和断开两种不同位置时所有的节点与回路方程。

变换器工作于 CCM 条件，用 u_1 代替 V_{in} 以便与 SSA 使用的符号一致。

1. 状态 1

如图 2.4 所示，功率开关 SW 闭合，二极管断开。求解含态变量 x_1 和 x_2 的方程，并通过该式可分别得到态变量 x_1 和 x_2 的导数，即

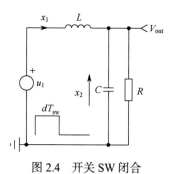

图 2.4　开关 SW 闭合

$$u_1 = L\dot{x}_1 + x_2 \tag{2.16}$$

重排上式得

$$\dot{x}_1 = -\frac{1}{L}x_2 + \frac{1}{L}u_1 \tag{2.17}$$

$$C\dot{x}_2 = x_1 - \frac{1}{R}x_2 \tag{2.18}$$

经过运算，有

$$\dot{x}_2 = \frac{1}{C}x_1 - \frac{1}{RC}x_2 \tag{2.19}$$

由式（2.7），可以写出

$$\begin{bmatrix} \dot{x}_1 \\ \dot{x}_2 \end{bmatrix} = \begin{bmatrix} 0 & -\dfrac{1}{L} \\ \dfrac{1}{C} & -\dfrac{1}{RC} \end{bmatrix} \begin{bmatrix} x_1 \\ x_2 \end{bmatrix} + \begin{bmatrix} \dfrac{1}{L} & 0 \\ 0 & 0 \end{bmatrix} \begin{bmatrix} u_1 \\ u_2 \end{bmatrix} \tag{2.20}$$

产生如下矩阵：

$$\boldsymbol{A}_1 = \begin{bmatrix} 0 & -\dfrac{1}{L} \\ \dfrac{1}{C} & -\dfrac{1}{RC} \end{bmatrix} \quad \boldsymbol{B}_1 = \begin{bmatrix} \dfrac{1}{L} & 0 \\ 0 & 0 \end{bmatrix}$$

2. 状态 2

如图 2.5 所示，功率开关断开，二极管导通。求解含态变量 x_1 和 x_2 的方程，通过该式可分别得到态变量 x_1 和 x_2 的导数，即

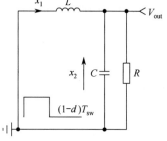

图 2.5　二极管 D 导通

$$0 = L\dot{x}_1 + x_2 \tag{2.21}$$

$$\dot{x}_1 = -\frac{1}{L}x_2 \tag{2.22}$$

$$x_2 = R(x_1 - \dot{x}_2 C) \tag{2.23}$$

对上述等式进行不同的排列，得到

$$\dot{x}_2 = \frac{1}{C}x_1 - \frac{1}{RC}x_2 \tag{2.24}$$

再按照式（2.7），得到

$$\begin{bmatrix} \dot{x}_1 \\ \dot{x}_2 \end{bmatrix} = \begin{bmatrix} 0 & -\dfrac{1}{L} \\ \dfrac{1}{C} & -\dfrac{1}{RC} \end{bmatrix} \begin{bmatrix} x_1 \\ x_2 \end{bmatrix} + \begin{bmatrix} 0 & 0 \\ 0 & 0 \end{bmatrix} \begin{bmatrix} u_1 \\ u_2 \end{bmatrix} \tag{2.25}$$

从上述等式可以得到矩阵

$$\boldsymbol{A}_2 = \begin{bmatrix} 0 & -\dfrac{1}{L} \\ \dfrac{1}{C} & -\dfrac{1}{RC} \end{bmatrix} \quad \boldsymbol{B}_2 = \begin{bmatrix} 0 & 0 \\ 0 & 0 \end{bmatrix}$$

这里需要把两个状态 A_1 和 A_2、B_1 和 B_2 联系起来。若查看降压变换器电路和所写的节点与回路方程，应该注意到 A_1 和 B_1 应用于开关导通（d）期间，而 A_2 和 B_2 应用于开关断开（$1-d$）期间。这样，可以应用下列等式将两个矩阵组合起来：

$$A = A_1d + A_2(1-d) \tag{2.26}$$

$$B = B_1d + B_2(1-d) \tag{2.27}$$

由于上述等式中，矩阵分别乘以了 d 和 $(1-d)$，式（2.26）和式（2.27）平滑了由开关引起的不连续性。更新式（2.3），得到

$$\dot{x} = [A_1d + A_2(1-d)]x(t) + [B_1d + B_2(1-d)]u(t) \tag{2.28}$$

将前面 A_1 和 B_1、A_2 和 B_2 矩阵的表达式代入式（2.26）和式（2.27），得

$$A = A_1d + A_2(1-d) = \begin{bmatrix} 0 & -\dfrac{d}{L} \\ \dfrac{d}{C} & -\dfrac{d}{RC} \end{bmatrix} + \begin{bmatrix} 0 & -\dfrac{1-d}{L} \\ \dfrac{1-d}{C} & -\dfrac{1-d}{RC} \end{bmatrix} = \begin{bmatrix} 0 & -\dfrac{1}{L} \\ \dfrac{1}{C} & -\dfrac{1}{RC} \end{bmatrix} \tag{2.29}$$

$$B = B_1d + B_2(1-d) = \begin{bmatrix} \dfrac{d}{L} & 0 \\ 0 & 0 \end{bmatrix} + \begin{bmatrix} 0 & 0 \\ 0 & 0 \end{bmatrix} = \begin{bmatrix} \dfrac{d}{L} & 0 \\ 0 & 0 \end{bmatrix} \tag{2.30}$$

现在已有一系列的连续的态式，其形式如下：

$$\begin{bmatrix} \dot{x}_1 \\ \dot{x}_2 \end{bmatrix} = \begin{bmatrix} 0 & -\dfrac{1}{L} \\ \dfrac{1}{C} & -\dfrac{1}{RC} \end{bmatrix} \begin{bmatrix} x_1 \\ x_2 \end{bmatrix} + \begin{bmatrix} \dfrac{d}{L} & 0 \\ 0 & 0 \end{bmatrix} \begin{bmatrix} u_1 \\ u_2 \end{bmatrix} \tag{2.31}$$

将式（2.31）展开，得到

$$\dot{x}_1 = -\frac{1}{L}x_2 + \frac{d}{L}u_1 \tag{2.32}$$

$$\dot{x}_2 = \frac{1}{C}x_1 + \frac{1}{RC}x_2 \tag{2.33}$$

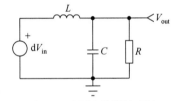

图 2.6　降压变换器的时间
连续非线性模型

把上述两个等式与式（2.17）和式（2.19）做比较，可以看出两组等式的区别在于影响输入电压 u_1 的 d 项。因为 d 可通过由 u_1、x_1 或 x_2 组成的反馈网来变化，式（2.32）和式（2.33）是非线性的。可以利用式（2.32）和式（2.33）来构建非线性（也称为大信号）模型，如图 2.6 所示，图中用 V_{in} 来表示 u_1。

2.1.2　直流变压器

图 2.6 中，V_{in} 是输入源，dV_{in} 不是输入源。为了改善图 2.6 的可读性，须应用直流变压器。这个变压器没有任何物理含义，因为大家都知道变压器工作于交变电流的条件下。但在目前讨论的情况下，V_{in} 乘以 d 反映输出电流反馈回到源端的信号，就如同普通变压器所起的作用一样。图 2.7 给出了受系数 N 影响的描述。请注意图中不存在磁化和漏电感，分别把它们视为无穷大和零。

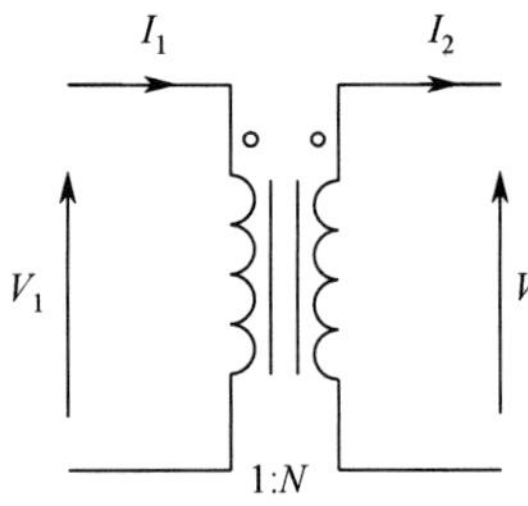

变压器匝数比 N 通常定义成

$$N = N_s/N_p \tag{2.34}$$

在电路图中通常表示成

图 2.7　磁化电感视为无穷大的直流变压器

$$N_p : N_s \qquad\qquad (2.35)$$

式中，N_p 和 N_s 分别是初级和次级线圈匝数。为便于阻抗换算和电流或电压相乘，经常对所有系数用初级线圈匝数 N_p 归一化。因此，将所有匝数系数除以 N_p，得到不同的表达式，即

$$\frac{N_p}{N_p} : \frac{N_s}{N_p} = 1 : N \qquad\qquad (2.36)$$

图 2.7 中已经给出了这种描述。根据图 2.7 很容易推导得到变压器方程：

$$P_{in} = P_{out} \qquad\qquad (2.37)$$

$$V_1 I_1 = V_2 I_2 \qquad\qquad (2.38)$$

$$I_1 = \frac{V_2}{V_1} I_2 = N I_2 \qquad\qquad (2.39)$$

$$V_2 = \frac{I_1}{I_2} V_1 = N V_1 \qquad\qquad (2.40)$$

或者说，输入电流 I_1 是输出电流 I_2 乘以 N，输出电压 V_2 是输入电压 V_1 乘以 N。这种结构很容易用几个 SPICE 元件来实现，如电流控制电流源（F SPICE 基本单元）和电压控制电压源（E SPICE 基本单元）。

图 2.8 所示为这些 SPICE 元件的连接方式[6]。

加入 R_s 和 R_p 是为了避免变压器与其他元件关联时引起的收敛问题。经验表明，这个模型是相当稳定的。VM 源测量由 E_1 传递的输出电流，而该输出电流通过 F_1 反馈回变压器原边，如式（2.39）表示的那样。在 SPICE 中，当电流从元件的"+"端流入而从"–"端流出时，电流定为正，因此 VM 的极性为"+"。原边接在节点 1 和节点 2 之间，而副边接在节点 3 和节点 4 之间。

遗憾的是，在这个模型中，系数 N 是固定的，作为参数传递。由于需要系数 d，而 d 是可变的，图 2.8 需要通过模型内嵌式做小小的修改，如图 2.9 所示。

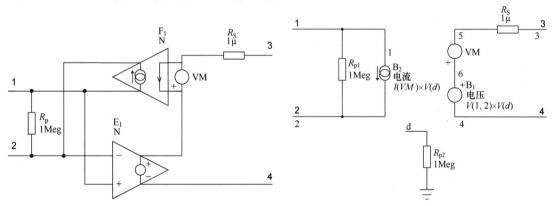

图 2.8　直流变压器的 SPICE 描述　　　　　图 2.9　经修改的直流变压器，d 为动态变量

在这个模型中，B_1 和 B_2 源与 E_1 和 F_1 源起相同的作用，但它们的值的乘数是节点 d 的电压。如果在节点 d 加上信号源，并进行扫描，可以直接扫描得到变压器系数比。

2.1.3　大信号仿真

应用大信号仿真器件，可对图 2.6 进行修改。图 2.9 所示为大信号条件下降压变换器的 SPICE 描述。

下面仿真这个电路。假设要从 12 V 输入电源中得到 5 V 输出。d 应该固定在 5/12 = 416 mV 处。若占空比为 100%，对应于 1 V，直流变压器输入端将接收 416 mV 直流电压，它表示占空比

为 41.6%。用实际值对图 2.10 进行仿真，通过 SPICE 仿真计算得到偏置点，如图 2.11 所示。

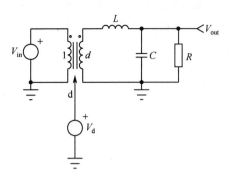

图 2.10　应用直流变压器的大信号降压变压器

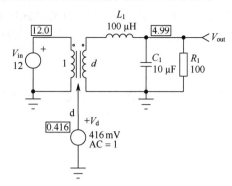

图 2.11　电路上标出了仿真计算得到的偏置值

现在，在 V_d 上叠加交流信号，就可以对传输函数 $V_{out}(s)/d(s)$ 进行扫描分析。这样做，只需在 V_d 中增加 SPICE 关键词 AC = 1。1 V 的电压看上去像一个很大的起始值，但 SPICE 能自动对所有电路做线性化处理，为电路做小信号描述，在小信号情况下，交流幅度不会产生任何影响。记住，SPICE 只求解线性方程。因此 1 V 只是为了在选择传输函数时，避免过多的运算。例如，在这种情况下要显示传输函数 $V_{out}(s)/d(s) = V_{out}(s)/V_d(s)$，因为 $V_d(s) = 1$ V，只要画出 V_{out} 就足够了。图 2.12 所示为交流曲线及典型 LC 结构的峰。

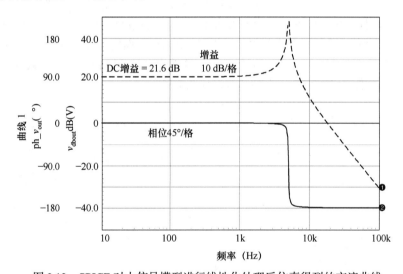

图 2.12　SPICE 对大信号模型进行线性化处理后仿真得到的交流曲线

直流增益通过求 $V_{out}(D) = DV_{in}$ 对 D 的微分获得。这类似于实验室中，在标称条件下测量 V_{out}，此时占空比 D 输入用外部直流电压源驱动。输入第一个 D 值得到第一个 V_{out}，然后输入第二个 D 值得到第二个 V_{out}，其中第二个 D 值接近于第一个 D 值。则直流增益为 $\Delta V_{out}/\Delta D$。若两个 D 值彼此接近（以便在两个输入下保持系统的线性性），该实验测量等效于在选择的工作点上对传输函数 $V_{out} = DV_{in}$ 求微分。在降压情况下，直流增益可简单地用 V_{in} 表示为

$$20\lg(V_{in}) = 20\lg(12) = 21.6 \text{ dB} \quad\quad\quad （2.41）$$

2.1.4　SSA 技术用于降压变换器，线性化：第二步

若 d 和 $1-d$ 为常数，则式（2.32）和式（2.33）是线性的。然而，在正常应用时，式（2.32）

和式（2.33）并不是线性的，因为有些态变量（如降压变换器中的 x_2）反馈到控制集成电路。这个反馈环路通过连续地调节 d 来保持态变量之一（即输出电压 x_2）为常数。总之，我们把两组不同的线性方程组变换为非线性但连续的方程组。

为继续这个过程，需要在给定工作点对式（2.32）和式（2.33）做线性化处理。如果系统在大信号下呈现很高的非线性度，那么减小激励源的幅度，有可能在工作点处得到线性结果。作为例子，图 2.13 所示为二极管提供正向偏置的电压源。

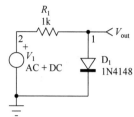

图 2.13 二极管受直流电压和所叠加的正弦激励信号的偏置

如果为电路提供 1 V 直流偏置，二极管开始导通，电流受电阻 R_1 限制。这个电流表示二极管的工作电流，也称为偏置点。偏置点是个静态直流值。现在在 1 V 电压上叠加幅度为 A 的正弦激励源，将使工作点按所加的幅度 V_{ac} 上下变化。如已知的那样，二极管的 $I \sim V$ 曲线在正向电压附近有一个拐点。这个拐点使 I 和 V 之间产生了非线性关系。如果减小调制幅度，自然就降低了来自拐点和其他非线性区域的影响，器件特性呈现线性，产生的信号不会受失真影响。第一种工作模式涉及大信号工作，而另一种涉及小信号工作。在大信号激励下，所讨论的器件或电路会进入非线性模式。在小信号激励下，调制信号幅度有意保持小数值，以便让电路始终保持线性。

图 2.14 所示为大信号调制和小信号调制的结果。

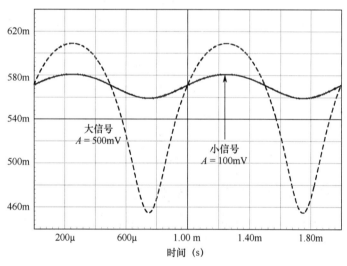

图 2.14 输入和输出之间，在大信号工作时呈非线性度，而小信号激励时呈现线性度

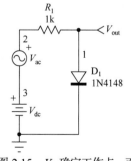

图 2.15 V_{dc} 确定工作点，而 V_{ac} 表示调制信号

在 SSA 技术中，将所有变量分成直流项（所加的工作点），并在工作点上加交流调制信号（有时描述为扰动），调制信号幅度要足够小以保持系统的线性度，如图 2.15 所示。这个交流项通常用符号 "^" 标示，也可以用符号 "~" 标示。因此，稳态直流值为

$$d = D + \hat{d} \tag{2.42}$$

式中，D 表示直流项（图 2.15 中的 V_{dc}）；$\hat{d}$ 表示小信号调制（图 2.15 中的 V_{ac}）。

$$x = x_0 + \hat{x} \tag{2.43}$$

$$u = u_0 + \hat{u} \tag{2.44}$$

将上述表达式代入经过修改的非线性方程（2.28），得到如下定义：

$$\dot{x} + \hat{x} = \left[\boldsymbol{A}_1(\hat{d}+D) + \boldsymbol{A}_2(1-\hat{d}-D) \right](x_0+\hat{x}) + \left[\boldsymbol{B}_1(\hat{d}+D) + \boldsymbol{B}_2(1-\hat{d}-D) \right](u_0+\hat{u}) \qquad (2.45)$$

如果把上式中的所有项展开，得到不同的项：

- 直流项乘以交流项成为交流项；
- 忽略交流项中的交叉乘积项，因为只要线性项；或小信号与小信号相乘得到更小的结果；
- 可以合并所有直流项和交流项并形成两个不同的式子；
- 对直流式而言，dc 意味着稳态，所有导数项值为零，即 $\dot{x} = 0$。

基于以上事实，可得如下直流式和交流式。

直流式：

$$0 = [\boldsymbol{A}_1 D + \boldsymbol{A}_2(1-D)]x_0 + [\boldsymbol{B}_1 D + \boldsymbol{B}_2(1-D)]u_0 \qquad (2.46)$$

交流式：

$$\hat{x} = [\boldsymbol{A}_1 D + \boldsymbol{A}_2(1-D)]\hat{x} + [\boldsymbol{B}_1 D + \boldsymbol{B}_2(1-D)]\hat{u} + [(\boldsymbol{A}_1 - \boldsymbol{A}_2)x_0 + (\boldsymbol{B}_1 - \boldsymbol{B}_2)u_0]\hat{d} \qquad (2.47)$$

式（2.46）和式（2.47）之间有相似性。可重新定义如下的表达式：

$$\boldsymbol{A}_0 = [\boldsymbol{A}_1 D + \boldsymbol{A}_2(1-D)] \qquad (2.48)$$

$$\boldsymbol{B}_0 = [\boldsymbol{B}_1 D + \boldsymbol{B}_2(1-D)] \qquad (2.49)$$

$$\boldsymbol{E} = (\boldsymbol{A}_1 - \boldsymbol{A}_2)x_0 + (\boldsymbol{B}_1 - \boldsymbol{B}_2)u_0 \qquad (2.50)$$

因此，通过对包含在式（2.48）～式（2.50）中的直流项和交流项求和，式（2.46）和式（2.47）可修改为

$$0 = \boldsymbol{A}_0 x_0 + \boldsymbol{B}_0 u_0 \qquad (2.51)$$

$$\hat{x} = \boldsymbol{A}_0 \hat{x} + \boldsymbol{B}_0 \hat{u} + \boldsymbol{E}\hat{d} \qquad (2.52)$$

利用式（2.42）和式（2.44）的表示法，最后可写为

$$\hat{x} = \boldsymbol{A}_0 x + \boldsymbol{B}_0 u + \boldsymbol{E}\hat{d} \qquad (2.53)$$

这个等式是表示降压变换器线性小信号模型的最后形式。

2.1.5　SSA 技术用于降压变换器，小信号模型：第三步

通过式（2.48）～式（2.50），对矩阵 $\boldsymbol{A}_1$、$\boldsymbol{B}_1$、$\boldsymbol{A}_2$、$\boldsymbol{B}_2$ 做简单运算，很容易看出其线性度。根据式（2.48）和式（2.49），先来计算矩阵 $\boldsymbol{A}_0$ 和 $\boldsymbol{B}_0$：

$$\boldsymbol{A}_0 = \begin{bmatrix} 0 & -\dfrac{1}{L} \\ \dfrac{1}{C} & -\dfrac{1}{RC} \end{bmatrix} D + \begin{bmatrix} 0 & -\dfrac{1}{L} \\ \dfrac{1}{C} & -\dfrac{1}{RC} \end{bmatrix}(1-D) = \begin{bmatrix} 0 & -\dfrac{1}{L} \\ \dfrac{1}{C} & -\dfrac{1}{RC} \end{bmatrix} \qquad (2.54)$$

$$\boldsymbol{B}_0 = \begin{bmatrix} \dfrac{1}{L} & 0 \\ 0 & 0 \end{bmatrix} D + \begin{bmatrix} 0 & 0 \\ 0 & 0 \end{bmatrix}(1-D) = \begin{bmatrix} \dfrac{D}{L} & 0 \\ 0 & 0 \end{bmatrix} \qquad (2.55)$$

$$\boldsymbol{E} = \left(\begin{bmatrix} 0 & -\dfrac{1}{L} \\ \dfrac{1}{C} & -\dfrac{1}{RC} \end{bmatrix} - \begin{bmatrix} 0 & -\dfrac{1}{L} \\ \dfrac{1}{C} & -\dfrac{1}{RC} \end{bmatrix} \right) \begin{bmatrix} x_{10} \\ x_{20} \end{bmatrix} + \left(\begin{bmatrix} \dfrac{1}{L} & 0 \\ 0 & 0 \end{bmatrix} - \begin{bmatrix} 0 & 0 \\ 0 & 0 \end{bmatrix} \right) \begin{bmatrix} u_{10} \\ u_{20} \end{bmatrix} = \begin{bmatrix} \dfrac{u_{10}}{L} \\ 0 \end{bmatrix} \qquad (2.56)$$

按照式（2.53）组合这些矩阵，得到

$$\begin{bmatrix} \hat{x}_1 \\ \hat{x}_2 \end{bmatrix} = \begin{bmatrix} 0 & -\dfrac{1}{L} \\ \dfrac{1}{C} & -\dfrac{1}{RC} \end{bmatrix} \begin{bmatrix} \hat{x}_1 \\ \hat{x}_2 \end{bmatrix} + \begin{bmatrix} \dfrac{D}{L} & 0 \\ 0 & 0 \end{bmatrix} \begin{bmatrix} \hat{u}_1 \\ \hat{u}_2 \end{bmatrix} + \begin{bmatrix} \dfrac{u_{10}}{L} \\ 0 \end{bmatrix} \hat{d} \qquad (2.57)$$

注意，式（2.51）给出的直流项组合之和为零，因此上述等式中没有直流值。如果将式（2.57）展开，可得到两个线性方程，它们对应于我们所需的小信号模型描述：

$$\hat{x}_1 = \frac{1}{L}\hat{x}_2 + \frac{D}{L}\hat{u}_1 + \frac{\hat{d}}{L}u_{10} \qquad (2.58)$$

$$\hat{x}_2 = \frac{1}{C}\hat{x}_1 - \frac{1}{RC}\hat{x}_2 \qquad (2.59)$$

构建一个回路方程和节点方程与式（2.58）和式（2.59）一致的等效电路是非常困难的，如同用式（2.32）和式（2.33）构建如图 2.6 所示的电路一样。首先，已有静态直流项 u_{10}，推导直流项是相当容易的，因为它对应于输入电压 V_{in}。比较式（2.59）和式（2.33）可知它们是相同的，意味着这里的 RC 结构与图 2.6 相同。式（2.58）看上去与式（2.32）相似，只是电感左端除连接 DV_{in} 外还连接与其串联的可变项 $\hat{d}V_{in}$。已知 $\hat{d}$ 对应于交流扫描时的占空比输入节点。D 表示静态占空比（$D = V_{out}/V_{in}$），并将作为参数或通过固定直流源传给电路。图 2.16 所示为工作于 CCM 条件下的降压变换器的最终小信号模型，电路中加入了一些寄生元件。

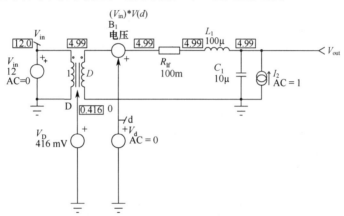

图 2.16　包含电感欧姆损耗的降压变换器的最终小信号模型

如图 2.17 所示，V_D 源设置静态占空比（D 或 D_0），而 V_d 发生器对占空比做交流调制，且可很容易地连接误差放大器并构建闭环降压变换器。一个增益为 60 dB 的误差放大器通过一个简单的反馈电容 C_f 来监控输出信号，即反馈电容 C_f 与 R_{upper} 一起组成积分补偿器。正如所希望的那样，在闭环状态下，输出阻抗是电感串联电阻（100 mΩ 或−20 dBΩ）。闭合增益为 12 000（12×1000）的环路会产生新的闭环输出阻抗：

$$R_{s,CL} = \frac{R_{s,OL}}{1+T} = \frac{100m}{12001} = -101.6 dB\Omega$$

这一结果已经通过图 2.18 确认。

以下列出了与小信号模型相关的两点注释。

- 小信号模型与以前的例子一样，没有下偏置电阻 R_{lower}。因为在这种特殊结构中，确定工作点的是 D（值为 416 mV）。所以误差放大器是为了提供交流反馈，而不是直流反馈。小信号模型无须 R_{lower}（R_{lower} 在误差放大器的交流传输函数中不起作用）和参考电压。

- 假设由于噪声的问题，需要一个输入滤波器。在这种情况下，由于滤波器的存在，需要重新推导所有的态式。这是因为 SSA 是平均整个变换器中的所有态变量。这也是 SSA 的弱点。

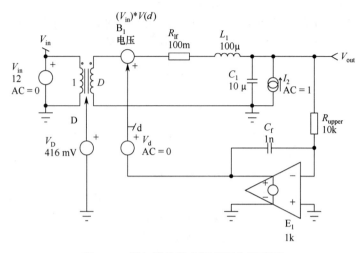

图 2.17　增加误差放大器来闭合反馈环

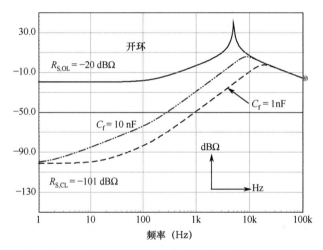

图 2.18　在开环和闭环情况下，降压变换器的输出阻抗

2.2　PWM 开关模式——电压模式

　　SSA 技术为电源变换器推导小信号模型提供了一个有趣而又复杂的方式。困难主要在于，SSA 技术应用于整个变换器中，与推导过程中可以忽略和舍弃的变量相比，需要大量的态变量参与运算。幸运的是存在不同的技术，它们简化了变换器小信号模型的研究。在这些技术中，PWM 开关模型起了很重要的作用。

　　1986 年，弗吉尼亚工艺研究所的 Vatché Vorpérian 博士提出了脉宽调制（Pulse Width Modulation，PWM）开关模式的概念[7]。几乎同时，Intusoft 公司的 Larry Meares 发表了一篇文章，文章中探讨了 PWM 开关的方法，但只涉及 CCM 的情况，没有讨论到综合的方法。由于引入的二极管和功率开关是非线性的，他们只考虑对开关网络建模，最后用等效小信号三端模型（节点 A、P 和 C）来代替，该模型与双极型放大器传输函数相同。这种分析相当简单，整个变换器无须进行平均和线性化过程，只需将电路画成小信号模型，然后求解所选择的参数。这个模型还有不变性，即一旦推导得到，它适合所有的结构，只需简单地进行不同的模型旋转。通过这种方法，Vorpérian 博士论证了工作于 DCM 条件下的反激式变换器仍然是受高频右半平面零点影响的二阶系统。这个结果由 SSA 技术预测出是不正确的。最近的文献[9]重新回顾了 SSA 技术，重新检验的结果与 Vorpérian 和 Meares 的结果只有很少的不同。不管怎样，在作者看来 PWM 开关模型为推导和理解开关变换器动态特性提供了最简单的方法。本节将详细讨论 PWM 开关模型是如何得到的，以及如何利用这个模型。另外，将给出新的自触发模型（DCM/CCM）并用实证结果进行验证。

2.2.1 回到性能优良的老式双极型晶体管

如何求解由双极型晶体管构建的简单放大器的传输函数呢？类似的小信号模型问题在许多年以前讨论双极型晶体管时就产生了。J. J. Ebers 和 J. L. Moll 推导了双极型晶体管小信号模型，简单地将其电子等效子电路插入到原来放大电路的双极型晶体管的位置。因为电路由电阻、电容及晶体管等线性等效模型组成，传统的分析方法（如拉普拉斯变换等）仍然可用，如图 2.19 所示。

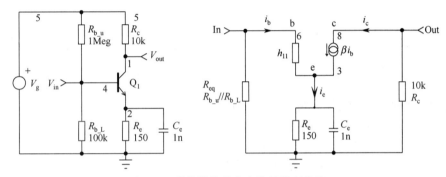

图 2.19　晶体管符号由小信号模型代替

由于直流电压导数值 $dV_g(t)/dt$ 为 0（因为直流电压在分析过程中保持为常数），在交流情况下，节点 5 与地相连，两个偏置电阻并联连接到地。同理 R_c 也折叠到地。因此，可写出回路方程和节点方程，其中 h_{21} 为晶体管增益（也记为 β），h_{11} 为基极-发射极动态电阻（也记为 r_π），我们有

$$i_b = \frac{V_{in} - V_e}{h_{11}} \tag{2.60}$$

$$V_e = (h_{21}+1)i_b R_e \mathbin{/\!/} C_e = (h_{21}+1)i_b \frac{R_e}{1+R_e C_e s} \tag{2.61}$$

将式（2.61）代入式（2.60），得到偏置电流表达式

$$i_b = \frac{V_{in}}{h_{11} + \dfrac{R_e}{1+R_e C_e s}(h_{21}+1)} \tag{2.62}$$

输出电压简单地表示为

$$V_{out} = -h_{21}i_b R_c \tag{2.63}$$

将式（2.62）代入式（2.63），得到

$$\frac{V_{out}(s)}{V_{in}(s)} = -\frac{h_{21}R_c}{h_{11} + \dfrac{R_e}{1+R_e C_e s}(h_{21}+1)} \approx -\frac{R_c}{R_e}(1+R_e C_e s) \tag{2.64}$$

在电路中插入新的元件，如滤波器和衰减器，将不用改变 Ebers-Moll 模型，而只需简单地重写修正的回路方程和节点方程。这是单独对晶体管而非整个电路进行线性化带来的优点。因为电路的非线性来自开关操作产生的非连续性，只要线性化开关网络，PWM 开关模型就产生了。

2.2.2 内部结构的不变性

不变性的含义是指 PWM 开关结构在电气定义上是相同的，尽管会涉及双开关变换器。这个开关实际上把主电源开关（前面提到的 SW）和二极管 D 的动作组合集中到一个开关模型中。如果再回到基本结构（如图 2.20～图 2.22 所示的降压变换器、降压-升压变换器、升压变换器），可以清楚地看到开关排列有如下的节点：

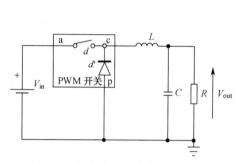

图 2.20　降压变换器中的 PWM 开关

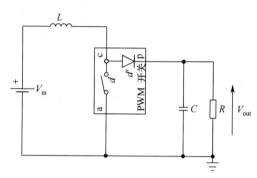

图 2.21　升压变换器中的 PWM 开关

- 主动节点——不与二极管相连的开关端点；
- 被动节点——不与开关相连的二极管端点；
- 公共节点——二极管与功率开关相连的节点。

注意，电路结构与电路工作模式（CCM 或 DCM）无关。有时在电路中寻找 PWM 开关模型位置会很不容易，如在后面将看到的反激式变换器或单端初级电感变换器（SEPIC）。通过图 2.23 可以更好地理解开关和二极管的结构。从图中可以看到开关（SW）在 dT_{sw} 期间激活导通，而二极管 D 在 $d'T_{sw}$ 期间激活导通。开关和二极管的损耗应分别用等量时间加权产生。

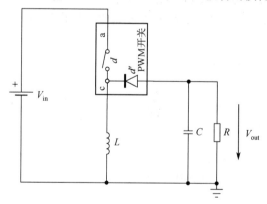

图 2.22　降压-升压变换器中的 PWM
　　　　开关，其中二极管极性反向

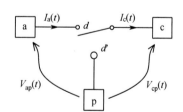

图 2.23　单刀双掷结构有助于更
　　　　好地观察 PWM 开关

如同 SSA 例子中所做的那样，首先需要确定 PWM 开关变量，对变量求平均并对它们加扰动以便求得小信号模型。在讨论小信号模型时，总会出现如 PWM 开关总量、变量平均及变量扰动等关键词。

2.2.3 波形平均

理解波形平均是进行 PWM 开关模型推导的关键。波形平均实际上是确定端点之间的波形，如电压和电流，并在开关周期内对它们求平均，由瞬时值得到平均值。以图 2.24 中波形作为示例，可以很快推导得到平均值：该信号波形 $i_1(t)$ 在开关导通期间为 0，在开关断开期间跳到 $i_2(t)$。物理上，波形可以视为用开关中断电流信号 $i_2(t)$ 来产生在 0 和 $i_2(t)$ 之间的交变输出电流 $i_1(t)$（如图 2.25 所示）。为简化等式，电流信号 $i_2(t)$ 可以用它的平均值 $\langle i_2(t) \rangle_{T_{sw}}$ 代替，其值为 $(I_{peak} + I_{valley})/2$。结果输出信号在 0 和 $\langle i_2(t) \rangle_{T_{sw}}$ 间变化：在 dT_{sw} 期间为 0，而在 $(1-d)T_{sw}$ 或 $d'T_{sw}$ 期间为 $\langle i_2(t) \rangle_{T_{sw}}$。也可以说，$i_1(t)$ 表示 $i_2(t)$ 的取样。数学上，取样可以表示为

$$\langle i_1(t) \rangle_{T_{sw}} = I_1 = \frac{1}{T_{sw}} \int_0^{T_{sw}} I_1(t)\mathrm{d}t = d'\langle i_2(t) \rangle_{T_{sw}} = d'I_2 \tag{2.65}$$

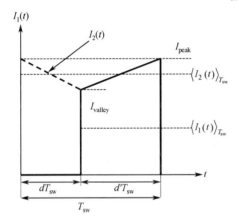

图 2.24　典型的瞬态波形

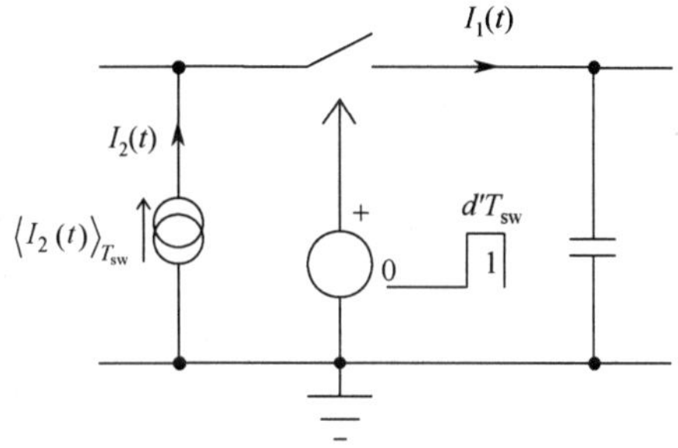

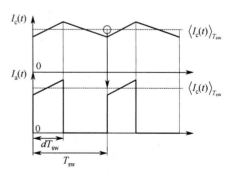

图 2.25　$d'T_{sw}$ 期间 $i_2(t)$ 信号的取样系统描述

注意，从瞬时值 $i_2(t)$ 变到 I_2，即平均值为 $\langle i_2(t) \rangle_{T_{sw}}$。如同本章前面解释的那样，$I_2$ 表示直流电平，但可以进行交流调制。下一步，将确定 PWM 开关电流和电压。

2.2.4 端电流

为描述端电流，下面把图 2.23 所示的单刀双掷结构用于降压变换器中，如图 2.26 所示。

通过检查，发现当开关闭合时，例如，dT_{sw} 期间，$i_a(t)$ 等于 $i_c(t)$。在其他时间，$i_a(t)$ 等于 0，而 $i_c(t)$ 通过端点 p 保持电流的流动。这些电流的图形如图 2.27 所示。

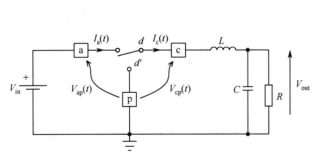

图 2.26　降压变换器中的 PWM 开
关，显示为双刀单掷结构

图 2.27　理想的 $i_a(t)$、$i_c(t)$
时变电流信号

$i_c(t)$可以表示为$i_a(t)$的取样，其平均值可通过如下方程描述：

$$\langle i_a(t) \rangle_{T_{sw}} = I_a = \frac{1}{T_{sw}} \int_0^{T_{sw}} i_a(t)\mathrm{d}t = d \langle i_c(t) \rangle_{T_{sw}} = dI_c \qquad (2.66)$$

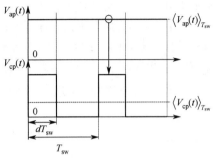

图 2.28　端电压的图形表示

现在，查看图 2.21 和图 2.22，如上面做的那样，确定波形，可以发现同样的关系——端电流不变。

2.2.5　端电压

现在重新观察图 2.26，同样描述端电压。无论开关位置在何处，$v_{ap}(t)$始终是直流电压：对降压变换器而言为V_{in}；对降压–升压变换器而言为$V_{in} - V_{out}$；对升压变换器而言为$-V_{out}$，如图 2.28 所示。

可以直接推导V_{cp}的平均值，它是峰值幅度为$\langle v_{ap}(t) \rangle_{T_{sw}}$的方波信号的平均电压：

$$\langle v_{cp}(t) \rangle_{T_{sw}} = V_{cp} = \frac{1}{T_{sw}} \int_0^{T_{sw}} v_{cp}(t)\mathrm{d}t = d \langle v_{ap}(t) \rangle_{T_{sw}} = dV_{ap} \qquad (2.67)$$

2.2.6　变压器描述

根据式（2.66）和式（2.67），可以尝试着通过画出电流源和电压源的简单电路来说明两者之间的关系。如图 2.29 所示，控制电流源置于输入端，而控制电压源置于输出端。由该图能想起什么吗？是的，想起了图 2.10 中的降压变换器小信号模型，模型中有可变匝数比d的直流变压器。图 2.30 再现了这一思路。

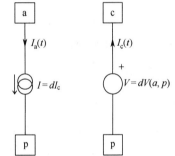

图 2.29　式（2.66）和式（2.67）的电气描述

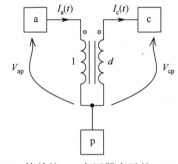

图 2.30　简单的 1:d 变压器表示的 PWM 开关

然而，这个电气描述需要注意以下两点：

- 基于式（2.27）和式（2.28）的变压器系数（1:d）只是工作于 CCM 的变换器描述；
- 它是大信号非线性模型。

2.2.7　大信号仿真

因为有了大信号模型，我们可以马上把它用于仿真。SPICE 将自动把大信号模型简化为线性小信号近似。用升压变换器举例，PWM 开关如图 2.31 所示，电路中应用 SSA 技术描述的直流变压器。在电路中放置一个直流源来固定占空比（1 V 代表占空比为 100%，所以 0.4 V 表示占空比为 40%），并叠加一个交流源。画出V_{out}就立即得到了传输函数$V_{out}(s)/d(s)$，如图 2.32 所示。进一步做交流分析，还可以完成直流扫描，SPICE 将信号源按照选定的步长从初始值变到终值。如果选择V_{bias}作为扫描源，那么可以揭示升压变换器（如图 2.33 所示）的静态传输函数。

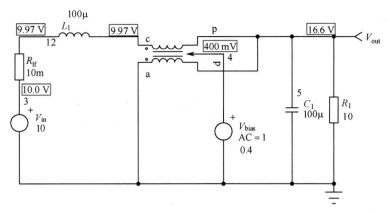

图 2.31 应用开关模型且工作于 CCM 的升压变换器

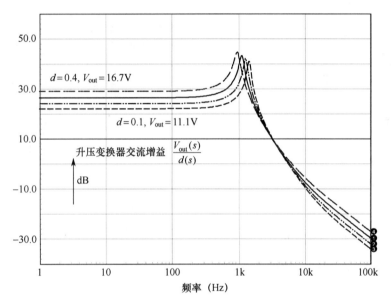

图 2.32 显示了低频增益和峰值变化的交流扫描

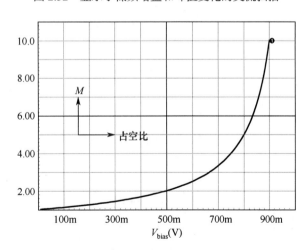

图 2.33 无欧姆损耗升压变换器直流传输函数随占空比的变化关系

.DC Vbias 0.01 0.9 0.01；直流偏置从 0.01 V 以步长 10 mV 扫描到 0.9 V

我们还可以手工推导直流传输函数。因为，对于直流偏置点分析，SPICE 把所有电感短路，而把所有电容开路。电路图简单地变为一个变压器，它为负载电阻 R 传送电压（如图 2.34 所示），其回路方程为

$$V_{in} - V_{cp} = V_{out} \tag{2.68}$$

观察变压器位置，可清楚地看到直流变压器系数为 1 的原边电压为 $-V_{out}$，因此有

$$V_{cp} = -V_{out}d \tag{2.69}$$

把 V_{cp} 代入式（2.68），得

$$V_{in} + V_{out}d = V_{out} \tag{2.70}$$

合并因子 V_{out}，最后得到

$$\frac{V_{out}}{V_{in}} = \frac{1}{1-d} = \frac{1}{d'} \tag{2.71}$$

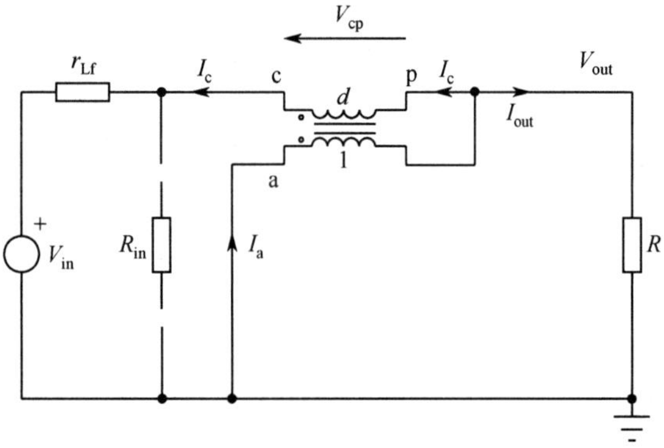

图 2.34　直流工作下的升压变换器，
其中电感短路，电容开路

这就是升压变换器直流传输函数 M。

如图 2.34 所示，有一个电阻 R_{in}。它表示升压变换器直流输入电阻。我们可以用很短的篇幅推导得到 R_{in}，来证明 PWM 开关模型的能力。直流变压器是一个理想元件，可以写出

$$N_1 I_c = N_2 I_a \tag{2.72}$$

令 $N_1 = d$，$N_2 = 1$，可以将上式修正为

$$dI_c = I_a \tag{2.73}$$

在该结构中，I_c 表示流过输入源 V_{in} 的升压变换器输入电流。如果 R_{in} 起到我们寻找的等效输入阻抗的作用，那么

$$I_c = -V_{in}/R_{in} \tag{2.74}$$

对输出电流应用基尔霍夫定律，有

$$I_c = I_a - I_{out} \tag{2.75}$$

将式（2.73）合并到式（2.75），求解得

$$-\frac{V_{in}}{R_{in}} = -\frac{dV_{in}}{R_{in}} - \frac{V_{out}}{R} \tag{2.76}$$

合并因子，得到

$$-\frac{V_{in}}{R_{in}} = \frac{-dV_{in}R - V_{out}R_{in}}{R_{in}R} \tag{2.77}$$

两边消去 R_{in}，得出

$$-V_{in} = \frac{-dV_{in}R - V_{out}R_{in}}{R} = -dV_{in} - V_{out}\frac{R_{in}}{R} \tag{2.78}$$

即

$$\frac{V_{in}}{V_{out}}(1-d) = \frac{R_{in}}{R} \tag{2.79}$$

最后，应用式（2.71），得到升压变换器输入直流电阻为

$$R_{in} = R(1-d)^2 = Rd'^2 \tag{2.80}$$

这个结果在把元件换算到变压器的另一边时有很大的帮助。

2.2.8　更综合的描述

升压变换器与其他基于电感的器件一样，可以用电感欧姆损耗进行修正。简单地通过插入一个与电感 L 串联的电阻来实现，如图 2.35 所示。另外，为简化等式，可把电阻 R 换算到变压器的另一边。借助于式（2.80）可很容易实现这种换算。

观察该电路可知，它由电阻分压器构成，分压器后面紧跟变压器，变压器的输入和输出满足式（2.71），因此，可以很快推导出传输函数，即

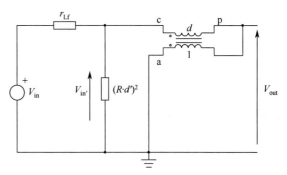

图 2.35　在直流条件下，具有电感欧姆损耗的修正升压变换器

$$\frac{V_{\text{out}}}{V_{\text{in}}} = \frac{1}{d'}\frac{Rd'^2}{Rd'^2 + r_{\text{Lf}}} = \frac{1}{d'}\frac{1}{1 + \dfrac{r_{\text{Lf}}}{Rd'^2}} \tag{2.81}$$

在上式中，如果 r_{Lf} 远小于 R，那么升压变换器几乎不会受干扰。相反，如果这个条件不满足，那么升压变换器的变换系数会受到严重影响。图 2.36 所示为当 r_{Lf} 从 1 Ω 扫描到 100 mΩ 时的仿真结果，它是对图 2.33 的修正。

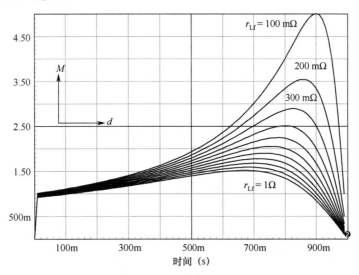

图 2.36　如果电感欧姆损耗很大，传递系数相对于占空比呈现最大值

在某些时候，如果设计者需要较高的变换比，升压变换器输出反而会下降。若要计算升压变换器输出开始回降的点，可以对式（2.81）求导，查看 d' 为何值时，使导数为零：

$$\frac{\mathrm{d}}{\mathrm{d}d'}\left(\frac{1}{d'}\frac{1}{1 + r_{\text{Lf}}/(Rd'^2)}\right) = 0 \tag{2.82}$$

$$\frac{Rr_{\text{Lf}} - R^2 d'^2}{\left(Rd'^2 + r_{\text{Lf}}\right)^2} = 0 \tag{2.83}$$

求解 d'，得出

$$d' = \frac{1}{R}\sqrt{Rr_{\text{Lf}}} = \sqrt{r_{\text{Lf}}/R} \tag{2.84}$$

如果把式（2.84）再代回式（2.81），可以求得在某种负载或电感欧姆损耗结构情况下最大的传输系数，即

$$M_{max} = \frac{R}{2\sqrt{Rr_{Lf}}} = \frac{1}{2}\sqrt{\frac{R}{r_{Lf}}} \tag{2.85}$$

若在图 2.36 中，r_{Lf} 等于 100 mΩ，则从式（2.84）得出占空比 d 为 90%（900 mV），由式（2.85）得出最大增益 M_{max} 为 5。这一结果已被上述仿真曲线确认。

2.2.9 小信号模型

本节将为 SSA 小信号模型应用同样的技术，但这次直接应用于模型本身。应用以下定义，对式（2.66）和式（2.67）加一个扰动：

$$d = D + \hat{d} \qquad 其中 D 为稳态占空比，\hat{d} 为交流小信号调制$$

$$I_a = I_{a0} + \hat{I}_a \qquad 其中 I_{a0} 为稳态直流电流，\hat{I}_a 为交流扰动$$

$$I_c = I_{c0} + \hat{I}_c \qquad 其中 I_{c0} 为稳态直流电流，\hat{I}_c 为交流扰动$$

对稳态平均信号谈交流值相当奇怪，如 I_a 和 I_c。但如果重新观察图 2.2，平均值与原始变量一样受到调制。然后，可以分成直流部分和调制包络。

把以上定义代入式（2.66），可得

$$I_{a0} + \hat{I}_a = (D + \hat{d})(I_{c0} + \hat{I}_c) = DI_{c0} + D\hat{I}_c + \hat{d}I_{c0} + \underset{\approx 0}{(\hat{d}\hat{I}_c)} \tag{2.86}$$

与为 SSA 所做的一样，可以把式（2.86）分成交流和直流两个等式，忽略交流交叉乘积项（两个小值相乘得到的更小的值），即

$$I_{a0} = DI_{c0} \tag{2.87}$$

$$\hat{I}_a = D\hat{I}_c + \hat{d}I_{c0} \tag{2.88}$$

对电压式（2.67）做同样的分析，得到

$$V_{cp0} + \hat{V}_{cp} = (D + \hat{d})(V_{ap0} + \hat{V}_{ap}) = DV_{ap0} + D\hat{V}_{ap} + \hat{d}V_{ap0} + \underset{\approx 0}{(\hat{d}\hat{V}_{ap})} \tag{2.89}$$

分出交流式和直流式，可得

$$V_{cp0} = DV_{ap0} \tag{2.90}$$

$$\hat{V}_{cp} = D\hat{V}_{ap} + \hat{d}V_{ap0} \tag{2.91}$$

式（2.88）和式（2.91）描述了工作于电压模式和连续导通模式下 PWM 开关的小信号模型。按照这些新的定义，可以更新原始模型。直流值（角标为 0）可在直流工作点分析过程中计算或作为参数传送，且 $\hat{d}$ 与交流调制有关，可用于频率扫描，如图 2.37 所示。

令所有小信号源为零（电流源开路、电压源短路），通过人工计算直流工作点，计算所研究的变换器的回路方程。然后，用回路方程计算所选择的交流传输函数。从推导升压变换器的输出到输入的电压传输函数 $V_{out}(s)/V_{in}(s)$ 开始，因为对于输入扰动分析，d 的值已经固定不变，可以重新应用小信号模型，并把所有交流源设置为 0。

新的电路如图 2.38 所示。

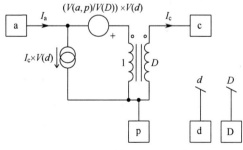

图 2.37　含交流输入（d）和直流偏置输入（D）的小信号模型

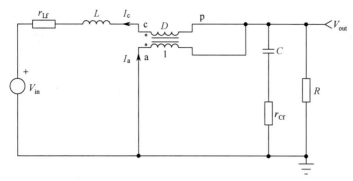

图 2.38　用来求输入抑制传输函数的升压变换器小信号模型

这个电路无法提供太多的信息。根据式（2.71）和式（2.80），可以把元件重新排列为更便利的方式。

从图 2.39 可以看到，电路由 RLC 滤波器和后面具有"增益"为 $1/D'$［见式（2.71）］的功能块（变压器）组成。这个由无源元件构成的电路已经在附录1A中求解过了。

最后得到的结果为

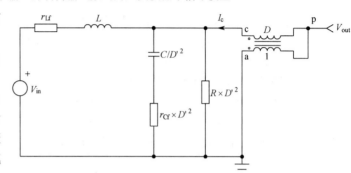

图 2.39　进一步将负载元件折算到变压器原边的升压变换器结构

$$\frac{V_{out}(s)}{V_{in}(s)} = \frac{1}{D'} \frac{R_3}{R_1 + R_3} \frac{1 + sR_2C}{1 + s\frac{L + C(R_2R_3 + R_1R_3 + R_2R_1)}{R_1 + R_3} + s^2LC\left(\frac{R_3 + R_2}{R_1 + R_3}\right)} \tag{2.92}$$

式中，$R_3 = RD'^2$；$R_2 = r_{Cf}D'^2$；$R_1 = r_{Lf}$；$C = C/D'^2$。该式表示一个二阶系统，有如下形式：

$$T(s) = M \frac{1 + \frac{s}{s_{z1}}}{1 + \frac{s}{\omega_0 Q} + \left(\frac{s}{\omega_0}\right)^2} \tag{2.93}$$

因此，可以代入 R_1、R_2、R_3 的值来确定所有相关的项：

$$M = \frac{1}{D'} \frac{1}{1 + \frac{r_{Lf}}{D'^2 R}} \tag{2.94}$$

$$s_{z1} = \frac{1}{r_{Cf}C_f} \tag{2.95}$$

$$\omega_0 = \frac{1}{\sqrt{LC}}\sqrt{\frac{R_1 + R_3}{R_2 + R_3}} = \frac{1}{\sqrt{L\frac{C}{D'^2}}}\sqrt{\frac{r_{Lf} + D'^2 R}{D'^2(r_{Cf} + R)}} = \frac{1}{\sqrt{LC}}\sqrt{\frac{r_{Lf} + D'^2 R}{r_{Cf} + R}} \tag{2.96}$$

$$Q = \frac{\omega_0}{\frac{r_{Lf}}{L} + \frac{1}{C(r_{Cf} + R)}} \tag{2.97}$$

现在，可以应用小信号模型为升压变换器推导完整的交流传输函数 $V_{out}(s)/d(s)$。请注意，电路中

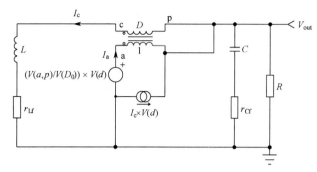

图 2.40 用于推导 $V_{out}(s)/d(s)$ 的小信号升压变换器

已经加入了电容的等效串联电阻(ESR)r_{Cf}。

首先,与双极型晶体管的例子一样,把输入电压设置为 0,因为其值在交流分析中不变。重绘图 2.37 的升压变换器模型得到图 2.40。

在上述变压器位置下,直接求解回路方程会相当烦琐。利用以前的经验,旋转电路中的某些元件来构建一个与原电路兼容的电路,会对分析电路会带来很大的好处。

- 信号源 $[V(a,p)/V(D_0)] \times V(d)$ 可以沿下面的引脚滑动使之与 r_{Lf} 串联。D_0 表示静态占空比,加入 0 是因为 SPICE 不区分节点标号:D 与 d。因为信号源移到了变压器的另一端,其值必须除以 D [或 SPICE 中的 $V(D_0)$]。
- 现在节点 a 接地,因此 $V(a,p)$ 变成 $V(0,p)$。
- 等效小信号电流源也可以移到变压器的另一边。按照式(2.80),简单地把电流源除以 D' 或在 SPICE 中除以 $[1 - V(D_0)]$。
- 在载荷元件 r_{Cf}、R 和 C 上应用同样的方法,在电阻性元件上乘以 D'^2,在电容元件上除以 D'^2。

修正后的电路如图 2.41 所示,看上去更容易理解。

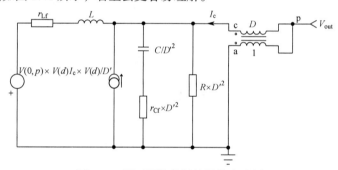

图 2.41 用于回路分析的最终电路图

为得到最终的传输函数,需要应用几种技术。例如,处理线性元件时,叠加原理仍然适用。然而,给定大量的元件和两个独立源,显然会产生很复杂的等式。实际上,复杂的等式本身并不是问题。用 Mathcad 软件很容易快速地求得增益和相位的数值解。问题在于如何重新排列这些等式来揭示零点和极点的位置,观察哪些元件影响零极点的位置以及这些元件值的变化,对稳定性分别会产生什么影响。

Vorpérian 博士在其最初的论文中应用快速技术推导了零极点的位置,最近他对这些快速技术做了完整的论述[10]。他应用了这样一个事实:不管用什么方法去激励多输入设备(这里指电源),任何传输函数的分母 $D(s)$ 都是相同的。例如,比较 $V_{out}(s)/V_{in}(s)$ 和 $V_{out}(s)/d(s)$ 这两个函数时,可以把两个函数放到同一分母 $D(s)$ 之上。$D(s)$ 的根在处理式(2.93)时已经推导过了。下面的任务在于求得由图 2.41 所示电路产生的零点和极点。如果极点视为分母的根,它会使传输函数趋于无穷大;相反,零点使传输函数的分子为零。通常需要"检查"网络结构,确定能使分子为零的元件的位置。如图 2.41 所示,可以看到由 C/D'^2 和 $r_{Cf}D'^2$ 串联而成的网络,使它的阻抗为 0,那么所有传输函数不存在。

可以写出

$$\frac{1}{sCD'^2} + r_{Cf}D'^2 = 0 \tag{2.98}$$

其解为

$$s_{z1} = -\frac{1}{Cr_{Cf}} \tag{2.99}$$

另一零点 s_{z2} 落在 s 平面的右半部分，在文献中经常被称为 RHPZ（右半平面零点）。基于零极点各自的虚部（y 轴）和实部（x 轴），s 平面用来描述零点和极点的位置。在 s 平面上确定零点和极点的位置能给出所研究系统的稳定性。例如，如果系统特征方程（$D(s)=0$）的所有极点都在左半平面，则系统是稳定的。另一方面，RHPZ 与传统的左半平面零点（LHPZ）不同。传统零点与 LHPZ 一样，能提升相位，而 RHPZ 则使相位进一步滞后，经常会破坏相位裕度并引起振荡。附录 2B 快速回顾了零极点的概念并说明了零极点位置的重要性。

工作于 CCM 条件下的升压变换器首先在 DT_{sw} 期间存储能量，然后在 $(1-D)T_{sw}$ 期间将能量转储到输出电容中。二极管平均输出电流依赖于 $(1-D)$ 项，而晶体管峰值电流依赖于 D 项。如果对应阶跃负载占空比 D 增大，则 $(1-D)$ 减小。为让 $(1-D)$ 减小时输出电流增加，在导通期间必须建立起电感峰值电流来储存能量。如果输出功率需求足够慢，这与电感电流上升斜率（对升压变换器或降压-升压变换器而言为 V_{in}/L）有关，则变换器在开关断开前有足够的时间来建立峰值电流。在这种情况下，尽管 $(1-D)$ 减小，平均输出电流可满足要求。相反，如果功率需求快速，变换器含大电感，则上升斜率达不到足够陡峭，峰值电流在开关导通期间不能足够快增加。结果，平均电流将下降。在一定时间内，环路呈现出占空比增加实际上削弱输出电流，输出电压降低：控制规律相反，产生振荡。几个周期后，电感上的能量建立起来，输出电压又上升。这一现象可通过右半平面进行数学描述。为保护变换器免受 RHPZ 存在的影响，必须确保快速变换不会通过补偿器来传送，当允许通过补偿器进行传输时，需要确保电感电流始终有足够的建立时间，来有意识地减缓变换器响应。或者说，选择一交越频率使之低于最差情况 RHPZ 位置的 30%。假设在最低输入电压和最高电流下，RHPZ 位于 10 kHz，那么所选择的交越频率应低于 3 kHz。选择较高带宽将会使设计的变换器引起相位裕度问题。

最后，按照文献[7]，第二个零点 s_{z2} 定义如下：

$$s_{z2} = \frac{D'^2}{L}(R - r_{Cf} /\!/ R) - \frac{r_{Lf}}{L} \tag{2.100}$$

低频"增益"依赖于静态参数（如占空比 D），以前称为直流占空比或标示为 D_0。与降压变换器例子相似，可以通过计算 $dV_{out}(D)/dD$ 得到低频"增益"，其中 V_{out} 等于 $V_{in}M$，即

$$\frac{dV_{out}(D)}{dD} = V_{in}\frac{dM(D)}{dD} \approx \frac{V_{in}}{D'^2} \tag{2.101}$$

基于上述等式，可得到如下完整的等式：

$$\frac{V_{out}(s)}{d(s)} = \frac{V_{in}}{D'^2}\frac{(1+s/s_{z2})(1-s/s_{z2})}{\frac{s^2}{\omega_0^2} + \frac{s}{\omega_0 Q} + 1} \tag{2.102}$$

2.2.10 借助于仿真

幸运的是，SPICE 让我们免于任何手工推导。举个例子，该子电路可以直接放入大信号模型中来演示仿真能力。独立源能为变量 D_0 产生必要的直流偏置，但可以通过增加简单的误差放大器（E_1 源）来修正该电路。对应的电路结构如图 2.42 所示。

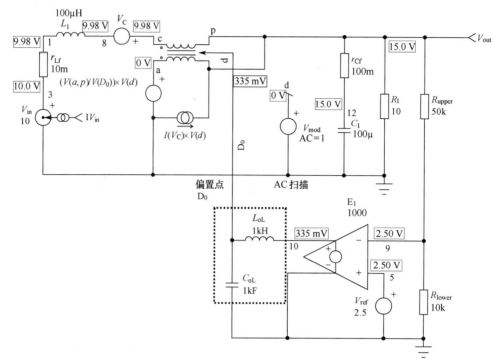

图 2.42　用一个简单电压控制电压源（E_1）作为误差放大器的新小信号模型的 SPICE 实现

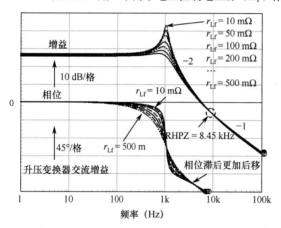

图 2.43　由不同 r_{Lf} 阻尼产生的传输函数变化

在该小信号升压变换器模型中，E_1 源把输出电压 V_{out} 的一部分与 2.5 V 参考电压之差放大 60 dB。然而，如果直接把误差放大器的输出连接到 D_0 的输入，电路将运行在闭环结构，这是不想要的。为了这个理由，电路中接入一个有极低截止频率的滤波器。在偏置点分析过程中，L_{oL} 短路，C_{oL} 开路，按照输出电压设定（由 R_{upper}、R_{lower} 和 V_{ref} 给出），计算出正确的占空比。此时，可计算得到占空比为 335 mV 或 33.5%。这个电路的优点在于：改变 V_{in} 或 R_1 时，在交流仿真的起始时刻（即偏置点计算期间）会自动调整占空比使输出为 15 V（当然，假设输入/输出条件与变换器工作兼容）；当交流分析开始时，L_{oL} 和 C_{oL} 组成滤波器，由于电路工作于开环，滤波器会阻止任何交流激励信号。后面还会回来讨论这一技术。这里可以直接画出输出电压的分贝值，它对应于 $20\lg(V_{out}/V_d)$，因为激励电压 V_d 为 1 V。

相应的波特图如图 2.43 所示，对应于不同电感串联电阻 r_{Lf} 值时的仿真结果。

2.2.11　非连续模式模型

到目前为止，我们已描述了连续电流环境下的 PWM 开关。Vorpérian 博士在其第二篇论文中分析了 DCM 情况，但应用了不同的开关排列。若观察图 2.26，会发现 PWM 开关配置成"共被动节点"结构（有点像双极型晶体管中的共发射极结构）。基于不同理由，Vorpérian 博士在不同结构（"共公共节点"结构）中推导了非连续模型。把两种模型合并到一个电路中，来包含所有可能的方式是一件困难的事情。Microsim（PSpice 编辑器）可以完成这项工作，但使用两个触发开关（包含在 1993 年 9 月构建的 SWI_RAV.LIB 中），这会妨碍收敛。后面会看到，在原来共被动节点结构的基础上，重新配置 DCM PWM 开关，会产生一个极简单的模型，能在 DCM 和 CCM 之间很自然地触发转换。

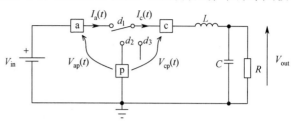

图 2.44 所示为工作于 DCM 条件下的降压变换器。如同前面解释过的，非连续模式产生第三种状态，其中电感电流降到 0。这里，我们特意把占空比重新定义如下：

图 2.44　工作于非连续工作模式的降压变换器

- $d_1 T_{sw}$ 为导通时间，此时开关闭合，电感电流增加，即磁化时间；
- $d_2 T_{sw}$ 为截止时间，此时开关断开，续流二极管导通，即退磁时间；
- $d_3 T_{sw}$ 为死区时间（DT），两个开关都断开。

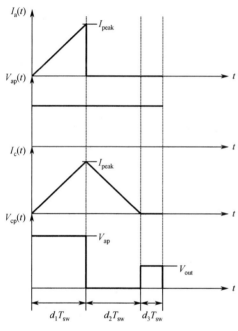

图 2.45　工作于 DCM 的 PWM 开关相关波形

各个时间段之间的关系为

$$1 = d_1 + d_2 + d_3 \tag{2.103}$$

接下来的任务就相同了：确定 PWM 开关波形，并在整个周期内求平均。因此，在图 2.45 中画出了所有相关的波形，从这些波形中，可以写出几个基本等式。三角波形中的 I_a 的平均值为

$$I_a = \frac{I_{peak} d_1}{2} \tag{2.104}$$

现在，通过对半三角面积求和，可求得 I_c 的平均值。因为 DT 区域（$d_3 T_{sw}$）的值为 0，有

$$I_c = \frac{I_{peak} d_1}{2} + \frac{I_{peak} d_2}{2} = \frac{I_{peak}(d_1 + d_2)}{2} \tag{2.105}$$

从式（2.104），可以推导得

$$I_{peak} = 2 I_a / d_1 \tag{2.106}$$

把式（2.106）代入式（2.105），得到 I_a 和 I_c 之间的关系，即

$$I_c = \frac{2 I_a}{d_1} \frac{d_1 + d_2}{2} = I_a \frac{d_1 + d_2}{d_1} \tag{2.107}$$

从式（2.103）看到，CCM 和 DCM 的区别在于 $d_3 T_{sw}$ 项。当这一项等于 0 时，PWM 开关进入 CCM 状态。在式（2.107）中，若 $d_2 = 1 - d_1$ 或 $d_3 T_{sw} = 0$，则式简化为 $I_a = I_c d_1$，该式就是式（2.66）。

现在对 V_{cp} 波形求平均。我们看到电路在 $d_3 T_{sw}$ 期间呈现高阻抗状态，p 和 c 两端的电压为 V_{out}：

$$d_3 = 1 - d_1 - d_2 \tag{2.108}$$

$$V_{cp} = V_{ap} d_1 + V_{cp}(1 - d_1 - d_2) \tag{2.109}$$

$$V_{cp} - V_{cp}(1 - d_1 - d_2) = V_{ap} d_1 \tag{2.110}$$

$$V_{cp} = V_{ap} \frac{d_1}{d_1 + d_2} \tag{2.111}$$

当 $d_2 = 1 - d_1$ 时，式（2.111）简化为 $V_{cp} = V_{ap} d_1$，该式变成 CCM 条件下的等式［见式（2.67）］。

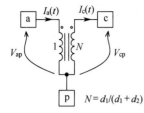

图 2.46 受 $d_1/(d_1+d_2)$ 系数影响的简单直流变压器

重新应用式（2.107）和式（2.111），可以产生一个简单的变压器，它的匝数比依赖于 $d_1/(d_1+d_2)$。用于 DCM 条件下的新的变压器结构如图 2.46 所示。

2.2.12 推导变量 d_2

如果 $d_1 T_{sw}$ 由控制器所产生，那么 d_2 需要通过计算得到，因为 d_2 的值依赖于退磁时间、电流和电感值。d_2 可以利用降压变换器结构根据图 2.44 推导得到。通过观察，在平均条件下，$V_a = V_{in}$，$V_c = V_{out}$，在导通期间开关闭合，推导得到峰值电流的第二个式子为

$$V_{ac} = L \frac{I_{peak}}{d_1 T_{sw}} \tag{2.112}$$

从式（2.107），可以得到

$$I_{peak} = \frac{2I_c}{d_1 + d_2} \tag{2.113}$$

从式（2.112）求得 I_{peak}，代入式（2.113）得到

$$\frac{2I_c}{d_1 + d_2} = \frac{V_{ac} d_1 T_{sw}}{L} \tag{2.114}$$

从上述等式中求解 d_2，得到所需的最终等式，即

$$d_2 = \frac{2I_c L - V_{ac} d_1^2 T_{sw}}{V_{ac} d_1 T_{sw}} = \frac{2LF_{sw}}{d_1} \frac{I_c}{V_{ac}} - d_1 \tag{2.115}$$

已知，当式（2.115）的结果为 $d_2 = 1 - d_1$ 时，式（2.107）和式（2.111）会自然地从 DCM 触发到 CCM。通过把式（2.115）的结果 d_2 钳位在 0 和 $1 - d_1$ 之间，模型可自动地在 CCM 和 DCM 间转换。当由式（2.115）计算得到的 $d_2 = 1 - d_1$ 时，意味着开关工作于 DCM 和 CCM 的边界。

加一个受控源可辨别开关模型工作于哪种模式。在 CCM 条件下，截止电平占空比 $d_2 = 1 - d_1$。而在 DCM 条件下，截止电平占空比 d_2 决定了死区时间 d_3 的存在，而电感电流在延迟时间内已经下降为 0。因此，可以写出两个含有这些变量的简单等式：

$$d_{2,CCM} = 1 - d_1 \tag{2.116}$$

$$d_{2,DCM} = 1 - d_1 - d_3 \tag{2.117}$$

从式（2.117）可以看出，$d_{2,DCM}$ 比 $d_{2,CCM}$ 小，因为 $d_{2,DCM}$ 还要减去 d_3。因此，检查仿真计算得到的 d_2，并与式（2.116）相比较，就能推得开关的工作模式。简单的内嵌式可以完成这个工作，其中 $V(d_2)$ 来自式（2.115），$V(d)$ 表示控制节点：

```
Bmode mode 0 V= (2*{L}*{Fs}*I(VM)/(V(dc)*V(a,c)+1u)) - V(dc)<
1-v(dc) ? 0 : 1
IF (2*{L}*{Fs}*I(VM)/(V(dc)*V(a,cx)+1u)) - V(dc) is smaller
than 1-V(dc)
THEN V(mode) equals 0 (we are in DCM)
ELSE V(mode) equals 1 (we are in CCM)
```

我们将在下一个模型中包含该内嵌式，作为一个输出变量来给出工作模式。

2.2.13 信号源钳位

从上面的讨论中可知，对各种发生器进行钳位是有必要的。首先，模型占空比输入节点 d（与 DCM 时 d_1 相同）必须在 0～100% 之间变化。如果 1 V 表示 100%，那么控制电路将不应输出大于 1 V 的值；否则，或者会产生不收敛的问题，或者会出现工作点计算错误。SPICE 中的钳位信号源有多种选择。第一种方法是利用单个内嵌式。假设我们想把占空比偏移限制在 10 mV（1%）到

999 mV（99%）之间。这个式子可以写为

```
Bd dc 0 V = V(d) < 10m ? 10m : V(d) > 999m ? 999m : V(d) ;
IsSpice      ;syntax
IF the "d" node is smaller than 10 mV, THEN the Bd source
delivers 10 mV
ELSE
IF the "d" node is greater than 999 mV, THEN the Bd source
delivers 999 mV
ELSE the Bd source delivers the "d" node value
```

在 PSpice 中可以在两个等式中进行选择：

```
Ed dc 0 Value ={IF (V(d) < 10m, 10m, IF (V(d) > 999m, 999m,
+ V(d) ))} ; PSpice
```

或者应用关键词表：

```
Ed dc 0 TABLE {V(d)} ((10m,10m) (999m,999m))  ; PSpice
```

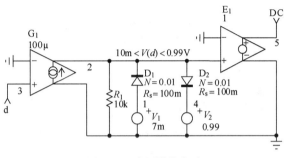

然而根据经验可知，这类等式有时会带来收敛问题。因此，推荐应用由几个无源元件构建的有源钳位电路，它最终可以使模型更稳定。因为与内嵌式相比，二极管能平滑地启动钳位，而内嵌式本质上相当尖锐地启动钳位。该有源钳位电路如图 2.47 所示。

二极管中的 N 参数允许仿真设计把正向电压减小到 0。这就是发射系数。输出放大器 E_1 为钳位输出提供缓冲，它还可以方便地应用于模型的其他地方。

图 2.47　有源钳位电路

第二个钳位，用于 d_2，工作原理几乎相同。不同的是正钳位依赖于 $1-d_1$。如图 2.48 所示，输入 d2NC 的电压可由式（2.115）计算得到，它的偏移量被源 B_1 限制在 $1-d$。注意，6.687 mV 刚好用于补偿二极管 D_2 正向压降。

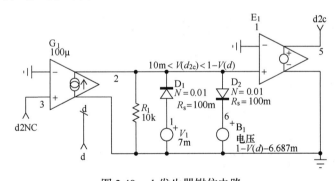

图 2.48　d_2 发生器钳位电路

2.2.14　封装模型

现在，已经对上述方程进行了适当的钳位，可以把电路各个部分放在一起，写成最后的电压模式自触发 PWM 开关模型。下面给出分别用 IsSpice 和 PSpice 书写的模型描述。

IsSpice 网表

```
.SUBCKT PWMVM a c p d {L=75u Fs=100k}
*
```

```
*This subckt is a voltage-mode DCM-CCM model
*
.subckt limit d dc params: clampH=0.99 clampL=16m
Gd 0 dcx d 0 100u
Rdc dcx 0 10k
V1 clpn 0 {clampL}
V2 clpp 0 {clampH}
D1 clpn dcx dclamp
D2 dcx clpp dclamp
Bdc dc 0 V=V(dcx)
.model dclamp d n=0.01 rs=100m
.ENDS
*
.subckt limit2 d2nc d d2c
Gd 0 d2cx d2nc 0 100u
Rdc d2cx 0 10k
V1 clpn 0 7m
BV2 clpp 0 V=1-V(d)-6.687m
D1 clpn d2cx dclamp
D2 d2cx clpp dclamp
B2c d2c 0 V=V(d2cx)
.model dclamp d n=0.01 rs=100m
.ENDS
*
Xd d dc limit params: clampH=0.99 clampL=16m
BVcp 6 p V=(V(dc)/(V(dc)+V(d2)))*V(a,p).
BIap a p I=(V(dc)/(V(dc)+V(d2)))*I(VM)
Bd2 d2X 0 V=(2*I(VM)*{L}-v(a,c)*V(dc)^2*{1/Fs}) / ( v(a,c)*V(dc)
+ *{1/Fs}+1u)
Xd2 d2X dc d2 limit2
VM 6 c
.ENDS
```

Pspice 网表

```
.SUBCKT PWMVM a c p d params: L=75u Fs=100k
*
*auto toggling between DCM and CCM, voltage-mode
*
Xd d dc limit params: clampH=0.99 clampL=16m
EVcp 6 p Value = {(V(dc)/(V(dc)+V(d2)))*V(a,p)}
GIap a p Value = {(V(dc)/(V(dc)+V(d2)))*I(VM)}
Ed2 d2X 0 value = {(2*{L}*{Fs}*I(VM)/(V(dc)*V(a,c)+1u)) -
+ V(dc)}
Xd2 d2X dc d2 limit2
VM 6 c
*
.ENDS
****** subckts *****
.subckt limit d dc params: clampH=0.99 clampL=16m
Gd 0 dcx VALUE = {V(d)*100u}
Rdc dcx 0 10k
V1 clpn 0 {clampL}
V2 clpp 0 {clampH}
D1 clpn dcx dclamp
D2 dcx clpp dclamp
Edc dc 0 value={V(dcx)}
.model dclamp d n=0.01 rs=100m
.ENDS
********
.subckt limit2 d2nc d d2c
*
```

```
Gd 0 d2cx d2nc 0 100u
Rdc d2cx 0 10k
V1 clpn 0 7m
E2 clpp 0 Value = {1-V(d)- 6.687m}
D1 clpn d2cx dclamp
D2 d2cx clpp dclamp
Edc d2c 0 value={V(d2cx)}
.model dclamp d n=0.01 rs=100m
.ENDS
```

这个模型是为降压变换器而写的，其电路如图 2.49 所示。V_{bias} 固定直流占空比，同时通过 AC 关键词对输入进行调制。电感参数 L 代表外部电感值，与开关频率 F_s 一起用来确定工作模式。可以看到，计算所得的工作点又返回到电路中，它们显示在电路图中或可从输出文件（扩展名为.OUT）中找到，用来查看 SPICE 是否已经找到了合适的直流工作点。例如，我们要设计 5 V 降压变换器，看上去输出电压是对的。

输入源 V_{bias} 固定工作点，如果改变负载或输入电压，则需对 V_{bias} 进行调节，把 V_{out} 重新调整到原值。前面用了一点窍门来帮助把占空比自动调节到合适的点。图 2.50 显示了电路是如何工作的。原始电路如图 2.42 所示。

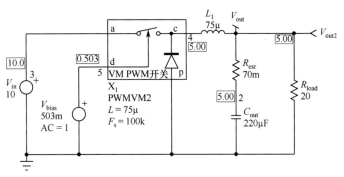

图 2.49　工作于电压模式 CCM-DCM 的
PWM 开关模型变换器基本电路

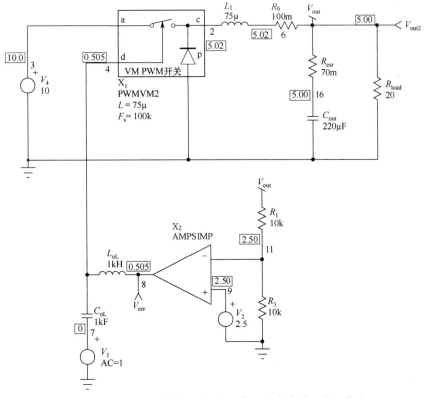

图 2.50　加一个大电容，它与大电感一起来自动调节工作点

插入一个与电感 L_1 串联的电阻，尽管增加了欧姆损耗，但是直流反馈会自动把占空比调整到 50.5%，保持输出电压 V_{out} 为 5 V。在仿真之前，SPICE 必须计算偏置点，即 $t=0$ 时起始点的偏置值。计算直流工作点时，仿真引擎把电感器短路，把电容器开路。在电路中，这意味着节点 8（运算放大器输出）直接连接到占空比输入。因此，反馈网起作用，占空比增加，直到输出指标。如果输出电压不能调节，运算放大器输出最大值或最小值（这取决于 V_{out} 变化的方向），当观察输出文件（*.OUT）或观察反映在电路图中的直流工作点时，会发现电路不工作。如果愿意，可以在运算放大器的位置放置源 E_1。然后，一旦发现偏置点，仿真引擎就开始进行交流扫描。当安装了 L_{oL}-C_{oL} 低通滤波器时，交流扰动就不能通过：电路工作于开环模式。若改变 R_{Load} 和 V_{in}，运算放大器会自动调节占空比得到输出指标。在输入端放一个激励源，提供为任何节点相对于 $d(s)$ 进行交流测试的能力。因为激励电压为 1 V，测量 $V(V_{out})$ 可以立即求得 $V_{out}(s)/d(s)$。有时，在交流扫描时会产生某些噪声，可插入一个与 L_{oL} 或 C_{oL} 串联的 100 mΩ 小电阻来解决这个问题。

另一种方案是放置一个与运算放大器串联的交流激励，并满足如下条件：
- 交流源"−"端必须与低输出阻抗节点相连；
- 交流源"+"端必须与高输入阻抗节点连接。

以上连接关系如图 2.51 所示。

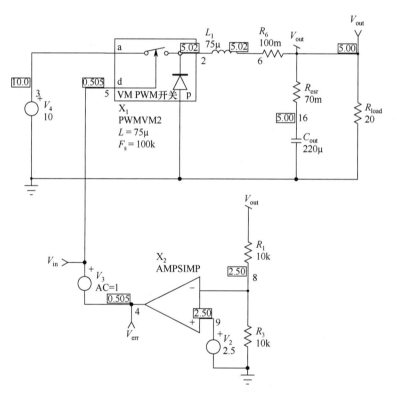

图 2.51　放置一个串联激励源是可能的

运算放大器输出是低阻抗节点，而占空比输入是高阻抗。也可以把交流源与 R_1 串联在一起。利用该交流源，用特定的分析工具（IntuScope、Probe 等）来显示感兴趣的参数比［如 $V_{dB}(V_{out}/V_{in})$］。

如何在闭环系统中插入一个串联激励源来显示开环特性？只要扫描时让激励电压源保持为常数，即 $V(V_{in}) - V(V_{err}) =$ 常数，就可自然地迫使系统保持恒定特性，即

- 低频时开环增益很大，因此 $V(V_{in})$ 值较小（要得到一定的输出，需要一个小的激励），$V(V_{err})$ 值大；
- 接近 0 dB 点，$V(V_{in}) = V(V_{err})$，增益等于 1；
- 高频时增益下降，$V(V_{in})$ 值变大（要在输出端观察信号，需要输入较大的信号），$V(V_{err})$ 值较小。

激励源的连接方式如图 2.52 所示。激励源与输出电压（低阻抗点）串联，并用一个具有衰减的压控振荡器来避免电路饱和。图 2.53 所示的正弦波形确认了电路良好的线性度，可以清楚地看到谐振频率约为 3 kHz。注意，在瞬态扫描中，所讨论的电源必须稳定，否则误差放大器饱和而观察不到有用的信号。

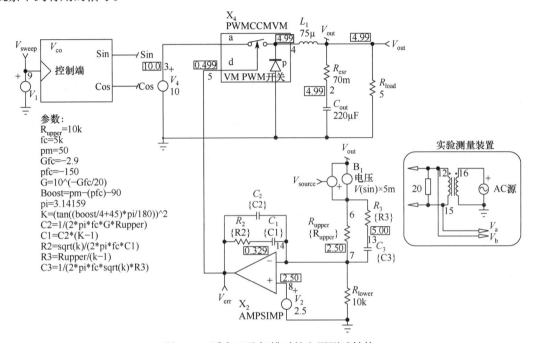

图 2.52 瞬态正弦扫描时的电源测试结构

图 2.52 中参数的文本部分会自动计算在给定具体带宽下的稳定元件，计算所采用的 k 因子是一个将在第 3 章中描述的强有力的工具。

图 2.52 的右边标示了有用的测试特点，它可在实验室用于测量电源带宽。SPICE 源 B_1 实际上由变压器代替，其输出端连接 20 Ω 电阻。这个电阻为通过变压器连接交流源提供了有用的途径，并在不测量时闭合直流环。交流信号的幅度须保持合理，不能让任何元件进入饱和——这就是小信号分析。示波器探头可以连接到开关电源输出或误差放大器输出，并检查电路是否存在非线性。V_a 和 V_b 信号接到网络分析仪完成 $20\lg(V_b/V_a)$ 计算并画出开环波特图。正如前面所说那样，这个选项要求电源稳定，否则只能采用其他技术。

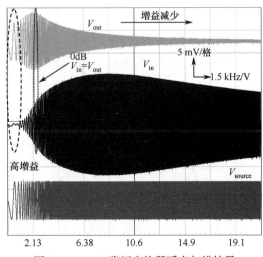

图 2.53 CCM 降压变换器瞬态扫描结果

2.2.15 PWM 调制器增益

电压模式电源产生一个脉宽可变的信号来调节输出。通过比较直流误差信号（运算放大器输出）和固定幅度锯齿波得到合适的脉冲宽度。第 1 章中的图 1.28 描述了这种方法，图中比较器输出表示最终的开关信号。图 2.54 和图 2.55 中重画了这个电路，并用临界信号做了更新。

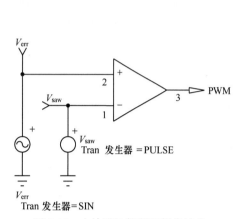

图 2.54 由快速比较器和锯齿波发生器组成的 PWM 调制器

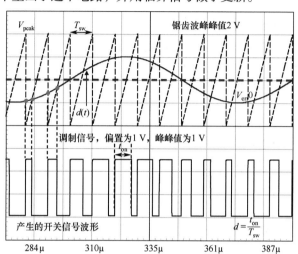

图 2.55 正弦波调制输入时典型的 PWM 信号

锯齿波是一个按下式定义的增加线性斜坡电压：

$$V_{saw}(t) = V_{peak} \frac{t}{T_{sw}} \tag{2.118}$$

图 2.55 表明，PWM 信号转换点出现在误差信号与锯齿波的交叉点。在一些极端情况下，观察不到转换点，比较器输出或者永远保持为高（输出为 1，占空比 100%），或者永远保持为低（输出为 0，占空比 0%）：

- 若 $V_{err} > V_{saw}$，$d = 1$；
- 若 $V_{err} < 0$，$d = 0$。

从式（2.118）得到，触发点（或导通终点时刻）发生在 $v_{err}(t_1) = v_{saw}(t_1)$ 处，可以写为

$$V_{err@t=t_1} = V_{peak} \frac{t_{on}}{T_{sw}} \tag{2.119}$$

可看到上述等式右边是占空比 $d(t)$，因此式（2.119）可修正为

$$v_{err}(t) = V_{peak} d(t) \tag{2.120}$$

或者写为

$$d(t) = \frac{v_{err}(t)}{V_{peak}} \tag{2.121}$$

与前面多次采用的方法一样，给误差电压 $v_{err}(t)$ 和占空比 $d(t)$ 加扰动，可以得到小信号模型：

$$d(t) = D_0 + \hat{d}(t) \tag{2.122}$$

$$v_{err}(t) = V_{err0} + \hat{v}_{err}(t) \tag{2.123}$$

可以把上述等式分成直流和交流两个等式：

$$D_0 = \frac{V_{err0}}{V_{peak}} \tag{2.124}$$

$$\hat{d}(t) = \frac{\hat{v}_{err}(t)}{V_{peak}} = K_{PWM}\hat{v}_{err}(t) \tag{2.125}$$

式中，$K_{PWM} = 1/V_{peak}$，称为 PWM 调制器增益。

将式（2.124）应用于图 2.55，给出静态占空比为 50%。从式（2.125）得到，调制器小信号增益为 0.5 或 −6 dB。图 2.56 所示为如何在平均模型中插入增益功能块。

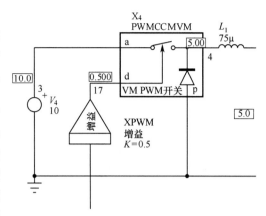

当输入电压变化，输出电压在误差电压 V_{err} 调节之前受到影响，该误差电压通过补偿电路进行调节并产生新的占空比 D 来修正由于输入电压变化带来的影响。前馈是实现由于输入电压 V_{in} 变化而引起占空比校正作用的手段，可在变化量传输并影响输出之前达到校正效果。在输入电压改变时占空比是如何变化的呢？这与 PWM 锯齿波斜率和输入电压相关。

图 2.56　占空比输入之前插入 PWM 增益

降压变换器的传输函数（忽略电感损耗）包括输入电压 V_{in} 的贡献：

$$H(s) = \frac{V_{in}}{V_p}\frac{1+s/s_{z_1}}{1+\dfrac{s}{Q\omega_0}+(s/\omega_0)^2} \tag{2.126}$$

已知输入电压的变化会影响环路增益及整体电路的稳定性。在上述表达式中，V_{in} 的变化可视为一个扰动。如果对式中的 V_p 项进行修改，使之与输入电压 V_{in} 相关，如写成 $k_{FF}V_{in}$ 的形式，则式（2.126）可改写为

$$H(s) = \frac{V_{in}}{k_{FF}V_{in}}\frac{1+s/s_{z_1}}{1+\dfrac{s}{Q\omega_0}+(s/\omega_0)^2} = \frac{1}{k_{FF}}\frac{1+s/s_{z_1}}{1+\dfrac{s}{Q\omega_0}+(s/\omega_0)^2} \tag{2.127}$$

可以看到，输入电压在表达式中消失了，只保留了 k_{FF}。

图 2.57 显示了可变斜率的锯齿波是如何实现的。恒流源用电阻 R_{ramp} 代替，对定时电容 C_{ramp} 充电。由于 R_{ramp} 上端与输入电压源连接，任何输入电压值的变化将修改充电斜率。让我们看如何推导前馈功能块的小信号传输函数。忽略电容电压的漂移，充电电流近似为

$$I_C \approx V_{in}/R_{ramp} \tag{2.128}$$

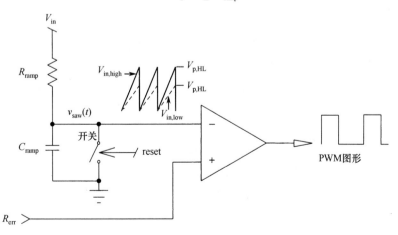

图 2.57　充电电流受 V_{in} 调制，如果输入电压变化立即就能调整占空比值

斜坡峰值与时间常数 $\tau = R_{ramp}C_{ramp}$ 和开关频率有关：

$$V_p = \frac{I_C}{C_{ramp}}T_{sw} = \frac{V_{in}}{C_{ramp}R_{ramp}}T_{sw} = \frac{V_{in}}{\tau F_{sw}} \qquad (2.129)$$

斜坡幅度是时间的函数，可表示为

$$v_{saw}(t) = V_p\frac{t}{T_{sw}} \qquad (2.130)$$

把式（2.129）代入式（2.130），得到

$$v_{saw}(t) = \frac{V_{in}}{\tau F_{sw}}\frac{t}{T_{sw}} \qquad (2.131)$$

当 $t = t_{on}$ 时，v_{saw} 等于误差电压 V_{err}，比较器输出切换：

$$V_{err} = \frac{V_{in}}{\tau F_{sw}}\frac{t_{on}}{T_{sw}} = \frac{V_{in}}{\tau F_{sw}}D \qquad (2.132)$$

这就给出了包含前馈项的 PWM 传输函数：

$$D(V_{err}) = V_{err}\frac{\tau F_{sw}}{V_{in}} \qquad (2.133)$$

与其对方程加扰动，还不如对式（2.133）做偏微分运算，得到 PWM 小信号增益：

$$G_{PWM} = \frac{\partial D(V_{err})}{\partial V_{err}} = \frac{\tau F_{sw}}{V_{in}} = \frac{1}{k_{FF}V_{in}} \qquad (2.134)$$

式中 k_{FF} 为前馈增益，简单地写为

$$k_{FF} = \frac{1}{F_{sw}\tau} \qquad (2.135)$$

如果想仿真一包含前馈项的电路，图 2.58 显示了应该如何做。需要一简单的模拟行为建模（ABM）源，通过该 ABM 源来传递由式（2.135）计算得到的前馈项，然后就可以运行仿真。

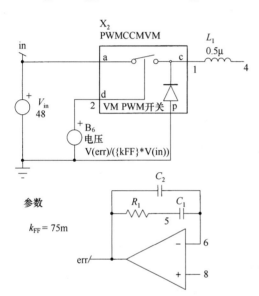

图 2.58　含前馈电路的 PWM 增益，它包含一个以前馈系数 k_{FF} 为参数的 B 元件或 ABM 源

2.2.16　模型测试

模型推导完成后，有必要对其进行测试，并将测试结果与实际进行比较。一种较好的方法是利用逐周模型来仿真实际的硬件性能。实验表明，如果考虑寄生元件，SPICE 逐周仿真结果与实际情况相当接近。在现在这种情况下，平均模型还不包含寄生元件，瞬态降压模型十分简单。简单的逐周降压变换器电路如图 2.59 所示。

图 2.60 所示为平均降压变换器模型，它包含了 PWM 调制器。图 2.60 中所有的无源元件值与图 2.59 相同，阶跃负载电路与逐周电路严格一致。补偿元件值如图 2.52 所示，所产生的截止频率为 5 kHz。部分补偿元件值如下：

$$C_1 = 20.6\ nF \qquad R_{upper} = 10\ k\Omega$$

$$C_2 = 2.3\ nF \qquad R_3 = 1.1\ k\Omega$$

$$C_3 = 9.1\ nF \qquad R_2 = 4.9\ k\Omega$$

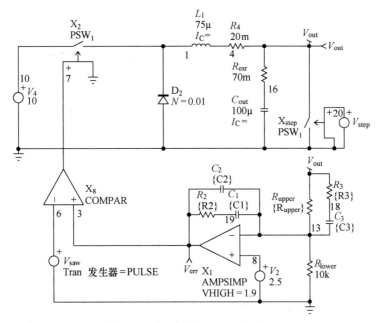

图 2.59　简单的逐周降压变换器

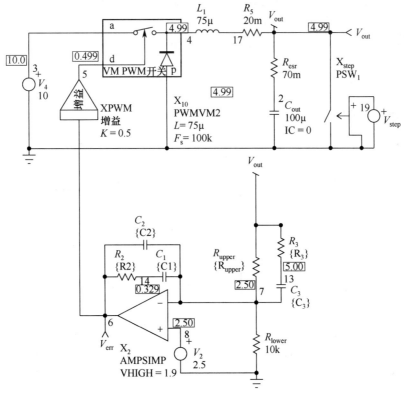

图 2.60　完整的平均模型测试电路

　　输出负载在 100Ω 和 10Ω 之间快速变化，可以观察到输出电压信号和误差信号。需要一个稳定的时间以便使开关变换器在负载阶跃之前达到稳态。阶跃持续的时间为 $t = 10\,\text{ms}$。测试结果如图 2.61 所示，两种模型之间的差别几乎看不出来，它们彼此完全重叠，模型工作正常。

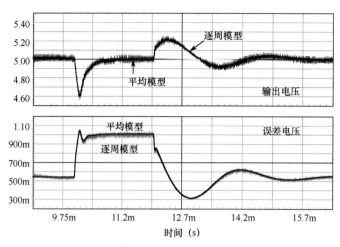

图 2.61   逐周模型和平均模型仿真的最终结果

2.2.17   模式转换

模式的重要特点之一是可在 CCM 和 DCM 之间自动转换。可用降压变换器对输出电流进行扫描，来检查触发点是否对应于合适的负载条件。在发生器处连接一个探头，该发生器应用式（2.116）和式（2.117）实现，由观测到的信号可揭示 CCM 和 DCM 之间模式转换情况。

回到第 1 章，可计算临界负载，即

$$R_{\text{critical}} = 2F_{\text{sw}} L \frac{V_{\text{in}}}{V_{\text{in}} - V_{\text{out}}} = 2 \times 100\text{k} \times 75\mu \times \frac{10}{5} = 30\ \Omega$$

因此，只要输出电流保持在 5/30 = 166 mA 以下，电路就处于 DCM 模式；如果输出电流超过 166 mA，电路则工作于 CCM。触发源的变化如图 2.62 所示，触发点与计算结果吻合，意味着自转换模型的工作性能良好。

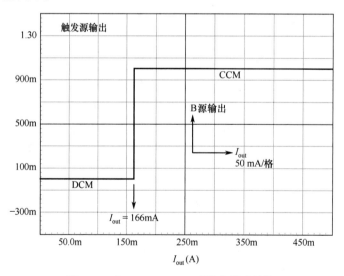

图 2.62   在 I_{out} = 166 mA 时发生模式转换

2.3   PWM 开关模型——电流模式

电流控制模式是最受欢迎的控制方法之一。Vorpérian 博士于文献[11]中描述了在 CCM 条件下如何为电流控制情况推导 CC-PWM 开关模型，但他从来未发表过有关 DCM 条件下的论文。本节中将提供一个 DCM 模型的简单推导，得到一个新的 CCM-DCM 模型。

图 1.30 和图 1.31 描述了一个电流模式控制（CMC）变换器实际结构。实际上，电流模式和电压模式的区别在于占空比的描述方法。在电压模式下，误差电压与锯齿波进行比较来产生开关信号，与电感电流无关。然而，在现代控制器中，为安全起见，要监控电感电流。当电感电流低于限制值时，电路保持正常工作。在电流模式下，首先开关时钟会触动功率开关，然后误差电压 V_{err} 固定电感在开关断开之前达到的电流峰值。比较器通过传感电阻 R_i 检测电流值并在被误差电压固定的设置点复位触发器。PWM 开关结构的 CM 描述如图 2.63 所示。

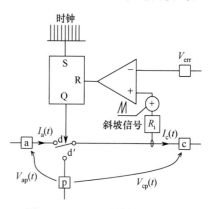

图 2.63　PWM 开关的 CM 描述

由 R_i 产生的斜坡信号如图 2.63 所示，它包含电流检测信息。该斜坡信号与在 CCM 条件下工作的变换器的稳定性有关，其中占空比接近 50%。下面来看看为什么会发生不稳定现象，以及如何消除不稳定。

2.3.1　电流模式不稳定性

电流模式不稳定性，也称为次谐波振荡，是很热门的课题。在本节的图中我们会证明在 CCM 条件下，如果占空比超过 50%，电流模式变换器存在固有的不稳定性（DCM 条件下，没有次谐波不稳定性）。电感电流波形（不考虑变换器拓扑）如图 2.64 所示，因为电路处于稳态，电流从起始点开始，在具有相同值的点结束：$I_L(0) = I_L(T_{sw})$。从该图中可以推导得

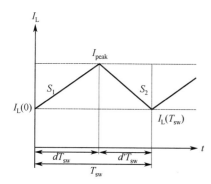

图 2.64　稳态时的电感电流

$$I_L(T_{sw}) = I_L(0) + S_1 d T_{sw} - S_2 d' T_{sw} \qquad (2.136)$$

由于在平衡时 $I_L(0) = I_L(T_{sw})$，即

$$S_2 d' T_{sw} = S_1 d T_{sw} \qquad (2.137)$$

重新排列式（2.137），得到

$$\frac{S_2}{S_1} = \frac{d}{d'} \qquad (2.138)$$

假设系统对小扰动有反应，意味着周期不再从 $I_L(0)$ 开始，而是从 $I_L(0) + \Delta I_L$ 开始，并假定 $\Delta I_L \ll I_L(0)$。在这种情况下，控制器将努力保持功率开关导通直到电感电流达到峰值 I_{peak}。从而内部触发器复位，开关断开使电感电流按 S_2 斜率下降直到新的周期开始。可以想象，在新的周期中开关重新闭合，电感电流的值与以前的值 $I_L(T_{sw})$ 不同。该电路的工作原理如图 2.65 所示，为阅读方便，故意放大了扰动的幅度。另外，需要几个简单的等式来描述图 2.65 所示的行为。

如果 Δt 为两条曲线到达峰值设置点（I_c，即 I_{peak}）的时间差，那么

$$I_{peak} = a + S_1 \Delta t \qquad (2.139)$$

$$b = I_{peak} - S_2 \Delta t \qquad (2.140)$$

由上述等式消掉 Δt，得

$$\frac{I_{peak} - a}{S_1} = \frac{I_{peak} - b}{S_2} \qquad (2.141)$$

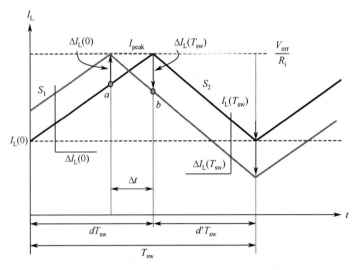

图 2.65　存在突然扰动时电感电流的变化

用适当的值代入上式，得到

$$\frac{\Delta I_{\mathrm{L}}(0)}{S_1} = \frac{\Delta I_{\mathrm{L}}(T_{\mathrm{sw}})}{S_2} \qquad (2.142)$$

可以看到，整个开关周期中的扰动改变了电流的极性，因此有

$$\Delta I_{\mathrm{L}}(T_{\mathrm{sw}}) = \Delta I_{\mathrm{L}}(0)(-S_2/S_1) \qquad (2.143)$$

如果考虑到 $\Delta I_{\mathrm{L}} \ll I_{\mathrm{L}}(0)$，那么式（2.138）仍然成立，因此有

$$\Delta I_{\mathrm{L}}(T_{\mathrm{sw}}) = \Delta I_{\mathrm{L}}(0)(-d/d') \qquad (2.144)$$

式（2.144）描述了一个开关周期后的扰动幅度。那么第二个周期的幅度如何呢？

$$\Delta I_{\mathrm{L}}(2T_{\mathrm{sw}}) = \Delta I_{\mathrm{L}}(T_{\mathrm{sw}})\frac{d}{d'} = \Delta I_{\mathrm{L}}(0)\left(-\frac{d}{d'}\right)^2 \qquad (2.145)$$

n 个开关周期以后，得到如下的一般表达式：

$$\Delta I_{\mathrm{L}}(nT_{\mathrm{sw}}) = \Delta I_{\mathrm{L}}(0)\left(-\frac{d}{d'}\right)^n \qquad (2.146)$$

在上述等式中，重要的是系数 d/d'，如果该系数低于 1，加上 n 次幂后，系数将趋向于 0，在几个周期后扰动消失，如图 2.66 所示。

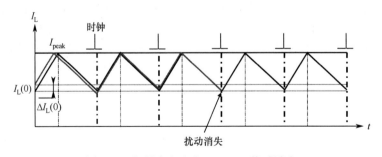

图 2.66　如果占空比小于 50%，扰动消失

相反，如果系数 d/d' 超过 1，即占空比大于 50%，扰动将不再消失，会发生稳态振荡（如图 2.67 所示）。

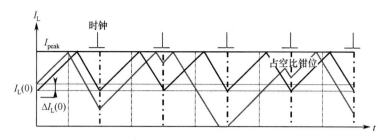

图 2.67   在 CCM 电流模式的固定频率下, 初始扰动持续

如提取含有次谐波振荡变换器的 PWM 调制包络, 可以观察到周期调制, 存在频率为开关频率一半的脉动, 如图 2.68 所示。

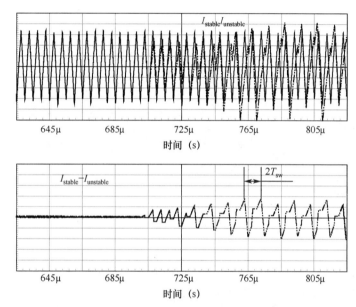

图 2.68   从稳态电流中减去非稳定电流, 显示出周期信号, 该脉动信号的频率为开关频率的一半

为进一步强调占空比效应, 可用电子数据表画出依赖于占空比的不同调制结果。图 2.69 至图 2.72 显示了不同占空比下得到的 PWM 调制波形。图 2.72 的情况与图 2.67 预测的一样, 即振荡幅度发散。

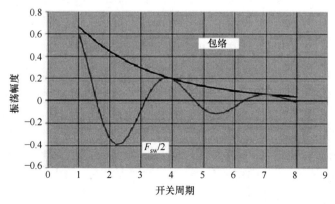

图 2.69   在 $d = 0.4$ 处, 次谐波振荡幅度减小

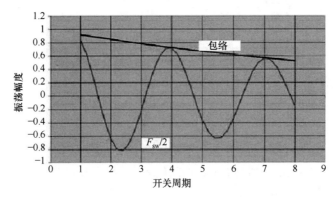

图 2.70   在 *d* = 0.48 处，次谐波振荡幅度减小

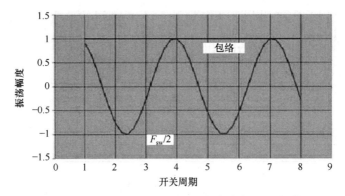

图 2.71   在 *d* = 0.5 处，次谐波振荡幅度处于稳态

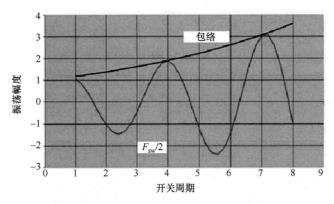

图 2.72   在 *d* = 0.54 处，次谐波振荡幅度增大

下面的所有情况，*d* 保持为 50%，振荡自然衰减。这和阻尼 LC 滤波器的情况一样，LC 滤波器受品质系数 *Q* 的影响，而品质系数 *Q* 与占空比有关。在 20 世纪 90 年代，这是第一条用来解释这种现象的途径[12]。后来应用数据取样分析，进一步做了数学解释。后面我们还会回到这个主题。

注意，这类非稳定性也会出现在电压模式控制器中，其特征是电压模式控制器在启动或故障状态下有峰值电流限制。电感电流决定导通时间，假设占空比超过 50%，会产生次谐波振荡。在占空比超过 50% 的情况下，发生振荡是因为导通时间宽度影响了截止时间的长度。它与右半平面零点情况很像。在拓扑中，把导通或截止时间设计成固定值就不会出现次谐波振荡。反馈环通过分别调制导通或截止时间来调节能量传输，无须担忧电流环振荡。

2.3.2　防止非稳定性

次谐波振荡对变换器而言并非致命的。遗憾的是，次谐波振荡会产生输出纹波，有时会在变压器中引起音频噪声，必须通过某些手段阻止这些现象。在电路中加入斜坡补偿（也称为斜率补偿）是一种已知的阻止这些振荡的方法，它能确保在较大的占空比范围内稳定。斜坡补偿可加上电流检测信息（通常通过传感电阻或电流变压器传递），也可从反馈信号 V_{err} 中减去。在研究中将考虑该方案，如图 2.73 所示。这个电路与图 2.65 相比稍复杂一些，但很容易写出等式。

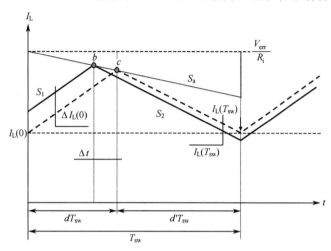

图 2.73　从电流设置点减去斜坡补偿 S_a，其中电流设置点由所加的反馈电压产生

从原点开始，可以定义 b 点的值，即

$$b = I_L(0) + \Delta I_L(0) + S_1(dT_{sw} - \Delta t) \tag{2.147}$$

在开关周期的末尾，也可以定义 b 点的值，即

$$b = I_L(T_{sw}) - \Delta I_L(T_{sw}) + S_2(d'T_{sw} + \Delta t) \tag{2.148}$$

因为式（2.147）和式（2.148）是相等的，可以求出 $I_L(0)$，即

$$I_L(0) = -\Delta I_L(0) - S_1 dT_{sw} + S_1\Delta t + I_L(T_{sw}) - \Delta I_L(T_{sw}) + S_2\Delta t + S_2 d'T_{sw} \tag{2.149}$$

对 c 点也用同样的方法，即

$$c = I_L(0) + S_1 dT_{sw} \tag{2.150}$$

在开关周期的末尾，得到

$$c = I_L(T_{sw}) + S_2 d'T_{sw} \tag{2.151}$$

与上面做的一样，式（2.150）和式（2.151）相等，求得 $I_L(0)$，即

$$\Delta I_L(0) = -S_1 dT_{sw} + I_L(T_{sw}) + S_2 d'T_{sw} \tag{2.152}$$

现在有两个 $I_L(0)$ 的定义，式（2.149）和式（2.152）相等，重新整理得到最终的结果为

$$\Delta t(S_1 + S_2) - \Delta I_L(0) = \Delta I_L(T_{sw}) \tag{2.153}$$

这个等式变得容易操作，但Δt 是未知数。观察图 2.73，很快得到

$$\Delta t = \frac{b - c}{S_a} \tag{2.154}$$

b 和 c 分别用式（2.147）和式（2.150）代替，得到

$$\Delta I_L(0) + S_1 dT_{sw} - S_1\Delta t - S_1 dT_{sw} = S_a\Delta t \tag{2.155}$$

求解Δt，得到

$$\Delta t = \frac{\Delta I_{\mathrm{L}}(0)}{S_1 + S_{\mathrm{a}}} \tag{2.156}$$

现在把式（2.156）代入式（2.153），得到我们想要的最后信息，即

$$\Delta I_{\mathrm{L}}(0)\left[\frac{S_1 + S_2}{S_1 + S_{\mathrm{a}}}\right] - \Delta I_{\mathrm{L}}(0) = \Delta I_{\mathrm{L}}(T_{\mathrm{sw}}) \tag{2.157}$$

重新整理式（2.157），观察到扰动 $\Delta I_{\mathrm{L}}(0)$ 产生了极性相反的信号 $\Delta I_{\mathrm{L}}(T_{\mathrm{sw}})$，有

$$\Delta I_{\mathrm{L}}(T_{\mathrm{sw}}) = \Delta I_{\mathrm{L}}(0)\left[-\frac{S_2 - S_{\mathrm{a}}}{S_1 + S_{\mathrm{a}}}\right] \tag{2.158}$$

想从式（2.146）得到进一步的结果，可以把式（2.158）概括为

$$\Delta I_{\mathrm{L}}(nT_{\mathrm{sw}}) = \Delta I_{\mathrm{L}}(0)\left[-\frac{S_2 - S_{\mathrm{a}}}{S_1 + S_{\mathrm{a}}}\right]^n \tag{2.159}$$

为求得稳定性条件，可以因式分解上述等式中的分式项，并用式（2.138）代替 S_1/S_2，得

$$\Delta I_{\mathrm{L}}(nT_{\mathrm{sw}}) = \Delta I_{\mathrm{L}}(0)\left[-\frac{1 - S_{\mathrm{a}}/S_2}{S_1/S_2 + S_{\mathrm{a}}/S_2}\right]^n = \Delta I_{\mathrm{L}}(0)\left[-\frac{1 - S_{\mathrm{a}}/S_2}{d'/d + S_{\mathrm{a}}/S_2}\right]^n = \Delta I_{\mathrm{L}}(0)(-a)^n \tag{2.160}$$

如果系数 a 大于 1，式（2.160）可能不稳定。为确保对所有占空比（直到 100%，即 $d' = 0$）都不出现不稳定现象，所需斜坡补偿应满足

$$\left|\frac{1 - S_{\mathrm{a}}/S_2}{0 + S_{\mathrm{a}}/S_2}\right| < 1 \tag{2.161}$$

$$S_2/S_2 - S_{\mathrm{a}}/S_2 < S_{\mathrm{a}}/S_2 \tag{2.162}$$

最后得到

$$S_{\mathrm{a}} > S_2/2 \quad \text{或} \quad S_{\mathrm{a}} > 50\%S_2 \tag{2.163}$$

这是确保在任何占空比下工作稳定的最小值。在文献中也提到了其他的选择，如补偿达 75%。应当记住，对变换器进行过补偿会严重地影响它的动态特性，还会减少变换器的最大峰值电流能力，因此也影响输出功率（观察点 b 和点 c，并与由反馈环电压 V_{err} 产生的设置点比较）。

2.3.3　CCM 条件下电流模式模型

已知，工作于 CCM 条件下的电流模式变换器的占空比大于 50% 时，需要斜坡补偿来使变换器稳定工作。这是典型的固定频率 PWM 变换器。然而，从工作点的角度看，从示波器中观察静态波形，将看不出变换器使用的控制方法。基于这一原因，在电压模式 PWM 开关中推导得到的不变性质仍然能用于电流模式，即

$$I_{\mathrm{a}} = dI_{\mathrm{c}} \tag{2.164}$$

$$V_{\mathrm{cp}} = dV_{\mathrm{ap}} \tag{2.165}$$

后面会看到，在使用电压模式 PWM 开关模型时，会对以上陈述做很好的证明，且模型中加入了电流模式占空比因数。

推导电流模式模型的方法是一样的：确定所有相关的波形，并在整个开关周期内求波形的平均值。这就会产生非线性平均模型，它可以直接通过 SPICE 进行仿真。把图 2.63 所示的电路插入到降压变换器中，可以画出电感电流并定义它的斜率，如图 2.75 和图 2.76 所示。

从图 2.74 中可推导得到上升和下降的斜率：

$$S_1 = V_{\mathrm{ac}}/L \tag{2.166}$$

$$S_2 = V_{\mathrm{cp}}/L \tag{2.167}$$

电感电流曲线如图 2.75 所示。

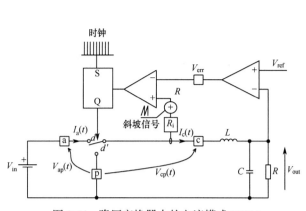

图 2.74　降压变换器中的电流模式 PWM
开关，其中输出调节为 V_{ref}

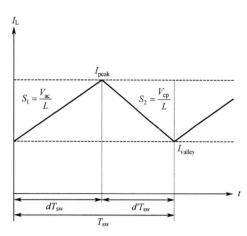

图 2.75　典型 CCM 条件下 PWM 开关具有
不变的电感电流斜率，该图形既可
用于电流模式也可用于电压模式

现在已知所有的电感电流斜率，加上前面描述的补偿斜坡 S_a，可以重画该图形。图 2.76 所示为修正后的图形。注意，图中表示的是电流曲线，因此误差电压 V_{err} 和补偿斜率 S_a（即电压斜率）都带有比例因子。

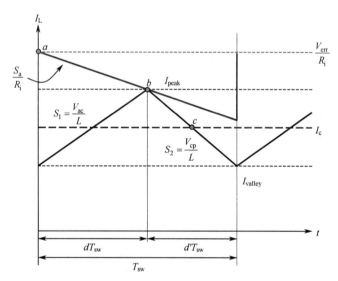

图 2.76　经斜率补偿 S_a 和平均电流 I_c 修正后的电感电流斜率

根据以上描述，我们需要求流过 c 端口的电流平均值 I_c。通常，可以一步步分析，其中 a 点与 b 点之间的关系为

$$b = a - \frac{S_a}{R_i}dT_{sw} \qquad (2.168)$$

如果要从 b 点到 c 点（实际平均电流为 I_c），那么可简单地写为

$$c = b - \frac{S_2 d'T_{sw}}{2} \qquad (2.169)$$

把 a、b 和 c 的值代入上式，考虑到时变波形，可以得到

$$i_c(t) = \frac{v_{err}(t)}{R_i} - \frac{S_a}{R_i}d(t)T_{sw} - \frac{S_2 d'(t)T_{sw}}{2} \qquad (2.170)$$

然而，式（2.170）代表在给定开关周期内的瞬时电流 $i_c(t)$。为形成平均模型，需要计算半均值。因此，考虑在所观察周期内平滑了的电流平均值，其中观察周期远大于开关周期，式（2.170）可简单地重写为

$$I_c = \frac{V_{err}}{R_i} - \frac{S_a}{R_i}dT_{sw} - \frac{S_2 d'T_{sw}}{2} \qquad (2.171)$$

如果利用式（2.167），则式（2.171）可修正为

$$I_c = \frac{V_{err}}{R_i} - \frac{S_a}{R_i}dT_{sw} - V_{cp}(1-d)\frac{T_{sw}}{2L} \qquad (2.172)$$

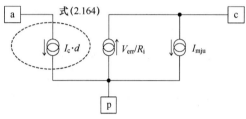

图 2.77 大信号描述的电流控制 PWM 开关模型

从上述等式可以看到，平均电流 I_c 等于电流产生 V_{err}/R_i 减去通过补偿斜坡产生的补偿电流和第三项电流值。基于这样的电流项排列，可以认为 SPICE 模型简单地由电流源构成。该模型的示意图如图 2.77 所示。

为了简洁起见，图中 I_μ（图 2.77 中的 I_{mju}）可以重写为

$$I_\mu = \frac{S_a}{R_i}dT_{sw} + V_{cp}(1-d)\frac{T_{sw}}{2L} \qquad (2.173)$$

该式表示了电流模式控制 PWM 开关的大信号模型。现在，可以用 SPICE 进行仿真。该模型的小信号描述可以通过对式（2.172）和式（2.164）施加扰动并忽略所有交流交叉乘积项得到。

另一种方法是对这两个方程［式（2.172）和式（2.164）］求偏微分方程。两个方程有三个变量，V_c（控制电压）、V_{ap} 和 V_{cp}。偏微分方程如下所示：

$$\hat{i}_c = \frac{\partial I_c(V_c, V_{ap}, V_{cp})}{\partial V_c}\hat{v}_c + \frac{\partial I_c(V_c, V_{ap}, V_{cp})}{\partial V_{ap}}\hat{v}_{ap} + \frac{\partial I_c(V_c, V_{ap}, V_{cp})}{\partial V_{cp}}\hat{v}_{cp} \qquad (2.174)$$

$$\hat{i}_a = \frac{\partial I_a(V_c, V_{ap}, V_{cp})}{\partial V_c}\hat{v}_c + \frac{\partial I_a(V_c, V_{ap}, V_{cp})}{\partial V_{ap}}\hat{v}_{ap} + \frac{\partial I_a(V_c, V_{ap}, V_{cp})}{\partial V_{cp}}\hat{v}_{cp} \qquad (2.175)$$

可以重新排列所得到的系数并按给定的形式重写如下：

$$\hat{i}_c = k_o\hat{v}_c + g_f\hat{v}_{ap} + g_o\hat{v}_{cp} \qquad (2.176)$$

$$\hat{i}_a = k_i\hat{v}_c + g_i\hat{v}_{ap} + g_r\hat{v}_{cp} \qquad (2.177)$$

图 2.78 显示了最终小信号电流控制（CC）PWM 开关模型，该模型在文献[11]中做了描述。图中的源由以下等式定义，其中参数下角标 0 表示静态直流参数：

$$k_i = \frac{D_0}{R_i} \qquad (2.178)$$

$$g_i = D_0\left(g_f - I_{c0}/V_{ap0}\right) \qquad (2.179)$$

$$g_r = I_{c0}/V_{ap0} - g_0 D_0 \qquad (2.180)$$

$$k_0 = 1/R_i \qquad (2.181)$$

$$g_0 = \frac{T_{sw}}{L}\left(D'_0 \frac{S_a}{S_1} + \frac{1}{2} - D_0 \right) \quad (2.182)$$

$$g_f = D_0 g_0 - \frac{D_0 D'_0 T_{sw}}{2L} \quad (2.183)$$

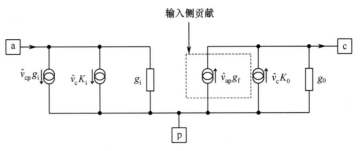

图 2.78　CC-PWM 开关小信号模型

从以上定义及小信号模型，可以得到以下几点注释。

- 式（2.181）描述了电流环增益。电流模式变换器实际上包括了两个环：一个外环，即电压环，用来保持 V_{out} 恒定；一个内环，即电流环。
- 式（2.183）描述了 g_f 系数。这个系数说明了通过 V_{ap} 项在输入一侧的传输情况。可以看到在一个工作于电流模式控制的降压变换器中注入 50% 斜率补偿，将使 g_f 项变为 0，产生无限大的输入抑制。
- 式（2.180）代表了 CC-PWM 开关模型的反向电流增益及从初级线圈一侧看到的 c-p 端口电压的作用。

为验证小信号模型推导的合理性，可以进行仿真测试，来比较由 SPICE 线性化的大信号模型响应和应用上述系数的小信号模型响应。两种模型构成的电路如图 2.79 和图 2.80 所示。值得注意的是 g_0 和 g_i 可在 SPICE 中用电压控制电流源和值为 1 的电阻来仿真。这也是例子中所采用的方法。

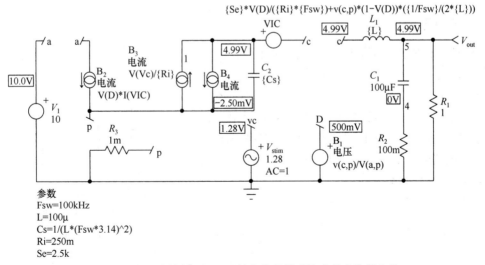

图 2.79　由电流控制 PWM 开关大信号模型构成的变换器电路

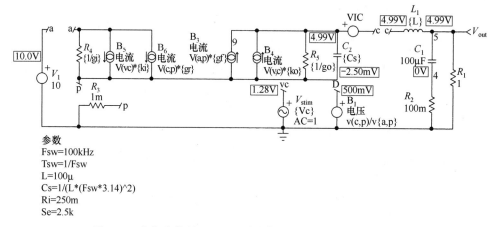

图 2.80   由电流控制 PWM 开关小信号模型构成的同一变换器

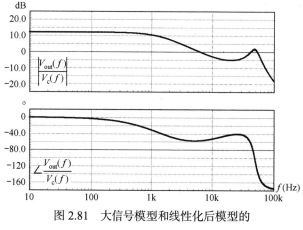

图 2.81   大信号模型和线性化后模型的
响应相同，响应曲线重合很好

如图 2.81 所示，曲线重合得很好，证实了小信号模型推导的正确性。

上述等式未给出在本节开始时发现的不稳定现象。仔细观察图 2.73 可以发现，尽管控制信号 V_{err} 有扰动，但是下降斜率 S_2 不会马上改变。因此，下个周期的扰动与前面一个周期的 S_2 斜率有关。回想到斜率 S_2 与端口电压 V_{cp} 有关，这好像接于端口 c-p 的元件有存储效应，为后面的开关周期施加同一斜率。从一个周期到另一个周期，什么元件能存储或保持电压呢？连接于端口 c-p 的电容可以完成这个任务。再回头看图 2.69 至图 2.72，这个变换器中包含了电感器，出现谐振现象意味着电容和电感一起在某点出现了振荡。

2.3.4   模型更新

如何确定谐振电容的值呢？若保持控制电压和输入/输出电压恒定，则从式（2.178）到式（2.183），小信号值变为 0。因此，把 a 和 p 两端短路（V_{in} 为常数，交流值为 0，V_{out} 也一样），将所有交流源从图 2.78 中移开，可以更新图 2.74。只有 g_0 保留下来，并与所加的谐振电容 C_s 和变换器电感并联。图 2.81a 所示为在高频交流模型中这些元件是如何连接的。

现在推导并联 RLC 网络的阻抗，得

$$Y_{RLC} = g_0 + C_s s + \frac{1}{sL} \qquad （2.184）$$

$$Y_{RLC} = \frac{g_0 sL + LC_s s^2 + 1}{sL} \qquad （2.185）$$

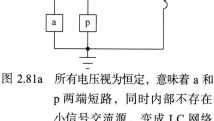

图 2.81a   所有电压视为恒定，意味着 a 和
p 两端短路，同时内部不存在
小信号交流源，变成 LC 网络

或对导纳求倒数，得到阻抗

$$Z_{RLC} = \frac{sL}{g_0 sL + s^2 LC_s + 1} \tag{2.186}$$

Vorpérian 博士在论文中证明了式（2.186）的分母 $D(s)$ 出现在所有与 CC-PWM 开关模型相关的传输函数中。这是个不变式，即

$$D(s) = g_0 sL + LC_s s^2 + 1 = 1 + \frac{s}{\omega_n Q} + \frac{s^2}{\omega_n^2} \tag{2.187}$$

已知次谐波振荡频率等于开关频率的一半。从式（2.187）可以确定谐振频率 ω_n 并用后续表达式计算谐振电容 C_s，即

$$\omega_n = \frac{\omega_s}{2} : \quad \frac{\omega_s}{2} = \frac{1}{\sqrt{LC_s}} \tag{2.188}$$

得到谐振电容

$$C_s = \frac{4}{L\omega_s^2} \tag{2.189}$$

这个等式的根是影响稳定的极点。观察图 2.81(a) 可以看到，阻尼 LC 网络的元件是 g_0 项。也可理解为，如果跨导项为 0 或为负，振荡条件成立。下面考虑 g_0 的定义，求使它为 0 的条件。首先，禁止任何斜坡补偿，即 $S_a = 0$，得到

$$g_0 = \frac{T_{sw}}{L}\left(\frac{1}{2} - D_0\right) \tag{2.190}$$

由上式可知，如果 D_0 等于或大于 0.5，g_0 变为 0 或负，出现振荡。这就证明了次谐波振荡。为计算稳定时斜坡补偿的大小，可以检查 S_a 为何值时，使 g_0 大于 0。

若 $g_0 = 0$，由式（2.182）得到

$$D_0' \frac{S_a}{S_1} + \frac{1}{2} - D_0 = 0 \tag{2.191}$$

$$D_0' \frac{S_a}{S_1} = D_0 - \frac{1}{2} \tag{2.192}$$

借助式（2.138）得到 D_0'，并将其代入上式得

$$D_0 \frac{S_1}{S_2} \frac{S_a}{S_1} = D_0 - \frac{1}{2} \tag{2.193}$$

化简并重新整理该式，可写出

$$S_a = \frac{S_2}{D_0}(D_0 - 0.5) \tag{2.194}$$

对占空比为 100% 的情况，该式变为

$$S_a \geqslant \frac{1}{2} S_2 \tag{2.195}$$

这与式（2.163）完全相同。

如果要得到式（2.187）的品质因数 Q，自然会出现 g_0 项。当 g_0 趋于 0 时，Q 会趋向于 ∞，电路出现振荡。

从式（2.187）得到

$$sLg_0 = \frac{s}{\omega_n Q} \tag{2.196}$$

已知 $\omega_n = \omega_s/2$，则有

$$Lg_0 = \cfrac{1}{\cfrac{\omega_s}{2}Q} \tag{2.197}$$

从上述等式中求解 Q 得到

$$Q = \cfrac{1}{Lg_0 \cfrac{2\pi}{2T_{sw}}} = \cfrac{1}{\pi\left(D'_0 \cfrac{S_a}{S_1} + \cfrac{1}{2} - D_0\right)} \tag{2.198}$$

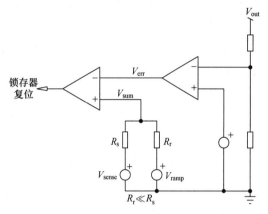

图 2.82　补偿斜率过大，电流变换器转变为电压变换器，例如，V_{sum} 主要取决于 V_{ramp} 的情况

式中，S_a 表示补偿斜率；S_1 表示电感导通斜率；D_0 表示直流（静态）占空比。

在给定工作点处给定品质因数 Q，而非如式（2.163）所做的在整个占空比范围内（0～100%）对谐振进行阻尼，是明智的做法。否则，电流环会引起过阻尼，使性能下降。因为补偿斜率过大会使电流模式变换器变成电压模式变换器。无须对等式进行运算，需要斜率补偿情况下的电流检测比较器的电路结构如图 2.82 所示。比较器在加权斜率补偿和实际检测电流之和所产生的电压等于误差电压时触发翻转。如果在某点上，设计斜坡比实际电流大得多，与 R_s 相比 R_r 可以忽略，那么电路越来越接近于第 1 章中引入的电压模式结构。

为了合理地阻尼等效 LC 网络，让 Q 等于 1 或更小。因此，从式（2.198）可写出

$$\pi\left(D'_0 \frac{S_a}{S_1} + \frac{1}{2} - D_0\right) = 1 \tag{2.199}$$

$$D'_0 \frac{S_a}{S_1} = \frac{1}{\pi} - \frac{1}{2} + D_0 \tag{2.200}$$

求解 S_a 得

$$S_a \geqslant \left(\frac{1}{\pi} - \frac{1}{2} + D_0\right)\frac{S_1}{D'_0} \tag{2.201}$$

式（2.201）能有助于确定所研究变换器的最佳斜率补偿。如果电路不工作于临界状态，而工作于稳定状态，则取截止斜率的 50%可以满足要求。

1990 年，Raymond Ridley 博士研究了基于 PWM 开关模型的电流模式模型[13]。然而，该研究基于 z 变换式的取样数据分析。Vorpérian 博士的研究结果与 Raymond Ridley 博士的结果完全一致。但品质因数 Q 的表达式与式（2.198）稍有不同：

$$Q = \frac{1}{\pi(m_c D'_0 - 0.5)} \tag{2.202}$$

式中

$$m_c = 1 + S_a/S_1 \tag{2.203}$$

当 $m_c = 1.5$ 时，补偿斜率为 50%。如果有

$$m_c = \frac{1/\pi + 0.5}{D'_0} \tag{2.204}$$

则 $Q=1$。上述等式中各符号的含义如下：

D_0（或 D_0'）表示稳态或直流占空比；

S_a 表示补偿斜率，在文献中也称为 S_e（下角标 e 代表外部的意思）；

S_1 和 S_2 分别表示导通和截止斜率，在其他地方或文献中也表示成 S_n 和 S_f。

存在品质因数意味着有峰值存在（频率在开关频率的一半处）。若这个峰值穿越 0 dB 轴（例如 Q 值很高），当反馈环闭合时（请参考有关反馈的章节），可能产生振荡。加入斜率补偿将会阻尼品质系数，因而可自然降低产生振荡的风险。

2.3.5　DCM 电流模式模型

再次重申，我们的目标是推导一个能在 CCM 和 DCM 两种模式之间自动触发转换的模型。Vorpérian 博士推导了 DCM 模型，但他从未发表这一结果。检查 Vorpérian 博士得到 CCM 模型的方法，我们成功地推导得到了 DCM 方法。很惊喜地发现，所得到的模型能从一个模式平滑地过渡到另一个模型。下面将对该模型进行分析。

与图 2.73 中所做的那样，我们想得到变换器工作于 DCM 条件下的端口 c 的平均电流表达式。DCM 模式下的信号波形如图 2.83 所示。注意到图中存在斜坡补偿，因为尽管工作于 DCM 模式，有些应用场合仍需要斜坡补偿。

我们需要求得 I_c 的分析表达式。$t=0$ 时，V_{err} 产生一个峰值电流设置点 V_{err}/R_i。然而，从 V_{err} 减去外部斜率补偿 S_a（单位为 V/s）使设置点减小。因此，实际峰值电流 I_{peak} 为

$$I_{peak}=\frac{V_{err}-d_1 T_{sw} S_a}{R_i} \qquad (2.205)$$

从峰值电流 I_{peak} 点开始，以截止斜率 S_2（单位为 A/s）下降，电感电流可以降至 I_c，即

$$I_c=\frac{V_{err}-d_1 T_{sw} S_a}{R_i}-\alpha d_2 T_{sw} S_2 \qquad (2.206)$$

下一步是确定 α 值，由图 2.84 可知，α 通过下式把 I_{peak} 和 I_c 联系起来，即

$$\alpha I_{peak}=I_{peak}-I_c \qquad (2.207)$$

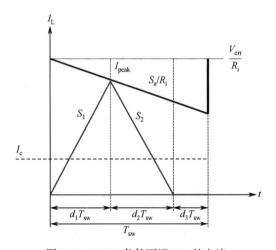

图 2.83　DCM 条件下端口 c 的电流

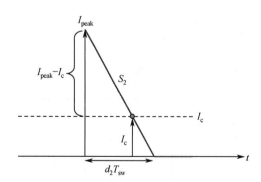

图 2.84　I_c 和 I_{peak} 的关系

I_c 可以通过对图 2.83 中 $d_1 T_{sw}$ 和 $d_2 T_{sw}$ 时间段的 I_L 所对应的三角形面积求和得到。考虑到 $d_3 T_{sw}$ 时间段的电流值为 0，有

$$I_c = \frac{I_{peak}d_1}{2} + \frac{I_{peak}d_2}{2} = \frac{I_{peak}(d_1+d_2)}{2} \qquad (2.208)$$

把 I_c 代入式（2.207），重新整理该式得

$$\alpha I_{peak} = I_{peak} - \frac{I_{peak}(d_1+d_2)}{2} \qquad (2.209)$$

式（2.209）两边除以 I_{peak} 得

$$\alpha = 1 - \frac{d_1+d_2}{2} \qquad (2.210)$$

应用上式，可以把式（2.206）修正为

$$I_c = \frac{V_{err}}{R_i} - \frac{d_1 T_{sw} S_a}{R_i} - d_2 T_{sw} S_2\left(1 - \frac{d_1+d_2}{2}\right) \qquad (2.211)$$

已知截止斜率 S_2 为 V_{cp}/L，得到最后的 I_c 表达式为

$$I_c = \frac{V_{err}}{R_i} - \frac{d_1 T_{sw} S_a}{R_i} - d_2 T_{sw}\frac{V_{cp}}{L}\left(1 - \frac{d_1+d_2}{2}\right) \qquad (2.212)$$

为更好地遵循 CCM 电流模式 PWM 开关模型原始定义，上式写为

$$I_c = \frac{V_{err}}{R_i} - I_\mu \qquad (2.213)$$

式中

$$I_\mu = \frac{d_1 T_{sw} S_a}{R_i} + d_2 T_{sw}\frac{V_{cp}}{L}\left(1 - \frac{d_1+d_2}{2}\right) \qquad (2.214)$$

注意，当 $d_2 = 1 - d_1$ 时，式（2.214）可简化为 CCM 式（2.173）。这就是 CCM-DCM 的触发效果。

2.3.6 推导占空比 d_1 和 d_2

从图 2.85 所示的波形可以推导得到其他所需的等式。从 DCM 电压模式模型，可知

$$V_{cp} = V_{ap}\frac{d_1}{d_1+d_2} \qquad (2.215)$$

或

$$\frac{V_{cp}}{V_{ap}}(d_1+d_2) = d_1 \qquad (2.216)$$

另外，当 $d_2 = 1 - d_1$ 时，上述等式简化成 $V_{cp}/V_{ap} = d_1$，这就是 CCM 式。

从式（2.216）求 d_1，得出

$$d_1 = \frac{d_2 V_{cp}}{V_{ap} - V_{cp}} \qquad (2.217)$$

从图 2.85 中可得

$$I_a = \frac{I_{peak}d_1}{2} \qquad (2.218)$$

从式（2.218）可以得到 $I_{peak} = 2 \times I_a/d_1$，把它代入式（2.208），得到 I_a 和 I_c 的关系为

$$I_c = \frac{2I_a}{d_1}\frac{d_1+d_2}{2} = I_a\frac{d_1+d_2}{d_1} \qquad (2.219)$$

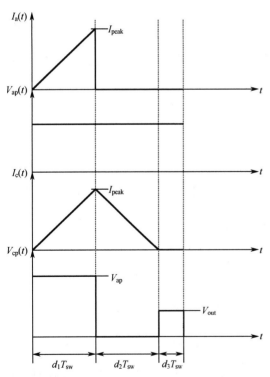

图 2.85 工作于 DCM 的 PWM 开关模型

$$I_a = I_c \frac{d_1}{d_1 + d_2} \tag{2.220}$$

另外，当 $d_2 = 1 - d_1$ 时，上式简化成 $I_a = I_c d_1$，这就是原始的 CCM 式。

2.3.7 构建 DCM 模型

现在可以根据图 2.86 来构建 DCM 模型，其中电流源的排列与原始 CCM 模型一致。

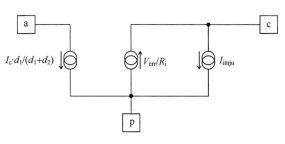

图 2.86 与原始 CCM 模型兼容的电流源排列

看上去几乎完成任务了。遗憾的是，我们还需要推导参数 d_2。d_2 可以通过观察图 2.85 来得到，推导过程中仍应用降压变换器结构。这有助于推导开关导通期间，定义峰值电流的第二个等式：

$$V_{ac} = L \frac{I_{peak}}{d_1 T_{sw}} \tag{2.221}$$

式中，电感平均电流为 0；V_{out} 为端口 c 的电压。

从式（2.208），可以得出

$$I_{peak} = \frac{2I_c}{d_1 + d_2} \tag{2.222}$$

从式（2.221）求 I_{peak}，使其等于式（2.222），得

$$\frac{2I_c}{d_1 + d_2} = \frac{V_{ac} d_1 T_{sw}}{L} \tag{2.223}$$

求解 d_2 可得

$$d_2 = \frac{2I_c L - V_{ac} d_1^2 T_{sw}}{V_{ac} d_1 T_{sw}} = \frac{2LF_{sw}}{d_1} \frac{I_c}{V_{ac}} - d_1 \tag{2.224}$$

这里 d_2 与电压模式情况相似，这不足为奇，因为工作点对应的占空比是类似的，它与工作模式（CM 或 VM）无关。我们已经完成了 DCM 模型的推导，只需写出包含两个钳位电路（如图 2.47 和图 2.48 所示）和谐振电容 C_s 的网表代码。正如在前文中多次强调的那样，不仅信号源的排列与 CC-PWM 开关模型看上去很像，而且当 d_2 达到上限时，即 $d_2 = 1 - d_1$ 时，上述等式因式简化为 d_1。这就是 CCM 工作条件。因此，模型会自动地在 CCM 和 DCM 之间触发转换。

在 DCM 中模型中，由式（2.224）可计算占空比 d_2。当该式的值为 $1 - d_1$ 时，模型工作于 CCM 条件。因此，内嵌式能检测模型处于哪种模式。

```
Bmode mode 0 V = (2*{L}*{Fs}*I(VM)/(V(dc)*V(a,cx)+1u)) - V(dc) <
+ 1-v(dc) ? 1 :0
IF (2*{L}*{Fs}*I(VM)/(V(dc)*V(a,cx)+1u)) - V(dc) is smaller than
1-V(dc)
THEN V(mode) equals 1 (we are in DCM)
ELSE V(mode) equals 0 (we are in CCM)
```

模型能自动在 CCM 和 DCM 之间转换，我们为什么还需要去检测工作模式呢？因为在 CCM 条件下存在电容 C_s，而在 DCM 条件下不存在 C_s 电容。内嵌式将为 CCM 条件下的 C_s 电容提供一个合适的值，而在 DCM 条件下将 C_s 电容的值减小为 0。

```
C1 c p C=V(mode) > 0.1 ? {4/((L)*(6.28*Fs)^2)} : 1p
Bmode mode 0 V= (2*{L}*{Fs}*I(VM)/(V(dc)*V(a,cx)+1u)) < 1 ? 0 : 1
; IsSpice syntax
```

在 PSpice 中，因为无法通过逻辑式来传递电容，实现检测有点复杂。因此，我们需要通过子

电路来创建一个电压控制的电容。在第 4 章中将会看到如何推导得到该电容值。

另外，可通过以下两种实现方法，使输出节点传送由模型计算的占空比。

IsSpice 网表

```
.SUBCKT PWMCM a c p vc dc {L=35u Fs=200k Ri=1 Se=100m}
*
* This subckt is a current-mode DCM-CCM model
*
.subckt limit d dc params: clampH=0.99 clampL=16m
*
Gd 0 dcx d 0 100u
Rdc dcx 0 10k
V1 clpn 0 {clampL}
V2 clpp 0 {clampH}
D1 clpn dcx dclamp
D2 dcx clpp dclamp
Bdc dc 0 V=V(dcx)
.model dclamp d n=0.01 rs=100m
.ENDS
*
.subckt limit2 d2nc d d2c
Gd 0 d2cx d2nc 0 100u
Rdc d2cx 0 10k
V1 clpn 0 7m
BV2 clpp 0 V=1-V(d)
D1 clpn d2cx dclamp
D2 d2cx clpp dclamp
B2c d2c 0 V=V(d2cx)
.model dclamp d n=0.01 rs=100m
.ENDS
*
Bdc dcx 0 V=v(d2)*v(cx,p)/(v(a,p)-v(cx,p)+1u)
Xdc dcx dc limit params: clampH=0.99 clampL=7m
Bd2 d2X 0 V=(2*I(VM)*{L}-v(a,c)*V(dc)^2*{1/Fs}) / ( v(a,c)* V(dc)*
+ {1/Fs}+1u )
Xd2 d2X dc d2 limit2
BIap a p I=(V(dc)/(V(dc)+V(d2)+1u))*I(VM)
BIpc p cx I=V(vc)/{Ri}
BImju cx p I= {Se}*V(dc)/({Ri}*{Fs}) + (v(cx,p)/{L})*V(d2)* {1/Fs}*
+(1-(V(dc)+V(d2))/2)
Rdum1 dc 0 1Meg
Rdum2 vc 0 1Meg
VM cx c
C1 cx p C=V(mode) > 0.1 ? {4/((L)*(6.28*Fs)^2)} : 1p
Bmode mode 0 V= (2*{L}*{Fs}*I(VM)/(V(dc)*V(a,cx)+1u)) < 1 ? 0 : 1
; connect or disconnects the resonating capacitor
*
.ENDS
```

PSpice 网表

```
.SUBCKT PWMCM a c p vc dc params: L=35u Fs=200k Ri=1 Se=100m
*
* auto toggling between DCM and CCM, current-mode
*
Edc dcx 0 value = { v(d2)*v(cx,p)/(v(a,p)-v(cx,p)+1u) }
Xdc dcx dc limit params: clampH=0.99 clampL=7m
Ed2 d2X 0 value = { (2*{L}*{Fs}*I(VM)/(V(dc)*V(a,cx)+1u)) - V(dc) }
Xd2 d2X dc d2 limit2
GIap a p value = { (V(dc)/(V(dc)+V(d2)+1u))*I(VM) }
GIpc p cx value = { V(vc)/{Ri} }
```

```
GImju cx p value = {{Se}*V(dc)/({Ri}*{Fs}) + (v(cx,p)/{L})*V
+ (d2)*{1/Fs}*(1-(V(dc)+V(d2))/2) }
Rdum1 dc 0 1Meg
Rdum2 vc 0 1Meg
VM cx c
XC1 cx p mode varicap      ; voltage-controlled capacitor
Emode mode 0 Value = { IF ((2*{L}*{Fs}*I(VM)/(V(dc)*V(a,cx)+1u))
  + < 1, 1p , √4/((L)*(6.28*Fs)^2)}) } ; connect or disconnects
the      resonating capacitor
*
.ENDS
********
.subckt limit d dc params: clampH=0.99 clampL=16m
Gd 0 dcx VALUE = { V(d)*100u }
Rdc dcx 0 10k
V1 clpn 0 {clampL}
V2 clpp 0 {clampH}
D1 clpn dcx dclamp
D2 dcx clpp dclamp
Edc dc 0 value={ V(dcx) }
.model dclamp d n=0.01 rs=100m
.ENDS
********
.subckt limit2 d2nc d d2c
*
Gd 0 d2cx d2nc 0 100u
Rdc d2cx 0 10k
V1 clpn 0 7m
E2 clpp 0 Value = { 1-V(d) }
D1 clpn d2cx dclamp
D2 d2cx clpp dclamp
Edc d2c 0 value={ V(d2cx) }
.model dclamp d n=0.01 rs=100m
.ENDS
********
.SUBCKT VARICAP 1 2 CTRL
R1 1 3 1u
VC 3 4
EBC 4 2 Value = { (1/v(ctrl))*v(int) }
GINT 0 INT Value = { I(VC) }
CINT INT 0 1
Rdum INT 0 10E10
.ENDS
********
```

需要为模型子电路提供几个参数,如电感值 L(单位为 H)、开关频率 F_s(单位为 Hz)、检测电阻 R_i(单位为 Ω)和外部斜坡补偿 S_e(单位为 V/s)。注意,由于 S_a 和 S_e 对应于同一个补偿斜率,故使用时不加区分。

2.3.8 模型测试

测试电流模式模型有许多途径。首先,可以将该模型的频率响应与已知的模型(如 Ridley 模型)的频率响应比对。然后,可以运行逐周仿真,检查负载阶跃响应。下面从交流分析开始讨论。

图 2.87 所示为连接成降压变换器结构的电流模式 PWM 开关模型。环路通过误差放大器在直流时闭合,但 L_{oL} 和 C_{oL} 网络在交流时开路。

同样的变换器可以应用 Ridley 模型进行仿真,但只能进行交流仿真。图 2.88 所示为应用取样数据描述的 DCM 模型。尽管不能计算直流值,但是可以在子电路中加一个信号源来手工计算占空比。由模型计算得到的直流点,与图 2.87 很相符。

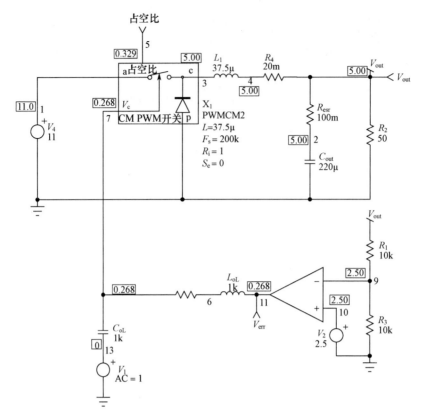

图 2.87 DCM 降压变换器 CC-PWM 开关模型的实现

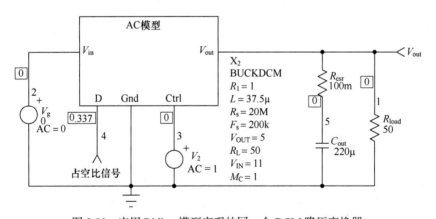

图 2.88 应用 Ridley 模型实现的同一个 DCM 降压变换器

图 2.89 所示为由两种模型产生的交流响应。增益曲线彼此一致，相位曲线在频谱的高频部分有微小的差别。

下一步，检查工作于电流模式 DCM 逐周降压变换器的负载瞬态响应。补偿平均模型如图 2.90 所示，它的输出会经历负载阶跃。由比较器和逻辑门组成的开关模型如图 2.91 所示，它的输出经历同样的瞬态负载变化。注意脉冲上升边沿消隐电路，它的作用是清除电流检测信息。在 DCM 下，当功率开关闭合，在漏极节点上的所有寄生电容突然放电。对应的电流尖峰能误触发电流检测比较器。LEB 定时器故意屏蔽比较器几百纳秒以便让比较器忽略电流尖峰。在 CCM 下，通常续流二极管的回复过程产生该尖峰，它也能误触发比较器。

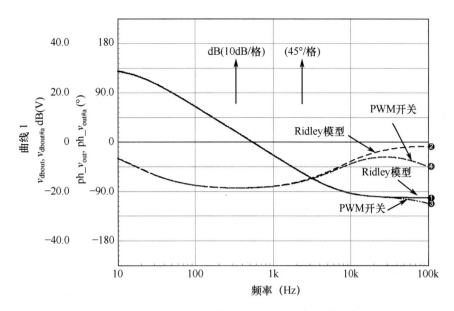

图 2.89　工作于 DCM 条件下的 Ridley 模型和 CC-PWM 开关模型的交流响应的比较

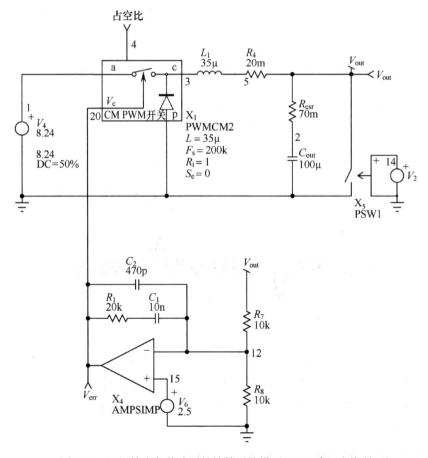

图 2.90　经历输出负载阶跃的补偿平均模型 DCM 降压变换器

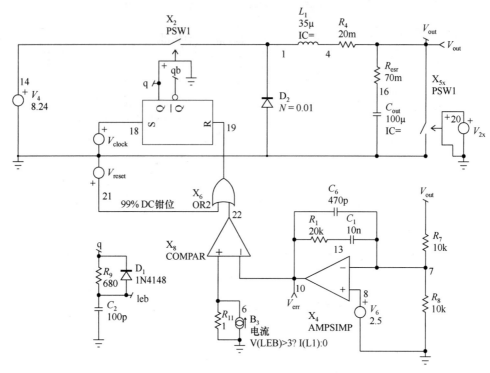

图 2.91 用于测试平均模型结果的逐周描述

图 2.92 所示为由两种模型产生的结果，可以看到两条曲线几乎完全相同，很好地证明了模型的合理性。

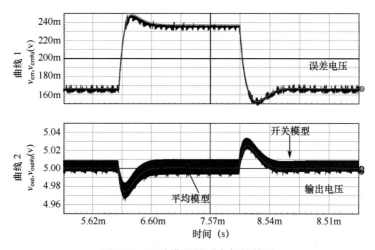

图 2.92 两种模型得到类似的结果

在比较模型仿真结果时，减少逐周模型中所有能影响重建理想降压变换器函数的元件的数量是很重要的。我们说"理想"，是因为到目前为止，平均模型不包括寄生元件效应，如 $R_{DS(on)}$ 或续流二极管正向压降 V_f。

2.3.9 DCM 降压变换器直流工作的不稳定性

在 DCM 条件下，升压和降压-升压变换器的电流模式是稳定的，无须进行斜率补偿。然而，很少有人知道工作于 DCM 条件下的降压变换器，当变换系数 M 超过 2/3 时，会表现出不稳定性。降压变换器小信号模型包含一个有极点的表达式，当 M 超过 2/3 时，表达式分母变负。文献[14]和文献[15]证明了这个有趣的结果，提出了为变换器提供一个小斜率补偿就能在整个占空比范围内（0～100%）使它稳定的结论。设计者必须为变换器注入斜率 S_a，其幅度应大于 $0.086S_2$。DCM模型可以预测这一奇怪行为。

图 2.93 画出了在不同输入电压下，电流模式控制的 DCM 降压变换器开环增益，因而包含不同的传输系数 M。图中能清楚地看到，当 M 接近或超过 2/3 时，相位突然反向。M 从 0.66 到 0.71，增益差接近 20 dB。如果电路中加入一点斜坡补偿，这一问题就消失了，如图 2.94 所示。

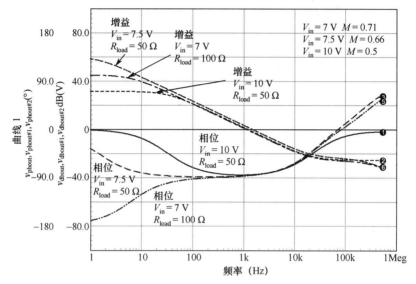

图 2.93　当 M 接近或超过 2/3 时，电流模式 DCM 降压变换器表现出不稳定性

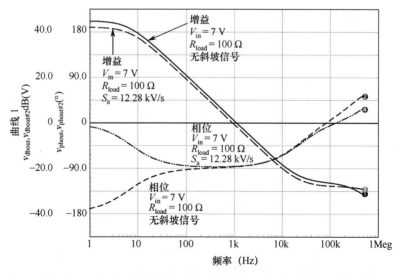

图 2.94　加入斜坡补偿能解决 M 超过 2/3 时降压变换器的不稳定性

2.3.10　CCM 条件下模型的检查

把图 2.87 所示电路排列成适合 CCM 工作条件，如图 2.95 所示，其开关频率可降低到 50 kHz。

降压变换器的临界载荷由第 1 章给出，即

$$R_{critical} = 2F_{sw}L\frac{V_{in}}{V_{in} - V_{out}} = \frac{2 \times 50k \times 37.5\mu \times 11}{11 - 5} = 6.87\Omega$$

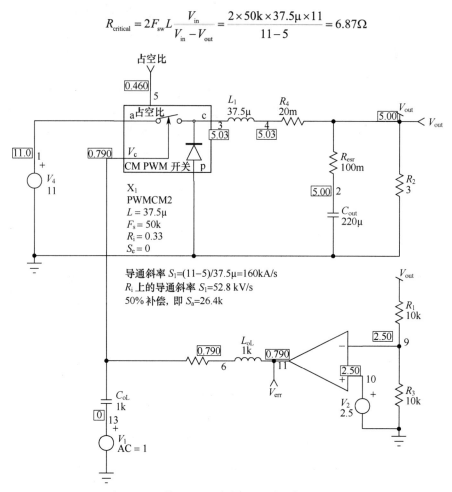

图 2.95　工作于 CCM 条件下的同一降压变换器

在这一特例中，包含了如下的模型变化：

当 $R_{load} < 6.87\ \Omega$ 时，电路工作于 CCM；当 $R_{load} > 6.87\ \Omega$ 时，电路工作于 DCM。

给定工作条件 $V_{in} = 11\ V$，$V_{out} = 5\ V$，$L = 37.5\ \mu H$，可通过导通斜率 S_1 计算斜坡补偿 S_a。然而，S_1 必须通过检测电阻 R_i 表示出来，即

$$S_1 = \frac{V_{in} - V_{out}}{L}R_i = \frac{11-5}{37.5\mu} \times 0.33 = 52.8\ kV/s \tag{2.225}$$

如果选择值为 50%，那么斜坡补偿幅度 S_a 为 26.4 kV/s。因此，为模型传递斜坡补偿参数的值为 26.4 kV/s。

用 Ridley CCM 模型实现的同一个降压变换器如图 2.96 所示。首先，对变换器不做任何补偿：$S_a = 0$，$m_c = 1$〔m_c 由式（2.203）定义〕。图 2.97 所示为 Ridley 和 CC-PWM 开关 DCM/CCM 两种模型的交流响应，可以看出它们完全一致。

现在，如果代入计算所得的斜坡补偿 $S_a = 26.4k$（即 50% 补偿）和 $m_c = 1.5$，新的结果如图 2.98 所示。再次看到两条曲线的一致性很好。

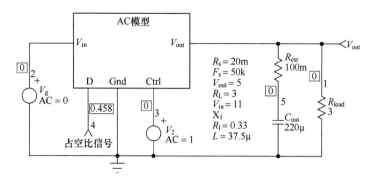

图 2.96　Ridley 模型计算得到的 CCM 条件下类似的占空比

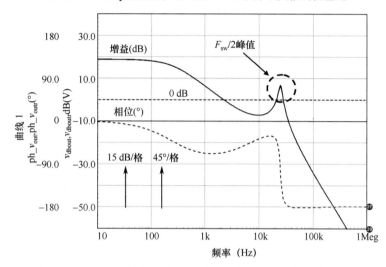

图 2.97　无补偿斜坡的情况下，两种模型预测到相同的交流响应

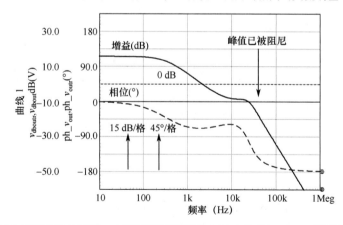

图 2.98　CC-PWM 开关模型，在导通期间补偿 50%时，具有与 Ridley 模型相同的响应

另外，测试得到 R_{load} 值在 6.5 Ω 和 7 Ω 之间变化时，模型中 B_{mode} 源能很好地被触发。

2.3.11　构建占空比信号

Vorpérian 博士从电路草图构建其电流模式电路模型，而不是利用其电压模式电路模型。该电流模式模型实际上是所见过的最简单形式。然而，如果将一个工作于电流模式的变换器和同样实现了电压模式控制的变换器相比，它们的功率级是相似的。在实验室实际制作也是如此。如果在示波器观察波形，例如漏源信号波形，大家就不能确定该波形是来自电流模式还是来自电压模式功率电源。两种工作方式的转换是由占空比米确定的。在电源模式下，占空比直接依赖于来自PWM功能块的误差电压。这是直接占空比控制。在电流模式变换器中，误差电压控制电感峰值电流，这是间接设置占空比。

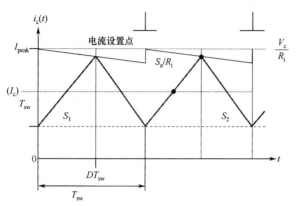

图 2.99 观察电感电流波形可以获取占空比的定义

为了检验这种表述，我们取一 CCM 电压模式功率级电路，如 CCM-PWM 开关模型。然后另外加一功能块来计算占空比，该计算可以基于外部信息，如电感峰值电流，误差电压，以及外部斜坡。为计算占空比，观察图 2.99 可以写出降压结构中流过端点 C 的平均电流方程：

$$I_c = \frac{V_c}{R_i} - \frac{S_a}{R_i}DT_{sw} - \frac{V_{ac}}{2L}DT_{sw} \qquad (2.226)$$

从上式可求得占空比表达式：

$$D = \frac{F_{sw}(V_c - R_i I_c)}{S_a + \frac{R_i V_{ac}}{2L}} \qquad (2.227)$$

该表达式是由内嵌表达式获取的，并用它来驱动输入的电压模式 CCM-PWM 开关模型，如同图 2.100 电路所输入的占空比那样。

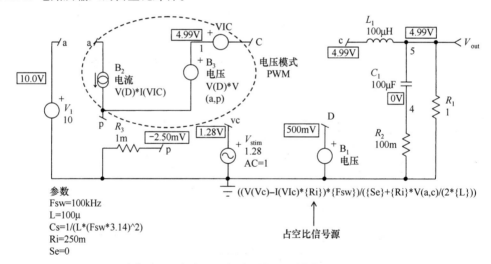

图 2.100 与占空比相关联的电压模式平均模型

交流扫描结果比较显示在图 2.101 中，图中可以看到低频交流响应与电流模式 CCM PWM 开关模型非常一致，但在高频区呈现发散，因为高频区没有次谐波峰。这是该方法的不足之处。尽管方法简单，但无法预测次谐波不稳定性。

当使用 DCM PWM 开关模型时仍然可以使用上述分析过程。电感电流形状的变化由图 2.102 确认，图中出现了死区时间。占空比通过如下不变性公式与平均电感电流相联系：

$$I_{peak} = \frac{V_{ac}}{L}DT_{sw} \qquad (2.228)$$

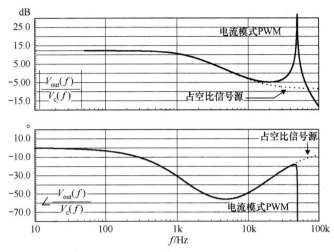

图 2.101 模型很好地预测了低频增益但无法显示次谐波不稳定性

另外，通过观察图 2.102 可以求得峰值电感电流表达式：

$$I_{peak} = \frac{V_c}{R_i} - \frac{S_a}{R_i}DT_{sw} \qquad (2.229)$$

让上述两个方程相等，求解 D 可给出：

$$D = \frac{F_{sw}V_c}{R_i} \frac{1}{(V_{ac}/L + S_a/R_i)} \qquad (2.230)$$

图 2.103 显示了 DCM 占空比产生方法(参看占空比信号 BN，BN 用来计算"匝数"比)，该图在非连续导通模式结构中使用电压模式 PWM 开关模型。把本电路的交流响应与 Ridley 和 CoPEC 的 DCM 模型交流响应比较，发现波形彼此很好重叠。

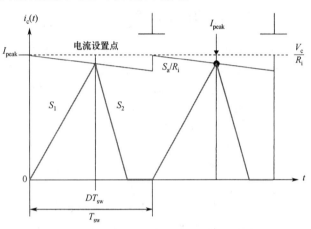

图 2.102 在 DCM 中，出现了第三个时间段，此时两个开关都阻断

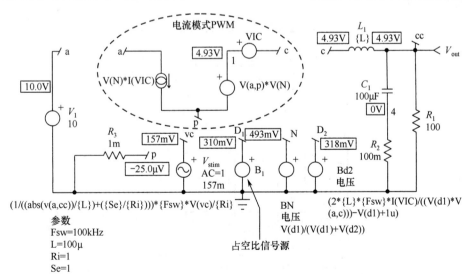

图 2.103 本测试电路用来测试 DCM 电流模式模型

图 2.104 显示了由不同模型产生的交流响应与使用构建占空比信号电路产生的交流响应相同。

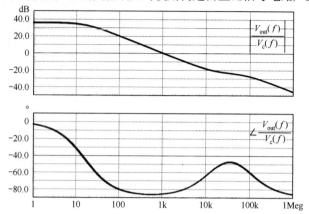

图 2.104 由不同模型产生的交流响应与使用构建占空比信号电路产生的交流响应相同

2.4 PWM 开关模型——寄生元件效应

在电流模式或电压模式驱动 PWM 开关模型时,可把 V_{ap} 电压视为平坦的直流电压。实际上,这一说法是不对的,V_{ap} 电压与模型的结构有关。通常直流输入电压会通过一个 LC 滤波器,其中输出电容 C 包含一个等效串联电阻(ESR),例如,对于降压变换器的情况。在升压变换器结构中,V_{ap} 直接代表输出电压,其载荷元件为负载和输出电容,也受 ESR 影响。这就产生了一个脉动电压,引入了叠加在 V_{ap} 上的纹波电压。

在以上两种情况下,V_{ap} 电压都受一个电压降落的影响,因此以前的等式需要做一些修改。为了理解这一现象是如何发生的,我们来看看三个基本的结构及其波形。这些波形如图 2.105 至图 2.107 所示,其中纹波幅度依赖于阻值 R_e,R_e 值随所研究的拓扑结构的变化而变化。

注意:在升压变换器结构中,所有变量中都有负号。这是由特殊的开关排列引起的,PWM 开关模型中的符号应保持一致。这不仅对 I_c 是正确的,I_c 的方向从原始模型中流出(在升压变换器模型中以 I_c 的方向流入),而且对 I_a 也是正确的,I_a 的方向通常流入模型中(在升压变换器模型中以 I_a 的方向流出)。

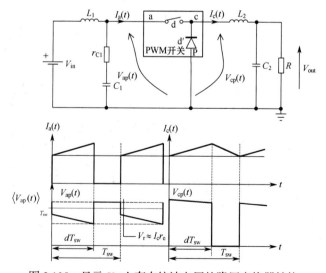

图 2.105 显示 V_{ap} 上存在纹波电压的降压变换器结构

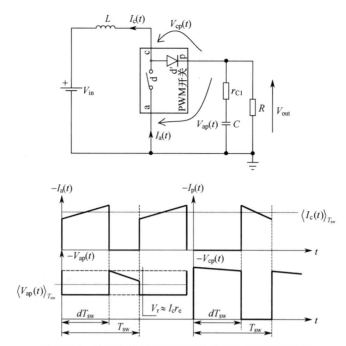

图 2.106 升压变换器 PWM 开关模型中的输出端纹波

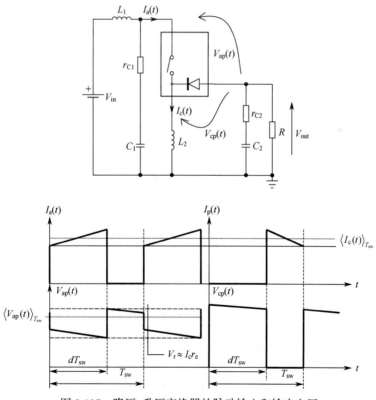

图 2.107 降压–升压变换器的脉动输入和输出电压

为确定电阻 r_e 的值，让模型工作于高频区，在此区域纹波占有主要地位。因此，把所有电容短路，所有电感开路，则可以求得阻值。下面是需要为修改后模型提供的数值：

- 降压变换器：$r_e = r_{c1}$
- 升压变换器：$r_e = r_{c1} /\!/ R$
- 降压-升压变换器：$r_e = r_{c1} + r_{c2} /\!/ R$

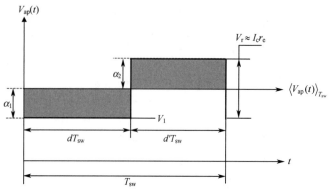

图 2.108　忽略电压降落有助于推导 V_1 的值

如果忽略 $v_{ap}(t)$ 信号上存在的很小的下降（非水平平台），重画波形将有助于求得纹波值（如图 2.108 所示）。这里需要推导得到导通期间的 V_{ap}。首先，在稳态时，可以观察到信号集中在 V_{ap}，因此，高于 V_{ap} 和低于 V_{ap} 的面积相等。如果把第一个下降电压称为 α_1，而第二个增加的电压称为 α_2，则可以写出如下关系式：

$$\alpha_1 + \alpha_2 = V_r \tag{2.231}$$

按照等面积关系，有

$$dT_{sw}\alpha_1 = d'T_{sw}\alpha_2 \tag{2.232}$$

我们要求的是在开关导通期间或 dT_{sw} 时的 $v_{ap}(t)$。稍观察一下图 2.108，就可以得到

$$V_1 = V_{ap} - \alpha_1 \tag{2.233}$$

从式（2.231）求出 α_2，并把它代入式（2.232），得

$$dT_{sw}\alpha_1 = d'T_{sw}(V_r - \alpha_1) \tag{2.234}$$

$$\alpha_1 = d'V_r \tag{2.235}$$

因此，式（2.233）可写为

$$V_1 = V_{ap} - d'V_r = V_{ap} - d'I_c r_e \tag{2.236}$$

若回顾 V_{ap} 和 V_{cp} 之间的不变关系 [见式（2.28）和式（2.67）]，把 V_{ap} 代入式（2.236）可得

$$V_{cp} = dV_1 = d(V_{ap} - d'I_c r_e) = dV_{ap} - dd'I_c r_e \tag{2.237}$$

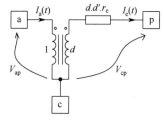

图 2.109　具有 ESR 相关寄生效应的修正大信号模型

I_a 和 I_c 之间的关系不变，仍为 $I_a = dI_c$。因此，式（2.237）中的寄生项（实际上是电压降落）可简单地用与大信号 PWM 开关端口 c 串联的电阻来建模。修改后具有该串联电阻的模型如图 2.109 所示。r_e 值的确定依赖于上面强调的拓扑结构。当用大信号模型来画开环波特图时，寄生效应通常被认为是二阶的。因此，为简化起见，该效应只体现在 CCM-PWM 开关中，而不体现在自触发子电路中。

2.4.1　可变电阻

如图 2.109 所示，现在插入一个电阻，其值不仅与固定参数有关，而且与 d 和 d' 有关。需要创建一个模仿电阻的子电路，其值受 d 与 d' 之积调节。该模型可由图 2.110 来实现。如图 2.110 所示，无源电阻的等效模型只由电流源 I 构成，电流源 I 的值等于电阻压降除以电阻值，即

$$I = \frac{V(1,2)}{R} \tag{2.238}$$

通过控制节点传递电压 V，可模仿值为 $V\,\Omega$ 的电阻。网表

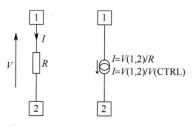

图 2.110　由电流源组成的受控电阻

很简单，举例如下：

IsSpice
```
.subckt VARIRES 1 2 CTRL
R1 1 2 1E10
B1 1 2 I=V(1,2)/(V(CTRL)+1u)
.ENDS
```
PSpice
```
.subckt VARIRES 1 2 CTRL
R1 1 2 1E10
G1 1 2 Value = {V(1,2)/(V(CTRL)+1u)}
.ENDS
```

在电流源表达式中，1μ 的值是为避免在极端控制条件下，被 0 除而产生溢出现象。若 $V(\text{CTRL})$ 等于 $100\,kV$，那么等效电阻为 $100\,k\Omega$。现在回到电压模式 CCM 网表，用几行语句来修改模型：

```
Bdum 100 0 V= V(dc)*(1-V(dc))*{re}

*
.subckt Re 1 2 3
R1 1 2 1E10
B1 1 2 I=V(1,2)/(V(3)+1u)
.ENDS
*
```

其中插入的源 B_{dum} 与端口 c 串联。请注意 $d' = 1 - d$ 只在 CCM 时有效。

2.4.2 电压模式下的欧姆损耗和压降

在前面所述的电压模式模型中，我们把导通开关（SW 和二极管 D）的压降视为 0。实际上，MOSFET 的 $R_{\text{DS(on)}}$ 或双极型晶体管的 $V_{\text{ce(sat)}}$，与二极管压降 V_f 一样，对电路的最终效率起作用。模型中包含这些效应是理所当然的。回顾图 2.27，当 I_c 流过开关时，功率开关在导通期间两端出现压降。在截止期间，I_c 流过二极管并在其两端产生压降。流经 SW 和二极管的平均电流可定义为

$$\langle i_{\text{sw}}(t)\rangle_{T_{\text{sw}}} = dI_c \tag{2.239}$$

$$\langle i_d(t)\rangle_{T_{\text{sw}}} = (1-d)I_c \tag{2.240}$$

因此，可以想象一个电流源通过为电阻提供偏置电流（或直接选择 MOSFET），来为 SW 提供合适的压降（如图 2.111 所示）。

对于二极管，也可得到与图 2.112 所示一样的结果，其中压降称为 V_{DIO}。这两个电压后面将分别用 d 和 d' 加权。现在可以修正图 2.28，使其包括这两个压降（如图 2.113 所示）。

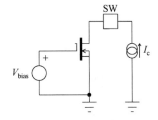

图 2.111　MOSFET 压降的产生

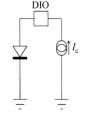

图 2.112　用于二极管的同一电路结构

结果，式（2.67）也需要进行修正，最终的平均值变为

$$V_{\text{cp}} = d(V_{\text{ap}} - V_{\text{sw}}) - d'V_{\text{DIO}} \tag{2.241}$$

重新整理上述等式，得到

$$V_{\text{cp}} = dV_{\text{ap}} - (dV_{\text{sw}} + d'V_{\text{DIO}}) \tag{2.242}$$

上式中的第二项可以表示一个始终与原始端口 c 电压相减的独立电压源。因此，由于输入和输出电流之间的关系保持不变，可以在图 2.30 所示的原始模型中增加式（2.242）。

图 2.114 描述了包含不同压降下的 CCM 大信号模型。为使电路能在 DCM 下触发工作，需要将计算所得的 d_2 值用 d' 代替，实际上该值在 CCM 条件下被钳位在 $1-d$。

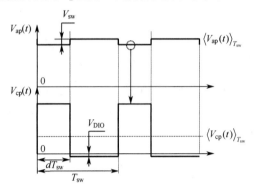

图 2.113 输入电压通过开关元件产生的压降以及开关截止时二极管的正向压降

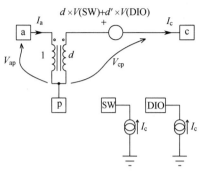

图 2.114 用串联的电压源来表示由功率开关和续流二极管产生的压降

为了测试这个具有损耗的模型，我们把它插入包含 MOSFET 和肖特基二极管的降压变换器电路中，如图 2.115 所示。对该电路进行直流分析，可以揭示变换系数，从而可解释损耗器件的存在。

$$\frac{V_{\text{out}}}{V_{\text{in}}} = D\left[\frac{1}{1+\dfrac{R_{\text{ds(on)}}}{R}D+\dfrac{r_{\text{Lf}}}{R}-\dfrac{V_{\text{f}}}{V_{\text{out}}}D'}\right] \quad (2.243)$$

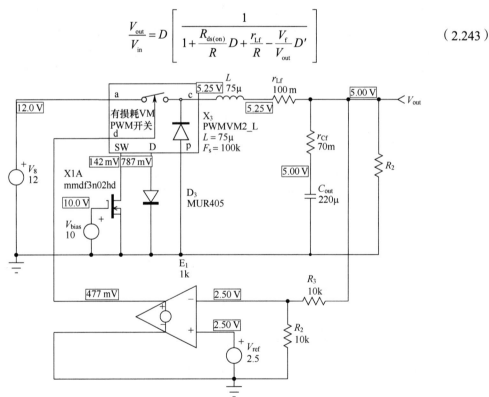

图 2.115 模型中插入了功率 MOSFET 和二极管等包含压降的元件

从图中看到，每个元件都按它们在电路中存在的时间进行加权：二极管的存在时间为功率开关截止时间，而 MOSFET 的存在时间为功率开关导通时间。由于二极管和 MOSFET 都与公共端 c 相连，在两种情况下都出现电阻性电感损耗。如果从式（2.243）求占空比表达式，则得到

$$D = \frac{\dfrac{R + r_{\mathrm{Lf}}}{R}V_{\mathrm{out}} - V_{\mathrm{f}}}{V_{\mathrm{in}} - V_{\mathrm{f}} - \dfrac{R_{\mathrm{ds(on)}}V_{\mathrm{out}}}{R}} \qquad (2.244)$$

从图 2.115 测量得到，$R_{\mathrm{DS(on)}}$ 为 56 mΩ，压降为 −787 mV。将这些值代入式（2.244），得到 D = 0.477，与误差放大器输出完全一致。

2.4.3　电流模式下的欧姆损耗和压降

在电流模式下，与 2.4.2 节中讨论的电压模式情况实际上并没有不同。MOSFET 和续流二极管仍有压降存在。式（2.242）中的寄生源保持不变，而且仍与端口串联。修正后的模型如图 2.116 所示。注意，在这种情况下，占空比计算对应于原始端口 c（图中为 c′），而不是与电感相连的端点。否则，电压源的电压降落在模型中不会引起任何变化。

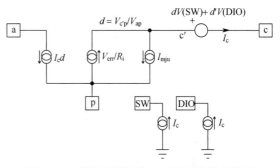

图 2.116　用导通损耗修正后的电流模式模型

请注意，图中标注与电压模式情况一样，因子 d' 变为计算得到的 d_2 值，它由式（2.224）（CM 情况）和式（2.115）（VM 情况）给出。

2.4.4　在电流模式下测试损耗模型

为测试该方法的有效性，我们分别画出了在 CCM 和 DCM 两种条件下工作于电流模式的降压变换器。对负载阶跃测试做稍稍改变，让输入源突然作用到变换器，可以对启动过程进行仿真分析。非线性 PWM 开关模型能很好地适应于大偏移量情况下的瞬态仿真。然而，由于数字求解器在仿真过程中负担过重，会产生非收敛现象。当发生收敛错误时，可以调用 ITL1 和 ITL4 选项。如果仿真器在求解直流工作点时失败，可将 ITL1 选项增加到 1000；ITL4 选项在 IsSpice 软件中可增加到 1000，在 PSpice 软件中可增加到 100，以便允许存在更多的计算错误点。

图 2.117 所示为所选择的降压变换器。由于电路工作于 CCM 条件下的第一种情况，需要斜坡补偿。为简化起见，作用在电流检测信息上的下坡斜率 S_2 为 50%：

$$S_2 = \frac{V_{\mathrm{out}}}{L} = \frac{5}{75} = 66\mathrm{mA/\mu s} \qquad (2.245)$$

$$50\% S_2 = 33\mathrm{mA/\mu s}，或 33\mathrm{mV/\mu s}，此时 R_{\mathrm{sense}} = 1\Omega \qquad (2.246)$$

斜坡补偿和电流检测信息通过加法器子电路组合在一起，它们受 K_1 和 K_2 两个系数影响。当 K_2 传送电感电流，其值为 1；如果想要满足式（2.246），K_2 必须为 33 mV/μs。图 2.117 中 V_{ramp} 源在 10 μs 时间周期内传送 2 V 的峰值电压。因此，V_{ramp} 的斜率为 200 mV/μs。为满足式（2.246），K_1 必须等于 0.165。

平均损耗模型如图 2.118 所示。所传送参数与图 2.117 的工作参数一致：开关频率为 100 kHz，电感值为 75 μH，检测电阻值为 1 Ω，斜坡补偿为 33 kV/s。MOSFET 导通电阻用 200 mΩ 固定电阻代替。仿真结果如图 2.119 所示，曲线之间呈现了极好的一致性。测量得如图 2.117 所示电路的占空比为 81%，其中有损耗的平均模型产生的占空比为 82.4%。如果用无损耗模型代替有损耗的平均模型，计算所得占空比与实际电路占空比之间的误差将超过 10%。

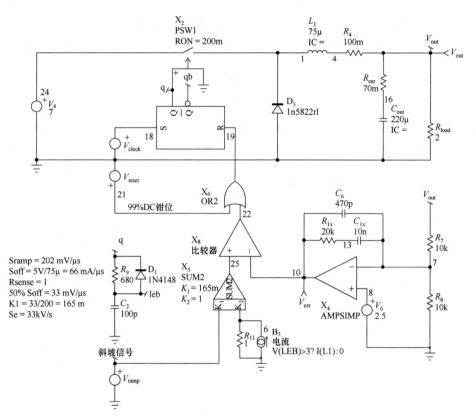

图 2.117 用于测试的逐周电流模式 CCM 降压变换器

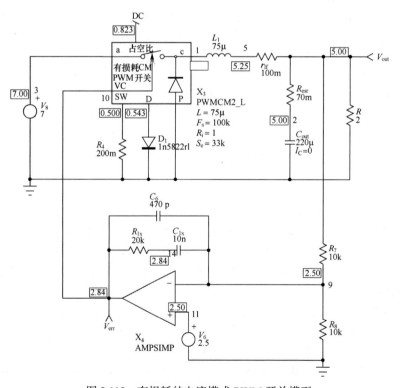

图 2.118 有损耗的电流模式 PWM 开关模型

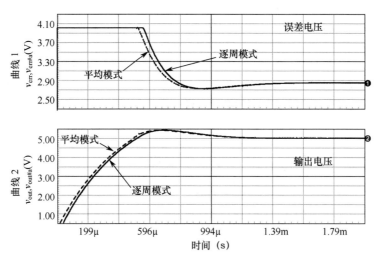

图 2.119 CCM 条件下启动阶段逐周信号和平均信号的比较

把负载电阻增加到 50 Ω，对电路在 DCM 下进行仿真。图 2.120 所示为仿真结果并肯定了模型的有效性。电流设置点（误差电压除以检测电阻）在两种方法中完全一致。

这些带有损耗的模型是否已经很精确了呢？不是的，因为晶体管的功率损耗、电阻性导通损耗（MOSFET）在这种情况下依赖于电流的有效值而不是平均电流值。然而，当二极管的损耗依赖于它的正向压降及平均电流（忽略动态电阻）时，有损耗模型得到的结果的误差在可接受的范围内。因此，在低纹波假设条件下，平均值和有效值之间的差别就变得不重要了。

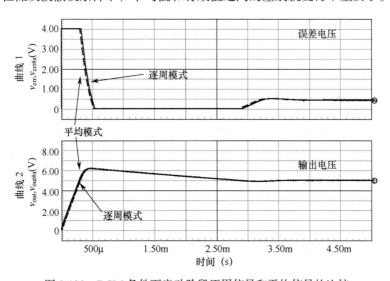

图 2.120 DCM 条件下启动阶段逐周信号和平均信号的比较

2.4.5 电流模式（CM）模型的收敛问题

不论有损耗的还是无损耗的，电流模式模型都包含谐振电容，且该电容只在 CCM 工作条件下起作用。这个电容会在 DCM 工作条件下消失，因为在这种模式下不存在次谐波振荡，是否连接该电容取决于内嵌式。对该模型做动态测试，在 IsSpice 模型中用 B_{mode}，在 PSpice 模型中用 E_{mode}。当运行 ac 仿真时，该电容的存在不会带来任何干扰，因为在整个运行过程中工作点保持恒定。选择工作于 CCM 还是 DCM 的决定是在直流偏置点计算时给出的，并不再变化。在该交流电路结构中，该模型已被证明是稳定的。在瞬态情况下，需要用平均自触发 CM 模型，模式的转换发生在仿真过程中（如阶跃负载从轻到重的过程中）。这样很可能会引起非收敛问题，因为谐振电容的接通或断开会产生不连续性。解决这一问题的方案是在 CS（IsSpice）或 CX1（PSpice）之前插入 "*" 字符。如果瞬态仿真不含模式变换，那么谐振电容可放在电路中。在 CADENCE 电路图中，没有连接谐振电容的模型是 PWMCMX。当在电流模式下需要运行瞬态仿真时，可以应用该模型。

2.5 在边界导通模式下的 PWM 模型

边界导通模式（BCM），又称为临界导通模式，有很多优点。通过在功率开关再次导通之前，检测电感复位（即电感电流为 0）的时刻，可以实现具有以下优点的变换器：

- 电路不会进入 CCM 模式，因此设计者不会受反向恢复效应的困扰，即使在短路或启动阶段也是如此。
- 当电路处于 DCM 状态时，仍是一阶系统，能容易地实现闭合反馈环的设计。
- 如果在功率开关导通之前存在小的延迟，晶体管能利用漏源之间的正弦波振荡将漏源电压带入零电压附近，使晶体管工作于零电压开关（ZVS）条件。这一技术经常在反激式变换器和功率因数校正（PFC）电路中使用。

然而，边界导通模式的缺点在于，频率的变化依赖于电源和负载条件。假设边界导通模式电路结构很受欢迎，我们将推导工作于 BCM 条件下的 PWM 开关模型。

2.5.1 电压模式下的边界导通模式

边界导通模式变换器工作时没有内部时钟。开关频率自然依赖于外部输入/输出条件，来迫使变换器工作于 CCM 和 DCM 边界。开关过程如下。

（1）内部信号使控制器开始工作：功率开关闭合。

（2）在电压模式，电流斜向上增加直到 PWM 调制器让开关断开；在电流模式，当峰值电流达到设置点时，开关断开。

（3）电感电流保持流通（或反激式变换器延伸到次级线圈）并以恒定斜率减小。

（4）当电流为 0 时，电感线圈复位。控制器检测这种状态并再次闭合功率开关。回到第一步，进入下一周期。

电压模式 BCM 控制器的内部结构如图 2.121 所示。由反馈环驱动的误差电压 V_{err} 一直与锯齿波比较，并且当功率开关驱动信号为低电平时，锁存器复位。因此，反馈电压幅度由导通时间决定，当功率开关驱动信号为高电平时，电容充电。当电容两端的电压与 V_{err} 相等时，锁存器接到复位信号，驱动信号变低电平。线圈电流通过续流作用开始下降。按照楞次定律，当电流为 0（$d\varphi = 0$）时，电阻 R_{limit} 右端的电压变为 0。只要该电压低于 65 mV 阈值（这只是工业标准，也可为 0），复位检测器变高电平，开始下一个新的周期。

应用这一工作原理的变换器经常用于所谓的准谐振（QR）拓扑，又称为准方波拓扑。这些拓扑广泛应用于反激式变换器和 PFC 升压结构中。电感和寄生电容构成了 LC 振铃网络，在开关断开时，会产生振铃，设计者经常在功率开关再次闭合之前插入一个小的延迟。这样，如果延迟设置值合适，开关刚好在漏源信号最小时闭合。这就是所谓的谷点导通工作。由升压变换器得到的典型工作信号如图 2.122 所示。图中可以清楚地看到在复位检测器之前插入了小延迟，确保电路处于谷点导通工作。

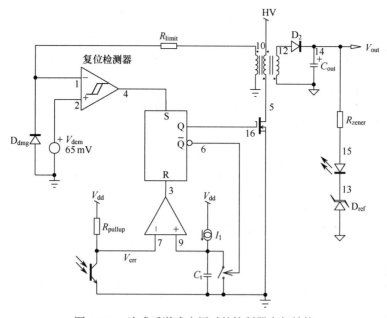

图 2.121　连成反激式应用时的控制器内部结构

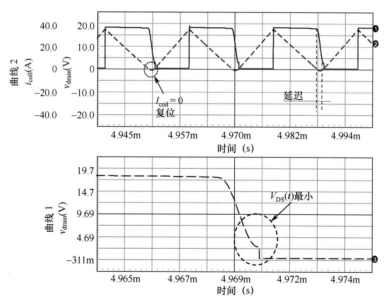

图 2.122　等待漏源信号达到最小将有助于降低电容损耗

　　请注意，要推导的模型将不考虑该死区时间，只要适当地调节该时间就可以使电路处于零电压开关工作状态。通常推导过程需要为 BCM PWM 开关模型的相关波形写出平均式。这些波形如图 2.123 所示。很快发现这些波形与工作于 CCM、交流幅度（电流纹波）达最大值时的电压模式 PWM 开关波形一样。因此，可以再用图 2.30 描述的同样方法，区别在于输入信号。不直接推导占空比，先推导导通时间 t_{on}，然后进一步通过 BCM 模型把它转换为占空比。推导等式如下：

$$I_c = I_{peak}/2 \tag{2.247}$$

$$d_2 T_{sw} = t_{off} = \frac{L}{V_{cp}} I_{peak} \tag{2.248}$$

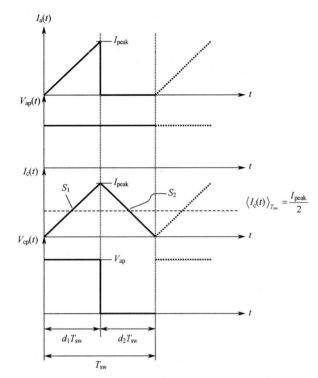

图 2.123 BCM 波形与 CCM 电压模式一样

从式（2.247）求 I_{peak} 并代入式（2.248），得到 t_{off} 的计算式：

$$t_{off} = \frac{2LI_c}{V_{cp}} \quad (2.249)$$

如果把导通时间 t_{on} 作为模型输入，很容易构成占空比，已知电路工作于 BCM，则有

$$t_{on} + t_{off} = T_{sw} \quad (2.250)$$

所以，占空比可写为

$$d_1 = \frac{t_{on}}{T_{sw}} = \frac{t_{on}}{t_{on} + t_{off}} \quad (2.251)$$

模型包含一个依赖于控制输入、导通时间的截止时间发生器。然而，我们不想用微伏电平作为控制电压（10 μs 建模成为 10 μV）。因此，将使用 10^6 的比例因子，以便得到 1 V = 1 μs。一旦截止发生器被钳位，就一切都就绪了。

该模型包含几个关键的输出信号：

- 峰值电流 I_p，通过公式 $I_{peak} = \frac{V_{ac}t_{on}}{L}$ 计算得到，其中 t_{on} 为控制电压；

- 占空比为 $d = \frac{t_{on}}{t_{on} + t_{off}}$，其中 t_{on} 和 t_{off} 都通过式（2.248）求得；

- 最后，开关频率 F_{sw} 为 t_{on} 和 t_{off} 之和的倒数。

该模型只接收一个参数，即电感值，其 IsSpice 和 PSpice 实现描述如下。

IsSpice 网表：

```
.SUBCKT PWMBCMVM a c p vc dc fsw ip {L=1.2m}
*
* This subckt is a voltage-mode BCM model
* -> 1V for vc = 1us for ton
*
.subckt limit d dc params: clampH=0.99 clampL=16m
Gd 0 dcx d 0 100u
Rdc dcx 0 10k
V1 clpn 0 {clampL}
V2 clpp 0 {clampH}
D1 clpn dcx dclamp
D2 dcx clpp dclamp
Bdc dc 0 V=V(dcx)
.model dclamp d n=0.01 rs=100m
.ENDS
*
Bdc dcx 0 V = V(vc)*1u/(V(vc)*1u + V(toff))
Xd dcx dc limit params: clampH=0.99 clampL=16m
BVcp 6 p V=V(dc)*V(a,p)
BIap a p I=V(dc)*I(VM)
Btoff toff 0 V = 2*I(VM)*{L}/V(c,p) < 0 ? 0 :
+ 2*I(VM)*{L}/V(c,p)
Bfsw fsw 0 V =  (1/(V(vc)*1u + V(toff)))/1k
Bip ip 0 V=abs(V(a,c)*V(vc)*1u)/{L}
VM 6 c
*
.ENDS
```

PSpice 网表:

```
.SUBCKT PWMBCMVM a c p vc dc fsw ip params: L=1.2m
* Borderline Conduction Mode, voltage-mode
* → 1V for vc = 1us for ton
EBdc dcx 0 Value = { V(vc)*1u/(V(vc)*1u + V(toff)) }
Xd dcx dc limit params: clampH=0.99 clampL=16m
EBVcp 6 p Value = { V(dc)*V(a,p) }
GBIap a p Value = { V(dc)*I(VM) }
EBtoff toff 0 Value = { IF ( 2*I(VM)*{L}/V(c,p) < 0, 0,
+ 2*I(VM)*{L}/V(c,p) ) }
EBfsw fsw 0 Value = { (1/(V(vc)*1u + V(toff)))/1k }
EBip ip 0 Value = { abs(V(a,c)*V(vc)*1u)/{L} }
VM 6 c 、
*
.ENDS
.subckt limit d dc params: clampH=0.99 clampL=16m
Gd 0 dcx VALUE = { V(d)*100u }
Rdc dcx 0 10k
V1 clpn 0 {clampL}
V2 clpp 0 {clampH}
D1 clpn dcx dclamp
D2 dcx clpp dclamp
Edc dc 0 value={ V(dcx) }
.model dclamp d n=0.01 rs=100m
.ENDS
```

2.5.2　电压模式 BCM 模型测试

为测试该模型,应首先画出工作于电压模式的升压变换器电路。为方便构建控制电路,这里使用通用的自由振荡准谐振控制器,即工作于电流模式。这里没有理由不使用电流模式控制器,因为在电流检测输入连接斜坡电压,就构成了电压模式控制器,也就可以工作于电压模式。本节采用的控制电路如图 2.124 所示。锯齿波发生器由电流源(I_1)和电容(C_1)组成。产生 t_{on} 的控制方程相当简单,表示为

$$t_{on} = \frac{V_{err} C_t}{I_1} \tag{2.252}$$

该模型中,从引脚 2 得到的反馈电压,模型内部已经被 3 除,并被钳在最大值 $V_{err} = 1\ \text{V}$。因此,在 $C_1 = 4.7\ \text{nF}$ 和 $I_1 = 100\ \mu\text{A}$ 时,对应的最大导通时间为

$$\frac{1 \times 4.7\text{n}}{100\mu} = 47\ \mu\text{s} \tag{2.253}$$

运行图 2.124 所示的电路后,在输入电压为 10 V、输出电压为 17.2 V 时,可以得到静态值如下:

- 开关频率为 15.6 kHz;
- 峰值电流为 12.8 A;
- 占空比为 45%。

为检查模型的合理性,所采用电路的结构如图 2.125 所示。该电路很好地复制了图 2.124 的结构,只是没有包括开关和二极管损耗,因此在工作点上有微小差别,其工作点参数如下:

- 开关频率为 16 kHz;
- 峰值电流为 12 A;
- 占空比为 42.5%。

如果电路中包含了如前面章节中描述的附加损耗,那么以上两电路的静态值将会彼此非

常接近。现在可以做负载阶跃,并对逐周和平均模型两种情况下的输出进行比较。这个测试能快速地揭示任何模型的错误和不正确的情况。图 2.126 表明两种方法所得的结果一致性很好,并肯定了这一技术的有效性。对准谐振变换器的交流研究将在后面讨论不同模型技术的一节中进行。

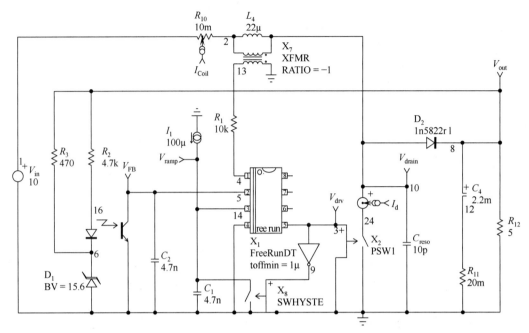

图 2.124　在电流检测输入端增加斜坡信号,电流模式控制器就转变成为电压模式电路

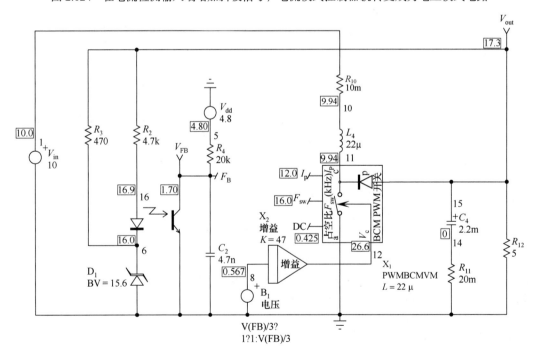

图 2.125　能正常工作的平均模型

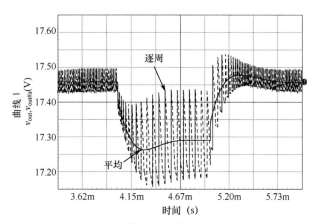

图 2.126 平均模型和开关模型的输出结果

2.5.3 电流模式下的边界导通模式

电流模式推导将遵循与电压模式推导时完全一样的步骤。BCM 电流模式控制器内部结构如图 2.127 所示。由控制电压产生的电感峰值电流是本节关心的问题。电阻 R_{sense} 把流过电感的电流变成电压信息。电感电流的最大变化依赖于电流检测比较器反向输入端的最大误差电压。对大多数控制器而言，电阻 R_{sense} 上的电压等于 1 V。

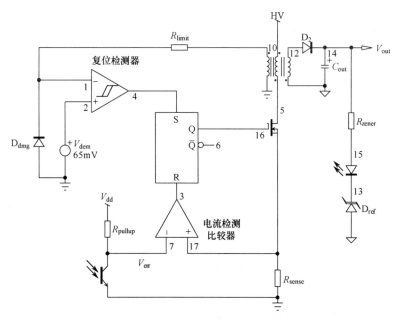

图 2.127 BCM 电流模式控制器内部电路

对于平均模型，图 2.123 所示的波形仍然成立。因为只观察静态波形，无法知道控制模式的类型（VM 或 CM）。但要注意的是，在 BCM（无死区时间）条件下，电感平均电流总是等于峰值的一半，即

$$\langle i_c(t) \rangle_{T_{sw}} = I_c = \frac{I_{peak}}{2} \tag{2.254}$$

因为这里将峰值电流而不是 t_{on} 作为输入设置点，故可以写出经典的电流模式方程为

$$I_{peak} = V_{err} / R_i \tag{2.255}$$

式中，R_i 为检测电阻；V_{err} 为由反馈环带来的控制电压。

按照原来的 CCM 方法，I_c 与电感电流下行斜率在中点相交［见式（2.254）］，因此 I_c 的平均值可从下式求得：

$$I_c = \frac{V_{err}}{R_i} - d_2 T_{sw} \frac{V_{cp}}{2L} = \frac{V_{err}}{R_i} - V_{cp}(1-d_1)\frac{T_{sw}}{2L} \tag{2.256}$$

根据图 2.123 可以求得 I_a 和 I_c 的关系：

$$I_a = \frac{I_{peak}d_1}{2} \tag{2.257}$$

$$I_c = \frac{I_{peak}(d_1 + d_2)}{2} \tag{2.258}$$

在真正的 BCM（没有任何延迟）情况下，与 CCM 一样 $d_1 + d_2 = 1$。如果把从式（2.257）得到的 I_{peak} 代入式（2.258），并用 d_2 代替 $1-d_1$，可得到与 CCM 情况相同的 I_a 和 I_c 关系：

$$I_a = d_1 I_c \tag{2.259}$$

由于控制电压 V_{err} 产生如式（2.255）所定义的峰值电流，可以重写占空比 d_1 的定义如下：

$$I_{peak} = \frac{V_{err}}{R_i} = \frac{V_{ac}}{L}d_1 T_{sw} \tag{2.260}$$

求解 d_1 得到

$$d_1 = \frac{V_{err}}{R_i}\frac{L}{V_{ac}T_{sw}} \tag{2.261}$$

现在将开关周期 T_{sw} 表示成 t_{on} 和 t_{off} 之和，即

$$T_{sw} = t_{on} + t_{off} \tag{2.262}$$

基于各自的导通斜率和截止斜率定义，有

$$t_{on} = \frac{V_{err}}{R_i}\frac{L}{V_{ac}} \tag{2.263}$$

$$t_{off} = \frac{V_{err}}{R_i}\frac{L}{V_{cp}} \tag{2.264}$$

$$T_{sw} = \frac{V_{err}}{R_i}\frac{L}{V_{ac}} + \frac{V_{err}}{R_i}\frac{L}{V_{cp}} \tag{2.265}$$

提取因子 V_{err}/R_i，得到

$$T_{sw} = \frac{V_{err}L}{R_i}\left(\frac{1}{V_{ac}} + \frac{1}{V_{cp}}\right) \tag{2.266}$$

基于这些等式，我们就具备了用来创建大信号平均模型的所有参数。最终的结构如图 2.128 所示。根据式（2.256），I_μ 可表示为

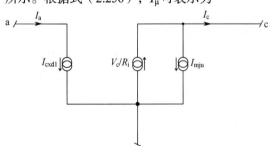

图 2.128　该结构与 CCM 模型类似

$$I_\mu = V_{cp}(1-d_1)\frac{T_{sw}}{2L} \tag{2.267}$$

如果将连接在 c 和 p 两端的两个电流源用单个值为 $V_c/2R_i$ 的源代替，注意到即使使用较简单的模型也可以立刻满足式（2.254）。

SPICE 会通过信号源计算 T_{sw}、d_1 等参数的数值，我们可以很容易得到开关周期，其值约为几微秒，这个开关周期可通过编码转换为传递几微伏的电压源。为避免模型内大动态电压变化，

所有这些做微伏运算的信号源都将被乘以因子 10^6，此外，在数学运算时除以相同的值。实现这一运算的 SPICE 代码如下：

```
Btsw tsw 0 V = ((V(vc)*{L}/{Ri})*((1/(v(a,cx)+1u))+(1/(v(cx,p)
+1u)))) *1Meg
```

基于式（2.266），上述代码可计算开关周期。

```
Bdc dcx 0 V=V(vc)*{L}/({Ri}*V(a,cx)*(V(tsw)/1Meg)+1u)
```

基于式（2.261），上述代码可计算占空比 d_1。

```
BImju cx p I= v(cx,p)*(1-V(dc))*v(tsw)/(2*{L}*1Meg)
```

以上为式（2.267）的代码。

```
Bton ton 0 V = V(dc)*v(tsw)/1Meg
```

以上为式（2.263）的代码。

```
Bfsw fsw 0 V = (1/(V(tsw)/1Meg))/1k
```

上述代码从模型中输出关键变量，如导通时间和开关频率（单位为 kHz）。

完整的 IsSpice 和 PSpice 两种软件下的电流模式 BCM 模型描述如下（输入参数为检测电阻 R_i 和电感 L）。

IsSpice 网表：

```
.SUBCKT PWMBCMCM a c p vc ton fsw {L = 1.2m Ri=0.5}
*
* This subckt is a current-mode BCM model, version 1
*
.subckt limit d dc params: clampH=0.99 clampL=16m
*
Gd 0 dcx d 0 100u
Rdc dcx 0 10k
V1 clpn 0 {clampL}
V2 clpp 0 {clampH}
D1 clpn dcx dclamp
D2 dcx clpp dclamp
Bdc dc 0 V=V(dcx)
.model dclamp d n=0.01 rs=100m
.ENDS
*
Btsw tsw 0 V= ((V(vc)*{L}/{Ri})*(1/v(a,cx) + 1/v(cx,p))) *1Meg
Bdc dcx 0 V=V(vc)*{L}/({Ri}*V(a,cx)*(V(tsw)/1Meg))
Xdc dcx dc limit params: clampH=0.99 clampL=7m
BIap a p I=V(dc)*I(VM)
BIpc p cx I=V(vc)/{Ri}
BImju cx p I= v(cx,p)*(1-V(dc))*v(tsw)/(2*{L}*1Meg)
Bton ton 0 V = V(dc)*v(tsw)
Bfsw fsw 0 V = (1/(V(tsw)/1Meg))/1k
Rdum1 vc 0 1Meg
VM cx c
*
.ENDS
```

PSpice 网表：

```
.SUBCKT PWMBCMCM a c p vc dc fsw ip params: L=1.2m Ri=0.5
*
* This subckt is a current-mode BCM model, version 1
*
EBtsw tsw 0 Value = {(((V(vc)*{L}/{Ri}) * (1/v(a,cx)
```

```
+ 1/v(cx,p) ))*1Meg) }
EBdc dcx 0 Value = { V(vc)*{L}/({Ri}*V(a,cx)*(V(tsw)/1Meg)) }
Xdc dcx dc limit params: clampH=0.99 clampL=7m
GBIap a p Value = { V(dc)*1(VM) }
GBIpc p cx Value = { -V(vc)/{Ri} }
GBImju cx p Value = { v(cx,p)*(1-V(dc))*v(tsw)/(2*{L}*1Meg) }
EBton ton 0 Value = { V(dc)*v(tsw) }
EBfsw fsw 0 Value = { (1/(V(tsw)/1Meg))/1k }
EBip ip 0 Value = { abs(V(a,c)*V(ton)*1u)/{L} }
Rdum1 vc 0 1Meg
VM cx c
*
.ENDS
.subckt limit d dc params: clampH=0.99 clampL=16m
Gd 0 dcx VALUE = { V(d)*100u }
Rdc dcx 0 10k
V1 clpn 0 {clampL}
V2 clpp 0 {clampH}
D1 clpn dcx dclamp
D2 dcx clpp dclamp
Edc dc 0 value={ V(dcx) }
.model dclamp d n=0.01 rs=100m
.ENDS
********
```

2.5.4　电流模式 BCM 模型测试

应用几乎与电压模式情况同样的方法，移去所有与产生斜坡相关的部分电路，将电流检测信号连接到专用引脚 3，连接关系如图 2.129 所示。

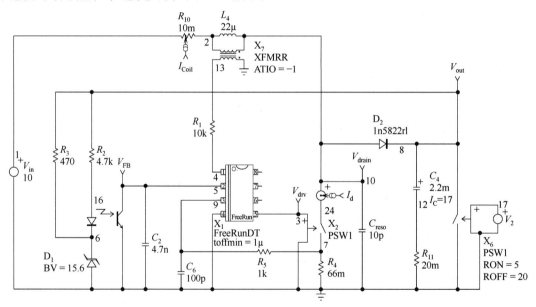

图 2.129　工作于边界电流模式控制的升压变换器

实现了 BCM 电流模式技术的平均模型如图 2.130 所示，其结构与图 2.105 所示的模型完全相同。在模型内部，反馈电压被 3 除，齐纳二极管把反馈电压的最大偏移限制在 1 V 内。因此，在两个例子中，峰值电流不会超过 1/R_{sense} 或 15.2 A。静态工作点与已经提到过的电压模式的情况相同。如果比较逐周模型和平均模型两种情况下的输出负载响应，可知两种输出负载响应有很好的一致性，如图 2.131 所示。

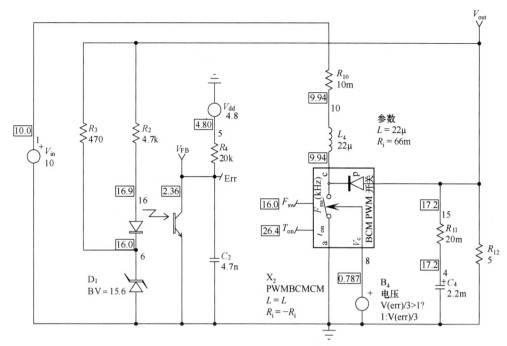

图 2.130 工作于边界模式的平均电流模式升压变换器

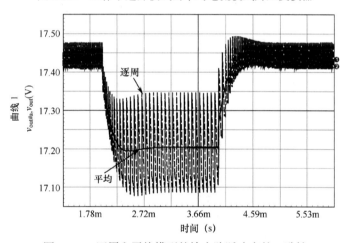

图 2.131 逐周和平均模型的输出阶跃响应的一致性

关于图 2.130，值得一提的是，检测电阻值是负的。这是因为升压变换器中的 I_c 电流极性与图 2.128 中不同。在升压变换器中，电流必须流入模型。这不仅对固定频率模型是正确的，而且对 BCM 情况也是正确的。可以通过旋转模型来匹配合适的极性，在不改变原来电路结构的情况下，能给出相同的结果，但是 R_i 为负值。这就是基于 PWMCM 模型的电流模式升压变换器具有的特点。

另一种测试是把输入电压从 10 V 阶跃到 14 V，观察输出电压的变化，如图 2.132 所示。图中显示了在 VM 和 CM 两种情况下的结果。CM 响应没有过脉冲，而 VM 情况有一点点过脉冲。

请注意图 2.132 中两曲线的垂直刻度是类似的。电压模式时的输出变化在两条平线之间达 110 mV（不包括过脉冲），而电流模式时低于 80 mV。这就肯定了电流模式技术本身具有较好的输入电压抑制能力。

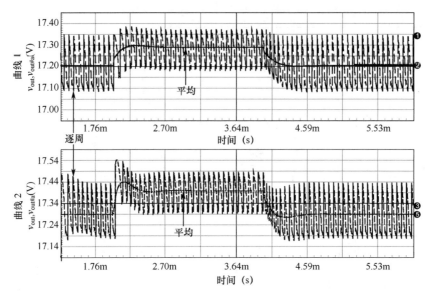

图 2.132　输入从 10 V 阶跃到 14 V 时的输出响应。上面一条曲线对
应于电流模式情况，而下面一条曲线对应于电压模式情况

与固定频率电流模式一样，PWMBCM 也存在非收敛问题。可以在瞬态功率因数校正（PFC）电路或多输出反激式变换器中应用该模型。我们还推导了 PWMBCM2，该模型基于电压模式描述，模型中增加了前端功能块。所增加的功能块仅仅基于设置点和输入条件计算导通时间。增加的等式如下：

PSpice:

```
EBton ton 0 Value = {((V(vc)*{L}/({Ri}*abs(v(a,c))))*1Meg) + 2}
; min Ton = 2us
```

IsSpice:

```
Bton ton 0 V =  ((V(vc)*{L}/({Ri}*abs(v(a,c))))*1Meg + 2)
```

我们已经比较了由 PWMBCM 和 PWMBCM2 两种模型传递的结果，两种结果看上去相同，而后者不再需要负检测电阻。

2.6　PWM 开关模型——电路集

前面已经推导了一系列完整的基于 PWM 开关的模型，下面将给出如何在不同的场合应用这些模型。因为在不同模式中（VM、CM 和 BCM）端口连接是一样的，为简化起见，有时用电压模式模型。如需要一些特殊技巧的话，将用电流模式模型举例（如在正激式变换器或升压变换器情况）。首先回顾一下可用的模型和它们的参数。这些模型的名称在 IsSpice 和 PSpice 两种情况下都是一样的。

PWMCCMVM：原始的用于 CCM 电压模式控制的 PWM 模型。传递的参数只有在寄生元件一节中描述的元件 R_e。

PWMDCMVM：新推导的非连续工作模型，只有电压模式。传递的参数是电感 L 和开关频率 F_s。

PWMVM：自触发电压模式模型，能从 DCM 转换到 CCM，与上面一样，需要传递电感 L 和开关频率 F_s 参数。

PWMDCMCM：新推导的工作于 DCM 的电流模式模型。与其他非连续模型一样，需要传递

的参数是电感值 L、开关频率 F_s、检测电阻 R_i 和最终的补偿斜率 S_e（单位为 V/s）。

PWMCM：自触发电流模式模型，能从 DCM 转换到 CCM，需要传递的参数与上面一样。

PWMCMX：该模型除移去谐振电容来避免瞬态模式的收敛问题外，其他与上面模型的相同。在交流分析用 PWMCM 模型，在瞬态研究时用 PWMCMX 模型。

PWMBCMVM：工作于电压模式的边界（或临界模式）模型。唯一要传递的参数是电感值 L。

PWMBCMCM：工作于电流模式的边界（或临界模式）模型。传递的参数是电感值 L 和检测电阻 R_i。

PWMCM_L：有损耗的自触发电流模式模型。传递的参数与常规 PWMCM 模型的类似。

PWMVM_L：有损耗的自触发电压模式模型。传递的参数与常规 PWMVM 模型的类似。

出现在该电路集中的电路将在第 5 章、第 6 章、第 7 章和第 8 章中进行拓扑设计与仿真，并做更综合的描述。因此，本节不对这些电路做详细讨论，而对抽头降压变换器和抽头升压变换器的直流传输函数做讨论，因为抽头降压变换器和抽头升压变换器不常用。

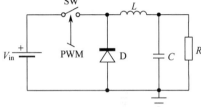

2.6.1 降压变换器

降压变换器是最简单的电路，如图 2.133 所示。因为这个电路在以前已经讨论过很多次，故不再做进一步的讨论。按照图 2.134 所示的参数，可实现该电路的 SPICE 仿真。

图 2.133　一经典的降压变换器

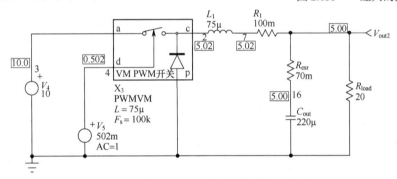

图 2.134　应用 PWM 开关模型的降压变换器

2.6.2 抽头降压变换器

抽头降压变换器并不很普及。实际上，使用具有中间端（称为"抽头"）电感的降压变换器能在变换链中起作用，其输入电压可以超过输出电压的 50～100 倍。在经典降压变换器结构中，占空比将处于很低的值，例如，300 V 输入电压产生 5 V 输出电压，其占空比为 1.6%。低占空比会产生不稳定性现象，特别是在电流模式结构中，与脉冲上升边沿消隐（LEB）相关的传输延迟严重地限制了低偏移。抽头降压变换器可以连接成两种不同方式，如图 2.135 所示。

图中两种不同的方式，一种是二极管与电感抽头端相连（图 2.135 左边，$N_1 > N_2$），另一种是开关与电感抽头端连接（$N_2 > N_1$）。这带来了两种不同的工作模式，文献[10]对它们做了讨论。幸运的是，在两种方式下实现 PWM 开关并没有什么不同，只需要选择合适的匝数比。应用 PWM 开关模型的抽头降压变换器如图 2.136 所示。注意占空比与输出电压之间的关系，这时产生的占空比为 7.5%（由模型计算所得的占空比为 7.8%）：

$$M = \frac{D}{D + D'/n} \tag{2.268}$$

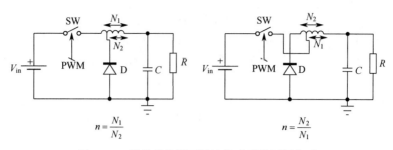

图 2.135　抽头变换器可以连接成两种不同方式

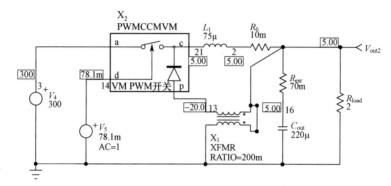

图 2.136　应用 CCM 条件下 PWM 开关模型的抽头降压变换器，其中 $n = 200$ m

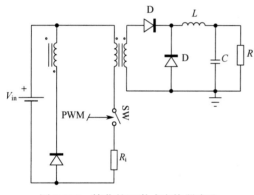

图 2.137　简化的正激式变换器表述

2.6.3　正激式变换器

　　正激式变换器不仅可用于离线场合，而且可用于许多常规 dc-dc 变换器。正激式变换器的简化形式如图 2.137 所示。有几种方法可为正激式变换器建模，如图 2.138 和图 2.139 所示。最简单的方法是在输入与降压变换器之间插入变压比。但因为检测电阻在变压器的后面，检测电阻受变压器的影响，因此要乘以 N。

　　在多输出正激式变换器中，这种简化结构应用起来不容易。因此，需采用不同的结构，变压器的位置保持不变。R_i 可保持为原来的值，但电感必须要换算到原边一侧。

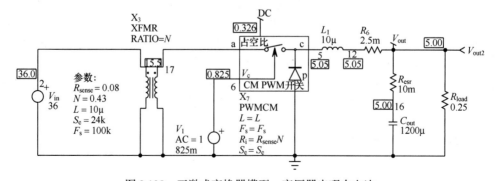

图 2.138　正激式变换器模型，变压器出现在左边

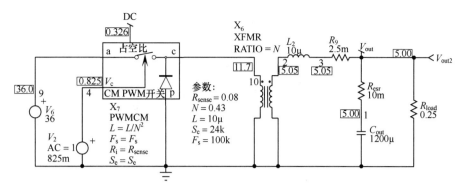

图 2.139　不同方法实现的正激式变换器模型，工作点与图 2.138 相同

这一特殊结构会在 8.8 节的多输出正激式变换器例子中再次使用。

2.6.4　降压-升压变换器

降压-升压变换器常用于传送负电压，仍以输入地为参考点。图 2.140 所示为实际的电路，而图 2.141 所示为用 PWM 开关实现的降压-升压变换器。

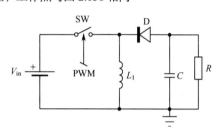

图 2.140　传送负输出电压的降压-升压变换器

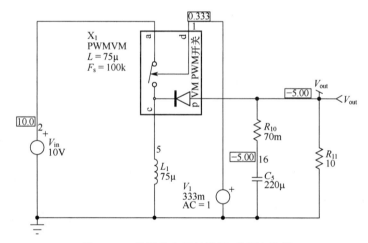

图 2.141　传送负电压的降压-升压变换器

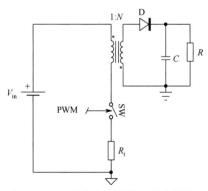

图 2.142　反激式变换器，注意耦合系数处的反向同名端极性

2.6.5　反激式变换器

反激式变换器来源于降压-升压变换器。变压器产生了必要的隔离并可以增大或减小输出电压，其输出极性正负都可以。图 2.142 所示为反激式变换器，图 2.143 所示为用 PWM 开关实现的反激式变换器。

根据这种电路结构，堆叠式变压器上节点 3 处允许产生简单得多的输出变换。匝数比相对原边匝数归一化，直接作为参数显示在图 2.143 中。请注意，节点 3 的负极性电压传送正的输出电压。

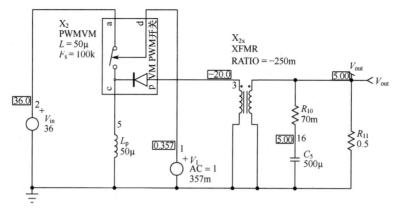

图 2.143 单输出反激式变换器

2.6.6 升压变换器

如前所述,对电流模式升压变换器需要稍加关注,以便反映输出电流 I_c 合适的极性(在 PWM 开关模型中,电流流出端点 c,而在升压变换器中电流流入端点 c),因为检测电阻必须为负值。一旦理解了这点,该模型就能很好地工作。图 2.144 所示为经典的升压变换器,图 2.145 所示为电流模式升压变换器。

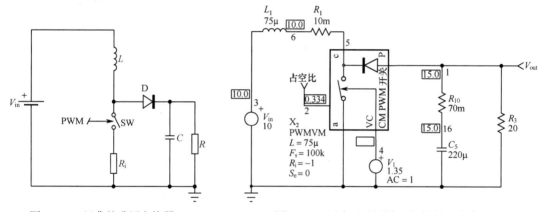

图 2.144 经典的升压变换器

图 2.145 用来反映原始 I_c 极性的具有负阻值的电流模式升压变换器

2.6.7 抽头升压变换器

抽头升压变换器使用带抽头的电感,有时在功率因数校正电路中使用,与抽头降压变换器的描述一样。带抽头的具有两种不同匝数比的升压变换器电路结构如图 2.146 所示。

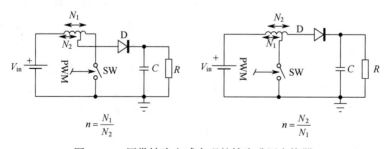

$$n = \frac{N_1}{N_2} \qquad\qquad\qquad n = \frac{N_2}{N_1}$$

图 2.146 用带抽头电感实现的抽头升压变换器

由 PWM 开关实现的抽头升压变换器如图 2.147 所示。将电感短路、电容开路可求得直流传输函数为

$$M = 1 + \frac{nD}{D'} \qquad\qquad (2.269)$$

注意，当 $n = 1$ 时该传输函数简化为升压变换器的传输函数。

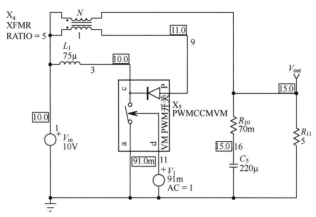

图 2.147　抽头升压变换器中的 PWM 开关

2.6.8　非隔离单端初级电感变换器（SEPIC）

单端初级电感变换器（SEPIC）应用在输出电压高于或低于输入电压的场合，如图 2.148 所示。后面将会看到，由于存在各种谐振，电路的交流响应容易出现问题。图 2.149 所示为包含 PWM 开关的非隔离 SEPIC。为使输入纹波最小化，可以让电感 L_1 和 L_2 耦合。

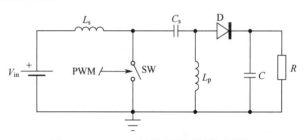

图 2.148　SEPIC 经常应用于便携式场合

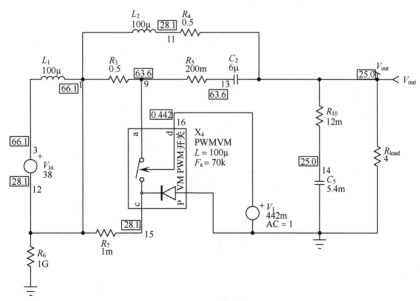

图 2.149　无电感耦合的 SEPIC

在这个电路中存在一个问题：PWM 开关模型处于悬浮状态。与其他悬浮结构一样，需要采取一些措施来帮助收敛。这就是 R_6（通过 R_6 把直流连接到地）和 R_7 存在的理由。在考虑交流响应之前，应始终检查偏置点的有效性。为保持电感的结构不变，可以增加耦合因子 k，并观察产生的效果。

2.6.9 隔离 SEPIC

隔离 SEPIC 包含一个变压器，该变压器为初级地与次级地之间提供隔离作用。图 2.149 所示

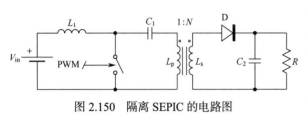

图 2.150 隔离 SEPIC 的电路图

结构仍然成立，但需做几个换算。在更新图 2.149 中的任何元件之前，取图 2.150 中的元件值，做如下变换：

$$V_{in} = NV_{in} \longrightarrow 将图 2.150 中的 V_{in} 乘以$$

N，把所得结果作为图 2.149 中的元件值

$$L_1 = L_1N^2, \quad C_1 = C_1/N^2, \quad L_2 = L_s$$

2.6.10 非隔离 Ćuk 变换器

Ćuk 变换器，有时也称为升压-降压变换器，如果电感 L_{s_1} 和 L_{s_2} 存在适当的耦合（见图 2.151），则理论上可以消去输入/输出纹波。PWM 开关在 Ćuk 变换器仿真中不能起很好的作用。图 2.152 所示为这些元件是如何连接的，其中电感 L_1 和 L_2 之间无耦合，且输出电压为负。

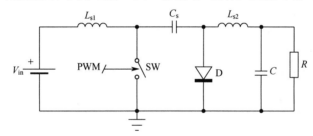

图 2.151 非隔离 Ćuk 变换器传送一个负的电压

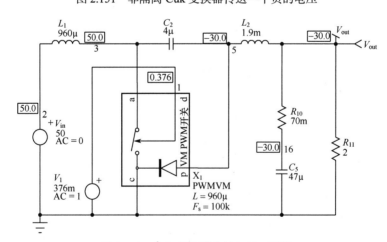

图 2.152 Ćuk 变换器中的 PWM 开关

2.6.11 隔离 Ćuk 变换器

利用变压器，非隔离 Ćuk 变换器可以设计为隔离的形式，如图 2.153 所示。

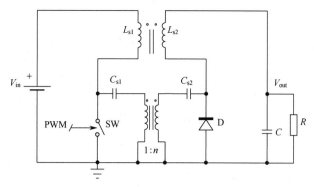

图 2.153　隔离 Ćuk 变换器能传送正电压

用 PWM 开关更新的电路如图 2.154 所示。注意，输入电感和输出电感之间的耦合由 SPICE 耦合系数 k_1 产生。然而，因为 PWM 开关结构被简化成非隔离形式，变换器传送负输出。在观察输出相位时，需要做一个简单的−180°变换。

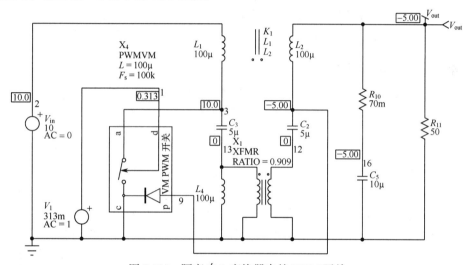

图 2.154　隔离 Ćuk 变换器中的 PWM 开关

2.7　其他平均模型

2.7.1　Ridley 模型

1990 年，弗吉尼亚科技大学 Raymond Ridley 博士通过取样模型证明，电流模式控制（CMC）功率级最好通过三阶多项式建模[13]，即一个低频极点 ω_p 和位于开关频率一半处的双极点 ω_n。如果存在低频极点 ω_p，它随占空比和外部补偿斜率而移动。对于工作于峰值电流模式控制的 CCM 降压变换器，式（2.270）定义了该极点的位置，即

$$\omega_p = \frac{1}{CR} + \frac{T_{sw}}{LC}(m_c D' - 0.5) \qquad (2.270)$$

电感电流的取样行为可以用受品质因数 Q 和位于 ω_n 的双极点影响的等效二阶滤波器来建模。式（2.271）描述了该行为，即

$$F_h(s) = \frac{1}{1 + \dfrac{s}{\omega_n Q_p} + \dfrac{s^2}{\omega_n^2}} \qquad (2.271)$$

品质因数 Q 的值依赖于补偿斜率和占空比。Ridley 通过取样模型方法推导了式（2.202），我们也看到了后来 Vorpérian 通过其 PWM 开关理论发现了同样的结果。Ridley 模型实际上使用了工作于电压模式的 PWM 开关，开关中加入了在电流模式下用来确定占空比的环路。电流模式和电压模式之间的唯一区别在于确定占空比的方式，对功率级的描述与 Ridley 描述的一样。

传输函数 $V_{out}(s)/V_{err}(s)$ 中双极点 ω_n 处存在次谐波，可通过电感电流的取样过程来解释。实际上，这个过程在电流环路中产生了一对右半平面的零点，这对零点导致了升压变换器在 $F_{sw}/2$ 处的增益，而且在该点施加了相位延迟。一旦被包括在电压环中，这些零点就转化为极点。如果在该频率下增益裕度为 0，由于系统包含了电压和电流两种环路，并且对峰值没有阻尼，电流中的任何扰动都会使系统不稳定。上述情况如图 2.67 至图 2.72 所示。我们已经看到，通过为变换器提供外部补偿斜率可以解决这个问题。可通过降低电流环的直流增益来阻碍占空比的作用。当加入更多的斜率补偿时，低频极点 ω_p 向高频移动，同时 ω_n 处的双极点将分裂为两个不同的极点。一个极点向高频移动，而另一个极点向低频移动，直到与第一个低频极点相连并组合在一起。如果涉及降压变换器，双极点 ω_n 和低频极点 ω_p 都与 LC 网络谐振频率连接在一起。在谐振频率点，变换器表现为如同工作于电压模式。因此，对 CCM 电流模式变换器进行补偿，显然需要避免次谐波振荡，对该变换器进行过补偿，会让它工作到传统的电压模式，失去电流模式的优势。

2.7.2 小信号电流模式模型

如果 Ridley 模型能预测次谐波振荡，这些模型原来用 SPICE2 书写，执行起来不容易，因为需要用适当的极性，并对每种结构用式（2.178）~式（2.183）计算数值。本书提出的新的 SPICE3 模型，能实现参数传输和关键词定义，使用起来比较容易。然而，SPICE3 模型有一个缺点：只有交流模型，且不能在 CCM 和 DCM 之间进行触发转换。如果按照工作模式选择模型，只能观看交流结果而没有直流偏置。幸运的是，内嵌等式能计算所有直流值，例如，能计算在给定输入电压及期望输出电压下对应的占空比，只需要传递如电感、开关频率等等常数值。另一个优点是，Ridley 模型是通用的：若检测电阻 R_i 是一个有限的非零值，则模型工作于电流模式。在 IsSpice 中，若 R_i 的值很小（如 1 μΩ），则模型工作于电压模式；在 PSpice 中，必须在特殊行之前放置一个 "*" 号（参见下面的 PSpice 网表），把模型转变为电压模式。所有可用的子电路都在原来的 PWMCCM 和 PWMDCM 模型基础上构建而成[15]，子电路中计算得到的参数在调整拓扑后进行传递。下面是工作于 CCM 的升压变换器模型。可以看到所有参数的计算由关键词.PARAM 完成。下面是 PSpice 网表：

```
.SUBCKT BOOSTCCM Vin Vout Gnd Control D PARAMS: RI=0.4 L=140U
 + RS=190M FS=100K VOUT=100V RL=50 VIN=48V MC=1.5 VR=2V
* To toggle into Voltage-Mode, put RI=0 and VP becomes VR (The
* PWM sawtooth amplitude)
.PARAM D={(VOUT-VIN)/VOUT}    ; DC duty ratio for Continuous mode
.PARAM VAP={-VOUT}
.PARAM VAC={-VIN}
.PARAM VCP={-VOUT+VIN}
.PARAM IA={-((VOUT^2)/RL/VIN)*D}
.PARAM IP={-VOUT/RL}
.PARAM IC={-VOUT/RL/(1-D)}
.PARAM VP={-VAC*(1/FS)*RI*(MC-1)/L}
* .PARAM VP=VR ; Put RI=0 and remove this start (while putting it *at
the above line) turns into VM
EBD D 0 VALUE = {D}
RL Vin LL {RS}
L LL C {L}
X1 Gnd Vout C Vin Control PWMCCM PARAMS: RI={-RI} L={L} FS={FS}
+ D={D} VAP={VAP} VAC={VAC} IC={IC} VP={VP}
.ENDS
```

2.7.3 能正常工作的 Ridley 模型

Ridley 模型需要几个运行参数。下面是在详细讨论之前所需参数的具体描述：

RI——检测电阻，单位为 Ω；

L——电路中的起作用的电感，对反激式变换器，传递副边电感值；

RS——电感欧姆损耗；

FS——开关频率；

VOUT——输出电压（记住，这是交流模型，所以必须提供静态参数以便计算小信号源）；

RL——负载电阻；

VIN——输入电压；

MC = 1.5——斜坡补偿［详细请参考式（2.203），$m_c = 1.5$ 指斜坡补偿为 50%］；

VR = 2V——在检测电阻接近 0 时（如传递 10μ），模型触发至 VM，调制器斜坡幅度等于 VR。

在模型库中（对 PSpice 和 IsSpice 为 RIDLEY.LIB），以下库是可用的：

PWMCCMr——原始 Ridley CCM 不变电流模式模型，可被以下模型调用；

PWMDCMr——原始 Ridley DCM 不变电流模式模型，可被以下模型调用；

BOOSTDCM——工作于 DCM 的升压变换器模型；

BOOSTCCM——工作于 CCM 的升压变换器模型；

BUCKDCM——工作于 DCM 的降压变换器模型；

BUCKCCM——工作于 CCM 的降压变换器模型；

FLYBACKCCM——工作于 CCM 的反激式变换器，需传递副边电感值，匝数比为 1:N；

FLYBACKDCM——工作于 DCM 的反激式变换器，需传递副边电感值，匝数比为 1:N；

FWDDCM——工作于 DCM 的正激式变换器，用如图 2.138 的结构实现；

FWDCCM——工作于 CCM 的正激式变换器，其他与上面相同。

在该例中，要用 CADENCE 的 PSpice 来画电流模式降压变换器交流响应。该电路如图 2.155 所示，可以看到缺少输入电压 V_g 的直流值，这是由该模型的交流本质决定的。如果要显示电压偏置点，标示为 duty 的节点将真实地告知计算得到的占空比，但其他节点只会显示为 0。如果将斜坡补偿参数 M_c 从 1（没有斜坡补偿）扫描到 10，所得曲线如图 2.156 所示。在没有斜坡补偿时，双极点受到的阻尼很小，在开关频率一半处（12.5 kHz）出现很强的峰值，从而危害系统的稳定性。通过增加斜坡补偿（50%），双极点立即受到阻尼，增益裕度又回到安全值。

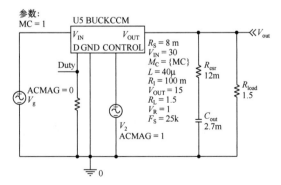

图 2.155　应用 Ridley 模型的电流模式降压变换器

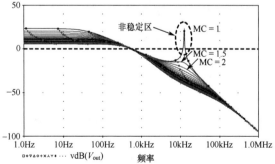

图 2.156　扫描斜坡补偿参数，给出了在不同工作条件下提高整体稳定性的很好分析

2.7.4 CoPEC 模型

科罗拉多电力电子中心（CoPEC）Dragan Maksimovic 博士和 Robert Erickson 博士开发了一系列的平均模型，并在几篇文献中[3,14,16]完整地描述了这些模型。建构模型的思想是一样的，即对功率开关和二极管相关的波形求平均。然而，在这些方法中，作者努力地把开关和二极管分开，这样有时便于在所研究的变换器中插入开关和二极管。按照他们的推导，开关网络的 CCM 平均模型如图 2.157 所示。

在 DCM 条件下，模型应用了无损耗双端口网络的概念，即瞬时输入功率 $p_{in}(t)$ 等于瞬时输出功率 $p_{out}(t)$，如图 2.158 所示。图中可以看到电阻消耗（或吸收）$p_{in}(t)$ 的电阻，但输入功率全部传输到输出端。输入电阻由 DCM 式推导得到，自然与 $d_1(t)$ 即 DCM 占空比有关。输出功率源由受控电流源组成，它传递与输入功率成正比的值。然后，作者给出了把 CCM 和 DCM 两个模型合并成单个子电路，使最后的结果成为具有吸引力的电路。以下的网表给出了最后的 PSpice 封装模型，称为 CCM-DCM1。这个模型不包括变压器系数，但 CCM-DCM2 模型包含了变压器系数。所需参数为开关频率（F_s）和电感值（L），用于求 CCM 和 DCM 之间的触发点。

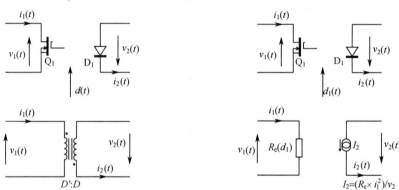

图 2.157　CoPEC 作者推导的开　　　图 2.158　应用无损耗电阻概念的 DCM 模型：
关网络 CCM 平均模型　　　　　　　　输入功率 100% 被吸收并传输到输出

```
.SUBCKT CCM-DCM1 1  2  3  4 CTRL params: FS=100k L=75u
Xd CTRL 5 limit params: clampH=0.95 clampL=16m
Vd 1 1x
Et 1x 2 Value = {(1-V(u))*V(3,4)/(V(u)+1u)}
Gd 4 3 Value = {(1-V(u))*I(Vd)/(V(u)+1u)}
Ga 0 a Value = {IF (I(Vd) > 0, I(Vd), 0)}
Va a b
Rdum1 b 0 10
Eu1 100 0 Value = {V(5)}
Eu2 20X 0 Value = {V(5)*V(5)/((V(5)*V(5)+2*{L}*{FS}*I(Vd)/
V(3,4))++ 1u)}
Xd2 20X 5 200 limit2
D1 200 u DN
D2 100 u DN
.model DN D N=0.01 RS=100m
.ENDS
********
.subckt limit d dc params: clampH=0.99 clampL=16m
Gd 0 dc VALUE = {V(d)*100u}
Rdc dc 0 10k
V1 clpn 0 {clampL}
V2 clpp 0 {clampH}
D1 clpn dc dclamp
D2 dc clpp dclamp
```

```
.model dclamp d n=0.01 rs=100m
.ENDS
********
.subckt limit2 d2nc d d2c
*
Gd 0 d2c d2nc 0 100u
Rdc d2c 0 10k
```

这个 limit/limit2 子电路能平滑地钳位占空比的偏移，且与用于 PWM 开关模型的子电路很相似。CoPEC 模型可以从 COPEC.LIB 库文件中获得，并有 PSpice 和 IsSpice 两种版本。电流模式描述也包含在库文件中（CPM 功能块），但实现该模型比 PWM 开关模型稍稍复杂。另外，该模型不能预测次级谐波振荡。下面通过几个例子 说明如何连接这个模型。

2.7.5　能正常工作的 CoPEC 模型

第一个例子描述了电压模式反激式变压器，如图 2.159 所示。电路应用了 CCM-DCM2 模型，需要给模型传输变压器变比参数。运行仿真之后，探针显示器给出了完整的电路波特图，如图 2.160 所示。模型的收敛性很好，作者对它进行了广泛测试。可以看到平均模型排列遵循实际的反激式变换器结构，由于平均开关和二极管没有通过公共点连接在一起，实际上在复杂结构中容易实现。

下一个例子描述了电压模式非隔离 SEPIC，其电路如图 2.161 所示。

另外，把模型插入仿真结构不是特别困难，只要遵循实际电路，把开关和二极管各自的平均模型代替即可，其增益和相位变化如图 2.162 所示。

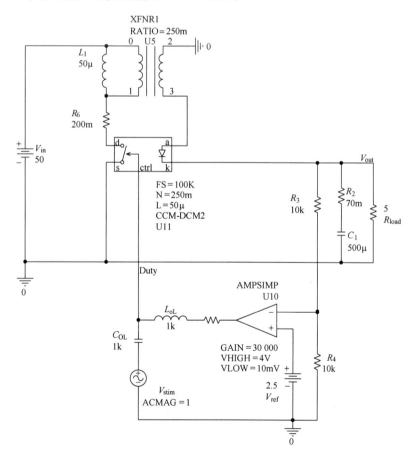

图 2.159　应用 CoPEC 模型的反激式变换器

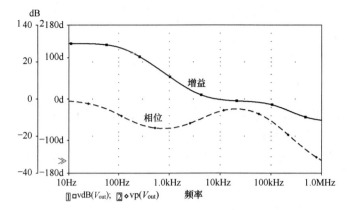

图 2.160　反激式变换器波特图

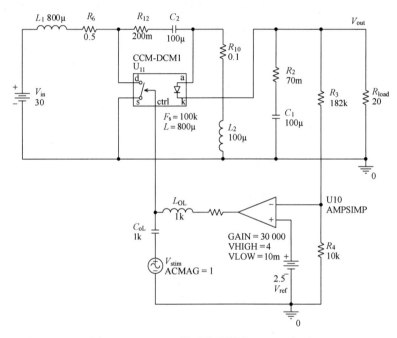

图 2.161　CoPEC 模型的非隔离 SEPIC 实现

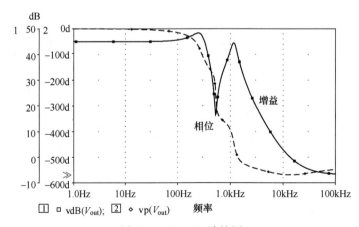

图 2.162　SEPIC 波特图

2.7.6　Ben-Yaakov 模型

在 20 世纪 90 年代，以色列本固里昂大学的 Sam Ben-Yaakov 提出了开关电感模型（SIM）概念[17]。该方法与 PWM 开关概念接近，只是 Ben-Yaakov 把电感作为模型的一部分。这个思想是用来表述把开关单元作为单刀双掷（SPDT）器件与电感连接的，如图 2.163 所示。

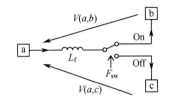

图 2.163　包含与电感相连的单刀双掷（SPDT）开关的 SIM 电路

开关电感模型（SIM）在降压-升压变换器中的实现如图 2.164 所示。基于这种结构，很快可以推导几个等式。例如，如果瞬态电感电流为

$$\frac{\mathrm{d}i_{L_{\mathrm{f}}}(t)}{\mathrm{d}t} = \frac{V_{L_{\mathrm{f}}}}{L_{\mathrm{f}}} \tag{2.272}$$

然后求平均，得到

$$\left\langle \frac{\mathrm{d}i_{L_{\mathrm{f}}}(t)}{\mathrm{d}t} \right\rangle_{T_{\mathrm{sw}}} = \frac{\langle V_{L_{\mathrm{f}}} \rangle_{T_{\mathrm{sw}}}}{L_{\mathrm{f}}} \tag{2.273}$$

基于该式，可以看到电感两端总的平均电压为导通和截止期间电感平均电压之和：

$$\left\langle v_{L_{\mathrm{f}}}(t) \right\rangle_{T_{\mathrm{sw}}} = \frac{\langle v(a,b) \rangle_{T_{\mathrm{sw}}} t_{\mathrm{on}} + \langle v(a,c) \rangle_{T_{\mathrm{sw}}} t_{\mathrm{off}}}{T_{\mathrm{sw}}} = \langle v(a,c) \rangle_{T_{\mathrm{sw}}} D + \langle v(a,c) \rangle_{T_{\mathrm{sw}}} D' \tag{2.274}$$

上式对 CCM 和 DCM 情况都是成立的，因为在 DCM 情况下，在第三个时间段内，没有电流流过电感，所以电感两端没有电压。电感起到三个独立电流发生器的作用：平均电感电流 G_{a}、导通电流 G_{b} 和截止电流 G_{c}。图 2.165 把这些电流发生器都收集到了通用开关电感模型（GSIM）中，该模型表示了同名平均模型的基本特点。

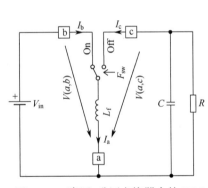

图 2.164　降压-升压变换器内的 SIM

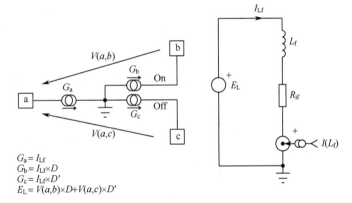

图 2.165　通用开关电感模型（GSIM）基本特点

对于任何模型，占空比发生器分别编码成为 D_{on} 和 D_{off} 电压源，用 D 和 D' 表示。基于这些注释，可写出描述两种工作模式的等式，文献[17]已经做了推导：

$$G_{\mathrm{a}} = I(L_{\mathrm{f}}) \tag{2.275}$$

$$G_{\mathrm{b}} = \frac{VD_{\mathrm{on}}}{VD_{\mathrm{on}} + VD_{\mathrm{off}}} I(L_{\mathrm{f}}) \tag{2.276}$$

$$G_{\mathrm{c}} = \frac{VD_{\mathrm{off}}}{VD_{\mathrm{on}} + VD_{\mathrm{off}}} I(L_{\mathrm{f}}) \tag{2.277}$$

$$EL = V(a,b)D_{on} + V(a,c)D_{off} \qquad (2.278)$$

$$VD_{off} = \frac{2I(L_f)L_f F_{sw}}{V(a,b)VD_{on}} - VD_{on} \qquad (2.279)$$

如果把式（2.279）钳位在 10m 和 $1 - VD_{on}$ 之间，该模型可以自然地在 CCM 和 DCM 之间触发转换。下面给出了用 IsSpice 和 PSpice 编写的 GSIM 网表。

IsSpice 网表：

```
.SUBCKT GSIM_VM a b c DON {FS=100k L=50u RS=100m}
BGB 0 br I=I(VIL)*V(DON)/(V(DON)+V(DOFF)+1u)
BGC 0 cr I=I(VIL)*V(DOFF)/(V(DON)+V(DOFF)+1u)
BGA ar 0 I=I(VIL)
RDUMA ar a 1u
RDUMB br b 1u
RDUMC cr c 1u
BEL el 0 V=V(a,b)*V(DON)+V(a,c)*V(DOFF)
L1 el erl {L}
RL erl vil {RS}
vil vil 0 0
BEDOFF doffc 0 V=(2*I(VIL)*{L}*{FS}/((V(a,b)*V(DON))+1n))-V(DON)
Rdoffc doffc 0 10E10
Rlmt doffc doff 1
VCLP vc 0 9m
Dlmtz vc doff DBREAK
Dlmtc doff doffm DBREAK
Bclamp doffm 0 V=1-V(DON)-9m
Rdoff doff 0 10E10
.Model Dclamp D N=0.01
.ENDS
```

PSpice 网表：

```
.SUBCKT GSIM_VM a b c DON params: FS=100k L=50u RS=100m
GB 0 br value = {I(VIL)*V(DON)/(V(DON)+V(DOFF)+1u)}
GC 0 cr value = {I(VIL)*V(DOFF)/(V(DON)+V(DOFF)+1u)}
GA ar 0 value = {I(VIL)}
RDUMA ar a 1u
RDUMB br b 1u
RDUMC cr c 1u
EL el 0 Value = {V(a,b)*V(DON)+V(a,c)*V(DOFF)}
L1 el erl {L}
RL erl vil {RS}
vil vil 0 0
EDOFF doffc 0 Value = {(2*I(VIL)*{L}*{FS}/((V(a,b)*V(DON))+1n))-
+ V(DON)}
Rdoffc doffc 0 10E10
Rlmt doffc doff 1
VCLP vc 0 9m
Dlmtz vc doff DBREAK
Dlmtc doff doffm DBREAK
Eclamp doffm 0 Value = {1-V(DON)-9m}
Rdoff doff 0 10E10
.Model Dclamp D N=0.01
.ENDS
```

这些模型最近被更新，新模型中考虑了导通损耗[18]。在电流模式描述中，在电压模式之前加入了产生 D 变量的占空比产生电路。这导致了模型的复杂化，它无法预测次谐波不稳定性。另外，如果图 2.165 描述的 GSIM 能很好地仿真简单的结构，如升压变换器、降压变换器、反激式变换器等，但 GSIM 将不能用来实现 SEPIC 或 Ćuk 变换器。GSIM 在含有损耗的升压变换器中的应用如图 2.166 所示，完整的波特图如图 2.167 所示。

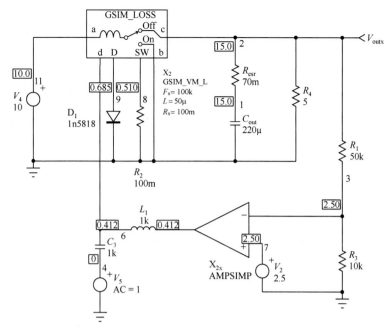

图 2.166　应用 GSIM 方法的有损耗升压变换器

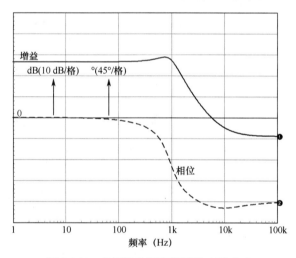

图 2.167　有损耗升压变换器的交流响应

2.8　小结

（1）态空间平均（SSA）提供了一种推导变换器传输函数的方法，但它是一个很长很复杂的过程。由于该方法是对整个变换器进行分析，一旦电路中加入新元件（如滤波器件），就需要根据新的电路重新推导传输函数。

（2）分析变换器得知，导通和截止两种状态都包含线性网络。遗憾的是，这些状态之间的突然转换会产生非连续性，这种非连续性需要进行平滑。波形平均的过程有助于解决非连续性，并可得到实现非线性方程的大信号平均模型。对直流工作点进行线性化的过程会使小信号模型被忽视。通过小信号模型，可以求得频率响应来进一步对变换器做补偿。

（3）由于开关晶体管和二极管是引起非线性的根源，所以为了把它们与小信号模型联系起来，引入了 PWM 开关。与所研究的变换器中的 PWM 开关相同，把双极型晶体管模型插入到小信号 PWM 模型中相应的位置，可直接求解线性方程。

（4）存在不同的控制方法，如电压模式或电流模式。电压模式不需要检测电感电流，可以视为电流模式简单化的实现。然而，电压模式有许多缺点，如对输入电压抑制较差。与电流模式驱动的同样变换器相比，使变换器稳定工作于 CCM 变得更加困难。电流模式始终检测电感电流，并按照输出功率的要求调整该电流值。在 CCM 条件下，电流模式结构在占空比超过 50%时会引起次谐波振荡，即变换器需要斜坡补偿信号来增加稳定性。两种方法都需要特殊的 PWM 开关模型，使变换器在 CCM 和 DCM 之间转换。本章已详细讨论了这些模型。

（5）通过外部斜坡对电流模式变换器进行补偿是必要的，但过补偿会让变换器工作到电压模式。

（6）平均模型是很有用的，用它可以很容易地求出所研究变换器的频率响应，并检查寄生元件效应，如输出电容 ESR。

原著参考文献

[1] S. Ćuk, "Modeling, Analysis and Design of Switching Converters," Ph.D. thesis, California Institute of Technology, November 1976.

[2] D. Middlebrook and S. Ćuk, "A General Unified Approach to Modeling Switching-Converter Power Stages," *International Journal of Electronics*, vol. 42, no. 6, June 1977, pp. 521–550.

[3] R. Erickson and D. Maksimovic, *Fundamentals of Power Electronics*, Springer, 2001.

[4] D. Mitchell, *Dc-dc Switching Regulator Analysis,* McGraw-Hill, New York, 1988.

[5] D. Mitchell, "Switching Regulators Design and Analysis Methods," Modern Power Conversion Design Techniques, ej Bloom course, Portsmouth, UK, 1996.

[6] L. G. Meares and C. E. Hymovitz, "Improved Spice Model Simulates Transformer's Physical Processes," *EDN*, August 19, 1996.

[7] V. Vorpérian, "Simplified Analysis of PWM Converters Using the Model of the PWM Switch, Parts I (CCM) and II (DCM), " *Transactions on Aerospace and Electronics Systems*, vol. 26, no. 3, May 1990.

[8] L. G. Meares, "New Simulation Techniques Using Spice," *Proceedings of the IEEE 1986 Applied Power Electronics Conference*, New Orleans, 1986, pp. 198–205.

[9] J. Sun, Dan Mitchell, M. Greuel, P. T. Krain, and R.M. Bass, "Average Modeling of PWM Converters in Discontinuous Conduction Mode: A Reexamination," *IEEE Power Electronics Specialists Conference*, Fukoka, Japan, 1998, pp. 615–622.

[10] V. Vorpérian, "*Fast Analytical Techniques for Electrical and Electronic Circuits*," Cambridge University Press, 2002.

[11] V. Vorpérian, "Analysis of Current-Controlled PWM Converters Using the Model of the Current Controlled PWM Switch," *Power Conversion and Intelligent Motion Conference,* 1990, pp. 183–195.

[12] B. Holland, "Modelling, Analysis and Compensation of the Current-Mode Converter," *Powercon* 11, 1984.

[13] R. B. Ridley, "A New Continuous-Time Model for Current-Mode Control," *IEEE Transactions of Power Electronics*, vol. 6, April 1991, pp. 271–280.

[14] R. Erickson and D. Maksimovic, "Advances in Averaged Switch Modeling and Simulation," *Professional Seminars, Power Electronics Specialists Conference*, Charleston, South Carolina, 1999.

[15] R. B. Ridley, "A New Small-Signal Model for Current-Mode Control," Ph.D. dissertation, Virginia Polytechnic Institute and State University, 1990.

[16] R. Erickson and D. Maksimovic, "Advances in Averaged Switch Modeling and Simulation," *Power Electronics Specialist Conference, 1999.*

[17] Sam Ben-Yaakov, "Average Simulation of PWM Converters by Direct Implementation of Behavioral Relationships," *IEEE Applied Power Electronics Conference (APEC'93)*, pp. 510–516.

[18] Sam Ben-Yaakov, "Generalized Switched Inductor Model (GSIM): Accounting for Conduction Losses," *Aerospace and Electronic Systems, IEEE Transactions*, vol. 38, no. 2, April 2002, pp. 681–687.

附录 2A 变换器基本传输函数

为进一步用 PWM 开关分析变换器，附录 2A 搜集了三种基本变换器的传输方程，三种基本变换器的开关频率固定，工作于 DCM 或 CCM，电压模式控制或电流模式控制。有时会看到两种类型的传输方程：第一种方程是第二种方程的简化形式，而第二种类型传输方程实现起来并不容易。通过小信号模型（或线性大信号模型）用 SPICE 实现，避免了直接对等式做运算。然而，记住稳定电源的关键在于零-极点位置的知识以及零-极点位置如何随杂散元件或输入/输出参数移动。

在后面的等式中，使用了如下参数：

V_{peak}——电压模式 PWM 调制器锯齿波幅度；

r_{Cf}——输出电容 ESR；

r_{Lf}——电感 ESR；

R——负载电阻；

C——输出电容；

L——电感；

M——变换比 V_{out}/V_{in}；

D——导通占空比；

D'——截止占空比，根据作者喜好也表示成 $1 - D$；

T_{sw}——开关周期；

F_{sw}——开关频率；

R_i——电流模式电路中的检测电阻；

S_1 或 S_n——电感导通斜率，如升压变换器中的 V_{in}/L；

S_2 或 S_f——电感截止斜率，如升压变换器中的$(V_{out} - V_{in})/L$；

S_a 或 S_e——人工斜坡补偿斜率；

m_c——按照 Ridley 符号[2]给出的斜坡补偿：$m_c = 1 + S_e/S_n$。

2A.1 降压变换器

1. 电压模式，CCM

参考文献[1]等式：

$$\frac{V_{out}(s)}{V_{err}(s)} = \frac{V_{in}}{V_{peak}} K_c \frac{1 + s/\omega_{z1}}{1 + \frac{s}{Q\omega_0} + (s/\omega_0)^2} \tag{2.280}$$

$$\frac{V_{out}(s)}{V_{in}(s)} = D \frac{1 + s/\omega_{z1}}{1 + \frac{s}{Q\omega_0} + (s/\omega_0)^2} \tag{2.281}$$

$$\omega_{z1} = \frac{1}{r_{Cf}C}$$

$\omega_{z2} = \infty$　对 CCM 降压变换器而言，无 RHPZ

$K_c = \dfrac{R}{r_{Lf} + R}$ 若 $r_{Lf} = r_{Cf} \approx 0$，则 $K_c = 1$

$\omega_0 = \dfrac{1}{\sqrt{LC\dfrac{R + r_{Cf}}{R + r_{Lf}}}}$ 若 $r_{Lf} = r_{Cf} \approx 0$，则 $\omega_0 = \dfrac{1}{\sqrt{LC}}$

$Q = \dfrac{1}{\dfrac{Z_0}{r_{Lf} + R} + \dfrac{r_{Cf} + r_{Lf}//R}{Z_0}}$ 若 $r_{Lf} = r_{Cf} \approx 0$，则 $Q = R\sqrt{C/L}$

其中 $Z_0 = \sqrt{L/C}$，是 LC 网络特征方程。

2. 电压模式，DCM

参考文献[1]等式：

$$\frac{V_{\text{out}}(s)}{V_{\text{err}}(s)} = \frac{V_{\text{in}}}{V_{\text{peak}}} \frac{K_1(1+s/\omega_{z1})}{(1+s/\omega_{p1})} \tag{2.282}$$

$$\frac{V_{\text{out}}(s)}{V_{\text{in}}(s)} = \frac{V_{\text{out}}}{V_{\text{in}}} \frac{(1+s/\omega_{z1})}{(1+s/\omega_{p1})} \tag{2.283}$$

$$K_1 = \frac{2(1-M)}{2-M}\sqrt{\frac{1-M}{K}}，\ \text{其中} K = \frac{2L}{RT_{\text{sw}}}；\quad \omega_{z1} = \frac{1}{r_{\text{Cf}}C}，\quad \omega_{p1} = \frac{2-M}{1-M}\frac{1}{RC}$$

3. 电流模式，CCM

参考文献[1]等式：

$$\frac{V_{\text{out}}(s)}{V_{\text{err}}(s)} \approx \frac{R}{R_i}\frac{(1+s/\omega_{z1})}{\left(1+\dfrac{s}{\omega_{p1}}\right)}\frac{1}{1+\dfrac{s\left[(1+S_a/S_1)D'-0.5\right]}{F_{\text{sw}}}+\dfrac{s^2}{(\pi F_{\text{sw}})^2}} \tag{2.284}$$

$$\frac{V_{\text{out}}(s)}{V_{\text{in}}(s)} = 0 \tag{2.285}$$

$$\omega_{z1} = \frac{1}{r_{\text{Cf}}C}，\quad \omega_{p1} = \frac{1}{RC}$$

则有

$$S_a = 50\% \, S_2$$

参考文献[2]等式：

$$\frac{V_{\text{out}}(s)}{V_{\text{err}}(s)} \approx \frac{R}{R_i}\frac{1}{1+\dfrac{RT_{\text{sw}}}{L}[m_cD'-0.5]}F_p(s)F_h(s) \tag{2.286}$$

$$\frac{V_{\text{out}}(s)}{V_{\text{in}}(s)} \approx \frac{D\left[m_cD'-(1-D/2)\right]}{\dfrac{L}{RT_{\text{sw}}}[m_cD'-0.5]}F_p(s)F_h(s) \tag{2.287}$$

$$F_p(s) = \frac{1+s/\omega_{z1}}{1+s/\omega_{p1}}$$

$$\omega_{z1} = \frac{1}{r_{\text{Cf}}C}，\quad \omega_{p1} = \frac{1}{RC}+\frac{T_{\text{sw}}}{LC}[m_cD'-0.5]，\quad F_h(s) = \frac{1}{1+\dfrac{s}{\omega_n Q_p}+\dfrac{s^2}{\omega_n^2}}，\quad \omega_n = \frac{\pi}{T_{\text{sw}}}$$

$$Q_p = \frac{1}{\pi(m_cD'-0.5)}，\quad m_c = 1+\frac{S_e}{S_n}$$

4. 电流模式，DCM

参考文献[2]等式：

$$\frac{V_{\text{out}}(s)}{V_{\text{err}}(s)} = F_m H_c \frac{1+s/\omega_{z1}}{(1+s/\omega_{p1}')(1+s/\omega_{p2}')} \tag{2.288}$$

$$\omega_{z1} = \frac{1}{r_{\text{Cf}}C}，\quad \omega_{p1}' = \frac{1}{RC}\frac{2m_c-(2+m_c)M}{m_c(1-M)}，\quad \omega_{p2}' = 2F_{\text{sw}}\left(\frac{M}{D}\right)^2$$

$$H_{\mathrm{c}} = \frac{2m_{\mathrm{c}}V_{\mathrm{out}}}{D}\frac{1-M}{2m_{\mathrm{c}}-(2+m_{\mathrm{c}})M}, \quad F_{\mathrm{m}} = \frac{1}{S_{\mathrm{n}}m_{\mathrm{c}}T_{\mathrm{sw}}}$$

$$M = \frac{2}{1+\sqrt{1+8\tau_{\mathrm{L}}/D^2}}, \quad \text{其中 } \tau_{\mathrm{L}} = \frac{L}{RT_{\mathrm{sw}}}$$

对于电压模式下的正激式拓扑，除把 V_{in} 变成 NV_{in} 以外，所有传输函数和元件定义保持不变，其中 $N = N_{\mathrm{s}}/N_{\mathrm{p}}$。在电流模式下，对 V_{in} 采用比例因子，检测电阻 R_{i} 必须考虑到变压器的存在，变为 $R_{\mathrm{i}}' = R_{\mathrm{i}}N$。另外，有些半桥拓扑，在给定变压器连接下（如通过电容桥）要求将输入电压除以 2。

2A.2 升压变换器

1. 电压模式，CCM

参考文献[1]等式：

$$\frac{V_{\mathrm{out}}(s)}{V_{\mathrm{err}}(s)} = K_{\mathrm{d}}\frac{(1+s/\omega_{z1})(1-s/\omega_{z2})}{1+\dfrac{s}{Q\omega_0}+(s/\omega_0)^2} \tag{2.289}$$

$$\frac{V_{\mathrm{out}}(s)}{V_{\mathrm{in}}(s)} = M\frac{1+s/\omega_{z1}}{1+\dfrac{s}{Q\omega_0}+(s/\omega_0)^2} \tag{2.290}$$

$$\omega_{z1} = \frac{1}{r_{\mathrm{Cf}}C}$$

$$\omega_{z2} = \frac{D'^2}{L}(R - r_{\mathrm{Cf}} /\!/ R) - \frac{r_{\mathrm{Lf}}}{L} \quad \text{若 } r_{\mathrm{Lf}} = r_{\mathrm{Cf}} \approx 0, \text{ 则 } \omega_{z2} = \frac{RD'^2}{L} \quad \text{(RHPZ)}$$

$$K_{\mathrm{d}} = \frac{V_{\mathrm{in}}}{V_{\mathrm{peak}}D'^2} = \frac{V_{\mathrm{out}}^{\,2}}{V_{\mathrm{in}}V_{\mathrm{peak}}}$$

$$M = \frac{1}{D'}\frac{1}{1+\dfrac{r_{\mathrm{Lf}}}{D'^2R}+\dfrac{(r_{\mathrm{Cf}}\|R)D}{RD'}} \quad \text{若 } r_{\mathrm{Lf}} = r_{\mathrm{Cf}} \approx 0, \text{ 则 } M = \frac{1}{D'}$$

$$\omega_0 = \frac{1}{\sqrt{LC}}\sqrt{\frac{r_{\mathrm{Lf}}+D'^2R}{r_{\mathrm{Cf}}+R}} \quad \text{若 } r_{\mathrm{Lf}} = r_{\mathrm{Cf}} \approx 0, \text{ 则 } \omega_0 = \frac{1-D}{\sqrt{LC}}$$

$$Q = \frac{\omega_0}{\dfrac{r_{\mathrm{Lf}}}{L}+\dfrac{1}{C(r_{\mathrm{Cf}}+R)}} \quad \text{若 } r_{\mathrm{Lf}} = r_{\mathrm{Cf}} \approx 0, \text{ 则 } Q = R(1-D)\sqrt{\frac{C}{L}}$$

2. 电压模式，DCM

参考文献[1]等式：

$$\frac{V_{\mathrm{out}}(s)}{V_{\mathrm{err}}(s)} = \frac{V_{\mathrm{in}}}{V_{\mathrm{peak}}}\frac{K_1(1+s/\omega_{z1})}{(1+s/\omega_{p1})} \tag{2.291}$$

$$\frac{V_{\mathrm{out}}(s)}{V_{\mathrm{in}}(s)} = \frac{V_{\mathrm{out}}}{V_{\mathrm{in}}}\frac{(1+s/\omega_{z1})}{(1+s/\omega_{p1})} \tag{2.292}$$

$$K_1 = \frac{2}{2M-1}\sqrt{\frac{M(1-M)}{K}}, \quad \text{其中 } K = \frac{2L}{RT_{\mathrm{sw}}}$$

$$\omega_{z1} = \frac{1}{r_{\mathrm{Cf}}C}, \quad \omega_{p1} = \frac{2M-1}{M-1}\frac{1}{RC}$$

3. 电流模式，CCM

参考文献[1]等式：

$$\frac{V_{\text{out}}(s)}{V_{\text{err}}(s)} = \frac{R}{2R_{\text{i}}}\frac{V_{\text{in}}}{V_{\text{out}}}\frac{\left(1+s/\omega_{z1}\right)}{\left(1+s/\omega_{p1}\right)}\frac{\left(1-s/\omega_{z2}\right)}{1+\dfrac{s\left[\left(1+S_{\text{a}}/S_1\right)D'-0.5\right]}{F_{\text{sw}}}+\dfrac{s^2}{\left(\pi F_{\text{sw}}\right)^2}} \tag{2.293}$$

$$\frac{V_{\text{out}}(s)}{V_{\text{in}}(s)} = \frac{V_{\text{out}}}{2V_{\text{in}}}\frac{\left(1+s/\omega_{z1}\right)}{\left(1+s/\omega_{p1}\right)} \tag{2.294}$$

$$\omega_{z1} = \frac{1}{r_{\text{Cf}}C},\quad \omega_{z2} = \frac{RD'^2}{L}\quad (\text{RHPZ}),\quad \omega_{p1} = \frac{2}{RC}$$

参考文献[2]~[5]等式：

$$\frac{V_{\text{out}}(s)}{V_{\text{err}}(s)} = \frac{R}{R_{\text{i}}}\frac{1}{2M+\dfrac{RT_{\text{sw}}}{LM^2}\left(\dfrac{1}{2}+\dfrac{S_{\text{e}}}{S_{\text{n}}}\right)}\frac{\left(1+s/\omega_{z1}\right)}{\left(1+\dfrac{s}{\omega_{p1}}\right)}\frac{\left(1-s/\omega_{z2}\right)}{\left(1+\dfrac{s}{\omega_{\text{n}}Q_{\text{p}}}+\dfrac{s^2}{\omega_{\text{n}}^2}\right)} \tag{2.295}$$

$$\omega_{\text{n}} = \frac{\pi}{T_{\text{sw}}},\quad Q_{\text{p}} = \frac{1}{\pi(m_{\text{c}}D'-0.5)},\quad m_{\text{c}} = 1+\frac{S_{\text{e}}}{S_{\text{n}}},\quad \omega_{z1} = \frac{1}{r_{\text{Cf}}C}$$

$$\omega_{z2} = \frac{RD'^2}{L}\quad (\text{RHPZ}),\quad \omega_{p1} = \frac{\dfrac{2}{R}+\dfrac{T_{\text{sw}}}{LM^3}\left(1+\dfrac{S_{\text{e}}}{S_{\text{n}}}\right)}{C}$$

4. 电流模式，DCM

参考文献[2]~[5]等式：

$$\frac{V_{\text{out}}(s)}{V_{\text{err}}(s)} = F_{\text{m}}H_{\text{d}}\frac{\left(1+s/\omega_{z1}\right)\left(1-s/\omega_{z2}\right)}{\left(1+s/\omega_{p1}\right)\left(1+s/\omega_{p2}\right)} \tag{2.296}$$

$$\omega_{z1} = \frac{1}{r_{\text{Cf}}C},\quad \omega_{z2} = \frac{R}{M^2L}\quad (\text{高频 RHPZ})$$

关于 ω_{p2}： $\omega_{z2} = \dfrac{\omega_{p2}}{1-1/M} > 2F_{\text{sw}}$

$$\omega_{p1} = \frac{1}{RC}\frac{2M-1}{M-1},\quad \omega_{p2} = 2F_{\text{sw}}\left(\frac{1-1/M}{D}\right)^2 \geqslant 2F_{\text{sw}},\quad H_{\text{d}} = \frac{2V_{\text{out}}}{D}\frac{M-1}{2M-1},\quad F_{\text{m}} = \frac{1}{S_{\text{n}}m_{\text{c}}T_{\text{sw}}}$$

$$M = \frac{1+\sqrt{1+2D^2/\tau_{\text{L}}}}{2},\quad \text{其中}\ \tau_{\text{L}} = \frac{L}{RT_{\text{sw}}}$$

2A.3   降压-升压变换器

1. 电压模式，CCM

参考文献[1]等式：

$$\frac{V_{\text{out}}(s)}{V_{\text{err}}(s)} = \frac{V_{\text{in}}}{(1-D)^2 V_{\text{peak}}}\frac{\left(1+s/\omega_{z1}\right)\left(1-s/\omega_{z2}\right)}{1+\dfrac{s}{Q\omega_0}+\left(s/\omega_0\right)^2} \tag{2.297}$$

$$\frac{V_{\text{out}}(s)}{V_{\text{in}}(s)} = \frac{V_{\text{out}}}{V_{\text{in}}}\frac{\left(1+s/\omega_{z1}\right)}{1+\dfrac{s}{Q\omega_0}+\left(s/\omega_0\right)^2} \tag{2.298}$$

$$\omega_{z1} = \frac{1}{r_{Cf}C}, \quad \omega_{z2} = \frac{D'^2 R}{DL} \text{ (RHPZ)}, \quad \omega_0 = \frac{D'}{\sqrt{LC}}, \quad Q = D'R\sqrt{\frac{C}{L}}$$

2. 电压模式，DCM

参考文献[1]等式：

$$\frac{V_{out}(s)}{V_{err}(s)} = \frac{V_{in}}{V_{peak}} \frac{K_1(1 + s/\omega_{z1})}{(1 + s/\omega_{p1})} \tag{2.299}$$

$$\frac{V_{out}(s)}{V_{in}(s)} = \frac{V_{out}}{V_{in}} \frac{(1 + s/\omega_{z1})}{(1 + s/\omega_{p1})} \tag{2.300}$$

$$K_1 = -\frac{1}{\sqrt{K}}, \quad \text{其中 } K = \frac{2L}{RT_{sw}}; \quad \omega_{z1} = \frac{1}{r_{Cf}C}, \quad \omega_{p1} = \frac{2}{RC}$$

3. 电流模式，CCM

参考文献[1]等式：

$$\frac{V_{out}(s)}{V_{err}(s)} = \frac{R}{R_i} \frac{V_{in}}{(V_{in} - 2V_{out})} \frac{(1 + s/\omega_{z1})}{(1 + s/\omega_{p1})} \frac{(1 - s/\omega_{z2})}{1 + \frac{s\left[(1 + S_a/S_1)D' - 0.5\right]}{F_{sw}} + \frac{s^2}{(\pi F_{sw})^2}} \tag{2.301}$$

$$\frac{V_{out}(s)}{V_{in}(s)} = \frac{V_{out}^2}{V_{in}^2 - 2V_{in}V_{out}(1 + s/\omega_{p1})} \tag{2.302}$$

$$\omega_{z1} = \frac{1}{r_{Cf}C}, \quad \omega_{z2} = \frac{D'^2 R}{DL} \quad \text{(RHPZ)}, \quad \omega_{p1} = \frac{V_{in} - 2V_{out}}{V_{in} - V_{out}} \frac{1}{RC}$$

参考文献[2]~[5]等式：

$$\frac{V_{out}(s)}{V_{err}(s)} = \frac{(1 + s/\omega_{z1})(1 - s/\omega_{z2})(1 + s/\omega_{z3})}{(1 + s/\omega_{p1})} A_c F_h(s) \tag{2.303}$$

$$\frac{V_{out}(s)}{V_{in}(s)} = \frac{(1 + s/\omega_{z1})}{(1 + s/\omega_{p1})} A_i F_a(s) F_h(s) \tag{2.304}$$

$$\omega_{z1} = \frac{1}{r_{Cf}C}, \quad \omega_{z2} = \frac{D'^2 R}{DL} \quad \text{(RHPZ)}$$

$\omega_{z3} = \dfrac{1}{RC_s D'} > \dfrac{F_{sw}}{2}$，其中 C_s 是在 CCM CC-PWM 开关模型计算所得的谐振电容

$$\omega_{p1} = \frac{D'\dfrac{K_c}{K}\left(1 + 2\dfrac{S_e}{S_n}\right) + 1 + D}{RC} \text{对于深度 CCM 工作条件：} \omega_{p1} \approx \frac{1 + D}{RC}$$

$$F_h(s) = \frac{1}{1 + \dfrac{s}{\omega_n Q_p} + \dfrac{s^2}{\omega_n^2}}, \quad F_a(s) = \left(1 + \frac{s}{\omega_a Q_a} + \frac{s^2}{\omega_a^2}\right)$$

$$A_i = M \frac{\dfrac{K_c}{K}\left(M - 2\dfrac{S_e}{S_n}\right) - M}{\dfrac{K_c}{K}\left(1 + 2\dfrac{S_e}{S_n}\right) + 2M + 1}, \quad A_c = -\frac{R}{R_i} \frac{1}{\dfrac{K_c}{K}\left(1 + 2\dfrac{S_e}{S_n}\right) + 2M + 1}, \quad \omega_n = \frac{\pi}{T_{sw}}$$

$$Q_p = \frac{1}{\pi(m_c D' - 0.5)}, \quad \omega_a = \pi F_{sw}\sqrt{\frac{\frac{2K_c}{K}\left(\frac{1}{2} - \frac{S_e}{MS_n}\right) - 1}{\frac{2K_c}{K}\left(\frac{S_e}{S_n} - \frac{M}{2}\right) - 1}}, \quad Q_a = \frac{1}{\pi D}\left(M - \frac{2K_c}{K}\left(\frac{M}{2} - \frac{S_e}{S_n}\right)\right), \quad K_c = D'^2, \quad K = \frac{2LF_{sw}}{R}$$

4. 电流模式，DCM

参考文献[2]～[5]等式：

$$\frac{V_{out}(s)}{V_{err}(s)} = F_m H_d \frac{(1 + s/\omega_{z1})(1 - s/\omega_{z2})}{(1 + s/\omega_{p1})(1 + s/\omega_{p2})} \tag{2.305}$$

$$\omega_{z1} = \frac{1}{r_{Cf}C}$$

$$\omega_{z2} = \frac{R}{M(1+M)L} \quad (\text{高频 RHPZ})$$

关于 ω_{p2}：

$$\omega_{z2} = \omega_{p2}(1 + 1/M) > 2F_{sw}, \quad \omega_{p1} = \frac{2}{RC}$$

$$\omega_{p2} = 2F_{sw}\left(\frac{1/D}{1 + 1/M}\right)^2 \geqslant 2F_{sw}, \quad H_d = \frac{V_{in}}{\sqrt{K}}, \quad F_m = \frac{1}{S_n m_c T_{sw}}$$

$$M = -D\sqrt{\frac{1}{2\tau_L}}, \quad \text{其中 } \tau_L = \frac{L}{RT_{sw}}$$

$$K = \frac{2LF_{sw}}{R}$$

对于反激式拓扑，可以用降压-升压变换器等式。然而，需要做一点运算，因为初级电感 L_p 和检测电阻 R_i 位于变压器的原边一侧，而负载和输出电容在变压器的次级一侧。

（1）保持 L_p（式中的 L 参数）和 R_i（对电流模式而言）在变压器初级一侧，并将 C 和 R 通过以下等式换算到初级一侧：

$$R' = R/N^2$$
$$C' = CN^2$$

式中，$N = N_s/N_p$。

（2）计算变压器副边电感值 $L_s = L_p N^2$，并把该结果作为式中参数 L。对于电流模式控制，通过式 $R' = NR_i$，将初级一侧检测电阻换算到副边。C 和 R 保持原值不变。

原著参考文献

[1] A. S. Kislovski, R. Redl, and N. O. Sokal, *Dynamic Analysis of Switching-Mode DC/DC Converters*, Van Nostrand Reinhold, 1991.

[2] R. B. Ridley, "A New Continuous-Time Model for Current-Mode Control," *IEEE Transactions of Power Electronics*, vol. 6, April 1991, pp. 271–280.

[3] V. Vorpérian, "Analytical Methods in Power Electronics," In-house Power Electronics Class, Toulouse, France, 2004.

[4] V. Vorpérian, "Simplified Analysis of PWM Converters Using the Model of the PWM Switch, Parts I (CCM) and II (DCM)," *Transactions on Aerospace and Electronics Systems*, vol. 26, no. 3, May 1990.

[5] V. Vorpérian, *Fast Analytical Techniques for Electrical and Electronic Circuits*, Cambridge University Press, 2002.

附录 2B　极点、零点和复平面简介

在讨论系统的稳定性时，极点和零点在复平面上的位置很重要。环路增益的通用表达式通常

有如下形式:

$$T(s) = \frac{b_0 + b_1 s + \cdots + b_m s^m}{a_0 + a_1 s + \cdots + a_n s^n} = \frac{N(s)}{D(s)}$$ （2.306）

式中, $N(s)$ 和 $D(s)$ 分别表示分子和分母多项式。系统稳定的一个条件是分子的阶次应小于分母的阶次: $m < n$。这个条件, 称为真分式, 即 $\lim_{s \to \infty} T(s) = 0$。没有遵循这一规则的称为假分式, 即 $\lim_{s \to \infty} T(s) = 0$。

对某些 s 值, 分子或分母将变为 0。求得分子和分母的根能有助于分别确定零点和极点的位置, 它们能影响传输函数 $T(s)$。为求零点的位置, 需要求 $N(s) = 0$ 的根。零点实际上就是使传输函数为 0 的频率值。例如, 假设 $N(s) = (s + 5k)(s + 30k)$, 那么, 零点发生在 795 Hz 处（5k/2π）, 而另一个零点在 4.77 kHz（30k/2π）。注意, 由于 $s_{z1} = -5k$ 和 $s_{z2} = -30k$, 因此根为负。

另一方面, 极点通过求解 $D(s) = 0$ 得到。分母为 0 时, 增益 $T(s)$ 趋于无穷大。设有 $D(s) = s^2(s - 22k)$, 那么求解该式可知在 $s = 0$ 处为双极点, 即在原点存在双零点。

另一极点位于 3.5 kHz 处（22k/2π）。在这个特殊情况下, 由于当 $s_{p1} = 22k$ 时 $D(s) = 0$, 故根为正。

1. 对负根的需求

为得到特定输入下传输函数 $T(s)$ 的时域响应, 对传输函数做反拉普拉斯变换。把 $T(s)$ 乘以 $1/s$, 再求反拉普拉斯变换, 可以得到对应阶跃输入的时域响应。可以看到时域响应由指数项之和组成, 其中指数项为式 $D(s) = 0$ 的根。例如, 有如下传输函数:

$$T(s) = \frac{2}{(s+1)(s+2)}$$ （2.307）

把上式乘以 $1/s$, 再求对阶跃输入的时域响应:

$$T(s) = \frac{1}{s} \frac{2}{(s+1)(s+2)}$$ （2.308）

重新整理该式, 得到

$$T(s) = \frac{k_1}{s} + \frac{k_2}{s+1} + \frac{k_3}{s+2}$$ （2.309）

确定所有系数后, 得到

$$T(s) = \frac{1}{s} - \frac{2}{s+1} + \frac{1}{s+2}$$ （2.310）

在该例子中, 求 $k_1 \sim k_3$ 很简单, 需要三个方程来求得三个未知数。在具有多零点的复杂方程中, 存在快速求所有系数的特殊方法。

现在, 我们来求式（2.310）的时域响应, 先求单个分式的反拉普拉斯变换, 然后求和（拉普拉斯变换是线性算符）。得到如下结果:

$$T(t) = 1 - 2e^{-t} + e^{-2t}$$ （2.311）

从上述等式可以看到特征式的根呈现为指数形式: 第一个根 $s_{p1} = 0$, 第二个根 $s_{p2} = -1$, 第三个根 $s_{p3} = -2$。系统稳定的充要条件是所有的根有负的实部, 在该例子中条件满足。已知随时间衰减的函数 $f(t) = Ae^{-t/\tau}$ 对应于阶跃输入响应, 因为 $\lim_{t \to \infty} f(t) = 0$。如果指数系数为正, 那么当 t 增加时, 函数发散。

在上述例子中, 所有根是实数。当特征方程 $D(s) = 0$ 的解为负值时, 例如, 相应的根变成有

虚部和实部的复数。假设有

$$T(s) = \frac{5}{(s+0.8)[(s+2.5)^2+4]} \quad (2.312)$$

$D(s) = 0$ 时，有如下的根：

$$s_{p1} = -2.5-2j, \quad s_{p2} = -2.5+2j, \quad s_{p3} = -0.8$$

这些是两个共轭根和一个实根。另外，如果需要阶跃响应，那么把式（2.312）乘以 $1/s$，可以通过人工求时域响应，或通过用 Mathcad 这样的软件求时域响应：

$$T(t) = 0.6 - 0.907e^{-0.8t} + 0.297e^{-2.5t}\cos(2t) + 0.0088e^{-2.5t}\sin(2t) \quad (2.313)$$

通过 Mathcad 或 PSpice 可对上述等式作图，其中 PSpice 可直接处理拉普拉斯方程。以下网表显示了如何产生必要的代码：

```
.tran 10m 10s
.probe
V1 1 0 pwl 0 0 1u 1 ;stepinput
E1 2 0 LAPLACE {V(1, 0)} = {5/(((s+2.5)^2+4)*(s+0.8))}
;Laplace generator
.end
```

分别比较由探针显示器和 Mathcad 产生的结果，如图 2.168 所示，可以看到在这种情况下，它们是相同的。

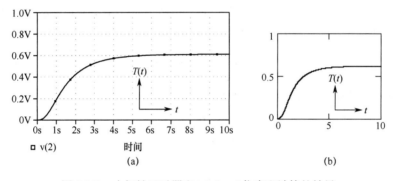

图 2.168　由探针显示器和 Mathcad 仿真和计算的结果

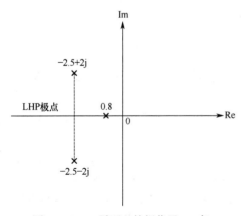

图 2.169　s 平面上的根位置。×表
示极点位置，0 表示零点

为评论传输函数的稳定性，把分子和分母的根（零点和极点）放在 s 平面上是便利的方法。图 2.169 所示为式（2.312）的零点和极点，其中×表示极点位置，而 0 表示零点。通过检查传输函数极点的位置，可以立即看到是否存在非稳定性。本例中，由于所有极点都处在左半平面（LHP），对应瞬态输入阶跃，不存在振荡。这些在左半平面（LHP）的极点意味着所有的指数都有一个负号，因此随时间产生衰减。当式（2.313）中存在正弦和余弦项时，衰减现象并不会很明显。

2. 移动极点，根轨迹图

图 2.170 所示为经典的补偿方案：典型的变换器功率级，具有单位增益反馈回路和误差增益 k。推导得到闭环传输函数为

$$\frac{V_{\text{out}}(s)}{V_{\text{ref}}(s)} = \frac{kG(s)H(s)}{1+kG(s)H(s)} \qquad (2.314)$$

如果考虑把等式表示为下面的 $G(s)$ 和 $H(s)$ 表达式，可以重新整理式（2.314）：

$$G(s) = \frac{N_{\text{G}}(s)}{D_{\text{G}}(s)}, \qquad H(s) = \frac{N_{\text{H}}(s)}{D_{\text{H}}(s)}$$

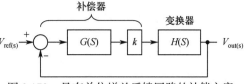

图 2.170　具有单位增益反馈回路的补偿方案

$$\frac{V_{\text{out}}(s)}{V_{\text{ref}}(s)} = \frac{k\dfrac{N_{\text{G}}(s)}{D_{\text{G}}(s)}\dfrac{N_{\text{H}}(s)}{D_{\text{H}}(s)}}{1+k\dfrac{N_{\text{G}}(s)}{D_{\text{G}}(s)}\dfrac{N_{\text{H}}(s)}{D_{\text{H}}(s)}} = \frac{kN_{\text{G}}(s)N_{\text{H}}(s)}{D_{\text{G}}(s)D_{\text{H}}(s)+kD_{\text{G}}(s)D_{\text{H}}(s)} \qquad (2.315)$$

式（2.315）显示了在开环增益分析时引入的极点和零点，分别通过 $D_{\text{G}}(s)$ 和 $N_{\text{G}}(s)$ 表示。开环增益分析是为了形成在适当带宽和相位裕度下的交流响应。$D_{\text{G}}(s)$ 和 $N_{\text{G}}(s)$ 出现在闭环传输函数的分母中并影响闭环特征式的根。如果把频谱的最低部分的补偿变为 0，如在交叉点提升相位，将使响应减慢，这是因为 $D_{\text{G}}(s)$ 和 $N_{\text{G}}(s)$ 在闭环特性方程中以极点的形式出现，即

$$\chi(s) = D_{\text{G}}(s)D_{\text{H}}(s)+kN_{\text{G}}(s)N_{\text{H}}(s) = 0 \qquad (2.316)$$

因此，按照不同的 k 值，存在几种情况：

- k 值小，$\chi(s) = D_{\text{G}}(s)D_{\text{H}}(s) = 0$，闭环极点与开环表达式的一样；
- 如果 k 增加，由于极点是 k 的连续函数，极点从开环极点位置移开来完全满足式（2.316）；
- 如果 k 进一步增加，式（2.316）变成 $\chi(s) = kN_{\text{G}}(s)N_{\text{H}}(s) = 0$，闭环极点位置趋向于开环零点的位置。

检查 s 平面内极点位置的移动称为根轨迹分析。可以通过专用软件自动完成或用手工作图。与式（2.316）有关，根轨迹分析可能是一个很困难的过程。典型的根轨迹图如图 2.171 所示。该图按照以下特征方程画出了极点随增益 k 值的变化曲线：

$$\chi(s) = s^3 + 6s^2 + 8s + k \qquad (2.317)$$

从特征方程得到一个实极点和两个复极点。通过研究图中极点位置变化的路径，可以得到几点信息。例如，两根轨线与虚轴的交点给出了闭环的增益裕度。

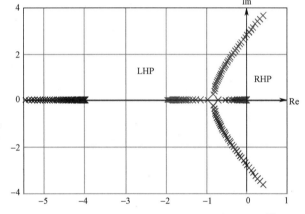

图 2.171　由式（2.317）画出的典型根轨迹图[4]

在下面的参考文献中，可以得到更多的信息。有几个网站包含了许多有用的信息，特别是参考文献[2]，还包含了许多 Java 程序。

原著参考文献

[1] H. Özbay, *Introduction to Feedback Control Theory*, CRC Press, 1999.

[3] A. Stubberud, I. Williams, and J. DiStefano, *Schaum's Outline of Feedback and Control Systems*, McGraw-Hill, 1994.

[4] V. Vorpérian, *Fast Analytical Techniques for Electrical and Electronic Circuits*, Cambridge University Press, 2002.

附录 2C　电压模式 DCM 升压变换器小信号分析

为分析工作于非连续导通模式的升压变换器，需要在 DCM 下推导得到的大信号 PWM 开关

模型的小信号模型。首先，观察图 2.172 所示的连接在升压变换器的大信号模型。该模型的优点是可以很快得到其交流响应，因为 SPICE 会自动为我们对电路线性化。图 2.173 给出了交流响应。惊讶的是，该响应是二阶响应并似乎存在右半平面零点！记得，在 SSA 的描述中，DCM 下，电感电流在开关周期内降为 0，相关联的态变量消失，变换器从二阶降为一阶。显然，现在的情况不是这样的。

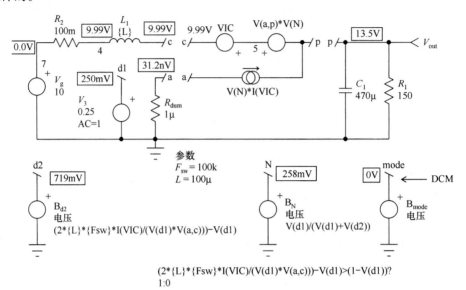

图 2.172　升压变换器大信号 DCM PWM 开关模型

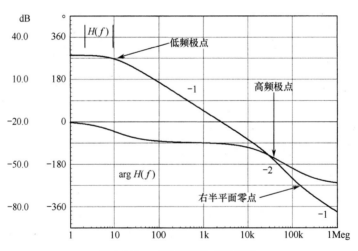

图 2.173　二阶系统的交流响应

回到我们的电路，位于图右下部的电源用来测试工作模式及确认变换器很好地工作于 DCM。在考虑交流响应之前，首先看看偏置点以及可以从图 2.174 中求解些什么，图 2.174 是图 2.172 的简化形式并做了重新排列。我们可以写出三个方程，式中 V_c 是节点 c 的电压：

$$V_c = V_{in} + R_2 I_c \qquad (2.318)$$

请注意，由于在 PWM 开关模型中电流 I_c 从节点 c 流出，故其值为负。

$$-\frac{V_c D^2}{2F_{sw}L} = \frac{V_{out}}{R_1} + I_c \qquad (2.319)$$

$$V_c = V_{out} + \frac{V_{out}V_cD^2}{2LF_{sw}I_c} \qquad (2.320)$$

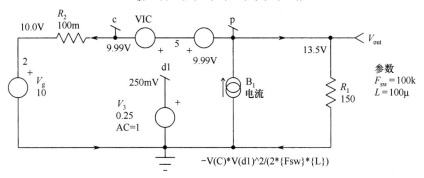

图 2.174　为便于推导方程而简化及重新排列的电路

合并前两个方程，可以求得节点 c 的电压，如果设定 R_2 值为 0，电压值近似等于输入电压：

$$V_c = \frac{V_{in} - \dfrac{V_{out}R_2}{R_1}}{\dfrac{D^2R_2}{2LF_{sw}}+1} \approx V_{in} \qquad (2.321)$$

如果把式（2.321）代入式（2.319），求得流出节点 c 的电流为

$$I_c = -\frac{R_1V_{in}D^2 + 2LF_{sw}V_{out}}{R_1(R_2D^2 + 2F_{sw}L)} \qquad (2.322)$$

然后去掉式中的 R_2 项，提取因子 V_{out}/R_1，得到

$$I_c \approx \frac{V_{out}}{R_1}\left(-1 - \frac{V_{in}D^2R_1}{2LV_{out}F_{sw}}\right) \qquad (2.323)$$

当把这些变量代入式（2.320），求得

$$V_{in} = \frac{2LF_{sw}V_{out}^2}{R_1V_{in}D^2 + 2LF_{sw}V_{out}} \qquad (2.324)$$

进一步变换该方程并应用方程：

$$\left(\frac{V_{in}}{V_{out}}\right)^2 = \frac{1}{M^2} \qquad (2.325)$$

和

$$\frac{V_{in}}{V_{out}} = \frac{1}{M} \qquad (2.326)$$

我们可以求得占空比及 dc 传输函数：

$$D = \sqrt{\frac{2LF_{sw}V_{out}\left(V_{out}/V_{in}-1\right)}{V_{in}R_1}} \qquad (2.327)$$

$$M = \frac{1}{2}\left(1 + \sqrt{1 + \frac{2R_1D^2}{LF_{sw}}}\right) \qquad (2.328)$$

以该变换器为例，设它具有下列元件值和工作条件：

$$F_{sw} = 100\text{ kHz},\ L = 100\text{ μH},\ V_{out} = 13.5\text{ V},\ V_{in} = 10\text{ V},\ R_1 = 150\ \Omega$$

将这些数值用于方程（2.327）和方程（2.328），分别得到占空比为 25.1%，传输比 M 为 1.348，该结果与图 2.172 中显示的工作点一致。

现在已知工作点，是时候来线性化电压模式下的大信号 DCM PWM 开关模型。它由两个源组成，该源模拟受系数 N 影响的传输比。在 CCM 下，N 就是占空比 D。在 DCM 下，关系如下：

$$N = \frac{D_1}{D_1 + D_2} \tag{2.329}$$

将式（2.115）代入上式，得到关于 N 的更全面的定义：

$$N = \frac{V_{ac}D_1^2}{2F_{sw}I_cL} \tag{2.330}$$

第一个源是电流源 I_a，它等于

$$I_a = NI_c \tag{2.331}$$

详细观察方程（2.330）看出，由于 I_c 消失，方程中有两个变量：D_1 和 V_{ac}，如果给上述方程加一交流小信号扰动，方程会很快导致复杂的结果，因为，我们必须分出交流和直流方程。可以用偏微分替代并用 Mathcad 来自动处理：

$$\hat{i}_a = \frac{\partial f(D_1, I_c V_{ac})}{\partial D_1}\hat{d}_1 + \frac{\partial f(D_1, I_c V_{ac})}{\partial V_{ac}}\hat{v}_{ac} \tag{2.332}$$

得到

$$\hat{i}_a = k_1\hat{d}_1 + k_2\hat{v}_{ac} \tag{2.333}$$

其中，

$$k_1 = \frac{V_{ac}D_1}{F_{sw}L} \qquad k_2 = \frac{D_1^2}{2F_{sw}L}$$

第二个源与端点 c 和 p 两端的电压有关，其中 N 仍由式（2.330）代替。

$$V_{cp} = NV_{ap} \tag{2.334}$$

现在有四个变量即 D_1、I_c、V_{ac} 和 V_{ap}。通过偏微分求解后，可以立刻得到所有系数：

$$\hat{v}_{cp} = \frac{\partial f(D_1, I_c, V_{ac}, V_{ap})}{\partial D_1}\hat{d}_1 + \frac{\partial f(D_1, I_c, V_{ac}, V_{ap})}{\partial V_{ap}}\hat{v}_{ap}$$
$$+ \frac{\partial f(D_1, I_c, V_{ac}, V_{ap})}{\partial I_c}\hat{i}_c + \frac{\partial f(D_1, I_c, V_{ac}, V_{ap})}{\partial V_{ac}}\hat{v}_{ac} \tag{2.335}$$

我们可以把 v_{cp} 用如下式子表示：

$$\hat{v}_{cp} = k_3\hat{d}_1 + k_4\hat{v}_{ap} + k_5\hat{i}_c + k_6\hat{v}_{ac} \tag{2.336}$$

由方程可求得

$$k_3 = \frac{V_{ap}V_{ac}D_1}{F_{sw}I_cL} \quad k_4 = \frac{V_{ac}D_1^2}{2F_{sw}I_cL} \quad k_5 = -\frac{V_{ap}V_{ac}D_1^2}{2F_{sw}I_c^2L} \quad k_6 = \frac{V_{ap}D_1^2}{2F_{sw}I_cL}$$

在做进一步推导之前，用来自式（2.333）和式（2.336）的线性化源来测试交流响应是很重要的。建议在中间阶段随时做理智的检查。如果存在问题，比如明显的曲线偏差，最好在此时发现它而不是到最后阶段去发现。通过自动计算图 2.175 中不同 k 系数来测试。计算表明幅度和相位曲线与图 2.173 所得的很好重叠。一切很好，可以继续后续工作。

由于我们想得出控制到输出的传输函数，将输入信号 $\hat{v}_{in}$ 当作 0。在这种情况下，初始的电路图进一步简化，如图 2.176 所示。$V(d_1)$ 实际上就是调制输入 $D(s)$。

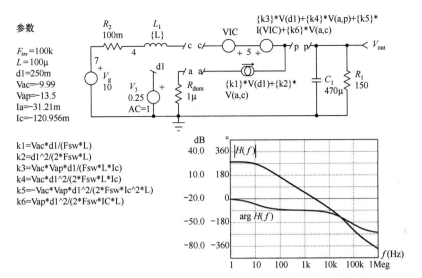

图 2.175　中间检查这一步对于确认线性化过程的合理性很重要

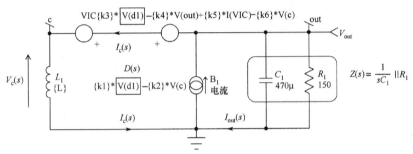

图 2.176　中间检查这一步对于确认线性化过程的合理性很重要

观察该电路可帮助我们推导如下三个方程：

$$V_c(s) = I_c(s)sL \tag{2.337}$$

$$V_c(s) = V_{out}(s) + k_3 D(s) - k_4 V_{out}(s) + k_5 I_c(s) - k_6 V_c(s) \tag{2.338}$$

$$I_c(s) = k_1 D(s) - k_2 V_c(s) - \frac{V_{out}(s)}{Z(s)} \tag{2.339}$$

在上面最后方程中，$Z(s)$ 是与输出电容并联的负载给出的阻抗：

$$Z(s) = \frac{1}{sC_1} \mathbin{/\mkern-5mu/} R_1 \tag{2.340}$$

为简化起见，忽略了电容 ESR，它将会在后面的方程分子中重新出现。

将式（2.337）代入式（2.338），求解 I_c 得到

$$I_c = -\frac{V_{out}(s) - Z_L(s)k_1 D(s)}{Z_L(s) + sLZ_L(s)k_2} \tag{2.341}$$

然后让式（2.341）和式（2.339）相等，重新整理方程，得出传输函数为

$$\frac{V_{out}(s)}{D(s)} = \frac{R_1 k_3 + R_1 k_1 k_5}{k_5 - R_1 + R_1 k_4} \frac{\left(1 - sL\dfrac{k_1 - k_2 k_3 + k_1 k_6}{k_3 + k_1 k_5}\right)}{1 + s\left(\dfrac{R_1 k_5 C_1 + L(R_1 k_2 k_4 - 1 - k_6 - R_1 k_2)}{k_5 - R_1 + R_1 k_4}\right) + s^2 C_1 L \dfrac{R_1 + R_1 k_6}{R_1 - k_5 - R_1 k_4}} \tag{2.342}$$

该二阶表达式可以变换为更熟悉的如下形式：

$$H(s) = G_0 \frac{1 - s/s_{z_1}}{1 + \frac{s}{\omega_0 Q} + (s/\omega_0)^2} \tag{2.343}$$

其中有

$$G_0 = \frac{R_1 k_3 + R_1 k_1 k_5}{k_5 - R_1 + R_1 k_4} \tag{2.344}$$

$$\omega_{z_1} = \frac{1}{L\left(\dfrac{k_1 - k_2 k_3 + k_1 k_6}{k_3 + k_1 k_5}\right)} \tag{2.345}$$

$$Q = \frac{k_5/R_1 - 1 + k_4}{\omega_0 \left(L(k_6/R_1 + k_2 - k_2 k_4 + 1/R_1) - C_1 k_5\right)} \tag{2.346}$$

$$\omega_0 = \frac{1}{\sqrt{LC_1}} \sqrt{\frac{1 - k_5/R_1 - k_4}{1 + k_6}} \tag{2.347}$$

分母有两个根，传输函数极点为

$$D(s) = 1 + \frac{s}{\omega_0 Q} + (s/\omega_0)^2 \tag{2.348}$$

$$s_{p_1}, s_{p_2} = \frac{\omega_0}{Q} \frac{1 \pm \sqrt{1 - 4Q^2}}{2} \tag{2.349}$$

当 Q 值低，如已从为 Q 进行数值计算中得到确认，则麦克劳林（MacLaurin）级数展开式将帮助我们将原始表达式简化成两个级联的极点。首先假设含 x 的平方根表达式在 0 附近可表示成（一级近似）：

$$(1 + x)^n \approx 1 + nx \tag{2.350}$$

也暗指

$$\sqrt{1 + x} \approx 1 + \tfrac{1}{2}x \tag{2.351}$$

应用该简化方法，可以将由式（2.349）定义的两个根重新写为

$$s_{p_1} = \frac{\omega_0}{Q} \frac{1 + \sqrt{1 - 4Q^2}}{2} \approx -\frac{\omega_0}{Q}(Q^2 - 1) \approx \frac{\omega_0}{Q} \tag{2.352}$$

$$s_{p_2} = \frac{\omega_0}{Q} \frac{1 - \sqrt{1 - 4Q^2}}{2} \approx \frac{\omega_0}{Q} \frac{1 - (1 - 2Q^2)}{2} \approx Q\omega_0 \tag{2.353}$$

基于这些求解，分母可重新写为如下：

$$D(s) \approx \left(1 + s/s_{p_1}\right)\left(1 + s/s_{p_2}\right) \tag{2.354}$$

该冗长的由式（2.342）给出的传输函数可以下式方式重新修订：

$$H(s) \approx G_0 \frac{\left(1 - s/s_{z_1}\right)\left(1 + s/s_{z_2}\right)}{\left(1 + s/s_{p_1}\right)\left(1 + s/s_{p_2}\right)} \tag{2.355}$$

在该表达式中，增加了输入电容 ESR，即 r_c，该电阻产生一个零点并抵消了零点 ω_{z2} 位置的响应。一旦重新整理和简化上述给出的所有系数，可以求到下列近似表达式：

$$G_0 \approx \frac{2V_{in}}{2M - 1} \sqrt{\frac{M(M-1)R_1}{2F_{sw}L}}, \quad \omega_{p1} \approx \frac{2M - 1}{M} \frac{1}{R_1 C_1}$$

$$\omega_{p2} \approx 2F_{sw}\left(\frac{1 - 1/M}{D}\right)^2, \quad \omega_{z1} \approx \frac{R_2}{M_2 L}, \quad \omega_{z2} \approx \frac{1}{r_c C_1}$$

为检验上述方程的合理性，我们把由 Mathcad 计算结果画出的图形和由大信号模型（线性化以前）SPICE 仿真输出的曲线作在同一图中。图 2.177 的结果确认我们的工作做得很好。

如同看到的那样，工作于 DCM 的升压变换器响应仍是二阶系统，这与工作于 CCM 完全一样。区别在于品质因素 Q 不同，Q 在 DCM 条件下迅速降低，其响应如同有两个级联极点那样。SSA 能预测第一个低频极点，但不能发现第二个高频极点。DCM 条件下右半平面零点（RHPZ）的情况也如此，能预测 PWM 开关第一个零点。对了，为什么 DCM 条件存在 RHPZ？图 2.178 给出了工作于 DCM 的升压或降压-升压变换器二极管的 DCM 电流。当占空比增加，电流流经二极管（D_1、D_2）的持续时间在 CCM 条件下不会变短。实际上会经历一个时间偏移，偏移量就是占空比增加的量。哪部分时间减少了呢？减少的是死区段时间 $D_3 T_{sw}$，而平均电流不受影响。然而，输出电容充电时间会延迟。如图 2.179 所示，该偏移变换成变换器输出的瞬态电压降。请注意，这是简化的仿真，并且当 D_1 扩展没有体现时，电感电流增加。另外，这是高频效应，不同于在原型电路观察到的那样。尽管如此，对于那些想采用 DCM 结构来增加可能的交越频率的设计而言，需要注意 RHPZ 的出现，因为 RHPZ 会影响设计的相位裕度。

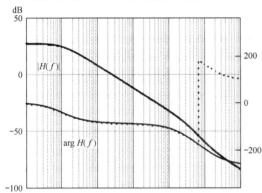

图 2.177 最后的常规检查表明，小信号方程输出结果与使用线性化大信号 DCM PWM 开关模型 SPICE 仿真结果完全一致

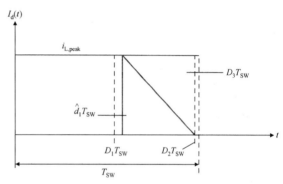

图 2.178 在 DCM 中，当占空比增加，死区时间缩短但二极管（D_1、D_2）导通时间顺移

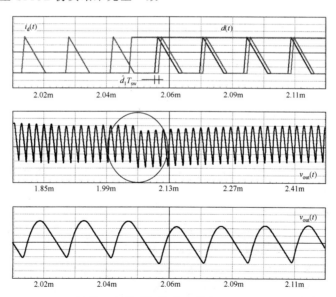

图 2.179 二极管电流的时间偏移表明在 DCM 下 RHPZ 的存在

第 3 章 反馈和控制环

反馈理论是许多教材讨论的对象，本章将集中讨论一些已知和简单的结论，引出有助于快速稳定功率变换器的补偿技术。感兴趣的读者可参考本章后面给出的参考文献获取更多的理论分析知识。

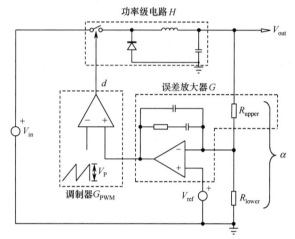

图 3.1 闭环模式工作的开关模式变换器简化电路图

几乎在所有的应用场合，开关电源提供的电压或电流参数的值必须保持恒定，且与工作条件无关，如输入电压、输出负载、环境温度。为达到这一目的，部分电路应对上述变量不敏感。这部分电路称为参考电路，通常为电压源 V_{ref}。V_{ref} 在整个温度范围内精确、稳定。输出变量（如输出电压 V_{out}）的一部分（α）始终与该参考值比较。反馈环把信息从输出反馈到输入，控制器努力使这两个电平在理论上相等：

$$V_{out} = V_{ref}/\alpha \tag{3.1}$$

图 3.1 所示为简单的开关模式变换器，它与实验室工作台上的电源是一样的。借助于误差放大器，整个环路力求满足式（3.1）。α 是由 R_{upper} 和 R_{lower} 产生的分压比。

基于图 3.1，可以画出简化的静态描述，如图 3.2 所示，图中有意把整个反馈简化为全反馈结构。由图 3.2 可以写出如下几个等式：

$$\left[V_{ref}/\alpha - V_{out}\right]G(0)H(0) = V_{out} \tag{3.2}$$

$$\frac{V_{ref}}{\alpha}G(0)H(0) = V_{out}\left[1+G(0)H(0)\right] \tag{3.3}$$

$$\frac{V_{out}}{V_{ref}} = \frac{1}{\alpha}\frac{G(0)H(0)}{1+G(0)H(0)} = \frac{1}{\alpha}\frac{T(0)}{1+T(0)} \tag{3.4}$$

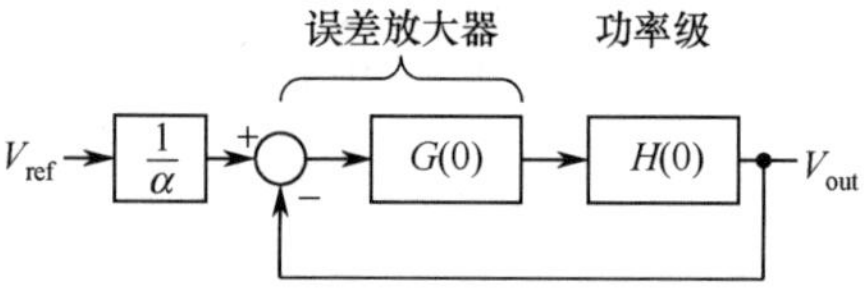

图 3.2 开关模式变换器的简化静态描述

$$\frac{V_{out}}{V_{ref}} \approx \frac{1}{\alpha}, \quad \text{则} \quad \|T(0)\| \gg 1 \tag{3.5}$$

$T(0)$ 表示与 V_{out} 和 V_{ref} 有关的 dc 环路增益。$T(0)/(1 + T(0))$ 描述了由 dc 开环增益带来的误差。它解释了理论输出值（V_{ref}/α）和最后在环路闭合时从电压表读到的值之间的偏差。这些在第 1 章中已经看到过。因此，使用具有大开环增益的运算放大器是减少静态误差的关键，并有助于提供低频增益来对抗离线电源中的整流纹波。

图 3.3 所示为电源的小信号描述。与前面解释的一样，在小信号条件下，运算放大器的同相端接地。因此，R_{lower} 组件不存在，环路增益只由 R_{upper} 和 Z_f 决定。改变分压网络比（α）对环路增益无影响，附录 3D 对这一结论做了证明。这就是图 3.3 所给出的结果，基于大家所熟悉的降压变换器，电路中只出现上分压电阻 R_{upper}。输出信号的一部分馈送到运算放大器的反相输入端，运算放大器的频率响应受由 R_{upper} 和 Z_f 组成的补偿网络影响。补偿网络的作用是修正变换器的频率响应，使得电路在闭环条件下能稳定地工作。运算放大器的输出 $V_{err}(s)$，送到 PWM 增益块的

输入，最后产生控制变量，即功率级占空比。功率级电路受传输函数 $H(s)$ 的影响。在这个结构中，环路增益简单地表示为

$$T(s) = H(s)G(s)G_{\text{PWM}} \qquad (3.6)$$

但是，电源变换器的输出不只取决于控制变量 d。某些外部干扰会使输出指标产生偏移：如输入电压 V_{in} 和输出电流 I_{out}。通过第 1 章已知负反馈是如何减少这些效应的。环路分析是指研究整个传输函数的开环增益和相位响应，大多数时间是通过波特图分析，即画出变换器在使用寿命期间可能经受的各种不同输入/输出条件下，通过补偿网络稳定的电源波特图。

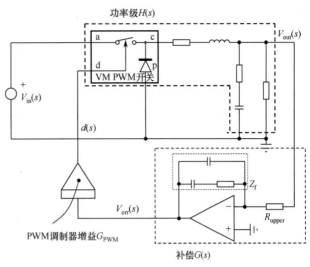

图 3.3　开关模式变换器的小信号描述

3.1　观察点

揭示变换器传输函数存在的不同方法，最简单的一种是把环路断开，并加入一个输入信号，然后观察断开环路的另一端信号。利用以前的电路，可以提出一种简单的方法，该方法将在后面的电路（见图 3.4）分析中使用。

在该例中，直流电源固定工作点，通过耦合电容施加交流调制。网络分析仪检测 V_{stim} 和 V_{err} 并通过公式 $20\lg(V_{\text{err}}/V_{\text{stim}})$ 计算增益。这种方法在 SPICE 环境下运行顺利，但该方法在高开环增益条件下，会引起工作点失控的大问题。因此，在实际试验中，不推荐该方法。

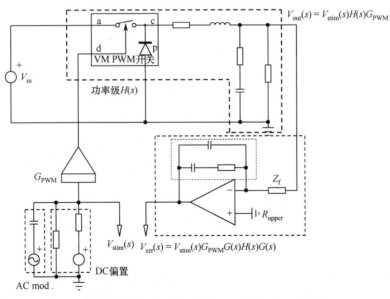

图 3.4　在调制点前断开环路，并应用外部偏置源

观察功率级输出电压将会看到直流增益以及相位，在二阶系统中（如电压模式 CCM 降压变换器），相位从 0° 下降到 -180°。如果观察由运算放大器产生的输出电压，在给定的反相组态下，则反相输出级信号还要加入另一个 -180° 相移。在经典技术文献中，开环系统的相位曲线画在 0°

和–360°之间。当研究相位裕度时，作者通常会忽略由运算放大器带来的–180°相移，而把相位曲线显示在 0° 和–180° 之间。相位裕度是用距离来计算的，该距离是在交越点处读得的环路相位到–180° 线的距离，单位为度（°）。这是由于图 3.2 所示环路，在符号反相之前通常是开路的。在 SPICE 仿真或在实验室中使用网络分析仪，该分析包含了整个链路（见图 3.4），相位滞后360° 或 0°。书后面内容会解释为什么相位裕度读作环路相位轨迹和 0° 轴之间的距离。

图 3.5 所示为工作于电压模式的 CCM 降压变换器的典型波特图。图的上部分只画出了功率级 $H(s)$ 波特图，图的下部分表示了运算放大器后的环路增益 $T(s)$ 的波特图。功率级相位滞后达 180°，但由于输出电容等效串联电阻（ZSR）的存在，在大于 1 kHz 后相位响应偏离渐近值。当插入一个反相运算放大器而不做频率补偿，就会加入附加的 180° 相位延迟。因此，环路相位如同解释的那样从 180° 开始，滞后降至 0°。用零点和极点修正运算放大器响应和增益，可使环路相位响应在交越点远离 0°，有意地构建相位裕度。

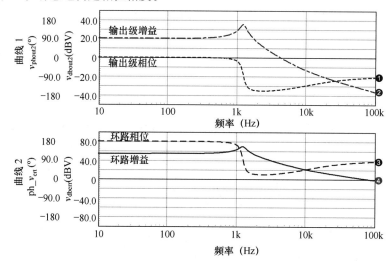

图 3.5 典型降压变换器功率级波特图及补偿后的整个环路波特图

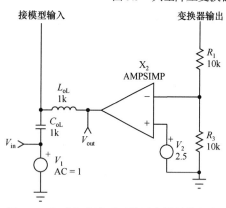

图 3.6 电感在直流时（偏置点计算期间）使环路闭合，在交流时断开环路。阻止所有来自误差链的调制信号

与前面研究的情况类似，通过熟悉的 L_{oL} 和 C_{oL} 网络，用 SPICE 可以完成图 3.4 所示的交流行为的分析。为便于参考，图 3.6 重绘了该图。有时，在交流扫描时应用该技术，会出现一些噪声。在 L_{oL} 和 C_{oL} 网络中加入串联电阻能解决这一问题（典型值为 100 mΩ）。

由图 3.6 带来的重要改进是闭环直流点，而图 3.4 中没有。负载或输入电压的任何改变将自动调整占空比使输出保持恒定（当然应在变换器调节范围内）。

与前面解释的一样，取一个电源，按照图 3.4 所示的断开环路的建议，或者说，物理上断开环路并通过外部直流电源固定偏置点（调整电源得到合适输出电压），那么在高直流增益的情况下（如用运算放大器构成反馈环路），维持合适的工作点将会是很困难的事。由于温度的变化使外部电源产生几百毫伏的偏移，将会使误差放大器输出到达极限值，如果误差放大器输出达到上极限值，会听到很大的噪声。已经在第 2 章中应用过的变压器方法，推荐在测量实践中使用。

在 SPICE 中，解决这一问题的方法有两种选项：在误差信号处或者在输出信号处串联插入一个交流信号源，如图 3.7(a)和(b)所示。请注意，交流信号的极性与前述的串联信号一致。然而，信号源的连接必须满足一些阻抗的要求。信号源"—"端应连接到低阻抗点，而"+"端应与高阻抗点连接。基于作者的经验，L_{oL}/C_{oL} 方法为任意点上用 SPICE 探测传输函数，提供了最容易的方法。这是因为激励源以地作为参考点，没有悬浮。应用 IntuScope（IsSpice 图形工具）或探针显示器（PSpice 图形工具），要得到图 3.6 的环路增益，只需简单地输入如下命令：

增益：

IsSpice: 点击 dB V(vout)
Probe: 输入 dB(V(vout))

相位：

IsSpice: 点击 phase V(vout)
Probe: 输入 Vp(vout)

不需要做进一步的信号运算。如果要探测其他节点，如运算放大器分压器之前的输出级信号，可应用同样的方法。

相反，如果应用图 3.7(a)和(b)的方法，由于信号源悬浮，需要应用如下信号运算：

增益：

IsSpice: 点击 dB V(vout)，得到波形 1(W1)；点击 dBV(vin)，得到波形 2(W2)。画 W1-W2，就能得到传输函数。
Probe: 点击 dB(V(vout)/V(vin))

相位：

IsSpice: 点击 phase V(vout)，得到波形 1(W1)，键入 phase V(vin)，得到波形 2(W2)。画 W1-W2，就能得到相位传输函数。
Probe: 点击 Vp(vout)-Vp(vin)

注意，在 IntuScope 中，按键盘字母 b 能在屏幕上直接画出波特图。

如前所述，与 L_{oL}/C_{oL} 方法相比，悬浮源需要做一些运算。然而，为进行瞬态分析，必须要将 L_{oL}/C_{oL} 中的电感和电容减小到 1 pH 和 1 pF 的数量级，以免对环路产生干扰。因此，在交流和瞬态分析之间触发转换会很快成为很沉闷的工作。由于瞬态分析自动把交流源变为零，实际上对悬浮信号源并不关心。因此，可免于在交流和瞬态电路之间转换。为简化起见，本书中应用 L_{oL}/C_{oL} 方法，但同样可以应用悬浮源。

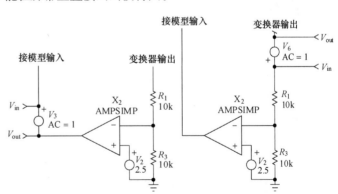

(a) 在误差信号处串联一个交流信号源　　(b) 在输出信号处串联一个交流信号源

图 3.7　插入串联的交流源描述了另一种可行方案

3.2　稳定判据

在稳定性判定工具（Nyquist、Nichols 等）中，由于其简单性，波特图几乎是最受欢迎的。其他方法需要在复平面上运算数据，而波特图提供了在频域快速观察传输函数幅度的方法。

　　已知，反馈系统取输出变量的一部分并将其与稳定参考值做比较，然后进一步放大这些信号之间的误差，再通过补偿器增益产生校正作用。换句话说，如果输出电压偏离其理想值，假设输出电压增大，必须减少误差信号来指示变换器减小输出。相反，输出电压低于理想值，误差电压将增大，变换器相应地输出更多的电压。控制作用与调节后输出电压的变化相反，因此称为负反馈。当频率增加，变换器输出级 $H(s)$ 引入进一步延迟（称为"滞后"）并使增益下降。与校正环 $G(s)$ 组合在一起，会很快出现一种情况，即控制信号与输出信号之间的总相位差减小为 0°。理论表明，不管什么原因，如果输出信号和误差信号同相，而环路增益精确地达到 1（在对数刻度时为 0 dB），则变成了正反馈振荡器，产生对应 0 dB 交叉点的固定频率正弦信号。

　　当对电源做补偿时，目的不是构建振荡器。设计工作包括形成校正电路 $G(s)$ 来确保：

　　① 当环路增益曲线与 0 dB 轴交叉时，误差信号和输出信号之间存在足够的相位差；

　　② $G(s)$ 提供高的直流增益来减少静态误差同时改善输出阻抗及输入电源衰减。这个相位差称为相位裕度（PM）。

　　相位裕度应选择多少？通常，绝对值最小为 45°，一个可靠的设计，其相位裕度约为 70°～90°，这样可提供良好的稳定性和快速无振铃瞬态响应。

　　图 3.8 所示为加补偿后的 CCM 电压模式降压变换器的环路增益并强调了相位裕度，从图中可以求得 PM 大于 50°，0 dB 交叉频率（或带宽）为

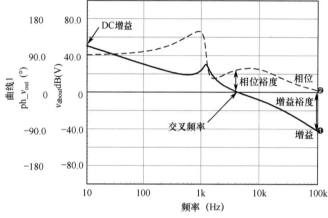

图 3.8　加补偿后的 CCM 电压模式降压变换器补偿环路增益

4.2 kHz。图中的 PM 可以通过读取相位曲线和 0° 线之间的距离求得。如同教科书上解释的那样，相位裕度与开环增益和测量方法有关，有时 PM 从相位曲线和–180° 线之间的距离求得。两种求法解释相同。

　　注意对应于相位裕度为 0° 的，高于或低于 0 dB 点，被称为条件稳定。即如果增益增加或下降（相位曲线保持不变），单位增益交叉点与相位裕度 0° 两条件同时满足，会造成振荡。重要的是 0 dB 轴与危险点之间的距离是多少。这可从图 3.8 右边看到，其中误差信号和输出信号同相（0°）。如果增益增加 20 dB，就会有麻烦。增益增加（或在某些情况下减少）直至 0 dB 轴称为增益裕度（GM）。好的设计至少要确保 10～15 dB 裕度，来处理由于加载条件、组件离散性、环境温度等因数而引起的增益变化。

　　图 3.9 所示为同一个 CCM 降压变换器，但在交叉频率处相位裕度减小为 25°。这个相位裕度太低。而且，在 2 kHz

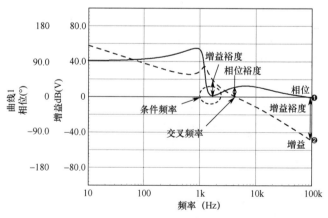

图 3.9　在该结构中，带宽不变，但相位裕度发生变化

左右，相位接近 0°。如果增益减少 20 dB，在该特殊点与 0 dB 交叉，将发生振荡，这就是前面描述的条件稳定。

3.3 相位裕度和瞬态响应

二阶系统的开环相位裕度和系统闭环传输函数的品质因数 Q 有一定的关系[1,2]。这一关系由图 3.10 给出。如果相位裕度太小，与 RLC 电路一样，传输函数峰值会引起高输出振铃。相反，如果相位裕度太大，系统响应减慢，导致过脉冲消失且损害系统响应和恢复速度。如图 3.10 中强调的那样，等效品质系数为 0.5 会带来 76° 的相位裕度。结合响应速度指标及无过脉冲等要求，会导致临界阻尼变换器。人们通常认为 30° 的相位裕度是允许的最低值，低于该值会使振铃变得无法接受。基于这一描述，推荐设置变换器相位裕度的指标为 70°，这会在批量生产时杂散组件使极点或零点位置移动时，给你提供相位余量。

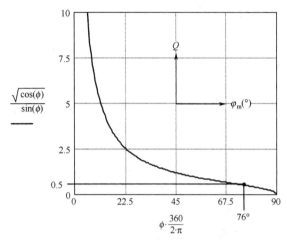

图 3.10 无零点的二阶系统开环相位裕度和闭环等效品质因数的关系

图 3.10 中曲线的推导由文献[2]详细给出。然而，需要记住该图是对无零点的二阶网络传输函数表达式理论分析的结果，是考虑了在交越频率附近对变换器作补偿后得到的。交越点前面和后面的补偿都有意忽略了。该曲线可用来解释开环相位裕度和闭环品质因数之间的关系，促使大家采用足够的相位裕度来最终阻尼不想要的振铃。对变换器精确响应的全面研究需要考虑完整的传输函数，包括所有极点和零点。

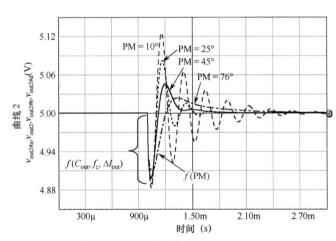

图 3.11 不同负载阶跃响应与相位裕度的关系：欠脉冲与不同的参数有关，包括输出电容，但恢复时间与相位裕度相关

对带宽为 4.3 kHz 的 CCM 降压变换器进行负载阶跃瞬态仿真，并考虑补偿网络产生的不同相位裕度情况，仿真结果如图 3.11 所示。图中可看到，小的相位裕度引起振荡并产生大的过脉冲，系统变为无阻尼。这显然不是可接受的设计。当相位裕度增加时，响应时间稍有减少，但过脉冲消失。相位裕度为 76°时，过脉冲幅度保持在 0.5%内。

3.4 交叉频率选择

交叉频率的选择依赖于多方面的设计因数和约束关系。在功率变换器中，用交叉频率 f_c 处的输出容抗来近似闭环输出阻抗是可行的。因此，在输出瞬态阶跃 ΔI_{out} 期间产生的输出电压欠脉冲

V_p 可以由如下公式近似[3]：

$$V_p \approx \frac{\Delta I_{out}}{C_{out} 2\pi f_c} \qquad (3.7)$$

式中，C_{out} 为输出电容；f_c 为交叉频率。注意上述等式成立的条件是，输出电容 ESR 小于交叉频率处 C_{out} 的电抗，即电容单独产生欠脉冲。这个条件可表示为

$$ESR_{C_{out}} \leqslant \frac{1}{2\pi f_c C_{out}} \qquad (3.8)$$

如图 3.11 所示，欠脉冲与式（3.7）有关，但恢复时间大多依赖于交叉频率处的开环相位裕度。

基于所需纹波性能和有效电流值，一旦选定输出电容，式（3.7）可确定交叉频率值。记住这是个近似公式，但经验表明该公式能让大家在选择交越频率时方向是正确的。然而，当选择该频率时还需要考虑其他限制因数。例如，如 CCM 升压变换器、降压-升压变换器或反激式变换器那样，如果变换器有右半平面零点（RHP），那么交叉频率 f_c 应低于最差情况下最低零点位置的 30%。在电压模式工作的变换器中，LC 网络（L 或 L_e）的尖峰会限制交叉频率值。假如在谐振处相位滞后且谐振频率 f_0 处无增益，把 f_c 选为尽量接近 LC 网络的谐振频率 f_0 显然会引起稳定性问题。在最差条件下，应确保 f_c 为谐振频率 f_0 的 5 倍。否则，闭环输出阻抗将无法产生足够的阻尼而产生振铃。

然而，在没有右半平面零点的情况下，交叉频率取为开关频率的 1/10～1/5（10%～20%）似乎是可行的方案。引申交叉频率会带来附加问题，如产生噪声。理论设计表明，在选定的截止频率处，应有足够的 PM 和 GM。实际中，由于宽环路带宽会带来噪声敏感性，减少 PM 和 GM 会表现出不稳定性。不要把截止频率增加到超过实际需要，以避免噪声问题。截止频率为 1 kHz 时，如果系统就能完成工作，就不要把它定为 15 kHz。

3.5 补偿网络构建

讨论稳定性需要先构建补偿网络，以便为选择的交叉点提供足够的相位裕度和高直流增益。要实现这一目标，有几种补偿电路可以用来组合极点和零点。通常需要在交叉频率处有相位提升来产生足够的相位裕度。迫使环路相位曲线在交叉频率附近以斜率-1 或-20 dB/十倍频程下降。然而，有时交叉频率处所需的相位提升（来补偿交越频率处功率级的相位滞后）无法达到预期值。这就需要修改相位提升的目标，采取更低一些的指标。我们先回顾无源滤波器的基本知识，然后讨论基于运算放大器的电路。

3.5.1 无源极点

图 3.12 左侧为产生无源单极点响应的 RC 网络，也称为低通滤波器。当频率增加时，该电路引入相位滞后（或延迟），其拉普拉斯变换函数如下：

$$\frac{V_{out}(s)}{V_{in}(s)} = \frac{1}{1+sRC} = \frac{1}{1+s/s_p} \qquad (3.9)$$

该无源滤波器的截止角频率，即直流"增益"下降 3 dB 处，由下式给出：

$$\omega_p = \frac{1}{RC} \qquad (3.10)$$

该电路的波特图如图 3.12 右侧所示。

单极点常插入补偿电路中，让增益在某点上衰减。幅度下降的速度是–20 dB/十倍频程。即在截止频率以后，频率 f_1 处和频率 f_2 处（$f_2 = 10f_1$）的幅度差为–20 dB。在波特图中，显示斜率为–1，而典型的二阶网络，其幅度下降的速度是–40 dB/十倍频程，显示斜率为–2。

一个极点对应于传输函数分母 $D(s)$ 的一个根。当变换器开环传输函数分母有负根，即包含所谓左半平面极点（LHPPS）。极点具有（$1 + s/s_{p1}$）的形式且认为是稳定的极点。有时，极点可以是 $D(s)$ 的正根，即位于右半平面（RHP）。这些正根称为右半平面极点（RHPP），有时，认为是非稳定极点。这些极点具有（$1 - s/s_{p1}$）的形式且必须密切关注。一旦环路闭合，对于稳定瞬态响应而言，这些 RHPP 必须被限制在左半平面。稳定意指该响应存在振铃，但经过些许时间后向稳态收敛。如果在某些条件下，闭环极点跳到右半平面，会发生非稳定性，瞬态阶跃信号产生的振铃会变得危险。如附录 2B 所介绍的，研究传输函数分母的根是分析变换器稳定性的关键。

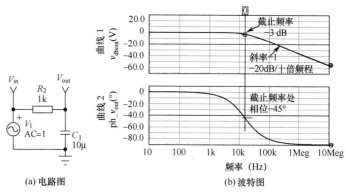

(a) 电路图　　　　(b) 波特图

图 3.12　单极点 RC 网络及其频率响应

3.5.2　无源零点

如果传输函数包含零点，它将出现在所考虑的传输函数的分子 $N(s)$ 中。在零点处，分子为零，因而传输函数为零。式（3.11）描述了零点的归一化形式：

$$G(s) = 1 + s/s_z \qquad (3.11)$$

这一表达式描述了在直流时（$s = 0$）"增益"为 0 dB 时，接着从零频率 ω_z 处开始以 +20 dB/十倍频程（$a + 1$ 斜率）上升。

此时，式（3.11）对应的相位曲线的相位为正，如图 3.13 所示。这就是零点的特性，与极点使相位"滞后"相比，零点实际上"提升"了相位。因此，$G(s)$ 引入的零点补偿了发生在功率级的额外的相位滞后。

回到无源电路，图 3.14 所示为高通滤波器。这个简单 RC 电路的传输函数包含了一个极点和一个零点，但位于源点，即

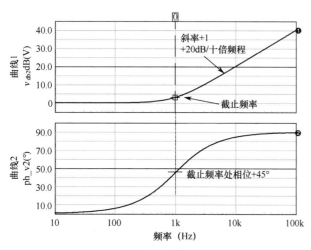

图 3.13　单零点网络的频率响应

$$\frac{V_{out}(s)}{V_{in}(s)} = \frac{sRC}{1 + sRC} = \frac{s/s_z}{1 + s/s_p} \qquad (3.12)$$

上式中截止角频率与式（3.10）相同。

$$\omega_z = \omega_p = \frac{1}{RC} \qquad (3.13)$$

这个滤波器低频增益以 +20 dB/十倍频程（$a + 1$ 斜率）增加，高频增益为 1 dB 或 0 dB。零点

位于源点，在直流时（$s=0$），传输函数为 0，如图 3.14 右侧所示。

与有关极点的讨论类似，分子负根表示为左半平面零点（LHPZ）。该 LHPZ 具有（$1+s/s_z$）的形式。在一些变换器中，右半平面零点（RHPZ）可以存在，在某些条件下会有危害。RHPZ 出现在分子中，具有（$1-s/s_z$）的形式。

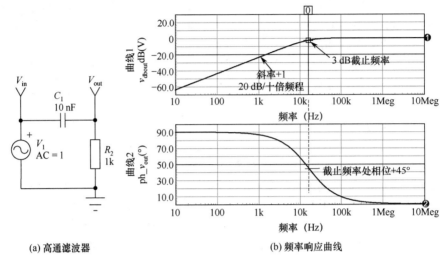

(a) 高通滤波器　　　　　　　　　　(b) 频率响应曲线

图 3.14　高通滤波器及其频率响应

3.5.3　右半平面零点

右半平面零点不是环路成形工具箱的一部分。通常右半平面零点带来的危害比创建它来提高稳定性带来的好处还要大。右半平面零点的表达式，除负号外，与式（3.11）很相似，即

$$G(s)=1-s/s_z \tag{3.14}$$

右半平面零点可以用图 3.15 所示电路产生，可以看到，图中的有源高通滤波器的反向输出信号（负号）为输入信号之和。容易推导得到传输函数

$$V_{out}(s)=V_{in}(s)-V_{in}(s)\frac{R_1}{1/(sC_1)}=V_{in}(s)\left(1-\frac{s}{s_z}\right) \tag{3.15}$$

其截止角频率为

$$\omega_z=\frac{1}{R_1C_1} \tag{3.16}$$

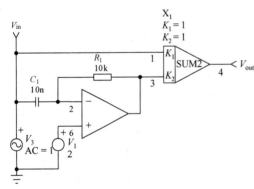

图 3.15　通过有源高通滤波器和加法器人工创建的 RHPZ

如图 3.16 所示，增益输出看上去与传统零点相似，即斜率为+20 dB/十倍频程或+1，截止频率由 R_1 和 C_1 决定，其相位曲线与传统零点对应的相位曲线不同。与左半平面零点产生相位提升作用不同，右半平面的零点产生相位滞后，进一步降低了相位裕度，而提高相位裕度一直是我们努力的方向。

右半平面的零点通常是由变换器中间接能量传输的结果，其中能量首先在导通期间存储，然后在截止期间将能量转移到输出电容中。以升压变换器为例，二极管平均电流等于负载直流电流。这个二极管电流 I_d 实际上等于截止期间（或 dT_{sw}）的电感电流 I_L。二极管电流 I_d 的平均值可写为

$$\langle i_d(t)\rangle_{T_{sw}}=I_{out}=\langle i_L(t)\rangle_{T_{sw}}d' \tag{3.17}$$

假设工作于 CCM 的升压变换器的占空比为 40%。突然发生负载阶跃，通过反馈环使占空比

变到 50%。电感电流以固定步长增加，步长由电感和在导通期间电感两端电压决定（$S_n = V/L$）。在时域中，电感导通时间 $d' = 1 - d$ 减少，从 60% 减到 50%。如果在导通期间电感峰值有足够时间来增加，尽管 d' 减少，平均电感电流仍会增加而不会产生任何问题。相反，如果在占空比变化时（如大电感 L 或输入电压处于最小值）电感电流没有足够时间来增加，则 d' 减少一定会使输出电流和电压下降。在一定时间内，控制规律反向：环路占空比 d 增加，而输出电压 V_{out} 下降。

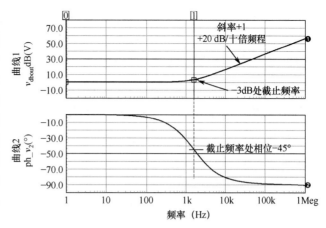

图 3.16 波特图与零点情况类似，但产生相位滞后

变化朝错误的方向进行，直到电感电流建立起来，使平均二极管电流达到其合适值并最终拉升输出电压。由于系统是闭环的，变换器变得不稳定。大家都无计可施，除非大大降低交越频率。在这种情况下，如果输出出现快速瞬态信号，该信号不会被反馈传输到控制输入，占空比允许的最快变化（设置交越频率低于 RHPZ）与电感电流最高变化率相兼容。

遗憾的是，RHPZ 频率位置随占空比变化而变化。推荐的典型规则是：交叉频率选在最低 RHPZ 频率位置的三分之一处。如果尝试把带宽增加到接近 RHPZ 的位置，那么由于相位滞后太大会出现电路不稳定的问题。工作于 CCM 的变换器会出现 RHPZ，如降压-升压变换器、升压变换器和反激式变换器。第 2 章推导了升压变换器表达式。有些学者强调在 DCM 中仍有 RHPZ 存在，但 RHPZ 会移到较高频段，这对控制电路而言不会出现问题。

图 3.17 所示为具有 RHPZ 的变换器。当负载阶跃时，占空比突然增加。结果当开关闭合时间较长时，电感电流增加。当 d' 减少时，在导通期间电感电流无法达到足够高，二极管平均电流下降。这种情况变为降低输出电压，它与环路要求的结果相反。然后平均电流达到电感电流，使输出电压升高。

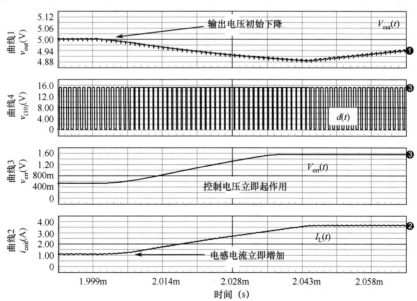

图 3.17 工作于 CCM 的升压变换器 RHPZ 效应

前文说明了无源极点和零点是如何来帮助形成环路增益的。遗憾的是,极点和零点本身并不能产生任何直流增益,这对低静态误差、良好的输入抑制等是很不利的。与运算放大器有关,这些所谓的有源滤波器提供了必要的传输函数以及所需的放大倍数。下面将给出 3 种不同类型的有源滤波器。

3.5.4　放大器类型 1——有源积分器

运算放大器的大直流增益有利于用作校正环路的一部分。设计者经常把无源网络和运算放大器组合起来构成有源滤波器,而不是把无源网络级连起来再跟一个高增益运算放大器,如图 3.18 所示。

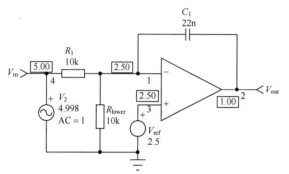

该纯积分补偿器的传输函数很容易推导,它就是容抗除以 R_1:

$$G(s) = \frac{1}{sR_1C_1} \tag{3.18}$$

该传输函数有一个原点处极点:当 $s = 0$,上述方程的增益趋于无穷大。进一步整理该式可揭示 0 dB 交叉极点

$$G(s) = -\frac{1}{s/\omega_{po}} \tag{3.19}$$

图 3.18　放大器类型 1:没有相位提升,只有直流增益　其中 ω_{po} 就是所谓的 0 dB 交叉极点,定义为

$$\omega_{po} = \frac{1}{R_1C_1} \tag{3.20}$$

当频率等于由 R_1 和 C_1 定义的位置,比较器增益为 1 或 0 dB,这也就是该名称的由来。通过改变 RC 网络时间常数,就可以调节类型 1 补偿器与 0 dB 轴交叉点位置,因而可调节任意频率处想要的增益或衰减。在类型 1 设计例子中会看到这些调节过程。

在直流模式下,电容开路,运算放大器开环增益确定电路增益。在以下例子中,所有运算放大器模型的开环增益设为 60 dB。当频率升高时,容抗下降,增益以斜率−1 或−20 dB/十倍频程下降。相位曲线保持平坦,不产生任何相位提升:把由反相运算放大器组态产生的−180° 倒相相位和由原极点产生的−90° 相加,类型 1 补偿器将输入信号相位偏移了−270° 或+90°。在 SPICE 中以 2π 为模来显示,对这种组态进行频率扫描产生的结果如图 3.19 所示。注意,运算放大器原极点产生的作用在图中用虚线表示(30 Hz 处,开环增益为 60 dB)。为稳定理由,运算放大器设计者将极点放置于低频区。给定该极点位置,有时称为近原点极点。进一步降低了高频区相位,在最后设计中必须要进行考虑。幸运的是,SPICE 能为环路设计选择所需的运算放大器模型。

只要运算放大器接成虚地,R_{lower} 在交流响应中就不起作用。因为运算放大器的反相引脚保持为参考电压 V_{ref}:$V_{(-)} = V_{(+)}$。参考电压与交流调制信号无关;因此,同相

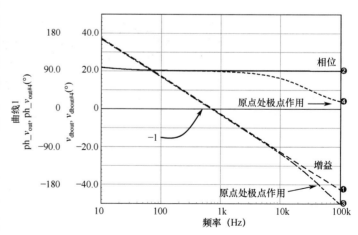

图 3.19　放大器类型 1 波特图

引脚的 ac 分量为 0 V，反相引脚也如此。如果 R_{lower} 上没有交流电流流过，R_{lower} 在交流分析中没用。当然，R_{lower} 和 R_1 一起可帮助选择所需的直流输出电压。更详细的讨论见附录 3D。

3.5.5　放大器类型 2——零极点对

放大器类型 1 没有为系统提供任何相位提升。如果在期望的交叉频率处相位裕度太低，类型 1 将不再适合。放大器类型 2 的补偿器如图 3.20 所示，它由积分器和一对零极点构成。

放大器类型 2 的传输函数可以由拉普拉斯方程求得，即

$$G(s) = \frac{1 + sR_2C_1}{sR_1(C_1 + C_2)\left(1 + sR_2\dfrac{C_1C_2}{C_1 + C_2}\right)} \quad (3.21)$$

上式分子中提取因子 sR_2C_1，表达式简化为

$$G(s) = -\frac{R_2}{R_1}\frac{C_1}{C_1 + C_2}\frac{1 + \dfrac{1}{sR_2C_2}}{1 + sR_2\left(\dfrac{C_1C_2}{C_1 + C_2}\right)} \quad (3.22)$$

该式符合如下形式：

$$G(s) = -G_0\frac{1 + s_z/s}{1 + s/s_p} \quad (3.23)$$

可以确定式中参数：

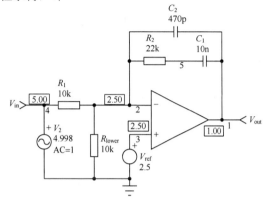

图 3.20　放大器类型 2 通过撒布极点和零点能提升相位

$$G_0 = \frac{R_2}{R_1}\frac{C_1}{C_1 + C_2} \quad (3.24)$$

$$\omega_z = \frac{1}{R_2C_1} \quad (3.25)$$

$$\omega_p = \frac{1}{R_2\dfrac{C_1C_2}{C_1 + C_2}} \quad (3.26)$$

考虑到高频电容 C_2 比 C_1 小得多，前面的等式成为

$$G(s) \approx -\frac{R_2}{R_1}\frac{1 + \dfrac{1}{sR_2C_1}}{1 + R_2C_2} = -G_0\frac{1 + s_z/s}{1 + s/s_p} \quad (3.27)$$

式中有

$$G_0 = R_2/R_1 \quad (3.28)$$

$$\omega_z = \frac{1}{R_2C_1} \quad (3.29)$$

$$\omega_p = \frac{1}{R_2C_2} \quad (3.30)$$

相位和增益随频率的变化曲线如图 3.21 所示。处于极点和零点之间的增益 G_0 称为中频带增益。可以很清楚地看到，相位在极点和零点之间增加。如同在随后的 3.6 节 k 因子技术中将要讨论的，相位提升与零极点之间的距离有关。相位提

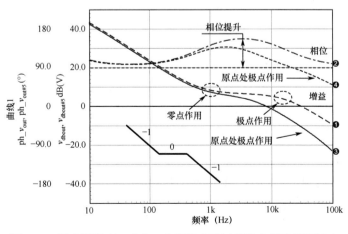

图 3.21　放大器类型 2 响应，点画线表示运算放大器的低频极点

升的最大值刚好发生在 ω_z 和 ω_p 的几何平均值处，即角频率等于 $\sqrt{\omega_z \omega_p}$。这就是为什么在多数情况下要放置极点和零点的理由，主要是为了在所选的交越频率 f_c 处相位提升达到峰值。

3.5.6 放大器类型 2a——原点处极点加一个零点

通过抑制电容 C_2，可以去除高频极点并能改变补偿网络的频率响应。放大器类型 2 的连接方式变为如图 3.22 所示。传输函数变为

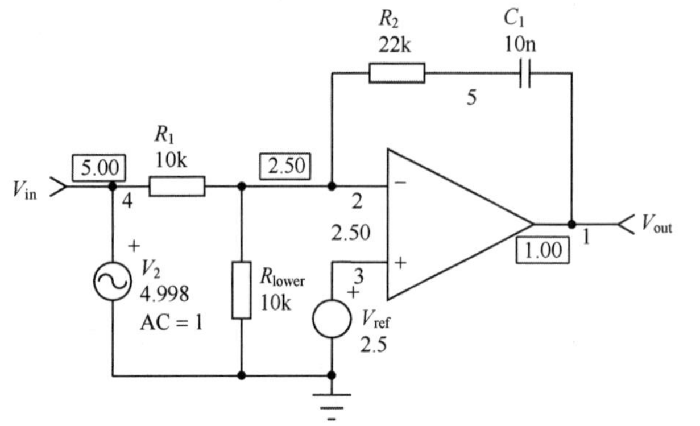

$$G(s) = -\frac{1 + sR_2C_1}{sR_1C_1} \qquad (3.31)$$

提取分子中因子 sR_2C_1，可以将上式变换成更熟悉的形式：

$$G(s) = -\frac{sR_2C_1}{sR_1C_1} \frac{\dfrac{1}{sR_2C_1} + 1}{1} = -\frac{R_2}{R_1}\left(\frac{1}{sR_2C_1} + 1\right)$$

$$= -G_0\left(\frac{s_z}{s} + 1\right)$$

$$(3.32)$$

图 3.22 抑制电容 C_2 给出了不同的补偿网络和不同的波特图

上式有一个零点，增益定义为

$$\omega_z = \frac{1}{R_2C_1} \qquad (3.33)$$

$$G_0 = R_2 / R_1 \qquad (3.34)$$

当频率增加时，式（3.31）简化为由两个电阻构成的增益表达式：

$$\lim_{s \to \infty} G(s) = -R_2 / R_1 \qquad (3.35)$$

图 3.23 所示为频率扫描的结果，同时也显示了运算放大器低频极点的作用。

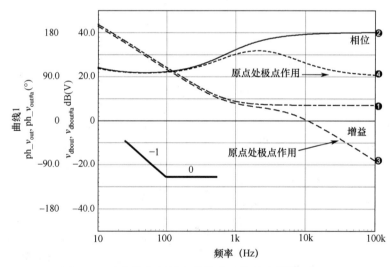

图 3.23 具有单高频零点的修改了的放大器类型 2，
图中清楚地显示了运算放大器低频极点作用

3.5.7 放大器类型 2b——加一个比例控制极点

放大器类型 2 的另一种变化是增加一个由电阻组成比例放大器，并在前面两种结构中移去积

分项。放大器类型 2b 的结构如图 3.24 所示，其中电容 C_1 与电阻 R_1 并联放置以引入高频极点，但需要降低高频增益。由这种类型放大器产生的瞬态响应与第 1 章中给出的非积分响应相似，在陡峭负载阶跃条件下产生较小的过脉冲。这类放大器提供了由电阻 R_2 和 R_1 产生的平坦的增益曲线，直到由 C_1 和 C_2 所加的极点开始起作用。传输函数为

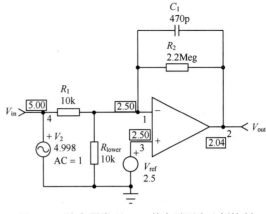

$$G(s) = -\frac{R_2}{R_1}\frac{1}{1+sR_2C_1} = -G_0\frac{1}{1+\dfrac{s}{s_p}} \quad (3.36)$$

图 3.24 放大器类型 2b，其中需要有比例控制

增益 G_0 定义不变而极点遵循如下经典公式：

$$\omega_p = \frac{1}{R_2C_1} \quad (3.37)$$

由该结构产生的交流响应如图 3.25 所示。

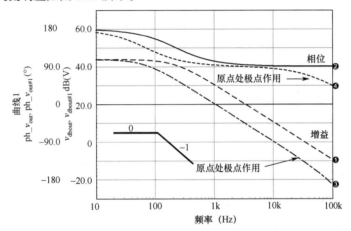

图 3.25 直流增益平坦，直到高频极点开始起作用并产生-1 斜率衰减

3.5.8 放大器类型 3——原点处极点加上两个重合的零极点对

放大器类型 3 用于需要大相位提升的场合，例如，具有二阶响应的 CCM 电压模式工作的变换器。放大器类型 3 的传输函数通过计算由 $Z_f = \dfrac{1}{sC_2} /\!/ \left(R_2 + \dfrac{1}{sC_1}\right)$ 组成的阻抗，再除以输入串联阻抗 $Z_i = R_1 /\!/ (R_3 + 1/(sC_3))$ 来推导得到。放大器类型 3 电路图如图 3.26 所示。

可得如下的表达式，该表达式强调极点和零点定义：

$$G(s) = -\frac{Z_f}{Z_i} = -\frac{sR_2C_1+1}{sR_1(C_1+C_2)\left(1+sR_2+\dfrac{C_1C_2}{C_1+C_2}\right)}\frac{sC_3(R_1+R_3)+1}{(sR_3C_3+1)} \quad (3.38)$$

与分析类型 2 时一样，可以提取第一项因子 sR_2C_1，重新整理公式得到

$$G(s) = -\frac{R_2}{R_1}\frac{C_1}{C_1+C_2}\frac{1+\dfrac{1}{sR_2C_1}}{\left(1+sR_2\dfrac{C_1C_2}{C_1+C_2}\right)}\frac{sC_3(R_1+R_3)+1}{sR_3C_3+1} \quad (3.39)$$

假设 $C_2 \ll C_1$，$R_3 \ll R_1$，上述方程简化为

$$G(s) \approx -\frac{R_2}{R_1}\frac{1+\dfrac{1}{sR_2C_1}}{\left(1+sR_2C_2\right)}\frac{sC_3R_1+1}{sR_3C_3+1} = -G_0\frac{\left(1+s_{z_1}/s\right)\left(1+s/s_{z_2}\right)}{\left(1+s/s_{p_1}\right)\left(1+s/s_{p_2}\right)} \qquad (3.40)$$

上式中有如下定义：

$$G_0 = R_2/R_1 \qquad (3.41)$$

$$\omega_{z_1} = 1/(R_2C_1) \qquad (3.42)$$

$$\omega_{z_2} = 1/(R_1C_3) \qquad (3.43)$$

$$\omega_{p_1} = 1/(R_2C_2) \qquad (3.44)$$

$$\omega_{p_2} = 1/(R_3C_3) \qquad (3.45)$$

图 3.27 画出了图 3.26 所示放大器的频率响应并显示了幅值斜率变化。

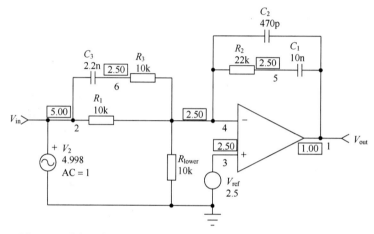

图 3.26 放大器类型 3 电路图，两个重合的零极点对与积分器有关

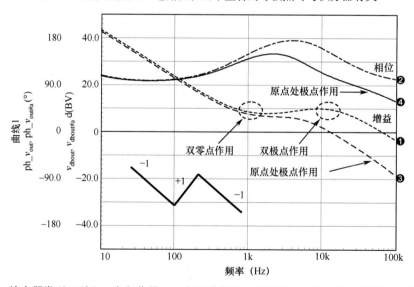

图 3.27 放大器类型 3 引入一个积分器、一个双零点和一个双极点。图中有重合零点和重合极点

3.5.9　合适的放大器类型选择

设计所需的变换器类型和瞬态响应将有助于选择某种特定补偿类型。

（1）放大器类型 1

由于该类型不提供相位提升，可用于功率级在交越频率处相移小的变换器中，假设零点的作用使交越频率处相位延迟小于 $45°$，如果加入类型 1 补偿器，则总开环相移将是 $-45 - 270 = -315°$，自然没有 $45°$ 相位裕度。由于使用纯积分补偿，在负载突然变化时会产生很大的过脉冲。这种类型的放大器广泛用于功率因素校正（PFC），例如，使用跨导放大器。通常加入快速过压保护（OVP）电路来限制在启动阶段和瞬态阶跃时的过脉冲变化范围。

（2）放大器类型 2

这类放大器使用最广，能很好地用于功率级并产生 $-90°$ 相位滞后。注意，这种情况下必须消除由输出电容 ESR 产生的相位提升（减少高频增益）。这就是电流模式 CCM 变换器和工作于 DCM 电压模式（直接占空比控制）变换器的情况。

（3）放大器类型 2a

应用领域看上去与放大器类型 2 相同，但输出电容 ESR 效应可以忽略，例如，零点可以归入高频领域，那么可以使用该类型。

（4）放大器类型 2b

通过增加比例项，该类型可以在苛刻的设计条件下减小过脉冲或欠脉冲。它阻止输出阻抗过于电感性，因此提供了很好的瞬态响应。然而，它以减少直流增益为代价，因此有较大的静态误差。

（5）放大器类型 3

使用该类型，由功率级产生的相移可达 $180°$。这对应于 CCM 电压模式降压或升压驱动型变换器。

3.6　简易稳定性工具——k 因子

如何能容易地确定零点和极点的位置，使之在所选的频率处与 0 dB 轴相交并符合相位裕度的要求呢？在 20 世纪 80 年代，Dean Venable 引入了 k 因子的概念[4]，并基于对所要稳定的变换器开环波特图的观察，推导了 k 因子。k 因子指出了由补偿网络产生的零点频率和极点频率之间需要分开的距离，如图 3.28 所示。然后，通过选择期望的交叉频率 f_c 和 f_c 处所需的相位裕度，k 因子自动放置极点和零点，使 f_c 等于零点频率和极点频率的几何平均值，并在 f_c 处有最高的相位提升。交叉频率处产生的相位提升会随 k 值的不同而不同。

一旦从需要稳定的变换器开环波特图计算得到 k 因子和其他数据值，就可以直接推导放大器类型 1、2 和 3 的补偿组件。具体推导步骤如下。

3.6.1　放大器类型 1 补偿组件推导

放大器类型 1 的极点位于原点（纯积分器），k 因子始终为 1 并引入恒定的 $270°$ 相位延迟，即意味着零点和极点在频率轴上占据同一位置。这里用 G 表示在选定的交叉频率处与 0 dB 轴相交时所需的增益。必须对在交叉频率处由功率级产生的增益用两种方法（放大或衰减）进行补偿。假设所需交叉频率为 1 kHz，从开环波特图可以读出 1 kHz 处的增益 Gf_c 为 -18 dB。所考虑的交越点增益不足，必须补偿的增益为

$$G = 10^{\frac{Gf_c}{20}} = 10^{\frac{18}{20}} \approx 8 \tag{3.46}$$

因此，电容 C 必须进行计算以便使放大器类型 1 在 1 kHz 处增益 G 为 8 (+18 dB)，来补偿功率级在该频率上的衰减。18 dB 增益可应用前面讨论过的移动 0 dB 交叉极点的方法来得到。假设上部电阻 R_1 为 10 kΩ，则计算得到电容为

$$C = \frac{1}{2\pi f_c G R_1} = \frac{1}{6.28 \times 1k \times 8 \times 10k} \approx 2 \text{ nF} \tag{3.47}$$

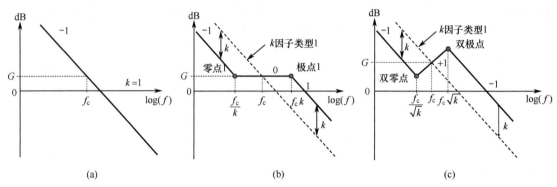

图 3.28　k 因子调节极点和零点位置之间的距离得到交叉频率处的相位提升

3.6.2　放大器类型 2 补偿组件推导

复数 $a+\mathrm{j}b$ 的相位为

$$\arg(a + \mathrm{j}b) = \arctan(b/a) \tag{3.48}$$

如果考虑具有一个极点和一个零点的传输函数 T，可以计算得到该函数引入的相位提升为

$$\arg(T(f)) = \text{boost} = \arg\left(\frac{1+\mathrm{j}\dfrac{f}{f_z}}{1+\mathrm{j}\dfrac{f}{f_p}}\right) = \arctan\left(\frac{f}{f_z}\right) - \arctan\left(\frac{f}{f_p}\right) \tag{3.49}$$

如果零点和极点占据同一位置，由于 $\arg(T(f)) = 0$，不存在相位提升。但让我们假设零点频率位于 f/k，极点频率位于 kf。

式（3.49）可更新为

$$\text{boost} = \arctan(k) - \arctan(1/k) \tag{3.50}$$

从基本三角函数关系可知，以下等式是成立的：

$$\arctan(x) + \arctan(1/x) = 90° \tag{3.51}$$

现在，从式（3.51）中求解 $\arctan(1/x)$，并将其代入式（3.50），得

$$\text{boost} = \arctan(k) - 90 + \arctan(k) = 2\arctan(k) - 90 \tag{3.52}$$

重新整理该式，得

$$\arctan(k) = \text{boost}/2 + 45 \tag{3.53}$$

求解 k 得

$$k = \tan(\text{boost}/2 + 45) \tag{3.54}$$

式（3.54）把 k 值与交叉频率处所需的相位提升联系起来了。所需的相位提升可以从需要稳定的变换器波特图的相移信息（PS）和最终想要的相位裕度（PM）中读取。第一个相位延迟是由变换器功率级产生的相移。然后加上由积分器（原点处极点，即 $s = 0$）产生的 -90° 相移。相加

后，计算需要加上（提升）多少正相位来得到期望的相位裕度（PM），确保远离-180°的极限：

$$PS-90+boost=-180+PM \qquad (3.55)$$

从上式求解相位提升值，得

$$boost=PM-PS-90 \qquad (3.56)$$

式中，PM 表示在 f_c 处的相位裕度；PS 表示由变换器产生并在 f_c 处读取的负相移。

现在，基于这些数值［相位提升、从式（3.46）得到的 G 值、f_c 和 k］，Dean Venable 通过以下公式把极点和零点位置联系起来，其中组件标号与图 3.20 中的对应：

$$C_2=\frac{1}{2\pi f_c GkR_1} \qquad (3.57)$$

$$C_1=C_2(k^2-1) \qquad (3.58)$$

$$R_2=\frac{k}{2\pi f_c C_1} \qquad (3.59)$$

为显示 k 值变化的效果，即改变极点和零点之间的距离，可以把图 3.21 更新为图 3.29，其中 k 从 1 变到 10。$k=1$ 时，极点和零点占据同一位置，相位提升值为 0［见式（3.49）］，可以认为这是放大器类型 1 的响应。当 k 增加时，极点和零点之间的距离增加，在 f_c 处提供较大的相位提升。遗憾的是，通过移动低频的零点位置增加相位提升值是以降低低频增益为代价的。因此，k 因子可以称为是为得到较大的相位提升而支付低频增益损失的代价。这一描述对放大器类型 3 也是适用的。

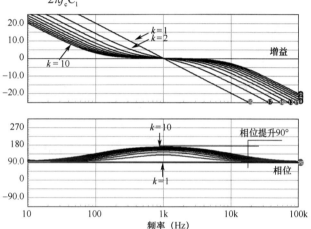

图 3.29 调节 k 值允许设计者改变相位提升值，其中，G 为 1（0 dB），f_c 为 1 kHz，需要注意当 k 增大时低频增益减小

我们很快将会看到应用放大器类型 2 来成功稳定变换器的步骤。

3.6.3 放大器类型 3 补偿组件推导

Dean Venable 也考虑了放大器类型 3 并基于 k 因子推导了极点-零点式。与放大器类型 2 一样，k 因子调节极点-零点对之间的距离并定义由它产生的相位提升。Venable 定义了频率为 $f/\sqrt{k}$ 处的零点和频率为 $\sqrt{k}f$ 处的极点。利用从式（3.50）得到的结果，可得

$$boost=\arctan(\sqrt{k})-\arctan\left(1/\sqrt{k}\right) \qquad (3.60)$$

然而，我们将放置双零点和双极点。因此，如果双零点和双极点分别占据同一位置，由式（3.60）给出的相位提升必须乘以 2。因此，由类型 3 放大器给出的相位提升为

$$boost=2\left[\arctan(\sqrt{k})-\arctan\left(1/\sqrt{k}\right)\right] \qquad (3.61)$$

应用式（3.51），可以写出

$$boost=2\left[\arctan(\sqrt{k})+\arctan\sqrt{k}-90\right]=4\arctan\sqrt{k}-180 \qquad (3.62)$$

求解 k，得

$$k = \left[\tan(\text{boost}/4 + 45) \right]^2 \tag{3.63}$$

基于在式（3.56）中对相位提升的定义，可以定义所有补偿值，其中组件符号与图 3.26 一致：

$$C_2 = \frac{1}{2\pi f_c G R_1} \tag{3.64}$$

$$C_1 = C_2(k-1) \tag{3.65}$$

$$R_2 = \frac{\sqrt{k}}{2\pi f_c C_1} \tag{3.66}$$

$$R_3 = R_1/(k-1) \tag{3.67}$$

$$C_3 = \frac{1}{2\pi f_c \sqrt{k} R_3} \tag{3.68}$$

式中，f_c 表示交叉频率；G 表示 f_c 处所需的增益（或衰减）。

如果把这些定义用于仿真并对 k 扫描，可得图 3.30 所示的曲线。该图显示了 k 因子变化的效应，理论上相位提升值可达到 180°。相位提升与放大器类型 2 相同，依赖于零极点对之间的距离。

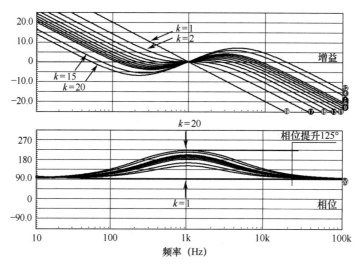

图 3.30　调节 k 值允许设计者改变相位提升值。相位提升，如类型 2，依赖于极点和零点对之间的距离。需要注意的是当 k 增大时 dc 增益减小

3.6.4　用 k 因子稳定电压模式降压变换器

正如读者所看到的，如果应用 k 因子技术，稳定变换器会很容易，具体步骤如下。

（1）获得功率级交流响应。这是最早的一步。功率级响应可在实验室通过网络分析仪扫描得到；也可用平均 SPICE 模型或借助第 2 章中给出的分析表达式作图得到。以降压变换器为例，其典型的仿真电路如图 3.31 所示。这是 100 kHz CCM 电压模式降压变换器。PWM 功能块使用峰-峰值 V_{peak} 为 2 V 的锯齿波，因此，通过 X_{PWM} 子电路产生 6 dB 的衰减，即 $20\log(1/V_{\text{peak}})$。输入电压在 10~20 V 之间变化。最大输出电流为 2 A，最小值为 100 mA，即意味着负载在 2.5~50 Ω 之间变化。低输入电压在最大电流时的波特图如图 3.32 所示。

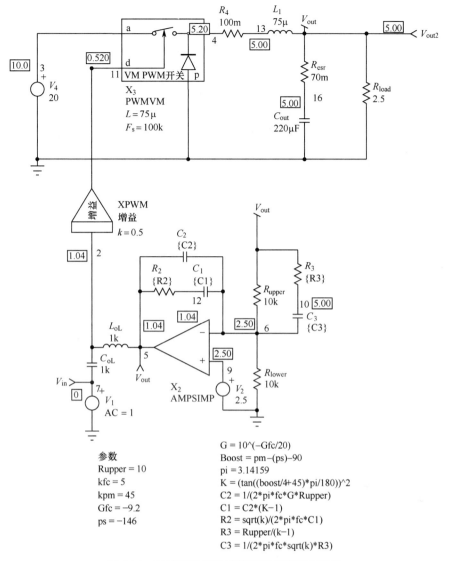

图 3.31　补偿网络自动计算得到的降压变换器

（2）选择交叉频率和相位裕度。当峰值出现时，由于该 CCM 降压变换器工作于电压模式，选一个超过峰值的交越频率是十分重要的，以便让开环增益处在峰值点。如果选择的交越频率过于接近甚或低于峰值点，补偿电路将不能阻尼二阶滤波器的影响，在瞬态响应时会出现振荡。这是因为小信号响应依赖于变换器输出阻抗（V_{ref} 和设置点固定）。输出阻抗的阻尼是通过谐振发生时的频率点可能的增益来提供的。这就是为什么在实际设计时，必须选择一个至少五倍于峰值点频率的交越频率的原因。在当前情况下，选择 5 kHz 的交越频率就可以了。如果谐振频率很高，增加输出电容使其折叠以降低频率值，让该值乘以 5 后能给出合理的交越频率。让交越频率达到 10～15 kHz 不会产生太多麻烦。本例中想要的相位裕度为 45°。

（3）在交叉频率处读波特图。从图 3.32 可以看到功率级相位滞后为 146°，衰减 Gf_c 为 9.2 dB，两个参数都在 5 kHz 处测量得到。

（4）选择放大器类型。从前面的讨论中，可看到功率级相移降到 180°，即放大器类型 3。LC 网络谐振频率为 1.2 kHz。

（5）应用公式。用式（3.56）和式（3.63）~式（3.68）来计算补偿组件：相位提升 = 101°，$k = 7.76$，$G = 2.88$，$C_1 = 7.5$ nF，$C_2 = 1.1$ nF，$C_3 = 7.72$ nF，$R_2 = 11.9$ kΩ，$R_3 = 1.5$ kΩ。从计算数据得到，k 因子在 1.8 kHz 处放置了双零点，在 14 kHz 处放置了双极点。

（6）用以上组件值为电路做开环扫描。扫描结果如图 3.33 和图 3.34 所示，图中输入两个极端电压值时，负载电阻分别取 $R_{load} = 2.5$ Ω和 $R_{load} = 50$ Ω。

（7）检查所有情况下相位裕度和增益裕度是否在安全范围内。

（8）变化输出电容的 ESR。ESR 随电容的老化和组件内部温度的变化而变化。确保相关的零点变化不会影响相位裕度和增益裕度。

（9）阶跃输出负载。用信号控制开关代替固定负载，让负载在两个工作点（分别对应两个极端输入电压）之间跃变来检查稳定性，如图 3.35 所示。控制电流源能完成这一任务。根据式（3.7），应有如下的近似欠脉冲：

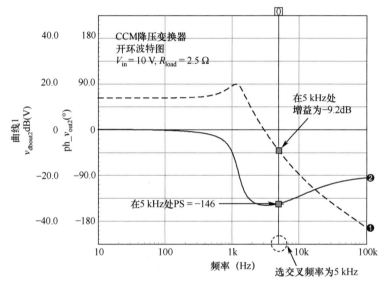

图 3.32　CCM 降压变换器的开环波特图，交叉频率为 5 kHz

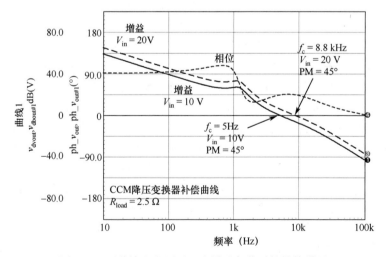

图 3.33　两种输入电压下，取最重负载时的补偿增益

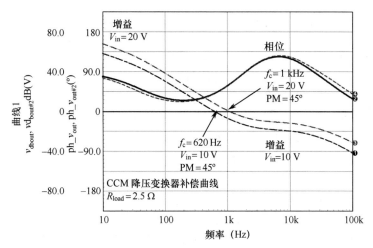

图 3.34 两种输入电压下，取最轻负载时的补偿增益。由于模型的自动模式变换，降压变换器触发到 DCM 工作模式

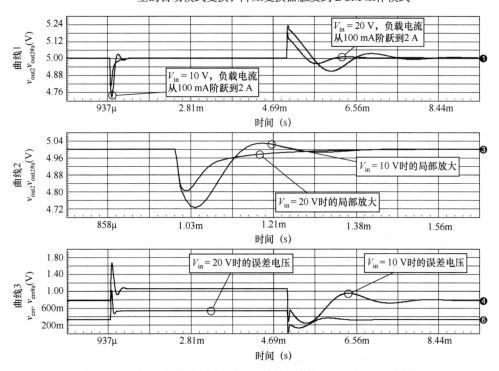

图 3.35 两种不同输入电压下，阶跃负载迫使 DCM 向 CCM 转换

$$V_{\mathrm{p}} = \frac{1.9}{6.28 \times 5\mathrm{k} \times 220\mu} = 275\ \mathrm{mV}\ 时，在 f_{\mathrm{c}} = 5\ \mathrm{kHz}\ 处下降为\ 5 - 0.275 = 4.72\ \mathrm{V};$$

$$V_{\mathrm{p}} = \frac{1.9}{6.28 \times 8\mathrm{k} \times 220\mu} = 171\ \mathrm{mV}\ 时，在 f_{\mathrm{c}} = 8\ \mathrm{kHz}\ 处下降为\ 5 - 0.171 = 4.82\ \mathrm{V}。$$

图 3.35 肯定了这些值的合理性。

如许多电路中显示的（如图 3.31 所示），Intusoft 公司提供的作图软件 SNET 具有自动产生 k 因子补偿组件的能力。这是通过文本窗来实现的，窗口中可以输入关键词参数。与关键词对应的等式描述了在仿真开始前如何计算得到这些组件值。设计者可以快速地改变交叉频率或相位裕度，并观察这些参量是如何影响瞬态响应的。Cadence 的 OrCAD 软件也能做这类工作，网页中的一些例子使用了 OrCAD 软件（详见第 8 章末尾）。如果读者喜欢分别计算组件值，简单的 Excel 电子表格软件也能做这一工作。Excel 电子表格还包括所述的公式，它们可以用于手工放置极点和零点。Excel 电子表格的内容在附录 3A 中讨论。

3.6.5 条件稳定性

在稳定变换器技术中，没有比 k 因子技术更简单的方法了。然而，该方法不是万能的。为什么呢？因为 k 因子技术实际上对波特形状、补偿前的开环电路都是忽略不计的。k 因子方法忽略了谐振峰或异常增益行为，只是选取期望的交叉频率。用于相位提升的组件值只由交叉频率计算得到，而并不涉及交叉频率前后的情况。基于上述描述，进行工程判断是必要的，以便检查最终的结果是否满足稳定性的要求。在某些情况下，特别是在 CCM 电压模式，会发生条件稳定现象。把图 3.31 所示的降压变换器的交叉频率改为 10 kHz。从开环波特图（见图 3.32），可以看到功率级相位滞后 132°，衰减 Gf_c 为 19.6 dB，这两个参数都是在 10 kHz 处测量得到的。应用类型 3 的公式，得到以下数值：

相位提升=87°，$k = 5.42$，$G = 9.55$，$C_1 = 736$ pF，$C_2 = 167$ pF，$C_3 = 3$ nF，$R_2 = 50.3$ kΩ，$R_3 = 2.3$ kΩ

从计算数据得到，k 因子在 4.3 kHz 处放置了双零点，在 23 kHz 处放置了双极点。

对补偿开环增益做扫描，所得结果如图 3.36 所示。图中可以清楚地看到这样的区域，该区域中相位裕度下降为 0 而仍有增益。这种情况危险吗？是的，无论如何，该区域增益曲线应与 0 dB 轴相交，这种情况存在风险，它可能使变换器振荡或在阶跃负载时遭遇振铃。然而，还需要考虑增益裕度（GM），即增益曲线所需的上升或下降变化。在图 3.36 中，最小的增益为 18 dB，这是个很大的值。

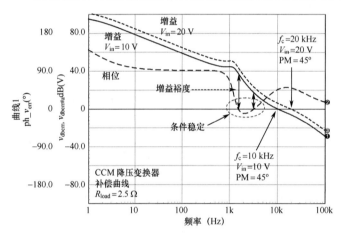

图 3.36　在 CCM 情况下，避免条件稳定性对 k 因子而言存在一定的困难

在降压变换器中，控制到输出的增益依赖于输入电压。如果在整个变化范围内，波特图仍存在 18 dB 或更大的增益裕度，就没有问题了。另外，我们看到前馈技术可庇护功率级响应免于输入电压的影响。如果需要可考虑使用该技术。条件稳定是一个老问题，例如，在基于电子管的设计中，放大器增益随温度变化。目前的稳定性设计和现在的方法（如仿真）能精确地限定条件稳定区，使得条件稳定不是个关键问题。在图 3.36 中，为什么有条件稳定区呢？这是因为双零点位置离 LC 滤波器谐振频率太远。因此，尽管相位提升正好发生在交叉频率处，也不能抗衡出现在双零点之前的由谐振滤波器造成的相移。如果用户限定设计一个无条件稳定变换器，对某些设计者而言这依然是个问题。让我们研究一种替代的补偿方法。

3.6.6 独立极点-零点放置

在电压模式 CCM 设计（如降压驱动拓扑）中，增益曲线在谐振频率处会出现峰值。峰值后，该曲线以斜率-2 下降，该下降斜率通常被电容 ESR 引入的零点阻断。有时该零点能用于稳定变换器（需要合适的 ESR 值）；其他时候，由于 ESR 值太小其作用无法显现，零点自然转移到高频区。因而，出现在感兴趣的带宽内的零点没有相位提升效应。CCM 电压模式增益曲线和补偿形状的渐近线分析如图 3.37 所示。

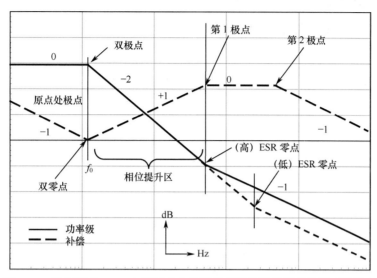

图 3.37　降压驱动 CCM 电压模式变换器及采用的补偿形状的渐近线描述

研究图 3.37 中的曲线可知：

- 功率级增益从 $s = 0$ 的开始阶段是平坦的。在原点处插入一个极点得到高直流增益，几乎从 0 Hz 开始斜率就为−1。

- 出现谐振现象。功率级产生−2 斜率，插入的双零点（f_{z1}，f_{z2}）产生+2 斜率，则总斜率变为−1−2 + 2 = −1。

- 由电容 ESR 产生的零点开始起作用。该零点把功率级增益曲线的斜率由−2 变为−1。该斜率断点位置会随 ESR 值移动，如图 3.37 所示。必须注意在所有 ESR 值下，要保证有足够的相位裕度。若 ESR 的作用在我们所关注的频带内（假设接近于交叉频率），则必须加补偿来使增益继续降低，否则增益曲线没有向下斜率保持平坦。我们把第一个极点 f_{p1} 放在 ESR 频率处。相反，若 ESR 零点在感兴趣的频带外，如在高频区，则把第一个极点和第二个极点 f_{pz} 一起放在开关频率的一半处。

请注意补偿曲线的形状（虚画线）与图 3.28 非常类似，图 3.28 中极点占据同一位置。图 3.38 所示为曲线的最终形状，其中增益曲线以斜率−1 与 0 dB 轴相交，保证了该区域内有良好的相位裕度。

应用该方法可以按照自己的需要安

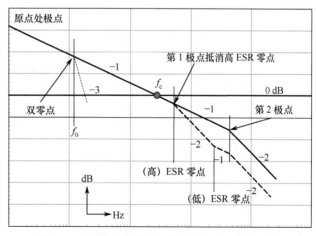

图 3.38　补偿环路增益，使曲线在交叉频率处斜率为−1，在该点产生最好的相位裕度

置极点和零点，从而按需要修改环路增益。如何选择补偿值使得在所选频率处与 0 dB 相交呢？下节将会详细讨论。

3.6.7　在所选频率处与 0 dB 相交

放大器类型 3 的传输函数由式（3.40）描述。重写如下：

$$G(s) \approx -\frac{R_2}{R_3} \frac{\left(\dfrac{1}{sR_1C_3}+1\right)\left(\dfrac{1}{sR_2C_1}+1\right)}{(1+sR_2C_2)\left(\dfrac{1}{sR_3C_3}+1\right)} \tag{3.69}$$

如果应用极点和零点定义，重写上式，可得频域中如下简单的增益幅度表达式：

$$G(f) \approx \left| \frac{R_2}{R_3} \frac{(1+s_{z1}/s)(1+s_{z2}/s)}{(1+s/s_{p1})(1+s_{p2}/s)} \right| \tag{3.70}$$

式中，

$$f_{z1} = \frac{1}{2\pi R_1 C_3} \tag{3.71}$$

$$f_{z2} = \frac{1}{2\pi R_2 C_1} \tag{3.72}$$

$$f_{p1} = \frac{1}{2\pi R_2 C_2} \tag{3.73}$$

$$f_{p2} = \frac{1}{2\pi R_3 C_3} \tag{3.74}$$

现在求解能在交叉频率处得到合适补偿的 R_2 的值。例如，若在交叉频率 10 kHz 处 $G(f) = 19.6$ dB，R_2 的值是多少呢？即 $f_c = 10$ kHz，如何补偿图 3.32 呢？重写式（3.70）给出的幅值表达式，可以计算 R_2 的值为

$$R_2 = \sqrt{\frac{(f_{p1}^2+f_c^2)(f_{p2}^2+f_c^2)}{(f_{z1}^2+f_c^2)(f_{z2}^2+f_c^2)}} \frac{Gf_c R_3}{f_{p1}} \tag{3.75}$$

如果让极点和零点（分别为 f_p 和 f_z）占据同一位置，上述表达式可简化为

$$R_2 = \frac{f_p^2+f_c^2}{f_z^2+f_c^2} \frac{Gf_c R_3}{f_p} \tag{3.76}$$

下面详细说明应用以上公式稳定图 3.32 的计算步骤。在 1.2 kHz（谐振频率）处放置双零点，在 14 kHz（ESR 零点）处放置极点并把第二个极点置于开关频率一半的位置。

① 给定 f_{z1}，$R_1 = 10$ kΩ，应用式（3.71）计算 C_3；
② 给定 C_3 和 f_{p2}，应用式（3.74）计算 R_3；
③ 已知 R_3 及所期望的极点和零点位置，应用式（3.75）求 R_2；
④ 给定 R_2 和 f_{z2}，应用式（3.72）计算 C_1；
⑤ 给定 R_2 和 f_{p1}，应用式（3.73）计算 C_2；

计算得到如下数值：

$G = 9.55$，$C_1 = 9.4$ nF，$C_2 = 803$ pF，$C_3 = 13.3$ nF，$R_2 = 14.2$ kΩ，$R_3 = 240$ Ω

电路图如图 3.39 所示，该图通过关键词 parameters 由自动计算程序作出。图中组件值通过公式计算得到，并在仿真前对组件做最后赋值。图形底部的直流源提供了揭示计算结果的简便方法。基于这一特点，可以简单而快速地探讨由极点和零点位置变换而产生的效应。应用新的组件值，

在不同控制条件（输入电压、交叉频率等）下进行扫描得到输出响应。图 3.40 所示为扫描结果。条件稳定不再存在，在两种输入情况下，相位裕度大于 80°。因此这是个可靠的设计。在使用 k 因子补偿方法和手动设置零极点补偿方法两种情况下，比较阶跃负载和输入负载响应是一件值得做的事情。

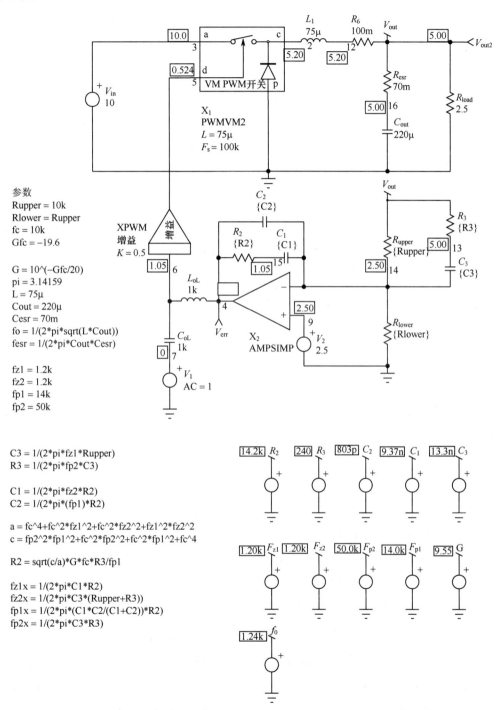

参数
Rupper = 10k
Rlower = Rupper
fc = 10k
Gfc = −19.6

G = 10^(−Gfc/20)
pi = 3.14159
L = 75μ
Cout = 220μ
Cesr = 70m
fo = 1/(2*pi*sqrt(L*Cout))
fesr = 1/(2*pi*Cout*Cesr)

fz1 = 1.2k
fz2 = 1.2k
fp1 = 14k
fp2 = 50k

C3 = 1/(2*pi*fz1*Rupper)
R3 = 1/(2*pi*fp2*C3)

C1 = 1/(2*pi*fz2*R2)
C2 = 1/(2*pi*(fp1)*R2)

a = fc^4+fc^2*fz1^2+fc^2*fz2^2+fz1^2*fz2^2
c = fp2^2*fp1^2+fc^2*fp2^2+fc^2*fp1^2+fc^4

R2 = sqrt(c/a)*G*fc*R3/fp1

fz1x = 1/(2*pi*C1*R2)
fz2x = 1/(2*pi*C3*(Rupper+R3))
fp1x = 1/(2*pi*(C1*C2/(C1+C2))*R2)
fp2x = 1/(2*pi*C3*R3)

图 3.39　在 Intusoft 软件的 SPICENET 上通过参数关键词进行全自动计算

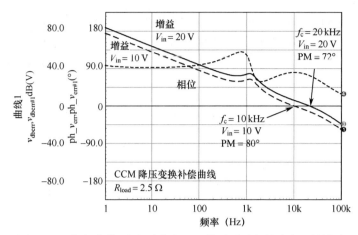

图 3.40　采用不同极点和零点安置，得到了无条件稳定区的设计

3.6.8　k 因子与极-零点手动放置

　　为说明两种方法，让输出从 1 A 阶跃到 2 A，阶跃速率为 1 A/μs。10 V 的输入电压意味着两种电路的交叉频率为 10 kHz，相位裕度在两种设计中相同。将 k 因子电路的相位裕度提升为 80° 并做相关比较：k 因子设计对手动极点/零点放置。图 3.41 所示为对应两种技术的修正交流响应曲线，而图 3.42 所示为产生的瞬态波形。

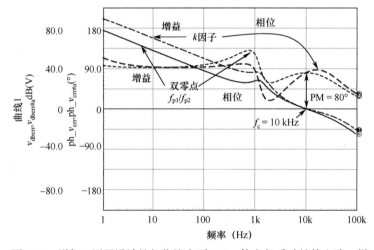

图 3.41　增加 k 因子设计的相位裕度到 80°，使之与手动补偿电路一样

　　图 3.42 所示为瞬态响应曲线，与电路规定的极点和零点位置相对应。尽管交叉频率相似（本例中为 10 kHz），因低频区（接近谐振频率）存在零点，本能地减慢了系统响应，为什么呢？在有补偿网络 $G(s)$ 的闭环方程中，如果用 $G(s) = N(s)/D(s)$ 代替 $G(s)$，可得如下表达式：

$$\frac{V_{out}(s)}{V_{ref}(s)} = \frac{\dfrac{N(s)}{D(s)}H(s)G_{PWM}}{1+H(s)G_{PWM}\dfrac{N(s)}{D(s)}} = \frac{N(s)H(s)G_{PWM}}{D(s)+N(s)H(s)G_{PWM}} \tag{3.77}$$

　　在式（3.77）中，分母中存在 $N(s)$ 项并包含系统的闭环极点。$G(s)$ 的分子表示误差放大器的补偿网络，在补偿网络中放置零点来形成环路。因此，把这些零点放在低频区域自然减慢了系统响应，因为在闭环增益式中上述零点以极点形式出现（附录 2B 对其做了详细讨论）。这就是为什

么当 k 因子电路的双零点位于 2.6 kHz 时，相对于零点位于 1.2 kHz 的其他网络而言，k 因子能给出更快的系统响应（不一定是最快的）。而不足之处在于，在这两种情况下，都出现了小的过脉冲。然而，如果稳定条件消失，约 2 kHz 处的低相位裕度（见图 3.41）会在增益存在较大变化时出现问题。在该特殊情况下，对无条件稳定的设计来说，使用单独的极点-零点放置补偿是合理的。如所期望的那样，在该特殊情况下，k 因子给出最高的直流增益。因此，可以期望输入纹波抑制会得到改善。

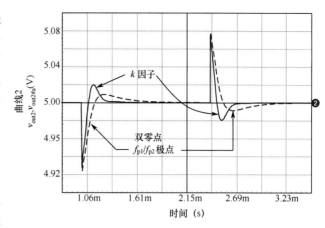

图 3.42　在输出阶跃过程中，k 因子设计出现小的过脉冲，但比其他设计恢复得更快

如果在恒定负载情况下，对输入电压做交流扫描，可得音频敏感性。如第 1 章所讨论的，闭环音频敏感性与环路增益 $T(s)$ 有关。在直流情况下，大增益意味着极好的输入电压抑制能力。当功率级及补偿网络 $G(s)$ 的增益随频率增加而降低时，输入抑制能力与开环时一样。如图 3.43 所示，在频谱的末端，所有曲线重叠在一起。此外，当 k 因子补偿给出更好的直流增益时，它会产生比其他方法更好的输入抑制。为测试阶跃输入的瞬态响应，输入电源在 10 μs 内从 10 V 变化到 20 V，如图 3.44 所示。

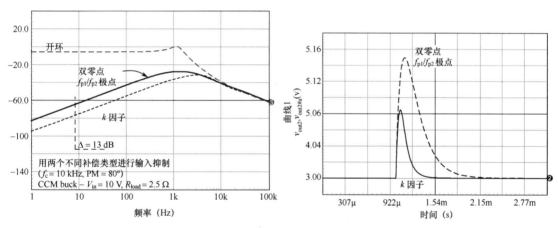

图 3.43　在这种特殊情况下，大直流增益能使 k 因子产生极好的输入抑制效果

图 3.44　在电源抑制测试中，通过提供更高的抑制指数，k 因子响应优于极-零点单独放置时的响应

3.6.9　具有 k 因子的电流模式降压变换器的稳定

用上例处理电压模式电源，会呈现二阶系统性能，证明了利用放大器类型 3 实现补偿的可行性。图 3.45 所示为工作于电流模式的同一降压变换器。所用的 PWM 开关模型为 PWMCM。该 PWM 开关模型的占空比输出能得到静态工作点。仿真以后，可以在电路图上观察偏置点。52% 的占空比会引入次级谐波振荡，因为占空比大于了 50% 限制。如图 3.46 所示。然而，只要输入电压达到 20 V，占空比就会降至 50% 以下，谐振峰及与之相关的其他问题随之减退。在输入电压为 10 V 时，谐振峰与 0 dB 轴相交，必须通过斜坡补偿进行阻尼。与第 2 章中讨论过的一样，可以确定需加斜坡补偿的程度。在这种情况下，可选斜坡补偿为电感电流下行斜率的一半。

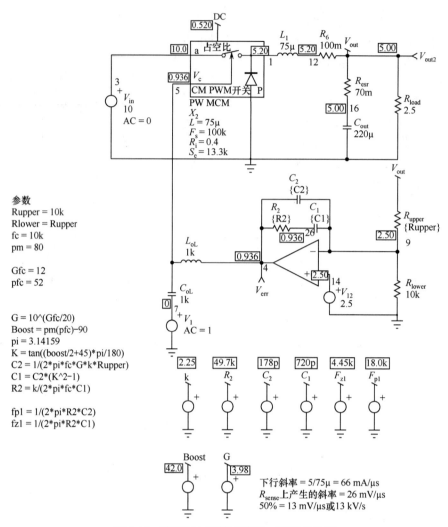

参数
Rupper = 10k
Rlower = Rupper
fc = 10k
pm = 80

Gfc = 12
pfc = 52

G = 10^(Gfc/20)
Boost = pm(pfc)−90
pi = 3.14159
K = tan((boost/2+45)*pi/180)
C2 = 1/(2*pi*fc*G*k*Rupper)
C1 = C2*(K^2−1)
R2 = k/(2*pi*fc*C1)

fp1 = 1/(2*pi*R2*C2)
fz1 = 1/(2*pi*R2*C1)

下行斜率 = 5/75μ = 66 mA/μs
R_{sense}上产生的斜率 = 26 mV/μs
50% = 13 mV/μs或13 kV/s

图 3.45 工作于电流模式的同一降压变换器

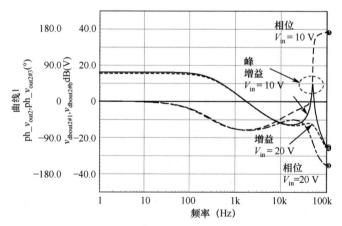

图 3.46 当电流模式 CCM 降压变换器占空比超过 50%（输入电压 10 V）时，出现
次级谐波振荡；但在较高输入电压（20 V）下，次级谐波振荡减退

通过以下几个步骤可得到提供给模型的补偿值：

- 电感电流下行斜率 $S_{off} = V_{out} / L = 66$ kA/s 或 66.6 mA/μs；
- 通过 0.4 Ω 的检测电阻 R_i，将产生 $V_{sense} = S_{off}R_i = 66.6m \times 0.4 = 26.6$ mV/μs；
- 如果假设 50% 补偿，那么最后的补偿为 26.6×0.5 = 13.3 mV/μs 或 13.33 kV/s。我们在模型的 S_e 线中加入了 13.3k 的补偿。

应用以上补偿值，可以运行新的仿真，所得结果如图 3.47 所示。

根据图 3.47，应用 k 因子方法：

（1）选择交叉频率和相位裕度。选择交叉频率为 10 kHz，便于与前面的电压模式设计比较并观察电流模式降压变换器是如何工作的。所需的相位裕度指标为 80°。

（2）在交叉频率处读斜坡补偿的波特图。从图 3.47 中可以看到功率级相位滞后 52°，衰减 G_{fc} 为 12 dB，两个参数都在 10 kHz 处测量得到。

（3）选择放大器类型。从波特图可以看到功率级相移在频谱低频区滞后 90°，意味着用放大器类型 2。

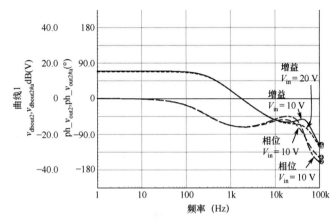

图 3.47　加入谐波补偿很好地阻尼了次谐波极点：尖峰已大为降低

（4）应用公式。应用式（3.57）～式（3.59）可计算补偿组件。相位提升 = 42°，$k = 2.25$，$G = 3.98$，$C_1 = 720$ pF，$C_2 = 178$ pF，$R_2 = 49.7$ kΩ。根据上述计算值，k 因子在 4.5 kHz 处放置一个零点，在 18 kHz 处放置一个极点。

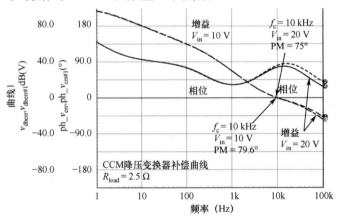

图 3.48　两种输入电压下补偿后的 CCM 降压变换器。注意增益曲线保持不变

（5）应用以上数值运行仿真。图 3.48 和图 3.49 分别显示了对应两个输入电压值，即 $R_{load} = 2.5$ Ω 和 $R_{load} = 50$ Ω 情况下的仿真结果。

（6）检查在所有情况下，相位裕度和增益裕度是否在安全范围内。

（7）变化输出电容 ESR。ESR 会随电容老化和内部温度变化而变化。确保相应的零点变化不会危害相位裕度和增益裕度。

（8）负载阶跃输出。用信号控制开关代替固定负载，在两个极端输入电压下，负载在两个工作点之间阶跃来检查稳定性。受控电流源也能完成该任务。

如图 3.50 所示，区分两种输入电压下的响应是很困难的。这是电流模式设计相对于电压模式设计的自然结果。通过画出电流模式 CCM 降压变换器的音频敏感性并与图 3.43 的电压模式情况比较，就很容易看出来这一结果。如同以前讨论过的，在电感下行斜率上再加 50% 斜坡补偿，理论上使输入灵敏度为零，即产生无限的抑制作用。图 3.51 显示了电压模式设计对输入电流具有极高的抑制能力（150 dB）。当然，实际上得到的值会小一些，但对于输入电压抑制能力，电流模式降压设计还是优于电压模式设计的。

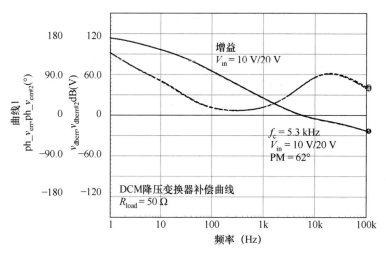

图 3.49　两种输入电压下补偿后的 DCM 降压变换器。除
交叉频率不同外，相位和增益曲线几乎没有区别

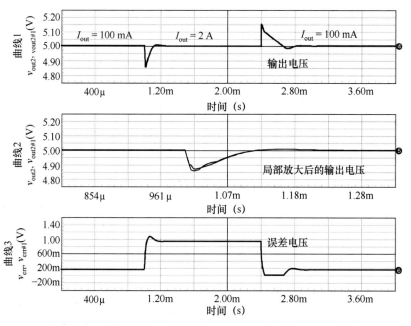

图 3.50　不管输入电压如何，电流模式设计瞬态响应保持不变

最后，可以对电压模式和电流模式做一比较，分别对两种模式都做 k 因子补偿，并做负载阶跃和电源阶跃测试。在两种设计中，交叉频率为 10 kHz，输入电压为 10 V，相位裕度为 80°。图 3.52 所示为两种设计对输出阶跃的瞬态响应。两种设计的欠脉冲几乎相同，但电流模式电路的振铃比电压模式小。CCM 电压模式电路保持为二阶系统，而电流模式在频谱的低频区表现为一阶系统，自然产生较少的振铃现象。关于输入抑制，电流模式设计有很好的输入抑制能力（如图 3.53 所示），即在图形比例相似的情况下，电流模式下看不到扰动，而电压模式设计下有一点过脉冲。如果把电流模式设计的输出放大，可以看到欠脉冲——这是典型的电流模式。如果加入更大的斜坡补偿，电流模式欠脉冲将增大直到与电压模式相似——这是过补偿设计。

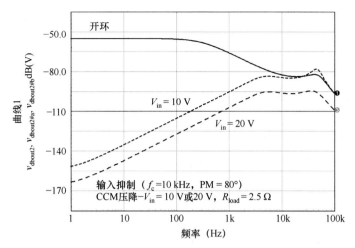

图 3.51 电流模式的输入抑制优于电压模式, 斜坡补偿为 50%时, 理论上输入灵敏度为零

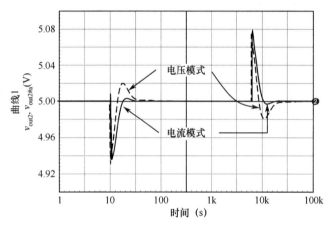

图 3.52 电流模式和电压模式负载阶跃响应的比较。电流模式保持为一阶系统(主要为低频极点), 过脉冲较小

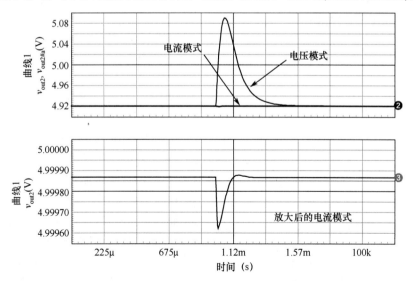

图 3.53 电流模式设计忽略输入电压扰动 (注意该典型电流模式设计的响应极性)

通过这个例子可知，电流模式电源中 k 因子的良好性能，主要是低频区（次级谐波极点前）具有一阶系统的特点。在有些情况下，设计者在交叉频率选定后，更愿意手动放置极点和零点。对放大器类型 2 而言是可能的，附录 3C 对此做了证明。设计中主要是选择极点和零点的位置并计算电阻 R_2 以便在 f_c 产生合适的增益。

3.6.10 电流模式模型和瞬态阶跃响应

电流模式模型——工作与 CCM、DCM 或自触发情况——给 SPICE 数值求解器产生了很大的负担。当进行阶跃瞬态分析时，仿真有时会不收敛。因为工作点在仿真之前进行计算，因此交流分析通常不会产生问题。但在瞬态分析中，有些特殊模型会导致麻烦。下面是在瞬态分析时摆脱收敛问题的几点建议。

- 如果在瞬态分析时 CCM 和 DCM 之间发生模式变换，那么谐振电容的连接与否将导致潜在的收敛问题。这是电流模式自触发模型的一个缺陷。最好的办法是在 PWMCM 子电路描述电容表达式的 SPICE 代码前面放 "*" 号，如下所示：

```
* C1 c p C=V(mode) > 0.1 ? {4/((L)*(6.28*Fs)^2)} : 1p ; IsSpice
* XC1 c p mode varicap                              ; PSpice
```

- 增加瞬态分析迭代限定值，即数据点丢弃之前的迭代次数。在默认情况下，ITL4 = 100。把 ITL4 增加到 300～500 有助于解决"时间步长太小"的错误。
- 将相对容差 RELTOL 放宽到 0.01。
- 如果仿真仍然失败，分别放宽电流和电压误差容限，即 ABSTOL 和 VNTOL。把 ABSTOL 设为 1μA，把 VNTOL 设为 1mV，通常会对仿真有所帮助。
- 把 GMIN 增为 1 ns 或 10 ns。GMIN 是每个支路的最小电导，能有助于高度非线性电路的收敛。通常它把非线性组件用线性电流来表示。

3.7 用 TL431 实现反馈

介绍运算放大器旁边的补偿电路是十分有趣的事情，但在实际的工业设计中并非如此。将 TL431 作为反馈系统已经十分普及，使用真实的运算放大器已经很少。因为 TL431 中已经包含了稳定而又精密的带误差放大器的参考电压，即使该误差放大器的开环增益无法与实际运算放大器相比，但对大多数产品精度而言已经足够。TL431 的内部结构如图 3.54 所示。可以看到参考电压

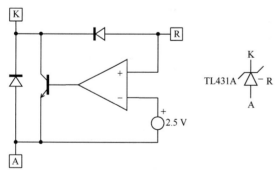

图 3.54 具有 2.5 V 参考电压的 TL431 内部等效电路

为 2.5 V，TL431 为运算放大器的反相输入端提供偏置。TL431 的输出驱动双极型晶体管，实际上把 TL431 接成了分流调压器。当参考引脚（R）的电压低于 2.5 V 时，晶体管保持断开，TL431 对电路而言是忽略不计的。只要参考引脚（R）的电压超过参考电压，晶体管开始导通，电流流过晶体管。如果光耦二极管 LED 与 TL431 的 K 极串联连接，就能构建光隔离反馈系统。图 3.55 所示为当今的电源是如何利用 TL431 的，该电路用在典型的反激式变换器中。

TL431 还用于不同精度的电路中，这与想要设计什么样的电路有关。在那些输出电压低于 2.5 V 的场合，TLV431 可能是很好的选择。TLV431 与 TL431 相比还具有较小的最小偏置电流。在低待机功耗设计方面有较大的优势。表 3.1 列出了所有相关器件的参数。

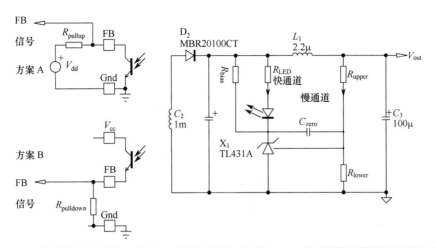

图 3.55 TL431 检测输出电压的一部分，来激活光耦二极管 LED，将反馈信息传到非隔离的主边一侧

表 3.1 相关器件的参数

型 号	参考电压/V	最小偏置电流	精 度	最大电压/V	最大电流/mA
TL431I	2.495	1 mA	±2%（25℃）	36	100
TL431A	2.495	1 mA	±1%（25℃）	36	100
TL431B	2.495	1 mA	±0.4%（25℃）	36	100
TLV431A	1.24	100 μA	±1%（25℃）	18	20
TLV431B	1.24	100 μA	±0.5%（25℃）	18	20
NCP431	2.5	40 μA	±1%（25℃）	36	100

附录 3B 描述了 TL431 的 SPICE 模型，该模型广泛应用于本书的例子中，它能在 IsSpice 或 PSpice 环境下工作，已经被证明能很好地反映实际情况。

在图 3.55 中，由 R_{upper} 和 R_{lower} 构成的电阻网络检测输出电压，为 TL431 参考引脚提供偏置。当输出电压超过标称输出电压，TL431 减小阴极电压并增大 LED 电流。反过来，减小反馈设置点，变换器传递较小功率。相反，当输出低于标称输出电压，TL431 把阴极断开，停止为 LED 提供电流。结果主反馈允许输出更大的功率，使变换器输出电压增加，直至 TL431 检测到输出电压达到标称输出电压。变换器的两种不同的光耦二极管 LED 连接方式，由方案 A 和方案 B 描述如下。

- 方案 A：这是一个共发射极组态，可以在流行的控制器中找到，如安森美半导体公司的 NCP1200 系列控制器。降低 FB 引脚电压能减小该电流模式控制器的峰值电流。该方案还用于基于 UC384X 的设计中，其中集电极可以直接驱动内部运算放大器的输出。
- 方案 B：在这个共集电极组态中，发射极拉高 FB 引脚的电压来减小占空比和峰值电流设置点。本方案通常要求控制器内部有反相放大器。

如图 3.55 所示，LED 支路被称为"快通道"，而分压网络称为"慢通道"。慢通道使用内部运算放大器驱动 TL431 输出晶体管，通过 R_{upper} 和 R_{lower} 构成的电阻网络固定直流工作点。由于电容 C_{zero} 的存在，能引入一个原点处极点，从而如标准放大器类型 1 那样降低增益。然而，在某些频率范围，因为 C_{zero} 已经使增益全面下降，分流调压器不再起受控齐纳二极管的作用。内部运算放大器仍然固定直流工作点，但由于通过 C_{zero} 的阻抗使增益降到一个较低值，内部运算放大器对分流调压器没有交流控制作用。电路可简化为图 3.56（如方案 A），其中 TL431 变为简单的齐纳二极管。对于小信号的研究，可以用与内部阻抗串联的固定电压源来代替该二极管。LED 也可以用同样的方法替代。然而，由于这些动态电阻之和与 R_{LED} 相比很小，在最后的计算中可以将其忽略。

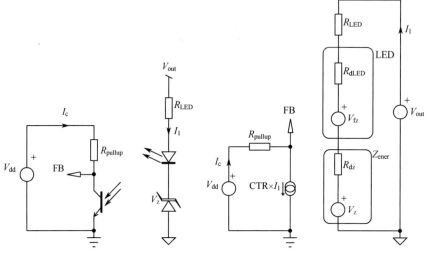

图 3.56 包含不同动态电阻的小信号模型，它们与串联电阻 R_{LED} 相比很小

根据基尔霍夫定理可以写出

$$V_{FB}(s) = -I_1(s)R_{pullup}CTR \qquad (3.78)$$

式中，CTR 表示光耦电流传输比，其大小与由晶体管基极收集得到的光子数量有关，由此产生的集电极电流为 $I_c = I_1 \times CTR$。考虑到 LED 电压降和齐纳二极管电压降恒定，在小信号分析中导数项为零，因此有

$$I_1(s) = V_{out}(s)/R_{LED} \qquad (3.79)$$

把式（3.79）代入式（3.78）得到

$$\frac{V_{FB}(s)}{V_{out}(s)} = -\frac{R_{pullup}}{R_{LED}}CTR \qquad (3.80)$$

该式描述了"快通道"增益，在高频区它无法用简单的办法降低。这是补偿电路可能的最小增益。假设前面的方程给出 12 dB，意味着如果选择的交越点所需的增益只要 8 dB，那么由式（3.80）产生的最小增益 12 dB 是个障碍。为什么？因为设计者想要减少增益，不得不增加 LED 电阻 R_{LED}，使之超过由偏置条件给出的最大值。然而，R_{LED} 显然不能任意选择，因为 R_{LED} 会影响 dc 偏置和小信号增益。因此，第一步是计算可取的 R_{LED} 最大值，且不会影响其他参数（这在稍后的段落中详细介绍），然后，在允许的范围内，调节 R_{LED} 来获得合适的增益。如果在考虑了偏置条件后，R_{LED} 取值达到了其上限，设计者就会不知所措，此时就需要寻找一需要更高增益的交越频率，以便能使 R_{LED} 减小。显然，在一些需要衰减而不是需要增益的系统中（如单级 PFC 电路），TL431 及其他"快通道"对设计者而言是个问题。

方案 B 描述了不同的方法，该方法将电流注入反馈引脚。其结果类似于式（3.80），只是与共集电极结构一样，没有相位反相。

一旦理解了工作原理，最后对 TL431 进行描述就更有意义了。如图 3.57 所示，可以看到具有电容 C_{zero} 的标准运算放大器，后面紧跟表示快通道的加法器网络。

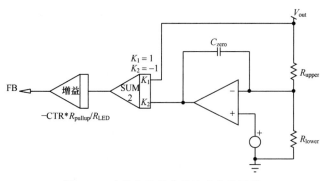

图 3.57 由该电路能容易地确定快通道

注意在图 3.55 中，LED 连接在第二级 LC 滤波器之前。这是为避免当 LC 网络开始谐振时在高频区产生增益。这是典型的反激式变换器结构，通过 LC 滤波器降低高频噪声。确保该滤波器的谐振频率为所选交叉频率的 10 倍以上来避免相互干扰。

电容 C_{zero} 看起来好像是引入了一个原点处的极点。如果推导完整反馈环路的传输函数，可得到如下结果：

$$V_{FB}(s)=-\left(V_{out}(s)\frac{1}{sR_{upper}C_{zero}}+V_{out}(s)\right)\frac{R_{pullup}}{R_{LED}}\mathrm{CTR} \tag{3.81}$$

重新整理该式得到

$$\frac{V_{FB}(s)}{V_{out}(s)}=-\left(\frac{1}{sR_{upper}C_{zero}}+1\right)\frac{R_{pullup}}{R_{LED}}\mathrm{CTR}=-\left(\frac{sR_{upper}C_{zero}+1}{sR_{upper}C_{zero}}\right)\frac{R_{pullup}}{R_{LED}}\mathrm{CTR} \tag{3.82}$$

式（3.82）显示了原点处存在极点和一个由快通道结构引入的零点 f_z。遗憾的是，如果用常用的放大器类型 2，需要一个其他位置的极点 f_p。如何得到该极点呢？可简单地在输出节点和地之间放一个电容（如图 3.58 和图 3.59 所示）。在式（3.82）中加入该极点，得到最终 TL431 网络（如图 3.55 所示）的控制式：

$$G(s)=\frac{V_{FB}(s)}{V_{out}(s)}=-\left(\frac{sR_{upper}C_{zero}+1}{sR_{upper}C_{zero}}\right)\left(\frac{1}{1+sR_{pullup}C_{zero}}\right)\frac{R_{pullup}}{R_{LED}}\mathrm{CTR} \tag{3.83}$$

通过提取因子 $sR_{upper}C_{zero}$ 可把上式重新整理成更便利的格式：

$$\tag{3.84}$$

$$G(s)=-\frac{1+\dfrac{1}{sR_{upper}C_{zero}}}{1+sR_{pullup}C_{zero}}\frac{R_{pullup}}{R_{LED}}\mathrm{CTR}=-G_0\frac{1+s_z/s}{1+s/s_p}$$

同样，可以通过如下定义计算极点和零点位置：

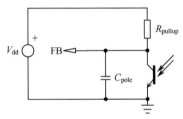

图 3.58 在反馈引脚和地之间放一个简单电容引入一个极点

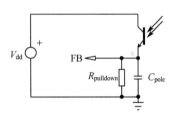

图 3.59 同一方法应用于共集电极组态

$$f_z=\frac{1}{2\pi R_{upper}C_{zero}} \tag{3.85}$$

$$f_p=\frac{1}{2\pi R_{pullup}C_{pole}} \tag{3.86}$$

$$G=\frac{R_{pullup}}{R_{LED}}\mathrm{CTR} \tag{3.87}$$

根据式（3.83），0 dB 交叉极点 f_{po} 和零点 f_z 重合。如图 3.60 所证实的那样，这就意味着斜率刚好在 0 dB 轴发生变化。这种由 TL431 构成的电路，其所需交叉频率处的中频增益 G 可由式（3.87）简单地控制，与 f_z 和 f_p 位置无关。

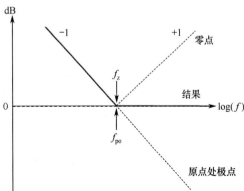

图 3.60 当零点 f_z 和 0 dB 交叉极点 f_{p0} 重合时，斜率刚好在 0 dB 轴发生变化

下一步是寻求放置极点和零点的位置，来得到良好补偿的途径。

3.7.1 应用 TL431 的放大器类型 2 设计举例

本例的目的是对 TL431 网络应用 k 因子方法，因为它是稳定电源的简单而又直接的方法。然而，如果不喜欢 k 因子技术，可以应用式（3.85）～式（3.87），按设计者的习惯自由分配极点和零点位置。从图 3.28 看到 k 因子将极点和零点放置在如下位置：

$$f_z = f_c / k$$

$$f_p = k f_c$$

上拉电阻与控制器有关，有时可以将该电阻集成在控制器内。如果该电阻放在控制器外部，设计者可以选择该电阻值来增加光耦偏置电流以得到较高带宽。若使用安森美半导体公司的 NCP1200 控制器，则该电阻在控制器内部，其值固定为 20 kΩ。为举例方便，假设 R_{upper} = 10 kΩ，来构建所需的放大器类型 2，参数如下：

- 交叉频率 = 1 kHz
- 所需相位裕度 = 100°
- 交叉频率处增益衰减 Gf_c = −20 dB
- 交叉频率处相位 = −55°
- k 因子计算为 k = 4.5，f_z = 222 Hz，f_p = 4.5 kHz
- $G = 10^{\frac{-Gf_c}{20}} = 10$
- CTR = 1
- R_{pullup} = 20 kΩ
- R_{upper} = 10 kΩ

从类型 2 方程，得到

$$C_{zero} = \frac{1}{2\pi R_{upper} f_z} = 71.8 \text{ nF} \tag{3.88}$$

$$C_{pole} = \frac{1}{2\pi R_{pullup} f_p} = 1.76 \text{ nF} \tag{3.89}$$

$$R_{LED} = \frac{CTR \cdot R_{pullup}}{G} = 2 \text{ kΩ} \tag{3.90}$$

式中，G 表示交叉频率处想要的中频增益（或衰减）。

图 3.61 收集了多种电路方案来比较交流响应。在图的顶部，可看到传统基于运算放大器的放大器类型 2，调整该放大器使之在 1 kHz 处增益为+20 dB，这是个参考电路。在图的右侧，是 TL431 内部等效结构，具有不同的电子回路。在图的左侧，给出了利用无极点简单光耦网络（电流控制电流源 F₂）的完整电路。仿真这些电路，可得波特图，结果如图 3.62 所示。由波特图可知所有电路仿真所得的曲线具有很好的一致性。这样就结束了用 TL431 构建的放大器类型 2 的讨论。下面开始探讨应用 TL431 构建的放大器类型 3。

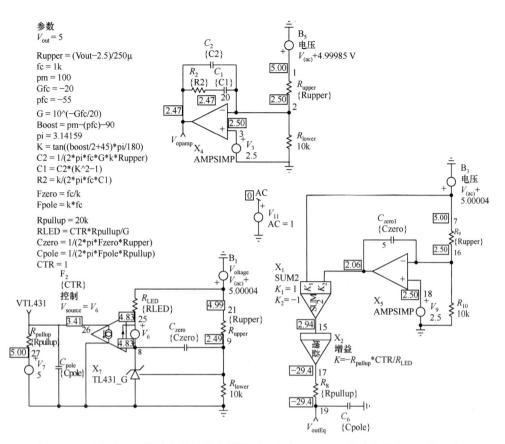

参数
$V_{out} = 5$

Rupper = (Vout−2.5)/250μ
fc = 1k
pm = 100
Gfc = −20
pfc = −55
G = 10^(−Gfc/20)
Boost = pm−(pfc)−90
pi = 3.14159
K = tan((boost/2+45)*pi/180)
C2 = 1/(2*pi*fc*K*G*Rupper)
C1 = C2*(K^2−1)
R2 = K/(2*pi*fc*C1)

Fzero = fc/K
Fpole = K*fc

Rpullup = 20k
RLED = CTR*Rpullup/G
Czero = 1/(2*pi*Fzero*Rupper)
Cpole = 1/(2*pi*Fpole*Rpullup)
CTR = 1

图 3.61　原来基于运算放大器的放大器类型 2 和应用 TL431 的放大器类型 2 的比较

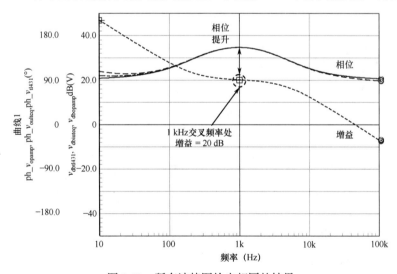

图 3.62　所有波特图给出相同的结果

3.7.2　应用 TL431 的放大器类型 3

因为存在快通道，放大器类型 3 稍微有点复杂。可以通过插入齐纳二极管或双极型器件来消除快通道的影响，以避免对输出电压产生干扰，如图 3.63 和图 3.64 所示[5]。然而，需要做外部补偿，使设计变得稍稍复杂。如何在 TL431 环路中放置零点？这里不能跟传统的基于运算放大器那

样与 R_{upper} 并联，因为存在快通道，该方法不起作用。唯一的方法是放置一个与 R_{LED} 并联的 RC 网络，如图 3.65 所示。幸运的是，新电路的传输函数与式（3.82）没有很大不同。唯一的差别在于 R_{LED} 的表达式，因为 RC 网络与 R_{LED} 并联。RC 网络与 R_{LED} 并联后的等效电路阻抗如下：

$$Z_{eq} = \frac{R_{LED}(sR_{pz}C_{pz}+1)}{sC_{pz}(R_{LED}+R_{pz})+1} \tag{3.91}$$

把式（3.91）代入式（3.83）去代替 R_{LED}，则完整的传输函数变为

$$G(s) = \frac{V_{FB}(s)}{V_{out}(s)} = -\left(\frac{sR_{upper}C_{zero1}+1}{sR_{upper}C_{zero1}}\right)\left(\frac{1}{1+sR_{pullup}C_{pole2}}\right)\frac{[sC_{pz}(R_{LED}+R_{pz})+1]}{(sR_{pz}C_{pz}+1)}\frac{R_{pullup}}{R_{LED}}CTR \tag{3.92}$$

通过提取因子 $sR_{upper}C_{zero}$，可以推导较简单的传输函数：

$$G(s) = -\left(\frac{1+\dfrac{1}{sR_{upper}C_{zero1}}}{1+sR_{pullup}C_{pole2}}\right)\frac{[sC_{pz}(R_{LED}+R_{pz})+1]}{(sR_{pz}C_{pz}+1)}\frac{R_{pullup}}{R_{LED}}CTR \tag{3.93}$$

同样，可以从以下定义中计算极点和零点：

$$f_{z1} = \frac{1}{2\pi R_{upper}C_{zero1}} \tag{3.94}$$

$$f_{p1} = \frac{1}{2\pi R_{pz}C_{pz}} \tag{3.95}$$

$$f_{z2} = \frac{1}{2\pi(R_{LED}+R_{pz})C_{pz}} \tag{3.96}$$

$$f_{p2} = \frac{1}{2\pi R_{pullup}C_{pole2}} \tag{3.97}$$

$$G = \frac{R_{pullup}}{R_{LED}}CTR \tag{3.98}$$

首先要做的是求 R_{LED} 的值，以便得到在所选交叉频率 f_c 处的增益（或衰减）。式（3.92）可重写如下，并强调了极点和零点的位置：

$$G(s) \approx -CTR\frac{R_{pullup}}{R_{LED}}\frac{\left(1+\dfrac{s}{s_{z1}}\right)\left(1+\dfrac{s}{s_{z2}}\right)}{\left(1+\dfrac{s}{s_{p1}}\right)\left(1+\dfrac{s}{s_{p2}}\right)} \tag{3.99}$$

从幅值表达式求 R_{LED} 的值，得到如下（复杂）的结果：

$$R_{LED} = \frac{\sqrt{(f_{p1}^2+f_c^2)(f_{z1}^2+f_c^2)(f_{p2}^2+f_c^2)(f_{z2}^2+f_c^2)}}{f_{p1}^2f_{c2}^2+f_{p2}^2f_c^2+f_{p1}^2f_c^2+f_c^4}\frac{CTR \cdot f_{p1}f_{p2}R_{pullup}}{f_{z2}f_c G} \tag{3.100}$$

幸运的是，如果极点和零点（分别为 f_p 和 f_z）重合，上述公式可简化为

$$R_{LED} = \frac{(f_z^2+f_c^2)}{(f_p^2+f_c^2)}\frac{f_p^2R_{pullup}CTR}{f_cf_z G} \tag{3.101}$$

借助于前面的表达式，给定在交叉频率处所需的增益，可以推导 R_{LED} 的值。现在利用式（3.95）和式（3.96），可以计算 C_{pz} 的值，该电容对零点和极点的位置起作用。从式（3.95）可以求得

$$R_{pz} = \frac{1}{2\pi f_{p1}C_{pz}} \tag{3.102}$$

将该结果代入式（3.96），给出

$$f_{z2} = \cfrac{1}{2\pi\left(R_{LED} + \cfrac{1}{2\pi f_{p1} C_{pz}}\right) C_{pz}} \qquad (3.103)$$

求解 C_{pz}，得到最后的结果：

$$C_{pz} = \frac{f_{p1} - f_{z1}}{2\pi f_{z1} f_{p1} R_{LED}} \qquad (3.104)$$

如同讨论放大器类型 2 时一样，假设 $R_{upper} = 10\ k\Omega$，来构建具有如下参数的放大器类型 3：

- 交叉频率 $= 1\ kHz$
- 所需相位裕度 $= 100°$
- 交叉频率处增益 $Gf_c = +20\ dB$（即 $G = 10$）
- 交叉频率处相位 $= -55°$
- 由 k 因子工具给出的 $k = 3.32$

首先，由放大器类型 3 的 k 因子来计算如下重合的极点和零点的位置。当然，也可以和前面讨论过的一样，独立地放置极点和零点。在那种情况下：

$$f_z = f_c / \sqrt{k} = 549\ Hz$$

$$f_p = f_c \sqrt{k} = 1.8\ kHz$$

通过式（3.101），得到 $R_{LED} = 3.6\ k\Omega$，$R_{pullup} = 20\ k\Omega$，$CTR = 1$。

由式（3.104）计算得到 $C_{pz} = 55.6\ nF$。其余的组件值很容易通过其他表达式计算得到：

$$C_{zero1} = \frac{1}{2\pi R_{upper} f_{z1}} = 29\ nF \qquad (3.105)$$

$$R_{pz} = \frac{1}{2\pi f_{p1} C_{pz}} = 1.57\ k\Omega \qquad (3.106)$$

$$C_{pole2} = \frac{1}{2\pi R_{pullup} f_{p2}} = 4.37\ nF \qquad (3.107)$$

图 3.65 所示为测试用电路，其中电路中所有组件值自动计算得到。该电路也可用于 Cadence。图 3.66 所示为仿真结果：用 TL431 实现的放大器类型 3 的仿真结果与基于运算放大器的放大器类型 3 仿真结果相当匹配。

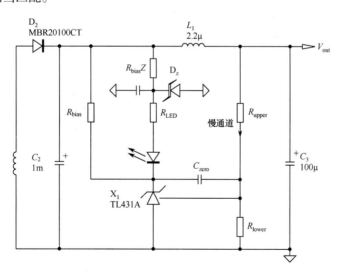

图 3.63　加一个齐纳二极管来帮助消除快通道的影响

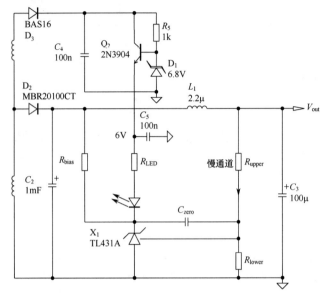

图 3.64 双极型晶体管能完成同样的任务

参数
$V_{out}=5$
Rupper=$(V_{out}-2.5)/250μ$
fc = 1k
pm = 100
Gfc = −20
pfc = −55
G = 10^(−Gfc/20)
Boost = pm−(pfc)−90
pi = 3.14159
K = (tan((boost/4+45)*pi/180))^2
C2 = 1/(2*pi*fc*G*Rupper)
C1 = C2*(K−1)
R2 = sqrt(k)/(2*pi*fc*C1)
R3 = Rupper/(k−1)
C3 = 1/(2*pi*fc*sqrt(k)*R3)

Fzero = fc/sqrt(k)
Fpole = sqrt(k)*fc

Rpullup = 20k

a = (fpole^2+fc^2)*(fc^2+fzero^2)*(fpole^2+fc^2)*(fc^2+fzero^2)
b = fpole^2*fpole^2+fpole^2*fc^2+fc^2*fpole^2+fc^4
Rled = (sqrt(a)/b)*Rpullup*fpole*fpole/(fzero*fc*G)

Czero1 = 1/(2*pi*Fzero*Rupper)
Cpole2 = 1/(2*pi*Fpole*Rpullup)
Cpz = (fpole−fzero)/(2*fzero*fpole*Rled*pi)
Rpz = 1/(2*pi*Fpole*Cpz)
CTR = 1

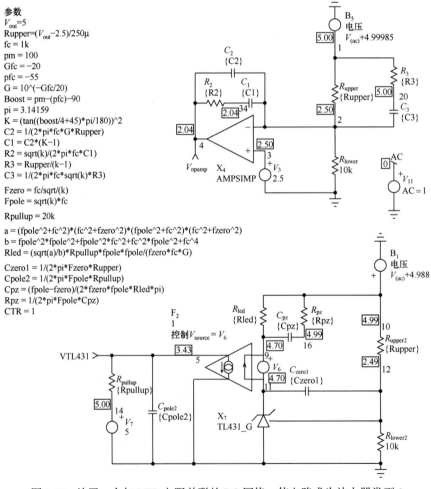

图 3.65　放置一个与 LED 电阻并联的 RC 网络，使电路成为放大器类型 3

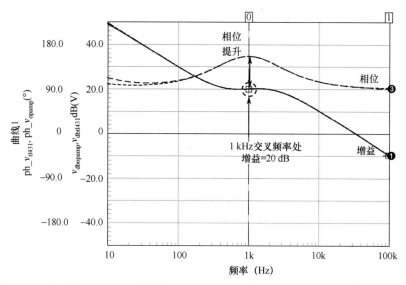

图 3.66　波形完全重合，证明了用 TL431 实现的放大器类型 3 电路结构的合理性

用 TL431 实现放大器类型 3 并不很合适。这是因为 LED 电阻对增益和零-极点位置有影响。R_{LED} 的值能确保在交叉频率处有合适的增益，并在轻负载情况下有足够的偏置，有时会导致不合适的方案，这还与上拉电阻有关。在这种情况下，需要使用运算放大器。由图 3.63 或图 3.64 所描述的方法也是可行的。在该情况下，R_{LED} 对 TL431 起集电极电阻的作用，只对直流增益有影响，对极点和零点位置没有作用，可以应用传统的基于运算放大器的放大器类型 3 电路。

3.7.3　对 TL431 加偏置

TL431 需要一个最小的偏置电流来满足器件数据表参数的要求。该电流必须大于 1 mA。如果该器件得不到合适的偏置，TL431 的开环增益将严重衰退。图 3.67 所示为加偏置和未加偏置时真实的电源性能。没有偏置时，可以清楚看到伏-安曲线发生弯曲，表明了输出阻抗增大。当加入适当的偏置电流值时，曲线呈现较好的形状。

通常，设计者会错误地认为 R_{LED} 为 TL431 提供偏置电流。偏置电流只由原边的反馈电流和光耦合器电路传输系数（CTR）设定。例如，直流工作点产生 600 μA 原边反馈电流，加上 150% 的电路传输系数，那么副边流经 R_{LED} 的电流是 400 μA，低于最小的偏置电流。为增加独立于调节环路的偏置电流，两种可能的电路结构如图 3.68 和图 3.69 所示。

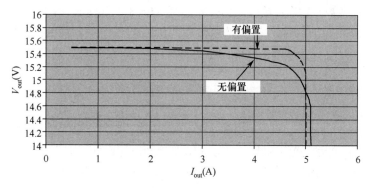

图 3.67　TL431 未加适当的偏置，使开环增益衰退，输出阻抗增大

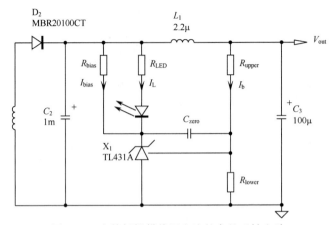

图 3.68　由外部提供偏置电流的完整反馈电路

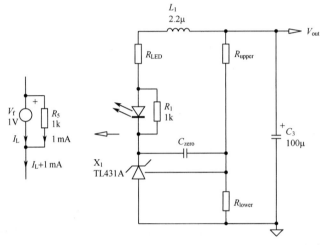

图 3.69　放置一个与光耦合 LED 并联的电阻来产生一个简易的恒定参考电流

（1）图 3.68：通过一个与输出电压相连的电阻，施加一个外部偏置电流，一旦输出电压开始升高，就会对 TL431 产生偏置作用。

（2）图 3.69：应用 LED 正向压降（大约 1 V）来实现恒流发生器的功能，为 TL431 提供偏置。设计者通常在 LED 处并联一个 1 kΩ 的电阻。当 TL431 开始工作时（即 V_{out} 达到规定指标），产生偏置效果，感应出一个正脉冲。这一方案的主要优点在于设计简单。

仔细看图 3.68，需要从输出连接一个电阻 R_{bias}，给 TL431 内部施加一个与 LED 回路无关的电流。因此，反馈网不受该电阻的影响。另一种方案是在原边施加一个较高反馈电流，但 LED 电流仍然与光耦电流传输比（CTR）变化无关（请看后面）。为进一步理解如何计算 R_{bias}，可通过图 3.70 对该组件做更进一步的观察。在原边可以看到有一个上拉电阻与内部 V_{dd} 端（通常对集成电路而言为 5 V）相连，反馈引脚与分压器相连（在 UC384X 系列中，典型的分压为三分之一）。由于存在有源钳位（齐纳二极管），分压器的输出摆动不会超过 1 V——这是由控制器在开环时（因短路、启动等原因）产生的最大电流设置点。因此，如果电流引脚连接 1 Ω 的电阻，则最大允许的峰值电流为 1 A。这样，反馈引脚（节点 V_{FB}）的动态范围限制在 $V_{ce(sat)}$ 和 3 V 之间。V_{FB} 节点电压超过 3 V，由于 1 V 的齐纳钳位起作用反馈引脚不能施加更多电流。集电极电流在最小和最大之间变化：

$$I_{opto,max} = \frac{V_{dd} - V_{ce(sat)}}{R_{pullup}} \tag{3.108}$$

$$I_{\text{opto,min}} = \frac{V_{\text{dd}} - 3}{R_{\text{pullup}}} \tag{3.109}$$

光耦合器也受电流传输比（CTR）的影响，该电流传输比随制造批次、温度、集电极电流、器件老化等因素而变化。表3.2给出了受欢迎的离线光耦合器在偏置电流为10 mA、1 mA（数据在圆括号内）和5 mA时的典型光耦电流传输比（CTR）的变化。

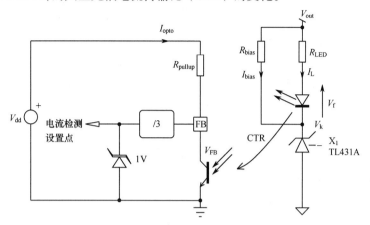

图 3.70　在没有外部偏置时，光耦合器集电极电流和光耦
电流传输比（CTR）使 LED 电流固定不变

表 3.2　典型光耦电流传输比（CTR）的变化

型　　号	制　造　商	CTR$_{\text{min}}$（%）	CTR$_{\text{typ}}$（%）	CTR$_{\text{max}}$（%）
SFH615A-1	Vishay	40（13）	（30）	80
SFH615A-2	Vishay	63（22）	（45）	125
PC817A	Sharp	80（5 mA）		160（5 mA）
PC817B	Sharp	130（5mA）		260（5 mA）

从表3.2中看到，数值变化很大。在探讨反馈网效应时，应密切注意这些参数的变化。这样，依赖于光耦电流传输比和反馈程度，LED中会有相应的电流 I_{L} 流过。最差的情况与式（3.109）相对应，此时产生最大功率输出。控制器具有不同的结构［如图3.59的共集电极组态，或分流调压器结构］，但原理是一样的：确定最低的原边反馈电流条件来查看LED上偏置的变化。按照共发射极组态，LED电流与光耦电流传输比有关，即

$$I_{\text{L,min}} = \frac{I_{\text{opto,min}}}{\text{CTR}_{\text{max}}} = \frac{V_{\text{dd}} - 3}{R_{\text{pullup}} \text{CTR}_{\text{max}}} \tag{3.110}$$

当然，这是最大光耦电流传输比产生最低LED电流的情况。没有外部偏置条件时，流经TL431的电流就如上述表达式描述的那样低。为施加较大的电流，须计算所需的 R_{bias} 值：

$$R_{\text{bias}} = \frac{V_{\text{out}} - V_{\text{k}}}{I_{\text{bias}}} = \frac{R_{\text{LED}} I_{\text{L,min}} + V_{\text{f}}}{I_{\text{bias}}} \tag{3.111}$$

或者通过式（3.110）得到

$$R_{\text{bias}} = \frac{R_{\text{LED}} \dfrac{V_{\text{dd}} - 3}{R_{\text{pullup}} \text{CTR}_{\text{max}}} + V_{\text{f}}}{I_{\text{bias}}} \tag{3.112}$$

这个附加的电流会使流过TL431内部的电流为 $I_{\text{bias}} + I_{\text{L}}$，光耦合器LED的正向电压约为1 V，现在

已经具备了计算电阻值的所有条件，可以通过实际数值计算电阻值：

$V_{out} = 12\ V$，$R_{LED} = 2.2\ k\Omega$，$R_{pullup} = 20\ k\Omega$，$V_{dd} = 4.8\ V$

SFH-615A-1，$CTR_{typ} = 30\%$（偏置电流为 1 mA）

光耦合器 $V_{ce(sat)} = 200\ mV$，$V_f = 1\ V$，施加的偏置电流 $= 2\ mA$

$$R_{bias} = \frac{2.2k\dfrac{4.8-3}{20k\times0.3}+1}{2m} = 830\ \Omega \tag{3.113}$$

图 3.71 所示为一个简单的仿真电路，它可帮助检验计算的合理性：对应于我们所需要的流经 TL431 的电流，最小值为 2 mA。器件的最大电流出现在正脉冲条件下，即当阴极电压降到 2.5 V，迫使变换器强制动。若在任何情况下输出电压正脉冲幅度为 15 V，则流经 TL431 的电流为

$$I_{TLA431,max} = I_{L,max} + I_{bias,max} = \frac{V_{out,max}-2.5-V_f}{R_{LED}} + \frac{V_{out,max}-2.5}{R_{bias}} \tag{3.114}$$

$$= \frac{15-2.5-1}{2.2k} + \frac{15-2.5}{503} = 30\ mA$$

该电流值低于 TL431 允许的最大电流（$I_{max} = 100\ mA$），而且该电流的大部分（24.8 mA）不流过 LED，而从 R_{bias} 流过。

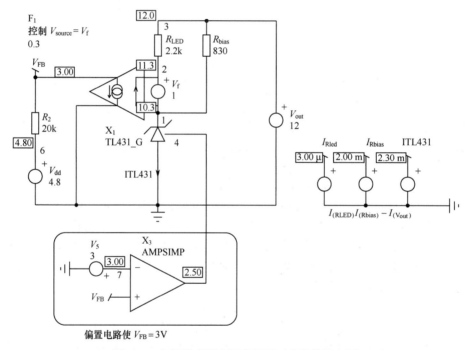

图 3.71　右侧的直流电源确保了正确的偏置电压

由式（3.114）来观察 R_{LED} 是否适合电路，是指检查当变换器需要减小功率时，是否有足够的电流流过 LED。根据图 3.70，所需的使反馈引脚变低电平的最大电流由式（3.108）给出。最差的情况出现在光耦电流传输比最小时，此时 LED 上有最大的电流。因此，一旦按照式（3.90）或式（3.100）计算得到 R_{LED} 的值，设计者必须检查以下不等式：

$$\frac{V_{out}-2.5-V_f}{R_{LED}} \geqslant \frac{V_{dd}-V_{ce,sat}}{R_{pullup}CTR_{min}} \tag{3.115}$$

按照光耦合器参数表，最小光耦电流传输比为 13%（偏置电流为 1 mA），由式（3.115）计算

得到 3.86 mA >1.76 mA，表示该结果是可行的。如果无法得到合适的电流值，则需要选择能提供更好光耦电流传输比范围的光耦合器。值得注意的是，在不需要很大增益时，取大的上拉电阻能使 R_{LED} 变大。与其选择具有更好光耦电流传输比的光耦合器，不如减小连接于 FB 引脚和 V_{cc} 之间的控制器上拉电阻（在共射组态），或减小在共集电极组态时连接于 FB 引脚和地之间的控制器上拉电阻。

如果有意地从 FB 引脚连接一外部上拉电阻到辅助电源 V_{cc}，不仅能提供偏置而且能改善光耦极点位置的作用，而启动时该引脚会开路，引脚有反偏风险。由于内部 V_{dd} 约为 5 V，FB 引脚设计用来输出电流，该电流被光耦吸收。如果该引脚通过一电阻连接到外电源 V_{cc}，V_{cc} 比 V_{dd} 高很多（假设辅助电源为 15 V），FB 引脚输入太多电流就会闭锁控制器。为避免该问题，从 FB 引脚加一齐纳二极管到地，这会限制在开环条件（如启动或短路）下电流的变化幅度，从而保持控制器的安全（如图 3.72 所示）。

式（3.115）表示了当在 TL431 周围设计补偿电路时的主要限制因数，特别是对放大器类型 3 电路结构。这是因为中频带增益与 LED 电阻有关，且是上拉电阻的函数，强迫使用大 LED 电阻值，导致电路不能正常工作。需要做少许迭代运算来改变交叉频率（即不同的中频带增益），或通过连接一个与之并联的外部电阻来改变内部上拉电

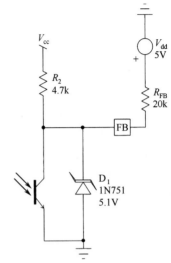

图 3.72 齐纳二极管钳位 FB 引脚电压变化并限制 FB 引脚的反偏电压

阻，例如，从 FB 引脚到参考电源或 V_{cc} 之间连接另外一个上拉电阻。如果由于偏置电流限制无法求得合适的 LED 电阻，去掉图 3.63 建议的"快通道"并连接 TL431，即集电极开路类型 3 运算放大器。确保快通道能退耦所观测信号（即 V_{out}）中的交流分量。

3.7.4 电阻分压器

反馈网络通过检测输出电压起作用，输出电压的检测是通过电阻分压器来实现的。运算放大器努力使参考电压（对 TL431 而言为 2.5 V，对 TLV431 而言为 1.25 V）和桥节点保持相等，其结构如图 3.73 所示。

为计算 R_{upper} 和 R_{lower}，应首先考虑进入 TL431 的偏置电流，该值在整个温度范围内为 6 μA。该电流在图 3.73 标示为 I_{bias}。用基尔霍夫定律，可写出

$$V_{lower} = (I_{bridge} - I_{bias})R_{lower} \tag{3.116}$$

式中，V_{lower} 表示 R_{lower} 两端的电压。当然，之所以如此是因为假设了稳态闭环系统结构，该结构中 V_{lower} 等于参考电压 V_{ref}。上偏置电阻 R_{upper} 与桥节点电流之间关系用二次式表示，即

$$I_{bridge} = \frac{V_{out} - V_{lower}}{R_{upper}} \tag{3.117}$$

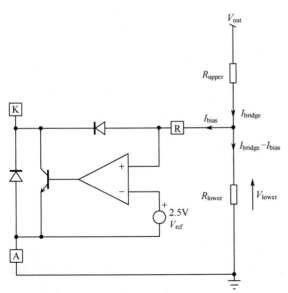

图 3.73 电阻分压器把输出电压的一部分
与内部稳定的参考电压做比较

将式（3.117）代入式（3.116）得到

$$V_{lower} = \left(\frac{V_{out} - V_{lower}}{R_{upper}} - I_{bias} \right) R_{lower} = \left(V_{out} - V_{lower} - I_{bias} R_{upper} \right) \frac{R_{lower}}{R_{upper}} \qquad (3.118)$$

重新整理该式，得到与所有组件相关的输出电压表达式：

$$V_{out} = V_{ref} \left(\frac{R_{upper}}{R_{lower}} + 1 \right) + R_{upper} I_{bias} \qquad (3.119)$$

式（3.119）显示了偏置电流的作用。设计者应选择总的桥电流大于偏置电流，并使偏置电流所在的项可以忽略。另外，减小桥阻抗不仅可减小偏置电压误差，而且通过减小节点 R 的驱动阻抗能增加抗干扰能力。典型的电流值应在 250 μA 到几毫安范围内，该电流值还与可接受的桥功率耗散有关。例如，如果对于低待机功率变换器而言，每毫瓦功率都需严格控制的话，就不能在反馈桥上浪费 100 mW。

举一个设计例子，假设要设计一个利用 TL431 使输出稳定在 12 V 的变换器。步骤如下：

（1）选择桥电流。这里选 1 mA，因此可以忽略 I_{bias}。

（2）计算 R_{lower}：

$$R_{lower} = \frac{V_{ref}}{I_{bridge}} = \frac{2.5}{1m} = 2.5\,k\Omega$$

（3）可立即计算 R_{upper}，有

$$R_{upper} = \frac{V_{out} - V_{ref}}{I_{bridge}} = \frac{12 - 2.5}{1m} = 9.5\,k\Omega$$

（4）桥功率耗散为

$$\frac{V_{out}^{2}}{R_{lower} + R_{upper}} = 12\ mW$$

3.8　光耦合器

光耦合器为原边和副边提供了光链接。通常，原边与交流电源相连，副边由于安全的理由与原边隔离。光链接是通过 LED 的光发射（光子）实现的，发射的光指向能收集光子的双极型晶体管的基极，从而产生集电极电流，其强度与 LED 的注入电流（也就是 LED 发光通量强度）有关。流过双极型晶体管集电极的电流大小通过电流传输系数（CTR）与流经 LED 的电流联系起来。在 3.7.3 节所给的表格中曾介绍过，电流传输系数（CTR）的值与 LED 电流、光耦合器的老化程度和结温有关。这就是为什么光耦合器零售商为用户提供两个边界值的原因，而且在这两个边界值内变换器必须稳定。因为在光晶体管的集电极–基极 PN 结以光探测器的方式工作，所以制造商把该 PN 结面积做得很大，以便收集最大数量的光子。遗憾的是，这会使集电极和基极之间产生很大的电容，大大降低可用的带宽。当然，带宽还与上拉电阻和相应的偏置电流有关。文献[5]给出了关于光耦合器的详细讨论。

3.8.1　简化模型

图 3.74 所示为光耦合器的简化描述[6]，其中电容加在电流控制电流源的输出上。电容是极点存在的证明，在给定光耦合器下降时间的前提下，可求得电容值，其中光耦合器的下降时间如同许多数据表描述的那样，可由典型的开关电路测量得到。数据表给出的下降时间是在给定集电极电阻情况下测量得到的的。例如，型号为 SFH615A-X 的光耦合器，夏普公司给出的下降时间为 15 μs，是在上拉电阻为 1 kΩ 的条件下测量得到的。电容可以通过下式计算得到：

$$C_{\text{pole}} = \frac{t_{\text{fall}}}{2.2R_{\text{pullup}}} = 6.8\,\text{nF} \tag{3.120}$$

为完善该模型,模型中加一个二极管来避免当 LED 注入电流太大时,集电极电压出现负值的情况,其中二极管的正向压降 V_{f}($N = 0.01$),击穿电压为 30 V。另外,一个简单的串联电压源代表晶体管饱和电压。图 3.75 给出了修正后的模型。

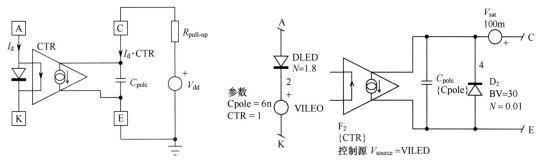

图 3.74 简化了的光耦合器模型

图 3.75 加入二极管有助于避免 LED 中流过很大电流时产生的收敛问题

第二点是当该电容以与控制器同样的方式的偏置时,确定 C_{pole} 的值并求光耦合器的极点。一旦极点已知,可以容易地计算等效 C_{pole} 的值,使用的控制器上拉电阻值为

$$C_{\text{pole}} = \frac{1}{2\pi R_{\text{pullup}} f_{\text{pole}}} \tag{3.121}$$

再看基于 TL431 的不同电路(如图 3.58 和图 3.59 所示),可以看到加入光耦合器集电极或发射极的补偿电容 C 与光耦合器等效电容 C_{pole} 并联。这就是图 3.76 所给出的。

已知如果等效电容大于并联加入的电容,那么引入的极点最终取决于光耦合器,而不是所加的电容。因此,当设计宽带宽电源时,需要采用小阻值上拉电阻($1\sim4.7\,\text{k}\Omega$),因此有较大偏置电流。

图 3.76 所给出的模型显然过于简单。这里没有包含第二个较高频率极点的光耦合器模型。然而,使用低频到中频交越频率的经验表明,如果能很好求取极点,可以从电路仿真中得到良好的预测到的交流响应。

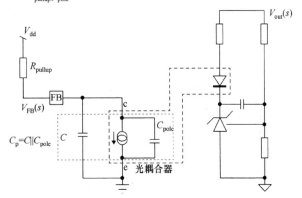

图 3.76 光耦合器的寄生电容 C_{pole} 与用于补偿的电容 C 并联

3.8.2 求极点

为求光耦合器的极点,需知道要连接的上拉电阻及其对应的工作偏置电流(如型号为 NCP1216 的光耦合器,其上拉电阻为 20 $\text{k}\Omega$,电源为 5 V)。然后,在实验工作台连接如图 3.77 所示的光耦合器电路。直流电源为 LED 提供偏置,使 V_{FB} 节点的电压值(约为 3 V,产生真正的偏置电流)对应于标称变换器功率。调节 V_{bias}(或 R_{bias})可得到该电压值。然后通过隔直电容(C_{dc})注入正弦电压,就可以观察到 V_{FB}。确保 V_{ac} 的调制幅度足够低,以便保持 V_{FB} 没有失真,以及保持为小信号分析。观察 V_{FB} 包络并增加调制频率,一旦包络下降到 0.707 倍(即$-3\,\text{dB}$),就读取该点的频率,这就是极点位置。

应用 SPICE 软件，可从 SPICE 零售商模型列表中获取光耦合模型，用模型连接成如图 3.78 所示的电路。选择合适的 V_{bias} 偏置可产生合适的工作电流（$V_{FB}=3$ V）。做交流扫描，频率从 10 Hz 扫描到 100 kHz，画出 V_{FB} 曲线。当增益下降到 0.707 倍（即–3 dB）时，相应的点就是极点位置（如图 3.79 所示）。那么通过 $R_{pullup}(I_c)$ 和 $R_{LED}(I_F)$ 读取电流，可得到所研究的光耦合器的电流传输系数（CTR）值。

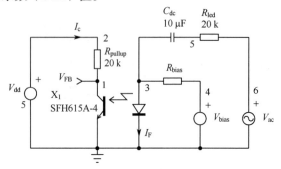

图 3.77　为 LED 提供合适的偏置点，对输入进行交流扫描就能得到光耦合器的带宽

图 3.78　SPICE 简化电路结构，以便得到光耦合器极点位置

显然我们把所有的工作都放在设计放大器类型 2 或放大器类型 3 上，而且在系统中插入另一个极点会毁掉所有以前的努力，使之不到适当的带宽和相位裕度。光耦合器在这里起到调节的作用，这点很重要。为电源做补偿时，说明极点的位置和内在的 CTR 变化是必不可少的。如果能够选择，应保证有足够的电流流入光耦合器，便于把极点转移到高频区。例如，取一个 SFH615A-1 光耦合器，变化上拉电阻，同时测量极点位置：

$$R_{pullup} = 20 \text{ k}\Omega \qquad f_{pole} = 5.4 \text{ kHz}$$
$$R_{pullup} = 10 \text{ k}\Omega \qquad f_{pole} = 8.7 \text{ kHz}$$
$$R_{pullup} = 1.5 \text{ k}\Omega \qquad f_{pole} = 48 \text{ kHz}$$

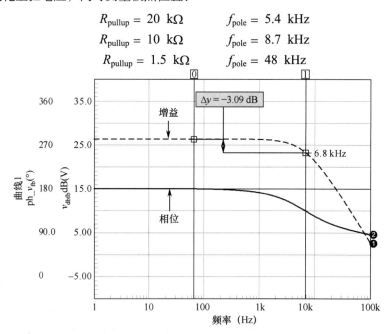

图 3.79　光标指示了–3 dB 位置：该子电路中为 6.8 kHz

在有些情况下，减小上拉电阻会产生较高的待机功耗（V_{cc} 产生较高的偏置电流），需要寻求一些折中办法。或者说，如要大的带宽，就得有低的集电极或发射极电阻。

光耦极点最初是从米勒效应中发现的，它会影响集电极-发射极电压调制。一种摆脱它的方法是将光耦连接成共射基极结构，如图 3.80 显示的那样。在该电路中，光耦集电极电压由上方的低输出阻抗的晶体管发射极驱动。发射极电压为节点 6 减去晶体管 V_{be}，在交流调制时它保持恒定。当光耦从晶体管 Q_1 发射极拉取电流，电流也流过集电极并在 R_3 上产生交流电压，而 R_3 上的交流电压可用来作反馈之用。图 3.80 的右侧给出了极点位置的改善，将极点位置从原来的 4.5 kHz 推高到超过 20 kHz。

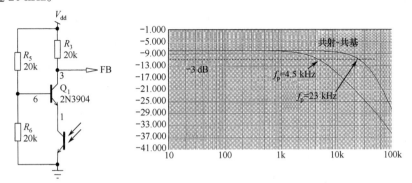

图 3.80　共射基极结构有助于将极点推向较高频率区域

3.8.3　极点说明

为简化补偿技术，产生了在第一次交流扫描时在开环增益中包含极点的思想。即与其在最后检查极点的效果，不如把极点放在开环增益传输函数中并对该传输函数应用补偿技术。一个反激式变换器如图 3.81 所示，其中把光耦合器极点串联到扫描回路（子电路 X_5）中。这是个简单的拉普拉斯方程，且等效 RC 滤波器也能完成同一工作。

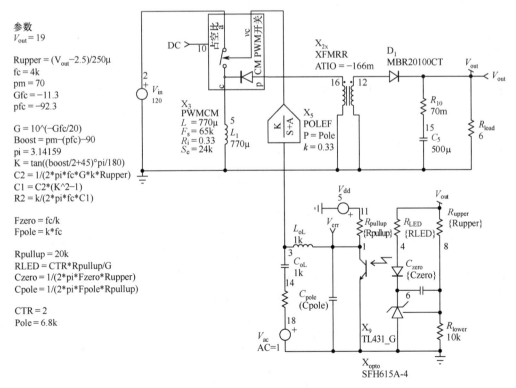

图 3.81　极点串联在扫描回路中

k 系数表明有内部除 3 分压器，它广泛应用于目前流行的电流模式控制器中，如 UC384X 或 NCP1200 系列。该应用电路描述了一个典型的笔记本适配器，输出电压为 19 V，输出电流

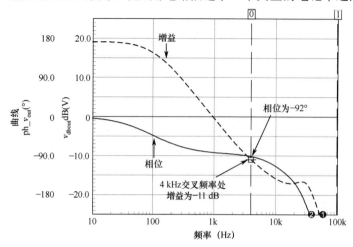

为 3 A。做仿真扫描以后，包含光耦合器极点的波特图如图 3.82 所示。在图 3.77 中，通过电压偏置点观察通过 R_{LED} 和 R_{pullup} 的电流，可得在该偏置点处光耦电流传输比 $CTR = I_{R_{pullup}} / I_{R_{LED}} = 2$。当然，从制造商数据表中得到实际的光耦电流传输比（CTR），可以把该数值用于补偿计算。给定一阶响应，我们可以选择放大器类型 2，并对图 3.82 应用 k 因子技术。由于该变换器工作于 CCM 条件，它存在 RHPZ。在输入电压最小、占空比最大以及输

图 3.82 包含光耦合器极点的完整交流扫描

出电流最高时，RHPZ 出现最差情况，即零点折叠到低频区的位置最深。交叉点位置依赖于 RHPZ 的位置，把交叉点强迫放置于最低零点位置的 30%处。降压-升压变换器或反激式变换器的 RHPZ 的位置如下（推导见附录 2A）：

$$F_{z2} = \frac{(1-D)^2 R_{load}}{2\pi D L_{sec}} \tag{3.122}$$

对于反激式变换器，L_{sec} 表示次级电感而负载为 R_{load}。L_{sec} 也可以是初级电感，但 R_{load} 需要换算到初级一侧。把 L_{sec} 作为次级电感计算，其中 L_p 是初级（磁化）电感：

$$L_{sec} = \frac{L_p}{\left(N_p / N_s\right)^2} = \frac{770\mu}{\left(1/166m\right)^2} = 21\,\mu H \tag{3.123}$$

从式（3.122）可计算不同的 RHPZ 位置。在输入电压变化为 50 V 时，仿真得到的占空比变化为

$$V_{in} = 100\ V, \qquad D = 0.54$$
$$V_{in} = 150\ V, \qquad D = 0.44$$

最小负载为 6 Ω时，RHPZ 在 $F_{z2,min}$ 和 $F_{z2,max}$ 之间变化：

$$F_{z2,min} = \frac{(1-0.54)^2 \times 6}{2\pi \times 0.54 \times 21u} = 17.8\,kHz \tag{3.124}$$

$$F_{z2,max} = \frac{(1-0.44)^2 \times 6}{2\pi \times 0.44 \times 21u} = 32.4\,kHz \tag{3.125}$$

从最小值可以看出，取它的 30%，得到理论上可用的最大带宽为 5kHz。频率超过该值，可能会产生阻尼振荡。考虑到一些安全裕度，带宽定为 4 kHz。应用类型 2 补偿器表达式可以计算得到交越频率 4 kHz 处相位裕度为 70° 的所有补偿组件值。

计算补偿时对应的极点和零点处的频率及各补偿组件值为

$$f_z = \frac{f_c}{k} = 269\,Hz \tag{3.126}$$

$$f_p = f_c k = 59\,kHz \tag{3.127}$$

$$R_{upper} = \frac{19-2.5}{250\mu} = 66\,k\Omega \tag{3.128}$$

$$C_{zero}=\frac{1}{2\pi R_{upper}f_z}=3.9\,nF \tag{3.129}$$

$$C_{pole}=\frac{1}{2\pi R_{pullup}f_p}=310\,pF \tag{3.130}$$

$$R_{LED}=\frac{CTR\cdot R_{pullup}}{G}=11.3\,k\Omega \tag{3.131}$$

一旦这些值赋给对应的组件，就可完成最后的交流扫描，得到光耦合器集电极电压 V_{err}，观察补偿后所得的带宽。在这种情况下，光耦合器的极点已经从回路中移除，图 3.83 显示了该结果。可以看到 3.8 kHz 交叉点处的相位裕度为 71°。增益裕度约为 10 dB，可以通过稍稍增加斜坡补偿或者减小带宽来加以改善（本例中截止斜率为 50%，即 24 kV/s）。由于 R_{LED} 相当大，因此检查所有的偏置条件是很重要的，以保证 TL431 电路中有足够的电流流过。瞬态阶跃

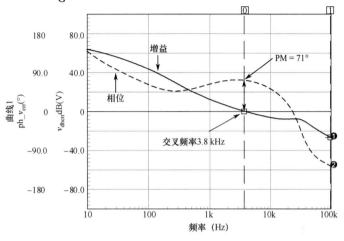

图 3.83　人工移除极点后完成的最后交流扫描

将最终完成对变换器稳定性的检查。由于存在自动补偿计算，改变相位裕度和观察瞬态响应的变化是容易的。应用电路如图 3.84 所示，其中 3 V 齐纳二极管钳位最大电流的偏移，与 UC384X 和 NCP1200 所做的一样；输出在 1 μs 内从 1 A 阶跃到 4 A。图 3.85 显示了三种不同相位裕度下不同的负载响应。

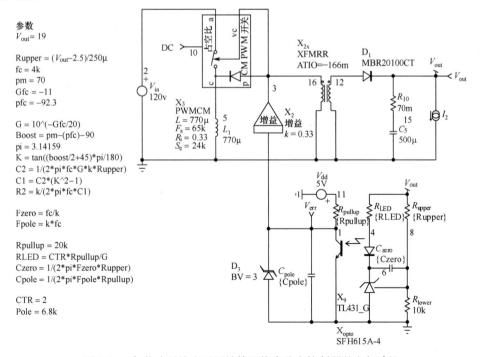

图 3.84　负载阶跃给出了用补偿网络来稳定控制器的良好建议

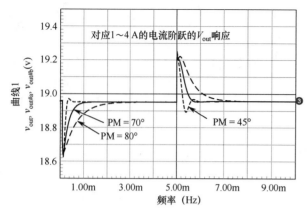

图 3.85　改变相位裕度产生不同的恢复时间

现在给出这一技术的实际描述：

（1）LED 电阻在此起到很重要的作用，因为它能设置中频带增益。实际上设计者很少注意到 LED 电阻，但如果要严肃对待环路补偿，那么就不能简单地忽略该电阻的作用。前面的例子中，R_{LED} 为 11.3 kΩ。电源为 19 V 时，LED 的电流增加到(19−1−2.5)/11.3k = 1.4 mA。需要检查该电流乘以光耦合器 CTR 后，是否产生完整的反馈电压摆动幅度。否则，需要选择较高 CTR 的器件，如型号为 SFH615A-3（100%/200%）或 SFH615A-4（160%/320%）。推荐为 TL431 加大于 1 mA 的外部偏置。一种可能的选择是通过在反馈引脚和参考电压或 V_{cc} 引脚之间加另一个电阻（保护 IC 来抗衡反偏条件，如图 3.72 所示），减小上拉电阻。在前面例子中，把 R_{pullup} 减小为 8 kΩ（如使用 NCP1200 光耦合器），得到 R_{LED} 为 4.51 kΩ，当然其他组件值也一并更新。

（2）讨论由 k 因子或其他技术产生的极点位置是很重要的。因为产生该极点的电容与光耦合器内部等效电容并联，它除起到噪声滤波作用以外，有时没有什么效果。例如，前面例子中推荐的 C_{pole} 的值为 310 pF，它与 6.8 nF 的等效电容并联。在存在和不存在 C_{pole} 两种情况下，环路的交流扫描响应没有什么差别，这是正常的结果。然而，如果从反馈引脚到光耦合器的连接线很长，则一个焊接在紧靠集成电路的反馈引脚和控制器地之间的 330 pF 小电容对抗干扰性没有任何危害。考虑从光耦集电极-发射极到控制器的信号走向，使用两条独立的铜线路让它们平行地布线到控制器地和反馈引脚。远离噪声路径；不要让布线环绕变压器或更糟糕地在变压器下面布线。最好将光耦发射极布线尽可能接近地线，然后集电极单独布线：不这样做，地线会受到开关电流的污染。按上述方法将两个光耦引脚布线到控制器，就不会有噪声的困扰。

（3）如果在 F_{sw}/2 处的双极点的峰看上去太尖，次级谐波振荡会对增益裕度产生危害。可以注入更多的斜坡补偿，但有把电流模式变为电压模式的风险；也可尽早降低增益。

3.9　运算跨导放大器

除了运算放大器和 TL431，运算跨导放大器（OTA）在许多集成电路中应用。与其同胞运算放大器相比，跨导放大器芯片尺寸较小，使用更加灵活。图 3.86 给出了典型的 OTA 结构，其输出驱动一简单的电容。这是类型 1 结构，一积分器，没有相位提升。流过电容的电流是两个输入端的电压差乘以跨导 g_m，g_m 单位用 V/A 或西门子（S）来表示。毫欧或 $Ω^{-1}$ 不再使用。

$$I_C=[V_{(+)}-V_{(-)}]g_m \qquad (3.132)$$

与运算放大器不同，注意到跨导放大

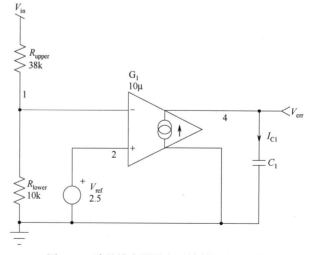

图 3.86　跨导放大器是电压控制电流源器件

器不存在输出端与反相输入端之间的局部反馈。这是 OTA 的典型特性；在其反相输入端没有虚地。图 3.86 中，反相输入端引脚电压简单地将节点 V_{in} 电压值由电阻分压器按比例分压而得：

$$V_{(-)}=V_{in}\frac{R_{lower}}{R_{lower}+R_{upper}}\tag{3.133}$$

该特性对于需要过压保护（OVP）的集成电路而言相当重要。通过一外部比较器检测反相端，可以检测输出电压超过所选择的上限值的情况；同样的事情用假设了两个输入端电压值相等的运算放大器就不能轻易做到。

用拉普拉斯定律，流过输出电容的交流电流 I_{C1} 简单地写为

$$I_{C_1}(s)=-V_{in}(s)\frac{R_{lower}}{R_{upper}+R_{lower}}g_m=-V_{in}(s)k_{div}g_m\tag{3.134}$$

式中，$k_{div}=\dfrac{R_{lower}}{R_{lower}+R_{upper}}$。

输出电压 V_{err} 把电流 I_{C1} 与电容阻抗联系起来：

$$V_{err}(s)=I_{C_1}(s)Z_{C_1}(s)=I_{C_1}(s)\frac{1}{sC_1}\tag{3.135}$$

现在把式（3.135）代入式（3.134），可得

$$V_{err}(s)sC_1=-V_{in}(s)k_{div}g_m\tag{3.136}$$

由上式可求得传输函数：

$$G(s)=\frac{V_{err}(s)}{V_{in}(s)}=-\frac{k_{div}g_m}{sC_1}=-\frac{1}{s\dfrac{C_1}{k_{div}g_m}}=-\frac{1}{\dfrac{s}{s_{po}}}\tag{3.137}$$

在该表达式中，0 dB 交越极点由 ω_{po} 给出：

$$\omega_{po}=\frac{1}{R_{eq}C_1}\tag{3.138}$$

其中，具有电阻量纲的 R_{eq} 为

$$R_{eq}=\frac{1}{k_{div}g_m}=\frac{R_{lower}+R_{upper}}{R_{lower}g_m}\quad(\Omega)\tag{3.139}$$

可以看到，现在下偏置电阻在比较器传输函数中起作用。让我们快速做一设计举例。如设定功率级传输函数，PFC，其在 20 Hz 处呈现出增益超过 35 dB。为了在该频率处交越，必须修改比较器以便让它在 20 Hz 处有 35 dB 衰减。为了达到这一目的，必须放置一 0 dB 交越零点，它位于

$$f_{po}=f_cG=20\times10^{-\frac{35}{20}}=0.35\ Hz\tag{3.140}$$

由 R_{upper} 和 R_{lower} 组成的分压网络修改为使其输出 12 V。跨导放大器的跨导值为 10 μS。应用式（3.138）和式（3.139），计算得到电容值为

$$C_1=\frac{g_mR_{lower}}{2\pi(R_{lower}+R_{upper})f_{po}}=\frac{10\mu\times10k}{6.28\times(10k+38k)\times0.35}=948\ nF\approx1\ \mu F\tag{3.141}$$

对电路进行仿真，其输出的交流响应如图 3.87。20 Hz 处如我们期望的产生 35 dB 衰减。

我们已经构建了类型 1 跨导放大器；让我们讨论类型 2。类型 2 结构如图 3.88 所示。类型 2 结构增加一串联 RC 网络，该网络通过与类型 1 中已有的电容并联来工作。方程推导并不复杂。可以通过计算与 C_2、C_1 和 R_2 相关的串并联阻抗入手：

$$Z_1(s) = \left(R_2 + \frac{1}{sC_1}\right) \left\|\frac{1}{sC_2}\right. = \frac{\left(R_2 + \frac{1}{sC_1}\right)\frac{1}{sC_2}}{\left(R_2 + \frac{1}{sC_1}\right) + \frac{1}{sC_2}} \tag{3.142}$$

如果把类型 1 的讨论步骤用于类型 2 结构，立即可以求得

$$\frac{V_{out}(s)}{V_{in}(s)} = -g_m \frac{R_{lower}}{R_{lower} + R_{upper}} \frac{\left(R_2 + \frac{1}{sC_1}\right)\frac{1}{sC_2}}{\left(R_2 + \frac{1}{sC_1}\right) + \frac{1}{sC_2}} \tag{3.143}$$

进一步处理和整理该方程，得出

$$\frac{V_{out}(s)}{V_{in}(s)} = -\frac{R_{lower} g_m}{R_{lower} + R_{upper}} \frac{1 + sR_2 C_1}{s(C_1 + C_2)\left(1 + sR_2 \frac{C_1 C_2}{C_1 + C_2}\right)} \tag{3.144}$$

如果考虑到 $C_2 \ll C_1$，式（3.144）可简化为

$$\frac{V_{out}(s)}{V_{in}(s)} \approx -\frac{R_{lower} g_m}{R_{lower} + R_{upper}} \frac{1 + sR_2 C_1}{sC_1(1 + sR_2 C_2)} \tag{3.145}$$

该方程仍然不能令人满意；因为直流增益表达式由 g_m 组成，而分压网络是恒定的，不能提供任何实际的中间频带调节作用。如果从分子中提取因子 $sR_2 C_1$，可得到更合适的结果：

$$\frac{V_{out}(s)}{V_{in}(s)} \approx \frac{R_{lower} g_m R_2}{R_{lower} + R_{upper}} \frac{1 + \frac{1}{sR_2 C_1}}{1 + sR_2 C_2} \tag{3.146}$$

中间频带增益：

$$G_0 = \frac{R_{lower} g_m R_2}{R_{lower} + R_{upper}} \tag{3.147}$$

0 dB 交越极点与零点重合：

$$\omega_{po} = \omega_z = \frac{1}{R_2 C_1} \tag{3.148}$$

第二个极点：

$$\omega_p = \frac{1}{R_2 C_2} \tag{3.149}$$

为了绘制最后函数的交流响应，在式（3.146）中引入上述零极点：

$$\frac{V_{out}(s)}{V_{in}(s)} \approx -\frac{R_{lower} g_m R_2}{R_{lower} + R_{upper}} \frac{1 + \frac{1}{sR_2 C_1}}{1 + sR_2 C_2} = -G_0 \frac{1 + s_z/s}{1 + s/s_p} \tag{3.150}$$

使用上述推导得到的方程，现在可以应用 k 因子方法，或用第 3 章附录 C 中给出的人工放置零极点方法，得到

$$f_z = f_c/k \tag{3.151}$$

$$f_p = kf_c \tag{3.152}$$

$$R_2 = \frac{G_0(R_{upper} + R_{lower})}{g_m R_{lower}} \tag{3.153}$$

$$C_1 = \frac{1}{2\pi R_2 f_z} \qquad (3.154)$$

$$C_2 = \frac{1}{2\pi R_2 f_p} \qquad (3.155)$$

在这些方程中，f_z 是所选的零点，可以基于 k 值方法，也可以用人工放置的方法；f_p 是所选极点，可以基于 k 值方法，也可以用人工放置的方法；G_0 表示在所选交越频率 f_c 点达到 0 dB 所需的中间频带增益（或衰减）；g_m 是跨导放大器（OTA）的跨导，单位用 A/V 或西门子（S）表示。

假设要对一功率级进行补偿，该功率级在所选的 1 kHz 交越频率处衰减为 20 dB，其相位滞后 $86°$。我们想要相位裕度 $70°$。利用 k 因子给出的极点位于 4.7 kHz，零点位于 213 Hz，并能提供 $66°$ 相位提升。给定分压网络中的电阻，g_m 为 $10\,\mu S$，C_1 为 156 pF，C_2 为 7 pF，R_2 为 4.8 MΩ。这些不同于常规的低参数值是由 $10\,\mu S$ 低跨导 g_m 值引起的。改变分压网络阻抗不会产生任何改变，因为 k_{div} 保持恒定，但选择一较高跨导值的跨导放大器将有助于增加补偿网络值。图 3.89 给出了交流响应，该结果确认了计算值的合理性。

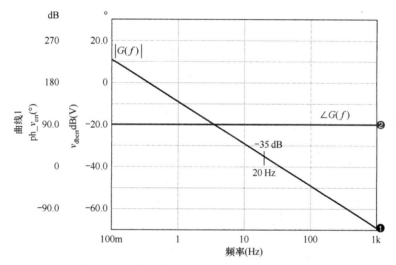

图 3.87 类型 1 跨导放大器交流响应确认了 20 Hz 处有 35 dB 衰减

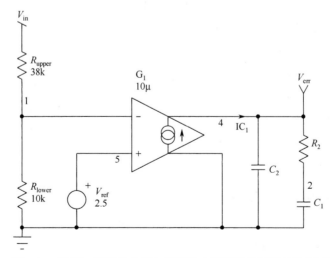

图 3.88 类型 2 跨导放大器与运算放大器所需的网络结构相同

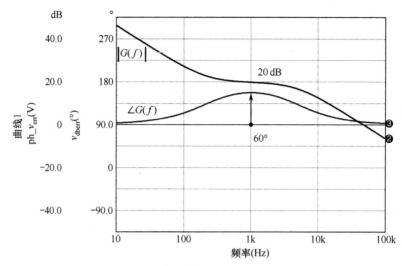

图 3.89 最后的交流扫描确认了 1 kHz 处产生的相位提升

基于跨导放大器的类型 3 补偿器是显而易见的，分压网络的下偏置电阻的影响使定义复杂化并限制了相位提升的发生。实际上，文献[2]指出，第二个极点-零点对的分离依赖于分压比 k_{div}。如果用 2.5 V 参考电压来补偿一个 400 V 功率因素校正（PFC）输出，可以很容易将第二个极点和零点分开，而且在交越点提升相位也不是个问题。相反，如果用一个 1.2 V 参考电压为输出为 5 V 的电压模式降压变换器做补偿，则极点-零点的分离严重受限，将会以不能获得良好的相位提升告终。因而不建议使用基于跨导放大器的类型 3 补偿器构建的变换器！

3.10 分流调节器

大多数控制器利用电压型反馈输入，即用引脚上的电压设置占空比（或峰值电流设置点）。然而，市场上有一些控制器/开关希望用电流型反馈。例如，对于 TOPSwitch 系列集成电路，需要在反馈引脚注入电流。然而，最后通过一个内部电流/电压变换器把电流信息转换成电压，并始终与锯齿波进行比较，如图 3.90 所示。

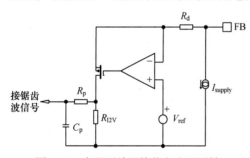

图 3.90 有些开关只接收电流型反馈

该电路实际上实现了一个击穿电压为 V_{ref}、内阻为 R_d 的有源等效齐纳二极管。当引脚 FB 上的电压达到 V_{ref}，MOSFET 开始导通，反馈引脚保持在低阻抗，电压为 V_{ref}。当反馈环注入更多的电流，R_{12V} 上面的电压开始升高，由于锯齿波出现在 PWM 比较器的反相端，使占空比下降。为补偿的需要，制造商已经安装了一个拐角频率为 7 kHz 的低通滤波器。加上外部的低频零点，构成了放大器类型 2 电路，由于内部极点的位置固定，存在一定的限制。

3.10.1 分流调压器的 SPICE 模型

分流调节器模型如图 3.91 所示。该模型包含占空比限制，把它限定在几个百分点到 67% 之间，与 TOPSwitch 系列所给出的数据表相同。如果对调制器的输入做直流扫描，然后观察输出电压，就可以画出占空比（0～1V，即 0%～100%）与输入电流之间的关系曲线，如图 3.92 所示。

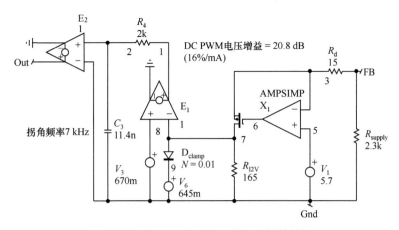

图 3.91　描述 PWM 分流调节器的简单结构

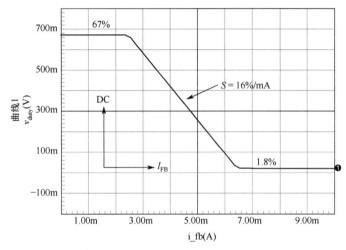

图 3.92　占空比变化与输入电流之间的关系。注意，图中平台区与电流消耗有关

3.10.2　应用分流调节器快速稳定变换器

图 3.93 所示为一个应用分流调节器的 DCM 反激式变换器。该变换器要正常工作需要几个条件：

（1）产生极点的 V_{cc} 电容，以及 R_d 在启动阶段应能承受足够大的电流。推荐该电容为 47 μF，但它会在 $f_p = 1/2\pi R_d C_{Vcc} = 225$ Hz 处引入低频极点。

（2）LED 电阻将会为变换器提供足够的电流，通过给 LED 注入至少 7 mA 的电流（或更多，这与 CTR 有关），允许占空比减小。这是设计的限制条件，意味着需要仔细选择 LED 电阻。

对图 3.93 做交流扫描。在偏置点计算完成后，占空比设为 23.5%。开环增益以及推荐值显示在图 3.94 中。该图显示，交叉频率为 1.3 kHz，相位裕度较差——电路工作不稳定。

为提升 1 kHz 附近的相位，插入一个与 V_{cc} 电容串联的电阻 R_{zero}。该电阻的加入使极点位置稍有移动，并产生了第二个零点：

$$f_p = \frac{1}{2\pi(R_d + R_{zero})C_{V_{CC}}} \tag{3.156}$$

$$f_z = \frac{1}{2\pi R_{zero}C_{V_{CC}}} \tag{3.157}$$

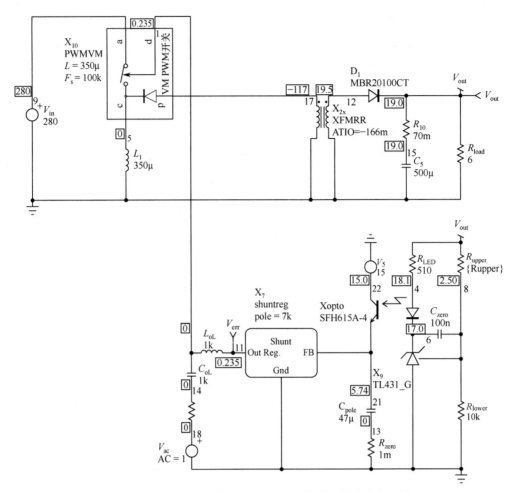

图 3.93　应用分流调节器以及 PWM 开关模型的完整变换器

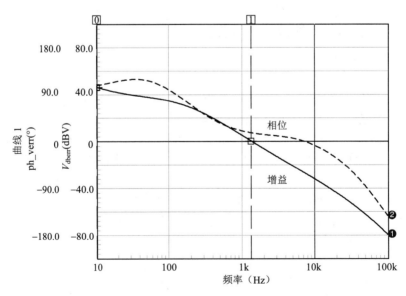

图 3.94　该电路的相位裕度较差，如果加上电源，工作将不稳定

通过插入一个与 V_{cc} 电容串联的 6 Ω电阻（如图 3.93 中的 R_{zero}），局部地提升了相位，得到了较好的相位裕度，如图 3.95 所示。由于是分流调节型电路，许多变量固定不变，要像以前那样精确选定带宽是困难的。这个问题在 CCM 模式工作时是复杂的，需要应用在用 TL431 构成放大器类型 3 时描述的技术。已经推导得到应用分流调节器实现放大器类型 3 的等式，但这里不做介绍。文献[2]中给出了相应的推导。

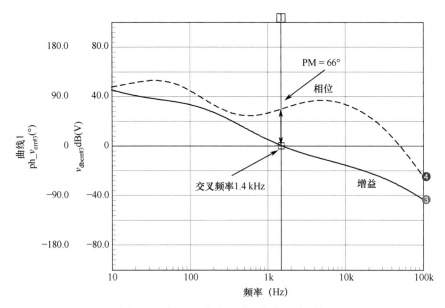

图 3.95　插入一个电阻后，相位裕度更好

3.11　应用 PSIM 和 SIMPLIS 实现小信号响应

到目前为止，我们所得到的交流响应基于平均模型均用于特殊的电源拓扑。有时所研究的拓扑没有可用的平均模型，而且求得这些拓扑的交流响应会是一件很乏味的事。在这种情况下，可利用 SPICE 瞬态分析时使用的逐周模型，最近在 Intusoft 公司的简报中描述了这种情况[7]，尽管所得结果很好，但需要很长的仿真时间和大容量的存储器。这是由于 SPICE 需要不断地调整时间步长来线性化大信号方程及向稳态解收敛。应用该方法，仿真一开关频率为 100 kHz，调制信号为 10 Hz 的电源需要存储大量的数据点并需要几个小时的仿真时间。

Powersim 技术公司的 PSIM 软件[8]，在 1993 年进入市场，它可使用不同的工作模式。与 SPICE 相反，PSIM 在仿真过程中时间步长保持不变，并把所有组件当作没有相关的导通和开关损耗。例如，由电感产生的电压通常通过 $v_L(t) = L \dfrac{\mathrm{d}i_L(t)}{\mathrm{d}t}$ 计算。经过离散化过程以后，PSIM 最后应用 $V_L = I_L R_{eq}$ 计算电压，其中 R_{eq} 是在给定时间通过软件计算得到的等效电阻。当仿真时遇到非线性区，PSIM 应用分段线性（PWL）代数，即把非线性特性切成线性小段。可以想象，仿真时间很短。

过去几年，PSIM 提供了逐周交流扫描模型。由于 PSIM 的运行速度快，可以直接构建瞬态模型并用可变频率源对模型进行扫描分析，如图 3.96 所示。图中可以看到一个经典的工作于电压模式的降压变换器结构。占空比通过 1.5 V 直流电源设置，输出调节到 15 V（占空比为 50%）。仿真引擎开始注入 100 Hz 正弦信号，在分析输出电压的同时慢慢增加频率。交流扫描窗口用来设置扫描点数，也可以要求扫描处理器在谐振频率附近增加扫描点数，以便获取更大的点数从而改善峰值处的曲线形状。相应的设置信息如图 3.97 所示。

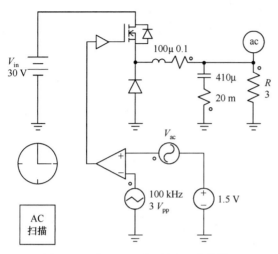

图 3.96 用于开环测试的降压变换器

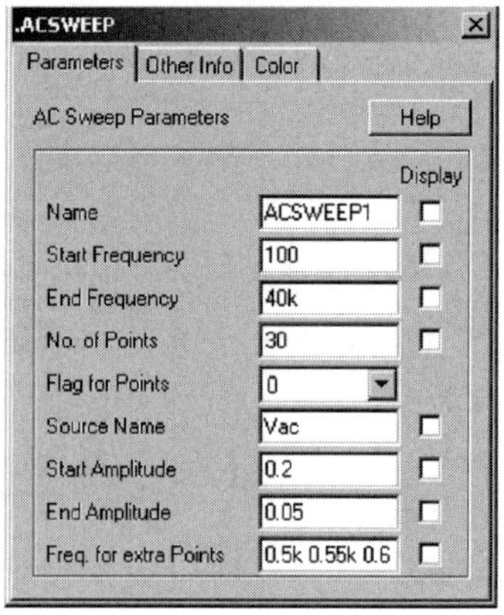

图 3.97 交流分析控制窗

几秒以后（对 3 GHz 的计算机为 14 s），PSIM 给出了如图 3.98 所示的交流分析结果。一旦得到了开环曲线，就可以应用补偿技术，在电路中加入运算放大器。图 3.99 显示了如何插入运算放大器进行补偿。插入一个交流源并与检测电桥串联。通过观察交流源两端的信号，可得降压变换器的小信号响应［如图 3.7(a)和(b)所示］。仿真引擎在 3 GHz 计算机上用 40 s 给出了最后的结果（见图 3.100），这对 SPICE 而言用逐周仿真是做不到的。这是个全补偿响应，显示的交叉频率为 5 kHz。k 因子补偿应用放大器类型 3，另外，在 1 kHz 附近出现条件稳定性。用手工放置零-极点能很容易排除这一条件稳定区。

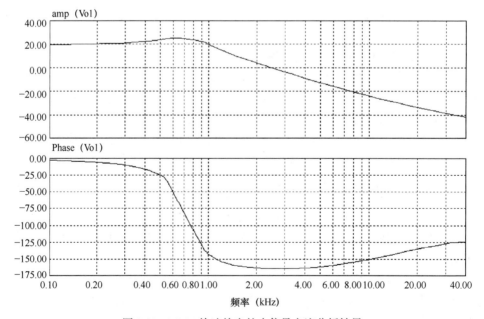

图 3.98 PSIM 快速给出的小信号交流分析结果

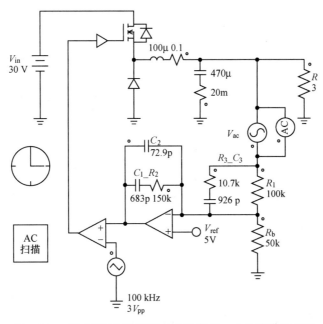

V_{in}
30 V

100μ 0.1

470μ
20m

R
3

V_{ac} AC

C_2
72.9p

$C_1\_R_2$
683p 150k

$R_3\_C_3$
10.7k

926 p

R_1
100k

V_{ref}
5V

R_b
50k

AC
扫描

100 kHz
3V_{pp}

图 3.99   PSIM 可以用很简易的方法仿真一个补偿后的电源

一旦对变换器进行了补偿，PSIM 能给出输入和输出阶跃的变换器瞬态响应。应用电路如图 3.101 所示，图中显示载荷发生器与输入电压串联连接。该设计给出的交叉频率为 5 kHz，相位裕度为 80°。经过 4 s 的仿真，PSIM 给出输入和输出瞬态响应。这些响应如图 3.102 所示，图中有一定的延迟。第一步，给变换器加输入阶跃信号，而第二步加载输出阶跃。在两种情况下，变换器都呈现了良好的稳定性。

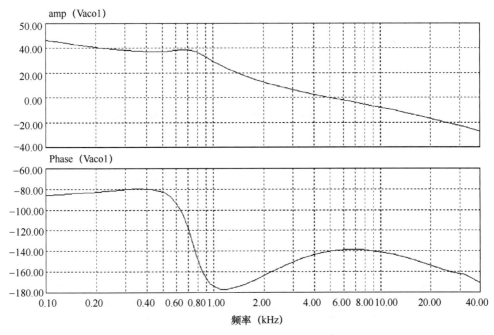

图 3.100   在 40 秒内由 PSIM 得到的降压变换器交流响应

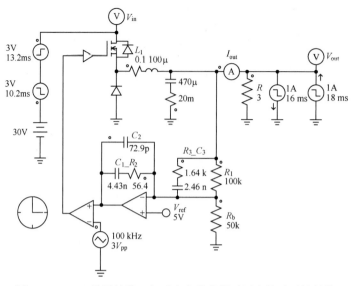

图 3.101　一旦做了补偿,加瞬态负荷能帮助用来检验系统性能

上述例子引自 Richard Redl 博士代表 PowerSys 公司所著的辅导教程[9]。PowerSys 是 Powersim 技术公司在欧洲的代理[10]。读者可从 Powersim 公司网站下载到演示版本[8],,并用该演示版本运行几个简单的例子。其余例子需要全功能版本来运行。作者对 Richard Redl 博士和 PowerSys 公司表示感谢,感谢他们同意在本书中使用这些例子和模型。

Transim 公司的 SIMetrix/SIMPLIS 也允许用户用逐周仿真运行交流分析。这对于电路结构复杂而又没有平均模型的场合是相当有用的。这种情况出现在某些谐振电路中,如很受设计者欢迎的 LLC 变换器,特别适合于功率电子场合,SIMetrix/SIMPLIS 提供了所有设计环境,包括功能强大的作电路图工具。该软件的演示版本可从 SIMPLIS Technologies 公司网站得到,并提供了大量的图形符号,它将让读者体会这一最尖端的仿真工具能帮你做点什么[11]。图 3.103 所示为铃流扼制式(RCC 式)变换器电路,该电路常用于手机电池充电器。

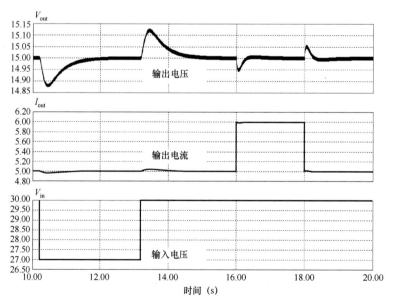

图 3.102　补偿变换器的最终阶跃响应

该软件运行逐周仿真，由于激励源 V_3 的存在，它可以产生变换器的交流小信号响应。这一结果如图 3.104 所示，其中相位裕度为 50°，能确保变换器稳定工作。

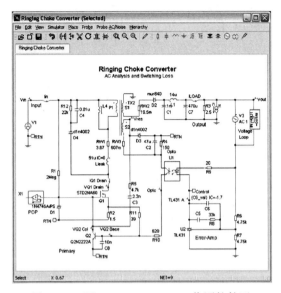

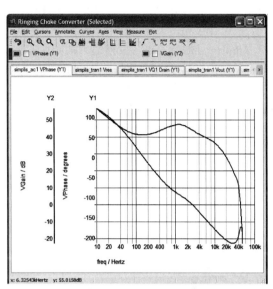

图 3.103　用 SIMetrix/SIMPLIS 作图软件画的铃流扼制式（RCC 式）变换器

图 3.104　由于有功能强大的引擎，该软件能在一分钟内产生交流分析结果。V_3 源加入一个正弦调制信号，它与反馈环串联连接，探针显示器放在 V_3 源的两端

3.12　小结

（1）当使用运算放大器，电阻网络能调节直流输出，R_{lower} 不会改变环路交流增益。这是由于运算放大器构建的虚地，使 R_{lower} 在交流分析中消失，R_{upper} 独自对环路增益起作用。为稳定功率变换器，关键应具有高直流增益，良好的输出精度，低输出阻抗，以及较好的输入抑制性能。

- 为改善瞬态响应及减小欠脉冲的幅度，需选择最佳交叉频率。选取一个高交叉频率能减小由于噪声引起的不稳定性。修改 f_c 使之满足所需的瞬态性能，不要将 f_c 推得过高。
- 对无过脉冲的响应而言，相位裕度应在 70° 左右。30° 是一个允许的最小值。相位裕度低于最小值会产生不可接受的高振铃响应。
- 确保增益裕度应在 10～15 dB，以便处理一些不可避免的增益变化（如输入电压、负载产生的增益变化等）。

（2）TL431 极受欢迎，能在许多消费产品中发现。对偏置电流和由 LED 串联电阻带来的限制的理解是很重要的。含两个有效信道（慢信道和快信道）的 TL431 没有基于运算放大器补偿器来的灵活。幸运的是，存在不连接快通道的选项并有灵活的增益。

（3）基于 OTA 的补偿器经常在 PFC 控制器中遇到。它们的芯片尺寸小并易于实现。与运算放大器不同，它们没有虚地，下分压电阻在电路中起作用。如果 OTA 的补偿器在类型 1 和类型 2 补偿器中不会产生问题，但在类型 3 结构中灵活性会受到严重限制。

（4）存在一个快速放置极点和零点的简单方法：k 因子。该方法不是万能的，因为 k 因子技术只考虑交叉频率处的情况，而对交叉频率前面和后面的情况都不关心。因此，建议进行工程判断来评估所推荐的极点和零点位置。如果在 DCM 电压模式或 DCM/CCM 电流模式设计中使用放大器类型 2 补偿，通常能得到满意的结果。而工作于 CCM 的电压模式设计使用放大器类型 3 补偿有时产生条件稳定的补偿曲线。在这种特殊情况下，手动放置个别极点和零点能得到更好的结果。

（5）对电源进行补偿时，一定要记住光耦合器极点的位置。始终要测量或计算该极点位置，并把它包含在环路设计过程中，这样可以避免导致最后的失败。

（6）一旦对电源进行了补偿，则应在实验室用网络分析仪测量环路带宽。有时像 HP4195 这样的老式设备就可以很好地完成测量工作，但更现代的装置也是可用的。经常会碰到这样的情形：应用负载阶跃技术在实验板上能进行快速调整，但在生产中却失败了。这是因为在早期的设计阶段没有考虑 ESR 的离散性。

原著参考文献

[1] R. Erickson and D. Maksimovic, *Fundamentals of Power Electronics*, Kluwer Academic Press, 2001.

[2] C. Basso, *Designing Control Loops for Linear and Switching Power Supplies: A Tutorial Guide*, Artech House, 2012.

[3] V. Vorpérian, "Analytical Methods in Power Electronics," Power Electronics Class, Toulouse, France, 2004.

[4] D. Venable, "The *k*-Factor: A New Mathematical Tool for Stability Analysis and Synthesis," *Proceedings of Powercon 10*, 1983, pp. 1–12.

[5] B. Mamano, "Isolating the Control Loop," SEM 700 seminar series.

[6] R. Kollman and J. Betten, "Closing the Loop with a Popular Shunt Regulator," *Power Electronics Technology*, September 2003, pp. 30–36.

[7] Intusoft newsletter issue 76, April 2005.

[9] R. Redl, "Using PSIM for Analyzing the Dynamic Behavior and Optimizing the Feedback Loop Design of Switch Mode Power Supplies," a training course on behalf of POWERSYS.

[10] POWERSYS, Les Grandes Terres, 13650 Meyrargues, France; www.powersys.fr.

附录 3A　自动放置极-零点

即便有些软件允许大家自动计算类型 2 和类型 3 误差放大器的补偿组件，一些设计者更愿意用不同的方法计算这些值。Excel 电子表格是一种替代方案。我们已经汇集了所有放大器类型 1、2 和 3 的可能的组合，或采用经典运算放大器，利用 *k* 因子放置极-零点；或者手动放置极-零点，给出极-零点位置供大家参考。不要忘记 TL431 构成的放大器类型 2 和 3，这类放大器在后面手动放置极-零点的地方讨论。运算跨导放大器（OTA）结构已经用于功率因数校正（PFC）补偿。

图 3.105 所示为典型的放大器类型 2 数据表的屏幕截图。该设计中使用的设计方法遵循准则：

（1）在感兴趣的工作点处，求变换器的功率级交流响应。它通常在最差条件下得到，即输入电压最小，输出电流最大。功率级交流响应可以通过仿真（如 SPICE 的平均模型，PSIM）或用实验室网络分析仪得到。

（2）选择交叉频率 f_c 并在所选交叉频率 f_c 处测量期望的增益。在例子中，截止频率为 5 kHz，在该点衰减为 10 dB。然后求交叉频率 f_c 处的相移（这里为–70°）并将这些值填入电子数据表格。

（3）期望的相位裕度与想要得到的系统响应有关。70°的相位裕度会为变换器带来很好的稳定性，但较低的相位裕度值也能工作，相位裕度的最低值为 45°。

（4）应用所建议的极-零点位置，可求得电容和电阻值。可以将这些值粘贴到各种 IsSpice/Cadence 模板中，来检查波特图形状的正确性。

（5）一旦进行了补偿，如同前文中讨论过的，始终要用 SPICE 检查条件稳定区。对所有杂散组件、输入电压和负载在最小值和最大值之间进行扫描，来检查在所有情况下的相位/增益裕度的合理性。

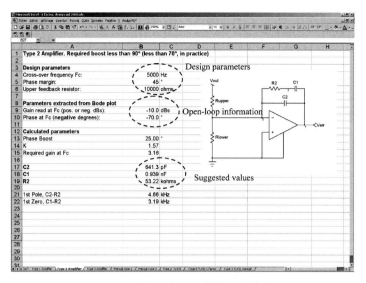

图 3.105　放大器类型 2 数据表屏幕截图

下面用一个简单例子来说明该方法。

图 3.106 所示为工作于 CCM 的电压模式升压变换器。该 15 V 变换器的输入电压为 10 V，占空比为 33%（此值可进一步用于偏置点分析），为 5 Ω 负载提供电源。应用这个电路图，可以进行

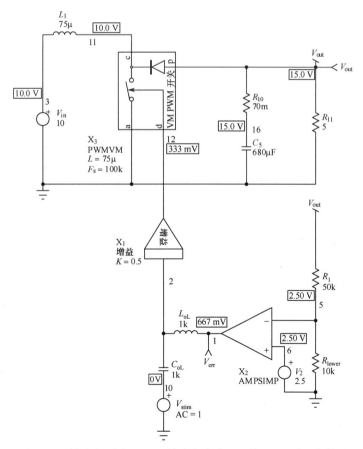

图 3.106　输出电压为 15 V、输出电流为 3 A 的 CCM 升压变换器

交流分析来揭示开环波特图。开环波特图如图 3.107 所示。可得的交叉频率依赖于 RHPZ 位置以及 LC 滤波器的谐振频率。在第 2 章的讨论中，已知 RHPZ 所隐藏的位置，即

$$f_{z2} \approx \frac{RD'^2}{2\pi L} = \frac{5 \times 0.67^2}{2 \times 3.14 \times 75\mu} = 4.7\,\text{kHz} \tag{3.158}$$

如同我们解释的那样，给定由 LC 滤波器带来的相位应力，评估在最差情况下谐振频率的位置并放置交叉点，使之远离谐振频率峰值点是重要的。否则，由滤波器带来的相位应力在交叉点上很难得到补偿。通常，选择交叉频率点在谐振频率的三倍以上就能得到足够的裕度。CCM 升压变换器的谐振频率与占空比值有关，即

$$f_0 \approx \frac{D'}{2\pi\sqrt{LC}} = \frac{0.67}{2 \times 3.14 \times \sqrt{75\mu \times 680\mu}} = 472\,\text{Hz} \tag{3.159}$$

交叉频率将选择在低于 RHPZ 的 30%处并高于谐振频率的三倍。因此，1.4 kHz 似乎是一个合理的值。图 3.107 显示在 1.4 kHz 处增益超过+4 dB。电容 ESR 产生的零点位置为

$$f_{\text{zero}} = \frac{1}{2\pi r_{\text{Cf}} R} = \frac{1}{6.28 \times 70\text{m} \times 680\mu} = 3.3\,\text{kHz} \tag{3.160}$$

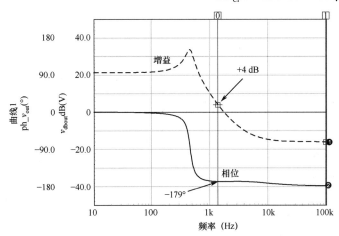

图 3.107 开环波特曲线显示了 1.4 kHz 处的增益超过+4 dB

我们将在稍低于谐振频率（350 Hz）处放置双零点，在 3.3 kHz（补偿 ESR 零点）处放一个极点，最后把高频极点放在 50 kHz（$F_{\text{sw}}/2$）处。

这里用手工类型 3 电子数据表格，表中输入了所有设计参数，如图 3.108 所示。使用建议的数值并把它们粘贴到放在运算放大器模型 X_2 的补偿网络中。对补偿了的变换器进行扫描后，结果显示在图 3.109 中，图中显示了交叉频率为 1.4 kHz，相位裕度为 55°。从所得的相位裕度数据能快速探讨不同极-零点位置对相位裕度的影响。

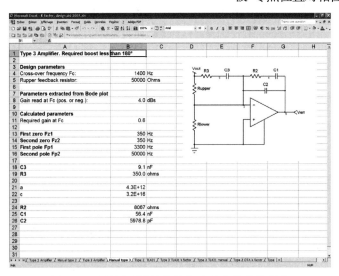

图 3.108 填写了设计参数和选择参数的数据表

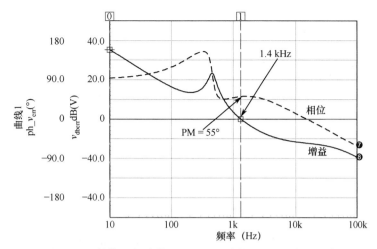

图 3.109 补偿后的波特图显示了正确的 1.4 kHz 交叉频率

附录 3B TL431 SPICE 模型

该附录详细讨论了如何为 TL431 创建 SPICE 模型。基于简单的组件，该模型包含了足够的信息来满足一阶仿真。

3B.1 TL431 SPICE 行为模型

TL431 数据表的头页显示了该分流调节器的内部电路。基于这个简化电路（例如，图中不包括 V_{be} 曲率校正），能够构建适当预测 TL431 行为的模型，包括偏置电流信息。然而，使用大量双极型晶体管会妨碍仿真电路的收敛。这就是我们选择简单方法的理由。应用图 3.54，可推导出 TL431 的行为模型，如图 3.110 所示。

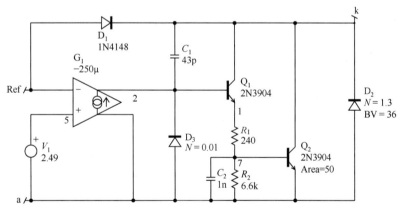

图 3.110 用 TL431 内部描述构建的通用模型

图 3.110 显示了跨导放大器 G_1 为达林顿输出提供偏置。外部的齐纳二极管固定该器件的击穿电压。其中 C_1 和 C_2 用来调节得到合适的频率响应。Q_2 的面积数（集成电路中并联堆叠的双极型晶体管数目）使输出阻抗调整到如数据表定义的值。D_2 模拟 TL431 的反向偏置和击穿电压。加入 D_2 只是为了尊重数据表，因为设计者必须确保击穿电压决不超过实际值。

把该模型用适当的图形符号封装后，就需要对模型进行测试并与数据表中的典型特性曲线比较。这是很重要的一步，它能让我们确定所推导的模型精度是否符合需要。

3B.2 阴极电流与阴极电压

这一测试把 TL431 当成一个典型的 2.5 V 齐纳二极管来连接，把阴极与参考电压相连。通过外部电流限制电阻产生偏置。如图 3.111 所示，当输入电压达到参考电平时，正向电流突然增加。相反，在负偏置下，齐纳二极管开始从相反方向导通，但它的动态电阻相当差。该模型的电流电压关系如图 3.111 右图所示。尽管在电压为负的部分有少许不同，但两根曲线有良好的一致性。另外，这不是个问题，因为正常的设计从不让 TL431 工作在这一区域。

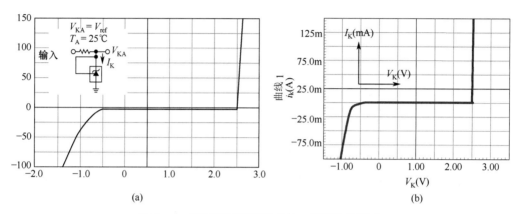

图 3.111 通用模型的受控齐纳二极管性能测试

3B.3 输出阻抗

数据表给出了静态输出阻抗，典型值为 0.22 Ω，但没有指示测量时的偏置电流。这一叙述对于交流输出阻抗也是成立的，如图 3.112 所示。尽管如此，当模型在 1 kHz 和 10 MHz 之间扫描时可得到类似的曲线，如图 3.112 右图所示。

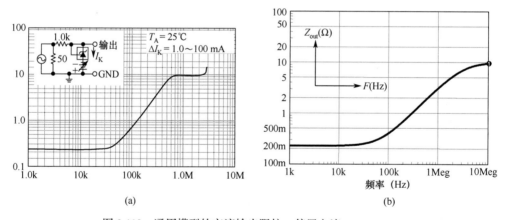

图 3.112 通用模型的交流输出阻抗，偏置电流 $I_{bias} = 40$ mA

3B.4 开环增益

测试电路把 TL431 连接成为受控齐纳二极管。交流信号通过隔直电容耦合到参考引脚。仿真得到的带宽与 0 dB 交叉频率匹配，但无法预测在扫描起始位置的平坦响应（如图 3.113 所示）。然而，正如图 3.113 右图中曲线显示的那样，对瞬态响应并没有影响。

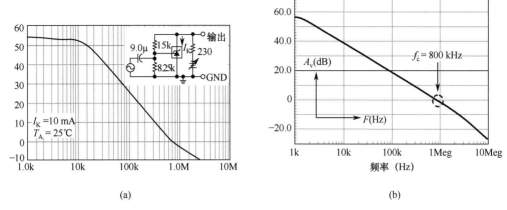

(a)   (b)

图 3.113　在 5 V 输出端加载 230 Ω 电阻后的开环增益

3B.5　瞬态测试

一个有趣的测试是，在输入电流存在脉冲的情况下，测试 TL431 阴极保持恒定输出的能力。结果显示存在小的过脉冲，但看上去与特性曲线一致，如图 3.114 所示。

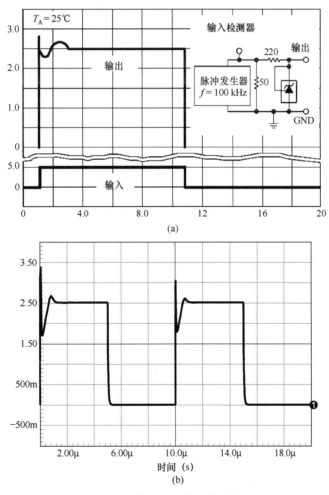

(a)

(b)

图 3.114　对外部电流脉冲的瞬态响应

3B.6 模型网表

模型网表显示如下，由于所有组件与 SPICE2 兼容，它在 PSpice、IsSpice 或其他仿真器上都能很好地使用。

```
.SUBCKT TL431 a k ref
C1 7 a 1n
Q1 k 2 1 QN3904
R1 1 7 240
R2 7 a 6.6k
Q2 k 7 a QN3904 50
D1 ref k D4mod
D2 a k D2mod
V1 5 a DC=2.49
D3 a 2 D3mod
C4 k 2 43p
G2 a 2 5 ref -250u
*
.MODEL QN3904 NPN AF=1.0 BF=300 BR=7.5 CJC=3.5PF CJE=4.5PF
+ IKF=.025 IS=1.4E-14 ISE=3E-13 KF=9E-16 NE=1.5 RC=2.4
+ TF=4E-10 TR=21E-9 VAF=100 XTB=1.5
.MODEL D3mod D N=0.01
.MODEL D2mod D BV=36 CJO=4PF IS=7E-09 M=.45 N=1.3 RS=40
+ TT=6E-09 VJ=.6V
.MODEL D4mod D BV=100V CJO=4PF IS=7E-09 M=.45 N=2 RS=.8
+ TT=6E-09 VJ=.6V
*
.ENDS
*********
```

这个简化的 TL431 模型已经被广泛应用了好多年，它对用 PC 计算初次补偿网络有真实的帮助。TL431 是相当复杂且设计细致的器件，上述简单的子电路不能完全对 TL431 建模。特别是，偏置电流的影响需要更复杂的方案。因此说，一旦计算了补偿组件并检查了偏置点偏差后，需要装配原型电路并在不同的工作点测量环路增益，来确定设计假设的合理性。

现在，与其使用简单模型，为什么不使用完整的晶体管级电路呢？这是图 3.115 提出的，应用双极型晶体管，如 2N3904 和 2N3906。这些晶体管的特性接近于 TL431 中使用的技术。交流和瞬态仿真结果与 TL431 数据手册所给的一致性很好。读者可以用下面的网表把它封装成模型。对 TL431 如何工作的完整解释超出了本书的范围，但设计 TL431 电路的真是个天才。文献[2]中详细地探讨这个问题。

```
.SUBCKT TL431_BIP_a k ref
Q1 2 9 a QN3904
Q2 k ref 4 QN3904 1
Q3 2 2 ref QN3904
R1 4 3 2k
R2 3 5 1.9k
R3 3 6 5.7k
Q4 5 5 a QN3904 3
Q5 6 5 7 QN3904 6
R4 7 a 482
R5 9 5 4k
```

```
Q6 11 6 a QN3904

C1 11 6 20p

R6 11 10 4K

Q7 14 4 10 QN3904

Q8 14 14 12 QN3906

R7 12 k 760

Q9 2 14 13 QN3906

R8 13 k 760

D2 a 2 DN4148

C2 k 2 8p

Q10 k 2 16 QN3904

R9 16 17 240

Q11 k 17 a QN3904 100

R10 17 a 6.6k

D1 a k _D1_mod

.MODEL QN3904 NPN AF=1.0 BF=300 BR=7.5 CJC=3.5PF CJE=4.5PF

+ IKF=.025 IS=1.4E-14 ISE=3E-13 KF=9E-16 NE=1.5 RC=2.4

+ TF=4E-10 TR=21E-9 VAF=100 XTB=1.5

.MODEL DN4148 D BV=100V CJO=4PF IS=7E-09 M=.45 N=2 RS=.8

+ TT=6E-09 VJ=.6V

.MODEL QN3906 PNP AF=1.0 BF=400 BR=7.5 CJC=5.8PF CJE=6.3PF

+ IKF=.02 IS=4E-14 ISE=7E-15 KF=6E-16 NE=1.16 RC=2.4 TF=5E-10

+ TR=23E-9 VAF=50 XTB=1.5

.MODEL _D1_mod D BV=36V CJO=4PF IS=7E-09 M=.45 N=1.3 RS=.8

+ TT=6E-09 VJ=.6V

.ENDS
```

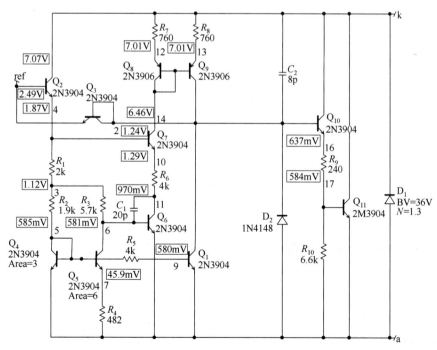

图 3.115　基于双极型晶体管的 TL431 内电路。偏置点可通过交流仿真得到

附录 3C 放大器类型 2 手动放置极-零点

该附录详细介绍了如何在放大器类型 2 中手动放置极点和零点。图 3.116 所示为一个经典的放大器结构，可在功率级最大相位滞后 90°时使用。

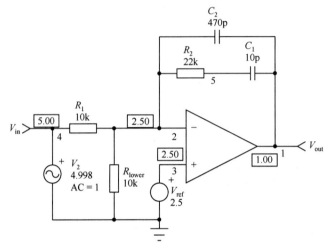

图 3.116 具有一个极点和一个零点的典型类型 2 放大器

该电路的传输函数可通过计算由 C_2、R_2 和 C_1 组成的等效阻抗 Z_f，再除以电阻 R_1 来求得（记住，在闭环交流结构中 R_{lower} 不起作用）：

$$Z_{f1}(s)=\frac{1}{sC_2}//\left(R_2+\frac{1}{sC_1}\right)=\frac{\dfrac{1}{sC_2}\left(R_2+1/(sC_1)\right)}{\dfrac{1}{sC_2}+\left(R_2+1/(sC_1)\right)}=\frac{R_2+1/(sC_1)}{1+sR_2C_2+C_2/C_1} \tag{3.161}$$

如果让 Z_f 除以电阻 R_1 并考虑到 $C_2 \ll C_1$，增益表达式可简化为

$$G(s)\approx-\frac{R_2}{R_1}\frac{1+\dfrac{1}{sR_2C_1}}{1+sR_2C_2}=-\frac{R_2}{R_1}\frac{1+s/\omega_z}{1+s/\omega_p} \tag{3.162}$$

其中，

$$\omega_z=\frac{1}{R_2C_1} \tag{3.163}$$

$$\omega_p=\frac{1}{R_2C_2} \tag{3.164}$$

R_2/R_1 之比产生中频带增益，该值实际上是交叉频率 f_c 所要求的。式（3.162）可以通过模定义在频域中重新写为

$$G(f)\approx\left|\frac{R_2}{R_1}\frac{1+s_z/s}{1+s/s_p}\right| \tag{3.165}$$

数学电子表格（如 Mathcad）能帮助我们快速画出上述式子描述的传输函数（如图 3.117 所示）。

应用上述方程和幅值表达式，可以求得在交叉频率处产生所期望的增益（或衰减）时所需的 R_2 值，即

$$R_2 = \frac{\sqrt{(f_c^2 + f_z^2)(f_c^2 + f_p^2)}}{f_c^2 + f_z^2} \frac{R_1 G f_c}{f_p} \qquad (3.166)$$

作为一个简单例子，图 3.118 所示为手动放置极点-零点的 SPICE 例子。为在中频带区域得到平坦的增益，故意把极点和零点分开。极点放在 50 kHz 处，而零点放在 150 Hz 位置。本例中所期望的中频带增益为+15 dB。所得的波特图如图 3.119 所示，图中显示 2 kHz 处的中频增益为 15 dB，这是我们想要的。

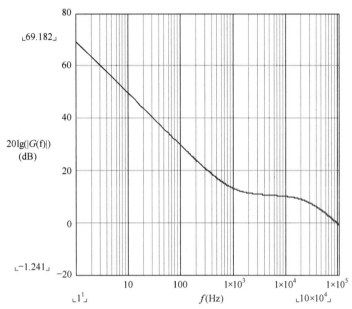

图 3.117　极点和零点分别在 27 kHz 和 880 Hz 的频域幅度响应，中频增益为 10 dB

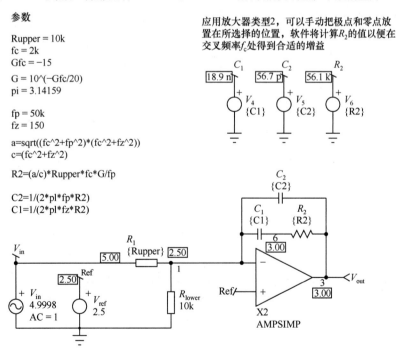

图 3.118　极点和零点位置手动选择的仿真举例

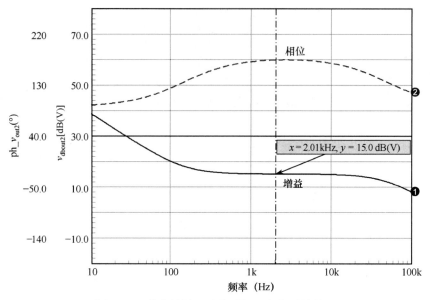

图 3.119 仿真结果显示在平坦区有合适的增益

附录 3D 理解闭环系统中的虚地

在设计变换器的反馈网络时，经常使用分压网络来得到合适的直流工作点。图 3.120 所示为一个典型的比例误差放大器。在推导这些等式时，实际上会发现，电阻 R_{lower} 只在调整直流工作点时起作用，而交流情况下，该电阻没有作用。

为推导由该电路产生的环路增益，需要做几点假设：

- 运算放大器的开环增益 A_{OL} 很大；
- 开环增益很大的直接含义与运算放大器输入端"+"引脚和"−"引脚电压差有关。该电压差称为 ε，其值 $\varepsilon = V_+ - V_- = V_{out}/A_{OL}$ 可以忽略，即当运算放大器工作于闭环条件时，两个输入端电势相等。如果移除 R_f，这一说法就不再正确了。

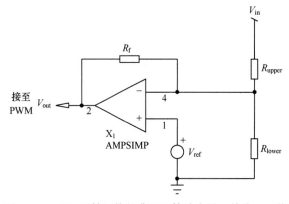

图 3.120 用于反馈网络的典型运算放大器及其分压网络

应用叠加原理，能很快得到传输函数表达式。

（1）V_{in} 短路到地：

$$V_{out} = V_{ref}\left(\frac{R_f}{R_{upper} /\!/ R_{lower}} + 1\right) \tag{3.167}$$

（2）V_{ref} 短路到地，V_-为零电压，R_{lower} 在电路图中消失。输出电压就是典型的反向比例运算放大器的输出电压：

$$V_{out} = -\frac{R_f}{R_{upper}} V_{in} \tag{3.168}$$

把上面两式相加，得到输出电压为

$$V_{out} = V_{ref}\left(\frac{R_f}{R_{upper} /\!/ R_{lower}} + 1\right) - \frac{R_f}{R_{upper}}V_{in} \tag{3.169}$$

这是个直流式。为得到交流式，可简单地把式（3.169）推导成关于 V_{in} 的等式。由于 V_{ref} 为常数，在交流情况下变为 0，故有

$$\frac{V_{out}(s)}{V_{in}(s)} = -\frac{R_f}{R_{upper}} \tag{3.170}$$

式（3.170）表明，下偏置电阻 R_{lower} 在传输函数中没有作用。然而，如同式（3.169）给出的那样，它能固定工作点。

3D.1 数值举例

图 3.121 所示为与上述电路同样的结构，以及一个未加补偿的运算放大器电路。记住，如果运算放大器没有补偿（直流或交流），就不存在虚地，在该特例中，分压比起作用。

在图 3.121 中，直流增益只取决于 R_1 和 R_3：开环增益不起作用；R_2 固定直流偏置。因此，可以读到直流增益（$s = 0$）为 20 dB，由式（3.169）定义的输出电压为 2.49 V。在图 3.121 的第二个电路图中，没有了反馈电阻，虚地也就不存在了。输出电压由分压网络固定，即

$$V_{out} = \left(2.5 - V_{in}\frac{R_5}{R_5 + R_6}\right)A_{OL} \tag{3.171}$$

代入数值，可得 $V_{out} = [2.5-(5.001\times10/20)]\times1000 = -500$ mV。直流增益为

$$\frac{V_{out(0)}}{V_{in(0)}} = 20\lg\left(\frac{R_5}{R_5 + R_6}\right) + 20\lg A_{OL} \tag{3.172}$$

该增益为 56 dB，显示在图的左侧。

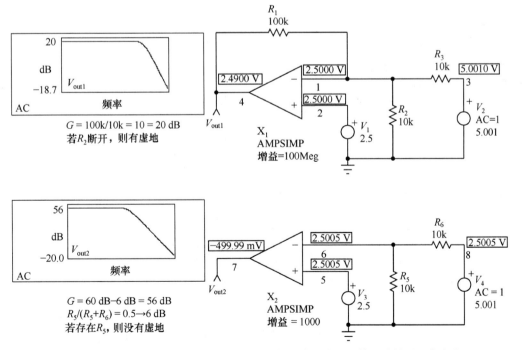

图 3.121　运算放大器电路结构，其中第一种情况存在虚地，第二种情况不存在虚地

3D.2　环路增益不变

很少有人知道，改变分压比不会影响交流环路增益或交叉频率。运算放大器的虚地是一个很好的特性。图 3.122(a) 和 (b) 显示了经典的降压电路并伴随有补偿器类型 3。输出电压为 5 V，采用了两种不同的直流电路结构：

（1）R_{upper} 和 R_{lower} 等于 10 kΩ，参考电压 V_{ref} = 2.5 V；

（2）R_{upper} = 10 kΩ，R_{lower} = 50 kΩ，参考电压 V_{ref} = 4.166 V。

在第一种电路结构中 ［见图 3.122(a)］，分压比 α = 0.5。在第二种电路结构中 ［见图 3.122(b)］，分压比 α = 0.83。所有直流工作点相同，当然，电路图中所显示的参考节点除外。对它们做交流扫描，所得结果如图 3.123 所示。

如图 3.123 所示，要区分这两种交流分析的结果是不可能的。尽管改变了分压比，但交流环路增益保持不变。本例中，运算放大器开环增益约为 90 dB 并工作在线性区。

另外，只要电路中存在虚地，修改分压网络就不会影响增益曲线，注意到这一点很重要。这与功率校正电路（PFC）中跨导放大器（OTA）的闭合环路情况不同，如 MC33262。

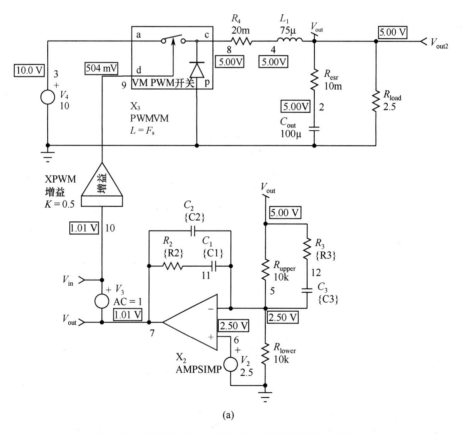

(a)

图 3.122　两个参考电压不同的分压网络直流电路结构

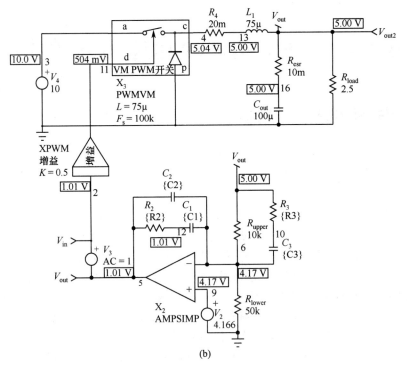

(b)

图 3.122 两个参考电压不同的分压网络直流电路结构（续）

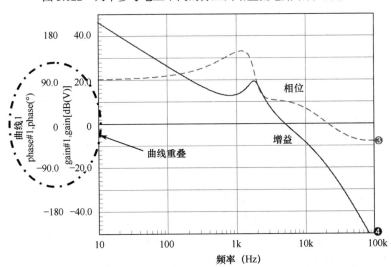

图 3.123 两根曲线完全重叠，因此修改分压网络后交流增益不会改变

第4章 基本功能块和通用开关模型

4.1 用于快速仿真的通用模型

人们经常出现对电路进行快速仿真或在给定元件值下对结果进行测试的想法。但在开始画电路图前，必须问问自己："对自己所研究的电路，是需要全阶模型，还是使用简单模型即已足够？"下面列出了全阶模型与简单模型的比较。

- **运行速度**：复杂性意味着内部节点、SPICE 基本单元（简称基元）或.model 语句很多，它们使仿真引擎负担加重并延长计算时间。若只需一个简单的受低频处极点和开环增益影响的误差放大器函数，为何要为运算放大器的电流消耗而烦恼呢？一个简单运算放大器需要 10 个元件，可以调整开环增益或低频处极点来查看对整个电路工作的影响。
- **有效性**：人们心目中的控制器或拓扑不一定有现存的模型，因为它可能是最近开发的电路，或零售商还未为该电路创建任何子电路模型。因此需要构建自己的通用电路库，并改变某些关键默认值来查看对电路工作的影响。
- **收敛性**：许多子电路或基本单元的模型存在固有的收敛问题。对模型进行简化是实现快速而有效的 SPICE 仿真的关键。
- **随意性**：如需要一个压控振荡器（VCO），而 LM566 又非所需的压控振荡器，则可构建自己的压控振荡器，并增加或调整电路的性能直到达到自己的期望。

本章说明电源仿真时需要的一些关键元件。当然，一旦电路工作正常，就很容易用备选的最终模型去代替通用运算放大器模型。也可从简单模型开始调试，但把模型变得复杂一些，使它与实际情况更接近。首先构建一个工具箱，它由通用模型和子电路组成，然后看看如何把它们连接起来构建通用 PWM 控制器。我们从内嵌式开始，因为它是模拟行为建模（ABM）的核心。

4.1.1 内嵌式

非线性受控源或 B 元件，是伯克利 SPICE3 引擎的一部分，它于 1986 年向公众发布。其对应的语法是引人注目的，并与 SPICE3 仿真器的兼容性相关。B 元件可以是线性或非线性电流源或电压源。有些零售商已把 B 元件句法扩展到包含 BOOLEAN（布尔）和 IF-THEN-ELSE 函数。在 IsSpice 中，应用 B 元件书写 I 或 V 数学表达式是一样的，因为两者都与 SPICE3 兼容。例如，电流/电压发生器中电流与不同节点的关系可表示为

```
B1  1  0  V=V(2, 3) *4 ; 节点2和3之间的电压乘4；输出电压
B1  1  0  I=I(V1) *5 ; 流过电压源 V1 的电流乘 5
```

PSpice 已从伯克利标准分离出来，并使用不同的语法。PSpice 对电压控制源（E 和 G 元件）进行修改，得到 SPICE3 B 元件的效果。等效 PSpice 例子如下：

```
E1  1  0  Value = { V(2,3) * 4 }
G1  1  0  Value = { I(V1) * 5 }
```

SPICE 引入了条件表达式的概念，即如果条件满足，则动作发生。或测试一个附加条件来结束最后一个动作。这些表达式称为 if-then-else 表达式：

```
IsSpice   B1 1 0 V = V(3) > 5 ? 10 : 100m
PSpice    E1 1 0 Value = { IF ( V(3) > 5, 10, 100m ) }
```

按以下叙述来阅读该语句：若 $V(3)$ 大于 5 V，则 $V(1, 0) = 10V$，否则 $V(1, 0) = 100$ mV。不推荐在这些 ABM 表达式中传递单位。表达式可以嵌套并按期望的方式排列。下面是一个限幅器的语句，它把输入电压钳位在 5V～100 mV 之间。

```
IsSpice   B1 1 0 V = V(3) > 5 ? 5 : V(3) < 100m ? 100m : V(3)
PSpice    E1 1 0 Value = { IF ( V(3) > 5, 5, IF ( V(3) < 100m, 100m,
+ V(3) ) ) }
```

按以下叙述来阅读该语句：若 V(3) 大于 5V，则 V(1, 0) = 5 V；若 V(3) 小于 100mV，则 V(1,0)= 100 mV，否则 V(1, 0) = V(3)。

下面是更复杂的表达式，将会看到 IsSpice 处理等式的方法很简便。

```
IsSpice
B1 69 14 V = V(27,14) > V(18,14)/2 ? V(18,14) : V(26,14) > 0.44 ?
+ V(18,14) : (V(13,14)+V(26,14)+V(12,14)) > V(31,14) ? V(18,14)
+ : 0
PSpice
E1 69 14 VALUE = { IF ( V(27,14) > V(18;14)/2, V(18,14), IF
+ ( V(26,14) > 0.44,
+ V(18,14), IF ( (V(13,14)+V(26,14)+V(12,14))
+ > V(31,14), V(18,14), 0 ) ) ) }
```

注意，与 IsSpice 相比，PSpice 所用圆括号的数量使得书写嵌套表达式变得复杂。

IsSpice 能接收由 SPICE 传递的基元参数，如 E（电压控制的电压源）或 G（电压控制的电流源）；而 PSpice 不能，它需要用 VALUE 关键词来接收这些参数：

```
IsSpice   E1 1 2 3 4 { gain }
          G1 1 2 3 4 { gm }
PSpice    E1 1 2 VALUE = { V(3,4)*gain }
          G1 1 2 VALUE = { V(3,4)*gm }
```

B 元件源（简称 B 源）本质上是零时间跨越开关元件。或者说，从一种状态转换到另一种状态是瞬间完成的。这一特性在涉及这些理想源之间的转换时，会产生收敛问题。我们建议通过简单的 RC 网络用更实际的方法修改输出开关时间（如 10 Ω/100 pF RC 网络就很好）。

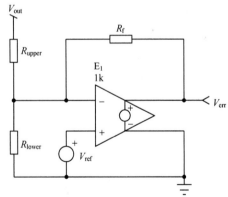

图 4.1　一个简单可行的电压控制的电压源方案

4.2　运算放大器

除非真的需要去对电路中的实际运算放大器进行仿真（包括失调电压、偏置电流、转换速率等），否则在大多数时候，利用简单通用模型足以获得一阶效应。这些简单模型仿真速度快，通过为模型提供参数值，可以把它们调节到适合实际运算放大器的规格。图 4.1 和图 4.2 描述了如何构建简单器件。

图 4.1 很吸引人，因为它只包含了很少的元件。但我们建议该模型只用于交流扫描（如 Ridley 模型），这是由于模型中没有输出电平钳位，当运算放大器输出电压达到上下极限值时会产生收敛问题，即

$$V_{out} = \left[V_{(+)} - V_{(-)} \right] A_{OL} = \left[V_{(+)} - V_{(-)} \right] \times 1000 \qquad (4.1)$$

式中，A_{OL} 表示开环增益，该例中为 60 dB。若两个输入端的差达到 1 V，该电路会产生 1 kV 输出。尝试通过内嵌式来对输出进行钳位，当运算放大器开始钳位时，会带来收敛问题。

如果钳位是真正应关注的问题，那么图 4.2 提供了较好的结构，它组合了一个跨导放大器和两个钳位二极管。改变二极管的发射系数 N 并把它设为 0.01，就可得到正向压降 V_f 为 0 的理想二极管。通过调节与这些理想二极管串联的电压源 V_{clamp}，可选择通用运算放大器的最低和最高输出电平。因为由这些元件组成的钳位电路只产生几百微安电流，它不会给仿真带来麻烦。没有比这更简单的办法了。

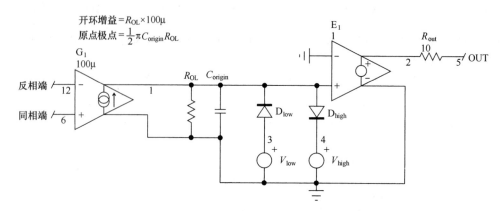

图 4.2　使用跨导放大器和两个钳位二极管的更好选择方案

调节电压控制电流源的跨导 g_m 和电阻 R_{OL}（网表中为 R_1）可以设置开环增益。跨导为 100 μS 时，10 MΩ 电阻将给出 60 dB 开环增益。最后，调整电容 C_{origin}（网表中为 C_1）来放置低频极点。如果上、下钳位不需要很精确的话，对大多数情况，电路能很好地满足要求。下面是对应的网表，对 PSpice 和 IsSpice 都是兼容的：

```
.SUBCKT AMPSIMP 1 5 7  params: POLE=30 GAIN=30000 VHIGH=4V
+ VLOW=100mV
*    + - OUT
G1 0 4 1 5 100u
R1 4 0 {GAIN/100u}
C1 4 0 {1/(6.28*(GAIN/100u)*POLE)}
E1 2 0 4 0 1
Rout 2 7 10
Vlow 3 0 DC={VLOW}
Vhigh 8 0 DC={VHIGH}
Dlow 3 4 DCLP
Dhigh 4 8 DCLP
.MODEL DCLP D N=0.01
.ENDS
```

因此，工作参数如下：

- POLE——单位为 Hz，通过计算合适的 C_1 值来放置低频极点；
- GAIN——表示环路增益，30 000 对应于 $20 \times \lg 30\,000 = 89.5$ dB；
- VHIGH 和 VLOW——分别限制最高和最低输出电平。

4.2.1　更实际的模型

该模型能解释运算放大器的电流输出能力。在一些包含误差放大器的 PWM 集成电路（IC）中，内部运算放大器是集电极开路型的：它可以接收灌电流，但运算放大器对电流源的限制允许用户通过连接光耦合器把电流旁路掉。例如，UC384X 系列控制器就是这种情况。

图 4.3 所示为下面所有通用子电路中都要采用的模型。通过电路图输入的参数自动调节内部元件值并形成所需的运算放大器性能。下面给出了该模型的网表，在 PSpice 和 IsSpice 两种软件环境下都能工作。加入某些元件（如 R_{in}）是为便于收敛，R_{in} 能固定输入阻抗。

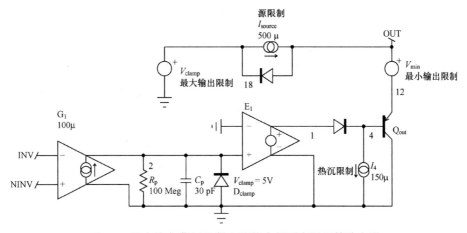

图 4.3　具有给定灌电流/拉电流能力的更实际运算放大器

```
SUBCKT ERRAMP 20 8 3 21 params: ISINK=15M ISOURCE=500U VHIGH=2.8
+ VLOW=100M POLE=30 GAIN=30000
* + - OUT GND
RIN 20 8 8MEG
CP 11 21 {1/(6.28*(GAIN/100U)*POLE)}
E1 5 21 11 21 1
R9 5 2 5
D14 2 13 DMOD
IS 13 21 {ISINK/100}; mA
Q1 21 13 16 QPMOD
ISRC 7 3 {ISOURCE}; uA.
D12 3 7 DMOD
D15 21 11 DCLAMP
G1 21 11 20 8 100U
V1 7 21 {VHIGH-0.6V}
V4 3 16 {VLOW-38MV}
RP 11 21 {GAIN/100U}
.MODEL QPMOD PNP
.MODEL DCLAMP D (RS=10 BV=10 IBV=0.01)
.MODEL DMOD D (TT=1N CJO=10P)
.ENDS
```

该模型的使用与以前运算放大器类型类似，但有以下两点不同：

- ISINK 用于调整运算放大器在调节范围内能接收的灌电流；
- ISOURCE 表示在输出电压下降之前器件能输出的最大电流。

快速仿真确认了通用运算放大器的灌电流/拉电流能力，如图 4.4 所示。

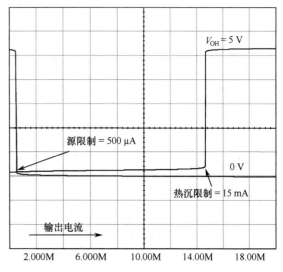

图 4.4　仿真结果显示了有限的灌电流/拉电流能力

4.2.2　UC384X 误差放大器

在图 4.3 所示的仿真电路中，用单极点来满足设计者的要求。在某些控制器中，如 UC384X 系列，存在第二个极点，如图 4.5 所示。

开环增益达到 90 dB，单位增益带宽为 1 MHz，在 1 MHz 以后相位继续下降。通过为第一个极点提供缓冲并调节灌电流/拉电流能力，可对原来电路做一点修改，如图 4.6 所示。在开环条件下，对该电路做扫描分析，图 4.7 所示为扫描分析结果，确认了数据表中给出的 1 MHz 增益带宽。对直流电源做适当调整以适应灌电流/拉电流能力。UC384X 内部的参考电压为 2.5 V。

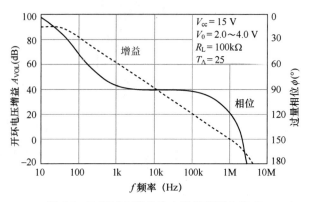

图 4.5 UC384X 误差放大器具有两个极点

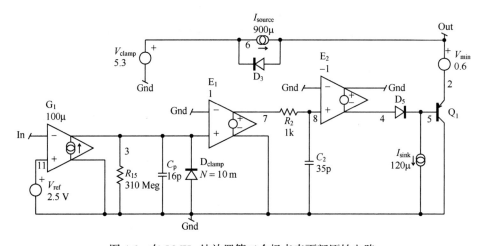

图 4.6 在 5 MHz 处放置第二个极点来更新原始电路

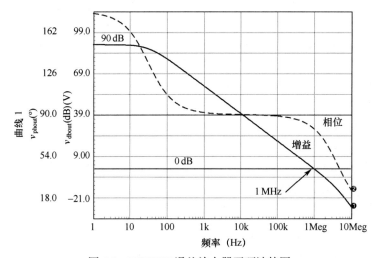

图 4.7 UC384X 误差放大器开环波特图

下述网表与 IsSpice 和 PSpice 完全兼容：
```
.SUBCKT OP384X In out gnd
Vmin out 2 DC=0.6
```

```
R15 3 gnd 310Meg
Cp 3 gnd 16p
Dclamp gnd 3 DCLP3
D5 4 5 DCLP1
G1 gnd 3 11 In 100U
Isink 5 gnd DC=120u
Isource 6 out DC=900u
E1 7 gnd 3 gnd 1
Vclamp 6 gnd DC=5.3
Q1 gnd 5 2 QP
R2 7 8 1k
C2 8 gnd 35p
E2 gnd 4 8 gnd -1
D3 out 6 DCLP2
Vref 11 gnd DC=2.5V
.MODEL DCLP3 D BV=5 N=10m
.MODEL DCLP2 D BV=100V CJO=4PF IS=7E-09 M=.45 N=2 RS=.8
+ TT=6E-09 VJ=.6V
.MODEL QP PNP
.MODEL DCLP1 D BV=5
.ENDS
```

4.3　具有给定扇出数的电源

对于有些应用，如内部的参考电源，不能总是将其构建成与静态电阻串联的简单电源模型。另一个重要参数是扇出数，或在超出调节范围之前电源能提供的最大输出电流。对这种行为的最简单描述方法是用内嵌式。如果参考电压与输入节点有关（想象成参考电源电路由 V_{cc} 电源供电），自然用直流音频敏感性来描述（也称为电源纹波抑制）。

假设构建一个 5 V 的电源，它受其值为 2.5 Ω 的静态输出阻抗 R_{out} 影响，电源纹波抑制为 60 dB。如果输出电流小于给定值（本例中为 1.5 mA），除了受 R_{out} 产生的正常损耗影响，输出电压不受其他影响。内嵌式或模拟行为模型（ABM）用 IsSpice 格式描述如下：

```
B1 INT GND V=I(Vdum) < 1.5m ? ({Vref} + V(in) * 1m)
```

若输出电流小于 1.5 mA，则电源传递 $V_{ref} + V_{in} \times 1m$ 的电压，并与 2.5 Ω 电阻串联。$V_{in} \times 1m$ 这一项表示了输入敏感性为 –60 dB，本例中该项与参考电压相加。

现在，需要定义在过流情况下，输出电压是如何减小的，或斜率电阻 R_{slope} 为多少时影响输出？若选择 10 kΩ 的斜率电阻，则最后的式子为

```
B1 INT GND 0 V = I(Vdum)>1.5m ? ({Vref} + V(in) * 1m) - 10k *
+ I(Vdum) + 15 : {Vref}+V(in)*1m
```

为避免当电流超过 1.5 mA 时，V_{ref} 突然产生不连续现象，在等式中加了一串联项。该项使得当电流达到限制值（本例中为 1.5 mA）时，下降值为 0，并迫使电压以 1 V/100 μA 的斜率平滑地下降，该斜率由 10 kΩ 产生。该项简单地等于 1.5m×10k = 15，避免了在转换点的非连续性。可构建一子电路，描述如下：

IsSpice
```
.SUBCKT REFVAR In Out Gnd params: Vref=5 Zo=2.5 Slope=10k
+ Imax=1.5m Ripple=1m
Rout 5 6 {Zo}
Vdum 6 Out
Bout 5 Gnd V=I(Vdum) < {Imax} ? ({Vref}-V(in)*{Ripple}) :
+ ((({Vref}-V(in)*{Ripple}) - {Slope}*I(Vdum))+({Slope}*{Imax}))
.ENDS
```

PSpice
```
.SUBCKT REFVAR In Out Gnd params: Vref=5 Zo=2.5 Slope=10k
+ Imax=1.5m Ripple=1m
Rout 5 6 {Zo}
```

```
Vdum 6 Out
Eout 5 Gnd Value = { IF ( I(Vdum) < {Imax}, ({Vref}-V(in)*+ {Ripple}),
+ (((({Vref}-V(in)*{Ripple}) - {Slope}*I(Vdum))+
+ ({Slope}*{Imax})) ) }
.ENDS
```

工作参数如下：

Vref——额定输出电压；

Zo——静态输出阻抗；

Slope——超过电流限制的输出阻抗；

Imax——最大电流限制；

Ripple——输入抑制，正或负都可，如 1m 等于−60 dB。

图 4.8 所示为一个与压控电阻相连的输出电流有限的电压源。后面将会看到如何构建这类器件。

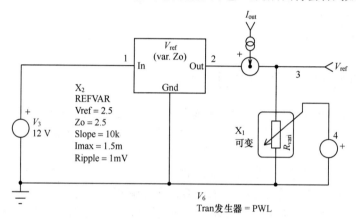

图 4.8　输出电流有限的电压源应用举例

然后对电路做电流扫描，从几百微安扫到几毫安，扫描结果见图 4.9。结果显示 1.5 mA 处有一断点，表明了该模型的正确性。

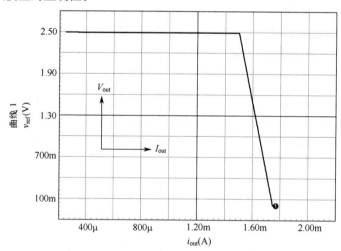

图 4.9　由所加参考电压产生的 X–Y 曲线

4.4　可调无源元件产生的电压

当人们用 SPICE 对电路进行仿真时，需要可变的无源元件，如电阻、电容或电感等。

若电源能从外部去控制上述元件的值，则将会给用模拟行为模型（ABM）描述电容和电感的非线性以及电感随电流的变化等行为打开大门。遗憾的是，很少有基于 SPICE 的仿真器接受描述无源元件的内嵌式。为解决这一限制，本节将描述通过外部电源来调节无源元件的值的方法。

4.4.1 电阻

电流 I 乘以电阻 R 产生电压 V。这是大家都知道的欧姆定律，它由德国物理学家 Georg Simon Ohm（1789—1854）推导得到。同一电阻 R 可以用电流源 I 表示：

$$I = \frac{V(1,2)}{R} \tag{4.2}$$

式中，1 和 2 代表电阻的两端。图 4.10 所示为用电流源描述的电阻。

应用这个简单的等式，可以用 Intusoft 公司的 IsSpice 或 CADENCE 公司的 PSpice 构建一个可变电阻子电路，其中式（4.2）中的电阻 R 将通过控制节点直接由控制源驱动。

```
IsSpice                              PSpice
.subckt VARIRES 1 2 CTRL             .subckt VARIRES 1 2 CTRL
R1 1 2 1E10                          R1 1 2 1E10
B1 1 2 I=V(1,2)/(V(CTRL)+1u)         G1 1 2 Value = { V(1,2)/
.ENDS                                +  (V (CTRL)+1u) }
                                     .ENDS
```

在电流源表达式中，使用 1μ 值是为在极低控制值的情况下避免被零除而发生溢出现象。若 V（CTRL）等于 100 kV，那么等效电阻为 100 kΩ。图 4.11 所示为用子电路构建的电阻式分压器电路，该子电路能产生 1 Ω 电阻。现在，可以构建更复杂的电压源 V_3，它可以包含非线性关系。

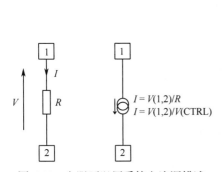

图 4.10　电阻可以用受控电流源描述

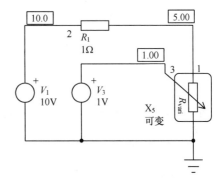

图 4.11　能产生 1 Ω 电阻的简单电阻式分压器

4.4.2 电容

与前面介绍电阻时一样，电容可以通过电压源来描述，它遵守如下定律：

$$v_C(t) = \frac{1}{C} \int i_C(t) \mathrm{d}t \tag{4.3}$$

即如果对流过由等效子电路表示的电容电流积分，并乘以控制电压 V 的倒数，就得到电容 C 的值。遗憾的是，在 SPICE 中没有积分单元，因为积分中包含连续变化的变量 t，那么为何不利用式（4.3）并让子电路电流流经 1 F 的电容呢？观察 1 F 电容上的电压，就得到了电流的积分 $i_C(t)$。图 4.12 显示了如何构建该子电路。

虚拟电源 V 输送流入 1 F 电容的电流，在"int"节点上产生积分电压。然后，把所得的积分电压乘以"CTRL"节点电压的倒数，就模拟了可变电容，如图 4.13 所示。图 4.14 显示了在实际电容和可变电容两种情况下得到的电压和电流曲线，可以看到曲线之间没有差别。

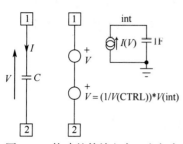 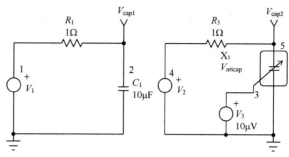

图 4.12 构建的等效电容，它包含
了 1 F 电容上端点的积分

图 4.13 测试电路用方波源在
10 μF 电容两端产生脉冲

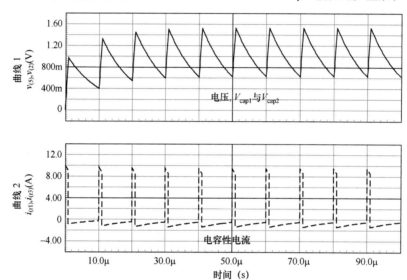

图 4.14 可变和经典电容模型产生类似波形

下面是用 IsSpice 和 PSpice 写出的电容模型：

```
IsSpice
.SUBCKT VARICAP 1 2 CTRL
R1 1 3 1u
VC 3 4
BC 4 2 V=(1/v(ctrl))*v(int)
BINT 0 INT I=I(VC)
CINT INT 0 1
.ENDS
```

```
PSpice
.SUBCKT VARICAP 1 2 CTRL
R1 1 3 1u
VC 3 4
EC 4 2 Value = { (1/v(ctrl))
+ *v(int) }
GINT 0 INT Value = { I(VC) }
CINT INT 0 1
.ENDS
```

利用该模型也完成了交流仿真分析，表明模型在频域中也能很好地工作。

4.4.3 电感

当电感存储了能量时，就会努力保持电流安匝数恒定，起实际电流源的作用。这是构建可变电感模型的基本出发点。若应用楞次定律，可以写出如下表达式：

$$v_{\mathrm{L}}(t) = L\frac{\mathrm{d}i_{\mathrm{L}}(t)}{\mathrm{d}t} \tag{4.4}$$

对该式两边积分得

$$\int v_{\mathrm{L}}(t)\mathrm{d}t = \int L\frac{\mathrm{d}i_{\mathrm{L}}(t)}{\mathrm{d}t}\mathrm{d}t \tag{4.5}$$

由于 L 是常数，上式可写为

$$\int v_L(t)\,\mathrm{d}t = L i_L(t) \tag{4.6}$$

或

$$i_L(t) = \frac{1}{L}\int v_L(t)\,\mathrm{d}t \tag{4.7}$$

式（4.7）意味着：为仿真 L，需对等效电感两端的电压积分并除以控制电流。等效子电路如图 4.15 所示。

电压积分把端电压变换为电流，因此将该等效电流注入 1 F 电容可求得电压积分。子电路网表如下：

```
IsSpice                          PSpice
.SUBCKT VARICOIL 1 2 CTRL        .SUBCKT VARICOIL 1 2 CTRL
BC 1 2 I=V(INT)/V(CTRL)          GC 1 2 Value = {V(INT)/V(CTRL)}
BINT 0 INT I=V(1,2)              GINT 0 INT Value = {V(1,2)}
CINT INT 0 1                     CINT INT 0 1
.ENDS                            .ENDS
```

当然，也很容易构建用于复杂交流分析的可调 LC 滤波器。若对图 4.16 做仿真分析，可得到图 4.17 所示波形，它与图 4.14 是重合的。

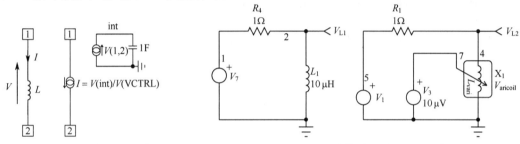

图 4.15　等效电感 L 子电路　　　　图 4.16　具有等效电感的测试电路

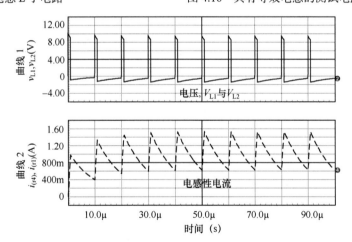

图 4.17　等效电感 L 仿真，显示了与电容仿真结果一致的波形

4.5　磁滞开关

IsSpice 提供了 SPICE 基本单元 S，它是受磁滞影响的开关，即当开关控制电压达到 $V_T + V_H$ 值时，开关从断开状态转换到导通状态，开关阻值立刻从 R_{OFF} 变为 R_{ON}。这里，V_T 表示阈值电压，V_H 为磁滞宽度。当控制电压降低到 $V_T - V_H$ 时，开关回到断开状态，开关电阻等于 R_{OFF}。转换时间

为 0，必须小心避免收敛问题（如加一个小的时间常数）。图 4.18 描述了如何在简单比较器电路中连接这些元件，而图 4.19 所示为比较器输入电压和输出电压之间的关系曲线。

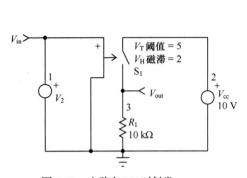

图 4.18　电路在 7 V 时触发，
　　　　　并在 3 V 时复位

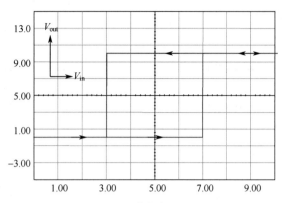

图 4.19　磁滞宽度为±2 V 的
　　　　　简单 X-Y 关系曲线

相反，PSpice 只有 .model VSWITCH 语句，它可提供导通和断开电阻，但电压参数 V_{ON} 和 V_{OFF} 只设置边界值，在边界值内开关电阻变化。若 V_{ON} = 5 V，V_{OFF} = 3 V，开关电阻将在这两个电平之间平滑变化：当电压从 5 V 变化到 3 V 时，开关电阻从 R_{ON} 变化到 R_{OFF}；相反，当电压从 3 V 变化到 5 V 时，开关电阻从 R_{OFF} 变化到 R_{ON}。内部电阻表达式确保在这两种状态之间阻值平滑转换（即收敛性好）。然而，该内部电阻表达式没有提供磁滞特性。CADENCE 实际上在最近的版本中增加了磁滞开关，但自己动手做一个磁滞开关会更有趣。

一个简单的电路结构就能用 PSpice 产生磁滞开关。它实际上是平滑转换开关和可编程磁滞的组合，需要加一串 ABM 源来帮助调节开关动作。图 4.20 显示了推导具有磁滞可调新器件的途径。

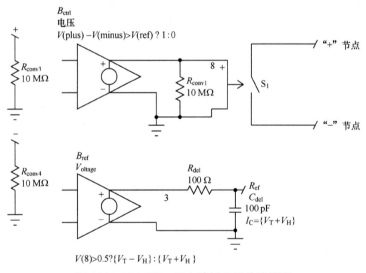

图 4.20　ABM 源、基本单元 S 开关的设置

"+"和"−"输入把开关控制信号送给行为源 B_{ctrl}（IsSpice 下的 B 元件对应于 PSpice 下的"值"）。当开关断开（B_{ctrl} 值为 0）时，将参考电压（节点"ref"的电压）设置为最高触发点（图 4.19 中为 7 V）。当节点 V_{in} 的电压增加，该电压超过参考节点电压，B_{ctrl} 变为高电压。这时，B_{ref} 源检测到 S_1 闭合，把参考节点的电压调整为第二个电压值，本例中为 3 V。这个动作在模型中产生

了磁滞作用。V_{in} 的电压减小，电压再次超过 7 V，但不发生任何动作，因为参考节点电压改为了 3 V。当 V_{in} 最终超过 3 V 时，S_1 断开，两端电阻变为 R_{OFF}。$R_{del}C_{del}$ 网络使参考节点电压的转换过程平滑化，而 C_{del} 的.IC 语句给出适当的初始状态。如果产生收敛问题，就需要把 ITL4 的值增加到 20，语句写为.OPTION ITL4 = 20。

完整的 PSpice 网表如下：

```
.subckt SWhyste NodeMinus NodePlus Plus Minus PARAMS: RON=1
+ ROFF=1MEG VT=5 VH=2
S5 NodePlus NodeMinus 8 0 smoothSW
EBcrtl 8 0 Value = { IF ( V(plus)-V(minus) > V(ref), 1, 0 ) }
EBref ref1 0 Value = { IF ( V(8) > 0.5, {VT-VH}, {VT+VH} ) }
Rdel ref1 ref 100
Cdel ref 0 100p IC={VT+VH}
Rconv1 8 0 10Meg
Rconv2 plus 0 10Meg
Rconv3 minus 0 10Meg
.model smoothSW VSWITCH (RON={RON} ROFF={ROFF} VON=1 VOFF=0)
.ends SWhyste
```

传递的参数与通过 IsSpice 语句实现 SPICE S 开关类似，其中 $V_{ON} = V_T + V_H$ 和 $V_{OFF} = V_T - V_H$，R_{ON} 和 R_{OFF} 保持不变。

图 4.21 显示了如何构建一个简单 RC 测试振荡器，图中加入了磁滞作用。当电路仿真结束后，可得到如图 4.22 所示的结果。

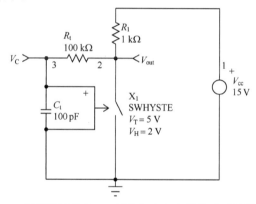

图 4.21　把磁滞开关和 RC 网络组合起来就构成了简易振荡器

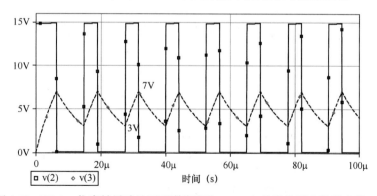

图 4.22　PSpice 仿真结果确认了磁滞宽度为 4 V，与传递给子电路的参数一致

4.6　欠压锁定（UVLO）功能块

磁滞开关有许多不同的用途，其中一种是用于具有磁滞作用的比较器。不需要利用参考电压

或内嵌式，只要用前面描述过的磁滞开关模型，欠压锁定（UVLO）电路就能很快实现。欠压锁定电路能用于 PWM 控制器或其他电路，确保有足够的电源电压来保证变换器稳定工作。这样做是由于所有内部参数（如能带隙）都需要有足够的工作电压裕量，或需要为 MOSFET 栅极提供足够的偏置电压。欠压锁定（UVLO）电路始终监控 V_{cc} 电压，并在低于某阈值时关闭控制器。当 V_{cc} 电压又升高并超过第二个阈值时，控制器重新被激活。典型情况下，电平为 12 V 时开始供电，而约 8 V 时停止驱动 MOSFET。这些是离线控制器的常规电平值，但也有许多其他的可能组合。

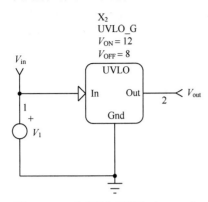

图 4.23 一个简单欠压锁定（UVLO）电路，它能监控 V_{in} 电源

图 4.23 所示为一个简单电路中的磁滞开关，其中一个控制节点与 V_{cc} 电压相连。另一个控制节点连接到 0 V 的 GND 节点；如果存在悬浮电路，也可以连接到其他电压。基于所需的导通和断开电压，很快可推导出开关参数 V_T 和 V_H：

$$V_{ON} = V_T + V_H \tag{4.8}$$

$$V_{OFF} = V_T - V_H \tag{4.9}$$

通过简单的运算，得到

$$V_H = \frac{V_{ON} - V_{OFF}}{2} \tag{4.10}$$

$$V_T = V_{ON} - V_H \tag{4.11}$$

与内部 5V 电源连接的上拉电阻能产生一个内部逻辑电平来指示 V_{cc} 电压的好坏。内部电路看上去与图 4.18 类似，对应的网表如下：

```
PSpice
.SUBCKT UVLO_G 1  2 30 params: VON=12 VOFF=10
*   VIN OUT Gnd
X1 1 3 1 30 SWhyste RON=1 ROFF=1E6 VT={((VON-VOFF)/2) + VOFF}
+ VH={(VON-VOFF)/2}
RUV 3 30 100K
E1 4 0 Value = { IF ( V(3,30)>5, 5, 0 ) }
RD 4 2 100
CD 2 0 100P
.ENDS UVLO_G
```

IsSpice 网表使用内部 S 基本单元，它具有磁滞作用。

给输入模型传递三角波，仿真所得的结果如图 4.24 所示，应特别注意 4 V 的磁滞区域。

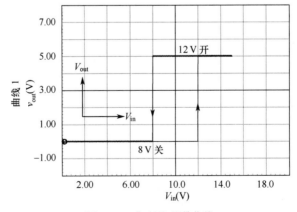

图 4.24 典型的磁滞曲线

4.7 前沿消隐

开关电源本质上是一个有噪声的变换器。在许多情况下都会产生尖峰干扰，例如，电容充电、寄生元件的瞬间短路，以及受反向恢复时间（t_{rr}）影响的二极管突然阻断等。在反激式变换器中，主开关闭合、原边寄生电容放电和工作在 CCM 的副边二极管的突然阻断，都会在原边电路产生电流尖峰。该尖峰可通过电流检测元件检测得到并进入控制器。与控制器的工作条件有关，该尖峰能干扰电流限制电路并在电流模式电路中使比较器复位。适当的 RC 网络能弥补这一缺陷，但在现代电路中，使用前沿消隐（LEB）电路。电路启动后，它只在几百纳秒内传送检测到的电流脉冲。在这种方式下，如果在开关闭合时产生一个尖峰，LEB 电路让系统对该特定周期不做响应，而在后面再正常发送全部信息。图 4.25 显示了如何把延迟线和比较器简单地连接起来组成有效的 LEB 电路。最终的电路性能如图 4.26 所示。

给延迟线子电路提供给定的传输时间，可以方便地调整 LEB 电路。

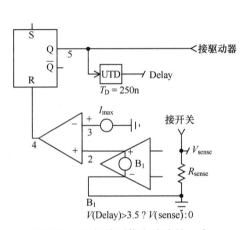

图 4.25　B_1 把检测信息消隐掉，直至节点 "Delay" 变高电平

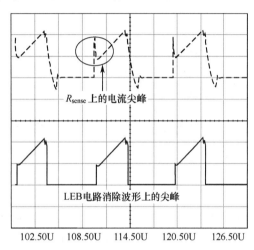

图 4.26　位于下方的曲线清楚地显示了 250 ns 的前沿消隐（LEB）作用。该信号出现在 B_1 的输出端

延迟线提供了一简单的方法，但会严重增加仿真时间。一种快速的解决方法是使用如图 4.27 所示的电路，图中在信号输入与门前用缓冲器驱动一 RC 网络。结果得到延迟了一恒定时间的信号（见图 4.28）。

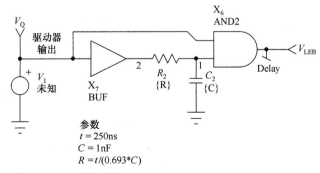

图 4.27　只要电容 C_2 的电压低于输入阈值，与门输出为 0。这就是想要的延迟，在延迟期间对当前信息进行消隐

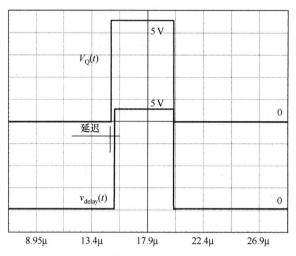

图 4.28 较低的轨迹如期望的那样显示延迟了 250 ns

为提高出现致命尖峰时的安全性（如绕组短路），一些高级控制器会包含次级快速比较器，该比较器在电流检测信息超过最大允许电流一定数值（如最大允许电流的两倍）时，能在 LEB 周期结束前复位甚至闭锁控制器。

4.8 具有磁滞作用的比较器

模拟电路设计者很少只使用比较器而不引入磁滞作用。引入磁滞作用能提高抗干扰能力，特别是在比较器开环增益很高的情况下，能确保转换的准确性和敏锐度。在比较器两端加电阻能加快磁滞效果，该方法需要一些计算来最终确定使用的实际磁滞值。

图 4.29 所示为由两个内嵌式组成的简单电路。第一个电路构建了一个直流电压源，它与磁滞比较器同相端串联，其磁滞值与输出电平有关。输出产生两个不同的电压，它们可当作参数来传递，用来把输出电平调节到所需的值。一个小 RC 网络能使输出转换时间变得合理并能减少收敛问题。图 4.30 所示为磁滞参数为 1 V 时的仿真结果。网表如下：

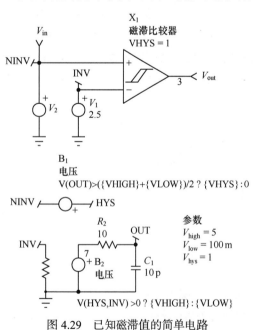

图 4.29 已知磁滞值的简单电路

IsSpice
```
.SUBCKT COMPARHYS NINV INV OUT params:
VHIGH=5 VLOW=100m VHYS=50m
B2 HYS NINV V = V(OUT) >
+{(VHIGH+VLOW)/2} ? {VHYS} : 0
B1 4 0 V = V(HYS,INV) > 0 ? {VHIGH} :
+{VLOW}
RO 4 OUT 10
CO OUT 0 100PF
.ENDS
```

PSpice
```
.SUBCKT COMPARHYS NINV INV OUT params:
VHIGH=5 VLOW=100m VHYS=50m
E2 HYS NINV Value = {IF(V(OUT) >
+{(VHIGH+VLOW)/2},{VHYS},0 )}
E1 4 0 Value = {IF(V(HYS,INV) > 0,
+{VHIGH}, {VLOW} )}
RO 4 OUT 10
CO OUT 0 100PF
.ENDS
```

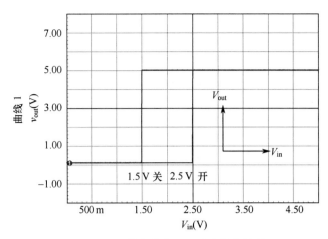

图 4.30　磁滞参数为 1 V 时的仿真结果

4.9　逻辑门

如不想重新定义完整的逻辑库，而想要定义自己的简单逻辑门，则用一个简单的内嵌式能完成这一任务，而且比复杂的、全功能的门仿真要快。另外，构建模型时，无须包括仿真软件的逻辑库，而只要包含自己定义的个别逻辑函数。下面是几个双输入基本门电路的例子，它们可以很容易地扩展成多输入器件。注意，输入阈值默认值为 $V_{cc}/2$，如果需要改变 5 V 输出值，可以改变输入阈值。

IsSpice 与门

```
.SUBCKT AND2 1 2 3
B1 4 0 V= (V(1)>2.5) & (V(2)>2.5) ? 5 : 100m
* (V(1)>2.5) & (V(2)>2.5) ? 100m : 5 is a NAND
RD 4 3 100
CD 3 0 10P
.ENDS AND2
```

PSpice 与门

```
.SUBCKT AND2 1 2 3
E1 4 0 Value = { IF ( (V(1)>2.5) & (V(2)>2.5), 5, 100m ) }
* { IF ( (V(1)>2.5) & (V(2)>2.5), 100m, 5 ) } is a NAND
RD 4 3 100
CD 3 0 10P
.ENDS AND2
```

IsSpice 或门

```
.SUBCKT OR2 1 2 3
B1 4 0 V= (V(1)>2.5) | (V(2)>2.5) ? 5 : 100m
* (V(1)>2.5) | (V(2)>2.5) ? 100m : 5 is a NOR
RD 4 3 100
CD 3 0 10P
.ENDS OR2
```

PSpice 或门

```
.SUBCKT OR2 1 2 3
E1 4 0 Value = { IF ( (V(1)>2.5) | (V(2)>2.5), 5, 100m ) }
* { IF ( (V(1)>2.5) | (V(2)>2.5),100m, 5 ) } is a NOR
RD 4 3 100
CD 3 0 10P
.ENDS OR2
```

把这些门组合起来，可以构建如锁存器、触发器等的逻辑电路。下面是 RS 锁存器的网表。

IsSpice 锁存器

```
.SUBCKT LATCH 6 8 2 1
*    S  R  Q  Qb
BQB  10 0 V=(V(8)<2.5) & (V(2)>2.5) ? 100m : 5
BQ   20 0 V=(V(6)<2.5) & (V(1)>2.5) ? 100m : 5
RD1  10 1 100
CD1   1 0 10p IC=5
RD2  20 2 100
CD2   2 0 10p IC=100m
.ENDS LATCH
```

PSpice 锁存器

```
.SUBCKT LATCH 6 8 2 1
*    S  R  Q  Qb
EQB  10 0 Value = {IF ( (V(8)<2.5) & (V(2)>2.5) ? 100m : 5 ) }
EQ   20 0 Value = {IF ( (V(6)<2.5) & (V(1)>2.5) ? 100m : 5 ) }
RD1  10 1 100
CD1   1 0 10p IC=5
RD2  20 2 100
CD2   2 0 10p IC=100m
.ENDS LATCH
```

只要 SET 和 RESET 信号定义好，上述代码能在许多电路中很好地工作。遗憾的是，由于内在的简单性，电路无法提供任何回避 SET 和 RESET 两个输入信号同时为高电平的情况。结果，会观察到 Q 和 Qb 输出同时为高电平或低电平，而这是不正确的。这个问题是 Monsieur Dwight Kitchin 发现并报告给我的，他提出了通过调节两个内嵌方程来解决该问题的综合分析。事实上，如果用如下代码（用于 Pspice 和 IsSpice）来更新原代码中的 EQ 和 EQB 源，Qb 和 Q 将再不会同时出现相同的电平：

IsSpice

```
BQ  20 0 V = (V(8)<2.5) & ( (V(6)>2.5) | (V(1)<2.5) ) ? 5V : 0
BQB 10 0 V = (V(8)>2.5) | ( (V(2)<2.5) & (V(6)<2.5) ) ? 5V : 0
```

Pspice 锁存器

```
E_BQ  20 0 VALUE = { IF ( V(8)<2.5) & ( (V(6)>2.5) | (V(1)<2.5) ), 5V, 0 ) }
E_BQB 10 0 VALUE = { IF ( V(8)>2.5) | ( (V(2)<2.5) & (V(6)<2.5) ), 5V, 0 ) }
```

图 4.31 显示了用于结果比较的测试电路。SET 和 RESET 信号有意地交叠 100 ns。如图 4.32 所示，中间的轨迹表示了原始锁存器输出，波形显示在 SET 和 RESET 交叠区，锁存器两个输出都为高电平。对锁存器进行校正后，锁存器输出信号看上去很好，这由图中下部轨迹确认。

IsSpice 接受所谓的子电路嵌套，即可以在子电路模型内包含子电路，并限制在网表内使用。

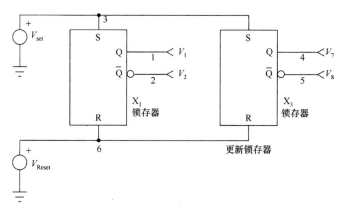

PSpice 不用这一方法，它在主子电路模型内调用的子电路必须放在主.ENDS 语句之后。PSpice 在模型库和当成全局定义时的所有子电路之间会产生一些问题。如果仿真引擎发现两个名字都为 AND2 的子电路，但有不同的定义，则仿真引擎会取第一个子电路而忽略第二个。如果两个子电路之间引脚不同，就会发生错误，但可以很快校正这类错误。然而，如果引脚相同，有类似的名称而模型本质上不同，则会产生完全不同的结果。

图 4.31　用于检测两种锁存器行为的简单测试电路结构

因此，良好的建模实践包括在模型网表中为构建的所有子电路添加后缀。例如，把用 UC3843 子电路实现的锁存器命名为 LATCH_UC3843，这样可以避免与其他现存的锁存器模型相混淆。

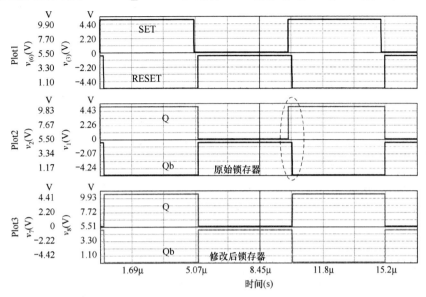

图 4.32　SET 和 RESET 信号存在交叠时，原始锁存器出现错误，而校正后的锁存器工作很好

4.10　变压器

为一个简单的双绕组变压器建模，可以用 SPICE 的基元 k，它表示原边和副边之间的耦合比。图 4.33 显示了如何在耦合元件周围放置电感。但这个模型过于简单，无法从变压器元件中获取更多的信息，且必须由 k 推导漏电感值并求出匝数比。调节漏电感值来评估钳位网络的作用时，需要反复计算这些值，这是一件很枯燥的事。图中，L_{ss} 指 L_s 被短路，而 L_{so} 指 L_s 开路。粗略地看一下该图，可以发现耦合系数并不能反映电路的全貌。

更好的解决方法是使用第 2 章中讨论过的理想变压器（记住与 d 相关的系数）[1]。图 4.34 给出了建模的原理，简单构建模型的方程如下：

$$V_2 = V_1 \frac{N_s}{N_p} \tag{4.12}$$

$$I_1 = I_2 \frac{N_s}{N_p} \tag{4.13}$$

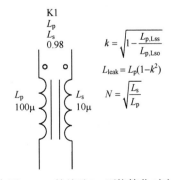

$$k = \sqrt{1 - \frac{L_{p,Lss}}{L_{p,Lso}}}$$

$$L_{leak} = L_p(1-k^2)$$

$$N = \sqrt{\frac{L_s}{L_p}}$$

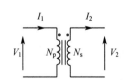

图 4.33　应用 SPICE 的基元 k，不能简化对变压器的处理　　　图 4.34　理想变压器的电流和电压关系

使用其参数与绕组比相关的电压控制电压源和电流控制电流源，可构建满足式（4.12）和式（4.13）的理想变压器模型。该模型如图 4.35 所示。在该变压器中，磁化电流为 0（磁化电感无穷大）。它提供了独立构建磁化电感和漏电感模型的能力。对变压器进行详细测量后，通过求解几个方程就能得到这两个元件值。一旦求得这些元件值，就可以组装出如图 4.36 所示的理想变压器。

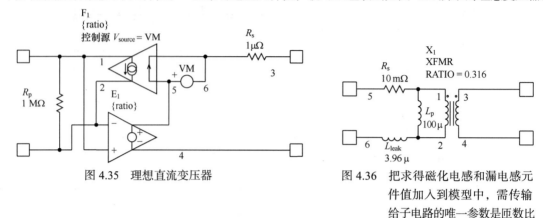

图 4.35　理想直流变压器

图 4.36　把求得磁化电感和漏电感元件值加入到模型中，需传输给子电路的唯一参数是匝数比

在本书后面几章的大量设计实例中，都会用这个等效模型来模拟变压器的工作，这基于以下两个理由：一是经验表明该模型比耦合系数模型收敛性要好；二是匝数比和漏电感能直接表示出来。注意，在该子电路中，匝数比用原边匝数归一化（例如 $N_p = 20$ 和 $N_s = 3$，那么匝数比为 1 比 3/20 或 1:0.15，因此传输给模型的参数为 0.15）。

下面是用 PSpice 和 IsSpice 语法书写的实现图 4.35 所示模型的网表：

IsSpice
```
.SUBCKT XFMR 1 2  3   4 params: RATIO=1
RP 1 2 1MEG
E 5 4 1 2 {RATIO}
F 1 2 VM {RATIO}
RS 6 3 1U
VM 5 6
.ENDS
```

PSpice
```
.SUBCKT XFMR1 1 2 3 4 PARAMS: RATIO=1
RP 1 2 1MEG
E 5 4 VALUE = { V(1,2)*RATIO }
G 1 2 VALUE = { I(VM)*RATIO }
RS 6 3 1U
VM 5 6
 .ENDS
```

在后面的设计例子中会使用不同的变压器，例如，在多输出电源设计中会使用多输出变压器，而在推挽电路中会使用中心抽头变压器。这些变压器模型在 CADENCE 实例元件库中和 Intusoft 作图软件 SpiceNET 的标准模型中都可以找到。请注意正匝数比是指同名端面对面（如正向类型中），而负 N 值（如反激式类型中）意味着同名端相反。

4.10.1　简单饱和磁心模型

由于原边电感单独出现，所以可以用饱和型电感来代替，而饱和型电感实际上与制造过程中使用的材料有关。许多模型可用来仿真这些具有饱和效应和磁滞作用的电感。PSpice 使用 Jiles-Atherton 模型和耦合系数[2]，其中耦合系数与铁氧体类型有关，如 B51、3C8 等。PSpice 参考手册包含了许多与饱和磁心模型相关的建模信息，仔细阅读 PSpice 参考手册是颇有价值的。无须担心由于包含饱和效应使仿真时间延长并产生不易收敛的问题。因为在设计例子中很少会用饱和效应，尽管如此，本书的 CADENCE 文档和网页（网址具体参见第 8 章末尾）中，提供了一个包含饱和效应的简单电路。

IsSpice 从 Jiles-Atherton 模型出发，构建了一个由子电路组成的简单行为模型。该子电路也是参考文献[1]的一部分，还出现在文献[3]中。当用户需要为饱和效应构建一个简单模型时，该子电路的快速仿真和容易收敛的性能是十分有用的。在无源元件建模的章节中已经讨论到如何手工创建可变电感。在该子电路的端点 1 和端点 2 之间加上流通电流，该电流与端点间电压的积分成正比，其值由下式给出：

$$i_{\text{L}}(t) = \frac{1}{L} \int v_{\text{L}}(t) \mathrm{d}t \tag{4.14}$$

如果 L 由电压值 V 给出，实际上是创建了值为 V 的电感。现在，如果让由式（4.14）产生的电流流经电阻 R，或把由式（4.14）产生的电流作用在电阻 R 上产生电压，那么模拟得到的电感数值上与 R 相等，如图 4.37 所示。

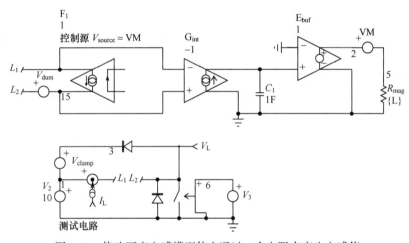

图 4.37　修改可变电感模型使之通过一个电阻来产生电感值

在图 4.37 中，C_1 两端电压的积分通过 E_{buf} 缓冲电路作用到 R_{mag} 的两端。流过 R_{mag} 的电流然后被迫流经 L_1 和 L_2 两端，以此来模拟电感行为。简单的开关测试电路中 L 的电流如图 4.38 所示。流过 L 的电流可通过观察虚拟 I_{L} 电流源得到。

该模型为标准电感提供了所需的灵活性，它没有给出任何饱和限制。在饱和期间，材料相对磁导率 μ_{r} 降为 1，使电感值下降到由匝数和绕线筒几何形状确定的值——几乎成为空心电感。要解决该问题，需要做的是测量电容 C_1 上的实际电压，并连接一个与 R_{mag} 并联的电阻——L 将会大大减小，这样就人为地模拟了饱和效应。为构建该模型，连接与电压源 V_{sat} 和二极管串联的另一个电阻 R_{sat}。如果由 C_1 产生的电压（实际是通量）没有达到 V_{sat}（该值表示饱和通量），则电感值由 R_{mag} 设定。相反，如果二极管导

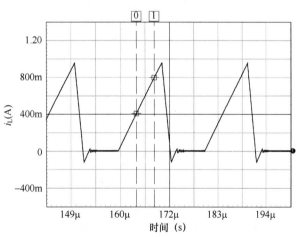

图 4.38　模拟电感对 100 μH 电感施加一个电流斜率

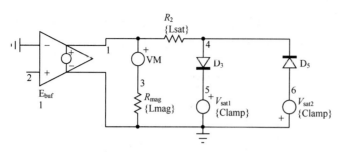

图 4.39 当流通容量太大（电容 C_1 两端电压过大）时，连接一个电阻来模拟饱和电感

通，R_{mag} 受 R_{sat} 的影响，电感值减小（元件饱和）。图 4.39 所示为中间阶段的电路。由涡流带来的磁心损耗（由于材料的电阻性，环流产生的损耗，该环流也称为 Foucault 电流）通常通过在电感两端加一个电阻来仿真得到。但这个简单方法不模拟与频率相关的损耗。另一方法是加一个与 R_{mag} 并联的电容。如果该电容值随两端电压呈非线性变化关系，就可以模拟与频率相关的损耗。对非线性方程进行运算始终是 SPICE 收敛的一个问题。上述思想最后用于二极管的结电容 C_{jo} 的分析上。由于该参数随二极管偏置电压非线性变化，自然满足我们想寻找的函数。下面先回顾传递给模型的参数。

（1）VSEC：这是饱和前电感接收的流通容量，单位为伏特·秒（V·s）。设计电感器的基本等式为

$$VSEC = NA_e B_{sat} > L_{mag} I_{peak} \tag{4.15}$$

式中，A_e 表示磁心材料面积（单位为 m^2）；N 表示匝数；B_{sat} 表示饱和通量密度，单位为特斯拉（T）；I_{peak} 表示饱和之前允许流入电感的最大峰值电流。假设电感匝数为 10，磁心面积为 0.000 067 m^2，最大可接受磁通密度达 300 mT。这种情况下，VSEC 等于 201μV·s。

（2）ISEC：如果希望模型从残余值开始运行，这是可以传送给模型的残余通量值。和 VSEC 的情况一样，单位为 V·s。

（3）L_{mag}：具有空气间隙的铁心电感的磁化电感值，可以通过下式表示：

$$L_{mag} = \frac{N^2 A_e \mu_e}{l_m} \tag{4.16}$$

其中

$$\mu_e = \frac{\mu_r \mu_0}{1 + \mu_r (l_g / l_m)} \tag{4.17}$$

式中，μ_e 表示有效磁导率；l_g 表示气隙长度（单位为 m）；l_m 表示总磁路长度（单位为 m）；μ_0 表示空气磁导率（$4\pi \times 10^{-7}$H/m）；μ_r 表示磁心相对磁导率。该模型实际上可写成允许直接接收磁化电感或磁心物理参数。我们更愿意考虑后者。请注意，当 $\mu_r(l_g/l_m)$ 的值比 1 大得多时，μ_r 和 l_m 从式中消失，气隙尺寸 l_g 对电感特性起主要作用。

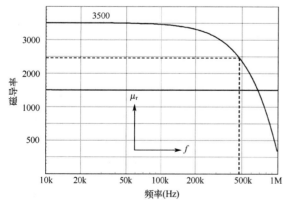

图 4.40 磁导率随频率下降的关系曲线，这里 -3 dB 对应的频率约为 480 kHz

（4）L_{sat}：这是材料饱和时的电感值。因此，材料相对磁导率 μ_r 降为 1，电感表达式可写为

$$L_{sat} = \frac{N^2 A_e \mu_0}{l_m + l_g} \tag{4.18}$$

在饱和状态下，电感值降到很低，就好像电感变成空心电感。

（5）Reddy：该损耗参数与磁材料所给的参数曲线有关。它描述磁导率变化与激发频率的关系。首先要确认曲线中磁导率下降 3 dB 时所对应的位置；然后记下该点的频率并把它作为参数传送给模型，如图 4.40 所示。

（6）磁通密度和磁场的测量。磁通密度表示为 B（单位为特斯拉），磁场表示为 H，单位为安培·匝/米。如果想得到 $B \sim H$ 曲线，需要传递 B 和 H 计算数据的独立源。这些数据可以简单地通过以下内嵌式计算得到：

```
VB  B  0  Value=V(phi) /{N}*{Ae} ; 特斯拉
VH  H  0  Value={(N/lm)}*I(VDUM) ; 安培·匝/米 – A·T/m
```

这里 V(phi) 是 C_1 两端的电压，I(VDUM) 是流过电感的电流。最后，利用以上所有定义，得到如图 4.41 所示的模型。

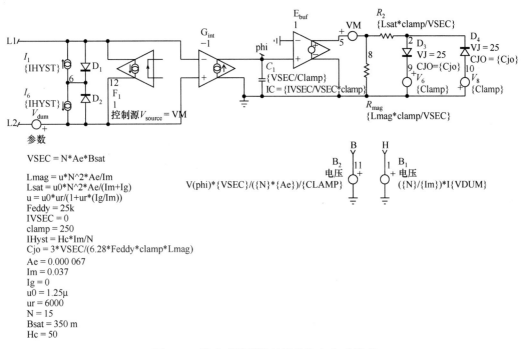

图 4.41   具有磁滞损耗的最终饱和电感模型

注意，电感两端存在两个电流源。这里两个电流源模拟低频时的磁滞作用，它是对文献[4]所给模型的改进。要利用这一改进需要知道矫顽磁场值 H_c。完整的网表如下，它与 IsSpice 兼容。在 CADENCE 环境下也可运行该实例。

```
.subckt coresat L1 L2 110 100 params: Feddy=25k IVSEC=0 Ae=
+ 0.000067 lm=0.037
+lg=0 Bsat=350m ur=6000 N=15 Hc=50
*
.param VSEC=N*Ae*Bsat
.param u0=1.25u
.param VSEC={N*Ae*Bsat}
.param u={u0*ur/(1+ur*(lg/lm))}
.param Lmag={u*N^2*Ae/lm}
.param Lsat={u0*N^2*Ae/(lm+lg)}
.param IHyst={Hc*lm/N}
.param Cjo={3*VSEC/(6.28*Feddy*clamp*Lmag)}
.param clamp=250
*
F1 L1 12 VM 1
Gint 0 phi 12 L1 -1
C1 phi 0 {VSEC/Clamp} IC={IVSEC/VSEC*clamp}
Ebuf 5 0 phi 0 1
Rmag 8 0 {Lmag*clamp/VSEC}
VM 5 8
```

```
D3 2 9 D2mod
V6 9 0 DC={Clamp}
R2 2 8 {Lsat*clamp/VSEC}
V8 0 10 DC={Clamp}
Vdum 12 L2
D4 10 2 D2mod
I1 6 L1 DC={IHYST}
B1 100 0 V=({N}/{lm})*I(VDUM)
B2 110 0 V=V(phi)*{VSEC}/({N}*{Ae})/ + {CLAMP}
I6 6 12 DC={IHYST}
D1 L1 6 Dmod
D2 12 6 Dmod
.MODEL Dmod D N=1
.MODEL D2mod D CJO={Cjo} VJ=25
.ENDS
```

一旦将该模型封装到符号中，就可以把它当作一个电感使用（见图 4.42），或当作变压器的一部分（见图 4.43）。

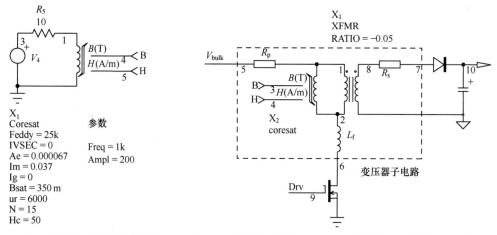

图 4.42 饱和磁心单独测试电路　图 4.43 饱和电感模型可以用于为饱和变压器模型建模，这里是反激式变换器。请注意负 N 值意味着同名端在反侧

图 4.42 的测试结果如图 4.44 所示，显示出当频率增加时，磁滞加宽（实际上为损耗）。用于产生曲线的信号源为正弦型的。

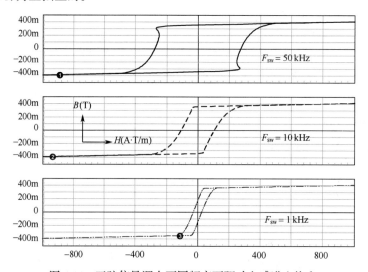

图 4.44 正弦信号源在不同频率下驱动电感进入饱和

该饱和模型提供了一种基于数据手册所提供的参数快速构建电感模型的手段。它可用于具有饱和电感的电路测试，一旦电路收敛，就可以用更综合的模型来代替它。CADENCE 和 Intusoft 都提出了基于曲线拟合的更实际模型，但这些模型会增加仿真时间并容易产生收敛问题。

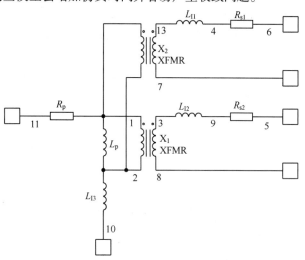

有关磁元件的文献相当丰富，章后的参考文献可帮助读者增强这方面的知识。然而，附录 4A 给出了有关磁元件的简要介绍。一旦理解了这些概念，就会更便于阅读更综合的书籍和文献。

4.10.2 多输出变压器

多输出变压器模型与上述变压器模型有关，如图 4.45 所示。总漏电感画在原边一侧，副边一侧的漏电感表示副边绕组之间的耦合量。附录 4B 描述了如何对变压器进行测量，得到图 4.45 所示模型所需的值。遗憾的是，求多输出变压器子电路模型参数是相当乏味的工作。文献[5]讨论了如何为所谓的悬臂梁模型做测试，假设多输出结构

图 4.45　多输出变压器模型由单输出变压器模型叠加而成，并共享同一原边电感 L_p

中的交叉调节问题已经做了合理的预测。该模型还会在第 7 章的多输出设计例子中讨论到。

4.11　非稳态发生器

非稳态发生器适用于有开关周期的场合。有许多方法都可以用来产生弛豫机制。图 4.21 是优秀的例子之一。图 4.46 提出了一种实现恒流源和前面已经介绍过的磁滞比较器的替代方案。电容充电至参考电压 V_1 值，并通过 X_2 控制开关闭合放电，然后开始一新的周期。进行适当的缓冲后，该系统很容易用于产生 PWM 斜坡信号。仿真结果如图 4.47 所示。注意，R_{ON} 值很大，大的 R_{ON} 值能改善收敛性，它可减少由于电容 C_t 通过较低的 R_{ON} 值放电产生的问题。

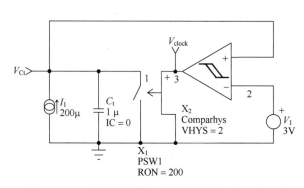

图 4.46　由磁滞比较器构建的简单斜坡/方波发生器

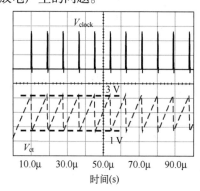

图 4.47　200 μA 电流源加上电容两端的 2 V 摆动电压，产生 100 kHz 波形

4.11.1 电压控制振荡器

在谐振式电源中，输出功率与开关频率有关。电压控制振荡器（VCO，简称压控振荡器）的控制输入由始终监测输出变量的误差放大器驱动。压控振荡器受两个主要变量影响：最小和最大

开关频率。当反馈消失或检测到错误时，这些参数能把谐振变换器限制在安全范围内。

图 4.48 所示为压控振荡器的电路结构。假设没有控制电压，频率由电流源 B_1 设置。只要 "err" 节点上的电压超过 100 mV，电流源 B_4 开始起作用：频率升高的同时 "err" 节点上的电压也增加，当该电压达到 5 V 时，频率达最大值。当然，这两个参数也可以改设为电压偏移值。例如，安森美公司的 NCP1395，当开关频率从最小变化到最大时，其电压幅度变化需要 5 V。定时电容通过电流源 B_2 放电，并产生 50% 的占空比。这是个经典的 I/2I 振荡器。最后，当把该振荡器用于功率电子电路时，可加入由 ABM 源 B_5 组成的功率输出级。驱动电感网络时，两个高压二极管能确保电流从两个方向流动。

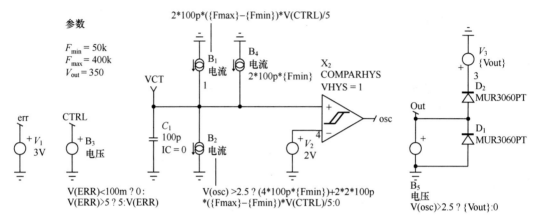

图 4.48 具有最小和最大开关频率的压控振荡器（VCO）

图 4.49 所示为工作于开环条件、经封装的 VCO 驱动的 LLC 谐振式变换器。借助简化设计，仿真速度极快。用 PSpice 语法给出的网表如下：

```
PSpice
.SUBCKT POWERVCO err out params: Fmin=50k Fmax=400k Vout=350
*
G4 0 1 value={ 2*100p*{Fmin} }
R1 err 0 100k
G1 0 1 Value = { 2*100p*({Fmax}-{Fmin})*V(CTRL)/5 }
G2 1 0 Value = { IF ( V(osc) > 2.5, (4*100p*{Fmin})+2*2*100p*
+({Fmax}-{Fmin})*V(CTRL)/5, 0 ) }
C1 1 0 100p IC=0
E3 CTRL 0 Value = {IF ( V(ERR)<100m, 0, IF ( V(ERR)>5, 5, V(ERR)
+ ) ) }
X2 1 4 osc COMPAR params: VHIGH=5 VHYS=1
V2 4 0 DC=2
E5 out 0 Value = { IF ( V(osc)>2.5, {Vout}, 0 ) }
V3 3 0 DC={Vout}
D1 0 out MUR3060
D2 out 3 MUR3060
*
.MODEL MUR3060 D BV=600 CJO=517P IBV=10U IS=235U M=.333
+ N=3.68 RS=35M TT=86.4N VJ=.75
*
.ENDS


****
.SUBCKT COMPAR NINV INV OUT params: VHIGH=12 VLOW=100m VHYS=50m
E2 HYS NINV Value = { IF ( V(OUT) > {(VHIGH+VLOW)/2}, {VHYS}, 0
+ ) }
E1 4 0 Value = {IF ( V(HYS,INV) > 0, {VHIGH}, {VLOW} ) }
RO 4 OUT 10
```

```
CO OUT 0 100PF
.ENDS
****
```

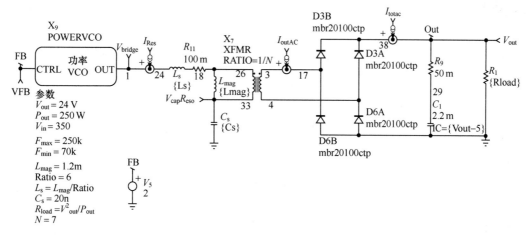

图 4.49 功率压控振荡器（VCO）驱动的 LLC 谐振网络，能产生 24 V 输出

4.11.2 具有延时控制的压控振荡器

谐振式拓扑利用半桥或全桥结构。因此需要通过增加死区时间和互补输出电路来扩展功率压控振荡器（VCO）。可以直接应用这些电路而无须采用复杂的控制模型。内部电路如图 4.50 所示，它与图 4.48 稍有不同，但本质上是类似的。

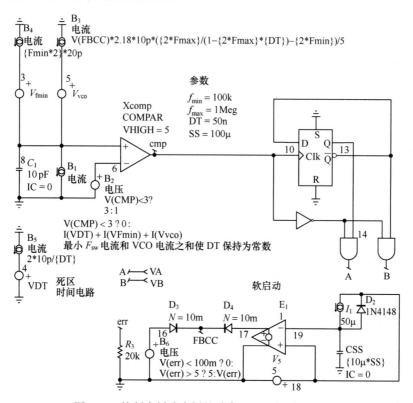

图 4.50 控制半桥或全桥的功率 VCO 需要插入延迟

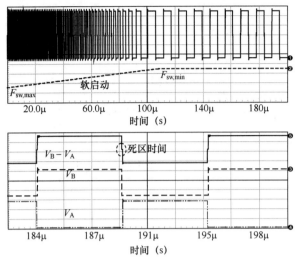

死区时间（DT）是个很短的时间段，在该时间段内两个开关都断开。以下两个理由说明死区时间是必要的。首先，如果一个开关导通而第二个开关还处于正在进入阻断状态，就发生了所谓直通短路，相应的功耗会大大增加；第二，在某些拓扑中，死区时间能帮助得到零电压开关（ZVS），使晶体管延迟导通直到晶体二极管全部导通。

加入软启动（SS）来避免在打开电源时发生过电流的情况。软启动是通过简单的参数变化来编程的。图 4.51 所示为 100 μs 软启动时间内频率在 1 MHz 和 100 kHz 之间变化。

图 4.51　启动序列显示频率在 1 MHz 和 100 kHz 之间变化

输出电压 A 和 B 与 TTL 逻辑电平兼容，并能驱动一个简单的双极型驱动电路或直接驱动变压器，在后面的实际应用中将会看到。

4.12　通用控制器

使用完整的 PWM 模型，因为模型内在的复杂性，所耗费的仿真时间有时会令人望而却步。在有些情况下，的确需要这样仔细地仿真。但在初始阶段，如快速地测试一个电路结构或思想，使用完整的 PWM 模型则没有必要。下面描述本书介绍的通用模型并显示使用这些模型仿真速度有多快。这些模型包括电压模式、电流模式、推挽、半桥、双开关结构等。我们将了解如何构建基本电流模式和电压模式子电路模型，其他模型的描述留到讨论各种电源拓扑设计时再进行。

4.12.1　电流模式控制器

电流模式控制器工作时需要几个关键元素。

（1）时钟发生器确定开关电源的工作频率。时钟发生器的输出驱动一系列锁存器电路。它经常构建在斜坡信号的周围，斜坡信号用于产生斜坡补偿。最后，时钟发生器的输出之一，在没有电流比较器信号时，使锁存器复位，从而限制了占空比。

（2）锁存器是控制器的另一个重要的电路单元。它把来自时钟的信号脉冲转换为稳态信号，通常等于 V_{cc}。该信号将保持高电平，直到另一个时钟周期通过占空比限制来使它变为低电平；当电流检测比较器检测到电流已经达到设置点时，也可使它变为低电平。

（3）有时存在误差放大器。在现代控制器中，该单元电路已不存在，因为所有的工作（误差放大器和参考电压）都由副边电路完成，如用 TL431 电路。安森美公司的 NCP120X 系列控制器就是这种情况。但在 UC384X 系列中，电路中存在运算放大器，因此模型中也保留着运算放大器。

（4）快速电流比较器对于减少传输延迟和过脉冲是重要的。该模型不包括前沿消隐，需要一个小的 RC 网络来纯化电流检测引脚上的电压信号。

基于以上这些解释，控制器的内部电路如图 4.52 所示。该控制器的简化符号显示在图 4.52 的右下角。

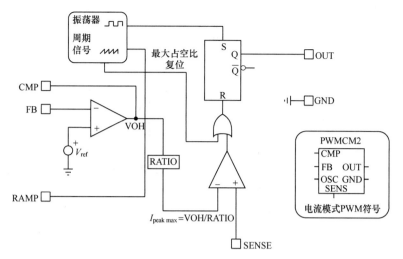

图 4.52　通用单输出电流模式 PWM 控制器的内部电路

为简便起见，忽略控制器的大部分内在特性，如欠压锁定（UVLO）电路、电流消耗、驱动级电路等。或许还需要更综合的器件，本书提供的库文件包含了基于 UC384x 的随时可用的模型[6]。下面列出了 PWMCM2 模型能接收的可变参数，该模型适用于 IsSpice 和 PSpice 环境：

REF——内部参考电压，通常为 2.5 V 或 1.25 V。

PERIOD——控制器工作的开关周期，例如开关频率为 100 kHz 时是 10 μs。

DUTYMAX——默认条件、启动等情况下的最大占空比。

RAMP——传递到"RAMP"引脚上的斜坡幅度。

VOUTHI——驱动级输出高电平。

VOUTLO——驱动级输出低电平。

ROUT——驱动级输出电阻。

VHIGH——运算放大器最大输出电压。

VLOW——运算放大器最小输出电压。

ISINK——运算放大器接收灌电流能力。

ISOURCE——运算放大器提供拉电流能力。

POLE——极点位置，单位为 Hz（原点处极点）。

GAIN——开环增益（默认值为 90 dB）。

RATIO——运算放大器输出为 VHIGH 时，确定的最大峰值电压。例如，若 VHIGH = 3 V，RATIO = 0.33，那么最大检测到的电压为 1 V。若用 1 Ω电阻来检测电流，则最大峰值电流为 1 A。

4.12.2　降压变换器中的电流模式模型

现在，可以用经典的降压变换器来做快速测试，所用的电路结构如图 4.53 所示。由于功率开关与输入电压串联（即所谓的高压开关），在电流检测引脚连接了具有参考地的电压源 B_1。系统输出电压为 5 V，输出电流为 10 A。

斜坡补偿是通过求振荡锯齿波的一部分和电流检测信息之和来实现的。后面会讨论到，斜坡补偿有许多优点。500 μs 的仿真长度在 2 GHz 计算机上需用 10 s 时间完成。按照这一仿真速度，负载阶跃或输入阶跃仿真可以更快完成。图 4.54 所示为输出还没达到最后值时的启动阶段波形。开关频率选为 200 kHz。

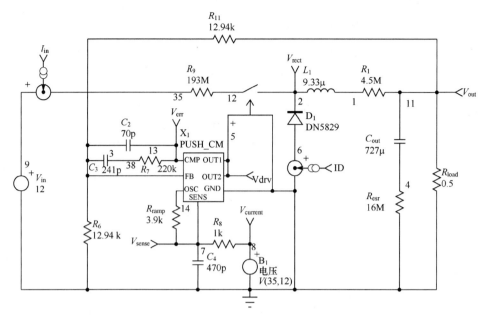

图 4.53　该例子显示了通用电流模式模型的易实现性

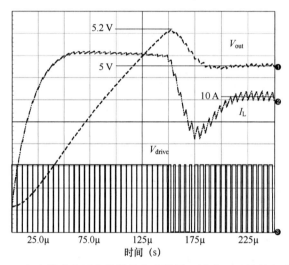

图 4.54　电流模式降压变换器的仿真结果，图中显示的是启动序列

4.12.3　电流模式非稳定性

第 2 章讨论了由对电流环路的取样而引起的非稳定性。为强调这一现象，将 R_{ramp} 增加到 1 MΩ 来抑制斜坡补偿。如果把输入电压从 18 V 突然变到 12.5 V，将出现 $F_{sw}/2$ 频率分量（100 kHz）。对电感电流做 FFT 分析可清楚地显示了存在次谐波振荡，如图 4.55 所示。

输入干扰使整个系统在 $F_{sw}/2$ 频率处出现振荡，即使环路增益在 0 dB 交叉频率处有较好的相位裕度。增益峰的形成归功于高 Q 值双极点的作用，高 Q 值双极点在 $F_{sw}/2$ 频率处使增益增加到大于 0 dB，并使相位在该点突然下降。如果占空比小于 0.5，振荡会在几个开关周期以后自然消失（见第 2 章）。相反，如果占空比大于 0.5，振荡将持续下去，图 4.55 显示了电感电流的 FFT 分析结果。总之，提供外部斜率补偿是正确的方法，即使开关电源（SMPS）的占空比被限制在 0.5 内，外部斜率补偿能对 $F_{sw}/2$ 频率处双极点产生阻尼作用，因此阻止了次谐波振荡。

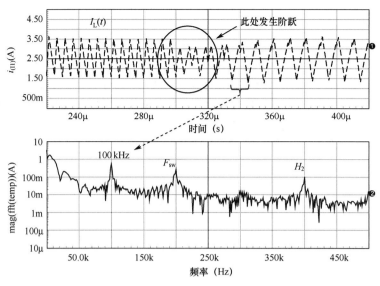

图 4.55　电感电流波形显示了由于次谐波振荡而引起的纹波频率变化

音频敏感度也受到斜率补偿的影响。早期研究显示，外部斜坡补偿斜率等于电感电流下行斜率的 50%，在降压变换器结构中能使音频敏感度为 0 [参看式（2.183）和后面的讨论]。与前面叙述的一样，过量的斜坡补偿会使变换器呈现与电压模式类似的性能，从而导致音频敏感度变差。另外，如果不提供补偿或补偿很小，能得到良好的输入电压抑制，产生的音频敏感度为负，即输入电压增加会使输出电压减小。图 4.56 所示为降压变换器的输入施加 6 V 变化时的输出行为。图 4.56 上部曲线画出了临界斜坡补偿时的输出电压。对于 6 V 输入阶跃，输出包络的电压差只有 10 mV，理论上得到输入抑制 $\Delta V_{\text{out}}/\Delta V_{\text{in}} = -55$ dB；中间曲线显示了当附加斜坡增加时，响应是如何衰减的。误差电压升高时可以清楚看到输出电压减小。

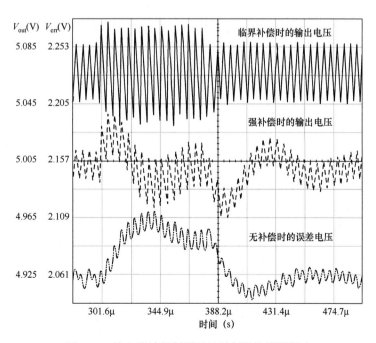

图 4.56　输入纹波抑制明显地受斜坡补偿的影响

4.12.4 电压模式模型

下面讨论如图 4.57 所示的电压模式通用控制器。

图 4.57 所示结构包含电流限制电路,当峰值电流超过用户定义限定值时,该电路能减少外部功率开关的导通时间。强烈推荐使用这种电流限制电路,它能使电源安全地处理输入和输出的过载问题,从而获得性能可靠的开关电源设计。通过简单地把 I_{max} 输入端与地相连,能使电流限制电路失去作用。

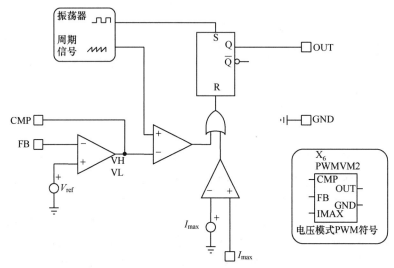

图 4.57 用于设计可靠开关电源的含电流限制电路的电压模式模型

4.12.5 占空比产生

在这个模型中,占空比不再受电流信息控制(限流模式除外),而是受脉宽调制器的控制,脉宽调制器将误差电压和参考锯齿波进行比较。误差放大器的输出摆幅定义占空比范围。由于输出的摆幅与用户有关,模型计算参考锯齿波的峰值电压和谷值电压,使选择的占空比在允许的范围内。图 4.58 所示为著名的自然取样脉宽调制器。

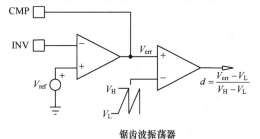

锯齿波振荡器

图 4.58 自动调整模型参数来满足占空比限制

根据所提供的子电路提供占空比限制参数和误差放大器摆幅参数值,就可以计算锯齿波峰值 V_{high} 和谷值 V_{low}。在 CADENCE 的 PSpice 和 Intusoft 的 IsSpice 中,很容易用.PARAM 语句来定义这些特殊变量。网表中其他语句的阅读相当简单。

```
.PARAM VP = { ( VLOW*DUTYMAX-VHIGH*DUTYMIN+VHIGH-VLOW)/(DUTYMAX-
+ DUTYMIN) }
.PARAM VV = { (VLOW-DUTYMIN*VP)/(1-DUTYMIN)}
```

锯齿波信号源描述为

```
VRAMP 1 0  PULSE {VV} {VP} 0 {PERIOD-2N} 1N 1N {PERIOD}
```

在图 4.57 中,输出端由锁存器驱动。该锁存器能抑制所谓的双脉冲,在存在开关噪声的情况下,它是很有用的。图 4.59 解释了当斜坡电压受窄尖峰干扰时,锁存器是如何避免出现双脉冲的。这一技术普遍地应用于现代电压模式控制器中。

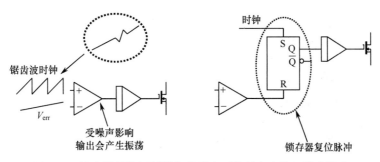

图 4.59 锁存器保护调制器免受噪声环境下产生的双脉冲影响

4.12.6 正激式变换器举例

由于其余单元电路也已经做了定义（如比较器、误差放大器等），分析电路的条件都已具备。图 4.60 所示的测试电路为一个正激式变换器，它可由 160 V 直流输入电压产生 28 V 的输出电压并具有 4 A 的输出电流。

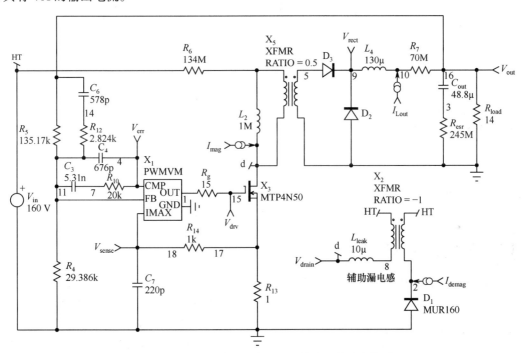

图 4.60 由通用模型构建的电压模式正激式变换器

开关频率设置为 200 kHz，因为是正激式结构，最大占空比设置为 0.45，原边线圈与退磁线圈匝数比为 1:1（详见第 8 章）。功率开关模型由 CADENCE 和 Intusoft 提供的平滑转换元件来构建。图 4.61 所示为稳态时得到的曲线。漏极电压摆动到输入电压的两倍并一直保持该电压直到线圈复位。图中可以看到振铃现象，它是由复位电路的漏电感引起的。

电压模式模型名为 PWMVM2，它能在 IsSpice 和 PSpice 两种软件环境下运行。工作参数如下：

REF——内部参考电压，通常为 2.5 V 或 1.25 V；

PERIOD——控制器工作时的开关周期，如开关频率为 100 kHz 时是 10 μs；

DUTYMAX——默认及启动等条件下的最大占空比；

DUTYMIN——控制器能下降到的最小占空比（通常为 0.1 = 10%）；

IMAX——由检测电阻两端电压产生的允许最大峰值电流；

VOUTHI——驱动级输出高电平；

VOUTLO——驱动级输出低电平；

ROUT——驱动级输出电阻；

VHIGH——运算放大器最大输出电压；

VLOW——运算放大器最小输出电压；

ISINK——运算放大器接收灌电流能力；

ISOURCE——运算放大器提供拉电流能力；

POLE——第一个极点（原点处极点）位置（单位为 Hz）；

GAIN——直流开环增益（默认值为 90 dB）。

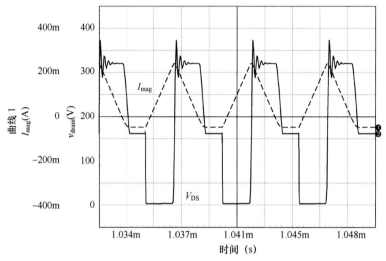

图 4.61　电压模式正激式变换器仿真结果

4.13　死区时间的产生

应用 MOSFET 或 IGBT 设计全桥或半桥电路在转换过程中需要一定的死区时间，以避免产生直通电流尖峰。遗憾的是，经典的 PULSE 或 PWL 命令通常是不实用的，特别是在仿真过程中需要改变频率或脉冲宽度的场合。基于这一点，可以用一个简单的子电路把单输入时钟转换为两个互补信号。应用上述通用模型，还可以实现同步整流、有源滤波等电路。

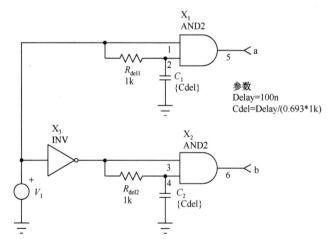

图 4.62　死区时间发生器可以由三个逻辑门及 RC 网络构成

图 4.62 所示为构建死区时间发生器的简单电路。RC 网络使输入信号减慢并产生所需的死区时间。如果与门的阈值电压为高电平的一半，那么很容易计算得到死区时间为

$$t_{\text{delay}} = 0.693 \times RC \qquad (4.19)$$

SNET 中的 PARAMETERS 语句可计算得到期望的死区时间所需的电容值（电阻固定为 1 kΩ）。结果如图 4.63 所示，确认了两个输出之间存在死区时间。

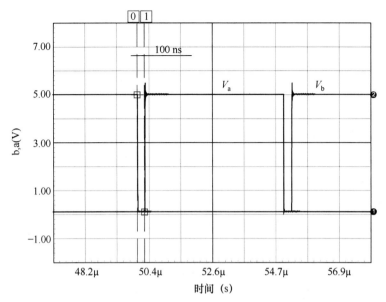

图 4.63　两信号间没有交叠区

典型的应用是半桥驱动器和同步整流器。图 4.64 所示为具有栅极驱动变压器和简单的双极型晶体管缓冲器的半桥电路。第三个晶体管能确保在另一个 MOSFET 导通时，该 MOSFET 完全截止（并保持在这一截止状态）。所得波形如图 4.65 所示，可以看到两个驱动信号之间存在死区时间。

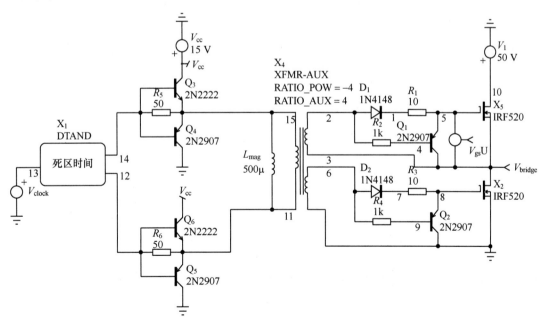

图 4.64　使用死区发生器及双极型晶体管缓冲器的半桥电路结构

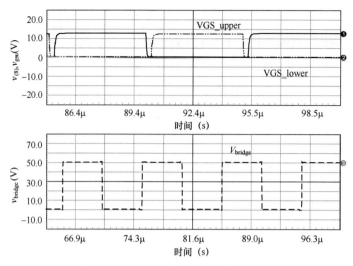

图 4.65　死区时间发生器驱动两个 MOSFET

4.14　短脉冲发生器

产生一个与方波信号同步的短脉冲是很有趣的事，例如应用设置/复位锁存器或实施其他捕捉动作。图 4.66 所示的单触发电路可很容易构建起来。一旦输入信号反相，该信号被 RC 网络延迟。

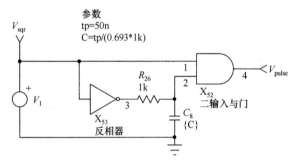

图 4.66　反相器和一个与门相关的时间常数组成了简易单触发电路

用于计算脉宽持续时间的公式与式（4.19）相同。本例中，脉宽持续时间是在 SpiceNET 中通过参数关键词自动计算的。当然，在 CADENCE 中也可完成同样的计算。

图 4.67 给出了仿真结果，由图可看出短脉冲持续时间为 50 ns，该时间就是我们希望通过 SpiceNET 自动计算得到的。在 IC 设计中，通常通过用一系列关联的反相器/缓冲器来代替 RC 网络，产生必要的传输延迟从而在与门输入端形成这些短脉冲。

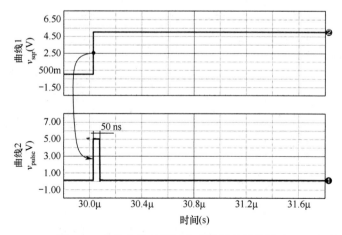

图 4.67　与输入信号脉冲上升沿同步的单脉冲

4.15　通用模型列表

我们已经构建了几个通用模型，它们的应用将会在具体的例子中详细讨论。下面是能在 IsSpice 或 PSpice 环境下正常工作的模型列表：

- PWMCM2 或 PWMCM：单端电流模式控制器模型；
- PWMVM2 或 PWMVM：单端电压模式控制器模型；
- PWMCMS：具有同步整流或有源钳位技术的副边输出的电流模式控制器；
- 2SWITCHCM：双输出电流模式控制器；
- PUSH_CM：用于推挽电路的电流模式控制器；
- PUSH_VM：用于推挽电路的电压模式控制器；
- HALF_CM：用于半桥电路的电流模式控制器；
- HALF_VM：用于半桥电路的电压模式控制器；
- FULL_CM：用于全桥电路的电流模式控制器；
- FULL_VM：用于全桥电路的电压模式控制器；
- FREERUN：用于准谐振电路的控制器，一个包含死区时间（后缀为 DT），另一个不包含死区时间。

4.16　收敛选项

与使用任何数学工具求解一样，SPICE 有时会收敛失败。但是，SPICE 不会详细给出为什么不收敛（文献[7]和[8]详细地讨论了收敛问题）。下面给出一些选项，可以用来调整参数并最终使仿真收敛。

1. 瞬态仿真

（1）.options RELTOL = 0.01（默认值 = 0.001）：RELTOL 设置收敛的相对误差容限。它也影响仿真速度。在电源仿真时，可以把它放宽到 1%（0.01），因为电源精度要求不高。PSpice 对 RELTOL 值很敏感，需要小心地增大该参数。

（2）.options ABSTOL = 1 μA（默认值 = 1 pA）：ABSTOL 和 VNTOL 分别定义绝对电压和电流。

（3）.options VNTOL = 1 mV（默认值 = 1 μV）：误差容限。一旦定义 RELTOL，就需要计算电路的电流和电压最小值。然后应用下列关系来设置 ABSTOL 和 VNTOL：

$$ABSTOL = RELTOL×电流最小值；VNTOL = RELTOL×电压最小值$$

（4）.options GMIN = 100p（默认值 = 1p）：GMIN 确保作用在有源元件上的电压始终能有最小电流流过该元件。如果一个器件的电导无穷大（$di/dt = 0$），迭代过程将会失败。该参数的典型值可放宽到 1n 或 10n。

（5）.options ITL1 = 1k（默认值 = 100）：ILT1 用于增加直流迭代的次数。该迭代数是 SPICE 在放弃偏置点计算之前所做的迭代次数。若在仿真过程中得到 "No Convergence in dc analysis" 的信息，应考虑把 ILT1 增加到 1k 或 1000。

（6）.options RSHUNT = 10 Meg（默认值 = 0）：在 IsSpice 软件中使用，该选项让 SPICE 从每个节点到地之间连接一个电阻 RSHUNT，因此始终提供一条到地的直流通路。

2. 交流仿真

交流仿真很少出现非收敛问题。但在每次仿真的开始，仿真引擎有时会在偏置点计算过程中失败。如果使用 B 源或其他行为信号源，则要确保表达式中不出现被零除的情况。在分母中加一偏移值就很容易避免这种情况，如 V = V(3)/V(8) → V = V(3)/(V(8) + 1u)。.options ITL1 = 1k 也能有助于求得正确的直流工作点。不建议为平均模型传递初始条件，但为仿真引擎提供一个猜测值是可行的。如果知道节点 4 的电压约为 4 V，那么可以加一语句，如.nodeset V(4) = 4。它有时能有助于改正一些收敛问题。

4.17　小结

本章帮助读者构建了自己的仿真工具箱。一旦按照自己的需要构建了仿真工具箱，就会发现把这些功能电路组装在一起并形成电路模型是十分容易的事。然而，有几点需要特别注意：

（1）内嵌式（IsSpice 中的 B 源和 PSpice 中的 G/E 值）是模拟行为模型信号源：它们通过方程描述理想行为。理想状态不是实际情况的反映，但它是 SPICE 的组成部分，如式 V = V(1) > 3？5：0 表示只要条件满足，信号通过开关的时间为 0。若要用模拟行为模型信号源来推导电容，因为引入了电容电流，则可能会产生收敛问题。因此，始终要包含寄生元件（如 RC 网络来模仿有限的输出阻抗）来产生实际的子电路信号。

（2）被 0 除会导致数值溢出。要确保表达式的分母不会变为 0，可以在分母中加入一个小的固定值，如加入"1u"，即将表达式 V(4)/V(5)变为 V(4)/(V(5) +1u)。

（3）除非需要评估转换速率、偏置偏移量、电流等参数的效应，否则不要使用全阶模型。通常，用一阶模型来调试电路和查看电源性能就已足够。一旦使用一阶模型能使电路很好地工作，就可以用更复杂的模型去替代一阶模型。

（4）存在从简单到复杂的磁心模型（如通用磁心模型、Jiles 和 Atherton 模型描述）。从简单模型开始，在仿真可靠收敛后再渐渐增加模型的复杂性，是一种良好的实践方法。

（5）把通用模型用于 PWM 仿真。由于通用模型中不使用欠压锁定电路、分立驱动电路等，因此通用模型能比完整模型更快地得到仿真结果。

原著参考文献

[1] L. G. Meares, "New Simulation Techniques Using Spice," *Proceedings of the IEEE 1986 Applied Power Electronics Conference,* pp. 198–205.

[2] D. C. Jiles and D. L. Atherton, "Theory of Ferromagnetic Hysteresis," *Journal of Magnetism and Magnetic Materials*, vol. 61, no. 48, 1986.

[3] S. M. Sandler, *SMPS Simulations with SPICE3*, McGraw-Hill, 2005.

[4] L. Dixon, *Unitrode Magnetics Design Handbook*, MAG100A, www.ti.com (search for MAG100A or slup127.pdf).

[5] D. Maksimovic and R. Erickson, "Modeling of Cross Regulation in Multiple-Output Flyback Converters," *IEEE Applied Power Electronics Conference*, Dallas, 1999.

[7] R. Kielkowski, *Inside SPICE,* McGraw-Hill, 1994.

[8] A. Vladimirescu, *The SPICE Book*, Wiley, 1993.

附录 4A　磁件设计中所用术语的简要回顾

本附录将简要回顾在磁件设计中使用的常用术语。市场上有许多有关这一主题的书籍。我们强烈推荐大家从参考文献给出的资料中来获取和加强这方面的知识。

4A.1　入门介绍

图 4.68 所示为一个 N 匝的空心电感 L，由幅度为 V 的直流电源驱动。如果制作这样的一个电

感，然后在该电感的上方放一张纸，纸上面放一些铁末，将会看到铁末沿被称为磁力线的位置排列。这些线围绕在电感的周围并回到空气磁心。在该图中，空气被视为磁路。对这些线的叫法随文献各异，可以称为场线、磁力线或力线。磁力线始终是闭环的。对任意磁体而言，进入磁体的磁力线必须等于离开磁体的磁力线，这就是通量平衡。

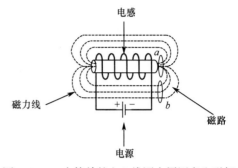

图 4.68　一个简单的空心线圈在周围产生磁场

通过表面（如磁心截面）的电感磁通表示穿过该表面的磁力线总和。该表面与磁力线垂直时磁通量最大，表面与磁力线平行时磁通量为零。磁通量（希腊符号 φ）单位为韦伯（Wb），表示穿过该面积的磁力线的数量。另外，在文献中磁通量也被称为通量、磁场通量或磁电感通量。

穿过给定面积的磁力线量定义为磁通密度 B，单位为特斯拉（T），$1\,\mathrm{T} = 1\,\mathrm{Wb/m}$。如果面积 A_e 上的磁通密度 B 是均匀的，则两个变量之间有如下关系：

$$\varphi = BA_e \tag{4.20}$$

例如，在图 4.68 中，可以看到面积 a 上收集的磁力线比面积 b 上的多。因此，面积 a 上的磁通密度比面积 b 上的磁通密度大。

4A.2　磁场定义

回到电路图中，流经电感的电流，与电源电压和电感电阻成比例。该电流产生所谓的磁化力（磁力）H，也称为磁场强度。这个场对其他运动电荷产生一个作用力，例如，在阴极射线管中，发射的电子在垂直和水平扫描过程中会发生偏移。

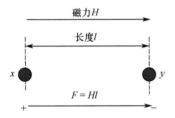

图 4.69　磁场在 x 和 y 之间产生一个力，即磁势力

图 4.69 显示了处于磁场中的相距为 l 的两个点。这两点之间的力称为磁势力（mmf），该参数通过对磁力沿距离 l 做积分得到。当磁力沿 l 的强度均匀时，磁势力可表示为

$$F = \mathrm{mmf} = Hl \tag{4.21}$$

不要将磁势力与磁力 H 相混淆。磁势力是原因，而磁力 H 是产生的结果。磁势力与电流幅度 I 和线圈的匝数 N 有关。磁势力与电流的关系表示为

$$\mathrm{mmf} = NI \tag{4.22}$$

磁势力的单位为安培·匝（A·T）。

磁势力表示一个力，H 是单位长度的磁化力。这两个变量之间的关系由安培定理描述：

$$H = \frac{NI}{l} \tag{4.23}$$

磁化力的单位是 A/m（安培每米）。l 表示磁程长度（文献中也标示为 l_m），有时称为平均磁程长度（MPL）。

4A.3　磁导率

在图 4.68 中，磁力线通过空气循环。如果在磁力线中放一块玻璃，将会注意到磁力线的轨迹不会改变。相反，如果用具有磁性的材料代替玻璃，如永磁铁，磁力线会发生偏移并穿过磁性材料。该现象如图 4.70 所示，并可以看到在插入材料中存在磁极。

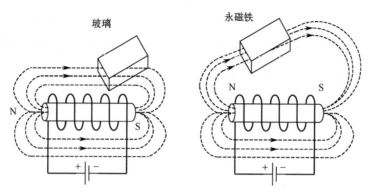

图 4.70　磁性材料具有使磁力线偏转的能力

磁性材料能让磁力线穿过并在一定程度上对磁力线有限制作用。我们已经看到，空气可以视为一种能让磁力线移动的材料或环境。因此，空气可以通过磁导率来表征磁力线。磁导率用 μ_0 表示，测量单位为 H/m（亨利每米）。

$$\mu_0 = 4\pi \times 10^{-7} = 1.257 \times 10^{-6} = 1.257\,\mu\text{H/m} \tag{4.24}$$

磁性材料的磁导率由 μ_r 表示，称为相对磁导率。它的值可以很大，取决于材料的类型和它的几何形状（如一般可为 6000）。材料磁导率还与所受的磁化力有关。当材料没有饱和时，材料的总磁导率 μ 为自由空间磁导率 μ_0 与相对磁导率的乘积，即

$$\mu = \mu_0 \mu_r \tag{4.25}$$

磁导率描述了当受到磁场作用时，材料接收和限制磁力线的能力。磁通密度、磁力和磁导率通过以下公式联系起来：

$$B = \mu H = \mu_0 \mu_r H \tag{4.26}$$

相对磁导率值随所加磁场的变化而变化。图 4.71 所示为当磁力 H 增大时磁导率是如何变化的。当 H 低时，式（4.26）几乎是线性的，总磁导率值高：斜率越陡，总磁导率越高。随着 H 的增加，总磁导率向下倾斜，斜率弯曲：μ_r 很快减小直到值为 1，材料饱和且 $\mu = \mu_0$。绕在饱和磁材料上的电感几乎与空心电感是一样的。对于永磁铁材料来说饱和程度通常为从 0.25~0.5 T。对铁和镍铁导磁合金材料而言，该值可增至 1 T。在完成几个周期以后（即 H 正方向增加，然后减小到 0，再在另一个方向增加），可以观察到磁滞周期（如图 4.72 所示）。

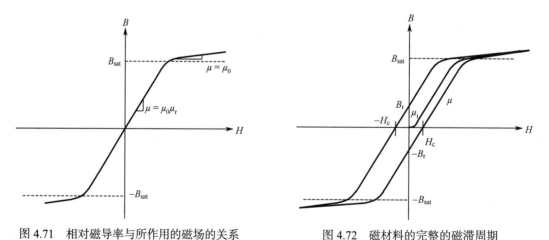

图 4.71　相对磁导率与所作用的磁场的关系　　　图 4.72　磁材料的完整的磁滞周期

观察该曲线，可以定义在磁性材料数据表中常用的几个参数：

- μ_i：初始磁导率，它描述曲线原点处的磁化曲线斜率。
- μ_r：材料相对于自由空间的磁导率。
- B_{sat}：当 μ_r 降为 1 时电感磁通密度。该值与温度有关（负温度系数）。它不受磁材料空气隙的影响。
- B_r：磁化场为 0 时的剩余电感磁通量。对反激式变换器而言，空气隙电感的 B_r 几乎降为 0，"变压器"（在反激式变换器情况下实际为耦合电感）的存储能力增加。
- H_c：矫顽场，它能让磁通密度回到 0。

4A.4 基本定律

麦克斯韦在 1864 年通过一系列著名的微分方程（麦克斯韦方程组）引入了统一的电磁概念。应用麦克斯韦方程组，发现了法拉第定律和安培定律。这里写出简化的形式。

（1）法拉第定律

$$v_L(t) = N\frac{\mathrm{d}\varphi(t)}{\mathrm{d}t} \tag{4.27}$$

该式描述了 N 匝线圈受磁通变化 $\mathrm{d}\varphi$ 产生的电压幅度。

（2）安培定律［见式（4.23）］

$$H = \frac{NI}{l}$$

该式描述了在线圈长度为 l、匝数为 N 的绕组中流过电流 I 时所产生的磁化力。

（3）楞次定律

由法拉第定律，可推导出楞次定律，即

$$v_L(t) = -L\frac{\mathrm{d}i_L(t)}{\mathrm{d}t} \tag{4.28}$$

如果想减小电感的磁通量，那么电感两端产生感应电压（电磁力），会反抗磁通量的减小。这就是著名的由电感偏置电流的突然中断而引起的反电动势。没有确保电流连续性的续流二极管，例如在降压变换器中没有续流二极管，电感两端会出现很高的电压。

4A.5 电感

通过简单运算，可以定义电感器的感应（单位为 H，即亨利）。如果对式（4.20）的两边求微分，得到

$$\frac{\mathrm{d}\varphi(t)}{\mathrm{d}t} = \frac{\mathrm{d}B(t)}{\mathrm{d}t}A_e \tag{4.29}$$

由式（4.26）可知

$$B(t) = \mu H(t) \tag{4.30}$$

因此，将式（4.30）代入式（4.29），得到

$$\frac{\mathrm{d}\varphi(t)}{\mathrm{d}t} = \frac{\mathrm{d}H(t)}{\mathrm{d}t}\mu A_e \tag{4.31}$$

应用安培定律，式（4.23）可重写为

$$H(t) = \frac{N}{l}i_L(t) \tag{4.32}$$

我们得到

$$\frac{\mathrm{d}\varphi(t)}{\mathrm{d}t} = \frac{\mathrm{d}i_{\mathrm{L}}(t)}{\mathrm{d}t}\frac{N\mu A_{\mathrm{e}}}{l} \qquad (4.33)$$

如果重新把上式代入式（4.27），有

$$v_{\mathrm{L}}(t) = \frac{\mathrm{d}i_{\mathrm{L}}(t)}{\mathrm{d}t}\frac{N^2\mu A_{\mathrm{e}}}{l} \qquad (4.34)$$

最后，应用楞次定律，得到电感的计算公式

$$L\frac{\mathrm{d}i_{\mathrm{L}}(t)}{\mathrm{d}t} = \frac{\mathrm{d}i_{\mathrm{L}}(t)}{\mathrm{d}t}\frac{N^2\mu A_{\mathrm{e}}}{l} \qquad (4.35)$$

简化后得到

$$L = \frac{N^2\mu A_{\mathrm{e}}}{l} \qquad (4.36)$$

在本章中已经得知，在线圈中增加一小的气隙，磁导率就会按照式（4.17）定义的那样变化。增加气隙不仅有助于增加电感饱和电流，而且还有助于稳定产品中的电感值。

4A.6 避免饱和

当线圈内的磁通密度超过其极限 B_{sat} 时，磁性元件产生饱和现象。对一个实际的变压器而言，当电流同时流经原边和副边时（如正激式变换器），观察原边两端所作用的伏-秒乘积是很重要的。伏-秒乘积或导通期间原边电压波形的面积直接与磁通量有关。

对楞次定律式（4.28）的两边积分，得到

$$\int v_{\mathrm{L}}(t)\mathrm{d}t = \int L\frac{\mathrm{d}i_{\mathrm{L}}(t)}{\mathrm{d}t}\mathrm{d}t \qquad (4.37)$$

简化上述等式，得到

$$\int v_{\mathrm{L}}(t)\mathrm{d}t = Li_{\mathrm{L}}(t) \qquad (4.38)$$

通过对式（4.20）、式（4.26）和式（4.36）进行运算，可以推出

$$N\varphi(t) = Li_{\mathrm{L}}(t) \qquad (4.39)$$

因此，式（4.38）和式（4.39）表明，电感两端电压（或变压器原边）的积分给出了线圈内部的磁通量。基于这些定义，可以很快推导出用于检测电感（可以是自身的也可以是变压器的磁化电感）在正常工作模式时避免饱和的简单又有用的设计公式。

由式（4.20）可知

$$\varphi_{\mathrm{sat}} = B_{\mathrm{sat}}A_{\mathrm{e}} \qquad (4.40)$$

借助式（4.39），可以写出

$$N\varphi_{\mathrm{sat}} = LI_{\mathrm{L,max}} \qquad (4.41)$$

把式（4.20）代入式（4.41），在设计电感器或反激式变压器时，能给出简单避免饱和的设计方程：

$$NB_{\mathrm{sat}}A_{\mathrm{e}} > LI_{\mathrm{L,max}} \qquad (4.42)$$

一旦制作了电感或变压器原型，确保在最高峰值电流及最高磁心温度时不出现饱和是很重要的（参见附录 7F），如果在反激式变压器或功率电感中出现饱和，与增加气隙一样，减少原边匝数 N 也是个选项。气隙不会影响材料 B_{sat} 饱和，但将增加饱和电流并降低电感。选择较大磁心并增加 A_{e} 也是可行的。

对于变压器设计，如正激变压器设计，推荐得到的表达式看上去非常相似。磁化电流从 0 以一定斜率增加到 $I_{mag,peak}$，然后再回到 0。磁化电流在整个开关周期必须保持非连续，否则磁通量会发生流失而导致严重的饱和。在正激式变换器中，最大磁化峰值电流定义为

$$I_{mag,max} = \frac{V_{in}}{L_{mag}} t_{on,max}$$

（4.43）

把式（4.43）代入式（4.42），可得到用于正激式变压器的基本设计方程：

$$NB_{sat}A_e > V_{in,max} t_{on,max}$$

（4.44）

如果变压器饱和，可增加 N 使 L_{mag} 增加以便使在施加最大伏-秒数时峰值磁化电流减小。选择较大磁心并增加 A_e 是另一种可行方法。在这种特殊情况下，增加磁心气隙不会有帮助，因为式（4.43）中的 L_{mag} 将下降。变压器中的饱和机理依赖于施加在原边绕组上的伏-秒数。真正重要的是最大磁化电流，而不是施加的绕组电流。

原著参考文献

[1] L. Dixon, *Unitrode Magnetics Design Handbook*, MAG100A.

[2] C. McLyman, *Transformer and Inductor Design Handbook*, Marcel Dekker, 2004.

[3] E. C. Snelling, *Soft Ferrites: Properties and Applications*, Butterworth-Heinemann, 1988. Available from PSMA.

[4] R. Erickson and D. Maksimovic, *Fundamentals of Power Electronic*, Kluwers Academic Publishers, 2001.

[5] C. Mullet, "Magnetics in Switch-Mode Power Supplies," ON Semiconductor technical training in Asia, 2005.

附录 4B 为变压器模型提供物理值

4B.1 理解等效电感模型

电感测量通常在单频（1 kHz）下进行，由制造商用 LRC 表测量。遗憾的是，给定电感（或变压器）等效模型，单频测量会产生很大错误。图 4.73 所示为在高频下的简单等效电感模型。为举例起见，数值任意。

可以想象，如果进行频率扫描，等效模型将会发生谐振，如图 4.74 所示。图中可以看到三个不同的区域：

- **欧姆区**：该区域中 LC 元件的阻抗不变，测量得到的只有欧姆损耗。
- **感性区**：该区域中电感 L 与电容 C 相比起支配作用，阻抗随频率增加而增加，应对电感进行测量。
- **容性区**：电感 L 被电容 C 取代，当频率增加时，阻抗下降。

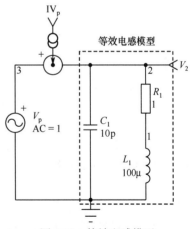

图 4.73　等效电感模型

如果在感性区调节 RLC 表，就能得到正确的值。然而，如果在其他两个区域进行扫描，则测量值是错误的。因此，网络分析仪能很好地揭示阻抗与频率的关系曲线。利用该曲线，测量错误的可能性会大大减小。否则，如果没有网络分析仪，用于测量磁化电感时把 RLC 表设在 1～10 kHz（用于测量漏电感时设在 10～100 kHz）并检验稍稍改变测试频率不会造成很大的电感变化。如果有很大的电感变化，那么频率就处于感性区以外的某个地方。

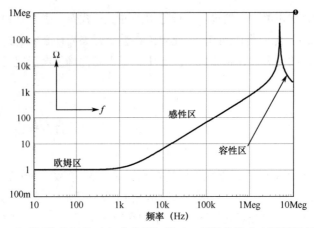

图 4.74 通过网络分析仪对电感进行扫描时，所得曲线中应强调的几个区域

4B.2 确定双绕组 T 模型的物理数值

读者经常会看到"把副边短路并在原边测量漏电感"。这种说法与仿真使用的模型有关。对于图 4.75 描述的 T 模型，如果遵循上述说法，就会看到，实际上测量的是副边漏电感 L_{l2} 折算到原边然后与原边电感 L_m 并联，再把并联所得与原边漏电感 L_{l1} 串联的结果。为得到合适的提供给模型的值，应遵循如下双绕组 T 模型测量过程。

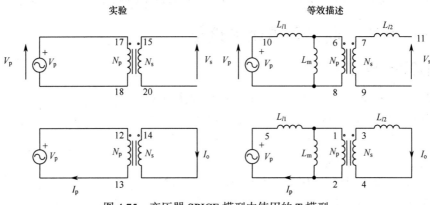

图 4.75 变压器 SPICE 模型中使用的 T 模型

（1）在原边加入正弦电压 V_p 并测量副边的开路电压 V_s。图 4.75 的上部分画出了这种测量连接。匝数比可由下式计算：

$$N = \frac{N_p}{N_s} = \frac{V_p}{V_s} \tag{4.45}$$

注意，该测量忽略了 L_{l1}（与 L_m 相比）。

（2）在频率约为 1 kHz 处测量原边电感，得到 L_{psopen}。

（3）把副边短路，并把频率设置为 10 kHz 或更高，然后重复第（2）步测量。检查当频率改变时，读数不会改变太多，得到 $L_{psshort}$。

（4）由下式计算耦合系数：

$$k = \sqrt{1 - L_{psshort} / L_{psopen}} \tag{4.46}$$

（5）用下式计算 L_{l1}：

$$L_{l1} = (1 - k) L_{psopen} \tag{4.47}$$

（6）用下式计算 L_{l2}：

$$L_{l2} = (1-k)L_{psopen}\frac{1}{N^2}$$

（4.48）

（7）最后，通过下式计算磁化电感：

$$L_m = kL_{psopen}$$

（4.49）

用欧姆表分别测量原边和副边的直流电阻 R_p 和 R_s，并把这些值输入图 4.76 所示变压器的子电路。

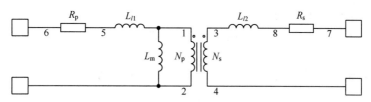

图 4.76 完整的双绕组变压器 SPICE 模型

4B.3 三绕组 T 模型

最后的三绕组模型如图 4.77 所示，其中三个漏电感与各自绕组串联。所有副边绕组被原边绕组归一化为系数 A 和 B（1:A，1:B）。原边漏电感与原边漏电感气隙路程 P_1 及两个副边绕组之间的磁导 P_{23} 有关[1]。或者说，如果改进两个副边绕组的耦合程度（如导线扭绞起来），可增加原边

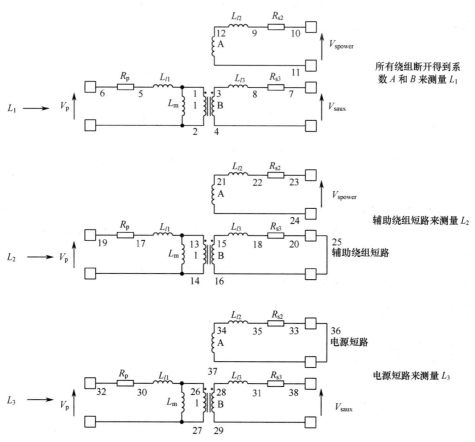

图 4.77 三绕组等效模型显示了所有漏电感元件及连续的测量步骤

漏电感。文献[1]论证了为何漏电感实际上与气隙长度无关：当气隙增加时，耦合系数减小（磁化电感变得更小）而漏电感保持不变。

通过以下步骤将会发现，结果表示了如何从测量数据得到不同的漏电感值。我们将构建变压器原型，因此文中给出了数值。

（1）在原边加入正弦电压 V_p 并测量副边的开路电压 V_{spower} 和 V_{saux}。计算

$$A = V_{spower} / V_p \tag{4.50}$$

$$B = V_{saux} / V_p \tag{4.51}$$

测量得到 $A = 0.0817$ 和 $B = 0.156$。

（2）所有副边开路时，从原边方向测量电感 L_1，即

$$L_1 = L_{l1} + L_m = 3.62 \text{ mH} \tag{4.52}$$

（3）在功率绕组开路以及辅助绕组短路的情况下，从原边方向测量电感 L_2，即

$$L_2 = L_{l1} + \frac{L_m L_{l3} / B^2}{L_m + L_{l3} / B^2} = 199 \text{ μH} \tag{4.53}$$

（4）在功率绕组短路以及辅助输出开路的情况下，从原边方向测量电感 L_3，即

$$L_3 = L_{l1} + \frac{L_m L_{l2} / A^2}{L_m + L_{l2} / A^2} = 127 \text{ μH} \tag{4.54}$$

（5）在辅助绕组短路和原边绕组开路情况下，从功率绕组方向测量电感 L_4，即

$$L_4 = L_{l2} + A^2 \left[\frac{L_m L_{l3} / B^2}{L_m + L_{l3} / B^2} \right] = 1.405 \text{ μH} \tag{4.55}$$

现在得到一个由 4 个方程组成的系统，存在 4 个未知数。把这些方程输入数学求解软件中，很快求得方程的解：

$$L_{l1} = L_1 - \sqrt{L_3 L_2 - L_3 L_1 - L_1 L_2 + L_1^2 + \frac{L_4 L_1 - L_4 L_3}{A^2}} = 58.5 \text{ μH} \tag{4.56}$$

$$L_{l2} = \frac{A^2 (L_{l1} - L_1)(L_3 - L_{l1})}{L_3 - L_1} = 466 \text{ nH} \tag{4.57}$$

$$L_{l3} = \frac{B^2 (L_{l1} - L_1)(L_2 - L_{l1})}{L_2 - L_1} = 3.558 \text{ μH} \tag{4.58}$$

$$L_m = L_1 - L_{l1} = 3.56 \text{ mH} \tag{4.59}$$

串联电阻用四线欧姆表测量并包含在 SPICE 模型中，模型如图 4.78 所示。下面的理想多输出变压器的网表由 IsSpice 和 PSpice 两种语法给出。需要增加外部元件来表示上述计算值。

IsSpice

```
.SUBCKT XFMR-AUX 1 2 3 4 10 11 params: RATIO_POW=1 RATIO_AUX=1
*Connections +Pri -Pri +SecP -SecP +SecA -SecA
*
* RATIO_POW = 1:A
* RATIO_AUX = 1:B
*
RP 1 2 1MEG
E1 5 4 1 2 {RATIO_POW}
F1 1 2 VM1 {RATIO_POW}
RS1 6 3 1U
VM1 5 6
E2 20 11 2 1 {RATIO_AUX}
F2 2 1 VM2 {RATIO_AUX}
RS2 21 10 1U
VM2 20 21
.ENDS
```

PSpice

```
.SUBCKT XFMR2 1 2 3 4 10 11 PARAMS: RATIO1=1 RATIO2=1
*
* RATIO1 = 1:A
* RATIO2 = 1:B
*
RP 1 2 1MEG
E1 5 4 VALUE = { V(1,2)*RATIO1 }
G1 1 2 VALUE = { I(VM1)*RATIO1 }
RS1 6 3 1U
VM1 5 6
E2 20 11 VALUE = { V(2,1)*RATIO2 }
G2 2 1 VALUE = { I(VM2)*RATIO2 }
RS2 21 10 1U
VM2 20 21
.ENDS
```

在某些情况下,当共模扼流圈用于不同的滤波时,快速求解漏电感值是我们所希望的。图4.79所示为共模扼流圈 T 模型,其中两个绕组的匝数比为 1:1。如果把端点 1 和 3 短路,由于 $n=1$,L_m 两端的电压等于副边电压。结果,由于端点 1 和 3 相连,那么节点 x 和 y 具有类似的电压:从端点 2 和 4 看过去,两个漏电感串联。当需要对不同电流进行滤波时,该方法可快速求得共模电感的漏电感。可以一次得到总漏电感值 $L_{l2} + L_{l1}$,如果把端点 3 和 4 短路,则总漏电感值为 L_{l2} 和 $L_m//L_{l1}$ 串联的结果。对于这些在变压器建模过程中感兴趣的问题,文献[2]应用综合的方法对它们做了探讨。

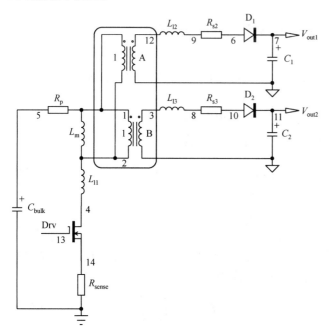

图 4.78 用于设计例子的三绕组变压器模型,假设例子中为反激式结构,两个绕组的匝数比将是负的

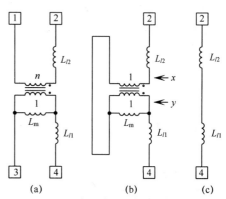

图 4.79 当共模扼流圈的两个左端点短路时,其两个右端点可视为连接在一起,漏电感串联相加

原著参考文献

[1] S-P. Hsu, R. D. Middlebrook, and S. Ćuk, "Transformer Modeling and Design for Leakage Control," *Advances in Switched-Mode Power Conversion*, vols. 1 and 2, TESLAco, 1983.

[2] C. Basso, "AN1679/D How to Deal with Leakage Elements in Flyback Converters,".

第5章 非隔离变换器的仿真和设计实践

本章通过实际案例来讨论如何设计和仿真开关模式变换器。SPICE 可以作为设计过程的辅助手段，用来检查仿真得到的电路参数是否在设计要求的范围之内。然而，经常可以听到，仿真软件如同电子表格或自动计算程序一样，只能作为一种引导工具。始终应通过工程判断来探究仿真所得结果的合理性。这就是基于公式的描述贯穿于前面几章中的原因。请通读这些内容。否则，如果不理解这些基本概念，如何去检查所得的结果是否正确呢？让我们从简单的变换器——降压变换器开始一系列例子的讨论。

5.1 降压变换器

降压变换器适用于许多需要降低电压的场合，如用于白色家电产品的离线电源、电池供电的电路（如蜂窝电话）、局部调节器［即载荷点（POL）调节器］等。当效率增加时，可以构建同步降压变换器，或如果单级电路的输出电流太大，则使用多相降压变换器。下面研究具有简单电压模式电路的第一个例子。

5.1.1 输入电压 28 V/输出 12 V/4 A 的电压模式降压变换器

变换器的技术指标为：输入电压在 20~30 V 情况下，负载电流为 4 A 时，输出为 12 V；最大峰-峰输出电压纹波低于 125 mV；开关频率为 100 kHz；交流输入电流纹波峰-峰值指标为 15 mA：

$$V_{\text{in, min}} = 20 \text{ V}; \ V_{\text{in, max}} = 30 \text{ V}; \ V_{\text{out}} = 12 \text{ V}; \ V_{\text{ripple}} = \Delta V = 125 \text{ mV}$$

输出电流在 1 μs 内从 200 mA 变化到 3 A，输出电压最大下降为 250 mV

$$I_{\text{out, max}} = 4 \text{ A}; \ F_{\text{sw}} = 100 \text{ kHz}; \ \text{输入电流最大纹波} \ I_{\text{ripple, peak}} = 15 \text{ mA}$$

首先，可以求得占空比的极值：

$$D_{\min} = \frac{V_{\text{out}}}{V_{\text{in,max}}} = \frac{12}{30} = 0.4 \tag{5.1}$$

$$D_{\max} = \frac{V_{\text{out}}}{V_{\text{in,min}}} = \frac{12}{20} = 0.6 \tag{5.2}$$

重新整理在第 1 章中得到的纹波表达式，可确定与纹波幅度（125 mV）有关的 LC 滤波器的转角频率位置为

$$f_0 = F_{\text{sw}} \frac{1}{\pi} \sqrt{\frac{2\Delta V}{(1-D_{\min})V_{\text{out}}}} \tag{5.3}$$

代入数值后，计算得到

$$f_0 = \frac{100\text{k}}{3.14} \sqrt{\frac{0.25}{(1-0.4)\times 12}} = 5.93 \text{ kHz} \tag{5.4}$$

式（5.3）定义了转角频率的位置，但没有分别给出 L 或 C 的值。要得到 L 或 C 的值，需要另一个等式。电感的纹波电流图如图 5.1 所示。

观察图 5.1，该纹波电流的谷值可表示为

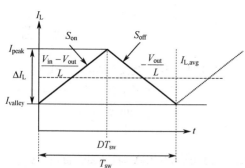

图 5.1 CCM 降压变换器中电感的纹波电流

$$I_{\text{valley}} = I_{\text{peak}} - S_{\text{off}}t_{\text{off}} = I_{\text{peak}} - \frac{V_{\text{out}}(1-D)}{LF_{\text{sw}}} \tag{5.5}$$

总的纹波电流ΔI定义为$I_{\text{peak}} - I_{\text{valley}}$，表示为

$$\Delta I_{\text{L}} = I_{\text{peak}} - I_{\text{valley}} = I_{\text{peak}} - I_{\text{peak}} + \frac{V_{\text{out}}(1-D)}{LF_{\text{sw}}} = \frac{V_{\text{out}}(1-D)}{LF_{\text{sw}}} \tag{5.6}$$

重要的是纹波电流幅度与平均电流（实际是降压变换器的输出直流电流）的比。因此，把式（5.6）两边同时除以I_{out}，等式重写为

$$\frac{\Delta I_{\text{L}}}{I_{\text{out}}} = \delta I_{\text{r}} = \frac{V_{\text{out}}(1-D)}{LF_{\text{sw}}I_{\text{out}}} \tag{5.7}$$

从该式中可以看到，当占空比D减小时，归一化纹波值增加。因此，可求得高输入电压下使纹波电流最小化的电感值为

$$L = \frac{V_{\text{out}}(1-D_{\min})}{\delta I_{\text{r}}F_{\text{sw}}I_{\text{out}}} \tag{5.8}$$

电感纹波电流的选择会影响相应变换器的几个参数。这个说法对降压变换器是正确的，对其他变换器结构也同样如此。选择低纹波电流要采用大电感，不利于构建快速响应系统。然而，有些工程师不同意低纹波会降低功率开关有效损耗的说法，如果采用同步整流，则这是正确的看法：二极管功率损耗大多对平均电流敏感（实际上也对有效电流敏感，但人们通常认为在 CCM 变换器中$V_{\text{f}}I_{\text{d,avg}}$是占支配地位的项），而 MOSFET 对回路有效电流敏感。输出电容也遭受大交流纹波，它会降低输出电容寿命并诱导发热。然而，对于降压变换器而言，电容电流具有非脉动的本性，这个问题不大。最后，如果高纹波带来大的磁心损耗，相应的电感较小且产生小的欧姆损耗。基于小电感的变换器会有更好的瞬态响应，在有较大纹波的情况下这是个正确的观点。关于工作模式，低电感值在输出电流减小时会很快进入 DCM，但良好设计的变换器能很好应对模式之间的转换，特别是如果使用电流模式的变换器。如大家所见，纹波选择问题没有唯一的答案。其他因素如成本、大小或使用的元器件也是讨论的一部分，必须包括在选择的过程中。

本章中，为举例起见使用 10%的电感纹波，显然也可使用其他值（如作者推荐的 30%或 40%电感纹波值），因为基本方程是相似的。

如果选择最大纹波幅度δI_{r}为 10%，那么可以求得电感值为

$$L = \frac{12 \times (1-0.4)}{0.1 \times 100\text{k} \times 4} = 180\,\mu\text{H} \tag{5.9}$$

在负载电流最大时，峰值电流将增加到

$$I_{\text{peak}} = I_{\text{out}} + \frac{V_{\text{out}}(1-D_{\min})}{2LF_{\text{sw}}} = 4 + \frac{12 \times (1-0.4)}{2 \times 180\mu \times 100\text{k}} = 4.2\text{A} \tag{5.10}$$

合并第 1 章降压变换器一节谐振频率定义式和式（5.3），可计算出电容值为

$$C_{\text{out}} = \frac{1}{[2\pi f_0]^2 L} = \frac{1}{39.5 \times 5.93\text{k}^2 \times 180\mu} = 4\,\mu\text{F} \tag{5.11}$$

对最终电容的选择而言，重要的是流过电容的电流有效值（显然是由于发热的原因）。对于 CCM 降压变换器，如果忽略负载两端的电压纹波，电容电流为有效电感电流的交流部分。第 1 章中已经给出其值为

$$I_{C_{\text{out}},\text{rms}} = I_{\text{out}}\frac{1-D_{\min}}{\sqrt{12\tau_{\text{L}}}} \tag{5.12}$$

式中，$\tau_L = L/R_{load}T_{sw}$。把数值代入上式，求得电流有效值为 115 mA。查看一些电容零售商的指标数据，我们选择 Rubycon 公司生产的 ZL 系列电容器[1]，其特性参数如下：

C = 33 μF

T_A = 105℃时，$I_{C, rms}$ = 210 mA

T_A = 20℃、工作频率为 100 kHz 时，$R_{ESR, low}$ = 0.45 Ω

T_A = -10℃、工作频率为 100 kHz 时，$R_{ESR, high}$ = 1.4 Ω

ZL 系列，耐压 16 V

读者可在文献[2]中看到许多有关电容应力和寿命计算的有用信息。

5.1.2 交流分析

因为这些电容具有低阻抗的特点，并能在高环境温度下工作，所以很适用于开关电源。可以看到，ESR 随工作温度稍有变化。从定义中知道 ESR 值影响相应的零点位置。因此，首先要进行降压变换器的小信号响应仿真并计算 LC 元件值。图 5.2 所示为用于计算 LC 元件值的电压模式降压变换器电路，该电路包含了具有反馈回路的运算放大器。

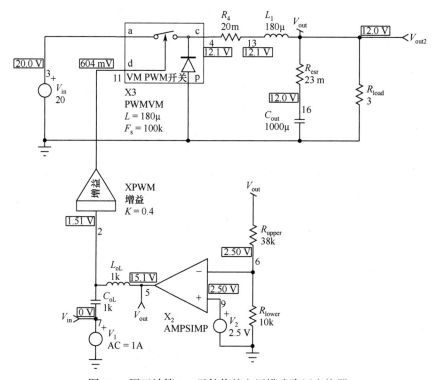

图 5.2　用于计算 LC 元件值的电压模式降压变换器

从图 5.2 所示电路图中可以看到，运算放大器的交流输出会受到 L_{oL} 的阻挡，而用于偏置计算的直流电压能正常通过（记住，L_{oL} 对直流短路）。另外，0.4 的 PWM 增益表明所选控制器的锯齿波幅度为 2.5 V。图 5.3 所示为两种不同输入下的小信号波特图。

从指标中可以看出，当输出电流变化 ΔI_{out} 为 2.8 A 时，输出电压的下降不超过 250 mV。应用式（3.7），对电路进行 1 μs 的交流扫描，可以估计满足输出电压下降指标所需的带宽为

$$f_c = \frac{\Delta I_{out}}{2\pi C_{out}\Delta V_{out}} \qquad (5.13)$$

数值计算得出截止频率为 54 kHz，该截止频率值相当大，容易引入外部噪声。初步判断，要求在受到 2.8 A 峰值电流负荷的 33 μF 电容上，只产生 250 mV 的输出电压降是不实际的。因此，需要选取一个能产生更合理交叉频率（如 10 kHz）的电容。可以直接应用式（3.7）得到所需的电容值为

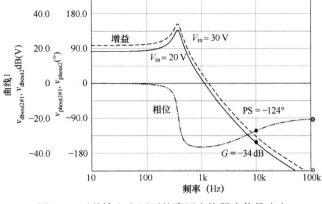

图 5.3　两种输入电压下的降压变换器小信号响应

$$C_{out}=\frac{\Delta I_{out}}{2\pi f_c \Delta V_{out}}=\frac{2.8}{6.28\times 10k\times 250m}=178\,\mu F \tag{5.14}$$

注意，该近似表达式只有在ESR的作用与电容本身相比很小时才成立。这种情况在式（3.8）中已经指出。

这个新的电容值与前面的估算值稍有不同。仍然从 Rubycon 公司产品中选取 330 μF 的电容，该电容具有以下特性：

C = 330 μF，T_A = 105℃时，$I_{C,rms}$ = 760 mA；T_A = 20℃时，$R_{ESR,low}$ = 72 mΩ

T_A = -10℃时，$R_{ESR,high}$ = 220 mΩ；ZL 系列，耐压 16 V

遗憾的是，该电容的低温 ESR（220 mΩ）不满足式（3.8），表示如下：

$$R_{ESR}\leqslant\frac{1}{2\pi f_c C_{out}}?? \tag{5.15}$$

220 mΩ ≤ Z_{Cout} @10 kHz(48 mΩ) → 不成立!

因此，必须选择一个电容，它的最差 ESR 应低于交叉频率处的容抗，以便来限制它对瞬时输出电压降的影响。ZL 系列的 1000 μF 电容能满足该要求：

C = 1000 μF；T_A = 105℃时，$I_{C,rms}$ = 1820 mA

T_A = 20℃时，$R_{ESR,low}$ = 23 mΩ；T_A = -10℃时，$R_{ESR,high}$ = 69 mΩ；ZL 系列，耐压 16 V

与 10 kHz 处 1000 μF 的容抗值（16 mΩ）相比，ESR 仍然有点高，我们将在瞬态响应曲线中检查 ESR 对波形的影响。实际上更重要的是电流阶跃幅度与由 C_{out} 和其 ESR 构成的复阻抗的乘积。减小 ESR 自然能减少它对输出欠脉冲的贡献。

根据 ESR 的数值，可以计算零点位置，它处于以下两个值之间：

$$f_{z,low}=\frac{1}{2\pi R_{ESR,high}C_{out}}=\frac{1}{6.28\times 69m\times 1m}=2.3\,kHz \tag{5.16}$$

$$f_{z,high}=\frac{1}{2\pi R_{ESR,low}C_{out}}=\frac{1}{6.28\times 23m\times 1m}=6.9\,kHz \tag{5.17}$$

新的 LC 电路谐振频率由下式给出：

$$f_0=\frac{1}{2\pi\sqrt{LC}}=\frac{1}{6.28\times\sqrt{1m\times 180\mu}}=375\,Hz \tag{5.18}$$

工作于 CCM 的电压模式变换器通常按照以下方式来实现稳定工作：
- 在原点处放置一个极点来得到最高的直流增益（理论上静态误差为 0）。
- 在最低谐振频率或稍低的位置放置一对零点。
- 放置第一个极点来补偿 ESR 零点。如果零点出现在高频区，就寻找一个右半平面零点，如果有的话，就把极点放在该零点位置；否则，就把极点放在开关频率的一半处。
- 在该降压变换器电路中，第二个极点放在开关频率的一半处，通常用于噪声滤波。在存

在右半平面零点的变换器中（升压变换器和反激式变换器等），第二个极点可放在右半平面零点处，条件是前面的极点在其他位置。

为通过放大器类型 3 电路来稳定变换器，我们用第 3 章中描述过的手动放置极点和零点方法。

① 对于输出电压为 12 V、参考电压为 2.5 V 的情况，桥电流采用 250 μA。可采用不同桥电流值，例如，在噪声环境下用较高值，或如果待机功率很重要时采用较低值。下偏置电阻和上偏置电阻分别为

$$R_{lower}=\frac{2.5}{250\mu}=10\ k\Omega,\quad R_{upper}=\frac{12-2.5}{250\mu}=38\ k\Omega$$

② 在两种输入电压下，对电压模式变换器做开环扫描，结果如图 5.3 所示。

③ 从波特图可以看到，最差情况下，在 10 kHz 处所需增益为 34 dB。

④ 为消除 LC 滤波器峰值，在谐振频率（375 Hz）处放置双零点。这些零点可以分开，其中之一保持在谐振点位置，而第二个放置到较低频率处。在轻负载条件下，当降压变换器进入 DCM 时，这有助于增加稳定性。

⑤ 把第一个极点放置在最高零点位置（7 kHz），迫使增益下降。

⑥ 把第二个极点放置在开关频率的一半处（50 kHz），避免噪声干扰。

⑦ 用第 3 章中描述的手动放置方法，计算所有补偿元件：

$$R_2 = 127\ k\Omega,\quad R_3 = 285\ \Omega,\quad C_1 = 3.3\ nF,\quad C_2 = 180\ pF,\quad C_3 = 12\ nF$$

这些结果是由电路自动作图软件产生的（参见图 5.4 中的参数表），但电子表格软件也能给出类似的结果。现在，可以画出对应两种不同输入电压下的 ESR（高和低）的交流响应。应用电路如图 5.4 所示，而两种条件下的交流响应如图 5.5 所示。在最差条件下，截止频率如期望的那

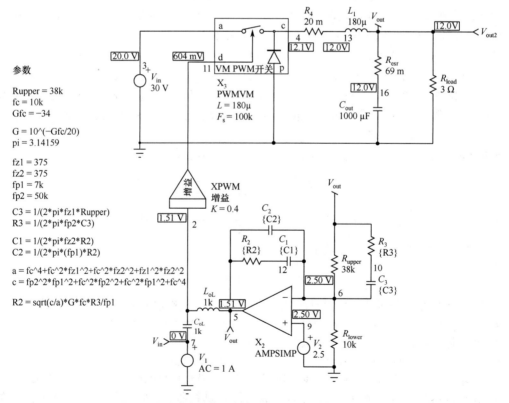

图 5.4　电路自动作图软件简化了极点和零点的放置

样为 10 kHz，相位裕度不低于 60°。检查设计是否稳定，是否提供了合适的下降特性，最好的测试是加阶跃负载。负载通过一个开关连接到输出端，让电流在 1 μs 内从 200 mA 扫描到 4 A。在不同的输入电压和 ESR 组合下，得到的仿真结果如图 5.6 所示。所有情况下，电路的稳定性都很好且输出电压下降在指标范围内，即便存在 ZL 系列电容的 ESR 情况下也是如此。现在让我们来看看瞬态分析波形。

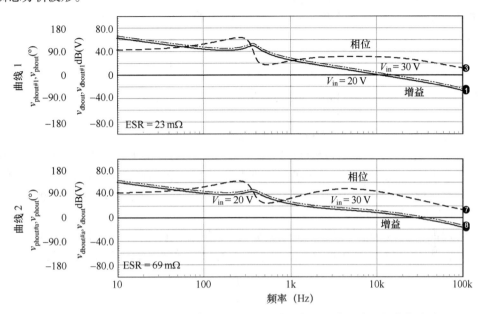

图 5.5   波特图显示，在最小截止频率（10 kHz）处有良好的相位裕度，相位曲线彼此重叠

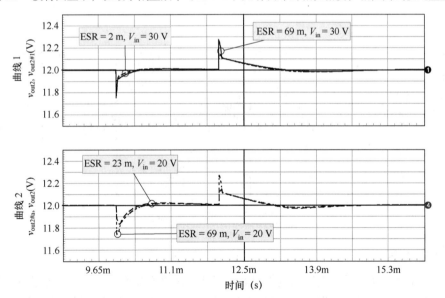

图 5.6   当负载电流从 200 mA 阶跃到 3 A 时的瞬态仿真结果，表明电压下降值合理

5.1.3   瞬态分析

瞬态分析可以利用实际降压变换器电路进行，如安森美公司的 LM257X 单片开关或在前面章节中讨论过的通用电压模式控制器，如图 5.7 所示。可以看到电路图高压侧开关（这样叫是因为

该开关连接到正电源，而低压侧开关则连接到参考地）和续流二极管。为简化起见，取一个理想开关，其导通电阻可以修改。当然，也可以放置一个容易控制的 P 沟道 MOSFET 或廉价的 N 沟道 MOSFET，但需要通过电荷泵或自举电路来驱动。在降压变换器这样的悬浮结构中，检测电感电流是有难度的。另外，使用内嵌式 B_1，把悬浮电阻的电流接入参考地。B_1 的输出通过 IMAX 输入引脚送入通用模型。该模型参数如下：

PERIOD = 10μ   开关周期为 10 μs（频率为 100 kHz）

DUTYMAX = 0.9   最大占空比达 90%

DUTYMIN = 0.01   最小占空比低至 1%

REF = 2.5   内部参考电压为 2.5 V

IMAX = 5   当 IMAX 引脚电压超过 5 V 时，产生复位

VOL = 100m   误差放大器输出低电平

VOH = 2.5   误差放大器输出高电平

其余参数取默认值。内部斜坡幅度计算与占空比范围及运算放大器偏移（VOL 和 VOH）有关。对于占空比最大（接近 100%），运算放大器偏移为 2.5 V 的情况，斜坡幅度为 2.5 V。若 VOH 为 3 V，斜坡幅度将增加到 3 V，以便使占空比达 100%。相反，若占空比限制在 50%，而 VOH 选为 3 V，则斜坡幅度变为 6 V。

对持续时间为 3 ms 的信号做 SPICE 仿真分析（注意输出电容的初始条件），在主频为 1.8 GHz 的计算机中需要运行 17 s。从仿真中可以得到许多信息，下面将对这些数据进行讨论。

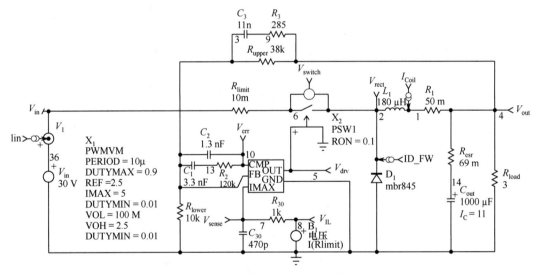

图 5.7 使用通用模型的降压变换器瞬态分析

5.1.4 功率开关

图 5.8 所示为开关两端的电流和电压波形。当然，这里把开关理想化，不考虑寄生元件。但是，从中可以获得用于最后选取 MOSFET 的有用信息。首先，可以看到续流二极管恢复时间 t_{rr} 的作用：当二极管导通并有电流流过时，突然通过反向偏置使二极管阻断，此时二极管变为短路直到它恢复阻断能力。在降压变换器中，恢复时间的电流在 MOSFET 的电流曲线中表现为窄尖峰。当开关频率增加时，该尖峰使开关和二极管的损耗提升。但如果电路中使用肖特基型二极管，这种二极管不存在恢复特性。然而，肖特基型二极管有很大的寄生电容，会增加开关的负担。另外，

有时在大偏置条件下，二极管芯片内部保护环起作用并需要得到恢复。探讨这些损耗机理超出了本书的范围。文献[3]对这一现象做了描述。

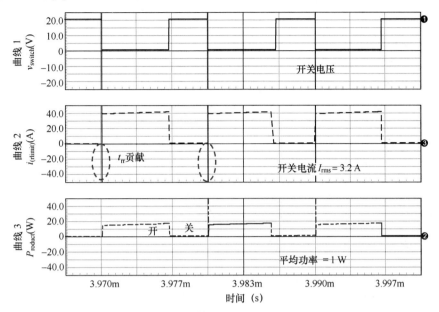

图 5.8 低输入电压（V_{in} = 20 V）时，流过功率开关的电流

为测量开关导通损耗，首先分离出一个开关周期并从中求出有效值。从图 5.8 中读到有效值为 3.2 A。由于开关导通电阻 $R_{DS(on)}$定为 10 mΩ（始终取结温最高时的 $R_{DS(on)}$值，如 110℃时），那么导通损耗为

$$P_{cond,MOSFET} = R_{DS(on),max} I_{D,rms}^2 = 102\,mW \tag{5.19}$$

二极管损耗对降压变换器影响很大。为得到开关的平均功率消耗，把开关两端的电压和流过开关的电流相乘，得到瞬时功率 $p(t)$。然后，在一个开关周期内对瞬时功率求平均，就能得到平均功率。这里可求得平均功率 P 为 1 W。然而，这一数值并不精确，因为电容存在寄生元件（特别是非线性结电容）以及 SPICE 模型中恢复时间并没有最佳化。因此，为求得精确的功率损耗值，实验室的示波器观察和测量是十分必要的。然而，在这种特殊情况下，功率开关的主要损耗归因于开关操作。因而，仔细选择续流二极管对于减小开关的功率损耗是极其重要的。

5.1.5 二极管

二极管在功率开关截止时有电流通过。结果，在输入电压最大时，CCM 工作条件下，当占空比降低（功率开关截止时间增加）时二极管的耗散功率增加。图 5.9 所示为前面提到过的二极管电流、电压和瞬时功率的波形。二极管的总导通损耗可以表示为

$$P_{cond} = V_{T0} I_{d,avg} + R_d I_{d,rms}^2 \approx V_f I_{d,avg} \tag{5.20}$$

式中，$I_{d,avg}$ 表示二极管的平均电流；V_f 表示工作电流下的正向电压（来自器件数据手册的特性曲线）；V_{T0} 表示二极管开始导通时的正向电压（肖特基二极管约为 0.4 V，PN 结二极管约为 0.6 V）；R_d 表示平均工作电流下的结动态电阻（参见二极管数据中的 $V \sim I$ 曲线）；$I_{d,rms}$ 表示流过二极管的有效电流。

我们可以从二极管数据表中获得上述参数，但对 $p_d(t)$ 波形积分能得到包含开关损耗（1 W）的总平均耗散功率。另外，该值是肖特基模型没有包含恢复效应和电容效应的表示。Intusoft 简报

NL32 中讨论了一种新的模型方法，它是由 Lauritzen 在 1993 年提出的[4]。该新模型是对传统 SPICE 基元的改进，但由于它使用复杂的子电路，有时会成为产生收敛问题的根源。

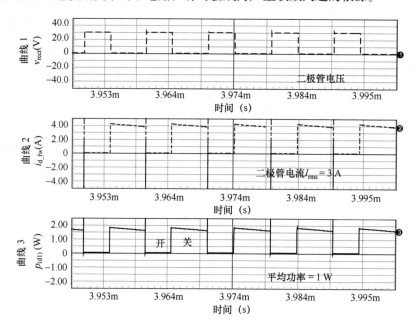

图 5.9　二极管波形，显示 V_{in} = 30 V 时，平均功率为 1 W

这里，有必要对选择二极管做出注释。通常，二极管的 $I \sim V$ 特性非常类似。如果查看电流为 20 A 和 3 A 二极管的技术指标，发现平均电流为 1 A 时，这些器件的正向压降非常接近。

MBR20H100CT：电流为 1 A，结温为 100℃时，V_f = 0.3 V；

MBRA340T3：电流为 1 A，结温为 100℃时，V_f = 0.25 V。

然而，这两个器件的区别在于芯片面积和通过封装的散热能力。该信息通过二极管的热性能参数 R_θ 显示出来，它们的 R_θ 数值不同：

MBR20H100CT：自由空间中，$R_{\theta JA}$ = 60℃/W；

MBRA340T3：焊接在很小的焊盘上时：$R_{\theta JA}$ = 81℃/W。

可以看到，只要保有 1 平方英寸（约 6.5 cm²）的铜散热面积，3 A 二极管（MBRA340T3）就会具有良好的热特性。与需要处理的印制电路板的物理尺寸有关，有时会使替该器件寻找合适的焊接位置带来一定的困难。相反，在没有热沉的情况下，MBR20H100CT 能通过自由空间耗散更多的功率并使布线变得容易。如分析计算中指出的那样，3 A 二极管是正确的选择，但最终的选择取决于热性能。

5.1.6　输出纹波和瞬态响应

设计判据之一是纹波幅度。给定这一重要参数，可以计算 LC 滤波器的时间常数。然而，在允许的带宽条件下，考虑到欠脉冲的因素，加大了输出电容值。图 5.10 所示为在两个不同输入电压下，电流为 4 A 时的输出纹波。从图中可以求得纹波峰-峰值为 30 mV，完全在原始的指标内。如图 5.10 所示，在 V_{in} = 30 V 时，输出纹波出现最大值［见式（5.3）］。

由于存在补偿网络，可以对输出负载做瞬态响应测试。该测试可以用 PWL 语句的标准电流源或简单的电压控制开关。分别在最小和最大输入电压下与不同 ESR 组合进行瞬态响应测试。

图 5.11 显示了 ESR 为 69 mΩ 时的补偿变换器具有良好稳定性。可以看到，所选电容提供了合适的输出电压纹波（约 200 mV），与起始指标 250 mV 相比有 50 mV 裕度。

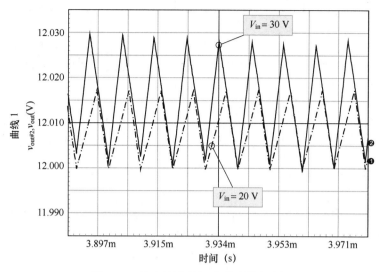

图 5.10　输出纹波很好地满足技术指标

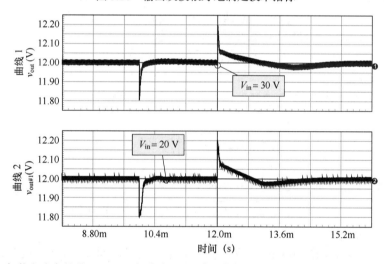

图 5.11　负载电流突然从 200 mA 阶跃到 3 A，降压变换器的输出电压确认了良好的稳定性能

效率可通过显示 $I(V_{in})$ 和 $V(V_{in})$ 相乘来测量，该乘积给出瞬时输入功率。在整个周期内对瞬时输入功率求平均，可得到平均输入功率 P_{in}。从输出电压波形中，得到平均输出电压，把平均输出电压平方并除以负载电阻，就计算得到输出功率 P_{out}。效率可简单地通过求 P_{out}/P_{in} 得到。在低输入电压下，求得效率为 93.5%；而高输入电压下，效率为 92.7%。

5.1.7　输入纹波

由于传导电磁干扰的原因，输入电流的交流分量的峰值必须始终低于 15 mA。因此，需要连接输入滤波器。首先需要评测降压变换器输入电流特征。对 SPICE 而言，这很容易实现。图 5.12 所示为仿真得到的波形及相应的 FFT。从图中可读到基波的峰值电流为 2.3 A，在 30 V 输入时增加到 2.45 A。现在结束滤波器的设计，如第 1 章中所做的那样进入后续的步骤。

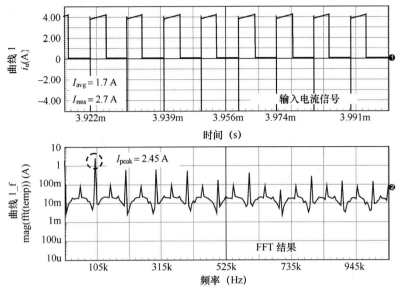

图 5.12　降压变换器电流信号

（1）技术指标把输入纹波的峰值限制在 15 mA。因此，所需的衰减应为

$$A_{\text{filter}} < 15\text{m}/2.45 < 6\text{m} \quad \text{或衰减优于 44 dB}$$

（2）通过式（1.332）来确定 LC 滤波器的截止频率：

$$f_0 < \sqrt{0.006 \times F_{\text{sw}}} < 7.7 \text{ kHz}$$

这里选择 f_0 = 7 kHz。

根据图 5.12，通过仿真器测量工具可以求得流过滤波器电容的电流有效值。结果给出了选择滤波器电容的判据之一：

$$I_{\text{in,ac}} = \sqrt{I_{\text{in,rms}}^2 - I_{\text{in,dc}}^2} = \sqrt{3.2^2 - 2.5^2} \approx 2\text{A rms}$$

这是个相当大的值。

还可以用第 1 章推导的公式求输入电容的有效电流：

$$I_{C_{\text{in}}\text{rms}} = \sqrt{I_{\text{D,rms}}^2 - (MI_{\text{out}})^2} = \sqrt{3.1^2 - (12/30 \times 4)^2} = 1.96\text{A} \tag{5.21}$$

计算结果与仿真结果一致。

从第（2）步所得结果看，存在两个变量：L 和 C。大部分时间，重要的是两个元件值的乘积。一旦得到结果，就必须检查变量是否与元件最大额定值兼容，如电容的电流有效值、电感的峰值电流等。这里选电感为 100 μH，则可以很快通过以下关系确定电容值：

$$C = 1/(4\pi^2 f_0^2 L) = 5.2 \text{ μF}$$

或选标称值 5.6 μF。查看金属化聚丙烯型电容数据表，发现 Vishay 公司的 731P[5]电容符合要求。该电容的技术指标为：温度为 85℃时，纹波电流有效值为 5.1 A。该值与所需的设计指标相对应。

（3）零售商的目录数据显示，L 和 C 寄生元件参数为：$r_{\text{Cf}} = 14 \text{ mΩ}$（$R_2$），$r_{\text{Lf}} = 10 \text{ mΩ}$（$R_1$）。

（4）现在把这些寄生电阻加入式（1.330），检查最后的衰减是否处于限制的范围内（如低于 10 m），加上寄生元件：$L = 100 \text{ μH}$，$R_1 = 10 \text{ mΩ}$，$C = 5.6 \text{ μF}$，$R_2 = 14 \text{ mΩ}$

$$\left\| \frac{I_{\text{in}}}{I_{\text{out}}} \right\| = \sqrt{\frac{0.014^2 + 1/(3.51)^2}{(24\text{m})^2 + \frac{1}{(3.51)^2} - \frac{200\text{μ}}{5.6\text{μ}} + (62.8)^2}} = 4.56 \text{ m}$$

该值低于 6 m 技术指标 ［参见步骤（1）］。

（5）应用式（1.315）得出滤波器最大输出阻抗为

$$\|Z_{outFILTER}\|_{max} = \sqrt{\frac{(5.6\mu\times14m^2+100\mu)(5.6\mu\times10m^2+100\mu)}{5.6\mu^2\times(14m+10m)^2}} = 744\ \Omega\ \text{或}\ 57\ dB\Omega$$

（6）变换器静态输入阻抗可以通过式（1.288）求得，在低输入电压下为 8.3 Ω 或 18.4 dBΩ。查看上述结果，看到输出阻抗峰值为 744 Ω，滤波器输出阻抗与电源输入阻抗有一个重叠区域（此时，为确保变换器稳定工作，显然应采取阻尼措施）。有两种方法能说明存在不稳定性：一种是在同一幅图上显示开关电源交流输入阻抗曲线和滤波器输出阻抗曲线，如图 5.13 所示出现了重叠区；第二种方法是分别在加或不加 EMI 前端滤波器的情况下，对变换器做开环增益扫描，如图 5.14 所示。可以清楚地看到滤波器的谐振现象，它使相位曲线产生了严重的倾斜，表明该电源已经无法进行补偿。

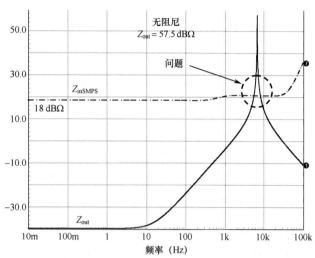

图 5.13　变换器交流输入阻抗和滤波器输出阻抗曲线

（7）阻尼元件（一个串联电阻）放在输出电容的两端来实现对峰值的阻尼。为避免持续的热耗散，该阻尼电阻串联一个电容来阻断直流成分。为求得阻尼电阻值，可使用式（1.327）或放置一个 1 Ω 电阻以及一个与之串联的容值为滤波器电容 4 倍的电容。然后，对阻值做扫描直到峰值消失为止。扫描的结果如图 5.15 所示，结果显示 4 Ω 电阻和 22 μF 电容组合能产生较好的效果。

（8）滤波器正确阻尼后，可对添加的滤波器运行图 5.4 所示的电路。我们发现瞬态响应没有受到影响。

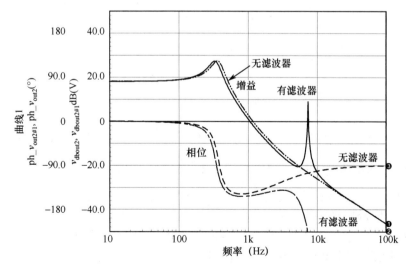

图 5.14　开环增益曲线，加入滤波器清楚地显示了与 RLC 滤波器峰对应的相位退化

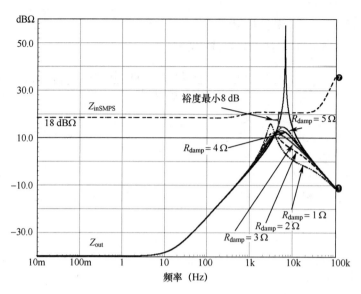

图 5.15　交流扫描显示阻尼电阻值应在 3 Ω 和 5 Ω 之间，阻值较低会改变谐振频率

（9）最终检测：安装图 5.7 中的 RLC 滤波器，每次进行仿真，看源输入电流幅度 $I(V_{in})$ 是否出现在指标范围内。结果如图 5.16 所示；$I_{in,peak} = 11.4$ mA，因此在初始需求范围内。若需要，可进行最终的瞬态负载阶跃测试。

到此结束了电压模式降压变换器设计例子。

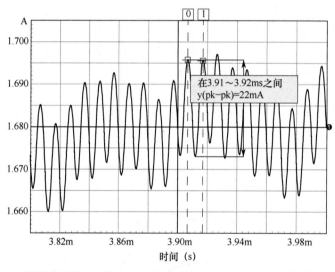

图 5.16　安装滤波器后，输入电流峰值低于 15 mA，满足初始设计指标要求

5.1.8　用于汽车蓄电池的 5 V/10 A 电流模式降压变换器

随着电子技术在汽车中的应用越来越多，对为逻辑电路安全供电的 5 V 或 3.3 V 电源的需求也越来越强烈。假设设计要求如下：

$V_{in, min} = 10$ V，$V_{in, max} = 15$ V，$V_{out} = 5$ V；$V_{ripple} = \Delta V = 25$ mV（峰-峰值）

V_{out} 最大下降量 $= 200$ mV（输出电流 $I_{out} = 1$ 在 1 μs 内从 1 A 变化到 10 A）

$I_{out, max} = 10$ A，$F_{sw} = 250$ kHz；$I_{ripple, peak}$ 对输入电流没有要求

尽管电路变为电流模式结构，对无源元件的选择与电压模式相比没有什么太大不同。首先求变换器占空比的变化：

$$D_{min} = \frac{V_{out}}{V_{in,max}} = \frac{5}{15} = 0.33 \tag{5.22}$$

$$D_{max} = \frac{V_{out}}{V_{in,min}} = \frac{5}{10} = 0.5 \tag{5.23}$$

根据式（5.23），可以看到最大占空比为 50%。由于选择了电流模式结构，肯定需要斜率补偿。现在已知占空比的变化范围，可求得为多少时能满足输出纹波的要求的截止频率[见式（5.3）]，

$$f_0 = F_{sw} \frac{1}{\pi} \sqrt{\frac{2\Delta V}{(1-D_{min})V_{out}}} = \frac{250k}{3.14} \sqrt{\frac{0.05}{(1-0.33) \times 5}} = 9.7 \text{ kHz} \tag{5.24}$$

已知滤波器电感值必须满足式（5.8）。另外，如果纹波值取为 10%，则电感值计算如下：

$$L = \frac{V_{out}(1-D_{min})}{\delta I_r F_{sw} I_{out}} = \frac{5 \times (1-0.33)}{0.1 \times 250k \times 10} = 13.4 \text{ μH} \tag{5.25}$$

选择最接近的电感规格化值 10 μH，但会产生稍高的纹波电流。开关电源峰值电流由式（5.10）计算得：

$$I_{peak} = I_{out} + \frac{V_{out}(1-D_{min})}{2LF_{sw}} = 10 + \frac{5 \times (1-0.33)}{2 \times 10μ \times 250k} = 10.7 \text{ A} \tag{5.26}$$

在电流模式控制结构中，控制器测量流过电感的瞬时电流。最简单的方法是使用一个并联电阻并测量该电阻两端的电压。因此，控制器可定义在最大功率需求下的反馈产生的最大并联电压。例如，假设最大检测电压为 1 V，那么允许流过 1 Ω 并联电阻的电流为 1 A。该例中，电感中流过的直流电流为 10 A。因此，选择具有低检测电压的控制器，如最大值在 100 mV 附近。否则，并联电阻上的直流损耗会影响效率，求得的并联电阻值为

$$R_{sense} = \frac{100m}{12} = 8.3 \text{ mΩ} \tag{5.27}$$

12 A 电流值包括了必需的裕量以便应对分流和最大检测电压产生的偏差。这些设计参数很容易被忽略，从而导致性能变差，加上固有的参数离散性，因此不能满足技术指标的要求。幸运的是，仿真允许为关键元件设定一定的容差，蒙特卡罗分析能用来仿真参数离散性产生的效果。蒙特卡罗分析是一个很长的仿真分析过程，但如果要得到产品级验证设计，做这一仿真工作是值得的。

已经看到，电容值不仅与 LC 滤波器截止频率有关，还与最后的输出电压纹波值有关。如果应用式（5.11），只考虑纹波指标要求，则推荐电容值为

$$C_{out} = \frac{1}{4\pi^2 f_0^2 L} = \frac{1}{39.5 \times 9.7k^2 \times 10μ} = 27 \text{ μF} \tag{5.28}$$

对于工作频率为 250 kHz 的变换器而言，15 kHz 的交叉频率不难达到。当然，我们始终有增加交叉频率的可能性，因为汽车发动机机箱是个噪声很大的区域，如果交叉频率太大则容易引入噪声。把 15 kHz 代入式（5.14），得到满足输出电压纹波（200 mV）要求的电容值，即

$$C_{out} = \frac{\Delta I_{out}}{2\pi f_c \Delta V_{out}} = \frac{9}{6.28 \times 15k \times 0.2} = 480 \text{ μF} \tag{5.29}$$

在选择合适的电容之前，纹波电流是已知的。从式（5.12）求得

$$I_{C_{out,rms}} = I_{out} \frac{1-D_{min}}{\sqrt{12\tau_L}} = 10 \times \frac{1-0.33}{\sqrt{12 \times 5}} = 387 \text{ mA} \tag{5.30}$$

式中，$\tau_L = \frac{L}{R_{load}T_{sw}} = \frac{10μ}{0.5 \times 4μ} = 5$。

在本应用中，由于输出电流变化很大（9 A），需要选择 ESR 最小的电容器，并考虑汽车应用中很大的温度范围。由三洋公司生产的 OS-CON 系列电容具有低寄生电阻[6]。这些器件另外的一个良好特性是当温度变化时 ESR 恒定。这里选择 SEQP/F13 电容，它的特性参数如下：

$C = 560\ \mu F$

在 $T_A = 105℃$ 到 $125℃$ 条件下，$I_{C, rms} = 1.6\ A$

在 $T_A = 20℃$，频率从 $100\ kHz$ 到 $300\ kHz$ 的条件下，$R_{ESR, low} = 13\ m\Omega$

在 $T_A = -55℃$，频率从 $100\ kHz$ 到 $300\ kHz$ 的条件下，$R_{ESR, high} = 16\ m\Omega$

10SEQP560M，10 V

5.1.9 交流分析

降压电流模式变换器起到三阶系统的作用，如在第 2 章和第 3 章描述的那样，有一个低频极点、一个与输出电容 ESR 相关的零点和一对位于开关频率一半处的双极点。零点取决于输出电容本身和输出电容的 ESR 组合，它在交叉频率处能获得一些相位提升。然而，由于 ESR 随温度和时间而变，零点频率的偏移为

$$f_{z,low} = \frac{1}{2\pi R_{ESR,high} C_{out}} = \frac{1}{6.28 \times 16m \times 560\mu} = 17.8\ kHz \tag{5.31}$$

$$f_{z,high} = \frac{1}{2\pi R_{ESR,low} C_{out}} = \frac{1}{6.28 \times 13m \times 560\mu} = 21.9\ kHz \tag{5.32}$$

可以看到，这些零点频率处于相当高的位置，它们对 15 kHz 处的相位提升没有什么帮助。LC 电路的谐振频率由下式给出：

$$f_0 = \frac{1}{2\pi\sqrt{LC}} = \frac{1}{6.28 \times \sqrt{10\mu \times 560\mu}} = 2.1\ kHz \tag{5.33}$$

交流分析使用电流模式 PWM 开关模型，如图 5.17 所示。从图中可以看到补偿电路，其中所有元件值由参数（parameters）宏自动产生，这对探讨带宽变化及交叉频率处相位裕度减小效应是很有帮助的。极-零点放置使用 k 因子技术，但单个极-零点放置也是存在的。当然，k 因子技术可应用于放大器类型 2 补偿网络（DCM 或电流模式 CCM）。但不主张把 k 因子用于放大器类型 3 补偿网络，因为放大器类型 3 补偿网络会产生条件稳定情况（见第 3 章）。

这里，放大器类型 2 补偿网络输出连接除法器，这是为了保证在运算放大器的输出有足够的动态范围，并联电阻值约为 8 mΩ。不希望让运算放大器输出在 0 ~ 100 mV 之间变化，它们分别对应于 0 A 或 12.5 A 的编程值。除以 30 能使运算放大器输出产生合适的摆幅，产生 3 V 输出并在并联电阻上产生 100 mV 压降。总功率级增益值能反映出除法器的存在。观察节点 V_{out2}，可以画出如图 5.18 所示开环波特图，图中显示了工作占空比为 51%，它能引入次谐波振荡。

可以看到，在开关频率的一半处出现增益峰值。该增益峰值必须通过斜坡补偿进行阻尼，否则，会导致电路的不稳定。对于降压变换器而言，需要注入 50%电感电流下行斜率补偿。通过简单的几个步骤，可以进行补偿计算。

（1）求电感电流下行斜率：

$$S_{off} = \frac{V_{out}}{L} = \frac{5}{10}\mu = 500\ mA/\mu s \tag{5.34}$$

（2）通过检测电阻把电流换算成电压：

$$S'_{off} = S_{off} R_{sense} = 0.5 \times 8m = 4\ mV/\mu s \tag{5.35}$$

（3）把补偿系数 $S'_{off}/2$ 表示成 $S_e = 2\ mV/\mu s$ 或 $2\ kV/s$。

把补偿值输入模型并重新进行交流分析，结果显示在图 5.18 下方的图形中。

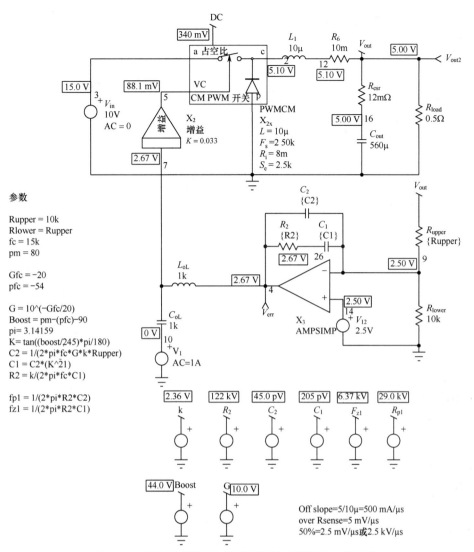

参数

Rupper = 10k
Rlower = Rupper
fc = 15k
pm = 80

Gfc = −20
pfc = −54

G = 10^(−Gfc/20)
Boost = pm−(pfc)−90
pi= 3.14159
K= tan((boost/245)*pi/180)
C2 = 1/(2*pi*fc*G*k*Rupper)
C1 = C2*(K^2̂1)
R2 = k/(2*pi*fc*C1)

fp1 = 1/(2*pi*R2*C2)
fz1 = 1/(2*pi*R2*C1)

Off slope=5/10μ=500 mA/μs
over Rsense=5 mV/μs
50%=2.5 mV/μs或2.5 kV/μs

图 5.17 电流模式降压变换器需要放大器类型 2 来补偿

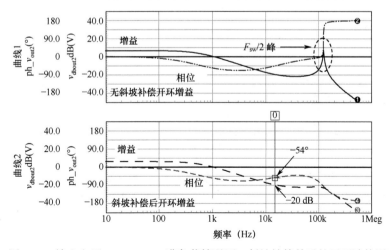

图 5.18 输入电压 V_{in} = 10 V，满负载情况下，斜坡补偿前后的开环波特图

可以看到，加了补偿之后，开环增益的幅频和相频特性都得到了改善。在 15 kHz 交叉频率处得到的增益值为-20 dB，相位滞后 54°。这些值输入电路作图软件（也适用于 OrCAD），做新的交流分析米产生波特图，在两种输入电压和不同输出电容 ESR 条件下，检查相位和增益裕度。这些结果显示在图 5.19 中。图中未标出单根曲线的名称，因为图中几乎不能区分这些曲线。如期望的那样，尽管输入电压变化，但交叉频率保持不变。而工作于电压模式控制调压的降压变换器并不是这样的（如图 5.4 所示）。

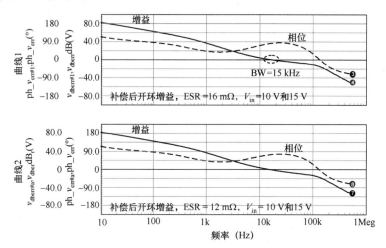

图 5.19　补偿网络显示了良好的相位裕度，交叉频率为 15 kHz，ESR 不产生大的影响

5.1.10　瞬态分析

对于瞬态分析而言，电路与电压模式降压变换器不同（见图 5.20）。控制器发生了变化，它使用 PWMCM2 模型。二极管额定电流为 20 A。控制器参数如下：

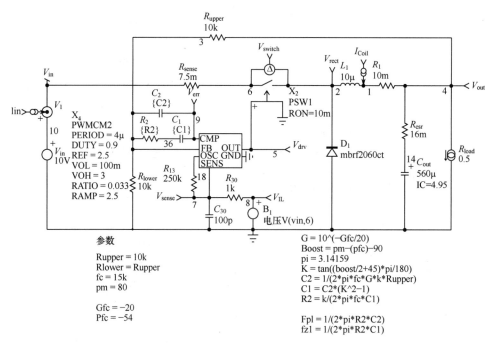

图 5.20　逐周电流模式降压变换器瞬态仿真电路

PERIOD = 4μ	开关周期4 μs（250 kHz）
DUTYMAX = 0.9	最大占空比达到90%
DUTYMIN = 0.01	最小占空比低至1%
REF = 2.5	内部参考电压为2.5 V
RAMP = 2.5	内部锯齿波振荡幅度为0~2.5 V
VOL = 100m	误差放大器输出低电压
VOH = 3	误差放大器输出高电压
RATIO = 0.033	内部电路把反馈信号除以30（3/30 = 100 mV）

已经看到，注入的斜坡补偿须约为 2 mV/μs。在这种条件下，控制器产生 2.5 V 峰值斜坡幅度，如何计算斜坡电阻呢？图 5.21 所示为包含电流检测节点的电路。

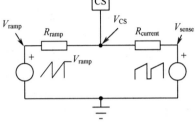

图 5.21 电流检测引脚接收来自两个不同信号源的信号

可以看到，电流检测信号是实际电流的一部分（通过检测电阻转换为对应的电压）和振荡斜坡的一部分的组合。在控制器电流检测引脚（CS）上的最终电压可以用叠加原理计算得到。

$V_{ramp} = 0$ 时，

$$V_{CS} = V_{sense} \frac{R_{ramp}}{R_{ramp} + R_{current}} \quad (5.36)$$

$V_{sense} = 0$ 时，

$$V_{CS} = V_{ramp} \frac{R_{current}}{R_{ramp} + R_{current}} \quad (5.37)$$

把式（5.36）和式（5.37）相加，得到最终电压为

$$V_{CS} = V_{sense} \frac{R_{ramp}}{R_{ramp} + R_{current}} + V_{ramp} \frac{R_{current}}{R_{ramp} + R_{current}} \quad (5.38)$$

把上式重新整理为更简便的形式有

$$V_{CS} = \frac{R_{ramp}}{R_{ramp} + R_{current}} \left(V_{sense} + V_{ramp} \frac{R_{current}}{R_{ramp}} \right) \quad (5.39)$$

式（5.39）是一个电压表达式，但如果把式中的每一项都除以 t_{on}，就可变为斜率表达式：

$$S_{CS} = \frac{R_{ramp}}{R_{ramp} + R_{current}} \left(S_{sense} + S_{ramp} \frac{R_{current}}{R_{ramp}} \right) \quad (5.40)$$

把式中的第一个因子写成 k，式（5.40）可以写成

$$S_{CS} = k(S_{sense} + M_r S'_{off}) \quad (5.41)$$

式中，$k = R_{ramp}/(R_{ramp} + R_{current})$，$M_r$ 表示希望注入的下行斜率的百分比，等于右边一项。最后公式为

$$S_{ramp} \frac{R_{current}}{R_{ramp}} = M_r S'_{off} \quad (5.42)$$

求解 R_{ramp} 得

$$R_{ramp} = \frac{S_{ramp}}{M_r S'_{off}} R_{current} \quad (5.43)$$

式中，M_r 对应为所需斜坡系数，这里为 50%。

代入数值，可得

S'_{off} = 4 mV/μs；

S_{ramp} = 625 mV/μs（在 4μs 周期结束时，幅度为 2.5 V）；

$R_{current}$ = 1 kΩ（任意确定）；M_r = 50%（与前面讨论的一致）。

式（5.43）中，推荐 R_{ramp} = 312 kΩ（仿真电路图中的 R_{13}）。

为测试该电路，应用一个输出阶跃信号，该信号在 1 μs 内输出电流从 1 A 阶跃到 10 A。图 5.22 所示为在两种不同输入电压下所得到的响应，可用来检验瞬态性能。输出电压降至 4.8 V，仍在指标允许的范围内。如果需要，输出电容可以稍稍增加，或把带宽稍为加宽。图中曲线 3 和曲线 4 是由平均模型给出的瞬态响应。两组曲线比较结果相当符合，由于平均模型不考虑功率开关和二极管的损耗，使平均模型与开关周期模型所得结果相比性能更理想化。如果实验测量能确认该输出阶跃仿真结果，那么稍稍增加输出电容值（如增加为 820 μF）就能解决这一问题，在该情况下，设计者需要回到稳定性研究并检查相位裕度。

测量得到，在 V_{in} = 15 V 时，输出纹波峰-峰值在 30 mV 以下。所有的电压模式降压变换器的功率耗散以及由公式给出的参数在该设计中都是成立的。特别是需要滤波器的话，可以按照同样的步骤进行。最后，一旦加入滤波器，不要忘记对补偿开环增益做最后的测试。这一点容易被忽略，从而导致最后的电路板存在振荡现象。最后测量得到，在低输入电压下效率约为 86.8%，当输入电压为 15 V 时，效率降至 83.6%（该效率值是正常的）。当输入和输出电压差很小时，大多数非隔离变换器输出的最佳效率都在这一数值（指降压变换器的极值）。

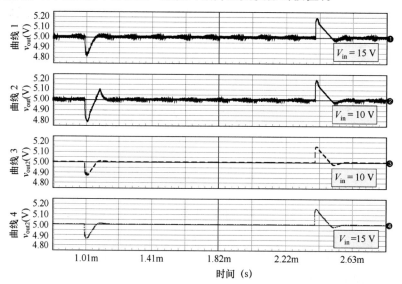

图 5.22　两种输入电压下的瞬态响应。开关周期模型响应（上面两条曲线）和平均模型（下面两条曲线）

5.1.11　同步降压变换器

上述电流模式降压变换器的效率可以通过用同步 MOSFET 代替续流二极管的方法得到改进。续流二极管保证了截止时间的电流通路，功率开关与二极管的公共点电压几乎为零。实际上，在不同二极管导通情况下，该电压不严格为零。如图 5.23 所示，电路图中加入了二极管的正向压降 V_f 和动态电阻 R_d。

由于这些元件的存在，必然影响变换器的效率，特别是在二极管正向压降与负载电压 V_{out} 相比较大时。例如，正向压降为 0.6 V、变换器输出电压为 5 V 的情况，比正向压降为 0.7 V、变换器输出电压为 18 V 的情况对变换器的效率影响更大。为解决这一问题，可简单地用低电阻功率开关代替二极管。图 5.24 所示为带有 MOSFET 的电路。

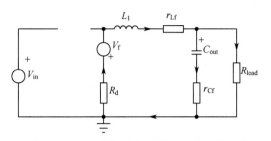

图 5.23 二极管起到电压源（正向压降 V_f）的作用，它和动态电阻 R_d 串联

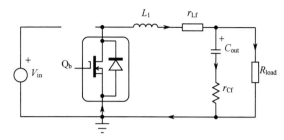

图 5.24 MOSFET 开关截止期间把二极管短路，来减小正向压降

当所选 MOSFET 的 $R_{DS(on)}$ 足够低，压降会降至几十毫伏，在低输入电压下能使效率得到提升。Q_b 标号表示同步 MOSFET 接收的驱动信号与主电源开关信号相位反向。然而，必须注意避免两个开关同时导通，否则会出现短路脉冲。因此需要有一个死区时间，让同步 MOSFET 的体二极管首先导通，然后再在 V_{DS} 几乎为零时激活 MOSFET。为对该结构进行仿真，构建了 IsSpice 和 PSpice 下的通用控制器模型（PWMCMS），并把它画在电流模式电池供电的变换器中，如图 5.25 所示。

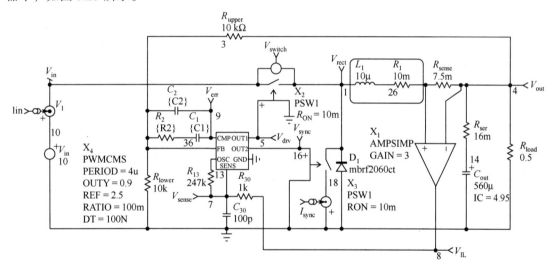

图 5.25 使用同步 MOSFET 开关工作的电流模式降压变换器

新的模型参数为 DT = 100 ns，即在两个开关被激活导通之间插入一个死区时间。

在该仿真电路中，我们观察电感电流，而不像以前那样观察开关电流。这样可以消除所有与短路脉冲或反向恢复效应相关的伪脉冲。运算放大器为快速型的，增益固定为 3。补偿电路与以前降压变换器中的补偿电路类似。

仿真后得到的典型波形如图 5.26 所示。可以很清楚地看到两个开关动作之间存在死区时间。曲线 2 显示主功率开关断开，电流首先流经同步 MOSFET 的体二极管或仍保留的续流二极管[图 5.25 中标为 D_1]。有些设计者始终把肖特基二极管放在原来的位置，这样能为同步 MOSFET 的体二极管提供分流。二极管导通可视为一个小的负电压阶跃，可用来检验正向压降。然后，同步开关闭合，假设 $R_{DS(on)} = 10$ mΩ，开关两端电压接近于零。与以前电路相比，效率在低输入电压下提升到

93.8%，增加了7%。这一数值有点理想化，因为新的损耗（如必须考虑的栅电荷损耗）使得在实际电路中效率实际增加接近于4%～5%。瞬态响应与非同步电路类似。

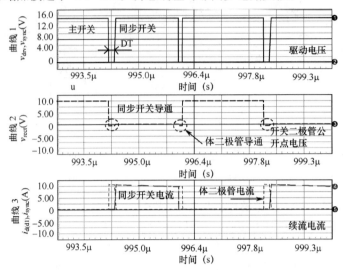

图 5.26　同步降压变换器典型波形

5.1.12　低成本悬浮降压变换器

有些应用场合要求简单的非隔离降压变换器，并将其直接连接到电源整流电路输出。在白色家电中就是这种情况，如洗衣机，微处理器为前面板提供了智能化操控功能。在这些白色家电设计中，电流模式拓扑不一定都适用，因为电路中会出现小占空比的情况。初始指标如下：

$V_{in, min}$ = 85 V rms，或整流得到的 120 V dc 电压，忽略电压纹波

$V_{in, max}$ = 265 V rms，或整流得到的 374 V dc 电压

V_{out} = 5 V ± 10%，$I_{out, max}$ = 300 mA

假如要从通用输入中得到 5 V 输出电压，则占空比变化可以用下述等式表示（用百分比表示来强调系数小）：

$$D_{min} = \frac{V_{out}}{V_{in,max}} = \frac{5}{374} = 1.33\% \tag{5.44}$$

$$D_{max} = \frac{V_{out}}{V_{in,min}} = \frac{5}{120} = 4.16\% \tag{5.45}$$

电流模式的内在优点在于处理大输入电压变化的能力，如低输入电压下的整流纹波。在通用应用中，即变换器有效工作电压在 85 V 到 265 V（100～240 V 标称有效值），没有在这方面比它更好的电路。另外，最近开发的控制器，如安森美公司的 NCP1200，结合了所谓的跳周技术，该技术是在低输出功率时，把开关波形切分为一脉冲串。因此，不是减小占空比来限制输出值（那样会带来不稳定性），而是中断开关脉冲来调节功率流。这是通过观察反馈电压来完成的，当反馈电压降得太低时，即输出电压达到了额定输出值，比较器没有脉冲输出。当 V_{out} 开始下降（由于开关周期停顿的原因）时，反馈增加，重新产生脉冲。这种磁滞技术还能带来极好的待机功率，这将在相关章节讨论。

非隔离降压变换器如图 5.27 所示。这里不再使用通用模型，而是使用实际开关模型——安森美公司的 NCP1013，它的工作频率为 65 kHz[7]。该电路包含如同 NCP1200 的电流模式控制器，但含有高压 MOSFET，即开关。MOSFET 的 BV_{DSS} 为 700 V，因此，非常适合于离线应用。

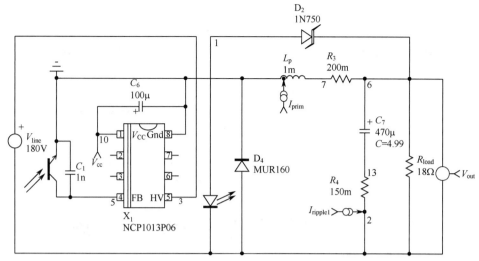

图 5.27 工作于悬浮结构下的离线降压变换器

设计方法与前面类似。不同点在于峰值电流固定，NCP1013 中为 350 mA。因此，该变换器传输的最大的输出电流为（如图 5.1 所示）

$$I_{\text{out,max}} = I_{\text{peak}} - \Delta I_{\text{L}}/2 \tag{5.46}$$

如果纹波增加（如电感值变小），输出电流能力下降。将上式与式（5.6）合并，得到简单的电感表达式：

$$2(I_{\text{peak}} - I_{\text{out}}) = \frac{V_{\text{out}}(1 - D_{\text{min}})}{LF_{\text{sw}}} \tag{5.47}$$

$$L \geqslant \frac{V_{\text{out}}(1 - D_{\text{min}})}{2(I_{\text{peak}} - I_{\text{out}})F_{\text{sw}}} \tag{5.48}$$

以上两式表明变换器工作于 CCM 条件。因此，必须用降压变换器临界公式来检查电感的临界限制［参见式（1.84）/式（1.86）］，然后再利用式（5.48）来得到最后的值。

假设需要从 5 V 电源中传送 300 mA 电流。第 1 章中讨论的降压变换器临界电感值公式推荐电感值应大于 136 μH，并在高输入电压下工作于 CCM 条件。式（5.48）给出所选电感应大于 760 μH，自然超过了 136 μH 的限制。这里选择电感值为 1 mH。

如同在前面的例子中所做的那样，可以计算给定纹波要求下所需电容的大小。然而，在设计中有一些不同，式（5.44）给出，在输入电压 V_{in} = 374V dc 时，最小占空比为 1.33%，开关周期为 15 μs，对应的导通时间为 200 ns。遗憾的是，大多数电流模式控制器存在最小导通时间限制，NCP1013 也不例外。这与内部逻辑电路的不同传输延迟及上升边沿消隐（LEB）电路有关，它们使控制器的反应变慢。典型的传输延迟值约为几百纳秒（NCP1013 为 360 ns）。因此，可以清楚地看到控制器在高输入电压下处理最小占空比相当困难（电感电流以很快的斜率增加，而控制器在检测到过流时不能做出比 360 ns 更快的反应）。使控制器停止的唯一方法是通过跳周技术，最后，确保在大输入电压下得到适当的调节。然而，这会使输出纹波增大（典型的磁滞调压器）。这一情况在低输入电压时自然消失，其中电感电流斜率明显降低。对应的导通时间约为 700 ns（D = 4.2%），接近于电路的性能（跳周现象消失并产生常规的开关波形）。因此，计算输出电容的传统方法并不能真实地满足该结构，特别是在高输入电压情况下。

然而，为给大家一个必需的概念，在低压条件下应用式（5.14），可以粗略估算电容值，考虑到测量所得带宽约为 1 kHz，最大输出纹波为 100 mV，即

$$C_{\text{out}} \geqslant \frac{\Delta I_{\text{out}}}{2\pi f_{\text{c}} \Delta V_{\text{out}}} = \frac{0.3}{6.28 \times 1\text{k} \times 0.1} = 477\,\mu\text{F} \qquad (5.49)$$

通过实验或仿真来检查输出纹波是否满足技术指标要求。图 5.28 和图 5.29 给出了相应的结果。

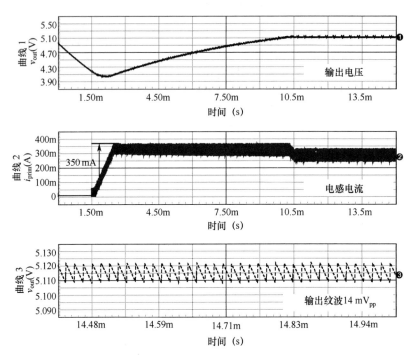

图 5.28 低输入电压时的启动阶段波形，控制器能很好地对电流进行限制

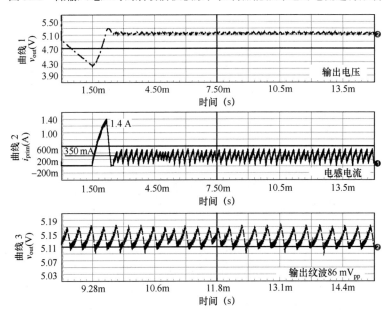

图 5.29 高输入电压时，在启动阶段控制器不能限制最大电流，但反馈取代磁滞模式起控制作用

在低电压输入下，电感电流斜率和占空比使控制器能适当地把峰值电流限制在 350 mA，并让输出电压缓慢增加。稳态条件下，输出纹波峰-峰值达到 14 mV。相反，在高电压输入下，电

感电流斜率很高，控制器努力把导通时间减到最短，但无法对抗每个开关周期的电流增加。电感电流增加［图 5.29 中为 1.4 A］，当输出电压达到指标时，电感电流快速下降。这时，控制器进入跳周方式并产生磁滞调节作用。输出纹波稍有增加但保持在 V_{out} 的 2%以内。通过阶跃负载测试确认了在两种输入电压下（见图 5.30），变换器的稳定性。假设不存在实际的补偿元件，可以看到比例型响应，并可与图 5.6 所示的积分型响应进行比较。一旦加载补偿，则存在静态误差，但几乎不存在欠脉冲。

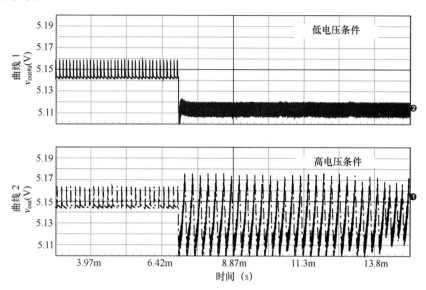

图 5.30　两种输入电压下的负载阶跃响应没有显示任何问题，很好地控制了欠脉冲

5.1.13　降压变换器元件约束

作为降压变换器设计的结尾，我们收集了降压变换器中使用的主要元件约束关系。这些数据有助于选择合适的二极管和功率开关击穿电压。因为降压变换器设计在标称负载下工作于 CCM，所以所有公式对应于 CCM 工作条件。请注意二极管有效电流公式有助于计算包含同步 MOSFET 电路的欧姆损耗。

MOSFET
$BV_{DSS} > V_{in,max}$　击穿电压
$I_{D,max} > I_{out} + \Delta I_L/2$　最大峰值电流
$I_{D,rms} = I_{out}\sqrt{D\left(1 + \dfrac{1}{12}\left(\dfrac{1-D}{\tau_L}\right)^2\right)}$
二极管
$V_{RRM} > V_{in,max}$　峰值重复反相电压
$I_{F,avg} = I_{out}(1 - D_{min})$　连续电流
$I_{F,rms} = I_{out}\sqrt{(1-D_{min})\left(1 + \dfrac{1}{12}\left(\dfrac{1-D_{min}}{\tau_L}\right)^2\right)}$ ，　$\tau_L = \dfrac{L}{R_{load}T_{sw}}$
电感
$I_{L,rms} = I_{out}\sqrt{1 + \dfrac{1}{12}\left(\dfrac{1-D}{\tau_L}\right)^2}$

输出电容
$I_{C_{out},rms} = I_{out}\dfrac{1-D_{min}}{\sqrt{12\tau_L}}$
输入电容
$I_{C_{in},rms} = \sqrt{I_{D,rms}^2 - (MI_{out})^2}$, $M = V_{out}/V_{in}$

文献[8]给出了 DCM 和 CCM 条件下的降压变换器公式的综合列表。这些公式对于理解变换器变量对性能参数影响是很有帮助的。然而，SPICE 能产生所有特性，如均方根、平均或峰值结果。运行最差情况仿真分析，可以获得很好的工作电流和电压的响应。然而，始终要考虑在仿真电路中可能没有包含的寄生效应（电容或离散电感）。这些元件会在开关过程中产生致命的尖峰，需要对这些尖峰进行阻尼。我们将会在其他例子中再用到这些数据。

5.2 升压变换器

与降压变换器不同，升压变换器用于用户需要比输入电压还要高的输出电压的系统中。例如，电池供电系统（如 12 V 电池为音频放大器供电）、蜂窝电话（为射频放大器提供足够的偏置），或需要为电路提供局部的适当的高电压。下面从汽车应用例子开始讨论。

5.2.1 由汽车电池供电的电压模式 48 V/2 A 升压变换器

高功率音频应用要求一个相当大的输入电压来传输一定量的功率，用来驱动莱米低音音响。本例中，升压变换器设计用来从 12 V 汽车电池中输送约 100 W 功率。由于音频负载随音频电压的变化很大，变换器自然工作在 DCM 和 CCM 模式边界。然而，为减小电容中的有效电流，将确保在轻负载条件下让变换器进入 DCM 工作状态。技术指标如下：

$V_{in,min} = 10$ V，$V_{in,max} = 15$ V，$V_{out} = 48$ V，$V_{ripple} = \Delta V = 250$ mV

最大电流在 10 μs 内 I_{out} 从 1 A 变到 2 A 时，输出电压 V_{out} 降落 $= 0.5$ V

$I_{out,max} = 2$ A，$F_{sw} = 300$ kHz

与前面的例子一样，首先定义在升压工作过程中占空比的偏差范围。由于变换器工作于连续导通模式，可以应用第 1 章的占空比定义

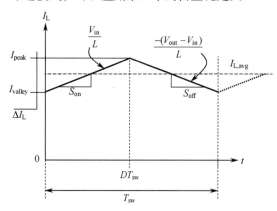

图 5.31 升压变换器电感电流波形

$$D_{min} = \frac{V_{out}-V_{in,max}}{V_{out}} = \frac{48-15}{48} = 0.69 \quad (5.50)$$

$$D_{max} = \frac{V_{out}-V_{in,min}}{V_{out}} = \frac{48-10}{48} = 0.79 \quad (5.51)$$

为定义所需的电感值，观察图 5.31 所示的电感电流的变化。峰值电流定义为电感平均电流（实际为升压变换器输入电流）加上偏移量 ΔI_L 的一半。数学上，该电流定义为

$$I_{peak} = I_{in,avg} + \frac{\Delta I_L}{2} \quad (5.52)$$

式中，ΔI_L 表示电感电流从谷值到峰值的偏移。该电流在变换器功率开关导通时间产生。因此有

$$\Delta I_L = \frac{V_{in}DT_{sw}}{L} \quad (5.53)$$

从式（5.53）中，可以求得最大或最小纹波的位置，作为本设计中的基本参数。把式（5.53）

中的 D 用上述定义代入，并让该式对输入电压求导数，得

$$\frac{\mathrm{d}\Delta I_{\mathrm{L}}(V_{\mathrm{in}})}{\mathrm{d}V_{\mathrm{in}}}=\frac{\mathrm{d}}{\mathrm{d}V_{\mathrm{in}}}\left(\frac{V_{\mathrm{in}}T_{\mathrm{sw}}}{L}\left(1-\frac{V_{\mathrm{in}}}{V_{\mathrm{out}}}\right)\right)=\frac{T_{\mathrm{sw}}}{L}\left(1-\frac{2V_{\mathrm{in}}}{V_{\mathrm{out}}}\right) \tag{5.54}$$

求解微分值为 0 时的 V_{in} 值，它给出了纹波最大值条件：

$$V_{\mathrm{in}}=\frac{V_{\mathrm{out}}}{2} \tag{5.55}$$

可以画出输入电压函数式（5.53）的曲线来检查纹波计算值，如图 5.32 所示。从图中可以确认在 $V_{\mathrm{out}}=48\text{ V}$ 时，输入电压为 24 V 时出现最大值。在该特例中，最差情况出现在最大输入电压处，即占空比最小处。在下一个例子中将会看到，情况并不一定是这样的，这与电路工作于曲线的哪部分有关。把电感峰-峰电流与平均输入电流通过纹波 δI_{r} 联系起来，式（5.53）可以重写为

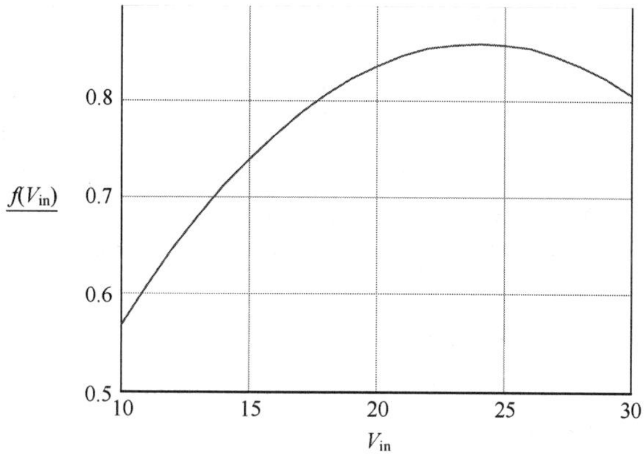

$$\frac{\Delta I_{\mathrm{L}}}{I_{\mathrm{in,avg}}}=\delta I_{\mathrm{r}}=\frac{V_{\mathrm{in}}}{I_{\mathrm{in,avg}}}\frac{D}{F_{\mathrm{sw}}L} \tag{5.56}$$

图 5.32 当 $V_{\mathrm{out}}=48\text{ V}$、$L=46\text{ μH}$ 和 $F_{\mathrm{sw}}=300\text{ kHz}$ 时，纹波随输入电压的变化

定义输出功率如下：

$$P_{\mathrm{out}}/\eta=V_{\mathrm{in}}I_{\mathrm{in,avg}} \tag{5.57}$$

从式（5.57）求出 $I_{\mathrm{in,avg}}$ 并把它代入式（5.56），得

$$\delta I_{\mathrm{r}}=\frac{\eta V_{\mathrm{in}}^{2}}{P_{\mathrm{out}}}\frac{D}{F_{\mathrm{sw}}L} \tag{5.58}$$

选定纹波幅度，求解 L 可得到所需的电感值。前面分析显示，V_{in} 选择为最大值，则有

$$L=\frac{\eta V_{\mathrm{in}}^{2}D}{\delta I_{\mathrm{r}}F_{\mathrm{sw}}P_{\mathrm{out}}} \tag{5.59}$$

如果选择纹波值为 10%，假设效率为 90%，输入电压为最大值，那么由式（5.59）可得到电感值为

$$L=\frac{0.9\times15^{2}\times0.69}{0.1\times300\mathrm{k}\times100}=\frac{140}{3\mathrm{Meg}}=46.6\text{ μH} \tag{5.60}$$

现在，合并式（5.52）、式（5.53）和式（5.57），计算在最低输入电压时的最大峰值电流为

$$I_{\mathrm{peak}}=\frac{P_{\mathrm{out}}}{V_{\mathrm{in,min}}\eta}+\frac{V_{\mathrm{in,min}}D_{\mathrm{max}}}{2LF_{\mathrm{sw}}}=\frac{96}{0.9\times10}+\frac{10\times0.79}{2\times46.6\mathrm{μ}\times300\mathrm{k}}\approx11\text{ A} \tag{5.61}$$

应用该值，可以检查输出电压为何值时，变换器进入不连续工作模式。由第 1 章临界负载公式可求得临界电阻值为

$$R_{\mathrm{critical}}=\frac{2F_{\mathrm{sw}}L}{D_{\mathrm{min}}(1-D_{\mathrm{min}})^{2}}=\frac{600\mathrm{k}\times46.6\mathrm{μ}}{0.69\times(1-0.69)^{2}}=422\text{ Ω} \tag{5.62}$$

该电阻值对应于输出电流为 48/421≈114 mA 或标称电流的 5.7%。在该电路结构中，当 $V_{\mathrm{in}}=10\text{ V}$ 时，峰值电流将达到 221 mA。

应用下式和 250 mV 的输出纹波指标，可以计算输出电容为

$$C_{\mathrm{out}}\geqslant\frac{D_{\mathrm{min}}V_{\mathrm{out}}}{F_{\mathrm{sw}}R_{\mathrm{load}}\Delta V}\geqslant\frac{0.69\times48}{300\mathrm{k}\times24\times0.25}\geqslant18\text{ μF} \tag{5.63}$$

该电容值在没有 ESR 的条件下，提供了足够容抗来满足纹波要求。然而，更重要的是，最后

还要选择流过输出电容的有效电流。式（5.64）给出了有效电流值的分析表达式，即

$$I_{C_{\text{out}},\text{rms}}=I_{\text{out}}\sqrt{\frac{D}{D'}+\frac{D^2D'}{12}\left(\frac{D'}{\tau_{\text{L}}}\right)^2}=2\sqrt{\frac{0.79}{0.21}+\frac{0.79^2\times0.21}{12}\left(\frac{0.21}{582\text{m}}\right)^2}=3.88\,\text{A} \tag{5.64}$$

式中，$\tau_{\text{L}}=L/R_{\text{load}}T_{\text{sw}}=582\,\text{m}$。

该电流最大值出现在输入电压最小或占空比最大处。为处理该电流，需要一个能工作于 48 V 的电容来维持存在的纹波电压。这里选择 Rubycon 公司的 YXG 电容，它具有以下特性参数：

$C=1500\,\mu\text{F}$
$T_{\text{A}}=105℃$ 时，$I_{\text{C,rms}}=2330\,\text{mA}$
$T_{\text{A}}=20℃$，工作频率为 100 kHz 时，$R_{\text{ESR,low}}=0.036\,\Omega$
$T_{\text{A}}=-10℃$，工作频率为 100 kHz 时，$R_{\text{ESR,high}}=0.13\,\Omega$
YXG 系列，耐压 63 V

在给定的纹波指标下，两个这类电容的并联能满足变换器的要求，并能提供合适的裕度。

5.2.2 AC 分析

交流分析能给出工作于极端区域的升压变换器开环波特图。另外，必须在补偿前或补偿后对不同 ESR 做扫描，来检查和解释 ESR 的效应。谈到 ESR，应计算由这些元件（$C_{\text{out}}=2\times1500\,\mu\text{F}$，等效 ESR 为单个元件 ESR 的一半）产生的零点位置：

$$f_{z,\text{low}}=\frac{1}{2\pi R_{\text{ESR,high}}C_{\text{out}}}=\frac{1}{6.28\times65\text{m}\times3\text{m}}=816\,\text{Hz} \tag{5.65}$$

$$f_{z,\text{high}}=\frac{1}{2\pi R_{\text{ESR,low}}C_{\text{out}}}=\frac{1}{6.28\times18\text{m}\times3\text{m}}=2.95\,\text{kHz} \tag{5.66}$$

因此，这些零点位置会随温度和电容值的离散性变化。另一要点与 RHPZ 有关。我们已经解释了零点的效应，它们能把可能的带宽限制在最低频率位置的 20%~30%，定义为

$$f_{z2}=\frac{R_{\text{load}}D'^2}{2\pi L} \tag{5.67}$$

把元件数值代入上式得到

$$f_{z2}=\frac{24\times(1-0.79)^2}{6.28\times46.6\mu}=3.6\,\text{kHz} \tag{5.68}$$

或者说，交叉频率必须选择在约 1 kHz 的位置（3.6 kHz 的 30%）。

升压变换器的 LC 滤波器也具有谐振点，跟降压变换器设计一样。然而，这里电感 L 没有电感值，只有等效电感，由下式给出：

$$L_{\text{e}}=\frac{L}{(1-D)^2} \tag{5.69}$$

因此，谐振频率为

$$f_0=\frac{1}{2\pi\sqrt{L_{\text{e}}C}}=\frac{1-D}{2\pi\sqrt{LC}} \tag{5.70}$$

在 CCM 升压变换器设计中，占空比 D 理论上与输出电流值无关。因此，谐振频率将由输入电压范围产生的占空比 D 变化计算得出：

$$f_{0,\text{low}}=\frac{1-D_{\text{max}}}{2\pi\sqrt{LC}}=\frac{1-0.79}{6.28\times\sqrt{46.6\mu\times3\text{m}}}=89\,\text{Hz} \tag{5.71}$$

$$f_{0,\text{high}} = \frac{1 - D_{\min}}{2\pi\sqrt{LC}} = \frac{1 - 0.69}{6.28 \times \sqrt{46.6\mu \times 3m}} = 132\,\text{Hz} \tag{5.72}$$

与降压变换器实例一样，双零点刚好放置在谐振峰处，来补偿在该点产生的严重相位滞后。有些设计者推荐把双零点放在稍低于谐振峰的位置，这样可根据仿真得到的数据，很容易测试该结果。现在，给定带宽（1 kHz）和输出电容值，可以计算输出电流变化（在 10 μs 内变化 1 A）时，输出电压的下降为

$$\Delta V_{\text{out}} \approx \frac{\Delta I_{\text{out}}}{2\pi f_c C_{\text{out}}} \approx 53\,\text{mV} \tag{5.73}$$

式中，$Z_{\text{Cout}} \geqslant 18\,\text{m}\Omega$，且在 1 kHz 处为 53 mΩ。

接下来观察完整电路的小信号响应。修改后的模型如图 5.33 所示，而图 5.34 和图 5.35 给出了交流扫描结果。在该特殊情况下，调制器锯齿波幅度为 2 V。因此，在交流分析中，系数为 0.5（$G_{\text{PWM}} = 0.5$ 或–6 dB）。图中可以看到 ESR 的影响，当零点处于频谱的较低频端时，ESR 会使增益增加。对图 5.35 进行补偿能解决该问题，然而，当 ESR 增加时会使带宽略为下降。

处理二阶系统迫使我们使用放大器类型 3 补偿，如图 5.33 所示。为通过放大器类型 3 电路来稳定变换器，我们将用第 3 章描述的手动极点和零点放置方法。

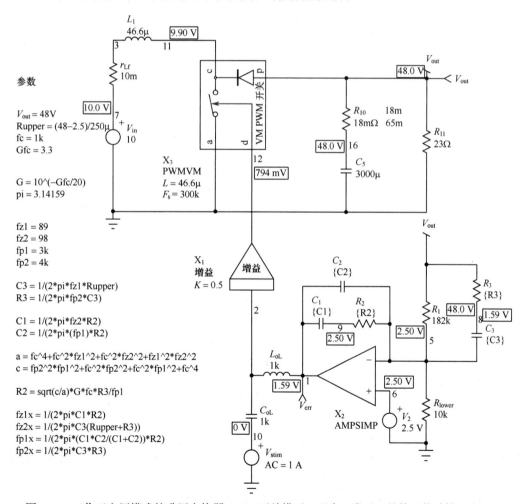

图 5.33　工作于电压模式的升压变换器 PWM 开关模型。通常，类型 3 补偿网络计算是自动的

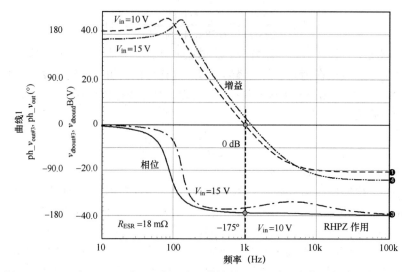

图 5.34 ESR 为 18 mΩ 时，工作于电压模式的 CCM 升压变换器的交流扫描结果

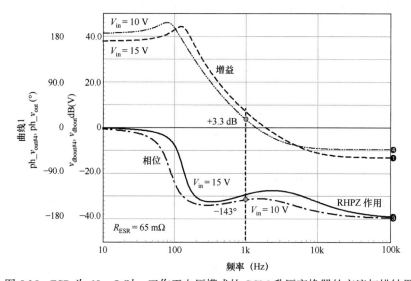

图 5.35 ESR 为 65 mΩ 时，工作于电压模式的 CCM 升压变换器的交流扫描结果

（1）输出电压为 48 V，参考电压为 2.5 V，采用的桥电流为 250 μA。上偏置电阻和下偏置电阻值分别为

$$R_{lower} = 2.5/250\mu = 10 \text{ k}\Omega$$
$$R_{upper} = (48-2.5)/250\mu = 182 \text{ k}\Omega$$

（2）在两种输入电压下电压模式升压变换器的开环扫描（结果如图 5.34 和图 5.35 所示）。

（3）从波特图中，可以看到在 1 kHz 处，所需的补偿器增益为-3 dB（即最差情况），图 5.35 显示了 3 dB 增益裕量补偿。

（4）为消除 LC 滤波器峰值，在 89 Hz 谐振频率处放置双零点。也可以在 140 Hz 处放置双零点来补偿谐振峰的变化，特别是当谐振峰很接近于交叉频率 f_c 时，更应加以补偿。然而，假设所选交叉频率为 1 kHz（f_0 的 7 倍），仍存在一定的裕度。

（5）在最高零点位置（3 kHz）放置第一个极点使其增益降低。

（6）在 RHPZ（4 kHz）处放置第二个零点，使其增益进一步降低。

（7）应用第 3 章描述的手动放置方法，计算所有的补偿元件：

$$R_2 = 12\ \text{k}\Omega,\ R_3 = 4\ \text{k}\Omega,\ C_1 = 150\ \text{nF},\ C_2 = 4.4\ \text{nF},\ C_3 = 9.8\ \text{nF}$$

加了补偿后，可以探讨在最大和最小两种输入电压及不同 ESR 条件下的波特图，如图 5.36 所示。最小带宽约为 600 Hz 并满足式（5.73）。在所有情况下，都有很好的相位裕度，能确保低振铃瞬态响应的稳定性。当 ESR 达到 65 mΩ 时，增益裕度稍低，只有 8 dB。该增益裕度可以通过把带宽减到 RHPZ 位置的 20% 得到改善。

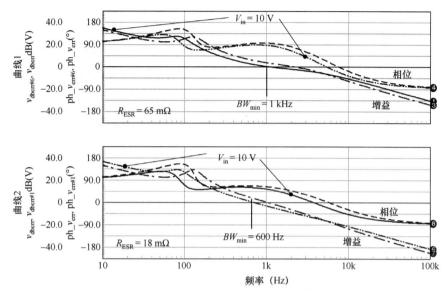

图 5.36　在所有条件下，补偿后的 CCM 升压变换器都有合适的相位裕度

与原始技术指标给出的那样，现在可以给输出加上从 1 A 到 2 A 的阶跃负载。图 5.37 所示为在不同输入电压和不同 ESR 的所有组合下的最终结果。测量到由于存在 ESR，在最差情况下，最大输出电压下降为 116 mV。

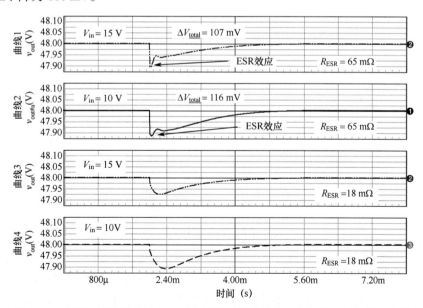

图 5.37　阶跃负载结果显示，在所有情况下都满足技术指标并有极好的稳定性

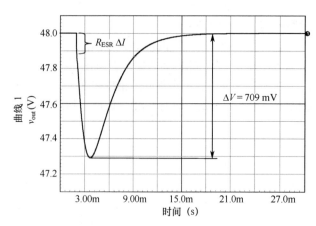

图 5.38　DCM 的阶跃结果显示，由于缺少可行的控制带宽，响应变慢

如果把最小电流从 1 A 减小到 50 mA，变换器必须工作于 DCM。遗憾的是，在 DCM 情况下，双极点消失而单极点保留下来。零点起作用并且成为闭环系统的极点，如图 5.38 所示，它会影响响应时间。因此，更希望在负载阶跃过程中，保持在 CCM 工作状态。然而，仍需要指出，欠脉冲保持在 V_{out} 的 2% 以内，对于该音频变换器而言是可接受的性能。

5.2.3　瞬态分析

与在降压变换器例子中所做的一样，在瞬态仿真中使用通用控制器来仿真升压变换器。最后的仿真结果可以用来检验初始假设和其他参数。用于仿真的变换器电路如图 5.39 所示。

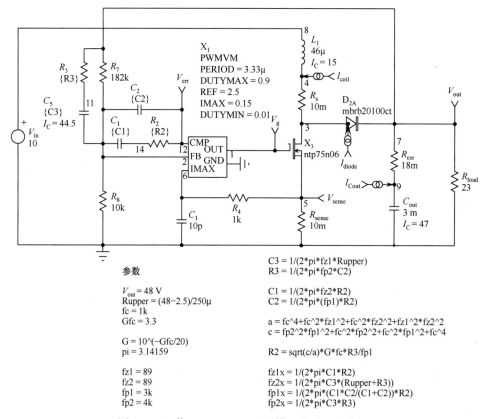

图 5.39　工作于 PWMVM 通用模型的升压变换器

式（5.61）给出峰值电流为 11 A，给出了一定的裕度，设置最大允许的峰值为 15 A。该设置可以通过选择 IMAX 参数为 150 mV 并将检测电阻 R_{sense} 设为 10 mΩ 来实现。简单的 RC 网络（R_4C_1）滤除所有可能产生的高频寄生信号，例如，由二极管恢复电流尖峰产生的信号。补偿元件直接通过参数（parameters）宏从交流分析中复制得到。因此，如果对响应结果不满意，设计者可以很快

在交流分析中测试新的元件值并可以立即把新值用于瞬态分析。假设输出电容值很大，电容端电压从 0 开始，仿真时间可能相当长。因此，需要提供某些初始条件以便把仿真时间减少到几分钟。不仅对输出电容 C_{out} 应加初始条件，放置在反馈网络中的 C_5 也应加初始条件。电感也会流过 15 A 的初始电流。在 $V_{in} = 10$ V 条件下进行仿真，所得关键信号如图 5.40 所示。

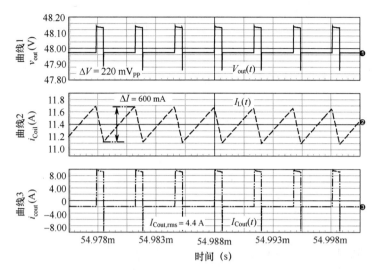

图 5.40　$V_{in} = 10$ V、$R_{ESR} = 18$ mΩ 时，CCM 升压变换器的瞬态仿真信号

很快可以看到，输出纹波达到设计限值。这是因为总的纹波值可简单地由 ESR 值加上 11 A 峰值电流给出，3000 μF 电容对纹波电压的贡献极小。该结果显然会恶化 ESR 为 65 mΩ 时的仿真结果。一种解决方法是用不同的电容排列，这样既能提供正确的电容值（对于阶跃响应而言），又能得到更小的总 ESR 值，以便处理最差情况下的输出纹波。

从仿真结果中可以求得 MOSFET 和二极管的总损耗，包括导通损耗与开关损耗。当然，这些值只是参考值，由于：① MOSFET 的 $R_{DS(on)}$ 不依赖于结温（因此模型中 $R_{DS(on)}$ 取 25℃时的值，而计算应包括 $T_j = 125$℃时的 $R_{DS(on)}$);② MOSFET 和二极管的开关损耗应包括寄生元件和恢复效应，特别对 CCM 升压变换器更有意义。图 5.41 所示为 MOSFET 损耗而图 5.42 所示为二极管损耗。

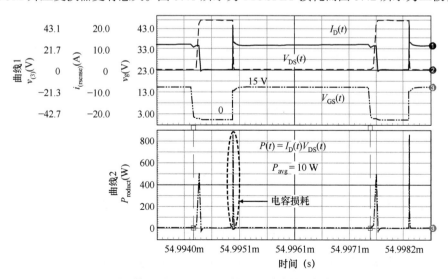

图 5.41　最差情况下，MOSFET 导通和开关的总损耗达到 10 W

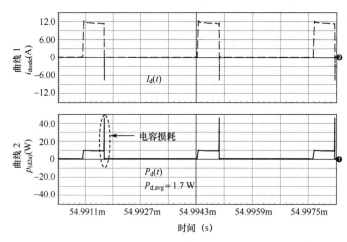

图 5.42　二极管的损耗很低，在总损耗中只占 1.6 W

这些损耗主要来自电容性损耗，因为肖特基二极管不存在恢复现象。第一种情况显示总损耗为 10 W，其中包括二极管损耗 1.6 W。总之，在最低输入电压条件下，升压变换器的仿真得到的效率可达 87.5%，在输入电压为 15 V 时，效率上升到 95%。

5.2.4　由锂电池供电的电流模式 5 V/1 A 升压变换器

在电池供电的应用中，经常需要为逻辑电路提供 5 V 电源。在本节的具体应用中，电池也为射频（RF）发射电路供电，迫使升压变换器限制直流电压上的纹波电流污染。技术指标如下：

$V_{\text{in, min}}=2.7\,\text{V}$，$V_{\text{in, max}}=4.2\,\text{V}$，$V_{\text{out}}=5\,\text{V}$，$V_{\text{ripple}}=\Delta V=50\,\text{mV}$

在 1 μs 内输出电流 I_{out} 从 100 mA 变到 1 A 时，输出电压 V_{out} 最大下降为 0.1 V

$I_{\text{out, max}}=1\,\text{A}$，$F_{\text{sw}}=1\,\text{MHz}$

$I_{\text{ripple, peak}}=1\,\text{mA}$（输入电流最大纹波）

尽管为电流模式结构，无源元件的选择仍与电压模式时相同。首先求占空比极限值：

$$D_{\text{min}}=\frac{V_{\text{out}}-V_{\text{in,max}}}{V_{\text{out}}}=\frac{5-4.2}{5}=0.16 \tag{5.74}$$

$$D_{\text{max}}=\frac{V_{\text{out}}-V_{\text{in,min}}}{V_{\text{out}}}=\frac{5-2.7}{5}=0.46 \tag{5.75}$$

根据式（5.55），最大纹波将出现在输出电压的一半处，本例中为 2.5 V。注意，与前面的设计例子相比，这是最低输入电压。因此，如果选择电感纹波电流为 12%，元件值可以通过式（5.59）确定，此时输入电平最低：

$$L=\frac{0.9\times2.7^2\times0.46}{0.12\times1\text{Meg}\times5}=\frac{3.02}{600\text{k}}=5\,\mu\text{H} \tag{5.76}$$

电感将产生最差的峰值工作电流（$V_{\text{in}}=V_{\text{in, min}}$）：

$$I_{\text{peak}}=\frac{P_{\text{out}}}{\eta V_{\text{in}}}+\frac{V_{\text{in}}D}{2LF_{\text{sw}}}=\frac{5}{0.9\times2.7}+\frac{2.7\times0.46}{2\text{Meg}\times5\mu}=2.17\,\text{A} \tag{5.77}$$

为保持良好的 CCM 瞬态响应，需计算升压变换器进入 DCM 工作时对应的负载点：

$$R_{\text{critical}}=\frac{2LF_{\text{sw}}}{D_{\text{min}}(1-D_{\text{min}})^2}=\frac{2\text{Meg}\times5\mu}{0.16\times(1-0.16)^2}=88.6\,\Omega \tag{5.78}$$

该负载对应的负载电流为 56.4 mA，比 100 mA 设计指标稍低。由于电路工作于 CCM，我们期望在整个电流范围有一个良好的瞬态响应。

按照允许的纹波，输出电容可以与前面一样计算得到：

$$C_{\text{out}} \geq \frac{D_{\text{min}}V_{\text{out}}}{F_{\text{sw}}R_{\text{load}}\Delta V} \geq \frac{0.16\times5}{1\text{Meg}\times5\times0.05} \geq 3.2\ \mu\text{F} \tag{5.79}$$

有效电流值作为选择电容的最后判据。以前用于电压模式的公式同样可用于电流模式变换器：

$$I_{C_{\text{cou}},\text{rms}} = I_{\text{out}}\sqrt{\frac{D}{D'}+\frac{D^2D'}{12}\left(\frac{D'}{\tau_L}\right)} = 1\sqrt{\frac{0.46}{0.54}+\frac{0.46^2\times0.54}{12}\left(\frac{0.54}{1}\right)^2} = 924\ \text{mA} \tag{5.80}$$

式中，$\tau_L = L/(R_{\text{load}}T_{\text{sw}}) = 1$。

对于紧凑式升压变换器，不能把电解电容像开架式适配器那样叠放起来，因为对开架式适配器而言，存在足够的空间来容纳电解电容，而紧凑式升压变换器则不然。本例中，升压变换器用于便携式电话，物理尺寸必须受到一些限制，特别是电路板质量。我们选择 TDK 公司的多层电容[9]，C 系列电容参数如下：

$C = 10\ \mu\text{F}$

在 $T_A = 105℃$，$F_{\text{sw}} = 1\ \text{MHz}$ 时，$I_{C,\text{rms}} = 3\ \text{A}$

在 $T_A = 20℃$，工作频率为 $1\ \text{MHz}$ 时，$R_{\text{ESR}} = 3\ \text{m}\Omega$

C 系列，耐压 10 V-C32 16XR51A106M

通过上述参数可知，该电容的 ESR 极低，尽管电容的体积很小（$L\times W = 3.2\ \text{mm}\times1.6\ \text{mm}$），使它允许存在高纹波电流。与 ESR 相关的高频零点对交叉频率处的相位提升没有帮助。现在来看看，使用这个 $10\ \mu\text{F}$ 的电容，需要多少带宽才能满足负载阶跃的要求：

$$f_c \approx \frac{\Delta I_{\text{out}}}{2\pi\Delta V_{\text{out}}C_{\text{out}}} = \frac{0.9}{6.28\times0.1\times10\mu} = 143\ \text{kHz} \tag{5.81}$$

我们能提供如此高的带宽吗？当然不能，特别是在 CCM 升压变换器设计中，RHPZ 严重地限制了交叉频率的选择。在本设计中，RHPZ 位于

$$f_{z2} = \frac{R_{\text{load}}D'^2}{2\pi L} = \frac{5\times(1-1.46)^2}{6.28\times5\mu} = 46.4\ \text{kHz} \tag{5.82}$$

遗憾的是，由于半导体中存在内在的各种损耗，占空比有增加的趋势，自然降低 RHPZ 位置。允许存在一定的裕度，选交叉频率为 8 kHz。假定这一新的数值，可以重新计算所需的输出电容值：

$$C_{\text{out}} \approx \frac{\Delta I_{\text{out}}}{2\pi\Delta V_{\text{out}}f_c} = \frac{1}{6.28\times0.1\times8\text{k}} \approx 200\ \mu\text{F} \tag{5.83}$$

请注意，增加纹波会降低电感值并将 RHPZ 推到较高位置。这自然为选择较高交叉频率提供了更高的灵活性。这一数值表明原来所选的电容值是不正确的。从 TDK 公司的电容中寻找新的电容，给出了如下的参数，把 3 个这种电容并联起来可以满足式（5.83）：

$C = 68\ \mu\text{F}$

在 $T_A = 105℃$，$F_{\text{sw}} = 1\ \text{MHz}$ 时，$I_{C,\text{rms}} = 3\ \text{A}$

在 $T_A = 20℃$，工作频率为 $1\ \text{MHz}$ 时，$R_{\text{ESR}} = 2.5\ \text{m}\Omega$

1A 系列，耐压 10 V - C5750X5R1A686M

由于该电容的 ESR 值极低，不能依靠它来提升交叉频率处的相位。

5.2.5 AC 分析

由于升压变换器工作于低输入电压和低输出电压条件下，包含导通损耗和正向压降的模型将会产生更好的结果。这一结论如图 5.43 所示，该电路利用了包含 MOSFET 和二极管正向压降的自触发电流模式模型。注意，由于升压变换器结构与原始降压模型相比电流极性反向（更详细的

讨论参见第 2 章），因此存在负检测电阻值。从安森美半导体公司选择如下的有源器件[10]：

MOSFET NTS3157N $BV_{DSS} = 20\,V$，在 $V_{GS} = 2.5\,V$，$T_j = 125℃$条件下，$R_{DS(on)} = 140\,m\Omega$

二极管 MBRA210ET3 $V_{RRM} = 10\,V$，在 $I_f = 1A$，$T_j = 25℃$条件下，$V_f = 0.48\,V$

这里选择 N 沟道 MOSFET，在 $V_{GS} = 2.5\,V$ 时，N 沟道 MOSFET 就能确保导通，漏源间呈现为导通电阻，甚至在 $V_{GS} = 1.8\,V$ 就能达到技术指标。因此，低输入电压不会有任何问题。二极管代表了最新性能，例如，击穿电压为 10 V，漏电流在高温和 5 V 条件下为 500 μA。另外，如果效率是设计参数的一部分的话，可以利用同步整流。由于没有现成的晶体管 SPICE 模型，可以用高温 $R_{DS(on)}$值的固定电阻来代替。二极管模型，可以从安森美半导体公司网站上得到，并可以插入升压应用电路中。

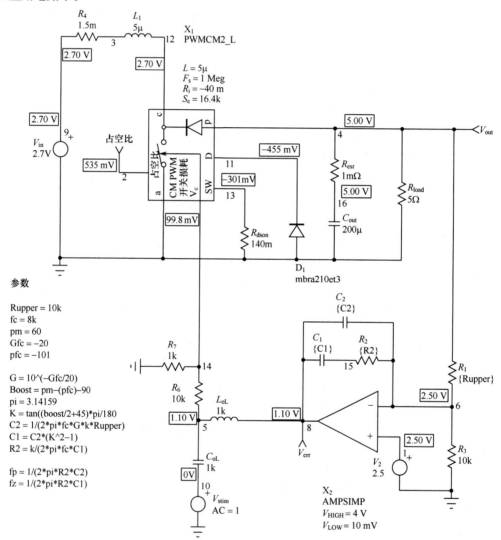

图 5.43　由损耗模型构建的通过放大器类型 2 补偿的 CCM 升压变换器

式（5.77）定义了必需的峰值电流。若假设最大检测电压为 100 mV，最大允许峰值为 2.5 A，那么检测电阻值可以由下式求得：

$$R_{sense} = \frac{100m}{2.5} = 40\,m\Omega \tag{5.84}$$

为给误差放大器提供足够的摆幅，电路中设计了一个除 11 的除法器，这样，电流上限（2.5 A）就与 1.1 V 输出电压相对应。

进行交流扫描后，电路能给出在最低输入电压时的直流工作点。给定不同损耗，占空比（53%）会超过理论计算值（46%），但半导体器件的压降与数据表预测值吻合得很好。图 5.44 所示为两种输入电压下的交流扫描曲线。可清楚地看到次谐波峰值出现在 500 kHz 位置，即需要进行阻尼。

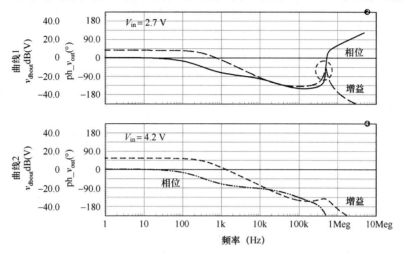

图 5.44　当输入电压最小时，交流小信号响应存在峰值

替代传统的斜坡补偿方法（电感电流下行斜率的 50%～75%），我们将采用 Ridley 给出的方法，它在第 2 章中描述：

$$Q=\frac{1}{\pi(m_c D_0'-0.5)} \tag{5.85}$$

式中，

$$m_c=1+S_a/S_1 \tag{5.86}$$

式（5.85）检验了在开关频率的一半处所观察到的双极点品质因数的合理性。为消除不必要的振荡，设计者必须把品质因数减小到 1，即意味着

$$m_c=\frac{1/\pi+0.5}{D_0'} \tag{5.87}$$

在上述所有等式中，应用了如下符号：

D_0' 表示稳态条件下，截止期间的直流占空比（从图 5.43 中的直流偏置求得）；

S_a 是所需的补偿斜坡，文献中也称为 S_e；

S_1 和 S_2 分别是导通和截止期间斜率，文献中也标示为 S_n 和 S_f。

给定升压变换器结构，很容易推导电感导通期间斜率。在忽略欧姆压降的条件下，可写为

$$S_1=\frac{V_{in}}{L}=\frac{2.7}{5\mu}=540\,kA/s \tag{5.88}$$

应用式（5.87），可得到参数 m_c 为

$$m_c=\frac{1/\pi+0.5}{D_0'}=\frac{818m}{1-464m}=1.53 \tag{5.89}$$

从式（5.86），可求得

$$S_a=(m_c-1)S_1=0.53\times\frac{2.7}{5\mu}=286\,kA/s \tag{5.90}$$

引入电流检测电阻，上式变为

$$S'_a = 286\text{k} \times 40\text{m} = 11.4\,\text{kV/s} \tag{5.91}$$

波特图（见图 5.45）显示了主极点的存在，该极点在第 2 章附录 2A 中做了定义：

$$f_p = \frac{\dfrac{2}{R_{\text{load}}} + \dfrac{T_{\text{sw}}}{LM^3}\left(1 + \dfrac{S_a}{S_1}\right)}{2\pi C_{\text{out}}} = \frac{\dfrac{2}{5} + \dfrac{1\mu}{5\mu \times 6.35} \times 1.53}{6.28 \times 200\mu} = 357\,\text{Hz} \tag{5.92}$$

利用该斜坡来更新交流模型并观察最后的开环波特图，如图 5.45 所示。

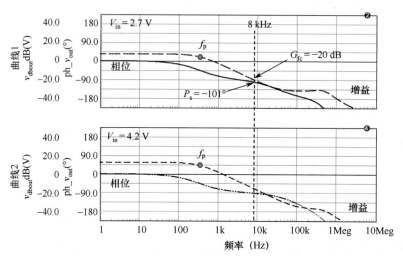

图 5.45　两种输入电压下，CCM 电流模式升压变换器斜坡补偿波特图

我们可以用放大器类型 2 补偿电路来处理 CCM 电流模式变换器。为了通过放大器类型 2 电路来稳定该变换器，需使用 k 因子，它能用一阶系统产生适当的结果。如果产生的结果仍不满意，还可以用在第 2 章中描述的手动放置方法。

（1）对于参考电压为 2.5 V 的 5 V 输出变换器，选择桥电流为 250 μA。下偏置电阻值和上偏置电阻值分别为

$$R_{\text{lower}} = 2.5/250\mu = 10\,\text{k}\Omega$$
$$R_{\text{upper}} = (5-2.5)/250\mu = 10\,\text{k}\Omega$$

（2）两种输入电压下，对电压模式变换器进行开环扫描，结果如图 5.45 所示。

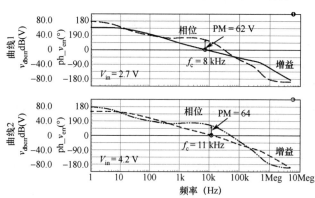

图 5.46　补偿后的波特图曲线表明在所有输入电压情况下，都有良好的相位和增益裕度

（3）从波特图中，可看到在 8 kHz 处最差情况下，所需补偿器增益为 20 dB。

（4）k 因子宏计算得到，在相位裕度为 70° 时，零点置于 630 Hz 处，极点置于 101 kHz 处（$k = 12.7$）。传送给仿真引擎的数值如下：

$R_2 = 100\,\text{k}\Omega$，$C_1 = 2.5\,\text{nF}$，$C_2 = 15.6\,\text{pF}$

把这些元件值输入仿真引擎，可以在两种输入电压下完成最后的仿真。结果如图 5.46 所示，图中可以看到相位裕度为 60°，增益裕度为 20 dB。

瞬态测试使用平均模型，并让负载

在 100 mA ~ 1 A 之间变化。图 5.47 显示了该测试的结果并肯定了电路的稳定性。纹波保持在 70 mV 以内，因此满足设计要求。

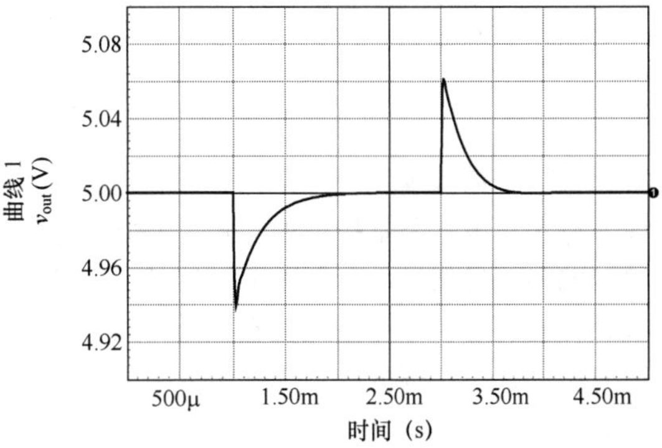

5.2.6 瞬态分析

使用通用电流模型 PWMCM2 的瞬态仿真电路如图 5.48 所示。使用的控制器参数如下：

PERIOD = 1μ   开关周期为 1 μs（1 MHz）

DUTYMAX = 0.9   最大占空比高达 90%

DUTYMIN = 0.01   最小占空比低至 1%

REF = 2.5   内部参考电压为 2.5 V

RAMP = 2.5   内部振荡器锯齿波幅度，这里为 0 ~ 2.5 V

VOL = 100m   误差放大器输出低电平

VOH = 1.5   误差放大器输出高电平

RATIO = 0.1   已经在内部除 10 后的反馈信号（1.5/10 = 150 mV）

图 5.47　输入电压 V_{in} = 2.7 V、负载在 100 mA 和 1 A 之间变化时的 CCM 升压变换器瞬态响应

已知 CCM 升压变换器必须进行谐波补偿。该补偿值已经计算得到，它为导通斜率的 52%。可利用已经推导得到的工作于电流模式降压变换器的同一组等式：

$S_1' = 21.6$ mV/μs　　　［见式（5.88），其中检测电阻为 40 mΩ］

$S_{ramp} = 2.5$ V/μs　　（周期为 1 μs，幅度为 2.5 V）

$R_{current} = 1$ kΩ　　（任意值）

$M_r = 52\%$　　　　　与前面讨论的一样［见式（5.89）］

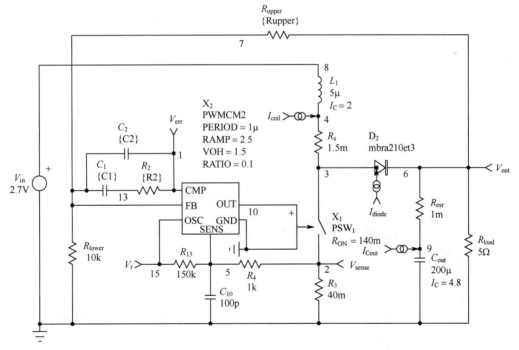

图 5.48　由 R_{13} 产生斜坡补偿的 CCM 升压开关电路

给定这些数值，由式（5.43）得出

$$R_{ramp} = \frac{S_{ramp}}{M_r S_1'} R_{current} = \frac{2.5}{0.52 \times 21.6m} 1k \approx 223\ k\Omega \tag{5.93}$$

把以上数值输入应用电路，可以进行仿真分析。图 5.49 所示为稳态波形，波形不存在任何次谐波振荡，该电路是稳定的。式（5.80）是有效的，输出峰-峰纹波能很好地满足原始指标。电感纹波略微超过指标，这是由于原始的占空比计算不包含各种欧姆损耗（如二极管、MOSFET），这些损耗自然使占空比增大。在低输入电压下，效率约为 91.7%，并在高输入电压下降为 90.5%。这可以由每个压降的权重来解释：在第一种情况下，二极管压降的权重为 D'，D' 在低电压时减小；在高电压时，D 上升，二极管的导通时间增加（即损耗增加），对总效率略有阻碍。

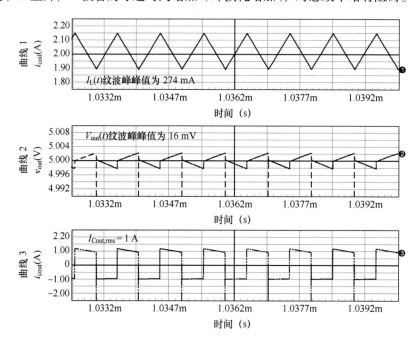

图 5.49 在 $V_{in} = 2.7\ V$ 条件下，仿真时间为 1 ms 时得到的稳态波形

元件数据表表明，低输入电压时二极管平均功率为 470 mW，而 MOSFET 耗散功率为 500 mW。

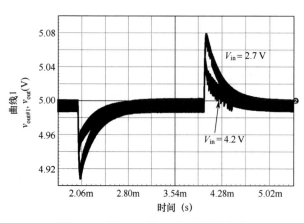

图 5.50 在 2.7 V 和 4.2 V 两种输入电压下的瞬态响应，$\Delta I = 0.9\ A$

通常，这些数值是纯指示性的，需要在实验室进行测量以便得到最终的数值。

如图 5.50 所示，两种输入电压下，输出阶跃的瞬态响应都很稳定。

5.2.7 输入滤波器

对于升压变换器，一旦加入滤波器，就要求输入电流的交流分量峰-峰值应保持在 1 mA 以下。在降压变换器例子中，已经讨论过如何计算该滤波器的元件值。

（1）图 5.51 所示为输入电流信号和低输入电压，并得到了相应的 FFT 波形。在 1 MHz 处的峰值电流达到 101 mA。

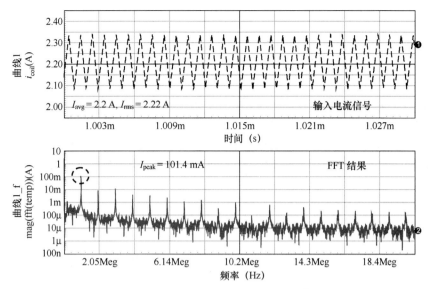

图 5.51　CCM 升压变换器的输入电流信号

（2）技术指标把输入纹波峰值限制到 1 mA。因此，所需衰减为

$$A_{\text{filter}} < 1\text{m}/101\text{m} < 10 \text{ m} \quad \text{或衰减优于 40 dB}$$

（3）利用第 1 章推导的公式来放置 LC 滤波器的截止频率，即

$$f_0 < \sqrt{0.01 \times F_{\text{sw}}} < 100 \text{ kHz}$$

我们选择 $f_0 = 100$ kHz。

（4）从仿真结果中，可以计算流过滤波器电容的电流有效值。由于升压变换器输入纹波可能很低，本例中数值取小数点后四位是很重要的。实际上是输入电流信号的交流部分的有效值，自然该信号由串联电感所平滑。该结果是选择滤波器电容的关键判据之一：

$$I_{\text{ac}} = \sqrt{I_{\text{L,rms}}^2 - I_{\text{in,dc}}^2} = \sqrt{2.2274^2 - 2.2261^2} = 76 \text{ mA rms}$$

在给定低输入纹波条件下，这是个合适的数值。这是典型的 CCM 升压变换器，其输入电流具有非脉冲的特性。另外，还可以应用第 1 章推导的公式及理论值（$\eta = 100\%$）来求输入电容有效电流：

$$I_{C_{\text{in}},\text{rms}} = \sqrt{I_{\text{L,rms}}^2 - (MI_{\text{out}})^2} = \sqrt{1.85325^2 - (5/2.7 \times 1)^2} = 72 \text{ mA}$$

（5）在第（3）步所得的结果中，存在两个变量：L 和 C。大多数时间，重要的是由这两个元件带来的总的组合效果。在给定频率下，如选择电感值为 1 μH，则可以通过下式很快确定电容值：

$$C = 1/(4\pi^2 f_0^2 L) = 2.53 \text{ μF}$$

或取接近的规格化值 3.3 μF。查看 SMD 型电容的数据表，发现电容 TDK C2012JB1A 335K[9]满足这一要求。该电容能承受纹波电流的能力在 1 MHz 时为 2 A，存在丰富的裕度。它的 ESR 为 5 mΩ。

（6）从零售商的元件数据表中，可得到 L 和 C 的寄生元件参数为 $r_{\text{Cf}} = 5 \text{ mΩ}$（$R_2$），$r_{\text{Lf}} = 3 \text{ mΩ}$（$R_1$）。

（7）现在来检查最终的衰减是否保持在限定范围内，即加上寄生元件后，是否仍低于 10 m。

$$L = 10 \text{ μH} \quad R_1 = 3 \text{ mΩ} \quad C = 330 \text{ nF} \quad R_2 = 5 \text{ mΩ}$$

$$\left\| \frac{I_{\text{in}}}{I_{\text{out}}} \right\| = \sqrt{\frac{0.005^2 + \dfrac{1}{(20.72)^2}}{(8\text{m})^2 + \dfrac{1}{(20.72)^2} - \dfrac{2\mu}{3.3\mu} + (6.28)^2}} = 7.8 \text{ m}$$

该值低于 10 m 的技术指标 [见第（2）步]。

（8）求得滤波器的最大输出阻抗为

$$\|Z_{\text{outFILTER}}\|_{\max}=\sqrt{\frac{(3.3\mu\times0.005^2+1\mu)(3.3\mu\times0.003^2+1\mu)}{3.3\mu^2+0.008^2}}=37.8\ \Omega\quad\text{或}\quad31.6\ \text{dB}\Omega$$

（9）变换器静态电阻可用式（1.309）求得，在低输入电压下，典型值为 1.31 Ω 或 2.3 dBΩ。观察上述结果，输出阻抗峰值为 37.8 Ω。很容易发现在滤波器输出阻抗和电源输入阻抗之间存在重叠区域（在这种情况下，为确保电路稳定，不可避免需要进行阻尼）。图 5.52 所示为一种作图求输入阻抗又不会干扰工作点计算的方法。图 5.53 所示为升压变换器输入阻抗和滤波器输出阻抗（无阻尼和有阻尼）。

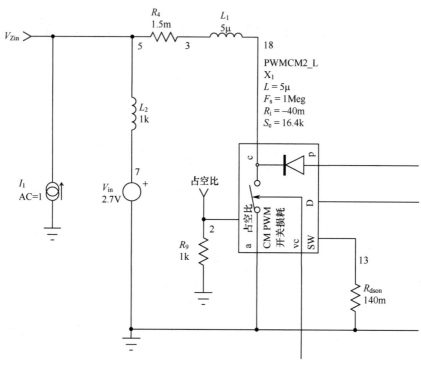

图 5.52　连接一个与电压源串联的电感来得到合适的直流工
作点并通过电流源进行交流扫描得到输入阻抗

（10）阻尼元件是一个串联电阻，它放置在输出电容的两端来阻尼峰值。阻尼 LC 电路意味着以损耗的形式（热）消耗能量。为避免恒定的热耗散，让阻尼电阻与一个电容串联来阻止直流分量。为计算该串联电阻值，可以用式（1.327）或放置一个与电容串联的 1 Ω 电阻，电容值为滤波器电容值的 3~4 倍，然后对电阻值进行扫描直到峰值被阻尼。这就是图 5.53 所做的工作。2.2 Ω 和 10 μF 电容的组合能得到合适的结果。

（11）一旦滤波器受到适当的阻尼，需要重新检查图 5.46 所示曲线并检验相位裕度不会受到滤波器的影响（如图 5.54 所示）。

（12）最后检查：在图 5.48 中安装 RLC 滤波器后，查看输入电流幅度是否在技术指标之内。结果如图 5.55 所示，从图中读到 $I_{\text{in, peak}}=785$ μA，因此，其值在初始指标内。如需要，可采用瞬态负载阶跃来做最后的检验。

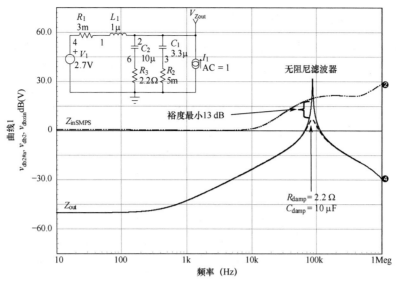

图 5.53　由于输入滤波器的品质因数高，产生了重叠区域，通过简单 RC 网络进行补偿

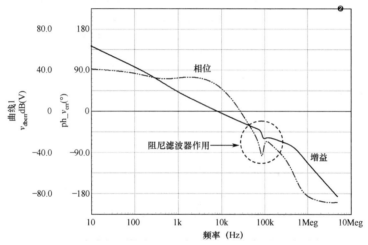

图 5.54　进行适当的阻尼后，交流分析确认了 CCM 升压变换器的稳定性

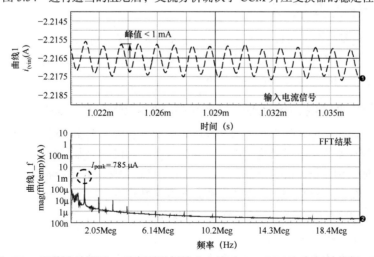

图 5.55　安装滤波器后，观察到了低输入电流（$V_{in} = 2.7\,V$）与初始指标一致

5.2.8 升压变换器的元件约束

作为升压变换器设计举例的结尾，我们收集了在升压变换器中使用的关键元件的约束关系。这些数据将有助于二极管和功率开关击穿电压的选择。所有公式与 CCM 和 DCM 工作条件有关。

MOSFET
$BV_{DSS} > V_{out}$ 击穿电压
$I_{D,max} > I_{in} + \Delta I_L/2$ 最大峰值电流
$I_{D,rms} = I_{out}\sqrt{\dfrac{D}{(1-D)^2} + \dfrac{1}{3}\left(\dfrac{1}{2\tau_L}\right)^2 D^3(1-D)^2}$ CCM 工作
$I_{D,rms} = I_{out}\dfrac{\sqrt{1+2D/\tau}-1}{\sqrt{3D_1}}$ DCM 工作
二极管
$V_{RRM} > V_{out}$ 峰值重复反向电压
$I_{F,avg} = I_{out}$ 连续电流
电感
$I_{L,rms} = I_{out}\sqrt{\dfrac{1}{(1-D)^2} + \dfrac{1}{3}\left(\dfrac{1}{2\tau_L}\right)^2 D^2(1-D)^2}$ CCM 工作
$I_{L,rms} = I_{out}\sqrt{\dfrac{2D_1}{3\tau_L}}$ DCM 工作
输出电容
$I_{C_{out},rms} = I_{out}\sqrt{\dfrac{D}{1-D} + \dfrac{D^2(1-D)}{12}\left(\dfrac{1-D}{\tau_L}\right)^2}$ CCM 工作
$I_{C_{out},rms} = I_{out}\sqrt{\dfrac{2}{3}\dfrac{\left(\sqrt{1+2D_1^2/\tau_L}-1\right)}{D_1}-1}$ DCM 工作，其中 $\tau_L = \dfrac{L}{R_{load}T_{sw}}$
输入电容
$I_{C_{in},rms} = \sqrt{I_{L,rms}^2 - (MI_{out})^2}$，其中 $M = V_{out}/V_{in}$

5.3 降压-升压变换器

降压-升压变换器组合了两种功能，既可以增加输入电压又可以减小输入电压。遗憾的是，传输的电压相对于地为负极性。这被认为是该变换器拓扑的缺点。然而，在某些情况下，应用这种结构不会产生什么问题。具体设计实例如下。

5.3.1 由汽车电池供电的电压模式 12V/2A 降压-升压变换器

该应用为双电源供电的音频汽车放大器提供负电源。音频放大器的对称电源是为了摆脱直流阻断电容，该电容通常在单电源结构中可以找到。这里，假设放大器工作时需要 ±12 V 电源。正电源可以来自其他的调压器，而负电源由降压-升压变换器提供。技术指标如下：

$V_{in, min} = 10\,V$，$V_{in, max} = 15\,V$，$V_{out} = -12\,V$，$V_{ripple} = \Delta V = 250\,mV$

在 10 μs 内 I_{out} 从 0.2 A 变到 2 A 时，V_{out} 最大下降 250 mV

$I_{out, max} = 2\,A$，$F_{sw} = 100\,kHz$

通常，设计工作从定义两种输入电压和全负载条件下变换器工作占空比的变化范围开始。由于变换器工作在连续导通模式，可以应用第 1 章讨论的 dc 传输函数，其中简单地把 V_{out} 视为正值来避免负号：

$$D_{min} = \frac{V_{out}}{V_{in,max} + V_{out}} = \frac{12}{15+12} = 0.44 \tag{5.94}$$

$$D_{max} = \frac{V_{out}}{V_{in,min} + V_{out}} = \frac{12}{10+12} = 0.545 \tag{5.95}$$

为确定降压-升压变换器设计所需的电感值，观察图 5.56，该图描述了电感电流的变化。可以定义纹波变化来选择电感值，使纹波变化维持在可接受范围内。峰值电流定义为平均电感电流与电感电流变化值 ΔI_L 值的一半的和。注意，与升压变换器或降压变换器不同，电感平均电流不等于输入或输出电流值。

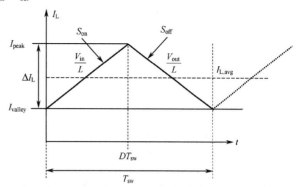

图 5.56　降压-升压变换器设计的电感电流

从图 5.56 中可以得到

$$I_{peak} = I_{L,avg} + \frac{\Delta I_L}{2} \tag{5.96}$$

式中，ΔI_L 表示电感电流从峰值到谷值的偏差。该偏差发生在电感导通期间，因此有

$$\Delta I_L = \frac{V_{in} D T_{sw}}{L} \tag{5.97}$$

把占空比定义代入式（5.97），可得出更新的纹波定义：

$$\Delta I_L = \frac{V_{in} T_{sw}}{L} \frac{V_{out}}{V_{in} + V_{out}} \tag{5.98}$$

如果把电感电流峰-峰值与电感平均电流通过纹波值 δI_r 联系起来，可以把前面方程重写为

$$\frac{\Delta I_L}{I_{L,avg}} = \delta I_r = \frac{V_{in} T_{sw}}{L} \frac{V_{out}}{V_{in} + V_{out}} \frac{1}{I_{L,avg}} \tag{5.99}$$

在降压-升压变换器中，电感平均电流实际上是输入平均电流和输出平均电流之和（见图 1.72 和图 1.73）。因此式（5.99）进一步可修正为

$$\frac{\Delta I_L}{I_{L,avg}} = \delta I_r = \frac{V_{in} T_{sw}}{L} \frac{V_{out}}{V_{in} + V_{out}} \frac{1}{I_{in,avg} + I_{out,avg}} \tag{5.100}$$

由定义知道

$$\frac{P_{out}}{\eta} = V_{in} I_{in,avg} \tag{5.101}$$

和

$$P_{out} = I_{out,avg} V_{out} \tag{5.102}$$

把这些功率定义合并到式（5.100），得到

$$\frac{\Delta I_L}{I_{L,avg}} = \delta I_r - \frac{V_{in} T_{sw}}{L} \frac{V_{out}}{V_{in} + V_{out}} \frac{1}{\frac{P_{out}}{V_{in} \eta} + \frac{P_{out}}{V_{out}}} \tag{5.103}$$

从上式中，求解 L 可得到电感值的设计公式：

$$L = \frac{\eta V_{in}^2 V_{out}^2}{\delta I_r F_{sw} P_{out} (V_{in} + V_{out})(V_{out} + \eta V_{in})} \tag{5.104}$$

在前面的设计中,已经设定纹波约为电感平均电流的10%。为了有意识地减小电感的尺寸(及其LI^2存储能力),将大大增加电流纹波。减小电感尺寸有助于把右半平面零点推向较高频率处,能减少环路控制的问题。如果选择纹波为100%(即超过平均值50%和低于平均值50%),效率为90%,则需要的电感值为

$$L=\frac{0.9\times15^2\times12^2}{1\times100k\times24\times(15+12)(12+0.9\times15)}=17.6\,\mu H \tag{5.105}$$

在$V_{in}=V_{in,\,min}$时,电感平均电流为

$$I_{L,avg}=I_{in,avg}+I_{out,avg}=P_{out}\left(\frac{1}{\eta V_{in}}+\frac{1}{V_{out}}\right)=24\times\left(\frac{1}{0.9\times10}+\frac{1}{12}\right)=4.66\,A \tag{5.106}$$

最后,应用式(5.98),求得最大的峰值电流($V_{in}=V_{in,\,min}$)为

$$I_{peak}=I_{L,avg}+\frac{V_{in}T_{sw}}{2L}\frac{V_{out}}{V_{in}+V_{out}}=4.66+\frac{10\times10\mu}{35.2\mu}\times\frac{12}{10+12}=6.2\,A \tag{5.107}$$

用类似的方法求得谷值电流为

$$I_{valley}=I_{L,avg}-\frac{V_{in}T_{sw}}{2L}\frac{V_{out}}{V_{in}+V_{out}}=4.66-\frac{10\times10\mu}{35.2\mu}\times\frac{12}{10+12}=3.1\,A \tag{5.108}$$

降压-升压变换器的输出纹波公式遵循与升压变换器同样的定义:

$$C_{out}\geq\frac{D_{min}V_{out}}{F_{sw}R_{load}\Delta V}\geq\frac{0.44\times12}{100k\times6\times0.25}\geq35.2\,\mu F \tag{5.109}$$

现在,需要检查电容有效电流,已知该参数实际上在最后电容选择中起指导作用。流过输出电容的有效电流遵循第1章推导的用于降压-升压变换器定义,即

$$I_{C_{out},rms}=\frac{V_{out}}{R}\sqrt{\frac{D}{1-D}+\frac{1}{3}\left(\frac{1}{2\tau_L}\right)^2(1-D)^3}=2\sqrt{\frac{0.545}{0.455}+\frac{1}{3}\times\left(\frac{1}{586m}\right)^2\times(0.455)^3}=2.27\,A \tag{5.110}$$

式中,$\tau_L=L/R_{load}T_{sw}$(与第1章一样)。该输出电容值相当大,单个35.2 μF的电容无法承受该电流。我们选择Rybicon公司[1]的阻抗极低的ZA系列电容。由于在环境温度为105℃时,允许流过470 μF电容的电流为1.7 A,可以把两个电容并联使用:

$C=470\,\mu F$

在$T_A=105℃$时,$I_{C,rms}=1740\,mA$

在$T_A=20℃$,工作频率为100 kHz时,$R_{ESR,low}=0.025\,\Omega$

在$T_A=-40℃$,工作频率为100 kHz时,$R_{ESR,high}=0.05\,\Omega$

ZL系列,耐压16 V

然后,选择电容值为940 μF,在20℃时,它的ESR为12.5 mΩ(-40℃时,ESR为25 mΩ)。

当电路中含EMI滤波LC网络时,需要评估输入电容有效电流。下述方程应用了第1章中推导的结果:

$$I_{C_{in},rms}=\sqrt{I_{D,rms}^2-(MI_{out})^2}=\sqrt{3.32^2-(12/10\times2)^2}=2.29\,A \tag{5.111}$$

与任何间接能量传输型变换器(如升压变换器)一样,降压-升压变换器也存在右半平面零点,它会影响可用的带宽。首先求右半平面零点的最低频率位置,并查看带宽及负载电容是否满足降落指标:

$$f_{z2}=\frac{(1-D_{max})^2R_{load}}{2\pi D_{max}L}=\frac{2.7m\times6}{6.28\times0.545\times17.6\mu}=20.6\,kHz \tag{5.112}$$

这样,选择交叉频率为上述值的20%~25%,得到交叉频率值为5 kHz。假设电容为940 μF,应用电压差方程将能得出该频率是否满足输出电压降落指标要求,求得

$$\Delta V_{out} = \frac{\Delta I_{out}}{2\pi f_c C_{out}} = \frac{1.8}{6.28 \times 5k \times 940\mu} = 61 \text{ mV} \tag{5.113}$$

5 kHz 处的 Z_{Cout} 为 34 mΩ，$Z_{Cout} \geqslant 25$ mΩ。其值完全在初始指标以内（250 mV），因此可以继续该设计并进行交流仿真。

5.3.2 AC 分析

图 5.57 所示为降压-升压变换器，它由 PWM 开关模型构成。由于输出电压为负，用简单的增益为-1 的功能块实现反相，来进行适当的调节。PWM 的锯齿波幅度为 2 V，因此 PWM 增益为 0.5（-6 dB）。与期望的一样，CCM 降压-升压变换器有不同的谐振频率，谐振频率与占空比之间的关系如下：

$$f_{0,low} = \frac{1-D_{max}}{2\pi\sqrt{LC}} = \frac{1-0.545}{6.28 \times \sqrt{17.6\mu \times 940\mu}} = 563 \text{ Hz} \tag{5.114}$$

$$f_{0,high} = \frac{1-D_{min}}{2\pi\sqrt{LC}} = \frac{1-0.44}{6.28 \times \sqrt{17.6\mu \times 940\mu}} = 693 \text{ Hz} \tag{5.115}$$

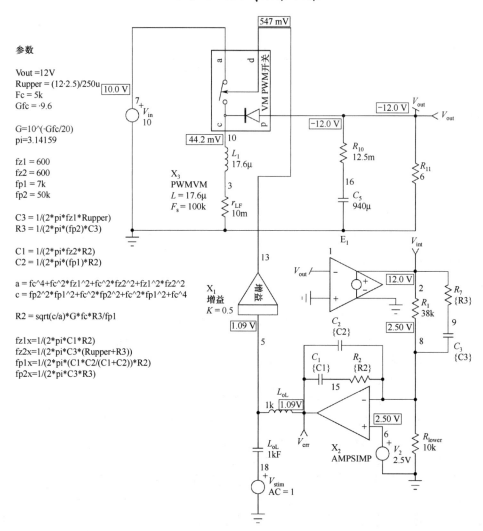

图 5.57　CCM 降压-升压变换器需要一个反相增益块（E_1），使输出电压在误差放大器前面反相

给定输出电容和电容的 ESR，可以看到在不同温度下，零点在两个位置之间移动：

$$f_{z,low} = \frac{1}{2\pi R_{ESR,high} C_{out}} = \frac{1}{6.28 \times 25m \times 940\mu} = 6.7\,kHz \tag{5.116}$$

$$f_{z,high} = \frac{1}{2\pi R_{ESR,low} C_{out}} = \frac{1}{6.28 \times 12.5m \times 940\mu} = 13.5\,kHz \tag{5.117}$$

图 5.58 所示为在两种输入电压（10 V 和 15 V）及两种 ESR 变化的条件下，得到的两个波特图。根据这些图形，可以进行补偿计算。

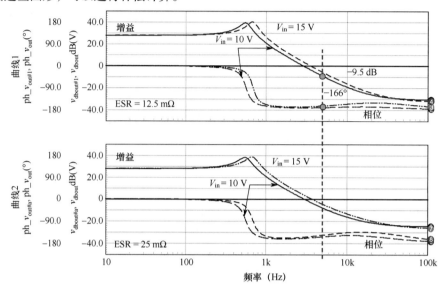

图 5.58 不同 ESR 和不同输入条件下的波特曲线

处理二阶系统需要用放大器类型 3 补偿，该补偿网络已经显示在电路图中。为了能通过放大器类型 3 电路稳定变换器，使用第 3 章中描述的手动放置极点和零点方法，并已在降压-升压变换器设计例子中实现了该方法。

（1）对于输出为 12 V、参考电压为 2.5 V 的变换器电路，选择桥电流为 250 μA。下偏置电阻和上偏置电阻值分别为

$$R_{lower} = 2.5/250\mu = 10\ k\Omega$$
$$R_{upper} = (12\text{-}2.5)/250\mu = 38\ k\Omega$$

（2）对电压模式降压-升压变换器，在两种输入电压下进行开环扫描，结果如图 5.58 所示。

（3）从波特图中可以看到，在最差情况下，在 5 kHz 处所需的补偿器增益约为 10 dB。

（4）为消除 LC 滤波器尖峰，在接近于谐振频率处（600 Hz）放置双零点。

（5）由于零点出现在交叉频率后面，在 7 kHz 处放置第一个极点。

（6）在开关频率一半的位置（50 kHz）放置第二个极点，使增益进一步下降。

（7）使用第 3 章中描述的手动放置极点和零点方法，求所有补偿元件。

$$R_2 = 18.6\ k\Omega,\ R_3 = 456\ \Omega,\ C_1 = 15\ nF,\ C_2 = 1.3\ nF,\ C_3 = 7\ nF$$

如图 5.59 所示，在 5 kHz 交叉频率处的相位裕度超过 45°，增益裕度为 15 dB。在交流仿真曲线中，可以清楚地看到 ESR 为 25 mΩ 时引起的电容零点带来的好处。在输入为 15 V 时，带宽增加约 6.6 kHz 并且改善了相位裕度。在低 ESR 条件下，并不一定能得到 45°相位裕度，不同的零极点放置能改善这种情况。例如，将第一极点置于很接近于交叉频率或更远到 15 kHz。再次进行交流仿真后，发现相位裕度增至 61°（低 ESR 条件下）。

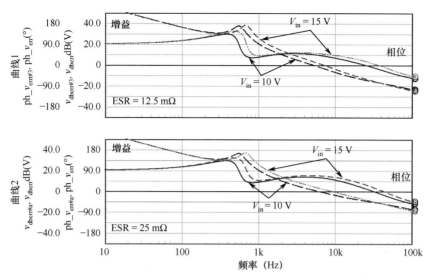

图 5.59　电路补偿后，最终的测试显示了存在足够的增益裕度及合适的相位裕度

应用平均模型，通过输出阶跃负载仿真来检查输出电压降落瞬态响应。图 5.60 所示为在最低输入电压下的结果，该结果不满足技术指标。原因是什么呢？从仿真结果中看到，电路的谐振频率相当低（560 Hz）。为补偿该点相位的严重下降，在 600 Hz 处插入双零点。从附录 2B 中可以看到，存在大开环增益的情况下，补偿网络中放置的零点在闭环传输函数分母中变成极点（分母的根）。或者说，这些零点发生在低频处，当输出负载发生突然变化时，这些零点对系统响应时间显然起阻碍作用。

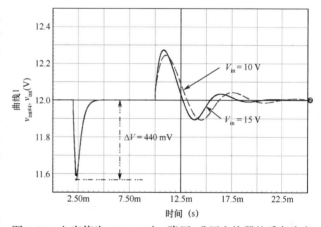

图 5.60　电容值为 940 µF 时，降压-升压变换器的瞬态响应

给定 RHPZ 限制条件，不能增加交叉频率。因此，把输出电容增加到 3.3 mF（7 个 470 µF 并联，ESR 的最小值和最大值分别降至 3.6 mΩ 和 7 mΩ）。做适当的补偿后（在新谐振频率 300 Hz

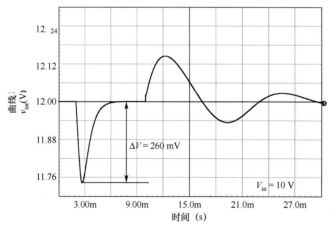

图 5.61　输出电容值增至 3.3 mF 时，降压-升压变换器的瞬态响应

处放置双零点），瞬态响应得到改善（如图 5.61 所示）。但该结果仍然没有期望的那样好。或许应该把双零点移开？来看看这些零点的效应，我们收集了当双零点在频率轴上向频率增加的方向移动时的不同响应。应用 SPICE 宏，很容易完成这一工作。瞬态响应如图 5.62 所示，其对应的开环波特图如图 5.63 所示。可以看到当零点频率上移时，瞬态响应得到了改善，但使频谱中某些点上的相位裕度变差。最后，由于存在潜在的不稳定（特

别在电压模式工作时，系统发生大的增益变化），电路出现条件稳定。例如，在 500 Hz 处放置双零点似乎满足指标，在相位接近 20° 时，增益裕度超过 25 dB。注意在所有这些实验过程中，交叉频率保持 5 kHz 不变。或者说，在讨论反馈时，只简单地关注于交叉频率是不够的。

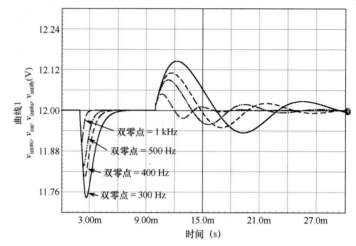

图 5.62 瞬态响应及稳定时间受双零点位置影响

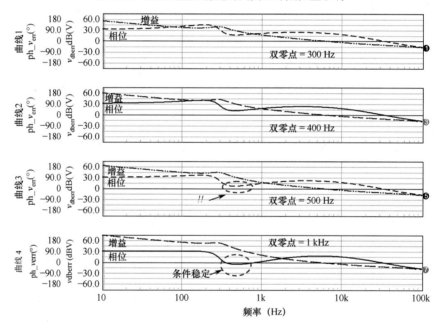

图 5.63 当双零点位置变化时，开环波特图随之移动。交叉频率保持不变

5.3.3 瞬态分析

应用通用模型实现的降压-升压变换器电路如图 5.64 所示。

检测电阻遵循式（5.107）并可提供 7 A 的电流变化。选择 30 mΩ 的检测电阻，则最大峰值电压为 210 mV（7 A×0.03 Ω）。行为源 B_1 完成电压反相来处理负输出。通用控制器具有如下的参数变化：

PERIOD = 10 μ   开关周期为 10 μs（100 kHz）
DUTYMAX = 0.9   最大占空比高达 90%

DUTYMIN = 0.01   最小占空比低至1%
REF = 2.5   内部参考电压（2.5 V）
IMAX = 0.21   当IMAX引脚电压超过5 V时，产生复位
VOL = 100 m   误差放大器输出低电平
VOH = 2.5   误差放大器输出高电平

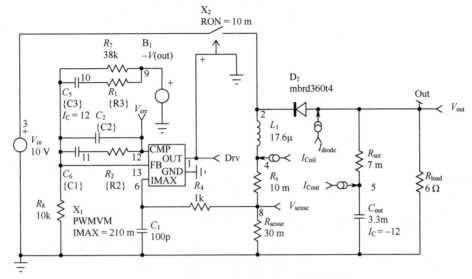

图 5.64   工作于电压模式的降压-升压变换器

一旦仿真完成（对奔腾 3 GHz CPU，需约 60 s），就可以观察到结果，如图 5.65 所示。输出电压纹波保持在指标范围内（250 mV），图中有很多噪声尖峰。这些噪声尖峰是由于二极管的阻断作用以及 ESR 的存在而引起的。由于输出电流的脉冲本质，ESR 的存在进一步使输出纹波恶化。在这些应用中，设计者经常加入一个小型的二阶 LC 滤波器来消除这些尖峰，并传输较好的直流信号。如果加入 2.2 µH、100 µF 的输出滤波器，可以看到结果得到了改善，如图 5.66 所示。确保所加入的滤波器的谐振频率至少是交叉频率的十倍以避免产生稳定性问题。遗憾的是，输入电流

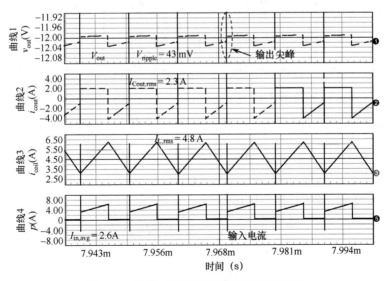

图 5.65   降压-升压变换器例子的仿真结果

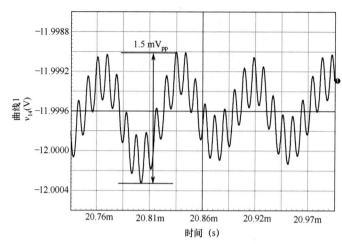

图 5.66　小型 LC 滤波器有助于降低输出纹波

也受噪声尖峰的影响。这是降压-升压变换器的缺点（包括反激式变换器），不仅输入电流具有脉动性（如降压变换器），而且输出电流也具有脉动性（如升压变换器）。

5.3.4　汽车电池供电的非连续电流模式 12 V/2 A 降压-升压变换器

这是本章的最后一个例子，我们有意使用与前面设计同样的指标，但选择工作于非连续模式的电流模式变换器。因此，可以对性能结果和各种元件应力进行比较。

为设计非连续变换器，必须首先推导一个公式以便得到电感值。这可以通过观察图 5.67 来完成，图中画出了工作于 CCM 和 DCM 变换器的输入电流。

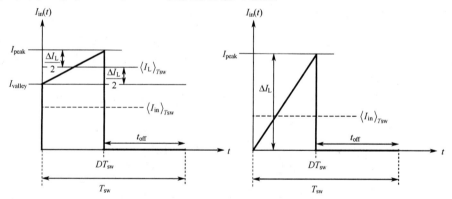

图 5.67　工作于 CCM 和 DCM 的降压-升压变换器输入电流

为推导通用式，应用 CCM 曲线。从 I_{peak} 和 I_{valley} 两个电感电流值，可以写出

$$I_{in,avg}=I_{L,avg}D=\frac{I_{peak}+I_{valley}}{2}D \qquad (5.118)$$

$$I_{peak}-I_{valley}=\Delta I_L \qquad (5.119)$$

电感电流的变化量与输入电压和导通时间有关，即

$$\Delta I_L=I_{peak}-I_{valley}=\frac{V_{in}}{L}DT_{sw} \qquad (5.120)$$

从前面公式，可以求出占空比为

$$\frac{(I_{peak}-I_{valley})LF_{sw}}{V_{in}}=D \qquad (5.121)$$

把 D 代入式（5.118），得出

$$I_{in,avg} = \frac{(I_{peak} + I_{valley})(I_{peak} - I_{valley})LF_{sw}}{2V_{in}} \tag{5.122}$$

应用式（5.101），最后可以得到 CCM 情况下的输入功率定义：

$$\frac{P_{out}}{\eta V_{in}} = \frac{(I_{peak}^2 - I_{valley}^2)LF_{sw}}{2V_{in}} \tag{5.123}$$

$$P_{out} = \frac{1}{2}(I_{peak}^2 - I_{valley}^2)LF_{sw}\eta \tag{5.124}$$

在 DCM 情况下，谷值达到 0，式（5.124）可简化为

$$P_{out} = \frac{1}{2}I_{peak}^2 LF_{sw}\eta \tag{5.125}$$

从上述公式可求得电感值

$$L = \frac{2P_{out}}{I_{peak}^2 F_{sw}\eta} \tag{5.126}$$

现在，由于存在两个变量 I_{peak} 和 L，可以利用在第 1 章中定义的公式（1.234）。该式描述了发生模式过渡时的临界电感值。因此，令式（5.126）和式（1.234）相等以求解峰值电流。然后，把求得的峰值电流代回式（5.126），就可以得到电感值。该值能确保在最低输入电压时工作于 DCM，最大输出电流为

$$\frac{R_{load}\eta}{2F_{sw}}\left(\frac{V_{in}}{V_{in} + V_{out}}\right)^2 = \frac{2V_{out}^2}{I_{peak}^2 F_{sw} R_{load}\eta} \tag{5.127}$$

$$I_{peak} = \frac{2(V_{in} + V_{out})V_{out}}{\eta V_{in} R_{load}} = 9.3\ \text{A} \tag{5.128}$$

把该值代入式（5.126）产生 DCM 工作所需的电感值

$$L = \frac{2V_{out}^2}{I_{peak}^2 F_{sw}\eta R_{load}} = \frac{2 \times 144}{9.3^2 \times 100k \times 0.9 \times 6} = 6.2\ \mu\text{H} \tag{5.129}$$

现在已经求得电感值和峰值电流值，下面来求电容值。在 DCM 条件下，电压纹波公式与 CCM 时不同。因此，必须重新推导新的电压纹波公式，来表示电感电流在开关周期内下降到 0。

图 5.68 所示为几个有趣的用于推导输出纹波的变量：二极管电流、电容电流和电容电压。

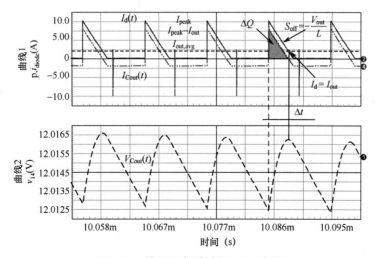

图 5.68 输出电容周围的 DCM 变量

二极管电流由直流分量（输出电流）和流入电容的交流分量组成（如果忽略负载电阻两端的纹波）。只要电感电流大于输出电流值，电容就会再次充电。当电感电流降到接近于 0，电容开始耗尽。电容电压升始下降的时间如图 5.68 所示。让我们首先计算电容充电的持续时间Δt。二极管电流从 I_{peak} 开始并以与输出电压和电感相关的斜率下降到 I_{out}：

$$I_{\text{peak}} - \Delta t \frac{V_{\text{out}}}{L} = I_{\text{out}} \tag{5.130}$$

求Δt得到

$$\Delta t = \frac{(I_{\text{peak}} - I_{\text{out}})L}{V_{\text{out}}} \tag{5.131}$$

电容只在Δt期间充入一定数量的电荷。对电容波形的正向波形部分进行积分，可以计算电容存储的电荷量，即

$$\Delta Q = \frac{I_{\text{peak}} - I_{\text{out}}}{2} \Delta t \tag{5.132}$$

把式（5.131）代入式（5.132）得到存储的电荷为

$$\Delta Q = \frac{(I_{\text{peak}} - I_{\text{out}})^2 L}{2 V_{\text{out}}} \tag{5.133}$$

应用$\Delta Q = \Delta V \cdot C$，可以立即得到纹波电压的大小为

$$\Delta V = \frac{(I_{\text{peak}} - I_{\text{out}})^2 L}{2 V_{\text{out}} C_{\text{out}}} \tag{5.134}$$

还可以应用式（5.128）的峰值电流定义，得到更通用的定义

$$\Delta V = \frac{2L}{V_{\text{out}} C_{\text{out}}} \left(\frac{V_{\text{in}} + V_{\text{out}}}{\eta} \frac{V_{\text{out}}}{V_{\text{in}} R_{\text{load}}} - \frac{I_{\text{out}}}{2} \right)^2 \tag{5.135}$$

通过上式，可以求得满足纹波电压指标（250 mV）所需的电容大小为

$$C_{\text{out}} \geq \frac{(I_{\text{peak}} - I_{\text{out}})^2 L}{2 V_{\text{out}} \Delta V} = \frac{(9.3-2)^2 \times 6.2\mu}{2 \times 12 \times 0.25} = 55\,\mu\text{F} \tag{5.136}$$

然而，我们知道电容 ESR 在输出纹波中的作用，其贡献与电容的贡献叠加。因此，考虑到电容的作用可忽略，所选的电容应有比下式更低的 ESR 值：

$$\text{ESR} \leq \frac{\Delta V}{I_{\text{peak}}} \leq \frac{0.25}{9.2} \leq 27\,\text{m}\Omega \tag{5.137}$$

最后一步是求有效电流。下式给出了在 DCM 下流过电容的有效电流值：

$$I_{C_{\text{out}},\text{rms}} = I_{\text{out}} \sqrt{\sqrt{\frac{8}{9\tau_L}} - 1} \tag{5.138}$$

式中，$\tau_L = L/R_{\text{load}} T_{\text{sw}}$（与第 1 章中的定义一样）。对于 DCM 降压-升压变换器，占空比可用式（1.225）计算得到：

$$D_{\text{max}} = \frac{V_{\text{out}}}{V_{\text{in,min}}} \sqrt{2\tau_L} = \frac{12}{10} \sqrt{2 \times 103\text{m}} = 0.545 \tag{5.139}$$

流过输出电容的最大有效电流计算如下：

$$I_{C_{\text{out}},\text{rms}} = I_{\text{out}} \sqrt{\sqrt{\frac{8}{9\tau_L}} - 1} = 2 \sqrt{\sqrt{\frac{8}{9 \times 103\text{m}}} - 1} \approx 2.8\,\text{A} \tag{5.140}$$

基于以前所做的电容选择，需要用 4 个电容并联来满足纹波定义、ESR 限制，以及有效电流应力。因而，最后的等效电容值具有以下值：

$C_{eq} = 1880\ \mu F$

在 $T_A = 105℃$ 时，$I_{C,rms} = 7\ A$

在 $T_A = 20℃$，工作频率为 100 kHz 时，$R_{ESR,low} = 6.25\ m\Omega$

在 $T_A = -40℃$，工作频率为 100 kHz 时，$R_{ESR,high} = 12.5\ m\Omega$

ZL 系列，耐压 16 V → 4 个电容并联（$4 \times 470\ \mu F$）

可发现输入电容还存在大 ac 有效电流，这可由下述方程确定。因此，通过输入滤波器计算来选择输入电容同样需要仔细。使用在第 1 章中推导得到的方程来计算有效开关电流：

$$I_{C_{in},rms} = \sqrt{I_{D,rms}^2 - (MI_{out})^2} = \sqrt{3.75^2 - (12/10 \times 2)^2} = 2.88\ A \tag{5.141}$$

现在，已经计算得到了所有元件值，可以继续该设计的交流分析。

5.3.5　AC 分析

在 DCM 电流模式下，不需要任何斜坡补偿，这是第一个优点。第二个优点与变换器的阶次有关，阶次可减到 1（实际上是一个具有两个良好分离极点的强阻尼二阶系统）。前面看到的 LC 峰值已经消失，因此很容易实现补偿。RHPZ 也消失，至少在低频部分不存在 RHPZ，RHPZ 已经不会对设计产生稳定性问题。然而，仍存在由 ESR 产生的零点，它们在如下位置：

$$f_{z,low} = \frac{1}{2\pi R_{ESR,high} C_{out}} = \frac{1}{6.28 \times 12.5m \times 1.88m} = 6.8\ kHz \tag{5.142}$$

$$f_{z,high} = \frac{1}{2\pi R_{ESR,low} C_{out}} = \frac{1}{6.28 \times 6.25m \times 1.88m} = 13.5\ Hz \tag{5.143}$$

主输出极点与负载和电容有关，在 DCM 电流模式，主输出极点简化为

$$f_{p1} = \frac{2}{2\pi RC} = \frac{1}{\pi R_{load} C_{out}} = \frac{1}{3.14 \times 6 \times 1.88m} = 28.2\ Hz \tag{5.144}$$

高频极点也是存在的，其定义在附录 2A 中已经给出。由于高频极点的相位延迟在低频区感受不到，因此不会给设计者带来困扰。

应用 PWM 开关模型的交流电路如图 5.69 所示。检测电阻能允许 10 A 电流流过［见式（5.128）］。选择检测电阻的压降为 100 mV，则检测电阻的值为

$$R_{sense} = \frac{100m}{10} = 10\ m\Omega \tag{5.145}$$

为得到良好的误差放大器摆幅，我们将通过两个外部电阻加入除 11 分压器。在实际控制器中，除法器上的偏差将被精确钳位（如在 UC384X 控制器中为 1 V），用来固定在默认条件下的最大峰值电流。这里为简单起见，将误差放大器的偏差钳位到 1.2 V。图 5.70 中需要的带宽可由式（5.113）求得：

$$f_c = \frac{\Delta I_{out}}{2\pi \Delta V_{out} C_{out}} = \frac{1.8}{6.28 \times 0.25 \times 1.88m} = 610\ Hz \tag{5.146}$$

为了实验的目的，带宽采用 2 kHz，并允许存在一定的裕度。下面是用于 DCM 电流模式稳定补偿的步骤。

（1）桥除法器不变：$R_{upper} = 38\ k\Omega$，$R_{lower} = 10\ k\Omega$。

（2）在两种输入电压下对电流模式降压-升压变换器进行开环扫描（结果如图 5.70 所示）。

（3）从波特图中，可以看到在最差情况下，2 kHz 处的增益缺少 15 dB。该点的相位延迟为 80°。

（4）由于运算放大器的开环增益很大，可以把第一个极点放置在源点。

（5）受益于闭环增益接近于 0 时相位提升，零点置于交叉频率以下。将零点放置在 2 kHz 的 20%处（即 400 Hz）是较好的选择。

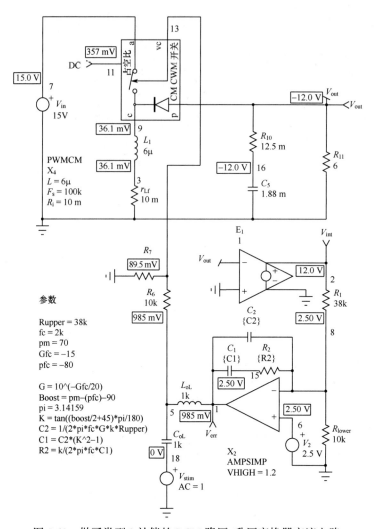

图 5.69 做了类型 2 补偿的 DCM 降压-升压变换器交流电路

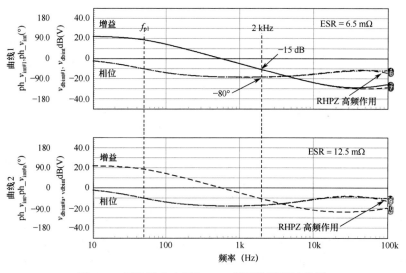

图 5.70 两种输入电压和 ESR 值下的开环波特图

（6）极点必须应能消除由 ESR 产生的零点（如果该零点在感兴趣的频带），否则将极点放在开关频率的一半处。

（7）k 因子为 DCM 补偿给出了很好的结果。在带宽为 2 kHz、相位裕度为 70°时，推荐的参数如下：$R_2 = 142$ kΩ，$C_1 = 3.2$ nF，$C_2 = 101$ pF，$f_z = 1/2\pi R_2 C_1 = 350$ Hz，$f_p = 1/2\pi R_2 C_2 = 11$ kHz。

将以上数值输入电路并进行仿真，补偿增益曲线如图 5.71 所示。

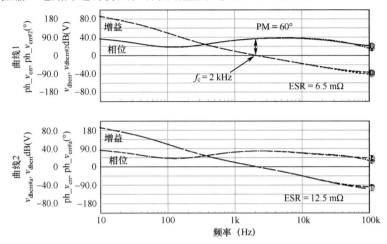

图 5.71　两种输入电压和 ESR 下，补偿后的 DCM 电流模式降压-升压变换器增益曲线

相位和增益裕度极好，应能确保变换器的稳定性。可以看到波特图几乎不受输入电压变化或 ESR 零点位置的影响。

通过仿真可得到输出阶跃的瞬态响应，结果如图 5.72 所示。

这一步存在一些收敛问题，因此在 PWM 开关的"c"节点与地之间，接入一个 100 nF 电容，检验得出该电容对频率响应没有影响。可以看到，响应非常稳定，且纹波比以前好（150 mV）。最后，将会讨论两种设计之间的差别，但稳定性显然是 DCM 较好。

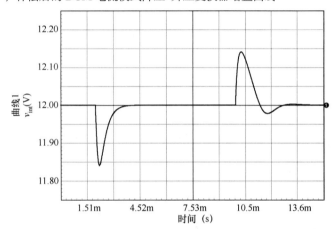

图 5.72　DCM 电流模式升压变换器的输出阶跃响应。测试输入电压为 10 V，但响应对不同输入电压和 ESR 组合变化不大

5.3.6　瞬态分析

仿真电路如图 5.73 所示，与电压模式方法相比没有很大的不同。补偿网络遵循前面讨论过的方法，施加的带宽为 2 kHz。

传送参数的不同点在于除法系数，它把误差电压除以 10 来保证运算放大器有足够的电压摆幅。

RATIO = 0.909　　运算放大器和检测电阻设置点之间的分压系数

VOH = 1.2 V　　　运算放大器最大输出电压偏移

为确保真实的非连续模式，我们有意识地将电感减到 5 μH，该值与只用于边界模式（CCM 和 DCM 模式之间的边界）的式（5.129）定义值一样。

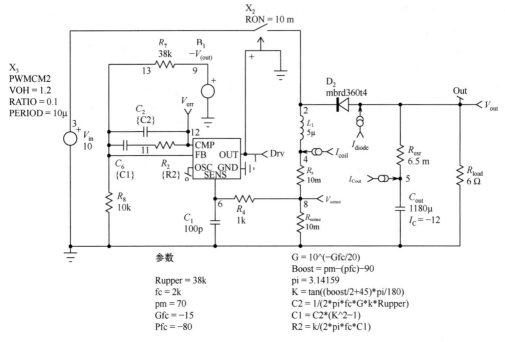

图 5.73　电流模式开关模型与电压模式方法具有类似的结构

仿真结果如图 5.74 所示，结果表明总的输出纹波在技术指标内。式（5.134）预测的电容性纹波为 11 mV，测量得到的电容纹波为 10.8 mV（节点 5 上的电压）。ESR 的贡献如期望的那样，约为 65 mV。由于电感和检测电阻在同一个回路中，流过检测电阻的电流实际上就是电感电流。这种情况在反激式变换器中是看不到的，因为截止电流流经副边。检测电阻本身功率耗散为 310 mW。

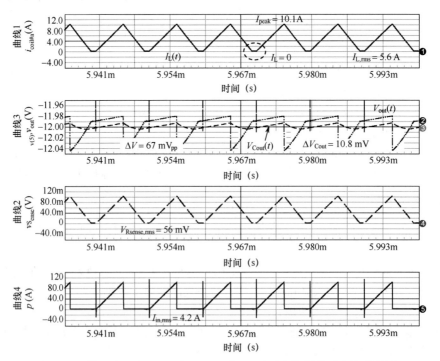

图 5.74　输入电压为 10 V 时，DCM 降压-升压变换器的瞬态仿真结果

峰值电感电流显然比由式（5.128）产生的要大，因为我们选择了更小的电感。在图 5.74 中测量得到到与 5.6 A 有效电流相关的峰值电流为 10.1 A。给定这些结果，在低输入电压时，效率达到 92%（这是个不错的数值）。现在存在两种方案，它们能传输同样的功率并使用完全相同的元件，但工作于不同模式。我们可以比较两种设计的应力和损耗。由于通用模型的仿真速度很快，几分钟就足可以求得关键参数（见表 5.1）。

表 5.1　通用模型仿真的关键参数

参　　数	DCM	CCM	参　　数	DCM	CCM
功率开关有效电流（A）	4.2	3.5	输出电容值（μF）	1880	3300
电感有效电流（A）	5.6	4.6	输出纹波（mV）	150	200[*]
电感峰值电流（A）	10.1	6.1	输出二极管有效电流（A）	3.7	3
输出电容有效电流（A）	3	2.3	允许的带宽（kHz）	25	5
输入电容有效电流（A）	3.1	2.3	低输入电压时的效率（%）	92	93

*双零点位于300 Hz

从上述表格中可得出几点建议：

- 工作在 DCM 电路中的电流有效值比 CCM 大。这可解释为叠加在所有直流电流上的交流成分较大。
- 工作在 DCM 的电路峰值电流较高。
- 许用带宽在 DCM 情况下大幅度延伸，因为 RHPZ 移向高频（在本例中约为 100 kHz，详细参见附录 2A 关于零点位置的描述）。
- 假设可任意选择交叉频率，DCM 的输出纹波要比 CCM 输出纹波低，并需要较小的电容。
- 在典型例子中，效率几乎相同，但因为在 DCM 条件下有效电流增加，会采用较低 $R_{DS(on)}$ 的元件来应对导通损耗。
- 在 DCM 条件下，输出电容比 CCM 时小，在低频处不需要双零点，它们会使闭环增益下降；DCM 瞬态响应比 CCM 时好。这很容易理解，因为电感电流的增加不能超过 V/L，DCM 情况下的较小 L 会使电感电流增加更快。

5.3.7　降压-升压变换器的元件约束

作为降压-升压变换器的设计讨论的结尾，我们收集了该电路中使用的关键元件的约束条件。这些数据将有助于选择合适的二极管和功率开关的击穿电压。所有公式与 CCM 和 DCM 工作相对应。

MOSFET

$$BV_{DSS} > V_{out} + V_{in,max} \quad \text{击穿电压}$$

$$I_{D,max} > I_{in} + \Delta I_L/2 \quad \text{最大峰值电流}$$

$$I_{D,rms} = I_{out}\sqrt{\frac{D}{(1-D)^2} + \frac{D}{3}\left(\frac{1}{2\tau_L}\right)^2 (1-D)^2} \quad \text{CCM 工作}$$

$$I_{D,rms} = I_{out}\sqrt{\frac{2D_1}{3\tau_L}} \quad \text{DCM 工作}$$

二极管	
$V_{RRM} > V_{out} + V_{in,max}$	峰值重复反向电压
$I_{F,avg} = I_{out}$	连续电流

电感	
$I_{L,rms} = I_{out}\sqrt{\dfrac{1}{(1-D)^2} + \dfrac{1}{3}\left(\dfrac{1}{2\tau_L}\right)^2 (1-D)^2}$	CCM 工作
$I_{L,rms} = I_{out}\sqrt{\dfrac{2D_1}{3\tau_L} + \sqrt{\dfrac{8}{9\tau_L}}}$	DCM 工作

输出电容	
$I_{C_{out},rms} = I_{out}\sqrt{\dfrac{D}{1-D} + \dfrac{1}{3}\left(\dfrac{1}{2\tau_L}\right)^2 (1-D)^3}$	CCM 工作
$I_{C_{out},rms} = I_{out}\sqrt{\sqrt{\dfrac{8}{9\tau_L}} - 1}$	DCM 工作，其中
$\tau_L = \dfrac{L}{R_{load} T_{sw}}$	

输入电容	
$I_{C_{in},rms} = \sqrt{I_{D,rms}^2 - (MI_{out})^2}$	其中 $M = V_{out}/V_{in}$

原著参考文献

[2] S. Maniktala, *Switching Power Supplies A to Z*, Newnes, May 2012.

[3] R. Erickson and D. Maksimovic, *Fundamentals of Power Electronic*, Kluwer Academic Publishers, 2001.

[8] R. Severns and G. Bloom, *Modern dc-to-dc Switchmode Power Converter Circuits*.

附录 5A 工作于非连续工作模式的升压变换器设计公式

除轻负载条件外，降压变换器很少工作于 DCM，而升压变换器经常设计工作于 DCM。在降压-升压变换器设计例子中看到，DCM 会带来许多优点，例如，较宽的许用带宽（RHPZ 移向较高频率）和在移动谐振频率处的双极点损耗（用于电压模式）。然而，这些优点是以电感、功率 MOSFET 和输出电容上流过较大的有效电流为代价的。这里不做完整的设计，只推导一些基本公式来帮助设计 DCM 升压变换器。

5A.1 输入电流

与分析降压-升压变换器时所做的一样，可以画出工作于 CCM 和 DCM 升压变换器的输入电流。图 5.75 所示为这两种情况下的输入电流曲线。

从 DCM 输入电流图中，通过求Δt期间（电感磁激活）曲线的面积计算平均输入电流（即平均电感电流）。该时间周期实际上是电感电流上行时间和下行时间之和。因此，可以写出

$$\Delta t = \frac{I_{peak}}{S_{on}} + \frac{I_{peak}}{S_{off}} = \frac{I_{peak}L}{V_{in}} + \frac{I_{peak}L}{V_{out} - V_{in}} \tag{5.147}$$

重新整理该式得到

$$\Delta t = LI_{peak}\left(\frac{1}{V_{in}} + \frac{1}{V_{out} - V_{in}}\right) = LI_{peak}\left[\frac{V_{out}}{V_{in}(V_{out} - V_{in})}\right] \tag{5.148}$$

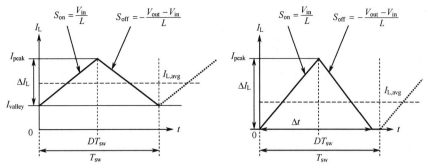

图 5.75　工作于两种导通模式的升压变换器输入电流: 左图为 CCM, 右图为 DCM

电感磁化期间 (Δt 期间) 的平均电流为

$$I_{\text{in,avg}} = \frac{I_{\text{peak}}}{2} F_{\text{sw}} \Delta t = F_{\text{sw}} L I_{\text{peak}}^2 \left[\frac{V_{\text{out}}}{2V_{\text{in}}(V_{\text{out}} - V_{\text{in}})} \right] \tag{5.149}$$

P_{out} 通过下式与输入电流相关联:

$$I_{\text{in,avg}} = \frac{P_{\text{out}}}{\eta V_{\text{in}}} \tag{5.150}$$

由式 (5.149) 和式 (5.150) 可以导出工作于 DCM 的电感定义:

$$\frac{V_{\text{out}} I_{\text{out}}}{\eta V_{\text{in}}} = F_{\text{sw}} L I_{\text{peak}}^2 \left[\frac{V_{\text{out}}}{2V_{\text{in}}(V_{\text{out}} - V_{\text{in}})} \right] \tag{5.151}$$

从上述公式, 可以求得电感值

$$L = \frac{2I_{\text{out}}(V_{\text{out}} - V_{\text{in}})}{\eta F_{\text{sw}} I_{\text{peak}}^2} \tag{5.152}$$

式中的未知数仍然是峰值电流。最简单的得到该峰值的方法是让升压变换器工作在 CCM 和 DCM 的边界。在边界导通模式,峰值电流遵循如图 5.76 所示的形状。

计算边界导通模式下的平均电流值很容易。若写出双三角的面积并在开关周期内求平均, 则得

$$I_{\text{in,avg}} = \frac{I_{\text{peak}} T_{\text{sw}}}{2T_{\text{sw}}} = \frac{I_{\text{peak}}}{2} \tag{5.153}$$

另外, 应用式 (5.150), 可以求出边界导通模式 (BCM) 下的峰值电流定义:

$$\frac{P_{\text{out}}}{\eta V_{\text{in}}} = \frac{I_{\text{peak}}}{2} \tag{5.154}$$

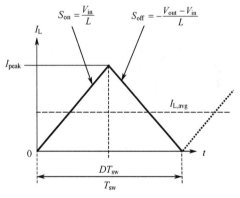

图 5.76　工作于边界条件的升压
变换器输入电流形状

从上式, 可很快求得峰值电流为

$$I_{\text{peak}} = \frac{2P_{\text{out}}}{\eta V_{\text{in}}} = \frac{2V_{\text{out}} I_{\text{out}}}{\eta V_{\text{in}}} \tag{5.155}$$

给定峰值电流定义, 把式 (5.155) 代入式 (5.152), 得到边界导通模式下的电感值为

$$L = \frac{V_{\text{in}}^2 (V_{\text{out}} - V_{\text{in}}) \eta}{2I_{\text{out}} V_{\text{out}}^2 F_{\text{sw}}} \tag{5.156}$$

假设 DCM 升压变换器的技术指标如下:

$V_{\text{in, min}} = 10\,\text{V}$, $V_{\text{in, max}} = 15\,\text{V}$, $V_{\text{out}} = 12\,\text{V}$, $I_{\text{out, max}} = 2\,\text{A}$, $F_{\text{sw}} = 100\,\text{kHz}$, $\eta = 0.9$

式 (5.156) 给出了在最小输入电压下, 工作于边界条件下的电感值:

$$L=\frac{V_{in,min}^2 (V_{out}-V_{in,min})\eta}{2I_{out}V_{out}^2 F_{sw}}=\frac{100\times(12-10)\times0.9}{4\times12\times12\times100k}=3.13\,\mu H \tag{5.157}$$

如果在最差情况下（即最小输入电压，最大负载电流），想确保工作于 DCM，而不是边界导通模式，可以稍稍把电感值减少 10%，即电感值约为 2.8 μH。通过图 5.75 可以计算得到新的峰值电流为

$$I_{peak}=\frac{DV_{in}}{F_{sw}L} \tag{5.158}$$

从式（1.151）推导得到 DCM 条件下的最大占空比为

$$D_{max}=\frac{\sqrt{2LI_{out}F_{sw}(V_{out}-V_{in,min})}}{V_{in,min}}=\frac{\sqrt{2\times2.8\mu\times2\times100k\times(12-10)}}{10}=0.15 \tag{5.159}$$

把最大占空比代入式（5.158），得到最终对应 DCM 工作的升压变换器，电感值约为 2.8 μH，则有

$$I_{speak}=\frac{\sqrt{2I_{out}(V_{out}-V_{in,min})}}{LF_{sw}}=\frac{\sqrt{2\times2\times(12-10)}}{2.8\mu\times100k}=5.35\,A \tag{5.160}$$

应用式（1.161），可计算变换器离开 DCM 模式所对应的输出负载为

$$R_{critical}=\frac{2F_{sw}LV_{out}^2}{(1-V_{in,min}/V)V_{in,min}^2}=\frac{2\times100k\times2.8\mu\times12\times12}{(1-10/12)\times100}=4.84\,\Omega \tag{5.161}$$

对应的输出电流为 2.5 A。

5A.2　输出电压纹波

工作于 DCM 的升压变换器输出纹波计算与同样工作于 DCM 的降压-升压变换器计算没什么不同。该计算包括确定截止时间由电容产生的电荷变化。图 5.77 所示为二极管和电容电流的波形。图中电容信号中正的阴影面积强调了这一时间段，在该时间段二极管电流为电容充电（电容的电压增加）并为负载提供功率。当输出的二极管电流低于负载电流时，则电容承担为负载提供功率的任务，电容开始耗散功率。

第一个代数行推导 Δt 持续时间。该时间是二极管电流减少并达到输出电流所需的时间，则有

$$I_{speak}-\frac{V_{out}-V_{in}}{L}\Delta t=I_{out} \tag{5.162}$$

由上式求 Δt，有

$$\Delta t=\frac{(I_{peak}-I_{out})L}{V_{out}-V_{in}} \tag{5.163}$$

存储的电荷对应于图 5.77 中的阴影面积。

应用简单的三角关系，可以得到

$$\Delta Q=\frac{1}{2}(I_{peak}-I_{out})\Delta t \tag{5.164}$$

把式（5.163）代入式（5.164），产生如下关系：

$$\Delta Q=\frac{L}{2}\frac{(I_{peak}-I_{out})^2}{V_{out}-V_{in}} \tag{5.165}$$

已知 $\Delta Q=C\cdot\Delta V$，可得到最终的输出电压纹波表达式为

$$\Delta V=\frac{L(I_{peak}-I_{out})^2}{2C_{out}(V_{out}-V_{in})} \tag{5.166}$$

式中，峰值电流用式（5.160）代替。可得到 DCM 升压变换器输出电压纹波的更一般定义，即

$$\Delta V = \frac{\left(\sqrt{\dfrac{2I_{\text{out}}(V_{\text{out}}-V_{\text{in}})}{LF_{\text{sw}}}}-I_{\text{out}}\right)^2 L}{2C_{\text{out}}(V_{\text{out}}-V_{\text{in}})} \tag{5.167}$$

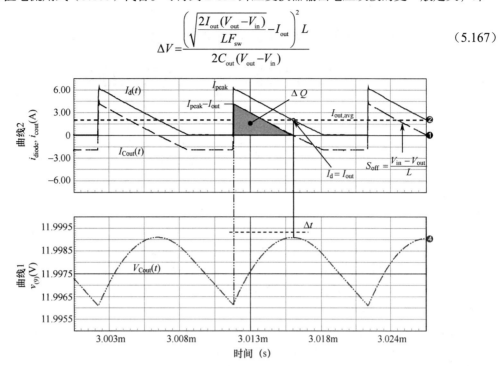

图 5.77　非连续模式升压变换器电容电压输出纹波及流过二极管和电容的电流

第6章 离线变换器前端的仿真和设计实践——前端电路

本章研究前端电路，它对任何交流/直流电源都是一样的。前端电路就是简单的全波整流电路或更复杂的功率因数校正电路。由于整流是与拓扑相关的电源的重要内容，下面就从整流开始讨论。

6.1 整流桥

离线电源就是一个 dc-dc 变换器（如反激式或正激式），它由输入电压整流后得到的直流电压供电。该连续电压由正弦交流输入电压整流后产生，正弦交流输入电压的极性按 50 周每秒或 60 周每秒变化，该频率与在世界上所处的区域有关。通常，使用全波模式，因为半波整流只限用于低功率应用场合（功率为几瓦）。电源的输入电压表达式如下：

$$v_{in}(t) = V_{peak}\sin(\omega t) \tag{6.1}$$

式中，$\omega = 2\pi F_{line}$，F_{line} 表示电源频率，可以为 50 Hz 或 60 Hz。该频率在军用和民用飞机应用场合可增加至 400 Hz。这里 V_{peak} 表示正弦波峰值电压。

图 6.1(a)所示为全波整流器，也称为格里茨桥（引用自德国物理学家 Leo Graetz），在单相离线应用中用 4 个二极管实现。

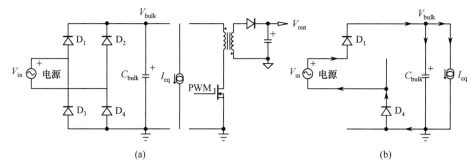

图 6.1 全波整流桥及其不同导通阶段。等效电流源表示整流桥的
变换器负载。注意正弦波极性表示在本图(b)及图 6.2(a)中

整流后的电压（常标为 V_{bulk}）为后面的变换器提供电源，本例中为反激式变换器。为分析简单起见，该闭环变换器可以用施加耗散电流的电流源代替，可定义为

$$i_{eq}(t) = \frac{P_{out}}{\eta v_{bulk}(t)} \tag{6.2}$$

式中，P_{out} 表示变换器向其负载传输的功率，通过变换器效率 η 可将 P_{out} 换算成整流桥的输出功率，即变换器的输入功率。

依赖于输入电压极性，两个二极管始终同时导通，在给定电流下产生两倍的 V_f 压降。图 6.1(b)和图 6.2(a)显示了当电源极性变化时电流是如何流动的：或流经 D_1 和 D_4，或流经 D_3 和 D_2。因而，只要电源电压超过滤波电容电压和两个正向压降之和，滤波电容充电直到正弦电压的顶部。产生充电的时刻 t 为

$$V_{peak} \sin(\omega t) \geqslant V_{min} + 2V_{f} \qquad (6.3)$$

在这一刻，产生的电流脉冲一直持续到式（6.3）不再满足为止。下面将会看到如何计算该脉冲的峰值幅度。当输入电压下降时，两个串联的二极管阻断，电容单独为负载提供电源使电容电压下降，即在电容电压上产生电压纹波［如图 6.2(b)所示］。从这些解释中可看出，桥二极管只在整个电源周期的小部分时间导通。因此，由电源提供的总能量限制在这些小的时间段内，产生了大尖峰有效输入电流。稍后很快将再回来讨论这个典型特性。

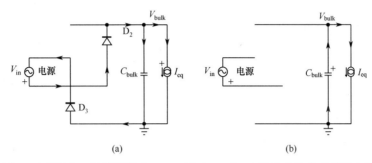

图 6.2　当所有二极管阻断（$V_{in, peak}$ 低于 V_{bulk}），电容自身为负载提供电源

全波整流仿真电路图如图 6.3 所示。假设电源功率为 45 W，效率为 90%，滤波电容为 100 μF。电容上的初始条件是为了避免当电源打开时，电容没有存储电荷而在 SPICE 中出现被零除的情况。仿真得到的结果包括电路中的各种电流和电压，如图 6.4 所示。

电容在二极管导通期间（t_{c}）起接收器的作用，在放电时间（t_{d}）起电源的作用，此时，电容为负载（如反激式变换器）提供电源。只要输入电压在放电时间 t_{d} 结束时达到电容的剩余

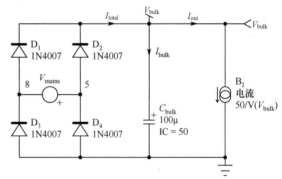

图 6.3　用于仿真的全波整流器

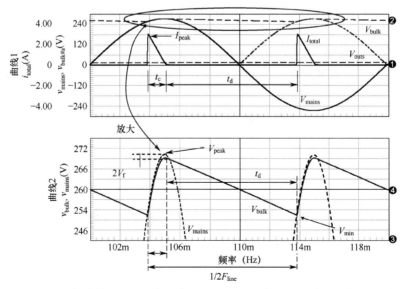

图 6.4　全波整流器仿真结果。下图把电容充电时间 t_{c} 和放电时间 t_{d} 时的波形幅度做了放大

电压 $V_{\min}$，两个二极管导通并产生狭窄电流尖峰，其正负取决于电源极性。由于整流电路的作用，这些传输给负载和电容的尖峰在总电流 I_{total} 中只有正极性。如果忽略流过负载（变换器）的纹波，就可以直流（平均）部分流过负载，而交流部分只流过电容。

6.1.1　选择电容器

与滤波电容相连的 dc-dc 变换器，工作在一定的输入电压范围内。或者说，如果输入电压低于某个值，变换器会过热或进入不可控制的不稳定工作模式。滤波电容的存在有助于维持两个电压尖峰之间（在欧洲为 10 ms，在美国为 8.3 ms）的电压，可避免 dc-dc 变换器输入电压的突然下降。然而，若给定电容的尺寸和价格，则所选的电容无法维持峰值电压不变（滤波电容电压将降为 $V_{\min}$，该电压值由设计者设定）。通常，该值设为最小输入电压峰值的 25%～30%。例如，如果变换器工作时输入的有效电压低至 85 V，那么 $V_{\min}$ 可选为 $(85 \times \sqrt{2}) \times 0.75 = 90\,\text{V dc}$。

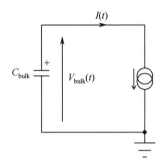

图 6.5　当所有二极管阻断时，电容为变换器提供能量

为计算所需电容的最小滤波电压 $V_{\min}$，首先需要等效电路。修正在截止时间或 t_{d} 时的图 6.1。此时，所有二极管阻断［式（6.3）不再满足］，电容成为唯一给变换器提供能量的电源。

在图 6.5 中，电容起电源的作用，电压和电流箭头指向同一方向。在二极管截止期间，由电容传输的环路电流分析表达式为

$$i(t) = \frac{P_{\text{out}}}{\eta v_{\text{bulk}}(t)} \tag{6.4}$$

还可以写出另一个表示该电路的等式，即

$$i(t) = -C_{\text{bulk}} \frac{\mathrm{d}v_{\text{bulk}}(t)}{\mathrm{d}t} \tag{6.5}$$

让以上两式相等，得到

$$-\frac{P_{\text{out}}}{\eta v_{\text{bulk}}(t)} = C_{\text{bulk}} \frac{\mathrm{d}v_{\text{bulk}}(t)}{\mathrm{d}t} \tag{6.6}$$

重新整理上式，定义功率表达式，有

$$-\frac{P_{\text{out}}}{\eta} = C_{\text{bulk}} \frac{\mathrm{d}v_{\text{bulk}}(t)}{\mathrm{d}t} v_{\text{bulk}}(t) \tag{6.7}$$

为求解该式，对上式两边求积分，时间从 $t = 0$（即输入峰值）到 $t = t_{\text{d}}$，即重新充电之前（如图 6.4 曲线 2 所示）：

$$\int_0^{t_{\text{d}}} -\frac{P_{\text{out}}}{\eta} \mathrm{d}t = \int_0^{t_{\text{d}}} C_{\text{bulk}} \frac{\mathrm{d}v_{\text{bulk}}(t)}{\mathrm{d}t} v_{\text{bulk}}(t)\mathrm{d}t$$

经过简单运算，得到如下结果：

$$-\frac{P_{\text{out}}}{\eta} t_{\text{d}} = \frac{C_{\text{bulk}}}{2} \cdot V_{\text{bulk}}^2 \Big|_0^{t_{\text{d}}} \tag{6.8}$$

$t = 0$ 时的电压就是峰值电压 V_{peak}（忽略二极管的压降）。$t = t_{\text{d}}$ 时，滤波电容电压为最小值 $V_{\min}$。因而，用该值代替 V_{bulk}，得到

$$-\frac{P_{\text{out}}}{\eta} t_{\text{d}} = \frac{C_{\text{bulk}}}{2}(V_{\min}^2 - V_{\text{peak}}^2) \tag{6.9}$$

现重新整理上式，求得电容值为

$$C_{bulk} = \frac{2P_{out}}{\eta(V_{peak}^2 - V_{min}^2)} t_d \tag{6.10}$$

该式还能通过电容在 t_d 期间电压从 V_{peak} 到 V_{min} 过程中释放的能量 W 来推导得出，即

$$W = W_{V_{peak}} - W_{V_{min}} = \frac{1}{2} C_{bulk}(V_{peak}^2 - V_{min}^2) \tag{6.11}$$

由于能量是功率乘以时间，上式可以写为

$$\frac{P_{out}}{\eta} t_d = \frac{1}{2} C_{bulk}(V_{peak}^2 - V_{min}^2) \tag{6.12}$$

从上式求解 C_{bulk} 可得到与式（6.10）相同的结果。

6.1.2 二极管导通时间

在式（6.10）中，需要计算放电时间以便最后确定电容表达式。图 6.6 着重描述了在电源周期内的时间参数。

放电时间实际上等于总电源周期的一半减去二极管导通时间 t_c。进一步观察，可以看到二极管导通时间本身为电源周期的四分之一减去电源信号达到 V_{min} 所需的时间。这就是图 6.6 中的 Δt，数学上表示为

$$V_{peak} \sin \omega \Delta t = V_{min} \tag{6.13}$$

两边除以 V_{peak} 得到

$$\sin \omega \Delta t = V_{min}/V_{peak} \tag{6.14}$$

从式（6.14）求变量 t，可以求得

$$\Delta t = \frac{\arcsin(V_{min}/V_{peak})}{2\pi F_{line}} \tag{6.15}$$

最后，可推导得到二极管导通时间 t_c 和放电时间 t_d：

$$t_c = \frac{1}{4F_{line}} - \Delta t = \frac{1}{4F_{line}} - \frac{\arcsin(V_{min}/V_{peak})}{2\pi F_{line}} \tag{6.16}$$

$$t_d = \frac{1}{2F_{line}} - t_c = \frac{1}{4F_{line}} + \frac{\arcsin(V_{min}/V_{peak})}{2\pi F_{line}} \tag{6.17}$$

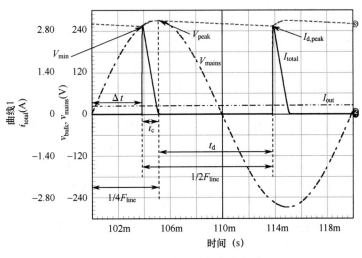

图 6.6 完整输入周期内的定时

式（6.10）更新为

$$C_{\text{bulk}} = \frac{2P_{\text{out}} \left[\dfrac{1}{4F_{\text{line}}} + \dfrac{\arcsin\left(V_{\min}/V_{\text{peak}}\right)}{2\pi F_{\text{line}}} \right]}{\eta(V_{\text{peak}}^2 - V_{\min}^2)} \tag{6.18}$$

6.1.3　电容的有效电流

在前面章节中已经看到，尽管电容值的计算很精确，但是最后电容的选择始终要基于流过电容的有效电流值（见图 6.6）。滤波电容的选择也是如此。把充电起始点（Δt 的末尾）作为起始时间点并认为电流以近似直线的方式减小，可以得到如下表达式：

$$i_{\text{total}}(t) = I_{\text{d,peak}} \frac{t_c - t}{t_c} \tag{6.19}$$

从上述表达式中可以计算有效电流值：

$$I_{\text{total,rms}} = \sqrt{2F_{\text{line}} \int_0^{t_c} \left(I_{\text{d,peak}} \frac{t_c - t}{t_c} \right)^2 \mathrm{d}t} = I_{\text{d,peak}} \sqrt{\frac{2t_c F_{\text{line}}}{3}} \tag{6.20}$$

I_{total} 的平均值对应于供给变换器的直流输出电流。因而，可以写出

$$I_{\text{out}} = \frac{I_{\text{d,peak}} t_c}{2} 2F_{\text{line}} = F_{\text{line}} I_{\text{d,peak}} t_c \tag{6.21}$$

根据上式可以求得二极管峰值电流

$$I_{\text{d,peak}} = \frac{I_{\text{out}}}{F_{\text{line}} t_c} \tag{6.22}$$

注意，式（6.22）不够精确，因为式中假设了二极管导通时间等于电容充电时间。然而，这是不准确的，因为两个串联二极管导通电流等于滤波电容充电电流加上负载上消耗的电流。在某个点上，二极管阻断，100%的负载电流将由滤波电容单独提供。该点处滤波电容电流等于$-I_{\text{out}}$。这就是由式（6.22）表示的峰值电流和从仿真得到的结果之间存在差别的原因。电容电流可以通过推导电容充电时的电压表达式来精确计算，即

$$i_{C_{\text{bulk}}}(t) = C_{\text{bulk}} \frac{\mathrm{d}v_{C_{\text{bulk}}}(t)}{\mathrm{d}t} = C_{\text{bulk}} \frac{\mathrm{d}(V_{\text{peak}} \sin(\omega t))}{\mathrm{d}t} = 2\pi F_{\text{line}} C_{\text{bulk}} V_{\text{peak}} \cos(2\pi F_{\text{line}} t) \tag{6.23}$$

上式对应于 $t \in [\Delta t, \Delta t + t_c]$。在这个表达式中，用由式（6.15）定义的 Δt 代替 t 可求出电容峰值电流。它定义了一个精确点，在该点处正弦波幅度达到 $V_{\min}$，电容开始充电：

$$I_{C_{\text{bulk}},\text{peak}} = 2\pi F_{\text{line}} C_{\text{bulk}} V_{\text{peak}} \cos(2\pi F_{\text{line}} \Delta t) \tag{6.24}$$

一旦得到了电容峰值电流，就可以通过如下关系式改进式（6.22）：

$$I_{\text{d,peak}} = I_{\text{out}} + I_{C_{\text{bulk}},\text{peak}} \tag{6.25}$$

比较式（6.22）和式（6.25）能得到一个结论：第一种近似所得的有效电流比仿真得到的结果稍高。它最终能改善安全裕度。然而，为简单起见，在设计实例中仍使用式（6.22）。

对于对不同计算方法感兴趣的读者，作者已经重新计算了其中的一些参数且精度比以前有了一定的改善，它们被放在附录 6A 中。特别地，作者给出了一旦滤波电容值被归一化后，如何预测最小电压值。

总电流 I_{total} 由直流分量和交流分量组成。直流分量流过负载而交流分量从电容流过。直流和交流分量通过如下表达式联系：

$$I_{\text{total,rms}} = \sqrt{I_{C_{\text{bulk}},\text{rms}}^2 + I_{\text{out}}^2} \tag{6.26}$$

通过对式（6.26）进行运算，能得到滤波电容的有效电流值：

$$I_{C_{\text{bulk}},\text{rms}}=\sqrt{I_{\text{total},\text{rms}}^2-I_{\text{out}}^2} \tag{6.27}$$

将式（6.20）和式（6.22）代入式（6.27），得到

$$I_{C_{\text{bulk}},\text{rms}}=I_{\text{out}}\sqrt{\frac{2}{3F_{\text{line}}t_c}-1} \tag{6.28}$$

式中，t_c 表示由式（6.16）定义的二极管导通时间；I_{out} 表示变换器平均输入电流。

由于滤波电容为后面的 dc-dc 变换器提供电源，它能检测到变换器输入电流中的高频脉冲的存在。然而，交流成分（$I_{\text{smps, ac}}$）只经过电容，因为直流值等于 I_{total} 中存在的直流电流。由式（6.28）给出的有效电流定义应能确定这一分量。因此，最后的定义为

$$I_{C_{\text{bulk}},\text{rms,total}}=\sqrt{I_{C_{\text{bulk}},\text{rms}}^2+I_{\text{smps,ac}}^2} \tag{6.29}$$

参考文献[1]提供了不同的公式，这些公式能更精确地说明由这些脉冲产生的附加损耗。当然，工作模式（DCM 或 CCM）将影响电容有效电流的选择。参考文献[1]的结论强调了由式（6.29）得到的结果与更精确地推导所得到的结果之间相差 20%。

6.1.4 二极管电流

二极管的峰值电流如图 6.6 所示。然而，脉冲之间的时间为输入电源周期，相比之下，总电流 I_{total} 的周期为输入电源周期的一半。因而，二极管有效电流为

$$I_{d,\text{rms}}=\sqrt{F_{\text{line}}\int_0^{t_c}\left(I_{d,\text{peak}}\frac{t_c-t}{t_c}\right)^2\mathrm{d}t}=I_{d,\text{peak}}\sqrt{\frac{t_c F_{\text{line}}}{3}} \tag{6.30}$$

将式（6.22）代入上式并进行化简，得到流经二极管的有效电流为

$$I_{d,\text{rms}}=\frac{I_{\text{out}}}{\sqrt{3F_{\text{line}}t_c}} \tag{6.31}$$

式中，t_c 表示由式（6.16）定义的导通时间。

二极管平均电流可通过下式求得：

$$I_{d,\text{avg}}=\frac{F_{\text{line}}I_{d,\text{peak}}t_c}{2}=\frac{I_{\text{out}}}{2} \tag{6.32}$$

如果忽略二极管动态电阻，每个二极管的耗散为

$$P_d\approx V_f I_{d,\text{avg}}\approx V_f\frac{I_{\text{out}}}{2} \tag{6.33}$$

6.1.5 输入功率因数

输入有效电流与式（6.20）计算所得一样，即

$$I_{\text{in,rms}}=\frac{\sqrt{2}I_{\text{out}}}{\sqrt{3F_{\text{line}}t_c}} \tag{6.34}$$

式中，I_{out} 表示变换器得到的平均电流。

如果计算平均输入功率（单位为瓦），并把它除以视在输入功率（VA），得到整流器的功率因数

$$\text{PF}=\frac{W}{\text{VA}}=\frac{P_{\text{in,avg}}}{V_{\text{in,rms}}I_{\text{in,rms}}} \tag{6.35}$$

简单地说，功率因数给出关于在电源周期上的输入能散度。对于窄输入尖峰，瞬时能量限制

在尖峰附近，产生高的有效电流和峰值电流，功率因数值低。典型的全波整流就是这种情况。相反，如果能使输入电流散布在整个电源周期中，功率因数得到改善。这种散布可通过无源或有源方法产生，在后面的有关无源和有源功率因数校正电路中会描述到。

利用以前的计算，可以估计全波整流器的功率因数。如果把效率设为 100%，变换器输入电流恒定（I_{out} = 常数），那么可以写出

$$P_{in,avg} \approx I_{out} V_{bulk,avg} \tag{6.36}$$

式中，滤波电容平均电压可近似为

$$V_{bulk,avg} \approx \frac{V_{peak} + V_{min}}{2} \tag{6.37}$$

应用式（6.34），可以定义视在输入功率为

$$P_{in,VA} = V_{in,rms} I_{in,rms} = V_{in,rms} \frac{\sqrt{2} I_{out}}{\sqrt{3 F_{line} t_c}} \tag{6.38}$$

令式（6.36）除以式（6.38）并重新整理，得到功率因数为

$$PF = \frac{V_{bulk,avg}}{V_{in,rms}} \sqrt{\frac{3}{2} F_{line} t_c} \tag{6.39}$$

在描述实际例子之前，应注意到上述所有等式的推导均假设了输入电压源为理想正弦波且输出阻抗低。实际上，电源经常存在失真，由于存在电磁干扰（EMI）滤波器，输出阻抗变化较大。如果最后实验室的测量结果与上述计算结果不同也不必感到惊讶。

现在我们已经做好了设计前端电路的准备。

6.1.6　工作于通用电源的 100 W 整流器

一个反激式电源为负载提供 100 W（P_{conv}）的功率，其工作效率为 85%。变换器在通用电源上工作，通用电源的输入电压有效值为 85～275 V，频率为 47～63 Hz，变换器的最小直流工作电压为 80 V。

最大环境温度约为 45℃。让我们从二极管导通时间开始讨论，输入电压最低时导通时间最长：

$$t_c = \frac{1}{4 \times 60} - \frac{\arcsin\left(\frac{80}{85 \times \sqrt{2}}\right)}{2 \times 3.14 \times 60} = 2.2 \text{ ms} \tag{6.40}$$

如果计算器的度数单位为度，可把上式中的 2π 项用 360 代替，可求得放电时间为

$$t_d = \frac{1}{2 F_{line}} - t_c = \frac{1}{120} - 2.2\text{m} = 6.1 \text{ ms} \tag{6.41}$$

因此，可应用式（6.10）计算滤波电容

$$C_{bulk} \geqslant \frac{2 P_{conv}}{\eta (V_{peak}^2 - V_{min}^2)} t_d = \frac{2 \times 100}{0.85 \times (120^2 - 80^2)} 6.1\text{m} = 180 \, \mu\text{F} \tag{6.42}$$

在最后对电容做出选择之前，需要评估电容的有效电流：

$$I_{C_{bulk},rms} = \frac{P_{conv}}{\eta V_{bulk,avg}} \sqrt{\frac{2}{3 F_{line} t_c} - 1} = \frac{100}{0.85\left(\frac{120+80}{2}\right)} \sqrt{\frac{2}{3 \times 60 \times 2.2\text{m}} - 1} = 2.34 \text{ A} \tag{6.43}$$

从原始技术指标看到，电容需要持续承受的稳态电压为 275×1.414 = 388 V。因此，推荐选用耐 400 V 电压的电容。与环境温度为 105℃时的最大额定值相比，在给定工作温度为 45℃条件下，电容将承受较高纹波电流。在这种情况下，电容数据表给出的纹波乘数为 2 倍以上。选择 Illinois 公司的电容[2]，其具有以下的特性参数：

$220\,\mu F / 400\,V$

在 120 Hz 和 105℃时，$I_{ripple} = 1.25\,A$

$T_A = 45℃$时，纹波乘数为 2.4

在 120 Hz 和 20℃时，$R_{ESR} = 1.1\,\Omega$

Reference = 227LMX400M2CH

选 $220\,\mu F$ 电容，各种时间也要随之修正。从式（6.42）可以计算在新电容情况下的 V_{min} 修正值。放电时间 t_d 保持原值不变，这是由于：放电时间 t_d 随着电容值增加变化不大；没有放电时间 t_d 的 V_{min} 公式会变得相当复杂：

$$V_{min} \approx \sqrt{\frac{\eta C_{bulk} V_{peak}^2 - 2P_{conv} t_d}{C_{bulk}\eta}} = \sqrt{\frac{0.85 \times 220\mu \times 120^2 - 2 \times 100 \times 6.1m}{200 \times 0.85}} = 8.9\,V \tag{6.44}$$

把 $V_{min} = 89\,V$ 代入式（6.16）和式（6.17），得到

$$t_c = \frac{1}{4 \times 60} - \frac{\arcsin\left(\dfrac{89}{85 \times \sqrt{2}}\right)}{2 \times 3.14 \times 60} \approx 2\,ms \tag{6.45}$$

$$t_d = \frac{1}{2F_{line}} - t_c = \frac{1}{120} - 2m = 6.3\,ms \tag{6.46}$$

通过式（6.24）可以求得电容峰值电流为

$$I_{C_{bulk},peak} = 2\pi F_{line} C_{bulk} V_{peak} \cos(2\pi F_{line}\Delta t) = 6.28 \times 60 \times 220\mu \times 120 \times \cos(6.28 \times 60 \times 2.16m) = 6.7\,A \tag{6.47}$$

式中，Δt 由式（6.15）计算得到，其值为 2.16 ms。根据这些结果，通过式（6.22）或式（6.25）求得二极管峰值电流为

$$I_{d,peak} = I_{out} + I_{C_{bulk},peak} = \frac{P_{out}}{\eta}\frac{2}{V_{min} + V_{peak}} + I_{C_{bulk},peak} = \frac{100}{0.85} \times \frac{2}{120 + 89} + 6.7 = 7.83\,A \tag{6.48}$$

$$I_{d,peak} = \frac{I_{out}}{F_{line} t_c} = \frac{P_{out}}{\eta}\frac{2}{(V_{min} + V_{peak})F_{line} t_c} = \frac{100}{0.85} \times \frac{2}{(120 + 87) \times 60 \times 2m} \approx 9.4\,A \tag{6.49}$$

如同期望的那样，式（6.48）给出的结果比式（6.49）的结果要好。后面的仿真结果将肯定式（6.48）所得结果的合理性。

假如选择 $220\,\mu F$ 电容，其有效电流稍增到 2.4 A，该值仍存在一定的裕度（按照制造商给出的纹波乘数，得出的最大纹波为 3 A）。

计算得到的二极管电流值如下：

$$I_{d,rms} = \frac{P_{conv}}{\eta V_{bulk,avg}\sqrt{3F_{line}t_c}} = \frac{100}{0.85 \times \left(\dfrac{120 + 89}{2}\right)\sqrt{3 \times 60 \times 2m}} \approx 1.9\,A$$

$$I_{d,avg} = \frac{P_{conv}}{2\eta V_{bulk,avg}} = 0.56\,A \tag{6.50}$$

安森美公司的 1N5406（600 V/3 A）型二极管能很好地适合该应用。也需要知道有效输入电流以便来选择合适的保险丝：

$$I_{in,rms} = \frac{\sqrt{2}P_{conv}}{\eta V_{bulk,avg}\sqrt{3F_{line}t_c}} = \frac{\sqrt{2} \times 100}{0.85 \times \dfrac{(120 + 89)}{2} \times \sqrt{3 \times 60 \times 2m}} = 2.65\,A \tag{6.51}$$

250 V/4 A 时间延迟型保险丝能满足要求。选用延迟型是因为在开关闭合时有很大的浪涌电流（见后面对浪涌电流的讨论）。

最后，可以计算由前端电路产生的功率因数：

$$\text{PF} = \frac{V_{\text{bulk,avg}}}{V_{\text{in,rms}}} \sqrt{\frac{3}{2} F_{\text{line}} t_c} = \frac{104}{85} \sqrt{\frac{3}{2} \times 60 \times 2\text{m}} = 0.517 \quad (6.52)$$

基于上述结果,还可以计算输入有效电流,它比通过式(6.51)计算速度更快:

$$I_{\text{in,rms}} = \frac{P_{\text{out}}}{\eta V_{\text{in,min}} \text{PF}} = \frac{100}{0.85 \times 85 \times 0.517} = 2.68\,\text{A} \quad (6.53)$$

应用图 6.3 所示的仿真电路结构,加入二极管和电容值,来求各种应力。仿真结果如图 6.7 所示。仿真结果比分析计算结果稍好,但两者非常接近。

为计算功率因数,测量得到有效输入电流 2.5 A,将其乘以输入有效电压值 85 V,得到功率(VA)值。求得平均输入功率约为 120 W [令 $v_{\text{mains}}(t)$ 乘以 $i_{\text{in}}(t)$,所得的 $p_{\text{in}}(t)$ 在一个周期内求平均,就得到功率]。功率因数为 0.57,这是全波整流电路的典型值。

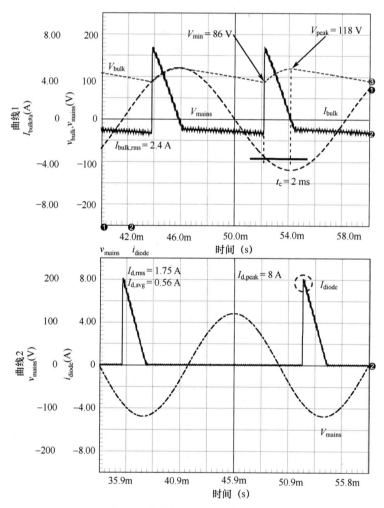

图 6.7 仿真结果以及相应的应力

6.1.7 保持时间

保持时间定义为当输入电源消失(如由于瞬间电源故障)时,电源仍能传输标称功率所持续的时间。保持时间的测试是当输入电源穿越零电压时中断输入电源并观察滤波电容电压的下降。在给定时间内,电源不能再起调节作用,它的输出电压降为 0。电源中的保护电路阻止电源在低电源情况下过载。该电路就是所谓的低压探测器，假设设计者在本例中把低压探测阈值设为 60 V。当出现低电网电压输入时，变换器安全地停止工作并且在电网电压恢复正常时重新启动。通常关断（掉电）电压为有效值 60～70 V，而变换器会在不到 80 V 有效值时启动（通用电源在电网电压有效值 85 V 时启动）。在仿真中，由于没有观察到任何输出电压，当滤波器电压低于上述低压探测阈值时，可以对电流源 B_2 编程，使之停止产生电流：

```
B2 vbulk 0 V(Vbulk) > 60 ?117/(V(Vbulk)+1) : 0 ; IsSpice 117 W
; power consumption
G2 vbulk 0 Value = {IF (V(Vbulk) > 60, 117/(V(Vbulk)+1), 0 )};
; PSpice 117 W power consumption
```

整流器的仿真结果如图 6.8 所示，结果显示保持时间为 6 ms。该结果表明电路性能相当普通，该性能可以通过增加滤波电容值得到增强。如果需要，可用式（6.10）计算电容的大小，使输入电源消失后，滤波器电压保持足够长的时间。然后，参数 t_d 可用保持时间指标代替。

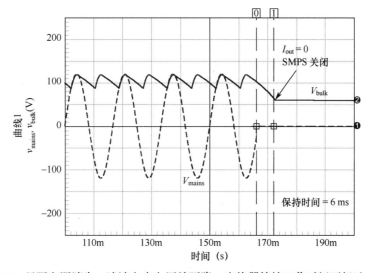

图 6.8 只要电源消失，滤波电容电压就下降，变换器持续工作时间不超过 6 ms

6.1.8 电源阻抗和波形

图 6.8 是理想波形，对应于电源阻抗为零的情况，即当电流出现尖峰使滤波电容充电时，波形不发生失真。实际上，输入电源与整流电路相连，该整流器具有特定的输出阻抗。遗憾的是，该电源的阻抗还与不同的设施有关，如共享同一分布网络的各类设备（电动机、光镇流器、电冰箱等）。因而，尝试预测电源阻抗是件困难的事。此外，串联地插在变换器中的 EMI 滤波器也影响阻抗，该阻抗驱动整流桥。在简报中[3]，Intusoft 公司提出了一个简单的局部电源描述，它由一个电阻和一个低值电感组成。修改后的整流器如图 6.9 所示。

可以想象，当出现充电电流时，峰值电流使电源电压降低并造成凹陷。图 6.10 显示了这一结果，图中显示了电源电压。可以看到电路波形与以前的假设不同。

当输入电源 EMI 滤波器人为地增加电源阻抗时，也可得到这类波形。它能自然地减小峰值电流因而也减小了滤波电容的有效电流。

为检验这些仿真结果与实际结果的一致性，我们让整流桥与 250 μF 电容相连，使之为电阻性负载提供 298 W 功率。第一种情况让它与低阻抗交流源相连，测量得到关键变量。这些变量如图 6.11 所示。

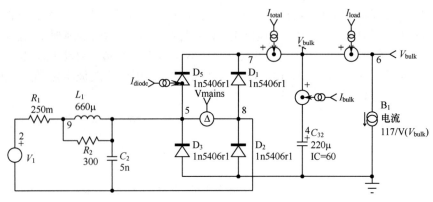

图 6.9   整流器包含了电源阻抗

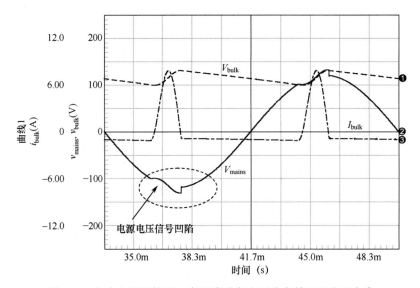

图 6.10   包含电源阻抗后，实际波形发生了改变并显示出了失真

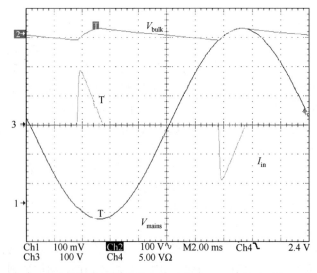

图 6.11   由低阻抗源供电的负载功率为 298 W 的全波整流器

三角形形状实际与仿真波形相似。另外，注意到不存在凹陷，证明了输入源的低阻抗特性。现在，把二极管桥与可调自耦变压器相连，该可调自耦变压器连接到输入源。结果如图6.12所示。

自耦变压器有较大串联阻抗，起到滤波电感的作用。这导致交流信号的崩溃，使导通时间变长。峰值电路减少并使有效电流变小——滤波电容上的应力降低。

最后，把整流器直接连到输入源，没有中间电路。波形如图6.13所示。

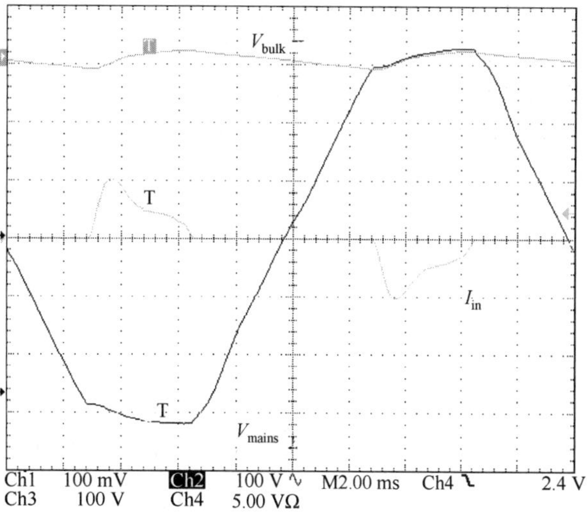

由法国电力集团（Electricité De France，EDF）传送的信号波形看上去平滑，当电流达到峰值时未出现凹陷。图中在峰值处较平坦，表明有很大的电流失真。

图6.12 来自自耦变压器的交流信号

在这些实验中，我们记录了几个参数，收集如下：

	交流低阻抗	交流自耦变压器	电 源
$I_{in,rms}$（A）	2.53	1.8	2.35
功率因数	0.51	0.69	0.52

最好的功率因数是通过自耦变压器得到的。这是由于电感性阻抗使电流平滑并降低电流峰值。实际上，最差情况出现在具有低阻抗的纯交流源时。或者说，实际上前面描述的计算表示了最差情况，当电源中整流器得到改进后，能提供良好的裕度。在构建了最终整流器后，应确保直接在电源上或通过一个交流源测量所有参数。不要使用自耦变压器，因为通过自耦变压器测量会使参数值得到改善。

该实验要求注意一些其他重要事项：在具有前端EMI滤波器的实验板上测量交流效率时，始终要检测和确定这些测量所用的源输出阻抗。如果使用低阻抗源，较低的功率因数会增加电流有效值，使所有导通损耗增加（如共模扼流圈、浪涌电阻等）并导致效率降低。或者说，如果用同一电路板并用可调变压器为实验板提供电源，当功率因数改进后，有效电流会变低，导通损耗会减少使效率变好。在低阻抗交流源情形下，实验测量得到变换器的效率为84%；当直接连到失真电源时，效率增加到86%。确信读者能很好理解这些概念。

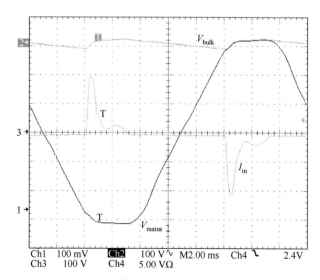

图6.13 整流器直接连到输入源，交流信号存在失真

6.1.9 浪涌电流

在电源上电时，电源第一次接入整流器，滤波电容完全放电。由于二极管桥被该放电电容临

时短路，会产生很大充电电流。存在大滤波电容时，该尖峰能触发电源断路器并损坏整流二极管。一些制造商实际上提出了最大浪涌电流，它在用户刚好在电源峰值处接入变换器的情况下出现。图 6.14 描述了仿真浪涌电流的简单方法。当然，可以想象在该测试电路中，输入源阻抗的作用。另外，浪涌电流不应在有自耦变压器的条件下评估。

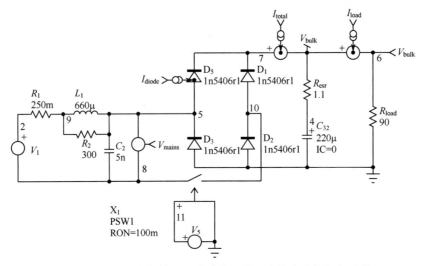

图 6.14　插入一个与输入源串联的开关，来仿真突然加电过程

如图 6.15 所示，当开关闭合时，出现大输入电流。在这种情况下，电容 ESR 有助于减小电流变化。然而，峰值仍达 53 A。该电流流过二极管，二极管的选择还必须考虑这种非重复尖峰。寻求的参数为 I_{FSM}，对于 1N5406 而言，该值为 200 A。文献[4]讨论了如何构建输入滤波器电感的模型并研究了饱和效应是如何影响峰值电流的。

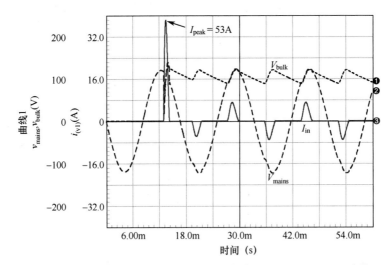

图 6.15　在本例中，浪涌电流达 53 A，其中交流源按照图 6.14 建模

滤波电容能承受这些浪涌电流（熔断丝也是如此），显然会影响电容器的寿命。有多种限制浪涌电流的方法，图 6.16 显示了几种已知的限制技术，它们只作为参考。一个简单的被继电器短路的、具有负温度系数（NTC）的电阻，以及有源可控硅（SCR）是工业上实现浪涌电流限制的可行方法。

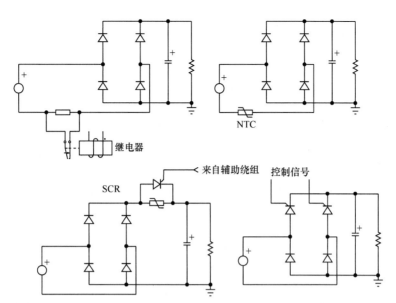

图 6.16　存在不同的限制浪涌电流方案：继电器、简单的 NTC、可控硅（SCR）、基于 SCR 的
整流桥（MOSFET 可完成该任务）。在某些情况下，NTC 用继电器短路来提高效率

　　一旦包括了前端整流电路的电源设计并制作完成后，在温度可控的容器中，让电源工作于技术指标给出的最高环境温度（如 50℃），对它进行测试是很好的实践。然后，给电源加具有最大电流的负载并通过继电器为电源接入最大输入电压。该继电器由一输出低频脉冲的方波发生器控制。继电器的导通时间应能得到调节输出并能保持几百毫秒。继电器的断开时间应能使滤波电容在下次启动之前完全放电。选择一个低阻抗交流源来进行该测试且不使用自耦变压器。因为自耦变压器的电感性阻抗将限制浪涌脉冲，自然会保护二极管桥和滤波电容器，遗憾的是，这与实际情况相去很远。让该测试进行几个小时，并包括低输入电压测试条件。还应完成持久性测试，也称为老化测试，就是让变换器在同一条件下（没有继电器，输入恒定的电压）工作时间超过 100小时（典型时间为 168 小时），这可用来检测任何设计缺陷。如果电源通过这些测试后仍正常，说明设计者在设计过程中，采用了合理的裕度。

6.1.10　电压倍压器

　　在 20 世纪 70 年代，电压倍压器常用于电源不能工作于较宽的输入电压范围（即所谓通用输入）的情况。一个电压选择器用来选择有效值为 117 V 或 230 V 的电压。当工作于 117 V 或 230 V 的输入电压时，倍压器输出电压变化不大，因而，使电路受益。当然，放错选择器位置会导致灾难性的故障。现在，倍压器还在低压环境下使用，如在美国或日本，倍压器能提升整流的直流电压，因而减小变换器的平均或有效电流，即减轻了变换器的负担。图 6.17(a)显示了倍压器是如何构建的。

　　对倍压器电路进行仿真得到相应的波形，结果如图 6.18 所示。

　　倍压器电路实际上只使用二极管桥中的两个二极管。从电路中看出这是合理的。在倍压模式下，如果 D_2 或 D_4 导通，它们将分别使 C_1 和 C_2 短路。在图 6.17(b)中，电容交替充电到峰值输入电压。可以注意到一个有趣的情况，当一个电容电压达到其谷点值［如图 6.17(b)中的 C_1］，而另一个电容电压处于峰值电压与谷值电压的中间时，总电压（V_{bulk}）值最小。由于两个电容串联，可求得滤波电容最小电压为

$$V_{min} = V_{C_1,min} + V_{C_2,avg} = V_{C_1,min} + \frac{V_{C_2,peak} + V_{C_2,min}}{2} \qquad （6.54）$$

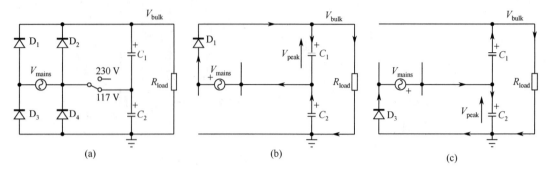

(a)   (b)   (c)

图 6.17   电压倍压器有助于增加 117 V 电压并减小后级变换器
的负担。在倍压器工作时，只有两个二极管是工作的

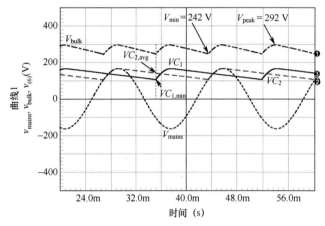

图 6.18 $P_{out} = 117$ W 时的电压倍压器波形

由于两个电容的峰值和谷值是相等的，式（6.54）可写为

$$V_{min} = \frac{3V_{C,min} + V_{C,peak}}{2} \quad (6.55)$$

设计时将把滤波电容最小电压作为指标参数，因此，需要求出允许的电容：

$$V_{C,min} = \frac{2V_{min} - V_{C,peak}}{3} \quad (6.56)$$

现在可以写出单个电容对应峰值电压和谷值电压时的能量差，已知单个电容只提供所需能量的一半，即

$$\frac{1}{2}CV_{C,peak}^2 - \frac{1}{2}CV_{C,min}^2 = \frac{P_{out}t_d}{2\eta} \quad (6.57)$$

式中，t_d 表示电容的放电时间。求解电容值得到

$$C_1 = C_2 = \frac{P_{out}}{\eta(V_{C,peak}^2 - V_{C,min}^2)}t_d \quad (6.58)$$

放电时间与式（6.17）给出的很接近，但每个电容在整个电源周期内放电。即

$$t_d = \frac{1}{F_{line}} - t_c = \frac{3}{4F_{line}} + \frac{\arcsin(V_{C,min}/V_{C,peak})}{2\pi F_{line}} \quad (6.59)$$

关于倍压器的更多信息可参考文献[5]。

6.2 功率因数校正

本节将介绍无源和有源功率因数校正的概念。这是个很大的课题，需要一整本书才能较完整地介绍这一内容。进一步解释功率因数校正的原因在于，我们将只详细讨论最受欢迎的拓扑设计之一——边界升压功率因数校正（PFC）。通常，我们会给出相关的参考资料，这些资料放在本章的末尾，它们有助于增强大家在这一感兴趣的功率电子领域的知识。

由前面的讨论可以看到，全波整流器中电容的存在会在交流输入源峰值附近产生输入电流尖峰。负载只在很短时间内从电源中获取能量，此时滤波电容重新快速充电。计算显示大有效电流主要是由这种幅度大而窄的尖峰电流产生的。图 6.9 所示为实际的典型全波整流器，该整流器设计用来为 100 W 负载供电。为进一步的仿真需要，把输入变量收集如下。

（1）情况 1

V_{in} 有效值 $= 85$ V，$I_{in,\,peak} = 8$ A，$I_{in,\,rms} = 2.5$ A，$P_{in,\,avg} = 119$ W

现在从图 6.9 中移走滤波电容并用含电阻的电流源代替，该电阻能从输入源中获取 119 W 功率（$R = 60\,\Omega$）。由于整流电压回到 0，电流源将产生除 0 错误并使仿真停止，因此，用电阻性负载代替，得到如下结果。

（2）情况 2

V_{in} 有效值 $= 85$ V，$I_{in,\,peak} = 2$ A，$I_{in,\,rms} = 1.4$ A，$P_{in,\,avg} = 119$ W

图 6.19 比较了两种情况下的输入变量。上图为电阻性负载。在该结构中，瞬时功率与正弦信号功率一致并在半个周期中延展。

图 6.19 的下图显示了含滤波电容的典型整流器的工作。与预期的一样，从输入源获取的功率限制在峰值输入附近。峰值功率 $i_{in}(t)v_{in}(t)$ 可达 716 W，而图 6.19 的上图只有 236 W。对于同一工作，如为负载供电来产生光或声音，其有效电流在第一种情况为 2.5 A，而第二种情况下为 1.4 A。在第一种情况下，在导线中存在过量的电流，该电流会使电路产生过热。过量的电流对实际工作没有贡献，该电流只会增加电源和配电网的负担。作为例子，考虑一种欧洲电源，它能为负载提供 16 A 连续的有效电流。第一种情况下，该电源可以允许最多连接 6 台设备（16/2.5）；而第二种情况下，允许 11 台设备同时工作（16/1.4）。

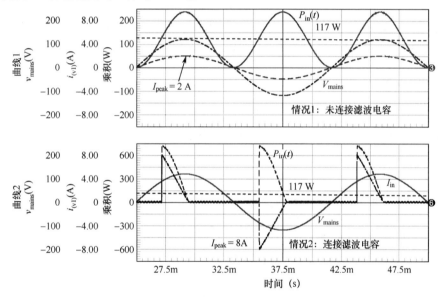

图 6.19 输出直流电压的全波整流器的典型输入波形，以及具有同一个平均输入功率、无滤波电容器的同一整流器的输入波形

6.2.1 功率因数定义

供给负载的平均输入功率实际上对应于瞬时功率 $P_{in}(t)$ 在一个电网电压周期内的平均值。可由下式表示：

$$P_{in,avg} = \frac{1}{T}\int_0^T i_{in}(t)v_{in}(t)\mathrm{d}t \quad (\text{W}) \tag{6.60}$$

如果正弦信号同相，可以更新该式并求其积分：

$$P_{in,avg} = \frac{1}{T}\int_0^T I_{in,rms}\sqrt{2}\sin(\omega t)V_{in,rms}\sqrt{2}\sin(\omega t)\mathrm{d}t = I_{in,rms}V_{in,rms} \tag{6.61}$$

用同样的信号，可以求两个变量有效值的乘积，该乘积定义为视在功率，单位为伏安：

$$P_{in,apparent} = I_{in,rms} V_{in,rms} \quad (VA) \tag{6.62}$$

这些结果表明电阻性载荷使平均输入功率等于输入变量有效值之积。式（6.61）与式（6.62）之比称为功率系数，标示为 PF：

$$PF = \frac{P_{in,avg}(W)}{I_{in,rms} V_{in,rms}(VA)} \tag{6.63}$$

对于电阻性载荷而言功率因数为 1，对其他负载类型而言功率因数小于 1。前面的例子中：情况 1，PF 达 0.56；情况 2，PF 等于 1。低 PF 产生较高有效电流，与测量所得结论一致。

现在，通过在电流和电压之间引入相位差 φ，重新应用式（6.61）。平均功率的分析表达式变为

$$P_{in,avg} = \frac{1}{T}\int_0^T I_{in,rms}\sqrt{2}\sin(\omega t + \varphi) V_{in,rms}\sqrt{2}\sin(\omega t)dt = V_{in,rms} I_{in,rms}\cos\varphi \tag{6.64}$$

如果应用式（6.63），让式（6.64）除以式（6.62），可以得到对应于正弦信号的功率因数定义

$$PF = \cos\varphi \tag{6.65}$$

式中，φ 表示电流和电压之间的相位差。

6.2.2 非正弦信号

不管电压和电流的形状如何，式（6.63）是始终成立的。式（6.65）只要电压和电流两个是正弦信号就能工作。下面详细讨论存在正弦交流源（如图 6.19 所示）但电流产生失真的情况下，如何重写功率因数表达式。

信号有效值的定义是信号的直流分量和基波分量及所有其余谐波分量的平方和。这就是如下两式所表示的：

$$I_{rms} = \sqrt{I_0^2 + \sum_{n=1}^{\infty} I_{n,rms}^2} \tag{6.66}$$

$$V_{rms} = \sqrt{V_0^2 + \sum_{m=1}^{\infty} V_{m,rms}^2} \tag{6.67}$$

从以上两式可以看出谐波的存在是如何使有效值增加的。现在，通过式（6.66）和式（6.67）来更新式（6.64），立即可以通过以下两种观测来简化结果。

（1）当有不同频率的交叉乘积项，或者说 $m \neq n$，与这些项相连的平均功率为 0。例如，如果这些项当中的一项与三次和四次谐波相乘，则有

$$\frac{1}{T}\int_0^T I_3\sin(3\omega t + \varphi) V_5\sin(5\omega t)dt = 0 \tag{6.68}$$

应用 SPICE，产生频率为 F_1 和频率为 $F_2 = 3F_1$ 的正弦波。将两个波形相乘并取平均，得到 0。

（2）由于假设处理的信号是纯正弦源，输入电压不包含任何谐波。因此，由于不存在相应的电压谐波乘积，也就不存在电流谐波乘积。只有两个信号的基波携带实际功率：

$$P_{in,avg} = \frac{1}{T}\int_0^T I_1\sin(\omega t + \varphi) V_1\sin\omega t dt + \underbrace{I_2\sin(2\omega t + \varphi_2)V_2\sin 2\omega t dt}_{=0} + \cdots + \underbrace{I_n\sin(n\omega t + \varphi_n)V_n\sin n\omega t \, dt}_{=0} \tag{6.69}$$

利用上述观点，可以定义平均功率为

$$P_{in,avg} = V_{1,rms} I_{1,rms}\cos\varphi \tag{6.70}$$

式中，φ 表示电流和电压基波之间的相位差；V_1 和 I_1 分别表示输入电压和电流的基波值。

关于视在功率，两个有效值的简单相乘意味着电压基波和电流谐波之间的所有交叉乘积，因而有

$$P_{\text{in,apparent}}=V_{1,\text{rms}}\sqrt{\sum_{n=1}^{\infty}I_{n,\text{rms}}^2}=V_{1,\text{rms}}I_{\text{rms}} \tag{6.71}$$

注意，由于电压和电流的平均值为 0，式（6.66）和式（6.67）的直流项不存在。最后，若令式（6.70）除以式（6.71），得到修正了的功率因数表达式，它可用正弦信号来处理失真电流。

$$\text{PF}=\frac{V_{1,\text{rms}}I_{1,\text{rms}}}{V_{1,\text{rms}}I_{\text{rms}}}\cos\varphi=\frac{I_{1,\text{rms}}}{I_{\text{rms}}}\cos\varphi=k_\text{d}k_\varphi \tag{6.72}$$

式中，$k_\varphi=\cos\varphi$ 表示位移因子；φ 表示电压和电流基波之间的位移角；$k_\text{d}=I_{1,\text{rms}}/I_{\text{rms}}$ 表示失真因子。

6.2.3　与失真关联的概念

信号的总谐波失真（THD）定义为除基波以外的谐波（$n=2$ 到 $n=\infty$）的有效值除以基波本身的有效值，即

$$\text{THD}=\frac{\sqrt{\sum_{n=2}^{\infty}I_{n,\text{rms}}^2}}{I_{1,\text{rms}}}=\frac{I_{\text{rms}}(\text{dist})}{I_{1,\text{rms}}} \tag{6.73}$$

谐波成分可通过简单公式从总有效电流求得。已知

$$I_{\text{rms}}^2=I_0^{\,2}+I_{1,\text{rms}}^2+I_{\text{rms}}(\text{dist})^2 \tag{6.74}$$

在这一情况下，电流平均值为 0，因而 I_0 项消失：

$$I_{\text{rms}}(\text{dist})=\sqrt{I_{\text{rms}}^2-I_{1,\text{rms}}^2} \tag{6.75}$$

把式（6.75）代入式（6.73），有

$$\text{THD}=\frac{\sqrt{I_{\text{rms}}^2-I_{1,\text{rms}}^2}}{I_{1,\text{rms}}} \tag{6.76}$$

如果把上式中的分母放入分子的平方根里面，式（6.76）可更新为

$$\text{THD}=\sqrt{\left(I_{\text{rms}}/I_{1,\text{rms}}\right)^2-1} \tag{6.77}$$

把上式中的电流除项视为 k_d 的倒数，则可写为

$$\text{THD}=\sqrt{\frac{1}{k_\text{d}^{\,2}}-1} \tag{6.78}$$

该定义提供了失真因子和总谐波失真关联的方法。从式（6.78）求 k_d 得到关于 k_d 的更新定义：

$$k_\text{d}=\frac{1}{\sqrt{1+(\text{THD})^2}} \tag{6.79}$$

如把 TDH 表示为百分比，则上式改为

$$k_\text{d}=\frac{1}{\sqrt{1+\left(\text{THD}/100\right)^2}} \tag{6.80}$$

在基波电流和电压同相位的情况下，也可表示为 $k_\varphi=\cos\varphi=1$，功率因数定义简化为

$$\text{PF}=k_\text{d}=\frac{1}{\sqrt{1+\left(\text{THD}/100\right)^2}} \tag{6.81}$$

应用式（6.81），图 6.20 描述了功率因数随 THD 的变化关系。可以看到功率因数为 0.95 时，

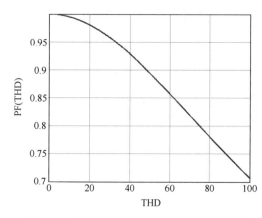

图 6.20 功率因数和总谐波失真之间的关系

对应的 THD 超过 30%。为使 THD 低于 10%，则功率因数应大于 0.995。

式（6.72）提供了一种有趣的功率因数可视化方法，能观察什么参数对功率因数产生影响（失真、相差或两者都是）。图 6.21 给出了几个例子，图中参数 k_d 和 k_φ 取不同值。

注意到在左下图的情况下，由于电流和电压相位差为 90°，产生的 PF 为 0。这就是把电容直接接到电源的情况。

为更新对交流信号的理解，文献[6]给出了所有需要了解的关于无功功率、视在功率和有功功率的概念。这的确是值得下载的有趣文档。

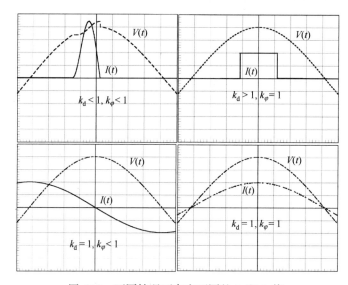

图 6.21 不同情况下存在不同的 k_d 和 k_φ 值

6.2.4 为什么需要功率因数校正

式（6.72）把功率因数分成两部分，即失真和相角。让我们看看为什么在一些国家功率因数需要调节。

（1）位移因子

位移因子是两个输入信号之间的相位差，通常称为 $\cos\varphi$。如果观察洗衣机上的铭牌、光镇流器等，经常会看到 $\cos\varphi$ 大于某值的说明，如在法国为 0.8。我们已经看到，一个低功率因数或普通的 $\cos\varphi$ 值，会产生比实际完成工作所需有效电流大的值。该过量的有效电流流经导线使得电力公司配置过大的配电网络。在一些国家，电力公司到头来每年为终端用户提供的无功功率超过某一规定值。

（2）失真因子

已经看到失真因子和功率因数之间的直接关联性。在全波整流器情况下，失真因子几乎达到 1，而很高的电流失真使功率因数降低。假设谐波成分丰富，这些失真电流，可想象成一幢建筑中几百台未校正的计算机，会产生谐振，该谐振能干扰电动机，使之产生噪声并干扰一些敏感设备。在三相配置中，失真会使中线过热，正常情况下，中线没有电流。

国际标准 IEC 1000-3-2（EN 61000-3-2），定义了影响电源装置的电流失真标准。该标准不直接讨论功率因数，而是确定电流谐波的范围。下表给出了连入电源的 4 种设备类型，它是由国际标准 IEC 1000-3-2 划分的。下表中给出了一些最近的修正，从类型 D 中除去了"特殊波形"格式并对类型之间做了重新划分（见表 6.1）。

现在，所有低于 600 W 的开关模式电源（交流-直流适配器、电视机电源和计算机显示器）必须与类型 D 一致。到目前为止，假如电源中施加的谐波超过 75 W，则使用功率因数校正（PFC）前端电路是使电路性能满足标准的最佳选择。功率因数校正在欧洲、日本和中国都得到了应用。随着 LED 照明灯泡的广泛应用，美国能源部（DOE）正在考虑设定家用和商用 LED 照明灯泡的功率因素最小值分别为 0.7 和 0.9。文献[7]详细探讨了标准的内容及其起源。

表 6.1　类型的重新划分

类型 A	平衡的三相设备，不属于其他类型的单相设备： • 除确定为类型 D 外的家用电器； • 非便携的工具； • 只用于白炽灯的调光器； • 不属于其他类型的任何设备
类型 B	便携式电源工具
类型 C	除白炽灯的调光器外的所有照明设备
类型 D	低于 600 W 的单相设备，如个人计算机、电视机、计算机显示器

6.2.5　谐波限制

国际委员会制定了对于 4 种类型的一系列谐波幅度限定标准。我们把这些限定条件列在表 6.2 中，来反映标准中对各个阶次谐波的要求。因此，如果 THD 得出的谐波成分是理想的，则直到第 39 阶的单个谐波的评估只能使用测量的方法，以便确定设备是否通过了测试。另外，注意到表格中未给出谐波位移因子的参考值（而在类型 C 中，给出了关于 PF 的参考值）。

SPICE 能通过 FFT 功能帮助我们分析给定信号的谐波成分。假如需要评估图 6.19 所示信号的谐波成分，可以进行仿真并显示输入电流。最后，调用 FFT 代数显示总谐波分量。

表 6.2　所有 4 种类型的谐波幅度限定标准

谐波阶次 n	类型 A 最大有效电流（A）	类型 B 最大有效电流（A）	类型 C 基波百分比	类型 D 600 W > P > 75 W mA rms/W	类型 D 绝对限制 A rms
3	2.3	3.45	30 PF	3.4	2.3
5	1.14	1.71	10	1.9	1.14
7	0.77	1.155	7	1.0	0.77
9	0.4	0.6	5	0.5	0.4
11	0.33	0.495	3	0.35	0.33
13	0.21	0.315	3	0.296	0.21
$15 \leqslant n \leqslant 39$	$2.25/n$	$3.375/n$	3	$3.85/n$	$2.25/n$
2	1.08	1.62	2		
4	0.43	0.645			
6	0.3	0.45			
$8 \leqslant n \leqslant 40$	$1.84/n$	$2.76/n$			

然而，必须注意要处理足够数量的数据点。瞬态仿真持续时间对应于每个 FFT 频率点的分辨率带宽或步宽。例如，如果选择瞬态持续时间为 40 ms，将得到 1/40 m 或 25 Hz 的分辨率，导致图形不够精确。在下面的例子中，将瞬态仿真增加到 300 ms，给出的分辨率为 3 Hz，其结果如图 6.22 所示。

注意，SPICE FFT 引擎显示峰值电流，而标准中用有效值。需要在任意一个方向做一个转换使之保持类似单位。这就是图 6.22 的右上角所做的工作，把有效值转换为峰值。应用式（6.73），可以通过收集单个谐波峰值幅度手工计算谐波失真。为方便起见，这里计算到第 11 阶：

$$\text{THD} = \frac{\sqrt{1.87^2 + 1.32^2 + 0.79^2 + 0.51^2 + 0.48^2}}{2.22} = \frac{2.52}{2.22} = 1.13\,\text{或}\,113\% \qquad (6.82)$$

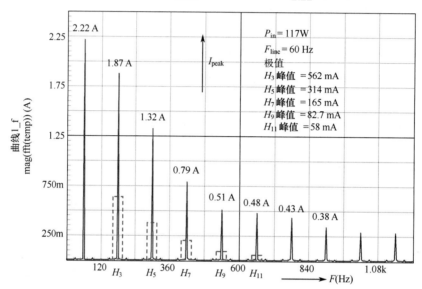

图 6.22　在 $V_{\text{in, peak}} = 120\,\text{V}$，$P_{\text{out}} = 117\,\text{W}$ 的情况下，与 IEC 61000
类型 D 限制相关的全波整流输入电流的 FFT 结果

为 SPICE 提供需要观察和分析的输入电流信号，还可以进行离散傅里叶分析。分析结果与上述结果非常接近。

```
.FOUR 60 I(V1)
Fourier analysis for v1#branch:
No. Harmonics: 10, THD: 112.799%, Gridsize: 200, Interpolation Degree: 1
```

标准谐波	频　率	幅　度	相　位	归一化幅度	相　位
0	0	−8.8362e−007	0	0	0
1	60	2.17646	−81.968	1	0
2	120	6.11649e−005	−151.02	2.81029e−005	−69.055
3	180	1.84776	−64.754	0.848974	17.2138
4	240	0.000113169	−124.84	5.19966e−005	−42.87
5	300	1.31518	−43.162	0.604274	38.8054
6	360	0.000147133	−98.522	6.76019e−005	−16.554
7	420	0.790208	−10.05	0.36307	71.9181
8	480	0.000156342	−72.26	7.18331e−005	9.70806
9	540	0.508707	44.1788	0.233731	126.147

如果失真提供了一种讨论输入电流纯度的途径，标准中考虑的谐波实际上高到第 39 阶的位置。每阶谐波的幅度应通过功率分析仪单独检查并与存储数值比较，该存储数值代表标准限定值。然后产生一个信号让你知道设备是否通过测试。

对存在失真的信号，可以通过式（6.81）推导功率因数：

$$PF=\frac{1}{\sqrt{1+1.13^2}}=0.66 \tag{6.83}$$

6.2.6　对能量存储的需求

图 6.23 所示为电源为电阻性负载供电产生的正弦波形。瞬时功率 $p_{out}(t)$ 描述了正弦波信号的平方，该平方信号实际上对应于传输的平均功率 $P_{out,avg}$。观察 $p_{out}(t)$ 波形，可以看到：

- 瞬时功率的频率等于电源频率的两倍。实际上 $p_{out}(t)$ 是正弦信号的平方。
- 在周期的四分之一期间，瞬时功率超过平均值（图中"+"号部分），而在第二部分，信号低于直流输出功率（图中"–"号部分）。

如前面指出的那样，这些信号表示了与电源连接的是电阻性负载。或者说，如果想修改一个原本输出失真电流的电路（如图 6.3 所示的全波整流器），使电路的功率因数达到 1（电阻性行为），就需要发现一个存储和释放如图 6.23 所示能量的途径，需存储和释放能量的大小分别对应于"+"号部分和"–"号部分的面积。

应存储多少能量才能使 PF 为 1？与图 6.23 类似吗？可以很容易计算由输入源传送的对应图中"+"区域的能量。该区域维持时间为电源周期的四分之一。因而，如果取左角为时间轴原点，由输入源传送的瞬时功率可通过求 $T/8$ 到 $3T/8$ 时间范围内的功率积分得到：

$$W_{source}=\int_{\frac{T}{8}}^{\frac{3T}{8}} 2P_{out}\sin^2(\omega t)\mathrm{d}t=P_{out}\left(\frac{T}{4}+\frac{T}{2\pi}\right) \tag{6.84}$$

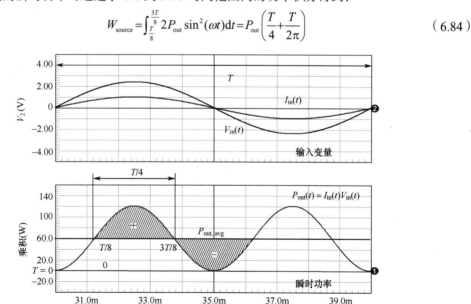

图 6.23　存在电阻性负载时的波形，其功率因数为 1

在"+"区域内，负载消耗的平均功率为 P_{out}，把 P_{out} 表示为能量，可写成

$$W_{load}=P_{out}\frac{T}{4} \tag{6.85}$$

存储的过剩能量简单地表示为式（6.84）和式（6.85）之差：

$$W_{stored} = W_{source} - W_{load} = \frac{P_{out}}{\omega} \qquad (6.86)$$

这一结果显示有源或无源功率因数校正就是存储和释放能量。如果瞬时输入功率 $p_{in}(t)$ 大于平均值，就存储能量。相反，如果 $p_{in}(t)$ 低于平均值，就释放能量。当讨论有源校正技术时，正弦波平方将作为电容性输出纹波再次出现。

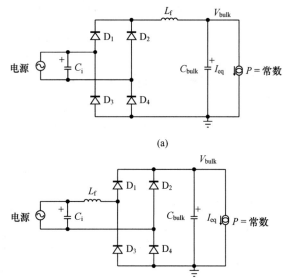
(a)

6.2.7 无源功率因数校正（PFC）

许多论文描述了通过由电感和电容组成的电路来校正全波整流器的功率因子[8~13]。可行的电路如图 6.24(a) 和 (b) 所示，它们包含在参考文献[10]提供的许多结构电路之中。

图 6.24 中，电感可以置于直流回路一侧［见图 6.24(a)］或置于交流回路一侧［见图 6.24(b)］。电感 L_f 改变输入电流的谐波分量，而电容 C_i 起位移因子的作用。因而，如果设计者只关心电流失真，电容可以忽略。

根据流过电感的电流，可以描述 3 种不同工作模式：DCMI、DCMII 和 CCM。整流器可工作于两种不同 DCM 模式，这与电感电流成

(b)

图 6.24　无源 PFC 方法

为 0 的位置有关，该位置可在周期一半的前面，也可在后面。图 6.25 画出了这些结构并强调了这些模式。

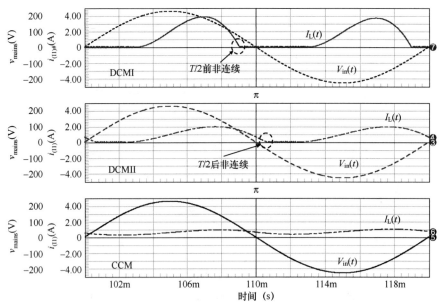

图 6.25　3 种不同工作模式，DCMI、DCMII 和 CCM；发生
DCM 的点描述了 DCMI 或 DCMII 非连续模式

现在求合适的 LC 结构以便得到良好的功率因数和可接受的功率传输。但在推导有用公式之前，需要做几个假设：

- C_{bulk} 足够大以便保持 V_{bulk} 恒定并且无纹波；
- 交流源是理想的，其输出阻抗为 0；
- 无源元件（L_f、C_{bulk} 和二极管桥）上没有损耗。

下面明确一些定义：

$$V_{ref} = \sqrt{2} V_{in,rms} \tag{6.87}$$

由交流源传送的输入参考电压：

$$I_{ref} = \frac{\sqrt{2} V_{in,rms}}{Z_{L_f}} = \frac{\sqrt{2} V_{in,rms}}{\omega L_f} \tag{6.88}$$

该参考电流描述了在整流器输入阻抗成为串联电感阻抗 Z_{L_f} 的情况下，交流源的输出电流。

最后，定义

$$m = \frac{V_{bulk}}{V_{in,peak}} \tag{6.89}$$

为理解该变量，可以观察图 6.24(a)，图中有由 L_f 和 C_{bulk} 组成的 LC 滤波器。如果 L 值很小，电路工作于全波状态，V_{bulk} 达输入电源峰值。在这种情况下，按照式（6.89）求得 $m = 1$。如果 L 值很大，输出电压 V_{bulk} 达不到峰值而只达到全波信号的平均值。或者说，

$$V_{bulk} = \frac{2 V_{in,peak}}{\pi} \tag{6.90}$$

或

$$m_{min} = \frac{V_{bulk}}{V_{in,peak}} = \frac{2}{\pi} \tag{6.91}$$

最后，单位为瓦特的平均功率的经典定义为

$$P_{in} = P_{out} = \frac{1}{T} \int_0^T i_{in}(t) v_{in}(t) dt \tag{6.92}$$

式中，$\omega = 2\pi F_{line}$。基于上述表达式，归一化功率 P_n 可表示为平均功率与所谓的参考功率之比：

$$P_n = \frac{P_{out}}{I_{ref} V_{ref}} = \frac{P_{out}}{\dfrac{2 V_{in,rms}^2}{\omega L_f}} = \frac{P_{out} \omega L_f}{2 V_{in,rms}^2} \tag{6.93}$$

在式（6.93）中，把 P_{out} 视为常数，P_n 与电感大小成正比。S. B. Dewan[9] 所做的实验对 L_f 值做了扫描并测量得到 m 值，画出了 PF 与 P_n 系数的关系曲线。收集了图中的这些数据后，作者得到了一系列含峰值和谷值的曲线。仔细检查图形，在非连续区发现 m 达到最佳（$m = 0.79$）的位置，相应的功率因数峰值为 0.763。可计算得到 $P_n = 0.052$。根据式（6.93），可求得最佳电感值

$$L_f = \frac{2 V_{in,rms}^2 P_n}{P_{out} \omega} \tag{6.94}$$

回到有效电压为 120 V，功率为 117 W 的全波整流器，应用式（6.93），得到电感值为

$$L_f = \frac{120^2 \times 0.104}{117 \times 6.28 \times 60} = 34 \, mH \tag{6.95}$$

在 Dewan 的论文中，给出了滤波器电容值，它等于

$$C_{bulk} = \frac{10 P_n}{m^2 \omega^2 L_f} \tag{6.96}$$

上式中，m 和 P_n 的推荐值分别为 0.79 和 0.104，得到电容值为

$$C_{bulk} = \frac{10 \times 0.052}{0.79^2 \times 377^2 \times 34m} = 172 \, \mu F \tag{6.97}$$

当然，可以使用较低电容值，但会使输出纹波的峰-峰值增加。通常，电容的最终选择与流过电容的有效电流有关。更新的仿真电路图显示在图 6.26 中。

仿真结果如图 6.27 所示，给出了输入电流及输出电压。个别测量为

$$I_{in,rms}=1.28\,A \tag{6.98}$$

$$PF=\frac{117}{120\times1.28}=0.76 \tag{6.99}$$

$$V_{bulk,avg}=138\,V \tag{6.100}$$

$$m=\frac{138}{170}=0.81 \tag{6.101}$$

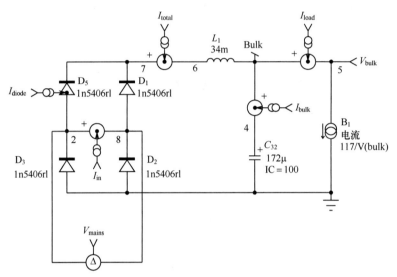

图 6.26　接入了最佳 LC 校正电路的 117 W 整流器

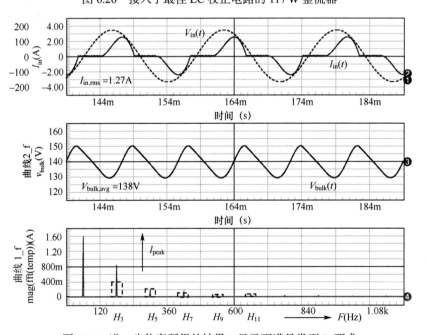

图 6.27　进一步仿真所得的结果，显示不满足类型 D 要求

这些仿真结果与作者用公式计算的结果相当吻合，特别是功率因数和平均输出功率与输入电压峰值之比（m）。然而，该电路的第 3 次和第 7 次谐波不满足类型 D 标准。SPICE 傅里叶分析计算得到的 THD 为 55%，该值与初始值 112%相比，已有很大的改进。

6.2.8　谐波分量的改善

参考文献[12]是由 Jovanović 和 Crow 在 1996 年发表的，论文集中讨论了通过 LC 滤波器来减少谐波，把谐波降低到满足 IEC 1000-3-2 标准的限定值。Jovanović 和 Crow 使用与式（6.95）类似的公式，得到一个推荐的电感值

$$L_{\mathrm{f}} = \frac{V_{\mathrm{in,rms}}^2 L_{\mathrm{ON}}}{P_{\mathrm{out}} F_{\mathrm{line}}} \qquad (6.102)$$

应用这一公式，Jovanović 和 Crow 在 L_{ON} 系数从 1m～1 的范围内计算 L_{f} 并对图 6.24(a)进行了仿真。遵照式（6.72），计算统计位移因子（用 K_{d} 标示）和得到的电流失真（用 K_{p} 标示，也称纯度因子）值。图 6.28 重新画出了由文献[12]给出的图形，该图形给出了 K_{d} 和 K_{p} 随 L_{ON} 的变化关系。注意，如图 6.25 已经描述的那样，存在 3 种工作模式。

在进一步的数字仿真和实验中，Jovanović 和 Crow 确定了 L_{ON} 值的推荐范围，归纳在表 6.3 中，应用这些推荐值可以使 LC 电路满足类型 D 技术指标。标准限定值应满足标称工作电压和全额定功率的条件。最低的 L_{ON} 值对应的电感尺寸最小，而 L_{ON} 取上限值能得到较好的THD。在高输入电压下进行系数选择和电

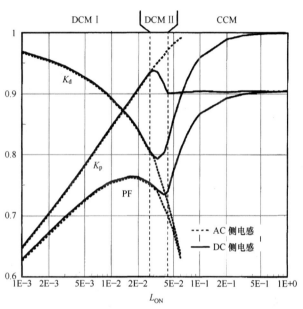

图 6.28　K_{d} 和 K_{p} 与 L_{ON} 的关系

感计算，但器件的物理尺寸在最低输入电压工作条件下确定，此时有效电流最大。

表 6.3　式（6.92）系数的推荐值

有效输入电压值 V_{in}	L_{ON} 范围
220	0.006～0.03
230	0.004～0.03
240	0.003～0.03

工作于欧洲交流电源的功率为 117 W 整流器［如图 6.24(a)所示，输入电压有效值为 230 V］，尝试使电路在 L_{ON} 值为 0.024 条件下失真最小。由式（6.102）计算得到的电感值为

$$L_{\mathrm{f}} = \frac{230^2 \times 0.024}{117 \times 50} = 217\,\mathrm{mH} \qquad (6.103)$$

仿真结果和输入电流 FFT 如图 6.29 所示。

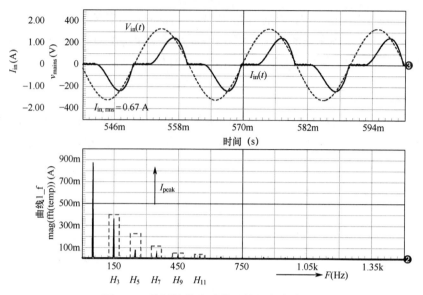

图 6.29　使用推荐电感值所做的失真分析

仿真完成后，得到如下结果：

$$m = \frac{241}{325} = 0.74 \qquad (6.104)$$

$$I_{in,rms} = 0.67\,\text{A} \qquad (6.105)$$

$$\text{PF} = \frac{117}{230 \times 0.67} = 0.76 \qquad (6.106)$$

功率因数（PF）看上去不是很好，其原因可由大电感产生的高位移因子来解释。一个好的现象是其谐波低于类型 D 的限定值，该限定值在图 6.29 中用虚线矩形框表示。本例中，THD 达 43%。

该类无源滤波器经常出现在廉价 ATX 电源中，而且安装在金属底盘上的大电感使得该电源比一般电源重。然而，由于电感的存在，电路有缺陷。在没有电感的一般电源结构中，过输入电压通过滤波电容构成低阻抗回路，滤波电容会抵抗输入电压的快速变化，从而会限制整流桥二极管电压的增加。当在整流器中出现电感，二极管桥的载荷由于电感的存在而增加。如果电源中出现电压尖峰，这些尖峰不再有低阻抗回路，由于滤波电容通过电感获取能量，因而，二极管桥输出电压增加，在某些情况下，尖峰使整流器产生雪崩现象并使之损坏。

如果设计者认为需要对位移因子进行校正，则可以在二极管桥的前面加一电容 C_i [如图 6.24(a) 和(b)所示]。参考文献[12]给出了如下公式来补偿输入电流位移，所需的 C_i 为

$$C_i = 0.12 \frac{P_{out}}{V_{ac,rms}^2 F_{line}} \qquad (6.107)$$

对于输入电压有效值为 230 V、功率为 117 W 的全波整流器，由式（6.107）计算得到的 C_i 为 5 μF。加入电容后，功率因数（PF）可增加到 90.2%。

6.2.9　填谷式无源校正器

填谷式无源校正器为摆脱无源校正器中的大电感提供了一种可行的方法。该电路由 Jim Spangler 和 A. Behara 在文献[14]中提出，进一步由 K. Kit Sum 在 1997 年发表的文献[15]中细化。图 6.30 所示为由两个电容和一串二极管组成的电路。电容以串联的形式充电（因此在充电时间可用较小容量的电容）而在放电周期，以并联形式通过 D_7 和 D_5 放电。D_6 简单地用来阻止 C_2 通过 C_1 放电。

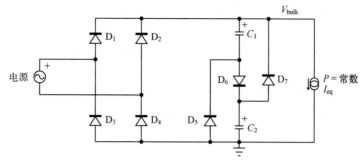

图 6.30　由两个电容和三个二极管构成的填谷式 PFC

采用这种校正器的电源缺点在于输入电流中存在尖峰，如图 6.31 所示。此外，参考文献[16]通过实验发现，这类电路不能很好地适应恒定功率负载，如闭环变换器。在图 6.31 中可以看到具有不同种类负载时的输入信号。

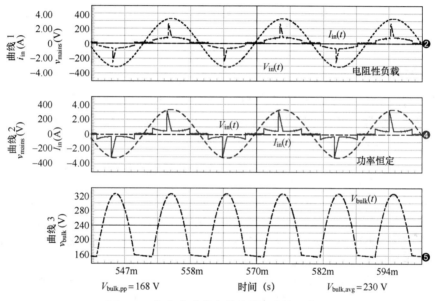

图 6.31　与负载种类有关的填谷式输入信号

填谷式无源校正器可应用于廉价电子镇流器中，但高输出纹波会感应高输出电流波峰因子，高输出电流波峰因子会影响灯的寿命。

6.2.10　有源功率因数校正

如果无源功率因数校正提供了一种满足 IEC 1000-3-2 标准的低廉方法，但显然存在如下缺点：

- 大电感增加了电源的质量和体积；
- 尽管谐波含量减少，电流仍滞后于电压并使功率因数变差；
- 与标准全波整流器相比，整流输出电压减小，当输入变化时，整流输出电压上升或下降。

此外，有源功率因数校正能保持良好的功率因数，使 k_d 和 k_φ 接近 1。而且有源功率因数校正能调节输出电压，自然会减小（或消除）下游变换器的宽输入范围的负担。预调节器完全用作 PFC 电路，必须与 dc-dc 变换器相结合，dc-dc 变换器能实现隔离（如果需要隔离的话）和调速。通过单级电路方法将预变换器和 dc-dc 变换器合在一起，用作专用控制器（如安森美公司的 NCP1651/2），这在市场上开始受到欢迎。如果查看每月在 IEEE 期刊或其他期刊上发表的论文，发现有源功率因数校正可能是最热门的题目。鉴于这一领域存在广阔的市场，对 PFC 的兴趣不会消退。

通过式（6.86）可以看到，需要能量存储。在有源 PFC 中，存储电路多数由电容（大电容）构成，电容能存储和释放能量。图 6.32 所示为与包含 dc-dc 变换器的预变换器相关的经典电路——反激式电源。

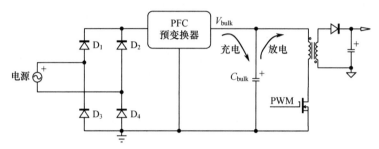

图 6.32　含预变换器的经功率因数校正的反激式变换器

6.2.11　不同的技术

在所有可行的拓扑中，升压变换器是使用有源功率校正最普遍的电路结构。其他具备竞争力的拓扑包括降压变换器、单端初级电感转换器（SEPIC）和反激式变换器。这些变换器与升压变换器竞争还有一定难度，因为升压变换器简单，且易于实现有源功率校正。PFC 电路可分成如下几类。

（1）恒定导通时间边界模式（BCM）

运行于边界线或边界导通模式（BCM）也称为临界导通模式的电压或电流模式变换器，是消费市场上最受欢迎的拓扑之一。输出电压通过低带宽闭环系统来调节，该闭环系统处于电压模式控制并维持恒定的导通时间来确保功率因数接近 1。在电流模式下，控制器施加正弦峰值电感电流，对其电流平均值不做主动跟踪。在 ac-dc 笔记本适配器或光镇流器中可以发现这类变换器。市场被许多引脚兼容的控制器瓜分，如来自安森美公司的 MC33262 和新系列产品 NCP1608/ NCP1605/ NCP1611。恒定导通时间 BCM 技术还适合于基于反激式 PFC。

存在功率为千瓦级的变换器，而 BCM 结构功率可达 300 W。BCM 技术的电源缺点在于流经电路的有效电流较高（交流摆幅大）。然而，在每个开关周期的末尾，电感电流回到 0，升压二极管自然关闭。因此，不存在恢复损耗，可使用价格便宜的普通二极管。

（2）固定频率连续模式（CCM）

该类划分为如下两个子类。

① 平均电流控制。在平均电流控制电路中，具有增益和带宽的放大链始终跟踪电感平均电流，使该电流与正弦参考信号一致。通过放大和衰减正弦参考信号来进行直流调节。本电路中，高增益直流电流误差放大器努力使电流包络形状完美并得到极好的功率因数。TI 公司的 UC1854 是该技术的先驱，现在也用 NCP1650 和更新型的 NCP1653 实现。

在恒定导通时间 t_{on} 技术中，假设平均值为正弦形状，电路产生电感峰值电流包络。在平均模式中，设置点与所得的平均电流之间的跟踪确保了低失真。平均控制在没有谐波补偿下工作。

平均模式控制当输入电压位于 0 V 附近时出现尖锐失真。在该区域，转换速率很慢，电感电流将滞后于设置点一个很短的时间，因而引起失真。

② 峰值电流控制。与第一种结构类似，峰值电流控制在电感上施加正弦波形电流且保持其连续性。该技术要求合适的斜坡补偿调节；否则，在输入 0 过渡区产生严重的非稳定性。加入的斜坡会使失真更严重，但通过加一定量的偏移能给出适当的结果。CCM 峰值电流模式控制应用并不普遍，只应用在几种控制器中（如 Fairchild 公司的 ML4812）。

CCM 模式允许在超过千瓦功率的电源中使用 PFC。然而，升压二极管恢复时间对功率开关耗损影响很大并要为两个器件设计缓冲器。

（3）分析控制规律

无须与上面所做的那样检测整流包络，控制器内部包含有产生功率因数校正的控制电路。这种情况对应于 NCP1601（固定频率 DCM）或安森美半导体公司的 NCP1653（CCM）。Infineon 公司的 ICE1PCS01/2 或 International Rectifier 公司的 IR1150 的工作遵循另一种控制规律。

本章不对每种可能的方案做深入的描述，只给出一些现有的技术，并对这些技术做简单描述，最后，集中讨论 BCM PFC 设计。

6.2.12 恒定导通时间边界工作

在第 2 章研究 BCM 时，讨论到 BCM 变换器平均电感电流值等于峰值除以 2：

$$\langle i_{\mathrm{L}}(t)\rangle_{T_{\mathrm{sw}}} = \frac{I_{\mathrm{L,peak}}}{2} \qquad (6.108)$$

BCM 升压预变换器结构如图 6.33 所示，图中电路为电流模式结构。没有传统的滤波电容，二极管桥输出全波整流信号。多数情况下，C_{in} 不仅起 EMI 滤波器的作用，而且避免使实际电压降低到 0，并通过限制占空比偏移量来减少一些开关损耗。通过 R_{divU} 和 R_{divL}，把整流信号的一部分输入到 X_6 乘法器，X_6 乘法器的另一个输入接收来自跨导放大器 G_1（也可用运算放大器）的反馈环误差信号。电容 C_1 使带宽降低至约为 $10 \sim 20$ Hz，避免正常的输出纹波被环路检测到。因而，在稳态情况下，误差放大器输出一个平坦的直流信号。为什么带宽很窄呢？记住，PFC 必须存储和释放能量，意味着在输出存在低频纹波（如图 6.27 所示）。如果环路通过输出检测网络检测到低频纹波，检测网络将会锁定低频纹波并产生所谓的追尾。带宽变窄能阻止这种现象的发生。遗憾的是，检测网络将 PFC 变为反应很慢的预变换器，会产生极差的负载瞬态响应，这是 PFC 的致命弱点。

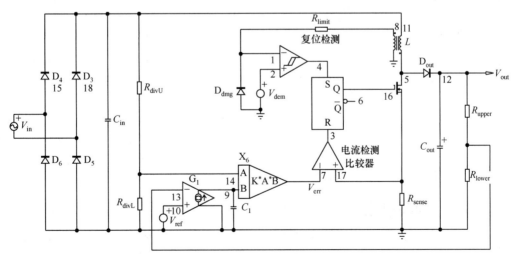

图 6.33 工作于电流模式的边界线 PFC 结构：乘法器通过检测高压设置峰值电流

边界线工作要求检测电感电流，图 6.33 中通过主电感 L 上的几圈绕组来完成检测。当磁通回到 0（磁心复位），在附加绕组上的感应电压消失并开始一个新的开关周期。电感电流从峰值下降到 0 所需的时间与输入和输出条件有关。因此，频率经常变化，这是 BCM 变换器的典型特性。

误差电压 V_{err} 为电感电流产生一个正弦变化的逐周设置点。或者说，峰值电流设置点随整流电压升高和下降而变化，即

$$i_{\text{L,peak}}(t) = \frac{v_{\text{in}}(t)}{L} t_{\text{on}}(t) \qquad (6.109)$$

式中，$v_{\text{in}}(t)$ 表示全波整流输入电压。

把瞬时输入电流和输入电压相乘得到瞬时输入功率 $p_{\text{in}}(t)$。瞬时 PFC 输入电流实际上是整个开关周期内电感电流平均值的时间连续函数。由于平均电流值满足式（6.108），$p_{\text{in}}(t)$ 可用式（6.110）表示：

$$p_{\text{in}}(t) = \frac{i_{\text{L,peak}}(t)}{2} v_{\text{in}}(t) \qquad (6.110)$$

从上式中求出峰值电流并令其等于式（6.109），得到

$$\frac{2 p_{\text{in}}(t)}{v_{\text{in}}(t)} = \frac{v_{\text{in}}(t)}{L} t_{\text{on}}(t) \qquad (6.111)$$

由上式很容易求得瞬时导通时间，其值为

$$t_{\text{on}}(t) = \frac{2 p_{\text{in}}(t) L}{v_{\text{in}}(t)^2} \qquad (6.112)$$

现在，我们已经知道瞬时输入功率满足正弦平方定律［见式（6.84）］，假设效率为 100%。在输入电压表达式中引入有效项 V_{ac}，可以更新式（6.112）为

$$t_{\text{on}} = \frac{4 P_{\text{out}} \sin^2(\omega t) L}{\left[V_{\text{ac}} \sqrt{2} \sin(\omega t)\right]^2} = \frac{2 L P_{\text{out}}}{V_{\text{ac}}^2} \qquad (6.113)$$

式中，$V_{\text{ac}} = V_{\text{in,rms}}$。

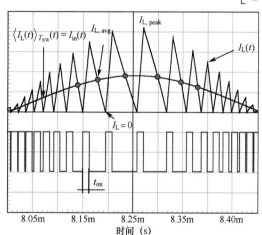

图 6.34 BCM PFC 变换器典型工作波形

按照式（6.113），可以看到当升压变换器工作于 BCM 时，导通时间在电源周期内保持恒定。这一结论不仅对电流模式成立，而且对电压模式也是成立的，因为在稳态时，误差放大器输出一个连续电压（因增益下降，没有纹波通过）导通时间自然保持恒定。最后，按照这些步骤，可得输入电流如下：

$$i_{\text{in}}(t) = \frac{i_{\text{L,peak}}}{2}(t) = \frac{V_{\text{ac}} \sqrt{2} t_{\text{on}}}{2L} \sin(\omega t) = k \sin(\omega t) \qquad (6.114)$$

式中，$k = V_{\text{ac}} \sqrt{2}\, t_{\text{on}}/2L$ 保持为常数。式（6.114）肯定了输入电流具有正弦包络，该电路实现了功率因数校正。从工作于边界模式的 PFC 变换器中得到的典型工作波形如图 6.34 所示。

6.2.13 BCM 的频率变化

在导通时间，开关闭合，电流斜向上增大至峰值，在峰值点 MOSFET 断开。电感电流斜向下减小直到 0——电感被称为"复位"。控制器检测到电感电流为 0 的状态并开始新的周期。观察图 6.34，由于存在截止调制（t_{on} 恒定），可以看到宽范围的频率变化。通过几个分析步骤就可

以分析评测整个电源周期内的频率变化。

开关周期等于导通和截止时间之和：

$$T_{\text{sw}} = t_{\text{on}} + t_{\text{off}} \qquad (6.115)$$

在 BCM 升压变换器中，截止时间表示电感电流从峰值下降到 0 所需的时间。死区时间有时包括 MOSFET 漏极允许谷值开关工作，但这一内容在此不做讨论。注意，下式是时间 t 的函数，因为相应的瞬时值依赖于正弦输入电平：

$$t_{\text{off}}(t) = \frac{L I_{\text{L,peak}}}{V_{\text{out}} - V_{\text{peak}} \left| \sin(\omega t) \right|} \qquad (6.116)$$

如果把式（6.109）代入式（6.116），得到

$$t_{\text{off}}(t) = \frac{L \dfrac{V_{\text{peak}} \left| \sin(\omega t) \right|}{L} t_{\text{on}}}{V_{\text{out}} - V_{\text{peak}} \left| \sin(\omega t) \right|} = \left(\frac{V_{\text{peak}} \left| \sin(\omega t) \right|}{V_{\text{out}} - V_{\text{peak}} \left| \sin(\omega t) \right|} \right) t_{\text{on}} \qquad (6.117)$$

按照式（6.115），最后可以把开关周期表示为

$$T_{\text{sw}}(t) = \left(\frac{V_{\text{peak}} \left| \sin(\omega t) \right|}{V_{\text{out}} - V_{\text{peak}} \left| \sin(\omega t) \right|} \right) t_{\text{on}} + t_{\text{on}} = t_{\text{on}} \left(\frac{1}{1 - \dfrac{V_{\text{peak}} \left| \sin(\omega t) \right|}{V_{\text{out}}}} \right) \qquad (6.118)$$

开关频率的表达式可写为

$$F_{\text{sw}}(t) = \frac{1}{t_{\text{on}}} \left(1 - \frac{V_{\text{peak}} \left| \sin(\omega t) \right|}{V_{\text{out}}} \right) = \frac{V_{\text{ac}}^2}{2 L P_{\text{out}}} \left(1 - \frac{V_{\text{peak}} \left| \sin(\omega t) \right|}{V_{\text{out}}} \right) \qquad (6.119)$$

在以上等式中，V_{peak} 代表峰值输入电压。绝对值表示全波整流的结果（纹波始终为正值）。

BCM 升压变换器的主要缺点是，在电源周期内频率变化范围宽。它会带来如下缺点：

- 当频率增加时，开关损耗产生较大的热耗散；
- 在轻负载条件下，BCM PFC 开关频率戏剧性地上升，即待机性能变差；
- 由于上述原因，必须要对频率偏移进行内部钳位，最后会略微使功率因数变差。

图 6.35 已经画出了频率偏移，它与图 6.34 中的信号相对应。可以看到在输入峰-谷点之间的频率摆幅。

只要保持导通时间恒定，已经看到在 BCM 升压变换器中能确保实现功率因数校正。具有固定输出电压的电压模式变换器，尽管输入发生变化，导通时间仍保持不变。在这种情况下，应用电压模式 BCM 变换器不需要检测正弦包络来产生高功率因子。图 6.36 显示了实现方法：高电压检测网络已经去除，用简单的复位探测器完成电感复位的检测任务。该技术在电压模式 PFC 中使用，如 MC33260 或 NCP1608。

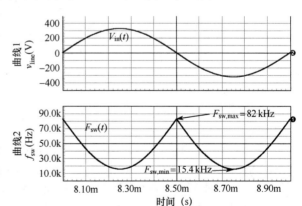

图 6.35 一个输入电压周期内的频率变化
（$L = 2$ mH，$V_{\text{in}} = 230$ Vrms，$P_{\text{out}} = 160$ W）

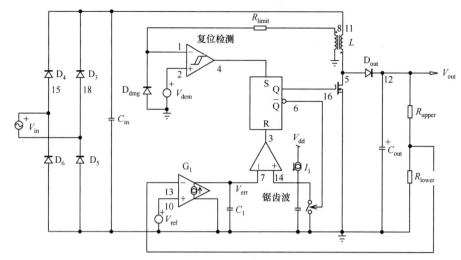

图 6.36　BCM 电压模式工作的升压变换器也能实现功率因数校正

6.2.14　BCM 升压变换器的平均模型

第 2 章中讨论的 BCM 平均模型能很好地用于包含功率因数校正电路的升压变换器仿真。图 6.37 所示为使用经典输入桥时的模型结构。该例是 MC33262 数据表中的应用电路，它能产生 160 W 的输出功率。

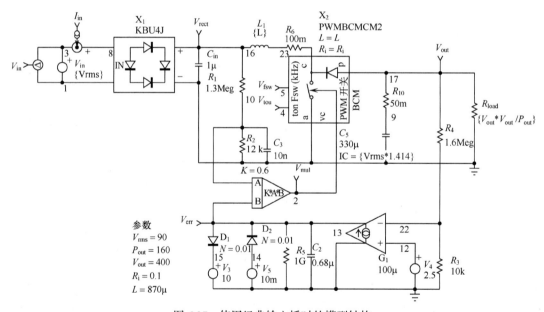

图 6.37　使用经典输入桥时的模型结构

不用说，与逐周模型相比，平均模型的仿真时间极短。这里，对频率为 50 Hz、持续时间为 8 s 的输入信号，用 1.2 s 时间仿真就完成了。因此，我们可以探讨瞬态响应、输出纹波幅度和稳定性。图 6.38 给出了本例中得到的典型信号。得到输出纹波约为 5 V，功率因数在高输入电压下达 0.997，这是一个很好的数值。图 6.38 中最下面的曲线显示了在整个输入周期内的开关频率变化。可清楚地看到在输入 0 V 附近出现非连续性，这是因为占空比达到极限值。C_{in} 的存在阻止了 0 V 附近 $|v_{in}(t)|$ 的彻底崩溃并使开关频率偏移处于合理范围内。

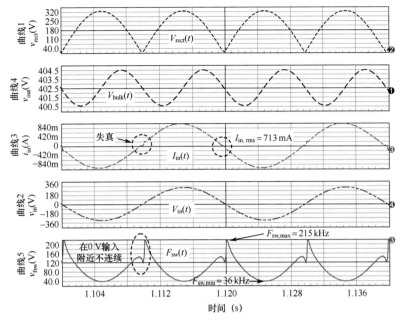

图 6.38　输入交流源有效值为 230 V、输出功率为 160 W 时平均模型产生的典型信号

由于 PFC 电路本质上是闭环系统,其稳定性必须进行评估。通过平均模型,可以快速地作出波特图来检查带宽和相位裕度。图 6.39 给出了如何连接平均模型并给出了小信号特性。输入电压用直流源代替,稳定性的讨论是指在不同输入电压下求得各种裕度。本例中,选择整流后的电压值为直流 210 V。偏置点已经显示在电路图中,通过仿真计算肯定了工作点设置的合理性。

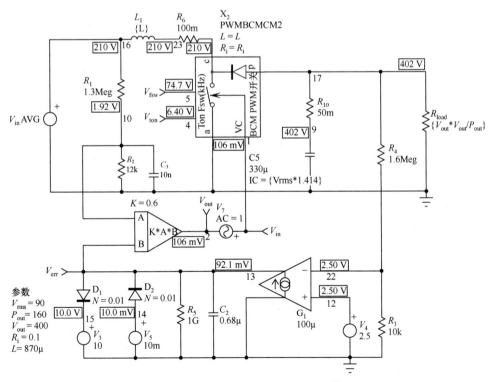

图 6.39　用于求开环波特图的 BCM 模型

现在观察图 6.40 中的波特图，可以看到相位裕度偏小。给电路加上电源会产生不稳定的输出。在 R_4 两端加接一个 22 nF 电容，在 5 Hz 附近创建一个零点可提升相位。更新后的曲线看上去很好，其相位裕度为 61°。在 BCM 升压变换器 PFC 电路设计举例中还会回来讨论这个问题。第 2 版包括了工作于 BCM 的升压变换器小信号分析，该变换器由电压或电流模式控制。详细请参见附录 6B。

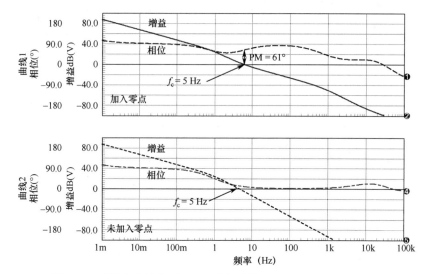

图 6.40　无补偿的波特图显示相位裕度较小。5 Hz 处的局部零点
能快速提升相位裕度，使相位裕度较小的情况得以改善

6.2.15　固定频率平均电流模式控制

平均电流模式控制通过跟踪电感电流平均值能实现很好的功率因数校正并使电路在整个开关周期中保持连续（CCM 工作）。与 BCM 升压变换器一样，仍设置正弦型设置点，但运算放大器要确保逐周平均电感电流能精确跟随设置点的信号。图 6.41 所示为从工作于 CCM 的 PFC 电路

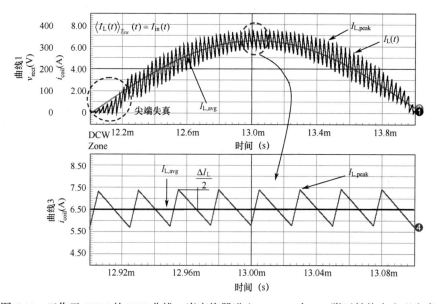

图 6.41　工作于 CCM 的 PFC 曲线。当变换器进入 DCM，在 0 V 附近始终会出现失真

得到的典型曲线。在该曲线中，电感电流在大多数电源周期内工作于连续导通模式。然而，在电源周期的开始阶段，电感电流不能立即跳到设置点，因为电感两端的电压太低，平均电感电流值滞后于设置点的信号，即产生所谓的尖点失真。电感值越大，尖点失真也越明显。

这种利用负电流检测的预变换器的典型结构如图 6.42 所示。

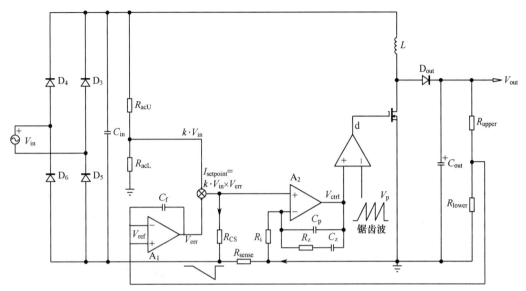

图 6.42　利用负电流检测的平均升压预变换器

误差放大器 A_1 通过电阻分压器 R_{upper} 和 R_{lower} 来调节输出电压。C_f 完成补偿并使增益降低以避免输出电压纹波追尾现象（误差链能响应输出纹波）。然后，乘法器产生电流，该电流对应于电源整流电压（$kv_{in}(t)$）和误差放大器输出电压 V_{err} 的乘积。电流发生器把电流馈送到与检测电阻 R_{sense} 连接的偏置电阻 R_{CS} 上，检测电阻 R_{sense} 串联在直流输入低端。R_{CS} 固定乘法器允许的最大峰值电流。例如，假设乘法器输出 $300\,\mu A$，R_{CS} 等于 $2\,k\Omega$，那么 R_{sense} 两端的最大电压达 $600\,mV$。

负检测技术经常在高功率 PFC 控制器中使用，基于下述 3 个理由：

（1）集成电路设计者认为乘以电流比乘以电压简单；

（2）由于 R_{sense} 连接在低参考电压一侧，简化了读取该信号的电路结构；

（3）因为 R_{sense} 检测包括 C_{out} 在内的总的环路电流，浪涌电流会安全地阻断控制器直到电流恢复到可接受的水平。

现在把正弦型设置点提供给另一误差放大器 A_2。误差放大器 A_2 放大设置点信号和实际检测信号之间的误差信号。假设误差放大器 A_2 的滤波器结构为类型 2 电路，A_2 输出一个与逐周电感平均电流成正比的电压。这是平均模式控制的关键点，其中设置点电压固定瞬时平均电感电流，它与 BCM 峰值电流不同。图 6.43 特别显示了这部分电路，实际上是平均模式控制 PFC 的核心。

由该结构产生的控制电压表示如下：

$$V_{ctrl}(s)=V_{set\,point}(s)\big[G(s)+1\big]-V_{sense}(s)G(s)=V_{set\,point}(s)+G(s)\big[V_{set\,point}(s)-V_{sense}(s)\big] \qquad （6.120）$$

式中，$G(s)$ 表示由 Z_f 和 R_i 产生的增益，$G(s) = Z_f(s)/R_i$。从该表达式，可以看到误差放大器实际上输出受补偿项影响的设置点波形。该项表示设置点电压（$V_{setpoint}$）和检测电压（V_{sense}）之差的放大值，可以减去也可以加上，这取决于它的符号。如果斜坡的峰值幅度为 V_{saw}，那么占空比表达式可表示为[17]

$$d(s) = \frac{V_{\text{ctrl}}(s)}{V_{\text{saw}}} = \frac{V_{\text{setpoint}}(s) + G(s)\left[V_{\text{setpoint}}(s) - V_{\text{sense}}(s)\right]}{V_{\text{saw}}} \quad (6.121)$$

分析放大器电路，可得到如下的极点和零点位置：

$$G(s) = \frac{k_{\text{c}}(1 + s/\omega_{\text{z}})}{s(1 + s/\omega_{\text{p}})} \quad (6.122)$$

式中，

$$k_{\text{c}} = \frac{1}{R_{\text{f}}(C_{\text{fz}} + C_{\text{fp}})} \quad (6.123)$$

$$\omega_{\text{z}} = \frac{1}{R_{\text{f}}C_{\text{fz}}} \quad (6.124)$$

$$\omega_{\text{p}} = \frac{C_{\text{fz}} + C_{\text{fp}}}{R_{\text{f}}C_{\text{fz}}C_{\text{fp}}} \quad (6.125)$$

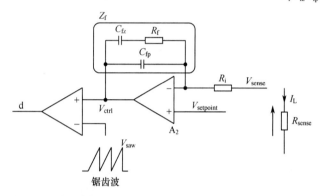

图 6.43　误差放大器 A_2 控制占空比来形成正弦型电感平均电流

极-零点位置对失真的影响。

式（6.122）表明，原点极点提供了高直流增益并可使电流跟踪误差最小。遗憾的是，上述等式没有清楚给出由该类型 2 结构产生的中频带增益值：附录 3C 推导了一个简单的表达式并可立即求得中频带宽。文献建议放置极点和零点使电流环路中频带横跨约 10 kHz[18~20]。该值说明了电路具有良好的动态性能，同时滤除了检测信号中固有的高频开关噪声。特别地，参考文献[18]讨论并证明了具有不同极-零点位置时所得到的结果以及

6.2.16　电流的整形

在平均模式控制技术中，设置点不再确定峰值电感电流值，但会确定"瞬时"平均电感电流值。通过检测电阻 R_{sense} 观测得到的电感电流流入误差放大器 A_2。类型 2 滤波器消除开关纹波并产生误差电压，该误差电压是电感电流平均值和设置点信号之差的放大值。连续调节占空比来跟设置点值，因此在电流环中需要 10 kHz 带宽。它比开关频率低一个数量级，本例中的开关频率为 100 kHz。由于设置点是由整流输入电压乘以误差电压构成的，就有

$$R_{\text{sense}} \left\langle i_{\text{L}}(t) \right\rangle_{T_{\text{sw}}} = kv_{\text{in}}(t)V_{\text{err}} \quad (6.126)$$

瞬时平均电感电流就是输入电流，因此

$$R_{\text{sense}} i_{\text{in}}(t) = kV_{\text{err}}V_{\text{peak}} \sin \omega t \quad (6.127)$$

由上式求解 $i_{\text{in}}(t)$，得到

$$i_{\text{in}}(t) = \frac{kV_{\text{err}}V_{\text{peak}}}{R_{\text{sense}}} \sin \omega t \quad (6.128)$$

考虑到在电源周期内误差电压恒定，该电流是正弦波。

图 6.44 所示为用电压模式平均模型连接成的平均模式控制 PFC 电路。该电路直接用图 6.42 实现。对于 1 kW PFC，检测电阻设计如下：

$$I_{\text{in,rms}}=\frac{P_{\text{out}}}{\eta V_{\text{in,rms}}}=\frac{1000}{0.95\times90}=11.7\,\text{Arms}\qquad(6.129)$$

为满足上述等式，峰值电感电流需要达到

$$I_{\text{L,peak}}=I_{\text{in,rms}}\sqrt{2}=11.7\times1.414=16.5\,\text{A}\qquad(6.130)$$

假设乘法器输出的最大电流达 300 μA。考虑功率耗散以及制造商等因素，取检测电阻为 50 mΩ。因而，如选取最大峰值电流为 17 A，则偏置电阻 R_{CS} 可取为

$$R_{\text{CS}}=\frac{R_{\text{sense}}I_{\text{L,peak}}}{I_{\text{MUL}}}=\frac{50\text{m}\times17}{300\mu}=2.8\,\text{k}\Omega$$

图 6.44 所示为基于跨导放大器的误差放大器结构。D_1 把误差放大器输出上限安全地钳位在 5 V，而 V_4 确保误差放大器输出幅度不会变负。ABM 源 B_2 让误差电压乘以整流输入电压（在参数列表中通过系数 kV_{in} 来实现）并把结果变换为钳位到 300 μA 的电流。X_3 在驱动电压模式模型之前通过 PWM 增益调制器（2 V 斜坡产生 6 dB 衰减）实现电流环放大。

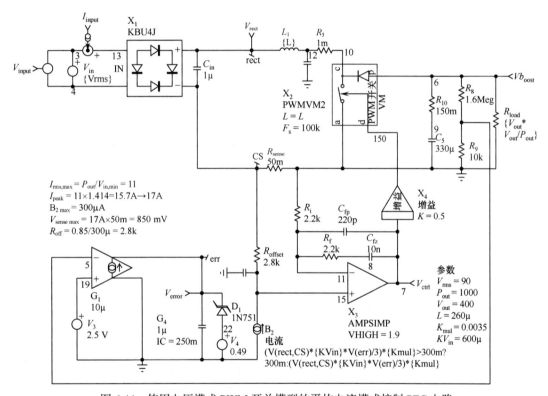

图 6.44　使用电压模式 PWM 开关模型的平均电流模式控制 PFC 电路

与任何平均模型结构一样，图 6.44 可以进行交流分析或瞬态实验。对于交流仿真，输入电压用直流源代替，其值等于低输入或高输入电压。这有助于在整个输入范围内检查电路的稳定性。通过在电路中插入交流扫描源及与之串联的 2.8 kΩ 的偏置电阻，可得校正后的电流环路传输函数，该传输函数如图 6.45 所示。可以看到交越频率约为 10 kHz，并具有良好的相位裕度。

尽管输入电压变化，但交叉频率保持恒定。这是平均模式的优点之一。

现在可以运行瞬态仿真并查看在低输入电压和高输入电压时得到的功率因数。图 6.46 所示为两个不同输入电压下得到的电流波形。在两种情况下，都保持极低失真。

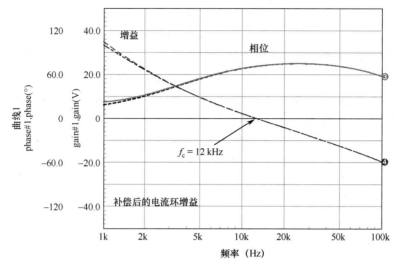

图 6.45　两个不同输入电压（有效值分别为 90 V 和 230 V）下的电流环路增益：
交叉频率不变。由于使用负电流检测方法，因而相位极性反向

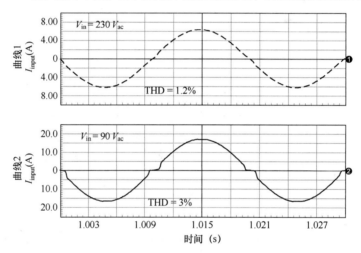

图 6.46　两种输入电压下的输入电流波形，显示其 THD 低于 5%

6.2.17　固定频率峰值电流模式控制

峰值电流模式控制与工作于 CCM 的升压变换器相结合。内部设置点跟踪控制峰值电感电流而不是平均电感电流。图 6.47 所示为实现负电流检测的峰值电流模式控制 CCM PFC 内部电路。

分析该 CCM 结构，显示其占空比变化范围超过 50%，意味着斜坡补偿稳定了变换器的工作。在 0 V 附近，占空比出现最大值，而控制器努力保持 CCM 工作。不适当的补偿会引入子谐波振荡，波形如图 6.48 所示。

通过以下几个简单等式的推导可知，电感峰值电流遵循正弦关系，表示峰值电流模式控制技术产生的功率因数校正接近于 1。乘法器输出通过偏置电阻 R_{CS} 产生峰值电流设置点。因而有

$$I_{\text{L,peak}} = \frac{I_{\text{MUL}} R_{\text{CS}}}{R_{\text{sense}}} = \frac{k \left| v_{\text{in}}(t) \right| V_{\text{err}} R_{\text{CS}}}{R_{\text{sense}}} \qquad (6.131)$$

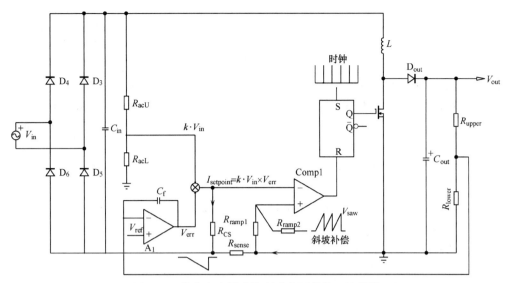

图 6.47 峰值电流模式控制功率因数校正控制器

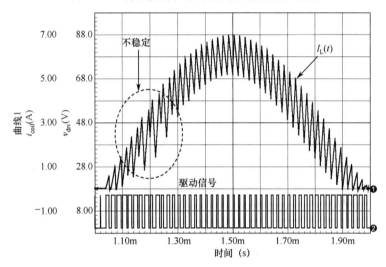

图 6.48 由于占空比增加超过 50%，欠补偿电流环路产生子谐波振荡

用整流正弦值代替 $v_{in}(t)$，得到

$$I_{L,peak} = \frac{kV_{err}R_{CS}V_{peak}}{R_{sense}}|\sin\omega t| \tag{6.132}$$

式中，

$$v_{in}(t) = V_{peak}\sin(\omega t)$$

如果认为误差放大器输出在整个电源周期内恒定（缓慢变化的环路），那么式（6.132）简化为

$$I_{L,peak} = k_1|\sin\omega t| \tag{6.133}$$

式中，$k_1 = kV_{err}R_{CS}V_{peak}/R_{sense}$。按照式（6.133），对电路施加了一个正弦输入电流。

6.2.18 峰值电流模式控制 PFC 补偿

如同在第 2 章中多次看到的那样，需要注入补偿斜率 S_e 来稳定电流环。如同在第 2 章给出的那样，对于升压变换器，补偿斜率 S_e 可等于电感电流下行斜率的 50%。当输入电压连续变化时，

最佳斜坡补偿的大小始终变化。当输入电压穿越 0 V 时，发生最差情况。在这种情况下，电感截止斜率变为

$$S_{L,off} = V_{out}/L \qquad (6.134)$$

参考文献[18]解释了斜坡补偿对输入电流波形的影响。在电源电压穿越 0 V 时，电感两端没有使电路工作于 CCM 的电压。或者说，电感进入 DCM 状态，其峰值电流来自参考电源并导致失真。当存在斜坡补偿时，由于斜坡阻止占空比的增加，DCM 区的持续时间更加扩展，带来更严重的失真。

通过一些代数运算，可以计算出斜坡补偿对输入电源电流的影响。让我们回过去看第 2 章，可以看到，由于补偿斜率 S_a 或 S_e 的存在，最后的电感电流是如何偏离初始设置点的。把这一概念用于 PFC 峰值电感电流中，可得到

$$i_{L,peak}(t) = kv_{in}(t)V_{err} - S_e t_{on} = kV_{err}V_{peak}\sin\omega t - S_e t_{on} \qquad (6.135)$$

式中，k 表示图 6.47 中由 R_{acU}/R_{acL} 产生的比例因子；V_{err} 表示由运算放大器 A_1 输出的误差电压。

CCM PFC 升压变换器的传输比遵循如下规律：

$$\frac{V_{out}}{v_{in}(t)} = \frac{1}{1-d(t)} \qquad (6.136)$$

由于 v_{in} 连续变化，可以通过下式来更新上式：

$$\frac{V_{out}}{V_{peak}\sin\omega t} = \frac{1}{1 - t_{on}(t)/T_{sw}} \qquad (6.137)$$

从上式，很容易求得导通时间为

$$t_{on}(t) = T_{sw}\left(\frac{V_{out} - V_{peak}\sin\omega t}{V_{out}}\right) \qquad (6.138)$$

时间 t 项在导通时间表达式中看起来似乎有些奇怪，但它把导通时间的变化视为在电源周期内正弦波位置的变化。

现在，把 t_{on} 代入式（6.135）得到

$$i_{L,peak}(t) = \sin\omega t\left(kV_{peak}V_{err} + \frac{S_e T_{sw}V_{peak}}{V_{out}}\right) - S_e T_{sw} \qquad (6.139)$$

电感峰值电流和电感电流平均值之间有一定关系，若总纹波电流表示为 ΔI，则该关系可写为

$$I_{L,avg} = I_{L,peak} - \frac{\Delta I_L}{2} \qquad (6.140)$$

对于升压变换器，电感纹波电流定义为

$$\Delta I_L = \frac{V_{in}}{L}t_{on} = \frac{V_{peak}\sin\omega t}{L}t_{on}(t) \qquad (6.141)$$

应用式（6.138）和式（6.141），可以更新式（6.140）：

$$I_{L,avg} = I_{L,peak} - T_{sw}\left(\frac{V_{peak}\sin\omega t}{2L}\right)\left(\frac{V_{out} - V_{peak}\sin\omega t}{V_{out}}\right) \qquad (6.142)$$

最后，把电感峰值电流定义式（6.139）代入式（6.142），求得电感平均电流为[18]

$$I_{L,avg} = \left(kV_{peak}V_{err} + \frac{S_e T_{sw}V_{peak}}{V_{out}} - \frac{T_{sw}V_{peak}}{2L}\right)\sin\omega t + \frac{T_{sw}V_{peak}^2}{2LV_{out}}\sin^2\omega t - S_e T_{sw} \qquad (6.143)$$

在上述长长的表达式中，几乎所有项都为常数，只有误差电压 V_{err} 包含某些纹波。感抗也随电流变化并最终引入失真。表达式中的减去项表示了幅度 $S_e T_{sw}$ 的斜坡补偿，它会使电感平均电流降低。幸运的是，存在一些消除这些项的方法，例如，插入一个与乘法器串联的固定偏置。如果这个偏置等于补偿斜率峰值，那么能消除该项并使其作用最小化。尽管该技术为全负载提供了

良好的结果，但是在轻负载条件下，变换器失去反馈控制，而偏置电压将产生剩余电流。

另一种方法是把该偏置电压插入到与整流电压 $kv_{in}(t)$ 串联的位置。图 6.49 解释了这种方法，偏置不再妨碍轻负载条件下变换器的工作。由于 V_{err} 在负载电流下降的情况下减小，尽管存在偏置电压，乘法器输出也下降。K_v 是与输入交流电压最小值和标称值相关联的系数。参考文献[18]给出了更详细的讨论，并给出了由该方法得到的结果。

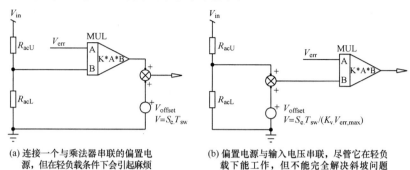

(a) 连接一个与乘法器串联的偏置电源，但在轻负载条件下会引起麻烦

(b) 偏置电源与输入电压串联，尽管它在轻负载下能工作，但不能完全解决斜坡问题

图 6.49　抗衡斜坡补偿的方案

6.2.19　峰值电流模式 PFC 平均模型

我们已经成功地测试了在峰值电流模式功率因数校正电路中的电流模式 PWM 开关。交流测试电路如图 6.50 所示，而瞬态测试电路如图 6.51 所示。

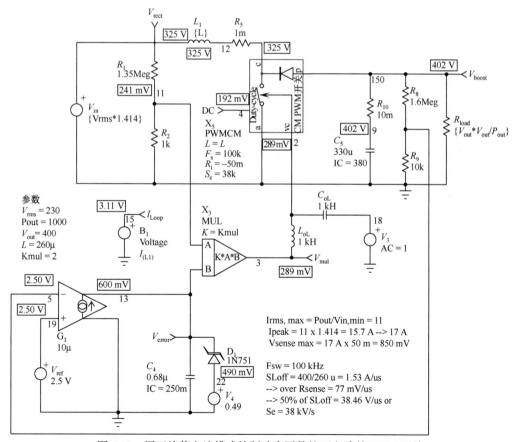

图 6.50　用于峰值电流模式控制功率因数校正电路的 PWM 开关

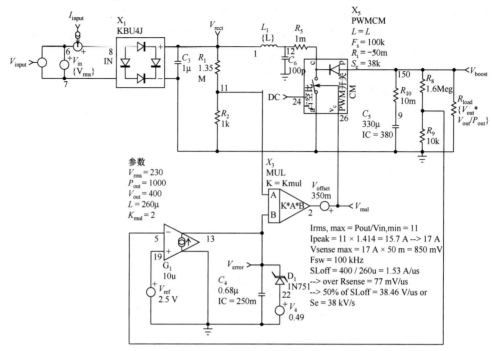

图 6.51 瞬态测试电路使用二极管桥。补偿偏置与乘法器输出串联

在交流测试电路中，偏置电压值证明了直流工作点计算的合理性（$V_{out} = 402$ V）；输入电压有效值为 230 V 时，占空比达 30%。最佳斜坡补偿可通过式（6.134）计算：

$$S_{L,off} = \frac{V_{out}}{L} = \frac{400}{260\mu} = 1.53 \text{ A/}\mu\text{s} \tag{6.144}$$

通过 50 mΩ 检测电阻换算，就成为电压斜率

$$S'_{L,off} = 1.53 \times 50\text{m} = 77 \text{ mV/}\mu\text{s} \tag{6.145}$$

如果斜坡补偿取上述电压斜率值的 50%，则应用于模型的斜坡补偿为

$$S_e = \frac{77\text{m}}{2} = 38 \text{mV/}\mu\text{s} \text{ 或 } 38 \text{ kV/s} \tag{6.146}$$

从图 6.52 中的电感电流传输函数曲线可以看出，斜坡补偿在双极点上会产生阻尼作用。

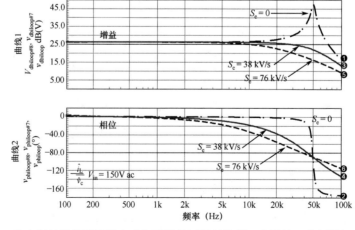

图 6.52 注入斜坡补偿能阻尼电感电流传输函数的峰值。有效输入电压设置为 150 V

应用图 6.51，可以进行一些仿真来探讨输入电流的形状。图 6.53 给出了仿真得到的信号。上图表示了没有补偿的 PFC，其输出电流产生的 THD 为 13%。当然，系统在低输入电压时产生不稳定现象，不能正常工作。一旦注入斜坡补偿［见式（6.146）］，稳定性得到改善但失真增加到 36%。最后，通过设置 350 mV 的偏置电压使这一情况得到改善并使 THD 减为 15%。

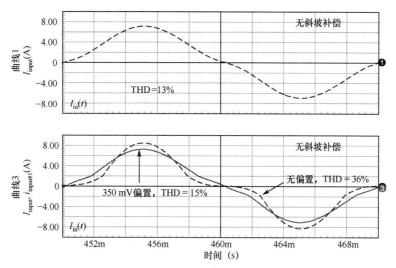

图 6.53　无校正（上图）和通过加串联偏置校正（下图）
条件下，峰值电流模式控制 PFC 产生的输入电流

6.2.20　迟滞功率因数校正

迟滞 PFC 变换器电路结构如图 6.54 所示。与以前的结构不同，电路中没有内部时钟。控制器通过功率开关的动作来确定电流峰值和谷值，功率开关保持为导通状态直到电感电流达到峰值，然后功率开关断开。电感电流下降，一旦达到设置的谷点值，功率开关就开始新的导通状态。为精确跟随整流电压包络，电感电流摆动幅度（即峰值和谷点值）始终变化。遗憾的是，在 0 V 附近区域，摆动幅度减小使迟滞频率迅速增加，使开关损耗增加。尽管该电路有其内在的简单性，大范围的频率变化阻止了迟滞变换器的成功应用。20 世纪 90 年代，Cherry 半导体公司开发了此类控制器，型号为 CS3810，但现在已经舍弃了。

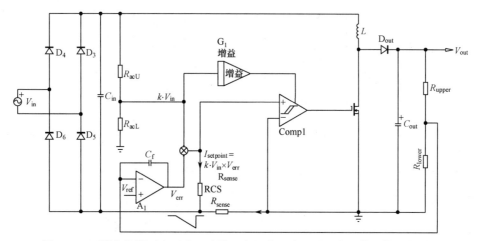

图 6.54　迟滞变换器可由两个正弦设置点组成，或通过可变迟滞比较器来实现

有几种方法可用来改变动态的峰值和谷值。图 6.54 所示为一种通过电压驱动迟滞比较器的实现方法。另一种方法是用两个不同幅度的正弦波信号，与比较器同步触发（最高幅度用来确定峰值，而最低幅度用来确定谷值）。在这种情况下，可变迟滞比较器可以通过几行 SPICE 语句来实现：

IsSpice:

```
.SUBCKT COMPARHYSV NINV INV OUT VAR params: VHIGH=5 VLOW=100m
Rdum VAR 0 10Meg
B2 HYS NINV V = V(OUT) > {(VHIGH+VLOW)/2} ? V(VAR) : 0
B1 4 0 V = V(HYS,INV) > 0 ? {VHIGH} : {VLOW}
RO 4 OUT 10
CO OUT 0 10PF
.ENDS
```

PSpice:

```
.SUBCKT COMPARHYSV NINV INV OUT VAR params: VHIGH=5 VLOW=100m
Rdum VAR 0 10Meg
E2 HYS NINV Value = { IF ( V(OUT) > {(VHIGH+VLOW)/2}, V(VAR),
+ 0 ) }
E1 4 0 Value = { IF ( V(HYS,INV) > 0, {VHIGH}, {VLOW} ) }
RO 4 OUT 10
CO OUT 0 10PF
.ENDS
```

完整的应用电路如图 6.55 所示，它正确地实现了前面的要求。图 6.56 集合了所有分析 PFC 得到的相关曲线。电感电流包络很好地跟踪了设置点。该技术与前面讨论过的其他方法相比，能提供最好的输入电流波形。

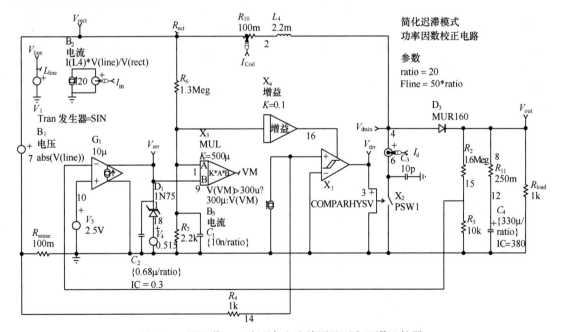

图 6.55　用迟滞 PFC 实现负电流检测及可变迟滞比较器

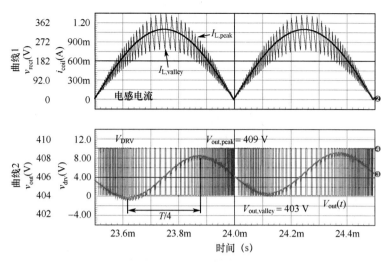

图 6.56 迟滞模式 PFC 仿真结果。注意到过 0 区域没有失真

6.2.21 固定频率 DCM 升压变换器

升压变换器工作于导通时间恒定、频率固定的方式，同时完成功率因数校正，但与 BCM 的同类电路相比具有较大失真。典型的电压模式结构如图 6.57 所示，该结构由于变换器工作于导通时间 t_{on} 恒定条件，不需要检测高压。为简化起见，故意忽略峰值电流检测，但该电流经常在过流情况下使电源锁存器复位。为验证由该电路实现的功率因数校正，需要少许代数运算。下面来观察图 6.58 所示的电感电流和电压波形。通过对导通三角形和截止三角形面积求和可快速推导得到平均电感电流为

$$I_{L,avg} = \left(\frac{I_{L,peak}}{2} t_{on} + \frac{I_{L,peak}}{2} t_{off} \right) \frac{1}{T_{sw}} = \frac{I_{L,peak}}{T_{sw}} \left(\frac{t_{on}}{2} + \frac{t_{off}}{2} \right) \qquad (6.147)$$

首先，由于导通时间恒定，需要推导截止时间值。图 6.58 画出了电感两端的瞬时电压，应用电感伏特-秒平衡定理有

$$V_{in} t_{on} - (V_{out} - V_{in}) t_{off} = 0 \qquad (6.148)$$

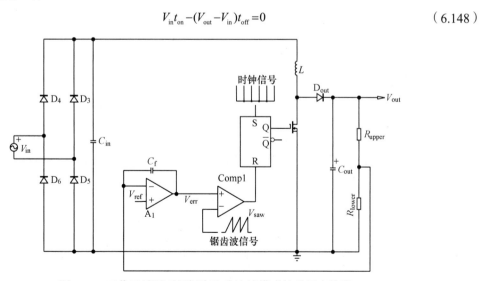

图 6.57 工作于导通时间恒定和非连续模式的升压变换器

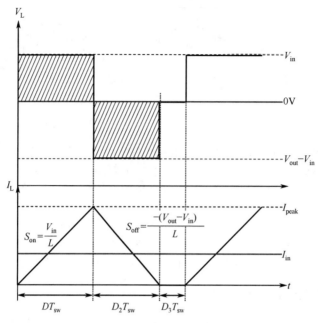

图 6.58　DCM 条件下的电感电流

从上述表达式，容易推导得到截止时间为

$$t_{\text{off}} = \frac{V_{\text{in}} t_{\text{on}}}{V_{\text{out}} - V_{\text{in}}}$$ （6.149）

现在，把 t_{off} 代入式（6.147）得出

$$I_{\text{L,avg}} = \frac{I_{\text{L,peak}}}{T_{\text{sw}}} \left(\frac{t_{\text{on}}}{2} + \frac{V_{\text{in}} t_{\text{on}}}{2(V_{\text{out}} - V_{\text{in}})} \right) + \frac{I_{\text{L,peak}} t_{\text{on}}}{T_{\text{sw}}} \left(\frac{V_{\text{out}}}{2(V_{\text{out}} - V_{\text{in}})} \right)$$ （6.150）

电感峰值电流定义为

$$I_{\text{L,peak}} = \frac{V_{\text{in}}}{L} t_{\text{on}}$$ （6.151）

由上式更新式（6.150），得到

$$I_{\text{L,avg}} = \frac{V_{\text{in}} t_{\text{on}}^2}{L T_{\text{sw}}} \frac{V_{\text{out}}}{2(V_{\text{out}} - V_{\text{in}})} = \frac{V_{\text{in}} t_{\text{on}}^2}{2 L T_{\text{sw}}} \frac{1}{1 - V_{\text{in}}/V_{\text{out}}}$$ （6.152）

最后，"瞬时"平均电感电流为

$$I_{\text{L,avg}}(t) = \frac{V_{\text{peak}} t_{\text{on}}^2}{2 L T_{\text{sw}}} |\sin \omega t| \frac{1}{1 - \dfrac{V_{\text{peak}} |\sin \omega t|}{V_{\text{out}}}}$$ （6.153）

可以重新整理前面的公式来揭示仿真输入阻抗。PFC 电路整形输入电流波形以便使预变换器看上去像电阻负载。这就是下式所显示的：

$$I_{\text{L,avg}}(t) = \frac{V_{\text{peak}} |\sin \omega t|}{R_{\text{in}}} \frac{1}{1 - \dfrac{V_{\text{peak}} |\sin \omega t|}{V_{\text{out}}}}$$ （6.154）

式中，R_{in} 表示变换器的仿真输入阻抗，即

$$R_{\text{in}} = \frac{2 L T_{\text{sw}}}{t_{\text{on}}^2} = \frac{2 L T_{\text{sw}}}{D^2 T_{\text{sw}}^2} = \frac{2L}{D^2 T_{\text{sw}}}$$ （6.155）

升压变换器工作于 DCM 条件下，式（6.154）中的 $1/[1-(V_\text{peak}|\sin \omega t|/V_\text{out})]$，会引入失真。

这一失真解释了为什么 DCM 升压变换器能完成功率因数校正，但没有前面电路的性能。

引入该 DCM 升压预变换器，假设导通时间为常数。遗憾的是，从下面的描述知道，推导该导通时间的分析表达式是一件困难的事。无论输入信号形状如何，升压变换器瞬时输入功率 $p_\text{in}(t)$ 始终满足下式：

$$p_\text{in}(t) = I_\text{L,avg}(t)v_\text{in}(t) \tag{6.156}$$

假设效率为 100%，平均输入功率可由下式计算得到：

$$P_\text{out} = \frac{1}{T_\text{line}} \int_0^{T_\text{line}} p_\text{in}(t) \cdot \mathrm{d}t \tag{6.157}$$

把式（6.154）的平均电感电流代入上式有

$$P_\text{out} = \frac{2}{T_\text{line}} \int_0^{\frac{T_\text{line}}{2}} \frac{V_\text{peak} t_\text{on}^2 \sin \omega t}{2LT_\text{sw}} \frac{1}{1 - \dfrac{V_\text{peak}}{V_\text{out}} \sin \omega t} V_\text{peak} \sin \omega t \cdot \mathrm{d}t \tag{6.158}$$

注意，积分区间是电源周期的一半以便保持正弦项为正（这可免于进行绝对值运算）。稍做整理，最后可写出

$$P_\text{out} = \frac{V_\text{peak} t_\text{on}^2}{LT_\text{sw}T_\text{line}} \int_0^{\frac{T_\text{line}}{2}} \frac{\sin^2 \omega t}{1 - \dfrac{V_\text{peak}}{V_\text{out}} \sin \omega t} \cdot \mathrm{d}t \tag{6.159}$$

遗憾的是，该积分没有简单的分析解，需要通过数值方法得到结果并求得导通时间值。可能的求解方法是 Excel、Mathcad，或用 SPICE 对自触发 PWM 开关模式进行仿真分析。图 6.59 所示为本例中仿真用 DCM 升压变换器的一种连接方式。进一步进行直流工作点计算，该模型给出的占空比为 62%。对应的导通时间为 6.2 μs，其中升压变换器工作的开关频率为 100 kHz。如果运行瞬态仿真，所得的输入电流波形如图 6.60 所示。在 DCM 工作时，可以看到存在失真，产生的 THD 为 10.3%。如果变换器进入 CCM 条件，电流将会突然从准正弦波包络发散并使失真大大增加。

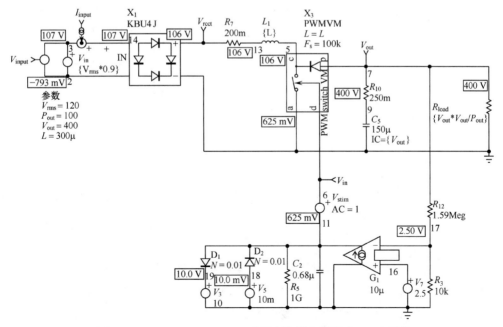

图 6.59　400 V、100 W DCM 升压变换器电压模式 PWM 开关

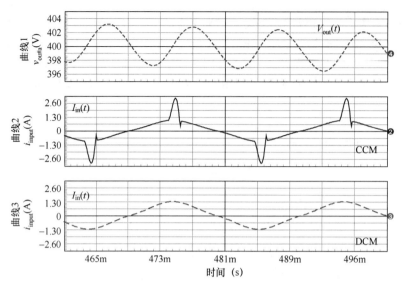

图 6.60 DCM 或 CCM 工作时的固定频率升压变换器波形

非连续模式固定频率升压 PFC 与边界模式相比呈现很大的失真。然而，固定频率工作提供了更好的频谱控制并有助于预变换器和下游变换器之间的同步。

6.2.22 反激式变换器

反激式拓扑可能占全世界电源设计的 80%，特别在消费市场更是如此。在第 7 章中将会发现，反激式拓扑实际上是最受欢迎的结构之一。PFC 电路产生了内在的变压器隔离并可传输一个宽松的直流调节电压。非隔离的下游降压变换器以适当的响应速度完成 dc-dc 功能。反激式变换器中构建 PFC 的最简单技术是采用具有恒定导通时间、频率固定的非连续工作模式，如电压模式控制。图 6.61 所示为这类反激式电源，没有高压检测。C_{in} 值低，有助于滤除由 PFC 产生的微分噪声。

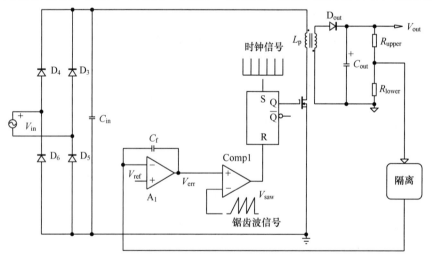

图 6.61 使用 DCM PFC 预变换器的反激式变换器

为检查该结构是否能产生良好的功率因数，需要再次仔细检查表达式。然而，在继续讨论之前，先来观察如图 6.62 所示的典型反激式变换器输入电流波形。在导通时间，开关闭合，输入电压作用于初级电感 L_p 两端。因而，峰值电流按式（6.160）变化：

$$i_{L_p, peak}(t) = \frac{v_{in}(t)}{L_p} t_{on} \quad (6.160)$$

从图 6.62 中求得平均电感电流为

$$I_{L_p, avg}(t) = \frac{i_{L_p, peak}(t)}{2} \frac{t_{on}}{T_{sw}} \quad (6.161)$$

如果把峰值电流定义式（6.160）代入式（6.161），可得到瞬间平均输入电流关系为

$$I_{L_p, avg}(t) = \frac{V_{peak} |\sin \omega t|}{2L_p} \frac{t_{on}^2}{T_{sw}} = k |\sin \omega t| \quad (6.162)$$

式中，$k = (V_{peak}/2L_p) \times (t_{on}^2/T_{sw})$，如果导通时间 t_{on} 为常数，则 k 也是常数，瞬时平均电流具有正弦包络。

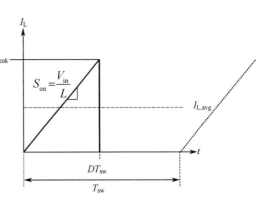

图 6.62　DCM 反激式变换器输入电流

在第 7 章中将会看到，非连续反激式变换器从输入源获得的输入功率与电感峰值电流的平方有关。如设变换器效率为 100%，则有

$$p_{in}(t) = \frac{1}{2} L_p \left[i_{L_p, peak}(t) \right]^2 F_{sw} = \frac{1}{2} L_p \frac{V_{peak}^2 \sin^2 \omega t}{L_p^2} t_{on}^2 F_{sw} \quad (6.163)$$

重新整理上式得出

$$p_{in}(t) = \frac{V_{peak}^2 t_{on}^2 F_{sw}}{2L_p} \sin^2 \omega t \quad (6.164)$$

如果在整个电源周期内求瞬时输入功率的平均，假定效率为 100%，可得到输出功率。基于式（6.164），可写出

$$P_{out} = F_{line} \int_0^{T_{line}} \frac{V_{peak}^2 t_{on}^2 F_{sw}}{2L_p} \sin^2 \omega t \, dt \quad (6.165)$$

合并常数项，得到

$$P_{out} = \frac{V_{peak}^2 t_{on}^2 F_{sw}}{2L_p} \langle \sin^2 \omega t \rangle_{T_{line}} \quad (6.166)$$

$\sin(x)$ 函数值在 $-1 \sim 1$ 之间变化，因而 $\sin(x)^2$ 的变化范围为 $0 \sim 1$，其平均值为 0.5，即

$$P_{out} = \frac{V_{peak}^2 t_{on}^2 F_{sw}}{4L_p} \quad (6.167)$$

从上式求 t_{on} 得出

$$t_{on}^2 = \frac{4L_p P_{out}}{V_{peak}^2 F_{sw}} \quad (6.168)$$

现在，用 $V_{peak}^2 = 2V_{ac}^2$ 代替 V_{peak}^2，其中 V_{ac} 为输入电压的有效值，得到最后的表达式为

$$t_{on} = \frac{1}{V_{ac}} \sqrt{\frac{2L_p P_{out}}{F_{sw}}} \quad (6.169)$$

6.2.23　反激式 PFC 测试

检验用作 PFC 的反激式变换器是否能很好工作的最简单和最快速的方法是使用平均模型。该模型仿真时间很快，可以快速地探讨电路的稳定性，图 6.63 所示为带输入二极管桥的瞬态电路中的平均模型。误差放大器使用简单的与限幅二极管相连的电压控制电流源 G_1。增益子电路 X_2 模拟 2 V 斜坡发生器，其输出直接用作 PWM 开关占空比输入信号。输出电压稳定在 48 V，上检测

电阻两端的小电容 C_3 在交叉频率处引入零点。图 6.64 所示为在低输入电压和高输入电压下的输出电流波形,确认具有良好的失真因子。尽管输入电压变化,输出纹波峰-峰值恒定在 2 V,改善该参数可增加输出电容。

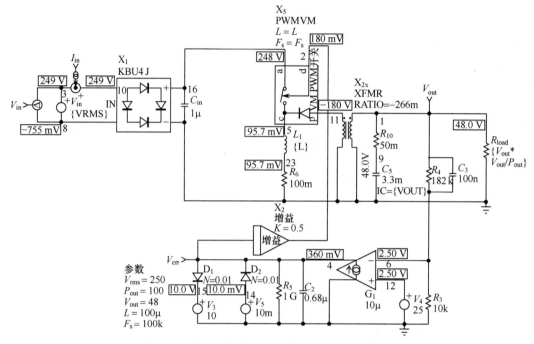

图 6.63　用于反激式 PFC 结构的 PWM 开关模型

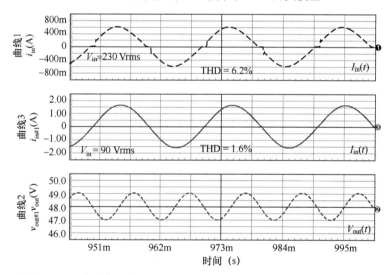

图 6.64　用作功率因数校正电路的 DCM 反激式变换器瞬态仿真结果

　　所谓的单级 PFC 是努力把反激式变换器与功率校正电路的工作合二为一。市场上存在几种这类电路,例如 NCP1651/52,工作于平均电流模式控制并使反激式变换器工作于 CCM。

　　对有源功率校正的介绍提供了在硅市场可找到的可能方案。当然,可考虑不同的选择,如降压变换器和 SEPIC,但这些电路缺乏升压变换器具有的内在简单性。利用上面讨论的结论,下面给出工作于 BCM 的升压 PFC 电路设计例子。

6.3 BCM 升压 PFC 设计

前面已经花了很长篇幅来介绍 PFC 技术，应该到了利用前面积累的知识来设计边界升压功率因数校正电路的时候了。这些 PFC 电路常用于高功率笔记本适配器和变换器，典型的输出功率低于 300 W，其技术指标如下：

输入电压有效值 $V_{in} = 85 \sim 275$ V

输出电压为直流 $V_{out} = 400$ V

输出功率 $P_{out} = 150$ W

电源频率 $F_{line} = 50$ Hz

效率 $\eta = 90\%$

保持时间 $= 20$ ms，最小输出电压为直流 330 V（$V_{out, min}$ 由下游变换器产生）

输出电压纹波 $= 5\%$

从价格上考虑，选择安森美公司的 MC33262，该器件较便宜且工作稳定，功率因数接近于 1。根据上述指标值，可以计算电感电流。已知式（6.108）给出了峰值和平均值的关系，可求得

$$I_{L,peak} = \frac{2\sqrt{2}P_{out}}{\eta V_{in,min}} = \frac{2.83 \times 150}{0.9 \times 85} = 5.6 \text{ A} \tag{6.170}$$

式中，η 表示 PFC 变换器效率。

MC33262 有一钳位电流设置点，其电压在 1.3~1.8 V 之间变化。在指标取最小值时，式（6.170）必须仍然成立。因而，检测电阻可通过如下简单公式求得：

$$R_{sense} = \frac{V_{th,max}}{I_{L,peak}} = \frac{1.3}{5.6} = 232 \text{ m}\Omega \tag{6.171}$$

遗憾的是，由于不同批次的硅薄膜参数会有许多变化，计算得到的最大电流设置点也存在离散性。如选择规格化的 0.22 Ω电阻，电感峰值电流可以增加到

$$I_{L,max} = \frac{V_{th,max}}{220m} = \frac{1.8}{220m} = 8.2 \text{ A} \tag{6.172}$$

在电感设计中，取最大峰值电流为 9 A 是一种明智的做法。考虑到磁心温度升高电感值下降的情况，该值应包含必需的安全裕度。由 R_{sense} 产生的功率消耗遵循式（6.173），参考文献[21]对其做了推导：

$$P_{R_{sense}} = \frac{4}{3} R_{sense} \left(\frac{P_{out}}{\eta V_{in,min}}\right)^2 \left[1 - \left(\frac{8\sqrt{2}V_{in,min}}{3\pi V_{out}}\right)\right] \tag{6.173}$$

选择 0.22 Ω/2 W 的电阻，产生的功率耗散 0.9 W。

工作于 BCM 的 PFC 在整个电源周期内开关频率变化范围很大。在正弦峰值处［式（6.119）中的正弦项等于 1］开关频率最低。为防止电感中的音频噪声，必须注意在最高峰值电流条件下，避免进入音频范围。在低输入电压下电流峰值最高，但通常在高输入电压时开关频率最低。然而，在后一种情况下，由于峰值电流低，由电感产生的音频噪声不会导致任何问题。因此，电感的选择对应于低输入电压下最小的可接受开关频率。可从式（6.119）求得电感值为

$$L \leq \frac{\eta V_{in,min}^2}{2P_{out}F_{sw,min}} \left(1 - \frac{V_{peak,min}}{V_{out}}\right) \tag{6.174}$$

输入设计元件值，最小频率为 20 kHz，可得到电感值不超过 842 μH。电感有效电流可通过下式[21]计算得到：

$$I_{L,rms} = \frac{2}{\sqrt{3}} \frac{P_{out}}{\eta V_{in,min}} = \frac{2}{\sqrt{3}} \frac{150}{0.85 \times 85} = 2.3 \, A \tag{6.175}$$

为了用 BCM 升压变换器完成功率因数校正，如同已经证明的那样，导通时间必须保持恒定。式（6.176）可用来计算最大和最小的导通时间值。然而，在电源值过零点时存在非连续性，尽管此时没有电压，t_{on} 期间仍将努力施加电流。在 6.3.1 节的平均模型仿真所得的图形中显示了这种情况。

$$t_{on,max} = \frac{2LP_{out}}{V_{in,min}^2} = \frac{2 \times 840\mu \times 150}{85^2} = 35 \, \mu s \tag{6.176}$$

在最大输入电压（有效值为 275 V）条件下，上述数值降为 3.3 μs。

MC33262 包含乘法器，乘法器的输入为滤波电容电压和误差放大器输出，通过一个固定偏置修正使之能得到零输出。产生的信号（全波整流正弦电压，其幅度与输出功率有关）用来设置峰值电流设置点。数据表可用来计算输入除法器电路以便使交流乘法器输入（标为 MUL）在最大输入电压下达 3 V（见图 6.65）。首先，把 R_1/R_2 电阻桥电流固定为 250 μA 以便得到可接受的抗干扰性。在低待机功耗应用中，可选较低电流，但必须十分注意布线。然后可很方便地写出

$$R_2 = \frac{3}{250\mu} = 12 \, k\Omega \tag{6.177}$$

C_{in} 上的最高电压对应于最大输入电压的峰值。因此，给定电阻桥电流为 250 μA，可快速推导 R_1 的值为

$$R_1 = \frac{275 \times \sqrt{2} - 3}{250\mu} = 1.6 \, M\Omega \tag{6.178}$$

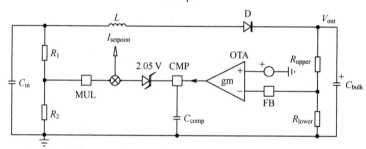

图 6.65　乘法器电路需要高压检测网络（R_1 和 R_2）来形成峰值电流设置点

由于交流电压幅度与峰值电流设置点有关，上述除法器网络必须确保乘法器有足够的电压输出，以便允许在最低输入/全功率下正常启动：需要做必要的调节以便能适当地启动并确保在高输入电压下失真处于可接受的程度。

输出电容可通过多种方法计算。第一种方法是应用存储定义式

$$W_s = P_{out} / \omega \tag{6.179}$$

在这种情况下，输出电容上的存储能量直接与所需的输出纹波相关。设纹波为输出电压的 5%，则峰-峰值为 40 V。输出峰值为

$$V_{out,peak} = 400 \times 1.05 = 420 \, V \tag{6.180}$$

输出谷值为

$$V_{out,valley} = 400 \times 0.95 = 380 \, V \tag{6.181}$$

那么存储能量为上述值的平方差，再乘以滤波电容值的二分之一，可写为

$$W_s = \frac{1}{2}(V_{out,peak}^2 - V_{out,valley}^2)C_{bulk} \tag{6.182}$$

合并式（6.86）和式（6.182），可求得滤波电容值为

$$C_{bulk} = \frac{P_{out}}{\pi F_{line}\left(V_{out,peak}^2 - V_{out,valley}^2\right)} = \frac{150}{3.14 \times 50 \times (420^2 - 380^2)} = 30\,\mu F \qquad （6.183）$$

规格化值为 47 μF/450 Vdc。

第二种方法在文献中可以经常看到，把电容值与保持时间联系起来。在本章的开头已经推导了式（6.10），用上述 PFC 定义可以把该式更新为下式：

$$C_{bulk} = \frac{2P_{out}}{\left(V_{out,peak}^2 - V_{out,min}^2\right)}t_d \qquad （6.184）$$

式中，t_d 表示保持时间，其值为 20 ms；$V_{out,min}$ 表示下游变换器可接受的最小电压（按照最初指标为 330 V dc）。则修正后的滤波电容值变为

$$C_{bulk} = \frac{2 \times 150}{(420^2 - 330^2)}20m = 89\,\mu F \qquad （6.185）$$

最接近的规格化值为 150 μF/450 V。把上述数值代入式（6.183），可推导得到由 150 μF 电容产生的纹波 ΔV：

$$C_{bulk} = \frac{P_{out}}{\pi F_{line}\left([V_{out}+\Delta V/2]^2 - [V_{out}-\Delta V/2]^2\right)} \qquad （6.186）$$

考虑到纹波 ΔV 以输出电压 V_{out} 为中心，上式可重新整理为

$$C_{bulk} = \frac{P_{out}}{\pi F_{line}(a+b)(a-b)} = \frac{P_{out}}{\pi F_{line}V_{out}\Delta V} = \frac{P_{out}}{\omega V_{out}\Delta V} \qquad （6.187）$$

求得纹波 ΔV 的峰-峰值为

$$\Delta V = \frac{P_{out}}{\omega V_{out}C_{bulk}} = \frac{150}{314 \times 400 \times 150\mu} = 8\,V \qquad （6.188）$$

检查最差纹波和由控制器设置的过压保护（如默认情况）之间是否存在足够的裕度是十分必要的。在 MC33262 中，过压保护（OVP）设为超过所选输出电压的 8%（输出电压为 400 V，则过压保护为 432 V）。式（6.188）给出常规峰值电压约达 404 V，这为电路稳定运行提供了足够的裕度。

通常，电容有效电流是最终选择电容的重要指标。对流经电容的有效电流不做深入讨论，其值与负载特性有关。如果把 PFC 电路作为开关电源的负载，则其特征依赖于工作模式，而不管变换器的工作频率与 PFC 控制器工作频率相比如何。有效电流的计算随不同的开关工作方式（同步、异步及反相）而变化，可能会成为一项很烦琐的工作。下面给出了由 Turchi[21] 在电阻性负载下推导得到的有效电流：

$$I_{C_{bulk},rms} = \sqrt{\left[\frac{1.6P_{out}^2}{\eta^2 V_{in,min}V_{out}}\right] - \left(\frac{P_{out}}{V_{out}}\right)^2} = \sqrt{\frac{1.6 \times 150^2}{0.81 \times 85 \times 400} - \left(\frac{150}{400}\right)^2} = 1.08\,A \qquad （6.189）$$

典型电容类型有钎焊 PC 板式或圆柱形式，可并联连接来承受较高有效电流。由 Rubycon 公司生产的 AXF 系列电容是个可行的选择。

钳位二极管即流过交流电容电流也流过负载电流[21]。式（6.190）定义了流过该二极管的有效电流，取其平均就是直流输出电流：

$$I_{d,rms} = \frac{1.26P_{out}}{\eta\sqrt{V_{in,min}V_{out}}} = \frac{1.26 \times 150}{0.9\sqrt{85 \times 400}} = 1.13\,A \qquad （6.190）$$

$$I_{d,avg} = P_{out}/V_{out} = 375\,mA \qquad （6.191）$$

根据以上数值，二极管导通损耗可通过下式估算得到：

$$P_{\text{d,cond}} = I_{\text{d,rms}}^2 R_{\text{d}} + I_{\text{d,avg}} V_{\text{T0}} \approx V_{\text{f}} I_{\text{d,avg}} \qquad (6.192)$$

式中，R_{d} 表示二极管在工作点 $\left(R_{\text{d}} = \dfrac{dV_{\text{f}}}{dI_{\text{d}}} @ I_{\text{d,avg}} \right)$ 的动态电阻；V_{f} 表示平均电流条件（375 mA）下的正向压降。

　　这些数值很容易从 V_{f} 与 I_{d} 的关系数据曲线中求得。BCM 工作可用便宜的二极管来实现，因为二极管恢复损耗不会增加功率 MOSFET 耗散负担：在开关周期的最后，当电感电流全部耗尽，二极管自然阻断。另外，如果实现谷值开关，意味着在重新激活 MOSFET 之前，需要等到漏源电压下降到最小值（参看第 7 章的 QR 反激式变换器），那么开关损耗会进一步降低。上述情况与 CCM PFC（或任何 CCM 变换器）的情况不同，在 CCM PFC 情况，二极管是由于 MOSFET 突然导通而阻断，使二极管正极与地相连，因此，使 V_{out} 成为二极管两端的反向电压。当二极管努力恢复其阻断效应时，二极管呈现出短路行为，直接将输出电压与 MOSFET 相连：MOSFET 和二极管上都产生损耗。CCM PFC 需要很好的缓冲作用把损耗减小至可接受的程度。对于 150W BCM 应用电路，型号为 1N4937 的二极管（1 A，600 V）可轻易胜任这一工作。然而，需要对刚通电时出现的浪涌电流多加小心，该电流的峰值幅度能轻易损坏二极管。如果考虑浪涌电流，则需选择如 MUR460 那样性能更好的器件或通过一个便宜但具有更大电流的二极管来旁路钳位二极管（读者可以查看设计例子去学习如何连接该二极管）。

　　功率 MOSFET 的选择，取决于由质检部门给出的最大允许漏极电压。通常，把最大 BV_{DSS} 降额 15%是常规的做法，即如果用一个 500 V MOSFET，则 V_{DS} 应保持在 425 V 以下。在升压变换器中，在本例情况下存在 7 V 的正向纹波，漏极的最大电压达到 406 V。在有缺陷条件下，如存在有缺陷的反馈回路，过压保护（OVP）电压峰值达 432 V。因此，500 V MOSFET 不能满足前面提到的要求，需要选用 600 V 的 MOSFET。有些设计者把标称电压移到直流 385 V，这样可以改善 500 V MOSFET 的裕度。

　　MOSFET 的功率耗散主要是由几个因数构成的，如开关损耗和导通损耗。前者要求用实际电路来测量重要的过渡时间参数，建议通过参考文献[21]来学习更多关于开关损耗计算的知识。导通损耗可通过求 MOSFET 结温为 100℃时的 $R_{\text{DS(on)}}$ 来估算。如果在固定频率开关变换器中能较容易地求得有效电流，那么求一个频率和输入电压都变化的系统参数会更加有趣。作为练习，下面讨论这一内容。

　　图 6.62 显示了反激式变换器在导通期间流过 MOSFET 的电流，然而，该波形与升压变换器的波形没什么不同。很容易推导得到 MOSFET 电流随时间变化的表达式，设 V_{in} 为常数，则有

$$i_{\text{D}}(t) = I_{\text{L,peak}} \frac{t}{t_{\text{on}}} \qquad (6.193)$$

峰值电流由下式表示：

$$I_{\text{L,peak}} = \frac{V_{\text{in}}}{L} t_{\text{on}} \qquad (6.194)$$

把上式代入式（6.193），得出

$$i_{\text{D}}(t) = \frac{V_{\text{in}}}{L} t \qquad (6.195)$$

为得到 MOSFET 电流有效值的平方，对式（6.195）进行平方运算并在整个开关周期内求积分，得

$$I_{\text{D,rms}}^2 = \frac{1}{T_{\text{sw}}} \int_0^{t_{\text{on}}} \frac{V_{\text{in}}^2}{L^2} t^2 \cdot dt = \frac{V_{\text{in}}^2}{L^2 T_{\text{sw}}} \frac{t_{\text{on}}^3}{3} \qquad (6.196)$$

重新整理上式并消除开关频率，得

$$I_{\mathrm{D,rms}}^2 = \frac{1}{3}\left[\frac{V_{\mathrm{in}}}{L}t_{\mathrm{on}}\right]^2 \frac{t_{\mathrm{on}}}{T_{\mathrm{sw}}} = \frac{1}{3}I_{\mathrm{L,peak}}^2 d \qquad (6.197)$$

式中，d 表示静态升压变换器占空比，定义为

$$d = \frac{V_{\mathrm{out}} - V_{\mathrm{in}}}{V_{\mathrm{out}}} \qquad (6.198)$$

由于功率因数校正电路的作用，电感电流具有正弦波包络。因此，有

$$i_{\mathrm{L,peak}}(t) = 2\sqrt{2}\,\frac{P_{\mathrm{out}}}{\eta V_{\mathrm{ac}}}\left|\sin(\omega t)\right| \qquad (6.199)$$

式中，$V_{\mathrm{ac}} = V_{\mathrm{in,rms}}$，式（6.197）可更新成为与时间（电源周期）相关的定义：

$$i_{\mathrm{D,rms}}^2(t) = \frac{8}{3}\left(\frac{P_{\mathrm{out}}}{\eta V_{\mathrm{ac}}}\right)^2 \sin^2(\omega t)\frac{V_{\mathrm{out}} - \sqrt{2}V_{\mathrm{ac}}\left|\sin(\omega t)\right|}{V_{\mathrm{out}}} \qquad (6.200)$$

在半个电源周期内积分有助于消除绝对值并能得到我们想要的结果：

$$\left\langle I_{\mathrm{D,rms}}^2(t)\right\rangle_{T_{\mathrm{line}}} = 2F_{\mathrm{line}}\int_0^{\frac{1}{2F_{\mathrm{line}}}} \frac{8}{3}\left(\frac{P_{\mathrm{out}}}{\eta V_{\mathrm{ac}}}\right)^2 \sin^2(\omega t)\frac{V_{\mathrm{out}} - \sqrt{2}V_{\mathrm{ac}}\left|\sin(\omega t)\right|}{V_{\mathrm{out}}}\cdot \mathrm{d}t \qquad (6.201)$$

稍做计算后，上式变为

$$\left\langle I_{\mathrm{D,rms}}^2(t)\right\rangle_{T_{\mathrm{line}}} = \left[\frac{2P_{\mathrm{out}}}{\eta 3V_{\mathrm{ac}}}\right]^2 \frac{3V_{\mathrm{out}} - \dfrac{8\sqrt{2}V_{\mathrm{ac}}}{\pi}}{V_{\mathrm{out}}} = \left[\frac{2P_{\mathrm{out}}}{\eta\sqrt{3}V_{\mathrm{ac}}}\right]^2\left(1 - \frac{8\sqrt{2}V_{\mathrm{ac}}}{3\pi V_{\mathrm{out}}}\right) \qquad (6.202)$$

选择 MOSFET，结温为 25℃时，$R_{\mathrm{DS(on)}}$ 为 150 mΩ。经验表明，在结温为 100℃时，$R_{\mathrm{DS(on)}}$ 约为上述值的两倍。导通损耗可通过式（6.202）计算求得，为

$$P_{\mathrm{cond}} = \left\langle i_{\mathrm{D,rms}}^2(t)\right\rangle_{T_{\mathrm{line}}} R_{\mathrm{DS(on)}} = 3.8 \times 300\,\mathrm{m} = 1.14\,\mathrm{W} \qquad (6.203)$$

大多数非隔离 TO-220 封装，结与空气之间的热电阻 $R_{\theta\mathrm{J\text{-}A}}$ 约为 60℃/W。在自由空气条件下，没有任何热沉，如果环境温度为 70℃，把芯片温度偏移限制到 110℃，那么封装耗散的最大功率为

$$P_{\mathrm{max}} = \frac{T_{\mathrm{j,max}} - T_{\mathrm{A,max}}}{R_{\theta\mathrm{J\text{-}A}}} = \frac{110 - 70}{60} = 660\,\mathrm{mW} \qquad (6.204)$$

式（6.203）的计算结果（需要加入平均开关损耗）告诉我们，MOSFET 需要热沉。

6.3.1　平均模型仿真

图 6.66 所示为应用边界导通子电路的平均模型电路。可以看到以前讨论过的许多元件值。跨导放大器（OTA）电路应用 B 元件（B_1）进行改善，B 元件可以把最大输出电流钳位到 10 μA，它与数据表一致。二极管 D_1 和 D_2 与 MC33262 一样，钳位误差放大器偏移。实际上，B_4 包含一偏置电压，该偏置电压值从误差放大器输出推导得到，当输出电压超过指标值时，应使乘法器输入为 0 V。

误差放大器输出引脚 2 的跨导（g_{m}）为 100 μS。我们将把交越频率滚降到 10 Hz 以便使其远离 100 Hz 的输出纹波。记住在高电网电压时交越频率会增加，而交越频率过高会引起失真，这是由于 100 Hz 纹波会叠加到误差电压上。通常，需要在反应速度和失真两者之间作折中来确定所采用的交越频率。补偿策略从功率级 ac 响应开始。我们可以用数学式推导 ac 响应（参见附录 6B）或者使用图 6.66 中的平均模型结构得到它。这就是此处所使用的方法。从模型控制输入到 PFC 级输出的功率级传输函数由图 6.67 给出。

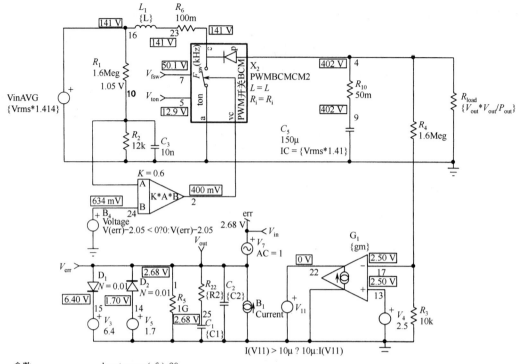

图 6.66 应用边界导通子电路的平均模型电路

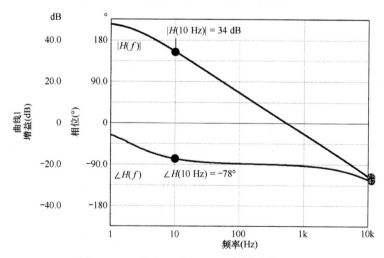

图 6.67 ac 响应显示在 10 Hz 处增益为 34 dB

波特图显示在 10 Hz 交越点有过剩的增益。为在交越频率处得到 0 dB 环路增益，可以修改补偿器使之在 10 Hz 处呈现 34 dB 的衰减。类型 1 补偿电路对于 BCM PFC 不能很好工作。因为，类型 1 完全不能提供相位提升并滞后 270°，加上输出级的 78° 相位滞后，总环路相位将达-348°，留下不能接受的 12° 相位裕度。除非决定采用很低交越频率（本例中为 2 Hz），此时功率级相位滞后接近 45°，不推荐使用简单的积分器作为补偿器。对于这个工作于 BCM 的 PFC，将使用类型 2 补偿器，该补偿器有原点极点、一个零点和一个极点。完整的基于 OTA 的类型 2 传输函数已经在第 3 章中做了推导：

$$\frac{V_{\text{err}}(s)}{V_{\text{in}}(s)} \approx -\frac{R_{\text{lower}} g_m R_{22}}{R_{\text{lower}} + R_{\text{upper}}} \frac{1 + \frac{1}{sR_{22}C_1}}{1 + sR_{22}C_2} \tag{6.205}$$

假设本例中想要 60° 相位裕度。必须通过分别在 3.8 Hz 和 26 Hz 放置零点和极点来提供相位提升 48°（参见第 3 章的 k 因子推导）。需要得到的第一个元件是串联电阻 R_{22}：

$$G_0 = 10^{-\frac{34}{20}} = 0.02 \tag{6.206}$$

$$R_{22} = \frac{G_0(R_{\text{upper}} + R_{\text{lower}})}{g_m R_{\text{lower}}} = \frac{0.02 \times (1.6\text{Meg} + 10\text{k})}{100\mu \times 10\text{k}} \approx 32 \text{ k}\Omega \tag{6.207}$$

容易得到电容值为

$$C_1 = \frac{1}{2\pi R_{22} f_z} = \frac{1}{6.28 \times 32\text{k} \times 3.8} = 1.3 \text{ } \mu\text{F} \tag{6.208}$$

$$C_2 = \frac{1}{2\pi R_{22} f_p} = \frac{1}{6.28 \times 32\text{k} \times 26} \approx 191 \text{ nF} \tag{6.209}$$

借助于自动仿真参数（见图 6.66 左侧），可以在两种输入电压下，立即测试这些值。结果显示在图 6.68 并可确认在低电网电压下的交越频率和相位裕度。在高电网电压时，增益增加，交越频率跳至 35 Hz。图中 35 Hz 处，相位退化到 40°。最后的实验可让你判断可接受的过量及欠量的相位值。判断的结果可能想要将极点稍稍推高一些，如 50 Hz。此时，实验显示相位裕度增至 48°。

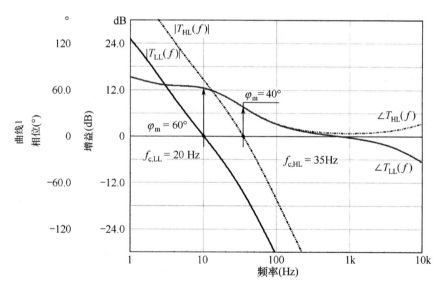

图 6.68　类型 2 补偿提供了合适的补偿分布并在 100 V 有效输入电压下产生了所需的 10 Hz 交越频率，交越处的相位裕度为期望的 60°。相位裕度在高电网电压输入时减小并产生无法接受的过脉冲

现在万事俱备，是时候用平均模型来测试 PFC 性能，可看到仿真时间很短。

第一个实验是检查完成功率因数校正所采用的电路结构以及所选择的元件值。图 6.69 所示为在标称高电源电压（230 V rms）和标称低电源电压（100 V rms）时的输入信号，而 PFC 前端电路输出功率为 150 W。SPICE 可计算到第 9 次谐波失真，而标准需要考虑到第 39 次谐波。在低电网电压下，SPICE 在低电网电压时理论计算精度 1.8%，而高电网电压时精度为 7.6%。请注意在高电网电压输入时输入电压接近 0 V 时的交越失真。

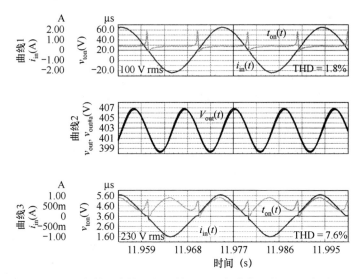

图 6.69　在低和高输入电压情况下，全功率下的 PFC 波形

电路启动后，通过简单地加 75～150 W 的阶跃负载可快速进行稳定性检查。图 6.70 描述了产生的波形并确认了电路良好的稳定性。高电源电压条件下产生稍宽的带宽，它可导致一小电压欠脉冲。

在高电网电压下为什么失真严重？这是因为类型 2 补偿器呈现的零点使输出纹波从误差链中消去。在 100 Hz 处的增益比经典类型 1 电路高。在高输入电压下，纹波信号是乘法器输出的重要部分，它会使峰值电流设置点产生失真。请注意在高电网电压输入下，会产生较宽的 t_{on} 变化，而在低电网电压输入下，t_{on} 变化较小，几乎保持不变以便完成良好的功率因素校正 [见式（6.113）]。假设采用类型 1 补偿，没有零点（C_1 为 0.8 μF，C_2 去掉，R_{22} 为 0 Ω），那么，在这种情况下，高电网电压输入时

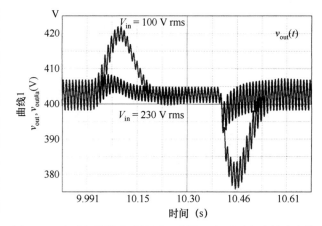

图 6.70　阶跃负载输出确认了两种输入电压下电路的稳定性

的失真将回到较好的水平（小于 1%）。遗憾的是，正如上面提到的那样，启动阶段及任何阶跃负载都将产生极大的振荡输出。

图 6.71 所示为在高电网电压和低电网电压输入条件下，在类型 1 或类型 2 补偿器的情况下，

得到的启动阶段波形。没有零点时（类型 1），失真最小，但在上电和高电网电压输入时，输出电压峰值达 440 V。应用类型 2 补偿器，其传输函数中有一外部零点，启动过程不会有问题但失真明显增加。实际上，在 MC33262 中，内部比较器将使该偏移消失，这可能使下游的 dc-dc 变换器产生致命的问题。然而，出现的振荡可通过增加交叉频率处的相位裕度来抗衡。可以通过 R_{22} 来完成这一任务但会使失真恶化。应在合理的瞬态响应与低失真之间寻求平衡。

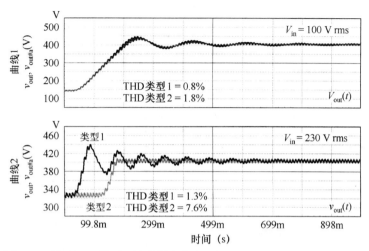

图 6.71　类型 1 比类型 2 补偿器失真小，但在启动时对应输出严重过压

6.3.2　减少仿真时间

因为没有开关元件，所以平均模型仿真速度快。相反，即使使用高速计算机，PFC 电路的逐周仿真也是很费时的工作。参考文献[22]描述了一种加速仿真的方法，它通过固定比例，用人工方法改变某些关键元件值，并作为参数传输给仿真引擎：

$$F_{line} = F_{line} \times 比例系数$$

$$C_{bulk} = C_{bulk} / 比例系数$$

$$C_{comp} = C_{comp} / 比例系数$$

使用这种技巧，波形形状没有变化，可以使用这些仿真结果来为关键元件或长时间仿真运行时检查应力计算。

图 6.72 显示了 50 Hz 电网频率下的 PFC 电路，电路只要仿真较短的时间。在该应用电路中，使用了传统二极管桥，后面并接一个电容 C_{in}。

为进一步简化该电路结构，参考文献[23]用内嵌式来代替无源元件，该内嵌式按照图 6.73 来构建。如同期望的那样，整流后的正弦电压可通过取正弦波电源（标为 V_{in}）的绝对值通过 B_2 元件来建模。为显示实际的输入电流（不是电感电流），可通过式（6.210）求得：

$$i_{in}(t) = i_L(t) \frac{v_{in}(t)}{|v_{in}(t)|} = I_{in,peak} |\sin(\omega t)| \frac{V_{peak} \sin(\omega t)}{V_{peak} |\sin(\omega t)|} = I_{in,peak} \sin(\omega t) \quad （6.210）$$

这就是 B 元件电流源 B_3 完成的工作。

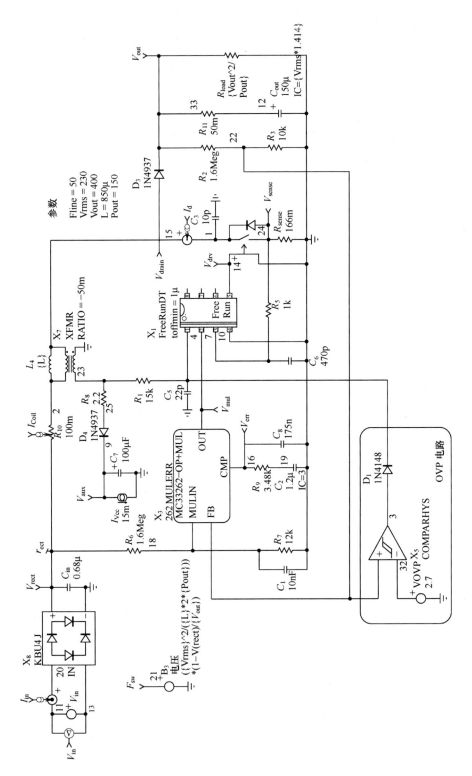

图 6.72　基于 MC33262、使用二极管桥的 150 W PFC 逐周仿真

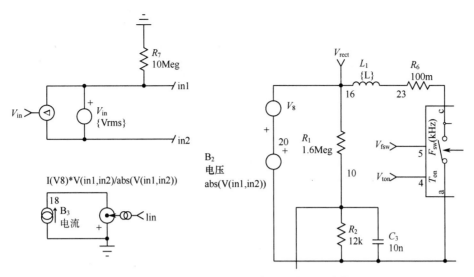

图 6.73　内嵌式有助于简化仿真结构并缩短计算时间

6.3.3　逐周仿真

本例利用 BCM FreeRunDT 模型，实际上就是前面章节中用过的电流模式边界控制器。

把乘法器和 MC33262 的误差放大器组合在一起来简化电路图。在启动电压存在过冲或工作在无负载情况下，用一个特殊电路监控输出电压。当监控到输出过电压时，通过把退磁引脚变为高电平，控制器就不能工作。由于升压变换器不能工作于无负载的情况，这种保护是绝对需要的。没有保护电路，当输出电压失去控制，控制器只能进入最小导通时间 t_{on} 情况，能量持续通过电感存储并释放。不存在负载时，输出电压不断增加直到超出功率 MOSFET 的 BV_{DSS} 值。这是 MC33261 的典型特性。Motorola 不久前通过增加一比较器来观察反馈引脚来解决该问题，如图 6.72 中 X_5 元件所做的那样，即 MC33262。如 NCP1605 或 NCP1654 新控制器包含过压保护（OVP）电路。

辅助电源 V_{cc} 由几匝线圈从电感耦合得到。给定电路结构，由于 PFC 电路工作于通用电源，控制器 V_{cc} 引脚电压会有很大的变化。如果电路不钳位栅源电压，则把 V_{cc} 钳位到 15 V 是种聪明的做法，这样可（1）避免栅源氧化层击穿；（2）限制 $C_{iss}V_{GS}^2$ 的耗散。MC33262 可承受达 30 V 电压并能很轻松安全地将 V_{GS} 钳位到 15 V。

图 6.74 显示了当输出电压稳定到其常规电压后得到的输入电流信号。我们已经使用 50 Hz 输入频率用 200 ms 时间来仿真该电路（在 i7，3.4 GHz 计算机上只用 7 ms）。图中显示了高电网电压和低电网电压下的电流。为得到功率因素，首先将 $v_{in}(t)$ 和 $i_{in}(t)$ 相乘，然后把得到的瞬时功率在整个周期内积分，其单位为瓦特。现在，测量输入电压和电流的有效值并相乘，单位为 VA。功率因素通过瓦特除以 VA 得到。在低电网电压下，PF 达到 0.998，而在高电网电压下，PF 仍可达到 0.991，相当体面的数字。

如参考文献[24]强调的那样，输入电容 C_{in} 对 EMI 和 PFC 都有作用。同样，该电容必须放置在二极管桥的后面而不是前面。它就像一个水库，避免当电源变换极性时升压变换器输入电压降为 0。因此，它限制了占空比/开关频率的非连续性。然而，如果电容值增加太多，在电源正和负半周期内电容电压会失去平滑特性，并使功率因数降低。参考文献[24]指出，3 μF/kW.MKP 型电容（如 WIMA 公司[25]的产品）是这类器件的良好来源。

如上面谈到的，1N4937 的 1 A 二极管在上电时会承受很大的浪涌电流，特别是如果出于保持时间的考虑，可增加滤波电容。如果是这样，可以用更大一些的二极管，如 MUR460（4 A,600 V）或安装旁路二极管。该旁路元件 D_1 在启动时起作用，而其余时间不工作。它能吸收大部分浪涌电流并使钳位二极管 D_2 免于受浪涌电流冲击。图 6.75 所示为该外部元件的连接。可选用 MR756（6 A, 600 V）二极管。

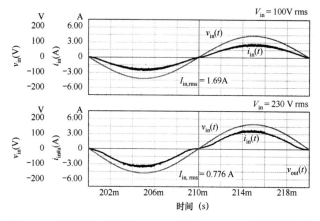

图 6.74 有效输入电压为 90 V、逐周 150 W PFC 的仿真结果

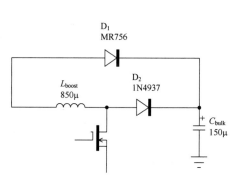

图 6.75 旁路二极管使浪涌电流避免流过钳位二极管

6.3.4 跟随-升压技术

任何线性或开关变换器在使输入电压降低或升高时会产生损耗。可以看到，产生的损耗大小与输入和输出电压之差密切相关：该差值越小，变换器效率越高。在第 1 章中讲过，这一结论对线性调节器而言是正确的，对开关变换器而言也没有太大不同。对于升压 PFC，在低电压输入，整流峰值为 130 V dc（有效值为 90 V），变换器效率实际上会下降，因而电压输入必须高达 400 V dc。另一方面，高输入电压下，较小的阶跃［如信号从 325 V 峰值（即 230 V 有效值）升到 400 V 峰值］的情况，会使 PFC 的负担减轻。某些类型变换器可工作于较宽的输入范围（如反激式变换器），但有一些类型不能（如正激式或谐振变换器）。输入电源变化时，反激式变换器上的输出电压设置点为什么不变呢？有几种可行的方案，如检测输入电压并把它接到反馈引脚。安森美公司从这种方法出发，应用 MC33260 把导通时间与输出电压平方关联起来（即输出功率）。让我们看看该方法是如何实现的。

在升压 PFC 中，电感峰值电流可定义如下：

$$I_{L,peak} = \frac{V_{ac}\sqrt{2}}{L}t_{on} \tag{6.211}$$

根据 BCM 工作条件，电感峰值电流和交流输入电流峰值之间存在如下关系：

$$I_{L,peak} = 2\sqrt{2}I_{ac} \tag{6.212}$$

式中，$I_{ac} = I_{in,rms}$，合并上述两个式子可求得导通时间为

$$t_{on} = \frac{2\sqrt{2}I_{ac}L}{\sqrt{2}V_{ac}} = \frac{2I_{ac}L}{V_{ac}} \tag{6.213}$$

如果通过输出功率重新定义交流电流，可将上式更新为

$$t_{on} = \frac{2P_{out}L}{\eta V_{ac}V_{ac}} = \frac{2P_{out}L}{\eta V_{ac}^2} \tag{6.214}$$

MC33260工作于电压模式并通过反馈技术检测输出电压。把电阻 R_{FB} 连接于反馈引脚和滤波电容之间。基于控制器内部电路,导通时间可由下式计算:

$$t_{on} = \frac{C_t R_{FB}^2}{k_{osc} V_{out}^2}$$ （6.215）

式中, k_{osc} 和 C_t 分别表示与电路有关的内部常数和外部定时电容。

合并式（6.214）和式（6.215）,得到 MC33260 的跟随-升压

$$V_{out} = R_{FB} V_{ac} \sqrt{\frac{C_t \eta}{2 L P_{out} k_{osc}}}$$ （6.216）

上式表明,当输出功率保持为常数时,输出电压随输入电压线性变化。如果输出功率变化,输出电压将自动调整到另一数值来满足式（6.216）。由 MC33260 构建的升压 PFC,该式将产生如图 6.76 所示的结果。可以看到在恒定功率下,输出电压线性增加。输出电压增加的斜率可以通过内部定时电容 [式（6.215）中的 k_{osc} 参数] 来调节。通过改变这些数值,在某些特殊输入电压下,可以迫使 PFC 起调节作用（钳位输出电压偏移量）。

由于输入和输出电压差减小,电感复位时间增加。给定峰值电流,较大的 t_{off} 意味着占空比较小,因而,有效电流减小。或者说,跟随-升压技术与传统升压 PFC 相比降低了 MOSFET 的功率消耗。最后,我们看到在传统 BCM 升压变换器中,电感的选择取决于最小工作频率。另外,跟随-升压模式的好处在于通过减小复位电压（ $V_{reset} = V_{out} - V_{in}$ ）,可延长截止时间。因此,在给定频率极限的情况下,更利于用较小的电感来实现。综合上述结论可设计得到高效率、低成本的 PFC。

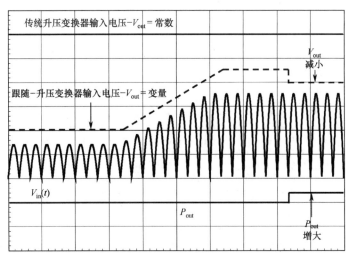

图 6.76　与传统升压变换器不同,跟随-升压 PFC 输出电压随输入电压线性变化

跟随-升压技术的主要缺陷是当输入电压和输出功率需要变化时,输出电压会随着变化。近期的控制器检测输入电压并切换输出电压设置点到两个不同值:有效值是 85～140 V（美国,日本）,在高输入电压时（140 V）时,输出电压设为直流 200 V;有效值是 195～265 V（欧洲）,在高输入电压时（265 V）时,输出电压为直流 400 V。

6.4　小结

离线电源的前端电路是不可忽略的重要组成部分。经常可以看到滤波电容尺寸过大或只考虑选择低成本电容,而不考虑流经电容的有效电流的情况。不用说,尽管有良好的 dc-dc 设计,但

总寿命会受到这种不良工程实践的影响。下面是有关前端电路的应牢记的几点结论：

（1）按照纹波幅度的定义来计算滤波电容值，但最终还要按照有效电流的大小做修改。保持时间在选择电容过程中也起作用。

（2）峰值整流过程产生丰富的谐波输入电流，它会使有效成分增加。

（3）高峰值电流会使电源波形失真并在网络阻抗变化时，影响效率测量。

（4）无源 LC 滤波器是消除电流信号谐波污染的一种方法。然而，该方法会使电源质量增加。它不能调节整流输出电压。

（5）有源方案包括 PFC 控制器，它驱动较小的电感，电感在高开关频率下储能。

（6）这些 PFC 可用工作于不同模式的不同拓扑来实现：采用 BCM/DCM 的功率可达 300 W，采用 CCM 的功率可超过 300 W。市场上，边界导通模式升压 PFC 是目前最受欢迎的结构之一。

（7）为进一步改善低输入电压时的效率，新的 PFC 采用跟随-升压技术。它能自动调节输出电压使电源电压和调整后的输出电压之间基本保持恒定的电压差。高功率笔记本适配器经常用这种方法来获得极好的效率。

（8）对于那些有兴趣进一步阅读 PFC 资料的读者，参考文献[26]回顾了在当代变换器前置电路中实现的最新技术。

原著参考文献

[1] M. Jovanović and L. Huber, "Evaluation of Flyback Topologies for Notebook AC–DC Adapters/Chargers Applications," *HFPC Proceedings*, May 1995, pp. 284–294.

[4] S. M. Sandler, *Switchmode Power Supply Simulation with PSpice and SPICE3*, McGraw-Hill, 2005.

[5] Unitrode Power Supply Design Seminars SEM500, 1986.

[8] F. C. Schwarz, "A Time Domain Analysis of the Power Factor for a Rectifier Filter System with Over and Subcritical Inductance," *IEEE Transactions on Industrial Electronics and Control Instrumentation*, vol. IECI-20, no. 2, May 1973, pp. 61–68.

[9] S. B. Dewan, "Optimum Input and Output Filters for a Single-Phase Rectifier Power Supply," *IEEE Transactions on Industry Applications*, vol. IA-17, no. 3, May/June 1981, pp. 282–288.

[10] A. W. Kelley and W. F. Yadusky, "Rectifier Design for Minimum Line Current Harmonics and Maximum Power Factor," *IEEE Applied Power Electronics Conference (APEC) Proceedings*, 1989, pp. 13–22.

[11] R. Redl and L. Balogh, "Power Factor Correction in Bridge and Voltage-Doubler Rectifier Circuits with Inductors and Capacitors," *IEEE APEC Proceedings*, 1995, pp. 466–472.

[12] M. Jovanović and D. Crow, "Merits and Limitations of Full-Bridge Rectifier with LC Filter in Meeting IEC 1000-3-2 Harmonic-Limit Specifications," *IEEE APEC Proceedings*, 1996.

[13] R. Redl, "Low-Cost Line-Harmonic Reduction Techniques," tutorial course, HFPC'94, San Jose, California.

[14] J. Spangler and A. K. Behara, "Electronic Fluorescent Ballast Using a Power Factor Correction Technique for Loads Greater Than 300 Watts," *APEC Proceedings*, 1991, pp. 393–399.

[15] K. Sum, "An Improved Valley-Fill Passive Current Shaper," *Power System World*, 1997.

[17] Y. W. Lu et al., "A Large Signal Dynamic Model for DC-to-DC Converters with Average Current Mode Control," *APEC Proceedings*, 2004, pp. 797–803.

[18] M. Jovanović and C. Zhou, "Design Trade-Offs in Continuous Current-Mode Controlled Boost Power-Factor Corrections Circuit," *HFPC Proceedings*, May 1992, p. 209.

[19] L. Dixon, "Average Current-Mode Control of Switching Power Supplies," *Unitrode Switching Regulated Power Supply Design Seminar Manual*, SEM-700, 1990.

[20] W. Tang, F. C. Lee, and R. B. Ridley, "Small-Signal Modeling of Average Current-Mode Control," *APEC Proceedings*, 1992, pp. 747–755.

[21] J. Turchi, "Power Factor Correction Stages Operated in Critical Conduction Mode," Application note AND8123/D.

[22] J. Turchi, "Simulating Circuits for Power Factor Correction," *PCIM Proceedings*, Nuremberg, Bawaria, 2005.

[23] S. Ben-Yaakov and I. Zeltser, "Computer Aided Analysis and Design of Single Phase APFC Stages," *IEEE Applied Power Electronics Conference Professional Seminars*, 2003.

[24] S. Maniktala, *Switching Power Supply Design and Optimization*, McGraw-Hill, 2004.

附录 6A　二极管和输出电容电流约束：从不同视角观察

本附录中，从现有的图 6.3 仿真结构入手讨论。图 6.77 给出了放大后的工作信号。从图中可以看出工作中的二极管导通时间 t_c 比已用式（6.16）计算得到的结果稍长。前面已经讨论过，导通时间 t_c 从输入电压等于谷点电压时开始（忽略两个二极管的 V_f），当正弦输入达到最大值时结束。图 6.77 中的 t_1 对应于外接电容充电时间。在 t_1 的末端，输出电容的电流为 0（正弦输入电压处于最大值，其斜率为 0），全部负载电流流过两个导通的二极管。接下去，电容电流反向为负载提供电流。当电容电流作为负载电流时，导通二极管简单地阻断，输出电容单独继续为负载提供电源。因此，总导通时间 t_a 是 t_1 加上一短的额外时间，现在来计算该额外时间。

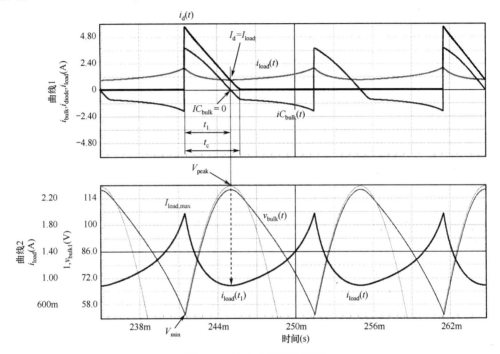

图 6.77　输出电容充电波形

输出电容充电时间已计算并由下式给出：

$$t_1 = \frac{1}{4F_{line}} - \frac{\arcsin\left(V_{min}/V_{peak}\right)}{2\pi F_{line}} \tag{6.217}$$

输出电容峰值电流可用式（6.23）计算得到，同时需要计算二极管峰值电流 $I_{d,peak}$。二极管峰值电流无非就是电容峰值电流加上负载电流。然而，如图 6.77 所示，负载电流不是连续电流。这是因为，尽管电压纹波叠加到输出电容但开关电源会保持恒定的输出功率。纹波会改变电源的工作点，产生可变的负载电流。该负载电流 $i_{load}(t)$ 失真严重，但为了简化起见，可将输出电容端电压视为正弦信号。由开关变换器输出的平均或 dc 电流可定义如下：

$$I_{load,avg} = \left\langle \frac{P_{out}}{\eta v_{bulk}(t)} \right\rangle_{\frac{T_{line}}{2}} = \frac{P_{out}}{\eta} \left\langle \frac{1}{v_{bulk}(t)} \right\rangle_{\frac{T_{line}}{2}} = \frac{P_{out}}{\eta} 2F_{line} \int_0^{1/2F_{line}} \frac{1}{v_{bulk}(t)} dt \tag{6.218}$$

输出起始电压为 V_{min}，幅值为 $V_{peak} - V_{min}$。因而，上述方程可近似为

$$I_{\text{load,avg}} \approx \frac{2F_{\text{line}}P_{\text{out}}}{\eta} \int_{0}^{1/2F_{\text{line}}} \frac{1}{V_{\min} + (V_{\text{peak}} - V_{\min})\sin(2\pi F_{\text{line}}t)} dt \qquad (6.219)$$

求解该式是个复杂的过程。当然，我们可以计算输出电压最小时的最大负载电流：

$$I_{\text{load,max}} = \frac{P_{\text{out}}}{\eta V_{\min}} \qquad (6.220)$$

因此，可以很快求得二极管峰值电流：

$$I_{\text{d,peak}} = I_{C_{\text{bulk,peak}}} + I_{\text{load,max}} \qquad (6.221)$$

如图 6.77 所示，当二极管电流等于负载电流时，电容电流变为 0。此时正处于正弦输入电压的最大值（而导数为 0）。该时间点 t_1 是已知的，可由式（6.217）计算得到。因此，二极管电流下降的斜率可近似为

$$S_{\text{diode}} = \frac{I_{\text{d,peak}} - I_{\text{load}}(t_1)}{t_1} \qquad (6.222)$$

式中，$I_{\text{load}}(t_1)$表示正弦波处于顶部时负载最小电流：

$$I_{\text{load}}(t_1) = I_{\text{load,min}} = \frac{P_{\text{out}}}{\eta V_{\max}} \qquad (6.223)$$

一旦斜率已知，可以计算电流从 $I_{\text{d,peak}}$ 降为 0 所需的时间，得到总二极管导通时间 t_c：

$$t_c = \frac{I_{\text{d,peak}}}{S_{\text{diode}}} \qquad (6.224)$$

通过该数值，有可能用比式（6.219）更简单的方法来计算负载平均电流：

$$I_{\text{load,avg}} = \frac{I_{\text{d,peak}}t_c}{2}\frac{1}{\frac{T_{\text{line}}}{2}} = I_{\text{d,peak}}t_c F_{\text{line}} \qquad (6.225)$$

式中，F_{line}表示电网频率。电容有效电流可以写为如下形式：

$$I_{C_{\text{bulk,rms}}} = I_{\text{load,avg}}\sqrt{\frac{2}{3F_{\text{line}}t_c} - 1} \qquad (6.226)$$

二极管有效电流推导如下：

$$I_{\text{d,rms}} = \frac{I_{\text{load,avg}}}{\sqrt{3F_{\text{line}}t_c}} \qquad (6.227)$$

每对导通二极管流过的电流为负载平均电流的一半：

$$I_{\text{d,avg}} = \frac{I_{\text{load,avg}}}{2} \qquad (6.228)$$

总输入有效电流为

$$I_{\text{d,rms,total}} = \frac{I_{\text{load,avg}}\sqrt{2}}{\sqrt{3F_{\text{line}}t_c}} \qquad (6.229)$$

6A.1 设计举例

假设我们需要满足如下指标：

V_{in} 有效值为 85 V，频率 50 Hz，因而 V_{peak} 为 120 V

$V_{\min}$ 选择为 50 V（可确定纹波）

$P_{out} = 90\,W$ 而效率 η 为 86%

1. 计算输出电容值：

$$C_{bulk} = \frac{2P_{out}\left(\dfrac{1}{4F_{line}} + \dfrac{\arcsin\left(V_{min}/V_{peak}\right)}{2\pi F_{line}}\right)}{\eta(V_{peak}^2 - V_{min}^2)} = 112\,\mu F \tag{6.230}$$

2. 用式（6.15）计算 Δt：

$$\Delta t = \frac{\arcsin\left(V_{min}/V_{peak}\right)}{2\pi F_{line}} = 1.368\,ms \tag{6.231}$$

3. 用式（6.23）计算输出电容峰值电流：

$$I_{C_{bulk,peak}} = 2\pi F_{line} C_{bulk} V_{peak} \cos(2\pi F_{line}\Delta t) = 3.84\,A \tag{6.232}$$

4. 用式（6.217）计算总充电时间 t_1：

$$t_1 = \frac{1}{4F_{line}} - \frac{\arcsin\left(V_{min}/V_{peak}\right)}{2\pi F_{line}} = 3.632\,ms \tag{6.233}$$

5. 计算负载峰值和最小电流值：

$$I_{toad,max} = \frac{P_{out}}{\eta V_{min}} = 2.09\,A \tag{6.234}$$

$$I_{load,min} = \frac{P_{out}}{\eta V_{max}} = 0.872\,A \tag{6.235}$$

6. 计算二极管峰值电流：

$$I_{d,peak} = I_{C_{bulk,peak}} + I_{toad,max} = 3.84 + 2.09 = 5.93\,A \tag{6.236}$$

7. 从峰值和 t_1 计算二极管电流下降斜率：

$$S_{diode} = \frac{I_{d,peak} - I_{load}(t_1)}{t_1} = \frac{5.93 - 0.872}{3.632m} \approx 1.4\,kA/s \tag{6.237}$$

8. 推导二极管总导通时间 t_c：

$$t_c = \frac{I_{d,peak}}{S_{diode}} = \frac{5.93}{1400} = 4.23\,ms \tag{6.238}$$

9. 现在可使用两个公式求得平均负载电流：

如果我们在 Mathcad 中应用式（6.219），得到

$$I_{load,avg} \approx \frac{2 \times 50 \times 90}{0.86} \int_0^{1/100} \frac{1}{50 + (120 - 50)\sin(314 \cdot t)}\,dt = 1.18\,A \tag{6.239}$$

应用式（6.225），得到

$$I_{load,avg} = I_{d,peak} t_c F_{line} = 1.26\,A \tag{6.240}$$

两个数据之间的误差小于 7%。

10. 根据上述数据，可以计算输出电容有效电流：

$$I_{C_{bulk,rms}} = I_{load,avg} \sqrt{\frac{2}{3F_{line} t_c} - 1} = 1.72\,A \tag{6.241}$$

11. 因此，求得每个二极管有效电流如下：

$$I_{d,rms} = \frac{I_{load,avg}}{\sqrt{3F_{line} t_c}} = 1.58\,A \tag{6.242}$$

12. 每个二极管流过负载 dc 电流的一半：

$$I_{d,avg} = \frac{I_{load,avg}}{2} = 0.63 \text{ A} \tag{6.243}$$

13. 最后，总有效输入电流计算如下：

$$I_{in,rms} = \frac{I_{load,avg}\sqrt{2}}{\sqrt{3F_{line}t_c}} = 2.23 \text{ A} \tag{6.244}$$

6A.2 选择输出电容标称值

如果式（6.230）给出电容值，我们可能基于有效电流的要求以及可能的标称值选择不同的值。假设我们已经选择 150 μF 电容器，进一步推荐选择 112 μF 电容器。如何重新调整所有计算参数？第一件要做的是在更新表达式结果之前，计算新的最小输出电压 V_{min}。请记住最小输出电压将出现在变换器设计方程中，因为电源必须在最小输出电压 V_{min} 时输出全功率。已知 V_{min} 将有助于避免在电网输入电压最小的情况下变换器功率容量过大或过小。这个过程是复杂的，这是因为由于变换器输出功率 P_{out} 要保持恒定，当输出电压 V_{bulk} 下降时由负载消耗的电流一直在变化。让我们探讨这个推导过程。

在充电阶段电容累积的能量等于电压从 V_{peak} 降到 V_{min} 的放电时间 t_d 电容释放的能量。因此有

$$0.5C_{bulk}(V_{peak}^2 - V_{min}^2) = \frac{P_{out}}{\eta}t_d \tag{6.245}$$

通过观察图 6.78，可以计算放电时间 t_d 并组合各个时间段。

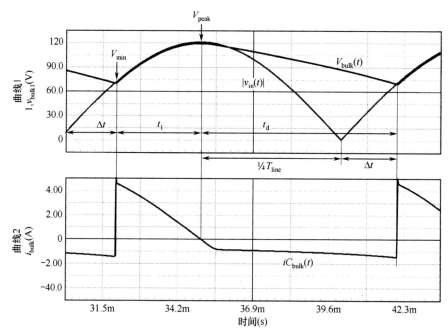

图 6.78 充电/放电周期可分成三个不同的时间段

从图 6.78 看到放电时间 t_d 实际上等于电压从峰值电压降到 0 所需的时间（1/4 输入周期）加上 Δt。另外可表示为

$$t_d = \frac{1}{4F_{line}} + \frac{\arcsin(V_{min}/V_{peak})}{2\pi F_{line}} = \frac{\pi + 2\arcsin(V_{min}/V_{peak})}{4\pi F_{line}} \tag{6.246}$$

现在把 t_d 代入式（6.245），得到最后的方程：

$$0.5C_{\text{bulk}}\left(V_{\text{peak}}^2-V_{\text{min}}^2\right)=\frac{P_{\text{out}}}{\eta}\frac{\pi+2\arcsin\left(V_{\text{min}}/V_{\text{peak}}\right)}{4\pi F_{\text{line}}} \qquad （6.247）$$

该式无法求得 V_{min} 的封闭解。一种简单的求解方法是画出方程两边的曲线并检查交叉点。另一选项是画出方程右边和左边的差值并检查当 V_{min} 从 0 增加到 V_{peak} 过程中差值为 0 的点：

$$0.5C_{\text{bulk}}\left(V_{\text{peak}}^2-V_{\text{min}}^2\right)-\frac{P_{\text{out}}}{\eta}\frac{\pi+2\arcsin\left(V_{\text{min}}/V_{\text{peak}}\right)}{4\pi F_{\text{line}}}=0 \qquad （6.248）$$

我们在 Mathcad 中输入数据，可以得到当 $V_{\text{min}}=68$ V 时曲线显示的零值（见图6.79）。

现在手头已有最小电压，可以用式（6.15）计算达到 V_{min} 所需的时间：

$$\Delta t=\frac{\arcsin\left(V_{\text{min}}/V_{\text{peak}}\right)}{2\pi F_{\text{line}}}=1.95\text{ ms} \qquad （6.249）$$

然后，应用式（6.217）得到电容充电时间：

$$t_1=\frac{1}{4F_{\text{line}}}-\frac{\arcsin\left(V_{\text{min}}/V_{\text{peak}}\right)}{2\pi F_{\text{line}}}=3.049\text{ ms} \qquad （6.250）$$

现在进行上面所说的第 5 步，并应用这些新数据开始全面计算。以下仿真数据与基于不同电容和功率选择的计算数值进行比较（V_{peak} 对应最大输入电压减去两个 V_f，每个 V_f 为 1 V）。

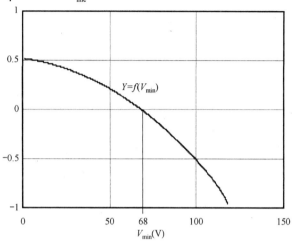

图 6.79　式（6.248）图显示最小电压为 68 V

$C_{\text{bulk}}=150\,\mu\text{F}$,	$P_{\text{out}}=90\,\text{W}$		
	计 算 值	仿 真 值	误 差
V_{min}	67.8 V	69 V	1.7%
$I_{\text{in,rms}}$	2.1 A	2.095 A	0.23%
$I_{\text{d,peak}}$	6.1 A	6.22 A	1.9%
$I_{\text{Cbulk,rms}}$	1.97 A	1.78 A	1.06%
$I_{\text{d,avg}}$	0.54 A	0.54 A	0%
$C_{\text{bulk}}=330\,\mu\text{F}$,	$P_{\text{out}}=200\,\text{W}$		
	计 算 值	仿 真 值	误 差
V_{min}	67.3 V	67.7 V	0.6%
$I_{\text{in,rms}}$	4.67 A	4.69 A	0.4%
$I_{\text{d,peak}}$	13.5 A	13.1 A	3%
$I_{\text{Cbulk,rms}}$	4 A	3.97 A	0.75%
$I_{\text{d,avg}}$	1.21 A	1.23 A	1.6%
$C_{\text{bulk}}=1000\,\mu\text{F}$,	$P_{\text{out}}=500\,\text{W}$		
	计 算 值	仿 真 值	误 差
V_{min}	76.56 V	76.5 V	0.7%
$I_{\text{in,rms}}$	11.67 A	12 A	2.75%
$I_{\text{d,peak}}$	35.8 A	35.57 A	0.64%
$I_{\text{Cbulk,rms}}$	10.18 A	10.4 A	2.1%
$I_{\text{d,avg}}$	2.85 A	2.98 A	4.3%

从表中可以看出，仿真结果和分析结果一致性很好。请记住这些表述是基于理想波形，例如，从 0 Ω 输出阻抗电源输出的理想正弦波电压。如果考虑输入电压失真或插入 EMI 滤波器，有可能原型电路测试结果与这些结果不同。

附录 6B　工作于电压或电流模式控制的边界导通模式（BCM）变换器功率校正电路小信号模型

在设计工作于 BCM 的升压变换器实例中，功率级交流响应是通过平均模型来获得的。即使交流响应是正确的，该响应也无法提供更多有关传输函数本身的信息：影响 dc 增益的因素是什么？零点和极点的位置等。一种替代的仿真方法是分析研究 BCM 升压变换器小信号模型。如果沿分析小信号模型思路进行存在两个选项：（1）推导工作于边界导通模式 PWM 开关模型的小信号模型并接入功率因素校正（PFC）电路。（2）采用一阶方法，该方法对 PFC 电路建模使之作为功率可控电源来驱动输出电容和负载。这是参考文献[1]采用的方法。从数学的角度看，该方法比 PWM 模型方法更加简单。我们简单地把功率级看成发生器，在效率为 100% 情况下，它在电网正弦波周期内输出平均功率。在描述该功率的大信号表达式中是线性的，并且只需要求解一系列简单的方程。简化是有条件的，该方法忽略了高频开关"事故"，如右半平面（RHP）零点或亚谐波效应。然而，对于如功率因素校正电路这样的低宽带系统，已被证实是一种可采用的好办法。

图 6.80 画出了所采用的模型。当输出功率 P_{out} 除以 V_{out}，该受控电源就转换成电流源。在 BCM 下，该功率通过调节功率 MOSFET 的导通时间来控制，而不考虑它是电压模式控制还是电流模式控制。

在电压模式下，导通时间是通过比较补偿误差电压和锯齿波产生的（典型的 PWM 产生方法），而在电流模式下，在设置导通时间之前误差电压进入包含 V_{in} 的乘法器（参考例图 6.66）。让我们从分析电压模式 BCM 入手。

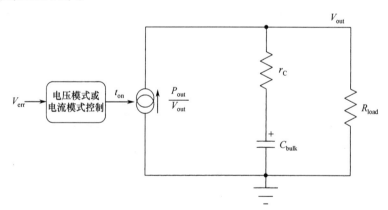

图 6.80　一功率可控电源驱动由输出电容和负载组成的输出网络

瞬时功率可用下式表示：

$$p_{\text{in}}(t)=v_{\text{in}}(t)\frac{i_{\text{L,peak}}(t)}{2}=\frac{v_{\text{in}}^2(t)}{2L}t_{\text{on}}(t) \qquad (6.251)$$

式中，$v_{\text{in}}(t)$ 是正弦输入电压，$t_{\text{on}}(t)$ 表示有 PWM 电路产生的导通时间。值得注意的是该值是瞬时值，因为它一直按照输入正弦波调节。为得到它的定义，可以从计算平均输入电流入手：

$$\langle i_{\text{in}}(t)\rangle_{T_{\text{sw}}}=\frac{i_{\text{L,peak}}(t)}{2}=\frac{v_{\text{in}}(t)}{2L}t_{\text{on}}(t) \qquad (6.252)$$

该输入电流与输入或输出功率相关联（考虑到效率为 100%）：

$$\langle i_{in}(t)\rangle_{T_{sw}} = \frac{v_{in}(t)}{R_{in}} \frac{v_{in}(t)}{V_{ac}^2/P_{in}} \qquad (6.253)$$

使式（6.252）和式（6.253）相等，可给出 t_{on} 的表达式：

$$t_{on} = \frac{2LP_{in}}{V_{ac}^2} \qquad (6.254)$$

式中，V_{ac} 是输入电压有效值，如 100 V 或 230 V，且是个常数。其他项也是常数，表明在输入正弦电压情况下 t_{on} 理论上是个常数。平均模型显示该说法是对的，电压接近 0 V 区域除外，在 0 V 区域存在不连续性。已有导通时间表达式，可以更新式（6.251）：

$$p_{in}(t) = \frac{v_{in}^2(t)}{2L} t_{on} \qquad (6.255)$$

对式（6.255）在半个电网电压周期内求平均可得大信号方程：

$$\langle p_{in}(t)\rangle_{T_{line}} = \frac{t_{on}}{2L} 2F_{line} \int_0^{1/2F_{line}} v_{in}^2(t)dt \qquad (6.256)$$

$$\langle p_{in}(t)\rangle_{T_{line}} = \frac{t_{on}}{2L} 2F_{line} \int_0^{1/2F_{line}} \left[\sqrt{2}V_{ac}\sin(2\pi F_{line}t)\right]^2 (t)dt = \frac{V_{ac}^2}{2L} t_{on} \qquad (6.257)$$

输出电压与 L 和导通时间有关，还与输入电压有效值有关。在最大导通时间（由控制器确定的安全边界），BCM 升压变换器高电网电压比低电网电压时输出更高的功率。在 100 V 到 230 V 有效值范围，高出的比值为 $2.3^2 = 5.3$。如果没有采取过功率保护，电路的安全性会处于危险之中。这就是为什么在某些控制器中，如 NCP1611，在高电网电压下其最大导通时间被限制减少以避免输出功率失控。

在第 1 章中，我们看到占空比是如何被详细阐述的：电容器通过一恒流发生器线性充电，当功率 MOSFET 阻断时放电。得到一具有某个峰值幅度 V_p 的锯齿波。当锯齿波与误差电压设置点相交时求得导通时间（如图 6.81 所示）。

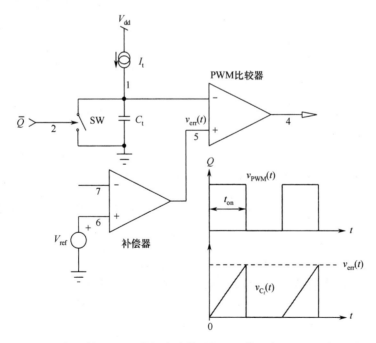

图 6.81　导通时间通过比较锯齿波信号与误差信号产生并由比较器输出

导通时间用经典公式表示，$VC=it$：

$$t_{on}=\frac{V_{err}C_t}{I_t} \quad （6.258）$$

现在可将上述定义代入式（6.256），得到从误差电压到输出功率的完整控制链：

$$P_{in}=\frac{V_{ac}^2}{2L}\frac{C_t}{I_t}V_{err}=\frac{V_{ac}^2}{2L}G_{PWM}V_{err} \quad （6.259）$$

式中 PWM 增益 G_{PWM} 是 C_t/I_t。

考虑到效率为 100%，输出电流通过将式（6.259）除以 V_{out} 获得

$$I_{out}=\frac{V_{ac}^2}{2L}G_{PWM}V_{err}\frac{1}{V_{out}} \quad （6.260）$$

该大信号（非线性）表达式是两个变量 V_{err} 和 V_{out} 的函数。为线性化该方程，可以：（1）给 V_{err} 和 V_{out} 加扰动，用 $V_{out}+\hat{v}_{out}$ 代替 V_{out}，用 $V_{err}+\hat{v}_{err}$ 代替 V_{err}，然后合并交流和直流项：或（2）计算式（6.260）的偏微分系数来推导交流表达式。为方便起见，我们将使用第二种方法。偏微分系数可计算如下：

$$\hat{i}_{out}=\frac{\partial}{\partial V_{out}}\left(\frac{V_{ac}^2}{2L}\frac{G_{PWM}V_{err}}{V_{out}}\right)\bigg|_{\hat{v}_{err}}\hat{v}_{out}+\frac{\partial}{\partial V_{err}}\left(\frac{V_{ac}^2}{2L}\frac{G_{PWM}V_{err}}{V_{out}}\right)\bigg|_{\hat{v}_{out}}\hat{v}_{err} \quad （6.261）$$

得到

$$\hat{i}_{out}=\frac{V_{ac}^2}{2L}\frac{G_{PWM}}{V_{out}}\hat{v}_{err}-\frac{G_{PWM}V_{ac}^2V_{err}}{2LV_{out}^2}\hat{v}_{out} \quad （6.262）$$

上式中右末的负系数实际上是式（6.259）定义的输出功率，进一步除以 V_{out}^2，成为 $1/R_{load}$。式（6.262）可更新为

$$\hat{i}_{out}=\frac{V_{ac}^2}{2L}\frac{G_{PWM}}{V_{out}}\hat{v}_{err}-\frac{P_{out}}{V_{out}^2}\hat{v}_{out}=\frac{V_{ac}^2}{2L}\frac{G_{PWM}}{V_{out}}\hat{v}_{err}-\frac{1}{R_{load}}\hat{v}_{out} \quad （6.263）$$

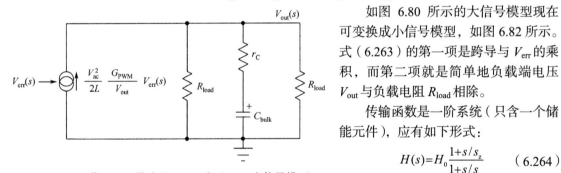

图 6.82　工作于电压模式的 BCM 升压 PFC 小信号模型

如图 6.80 所示的大信号模型现在可变换成小信号模型，如图 6.82 所示。式（6.263）的第一项是跨导与 V_{err} 的乘积，而第二项就是简单地负载端电压 V_{out} 与负载电阻 R_{load} 相除。

传输函数是一阶系统（只含一个储能元件），应有如下形式：

$$H(s)=H_0\frac{1+s/s_z}{1+s/s_p} \quad （6.264）$$

直流增益通过断开电容来求得，因为，在直流情况下，电容是开路的。剩下的电路是由一个电流源来驱动半个负载电阻的。因而有

$$H_0=\frac{V_{ac}^2}{2L}\frac{G_{PWM}}{V_{out}}\frac{R_{load}}{2}=\frac{V_{ac}^2}{4L}\frac{R_{load}G_{PWM}}{V_{out}} \quad （6.265）$$

应用快速分析技术（参看参考文献[2]）可求极点和零点。当在某个频率求得一零点，激励信号不再能到达输出端：假设电流源是交流调制在某一特殊的频率，即零点频率，则 V_{out} 中没有交流信号。在图 6.82 中，上述情况只会发生在 r_c 和 C_{bulk} 的串联阻抗呈现短路的时候。换句话说，有

$$r_c+\frac{1}{sC_{bulk}}=\frac{1+sr_cC_{bulk}}{sC_{bulk}}=0 \quad （6.266）$$

该式的解就是零点：

$$s_z = -\frac{1}{r_C C_{\text{bulk}}}$$ （6.267）

将上式变换成频率表达式为

$$f_z = \frac{1}{2\pi r_C C_{\text{bulk}}}$$ （6.268）

一阶系统的极点反比于时间常数。电路的时间常数只依赖于电路结构；激励信号不起作用。
为求得给定网络的极点，将激励信号设置为 0。如果是电压源，将电压源短路（0 V 电源就是短路），如果是电流源，简单地把电源开路（如果没有电流，就是一电阻无穷大支路）。当从图 6.82 中将电流源移开，得到图 6.83。时间常数必须有 $\tau = RC$ 的形式，或者包含电感时间常数表达式应为 $\tau = L/R$，其中 C 为输出电容，R 为等效电阻。为得到该等效电阻，将电容移开，将电阻表示成从移开电容的两端看进去的阻值。在这种情况下，等效电阻简单地写为

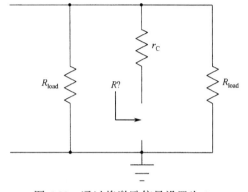

图 6.83　通过将激励信号设置为 0（电流源开路）来求得极点

$$R = r_C + \frac{R_{\text{load}}}{2}$$ （6.269）

因此，时间常数为

$$\tau = \left(r_C + \frac{R_{\text{load}}}{2}\right)C_{\text{bulk}} \approx \frac{R_{\text{load}}}{2}C_{\text{bulk}}$$ （6.270）

忽略 ESR 的作用，极点立刻可定义为

$$f_p = \frac{1}{\pi R_{\text{load}} C_{\text{bulk}}}$$ （6.271）

最后的传输函数可表示为

$$H(s) = \frac{V_{\text{ac}}^2}{4L}\frac{R_{\text{load}}G_{\text{PWM}}}{V_{\text{out}}}\frac{1+sr_C C_{\text{bulk}}}{1+sC_{\text{bulk}}\left(r_C + \dfrac{R_{\text{load}}}{2}\right)}$$ （6.272）

交越频率处于低频范围，由输出电容 ESR 产生的零点可忽略，这是由于该零点主要影响高频谱的上部。因而，传输函数可简化为

$$H(s) \approx \frac{V_{\text{ac}}^2}{4L}\frac{R_{\text{load}}G_{\text{PWM}}}{V_{\text{out}}}\frac{1}{1+sC_{\text{bulk}}\dfrac{R_{\text{load}}}{2}}$$ （6.273）

假设如下元件值：

$I_c = 100\,\mu\text{A}, C_t = 680\,\text{pF}, L = 350\,\mu\text{H}, C_{\text{bulk}} = 180\,\mu\text{F}, R_{\text{load}} = 1\,\text{k}\Omega, V_{\text{out}} = 400\,\text{V}, V_{\text{in}} = 100\,\text{V rms}$

我们首先可计算传送 160 W 输出功率需要的导通时间：

$$t_{\text{on}} = \frac{2LP_{\text{out}}}{V_{\text{ac}}^2} = \frac{2\times350\mu\times160}{100^2} = 11.2\,\mu\text{s}$$ （6.274）

PWM 增益为

$$G_{\text{PWM}} = \frac{C_t}{I_c} = \frac{680\text{p}}{100\mu} = 6.8\,\mu\text{s/V}$$ （6.275）

因而，误差电压将稳定到 11.2/6.8 = 1.647 V。

为便于与后面电流模式比较，还可以计算电感峰值电流：

$$I_{\text{L,peak}} = \frac{V_{\text{ac}}\sqrt{2}}{L}t_{\text{on}} = \frac{100 \times 1.414}{350\mu}11.2\mu = 4.52\,\text{A} \tag{6.276}$$

用式（6.265）求得 dc 增益 H_0 为

$$H_0 = \frac{V_{\text{ac}}^2}{4L}\frac{R_{\text{load}}G_{\text{PWM}}}{V_{\text{out}}} = \frac{100^2}{4 \times 350\mu}\frac{1\text{k} \times 6.8\mu}{400} = 121.43 \ \text{或} \ 41.7\,\text{dB} \tag{6.277}$$

求得极点的频率为

$$f_p = \frac{1}{\pi R_{\text{load}}C_{\text{bulk}}} = \frac{1}{3.14 \times 1\text{k} \times 180\mu} \approx 1.8\,\text{Hz} \tag{6.278}$$

用 Mathcad 画的传输函数显示在图 6.84 中。

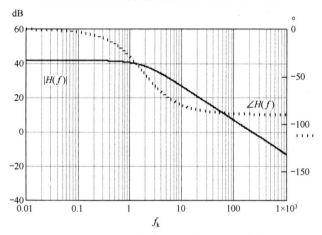

图 6.84　含低频极点的一阶系统交流响应

如果要求取所选交越频率 f_c 处的功率级增益和相位，可简单地计算式（6.273）的幅值和角度：

$$|H(f_c)| = \frac{H_0}{\sqrt{1+\left(f_c/f_p\right)^2}} \tag{6.279}$$

$$\angle H(f_c) = -\arctan\left(f_c/f_p\right) \tag{6.280}$$

本例中，假设负载为正的 1 $\text{k}\Omega$。如果现在在 PFC 输出加上 dc-dc 变换器作为负载，如反激式变换器，由第 1 章知，负载电阻的增量（从小信号读得）是负的。只要扰动频率处于变换器带宽之内，变换器就会维持恒定输出功率：

$$P_{\text{out}} = I_{\text{out}}V_{\text{out}} = 常量 \tag{6.281}$$

如果功率恒定，则式（6.281）的微分必须为 0。乘积项 uv 的微分定义为

$$\text{d}(u \cdot v) = u \cdot \text{d}v + v \cdot \text{d}u \tag{6.282}$$

式（6.281）简化为

$$\text{d}P_{\text{out}} = 0 = I_{\text{out}}\text{d}V_{\text{out}} + V_{\text{out}}\text{d}I_{\text{out}} \tag{6.283}$$

值得注意的是，$\text{d}V_{\text{out}}$ 和 $\text{d}I_{\text{out}}$ 可以分别由 $\hat{v}_{\text{out}}$ 和 $\hat{i}_{\text{out}}$ 代替。

由此可导出增量电阻定义为

$$R_{\text{in,inc}} = \frac{\text{d}V_{\text{out}}}{\text{d}I_{\text{out}}} = -\frac{V_{\text{out}}}{I_{\text{out}}} = -R_{\text{load}} \tag{6.284}$$

图 6.82 中，左边的负载是由式（6.263）求得的偏微分系数。如果把两个等值电阻并联但其中一个为负值，则导致的总电阻为无穷大：两个 R_{load} 从图中消失。小信号模型更新为如图 6.85 所示：电路是一个简单的积分器，其传输函数有如下形式：

$$H(s) = \frac{1}{s/\omega_{\text{po}}} \tag{6.285}$$

如果从图 6.85 中表示输出电压，就有

$$V_{\text{out}}(s) = V_{\text{err}}(s)I_{\text{out}}(s)Z_{C_{\text{bulk}}}(s) = V_{\text{err}}(s)\frac{V_{\text{ac}}^2}{2L}\frac{G_{\text{PWM}}}{V_{\text{out}}}\frac{1}{sC_{\text{bulk}}} \tag{6.286}$$

重新整理上述表达式，将其匹配式（6.285）的格式：

$$H(s)=\frac{1}{sC_{bulk}\dfrac{2LV_{out}}{V_{ac}^2G_{PWM}}}=\frac{1/s}{\dfrac{s}{\omega_{po}}} \quad (6.287)$$

其中 0 dB 交越极点定义为

$$\omega_{po}=\frac{1}{C_{bulk}}\frac{V_{ac}^2G_{PWM}}{2LV_{out}} \quad (6.288)$$

或者

$$f_{po}=\frac{V_{ac}^2G_{PWM}}{4\pi LV_{out}C_{bulk}} \quad (6.289)$$

式（6.287）的幅度简单地表示为

$$|H(f_c)|=f_{po}/f_c \quad (6.290)$$

而相位一直有 90° 延迟。

从式（6.289）可以发现，如果输入电压变化 2.3 倍（有效值从 100 V 变为 230 V），然后 0 dB 交越极点就会偏移 2.3^2 或 5.3 倍。如果在低电网电压条件下，0 dB 交越极点位于 10 Hz，那么，在高电网电压输入时，极点位置会移到 53 Hz。类似的表述可以应用到交叉位置的判断，假设该点的斜率为-1（类型 2 补偿）。图 6.86 显示了当变换器加载负阻时的频率响应。

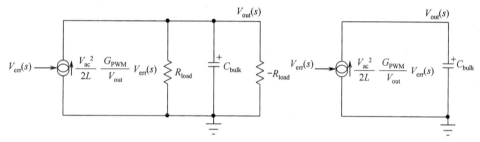

图 6.85 如果把闭环变换器看成负载，其增量电阻是负的

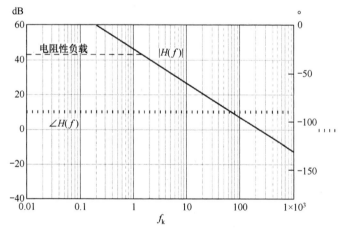

图 6.86 考虑到后面连接的恒定功率变换器，功率级交流响应变为一积分器响应（$V_{ac}=100$ V rms）

6B.1 电流模式控制

图 6.87 画出了电流模式控制 BCM PFC 简单结构。可以看出误差电压 V_{err} 不再直接定义导通时间。该时间间接通过控制电压 V_C 控制，而控制电压可设置检测电阻 R_i 两端的电压，因而电感峰值电流为

$$i_{L,peak}(t) = \frac{v_c(t)}{R_i} \qquad (6.291)$$

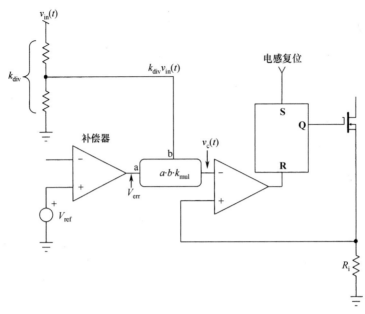

图 6.87　在电流模式控制 BCM PFC 中，误差电压不再直接设定导通时间，而由电感峰值电流取而代之

该电感峰值电流还可用电感导通斜率表示：

$$i_{L,peak}(t) = \frac{v_{in}(t)}{L} t_{on}(t) \qquad (6.292)$$

当让上面两方程相等，可很快求得 t_{on}：

$$t_{on}(t) = \frac{L v_c(t)}{R_i v_{in}(t)} \qquad (6.293)$$

在该表达式中，$v_c(t)$ 表示乘法器输出。它由将输入电压按比例降低的信号 $k_{div} v_{in}(t)$ 和 dc 误差电压 V_{err} 组成。其表达式就是简单地将两个变量相乘，并用乘法增益 k_{mul} 加权得到：

$$v_c(t) = v_{in}(t) k_{div} k_{mul} V_{err} \qquad (6.294)$$

如果将式（6.294）代入式（6.293），就可以完成 t_{on} 定义：

$$t_{on}(t) = \frac{L v_{in}(t) k_{div} k_{mul} V_{err}}{R_i v_{in}(t)} = \frac{L k_{div} k_{mul}}{R_i} V_{err} \qquad (6.295)$$

在上述表达式中，所有项都是常数，所以，$t_{on}(t)$ 实际上就是常数值 t_{on}。这与电压模式工作没有区别，输入或输出功率表达式（认为效率为 100%）仍遵守式（6.295）。我们可以用式（6.295）代替 t_{on}，得到工作于电流模式控制下的 BCM PFC 输出功率：

$$P_{out} = \frac{V_{ac}^2}{2L} \frac{L k_{div} k_{mul} V_{err}}{R_i} = \frac{V_{ac}^2}{2} \frac{k_{div} k_{mul} V_{err}}{R_i} \qquad (6.296)$$

如同所看到的，电感在功率传输中不再起作用。输出电流大信号表达式可通过将式（6.296）除以 V_{out} 求得：

$$I_{out} = \frac{V_{ac}^2}{2} \frac{k_{div} k_{mul} V_{err}}{R_i} \frac{1}{V_{out}} \qquad (6.297)$$

我们应用与电压模式情况相同的处理。计算影响包含两个变量 V_{out} 和 V_{err} 的微分系数：

$$\hat{i}_{\text{out}} = \frac{\partial}{\partial V_{\text{out}}} \left(\frac{V_{\text{ac}}^2}{2} \frac{k_{\text{div}} k_{\text{mul}} V_{\text{err}}}{R_{\text{i}}} \frac{1}{V_{\text{out}}} \right) \bigg|_{\hat{v}_{\text{err}}} \hat{v}_{\text{out}} + \frac{\partial}{\partial V_{\text{err}}} \left(\frac{V_{\text{ac}}^2}{2} \frac{k_{\text{div}} k_{\text{mul}} V_{\text{err}}}{R_{\text{i}}} \frac{1}{V_{\text{out}}} \right) \bigg|_{\hat{v}_{\text{out}}} \hat{v}_{\text{err}}$$ （6.298）

一旦计算得到系数后，可以得到：

$$\hat{i}_{\text{out}} = \frac{V_{\text{ac}}^2 k_{\text{div}} k_{\text{mul}}}{2R_{\text{i}} V_{\text{out}}} \hat{v}_{\text{err}} - \frac{V_{\text{ac}}^2 V_{\text{err}} k_{\text{div}} k_{\text{mul}}}{2R_{\text{i}} V_{\text{out}}} \frac{1}{V_{\text{out}}} \hat{v}_{\text{out}} = \frac{V_{\text{ac}}^2 k_{\text{div}} k_{\text{mul}}}{2R_{\text{i}} V_{\text{out}}} \hat{v}_{\text{err}} - I_{\text{out}} \frac{1}{V_{\text{out}}} \hat{v}_{\text{out}}$$ （6.299）

上式中又出现了负载电阻 R_{load}。最后的表达式简化为：

$$\hat{i}_{\text{out}} = \frac{V_{\text{ac}}^2 k_{\text{div}} k_{\text{mul}}}{2R_{\text{i}} V_{\text{out}}} \hat{v}_{\text{err}} - \frac{1}{R_{\text{load}}} \hat{v}_{\text{out}}$$ （6.300）

利用这些新的系数，图 6.88 给出了将研究的最终小信号模型。

第一步是求 dc 增益。通常，是移走电容并计算输出电压：

$$V_{\text{out}}(s) = I_{\text{out}}(s) \frac{R_{\text{load}}}{2} = \frac{V_{\text{ac}}^2 k_{\text{div}} k_{\text{mul}}}{2R_{\text{i}} V_{\text{out}}} \frac{R_{\text{load}}}{2} V_{\text{err}}(s)$$

（6.301）

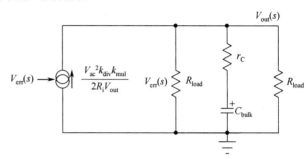

图 6.88　除电流源表达式外，电流模式小信号模型与电压模式没什么不同

可求出功率级 dc 传输函数 H_0 为

$$H_0 = \frac{V_{\text{out}}(s)}{V_{\text{err}}(s)} = \frac{V_{\text{ac}}^2 k_{\text{div}} k_{\text{mul}}}{4V_{\text{out}}} \frac{R_{\text{load}}}{R_{\text{i}}}$$ （6.302）

极点位置与式（6.271）给出的类似。因此，忽略输出电容 ESR，工作于电流模式的 BCM PFC 低频传输函数定义为

$$H(s) \approx \frac{V_{\text{ac}}^2 k_{\text{div}} k_{\text{mul}}}{4V_{\text{out}}} \frac{R_{\text{load}}}{R_{\text{i}}} \frac{1}{1 + sC_{\text{bulk}} \dfrac{R_{\text{load}}}{2}}$$ （6.303）

为画出模型响应，假设如下元件值：

$$k_{\text{div}} = 0.0078, \ k_{\text{mul}} = 0.6, \ R_{\text{i}} = 0.24\,\Omega, \ L = 350\,\mu\text{H}, \ C_{\text{bulk}} = 180\,\mu\text{F}$$
$$R_{\text{load}} = 1\,\text{k}\Omega, \ V_{\text{err}} = 1.647\,\text{V}, \ V_{\text{out}} = 400\,\text{V}, \ V_{\text{in}} = 100\,\text{V rms}$$

把误差电压设置为 1.647 V，电感峰值电流是什么？它实际上是电流检测比较器反相输入端的电压设置：

$$I_{\text{L,peak}} = \frac{k_{\text{mul}} k_{\text{div}} \sqrt{2} V_{\text{ac}} V_{\text{err}}}{R_{\text{i}}} \frac{0.0078 \times 0.6 \times 100 \times 1.414 \times 1.647}{0.24} = 4.54\,\text{A}$$ （6.304）

用式（6.295）可求得导通时间：

$$t_{\text{on}} = \frac{L k_{\text{div}} k_{\text{mul}}}{R_{\text{i}}} V_{\text{err}} = \frac{350\mu \times 0.0078 \times 0.6 \times 1.647}{0.24} = 11.24\,\mu\text{s}$$ （6.305）

最后，用式（6.296）得到输出功率：

$$P_{\text{out}} = \frac{V_{\text{ac}}^2}{2} \frac{k_{\text{div}} k_{\text{mul}} V_{\text{err}}}{R_{\text{i}}} = \frac{100^2 \times 0.0078 \times 0.6 \times 1.647}{2 \times 0.24} = 160.6\,\text{W}$$ （6.306）

用式（6.302）求 dc 增益 H_0 得到：

$$H_0 = \frac{V_{\text{ac}}^2 k_{\text{div}} k_{\text{mul}}}{4V_{\text{out}}} \frac{R_{\text{load}}}{R_{\text{i}}} = \frac{100^2 \times 0.0078 \times 0.6 \times 1\text{k}}{4 \times 400 \times 0.24} = 121.88 \text{或} 41.7\,\text{dB}$$ （6.307）

计算得到的极点位置频率为

$$f_{\text{p}} = \frac{1}{\pi R_{\text{load}} C_{\text{bulk}}} = \frac{1}{3.14 \times 1\text{k} \times 180\mu} = 1.8\,\text{Hz}$$ （6.308）

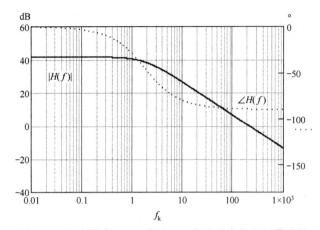

图 6.89 电流模式 BCM 升压 PFC 交流响应与电压模式的
对应结构的交流响应形状类似（$V_{ac}=100$ V rms）

传输函数曲线显示于图 6.90。

用 Mathcad 画出了传输函数并显示在图 6.89 中。

当在图 6.88 后连接恒定功率变换器，当两个 R_{load} 消失，图 6.88 得到简化。求得新传输函数形式如下：

$$H(s)=\frac{1}{sC_{bulk}\dfrac{2V_{out}R_i}{V_{ac}^2k_{div}k_{mul}}}=\frac{1}{\dfrac{s}{\omega_{p0}}} \qquad (6.309)$$

式中，0 dB 交越极点定义为

$$\omega_{po}=\frac{1}{C_{bulk}}\frac{V_{ac}^2k_{div}k_{mul}}{2V_{out}R_i} \qquad (6.310)$$

或

$$f_{po}=\frac{1}{C_{bulk}}\frac{V_{ac}^2k_{div}k_{mul}}{4\pi V_{out}R_i} \qquad (6.311)$$

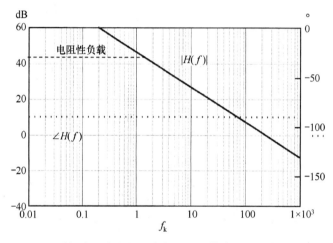

图 6.90 带恒定功率变换器负载的电流模式 BCM 升压 PFC 的
交流响应在形状上类似于电压模式对应结构的交流响应

原著参考文献

[1] J. Turchi, "Compensating a PFC stage," ON Semiconductor.

[2] V. Vorpérian, *Fast Analytical Techniques for Electrical and Electronic Circuits*, Cambridge University Press, 2002.

第7章 反激式变换器仿真和设计实践

反激式变换器是市场上最受欢迎的结构之一。大量的消费产品使用这类变换器，如笔记本电脑适配器、DVD 播放器、机顶盒、卫星接收机、显示器、电视接收机、LCD 监视器等。三种特性验证了其成功：简单、容易设计和低成本。许多设计者认为反激式变换器具有较差 EMI 特性、输出纹波大及变压器尺寸大。在总体介绍之后，进行设计举例之前，首先讨论反激式变换器是如何工作的。

7.1 隔离降压-升压变换器

如果还记得第 1 章介绍的降压-升压变换器，就一定会注意到反激式结构（见图 7.1）的灵感同样来自以前的降压-升压变换器。

降压-升压变换器传输一相对于输入地为负的电压，电路没有隔离。把电感和功率开关位置交换，可得到类似的结构，但这是相对于输入电压而言的。最后，通过磁心把电感耦合到电源，就得到隔离反激式变换器。副边二极管可以置于接地回路中（如图所示），或在很多情况下，在正电压回路中。请注意变压器同名端位于反向端，这是典型的反激式结构。在 SPICE 仿真时，反向同名端用负绕组比 N 来建模。

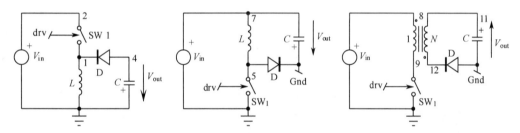

(a) 去参考地的降压-升压变换器　　(b) 输入端接参考地的降压-升压变换器　　(c) 参考地隔离的反激式变换器

图 7.1　旋转降压-升压变换器的电感得到反激式变换器

对于隔离降压-升压变换器，首先在导通时间把能量从输入源存储起来。在开关断开期间，电感电压反向，钳位二极管正向偏置，电感电流流向输出电容和负载。然而，由于电感和负载共地，输出电压为负。在反激式降压-升压变换器中，配置一对电感，这有助于通过处理绕组的同名端及二极管的方向来采用所需极性。通过调节匝数比，输出电容端电压可正可负，可高于或低于输入电压。物理上把绕组分离开还起到了电隔离的作用，这是与电源连接的所有主电路所需要的，但要注意所选择的变压器对漏电流的阻断能力。

进一步讨论这一历史话题，故意把导通时间和截止时间分开来查看哪个在起作用。图 7.2 所示为电源开关闭合时，无寄生元件的反激式降压-升压变换器。在导通期间，原边电感 L_p 两端电压等于输入电压（忽略开关压降）。电感电流按如下速率增加：

$$S_{on} = V_{in}/L_p \tag{7.1}$$

把导通时间 t_{on} 和电流谷值联系起来，可更新式（7.1）来定义电流峰值：

$$I_{peak} = I_{valley} + \frac{V_{in}}{L_p} t_{on} \tag{7.2}$$

式中，I_{valley} 表示 $t=0$ 时的初始电感电流条件，即开关周期的起始点（设工作于 CCM）。如同 DCM 情况一样，如果 I_{valley} 为 0，就有

$$I_{peak} = \frac{V_{in}}{L_p} t_{on} \qquad (7.3)$$

此时，副边电感没有电流流过。这是因为绕组的同名端结构：原边电流从同名端流入，副边电流同样应从同名端流出。然而，二极管的存在阻止电流在这一方向流动。在导通期间，变压器的同名端排列使二极管阳极电压变负，因而二极管阻断。由于电容的存在，二极管的阴极保持为 V_{out}，整流器经历的峰值反向电压（PIV）表示为

$$PIV = V_{in}N + V_{out} \qquad (7.4)$$

式中，N 是与两个电感相关的匝数比，等于

$$N = N_s/N_p \qquad (7.5)$$

我们有目的地采用与 SPICE 变压器描述相符合的 N 定义，SPICE 中匝数比用原边匝

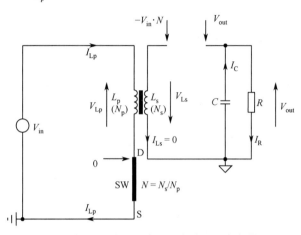

图 7.2　在导通时间，输出电容单独为负载供电

数归一化。$N=0.1$ 意味着在原边和副边之间具有 1～0.1 的匝数关系，例如原边为 20 匝，则副边为 2 匝。

由于原边和副边电感不同时流过电流，反激式变换器中使用"变压器"一词是不合适的，但在文献中可能是为了清楚起见，普遍使用该名称（本书中也如此）。真正的变压器工作意味着在原边和副边电感中同时有电流流过，类似于正激式变换器。由于这一理由，用耦合电感表示会更严格一些。实际上，反激式"变压器"是当作电感来设计的，并遵循第 4 章附录 4A 中所推荐的方程。

当 PWM 控制器指示功率开关断开，原边电感两端的电压突然反向，这是试图保持安匝数乘积恒定。L_p 两端产生的电压与输入电压串联，迫使开关上端电压（MOSFET 的漏极）很快跳至

$$V_{DS,off} = V_{in} + V_{Lp} \qquad (7.6)$$

然而，当副边二极管检测到阳极为正电压时，二极管有导通电流并把该电流供给输出电容。忽略二极管正向压降 V_f，变压器副边绕组两端的偏置电压为输出电压 V_{out}。事实上，由于两个电感存在耦合，该电压通过匝数比 $1/N$ 折算，也出现在原边电感 L_p 的两端。可以认为，在截止期间该电压"飞"回到变压器的原边一侧，如图 7.3 所示，这就是反激一词的来由。

开关断开期间的开关电压为

$$V_{DS,off} = V_{in} + V_{out}\frac{N_p}{N_s} = V_{in} + \frac{V_{out}}{N} = V_{in} + V_r \qquad (7.7)$$

其中，V_r 称为折算电压：

$$V_r = V_{out}/N \qquad (7.8)$$

此时作用于电感两端的电压为负（相

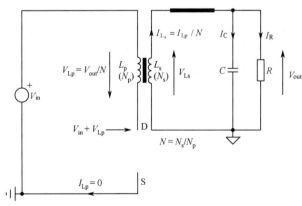

图 7.3　在开关截止期间，开关电压跳到输入电压和原边电感电压之和

对于导通时间时的方向），它对磁心复位有贡献。磁心复位的速率由下式给出：

$$S_{off} = -\frac{V_{out}}{NL_p}$$ （7.9）

引入截止时间定义，可更新式（7.9）来求得反激式变换器工作于 CCM 时的谷值电流：

$$I_{valley} = I_{peak} - \frac{V_{out}}{NL_p}t_{off}$$ （7.10）

对于 DCM 情况，电感电流回到 0，就有

$$I_{peak} = \frac{V_{out}}{NL_p}t_{off}$$ （7.11）

如果合并式（7.2）和式（7.10），可求得 CCM 反激式控制器直流传输函数

$$I_{valley} = I_{peak} - \frac{V_{out}}{NL_p}t_{off} = I_{valley} + \frac{V_{in}}{L_p}t_{on} - \frac{V_{out}}{NL_p}t_{off}$$ （7.12）

重新整理上述等式，得到

$$\frac{V_{out}}{NL_p}t_{off} = \frac{V_{in}}{L_p}t_{on}$$ （7.13）

把占空比 D 与导通时间和截止时间的关系用表达式表示，可得出最终的 CCM 定义：

$$\frac{V_{out}}{V_{in}} = \frac{Nt_{on}}{t_{off}} = \frac{NDT_{sw}}{(1-D)T_{sw}} = \frac{ND}{1-D}$$ （7.14）

上式与降压-升压变换器的结果类似，不同的是表达式中出现匝数比参数。注意电感伏特-秒平衡可引导我们快速得到结果。

7.2　无寄生元件条件下的反激式变换器波形

简单的仿真有助于理解反激式变换器中典型信号的变化。图 7.4 所示为用于仿真的反激式变换器电路。本例中，变压器应用附录 4B 中描述的简单 T 模型。图 7.5 画出了仿真输出的波形。若观察输入电流，电流具有脉冲性，与降压或降压-升压变换器输入波形一样。观察二极管电流，仍然看到了脉冲的特性，确认了反激式变换器输出的不良特性。二极管电流在导通时间结束时出现并跳至一与匝数比有关的数值。这些电流的非连续性自然在电容上引入一些输出纹波，由于电容 ESR 的存在，会使纹波进一步恶化。

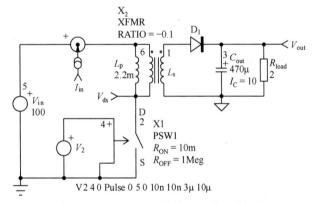

图 7.4　工作于 CCM 的简化反激式变换器

在截止时间的最后，开关上端点电压摆动由式（7.7）给出的平台电压。电路中漏极节点没有寄生电容，电压过渡时间很短。给定输入电压为 100 V，开关上端点电压跳至约 200 V 并保持在该数值直到下一个导通时间开始。其余波形类似于工作于 CCM 的降压-升压变换器波形。

计算输入电流的平均值能得到很有用的设计式，幸运的是，在第 5 章的降压-升压变换器一节中，已经推得得到了。通过观察能量机理，可以推导出类似的等式。当开关闭合时，电感电流已经处于谷点值。因而初始存储的能量为

$$E_{L_p, \text{valley}} = \frac{1}{2} L_p I_{\text{valley}}^2 \qquad (7.15)$$

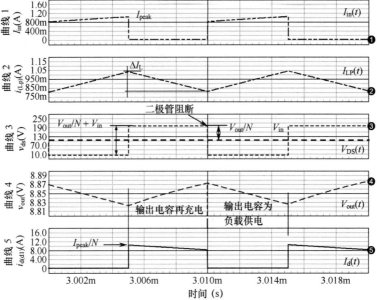

图 7.5　无寄生元件的 CCM 反激式变换器仿真波形

在导通时间的最后，电流达到峰值。电感中新存储的能量变为

$$E_{L_p, \text{peak}} = \frac{1}{2} L_p I_{\text{peak}}^2 \qquad (7.16)$$

最后，把上述两个等式相减，可求得电感上积累的总能量为

$$E_{L_p, \text{accu}} = \frac{1}{2} L_p I_{\text{peak}}^2 - \frac{1}{2} L_p I_{\text{valley}}^2 = \frac{1}{2} L_p \left(I_{\text{peak}}^2 - I_{\text{valley}}^2 \right) \qquad (7.17)$$

功率（瓦）是能量（焦耳）在整个开关周期内的平均。给定变换器的效率为 η，传输功率可简单地表示为

$$P_{\text{out}} = \frac{1}{2} (I_{\text{peak}}^2 - I_{\text{valley}}^2) L_p F_{\text{sw}} \eta \qquad (7.18)$$

如果在电路工作时负载减小，变换器进入 DCM 工作状态，谷值电流可到 0。已经对这种变换器性能进行了仿真，其更新后的曲线如图 7.6 所示。漏极峰值电压保持不变，但当原边电感存储的能量降低到 0 时，副边二极管突然阻断。该点被称为磁心复位，电感完全退磁。二极管不导通，原边的折算电压消失，漏极电压回到输入电压值。第三种状态是截止时间延迟，原边侧没有电流流动。这个延迟时间已在小信号一章中讨论过。在这种情况下，通过设置谷点电流值为 0 来更新式（7.18），得

$$P_{\text{out}} = \frac{1}{2} I_{\text{peak}}^2 L_p F_{\text{sw}} \eta \qquad (7.19)$$

在 CCM 和 DCM 两组图形中，每组图形的第二条曲线画出了原边（或磁化）电感电流。该电感在导通时间存储能量并在截止时间把能量转储到副边。在实际的反激式电路中，当磁化电感不能单独求取时，观察该电流是不可能的。因而，用输入电流或漏极电流来表征变压器的有效值和峰值电流应力。

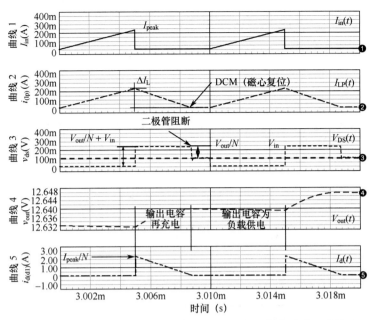

图 7.6 无寄生元件条件下，DCM 反激式变换器仿真波形。从输出
电压中可以看到，在获取数据的一刻，变换器没有完全稳定

在上例中，变换器工作于开环状态，如图 7.4 所示。尽管占空比类似，但当变换器工作于两种不同模式时，输出电压自然不同。式（7.14）定义了 CCM 模式下输出电压和输入电压间的关系。V_{out} 和 V_{in} 之间的关系表示在 DCM 模式下降压-升压变换器一节中，只要把 L 用 L_p 代替、R_{load} 用 R_{load}/N^2 代替，或用上述等式稍后的 DCM 电压模式一节中的结果。

7.3 含寄生元件的反激式变换器波形

世界上不存在理想的事物，电子元器件要受寄生元件的影响。

- 变压器有各种各样的电容效应，分布在绕组和初级电感之间。可以把所有这些电容合为单个电容 C_{lump} 并把它连接在漏极接点和地之间。
- 原边和副边之间的耦合是非理想的。不是所有存储在原边电感上的能量都能转储到副边。这种松散耦合称为漏电感，会给反激式变换器设计带来困扰。本例中，漏电感选为原边电感值的 2%，表示了一种相当差的变压器结构。
- 副边二极管也包括一定量的电容，特别是使用肖特基二极管时更是如此。另外，在 CCM 条件下，当出现尖峰电流时，从原边侧看上去，标准 PN 二极管的 t_{rr} 起瞬间短路作用。肖特基二极管电容换算到原边并包括在 C_{lump} 中。

用前述参数更新图 7.4。图 7.7 所示为新变换器电路，仿真结果如图 7.8 所示。可以看到许多寄生振荡在辐射电磁干扰信号中起作用。根据寄生振荡的幅度，这些振铃波形需要通过阻尼电路进行衰减。输出电容包含了电容 ESR 的贡献和开关断开时电流非连续性效应。折算电压包含了二极管正向压降，因为副边上端点电压为二极管正向压降和输出电压之和。当 PWM 控制器为开关提供偏置时，原边电流也流经存储能量的漏电感。当 PWM 控制器阻断开关时，该电流需要从其他地方流过直到漏电感复位：电流流过合并电容 C_{lump} 并使电压变高。如果不预先采取措施，会引起电压击穿而损坏功率开关（通常为 MOSFET）。把电感（漏电感项）和电容组合起来，就得到振荡 LC 网络。这就产生了叠加在所有内部信号上的振铃信号。通常，需要用外部阻尼电路对该电压偏移及振荡波幅度进行钳位。该漏电感还使输出电流产生延迟，这就是二极管电流边沿变慢的原因。

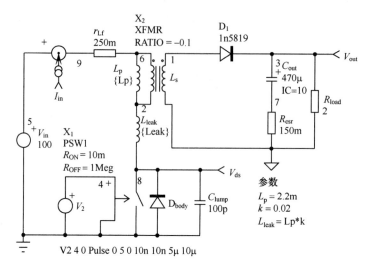

图 7.7　应用几个寄生元件更新的反激式变换器

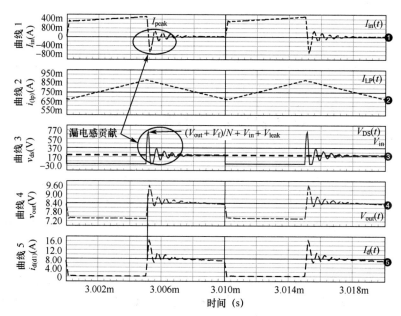

图 7.8　CCM 工作时，包含几个寄生元件的更新反激式变换器的仿真波形

　　增加负载电阻并使开关频率稍稍降低，可以使变换器工作于 DCM 条件。DCM 变换器仿真波形如图 7.9 所示。这些波形与前面给出的波形很相似。由于峰值电流减小，开关电压偏移量也减少。一旦漏电感振铃信号消失，波形进入平台区。此时，当磁心开始退磁，原边电感电流下降。当该电流回到 0，副边二极管自然阻断（$I_d = 0$）。产生了由合电容和原边电感 L_p 引起的振荡。漏极电压自由地在峰值和谷值之间振荡，当开关再次闭合，漏极电压突然回到 0。如果在开关激活之前处于谷点，变换器称为工作于"谷点开关"模式。这就是所谓的边界线控制，这种模式存在一些缺陷，如频率变化以及由谷点跳变引起的内在噪声等。

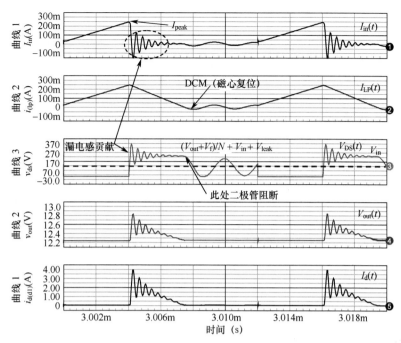

图 7.9　DCM 工作时，含几个寄生元件的更新反激式变换器的仿真波形

7.4　准谐振反激式变换器

　　尽管设计简单，CCM 反激式变换器不能很好地在副边实现同步整流（SR）。为了有效地实现同步整流，设计者可考虑准方波谐振变换器，也称为准谐振（QR）变换器，该变换器中副边直通电流消失。准谐振变换器工作频率能使原边电感电流始终保持在连续模式和非连续模式的边界。因此，副边二极管自然断开而变压器两边都没有 t_{rr} 损耗。这就是 BCM，即工作于边界或边界线导通模式，有时也称为 CRM，即临界导通模式。这些变换器按照一种自张弛模式工作，该模式在负载和电网电压变化时包含较大的频率变化。详细电路参见第 2 章。

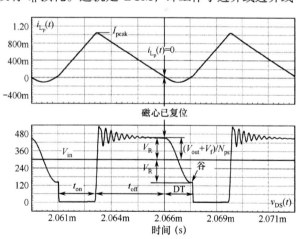

图 7.10　QR 工作表明，功率开关工作于漏源最小电压的右侧

　　与工作于 BCM 反激式变换器（见图 7.10）相关的波形显示在原边没有谷值电流：所有的存储能量在断开期间传输到副边，变压器磁心每个周期完全复位。这是完全或强制 DCM 工作。变换器工作于自激非连续模式，此时在磁心复位时插入死区时间。死区时间可调节来确保谷值时开关工作（例如，漏源电压最小时导通），自然使得功率 MOSFET 电容损耗最小化。第 2 章中推导的各种表达式中频率不包含死区时间。在下一段，我们将探讨死区时间对频率表达式的影响。

　　一块控制准谐振变换器的集成电路不包含固定频率时钟。另外，它工作在自张弛模式：在电源打开时，MOSFET 导通，原边电感上的电流以如下斜率上升：

$$S_{\text{on}} = V_{\text{in}} / L_{\text{p}} \qquad (7.20)$$

然而，到达峰值的步伐取决于输入电网电压条件。在低电网电压下，斜率很小，导通持续时间很长。在高电网电压下，斜率很陡，很快达到峰值：导通时间较短。当达到峰值时，控制器指示 MOSFET 开关断开。反激电压出现在原边，原边退磁。影响原边电感电流的下降斜率成为

$$S_{\text{off}} = -\frac{V_{\text{out}} + V_{\text{f}}}{NL_{\text{p}}} \qquad (7.21)$$

式中，N 是匝数比，该值与原边和副边绕组关联，即 $N_{\text{s}}/N_{\text{p}}$，$V_{\text{out}}$ 为输出电压。V_{in} 是输入电压，V_{f} 为副边二极管正向电压降，L_{p} 为变压器原边电感。

当电感电流降到 0，在变压器磁心中没有剩余能量。在该状态下，磁回路复位。当原边电流降到 0 时，原边和副边的所有开关阻断。因此，漏极节点处于悬浮状态。可以"看到"输出电容 C_{lump} 通过反激电压 V_{R} 及输入电压 V_{in} 充电。由于该电容电压必须回到其剩余电压 V_{in}，电容自然地通过包含原边电感 L_{p} 的阻尼振荡放电。忽略漏电感的作用，可以看到振荡频率遵循如下方程：

$$F_{\text{osc}} = \frac{1}{2\pi\sqrt{L_{\text{p}}C_{\text{lump}}}} \qquad (7.22)$$

因此，振荡横跨输入电压的两边，电压上升可达（$V_{\text{in}} + V_{\text{R}}$），电压下降，其谷值等于（$V_{\text{in}} - V_{\text{R}}$）。因此，死区时间持续时间可由设计者调节，以便使 MOSFET 能在漏极电压处于这些谷值之一时精准导通，因此，有时这些变换器的另一种称呼叫谷底开通变换器。为实现谷底开通变换器，死区时间必须等于式（7.22）定义的固有振荡时间的一半。因此，死区时间为

$$DT = \pi\sqrt{L_{\text{p}}C_{\text{lump}}} \qquad (7.23)$$

然后，在专用控制器中插入一长度为死区持续时间的延迟，该时间就是当检测到磁心复位后，控制器在重新激活功率 MOSFET 之前要等待的时间。在该时间段，自激振荡到达谷点，电压通过寄生漏电容固有放电。若假设原边电感为 350 μH，漏极上的体电容为 200 pF，则与延迟时间对应的振荡周期的一半值为

$$DT = 3.14 \times \sqrt{350\mu \times 200p} = 831\,\text{ns} \qquad (7.24)$$

7.4.1 开关频率推导

如同先前解释的那样，本质上准谐振（QR）变换器是自张弛结构。其工作条件的变化，如输出功率的需求或输入电压，将改变其工作频率和功率容量。为了计算变换器能输出的最大功率，我们必须知道两个关键参数：电感峰值电流和开关频率。这可以从放大的原边和副边电流波形入手，如图 7.11 所示。

由这些曲线，可以开始推导导通时间和断开时间的相关方程。峰值电感电流 $I_{\text{L,peak}}$ 与原边斜率和导通时间的关系为

$$I_{\text{L,peak}} = S_{\text{on}}t_{\text{on}} \qquad (7.25)$$

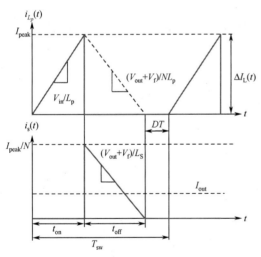

图 7.11 放大的原边和副边电流波形有助于推导 QR 变换器基本方程

如果求取 t_{on} 并用式（7.20）代替 S_{on}，得到

$$t_{\text{on}} = \frac{L_{\text{p}}}{V_{\text{in}}}I_{\text{L,peak}} \qquad (7.26)$$

退磁时间是电感电流从 I_{peak} 减小到 0 所需的时间：

$$I_{\text{L,peak}} = -S_{\text{off}} t_{\text{off}} \qquad (7.27)$$

用式（7.21）代入上式中的 S_{off} 并求解 t_{off}，得到

$$t_{\text{off}} = I_{\text{L,peak}} \frac{NL_{\text{p}}}{V_{\text{out}} + V_{\text{f}}} \qquad (7.28)$$

已知 t_{on}、t_{off} 和 DT，开关周期 T_{sw} 简单地为这三个参数之和：

$$T_{\text{sw}} = t_{\text{on}} + t_{\text{off}} + \text{DT} \qquad (7.29)$$

工作于非连续导通模式的反激式变换器传输的功率遵循如下表达式：

$$P_{\text{out}} = \frac{1}{2} L_{\text{p}} I_{\text{L,peak}}^2 F_{\text{sw}} \eta \qquad (7.30)$$

在该表达式中，F_{sw} 是开关工作频率，$I_{\text{L,peak}}$ 为原边电感峰值电流，η 为总效率。在一个环路控制峰值电流设置点的系统中，式（7.26）和式（7.28）可能会有改变，工作频率也是如此。结果，在式（7.30）中有两个未知数：峰值电流设置点和开关频率。从式（7.30）中求得峰值电流为

$$I_{\text{L,peak}} = \sqrt{\frac{2T_{\text{sw}} P_{\text{out}}}{L_{\text{p}} \eta}} \qquad (7.31)$$

应用该定义，可以将它代入式（7.26）和式（7.28）：

$$t_{\text{on}} = \frac{L_{\text{p}}}{V_{\text{in}}} \sqrt{\frac{2T_{\text{sw}} P_{\text{out}}}{L_{\text{p}} \eta}} \qquad (7.32)$$

$$t_{\text{off}} = \sqrt{\frac{2T_{\text{sw}} P_{\text{out}}}{L_{\text{p}} \eta}} \frac{NL_{\text{p}}}{V_{\text{out}} + V_{\text{f}}} \qquad (7.33)$$

现在根据式（7.29），得到

$$T_{\text{sw}} = \sqrt{\frac{2T_{\text{sw}} P_{\text{out}}}{L_{\text{p}} \eta}} \left(\frac{L_{\text{p}}}{V_{\text{in}}} + \frac{NL_{\text{p}}}{V_{\text{out}} + V_{\text{f}}} \right) + \text{DT} \qquad (7.34)$$

我们可以用稍稍不同的方法整理上式得到

$$-T_{\text{sw}} + \sqrt{T_{\text{sw}}} \sqrt{\frac{2P_{\text{out}}}{L_{\text{p}} \eta}} \left(\frac{L_{\text{p}}}{V_{\text{in}}} + \frac{NL_{\text{p}}}{V_{\text{out}} + V_{\text{f}}} \right) + \text{DT} = 0 \qquad (7.35)$$

假设

$$x = \sqrt{T_{\text{sw}}} \qquad (7.36)$$

$$B = \sqrt{\frac{2P_{\text{out}}}{L_{\text{p}} \eta}} \left(\frac{L_{\text{p}}}{V_{\text{in}}} + \frac{NL_{\text{p}}}{V_{\text{out}} + V_{\text{f}}} \right) \qquad (7.37)$$

在这种情况下，式（7.35）可重写如下：

$$-x^2 + Bx + \text{DT} = 0 \qquad (7.38)$$

求得该二阶方程的正根为

$$x = \frac{B + \sqrt{B^2 + 4\text{DT}}}{2} \qquad (7.39)$$

按照式（7.37）有

$$T_{\text{sw}} = \frac{\left(B + \sqrt{B^2 + 4\text{DT}} \right)^2}{4} \qquad (7.40)$$

如果将式（7.37）的 B 代入式（7.39），并求倒数得到开关频率，可导出一好方程：

$$F_{sw} = \cfrac{4}{\left(\sqrt{4DT + \cfrac{2L_p P_{out}(V_f + V_{out} + NV_{in})^2}{\eta V_{in}^2(V_{out} + V_f)^2}} + \cfrac{\sqrt{2}L_p(V_f + V_{out} + NV_{in})\sqrt{\cfrac{P_{out}}{\eta L_p}}}{V_{in}(V_{out} + V_f)} \right)^2} \qquad (7.41)$$

为检测一功率为 65 W QR 变换器频率变化，我们已设计一开关电源，该电源具有如下元件值：

$V_{in,HL}$	dc 输入电压，高电网电压，370 V	
$V_{in,LL}$	dc 输入电压，低电网电压，120 V	
V_{out}	输出电压，19 V	
V_f	在标称输出电流（0.5 V）时的整流二极管正向压降	
L_p	变压器原边电感，350 μH	
C_{lump}	漏极结体电容，200 pF	
t_{prop}	总传输延迟，350 ns	
R_{sense}	检测电阻，0.2 Ω	
V_{sense}	最大允许检测值，0.8 V	
N	副边和原边之间的匝数比，1:0.25	
η_{LL}	低电网输入电压效率，0.85	
η_{HL}	高电网输入电压效率，0.89	

从式（7.41），可以计算 65 W 负载时两种电网电压下的开关频率：

$$F_{sw,LL} = 39\,kHz \qquad (7.42)$$

$$F_{sw,HL} = 71.8\,kHz \qquad (7.43)$$

为很好地给出输入电压变化时频率的变化，我们在图 7.12 左边画出了变量偏移的曲线，可以看到，变量的变化跨度很大。最差情况出现在峰值电流设置点，该参数偏移用式（7.31）和式（7.41）画于图 7.12 的右边。高电网电压和低电网电压下参数差值仍然相当大，大约为 1 A。

在高电网电压下，当控制器达到最大峰值电流时，如此宽的工作峰值电流跨度会引起功率过剩。后续会看到如何利用这一现象。

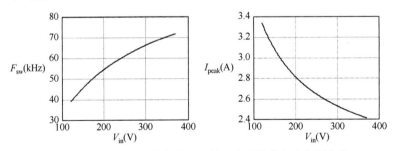

图 7.12 当输入电压变化时，开关频率和峰值电流急剧变化

7.5 无钳位作用时观察漏极信号

如图 7.13 所示，当电流流过原边电感时，也流过漏电感。在导通期间，产生上述两项电流直到开关阻断：原边电流达到峰值 I_{peak}。当二极管阻断时，副边没有电流。

在开关阻断后，简化的等效电路如图7.14所示。原边电感和漏电感都存储了能量，这里假设副边二极管在开关阻断后立即开始导通。因此，原边电感用电流源代替，并与电压源并联，其值等于副边电压折算到原边的电压值。漏电感由值为 I_{peak} 的源来建模，它流过合电容 C_{lump}。电容上端点电压以与 I_{peak} 和电容值相关的斜率快速上升。在信号的上升沿，典型地把斜率定义为

$$\frac{dv_{DS}(t)}{dt} = \frac{I_{peak}}{C_{lump}} \qquad (7.44)$$

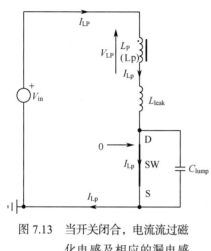

图7.13 当开关闭合，电流流过磁
化电感及相应的漏电感

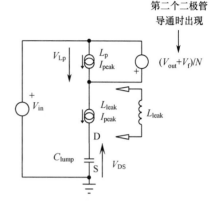

图7.14 漏电感为合电容充电并
使漏极电压突然上升

振铃所能产生的最大电容电压与 LC 网络特性阻抗 Z_0 有关。该项由漏电感和合电容组成。测量漏极对地电压，其值为电容电压、折算电压（V_r，现在视为二极管正向电压 V_f）及输入电压 V_{in} 之和：

$$V_{DS,max} = V_{in} + V_r + I_{peak}Z_0 = V_{in} + \frac{V_{out} + V_f}{N} + I_{peak}\sqrt{\frac{L_{leak}}{C_{lump}}} \qquad (7.45)$$

如果不采取预防措施，在漏源电压超过 BV_{DSS} 时，雪崩功率 MOSFET 就存在风险，而过量的热耗散会损坏 MOSFET。人为增加合电容是一种在开关断开时提供偏移量限制的简单方法，并能保护半导体器件。为说明该方法，图7.15 给出了反激式变换器电路，电路工作于准谐振（QR）。在该模式下，控制器在漏极电压波形中检测谷点并在电压最小值时使 MOSFET 导通。因而，所有电容损耗大大减少［如果不能消除精确的零电压开关行为（ZVS）］，因为电容会出现自然放电。人为增加该电容值，这里增加到 1.5 nF，具有两方面优点：（1）由于辐射信号弱（dV/dt 低），它能减慢电压上升速度；（2）它能限制最大偏移量，允许在高输入电压下使用 800 V MOSFET。如同图形显示的那样，漏极电压峰值达 751 V，该值可由式（7.45）计算得到：

$$V_{DS,max} = 350 + \frac{16.6}{0.05} + 0.695\sqrt{\frac{15\mu}{1.5n}} = 751V \qquad (7.46)$$

连接于漏极的 1.5 nF 电容必须能承受高压脉冲和一定的有效电流。而且，如果控制器不能确保谷点开关工作，则不可接受的 CV^2 损耗会降低变换器效率。

在低功率应用场合，一些设计者采用该方法来限制电压偏移，而不是用标准的钳位电路。在某些条件下，这种方法具有成本优势，但必须对 MOSFET 的击穿限制多加小心，特别是在高浪涌输入条件下。低成本移动电话旅行充电器价格低于 1 美元，实际上对击穿限制并不关心。

另一种方法就是使用更传统的钳位电路。

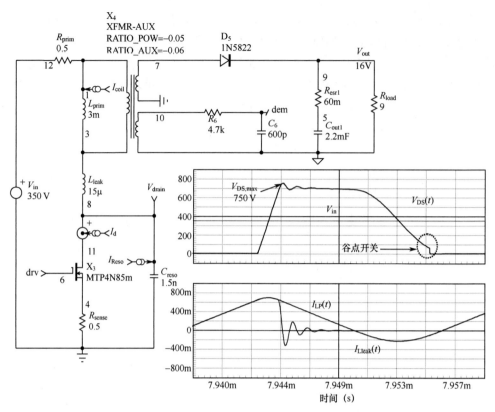

图 7.15　当漏极节点连接一个大电容时，该电容能限制电压偏移并能平滑漏源电压

7.6　漏极电压偏移钳位

钳位电路使用低阻抗电压源 V_{clamp}，能安全地限制漏极电压幅度，V_{clamp} 通过快速二极管连接到高电压输入源 V_{in}（见图 7.16）。实际上，低阻抗电压源由 RCD 钳位电路或瞬态电压抑制器（TVS）组成。为了解释电流关系，把 V_{clamp} 源视为简单的电压源。

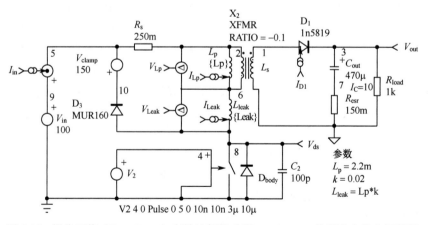

图 7.16　钳位网络（D_3，V_{clamp}）有效地保护功率 MOSFET，抗衡致命的电压偏移

当开关断开，电压尖锐上升，只有漏极合电容对它进行抑制。当漏极电压等于输入电压和 V_{clamp} 源之和时，串联二极管导通并钳位漏源电压。仔细选择钳位电压源大小，使最大偏移值低于

MOSFET 击穿电压并确保在最差情况下能稳定工作。

当二极管导通时，等效电路图如图 7.17 所示。图 7.17 比图 7.16 复杂一些，因为我们认为副边二极管在开关截止时不马上导通。当开关断开，所有磁化电流流经漏电感且等于 I_{peak}。原边电感和漏电感电压反向，努力保持安匝数恒定：漏极电压开始快速上升，只有合电容 [见式（7.44）] 限制着上升速度。在另一边，整流二极管阳极电压从负（输入电压反向并通过匝数比 N 折算）转变为正。当漏极电压超过输入电压和反激电压 V_r 之和时，副边二极管正向偏置。然而，如图 7.17 所示，原边电感电流减去漏电流。尽管副边二极管为正向偏置，不能立即得到 I_{peak}/N 的电流，因为初始原边电流为 0（$I_{leak}=I_{peak}$）。副边二极管电流只能以由漏电感和其端电压（如图 7.18 所示）施加的速率增加。随着电流的上升，漏极电压很快达到 $V_{in}+V_{clamp}$ 的理论值（忽略钳位二极管正向压降及相应的正脉冲）：二极管 D_3 导通，阻止了进一步偏移。当合电容上端点（漏极）电压固定，合电容电流变为 0。更新后的图形显示在图 7.19 中。复位电压作用于漏电感两端。把所有电压视为常数，则有

$$V_{reset} = V_{clamp} - \frac{V_{out} + V_f}{N} \tag{7.47}$$

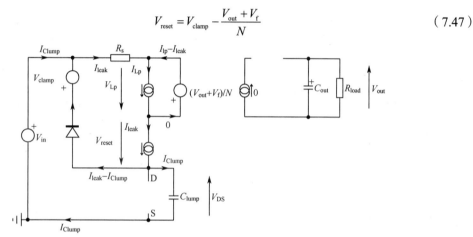

图 7.17 漏电感电流从原边电感 L_p 的电流中分流得到

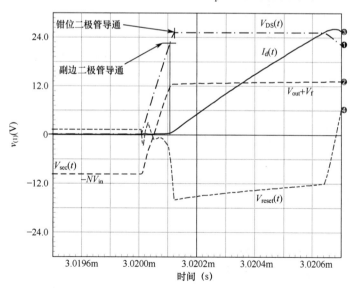

图 7.18 在开关断开时，副边电压以与漏极电压类似的速率升高。副边二极管正向偏置，副边电流开始流动

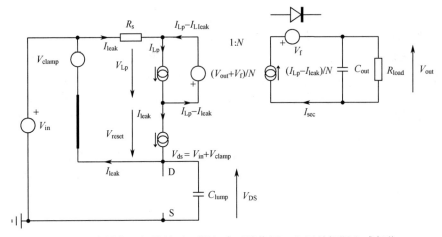

图 7.19 当钳位二极管导通，漏电感两端作用一电压并把漏电感复位

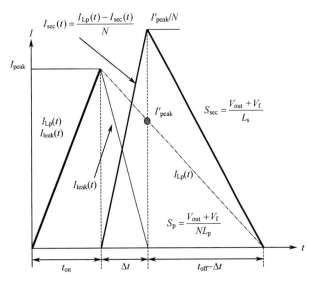

图 7.20 开关截止时，漏电感使副边电流延迟

流过漏电感的电流立即从峰值开始衰减，其降低速率由下式给出：

$$S_{L_{leak}} = \frac{V_{reset}}{L_{leak}} = \left[V_{clamp} - \frac{V_{out}+V_f}{N} \right] \frac{1}{L_{leak}} \quad (7.48)$$

副边电流不再为 0，并遵循

$$i_{sec}(t) = \frac{i_{L_p}(t) - i_{leak}(t)}{N} \quad (7.49)$$

当漏电感电流减到 0，钳位二极管阻断：副边电流最大，稍低于开关断时的理论值。因为只要漏电感能量衰减，漏电感就从原边电感中分流。图 7.20 所示为开关截止期间电路的工作电流曲线。

或者说，由于副边二极管电流应有零泄漏项，其峰值不等于 I_{peak}/N，而是 I'_{peak}，当漏电感复位时达到 I'_{peak}。原边电流值可由下式计算，其中 S_p 为原边复位斜率：

$$I'_{peak} = I_{peak} - S_p \Delta t = I_{peak} - \frac{V_{out}+V_f}{NL_p} \Delta t \quad (7.50)$$

Δt 对应于漏电感电流从 I_{peak} 降到 0 所需的时间。因此，有

$$\Delta t = \frac{I_{peak}}{S_{L_{leak}}} = I_{peak} \frac{L_{leak}}{V_{reset}} = \frac{NL_{leak}I_{peak}}{NV_{clamp}-(V_{out}+V_f)} \quad (7.51)$$

如果把式（7.51）代入式（7.50），得到

$$I'_{peak} = I_{peak} - \frac{V_{out}+V_f}{NL_p} \frac{NL_{leak}I_{peak}}{NV_{clamp}-(V_{out}+V_f)} = I_{peak} \left[1 - \frac{L_{leak}}{L_p} \frac{1}{\frac{NV_{clamp}}{V_{out}+V_f}-1} \right] \quad (7.52)$$

从 I'_{peak}/I_{peak} 比可得到良好的设计导向：

$$\frac{I'_{\text{peak}}}{I_{\text{peak}}} = \left[1 - \frac{L_{\text{leak}}}{L_{\text{p}}} \frac{1}{\frac{NV_{\text{clamp}}}{V_{\text{out}} + V_{\text{f}}} - 1} \right] \tag{7.53}$$

为得到接近于 1 的比例，与原边电感项相比，显而易见的方法是减少漏电感项。我们还可以通过满足下式来加快漏电感的复位：

$$V_{\text{clamp}} > \frac{V_{\text{out}} + V_{\text{f}}}{N} \tag{7.54}$$

因而，允许存在更高的漏源电压偏移（当然在安全极限之内），可以更快地复位漏电感，并减小钳位电路的应力。两种结果都会提高效率。

按照式（7.52），副边二极管峰值电流可简单地写为

$$I_{\text{sec}} = \frac{I'_{\text{peak}}}{N} = \frac{I_{\text{peak}}}{N} \left[1 - \frac{L_{\text{leak}}}{L_{\text{p}}} \frac{1}{\frac{NV_{\text{clamp}}}{V_{\text{out}} + V_{\text{f}}} - 1} \right] \tag{7.55}$$

为测试上述分析结果，图 7.21 所示为图 7.16 的仿真结果。开关断开时峰值电流达 236 mA，在漏电感复位时间的末尾，副边电流接近 2.1 A。没有漏电感项，理论上副边电流将会达 2.36 A。因而，电流减小约 11%，或功率的 1.2%（I^2_{peak}），通过反馈网络补偿将使占空比稍稍变大。显然，变换器效率也受这种情况的影响。

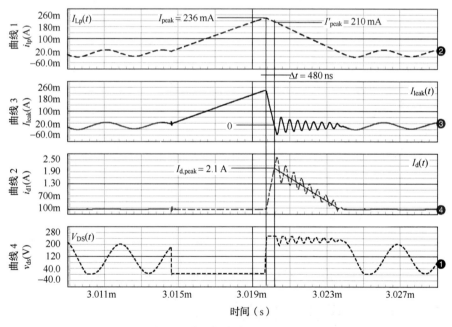

图 7.21　包含漏电感的仿真确认了由该项带来的延迟

应用式（7.51），可以计算由漏电感引入的延迟或其复位时间：

$$\Delta t = \frac{NL_{\text{leak}}I_{\text{peak}}}{NV_{\text{clamp}} - (V_{\text{out}} + V_{\text{f}})} = \frac{0.1 \times 44\mu \times 235\text{m}}{0.1 \times 150 - 13} = 520\text{ ns} \tag{7.56}$$

在漏电感复位点，原边电流降为

$$I'_{\text{peak}} = I_{\text{peak}} \left[1 - \frac{L_{\text{leak}}}{L_{\text{p}}} \frac{1}{\dfrac{NV_{\text{clamp}}}{V_{\text{out}} + V_{\text{f}}} - 1} \right] = 0.235 \times \left[1 - \frac{44\mu}{2.2\text{m}} \frac{1}{\dfrac{15}{13} - 1} \right] = 204 \text{ mA} \qquad (7.57)$$

仿真输出结果与计算结果的一致性很好，尽管稍有差异。这些差异主要是由于钳位二极管恢复时间和漏电感上的非恒定的复位电压（折算的输出纹波）。如果把钳位电压减小到 140 V，复位时间增加到 800 ns，可肯定式（7.54）的预测是合理的。

当钳位二极管阻断时，漏电感完全复位。新电路图如图 7.22 所示。在二极管截止点，漏极电压下降为反射电压和输入电压之和。然而，合电容充电到钳位电压，该电压不能立即回到平台电压值。振荡能量在 L_{leak} 和 C_{lump} 之间交换，使漏极产生自由振荡，其振荡频率由网络决定：

$$f_{\text{leak}} = \frac{1}{2\pi\sqrt{L_{\text{leak}}C_{\text{lump}}}}$$
$$(7.58)$$

给定图 7.16 所示元件值，环路振铃的频率为 2.4 MHz。由于振荡回路中存在欧姆损耗，得到指数衰减波形，它能辐射电磁干扰（EMI）信号。在钳位环路中插入电阻，后面将会看到，可以阻尼这些振荡。有时振铃相当严重，可使幅度低于地电平并给 MOSFET 体二极管提供正向偏置，产生附加损耗。必须在原边电感两端连接 RC 电路来阻尼这些振荡。为让辐射噪声最小，在非常接近变压器的地方安装 RCD 钳位网络，并确保包含钳位回路电流的环路面积尽可能小。

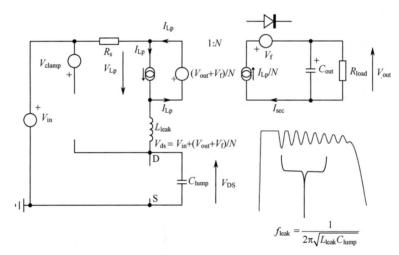

图 7.22　当钳位二极管阻断时，漏电感和合电容之间出现振荡

7.7　求 DCM 工作条件下的谷点值

只要副边二极管导通，就会在原边电感两端出现折算电压并使原边电感电流下降。若新的开关周期到来，而副边电感中仍有电流流过，则原边电感工作在 CCM，当开关闭合时整流二极管突然阻断。与二极管的制造技术有关，二极管的突然阻断会造成与 t_{rr} 相关的损耗。如果二极管是 PN 结型的，折算到原边的电压可视为短路，电流检测元件上出现尖峰电流（因此，需要前沿消隐电路——该内容请参见第 4 章），直到二极管恢复其阻断能力。如果二极管为肖特基型的，没有恢复时间，但在二极管两端有等效非线性大电容。该电容也带来原边损耗，只是程度较小。前

面已讨论过，肖特基二极管没有恢复时间 t_{rr}，但有时数据表仍标出这些二极管的 t_{rr}。该值是如何得到的呢？在这种情况下，存在 t_{rr} 实际上是因为所谓的保护环，该保护环是为避免在二极管管心角上出现电弧而放置的，当肖特基二极管正向压降达到保护环等效 PN 正向压降时，保护环被激活工作。保护环被激活时，可从示波器中观察到 t_{rr}。t_{rr} 通常在高正向电流时出现。

若反激式变换器工作于 DCM，则副边二极管将自然截止，不会有很大损耗。从这点上讲，原边上的折算电压消失。新的电路如图 7.23 所示。合电容充电至折算电压和输入电压之和。然而，仍存在由电感 $L = L_p + L_{leak}$ 和合电容组成的谐振环路。在 C_{lump} 和 L 之间出现衰减振荡，一直持续到所有存储的能量被电感和电容欧姆项（电路中的 R_s）耗散掉为止。随时间变化的波形可由式（1.297）来描述。在该情况下，漏极节点电压从合电容电压降到输入电压：

$$v_{DS}(t) \approx V_{in} + V_r \frac{e^{-\zeta\omega_0 t}}{\sqrt{1-\zeta^2}}\cos(\omega_0 t) \tag{7.59}$$

式中，

$$\omega_0 = \frac{1}{\sqrt{(L_p + L_{leak})C_{lump}}} \tag{7.60}$$

是无阻尼自然振荡角频率，而

$$\zeta = R_s \sqrt{\frac{C_{lump}}{4(L_p + L_{leak})}} \tag{7.61}$$

表示阻尼因子，V_r 是已经出现过的折算电压，其值等于

$$V_r = \frac{V_{out} + V_f}{N} \tag{7.62}$$

如果把式（7.59）中的 ζ 用式（7.61）代替，认为分子上的阻尼因子与 1 相比足够小，则可把式（7.59）重写为更具可读性的形式：

$$v_{DS}(t) \approx V_{in} + V_r e^{-\frac{R_s}{2L}t}\cos(\omega_0 t) \tag{7.63}$$

式中，$L = L_p + L_{leak}$。振荡频率取决于漏电感与原边电感之和，因为这两个电感串联，可写出

$$f_{DCM} = \frac{\omega_0}{2\pi} = \frac{1}{2\pi\sqrt{(L_p + L_{leak})C_{lump}}} \tag{7.64}$$

图 7.24 所示为更综合形式的漏极波形。可以看到漏电感效应，图中出现相应的振铃信号，振铃后面紧跟着平坦区，平坦区域的存在就是副边二极管导通的证明。当二极管阻断，意味着磁心复位，出现指数型衰减振荡，波形在峰值和谷点之间变化。在准谐振（QR）工作时，控制器能检测这些谷点的存在。处于谷点时，漏极电压最小。如果把折算电压设计成与输入电压相等，那么振铃波形幅度可降低到地电平。假设 PWM 控制器正好在该时刻使 MOSFET 导通，就保证了零电压开关（ZVS），消除了所有与漏极电容相关的电容损耗。第一个谷点出现的位置可轻易通过观察式（7.63）中的余弦项为–1 时来预测，即

$$\cos(\omega_0 t_v) = \cos(2\pi f_0 t_v) = -1 \tag{7.65}$$

在 $2\pi f_0 t_v = \pi$ 时求解式（7.65），得到 t_v 为

$$t_v = \frac{1}{2f_0} = \frac{2\pi\sqrt{(L_p + L_{leak})C_{lump}}}{2} = \pi\sqrt{(L_p + L_{leak})C_{lump}} \tag{7.66}$$

因而，在准方波谐振设计中，如果在 DCM 检测点插入一个 t_v 的延迟，控制器将刚好在漏源电压最小值时使 MOSFET 导通。

观察这些寄生振铃波形，可以推导得到变压器主要元件值。附录 7A 给出了这些值的推导。

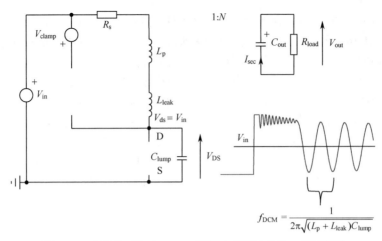

$$f_{\text{DCM}} = \frac{1}{2\pi\sqrt{(L_p + L_{\text{leak}})C_{\text{lump}}}}$$

图 7.23　当电路工作于 DCM，漏极出现振铃现象，其振荡频率与原边电感和漏电感之串联值及合电容值有关

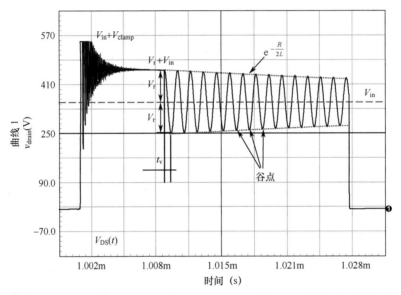

图 7.24　DCM 的漏极波形，清楚地显示了在开关断开时的漏电感振铃波形

7.8　钳位网络的设计

钳位网络的作用是阻止漏极信号超过某个电平[1]。给定所选用的 MOSFET 类型和品质部门提出的降额值的情况下，该电平在设计初期就已选定。图 7.25(a)画出了反激式变换器中 MOSFET 节点上观察得到的波形。该电压在开关断开时急剧升高，其上升斜率已由式（7.44）给出。

在本例中，测量得到总漏极节点电容为 130 pF，截止时的峰值电流为 1.2 A。由式（7.44）可预测该斜率为

$$\frac{\mathrm{d}v_{\text{DS}}(t)}{\mathrm{d}t} = \frac{I_{\text{peak}}}{C_{\text{lump}}} = \frac{1.2}{130\text{p}} = 9.2\,\text{kV/}\mu\text{s} \tag{7.67}$$

图 7.25(b)精确地显示了上述结论，电压在 50 ns 内摆幅达近 500 V。钳位二极管在实际导通和阻断漏极电压偏移前需要一定的时间。不管是什么类型，PN 二极管的开通时间极快，注意到

这一事实是十分有趣的。该数值一般为几十纳秒。PN 二极管之间很大的不同点在于阻断机理，阻断时间需要几百纳秒（1N400X 系列达微秒量级）才能使晶体恢复到电中性。恢复时间用 t_{rr} 表示。这里，把波形的顶部放大揭示 V_{os} 过脉冲只有 14 V，测量使用的二极管为 MUR160 型。后面，我们将会看到由较慢二极管（如 1N4937 或 1N4007）产生的不同的过脉冲。

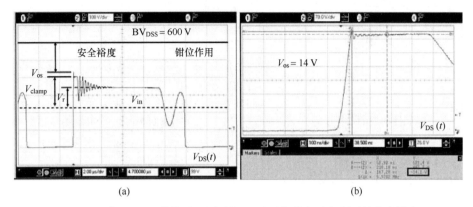

图 7.25　典型 DCM 漏极电压波形，显示了各种电压和所需的安全裕度

考虑到这种尖峰，我们现在可选择钳位电压。假设选择一个 BV_{DSS} 为 600 V 的 MOSFET，把它用于反激式变换器，变换器的输入电源为 375 V dc（最大有效值为 265 V）。应用漏源电压降额因子 k_D 为 15%（参见附录 7B），基于图 7.25(a)的显示波形，可以列出如下一组等式：

- $BV_{DSS} k_D = 600 \times 0.85 = 510$ V　　　　在最差情况下的最大许可电压
- $V_{os} = 20$ V　　　　　　　　　　　　　　二极管产生的过脉冲幅度估计值　　　　　　（7.68）
- $V_{clamp} = BV_{DSS} k_D - V_{os} - V_{in} = 115$ V　选择的钳位电压

115 V 的钳位电压是固定不变的，它必须维持 MOSFET 工作在安全区。

现在定义变压器匝数比。式（7.54）建议把钳位电压维持在大于折算电压值以便使漏电感以最快速度复位。实际上，满足该式意味着有高漏极电压偏移（因而需要采用价格更高的、V_{DSS} 为 800 V 的元件）或有很低的折算电压。实验显示，选择钳位电压为折算电压的 30%～100%（参数 k_c 为 1.3～2）能得到良好的效率。假设适配器的输出为 12 V，整流二极管的 V_f 为 1 V，钳位系数 k_c 为 2（100%）。继续这个设计举例，变压器匝数比 N 简单地表示为

$$V_{clamp} = k_c \frac{V_{out} + V_f}{N} \qquad (7.69)$$

求解 N，得到

$$N = \frac{k_c(V_{out} + V_f)}{V_{clamp}} = \frac{2(12 + 1)}{115} = 0.226 \qquad (7.70)$$

现在，我们已经讨论了钳位电压和变压器匝数比的相关理论。通过多种方法，可构建与滤波电容相连的低阻抗电压源，在这些方法中，阻容二极管（RCD）钳位是一种最受欢迎的方法。

7.8.1　RCD 结构

图 7.26 画出了受欢迎的阻容二极管（RCD）钳位电路，有时也称为峰值钳位。该钳位电路的背后，思路是创建一个低阻抗电压源，其钳位电压 V_{clamp} 值与滤波电容有关。这是一个熟悉的结构，已在图 7.16 中描述过。电阻 R_{clp} 耗散功率与泄漏的电感存储能量有关，而电容 C_{clp} 保证了电路成为低纹波等效直流源。当 V_{clamp} 值接近折算电压值时，钳位电路功率耗散增加。因此，

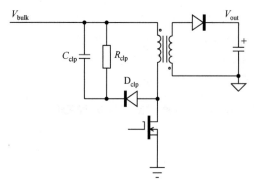

图 7.26　由一个二极管和两个无
源元件构成的钳位电路

仔细选择钳位因子 k_c 非常重要，下面将会看到它的重要性。

观察图 7.19 和图 7.20，可以看到，当二极管导通（因而，漏极电压达钳位电压）时，流过二极管 D_{clp} 的电流可表示为

$$i_d(t) = I_{peak} \frac{\Delta t - t}{\Delta t} \tag{7.71}$$

该电流保持流动直到漏电感完全复位。复位所需的时间标示为 Δt，它已由式（7.51）描述。如果在 Δt 期间把钳位电压当作常数（如以前使用过的直流源 V_{clamp}），钳位源耗散的平均功率为

$$P_{V_{clamp},avg} = F_{sw} \int_0^{\Delta t} V_{clamp} i_d(t) \cdot dt = F_{sw} V_{clamp} \int_0^{\Delta t} I_{peak} \frac{\Delta t - t}{\Delta t} \cdot dt \tag{7.72}$$

求解该积分可得到在整个开关周期内的功率耗散为

$$P_{V_{clamp},avg} = \frac{1}{2} F_{sw} V_{clamp} I_{peak} \Delta t \tag{7.73}$$

把式（7.51）代入式（7.73），得到更一般化的公式，该公式显示了折算电压和钳位电压对功率耗散的影响：

$$P_{V_{clamp},avg} = \frac{1}{2} F_{sw} L_{leak} I_{peak}^2 \frac{V_{clamp}}{V_{clamp} - \dfrac{V_{out} + V_f}{N}} = \frac{1}{2} F_{sw} L_{leak} I_{peak}^2 \frac{k_c}{k_c - 1} \tag{7.74}$$

直流源由电阻和电容并联组成。因为所有的平均功率通过电阻以热形式耗散，可列出如下：

$$\frac{V_{clamp}^2}{R_{clp}} = \frac{1}{2} F_{sw} L_{leak} I_{peak}^2 \frac{V_{clamp}}{V_{clamp} - \dfrac{V_{out} + V_f}{N}} \tag{7.75}$$

从上述表达式求钳位电阻，可得到最后的计算结果：

$$R_{clp} = \frac{2 V_{clamp} \left[V_{clamp} - \dfrac{V_{out} + V_f}{N} \right]}{F_{sw} L_{leak} I_{peak}^2} \tag{7.76}$$

电容确保了在 RCD 电路两端具有低纹波电压 ΔV。电容电流和电压波形如图 7.27 所示。如果假设在复位期间所有的峰值电流流过电容，电容两端产生的电压可通过推导电荷等式得到：

$$Q_{C_{clp}} = I_{peak} \frac{\Delta t}{2} \tag{7.77}$$

钳位电路两端的电压纹波可简单地表示为

$$I_{peak} \frac{\Delta t}{2} = C_{clp} \Delta V \tag{7.78}$$

用式（7.51）代入上式中的 Δt，得到求解钳位电容的公式：

$$C_{clp} = \frac{I_{peak}^2 L_{leak}}{2 \Delta V (V_{clamp} - V_r)} \tag{7.79}$$

如果从式（7.76）求 L_{leak} 并把它代入式（7.79），可得到较简单的表达式：

$$C_{clp} = \frac{V_{clamp}}{R_{clp} F_{sw} \Delta V} \tag{7.80}$$

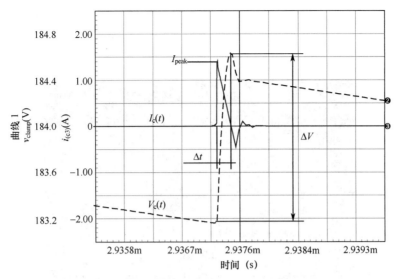

图 7.27 钳位电容电流和电压波形

由于该电容将处理电流脉冲，需要求电流脉冲的有效分量来帮助选择合适的元件。有效电流可通过求解如下积分得到：

$$I_{\text{clp,rms}} = \sqrt{\frac{1}{T_{\text{sw}}} \int_0^{\Delta t} \left[I_{\text{peak}} \frac{\Delta t - t}{\Delta t} \right]^2 \mathrm{d}t} = I_{\text{peak}} \sqrt{\frac{\Delta t}{3 T_{\text{sw}}}} \qquad (7.81)$$

基于上述例子，可得出如下设计元件：

$I_{\text{peak,max}} = 2.5 \text{ A}$ 故障或过载情况下控制器允许输出的最大电流

$F_{\text{sw}} = 65 \text{ kHz}$，$L_{\text{leak}} = 12 \text{ μH}$，$V_{\text{clamp}} = 115 \text{ V}$

从式（7.76），可计算得到钳位电阻值为

$$R_{\text{clp}} = \frac{2 \times 115 \left[115 - \dfrac{12 + 1}{0.226} \right]}{65\text{k} \times 12\text{μ} \times 6.25} = 2.7 \text{ kΩ} \qquad (7.82)$$

在全功率情况下，该电阻的功率耗散达 4.9 W。如果选电压纹波约为钳位电压的 20%，由式（7.80）可计算得到电容值为

$$C_{\text{clp}} = \frac{V_{\text{clamp}}}{R_{\text{clp}} F_{\text{sw}} \Delta V} = \frac{115}{2.7\text{k} \times 65\text{k} \times 0.2 \times 115} = 28 \text{ nF} \qquad (7.83)$$

按照式（7.81），计算得到有效电流值为 266 mA。如果为改善待机功率性能使用跳周工作，应选用一质量优的 C_{clp} 电容。远离便宜的圆片电容，这些圆片电容会在跳周模式工作时发出刺耳的声音。

如果构建这种变换器并选择上述 RCD 钳位网络元件值，将会发现选择的电阻在全输出功率下发热比预期的低很多。换句话说，式（7.82）计算的电阻值太低，可以很容易地增加少许来改善效率。这是因为式（7.76）使用最大峰值电流，该电流由控制器在功率开关截止期间施加。事实上，该电流在功率开关断开前流过该开关。在理论计算中，假设在功率开关断开时该电流 100% 转流到二极管。实际上，当功率开关断开，而 RCD 二极管阻断，电流分流到漏极节点上的组合电容，此时漏极电压快速升高。组合电容由功率 MOSFET 的电容（C_{rss} 和 C_{oss}）、安装在漏-源两端的电容和变压器寄生电容构成，或许安装在漏-源两端的电容能减缓漏极电压升高（这对 EMI 有好处，典型电容值为 100 pF/1 kV）。这些电容充电并有助于消耗存储在漏电感上的能量，直到漏极电压达到钳位电压。只有在该点，D 导通并通过钳位电阻继续消耗漏电感上的能量。

图 7.28 显示了一个 65 W 适配器上用示波器测量得到的波形。可以看到当电流从 MOSFET 转移到漏极节点上组合电容上时，漏极电压增加。当电压达到钳位电压，当 D 导通时出现过脉冲。该图证实了二极管电流 $i_{clp}(t)$比开关截止时峰值小得多。

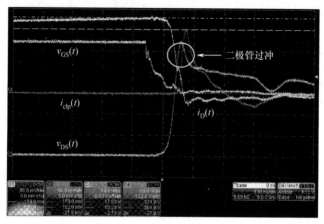

图 7.28　当漏电感电流对漏极节点上所有电容充电时，漏源电压快速上升

图 7.29 显示了更精确的电流差。在开关断开时，MOSFET 漏极电流 $i_D(t)$为 1.84 A，当二极管导通时电流减小到 1.6 A。两个电流差可通过由漏电感的能量损耗，同时对漏极节点上的寄生电容充电行为来解释。这两个电流差为 234 mA 或减小了 13%。如同式（7.75）中那样，将电流平方，则最终由钳位电阻消耗的功率减小 28%。这也解释了（小心地）少许增加钳位电阻可改善效率的原因。

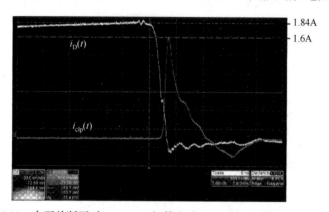

图 7.29　在开关断开时，RCD 二极管电流比 MOSFET 漏极电流小 13%

7.8.2　k_c 的选择

根据式（7.74）可对 k_c 进行讨论。对 k_c 的选择依赖于设计选择。作者建议 k_c 保持在折算电压的 1.3～1.5 倍附近，以便为匝数比计算提供较大的裕度。如同式（7.4）指出的那样，较低的 N 值可让设计者采用较低 V_{RRM} 的副边二极管。通常肖特基二极管的 V_{RRM} 值为 100 V 或 200 V，但 150 V 或 250 V 的肖特基二极管也开始出现。采用高恢复电压的二极管会影响效率：与动态电阻 R_d（对有效电流敏感）一样，V_f 常常增加（对平均电流敏感）。

另一方面，k_c 的选择与由变压器产生的漏电感大小有关。设计较差的反激式变压器（典型的含有电源和辅助绕组）呈现的漏电感值在原边电感值的 2%～3%附近。极好的设计，该值低于 1%。漏电感值越大，钳位电压和折算电压之间的差值越大，意味着 k_c 系数接近或超过折算电压的 2 倍。如果不管较大的漏电感，仍保持 k_c 值较低（如 $1.3 \sim 1.5$），就会付出使钳位电路产生更高功率损耗的代价。在这种情况下，即使对一些参数做重新设计，如把 k_c 设计为 2、选择较高 V_{RRM} 的副边二极管，变压器仍受高漏电感的影响。这就是在给定漏电感值（L_p 的 1.5%）下，设计例子中所要做的工作。

基于这个设计例子，我们做出了钳位电阻耗散功率与钳位系数 k_c 的关系曲线。当钳位电压接近折算电压时，看到钳位电阻耗散功率迅速增加（如图 7.30 所示）。

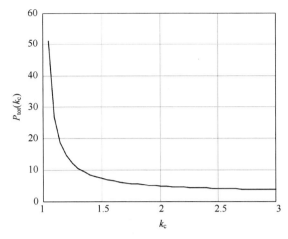

图 7.30　当钳位电压接近折算电压时，钳位电阻耗散功率迅速增加

该曲线强调了需要推广低漏值电感，特别在高功率应用场合。在本例中，$12\ \mu H$ 漏电感相当于原边电感值的 1.5%。假设不同变压器耦合系数，把钳位电路的平均功率保持在 $4\ W$ 以下，MOSFET 击穿电压为 $600\ V$，可完成几项计算。结果显示在下表中，它给出了其他参数是如何受到影响的。

L_{leak}（L_p 的百分比值）	0.5	0.8	1	2
k_c	1.3	1.5	1.7	2
N	0.15	0.17	0.19	0.23
PIV（V）	67	76	84	97
V_{RRM}（V）	150	150	200	200
P_{clamp}（W）	3.4	3.8	3.8	6

总之，如果漏电感值低，可用较低的 k_c 因子（如 1.3）并使副边二极管上的电压降低。当漏电感值增加，保持合理的钳位电路中的功耗意味着增加 N 和选用较高电压二极管，同时要受到相应的惩罚。

7.8.3　漏电感振铃的消除

图 7.25 所示为当二极管突然阻断时，出现的振铃波形。出现这些振荡的根源在于杂散元件的存在，如漏电感、合电容及所有相关的寄生元件。阻尼环路在振荡电路中人为地增加欧姆损耗（就是功率耗散）。阻尼电阻值可通过求解几个与 RLC 电路相关的简单等式得到。串联 RLC 电路的品质因数定义为

$$Q = \frac{\omega_0 L_{leak}}{R_{damp}} \tag{7.84}$$

为阻尼该振荡，理想指标是系数等于 1，即阻尼电阻等于谐振频率处的漏电感阻抗，即

$$\omega_0 L_{leak} = R_{damp} \tag{7.85}$$

在这种电源结构情况下，测量得到的振铃频率 f_{leak} 为 $3.92\ MHz$，漏电感值为 $12\ \mu H$。因此，阻尼电阻值必须为

$$R_{damp} = 12\mu \times 6.28 \times 3.92 Meg = 295\ \Omega \tag{7.86}$$

第一种可行方法是用 RCD 钳位环路本身来产生阻尼作用，如图 7.31 所示。这一方法提供了一种简单的非永久耗散方法，它可减少在二极管阻断期间的振荡：一旦二极管 D_{clp} 阻断（漏电感

复位），电阻就不再有电流流过。遗憾的是，该电阻的加入影响与截止时电流值有关的电压峰值。该电压的增加值为

$$\Delta V = I_{peak} R_{damp} \qquad (7.87)$$

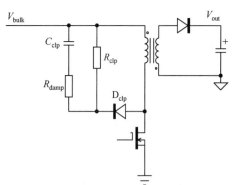

图 7.31　电阻与钳位电容串联有助于阻尼寄生振荡

给定上述结果，必须注意，插入阻尼电阻后不要使原始二极管过脉冲 ΔV 恶化。从阻值约为 $10\ \Omega$ 的原始电路开始，通过增加电阻来求得过脉冲和振铃达到可接受水平的位置。经过几次调节后，阻值为 $47\ \Omega$ 时，产生了所需的改善。图 7.32(a) 和(b)显示了加入该元件后的结果。从图 7.32(b)看到振铃幅度稍有减小，而过脉冲保持在可接受的程度。值得注意的是，R_{damp} 通过二极管恢复电容 C_{rr} 对振荡回路 $L_{leak}C_{lump}$ 产生作用。

假设阻尼电阻值较小，阻尼效果比下面描述的方法差。然而，由于阻尼电阻对过脉冲本身有作用，工业上，如笔记本电脑适配器，广泛利用这种技术，它可改善电磁辐射干扰信号。

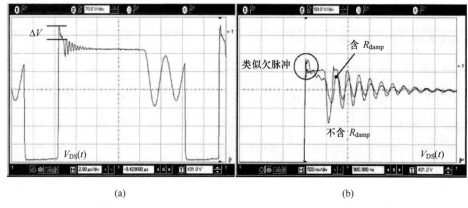

(a)　　　　　　　　　　　　　　　(b)

图 7.32　接入适当的阻尼电阻能保持过脉冲恒定并减小振铃幅度

另一种方法是只阻尼变压器原边本身。不再与钳位电路相关，但阻尼电路直接接到漏极，会影响效率。图 7.33 给出了这种选项。设计过程与前面类似，式（7.85）仍然成立。区别在于串联电容，连接电容是为避免在开关闭合时，产生大的电阻性耗散。参考文献[2]建议容抗等于谐振频率处的阻值：

$$C_{damp} = \frac{1}{2\pi f_{leak} R_{damp}} \qquad (7.88)$$

另外，可能想要对阻尼电路元件值稍做调节，以便避免阻尼电路的过耗散。图 7.34 所示为漏电感为 $22\ \mu H$ 时，从反激式变换器得到的一些波形。图曲线 a 给出了在没有任何阻尼情况下得到的波形。振铃相当严重使 MOSFET 的体二极管正向偏置，造成了更多的损耗。如果可方便地处理分立 MOSFET，不推荐使用正向偏置单片开关，因为正向偏置单片开关会发生衬底注入并通过不稳定的行为损坏元件。在这种情况下，

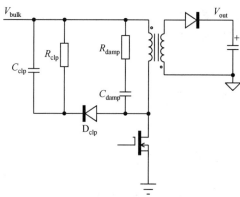

图 7.33　RC 阻尼电路与变压器原边
　　　　　相连而非与阻尼电路相连

应采用阻尼电路。图 7.34 中的曲线 b 画出了全阻尼波形，阻尼电阻和电容分别为 295 Ω 和 220 pF，分别由式（7.86）和式（7.88）计算得到。尽管波形形状很好，所有振铃消失，但总损耗增加到 1.25 W。为减少热耗，把阻尼电容减小至 50 pF，得到曲线 c 所显示的波形，可看到仍有一些振铃存在，但比原始波形好一些。效率几乎不受这些变化的影响。

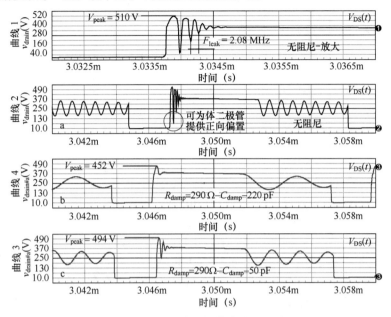

图 7.34　原边阻尼还能带来美观的波形

电阻的功率耗散与开关期间的阻尼电容两端的电压有关。在开关导通期间，电容充电至输入电压 V_{in}。在开关截止期间，电容电压跳至反激电压并保持在该数值，直至原边电感复位（DCM 工作条件下）。图 7.35 画出了这些过程并显示了对应的能量。如果在导通起始点电容完全放电，那么使电容电压升至输入电压值所需的能量为（过程 1）：

$$E_{on} = \frac{1}{2} C_{damp} V_{in}^2 \qquad (7.89)$$

然后，为在开关断开时把阻尼电容电压充至折算电压，首先需要释放式（7.89）描述的相同能量（过程 2，电容完全放电），再向相反方向跳至由如下式表示的能量（过程 3），该能量为

$$E_{off} = \frac{1}{2} C_{damp} \left[\frac{V_{out} + V_f}{N} \right]^2 \qquad (7.90)$$

然后，在 DCM 区，电容电压先出现振铃信号并回到 0，释放由式（7.90）描述的能量（过程 4）。由于电容电流流过阻尼电阻，由阻尼电阻产生的总耗散可简单地表示为

$$P_{R_{damp}} = 2 \left(\frac{1}{2} C_{damp} V_{in}^2 + \frac{1}{2} C_{damp} \left[\frac{V_{out} + V_f}{N} \right]^2 \right) F_{sw} = C_{damp} \left[V_{in}^2 + \left(\frac{V_{out} + V_f}{N} \right)^2 \right] F_{sw} \qquad (7.91)$$

在上例中，输入电压为 250 V，折算电压为 120 V，开关频率为 71 kHz。得到理论功率耗散为

$$P_{R_{damp}} = C_{damp} \left[V_{in}^2 + \left(\frac{V_{out} + V_f}{N} \right)^2 \right] F_{sw} = 220p \times \left[250^2 + 120^2 \right] \times 71k = 1.2 \text{ W} \qquad (7.92)$$

仿真功率耗散为 1.15 W。与前面的阻尼技术相比，该阻尼技术影响在轻负载或无负载时的效率，对功率敏感应用场合，该阻尼技术不是一种理想的选择。

如上例那样接入阻尼电路，图 7.35 所示的波形会有助于求得阻尼电阻的耗散功率。

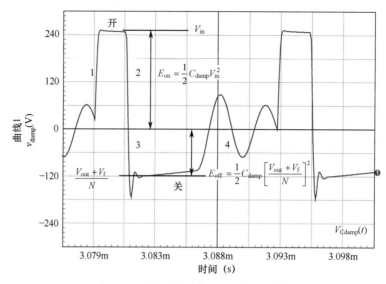

图 7.35 开关过程中的阻尼电容电压

7.8.4 二极管的选择

在上例中，电路中使用超快二极管，如 MUR160（UF4006 也能得出类似结果）。此类二极管的截止过程非常突然，等效 $L_{leak}C_{lump}$ 电路产生很多振铃，需要用上面描述的阻尼网络进行阻尼。也可以使用一些速度较慢的二极管，如 1N4937 或 1N4007。该类二极管实际上呈现出相当大的阻断损耗机理，它能对漏电感振铃产生很大阻尼作用并使其消失。如图 7.36 所示，1N4007 能产生很好的结果，特别适合于有辐射电磁干扰的场合。1N4007 在开始阻断时，速度很慢。然而，可以看到幅度为 37 V 的过脉冲，其斜率为 9.2 V/ns。在二极管恢复阶段，二极管保持短路状态直至少子全部耗尽，此时出现负尖峰。在该点，二极管恢复阻断能力，电流慢慢下降，自然对漏电感电路起阻尼作用。可以发现 1N4007 用于高功率设计中，如功率超过 20 W 的设计，但绝对不推荐使用。

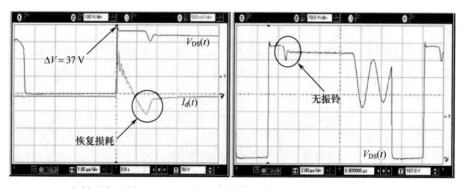

图 7.36　1N4007 在低功率（低于 20 W）应用中提供了合适的性能。注意没有振铃说明了损耗机理

还有其他方法可用来帮助阻尼寄生波形。例如，有损铁氧体磁珠，已广泛用于工业生产。

7.8.5 防止电压的变化

遗憾的是，当峰值电流变化时，RCD 钳位网络电压变化。结果，检查在最差条件下，不会危害 MOSFET 是很重要的。最差条件如下：

（1）启动阶段，输入电压最高，全载。直接观察波形或把示波器同步于 V_{cc} 引脚来监控 $v_{DS}(t)$。

关键点位于反馈开始起作用的时刻。此时输出电压处于峰值，原边峰值电流还没有由于反馈环的作用而下降。

（2）输入电压最高，短路。把副边短路，在电路板中可借助大的铜焊接点。不要应用电子负载的短路模式，这是由于即使电子负载有效地把连接在其电缆末端的电路短路，但电路板上的电压不为0，这种模式不能反映最差短路的情况。在输出短路下启动电源。如果保护电路工作良好，变换器应进入呃逆模式，试图启动。当辅助电压没有显示（由于输出短路），控制器很快检测欠压闭锁（UVLO）并停止输出驱动脉冲。然而，短期内驱动 MOSFET，峰值电流设置点将推高至最大极限并引入很大的漏电感返程电压。确信在该模式下 $v_{DS}(t)$ 处于控制范围内。

图 7.37 所示为钳位电压随峰值电流变化的曲线。式（7.76）的设计变量是原边电感的最大峰值电流。这是控制器通过给定电阻检测的最大电压，受传输延迟 t_{prop} 的影响。该传输延迟实际上破坏在短路或启动条件下由控制器产生的电流。因为在上述两种情况下，反馈消失，峰值电流限制只依赖于内部最大设置点。在 UC384X 家族中，最大设置点为 1.1 V。即当电流检测比较器检测到 1.1 V电压时，立即指示锁存器复位并关闭驱动器。遗憾的是，把关闭指令传到驱动器输出和阻断 MOSFET需要时间。因此，传输延迟不仅包括控制器自身（内部逻辑延迟），而且包括到 MOSFET 的驱动链的延迟。在 MOSFET 阻断之前，原边电流保持增长并产生过脉冲。过脉冲与原边电流斜率和传输延迟有关。上述现象如图 7.38 所示。

假设原边电感 L_p 为 250 μH，最大峰值电流设置点为 1.1 V，检测电阻为 0.44 Ω，总传输延迟 t_{prop} 达 190 ns。当然，若插入一个与驱动器串联的电阻来尝试改变 EMI 信号，就会引入进一步延迟，该延迟将使控制器响应时间延长。最后的峰值电流在最高输入电压（本例为 375 V dc）下为

$$I_{peak,max} = \frac{V_{sense,max}}{R_{sense}} + \frac{V_{in,max}}{L_p}t_{prop} = \frac{1.1}{0.44} + \frac{375}{250\mu}190n = 2.8 \text{ A} \tag{7.93}$$

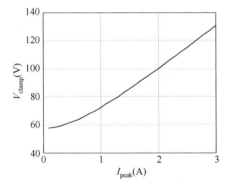

图 7.37　由于原边峰值电流变化使钳位电压变化　　图 7.38　传输延迟效应产生原边电流过脉冲

本例中，在高输入电压下，过脉冲几乎达 200 mA。基于 1.1 V 电压，通过 0.44 Ω 的检测电阻产生 2.5 A 检测电流，假设选择的钳位电阻产生的钳位电压为 115 V。最后得到 124 V 的钳位电压（超过 8%），仍出现了最差的情况。

当原边电感值低，最小 t_{on} 钳位小到 350 ns 时，会出现最差情况。最小 t_{on} 是由前沿消隐（LEB）持续时间（当然，控制器有前沿消隐电路）加上总传输延迟。如果控制器前沿消隐（LEB）持续时间为 250 ns，传输延迟为 120 ns，则把 t_{on} 减小到 370 ns 是不可能的。因为在每个驱动脉冲的开始，控制器用 250 ns 来实现前沿消隐（避免由于伪脉冲，如二极管 t_{rr}，而产生误触发），而用另一个 120 ns 来最终中断电流。此时，门保持高电平，MOSFET 导通。在短路情况下，不仅原边电流如上面解释的那样产生过脉冲，而且在截止期间不会减小。由于没有折算电压，变换器进入深

度 CCM 工作模式。实际上存在折算电压，二极管正向压降应除以变压器匝数比，即

$$V_r = V_f / N \qquad (7.94)$$

由于折算电压很低，该电压不能使原边电流回到开始导通时的电流值，因此，在每个脉冲后电流累积上升。在短路情况下，或者钳位电压消失，MOSFET 很快爆裂，或者变压器饱和，导致同样的爆裂！图 7.39 描述了这种情况。

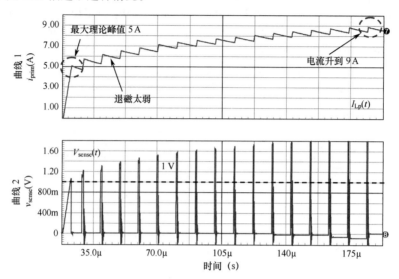

图 7.39　在短路条件下，电流避开 PWM 芯片检测并失去控制

启动阶段，在电流达到高电流值之前，输出电压升高，折算电压使原边电感退磁。然而，电流包络峰值与上面描述的一样，直到有足够的电压使原边电感电流产生适当的下行斜率。如图 7.37 预测的那样，钳位电压失去控制，漏极电压危险地增加。这是电源在启动时损坏的主要原因。图 7.40 显示了该行为，即当用低原边电感设计高功率变换器时，必须进行密切监控。在出现这种困难时，

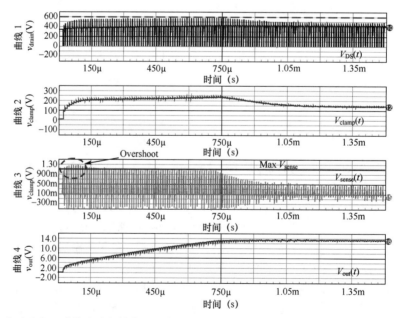

图 7.40　在启动阶段，峰值电流包络快速增加，可能造成钳位电压增加，在设计最后阶段要仔细检查

解决方案在于增加原边电感，这一选择自然限制了高输入电压下的峰值电流过脉冲。在用来自电子负载的长电缆来测试短路时电路的可靠性时，可能无法看到实际效果，因为此时的效果不仅仅反映二极管 V_f 本身，还包括了由电缆欧姆电阻和短路电流带来的电压。而后者产生的电压足以在截止时间段帮助 L_p 退磁，这样就会错过对最差情况的观察，要确保任何因素都能处于控制之下。

为测试 MOSFET 在短路时的安全裕度，在最低输入电压同时输出短路情况下启动变换器，然后慢慢增加输入电压并监控漏源电压。如果在某点裕度太小，立即停止并考虑不同的设计。

另一可能的选择是选用瞬态电压抑制器。

7.8.6　瞬态电压抑制器（TVS）钳位

瞬态电压抑制器（TVS）只有一个雪崩二极管（记住，低于 6.2 V 有齐纳效应，超过 6.2 V 称为雪崩效应），由于芯片尺寸大，它能吸收高功率脉冲。如图 7.41 所示，TVS 和漏极的连接与 RCD 钳位类似。TVS 将钳位漏极的电压偏移，如同钳位电阻所做的那样，驱散所有的功率。TVS 动态电阻很小，尽管电流变化大，其钳位电压相当恒定。驱散的功率作为重要参数来评估何时进行电压选择。利用以前推导的等式，TVS 的功率耗散可表示为

$$P_{TVS} = \frac{1}{2} F_{sw} L_{leak} I_{peak}^2 \frac{V_z}{V_z - \dfrac{V_{out} + V_f}{N}} \tag{7.95}$$

式中，V_z 表示 TVS 的击穿电压。

图 7.42 所示为 TVS 钳位的典型信号，该图与图 7.36 所示的变换器相同。可以看到，TVS 在短时间产生很好的钳位效果，本例中为 200 ns。窄脉冲经常辐射宽频谱噪声，这就是 TVS 不受高功率应用欢迎的原因（除成本外）。确保所有连线长度要短，把 TVS 及其二极管（这里为 MUR160）放置在紧邻变压器和 MOSFET 的位置。在存在相当大漏电感的设计中，有些设计者甚至在 TVS 两端并联一个 10 nF 电容来帮助吸收电流脉冲。

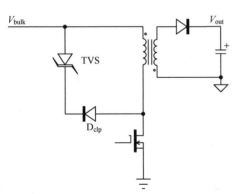

图 7.41　TVS 连接与 RCD 钳位类似，它提供低阻抗钳位效应，该效应对电流变化不敏感

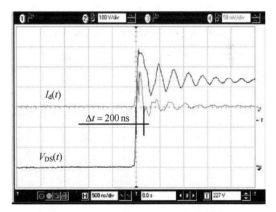

图 7.42　TVS 信号显示了导通时间极短，存在潜在的辐射 EMI 噪声

TVS 有一个很大的优点：在待机或轻负载条件下，峰值电流保持在低值，漏电感返程脉冲不能达到 TVS 击穿电压。因此，该脉冲不起作用，变换器效率受益于这种工作方式。没有 TVS，当变换器通过跳周（现在很普遍的技术）进入轻负载条件下，因为重现的开关脉冲不断减少，RCD 网络的电容无法维持钳位电压。因此，电容在每个新的开关脉冲串期间放电，电容起作用并耗散一定的功率（无负载待机功率就是这种情况）。

7.9 双开关反激式变换器

反激式变换器传输功率受到限制的主要原因之一是由于存在漏电感（除变压器尺寸外）。我们已经看到典型的单开关电路中是通过把漏电感储能传输到外部网络来解决这一问题的——能量以热的形式耗散，效率下降。为了在高功率变换器中使用反激式结构，双开关结构可能是一种可行的办法。这种应用电路如图 7.43 所示，该电路与单开关方法相比，使用了两个 BV_{DSS} 类似的高压 MOSFET，例如，在电源电压为 400 V 时（假设为 PFC 前端电路的输出），利用 BV_{DSS} 为 500 V 的 MOSFET，意味着 $R_{DS(on)}$ 比 600 V MOSFET 的稍好。两个 MOSFET 同时导通和截止（MOSFET 栅极加相同的电压，上面的为高压侧开关——不直接接地）。当两个开关导通，原边绕组出现大电压。当原边电流达到峰值极限，控制器指示开关断开。电流保持同一方向流动并通过续流二极管 D_3 和 D_4 构成回路。变压器原边电感立即钳位到输出电压的折算值，漏电感按以下斜率复位：

$$S_{leak} = \frac{V_{bulk} - \dfrac{V_{out} + V_f}{N}}{L_{leak}}$$

（7.96）

如果仔细观察图 7.44，电流通过滤波电容流动，自然重复利用了漏电感能量，提高了变换器的效率。副边二极管电流以漏电感复位所施加的速率斜向上增加。结构内在所具有的长漏电感复位时间，使副边二极管电流增加相当慢。对于双开关反激式变换器设计，选择变压器的匝数比应使原边折算电压比最低输入电压小。

图 7.45 所示为使用专用电流模式控制器的双开关变换器仿真电路。也可以用图 7.43 所示的基于变换器驱动电路，但需要更长的仿真时间。最好采用有两个副边绕组的变压器，以便使两个晶体管之间传输延迟完好匹配。变换器制造"成本降低"可以理解成是基于单绕组设计。可采用自举电路方法，但需要为电容增加一个小的刷新电路。在双开关正激式变换器例子中会回来讨论这一问题。图 7.46 显示了仿真得到的所有相关波形。最上方曲线显示漏电感复位相当平滑，可从副边电感电流立即求得其他参数。然而，此时，复位期间不产生热耗散，而把能量带回到滤波电容（对应曲线 4 中的电流源正跳变）。

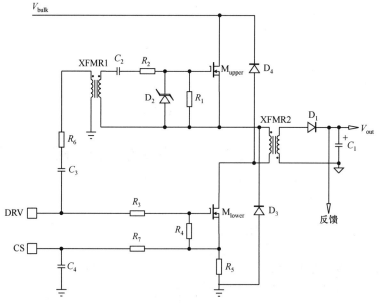

图 7.43 双开关反激式变换器在开关断开时重复利用漏电感能量

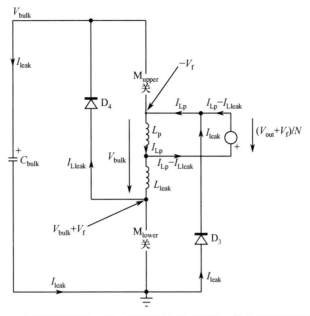

图 7.44 在开关断开时，漏电流流过续流二极管，使能量重回滤波电容

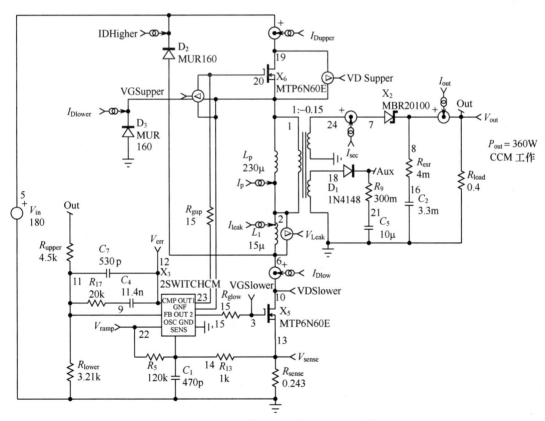

图 7.45 双开关反激式变换器的 SPICE 仿真，变换器功率为 360 W

尽管有大量的优点，如漏电感能量重复利用，但双开关反激式变换器在电源工业领域中的应用没有双开关正激式变换器成功。

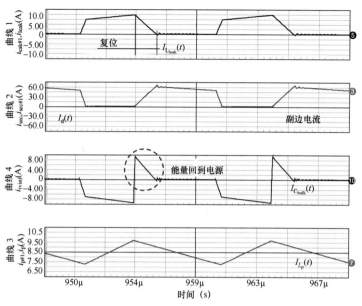

图 7.46　仿真波形显示了复位时间减慢了副边电流的下降速度

7.10　有源钳位

由于 ATX 电源对高效率和低成本的追求，有源钳位反激式变换器目前大受欢迎。单开关反激式有源钳位提供了一种替代传统双开关正激式变换器的途径。传统双开关正激式变换器难以满足新的 ATX 效率要求：在载荷范围为标称功率的 20%～100%情况下，总电源效率不允许低于80%，因而称启动效率为 80%。该标准已被扩展到具有更高效率的更多种类。80+白金认证，是当前的最高指标，该认证要求在 50%负载时效率为 94%，在 20%负载时可接受的效率降到 90%。在全功率下，效率必须至少为91%。毋庸置疑，这些要求极其苛刻——特别是对多输出变换器而言，设计者正为达到这些指标而奋斗。

有源钳位背后的原理仍隐含着电容在开关截止期间存储漏电感能量。然而，存储的能量不是以热的形式耗散，而是重复用于使漏极电压降到 0，自然确保功率开关处于 ZVS（零电压开关）工作方式。这有助于：① 把单开关反激式变换器延伸应用到功率超过 150 W 的场合，而无须为由 RCD 钳位技术带来的开关损耗支付代价；② 大大增加了开关工作频率，可选用较小尺寸的磁性元件。许多论文[3-6]对该课题做了详细的讨论，这里只做简单介绍。

图 7.47 所示为加入有源钳位电路的反激式变换器。该电路把一个电容的一头接到由 SW 组成的双向开关和二极管 D_{body}，另一头连接到滤波输出电源或参考地。其作用由 MOSFET 来控制，该 MOSFET 采用 N 或 P 沟道，取决于复位电路。为理解电路的工作原理，有必要画出不同工作阶段和不同时间的分电路图（如图 7.48 所示）。

图 7.48 中的图（1），画出了反激式变换器功率开关闭合期间对应的工作电路。电流线性上升，上升斜率取决于输入电压和漏电感元件与原边电感之和，即

$$S_{on} = \frac{V_{in}}{L_p + L_{leak}} \tag{7.97}$$

该阶段，输入电压分成如下两个表达式：

$$V_{L_p} = V_{in} \frac{L_p}{L_p + L_{leak}} \tag{7.98}$$

$$V_{\text{L}_{\text{leak}}} = V_{\text{in}} \frac{L_{\text{leak}}}{L_{\text{p}} + L_{\text{leak}}} \tag{7.99}$$

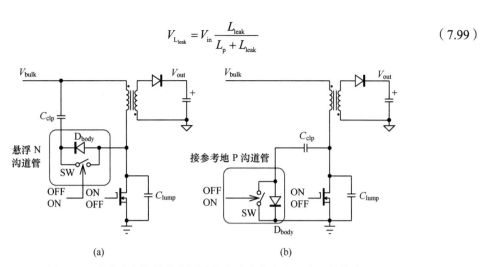

图 7.47　反激式变换器的有源钳位电路由电容和双向开关构成

当峰值电流达到由反馈环产生的设置点（$I_{\text{L,peak}} = I_{\text{peak}}$），功率开关导通，磁化电流向滤波电容充电。观察图 7.48 中的图（2），漏极电压立即上升，上升速率由式（7.100）给出：

$$\frac{\text{d}v_{\text{DS}}(t)}{\text{d}t} = \frac{I_{\text{peak}}}{C_{\text{lump}}} \tag{7.100}$$

该电压增加直到达到钳位电容两端电压 V_{clamp} 与输入电压 V_{in} 之和。此时，上部开关体二极管开始导通，这就是图 7.48 中图（3）描述的结果。由于滤波电容比钳位电容小许多，滤波电容的分流作用可以忽略，认为所有磁化电流流过 C_{clamp}。值得注意的是，在开关把 C_{lump} 和由 $L_{\text{leak}} + L_{\text{p}}$ 构成的总电感连通时出现谐振过渡，但由于持续时间短，观察到的波形几乎是线性的。

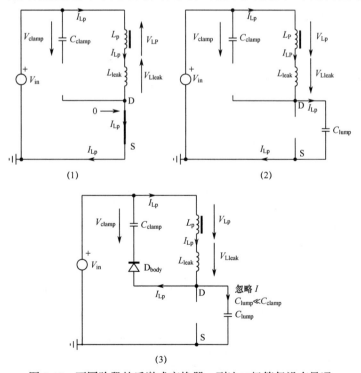

图 7.48　不同阶段的反激式变换器。副边二极管仍没有导通

钳位电容固定了电感 $L_{leak}+L_p$ 两端的电压，两个电感起到了电压分压器的作用。电压分压值为

$$V_{L_p} = -V_{clamp} \frac{L_p}{L_p + L_{leak}} \qquad (7.101)$$

当原边电压完全反向至副边二极管导通时，可观察到图 7.49 的图（4），由于体二极管导通（$V_{DS}=0$），受益于零电压工作条件，高压侧 SW 开关可安全导通。因此需要一个小延迟以便使体二极管在上部开关导通之前导通。原边电流的衰减斜率由折算电压产生，即

$$S_{off} = -\frac{V_{out} + V_f}{NL_p} \qquad (7.102)$$

漏电感与钳位电容产生谐振并出现正弦波形。谐振频率取决于漏电感与钳位电容（忽略滤波电容），即

$$f_{reso1} = \frac{1}{2\pi\sqrt{L_{leak}C_{clamp}}} \qquad (7.103)$$

副边电流为由原边电感产生的线性电流［见式（7.102）］和由漏电感产生的正弦波电流之差，即

$$i_d(t) = \frac{i_{L_p}(t) - i_{L_{leak}}(t)}{N} \qquad (7.104)$$

在经典反激式变换器中，该时间段由于想让漏电感复位尽可能快，将只保持很短时间，此时漏电感分流电流。相反，在有源钳位技术中，漏电感在整个截止时间分流电流，使副边二极管很平缓导通。

当谐振电流波形达到 0，电流方向反向并流向另一方向。之所以能这样，是由于上部开关的存在，该开关在该阶段保持闭合状态，如图 7.49 的图（5）所示。在某个时间，漏电感电流将达到负峰值。此时存储的能量可简单地表示为

$$E_{L_{leak}} = \frac{1}{2}L_{leak}I_{peak}^2 \qquad (7.105)$$

如果断开上部开关，漏电感电流仍然朝同一方向流动，但通过滤波电容返回，产生新的谐振

$$f_{reso2} = \frac{1}{2\pi\sqrt{L_{leak}C_{lump}}} \qquad (7.106)$$

流经滤波电容的电流是由电容放电产生的。在周期的四分之一处电压最小。因此，如果加入延迟使该电压幅度达到谷点，可以确保功率 MOSFET 零电压开关工作。该延迟应调节为

$$t_{del} = \frac{2\pi\sqrt{L_{leak}C_{lump}}}{4} = \frac{\pi}{2}\sqrt{L_{leak}C_{lump}} \qquad (7.107)$$

滤波电容电压成为 0 的条件为：开关断开时存储在漏电感中的能量［见式（7.105）］等于或超过存储在滤波电容的能量，表示为

$$\frac{1}{2}L_{leak}I_{peak}^2 \geqslant \frac{1}{2}C_{lump}\left[V_{in} + \frac{V_{out}+V_f}{N}\right]^2 \qquad (7.108)$$

利用该式，可以求得谐振时的漏电感值为

$$L_{leak} \geqslant \frac{C_{lump}\left(V_{in} + \dfrac{V_{out}+V_f}{N}\right)^2}{I_{peak}^2} \qquad (7.109)$$

上式中，开关断开时的峰值电流可用控制器在导通时间结束时的峰值电流来近似。实际上，假设有阻尼行为（欧姆损耗），最后的值与该值稍有不同。如果在上部开关断开期间电流值太低，因为式（7.108）不再满足，滤波电容电压不能适当地放电到零。为求解该问题，需要插入一个与变压器原边串联的电感，人为增加漏电感项；或减弱原边绕组和副边绕组之间的耦合，如使用不同的绕线筒结构。式（7.109）中的峰值电流可由第 5 章中降压变换器一节中的式（5.106）和式（5.107）推导得到。合并这两个式可得到该峰值电流定义

$$I_{peak} \approx I_{L,avg} + \frac{\Delta I_{L_p}}{2} = P_{out}\left(\frac{1}{\eta V_{in}} + \frac{N}{V_{out}}\right) + \frac{V_{in}D}{2L_pF_{sw}} \quad (7.110)$$

由于漏电感已由定义给出，可以计算钳位电容值。该电容值与高输入电压下的截止持续时间有关，而谐振周期的一半始终大于最大截止持续时间。否则，在谐振波形的负峰不再对应于上部开关断开时间，式（7.108）描述的关系不再成立。因此，该设计遵循

$$\frac{t_{res1}}{2} \geq (1-D_{min})T_{sw} \quad (7.111)$$

把式（7.103）的 t_{res1} 定义代入上式并求钳位电容值，得到

$$\pi\sqrt{L_{leak}C_{clamp}} \geq (1-D_{min})T_{sw} \quad (7.112)$$

$$C_{clamp} \geq \frac{(1-D_{min})^2}{F_{sw}^2\pi^2L_{leak}} \quad (7.113)$$

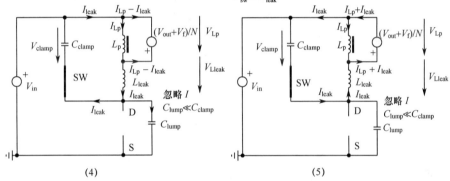

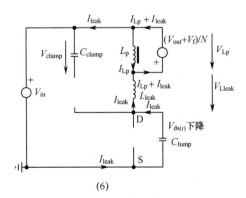

图 7.49　当副边二极管导通，原边电感 L_p 两端电压等于折算电压

7.10.1　设计举例

为利用上述等式，下面用仿真例子来检验前面的假设。我们可以从在最初的反激式变换器设

计中加入钳位技术开始。只要认为漏电感项与磁化电感相比可以忽略，具有有源钳位和没有有源钳位的反激式工作变换器的设计过程差别很小。

$$L_{\text{leak}} \ll L_{\text{p}} \tag{7.114}$$

参考文献[6]计算了无有源钳位反激式变换器的占空比，并与存在有源钳位反激式变换器的占空比做了比较。它们的差别保持在几个百分比。然而，变化多少与开关断开时漏极电压的偏移量有关。在常规应用经典 RCD 钳位网络的反激式变换器中，理论上漏极阻断电压为

$$V_{\text{DS}} = V_{\text{in}} + V_{\text{clamp}} \tag{7.115}$$

应用有源钳位，在谐振时漏电感两端产生的电压与式（7.115）中的前两项串联。因此，偏移量遵循下式[6]：

$$V_{\text{DS}} \approx V_{\text{in}} + \frac{V_{\text{out}} + V_{\text{f}}}{N} + \frac{2L_{\text{leak}} P_{\text{out}} F_{\text{sw}}}{\eta V_{\text{in,max}} D_{\text{min}} (1 - D_{\text{min}})} \tag{7.116}$$

正常的过程是首先确定想要的漏源偏移量（给定所选的 MOSFET），然后计算其余元件。遗憾的是，漏电感项始终出现在式（7.116）中。然而，如式（7.114）描述的那样，可以任意选择漏电感值为磁化电感值的 10%并寻求匝数比与 MOSFET 击穿电压的关系。后面，一旦计算得到最后漏电感项，就可以重新检查式（7.116）的结果，如果需要，可寻求其他途径。

我们想设计的反激式变换器的参数如下：

$L_{\text{p}} = 770\ \mu\text{H}$，$L_{\text{leak}} = 12\ \mu\text{H}$，$1{:}N = 1{:}0.166$，$V_{\text{in,max}} = 370\ \text{V dc}$，$V_{\text{in,min}} = 100\ \text{V dc}$

$V_{\text{out}} = 19\ \text{V}$，$I_{\text{out,max}} = 4\ \text{A}$，$P_{\text{out,max}} = 76\ \text{W}$，$F_{\text{sw}} = 65\ \text{kHz}$

$C_{\text{lump}} = 220\ \text{pF}$（按照附录 7A 的原理进行测量）

$\eta = 85\%$（为简化起见，在低输入电压和高输入电压下当作常数）

首先计算占空比的变化为

$$D_{\text{max}} = \frac{V_{\text{out}}}{V_{\text{out}} + N V_{\text{in,min}}} = \frac{19}{19 + 0.166 \times 100} = 0.534 \tag{7.117}$$

$$D_{\text{min}} = \frac{V_{\text{out}}}{V_{\text{out}} + N V_{\text{in,max}}} = \frac{19}{19 + 0.166 \times 370} = 0.236 \tag{7.118}$$

由式（7.110）得出，在高输入电压和低输入电压峰值电流为

$$I_{\text{peak,high-line}} \approx 76 \times \left(\frac{1}{0.85 \times 370} + \frac{0.166}{19} \right) + \frac{370}{2 \times 770\mu \times 65\text{k}} \times 0.236 = 1.8\ \text{A} \tag{7.119}$$

$$I_{\text{peak,low-line}} \approx 76 \times \left(\frac{1}{0.85 \times 100} + \frac{0.166}{19} \right) + \frac{100}{2 \times 770\mu \times 65\text{k}} \times 0.534 = 2.1\ \text{A} \tag{7.120}$$

应用已有信息，可以确定所需的谐振电感为

$$L_{\text{leak}} \geq \frac{C_{\text{lump}} \left(V_{\text{in}} + \dfrac{V_{\text{out}} + V_{\text{f}}}{N} \right)^2}{I_{\text{peak}}^{\ 2}} \geq \frac{220\text{p} \times \left(370 + \dfrac{19 + 1}{0.166} \right)^2}{1.8^2} = 16.3\ \mu\text{H} \tag{7.121}$$

为允许存在一些裕度，加入一与变压器串联的 8 μH 小电感，因为原始漏电感项总和为 12 μH（总 $L_{\text{leak}} = 20\ \mu\text{H}$）。流过所加入漏电感的电流有效值为原边磁化电流和循环钳位电流之和。参考文献[6]给出了在低输入电压下可达到最大值为

$$I_{\text{L}_{\text{leak}},\text{rms}} = \sqrt{ \frac{\left(\dfrac{P_{\text{out}}}{\eta V_{\text{in,min}} D_{\text{max}}} \right)^2 (2D_{\text{max}} + 1) + \dfrac{P_{\text{out}}}{\eta L_{\text{p}} F_{\text{sw}}} (1 - D_{\text{max}}) + \dfrac{1}{4} \left(\dfrac{V_{\text{in,min}} D_{\text{max}}}{L_{\text{p}} F_{\text{sw}}} \right)^2}{3} } = 1.52\ \text{A} \tag{7.122}$$

其最大峰值电流当然类似于式（7.119）和式（7.120）。式（7.123）可计算钳位电容值：

$$C_{clamp} \geqslant \frac{(1-D_{min})^2}{F_{sw}^2 \pi^2 L_{leak}} \geqslant \frac{(1-0.236)^2}{65k^2 \times 3.14^2 \times 20\mu} \geqslant 699\,nF \qquad (7.123)$$

电容额定电压必须超过折算电压和漏电感两端产生的电压之和。应用式（7.116），可简单地忽略第一项，得到

$$V_{C_{clamp},max} \approx \frac{V_{out}+V_f}{N} + \frac{2L_{leak}P_{out}F_{sw}}{\eta V_{in,max}D_{min}(1-D_{min})} = \frac{19+1}{0.166} + \frac{2 \times 20\mu \times 76 \times 65k}{0.85 \times 370 \times 0.236 \times 0.764} = 124\,V \qquad (7.123a)$$

最后，纹波电流在截止时间循环流动并遵循式（7.124）[6]。在最低输入电压下出现最差情况：

$$I_{C_{clamp},rms} = I_{peak,max}\sqrt{\frac{1-D_{max}}{3}} = 2.1\sqrt{\frac{1-0.534}{3}} = 0.83\,A \qquad (7.124)$$

作为最后的检查，通过式（7.116）预测得到电压偏移量为 490 V。MOSFET 击穿电压为 600 V，所以是安全的。

现在已经求得了谐振元件，可以求得在 MOSFET 漏极电压工作于 ZVS 情况下，上部开关断开所需的延迟为

$$t_{del} = \frac{\pi}{2}\sqrt{L_{leak}C_{lump}} = 1.57 \times \sqrt{20\mu \times 220p} = 104\,ns \qquad (7.125)$$

7.10.2　仿真电路

仿真使用的电路如图 7.50 所示。该电路使用了在同步整流应用中的通用控制器。输出 1 驱动主开关，而输出 2 驱动上部开关。由于其源极悬浮，实际电路将需要一个变压器或用安森美半导体公司的高压侧驱动器件 NCP5181。我们移除任何隔离电路来减少电路的复杂性。

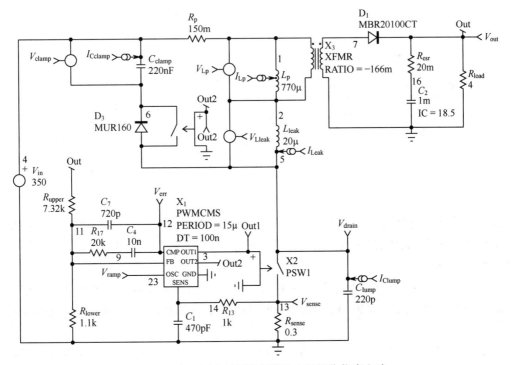

图 7.50　应用同步通用控制器的有源钳位仿真电路

控制器开关频率为 65 kHz，在两个输出之间插入的延迟为 100 ns。理论上，第一个延迟应能独立调节以便使体二极管保证上部开关工作于 ZVS。第二个延迟应能与式（7.125）的结果匹配。实际上，插入类似的时滞没有为电路工作带来问题。图 7.51 所示为在高输入电压下的一系列工作曲线。在该图的上图中看出，在导通期间磁化电流和谐振电流具有相同的形状，但它们在截止期间分开：磁化电流线性减小而漏电流与钳位电容产生谐振。注意到副边二极管电流平滑增加，尽管原边工作于 CCM，而副边看上去好像工作在 DCM。这意味着与类似的无有源钳位 CCM 反激式变换器相比有更高的峰值电流，但二极管中的开关损耗大大减少。中间和最下面的曲线画出了漏极电压，该电压几乎保持在平台区域。在放大图形中，可以清楚地看到只要上部开关断开，谷点发生跳变。在仿真过程中延迟似乎调节得很好。可以通过增加漏电感项，使波形进一步降低。

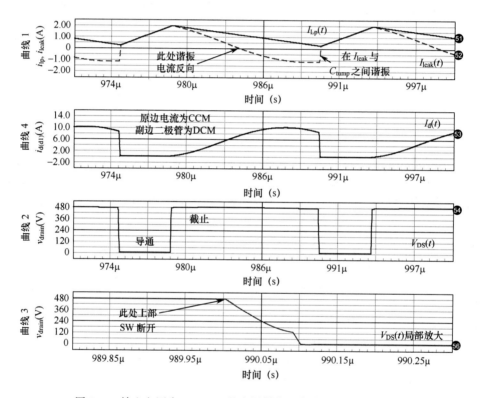

图 7.51　输入电压为 350 V dc 的有源钳位反激式变换器典型波形

图 7.52 主要讨论钳位电压，显示了在变压器磁心复位期间该电压相对保持恒定。下部曲线显示了钳位电容电流，曲线表明在输出 2 对上部开关进行偏置之前，钳位电容电流开始流动，确保开关工作于 ZVS 状态。

图 7.53 所示为钳位电容值变化时的仿真曲线，扫描值为 220 nF、680 nF 和 1 μF。当电容不再满足式（7.123），如 C_{clamp} = 220 nF，主功率 MOSFET 不再在谷点导通。然而，漏极电压偏移量不受影响。

只要钳位电容与折算输出电容相比保持较小值，具有有源钳位的反激式变换器的小信号特性与传统变换器相比变化不大。

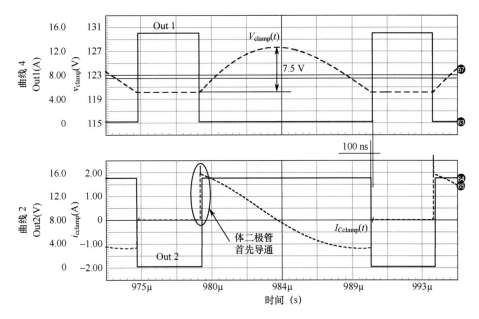

图 7.52　截止期间钳位电容电压没有很大增加

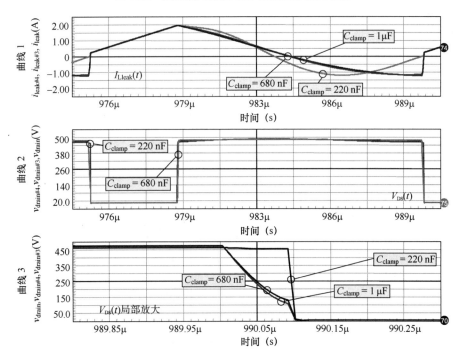

图 7.53　三种钳位电容值（220 nF、680 nF、1 μF）下的扫描结果。如果漏极上最大电压偏移保持不变，在低钳位电容值时，零电压开关（ZVS）工作很容易消失

7.11　反激式拓扑的小信号响应

反激式变换器小信号响应与降压-升压变换器没有什么不同，其动态行为受工作模式（CCM 或 DCM）的影响，也受占空比的描述方式（电压模式或电流模式）的影响。应用 PWM 开关的自触发

模型可探讨工作于不同模式的反激式变换器小信号响应。图 7.54 和图 7.57 描述了在单输出结构中如何连接该模型。该变换器为 6 Ω 负载（3.2 A）提供 19 V 输出电压，并改变与所需模式（CCM 或 DCM）有关的原边电感值。给定输入电压（这里为 200 V），对应工作模式变化时的原边电感值称为临界电感。电感值大于上述值，传输标称功率的变换器工作于 CCM 条件，反之，变换器将进入 DCM 条件。临界电感值可用第 1 章降压-升压变换器一节中的公式求得：

$$L_{p,crit} = \frac{R_{load}}{N^2 2F_{sw}}\left(\frac{1}{1+\frac{V_{out}}{NV_{in}}}\right)^2 = \frac{6}{0.166^2 \times 2 \times 65k}\left(\frac{1}{1+\frac{19}{0.166 \times 200}}\right)^2 = 677\,\mu H \qquad (7.126)$$

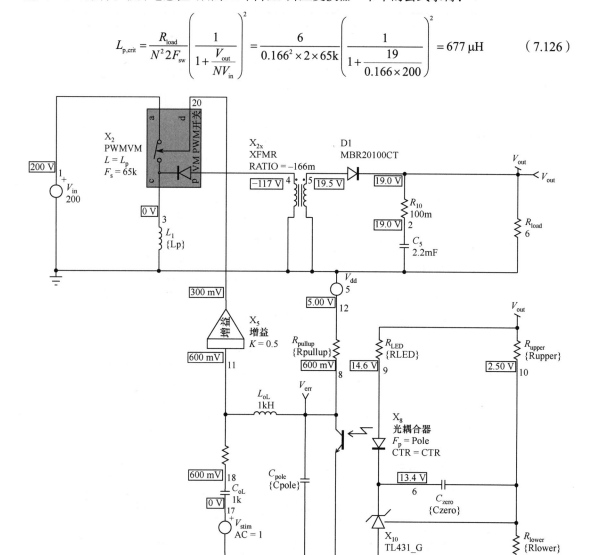

图 7.54　电压模式反激式变换器结构。由 X₅ 带来的–6 dB 增益电路产生峰值为 2 V 的锯齿波，在 DCM 条件下仿真运行后可得到偏置工作点

对于 DCM 变换器，L_p 将固定为 450 μH，而对 CCM 变换器 L_p 为 800 μH。工作于 DCM 和 CCM 两种条件下的电压模式变换器的波特图如图 7.55 所示。在 DCM 条件下，变换器在波特图低频区呈现为一阶系统特性。相位开始下降并到达–90°，但由输出电容 ESR 引入的零点开始作用并努力把相位拉回到 0°。但频率增加时，高频 RHPZ 和极点的综合作用进一步使相位恶化。

当截止频率选在低于作用点的位置时，高频 RHPZ 和极点的作用通常可以忽略。注意第一代模型无法预测高频 RHPZ 和极点的存在。补偿后的结果如图 7.56 所示。

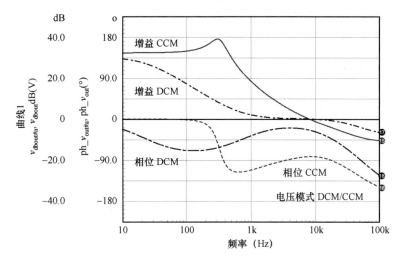

图 7.55　工作于 DCM 或 CCM 电压模式波特图。在同样工作条件下，调节 L_p 来改变模式。
在 CCM，电压模式反激式变换器呈现二阶系统行为，而在 DCM 时降为一阶系统

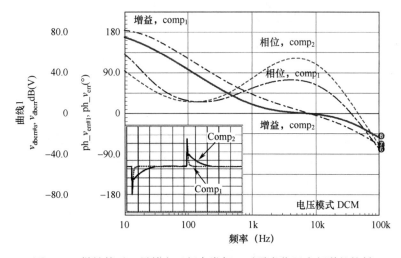

图 7.56　做补偿后，尽管交叉频率类似，对零点位置在频谱的较低
区域的补偿，得到最慢响应（输出电流从 3 A 变到 3.5 A）

　　在电压模式 CCM 条件下，可以观察到由等效电感 L_e 和输出电容产生的谐振峰。这是个二阶系统，在谐振峰处相位恶化。因此，交叉频率 f_c 必须选在该谐振频率的三倍以上，以避免当增益与 0 dB 轴交叉时产生补偿的困难。交叉频率也须低于最差情况下的 RHPZ 频率，以防止加剧相位应力。

　　图 7.57 所示为电流模式结构的同一变换器。移除了调制增益电路，用与前面类似的方式，断开环路。交流仿真分析结果如图 7.58 所示，结果显示在低频区 DCM 和 CCM 工作在波特图上并无很大差别，两种情况都呈现一阶系统行为。然而，当开关频率一半处出现双极点时，CCM 变换器变为三阶系统。必须注意对这些次谐波进行阻尼，否则在占空比大于 50% 时会出现不稳定性。本例中，没有斜坡补偿。

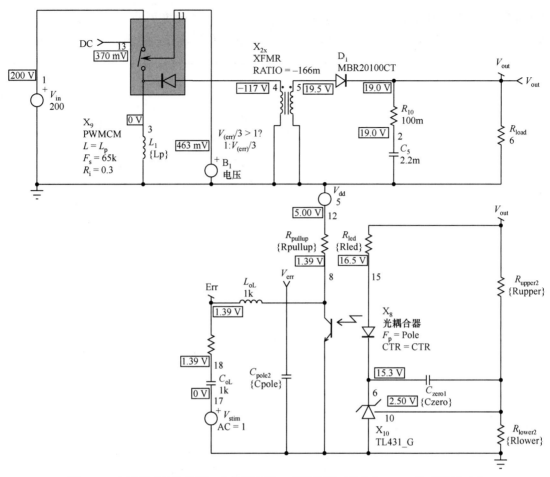

图 7.57 电流模式结构的同一变换器电路。直流偏置工作点与 CCM 仿真结果对应

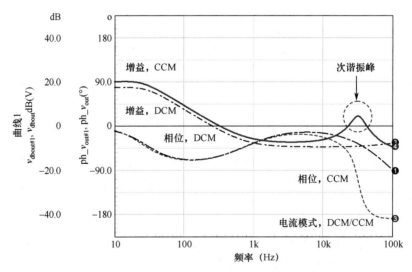

图 7.58 工作于 DCM 或 CCM 的电流模式变换器波特
图。与以前指出的一样，调节 L_p 来改变模式

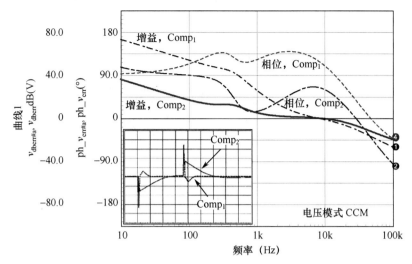

图 7.59 通过改变极点和零点的位置，出现条件稳
定性，它会在一些情况下危害变换器稳定性

7.11.1　DCM 电压模式

按照上述曲线得出，稳定一个工作于 DCM 的电压模式变换器与稳定一个工作于 CCM 的同一变换器相比更容易。这就解释了电压模式电路的模式转换经常会引起稳定问题：一个只能在 DCM 条件下稳定工作的变换器不一定能在 CCM 条件下很好地工作。相反，在 CCM 条件下能稳定工作的变换器，在 DCM 条件下由于过补偿的原因，会表现出较差的性能。下表对电压模式小信号反激式变换器参数做了总结。

电压模式控制

	DCM	CCM
一阶极点	$\dfrac{1}{\pi R_{\text{load}} C_{\text{out}}}$	—
二阶极点	$\dfrac{F_{\text{sw}}}{\pi}\left(\dfrac{1/D}{1+NV_{\text{in}}/V_{\text{out}}}\right)^2$	$\dfrac{1-D}{2\pi N\sqrt{L_{\text{p}}C_{\text{out}}}}$（双）
左半平面零点	$\dfrac{1}{2\pi R_{\text{ESR}} C_{\text{out}}}$	$\dfrac{1}{2\pi R_{\text{ESR}} C_{\text{out}}}$
右半平面零点	$\dfrac{R_{\text{load}}}{2\pi N\dfrac{V_{\text{out}}}{V_{\text{in}}}\left(1+\dfrac{V_{\text{out}}}{NV_{\text{in}}}\right)L_{\text{p}}}$	$\dfrac{(1-D)^2 R_{\text{load}}}{2\pi D L_{\text{p}} N^2}$
$V_{\text{out}}/V_{\text{in}}$ 直流增益	$V_{\text{out}}/V_{\text{in}}$	$V_{\text{out}}/V_{\text{in}}$
$V_{\text{out}}/V_{\text{error}}$ 直流增益 G_0	$\dfrac{V_{\text{in}}}{V_{\text{peak}}}\sqrt{\dfrac{R_{\text{load}}}{2L_{\text{p}}F_{\text{sw}}}}$	$\dfrac{NV_{\text{in}}}{(1-D)^2 V_{\text{peak}}}$
占空比 D	$\dfrac{V_{\text{out}}}{V_{\text{in}}}\sqrt{\dfrac{2L_{\text{p}}F_{\text{sw}}}{R_{\text{load}}}}$	$\dfrac{V_{\text{out}}}{V_{\text{out}}+NV_{\text{in}}}$
品质因数 Q		$\dfrac{(1-D)R_{\text{load}}}{N}\sqrt{C_{\text{out}}/L_{\text{p}}}$

表中，D 表示占空比；F_{sw} 表示开关频率；R_{ESR} 表示输出电容等效串联电阻；M 表示变换比，$M=V_{\text{out}}/(NV_{\text{in}})$；$L_{\text{p}}$ 表示原边电感；R_{load} 表示输出负载；$N=N_{\text{s}}/N_{\text{p}}$ 表示变压器匝数比；V_{peak} 表示 PWM 锯齿波幅度。

我们已经得到了能稳定工作的所有变换器，交叉频率为 8 kHz，相位裕度为 70°。在输入电压恒定为 200 V，负载在 5 Ω（3.5 A）和 6 Ω（3 A）之间变化时，稳定 DCM 电压模式变换器相当容易。首先，需要计算工作模式固有的极点位置：

$$f_{\text{pl,min}} = \frac{1}{\pi R_{\text{load,min}} C_{\text{out}}} = \frac{1}{3.14 \times 5 \times 2.2\text{m}} = 29\ \text{Hz} \tag{7.127}$$

$$f_{\text{pl,max}} = \frac{1}{\pi R_{\text{load,max}} C_{\text{out}}} = \frac{1}{3.14 \times 6 \times 2.2\text{m}} = 24\ \text{Hz} \tag{7.128}$$

假设电容 ESR 在 50~100 mΩ 之间变化，则零点的位置为

$$f_{\text{zl,max}} = \frac{1}{2\pi R_{\text{ESR,min}} C_{\text{out}}} = \frac{1}{6.28 \times 50\text{m} \times 2.2\text{m}} = 1.447\ \text{kHz} \tag{7.129}$$

$$f_{\text{zl,min}} = \frac{1}{2\pi R_{\text{ESR,max}} C_{\text{out}}} = \frac{1}{6.28 \times 100\text{m} \times 2.2\text{m}} = 723\ \text{Hz} \tag{7.130}$$

因此，求得高频 DCM RHPZ 频率为

$$f_{\text{z2}} = \frac{R_{\text{load}}}{2\pi N \dfrac{V_{\text{out}}}{V_{\text{in}}}\left(1 + \dfrac{V_{\text{out}}}{N V_{\text{in}}}\right) L_{\text{p}}} = \frac{6}{6.28 \times 0.166 \times \dfrac{19}{200}\left(1 + \dfrac{19}{0.166 \times 200}\right) 450\mu} = 85.6\ \text{kHz} \tag{7.131}$$

第二个极点位置与 DCM 占空比有关。由第 5 章推导的方程可以很快得到该值为

$$D = \frac{V_{\text{out}}}{N V_{\text{in}}}\sqrt{2\tau_{\text{L}}} = \frac{19}{0.166 \times 200}\sqrt{2 \times 0.138} = 0.3 \tag{7.132}$$

其中，

$$\tau_{\text{L}} = \frac{L_{\text{p}} N^2}{R_{\text{load}} T_{\text{sw}}} = \frac{450\mu \times 0.166^2}{6 \times 15\mu} = 0.138 \tag{7.133}$$

$$f_{\text{p2}} = \frac{F_{\text{sw}}}{\pi}\left(\frac{1/D}{1 + \dfrac{N V_{\text{in}}}{V_{\text{out}}}}\right)^2 = \frac{65\text{k}}{3.14}\left(\frac{1/0.3}{1 + \dfrac{0.166 \times 200}{19}}\right)^2 = 30.5\ \text{kHz} \tag{7.134}$$

上述等式实际上使用了降压-升压变换器中推导的结果，只是现在等式中包含了计算变压器两边折算参数时用到的匝数比。图 7.54 中的直流工作点确认了该结果。

给定 PWM 锯齿波峰值幅度（本例中为 2 V），可求得 PWM 输入到输出级的直流增益为

$$G_0 = 20\lg\left[\frac{V_{\text{in}}}{V_{\text{peak}}}\sqrt{\frac{R_{\text{load}}}{2 L_{\text{p}} F_{\text{sw}}}}\right] = 20\lg\left[\frac{200}{2}\sqrt{\frac{6}{2 \times 450\mu \times 65\text{k}}}\right] = 30\ \text{dB} \tag{7.135}$$

该值也可通过图 7.55 给出的波特图得到确认。现在所有条件都已经具备，如何对电路进行补偿？可以应用 k 因子，它可以在 DCM 条件下给出合适的结果，也可以手动放置校正极点和零点。观察图 7.55，可以看到 8 kHz 的带宽要求在所有交叉点处无增益。在交叉点处的相位延迟约为 25°。一种可选补偿方案是简单的类型 1 方法。只要交叉点处的相位延迟不超过 40°，类型 1 补偿就能工作，因为该结构没有相位提升。否则，类型 2 补偿通过放置如下的极点和零点能完成该工作：

- 在原点处放一个极点，能给出高直流增益，因此有低直流输出阻抗和良好的直流输入纹波抑制；
- 在低于交叉频率的位置放一个零点能产生所需要的相位提升（通常把位置取为交叉频率的 1/5 处，能得到良好的结果）；

- 在电容 ESR 频率处（f_{z1}）放一极点或在 ESR 值太低时，将极点放置在开关频率的一半处。在本例中，置于 20 kHz 处。

k 因子在 7 kHz 处放一个零点，在 8.7 kHz 处放一个极点。跟我们已经看到的一样，把这些极点和零点分散开来（把零点推到频谱的更低频区域）能增加相位提升量，但最终会使瞬态响应性能变差。记住，开环补偿零点在闭环系统中会变成极点。为显示该结论，图 7.56 画出了补偿后的波特图，零极点位置如下：

① 补偿 1 零点置于 7 kHz，极点置于 8.7 kHz；

② 补偿 2 零点置于 2 kHz，极点置于 20 kHz。

在两种情况下，交叉频率为 8 kHz，但补偿 1 给出的相位裕度为 70°，而补偿 2 的相位裕度增加到 115°。图 7.56 给出的瞬态响应就其自身而言是最慢的响应。总之，不要过补偿该环路以便得到最大的相位裕度。将相位裕度保持在 70°～80° 附近，避免在最差情况下相位裕度低于 45°。当然，需要对所有的寄生参数（如 ESR）和工作条件（输入电压和输出负载）进行扫描，来探讨这些条件对相位裕度的影响。然后，必要的补偿可使电路在最差情况下保持稳定。

7.11.2　CCM 电压模式

把原边电感增加到 800 μH，如式（7.126）计算的那样，能确保变换器进入 CCM 工作。与前面所做的一样，选择交叉频率为 8 kHz。然而，在 CCM 降压-升压、升压、反激式变换器中，限制带宽的因数是右半平面零点位置。与我们解释的一样，零点使增益提高并对相位进行抑制而不是提升，与传统左半平面（LHPZ）零点所做的一样。或者说，稳定一右半平面零点进入交叉频率内的变换器是危险的。由于这一理由，建议计算最低 RHPZ 位置并选择交叉频率为最低 RHPZ 位置的 20%～30%。本例中，运行该电路并对所有极点和零点位置进行评估，与 DCM 情况下所做的一样。

首先计算在输入电压为 200 V 时的占空比为

$$D = \frac{V_{\text{out}}}{V_{\text{out}} + NV_{\text{in}}} = \frac{19}{19 + 0.166 \times 200} = 0.36 \quad (7.136)$$

右半平面零点位置可应用下式推导得到：

$$f_{z2} = \frac{(1-D)^2 R_{\text{load}}}{2\pi D L_p N^2} = \frac{(1-0.36)^2 \times 6}{6.28 \times 0.36 \times 800\mu \times 0.166^2} = 49.3 \text{ kHz} \quad (7.137)$$

在该情况下，上述值的 20% 约为 10 kHz。因此，选交叉频率为 8 kHz 仍存在足够的裕度。

已知，工作于 CCM 的反激式变换器出现的峰值与任何二阶变换器一样。由 L_s 和 C_{out} 谐振引入的双极点位置为

$$f_{p1,2} = \frac{1-D}{2\pi N \sqrt{L_p C_{\text{out}}}} = \frac{1-0.36}{6.28 \times 0.166 \times \sqrt{800\mu \times 2.2\text{m}}} = 463 \text{ Hz} \quad (7.138)$$

为形成当频率接近上述双极点时相位如何下降的概念，可以计算品质系数 Q，其值为

$$Q = \frac{(1-D)R_{\text{load}}}{N} \sqrt{\frac{C_{\text{out}}}{L_p}} = \frac{(1-0.36) \times 6}{0.166} \times \sqrt{\frac{2.2\text{m}}{800\mu}} = 38.4 \text{ 或 } 31.6 \text{ dB} \quad (7.139)$$

然而，给定由二极管动态电阻和电容等效串联电阻带来的阻尼，品质系数降到 4 dB，如图 7.55 所示。

输出电容也带来一个零点，其位置类似于 DCM 情况，由式（7.129）和式（7.130）给出。控制输出链路的直流增益为

$$G_0 = 20\lg\left[\frac{NV_{in}}{(1-D)^2 V_{peak}}\right] = 20\lg\left[\frac{0.166 \times 200}{(1-0.37)^2 \times 2}\right] = 32.4 \text{ dB} \qquad (7.140)$$

工作于电压模式 CCM 反激式变换器的补偿要求类型 3 补偿网络。谐振频率处的双极点局部地抑制相位,要求刚好在最差谐振位置放置双零点。可能的放置位置如下:

- 在原点处放一个极点,能给出高直流增益,因此有低直流输出阻抗和良好的直流输入纹波抑制;
- 在由式(7.138)给出的谐振频率处放置双零点;
- 在电容 ESR 频率(f_{z1})处或在 RHPZ 处或在开关频率一半处放置一个极点。在目前情况下,RHPZ 出现在 49 kHz,因此在开关频率一半处放置一个极点是一种可行的选择;
- 第三个极点放置位置与上面解释的一样。本例中,也把第三个极点放置在开关频率一半处。

可以将该结果与 k 因子所得结果相比较,已知在 CCM 条件下效率较低。k 因子推荐将双零点放置于 3.7 kHz,双极点置于 18 kHz。k 因子方案给出的双零点位置较高,能得到更快的响应。总结如下:

① 交叉频率为 8 kHz;
② 补偿 1 把双零点置于 3.7 kHz,双极点置于 18 kHz(k 因子);
③ 补偿 2 把双零点置于谐振频率处,双极点置于开关频率的一半处。

图 7.59 画出了所得到的补偿后的波特图,左下角窗口显示了瞬态响应。与第 3 章中看到的一样,k 因子瞬态响应较快。然而,在 1 kHz 周围观察到宽条件稳定区。在该区域增益裕度仍有约 20 dB,但有些客户决不接受条件稳定区。双零点的位置刚好放在谐振频率处,给出了相当大的相位提升,但遗憾的是,使低频区的增益下降。比较图 7.59 和图 7.56,可以看到尽管工作模式不同,但其瞬态响应非常相似。然而,补偿 2 的 CCM 条件下电路的恢复比 DCM 条件下电路的恢复稍慢些。

本例中,应用了基于 TL431 的类型 3 补偿电路。为灵活起见,我们不推荐在电压模式 CCM 结构中使用 TL431。因为 LED 串联电阻对增益和其他的极-零点位置起作用,使合并零-极点位置和提供所需的合适偏置电流变得困难。如果确实需要 TL431 类型 3,请参考文献[14]。

7.11.3 DCM 电流模式

工作于电流模式反激式变换器可能是使用最广的变换器。由于它的一阶性能和内在的逐周电流保护,该类变换器便于设计并容易使电源工作稳定。对低频区的一阶性能补偿简单,变压器的输入抑制性能优越。与电压模式一样,当变换器从一种模式过渡到另一种模式时,极点和零点位置发生变化。下表对极点和零点位置做了总结。

电流模式控制

	DCM	CCM
一阶极点	$\dfrac{1}{\pi R_{load} C_{out}}$	$\dfrac{\dfrac{D'^3}{\tau_L}\left(1 + 2\dfrac{S_e}{S_n}\right) + 1 + D}{2\pi R_{load} C_{out}}$
二阶极点	$\dfrac{F_{sw}}{\pi}\left(\dfrac{1/D}{1 + NV_{in}/V_{out}}\right)^2$	—
左半平面零点	$\dfrac{1}{2\pi R_{ESR} C_{out}}$	$\dfrac{1}{2\pi R_{ESR} C_{out}}$

（续表）

	DCM	CCM
右半平面零点	$\dfrac{R_{\text{load}}}{2\pi N\dfrac{V_{\text{out}}}{V_{\text{in}}}\left(1+\dfrac{V_{\text{out}}}{NV_{\text{in}}}\right)L_p}$	$\dfrac{(1-D)^2R_{\text{load}}}{2\pi DL_pN^2}$
$V_{\text{out}}/V_{\text{in}}$ 直流增益	—	$MN\dfrac{\dfrac{D'^2}{\tau_L}\left(M-2\dfrac{S_e}{S_n}\right)-M}{\dfrac{D'^2}{\tau_L}\left(1+2\dfrac{S_e}{S_n}\right)+2M+1}$
$V_{\text{out}}/V_{\text{error}}$ 直流增益 G_0	$\dfrac{V_{\text{in}}}{\text{Div}}\sqrt{\dfrac{R_{\text{load}}F_{\text{sw}}}{2L_p}}\dfrac{1}{S_e+S_n}$	$\dfrac{R_{\text{load}}}{\text{Div}R_iN}\dfrac{1}{\dfrac{D'^2}{2\tau_L}\left(1+2\dfrac{S_e}{S_n}\right)+2M+1}$
占空比 D	$\dfrac{V_{\text{out}}}{V_{\text{in}}}\sqrt{\dfrac{2L_pF_{\text{sw}}}{R_{\text{load}}}}$	$\dfrac{V_{\text{out}}}{V_{\text{out}}+NV_{\text{in}}}$

表中，D 表示占空比；F_{sw} 表示开关频率；R_{ESR} 表示输出电容等效串联电阻；$M=V_{\text{out}}/(NV_{\text{in}})$ 表示变换比；L_p 表示原边电感；R_{load} 表示输出负载；$N=N_s/N_p$ 表示变压器匝数比；$\tau_L=L_pN^2/R_{\text{load}}T_{\text{sw}}$；$S_n=V_{\text{in}}R_{\text{sense}}/L_p$ 表示导通期间斜率，单位为 V/s；S_e 表示外部补偿斜坡斜率，单位为 V/s；R_i 表示原边检测电阻；Div 是电流检测引脚和比较器间的分压比，如对 UC384x 而言为 3。

DCM 电源具有上述同样的值，只是现在电源工作在检测电阻 R_i 为 300 mΩ 的电流模式。低频极点和零点占据 DCM 电压模式变换器中对应的位置。式（7.127）～式（7.134）仍然成立。然而，直流增益会变化并遵循

$$G_0=20\lg\left[\frac{V_{\text{in}}}{\text{Div}}\sqrt{\frac{R_{\text{load}}F_{\text{sw}}}{2L_p}}\frac{1}{S_e+\dfrac{V_{\text{in}}}{L_p}R_i}\right]=20\lg\left[\frac{200}{3}\sqrt{\frac{6\times65k}{2\times450\mu}}\times\frac{1}{0+\dfrac{200}{450\mu}\times0.3}\right]=20.3\text{ dB}\qquad(7.141)$$

此外，波特图看上去与电压模式 DCM 变换器很像，电压模式 DCM 变换器要求放大器类型 1 或类型 2，采用何种放大器取决于交叉频率处的 ESR 值。式（7.141）和仿真增益之间的增益差与电流模式控制器的内部结构有关。图 7.60 给出了 UC384X 的内部结构，看到在两个串联二极管之后存在一个除 3 除法器。这就是 dc 增益方程中的 Div 项。从图 7.58 中可看到除法器产生 9.5 dB 的插入损耗。在 NCP120X 系列中，反馈网络经过四分之一分压。两个串联二极管确保设置点降到 0，即使运算放大器下偏移量不为 0。当光耦合器直接连接到比较器（CMP）引脚并呈现出饱和电压（如图 7.61 所示）时，两个串联二极管确保同样的零设置点。补偿方法遵循 DCM 电压模式要求。我们分别在类似的位置（2 kHz 和 20 kHz）放置补偿零点和极点。图 7.62 显示了补偿后的波特图及瞬态响应，发现电流模式和电压模式响应很难区分。

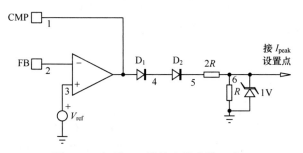

图 7.60　包括 1 V 钳位电路和除 3 分压电路的 UC384X 内部结构

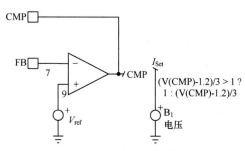

图 7.61　UC384X 控制器反馈电路的 SPICE 实现

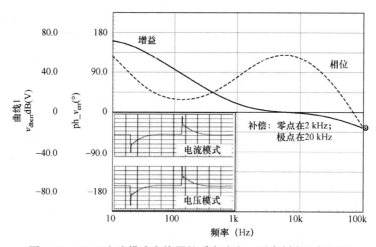

图 7.62　DCM 电流模式变换器的瞬态响应，图中刻度比例相同

7.11.4　CCM 电流模式

电流模式 CCM 变换器，与 CCM 电压模式一样，RHPZ 实际上降低了可能的带宽。式（7.137）在 RHPZ 位于 50 kHz 时保持有效。然而，此时由于没有谐振频率，不需要放置双零点。

主极点的位置移动与补偿斜坡有关，其位置由下式确定：

$$f_{p1} = \frac{\dfrac{D'^3}{\tau_L}\left(1 + 2\dfrac{S_e}{S_n}\right) + 1 + D}{2\pi R_{load} C_{out}} \qquad (7.142)$$

在式（7.142）中，占空比由式（7.136）定义并限制在 36% 之内。由于电路工作在 CCM 条件，存在次谐波极点，电路需要注入斜坡补偿。经过简单的运算可以评估位于开关频率一半处的双极点的品质系数。如果回到第 2 章，没有补偿斜坡（$S_e = 0$），则有

$$Q = \frac{1}{\pi\left(D'\dfrac{S_e}{S_n} + \dfrac{1}{2} - D\right)} = \frac{1}{3.14 \times (0.5 - 0.36)} = 2.3 \qquad (7.143)$$

该结果表明，对次谐波极点进行阻尼会使品质系数低于 1。求 S_e 得到

$$S_e = \frac{S_n}{D'}\left(\frac{1}{\pi} - 0.5 + D\right) = \frac{V_{in} R_i}{L_p D'}\left(\frac{1}{\pi} - 0.5 + D\right) = \frac{200 \times 0.3}{850\mu \times (1 - 0.36)}\left(\frac{1}{3.14} - 0.5 + 0.36\right) = 19.6\,\text{kV/s} \qquad (7.144)$$

对变换器要做多少补偿？补偿斜率 19 kV/s 足够了吗？对斜坡幅度进行扫描给出了不同的响应，如图 7.63 所示。不加任何补偿，可以看到峰值出现在 0 dB 轴上方。如果不能适当解决，该峰值将危害补偿后的增益裕度。当加入外部斜坡补偿，峰值降低，在注入更多的斜坡补偿后情况得到改善。然而，请记住，对变换器做过补偿并不是万能的，因为过补偿后，电路性能会接近电压模式电路。

19 kV/s 的斜坡意味着在导通期间的起始点从 0 开始并在 15 μs 后达到 285 mV。在下个例子中将会看到如何设计这样的斜坡。在该模型中，设定 S_e 为 19 kV/s 并做补偿。图 7.64 所示为补偿后的小信号波特图及阶跃响应。补偿与 DCM 电流模式变换器情况类似：2 kHz 频率处放置一零点，20 kHz 频率处放置一极点（使用补偿 2 方法）。尽管工作在 CCM，阶跃响应与 DCM 情况十分接近。在低频区域没有双零点显然也能很好工作。在使用 k 因子时推荐使用补偿 1 方法，并在相似位置放置零点和极点，实际上相互抵消。简单地在原点处放置一极点，电路就成为补偿器类型 1。补偿结果显示在图 7.64 的波特图中。

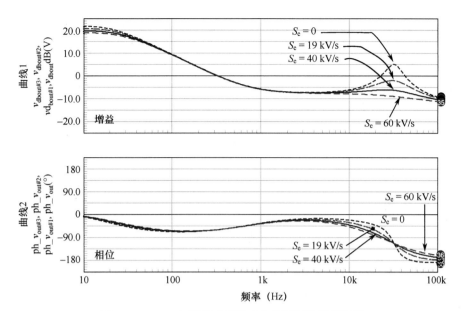

图 7.63　CCM 电流模式反激式变换器斜坡补偿效果

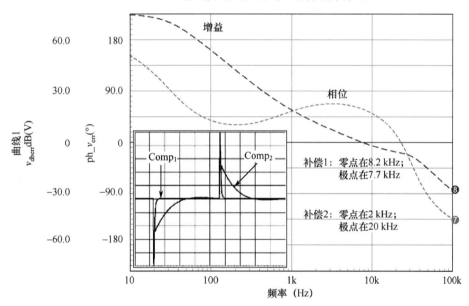

图 7.64　电流模式 CCM 补偿反激式变换器的瞬态响应与 DCM 情况几乎一样

为更好地进行小信号描述，我们将上述观察总结如下：

- CCM 反激式变换器与 DCM 反激式变换器相比要求更大的原边电感；
- 工作于电压模式或电流模式的 CCM 反激式变换器受相同的 RHPZ 影响，它们会限制许可的交叉频率；
- CCM 电压模式反激式变换器需要放置双零点来对抗在谐振点的相位延迟，显然瞬态响应也受到影响；
- 电压模式 CCM 反激式变换器可应用补偿放大器类型 3 来稳定，但经典 TL431 结构不很适合用来实现这种补偿；
- 相反，CCM 电流模式反激式变换器可简单地用放大器类型 2 做补偿；

- 补偿后 DCM 电压模式反激式变换器进入 CCM 条件时，容易产生振荡。假设右半平面零点离交叉频率足够远，DCM 电流模式反激式变换器对模式转换的敏感性降低；
- 占空比接近 50%（或超过 50%）的 CCM 电流模式反激式变换器需要斜坡补偿来避免次谐波振荡。然而，在某些情况下，在占空比低于 35%时，要强制进行斜坡补偿，即始终计算与双零点相关的品质系数来检查补偿的必要性。

7.12 反激式变换器的实际考虑

在给出如何设计反激式变换器前，需要涉及几个实际考虑，如启动或控制器的辅助电源。

7.12.1 控制器的启动

当把电源输入端与市交流电相连，滤波电容立即充电至输入电压的峰值（产生浪涌电流）。由于控制器工作于低电压（通常低于 20 V dc），不能直接由滤波电容供电，必须加入启动电路。图 7.65 显示了在市场上可找到的不同方案。

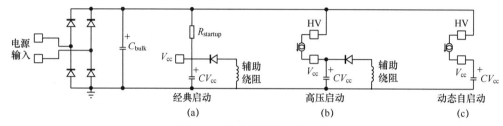

图 7.65　几种可行的启动方案

从图 7.65 中可以看到一些初始能量由 V_{cc} 电容提供，该电容由启动电阻充电。在上电时，当电容器完全放电，控制器消耗为 0，不产生任何驱动脉冲。当 V_{cc} 增加，消耗的电流保持在低于保障限制值以下，直至电容上的电压达到某一值。该电压值经常称为 V_{CCon} 或 $UVLO_{high}$（欠压锁定），具体名称会由于制造商的不同而不同，该电压值确定控制器开始给功率 MOSFET 输出脉冲的点。该点处消耗突然增加，电容存储的能量耗散。电容两端电压下降直到由外部电压源（即辅助绕组电压）接收并为控制器提供电源。电容所存储的能量必须能为控制器提供足够长时间的能量，以便使辅助电路及时接替工作。如果电容不能把 V_{cc} 电压维持足够高（因为电容值小或辅助电源还没有提供电压），电容电压会下降到称为 $UVLO_{low}$ 或 $V_{CC(min)}$ 的电压值。该点处，控制器认为电源电压太低并停止所有工作。该安全值能确保：

① MOSFET 能接收足够大幅度脉冲以确保有良好的 $R_{DS(on)}$。

② 控制器内部逻辑电路在可靠条件下工作。当达到 $UVLO_{low}$ 电压值，控制器回到原始低消耗模式，由于启动电阻的存在，尝试做另一次启动。如果没有辅助电压，如存在辅助二极管断路或输出短路，电源进入呃逆模式（或自启动模式），此时电源产生几毫秒的时间（该时间对应于电容电压从 $UVLO_{high}$ 降到 $UVLO_{low}$ 的时间），等待电容再充电，然后做下一次启动尝试等。在启动阶段，峰值电流通常限制到最大值，一般是检测电阻两端电压为 1 V 时产生的电流，每次控制器产生脉冲时都能听到变压器噪声。该噪声由磁材料机械谐振及高电流脉冲引起的电激励产生（记住拉普拉斯定律）。

图 7.66 所示为电源启动阶段的示波器波形。可以看到电压上升直到控制器工作电压。在该点，电压与期望的那样下降直至辅助电压起供电作用。图 7.67 显示了在没有辅助电压时的同一曲线：控制器不能维持 V_{cc} 电压并进入呃逆模式。可以想象，在输入电压最低（滤波电容上纹波最大）

和最高输出电流的条件下，产生最差启动条件。在辅助绕组起作用点和UVLO$_{low}$点之间必须存在足够的裕度（以应对温度变化范围及随电容老化所引起的电容值的变化）。

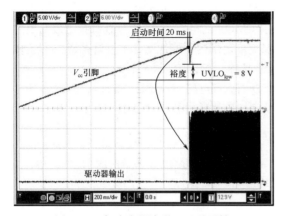

图 7.66 启动阶段波形，显示了辅
助绕组约在 20 ms 起作用

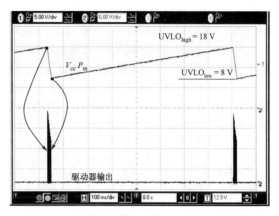

图 7.67 没有辅助绕组的同一个电源启动波形

7.12.2 启动电阻设计举例

图 7.68 所示为在不同阶段启动电阻和 V_{cc} 电容之间的分流情况。图 7.69 详细画出了相关的定时图形。

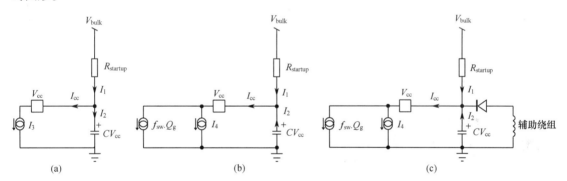

图 7.68 启动的三个组成阶段

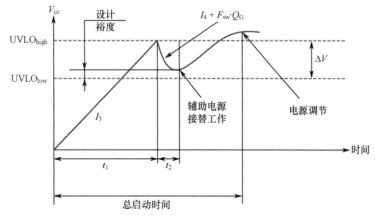

图 7.69 启动阶段的定时图形

（1）在 t_1 的起始点，用户接上交流电源：启动电阻产生电流给电容充电并为控制器提供电源。假设芯片完全工作于切断模式，输入电流 I_{CC} 等于 I_3。实际上，存在一内部比较器和参考电压并检测 V_{cc} 引脚的电压；因此，有一些电流流过芯片。该电流值与采用的技术有关，可从 1 mA（如 UC384X 双极型控制器）到几十微安（如最近的基于 CMOS 的电路）。应始终查看数据表给出的最大启动电流而不是其典型值。确保能在两个极端温度值范围内很好地工作（忽略典型 25℃ 工作温度）。在本例中，把该电流定为 1 mA 并认为当 V_{cc} 升高时，该电流值恒定。

（2）当 V_{cc} 电容上的电压达到 $UVLO_{high}$，控制器使所有内部电路（如带隙、偏置电流等）工作并开始输出驱动脉冲：开始 t_2 阶段。电流消耗值增加为 I_4，该消耗由芯片自然消耗加上由 MOSFET 驱动脉冲（忽略驱动开关损耗）产生的电流组成：

$$I_{CC} = I_4 + Q_G F_{sw} \qquad (7.145)$$

式中，I_4 表示控制器工作时的消耗电流；Q_G 表示 MOSFET 的最大栅极电荷（单位为 nC）；F_{sw} 表示控制器开关频率。

对于 UC34X，I_4 高达 17 mA。为比较起见，来自安森美公司的 NCP1200 在启动时电流消耗为 1 mA。Q_G 参数与 MOSFET 类型有关。假设 Q_G 等于 35 nC，该值对应于 6 A/600 V 型 MOSFET。假定开关频率为 100 kHz 并忽略驱动开关损耗，在 t_2 阶段控制器的总电流为

$$I_{CC} = I_4 + Q_G F_{sw} = 17m + 35n \times 100k = 20.5 \text{ mA} \qquad (7.146)$$

（3）在 t_2 时间段，忽略由 $R_{start-up}$ 产生的启动电流，V_{cc} 电容本身为控制器提供总电流［在图 7.68(b) 中 I_2 反向］。如果电容太小，芯片电源容易达到 $UVLO_{low}$ 低电压极限，使电源启动失败。电源可能会在几次启动尝试后启动或根本就无法启动。因此，辅助绕组接替电源工作并为控制器自供电所需的时间 t_2 大小是个实质性问题，实验表明，5 ms 的启动时间是合理的时间。从而可以确定包含在式（7.146）中的最小 V_{cc} 电容值、时间 t_2、最大电压摆幅 $\Delta V(UVLO_{high} - UVLO_{low})$。对于 UC3842/44 而言为 6 V：

$$C_{vcc} \geqslant \frac{I_{CC} t_2}{\Delta V} \geqslant \frac{20.5 \times 5m}{6} = 17 \text{ μF} \qquad (7.147)$$

由于元件值存在不可避免的离散性及将来的老化效应，选择电容值为 33 μF，该电容的标称电压与辅助绕组电压变化量有关。

（4）下一步，启动时间。假设电源的技术指标如下：

$V_{in,min} = 85$ V rms，$V_{bulk,min} = 120$ V dc（电源启动前没有纹波）

$V_{in,max} = 265$ V rms，$V_{bulk,max} = 375$ V dc；$F_{sw} = 100$ kHz；最大启动时间 $= 2.5$ s

如果认为总启动时间主要取决于时间 t_1，那么可以计算在小于 2.4 s 内达到 $UVLO_{high}$ 所需的电流，包括 100 ms 的安全裕度：

$$I_{CV_{cc}} \geqslant \frac{UVLO_{high} C_{V_{cc}}}{2.4} = \frac{17 \times 33\mu}{2.4} = 234 \text{ μA} \qquad (7.148)$$

在式（7.148）中，$UVLO_{high}$ 取数据表中的最大值以确保包含所有可能的情况。从该式，需要加入 1 mA 的由控制器确定的启动电流 I_3。因而，启动电阻必须输出的总电流大约达到 1.3 mA。已知最小输入电压有效值为 85 V rms，启动电阻为

$$R_{startup} = \frac{V_{bulk,min} - UVLO_{high}}{1.3m} = \frac{120 - 17}{1.3m} = 79.3 \text{ kΩ} \qquad (7.149)$$

选择电阻值为 82 kΩ。遗憾的是，一旦电源启动，控制器不再需要该电阻。该阻值只以热的形式浪费功率并使电源在轻负载条件的效率大大降低。在这种情况下，该电阻在输入高电压条件下（忽略滤波电容纹波）耗散为

$$P_{R_{\text{startup}}} = \frac{(V_{\text{bulk,max}} - V_{\text{aux}})^2}{R_{\text{startup}}} = \frac{(375 - 15)^2}{82\text{k}} = 1.6\ \text{W} \qquad (7.150)$$

需要连接三个串联 27 kΩ/1 W 电阻来以热的形式耗散并维持其电压。

（5）用计算得到的元件装配电源并在控制器 V_{cc} 引脚连接一探头。给电源提供最低交流输入（这里有效值为 85 V）并给变换器连接技术指标中的最大电流负载。观察启动阶段，可以看到一些与图 7.66 接近的结果。确保在无辅助电压时 V_{cc} 引脚与 UVLO$_{\text{low}}$ 电压值有足够的裕度。

1.6 W 是一个相当可观的功率耗散。此外，启动电阻安装位置与电解电容太近，局部工作温度会增加并缩短该元件的寿命。因为启动电阻而把局部 PCB 板烧毁也是常有的事。存在减少启动电阻的功耗或去掉该电阻的途径吗？答案是两种情况都是可以的。

7.12.3 半波连接

为减少启动电阻耗散，可以把该电阻上端的连接从滤波电容改到二极管桥输入，如图 7.70 所示。

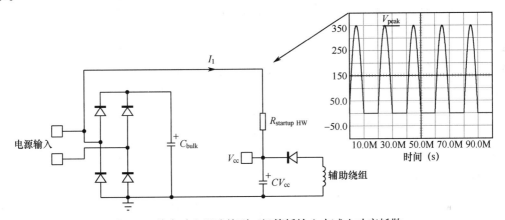

图 7.70　将启动电阻连接到二极管桥输入来减少功率耗散

由于二极管桥的存在，在 $R_{\text{startupHW}}$ 电阻上端点出现半波整流波形。该电阻上的平均电压为

$$V_{R_{\text{startupHW}},\text{avg}} = \frac{V_{\text{ac,peak}}}{\pi} - V_{\text{cc}} \qquad (7.151)$$

式中，$V_{\text{ac,peak}}$ 表示在高输入电压下的交流输入峰值电压。

V_{cc} 电压接近于 UVLO$_{\text{high}}$ 时的充电电流 I_1，表示为

$$I_1 = \frac{V_{\text{ac,peak}}/\pi - \text{UVLO}_{\text{high}}}{R_{\text{startupHW}}} \qquad (7.152)$$

传统滤波电容连接时对应式（7.149），可以重写充电电流表达式为

$$I_1 = \frac{V_{\text{ac,peak}} - \text{UVLO}_{\text{high}}}{R_{\text{startup}}} \qquad (7.153)$$

为得到与通过图 7.70 得到的充电电流相同的结果，合并式（7.152）和式（7.153）并求得 $R_{\text{startupHW}}$ 和 R_{startup} 之间的关系。为简化起见，由于峰值电压比 V_{cc} 大很多，在两个式中忽略 UVLO 项，计算得到

$$R_{\text{startupHW}} = R_{\text{startup}}/\pi \qquad (7.154)$$

接下来可以计算在电阻 $R_{\text{startupHW}}$ 上的功耗并查看半波连接能帮助节约多少功率。需要计算在

两种情况下（半波和滤波器连接）的功耗并与前面所做的那样比较这些结果。当电阻直接连接到滤波电容，再次忽略 V_{cc} 项及滤波电容纹波，电阻耗散为

$$P_{R_{startup}} = V_{ac,peak}^2 / R_{startup} \qquad (7.155)$$

当电阻连接到半波信号，电阻上出现正弦信号，因此有

$$P_{R_{startupHW}} = \frac{1}{T}\int_0^{T/2} i_{R_{startup}}(t) \cdot v_{R_{startup}}(t) \cdot dt = \frac{1}{T}\int_0^{T/2} \frac{V_{ac,peak}}{R_{startupHW}} \sin\omega t \cdot V_{ac,peak} \sin\omega t \cdot dt \qquad (7.156)$$

重新整理式（7.156），由于第二项为有效输入电压的平方，可较快求解上述积分，但只在半个周期内求积分：

$$P_{R_{startupHW}} = \frac{1}{R_{startupHW}} \frac{1}{T}\int_0^{T/2} (V_{ac,peak}\sin\omega t)^2 \cdot dt = \frac{1}{R_{startupHW}} \frac{V_{ac,rms}^2}{2} \qquad (7.157)$$

在式（7.157）中引入峰值表示，最后可表示为

$$P_{R_{startupHW}} = \frac{1}{R_{startupHW}} \frac{\left(V_{ac,peak}/\sqrt{2}\right)^2}{2} = \frac{V_{ac,peak}^2}{4R_{startupHW}} \qquad (7.158)$$

现在，可比较两种情况下（半波和滤波器连接）的功耗，简单地把式（7.155）与式（7.158）相除，得

$$\frac{P_{R_{startup}}}{P_{R_{startupHW}}} = \frac{(V_{ac,peak})^2}{R_{startup}} \frac{4R_{startupHW}}{(V_{ac,peak})^2} = \frac{4R_{startupHW}}{R_{startup}} \qquad (7.159)$$

应用式（7.154），关系式变为

$$\frac{P_{R_{startup}}}{P_{R_{startupHW}}} = \frac{4R_{startup}}{\pi R_{startup}} = \frac{4}{\pi} \approx 1.27 \qquad (7.160)$$

结果发现，如果把半波连接用于最初的滤波器连接启动电路，节约 15% 的功耗。把这一结果用到本设计实例，即

$$R_{startupHW} = \frac{R_{startup}}{\pi} = \frac{82k}{\pi} = 26\ k\Omega \qquad (7.161)$$

根据式（7.158），得到

$$P_{R_{startpHW}} = \frac{V_{ac,peak}^2}{4R_{startupHW}} = \frac{(265\times\sqrt{2})^2}{4\times26k} = 1.35\ W \qquad (7.162)$$

在半桥连接情况下，使用两个 13 kΩ/1 W 串联电阻即可，而直接连接情况下，需要三个 27 kΩ/1 W 串联电阻。因此，肯定减少了热耗散，但最好的方法是把电阻去掉。

7.12.4 启动电阻功耗消除

图 7.71 所示为一种包含双极型三极管或 MOSFET 的有源电流源方案。实际上，晶体管起镇流器作用，其电流受由式（7.149）计算得到的同一电阻限制。辅助电压建立起来后，该电压使晶体管反向偏置，使之与启动电阻断开。晶体管电路中的 D_1 防止过量的基射反向电压。该二极管在 MOSFET 电路中可忽略。在两种情况下，齐纳电压至少选择比与 PWM 控制器相关的最大启动电压 $UVLO_{high}$ 大 2 V：1 V 用于低温时作为 V_{be} 压降，另一个 1 V 作为裕度。在 UC384X 中启动电压为 17 V（UC3842/44）时，选择的齐纳电压为 20 V。

注意，Supertex 公司提供了一个有趣的方案，该方案使用 500 V N 沟道耗尽型 MOSFET LND150（正常工作时处于导通）。Supertex 公司提供的应用文献中描述了新颖的启动控制器的方法，它无须从滤波电容推导偏置电流。

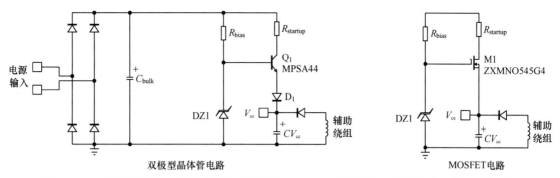

图 7.71　一个简单的基于高压双极型三极管或 MOSFET 的镇流器，它消除了启动电阻的功耗

7.12.5　高压电流源

一些半导体制造商已经引进了一种技术，该技术可以直接连接滤波电容。在安森美公司内称为高压集成电路（VHVIC），该电路可以承受高达 700 V 的电压，因此非常适合于构建高压电流源。图 7.72 所示为包含了该方法的芯片内部高压电路（如 NCP120X 系列器件）。

电源打开后，参考电压等于 UVLO$_{high}$，如 12 V，电源输出一定的电流值（通常为几毫安）。当 V_{cc} 电压达到上限值时，比较器检测到该情况并关闭电流源。与启动电阻情况一样，电容自身为控制器提供电源。然后辅助绕组在电容达到第二个电压值（即 UVLO$_{low}$）之前，接替供电工作。如果未及时接替，电流源会以 V_{cc} 电容施加的节奏打开和关闭：这就是呃逆模式。

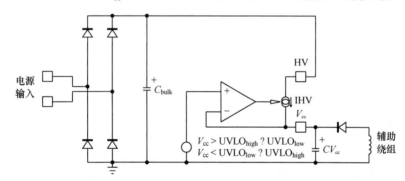

图 7.72　由于这种专用技术的存在，NCP120X 电路可直接连接到滤波电容并能节约一些功率耗散

当两个 UVLO 电压选择为相互较接近时，如 12 V 和 10 V，启动电流源转入动态自供电（DSS）工作，输出 11 V 平均电压，因此可以不使用辅助绕组。若在 NCP1200 或 NCP1216 的 V_{cc} 引脚上连接一探头，就可以观察到如图 7.73 所示的信号。HV 引脚电流脉动值从标称电流源值（这里为 4 mA）到电流源关闭时的几乎为 0（漏电流值在 500 V 直流偏置下为 30～40 μA）。动态 DSS 的调节形式是迟滞的。或者说，导通期间将自动调节，依赖于控制器消耗的电流大小。如果控制器消耗 2 mA 电流，电流源峰值为 4 mA，占空比将为 50%。控制器 DSS 类型适合于低功率电路，如 NCP1200 驱动 2 A MOSFET。式（7.145）仍然成立，与 MOSFET Q_G 相关的工作频率将很快由于超出其 DSS 能力或在管芯上产生太多热量而限制其工作。该平均耗散限制使 DSS 用于驱动低 Q_G 的 MOSFET。若在开关频率为 65 kHz 时 Q_G 为 15 nC，控制器电流消耗为 1 mA，那么总 DSS 耗散功率达到

$$P_{DSS} = I_{CC}V_{bulk,max} = (I_4 + Q_G F_{sw})V_{bulk,max} = (1m + 65k \times 15n) \times 375 = 740 \text{ mW} \qquad （7.163）$$

给定 DIP8 或 DIP14 功率耗散能力（在器件周围有大面积铜时低于 1 W），DSS 自然限制在低栅极电荷（Q_G）MOSFET 中使用。

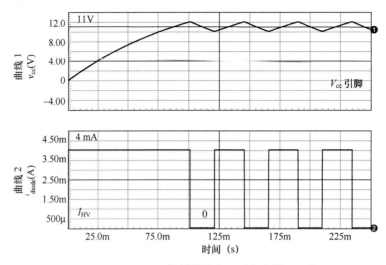

图 7.73 NCP1216 控制器的典型动态自供电工作

7.12.6 辅助绕组

辅助绕组是电源的重要组成部分，因为辅助绕组在控制器启动后为控制器供电。图 7.74(a)所示为典型的电路结构，电路中画出了启动电阻。有时可插入一小电阻（如 R_1）来限制漏电感效应。可以看到辅助绕组对变换器起的短路保护作用，及在待机条件下如何停止供电。

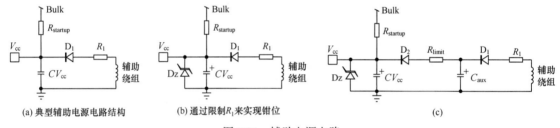

图 7.74 辅助电源电路

多数设计者选择 1N4148 用于辅助电源电路。观察该二极管两端的反向电压为

$$\mathrm{PIV} = \frac{N_{\mathrm{aux}}}{N_{\mathrm{p}}} V_{\mathrm{in}} + V_{\mathrm{cc}} \tag{7.164}$$

式中，V_{cc} 表示整流后的阴极直流电压。

1N4148 承受的重复性反向电压高达 100 V。其他可优选的替代二极管型号为 1N4935 或 BAV20，它们可承受的重复性反向电压高达 200 V。

辅助绕组上的电压与控制器和所选 MOSFET 有关。尽管近来一些元件可承受 30 V 的电压，但多数器件不能承受超过 20 V 的 V_{GS}，查看 MOSFET 数据表，可看到 $R_{\mathrm{DS(on)}}$ 指标的测量条件为 10 V。如果把驱动电压增加到 15 V，导通损耗会增加几个百分点，但不会太多。然而，驱动器的功率损耗将增加。另外，MOSFET 寿命与几个参数有关，在这几个参数中，驱动电压起重要作用，这是不要过驱动 MOSFET 的两个理由。因此，应取什么值呢？12~15 V 似乎是合理的数值，假定有效驱动电压还与检测电阻压降有关。由于检测电阻与电流源串联，当检测电阻压降达 1 V 时，该电压应从驱动电压中减掉。

如果驱动器包含驱动钳位电路，自然把栅源电压限制在 15 V 以下，那么只要驱动电源维持不变（通常 CMOS 电路为 25~30 V dc），让驱动输出摆幅达到较高电压值也不会产生危害。或者说，如果辅助绕组电压变化很大，则需要钳位。图 7.74(b)提供了通过限制电阻 R_1 来实现钳位的一种简单方法。只要把电阻增加到使齐纳二极管功率耗散保持在控制范围内，这种方法就能很好地工作。但在待机时产生了问题，此时只存在少数几个脉冲。在这几个脉冲出现时，C_{Vcc} 电容必须完全再充电，否则控制器将停止工作。该电容所需补充电荷的数量取决于流过电容的峰值电流。如果通过串联电阻限制该峰值电流，那么电容的存储电荷量变小并使电容两端电压下降。

增加 V_{cc} 电容是可行的选择，但显然会妨碍启动时间。图 7.74(c)所示为所谓的分别电源方案，大电容存储待机时所需的电荷量，在启动时与 V_{cc} 引脚保持隔离状态。V_{cc}电容仍然遵循前面推导得到的设计式，但辅助电容 C_{aux} 电压可自由增加以维持待机状态：由于 D_2 的存在不会使启动时间延迟。如果需要，待机时，在脉冲间隔很长的情况下，串联电阻 R_1 可以忽略。图 7.75 显示了跳周（跳周的含义见下面的讨论）如何把连续PWM 模型切割成短脉冲。在这种情况下，电容电压至少在 30 ms 内保持辅助电压值。

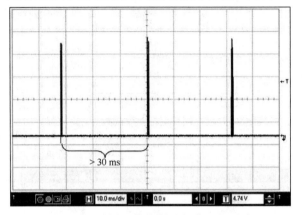

图 7.75　跳周工作控制器的典型驱动脉冲。请注意两个脉冲的时间间隔

7.12.7　短路保护

在控制器的反馈信息突然消失时，输出出现短路。在启动阶段，系统也工作在开环状态，但还没有出现电压调节作用。电路始终监控反馈环的工作，因而也具有监控启动阶段的功能。然而，市场上有些控制器没有短路保护电路。当输出短路时，这些控制器依赖于辅助绕组电压的消失，使控制器进入保护性脉冲工作状态。理论上，这个思路很好。遗憾的是，漏电感会破坏电源绕组和辅助绕组之间的耦合。图 7.76 所示为在辅助绕组二极管阳极上得到的波形。与想象的一样，当二极管起峰值整流器作用时，辅助绕组电压将高至 23.5 V，然后稳定在 12.7 V，其中辅助绕组二极管正向电压 V_f 为 0.7 V。该稳定电压表示输出电压，调节相应的电源绕组和辅助绕组之间的匝数比可降低该电压值。即使由于输出短路，该稳定电压下降到几伏，辅助电源也不会失效：控制器将继续驱动 MOSFET，在几分钟后，输出电流将会损坏输出二极管。

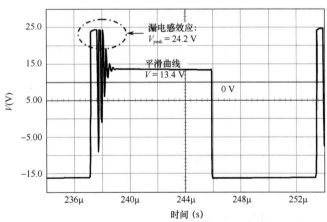

图 7.76　在辅助电压波形中，大尖峰肯定了电源绕组和辅助绕组之间存在大漏电感

为避免此类问题，最好的方法是检测反馈网络并做出判断，而不要考虑辅助绕组条件。在廉价控制器中，不使用这类方法，需要连接一个电感和相应阻尼器对振铃波形进行阻尼。连接一个电阻也会有帮助，但在待机时会有麻烦（V_{cc} 电容充电不足）。图 7.77 显示了如何在辅助绕组处，二极管之前连接这些无源元件（图中给出了典型的元件值），如果不进行阻尼并单独连接电感，就会产生很大的振铃并会因为超过最大反向偏置而毁坏辅助二极管（这的确发生过）。图 7.78 和图 7.79 显示了存在和不存在 LC 滤波器时的辅助绕组信号。

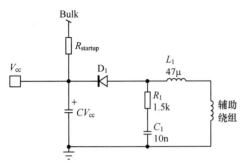

图 7.77　LC 网络可帮助削减截止期间的漏电感尖峰

该技术可用于检测副边输出的短路现象。过载检测另外再讨论。说到过载，是指输出电流缓慢增加到大于标称值，直到触发保护电路工作。对于开关电源而言，这是很难测试的。

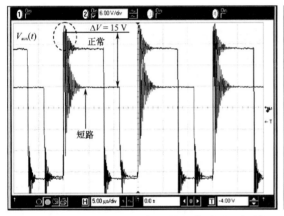

图 7.78　没有阻尼网络时的辅助绕组信号（二极管阳极）。注意峰值电压幅度，辅助电源没有消失

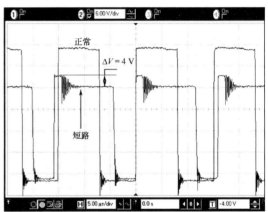

图 7.79　存在阻尼网络时，辅助绕组信号（二极管阳极）

7.12.8　观测反馈引脚信号

过载或短路检测可用不同方法实现：

- 控制器始终观测反馈信号，已知该信号值在某个可调节范围内。如果该信号超过该范围，就一定存在问题——产生一个标记信号。
- 除观测反馈外，控制器还观测检测电流引脚并查看超过最大限制的过脉冲。如果电流超过限制值，产生一个标记信号。

第一种方案已经在许多控制器中实现，如安森美公司的 NCP1230。当标记信号产生后，定时器开始延迟故障行为。另外，启动阶段也视为故障，因为此时没有反馈信号。定时器为启动提供足够的时间，该时间的典型值范围为 50～100 ms。图 7.80 所示为监测反馈的可能电路。为输出最大的峰值电流（在检测电阻两端电压为 1 V），反馈引脚电压应在 3 V 附近。如果电压值超过该数值，就断开内部 V_{dd} 电压，PWM 芯片不再对控制器进行控制。当比较器 CMP2 检测到这种情况，开关 SW 断开，内部电容充电。如果故障持续足够长，定时电容电压将达到参考电压 V_{timer} 值，确定故障的存在。控制器可以用不同方式起作用：进入自恢复呃逆模式或简单地把电路完全闭锁。如果故障持续时间很短，电容复位并等待另一个故障情况的出现。某些方案不能使定时电容完全复位, 会产生故障情况的累积。该技术提供了最佳的故障检测性能。

过载检测的精度与几个因数有关, 在这些因数中, TL431 偏置起一定作用。如果回到第 3 章, 会记得不合适的偏置 TL431 会使 I/V 特性变差。因此, 如果需要精确的检测点, 应该注意副边电路。最佳检测与最大开环增益相关: 只要检测值偏离了标准值, 误差放大器就会寻求最大功率, 原边反馈引脚电压会立即达到其上限值。如果由于 TL431 的偏置较小, 开环电压不够高, 则要让反馈引脚电压达到极限值, 需要很大的输出电压偏差, 肯定会发生错误。

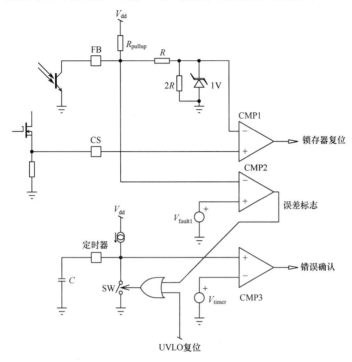

图 7.80 监测反馈带来了极好的短路/过载保护, 而无须考虑辅助电压 V_{cc} 状态

在基于 DSS 控制器(NCP1200 或 NCP1216)中, 误差标记用于测试 V_{cc} 电压是否达到 10 V。因此, 自然会在辅助绕组不出现问题时, 具有短路保护功能。

7.12.9 检测副边电流

在隔离反激式变换器电路中, 控制器使用光耦合器来检测输出电压并按照功率要求发挥作用。为什么不用该环路来传输一些与输出电流相关的信息呢? 图 7.81 提供了一种与 TL431 和双极型晶体管有关的方案。

当流过 R_{shunt} 的电流在 R_3 两端产生的电压低于 Q_1 阈值电压 (在 $T_j = 25$℃时约为 650 mV) 时, TL431 独自控制环路。当 R_3 两端压降达到 650 mV, Q_1 开始导通并接替 TL431 来控制环路: 更多的电流流入 R_1, 控制器减少占空比。在短

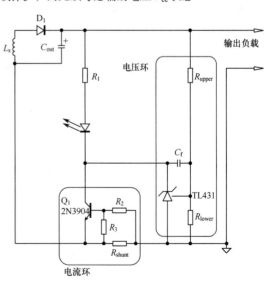

图 7.81 加入一小型双极型晶体管有助于控制输出到负载的直流电流

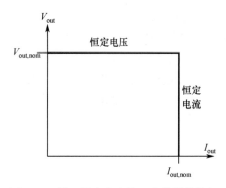

图 7.82 低于最大电流值，变换器维持恒定输出电压。如果负载消耗更多电流，电流环接收并控制变换器

路条件下，TL431 被短路不起作用，Q_1 使变换器起恒流发生器的作用。图 7.82 显示了从该电路结构可得到的输出特性。这就是所谓的恒流恒压（CC-CV）工作方式。由 R_2 和 R_3 构成的分压电路有助于在需要延迟条件下在 R_3 两端加一电容（如在打印机应用中，负载由短高电流脉冲组成）。若把 R_3 设为 10 kΩ，R_2 设为 1 kΩ，那么控制 2 A 的输出电流意味着分流电阻值应为

$$R_{shunt} = \frac{V_{be}(R_3 + R_2)}{I_{out}R_3} = \frac{650m(10k + 1k)}{10k \times 2} = 357 \text{ m}\Omega \quad （7.165）$$

遗憾的是，分流电阻产生的功率耗散达到

$$R_{shunt} = I_{out}^2 R_{shunt} = 4 \times 0.357 = 1.43 \text{ W} \quad （7.166）$$

该功率耗散可由分流电阻两端所需的压降来解释，该电压可使电路断开。锗晶体管是一种更好的选择，还记得在旧式汽车收音机中使用的 AC127 和 OC70 吗？

另外，尽管晶体管的 V_{be} 的一致性良好，但该值随结温以斜率-2.2 mV/℃变化。它在对输出电流限制要求不高的情况下不是问题，如±15%，但在一些情况下，±15%是不能接受的。解决该问题的一种方法是选择一种专用控制器，如安森美公司最近生产的 NCS1002 或 NCP4328（$V_{drop} \approx 62$ mV）。

7.12.10　驱动能力的改善

晶体管截止时间包含在总传输延迟中。使用大 Q_G 的 MOSFET 时，降低栅极电压需要一定数量的电流，这有时会使控制器产生有趣的问题。在这种情况下，低价的 2N2907 有助于加速栅极的放电速度。该电路连接方法如图 7.83(a)所示，而图 7.84 显示了驱动能力的改善。

通过式（7.145）已经看到，在存在高 V_{cc} 电压和大电流 MOSFET 的情况下，控制器耗散可达几百毫瓦。为消除控制器的驱动负担，一个简单的连接成射极跟随器的外部 NPN 晶体管可降低封装温度［如图 7.83(b)所示］。二极管 D_1 确保了栅极的快速放电。最后，如果同时需要快速充电和快速放电性能，图 7.83(c)是一种可行的方法。与 V_{cc} 串联的电阻限制了交叉传导电流，大噪声发生器经常能干扰控制器。如果该低价格缓冲器不能提供足够的电流，应该选择专用双驱动器件，如 MC33151/152，这些器件能输出 1.5 A 峰值电流。

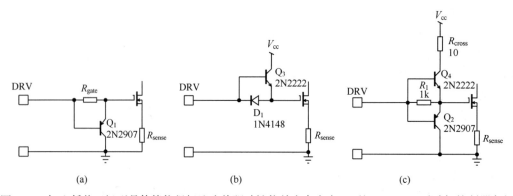

图 7.83 加入低价双极型晶体管能很好地改善驱动性能并在存在大 Q_G 的 MOSFET 时减轻控制器负担

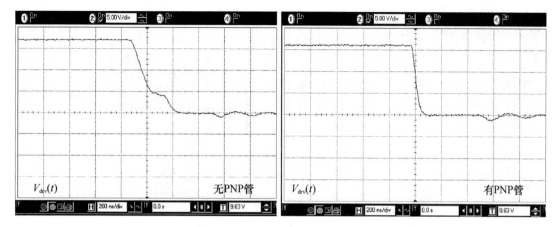

图 7.84　在加入上文推荐的小型 PNP 后，在截止期间信号的区别

另外，为什么 UC384X 输出级的输出始终能高于市场上基于 CMOS 的新型控制器呢？这主要是由于 UC384X 启动器的双极型本性，该驱动器能呈现为实际的电流源。当上部晶体管或下部晶体管导通时，为栅极提供偏置或放电，晶体管成为电流源，其电流值与 V_{ce} 相对独立（参见呃逆效应）。当输出级由 MOSFET 组成时，MOSFET 导通，上部 MOSFET 提供了非线性电阻性回路。因而，驱动反激式变换器 MOSFET 栅极的电流依赖于栅源电压本身。

$$i_{gate}(t) = \frac{V_{cc} - v_{GS}(t)}{R_{DS(on)}} \qquad (7.167)$$

式（7.167）中，分母中的电阻项呈现为非线性方式，其值与温度有关。当基于 CMOS 的控制器受热时，其驱动能力减小。这解释了控制器温度上升时 EMI 特性变化或控制器的开关噪声在该时间段后得到改善：因为下部和上部 MOSFET 的 $R_{DS(on)}$ 增加，漏源电流减小。

7.12.11　过压保护

过压保护（OVP）电路，在环路控制消失，如当光耦合器断开或产品中焊接错误时，保护负载及变换器本身。如果控制器存在自己的 OVP 电路，但经常不能起过压保护作用，需要设计单独的电路。这与终端用户有关，由于过压保护检测被认为是危险的事情，大多数设计者在出现这种过压情况时，将控制器关闭并保持其断开。当用户把变换器输入源切断时，会复位。图 7.85(a) 和(b)提供了两种可能性来检测这些过压保护：观测副边绕组上的电压，或直接通过输出电压检测信息。后者需要一个光耦合器来把副边信息传输给原边：这样显然成本很高，但不会受到耦合问题的影响（见图 7.76 中的漏电感问题）。观察辅助电压始终涉及漏电感项。在图 7.85(a)中，检测得到的电压物理上与 V_{cc} 电压独立。因此，可以轻易安装一个滤波器而不会干扰控制器电源。由 R_9 和 R_{10} 构成的分压器选择一电压值，在该电压下电路闭锁。当 R_9 上的电压在 $T_j = 25$℃时达 0.65 V，则离散可控硅整流电路断开并把 V_{cc} 电压下拉至地电平。应确保存在合适的裕度，特别是在瞬时负载移除或启动期间，来避免锁存器的误动作。一个 100 nF（C_5）电容有助于改善抗干扰性。当控制器 V_{cc} 电源输出阻抗相当低时，需要通过电阻 R_4（本例中值为 47 Ω）来使阻抗变大，否则可控整流器（SCR）会遭受过流问题。

图 7.85(b)与图 7.85(a)差别不是很大，只是锁存器的位置在副边。当输出电压达到齐纳电压

（D_2）和 LED 自身压降 1 V 之和时，光耦合器 LED 有电流流过。此时，U_{15A} 发射极电压升高并为 SCR 提供偏置来保护变换器。

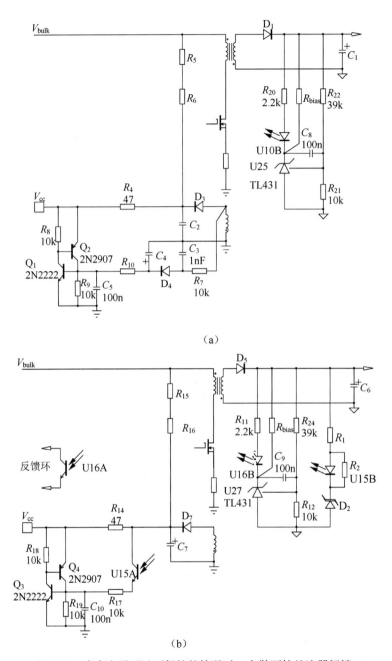

（a）

（b）

图 7.85　在存在需要过压保护的情况时，离散可控整流器闭锁

对于那些负载不能遭受任何电压失控的情况，电压短路保护电路是一种可能的选择（如图 7.86 所示）。该电路与图 7.85(b)一样检测 OVP，但它触发一个大功率半导体闸流管使变换器电源短路。如果电源有短路保护，将进入呃逆模式直到电源停止工作。对该器件感兴趣的读者可以查看 MC3423，它是由安森美半导体公司生产的专用电压短路保护电路。

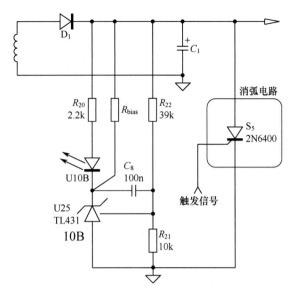

图 7.86 电压短路保护电路在环路失效时立即把变换器输出
短路。触发信号可以来自如 MC3423 的专用控制器

7.13 过功率补偿

反激式变换器通常设计工作在 CCM 或 DCM，让其在一定的输入电压范围（用低和高电网电压来表征）内输出标称功率。在这两个输入电压之间，变换器必须能输出所设计的功率。考虑到不可避免的产品离散性，工程师在产品计算中包含一定的余量，以确保在低电网电压且高温的最差情况下输出标称功率。如果所采用的余量对变换器工作在低电网电压时有利，经验表明，当变换器工作在输入电压的上限时，功率容量有时会失控。此时，会产生过剩功率，如何才能把它维持在合理值呢？这就是本节将要探讨的问题，考虑最差情况，比如反馈信息丢失，变换器会将峰值电流设置点推向极限。下面首先探讨固定频率，接着讨论准谐振工作情况。

若画出原边开关导通和断开期间流经 CCM 反激式变换器的理想电流，可以看到其波形如图 7.87 所示。当开关导通时，电感电流线性斜坡上升，其斜率等于

$$S_{on} = V_{in} / L_p \qquad (7.168)$$

从原边若能观察开关断开期间磁化电感电流，就可看到副边的下斜坡，将它折算到原边成为

$$S_{off} = -\frac{V_{out} + V_f}{NL_p} \qquad (7.169)$$

式中，N 为与原边和副边绕组相关联的匝数比。

在图 7.87 中，电感电流在两个值（I_{valley} 和 I_{peak}）之间变化。这些点之间的偏移称为纹波电流，其定义为

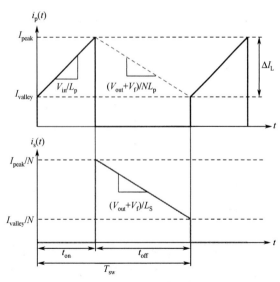

图 7.87 在 CCM 下，电流首先斜坡上升直到开关开通，然后将存储的能量传递到副边

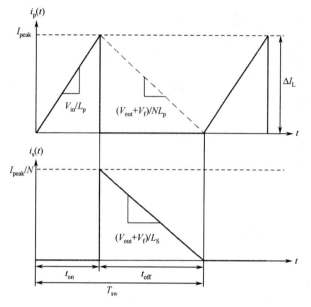

$$\Delta I_L = I_{peak} - I_{valley} \qquad (7.170)$$

在深度 CCM 工作条件下，纹波电流可能很小，当 I_{valley} 增加时其波形像方波。当负载变得较轻或变换器由较高输入电压供电时，变换器会转换到 DCM 工作，谷值电流减小到 0。在默认条件下，当反馈信息丢失时，电感电流达到最大，对应于全幅度变化。波形更新为如图 7.88 所示。

在类似的功率输出下，CCM 下流过的交流电流比 DCM 条件下要小，前者产生较小的导通损耗。工作模式转换与负载及输入电压有关。通常，高功率变换器在低电网电压下设计工作在 CCM，在高电网电压下进入 DCM 或轻 CCM 条件。

图 7.88　当反激式变换器工作于 DCM，电感电流从 0 开始斜上升

7.13.1　用反激式变换器传输功率

为说明工作原理，可以重新计算在一个开关周期内从电源输入传输到输出的功率大小。当变换器由 dc 电源 V_{in} 供电时，由电源输出的功率为

$$P_{in} = \frac{1}{T_{sw}} \int_0^{T_{sw}} i_{in}(t) v_{in}(t) \mathrm{d}t = V_{in} I_{in,avg} \qquad (7.171)$$

观察图 7.87 的上图波形，可以看到平均输入电流等于

$$I_{in,avg} = \left(I_{valley} + \frac{\Delta I_L}{2} \right) \frac{t_{on}}{T_{sw}} = \frac{I_{peak} + I_{valley}}{2} t_{on} F_{sw} \qquad (7.172)$$

从式（7.168）知道原边电感斜率，可求得纹波电流 ΔI_L 的方程：

$$\Delta I_L = \frac{V_{in}}{L_p} t_{on} \qquad (7.173)$$

合并式（7.170）和式（7.173），可求得导通时间定义为

$$t_{on} = \frac{(I_{peak} - I_{valley}) L_p}{V_{in}} \qquad (7.174)$$

将式（7.174）代入式（7.172），有

$$I_{in,avg} = \frac{(I_{peak} + I_{valley})}{2} \frac{(I_{peak} - I_{valley})}{V_{in}} L_p F_{sw} \qquad (7.175)$$

现在在方程两边乘以 V_{in}，重新整理方程得到

$$P_{in} = \frac{1}{2} L_p (I_{peak}^2 - I_{valley}^2) F_{sw} \qquad (7.176)$$

该方程描述了工作于 CCM 的反激式变换器吸收的功率。该式类似于本章开头所得的方程，只是计算能量值。如果变换器工作于 DCM，谷值电流降为 0，则表达式简化为

$$P_{in} = \frac{1}{2} L_p I_{peak}^2 F_{sw} \qquad (7.177)$$

可能传输到副边负载的输出功率，简单地就是受整体效率（η）影响的吸收功率：

$$P_{out} = \frac{1}{2}L_p(I_{peak}^2 - I_{valley}^2)F_{sw}\eta \qquad (7.178)$$

当工作于 DCM，该式变为

$$P_{out} = \frac{1}{2}L_p I_{peak}^2 F_{sw}\eta \qquad (7.179)$$

7.13.2　传输延迟影响最大输出功率值

在电流模式开关电源中，反馈环逐周调节原边电感峰值电流，该电流与输入/输出参数有关。在经典结构中，检测电阻将原边电流转换成电压，并进一步施加到所选控制器的电流检测引脚。然后，电流检测比较器一直将由原边电流转换得到的电压值与通过环路施加的设置电压比较。当两个值匹配时，电流检测比较器复位 PWM 锁存器，功率 MOSFET 断开。有些情况下反馈环丢失，如输出短路，以及启动阶段（直到 V_{out} 达到其目标值）或光耦损毁。明显的短路很容易就可处理，因为输出 V_{out} 崩溃，现在短路也可以很好地从原边检测。一种更困难的情况（经常是毁灭性的）是负载电流缓慢增加——类似于一个有缺陷的负载，其消耗的功率越来越大，直到功率变换器跳闸保护。如果变换器有良好的设计，它必须在输出电流危险地失控之前安全进入保护模式（自恢复呃逆或闭锁）。

在所有这些默认模式中，关键不仅在于把峰值电流保持在安全范围内，而且要让该电流起作用，以便使输出功率始终保持在可接受范围内。峰值电流失控可导致变压器饱和，钳位电压失控，最终会冒烟并产生噪声。基于上述理由，通常在 PWM 控制器中存在一内部钳位电压来限制电流设置点漂移。在 UC384X 系列控制器中，该钳位电压设定为 1 V：在检测电阻上产生的最大电压永远不会超过 1 V，如对于 1 Ω 电阻其电流为 1 A。在最近的控制器中，如安森美公司的 NCP1250，该电压减小到 0.8 V，确保整体效率稍有增加。有些控制器该电压会低到 0.5 V。

图 7.89 绘出了这类电路的最简方案。反馈电压达到电流设置点，该值再除以 4.2。在环路失效的情况下，反馈电压上升，但借助于 0.8 V 齐纳二极管，电流设置点不会超过如下值：

$$I_{peak,max} = \frac{V_{sense,max}}{R_{sense}} = \frac{0.8}{R_{sense}} \qquad (7.180)$$

遗憾的是，实际上有所不同，如图 7.90 所描绘的那样。

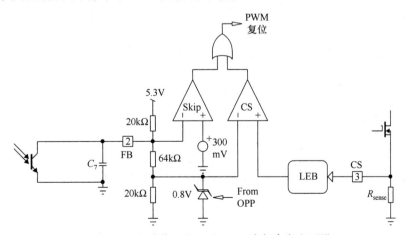

图 7.89　最大峰值电流通过 0.8 V 内部参考电压设置

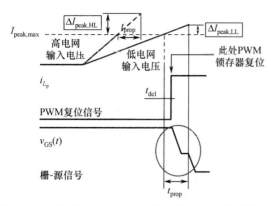

图 7.90　检测到过电流时，在控制器得知过流情况到
给 MOSFET 传输断开信号之前需要一些时间

在该图中，可以看到电流信号增加并达到由式（7.180）所施加的最大值。我们期待比较器立刻起作用，然而该器件受响应时间的影响。在复位指令到达 PWM 锁存器及指示驱动器输出下降到低电平之前，信号通过控制器内所有逻辑门传输时，会需要一定量的时间。进一步，即使控制器驱动引脚连接到地，由于连接到 MOSFET 栅极包含电阻元件，驱动引脚的阻断会进一步延迟。在这段时间，电感电流按照由式（7.168）定义的斜率保持增加。注意，我们考虑了总传输延迟，该延迟在 MOSFET 栅极电压降为低电平时测

量得到。在大多数数据手册中，传输延迟是从电流检测引脚达到最大允许电压（如 0.8 V）时刻到驱动输出切换到低电平这段时间来计算的，通常为测试需要，加载 1 nF 电容负载。由于电磁干扰（EMI）的原因（使开通时间变慢），是否应该插入一驱动电阻，应理解即使驱动输出降为低电平，低电平状态需用较长时间才能传到 MOSFET 栅极，并把栅极电压拉低（C_{iss} 放电）。因而，总传输延迟为内部控制器逻辑加上所有影响 MOSFET 栅源回路的外部延迟。

当最终 MOSFET 断开时，电流达到峰值，它由下式定义：

$$I_{peak,max} = \frac{V_{sense,max}}{R_{sense}} + \frac{V_{in}}{L_p} t_{prop} \tag{7.181}$$

如同方程表示的那样，可变部分与输入电压有关。在低电网电压下，存在较小的电流过冲，该过冲电流在跳闸保护之前只影响最大输出功率。相反，在高电网电压下，过冲可以很大，特别地，如果驱动器吸收能力弱并且选择大 Q_G 的 MOSFET 时更是如此。如果计算从低电网电压（LL）到高电网电压（HL）的最大峰值电流增量百分比，可以看到方程为

$$\frac{I_{peak,max,HL} - I_{peak,max,LL}}{I_{peak,max,LL}} = \frac{V_{in,HL} - V_{in,LL}}{\dfrac{L_p V_{sense,max}}{t_{prop} R_{sense}} + V_{in,LL}} \tag{7.182}$$

式中：$V_{in,HL}$ 为高电网电压时 dc 输入电压，370 V；$V_{in,LL}$ 为低电网电压时 dc 输入电压，120 V；L_p 为变压器原边电感，200 μH；t_{prop} 为总传递延迟，350 ns；R_{sense} 为检测电阻，0.33 Ω；V_{sense} 为最大允许检测电压，0.8 V。

如果使用上述值推导通用电网电压输入的 30 W DCM 适配器，则从低电网电压输入到高电网电压输入下，峰值电流变化为

$$\frac{\Delta I_{peak}}{I_{peak,max,LL}} = \frac{370 - 120}{\dfrac{200\mu \times 0.8}{350n \times 0.33} + 120} = 0.166 或 16.6\% \tag{7.183}$$

具体地说，如果低电网电压输入时的最大电流为

$$I_{peak,max,LL} = \frac{0.8}{0.33} + \frac{120}{200\mu} \times 350n = 2.63\ A \tag{7.184}$$

则在高电网电压输入下增加为

$$I_{peak,max,HL} = I_{peak,max,LL} \left(1 + \frac{\Delta I_{peak}}{I_{peak,max,LL}} \right) = 2.63 \times 1.166 = 3.07\ A \tag{7.185}$$

作为首次粗略计算，在高电网电压输入下可能的输出功率可很快通过式（7.179）从式（7.183）外插得出：

$$\frac{\Delta P_{\text{out}}}{P_{\text{out,LL}}} = \left(1 + \frac{\Delta I_{\text{peak}}}{I_{\text{peak,max,LL}}}\right)^2 = 1.166^2 \approx 36\% \qquad (7.186)$$

然而，在本方法中，我们使用了在高电网电压和低电网电压之间都有恒定的 100% 效率。实际上，高电网电压输入下始终比低电网电压时略高。这是由于占空比变得较小，电流环流有效值较低，自然相应的损耗减少。如果在计算中包含效率变化，则在默认条件下（反馈丢失，内部 0.8 V 钳位激活），低电网电压和高电网电压处的最大功率可表示如下：

$$P_{\text{out,LL}} = \frac{1}{2} L_p I_{\text{peak,max,LL}}^2 F_{\text{sw}} \eta_{\text{LL}} \qquad (7.187)$$

$$P_{\text{out,HL}} = \frac{1}{2} L_p I_{\text{peak,max,HL}}^2 F_{\text{sw}} \eta_{\text{HL}} \qquad (7.188)$$

如果计算低电网电压和高电网电压下的功率差，并与低电网电压时的功率相比，则有

$$\frac{\Delta P_{\text{out}}}{P_{\text{out,LL}}} = \frac{I_{\text{peak,max,HL}}^2 \eta_{\text{HL}}}{I_{\text{peak,max,LL}}^2 \eta_{\text{LL}}} - 1 \qquad (7.189)$$

考虑到低电网电压和高电网电压时效率分别为 85% 和 89%，可以改善前面的计算：

$$\frac{\Delta P_{\text{out}}}{P_{\text{out,LL}}} = \frac{3.07^2 \times 0.89}{2.63^2 \times 0.85} - 1 = 42\% \qquad (7.190)$$

根据式（7.187），低电网电压功率估算为

$$P_{\text{out,LL}} = \frac{1}{2} L_p I_{\text{peak,max,LL}}^2 F_{\text{sw}} \eta_{\text{LL}} = 0.5 \times 200\mu \times 2.63^2 \times 65\text{k} \times 0.85 \approx 38\ \text{W} \qquad (7.191)$$

按照式（7.190），高电网电压时功率增加为

$$P_{\text{out,HL}} = P_{\text{out,LL}} \left(1 + \frac{\Delta P_{\text{out}}}{P_{\text{out,LL}}}\right) = 38 \times 1.42 = 54\ \text{W} \qquad (7.192)$$

如果处理 19 V 输出适配器，在两种工作条件下，流经输出二极管的最大电流相当重要：

$$I_{\text{out,max,LL}} = \frac{P_{\text{out,LL}}}{V_{\text{out}}} = \frac{38}{19} = 2\text{A} \qquad (7.193)$$

$$I_{\text{out,max,HL}} = \frac{P_{\text{out,HL}}}{V_{\text{out}}} = \frac{54}{19} = 2.8\ \text{A} \qquad (7.194)$$

7.13.3 为什么限制最大功率

第一个原因与输出二极管有关。在输入高电网电压且故障条件（短路）下，存在一比标称电流大很多的二极管电流，强迫使用大尺寸二极管或应用相应的热沉。当然，导致成本及体积增加。第二个原因与安规 IEC950[13] 有关，在安规的受限功率源（LPS）一节中描述了最大功率限制指标。表 7.1 给出了满足 LPS 要求的电源能输出的最大功率。

表 7.1 当电源制造商让其变换器符合 LPS 测试要求时，制造商可以使用较便宜的外壳材料（起火或热失控的风险降低）

输出电压 V_{out}(V)		输出电流 I_{out}(A)	视在功率 S(VA)
V rms	V dc		
$\leqslant 20$	$\leqslant 20$	$\leqslant 8$	$\leqslant 5V_{\text{out}}$
$20 < V_{\text{out}} \leqslant 30$	$20 < V_{\text{out}} \leqslant 30$	$\leqslant 8$	$\leqslant 100$
—	$20 < V_{\text{out}} \leqslant 60$	$\leqslant 150/V_{\text{out}}$	$\leqslant 100$

在本例中，一个19 V适配器可以与LPS要求一致，如果其输出电流低于8 A，且在故障条件下其最大功率维持在$5 \times 19 = 95$ W以下。尽管在高电网电压下功率失控，30 W适配器不会超出LPS范围。假设二极管和输出电缆可承受输出电流，无须特别注意。在高功率适配器情况下，该问题变得复杂。

7.13.4 如何在实际情况中限制最大功率

在上述论述中，我们看到在高电网电压下，导致输出功率过高的罪魁祸首是原边峰值电流失控。典型的例子反映在式（7.183）中，差值几乎达到17%。解决该问题的方案是减少与输入电压相关的最大峰值电流的幅值变化范围，如图7.91中右图所示。在低电网电压输入时，电流幅值界限不变，

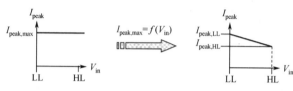

图7.91　减少与输入电压相关的峰值电流的可能性

当输入电压增加时，峰值电流界限逐渐减小。选择的最后峰值电流应使之在高电网电压时，输出功率大致与低电网电压情况匹配。该技术称为过功率保护（OPP）。

为计算所需的峰值电流，必须在高电网电压输入下进行，一种选择是检查峰值电流

为何值时，可迫使高电网电压输入时与低电网电压输入时输出功率相等。由于本例中变换器在全范围内工作于DCM，可把按输出功率相等的要求写成如下公式：

$$\frac{1}{2}L_{\mathrm{p}}(I_{\mathrm{peak,max,LL}}^2)F_{\mathrm{sw}}\eta_{\mathrm{LL}} = \frac{1}{2}L_{\mathrm{p}}(I_{\mathrm{peak,max,HL}}^2)F_{\mathrm{sw}}\eta_{\mathrm{HL}} \qquad (7.195)$$

按峰值电流定义，得到

$$I_{\mathrm{peak,max,HL}} = \sqrt{\frac{2P_{\mathrm{max,LL}}}{L_{\mathrm{p}}F_{\mathrm{sw}}\eta_{\mathrm{HL}}}} \qquad (7.196)$$

然而，该值对应于高电网电压输入情况下由变压器电感观察到的最终峰值电流，此时反馈环处于最高电平。由控制器专用引脚（通过检测电阻按比例分压）检测得到的电流必须考虑出现在式（7.181）中的传输延迟作用：

$$I_{\mathrm{sense,max,HL}} = I_{\mathrm{peak,max,HL}} - \frac{V_{\mathrm{in,HL}}}{L_{\mathrm{p}}}t_{\mathrm{prop}} = \sqrt{\frac{2P_{\mathrm{max,LL}}}{L_{\mathrm{p}}F_{\mathrm{sw}}\eta_{\mathrm{HL}}}} - \frac{V_{\mathrm{in,HL}}}{L_{\mathrm{p}}}t_{\mathrm{prop}} \qquad (7.197)$$

如果使用上面给出的数值设计在高电网输入电压条件下输出38 W电源，然后应用式（7.197）导出如下由控制器检测到的电流：

$$I_{\mathrm{sense,max,HL}} = \sqrt{\frac{2 \times 38}{200\mu \times 65\mathrm{k} \times 0.85}} - \frac{370}{200\mu} \times 350\mathrm{n} = 1.927\ \mathrm{A} \qquad (7.198)$$

假定使用0.33 Ω电阻，对应的由控制器专用引脚检测的电压值为

$$V_{\mathrm{sense,max,HL}} = I_{\mathrm{sense,max,HL}}R_{\mathrm{sense}} = 1.927 \times 0.33 = 636\ \mathrm{mV} \qquad (7.199)$$

在NCP1250中，最大检测电压限制在0.8 V。为将该电压降到式（7.199）推荐的值，必须从0.8 V中减去164 mV。

在高电网电压下，实现峰值电流降低存在几种选项：

- 在电流检测电压上加一偏置。若该偏置随着输入电压的增加逐步建立起来，则可能的电流动态范围缩小，导致期望的结果。该技术绘制于图7.92的上部。可能的方案呈现在图7.93(a)、(b)和(c)中。图(a)显示了最简单的方法。电流检测引脚上的基础电压由两个串联电阻引入。这些电阻始终存在并必须为高压型电阻。另外，这些电阻一直消耗功率并出现负载损耗。有时电阻是一很长的串（串并联结构）来应付开、短路测试。图7.93(b)

中辅助二极管移到变压器地端。在 MOSFEF 导通期间，二极管阴极电压幅度摆动到 $N_{ap}V_{in}$ + V_{out}，其中 N_{ap} 是辅助绕组与原边绕组之比。如果应用高压测量不再耗费负担，由于变压器辅助绕组没有接地，该方法会引起辐射性 EMI 特征信号。需要一附加的变压器屏蔽罩来解决这一问题。图 7.93(c) 提供另一种选项，它通过绕组从零开始创建偏置，该绕组不再以反激模式连接，而以正激模式连接（检测同名端）。

- 图 7.92 右部示出了达到目标的另一种方式。地电平未接触到 0 V 电压，但最大许可值随着电网电压下降而下降。该技术用 NCP1250 实现，没有额外功率消耗成本。该方法的技术详情由图 7.94 给出。

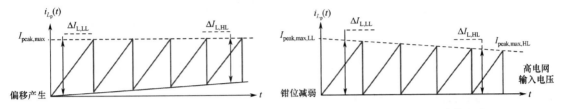

图 7.92　通过偏移信号或减小内部钳位值，可降低高电网输入电压时的峰值电流

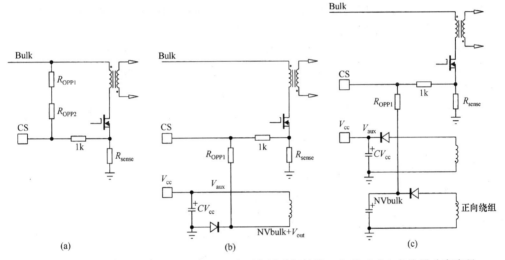

图 7.93　在高电网电压下对控制器电流检测信号进行补偿，有助于减少变换器功率容量

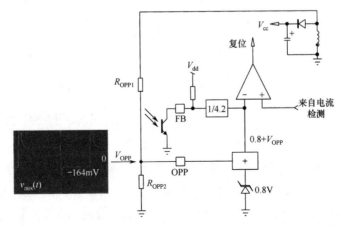

图 7.94　导通期间检测辅助绕组是在不消耗成本时得到输入电压图形的优秀方法

导通期间，在辅助二极管阳极上出现负电压。该负电压代表输入电压。如果通过由 R_{OPPU} 和 R_{OPPL} 电阻组成的分压器按比例降低该负电压，可直接用于有源钳位的内部正 0.8V 参考电压求和。

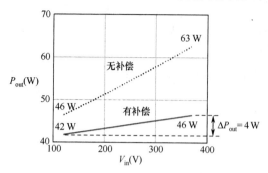

图 7.95　OPP 实现净增了对反激输出功率

借助于该技术，可把最大钳位电压降低到 450 mV 而不会有任何问题。

应用已经揭示的 30 W DCM 适配器数值，我们已经输入了用 Mathcad 推导的公式并绘出了有过功率保护（OPP）和无过功率保护情况下的功率变化。计算得到的效率从 85% 到 89% 线性变化，如图 7.95 所示。

由于补偿电压线性变化，输出功率维持在控制范围。对应 17 W 且无过功率保护的情况，在两输入电压极值之间输出功率不超过 4 W。

7.13.5　CCM 到 DCM 的转换

图 7.96 给出了两个不同电网输入电压下的 CCM 电感波形。上图示出了低电网电压输入情况，而下图显示了同一变换器工作于高电网电压输入情况。如期望的那样，在高电网输入下导通时间减少，这是由于达到峰值电流设置点的斜率更陡。然而，无论输入电压如何，反映在原边上的电压不变。因而，如果需要更多的退磁时间，电感有时间在下一周期来临前将电流减小到较低水平。因此，谷值电流减小最终回归到 0，如果电感值不够大，变换器进入 DCM 状态。

我们已经看到反激式变换器通过在导通期间存储能量，在开关断开期间将存储的能量倾倒至副边。在 CCM 工作条件下，存储在电感上的能量可表示成峰值电流时，存储的能量与刚导通时存储的初始能量之差。得到如下熟悉的方程：

$$E = \frac{1}{2}L_p I_{peak}^2 - \frac{1}{2}L_p I_{valley}^2 = \frac{1}{2}L_p(I_{peak}^2 - I_{valley}^2) \tag{7.200}$$

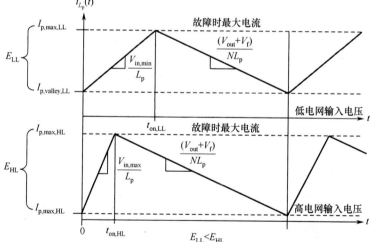

图 7.96　CCM 工作波形显示，峰值电流从谷点开始斜坡上升直到峰值。电网电压升高时该谷点趋向于 0

在故障条件下，实际上通过 PWM 控制器将峰值电流限制在最大值。尽管存在传输延迟效应，低电网电压输入与高电网电压输入下的峰值电流差值保持小数值。然而，由于在高电网电压输入下，谷值电流变得更小，在高电网电压输入时式（7.200）的结果自然增加：因为对于恒定峰值电流及类似电感的情况下，在 DCM 或轻 CCM 工作时释放的能量（E_{HL}）比深 CCM 工作时释放的能量（E_{LL}）更多。结果，反激式变换器在高电网电压输入下相比于较低输入电压时输出更多功率。

7.13.6 变量推导

为计算在高电网电压输入时的传输功率，必须推导峰值和谷值电流。一旦这些值已知，就可以简单地把式（7.200）与开关频率 F_{sw} 相乘。让我们先看峰值电流。

在故障模式下，峰值电流变化由控制器限制。对 UC384x 系列控制器而言，R_{sense} 两端的电压为 1 V，或者对最近的控制器产品，R_{sense} 两端的电压为 0.8 V。然而，总延迟 t_{prop} 起作用，由式（7.181）可知在高电网电压输入时产生过冲电流。

谷值电流需要少许篇幅来推导。从图 7.97，可以写出

$$I_{peak} = I_{valley} + \frac{V_{in}}{L_p} t_{on} \tag{7.201}$$

观察该图，可推导谷值电流的第二个方程：

$$I_{valley} = I_{peak} - \frac{(V_{out} + V_f)}{NL_p} t_{off} \tag{7.202}$$

最后，由于工作于固定频率，必须满足

$$T_{sw} = t_{on} + t_{off} \tag{7.203}$$

由式（7.201）可求得导通时间为

$$t_{on} = \frac{L_p(I_{peak} - I_{valley})}{V_{in}} \tag{7.204}$$

将结果与式（7.203）合并，有

$$t_{off} = T_{sw} - t_{on} = T_{sw} - \frac{L_p(I_{peak} - I_{valley})}{V_{in}} \tag{7.205}$$

将上式代入式（7.202），得到

$$I_{valley} = I_{peak} - \frac{(V_f + V_{out})(I_{valley}L_p - I_{peak}L_p + T_{sw}V_{in})}{L_p N V_{in}} \tag{7.206}$$

由上式可求得 I_{valley} 为

$$I_{valley} = I_{peak} - \frac{T_{sw}V_{in}(V_f + V_{out})}{L_p(V_f + V_{out} + NV_{in})} \tag{7.207}$$

根据图 7.97，可以通过如下表达式定义电感纹波电流：

$$\Delta I_L = I_{peak} - I_{valley} = \frac{T_{sw}V_{in}(V_f + V_{out})}{L_p(V_f + V_{out} + NV_{in})} \tag{7.208}$$

现在已知纹波表达式，如果需要，可以用它来确定变换器工作模式。通过观察式（7.204）和式（7.205）的定义，可求得电感纹波电流：

$$t_{on} = \frac{\Delta I_L}{V_{in}} L_p \tag{7.209}$$

$$t_{off} = \frac{N\Delta I_L}{(V_{out} + V_f)} L_p \tag{7.210}$$

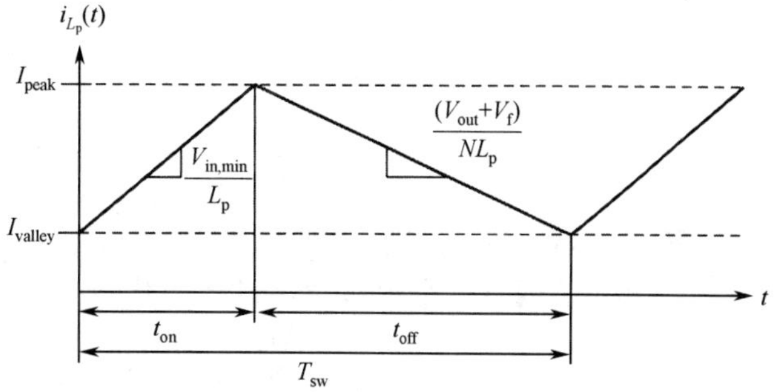

若上述导通时间和截止时间之和等

图 7.97　含相应导通和截止时间的 CCM 反激式变换器电感电流

于开关周期，且谷值电流大于0，则变换器工作于 CCM。若第一个条件满足，但谷值电流为0，则变换器工作于 CCM 和 DCM 的边界。这一特殊模式被定名为边界导通模式，也称为边界线导通模式（BCM），或临界导通模式（CRM）。最后，如果导通和截止时间之和少于开关周期，就存在第三时间段，记为 DT 的死区时间，该参数确认变换器为全 DCM 工作。图 7.98 绘出了对应的波形。

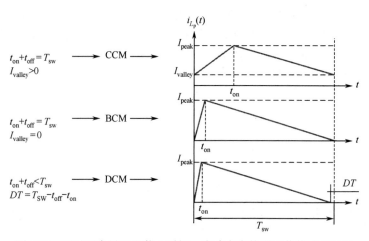

图 7.98　通过观察导通和截止时间，有确定变换器工作模式的手段

7.13.7　计算传输功率

假设我们构建一个 65 W 变换器，它具有如下元件值和工作电压：

$V_{in,HL}$　　高电网电压，370 V 时的 dc 输入电压

$V_{in,LL}$　　低电网电压，120 V 时的 dc 输入电压

V_{out}　　输出电压，19 V

L_p　　变压器原边电感，600 μH

t_{prop}　　总传输延迟，350 ns

R_{sense}　　检测电阻，0.33 Ω

V_{sense}　　最大许可检测电压值，0.8 V

T_{sw}　　频率为 65 kHz 时的开关周期，15.4 μs

N　　原边绕组与副边绕组的匝数比，1:0.25

N_{ap}　　原边绕组与辅助绕组的匝数比，1:0.18

首先，我们可以计算故障条件下的高电网电压和低电网电压下的峰值电流：

$$I_{peak,max,LL} = \frac{V_{sense,max}}{R_{sense}} + \frac{V_{in,LL}}{L_p}t_{prop} = \frac{0.8}{0.33} + \frac{120}{600\mu} \times 350n = 2.49\,A \tag{7.211}$$

$$I_{peak,max,HL} = \frac{V_{sense,max}}{R_{sense}} + \frac{V_{in,HL}}{L_p}t_{prop} = \frac{0.8}{0.33} + \frac{370}{600\mu} \times 350n = 2.64\,A \tag{7.212}$$

峰值之差为 6%，实际上不是很大。这可以用相当大的电感值来解释。当输入电压处在两种电网输入电压之间时，谷值电流实际上是变化的：

$$I_{valley,LL} = I_{peak,max,LL} - \frac{T_{sw}V_{in,LL}(V_f + V_{out})}{L_p(V_f + V_{out} + NV_{in,LL})} = 2.49 - \frac{15.4\mu \times 120 \times (19+0.5)}{600\mu \times (19+0.5+0.25\times120)} = 1.28\,A \tag{7.213}$$

$$I_{valley,HL} = I_{peak,max,HL} - \frac{T_{sw}V_{in,HL}(V_f + V_{out})}{L_p(V_f + V_{out} + NV_{in,HL})} = 2.64 - \frac{15.4\mu \times 370 \times (19+0.5)}{600\mu \times (19+0.5+0.25 \times 370)} = 0.99\ A \quad (7.214)$$

基于这两个数值，可以计算在高、低两种电网电压输入下的传输功率：

$$P_{out,LL} = \frac{1}{2}L_p(I_{peak,max,LL}^2 - I_{peak,max,LL}^2)F_{sw}\eta_{LL} = 0.5 \times 600\mu \times (2.49^2 - 1.28^2) \times 65k \times 0.85 \approx 76\ W \quad (7.215)$$

$$P_{out,HL} = \frac{1}{2}L_p(I_{peak,max,HL}^2 - I_{peak,max,HL}^2)F_{sw}\eta_{HL} = 0.5 \times 600\mu \times (2.64^2 - 0.99^2) \times 65k \times 0.89 \approx 104\ W \quad (7.216)$$

这些数值对应于笔记本的 19 V 适配器。基于计算机功率大小，可求出在两种输入电压极值时适配器输出的最大电流：

$$I_{out,LL} = \frac{P_{out,LL}}{V_{out}} = \frac{75.9}{19} = 3.99\ A \quad (7.217)$$

$$I_{out,HL} = \frac{P_{out,HL}}{V_{out}} = \frac{104}{19} = 5.47\ A \quad (7.218)$$

原始设计的目标输出是作为标称值的 3.3 A，如同上面指出的那样，在高电网电压下，电流上升会超过 5 A。为应对该额外电流，不得不使用过大的输出二极管和热沉，以便使它能良好地维持超出标称值的电流。一种克服该问题的方法是使用一电路，使之在高电网电压输入下能限制峰值电流。

7.13.8 CCM 下的过功率保护

如同我们看到的，过功率保护可用多种方法实现。为估计必需的峰值电流修正，可以从低电网电压输入时的输出功率（76 W）入手，并把它设为高电网电压输入时的输出功率目标。应用式（7.215）和式（7.216），同时假设保持 CCM 工作模式，有

$$P_{max,LL} = \frac{1}{2}L_p(I_{peak,max,HL}^2 - (I_{peak,max,HL} - \Delta I_{L,HL})^2)F_{sw}\eta_{HL} \quad (7.219)$$

由该方程，求出在高电网电压输入下必须设置的用来管控输出功率的补偿峰值电流值：

$$I_{peak,max,HL} = \frac{F_{sw}L_p\eta_{HL}\Delta I_{L,HL}^2 + 2P_{max,LL}}{2F_{sw}L_p\eta_{HL}\Delta I_{L,HL}} \quad (7.220)$$

为得到由控制器施加的电压，必须考虑传输延迟贡献，并包含通过检测电阻 R_{sense} 转换成电压的电流：

$$\Delta V = V_{sense} - \left(I_{peak,max,HL} - \frac{V_{in,HL}}{L_p}t_{prop}\right)R_{sense} \quad (7.221)$$

一旦实施了补偿，可得到如下电流值：

$$I_{peak,max,HL} = \frac{V_{sense} - \Delta V}{R_{sense}} + \frac{V_{in,HL}}{L_p}t_{prop} \quad (7.222)$$

为计算补偿水平，必须首先用式（7.208）评估在高电网电压输入时的电感纹波：

$$\Delta I_{L,HL} = \frac{370 \times (0.5+19)}{65k \times 600\mu \times (0.5+19+0.25 \times 370)} = 1.65\ A \quad (7.223)$$

已知此数值，可应用式（7.220）来推导高电网电压输入时的峰值电流理想值：

$$I_{peak,max,HL} = \frac{65k \times 600\mu \times 0.89 \times 1.65^2 + 2 \times 75.9}{2 \times 65k \times 600\mu \times 0.89 \times 1.65} = 2.15\ A \quad (7.224)$$

与式（7.212）的输出值相比，差值为 490 mA。因而，必须将 0.8 V 内部参考电压减小，直至最后减到式（7.224）所建议的数值。参考电压的减小量为

$$\Delta V = 0.8 - \left(2.15 - \frac{370}{600\mu} \times 350\text{ns}\right) \times 0.33 = 0.8 - 0.638 = 0.162 \text{ V} \qquad (7.225)$$

基于在导通期间由绕组输出的负幅值，即 $-N_{ap}V_{in}$，假设应用如图 7.94 所描述的电路，可计算分压网络。本例中，应用一特殊控制器，与地电位相连的电阻 R_{OPPL} 设置为 1.6 kΩ。因此，与辅助绕组相连的电阻可计算如下：

$$R_{OPPH} = \frac{(V_{in,HL} N_{op} - \Delta V)R_{OPPL}}{\Delta V} = \frac{(370 \times 0.18 - 0.162)}{0.162} \times 1.6\text{k} = 656 \text{ kΩ} \qquad (7.226)$$

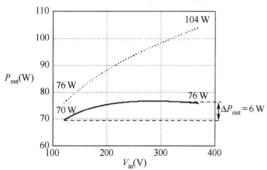

为验证计算的合理性，我们已经使用了前面公式计算得到的元件值。把公式输入 Mathcad，画出在有过功率保护电路和无过功率保护电路情况下的功率变化。计算所得的效率从 85% 到 89% 线性变化。该结果显示在图 7.99 中并表明了在高电网电压输入下功率是如何失控的。

如果现在施加校正，该校正能在输入电压上升时减小峰值电流设置值，可以看到一条完美的输出功率曲线，该曲线表明功率很好地保持在控制范围：低输入电压和高输入电压时的

图 7.99　如同预测的那样，高电网电压输入时的输出功率超过低电网电压输入时的功率值

功率偏差为 6 W，对应无过功率保护时的功率为 64 W。

7.13.9　准谐振（QR）反激式变换器过功率保护

如同早先说明的那样，大部分电流模式控制器能在反馈电压失控的情况下，安全地将峰值电流设置点钳位于精确值。在 QR 控制器中，如安森美公司的 NCP1380/1379，一内部钳位电路能把检测电阻两端的电压的最大值 $V_{sense,max}$ 限制在 0.8 V。在故障情况下，将最大电感峰值电流 I_L 限定到由式（7.181）给出的值。在固定开关频率 DCM 变换器中，低电网电压和高电网电压时的工作峰值电流稍有不同，这是由于传输延迟的原因。因此，如果将峰值电流限定在低电网电压时能传送所需的功率，则在高电网电压下得到的功率会变化，但不会像第一个例子那样变化大。

在 QR 变换器中情况实际上不同，因为频率会如图 7.12 所示变化，在最低输入电压时低工作频率迫使设计者采用高峰值电流和小检测电阻。在设计例子中，图 7.12 显示在低电网电压时要传输所需功率，峰值电流约 3.4 A。考虑到留出一定余量，选择最大峰值电流为 4 A，检测电阻应选为

$$R_{sense} = \frac{V_{sense,max}}{I_{L,max}} = \frac{0.8}{4} = 0.2 \text{ Ω} \qquad (7.227)$$

正常情况下，低电网电压输入时工作电流约为 3.4 A，如果出现某些原因，如输出过载，工作电流会稍稍增加 18% 到 4 A，控制器保护会很快起作用，自然限制了传输功率。在故障条件下，峰值电流被钳位，开关频率也被钳位。在电流被钳位的情况下，因为 $I_{L,max}$ 可通过式（7.181）知道，则开关频率可直接由 QR 频率基本方程推导得出：

$$F_{sw} = \frac{1}{I_{L,max}L_p\left(\dfrac{1}{V_{in}} + \dfrac{N}{V_{out} + V_f}\right) + DT} \qquad (7.228)$$

式中，DT 项表示插入漏源谷值开关的死区时间。对于数值应用，让我们考虑 QR 反激式变换器，其原边电感为 350 μH，副边绕组与原边绕组 N 的匝数比为 0.25，输出电压为 19 V，副边二极管正向压降为 1 V，传输延迟为 350 ns，死区时间为 831 ns。对两种电网输入电压，当峰值电流达到最大极限时，式（7.228）给出了如下频率值：

$$F_{\text{sw,LL,min}} = \cfrac{1}{\left(\cfrac{0.8}{0.2} + \cfrac{120}{350\mu} \times 350\text{n}\right) \times 350\mu \times \left(\cfrac{1}{120} + \cfrac{0.25}{19 + 0.25}\right) + 831\text{n}} = 32 \text{ kHz} \qquad (7.229)$$

$$F_{\text{sw,HL,min}} = \cfrac{1}{\left(\cfrac{0.8}{0.2} + \cfrac{370}{350\mu} \times 350\text{n}\right) \times 350\mu \times \left(\cfrac{1}{370} + \cfrac{0.25}{19 + 0.25}\right) + 831\text{n}} = 40.7 \text{ kHz} \qquad (7.230)$$

我们现在推导得到了在两种输入电压下变换器经历故障时的工作频率。通过式（7.179），可表示出这些模式下输出的最大功率：

$$P_{\text{out,max,LL}} = \frac{1}{2} L_p I_{\text{L,peak,LL}}^2 F_{\text{sw,LL,min}} \eta_{\text{LL}} = 0.5 \times 350\mu \times \left(\frac{0.8}{0.2} + \frac{120}{350\mu} \times 350\text{n}\right)^2 \times 32\text{k} \times 0.85 = 80.6 \text{ W} \qquad (7.231)$$

$$P_{\text{out,max,HL}} = \frac{1}{2} L_p I_{\text{L,peak,HL}}^2 F_{\text{sw,HL,min}} \eta_{\text{HL}} = 0.5 \times 350\mu \times \left(\frac{0.8}{0.2} + \frac{120}{350\mu} \times 350\text{n}\right)^2 \times 40.7\text{k} \times 0.89 = 121 \text{ W} \qquad (7.232)$$

如何才能解释低电网电压输入和高电网电压输入情况下的功率容量 50% 的差值呢？答案在图 7.100 中。在低电网电压输入时，选择的最大峰值电流是用来应对标称功率要求的。对于低电网电压时所需的 3.4 A 电流，我们选择 4 A 作为此时的极限。因此，电流增加 600 mA 足以启动保护。这就是参数 $\Delta I_{\text{L,LL}}$，该参数显示在图 7.100 的上图中。

这种情况在高电网电压时不同，当加载标称负载时，峰值电流减小到 2.4 A，比低电网电压输入时低 1 A。在该情况下，启动保护需要增加电流 4 − 2.4 = 1.6 A，几乎是低电网电压时电流增量的 3 倍。其原因可通过高电网电压时开关频率的增加来解释，该频率可通过式（7.230）预测得到。此频率允许减小电感工作电流，而使高电网电压输入时所传送的功率与低电

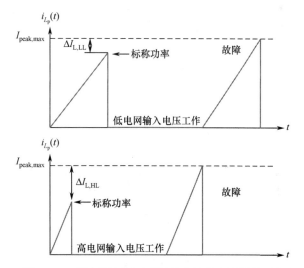

图 7.100　低电网电压时所需的高峰值电流提供了高电网电压时峰值电流达到极限时的较大变化范围，可解释在启动保护之前的功率失控

网电压输入时相同。在该条件下，高电网电压下限制输出功率失控的手段是强制性的。

7.13.10　减小高电网电压下的最大电流

QR 变换器补偿峰值电流值的计算不同于固定频率变换器的情况，因为 QR 变换器有两个参数：寻求的峰值电流和该电流值时的新频率。所采用的策略与固定频率 CCM/DCM 情况没什么变化：让在高电网电压下由故障补偿变换器输出的功率与同样工作于故障模式的低电网电压下变换器输出的功率相等。或者说，当处于高电网电压输入故障模式时，我们将计算被钳位的新峰值电流，以便使变换器输出功率如式（7.231）预计的那样不超过 80 W。通过式（7.41）可计算对应的

频率，其中 P_{out} 为 80W：

$$F_{\text{sw,HL}} = \cfrac{4}{\sqrt{\left(\sqrt{4 \times 831 \text{n} + \cfrac{2 \times 350\mu \times 80 \times (0.5 + 19 + 0.25 \times 370)^2}{0.89 \times 370^2 (19 + 0.5)^2}} + \cfrac{\sqrt{2} \times 350\mu \times (0.5 + 19 + 0.25 \times 370)\sqrt{\cfrac{80}{0.89 \times 350\mu}}}{370 \times (19 + 0.5)}\right)}}$$

$$= 59.2 \text{ kHz} \tag{7.233}$$

由该数值，可通过式（7.31）求得所需的峰值电流：

$$I_{\text{L,max,CMP}} = \sqrt{\frac{2P_{\text{out}}}{\eta L_{\text{p}} F_{\text{sw}}}} = \sqrt{\frac{2 \times 80}{0.89 \times 350\mu \times 59.2\text{k}}} = 2.95 \text{ A} \tag{7.234}$$

该值反映为电流检测设置点，该设置点用来解释传输延迟的影响：

$$V_{\text{sense,max,CMP}} = R_{\text{sense}}\left(I_{\text{L,max,CMP}} - \frac{V_{\text{in,HL}}}{L_{\text{p}}} t_{\text{prop}}\right) = 0.2 \times \left(2.95 - \frac{370}{350\mu} \times 350\text{n}\right) = 516 \text{ mV} \tag{7.235}$$

由于控制器含内部 0.8 V 参考电压，由式（7.235）可知，参考电压在高电网电压输入时须减小：

$$V_{\text{OPP}} = V_{\text{sense,max}} - V_{\text{sense,max,CMP}} = 0.8 - 0.516 = 284 \text{ mV} \tag{7.236}$$

或者说，当变换器由高电网电压供电时，0.8 V 内部参考电压不得不减小 35.5%。NCP1380 和 NCP1379 使用与 NCP1250 中一样的免费过功率保护专利技术。如果使用上面介绍过的电路之一的话，请参考式（7.226）来确定过功率保护电阻。

一旦实施了过功率保护电路，现在就可以绘出补偿变换器的功率容量并使之与无补偿变换器比较。图 7.101 显示了这些曲线。

补偿是有效的，能在高电网电压下使输出功率很好地处于控制之下，减少热管理和着火的风险。由于过功率保护在低电网电压输入时也存在，它会略微影响最大输出功率。在现有的情况下，如图 7.101 所给出的那样，输出功率降到约 71 W。

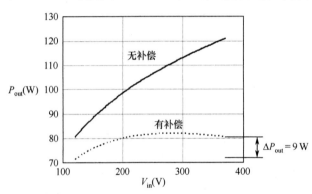

图 7.101 借助于过功率保护，高电网电压下功率失控能很好地得到控制

根据已有的计算，过功率保护强制性地应用工作于通用电网电压的 QR 变换器。另外，可成功地通过高电网电压输入时的短路保护测试（尽管会输出 120 W 功率），但保护功能启动之前输出电流的缓慢增加似乎会损毁元件之一，该损毁可能是由峰值电压应力产生的，或是由功率耗散的失控引起的。

7.13.11 计算过功率保护（OPP）电阻

若使用由图 7.93(a)描述的流行 OPP 补偿技术，则需要少许代数运算，在 CCM 变换器中存在斜率补偿时更是如此。为帮助分析该工作，图 7.102 显示了一简化电源结构，该电源中存在斜坡发生器 V_{ramp}。该发生器及其相应电阻 R_{ramp} 可以是控制器内部的或来自外部电源。V_{sense} 是检测电阻两端产生的电压，该电压通过 R_{comp} 电阻加到 CS 引脚。求解该系统的最简方法是应用叠加原理：

V_{ramp} 和 V_{bulk} 接地：
$$V_{CS} = \frac{R_{ramp} /\!/ R_{opp}}{R_{ramp} /\!/ R_{opp} + R_{comp}} V_{sense} \tag{7.237}$$

V_{ramp} 和 V_{sense} 接地：
$$V_{CS} = \frac{R_{ramp} /\!/ R_{comp}}{R_{ramp} /\!/ R_{comp} + R_{opp}} V_{bulk} \tag{7.238}$$

V_{bulk} 和 V_{sense} 接地：
$$V_{CS} = \frac{R_{ramp} /\!/ R_{comp}}{R_{opp} /\!/ R_{comp} + R_{ramp}} V_{ramp} \tag{7.239}$$

根据这些方程，总检测电压 V_{cs} 通过对式（7.237）到式（7.239）求和来求得。然后可求得我们寻找的补偿电阻值：

$$R_{opp} = \frac{(V_{CS} - V_{bulk}) R_{ramp} R_{comp}}{V_{ramp} R_{comp} + V_{sense} R_{ramp} - V_{CS}(R_{ramp} + R_{comp})} \tag{7.240}$$

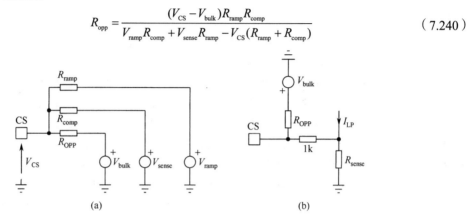

(a)　　　　　　　　　　(b)

图 7.102　存在斜坡发生器时，包含该发生器的简化表述

现在假设，计算指出我们需要在过功率保护校正之后有 830 mV 的检测电压，而控制器数据表给出的最大检测电压为 1.1 V（如 UC384x）。变换器工作的最大 dc 输入电压为 370 V，并具有如下特性：

$S_{ramp} = 133\,mV/\mu s$　　　内部人工斜坡发生器斜率

$V_{sense} = 830\,mV$　　　　　故障条件下检测电压

$F_{sw} = 65\,kHz$　　　　　　开关频率

$t_{on} = 3.5\,\mu s$　　　　　　370 V 输入且故障条件下的最大导通时间

$R_{ramp} = 20\,k\Omega$　　　　串联斜坡发生器电阻

$R_{comp} = 1\,k\Omega$　　　　　该电阻将检测电阻电压加到 CS 引脚

$V_{CS,max} = 1.1\,V$　　　　　最大电流极限，该数据来自控制器数据手册

输出功率超过 $P_{out,max}$，就应断开电源。在 370 V 输入电压时，安装什么过功率电阻才能将最大电流检测（CS）电压从 1.1 V 减小到 830 mV？按照式（7.240）的表述，有

$$R_{opp} = \frac{(1.1 - 370) \times 20k \times 1k}{0.133 \times 3.5 \times 1k + 830m \times 20k - 1.1 \times (21k)} = 1.22\,M\Omega \tag{7.241}$$

该电阻可通过串联 4 个 270 kΩ 电阻，再加上一个 140 kΩ 电阻来获得。为应对开路/短路安全性测试，每个 270 kΩ 电阻可用两个并联电阻形成的 270 kΩ 电阻来代替。如果这些电阻之中的一个断开，则与其并联的电阻能确保工作持续，如果短路，与其串联的电阻还在。

在有些情况下，没有任何斜坡补偿。补偿电阻公式简化为

$$R_{opp} = R_{comp} \frac{V_{bulk} - V_{cs}}{V_{cs} - V_{sense}} = 1k \times \frac{370 - 1.1}{1.1 - 0.83} = 1.36\,M\Omega \tag{7.242}$$

7.14 变换器的待机功率

自 1879 年托马斯·爱迪生点亮第一个灯泡以来，电被认为是给人类的一份礼物，对于当代消费者的生活方式来说的确如此。遗憾的是，自由始终是要付出代价的。现在设置了国际机构来调控涉及大气排放的能源生产，如利用化石能源来发电的电站的排放可引起许多与天气相关的问题。因此，需要快速地提出解决方案来减少能源产生的问题，同时有助于用明智的方式来消费电力。在与国际能源机构（IEA）[7]这样的技术委员会的紧密合作下，一些半导体公司提供新的、现成的综合方法来处理待机功率问题。本节回顾待机损耗的根源并给出目前可能的解决方法，来帮助设计者设计满足现有标准或生产规则的产品。

7.14.1 待机功率的定义

首先定义待机功率以避免任何在设计者和最终用户之间的误解。根据涉及的设备不同，可以区分不同的待机功率，具体如下。

（1）当连接于电力电源的设备的有效工作结束时，该设备从电力电源消耗的功率理想情况下应为 0 W。有效工作意味着设备所设计的功能，如对电池充电。当用户把移动电话与充电器脱开并让充电器继续与电力电源相连时，充电器应该没有工作，从电力电源获取的功率应为 0。如果想检查这个现象，只要触摸充电器或交流适配器（如笔记本电脑交流适配器）并感觉其温度，会很惊讶地发现有些会发热，清楚地显示了这些充电器或交流适配器的待机功率性能较差。

（2）当连接于电力电源的设备的有效工作临时不工作时，或自动或通过用户要求，该设备的输出功率应尽可能小。另外，有效工作，可以用通过遥控器让电视机处于待机状态来举例，但电视机电路（包括亮着的前面板 LED）应该保持工作状态来响应用户想激活电视机时的激活信号。保持内部电路低功耗（例如，应用 μPs 功率、高效率 LED 等）是设计者的责任。然而，输入端电路让开关电源与交流电源相连。遗憾的是，当开关电源工作于标称功率以下时，目前的多数开关电源的效率能降到百分之几十。如果开关电源在输出功率为 500 mW 时效率为 25%，那么功耗接近于 2 W。许多电子设备的消耗多数时间花费在这种模式上，因此消耗的功率约占家庭用电量的 5%。

通过参考文献[7]和[8]，可在网络上发现与待机功率有关的文档和网址。

7.14.2 损耗的根源

图 7.103 所示为典型的反激式变换器结构，该结构是消费产品中最受欢迎的变换器拓扑之一。用符号来表示元件是为了更好地理解工作过程。假设电源的开关频率为 100 kHz 并输出 12 V 的标称直流电压。如输出端没有负载，即工作在待机模式，控制器自然减少占空比来保证合适的输出电压。现在让我们来确定损耗的来源。如果从右边开始分析，首先是反馈电路，该电路的功能是确保输出电压维持在给定的技术指标内。基于 TL431 的电路正常工作至少需要 1 mA 的电流，流过检测电路的电流需要几微安（一些新引入的元件，如 NCP431，只需要 100 μA 并可在 36 V 下工作）。需要为光耦合器 LED 提供偏置以便减少控制器原边功率传输。包括所有这些副边损耗，在无负载情况下，如果认为总副边电流为 2 mA，则输出功率约为 24 mW。

电路中其他电阻性元件（如副边二极管、电容 ESR 等）消耗的功率为几毫瓦，但由于假设有效电流很低，这些功耗可以忽略。在原边，每次功率 MOSFET 导通，由 MOSFET 的 C_{oss} 和 C_{rss}、变压器杂散电容等构成的漏极节点寄生电容放电。每个电容 C 充电到电压 V 并以给定开关频率 F_{sw} 放电。由这些元件产生的一阶平均损耗定义为

$$P_{loss} = 0.5CV^2F_{sw} \tag{7.243}$$

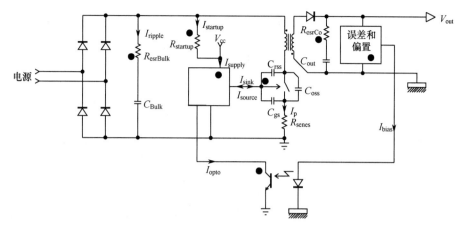

图 7.103　图中每个圆点表示在典型的离线反激式变换器中发现的不同损耗

更综合的包含电容的非线性变化的计算在附录 7F 中给出。

这里 C 和 V 是固定元件，修改起来有些困难。然而，由于开关频率可以选择，表示了第一个可行的修改方法。MOSFET 本身存在欧姆损耗，其耗散的平均功率（DCM 条件下的导通损耗）为

$$P_{\text{MOSFET,cond}} = \frac{1}{3} I_{\text{peak}}^2 DR_{\text{DS(on)}} \qquad (7.244)$$

脉宽调制（PWM）控制器是开关电源的核心，需要提供一定的功率来产生脉冲。如果脉宽调制（PWM）控制器中所用器件为基于双极型的 UC384X，则消耗约 20～25 mA 的总电流，该电流来自 12 V 电源，在最佳情况下给出 240 mW 的功耗。驱动电流也是功耗指标的重要组成部分。工作频率为 100 kHz 的 50 nC MOSFET 需要 5 mA 平均电流［见式（7.145）］，该电流消耗直接来自控制器 V_{cc}，而无须考虑占空比的值。对双极型控制器而言，启动电阻至少需要 1 mA 的启动电流。在电源有效电压为 230 V 时，另外有 300 mW 浪费在热耗上。

如果把所有功耗相加，包括前端损耗（如二极管、滤波器电容 ESR 等）和漏极钳位损耗，可以很容易得到无负载时的待机功率约为 1 W。

7.14.3　跳过不想要的周期

开关频率在功率损耗过程中起了重要作用。由于在待机时不传输任何功率（或只有很少一点点功率，这与应用电路有关），为什么连续脉冲会对 MOSFET 带来困扰？为什么不只通过脉冲串来传输所需的功率而在其余时间保持静止状态？在该静止期间肯定会引入一些输出纹波，但许多开关损耗将消失。跳周调节原理为：进入待机状态时，控制器会跳过不需要的开关周期。图 7.104 所示为在安森美半导体公司的低待机功率控制器（NCP120X 系列）中是如何发生跳周的。控制器一直处于等待状态直到要求输出功率下降并开始跳周。跳周意味

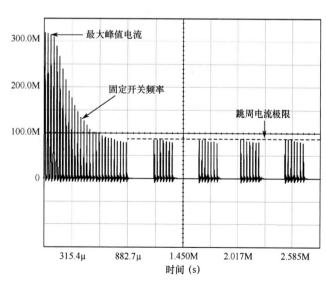

图 7.104　在低峰值电流时发生跳周，确保无噪声工作

着在一些时候有些开关周期被简单地忽略。图 7.105 所示为该技术需要的基本电路。当 FB 引脚上的反馈电压低于跳周电源电压 V_{skip}，比较器 CMP1 复位内部锁存器。由于所有脉冲停止，输出电压开始下降，导致反馈电压的变化。当跳周比较器检测到 FB 引脚电压高于跳周电源电压 V_{skip}

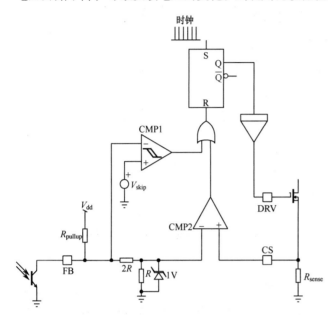

图 7.105　观测反馈环的简单比较器可足够用来实现跳周

时，产生脉冲并使 V_{out} 升高到指标值。此时，FB 引脚电压又下降到低于跳周电源电压并产生磁滞调节过程。如果跳周电源电压 V_{skip} 等于 1V，FB 引脚电压可摆动上升到 3 V（电流检测极限为 1 V），那么跳周发生在最大峰值电流的 30% 处。当要求输出功率重新增加，脉冲串彼此间隔更接近，直到控制器回到峰值电流可变的完全 PWM 方式。

由于跳周工作时调节的磁滞本性，无法对由控制器产生的脉冲包进行控制，无论环路带宽、负载轻重及跳周比较器的磁滞如何。最佳待机时只出现几个脉冲，且脉冲被几毫秒的静止期隔开（见图 7.75)。当然，维持自供给会变得困难，所有损耗必须减少。如果发生跳周时峰值电流足够低，就不会有音频噪声

并进入待机状态。噪声来自变压器的机械谐振（或 RCD 钳位电容，特别是圆形电容），它由（1）整个磁滞调节期间的音频（2）与脉冲包外貌相关的尖锐非连续性所激发。然而，由于可以选择跳周方式的峰值电流，如 NCP120X 系列的电路，自然能使产生的噪声最小化。

7.14.4　UC384X 系列电路的跳周

当然，可以用 UC384X 系列电路实现跳周。使用低成本 LM393 芯片，图 7.106 显示了如何通过提升电流检测引脚的电压使 PWM 控制器停止工作。由于内部 LEB 的存在，如果电流检测引脚电压拉高到 1 V 以上，电路完全停止产生脉冲。让比较器的一个输入观测反馈电压，而另一个引

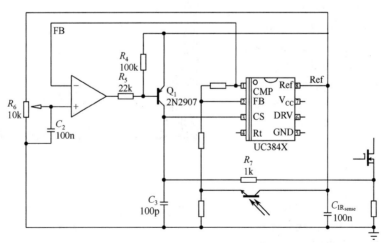

图 7.106　一个简单的比较器让 UC384X 控制器实现跳周工作

脚接收参考电压的一部分，该参考电压就是以前例子中的跳周参考电源 V_{skip}。在比较器输出加一个简单的 PNP 晶体管并采取一些技巧。当比较器的同相端引脚（FB 节点）达到由 R_6 设定的电压时，Q_1 偏置下拉，使控制器停止并按由反馈环施加的节奏重新开始开关工作：形成跳周工作方式。图 7.107 显示了在不同输出电压下得到的波形，P_{out1} 为最低输出电压。用该简单电路可以把无负载待机功率降低一半。

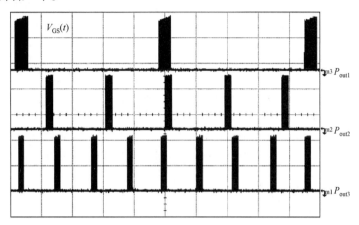

$V_{GS}(t)$

n3 P_{out1}

n2 P_{out2}

n1 P_{out3}

图 7.107 一旦实现了跳周工作，待机功率降低一半，低于 1 W

7.14.5 频率折叠

频率折叠技术提供了另一种有趣的替代跳周工作的方法。优于用人工方法把开关图形划分开来，当产生的峰值电流达到某个低电平时，压控振荡器（VCO）开始起作用。由于控制器不允许该电流进一步减小，减小传输功率的唯一方法是减小开关频率。该方法通常与准谐振反激式变换器一起来完成。由于负载减轻时频率增加，内部振荡器监测最小开关周期。通常，由于 EMI 的原因，设计者不会让振荡频率超过 70 kHz（二次谐波必须低于 150 kHz，该频率是噪声分析时 EMI 扫描的起点）。当峰值电流固定（约为最大允许峰值电流的 30%），当反馈失去电流控制时（该电流现在为固定值），频率不再增加。因此，VCO 接替工作并在需要时把频率线性地减小到几百赫兹。图 7.108 所示为频率与输出功率的关系曲线，而图 7.109 所示为利用该原理实现的控制器的几个工作波形，该波形由最近生产的 QR 控制器如 NCP1379/80 产生。

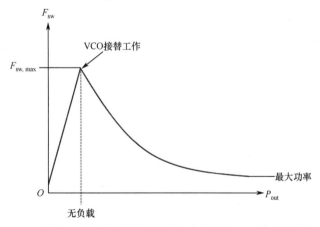

F_{sw}

VCO接替工作

$F_{sw, max}$

最大功率

O P_{out}

无负载

图 7.108 准谐振反激式变换器在负载电流减小时，开关频率增加。到某一点，由于峰值电流不能再下降，控制器把频率折叠回来

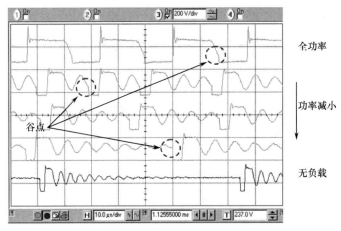

图 7.109　在不同输出功率下的几个漏源波形。与前面解释
的那样频率减小，最小频率出现在轻负载情况下

7.15　20 W 单输出电源

本设计描述了如何计算工作在通用电源下的 20 W 反激式变换器的各种元件值, 技术参数如下:

$V_{in,min} = 85$ Vrms, $V_{bulk,min} = 90$ Vdc（认为滤波电容上的纹波为 25%）

$V_{in,max} = 265$ Vrms, $V_{bulk,max} = 375$ Vdc, $V_{out} = 12$ V, $V_{ripple} = \Delta V = 250$ mV

在 10 μs 内输出电流从 $I_{out} = 0.2$ A 变化到 2 A 时, 输出电压 V_{out} 最大降幅为 250 mV

$I_{out,max} = 1.66$ A, MOSFET 降额因子 $k_D = 0.85$

二极管降额因子 $k_d = 0.5$, RCD 钳位二极管过脉冲 $V_{os} = 15$ V

首先, 以下几个理由决定了应选择峰值电流模式控制:

① 市场上提供的这类控制器很多;

② 电流模式控制本能地提供了良好的输入电压抑制;

③ 原边电流始终得到监控;

④ DCM 到 CCM 模式转换对该工作模式而言不是问题。

开关频率选择为 65 kHz。该频率能在开关损耗、磁心尺寸和电磁干扰之间进行良好的折中。假定传导电磁干扰标准 CISPR-22 的参数是在 150 kHz 和 30 MHz 之间进行分析的, 则 65 kHz 的开关频率意味着二次谐波低于 150 kHz, 三次谐波的幅度已经减小。事实上, 大量的笔记本电脑 ac–dc 适配器工作在 65 kHz。

工作模式是 DCM 还是 CCM? 这显然是关键点。每种模式有其优点, 对这两种工作模式的利弊总结如下。

DCM:

- 电感体积小;
- 在低频区没有右半平面零点, 得到的交叉频率较高;
- 是一阶低频系统, 即使在电压模式也容易稳定;
- 简单的低成本副边二极管也不会遭受 t_{rr} 损耗;
- 在导通期间, MOSFET 的 $I_D \neq 0$, 没有导通损耗（不考虑电容损耗）;
- 在准谐振模式下, 可能出现最低开关频率;

- 在副边容易实现同步整流；
- 在电流模式下不会产生次谐波振荡；
- 交流纹波大，在 MOSFET 及其他电阻性回路（如 ESR、铜线等）中引入导通损耗；
- 在铁氧体材料中存在较大的磁滞损耗（导通期间有较大的磁通密度变化）。

CCM：

- 低交流纹波，与 DCM 相比导通损耗较小；
- 由于工作于 BH 小循环，磁滞损耗低；
- 输出纹波低；
- 副边二极管和原边 MOSFET 的损耗及 t_{rr} 有关；
- 需要快速二极管或肖特基二极管来避免过多损耗；
- 导通期间 MOSFET 的 $I_D \neq 0$，存在导通损耗，$v_{DS}(t)$ 和 $i_D(t)$ 曲线交叠；
- 当占空比超过 50% 时，在峰值电流模式控制下需要斜坡补偿；
- 由于谐振在电压模式下，更不容易稳定；
- 右半平面零点在电压和电流模式控制下会妨碍可用的带宽；
- 尽管存储能量类似，但在 CCM 条件下，电感增加，变压器体积也增加。

通过上述内容可以发现，DCM 工作方式的优点比 CCM 工作方式的优点多。在低功率应用中，DCM 是最简单的实现方法。通常，CCM 工作方式用于低输出电压且电流较高的场合，如输出电流为 10 A，输出电压为 5 V，而 DCM 适合于较高输出电压和较低输出电流的场合。大多数基于阴极射线管的电视机使用 DCM 反激式变换器，该变换器输出电压为 130～160 V，输出电流为 1 A，或两参数都更小。为什么要采用 DCM 工作方式呢？因为高 V_{RRM}、低价格二极管通常速度较慢，且 CCM 会引入一些开关损耗。

从市场上看，对于功率小于 30 W 的开关电源，用 DCM 工作方式设计不会有任何问题。当功率大于 30 W 时，交流损耗经常会成为设计中的主要问题，在变换器尺寸不允许使用具有低 ESR 的大铝电容时更是如此。这样，采用 CCM 工作方法有助于减小在副边电容和变压器导线上的应力。如果在低输入电压下采用 CCM 工作方式是不可避免的，那么高输入电压时如何呢？良好的折中方案是在低输入电压下运行在 CCM 工作方式，而在高输入电压下进入 DCM 工作方式，来减少导通损耗，在低滤波电容电压下出现问题的可能性小。这就是文献[5]中给出的结论，应用在功率为 60～100 W 的交流/直流高功率适配器中。然而，有些设计者仍喜欢采用临界导通模式工作（所谓的边界模式或准方波谐振模式），即使在高功率设计中也是如此，这是因为：① 在半导体器件，如副边二极管或原边 MOSFET 上的开关应力减小了；② 容易实现同步整流。③ 闭环控制是容易的，因变换器始终维持为一阶系统（工作于 QR 的反激式变换器小信号模型参看附录 7E）。

让我们来讨论这种 20 W 小功率变换器。通常，设计步骤分为几步。对于反激式变换器，从变压器匝数比开始是个不错的途径。

本章中解释了匝数比与 MOSFET 的最大许可漏源极电压密切相关。工业上，工作于通用电源的变换器采用 600 V MOSFET 是一种普遍的做法。最近还有 650 V 类型的 MOSFET 可选用，它提供了更大的管子截止时电压的变化，这对效率和安全性而言都有好处。这里选择 600 V 的 MOSFET。然后，假设一性能良好变压器的漏电感低于原电感的 1%，k_c 为 1.5，这是个合理的数值。合并式（7.68）和式（7.69），得到

$$N = \frac{k_c(V_{out} + V_f)}{BV_{DSS}k_D - V_{os} - V_{bulk,max}} = \frac{1.5 \times (12 + 0.6)}{600 \times 0.85 - 15 - 375} = 0.157 \quad (7.245)$$

取匝数比为 0.166 或 $1/N = 6$。在上式中，假设二极管在输出标称电流时正向压降为 0.6 V。

应用第 5 章中为降压-升压变换器推导得到的公式，整理该式计算变压器匝数比，可得到一个在最低输入电压下，工作于 DCM 边界模式的峰值电流式：

$$I_{\text{peak}} = \frac{2\left(V_{\text{min}} + \dfrac{V_{\text{out}} + V_{\text{f}}}{N}\right)(V_{\text{out}} + V_{\text{f}})N}{\eta V_{\text{bulk,min}} R_{\text{load}}} \tag{7.246}$$

上式中的 $V_{\text{bulk,min}}$ 与最小滤波电容电压有关。假设滤波电容按照第 6 章所推荐的那样，允许的纹波为整流后的峰值的 25%。在这种情况下，变换器的最小输入电压为

$$V_{\text{min}} = V_{\text{bulk,min}} = 0.75 \times 85 \times \sqrt{2} = 90 \text{ Vdc} \tag{7.247}$$

在低输入电压时的滤波器平均电压近似为

$$V_{\text{bulk,avg}} \approx \frac{V_{\text{peak}} + V_{\text{min}}}{2} = \frac{85 \times \sqrt{2} + 90}{2} = 105 \text{ V} \tag{7.248}$$

将实际数值代入式（7.246），得到峰值电流为

$$I_{\text{peak}} = \frac{2 \times \left(90 + \dfrac{12 + 0.6}{0.166}\right) \times (12 + 0.6) \times 0.166}{0.85 \times 90 \times 7.2} = 1.26 \text{ A} \tag{7.249}$$

给定变换器工作时的峰值电流，能很容易计算得到电感为

$$L_{\text{p}} = \frac{2P_{\text{out}}}{I_{\text{p}}^2 F_{\text{sw}} \eta} = \frac{2 \times 20}{1.26^2 \times 65\text{k} \times 0.85} = 456 \text{ μH} \tag{7.250}$$

取上述值的整值 450 μH。在输入高电压和低电压情况下，当峰值电流恒定时（两种输入电压下效率不同），可推导得到占空比变化。下列方程中所使用的变量名称请参考第 6 章中全波整流的相关内容。

$$t_{\text{on,max}} = \frac{I_{\text{peak}} L_{\text{p}}}{V_{\text{bulk,min}}} = \frac{1.26 \times 450\text{μ}}{90} = 6.3 \text{ μs} \tag{7.251}$$

$$D_{\text{max}} = \frac{t_{\text{on,max}}}{T_{\text{sw}}} = \frac{6.3\text{μ}}{15\text{μ}} = 0.42 \tag{7.252}$$

$$t_{\text{on,min}} = \frac{I_{\text{peak}} L_{\text{p}}}{V_{\text{bulk,max}}} = \frac{1.26 \times 450\text{μ}}{375} = 1.5 \text{ μs} \tag{7.253}$$

$$D_{\text{min}} = \frac{t_{\text{on,min}}}{T_{\text{sw}}} = \frac{1.5\text{μ}}{15\text{μ}} = 0.10 \tag{7.254}$$

然而，给定低输入电压时的滤波电容电压纹波，占空比会由式（7.251）～式（7.254）给出的那样，在最小和最大值之间变化。为计算在低输入电压下的 MOSFET 平均导通损耗，应计算有效电流的平方，该有效电流是 $D(t)$ 和 $v_{\text{in}}(t)$ 的函数，因为 $D(t)$ 和 $v_{\text{in}}(t)$ 受纹波的调制。因此，应在整个电源周期内对有效电流的平方进行积分，来得到纹波周期内耗散的"平均"功率损耗。为避免烦琐的计算（纹波不是精确的斜坡），我们将计算谷值处的有效成分，并把它作为最差条件：

$$I_{\text{D,rms}} = I_{\text{peak}} \sqrt{\frac{D_{\text{max}}}{3}} = 1.26 \times \sqrt{\frac{0.42}{3}} = 471 \text{ mA} \tag{7.255}$$

由于 MOSFET 耐压为 600 V，$R_{\text{DS(on)}}$ 应选择多少？一垂直安装并工作于大气条件下的 TO-220 封装的结对空气之间的热阻 $R_{\theta\text{J-A}}$ 约为 62℃/W。该封装能耗散的最大功率，在没有附加的热沉条件下，与周围环境温度有关。在本应用中，假设变换器工作的最大环境温度为 50℃。选择 MOSFET 管心的最大结温为 110℃，因此，该封装能承受的最大功率为

$$P_{\text{max}} = \frac{T_{\text{j,max}} - T_{\text{A}}}{R_{\theta\text{J-A}}} = \frac{110 - 50}{62} = \frac{60}{62} = 0.96 \text{ W} \tag{7.256}$$

$T_j = 110°C$ 时，由有效电流带来的导通损耗为

$$P_{cond} = I_{D,rms}^2 R_{DS(on)} \tag{7.257}$$

从式（7.256）和式（7.257）可以看到，$T_j = 110°C$ 时的 $R_{DS(on)}$ 必须满足

$$R_{DS(on)} @ T_j = 110 \ ℃ \leqslant \frac{P_{max}}{I_{D,rms}^2} \leqslant \frac{0.96}{0.471^2} \leqslant 4.3 \ \Omega \tag{7.258}$$

当结温升高到 110℃～120℃ 时，MOSFET 导通电阻几乎是结温为 25℃ 时的两倍。这样，首先需要指出的是所选择的 MOSFET 在 25℃ 时 $R_{DS(on)}$ 应低于 2.1 Ω。当然，也需要选择开关损耗。遗憾的是，由于器件包含大量的杂散元件，要分析预测这些杂散元件是不可能的。具有合适的 MOSFET 和变压器模型的 SPICE 仿真能给出一些指导，但实验室测量是精确估计这些参数的途径。在 DCM 条件下，导通损耗理论上为 0，但漏极处的漏源电容通过 MOSFET 放电。该电容引入了如下的损耗，该损耗的大小与导通位置有关：刚好在正弦波顶部导通，损耗最大，而在波形的谷点导通，损耗最小：

$$P_{SW,lump} \ max = \frac{1}{2} C_{lump} \left(V_{bulk,max} + \frac{V_{out} + V_f}{N} \right)^2 F_{sw} \tag{7.259}$$

$$P_{SW,lump} \ min = \frac{1}{2} C_{lump} \left(V_{bulk,min} - \frac{V_{out} + V_f}{N} \right)^2 F_{sw} \tag{7.260}$$

漏源电容值可以按照附录 7A 求出。图 7.110 所示为典型的截止过程波形。截止过程波形与漏极节点周围环境有关，如存在缓冲电容器。图 7.111 所示为在开关断开期间的示波器波形，该波形可以与仿真数据做比较。从波形中看到，在 V_{GS} 达到平台区之前，没有发生任何变化。漏极电压没有变化，但电流开始弯曲，这与 MOSFET 跨导（g_m）有关。从平台的起点开始，MOSFET 开始阻断，漏极电压上升，电流进一步弯曲。电流持续流过 MOSFET（起线性电阻作用）直到漏极电压达到一定的水平，此时出现另一电流回路（电流流经其他回路）。当电流完全分流到其他回路，漏极电流下降为 0。在这种情况下（情况 1），认为重叠的三角区的宽度为 Δt，在截止期间由 MOSFET 耗散的平均功率简单地就是三角形面积。

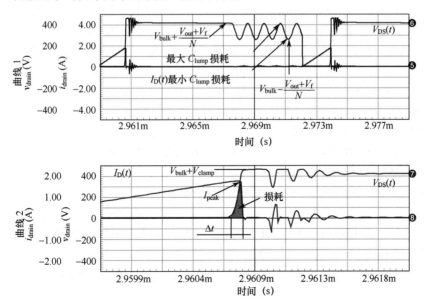

图 7.110 典型的 DCM 反激式变换器截止期间波形

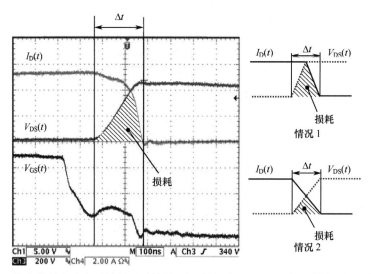

图 7.111 最差情况出现在开关断开（情况 1），漏极电压立即上升的时刻；如果存在一些
缓冲器来减慢电压的上升，会出现情况 2 那样的理想状态，此时损耗大大降低

$$P_{\text{SW,off}} = F_{\text{sw}} \int_0^{\Delta t} i_{\text{D}}(t) v_{\text{DS}}(t) \cdot \mathrm{d}t$$

$$= F_{\text{sw}} \left[\int_0^{\Delta t/2} I_{\text{peak}}(V_{\text{bulk}} + V_{\text{clamp}}) \frac{2t}{\Delta t} \cdot \mathrm{d}t + \int_{\Delta t/2}^{\Delta t} (V_{\text{bulk}} + V_{\text{clamp}}) I_{\text{peak}} \frac{2(\Delta t - t)}{\Delta t} \cdot \mathrm{d}t \right] \quad (7.261)$$

$$P_{\text{SW,off}} = \frac{I_{\text{peak}}(V_{\text{bulk}} + V_{\text{clamp}}) \Delta t}{2} F_{\text{sw}}$$

如果存在一些缓冲电路，漏极电压将延后上升，重叠区变为更有利（情况 2）。在那种工作模式下，耗散的功率减少为

$$P_{\text{SW,off}} = F_{\text{sw}} \int_0^{\Delta t} i_{\text{D}}(t) v_{\text{DS}}(t) \cdot \mathrm{d}t = F_{\text{sw}} \int_0^{\Delta t} I_{\text{peak}} \frac{\Delta t - t}{\Delta t} (V_{\text{bulk}} + V_{\text{clamp}}) \frac{t}{\Delta t} \cdot \mathrm{d}t = \frac{I_{\text{peak}}(V_{\text{bulk}} + V_{\text{clamp}}) \Delta t}{6} F_{\text{sw}} \quad (7.262)$$

在最终的实际电路中，观测 MOSFET 的电压和电流，可以求得重叠区域的时间 Δt 和所有需要的变量，或由示波器来计算损耗。确定了所有损耗，就可计算在低输入电压和高输入电压下的总 MOSFET 功率耗散。在低输入电压时，导通损耗占主要地位，而在高输入电压下，开关损耗是主要的，即

$$P_{\text{MOSFET}} = P_{\text{cond}} + P_{\text{SW,lump}} + P_{\text{SW,off}} \quad (7.263)$$

上述值与所选的 MOSFET 和不同损耗来源有关，应选择低 $R_{\text{DS(on)}}$ 值的 MOSFET，如果总功率超过式（7.256）的限制范围，则应加一个小型热沉。把式（7.258）当作最差情况，IRFBC30A 型的 MOSFET 是一种合适的选择（该管的 $BV_{\text{DSS}} = 600$ V，$R_{\text{DS(on)}} = 2.2$ Ω）。

在结束对 MOSFET 电路的讨论之前，可以估计控制器驱动电路上承受的功率耗散。为完全让 IRFBC30A MOSFET 管导通，在栅源区应提供 23 nC 的电荷量（Q_{G}）。如果控制器工作的开关频率为 65 kHz，辅助绕组电压为 15 V，则芯片上的损耗为

$$P_{\text{drv}} = F_{\text{sw}} Q_{\text{G}} V_{\text{cc}} = 65\text{k} \times 23\text{n} \times 15 = 22 \text{ mW} \quad (7.264)$$

假设专用引脚上的电压达到 1 V，作为控制器的电流极限，则检测电阻值可计算为

$$R_{\text{sense}} = 1/I_{\text{peak}} \quad (7.265)$$

控制器需要的峰值电流为 1.26 A。考虑到设计裕度为 10%（则 $I_{\text{peak}} = 1.38$ A），检测电阻值为

$$R_{\text{sense}} = \frac{1}{1.26 \times 1.1} = 0.72 \text{ Ω} \quad (7.266)$$

遗憾的是，该值不符合电阻系列规格 E24/E48。有两种方法可用来解决这个问题：

① 把几个电阻并联来达到合适的阻值。此时，两个 1.4 Ω电阻并联可得到 0.7 Ω的阻值。

② 选择较大的电阻值并连接成一电阻分压器，如选择 0.82 Ω电阻。所需的峰值电流为 1.38 A。该峰值电流流过 0.82 Ω电阻，两端产生 1.13 V 电压。因此，分压比为 1/1.13 = 0.88。选择串联电阻为 1 kΩ，接地电阻为 7.3 kΩ。详细的电路结构如图 7.112 所示。

应用式（7.255），由检测电阻产生的功率耗散达到

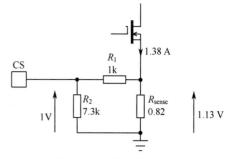

图 7.112 当需要的检测电阻值很难实现时，可以连接成分压器，来人为地增加检测电压，但这是以降低效率为代价的

$$P_{R_{sense}} = I_{D,rms}^2 R_{sense} = 0.471^2 \times 0.82 = 181 \, mW \quad （7.267）$$

现在，需要保护 MOSFET 免受漏电感尖峰电流的损坏。前面已经看到如何推导 RCD 钳位电阻值，对表达式（7.76）稍做调整，可求得钳位系数 k_c：

$$P_{clp} = \frac{(k_c - 1)\left[2k_c(V_{out} + V_f)^2\right]}{N^2 F_{sw} L_{leak} I_{peak}^2} = \frac{(1.5-1)\left[2 \times 1.5 \times (12+0.6)^2\right]}{0.166^2 \times 65k \times \dfrac{450\mu}{100} \times 1.38^2} = 15.5 \, k\Omega \quad （7.268）$$

$$C_{clp} = \frac{k_c(V_{out} + V_f)}{NR_{clp}F_{sw}\Delta V} = \frac{1.5 \times 12.6}{0.166 \times 15.5k \times 65k \times 11} \approx 10 \, nF \quad （7.269）$$

以上两式中：L_{leak} 是漏电感。本例中选漏电感值为原边电感的 1%。当然，可以从代表性产品系列的变压器中测量得到该值。ΔV 是选择的纹波，用钳位电压的百分比表示；11 V 的纹波电压约对应于钳位电压（约为 114 V）的 10%。

最后，在钳位电阻上的功率耗散可用来选择钳位电阻值，即

$$P_{R_{clp}} = 0.5F_{sw}L_{leak}I_{peak}^2 \frac{k_c}{k_c - 1} = 0.5 \times 65k \times 4.5\mu \times 1.38^2 \times \frac{1.5}{0.5} = 835 \, mW \quad （7.270）$$

为耗散 1 W 的功率，用两个 33 kΩ、1 W 的电阻并联就可实现。记住式（7.270）保守地假设在截止时 MOSFET 电流 100%流过 RCD 网络。我们会看到实际情况与该假设有什么不同。在给定例子中，13%的电流差就会导致 R_{clp} 上功率耗散减少 30%。制作 20 W 电路原型，在最差情况下检查漏源电压变化来观察是否存在增加 R_{clp} 的余地。

已经定义了原边的元件，下面来看看二极管。给定匝数比 N，可以计算副边二极管电压应力为

$$PIV = NV_{bulk,max} + V_{out} = 0.166 \times 375 + 12 = 74 \, V \quad （7.271）$$

如 k_d 系数为 0.5（二极管降额因子），应选择一个 V_{RRM} 为 150 V、能承受至少 4 A 连续电流的二极管。SMC 封装（表面安装）的 MBRS4201T3 型二极管是一个不错的选择：

$V_{RRM} = 200 \, V$，$I_{F,avg} = 4 \, A$，$V_f = 0.61 \, V$（$T_j = 150℃$，$I_{F,avg} = 4 \, A$），$I_R = 800 \, \mu A$（$T_j = 150℃$，$V_r = 74 \, V$）

该元件承受的总功率耗散与其动态电阻 R_d、正向压降 V_f 及漏电流（特别是肖特基二极管）有关。总损耗表示为

$$P_d = V_{T0}I_{d,avg} + R_d I_{d,rms}^2 + DI_R PIV \quad （7.272）$$

在本设计实例中，应用上述反向电压降额因子，可以忽略漏电流的贡献，因为它只产生很小的附加损耗。另外，在这些小有效电流作用下，动态电阻对功率耗散的贡献几乎为 0。因此，式（7.272）简化为

$$P_d \approx V_f I_{d,avg} = 0.61 \times 1.6 \approx 1 \, W \quad （7.273）$$

在 SMC 封装上耗散 1 W 的功率是一个挑战,在无法借助于印制板上的大面积铜区域时更是如此。如果是这样,采用如 MBR20200 型的 TO-220 二极管(工业标准)来代替 SMC 封装二极管,它能在自由空间、没有热沉[见式(7.256)]的情况下,能较易实现 1 W 的耗散。在 DCM 工作条件下,采用肖特基二极管不是必需的。一个快速二极管也能承担这种工作,只是正向压降稍高一些。

与在许多例子中看到的那样,首先计算电容值以便得到合适的纹波值(认为只有电容性贡献),但 ESR 始终使结果恶化。此时,变换器工作在 DCM,应直接计算可以产生 250 mV 纹波时的最大 ESR。副边峰值电流可通过原边峰值和变压器匝数比来求得。如果忽略漏电感的作用,就有

$$I_{sec,peak} = \frac{I_{peak}}{N} = \frac{1.26}{0.166} = 7.6 \text{ A} \tag{7.274}$$

基于该数值,可计算得到

$$R_{ESR} \leqslant \frac{V_{ripple}}{I_{sec,peak}} \leqslant \frac{0.25}{7.6} \leqslant 33 \text{ m}\Omega \tag{7.275}$$

检索电容器制造商网站(如红宝石公司),可以发现如下参数:

680 μF-16 V-YXG 系列;立式,10(ϕ)×16 mm

在 $T_A = 20$℃和 100 kHz 时,$R_{ESR} = 60$ mΩ;在 100 kHz 时,$I_{C,rms} = 1.2$ A

把几个同型电容并联,应该可以得到所需要的等效串联电阻。当温度增加时,ESR 增加。为了在低温时保持合适的纹波值,需要增加总电容值,把原来的技术指标降低一点,或安装一个小型输出 LC 滤波器,后面将会看到这种情况。流过并联电容的有效电流为

$$I_{C_{out,rms}}^2 = I_{sec,rms}^2 - I_{out,avg}^2 \tag{7.276}$$

副边电流需要用式(7.255)计算,得

$$I_{sec,rms} = I_{sec,peak}\sqrt{\frac{1-D_{max}}{3}} = 7.6 \times \sqrt{\frac{1-0.42}{3}} = 3.34 \text{ A} \tag{7.277}$$

把上述结果代入式(7.276)得出

$$I_{C_{out,rms}} = \sqrt{3.34^2 - 1.66^2} = 2.9 \text{ A} \tag{7.278}$$

或者说,把三个 680 μF 电容并联在一起来承受上述有效电流,假设三个电容分担的电流完全相同。总 ESR 下降至

$$R_{ESR,total} = 60m/3 = 20 \text{ m}\Omega \tag{7.279}$$

由该电阻回路产生的损耗等于

$$P_{C_{out}} = I_{C_{out,rms}}^2 R_{ESR} = 2.9^2 \times 20m = 168 \text{ mW} \tag{7.280}$$

强调电解电容是电源设计中的弱点这一事实是很重要的。电容有效电流的作用通常被忽视,却过分侧重容量和成本等因素。便宜的电容会危害变换器寿命,如果内部功率耗散太高更会成为散热口。有关电容寿命的文献并不太多,它被分散在应用文献中。为理解电容失效机理,作者推荐阅读第 6 章的文献[15],该文很好地综合分析了电解电容的许多方面。

现在已知变换器的核心参数,是时候查看小信号响应了。使用反激式电流模式模板,给模型提供以下计算值:

$L_p = 450$ μH,$R_{sense} = 0.7$ Ω,$N = 0.166$,$C_{out} = 2040$ μF,$R_{ESR} = 20$ mΩ,$R_{load} = 7.2$ Ω

图 7.113 所示为应用电路,图中可以看到 TL431 构成了放大器类型 2。

按照初始指标描述,要满足 250 mV 的输出电压幅度降落需要的带宽为

$$f_c \approx \frac{\Delta I_{out}}{2\pi \Delta V_{out} C_{out}} = \frac{1.8}{6.28 \times 0.25 \times 2040\mu} = 562 \text{ Hz} \tag{7.281}$$

将带宽定为 1 kHz，该数值是一个可以达到的合理值，同时给出了一定的裕度。稳定 DCM 电流模式变换器工作，可按以下步骤操作：

（1）计算桥式分压器时，假设电流为 250 μA，参考电压（TL431）为 2.5 V，因此有

$$R_{\text{lower}} = \frac{2.5}{250\mu} = 10\,\text{k}\Omega \tag{7.282}$$

$$R_{\text{upper}} = \frac{12-2.5}{250\mu} = 38\,\text{k}\Omega \tag{7.283}$$

（2）在最低输入电压（90 Vdc）时，扫描开环电流模式反激式变换器。确保光耦合器极点及其光传输系数（CTR）能得到适当的表征。当光耦合器 CTR 在 50% 到 150% 之间变化时，实验测量得到带宽为 6 kHz。图 7.114 给出了这一结果。在本设计例中，光耦合器上拉电阻为 20 kΩ（如 NCP1200 系列器件）。

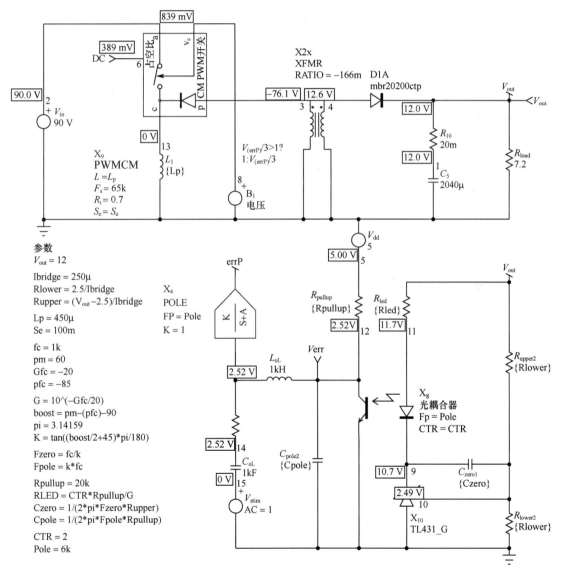

图 7.113　20 W 变换器电路，电路中存在光耦合器极点

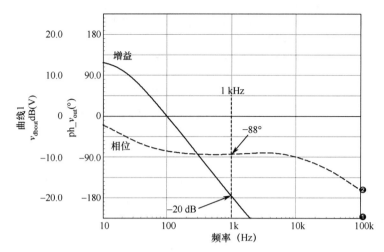

图 7.114　在最低输入电压下的开环波特图中包含了光耦合器极点和最小 CTR

（3）从波特图可以看到，在 1 kHz 处所需的增益约为+20 dB，对应于最差情况。该点的相位滞后为 88°。

（4）对于 DCM 补偿，k 因子给出了良好的结果。对带宽为 1 kHz，相位裕度为 60° 的情况，推荐采用如下元件值：$R_{LED} = 3$ kΩ，$C_{pole} = 2.2$ nF，$C_{zero} = 15$ nF。

应用上述数值后，在两种输入电压下的补偿后的增益曲线如图 7.115 所示。进一步对 ESR 和 CTR 进行扫描没有发现补偿带来的缺陷。在进行补偿后的交流扫描之前不要忘记把光耦合器极点 X_4 移除（更详细的内容参见第 3 章）。当通过负载阶跃在平均模型中确定电路的稳定性之后，可以应用在前几章中已经描述过的电流模式通用模型。逐周电路如图 7.116 所示。光耦合器连接成了一个射极跟随器，外部电压源模仿内部 5 V V_{dd}。这是在许多控制器中实现反馈的方法。注意，与光耦合器集电极串联的 300 mV 电源是为防止在轻负载条件下出现饱和电压（在图 7.60 中，在 UC34X 的电路中两个二极管串联）。假设控制器需要一定的自供电，建议增加一个辅助绕组。给定匝数比关系，忽略漏电感的作用，设辅助绕组电压将达到约 13 V。在低输入电压、全功率下得到的所有相关的波形如图 7.117 所示。可以看到，除副边变量外，有些幅度与理论计算有很好的一致性。因为几个公式假设在 CCM 和 DCM 边界处导通，其中 $D' = 1 - D$。然而，电感值和负载条件显然使电路工作于 DCM 条件，如果考虑二极管电流，式（7.277）会因为存在死区时间而出现问题。

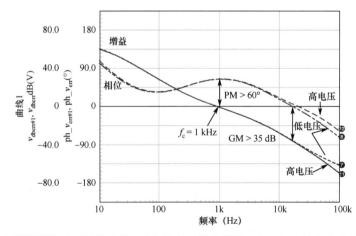

图 7.115　电路做补偿后，波特图显示了电路有足够的带宽，在 1 kHz 处存在足够的相位裕度

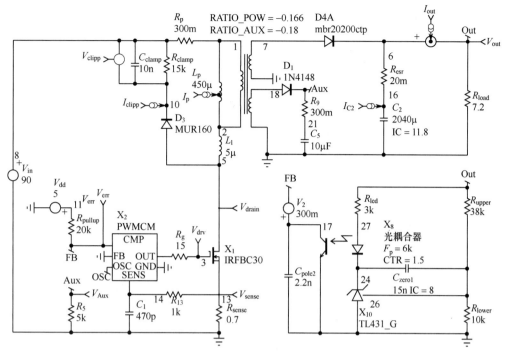

图 7.116　20 W 变换器的逐周仿真模型

在加载 20 W 负载情况下，输入电压最低时所得到的纹波如图 7.118 所示。测量得到纹波峰峰值幅度为 174 mV，与原始技术指标相符。然而，几乎没有裕度来对付不可避免的 ESR 变化。为改善这种情况，可以安装一个小型 LC 滤波器。该滤波器的截止频率必须超过交叉频率（至少为交叉频率的 2~3 倍）以避免在交叉频率处产生更大的相位应力。这里，我们安装一个 2.2 μH/100 μF 滤波器，其截止频率为 10.7 kHz，为 1 kHz 交叉频率的 10 倍。电容上看不到很大的纹波，因为很多纹波成分加在前端电容 C_2 上了。图 7.119 显示了如何连接 TL431：快通道（见第 3 章）接在 LC 滤波器之前，而 R_{upper}/R_{lower} 网络的连接保持不变。没有按建议的那样连接快通道会引入振荡，回路会产生高频增益。图 7.118 中下半部曲线显示了所安装的 LC 滤波器纹波，其峰-峰幅度值为 33 mV。

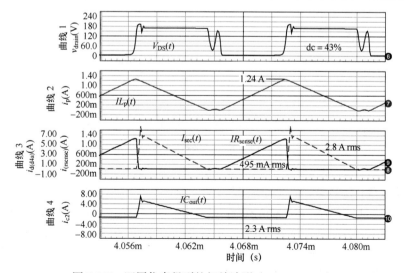

图 7.117　逐周仿真得到的相关波形（V_{in} = 90 Vdc）

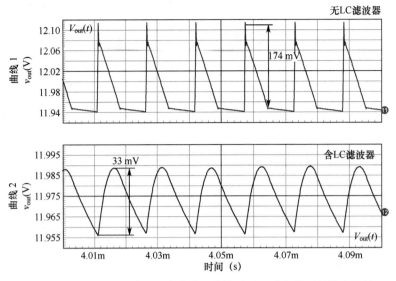

图 7.118　有和没有后端 LC 滤波器两种情况下，满负荷时的输出纹波

　　最后，阶跃负载测试肯定了仿真模型在交流仿真和瞬态仿真下（如图 7.120 所示）都具有良好的性能。

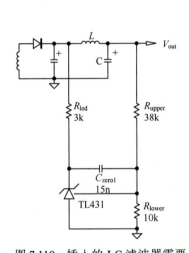

图 7.119　插入的 LC 滤波器需要
与 TL431 进行谨慎连接

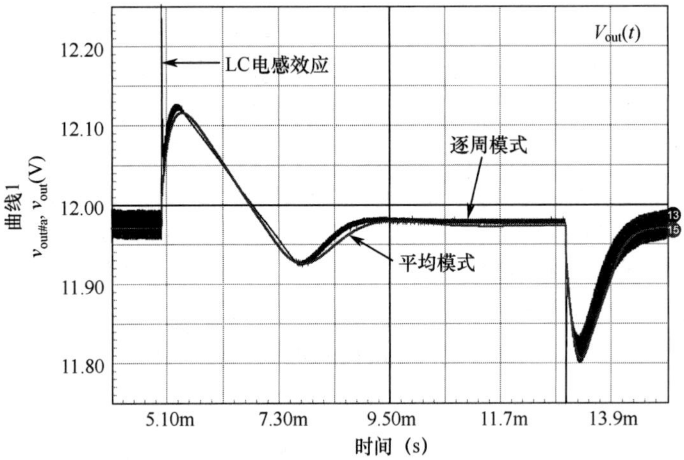

图 7.120　0.2 A 到 1.6 A 的阶跃测试肯定了在低输入电压下的电
源稳定性。平均模型响应与逐周模型响应基本重叠

　　构建该变换器应选择哪种控制器？这有许多选择的途径。假如输出功率低，安森美公司的 DIP 封装 NCP1216 控制器（其热性能得到了改善）可以满足要求。由于 NCP1216 控制器具有高电压承受能力，不需要用有辅助绕组的变压器；该控制器可由高压电源实现自供电。光耦合器直接连到反馈引脚。该应用电路如图 7.121 所示。以下是有关该电路的几点注释：

- 输入滤波器利用共模电感的漏电感与 C_{11} 一起来产生差模电路；
- 齐纳二极管 D_8 经常用于大容量消费产品中。它的作用是在主 MOSFET 的漏源短路的情况下，限制控制器电流检测引脚的电压偏移。有时，放置两个串联的 1N4007 二极管来增加可靠性。在电路发生故障期间 MOSFET 源极电压被二极管钳位，控制器不会受高电压的影响直至保险丝烧毁。实验表明，由于使用了这种方法，控制器将免受损坏。

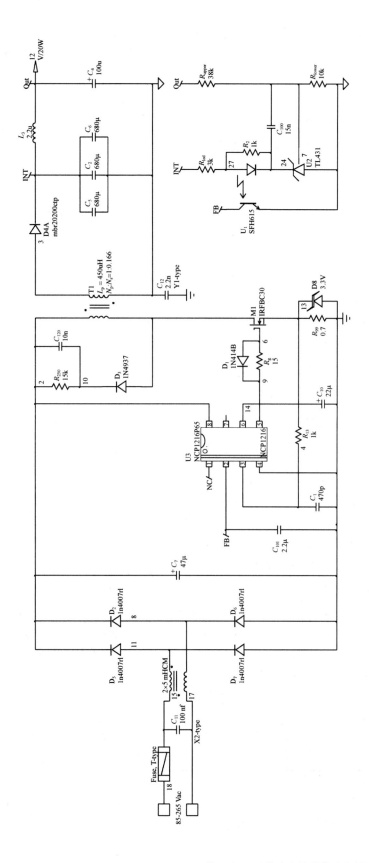

图 7.121　使用安森美公司高压控制器的典型电路

- R_2 把光耦合器 LED 变换为恒流发生器（约 1 V/1 kΩ）。它为 TL431 提供偏置。如果在 TL431 阴极到 V_{out} 连一电阻，能使电路工作得更好。
- 所有电容（如 C_{101}、C_1、C_{10}）及 R_{13} 须安装到与控制器尽量接近的位置以便改善抗干扰能力。

关于变压器，有两种选择：

（1）选择一变压器制造商（如 Coilcraft、Pulse Engineering、Coiltronix、Vogt、Delta Electronics 等）并提供如下数据：

$$L_p = 450\ \mu H,\ I_{Lp,max} = 1.5\ A,\ I_{Lp,rms} = 500\ mA,\ I_{sec,rms} = 3\ A,\ F_{sw} = 65\ kHz$$

$$V_{in} = 100\ Vdc\ 到\ 375\ Vdc,\ V_{out} = 12\ V（电流为 1.6 A），\ N_p{:}N_s = 1{:}0.166$$

基于上述信息，制造商将选合适的磁心并考虑绕组排列、输出引脚等。寻求原边电感和漏电感的阻抗与频率的关系曲线。可观察到温度升高时电感性能的下降。当环境温度升高时，会妨碍电源输出功率的能力。在磁心饱和及发热之前检测最大峰值电流。在封闭的电源中，如 ac-dc 适配器，测量接近 100℃ 的磁心温度不是常用的手段。温度关闭点通常设置在 110℃。确信变压器在该温度下不会饱和是很重要的。附录 7G 给出了一小电路来测试变压器饱和程度。本人推荐不管何时制作出第一个原型变压器，都运行一下这个测试电路。这会让你知道，你的设计在高温和最大功率下是否能提供足够的裕度。

（2）阅读附录 7C 并按 Charles Mullett 所写的指令来构建变压器。

7.16　90 W 单输出电源

第二个设计例描述工作于通用电源的 90 W 反激式变换器，技术指标如下：

$V_{in,min} = 85\ Vrms$，$V_{bulk,min} = 90\ Vdc$（设滤波电容上的纹波为 25%）

$V_{in,max} = 265\ Vrms$，$V_{bulk,max} = 375\ Vdc$，$V_{out} = 19\ V$，$V_{ripple} = \Delta V = 250\ mV$

在 10 μs 内 I_{out} 从 0.5 A 上升到 5 A，V_{out} 最大下降 = 250 mV，$I_{out,max} = 5\ A$，$T_A = 70℃$

MOSFET 降额因子 $k_D = 0.85$，二极管降额因子 $k_d = 0.5$

RCD 钳位二极管过脉冲幅度 $V_{os} = 20\ V$

给定功率额定值，设计工作于 CCM 变换器，它可在输入电压较低范围内工作。为设计 CCM 变换器，可以计算在低输入电压情况下的原边电感来得到一定的电感纹波电流，或选择变换器从

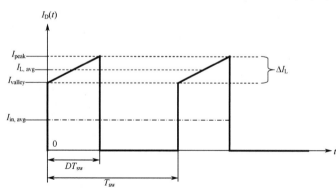

图 7.122　连续导通模式下的电感电流

CCM 工作条件过渡到 DCM 工作条件的电压值。第二个选项提供了在所选的输入电压下，选择工作模式的很大的灵活性。在进行详细计算之前，我们回顾一下，当电路运行在 CCM 情况下的电感电流。该电感电流波形如图 7.122 所示。

基于该信号，可以推导设计式，该式在第 5 章中讨论降压-升压变换器时已经引出：

$$L = \frac{\eta V_{\text{bulk,min}}^2 \left(\dfrac{V_{\text{out}} + V_{\text{f}}}{N}\right)^2}{\delta I_{\text{r}} F_{\text{sw}} P_{\text{out}} \left(V_{\text{bulk,min}} + \left(\dfrac{V_{\text{out}} + V_{\text{f}}}{N}\right)\right) \left(\left(\dfrac{V_{\text{out}} + V_{\text{f}}}{N}\right) + \eta V_{\text{bulk,min}}\right)} \tag{7.284}$$

式中，δI_{r} 为电感平均电流上的交流纹波峰-峰值，即

$$\delta I_{\text{r}} = \frac{\Delta I_{\text{L}}}{I_{\text{L,avg}}} \tag{7.285}$$

V_{min} 为滤波电容电源上的最低直流输入电压（参考图 6.4）。让滤波电容两端的直流电压下降到 90 V，可计算滤波电容值。

当 δI_{r} 值为 2 时，变换器运行于非连续模式。在文献中用不同符号表示，如在文献[9]中用 K_{RF} 来表示。尽管 K_{RF} 的表达式中分母为 2（DCM 工作条件下，K_{RF} 等于 1），但表达式基本没有改变。经验表明，δI_{r} 值与输入电压范围有关，推荐使用以下 δI_{r} 值以便得到最佳的设计折中方案：

- 对于通用电源设计（有效输入电压为 85～265 V），选 δI_{r} 值在 0.5～1 之间；
- 对于欧洲输入电源范围（有效输入电压为 230 V±15%），选 δI_{r} 值在 0.8～1.6 之间。

本设计例中，选 δI_{r} 值为 0.85。

在前面的设计例子中，我们解释了匝数比和 MOSFET 最大允许的漏源电压之间的密切关系。在该通用电源工作条件下，选择 600 V 的 MOSFET，降额因子 k_{D} 为 0.85。假设变压器耦合良好，k_{c} 值取 1.5 是一个合理的做法。因此，匝数比必须大于

$$N = \frac{k_{\text{c}}(V_{\text{out}} + V_{\text{f}})}{BV_{\text{dss}}k_{\text{D}} - V_{\text{os}} - V_{\text{bulk,max}}} = \frac{1.5 \times (19 + 0.6)}{600 \times 0.85 - 20 - 375} = 0.255 \tag{7.286}$$

选匝数比为 0.25 或 $1/N = 4$。在上述等式中，假设二极管正向压降为 0.6 V。应用式（7.284）可求得电感值为

$$L = \frac{0.85 \times 90^2 \times \left(\dfrac{19.6}{0.25}\right)^2}{0.8 \times 65\text{k} \times 92 \times \left[90 + \left(\dfrac{19.6}{0.25}\right)\right]\left[\left(\dfrac{19.6}{0.25}\right) + 0.85 \times 90\right]} \approx 320 \text{ μH} \tag{7.287}$$

从图 7.122 中可以得到，电感平均电流和平均输入电流的关系为

$$I_{\text{in,avg}} = I_{\text{L,avg}} D \tag{7.288}$$

最大平均输入电流与最低输入电压 V_{min} 及输出功率有关，即

$$I_{\text{in,avg}} = \frac{P_{\text{out}}}{\eta V_{\text{min}}} = \frac{90}{0.85 \times 90} = 1.18 \text{ A} \tag{7.289}$$

式（7.288）中的占空比满足以下关系：

$$D_{\text{max}} = \frac{V_{\text{out}}}{V_{\text{out}} + NV_{\text{min}}} = \frac{19}{19 + 0.25 \times 90} = 0.46 \tag{7.290}$$

把该结果代入式（7.288），得到平均电感电流为

$$L_{\text{L,avg}} = \frac{I_{\text{in,avg}}}{D_{\text{max}}} = \frac{1.18}{0.46} = 2.56 \text{ A} \tag{7.291}$$

基于这些结果，容易推导得到图 7.122 中的关键参数，得

$$\Delta I_{\text{L}} = I_{\text{L,avg}} \delta I_{\text{r}} = 2.56 \times 0.85 = 2.18 \text{ A} \tag{7.292}$$

$$I_{\text{peak}} = I_{L,\text{avg}} + \frac{\Delta I_L}{2} = I_{L,\text{avg}}\left(1 + \frac{\delta I_r}{2}\right) = 2.56\left(1 + \frac{0.85}{2}\right) = 3.65\,\text{A} \qquad (7.293)$$

$$I_{\text{valley}} = I_{L,\text{avg}} - \frac{\Delta I_L}{2} = I_{L,\text{avg}}\left(1 - \frac{\delta I_r}{2}\right) = 2.56\left(1 - \frac{0.85}{2}\right) = 1.47\,\text{A} \qquad (7.294)$$

原边有效电流的计算需要求解简单的积分。通常，要写出所求变量的时变式。在图 7.122 中，谷点电流（$t = 0$）就是峰值电流减去纹波。在导通时间的末端，电流达到 I_{peak}。因此，该式写为

$$t = 0 \rightarrow i_{L_p}(t) = I_{\text{valley}} = I_{\text{peak}} - \Delta I_L \qquad (7.295)$$

$$t = DT_{\text{sw}} \rightarrow i_{L_p}(t) = I_{\text{valley}} + \Delta I_L \qquad (7.296)$$

$$I_{L_p}(t) = I_{\text{valley}} + \Delta I_L \frac{t}{DT_{\text{sw}}} = I_{\text{peak}} - \Delta I_L + \Delta I_L \frac{t}{DT_{\text{sw}}} \qquad (7.297)$$

对式（7.297）求积分，得到有效电流为

$$I_{L,\text{rms}} = \sqrt{\frac{1}{T_{\text{sw}}}\int_0^{DT_{\text{sw}}}\left(\frac{\Delta I_L t}{DT_{\text{sw}}} + I_{\text{peak}} - \Delta I_L\right)^2 dt} = \sqrt{D\left(I_{\text{peak}}^2 - I_{\text{peak}}\Delta I_L + \frac{\Delta I_L^2}{3}\right)} \qquad (7.298)$$

把式（7.290）、式（7.292）和式（7.293）代入式（7.298），得到最终流过变压器原边、MOSFET 和检测电阻的有效电流为

$$I_{L,\text{rms}} = \sqrt{D_{\text{max}}\left(I_{\text{peak}}^2 - I_{\text{peak}}\Delta I_L + \frac{\Delta I_L^2}{3}\right)} = \sqrt{0.46\left(3.65^2 - 3.65 \times 2.18 + \frac{2.18^2}{3}\right)} \approx 1.8\,\text{A} \qquad (7.299)$$

对于 CCM 情况，应用第 1 章推导得到的公式，可以得到精确的同样数值。

给定有效电流值，可用于寻求合适的 MOSFET。对输出功率为 90 W 的情况，环境温度为 70℃，MOSFET 不加热沉无法正常工作。应寻求低 $R_{\text{DS(on)}}$ 器件，这些器件的参数列表如下。

型号	制造商	$R_{\text{DS(on)}}$	BV_{DSS}	Q_G
2SK2545	Toshiba	0.9 Ω	600 V	30 nC
2SK2483	Toshiba	0.54 Ω	600 V	45 nC
STB11NM60	ST	0.45 Ω	650 V	30 nC
STP10NK60Z	ST	0.65 Ω	650 V	70 nC
SPP11N60C3	Infineon	0.38 Ω	650 V	60 nC
SPP20N60C3	Infineon	0.19 Ω	650 V	114 nC

注意封装（与非隔离类型相比，隔离全封装类型可简单地安装在热沉上）及总栅极电荷。由于 MOSFET 与许多原边元件并联连接，栅极电荷的数量大大增加，由控制器输出的平均驱动电流也增加。我们选 Infineon 公司的 SPP11N60C3 型 MOSFET，该器件在交流/直流适配器中广泛采用。结温为 110℃时的导通损耗为

$$P_{\text{cond}} = I_{D,\text{rms}}^2 R_{\text{DS(on)}} = 1.8^2 \times 0.6 \approx 2\,\text{W} \qquad (7.300)$$

开关损耗可认为由漏源电容放电（在 DCM 条件下已经存在）和电流与电压交叠组成的导通项产生。此时，电流跳到谷点值，不再从 0 开始。图 7.123 所示为典型的 CCM 波形。

与 DCM 例子中一样，图 7.124 所示为实际波形。栅源电压开始增加直到达到平台电压。此时，漏极电压下降，由于 MOSFET 工作在线性方式，电流上升。驱动器信号已完全受信号斜度控制，插入一个电阻可减缓两个变量的变化。这不是截止期间的情况，在截止期间电感起恒流源作用，通过漏源电容产生漏极电压斜率。在 CCM 条件下，导通时间减慢使副边二极管的应力减小，该二极管突然阻断。在原边上产生的尖峰幅度减小，电磁干扰辐射大大改善。如果考虑波形中间

的交叉点，式（7.262）仍然成立，除非要考虑在开关断开时间的新工作变量：

- $v_{DS}(t)$ 从平台电压跃迁为 0；
- $i_D(t)$ 从 0 跃迁为谷值。

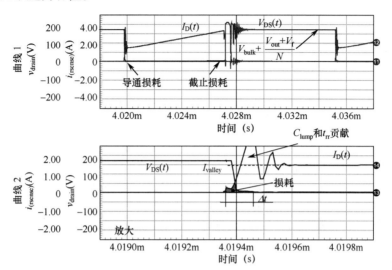

图 7.123　导通期间，CCM 反激式变换器仿真得到的典型波形

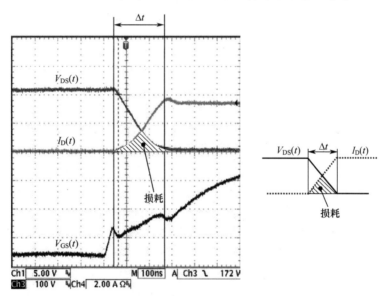

图 7.124　导通期间，CCM 变换器实际测量波形

如果交叠时间为 Δt，则导通期间的开关损耗为

$$P_{SW,on} = \frac{I_{valley}\left(V_{bulk} + \dfrac{V_{out} + V_f}{N}\right)\Delta t}{6} F_{sw} \quad （7.301）$$

这些损耗考虑了两根曲线中部的交叉时间段，实际上，该时间段经常与理想情况不同。另外，应进行实验室测量来检查总功率耗散。注意，该测量将包含漏源电容和副边二极管 t_{rr} 的作用（如果存在的话）。

截止期间的损耗仍遵循式（7.262）。最后，MOSFET 的耗散为

$$P_{\text{MOSFET}} = P_{\text{cond}} + P_{\text{SW,on}} + P_{\text{SW,off}} \tag{7.302}$$

基于式（7.300），在不知道式（7.302）结果的情况下，需要该 MOSFET 加热沉。

SPP11NC60C3 的总栅极电荷为 60 nC。因此，当电源为 15 Vdc（辅助 V_{cc} 电压）时，驱动器（不是 MOSFET）的功率损耗达到

$$P_{\text{drv}} = F_{\text{sw}} Q_G V_{\text{cc}} = 65\text{k} \times 60\text{n} \times 15 = 59 \text{ mW} \tag{7.303}$$

与 DCM 例子中一样，假设控制器的原边电流在检测电阻上产生的电压达到 1 V 时，认为达到电流极限。因此，可求得检测电阻为

$$P_{\text{sense}} = 1 / I_{\text{peak}} \tag{7.304}$$

我们需要的峰值电流为 3.6 A。考虑到设计裕度为 10%（$I_{\text{peak}} = 4$ A），则检测电阻值等于

$$P_{\text{sense}} = \frac{1}{4} = 0.25 \ \Omega \tag{7.305}$$

给定上述值和有效电流，检测电阻的功率耗散等于

$$P_{\text{sense}} = I_{\text{D,rms}}^2 R_{\text{sense}} = 1.8^2 \times 0.25 = 810 \text{ mW} \tag{7.306}$$

SMD 型的两个 0.5 Ω，1 W 并联电阻可以达到上述功耗要求。

MOSFET 保护电路需要对钳位元件进行计算。以下表达式应用熟悉的公式给出了钳位电阻及电容值：

$$R_{\text{clp}} = \frac{(k_c - 1)\left[2k_c(V_{\text{out}} + V_f)^2\right]}{N^2 F_{\text{sw}} L_{\text{leak}} I_{\text{peak}}^2} = \frac{(1.5-1)\left[2 \times 1.5 \times (19 + 0.6)^2\right]}{0.25^2 \times 65\text{k} \times \dfrac{320\mu}{100} \times 4^2} \approx 2.8 \text{ k}\Omega \tag{7.307}$$

$$C_{\text{clp}} = \frac{k_c(V_{\text{out}} + V_f)}{N R_{\text{clp}} F_{\text{sw}} \Delta V} = \frac{1.5 \times 19.6}{0.25 \times 2.8\text{k} \times 65\text{k} \times 12} \approx 54 \text{ nF} \tag{7.308}$$

以上两式中：L_{leak} 为漏电感。本例中选为原边电感的 1%。当然，需要对典型的产品系列及变压器做实际测量。ΔV 为钳位电压的纹波百分比，在钳位电压为 117 V 时，对应 ΔV 为 10%情况下，其纹波约为 12 V。

最后，钳位电阻在标称工作条件下产生的功率耗散为

$$P_{R_{\text{clp}}} = 0.5 F_{\text{sw}} L_{\text{leak}} I_{\text{peak}}^2 \frac{k_c}{k_c - 1} = 0.5 \times 65\text{k} \times 3.2\mu \times 3.65^2 \times \frac{1.5}{0.5} \approx 4 \text{ W} \tag{7.309}$$

为耗散 4 W 的功率，用三个 8.2 kΩ、2 W 电阻并联来实现。给定变换器功率，应使用超快速钳位二极管，如 MUR160，而不要选用较慢的器件。早期标示的有关钳位电阻功率耗散数值仍然是指漏极节点存在电容时对应的数据。这非常类似于原型钳位电阻的功率耗散，它低于式（7.309）的预测值，如图 7.28 和图 7.29 所示。图中所示为你提供了稍稍调节钳位电阻及略微改善效率的裕度。当修改 RCD 钳位网络时始终应控制最差情况下的安全裕度。

现在，讨论副边二极管。在选定之前需要对二极管的峰值反向电压进行评估：

$$\text{PIV} = N V_{\text{bulk,max}} + V_{\text{out}} = 0.25 \times 375 + 19 = 112.8 \text{ V} \tag{7.310}$$

通常，二极管降额因子 k_d 为 50%，V_{RRM} 为 200 V、承受电流至少为 10 A（其平均电流就是输出直流电流）。TO-220 封装的 MBR20200CT 二极管可满足指标需要。其指标如下：

$V_{\text{RRM}} = 200$ V，$I_{\text{F,avg}} = 20$ A（内部有两个二极管，每个二极管承受 10 A 电流）

最大 $V_f = 0.8$ V（条件为：$T_j = 125$℃，$I_{\text{F,avg}} = 10$ A）

$I_R = 800 \ \mu\text{A}$（条件为：$T_j = 150$℃，$V_r = 80$ V）

该二极管能承受的总功率耗散与动态电阻 R_d、正向压降 V_f 及漏电流（特别对肖特基而言）有关。总损耗为

$$P_\mathrm{d} = V_\mathrm{T0} I_\mathrm{d,avg} + R_\mathrm{d} I_\mathrm{d,rms}^2 + D I_\mathrm{R} \mathrm{PIV} \tag{7.311}$$

在上述情况下，漏电流不会产生很大损耗，因此，可忽略。对于每个二极管，上述公式简化为

$$P_\mathrm{d} \approx V_\mathrm{f} I_\mathrm{d,avg} = 0.8 \times 2.5 \approx 2\ \mathrm{W} \tag{7.312}$$

式中，假设在两个二极管在同一管心的情况下，流经的电流相等。总功率耗散为式（7.312）给出的两倍，即 4 W。二极管需要安装热沉。图 7.125(a) 和 (b) 所示为热阻和电阻之间的电气模拟。热阻为 5℃/W 意味着每输入 1 W 功率元件温度升高 5℃。等效欧姆定律仍然适用，可写为

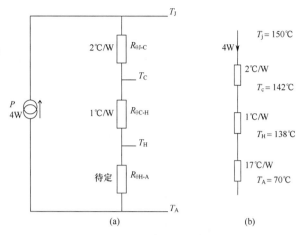

$$T_\mathrm{j} - T_\mathrm{A} = P(R_\mathrm{\theta J\text{-}C} + R_\mathrm{\theta C\text{-}H} + R_\mathrm{\theta H\text{-}A}) \tag{7.313}$$

式中，T_j 和 T_A 分别表示结温和环境温度；$R_\mathrm{\theta J\text{-}C}$ 表示结与元件外壳之间的热阻，通常约为几度每瓦（本例中为 2℃/W）；$R_\mathrm{\theta C\text{-}H}$ 表示外壳和热沉之间的热阻，如果有良好的隔离并使用良好的油脂，热阻可低于 1℃/W；$R_\mathrm{\theta H\text{-}A}$ 表示热沉和环境空气之间的热阻，这是合理选择元件的依据；P 表示耗损的功率。

图 7.125　电源可视为串联热阻供电的电流源

最大结温与几个参数有关，在这些参数中，浇铸化合物（做元件的黑色粉末）起很大作用。对于 MBR20200 型二极管，最大温度限制在 150℃ 是安全的（MBR20200 的 $T_\mathrm{j,max}$ 为 175℃）。从式（7.313）中，可以求得当环境温度为 70℃，热沉应具有把二极管结温保持在 150℃ 所需的热阻为

$$R_\mathrm{\theta H\text{-}A} = \frac{T_\mathrm{j,max} - T_\mathrm{A}}{P} - R_\mathrm{\theta J\text{-}C} - R_\mathrm{\theta C\text{-}H} = \frac{150 - 70}{4} - 2 - 1 = 17\ \text{℃/W} \tag{7.314}$$

在环境温度为 70℃ 时，二极管结温理论上将升高到

$$T_\mathrm{j} = T_\mathrm{A} + P R_\mathrm{\theta J\text{-}A} = 70 + 4 \times (17 + 1 + 2) = 150\ \text{℃} \tag{7.315}$$

元件装配好后，要确保所有热沉温度都控制在与质量部门推荐的指标一致。一般认为，在最大环境温度下，所有热沉温度必须低于 100℃。如图 7.125(b) 所示，将不能满足指标，需要更大的热沉（二极管结工作在 88℃ 时，热阻为 7.5℃/W）。

由于多种理由（如成本、反向电压等），是否不能选择肖特基二极管？反向恢复时间如何影响二极管的功率耗散？通过一个简单的图形来理解二极管的阻断现象是十分必要的，如图 7.126 所示[10]。在该图中，强调了几个时间段。对这些时间段注释如下：

（1）在 t_1 时间段，功率 MOSFET 导通，二极管进入阻断过程。电流衰减的斜率由外部电路确定，主要取决于电路中的电感。

（2）在 t_a 的起始点，二极管呈现短路行为，在二极管导通时的所存储的电荷（严格地说，是一些电荷被抽走后的剩余电荷）可通过负电流 I_RRM 来计算得到。电流幅度与由外部电路施加的阻断斜率有关。施加的斜率越陡，负电流 I_RRM 摆幅越大，即

$$S_\mathrm{r} = -\frac{\mathrm{d} i_\mathrm{F}(t)}{\mathrm{d}t} = -\frac{\mathrm{PIV}}{L} \tag{7.316}$$

（3）在 t_a 段的末尾，电荷已全部被抽走（图中的 Q_r），二极管将恢复阻断能力。二极管必须产生负电荷 $-Q_2$ 以便重建内部势垒。

（4）电流很快通过斜率 S_2 减小到 0，在二极管两端出现电压尖峰（电路突然切断）。该尖峰的幅度与 I_RRM 和电流回到 0 的速度有关（t_b 期间，斜率为 S_2）。而速度依赖于所采用的技术。人

们谈论的二极管软度，实际上是由比例系数 t_b/t_a 定义的。二极管可以突然的、柔软的或很快的方式恢复，产生或多或少的尖峰、振铃和其他不良的电磁干扰。

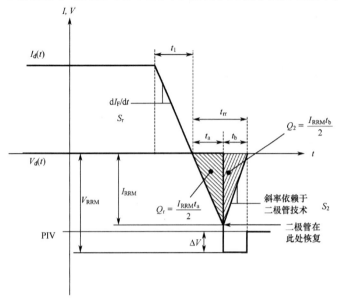

图 7.126 二极管阻断工作条件下的电流电压曲线

（5）二极管技术指标表明，其恢复时间为 t_{rr}，峰值恢复电流为 I_{RRM}，由 Q_r 和 Q_2 相加得到的总电荷为 Q_{rr}。所有这些参数都是在给定的斜率 $di_F(t)/dt$ 下定义的。有趣的是，当结温升高（少数载流子寿命增加），总电荷 Q_{rr} 增加。例如，30EPH06 型内部整流器的总电荷 Q_{rr}，在 $T_j = 25℃$ 时为 65 nC，到 $T_j = 125℃$ 时增加为 345 nC。

图 7.126 中，二极管在 t_b 期间产生的功率耗散为

$$P_{t_b} = F_{sw} V_{RRM} \frac{t_b I_{RRM}}{2} = F_{sw} V_{RRM} Q_2 \quad （7.317）$$

在 t_b 期间由电路中电感产生的尖峰为

$$\Delta V = L \frac{di_F(t)}{dt} = L S_2 \quad （7.318）$$

基于图 7.126，总电压偏移量 V_{RRM} 可重写为

$$V_{RRM} = PIV + L S_2 \quad （7.319）$$

若把式（7.319）中的所有项都除以 PIV，通过观察由式（7.316）给出的 S_r 的倒数，可得

$$\frac{V_{RRM}}{PIV} = 1 + \frac{L S_2}{PIV} = 1 + \frac{S_2}{S_r} \quad （7.320）$$

如果按照各自的变量定义斜率，就有

$$\frac{V_{RRM}}{PIV} = 1 + \frac{I_{RRM}/t_b}{I_{RRM}/t_a} = 1 + \frac{I_{RRM}}{t_b} \frac{t_a}{I_{RRM}} = 1 + \frac{Q_r}{Q_2} \quad （7.321）$$

从式（7.321），可求出 V_{RRM}，并将其代入式（7.317），得到

$$P_{d,t_{rr}} = F_{sw} PIV \left(1 + \frac{Q_r}{Q_2}\right) Q_2 = F_{sw} PIV (Q_r + Q_2) = F_{sw} PIV Q_{rr} \quad （7.322）$$

与 t_{rr} 相关的损耗很难预测，这是由于这些损耗与阻断斜率、温度及二极管技术本身有关。另外，很少有制造厂家给出这些参数的详细资料，使得预测损耗变得更难。最后，在最差环境下进行温度评估以便检验结温是否处于合理值。

现在已经完成了半导体器件部分的讨论，下面讨论电容选择问题。对于 DCM 设计，认为 ESR 占主导地位。在进一步分析之前，需要求得副边峰值电流。忽略漏电感的作用，可估计电流值为

$$I_{sec,peak} = \frac{I_{peak}}{N} = \frac{3.6}{0.25} = 14.4 \, A \quad （7.323）$$

在上述数值基础上，得到

$$R_{ESR} \leqslant \frac{V_{ripple}}{I_{sec,peak}} \leqslant \frac{0.25}{14.4} \leqslant 17 \, m\Omega \quad （7.324）$$

从电容制造商网站，如 Vishay 公司，可得到如下参数：

2200 μF—25 V—135 RLI 系列

径向型 12.5（ϕ）× 40 mm

$R_{ESR} = 44$ mΩ（条件为：$T_A = 20$℃，频率 100 kHz）

$I_{C,rms} = 2$ A（条件为：频率 100 kHz，温度 105℃）

把上述类型的几个电容并联，可以得到所需的等效串联电阻。当温度下降时，ESR 增加。为保持低温时的纹波有合适的值，后面将会看到，需要增加总电容值，放宽初始指标，或安装一个小型输出 LC 滤波器。流经并联电容的有效电流为

$$I_{C_{out},rms}^2 = I_{sec,rms}^2 - I_{out,avg}^2 \tag{7.325}$$

副边电流计算需要利用式（7.299），该式与截止时间有关，即

$$I_{sec,rms} = \sqrt{(1-D_{max})\left(I_{sec,peak}^2 - I_{sec,peak}\frac{\Delta I_L}{N} + \frac{\Delta I_L^2}{3N^2}\right)} = \sqrt{(1-0.46)\left(14.4^2 - 14.4 \times \frac{2.18}{0.25} + \frac{2.18^2}{0.25^2 \times 3}\right)} \approx 7.6 \text{ A} \tag{7.326}$$

把上述结果代入式（7.325），得

$$I_{C_{out},rms} = \sqrt{7.6^2 - 4.7^2} \approx 6 \text{ A} \tag{7.327}$$

假设每个电容的有效电流（105℃时为 2 A），需要把三个电容并联起来才能提供 6 A 的电流能力。在最低输入电压和最大电流下进行实验测量可以检查电容温度是否在安全限制范围内。给定相应的电容，等效串联电阻降为

$$R_{ESR,total} = \frac{44m}{3} = 14.6 \text{ m}\Omega \tag{7.328}$$

由该电阻性回路产生的总损耗为

$$P_{C_{out}} = I_{C_{out},rms}^2 R_{ESR} = 6^2 \times 14.6m = 525 \text{ mW} \tag{7.329}$$

由于已经设计得到了所有的元件值，可以来观察该变换器的小信号模型。把以下数据代入电流模式模型：

$L_p = 320$ μH，$R_{sense} = 0.25$ Ω，$N = 0.25$，$C_{out} = 6600$ μF，$R_{ESR} = 14.6$ mΩ，$R_{load} = 4$ Ω

应用电路如图 7.127 所示，该电路与 DCM 例子没有什么不同，模型在两个模式下自触发。工作点表明了仿真电路行为的合理性（$V_{out} = 19$ V，占空比 = 46.7%）。为简化起见，取与 DCM 设计时相同的光耦合器参数。要满足如初始指标那样的 250 mV 纹波需要的带宽为

$$f_c \approx \frac{\Delta I_{out}}{2\pi \Delta V_{out} C_{out}} = \frac{4.5}{6.28 \times 0.25 \times 6600\mu} = 434 \text{ Hz} \tag{7.330}$$

选择 1 kHz，这是可以达到的合理值，同时为式（7.330）推荐的带宽提供了一定的裕度。是否右半平面零点足够远就可避免响应的相位滞后呢？

$$f_{z2} = \frac{(1-D)^2 R_{load}}{2\pi D L_p N^2} = \frac{(1-0.46)^2 \times 4}{6.28 \times 0.46 \times 320\mu \times 0.25^2} = 20.2 \text{ kHz} \tag{7.331}$$

答案是肯定的，变换器工作的交叉频率位置比右半平面零点位置低 20%。由于变换器工作在 CCM 条件，占空比接近于 50%，变换器的尖峰大小是多少呢？

$$Q = \frac{1}{\pi\left(D'\frac{S_e}{S_n} + \frac{1}{2} - D\right)} = \frac{1}{3.14 \times (0.5 - 0.46)} = 8 \tag{7.332}$$

该结果指出阻尼次谐波极点会使品质系数低于 1。求 S_e 参数（外部斜坡幅度）得到

$$S_e = \frac{S_n}{D'}\left(\frac{1}{\pi} - 0.5 + D\right) = \frac{V_{in}R_i}{L_p D'}\left(\frac{1}{\pi} - 0.5 + D\right) = \frac{90 \times 0.25}{320\mu \times (1-0.46)}\left(\frac{1}{3.14} - 0.5 + 0.46\right) = 36 \text{ kV/s} \tag{7.333}$$

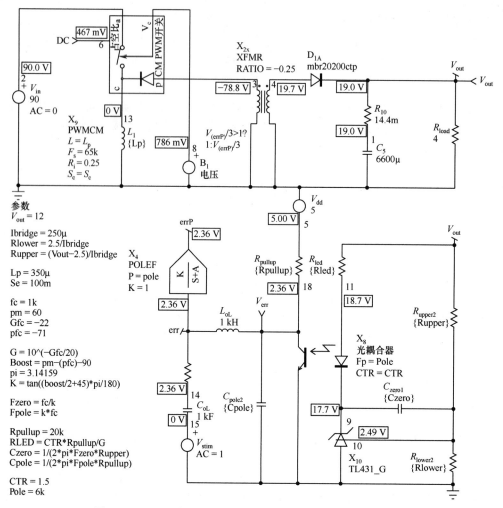

图 7.127　CCM 变换器使用与 DCM 情况相同的电流模式模型

我们将看到外部斜坡的效果以及实际上如何来产生该外部斜坡。稳定 CCM 电流模式变换器的步骤如下：

（1）假设流经桥分压器的电流为 250 μA，TL431 参考电压为 2.5 V，那么有

$$R_{\text{lower}} = \frac{2.5}{250\mu} = 10\,\text{k}\Omega \tag{7.334}$$

和

$$R_{\text{upper}} = \frac{19 - 2.5}{250\mu} = 66\,\text{k}\Omega \tag{7.335}$$

（2）在最低输入电压下（90 Vdc）对电流模式反激式变换器做开环扫描。确保光耦合器极点和 CTR 能得到合适的补偿。实验测得在 CTR 从 50% 变化到 150% 条件下，带宽为 6 kHz。该结果如图 7.128 所示。本例中，光耦合器的上拉电阻取为 20 kΩ（如用 NCP120x 系列器件）。

（3）从波特图中可以看到，在 1 kHz 位置所需的增益最差情况下约为 +22 dB。对应的相位滞后为 71°。

（4）k 因子为电流模式 CCM 补偿提供了良好的结果，一般而言，呈现一阶行为。取带宽为 1 kHz，相位裕度为 80°，建议使用以下元件值：

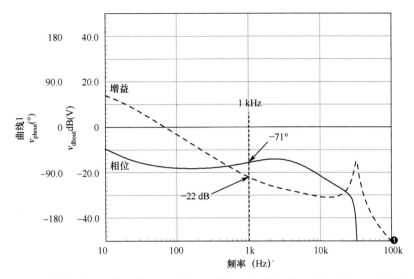

图 7.128　CCM 电流模式交流扫描结果显示，除二次谐波极点附近外，不存在任何很大的相位非连续性

$$R_{LED} = 2.4 \text{ k}\Omega, \quad C_{pole} = 2.2 \text{ nF}, \quad C_{zero} = 10 \text{ nF}$$

图 7.129 所示为在两种输入电压下补偿后的增益曲线。进一步对 ESR 和 CTR 做扫描分析没有显示补偿产生的缺陷。通常，不要忘记在做补偿后的交流扫描前，移除光耦合器极点 X_4（更详细的内容参见第 3 章）。仿真显示由于电路在低输入电压下工作在 CCM 模式并且占空比接近于 50%，增益曲线存在一个尖峰，但相应的增益裕度仍然是合理的。然后，把补偿斜坡从 10 kV/s 增加到 30 kV/s，仿真结果显示在内嵌图形中。对本例而言，20 kV/s 的补偿已经足够好了。过多增加斜坡补偿会使峰值电流能力变差并且使电源在低输入电压下不能输出全功率。一旦补偿值确定了，可以按照电容数据表，对 ESR 在其最小和最大之间进行扫描来检测变换器的稳定性。

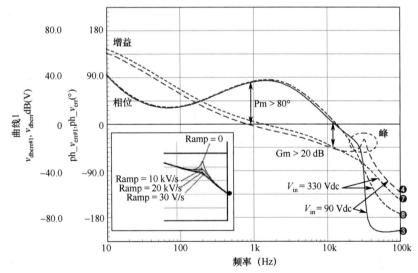

图 7.129　进行斜坡补偿后，变换器在两种输入电压下，具有很好的相位裕度。左下的
内嵌图显示了尖峰处的斜坡补偿效果。本例中，取补偿值为 20 kV/s 已经足够

交流扫描以后，可进行逐周仿真来检验有关电压参数、电流参数及稳定性的假设，其瞬态仿真电路如图 7.130 所示。注意：副边 LC 滤波器的存在能消除所有与 ESR 相关的尖峰。

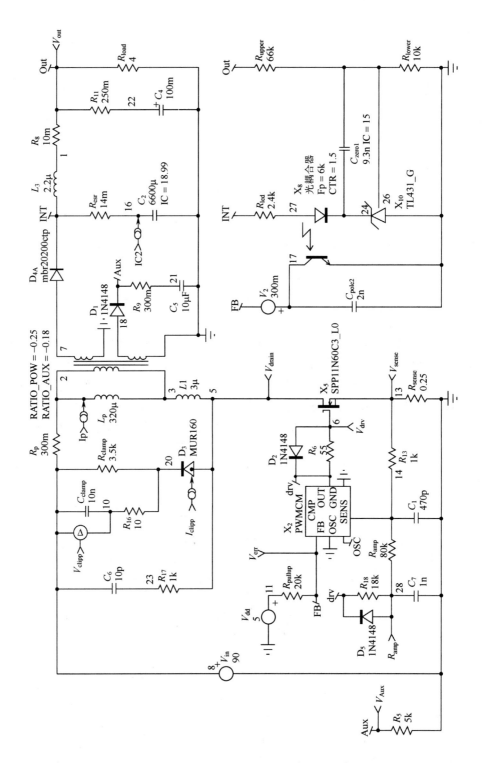

图 7.130　CCM 电流模式变换器瞬态仿真电路

为加入斜坡补偿，利用图 7.131 所示的方法，该方法由 Virginia Tech 在 20 年前提出。由于该电路没有涉及任何振荡器，它提供了极好的抗干扰性。可以按照需要来选择斜坡发生器的各种元件；取 R、C 值为 18 kΩ 和 1 nF 时，能在工作频率为 65 kHz 时得到良好的补偿结果。如果取斜坡电阻足够高，可使用恒流式且有合理的精度。因此，参考图 7.131，得到

$$I_{C_1} = \frac{V_{drv,high}}{R_2} = \frac{15}{18k} = 800\ \mu A \qquad (7.336)$$

对占空比为 0.46，开关周期为 15.4 μs 的情况，导通时间为 7 μs。因此 C_1 两端的电压可斜升高到

$$V_{C_1} = \frac{I_{C_1}t_{on,max}}{C_1} = \frac{800\mu \times 7\mu}{1n} = 5.6\ V \qquad (7.337)$$

那么，电压斜率为

$$S_{ramp} = \frac{V_{peak}}{t_{on,max}} = \frac{5.6}{7\mu} = 800\ kV/s \qquad (7.338)$$

应用式第 5 章推导得到的公式及上述数值，可得到斜坡电阻值为

$$R_{ramp} = \frac{S_{ramp}}{S_e}R_3 = \frac{800k}{20k}1k = 80\ k\Omega \qquad (7.339)$$

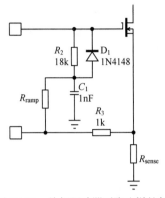

图 7.131 从如驱动器引脚这样的低阻回路导出斜坡信号，是构建补偿波形的好方法

将该值代入图 7.130 中进行仿真。除斜坡补偿电路外，应用电路与 DCM 例子没很大的区别。当然，可以用实际模型来代替通用控制器，但仿真时间会增加。建议用快速模型来测试整个电路（如检查匝数比、电流等），然后，一旦所有参数都在限制范围内，可以尝试用更综合的模型。注意，电路中插入副边 LC 滤波器可减少高频纹波。

如图 7.132 所示，原边的谷值和峰值电流比理论计算小。这可用电路效率比计算中选择的 85% 效率更好来解释。在 SPICE 中，尽管结温较高，MOSFET $R_{DS(on)}$ 仍保持恒定。例如，测量所得的效率为 91%，该数值相当好。MOSFET 总损耗等于 1.3 W，二极管损耗为 3 W。

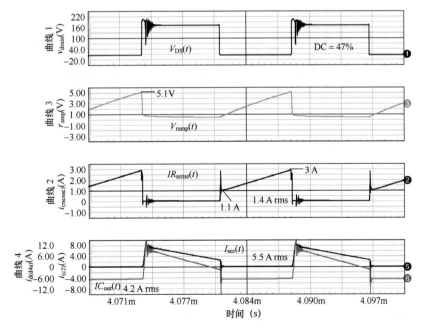

图 7.132 图 7.130 所示电路的仿真结果

在本例中，元件值的选择基于纯理论，一开始得到良好的裕度。可是，千万小心，当选择的电容值只有很小的裕度或没有裕度时，生产中会由于耗散很快导致灾难性的失败：一定要留有足够的裕度。

图 7.133 所示为在最高输入电压下（375 V），MOSFET 漏极电压变化，结果表明所选择的 RCD 钳位网络是合理的。在实验中，如果没有这一计算，电路上电时会产生很大的声音。在 SPICE 中，所有阶段都很安静（不会产生火花），因为如果超过击穿电压，可以分别调整元件值来匹配指标参数。

最后，负载阶跃响应如图 7.134 所示，结果表明了补偿计算的合理性，输出电压在有效值为 90 V 时，变化为 100 mV。

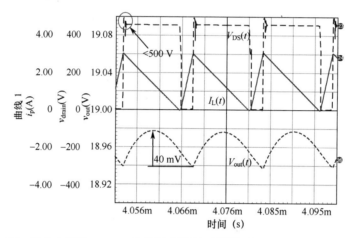

图 7.133　输入电压为 375 V，负载最大情况下的漏源电压。没有出现二极管过
脉冲，但过脉冲通常为 15 V 到 30 V，与 600 V 相比存在许多裕度

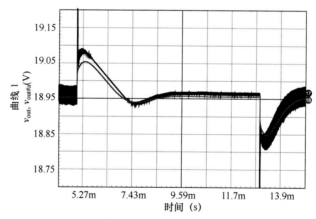

图 7.134　瞬态响应表明，变换器在控制范围内，产生的输出
电压变化为 100 mV（平均模式响应相对逐周响应）

图 7.135 所示应用电路使用安森美公司的 NCP1230 控制器。该控制器包含了许多有趣的特点，如提供了很好的短路保护，即使是辅助绕组与功率绕组之间出现短路的情况（短路情况通过反馈环路来观测，参见图 7.80）。另外，假定输出功率为 90 W，若想在前端电路中包含 PFC 电路，那么 NCP1230 控制器在待机状态下，能直接关闭 PFC 电路，以便进一步节约功率。电源必须应设计工作于宽输入电压范围（可在低输入电压，PFC 关闭状态下进行启动），但电路的热效应设计

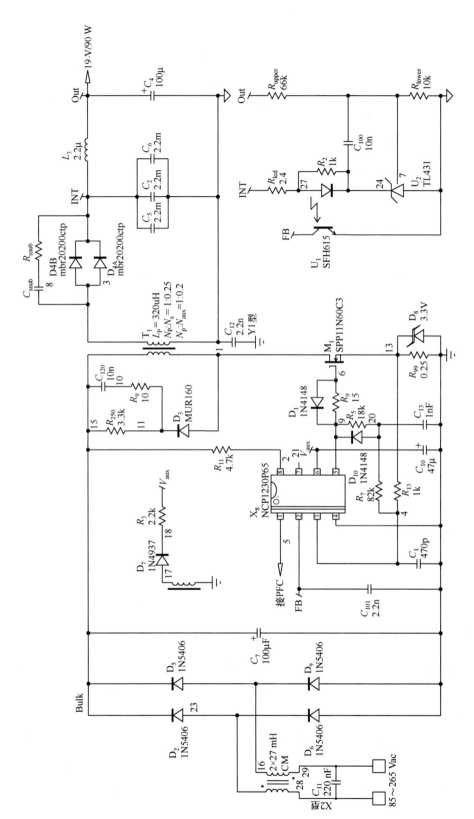

图 7.135 最终的应用电路，其中控制器包含了提供给 PFC 电路的 V_{cc} 电源（如果电路中存在 PFC 电路）

可只在高输入电压下进行，同时考虑 PFC 电路处于工作状态。该电路中包含了安装在副边二极管两端的缓冲电路，因为这一位置经常出现振铃现象。

变压器设计需要以下数据，这些数据即可以送到变压器制造商或自己制作变压器时使用，相应的设计举例见附录 7C。

$L_p = 320\ \mu H$，$I_{Lp,max} = 4\ A$，$I_{Lp,rms} = 1.8\ A$，$I_{sec,rms} = 8\ A$，$F_{sw} = 65\ kHz$，$V_{in} = 90 \sim 375\ Vdc$

$V_{out} = 19\ V$（输出电流为 4.7 A），$N_p:N_s = 1:0.25$，$N_p:N_{aux} = 1:0.2$

7.17　35 W 多输出电源

第三个设计例子介绍一个工作在通用输入电压下的 35 W 反激式变换器，其技术指标如下：

$V_{in,min} = 85\ Vrms$，$V_{bulk,min} = 90\ Vdc$（滤波电容上的纹波为 25%）

$V_{in,max} = 265\ Vrms$，$V_{bulk,max} = 375\ Vdc$，$V_{out1} = 5\ V \pm 5\%$，$I_{out,max} = 2\ A$

$V_{out2} = 12\ V \pm 10\%$，$I_{out,max} = 2\ A$，$V_{out3} = -12\ V \pm 10\%$，$I_{out,max} = 0.1\ A$

$V_{ripple} = \Delta V = 250\ mV$（所有输出端），$T_A = 50℃$

MOSFET 降额因子为 $k_D = 0.85$，二极管降额因子为 $k_d = 0.5$

该电源能用于消费产品，如机顶盒、录像机和 DVD 播放器。自然，需要多输出端，但本例电源可很容易应用到其他场合。在本应用实例中将使用准方波谐振（QR 方式），原因如下：

① 电源始终工作于 DCM 方式，所以容易稳定，应处理一阶系统；

② 因此可选用便宜的速度慢的二极管，所以不存在 t_{rr} 相关的问题；

③ 如果 MOSFET 开关在输入电压谷点动作，可减少 C_{lump} 损耗，并可有目的地增加该电容来摆脱昂贵的 RCD 钳位电路；

④ 确保变换器工作于 DCM 状态，使副边同步整流能很好地工作。

另外，QR 工作的缺陷可归纳如下：

① 工作频率与输入和输出条件有关；

② 在轻负载条件下，工作频率增加，开关损耗增加；

③ 需要做频率钳位或安装有源电路来限制在轻负载条件下的频率偏移，否则待机损耗可能相当大；

④ DCM 工作与 CCM 条件下相比，会产生较高的有效电流；

⑤ 在最低输入电压和最重负载条件下，频率减小并进入音频范围，产生音频噪声问题。

除上述这些缺陷外，许多交流/直流适配器和机顶盒利用 QR 模式来改善整体效率，这归功于同步整流电路。为设计 QR 变换器，必须理解工作于 QR 模式的反激式变换器中的各种信号，并推导一个设计原电感的表达式。通常，设计从匝数比定义开始。在 QR 设计中，努力把一个大数值电压折算到原边以便产生波谷（此时副边二极管阻断），该波谷应尽可能地接近地电平。因此，即使 V_{DS} 不完全为 0，与漏源电容相关的所有损耗也有最小值。因此，设计者经常选择 800 V BV_{DSS} 型 MOSFET 以便允许产生最大的折算电压。

在中功率电源设计中，如本例的情况，在 MOSFET 漏源之间连接一个附加电容可减小在开关断开期间的电压偏移量［参见式（7.45）和图 7.15］。如果存在足够的裕度，则不需要高成本的 RCD 钳位。基于这一原因，二极管过脉冲参数（V_{os}）和 k_c 从匝数比公式中消失，这有益于新变量 V_{leak}。变量 V_{leak} 对应于由漏电感和连接于漏源间电容 C_{DS} 产生的电压偏移为

$$V_{leak} = I_{peak}\sqrt{L_{leak}/C_{DS}} \qquad (7.340)$$

图 7.136 所示为 QR 变换器的典型信号，电路中没有连接 RCD 钳位电路。

为考虑上述附加参数，匝数比定义可更新为

$$N = \frac{V_{out} + V_f}{BV_{DSS}k_D - V_{bulk,max} - V_{leak}} \tag{7.341}$$

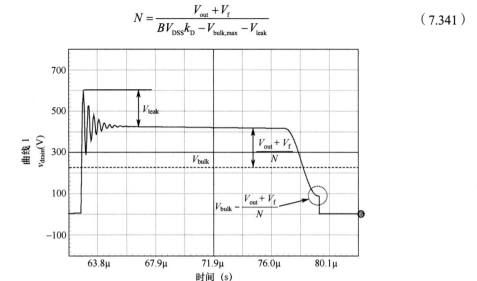

图 7.136　QR 变换器波形，其偏移量与漏电感和连接于漏源间电容 C_{DS} 有关

现在来观察原边电感信号。工作在 QR 或边界模式的流经反激式变换器的电感电流曲线如图 7.137 所示。有一个有趣的事情，在 PFC 一章中已经强调过，就是在反激式变换器中使用 QR 模式时的电感平均电流为

$$I_{L,avg} = I_{peak} / 2 \tag{7.342}$$

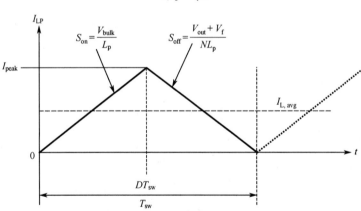

图 7.137　工作于边界模式的电感电流

输入电流随时间的变化曲线如图 7.138 所示。由输入源输出的平均值为

$$I_{in,avg} = I_{peak}D / 2 \tag{7.343}$$

为推导电感式，使用图 7.137 中的斜率来求导通和截止时间，得

$$t_{on} = I_{peak}\frac{L_p}{V_{bulk}} \tag{7.344}$$

$$t_{off} = I_{peak}\frac{NL_p}{V_{out} + V_f} \tag{7.345}$$

由于变换器工作于 BCM 条件，DCM 电源变换公式完全成立，即

$$P_{out} = \frac{1}{2} L_p I_{peak}^2 F_{sw} \eta \qquad (7.346)$$

从上述结果中可以求得峰值电流为

$$I_{peak} = \sqrt{\frac{2P_{out}}{F_{sw} L_p \eta}} \qquad (7.347)$$

把式（7.344）和式（7.345）相加，可求得开关频率，进一步把式（7.347）的峰值电流代入相加后的式，可以得到

$$\frac{1}{F_{sw}} = t_{on} + t_{off} = \sqrt{\frac{2P_{out}}{F_{sw} L_p \eta}} L_p \left(\frac{1}{V_{bulk}} + \frac{N}{V_{out} + V_f} \right) \qquad (7.348)$$

由于工作频率最小时，滤波电压最小（输入电压最小），那么可求得开关频率和电感分别为

$$L_p = \frac{\eta (V_{out} + V_f)^2 V_{bulk,min}^2}{2P_{out} F_{sw,min} (V_{out} + V_f + N V_{bulk,min})^2} \qquad (7.349)$$

$$F_{sw\,min} = \frac{\eta (V_{out} + V_f)^2 V_{bulk,min}^2}{2P_{out} L_p (V_{out} + V_f + N V_{bulk,min})^2} \qquad (7.350)$$

式中，$F_{sw,min}$ 表示在输入电压最小（$V_{bulk,min}$）或全功率条件下的最小开关频率。

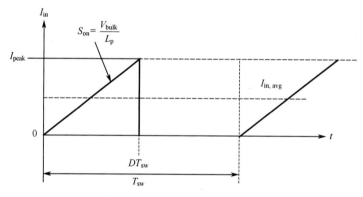

图 7.138　工作于边界模式时的输入电流（或漏极电流）

请注意这里忽略了谷值开关中插入的死区时间。如要应用更精确（或复杂）的式（7.41），L_p 的计算会更困难。式（7.350）显示了频率是如何变化的：

- 全负载条件下，频率最小，可能进入音频范围，导通损耗与开关损耗相比占主导地位；
- 轻负载条件，频率快速增加并由于开关损耗的原因使效率降低。

QR 变换器典型的频率随负载变化的关系如图 7.139 所示。

下一步要评估在最差情况，即最低输入电压和全功率下的有效电流。表达式与 DCM 设计中使用的表达式类似，即

$$I_{D,rms} = I_{peak} \sqrt{D_{max}/3} \qquad (7.351)$$

为推导占空比，式（7.343）可调整为

$$\frac{P_{out}}{V_{bulk,min} \eta} = \frac{I_{peak} D_{max}}{2} \qquad (7.352)$$

从上式中，可求得 D_{max} 为

$$D_{max} = \frac{2P_{out}}{I_{peak}V_{bulk,min}\eta} \qquad (7.353)$$

把上式代入式（7.351），得到

$$I_{D,rms} = \sqrt{\frac{2I_{peak}P_{out}}{3\eta V_{bulk,min}}} \qquad (7.354)$$

使用式（7.354），可以计算 $T_j = 110$ ℃ 时的 MOSFET 的导通损耗为

$$P_{cond} = I_{D,rms}^2 R_{DS(on)} \qquad (7.355)$$

由于在漏极与源极之间连接了附加电容，将导致附加开关损耗。假设 MOSFET 开关刚好在波谷导通（如图 7.136 所示），在最高输入电压下的相应开关损耗为

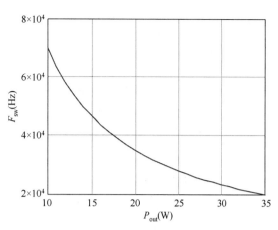

图 7.139　当负载变化，频率也相应地调节以便保持 DCM 模式工作

$$P_{sw} = 0.5\left(V_{bulk,max} - \frac{V_{out} + V_f}{N}\right)^2 C_{DS}F_{sw,max} \qquad (7.356)$$

式中，$V_{bulk,max}$ 表示在最高输入电压（本例中为 375 Vdc）下的滤波电容电压。

该情况下，假设变换器工作频率由式（7.350）定义，$V_{bulk,min}$ 用 $V_{bulk,max}$ 代替。根据不同的变换器，该频率可以在达到或超过一定值时被钳位（通常在有电磁干扰的情况，低于 150 kHz）。

本设计到了选择匝数比来推导其他的变量。为选择匝数比 N，需要列出限制条件如下。

① $F_{sw,min}$：它是在全功率和最低输入电压下的最小开关频率。如果该参数选择过低，变换器工作频率会进入音频范围并产生音频噪声。如该参数选择太高，就会很快把电源工作频率推到开关频率的较高的范围，开关损耗占优势。40 kHz 是个可行的起始值。

② $F_{sw,max}$：与前面强调过的一样，不要选择很高的开关频率，因为式（7.356）会增加 MOSFET 的功率耗散负担。另外，由于存在电磁干扰，把开关频率保持在 70 kHz 是个良好的选择。我们把最大开关频率取为 70 kHz。

③ L_{leak}：漏电感。假设其值为原电感值的 1%，即 $L_{leak} = L_p/100$。

④ V_{leak}：这是需要优化的关键数值。如果该值选择得太低，增加 C_{DS} 电容以便把漏电压偏移保持在控制范围内，同时在输入高电压情况下，MOSFET 开关损耗会增加，折算到原边的电压减小，在输入低电压情况下，导通损耗占主导地位。

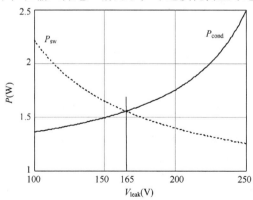

图 7.140　在高输入电压下的开关损耗、低输入电压下的导通损耗与 V_{leak} 的函数关系

为选择合适的 V_{leak} 值，分别画出在高输入电压和低输入低压条件下，开关损耗和导通损耗与 V_{leak} 的函数关系。还可以画出在低输入电压和高输入电压条件下的总功率耗散为 $P_{sw} + P_{cond}$，但这里为了简化起见，对开关损耗和导通损耗分开考虑。然后，选择两种功率耗散相等的点，以便得到在两种输入电压极限下的开关损耗和导通损耗之间的平衡点。采用了几个不同的 $R_{DS(on)}$ 值进行反复计算以便最终得到一个合理的、成本上可接受的 MOSFET 功率耗散值。试验表明 $R_{DS(on)}$ 为 1.5 Ω是一个合理的选择，它产生的 MOSFET 功率耗散为 2 W。基于该 $R_{DS(on)}$ 数值，图 7.140

所示为开关损耗和导通损耗与 V_{leak} 的函数关系曲线。

图中交叉点对应于两种功率耗散相等的情况，该点可由在两种输入电压极限下的总耗散来定义，但其表达式更加复杂：

$$P_{cond}(V_{leak}) = \frac{4P_{out}^2 R_{DS(on)}}{3(V_{out}+V_f)(\eta V_{bulk,min})^2}\left(V_{out}+V_f+\frac{(V_{out}+V_f)V_{bulk,min}}{BV_{DSS}\alpha - V_{bulk,max}-V_{leak}}\right) \quad （7.357）$$

$$P_{sw}(V_{leak}) = \frac{P_{out}F_{sw,max}(2V_{bulk,max}-BV_{DSS}\alpha+V_{leak})^2}{100V_{leak}^2 F_{sw,min}\eta} \quad （7.358）$$

观察图 7.140，由式（7.357）和式（7.358），得到 V_{leak} 为 165 V。可以把该数值代入上述设计式可以得到匝数比推荐值为

$$N = \frac{V_{out}+V_f}{BV_{dss}\alpha - V_{bulk,max}-V_{leak}} = \frac{5+0.8}{800\times0.85-375-165} = 0.041 \quad （7.359）$$

选匝数比为 25 或 $N = 0.04$。已知匝数比，可以计算在给定最小工作频率（选为 40 kHz）下的电感值为

$$L_p \leqslant \frac{\eta(V_{out}+V_f)^2 V_{bulk,min}^2}{2P_{out}F_{sw,min}(V_{out}+V_f+NV_{bulk,min})^2} \leqslant \frac{0.8\times(5+0.8)^2\times90^2}{2\times35\times40k\times(5+0.8+0.041\times90)^2} \leqslant 864\,\mu H \quad （7.360）$$

选电感为 860 μH，在低输入电压下的最大峰值电流为

$$I_{peak} = \sqrt{\frac{2P_{out}}{F_{sw,min}L_p\eta}} = \sqrt{\frac{2\times35}{0.8\times40k\times860\mu}} = 1.6\,A \quad （7.361）$$

那么，对应的有效电流达到

$$I_{D,rms} = \sqrt{\frac{2I_{peak}P_{out}}{3\eta V_{bulk,min}}} = \sqrt{\frac{2\times1.6\times35}{3\times0.8\times90}} = 0.72\,A \quad （7.362）$$

基于上述 $R_{DS(on)}$ 试验数值，选由 ST 公司生产的 STP7NK80Z 型 800 V MOSFET，其参数为

$BV_{DSS} = 800\,V$；在 $T_j = 25℃$ 时，$R_{DS(on)} = 1.5\,\Omega$；$Q_g = 56\,nC$

按照式（7.362），$T_j = 110℃$ 时 MOSFET 在低输入电压下导通损耗等于

$$P_{cond} = I_{D,rms}^2 R_{DS(on)} = 0.72^2\times3 = 1.55\,W \quad （7.363）$$

假设漏电感为 L_p 的 1%（即 8.6 μH），可以计算连接在漏源之间的电容［满足式（7.340）］为

$$C_{DS} = \left(\frac{I_{peak}^2}{V_{leak}}\right)L_{leak} = \left(\frac{1.6}{165}\right)^2\times8.6\mu = 808\,pF \quad （7.364）$$

根据上述计算，选择耐压为 1 kV、820 pF 的电容。

当开关频率达到所选极限，本设计例中为 70 kHz，对变换器做适当的调节，最大开关损耗出现在输入高电压情况下，即谷点［见式（7.356）］为

$$P_{sw} = 0.5\left(V_{bulk,max}-\frac{V_{out}+V_f}{N}\right)^2 C_{DS}F_{sw,max} = 0.5\times\left(375-\frac{5.8}{0.04}\right)^2\times820p\times70k = 1.52\,W \quad （7.365）$$

应用这些已有的数据，可以评估在两种输入电压极限条件下的 MOSFET 功率耗散：

$$V_{bulk,min}: \quad P_{tot} = P_{cond}+P_{SW} = 1.55+0 \approx 1.55\,W \quad （7.366）$$

$$V_{bulk,max}: \quad P_{tot} = P_{cond}+P_{SW} = 0.5+1.52 \approx 2\,W \quad （7.367）$$

在低输入电压下，由于折算电压超过滤波电容电压，MOSFET 体二极管导通，就有了理想的零电压开关——没有开关损耗。在高输入电压情况下，导通损耗下降，但开关损耗占主导。在两种情况下，假设 C_{DS} 起到缓冲作用，它能延迟 $v_{DS}(t)$ 的上升，则可忽略截止损耗。实验测量可以肯

定或否定该设计假设。对于功率耗散为 2 W 的情况，需要选择热沉以便提供如下的热阻：

$$R_{\theta H-A} = \frac{T_{j,max} - T_A}{P} - R_{\theta J-C} - R_{\theta C-H} = \frac{110-50}{2} - 2 - 1 = 27 \ ℃/W \quad (7.368)$$

我们需要的峰值电流为 1.6 A。故可以计算检测电阻，并包含所选峰值电流的 10% 裕度，有

$$R_{sense} = \frac{1}{I_{peak} \times 1.1} = \frac{1}{1.6 \times 1.1} = 0.57 \ \Omega \quad (7.369)$$

在实验中，应略为减小该值（或使用分压器，参见图 7.112）。这是由于最小开关频率无法确定刚好在漏源谷点开关所需的延迟（DT）。该延迟人为地减小了开关频率，需要较高的峰值电流以便在低输入电压下传输功率。

检测元件的耗散功率为

$$P_{R_{sense}} = I_{D,rms}^2 R_{sense} = 0.72^2 \times 0.57 = 295 \ mW \quad (7.370)$$

选择三个 1.8 Ω/0.25 W 电阻，将它们并联连接。

有三个绕组，第一个匝数比已知，它用于 5 V 输出。为得到其他匝数比，可以在图 7.141 描述的三种选项中选择：

① 常规的方法使用三个不同的绕组，在副边线轴上要求一组两连接点。尽管绕组间耦合良好，在交叉调节方面性能最差。每个绕组的导线尺寸按照各自的电流要求来确定。

② 交流栈在整流二极管之前把绕组叠在一起。在副边共享同一个地及相同的电极。匝数与前一方案相比减少。较低输出电压绕组（5 V）导线的尺寸必须按照从上面绕组（12 V）所拉取的有效电流确定。

③ 直流栈把绕组连接到直流输出，它从较低输出电压绕组开始连接。在图 7.141 中，把 12 V 输出叠在 5 V 输出的上面。实验显示该方案与交流栈相比，提供了很好的交叉调节性能。经常用作打印机多输出电源。在给定电路结构下，与常规方案相比，12 V 绕组的二极管受到的电压应力减小。我们将在研究副边时重新回到直流栈方案。

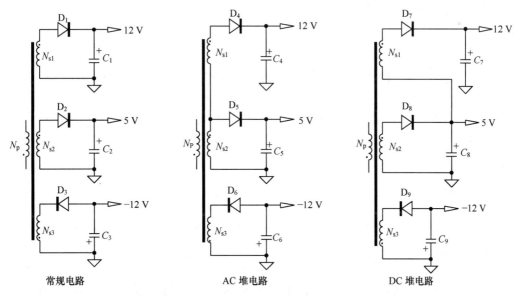

图 7.141 连接副边绕组的三种不同选项

使用这些技术时，变压器结构会变得复杂，同时应确保与国际安全标准一致。参考文献[11]描述了如何排列不同的绕组，以及不同排列对性能的影响。本例将采用直流栈方案。

应用 5 V 输出时的原始匝数比 1:0.04，可以很快推导其他绕组的匝数比。负 12 V 绕组的匝数比简单地表示为

$$N_p : N_{s,12neg} = 1 : N_{s,5}\frac{12}{5} = 1 : 0.04 \times 2.4 = 1 : 0.096 \tag{7.371}$$

12 V 绕组叠在 5 V 绕组的上面，该绕组必须输出 7 V。因此得到

$$N_p : N_{s,12pos} = 1 : N_{s,5}\frac{7}{5} = 1 : 0.04 \times 1.4 = 1 : 0.056 \tag{7.372}$$

这里有什么问题呢？我们在所选择的输出电流中没有解释正向压降。可以更新式（7.371）和式（7.372）来包含 V_f 信息或使用选择的二极管，运行平均模型仿真，调节系数来适合指标。

这些二极管各自的应力和损耗是什么？在 5 V 输出情况下，峰值反向电压为

$$\text{PIV} = V_{bulk,max}N + V_{out} = 375 \times 0.04 + 5 = 20 \text{ V} \tag{7.373}$$

选择耐压 40 V 的肖特基二极管，电流额定值至少为 6 A。记住：对应栈式结构，5 V 二极管还要流过 12 V 电压（$I_{d,avg} = 2 + 2 = 4$ A）的输出电流。MBRF2060CT 型二极管可以满足该需要：

MBRF2060CT，TO-220 封装；在 $T_j = 100℃$，以及 $I_d = 4$ A 的条件下，$V_f = 0.5$ V；最大结温 $= 175℃$

该二极管的导通损耗为

$$P_{cond} = V_f I_{d,avg} = V_f I_{out} = 0.5 \times 4 = 2 \text{ W} \tag{7.374}$$

由于需要 2 W 功率耗散，需要加一个小热沉。该热沉的热阻应为

$$R_{θH-A} = \frac{T_{j,max} - T_A}{P} - R_{θJ-C} - R_{θC-H} = \frac{150 - 50}{4} - 2 - 1 = 22 \text{ ℃/W} \tag{7.375}$$

对于一个–12 V 绕组，反向电压达到

$$\text{PIV} = V_{bulk,max}N + V_{out} = 375 \times 0.04 + 12 = 27 \text{ V} \tag{7.376}$$

选择 60 V、1 A 快速开关型二极管，其输出电流低（100 mA）。MBR160LRG 型二极管是个良好的选择：

MBR160T3G；SMA 封装；在 $T_j = 100℃$，$I_d = 0.1$ A 条件下，$V_f = 0.3$ V

其相应的导通损耗为

$$P_{cond} = V_f I_{d,avg} = V_f I_{out} = 0.3 \times 0.1 = 30 \text{ mW} \tag{7.377}$$

对于+12 V 绕组，由于该绕组与+5 V 串联，当绕组电压摆动至负极性时，PIV 稍有不同，因此有

$$\text{PIV} = V_{bulk,max}N - 5 + V_{out} = 375 \times 0.04 + 12 - 5 = 22 \text{ V} \tag{7.378}$$

对于输出电流为 2 A，击穿电压为 40 V 的情况，MBRS540T3G 型二极管符合要求（该二极管的额定电流为 5 A）：

MBRS540T3G；SMC 封装；在 $T_j = 100℃$，$I_d = 2$ A 条件下，$V_f = 0.35$ V

其相应的导通损耗为

$$P_{cond} = V_f I_{d,avg} = V_f I_{out} = 0.35 \times 2 = 700 \text{ mW} \tag{7.379}$$

如果把二极管的每根引脚安装在 3.2 cm^2 的铜结构上，结对环境的热阻降到 78℃/W。在 50℃ 环境温度下，结温达到

$$T_j = T_A + R_{θJ-A}P_{cond} = 50 + 78 \times 0.7 = 104 \text{ ℃} \tag{7.380}$$

给定每个输出的纹波特性，必须要选定副边电容。通常，通过估计流过该电容的电流峰值（与 ESR 有关的纹波）和电流有效值（损耗）来计算电容限制条件。遗憾的是，在多输出反激式变换器中，预测电流波形及推导相应的电流峰值和有效值是相当困难的。多个漏电感的存在使整个波形变差，使用标准的 T 模型将产生误差。图 7.142 所示为由 CoPEC 开发的悬臂模型，文献[12]对

该模型做了详细讨论。该模型给出了仿真波形和示波器观测波形的良好一致性，但用实验的方法求得参数是一件困难和费时的工作。电路结构和方法的转变与钳位电路有关。在开关断开期间，磁化电流在各绕组之间的分流取决于漏电感 L_{12}、L_{13} 和 L_{14}，而不取决于各自的输出电流。结果，副边电流有时与经典的三角波形很不一样，前面推导的简单式不再成立。在本设计中，假设波形为三角波且第三绕组的电流低，可以利用简单的双副边绕组等效电路结构求有效电流和峰值电流。或者说，以下所给的结果是近似的，建议在实验中分别检测这些假设。

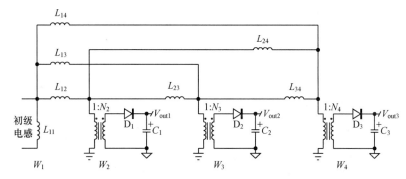

图 7.142 改进的悬臂模型解释了由变压器结构产生的多重漏电感

首先需要根据式（7.353）计算在低输入电压下的最大占空比：

$$D_{\max} = \frac{2P_{\text{out}}}{I_{\text{peak}}V_{\text{bulk,min}}\eta} = \frac{2\times35}{1.6\times90\times0.8} = 0.61 \tag{7.381}$$

由于变换器工作于 DCM 条件，绕组连接成直流栈形式，流经 5 V 二极管的电流包含 12 V/2 A 端的负载电流，同样假设波形为平面三角波，峰值电流达到如下值：

$$I_{\text{sec,peak5V}} \approx \frac{2(I_{\text{out1}}+I_{\text{out2}})}{1-D_{\max}} = \frac{2\times4}{1-0.61} = 20.5\,\text{A} \tag{7.382}$$

由于在 5 V 和 12 V 输出端的直流电流相等，可以认为该电流完全一分为二，在各自的二极管上产生 10 A 的峰值电流。记住，这只是一个初步的估计，假定漏电感的作用如图 7.142 所示，则在所有二极管上就会产生不同的截止时间。基于该结果，对 5 V 和 12 V 两种输出情况，电容 ESR 必须满足

$$R_{\text{ESR}} \leqslant \frac{V_{\text{ripple}}}{I_{\text{sec,peak}}} \leqslant \frac{0.25}{10.5} \leqslant 24\,\text{m}\Omega \tag{7.383}$$

检索电容制造商网站（如 Rubycon），可发现如下资料：

5 V 输出：

2200 μF－10 V－YXG 系列；径向型，12.5（ϕ）×20 mm

在 $T_A = 20\,℃$，工作频率为 100 kHz 的条件下，$R_{\text{ESR}} = 35\,\text{m}\Omega$；$I_{\text{C,rms}} = 1.9\,\text{A}$（工作频率为 100 kHz）

12 V 输出：

2200 μF－16 V－YXG 系列；径向型，12.5（ϕ）×20 mm

在 $T_A = 20\,℃$，工作频率为 100 kHz 的条件下，$R_{\text{ESR}} = 35\,\text{m}\Omega$；$I_{\text{C,rms}} = 1.9\,\text{A}$（工作频率为 100 kHz）

在每个输出端使用两个并联电容可给出所需的 ESR 值。流过 5 V 输出端的有效电流（该电流包含 12 V 输出端的负载电流）可通过下式做初步估计：

$$I_{\text{sec,rms5V}} \approx I_{\text{sec,peak5V}}\sqrt{\frac{1-D_{\max}}{3}} = 20.5\times\sqrt{\frac{1-0.61}{3}} = 7.4\,\text{A} \tag{7.384}$$

假设电流以相同值分流，可以利用式（7.276）来计算每个电容的有效电流，即

$$I_{C_{out},rms} \approx \sqrt{\left(\frac{I_{sec,rms5V}}{2}\right)^2 - I_{out,avg}^2} = \sqrt{3.7^2 - 2^2} = 3.1\,A \tag{7.385}$$

或者说，两个电容并联后能满足有效电流指标。总 ESR 值下降为

$$R_{ESR,total} = \frac{35m}{2} \approx 18\,m\Omega \tag{7.386}$$

由该电阻性回路产生的损耗为

$$P_{C_{out}} = I_{C_{out},rms}^2 R_{ESR} = 3.1^2 \times 18m = 173\,mW \tag{7.387}$$

现在我们把电容连到电路中去，至少要在两个主输出端要连接上电容。给定变压器漏电感行为，无法预测−12 V 输出端的有效电流和峰值电流。因此需要逐周仿真来提供附加信息。在平均仿真中，任意地选取电容值为 470 μF。

在平均仿真中，将使用已经在 PFC 应用电路中测试过的边界模型。

$L_p = 860\,\mu H$，$R_{sense} = 0.5\,\Omega$，$N_p{:}N_{s1} = 0.04$，5 V/2 A，$R_{load} = 2.5\,\Omega$

$N_p{:}N_{s2} = 0.053$，12 V/2 A，$R_{load} = 6\,\Omega$

$N_p{:}N_{s3} = 0.088$，−12 V/100 mA，$R_{load} = 120\,\Omega$

$C_{out1} = 4400\,\mu F$，$R_{ESR} = 18\,m\Omega$

$C_{out2} = 3000\,\mu F$，$R_{ESR} = 18\,m\Omega$

$C_{out3} = 470\,\mu F$，$R_{ESR} = 250\,m\Omega$（任选）

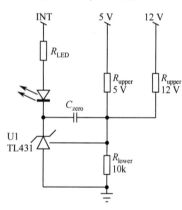

图 7.143　在多输出结构中加权反馈提供了良好的性能

本设计中，给定多输出结构，希望实现加权反馈，即 TL431 将观测几个输出，每个输出将授予各自所需容差有关的一定权值的影响。图 7.143 所示为在 5 V 和+12 V 输出端如何连接这些电阻。

除权重系数外，计算与常规方法类似，权重系数受上偏置电阻（R_{upper}）影响。在本例中，5 V 输出电压需要更加精确（±5%），但 12 V 不能下降到低于 10.8 V。初始的试验为 5 V 输出赋以权重 70%（W_1），为 12 V 输出赋以权重 30%（W_2）。计算如下。

（1）选择桥电流。通常选择 250 μA，得到下偏置电阻（R_{lower}）为

$$R_{lower} = \frac{V_{ref}}{I_{bridge}} = \frac{2.5}{250\mu} = 10\,k\Omega \tag{7.388}$$

（2）上偏置电阻（R_{upper}）计算与单输出计算过程一样，只是最后结果被相应的权重除：

$$R_{upper5V} = \frac{V_{out1} - V_{ref}}{I_{bridge}W_1} = \frac{5 - 2.5}{250\mu \times 0.7} = 14.3\,k\Omega \tag{7.389}$$

$$P_{upper12V} = \frac{V_{out2} - V_{ref}}{I_{bridge}W_2} = \frac{12 - 2.5}{250\mu \times 0.3} = 126.6\,k\Omega \tag{7.390}$$

选定电容后，所需要的带宽可利用相同的输出电压（忽略 ESR 效应）与带宽之间的关系式得到。没有输出电流变化的技术指标，将假设在 5 V 和 12 V 电压下电流从 200 mA 阶跃到 2 A。在这种情况下，选择输出具有最低电容值：

$$f_c \approx \frac{\Delta I_{out}}{2\pi_c \Delta V_{out} C_{out}} = \frac{1.8}{6.28 \times 0.25 \times 3000\mu} \approx 382\,\text{Hz} \tag{7.391}$$

采用 1 kHz 的交叉频率，这提供了很好的裕度。这里不需要当心右半平面零点因为它位于高频区，变换器始终工作于 BCM 方式。图 7.144 显示了完整的交流电路，但需要一些注释。

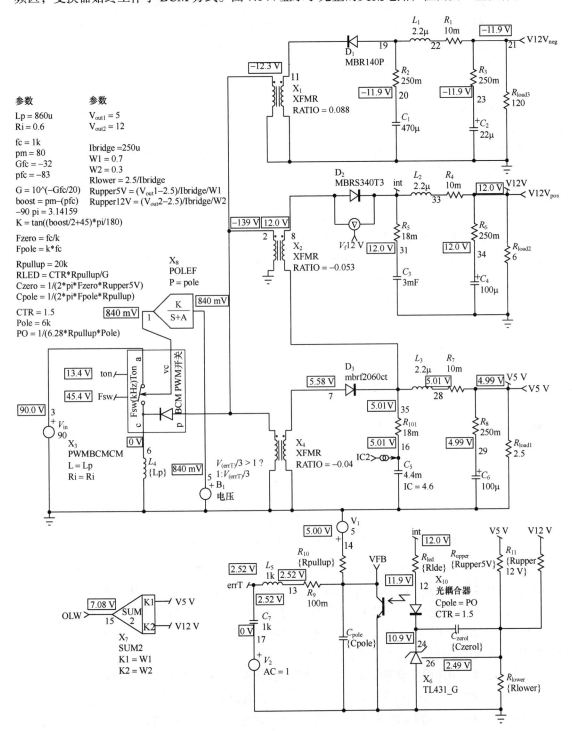

图 7.144　多输出反激式变换器完整电路，其中光耦合器极点有意设置在链路中

（1）设置一个内部除 3 的除法电路，这是因为在设计例 1 和 2 中，其他控制器已经使用了该类除法电路。如果选择安森美公司的 NCP1207A 或 NCP1337。

（2）由于使用加权反馈，无法观察单个输出，因为环路中使用了两个加权输出信号。因此，观察由 5 V 和 12 V 输出产生的总的结果，该结果受所选权重的影响。观察点标示为 OLW。

（3）与以前的设计一样，首先扫描带光耦合器的环路来说明由该环路产生的极点和附加相移。然后，把该环路移除来检查最终的结果。把极点保持在 6 kHz 位置不变，且 CTR 为 1.5。当然，这些参数会由于所使用的元件类型不同而变化（详细内容，参见第 3 章光耦合器部分）。

（4）偏置点显示开关频率为 45 kHz，峰值电流为 1.4 A（V_c / R_i）。

（5）观测得到开关导通时间为 13.4 μs，因为开关频率为 45 kHz，可计算得到占空比为 60.3%，这一结果与式（7.363）一致。

由上述电路产生的波特图如图 7.145 所示。在 1 kHz 位置，增益为 32 dB，相位滞后为 83°。k 因子能为 QR 反激式变换器这样的一阶系统给出可接受的结果。因此，由于存在自动的补偿方法，补偿可按照推荐的步骤很快实现（可参见其他设计例，更详细的可参考第 3 章）：

① 把极点放置在 7 kHz 处，C_{pole} = 1.2 nF；

② 把零点放置在 150 Hz 处，C_{zero} = 75 nF；

③ 计算得到的 LED 电阻可在 1 kHz 处提供 32 dB 增益提升，R_{LED} = 7.50 Ω。

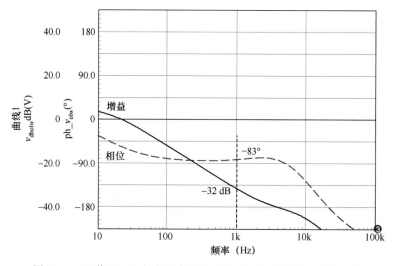

图 7.145　工作于 QR 方式的多输出反激式变换器开环小信号响应

对于上述计算，我们已经任选了 5 V 输出的上偏置电阻来计算零点位置。由于有两个环路，这种结构显然将影响其他环路（12 V 回路），但只要在反馈引脚上观察到的最后结果存在适当的相位裕度，电路就是安全的。图 7.146 所示为经过适当补偿（在光耦合器集电极观测）后的开环增益曲线，该曲线肯定了上述假设。通常，必须对所有杂散参数（如 ESR 等）进行扫描检查以便确保在任何情况下，这些杂散参数不会威胁相位裕度。

现在，可以利用逐周模型来检验几个关键参数，如在最大输入电压下，漏极的有效电流和峰值电压。图 7.147 所示为所采用的电路。磁心复位检测通过副边绕组实现，副边绕组中加了一个 RC 延迟电路（控制器引脚 1 的 R_9 和 C_9 元件）。该延迟有助于使开关动作刚好处于漏极波形的最小值并使开关频率略为减小，产生较高的峰值电流。

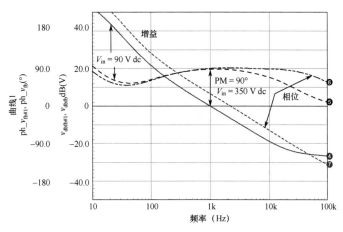

图 7.146 最终的环路增益显示，交叉频率位置合理并具有良好的相位裕度

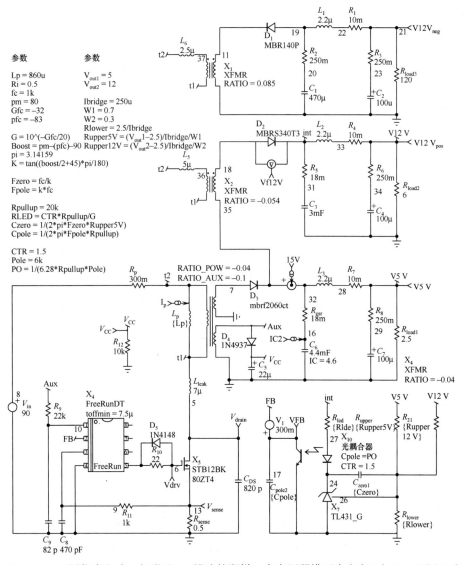

图 7.147 逐周仿真电路。如附录 4B 描述的那样，在变压器模型中有意地加了一些漏电感

仿真结果如图 7.148 所示，给出了输出电压波形和它们相应的电容纹波（LC 滤波器之前）。电容的有效电流比分析预测值略高，主要是因为原边电流在开关断开期间分流，产生了非三角波形。负电压要求电容能承受约 600 mA 的有效电流，峰值达到 6 A。注意该绕组上的短脉冲持续时间。在工作频率为 33 kHz 的情况下，原边电流上升到 1.7 A。

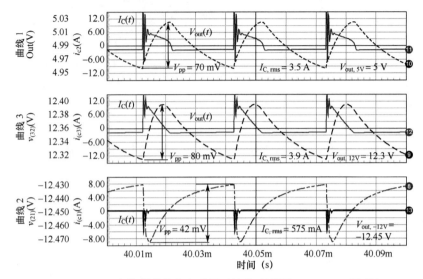

图 7.148　QR 变换器的仿真电路图（该仿真利用 FreerunDT 模型）

MOSFET 漏极信号的仿真结果如图 7.149 所示。在低输入电压下，由于折射了比输入电压更高的电压，体二极管得到偏置，开关在零电压下导通：在导通期间没有开关损耗。在高输入电压下，由 R_9 和 C_9 引入的延迟使 MOSFET 开关刚好在谷点动作，限制了开关损耗。该延迟约为 3 μs。由于在 MOSFET 的漏极和源极之间连接了电容，峰值电压达到 580 V，低于 800 V 的限制。一旦最终的样品及相应的漏电感通过了检验，变压器制造商不必再改变变压器结构。

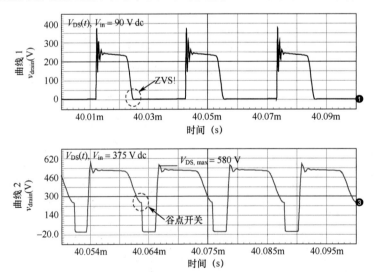

图 7.149　在低输入电压和高输入电压下的漏源波形。峰值受漏源电容控制

最后，在低输入电压情况下，5 V 输出电压的瞬态响应将会让我们知道设计是否稳定，至少计算机能给出是否稳定的结论。让 5 V 输出电流在 10 μs 内从 1 A 阶跃到 2 A。由逐周仿真得到的

瞬态响应如图 7.150 所示。所有指标的变化都在技术指标范围内。假设这里使用最简单的变压器模型，在实验室做小信号分析和瞬态响应分析验证是十分必要的。

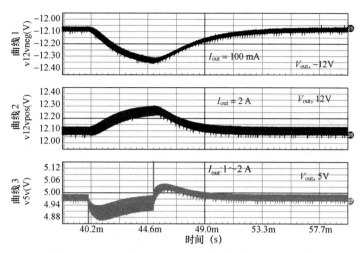

图 7.150　瞬态仿真响应显示了变换器的良好稳定性

图 7.151 所示为包含 NCP1207A 或最近生产的 NCP1337 控制器的最终应用电路。辅助绕组只用于磁心复位检测，因为 NCP1207A 通过其内部自供电（DSS）电路自供电。确保 Q_G 和最大开关频率与 DSS 所能提供电流的能力相兼容。为应对可能的电源不足，连接在辅助绕组的简单二极管可持续地为控制器供电。

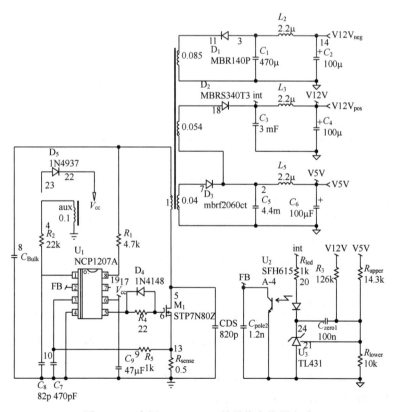

图 7.151　应用 NCP1207A 的最终变换器电路

以下的变压器参数可提供给制造商用于变压器制造，其中有效值的数据来自低输入电压下的仿真数据：

$L_p = 860\ \mu H$，$I_{p,rms} = 800\ mA$，$I_{peak} = 1.75\ A$

$N_p{:}N_{s1} = 1{:}0.04$，$5\ V/2\ A$，$I_{sec1,rms} = 8\ A$

$N_p{:}N_{s2} = 1{:}0.053$，$12\ V/2\ A$（在 N_{s1} 上的直流栈），$I_{sec2,rms} = 4.3\ A$

$N_p{:}N_{s3} = 1{:}0.088$，$-12\ V/100\ mA$，$I_{sec3,rms} = 580\ mA$，$F_{sw} = 40\ kHz$

7.18 反激式变换器的元件约束

作为反激式变换器设计的结尾，我们收集了在电路中使用的关键元件的约束条件。这些数据有助于适当地选择二极管和功率开关的击穿电压。所有公式与 CCM 和 DCM 工作条件相对应。

MOSFET
$BV_{DSS} > V_{in,max} + \dfrac{V_{out} + V_f}{N} + V_{clamp} + V_{os}$　　击穿电压
$I_{D,rms} = \sqrt{D_{max}\left(I_{peak}{}^2 - I_{peak}\Delta I_L + \dfrac{\Delta I_L{}^2}{3}\right)}$　　工作于 CCM 条件
$I_{D,rms} = I_{peak}\sqrt{D/3}$　　工作于 DCM 条件
二　极　管
$V_{RRM} > V_{out} + NV_{in,max}$　　重复峰值反向电压
$I_{F,avg} = I_{out}$　　连续电流
电　　容
$I_{C_{out},rms} = I_{out}\sqrt{\dfrac{D_{max}}{1 - D_{max}} + \dfrac{1}{3}\left(\dfrac{1}{2\tau_L}\right)^2 (1 - D_{max})^3}$　　工作于 CCM 条件
$I_{C_{out},rms} = I_{out}\sqrt{\dfrac{8}{9\tau_L} - 1}$　　工作于 DCM 条件
其中 $\tau_L = \dfrac{L_{sec}}{R_{load}T_{sw}}$ 和 $L_{sec} = L_p N^2$

7.19 小结

反激式变换器的确是消费市场上最受欢迎的变换器。因为反激式变换器实现的简单性，许多设计者将其用于低于 200 W 的电源。下面总结了设计者在设计反激式变换器时要记住的几个要点：

（1）漏电感会给任何变压器设计带来困扰。当功率增加时，如果漏电感得不到控制，钳位网络就会在所在的电路板（PCB）区域产生过大的功率耗散。应确信所选择的制造商理解这一点并保证有一个恒定的低漏电感。

（2）观察半导体器件上的最大电压，特别是 MOSFET。在开始阶段或可能出现问题的地方，要采用足够的设计裕度。对副边二极管也要同样重视：应在二极管两端连接阻尼电路来抑制危险的振荡。

（3）不要忽略副边电容上的有效电流，因为它会严重影响电容的寿命。在 DCM 或准谐振模式设计中，副边电容的有效电流是个很大的问题。

（4）与电压模式变换器相比，小信号分析使峰值电流模式变换器的设计更容易。从一种模式向另一种模式的转换对于电流模式控制电源而言较易实现，而基于电压模式的变换器进行模式转换较困难。

（5）仿真对多输出变换器而言并不十分理想，除非使用很好的变压器模型。因而，对各个副边绕组的有效电流做实验测量显得非常重要。

（6）近年，待机功率标准成为一个很重要的话题。建议在设计中包含低待机功率变换技术，即利用跳周来实现控制器的低功率消耗或在轻负载条件下延长截止时间等。基于 UC384X 的设计在节能性能上是不够好的，在始终与主电源连接，无负载情况下也工作的电源中不要使用 UC384X。所谓绿色控制器通常比标准控制器在价格上稍高一点，但由此带来的好处是很大的。

（7）寻找在高输入电压下的最大功率失控点，特别是对 QR 变换器更需如此。采取所有相应的预防措施来明确变换器的功率参数，以便在常规条件下使用用户和变换器处于安全范围。

原著参考文献

[1] C. Nelson, LT1070 Design Manual, Linear Technology, 1986.

[4] D. Dalal, "Design Considerations for Active Clamp and Reset Technique," Texas-instrument Application Note, slup112.

[5] M. Jovanović and L. Huber, "Evaluation of Flyback Topologies for Notebook AC-DC Adapters/Chargers Application," *HFPC Proceedings,* May 1995, pp. 284–294.

[6] R. Watson, F. C. Lee, and G. C. Hua, "Utilization of an Active-Clamp Circuit to Achieve Soft Switching in Flyback Converters," *Power Electronics, IEEE Transactions*, vol. 11, Issue 1, January 1996, pp. 162–169.

[9] AN4137, www.fairchild.com.

[10] J. P. Ferrieux and F. Forest, "Alimentation a Découpage Convertisseurs a Resonance," 2nd ed., Masson, 2006.

[11] AN4140, www.fairchild.com.

[12] B. Erickson and D. Maksimovic, "Cross Regulation Mechanisms in Multiple-Output Forward and Flyback Converters," http://ecee.colorado.edu/copec/publications.php.

[13] UL60950-1, Information Technology Equipment – Safety – Part 1: General Requirements.

[14] C. Basso, "Designing Control Loops for Linear and Switching Power Supplies: A Tutorial Guide," Artech House, Boston, Massachusetts, 2012.

[15] S. Maniktala, *Switching Power Supplies A to Z*, Newnes, May 2012.

附录 7A　通过波形求变压器参数

观察反激式变换器的漏源波形能使设计者受益匪浅。首先，可以立即看到电源是工作在 DCM 还是工作在 CCM：识别图 7.152 中截止期末端的一些振铃信号就可以判定电路工作在 DCM。其次，测量各种斜率和频率可求得与变压器相关的参数。图 7.152 所示为输入电压为 300 Vdc 的反激式变换器的漏极电压及原边电流信号波形。为确定变压器元件，有几个可用的等式。

原边电流斜率 S_{L_p} 可间接地通过测量漏电流的 $\mathrm{d}i/\mathrm{d}t$ 求得，即

$$S_{L_p} = \frac{V_{in}}{L_p + L_{leak}} \qquad (7.392)$$

在钳位二极管断开期间，振铃信号的频率与漏电感和漏源电容有关：

$$f_{leak} = \frac{1}{2\pi\sqrt{L_{leak}C_{lump}}} \qquad (7.393)$$

最后，DCM 工作频率也与漏源电容有关，同时也与漏电感、原边电感之和有关：

$$f_{DCM} = \frac{1}{2\pi\sqrt{(L_{leak}+L_p)C_{lump}}} \qquad (7.394)$$

观察图 7.152，可求得以下数值：$S_{Lp} = 378$ mA/μs，$f_{DCM} = 500$ kHz，$f_{leak} = 3.92$ MHz，$V_{in} = 300$ V。有三个未知数（L_p，L_{leak}，C_{lump}）和三个方程。求解该方程组，可得到变压器参数：

$$C_{lump} = \frac{S_{L_p}}{4V_{in}f_{DCM}^2\pi^2} = \frac{378k}{4\times300\times500k^2\times3.14^2} = 127 \text{ pF} \qquad (7.395)$$

$$L_{leak} = \frac{1}{4\pi^2f_{leak}^2C_{lump}} = \frac{1}{4\times3.14^2\times3.92\text{Meg}^2\times127p} = 13 \text{ μH} \qquad (7.396)$$

$$L_p = \frac{V_{in} - S_{L_p}L_{leak}}{S_{L_p}} = \frac{300 - 378k\times13\mu}{378k} = 780 \text{ μH} \qquad (7.397)$$

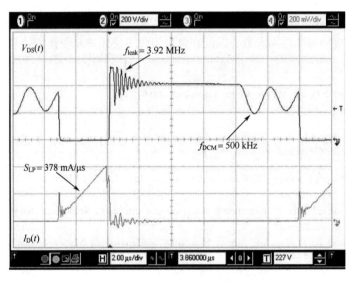

图 7.152　反激式变换器的典型波形

回头看实际变压器的数据表，原边电感为 770 μH，漏电感为 12 μH。上述结果在限制范围内。最后提一点：当示波器探头非常接近漏极（没有电气接触）时，要确保由示波器观测到的振铃信号的频率变化不要太大；否则，就意味着探头电容使振铃频率变化并应对最后结果做出解释。

为得到任一副边绕组的匝数比，把示波器探头连到与副边相关的二极管的阳极并测量其电压，就会看到如图 7.153 所示的波形。电压下降到输入电压和匝数比 N 的乘积值。输入电压为 300 V 时，测量得到的电压约为 50 V，则系数简单地为

$$N = 50/300 = 166 \text{ m} \qquad (7.398)$$

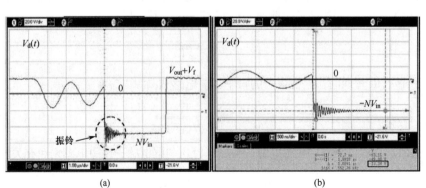

图 7.153　副边二极管阳极信号

观察图 7.153b 可得到很重要的观点。式（7.4）定义的副边二极管峰值反向电压，未考虑任何尖峰。图形显示，副边二极管峰值反向电压为 13.3 V，它大于式（7.4）给出的结果。由此可看出，当利用公式进行计算时，都应该考虑安全裕度并在实际电路中做完整的测量来检查该裕度，振铃如果太明显会超出安全裕度，它对传导和辐射 EMI 来说也是个问题。在这种情况下，在相应的二极管两端连接一 RC 减振器。该 RC 电路可阻尼振铃（改善裕度），对降低 EMI 也会带来好处。作者通常会对式（7.4）所得结果再乘以系数 2。还可以将变换器置于最差条件下（最高输入电压、输出短路、开环等）并检测二极管电压的最大变化。有 50%裕度就会安全。

附录 7B 应力

电压或电流应力是表示有源或无源元件寿命的重要因素，本附录中只介绍其几点常识。

7B.1 电压

首先，讨论击穿电压。看到过元件上的电压超过数据表中给出的最大额定值吗？例如，在最大额定值为 600 V 的 MOSFET 上加 620 V 时为什么元件仍可以工作？器件没有损坏是不是由于有好的设计？是的，这是因为制造商在检测方案中设有保护带（当制造商单独测试裸露或封装的半导体芯片时）。这些保护带确保丢弃晶片扩散后发现的最差元件满足上述的击穿要求。例如，在最差情况下，只要 600 V MOSFET 的漏电流小于几十微安，则该管就会被丢弃。因此，由于不同结温下存在的延展工作特性以及包含的工艺变化，制造商知道持续的 600 V 偏置是安全的。然而，由于在生产线上，有很多可供选择的器件，有些击穿电压超过额定值（如击穿电压为 630 V），有些击穿电压小一点（如击穿电压接近 600 V）。不要把由制造商提供的超过额定值的较高击穿电压作为安全裕度。应该确保存在设计自身的安全裕度。许多开关电源（SMPS）制造者都把工作电压和电流与标称值相比降低 15%。这是在本章中使用的降额因子 k_D。因此，对于 600 V MOSFET，在最差情况下，钳位网络把 MOSFET 的电压维持在 510 V 内。当然，在一些情况下，或许 650 V MOSFET 会更好。避免用 800 V MOSFET，因它们的 $R_{DS(on)}$ 更大，与 600 V MOSFET 相比更贵。注意，MOSFET 和二极管（击穿电压大于 6.2 V）的 BV_{DSS} 呈现正温度系数。

出于同样的考虑，另一个建议是，不要把 MOSFET 体二极管雪崩性能当作永久的瞬态电压抑制器（TVS）。这是一个器件快速损坏的原因。首先，MOSFET 雪崩性能通常表示为从大电感和小电流得到的能量，这在实际情况中并不存在。多数时候，存在小电感并在电路中流过大电流（如电流大到 I_{rms}^2）。对于有效电流较大的情况，保险丝的影响增强。当 MOSFET 最后出现雪崩时，可以观察以下几点：

* 电流流过内部寄生 NPN 晶体管，该管由芯片的垂直扩散产生，其集电极-基极结雪崩击穿；
* 当电流流过该回路，只要很小百分比的芯片被激活，因此，流过该电流的电阻要比芯片全部激活时的电阻大很多；
* 电压击穿就像闪电式的冲击，无法进行精确预测电流会流经芯片的哪部分。运气不好时，雪崩电流刚好流过硅材料不太好的部分，器件就会烧毁。

结论是，对于 MOSFET，允许出现偶然的雪崩，如出现输入浪涌。这个结论对垂直 MOSFET（现在用 VMOS 表示）是成立的，而对于横向 MOSFET 不要让电压超过 BV_{DDS}，如单片集成电路中的开关。因这些开关有体二极管，它们不能承受任何雪崩能量。一个简单的低能量脉冲对它们都是致命的。

类似的建议同样可用于二极管。一些数据表给出了非重复性的峰值反向电压（V_{RSM}），也意味着只允许有偶然性的浪涌。假设存在振铃信号，作者使用一个 50%二极管的安全因子（标为 k_d）。如果计算的峰值反向电压为 50 V，则应选用击穿电压为 100 V 的二极管。

关于 MOSFET 的驱动电压，不用超过 15 V。V_{GS} 超过 10 V，$R_{DS(on)}$ 只减小几个百分点，而驱动损耗大大增加并使 MOSFET 的寿命缩短。MOSFET 驱动器（PWM 控制器）的近似热损耗为

$$P_{driver} = V_{GS}Q_G F_{sw} \tag{7.399}$$

式中，Q_G 表示使 MOSFET 完全导通所需的栅极电荷；F_{sw} 表示开关频率。

栅极电荷是个重要数值。它直接表示了在给定驱动输出能力下，可期望的开关速度。如果数据表给出总栅极电荷为 100 nC（大功率 MOSFET），驱动器可输出的恒定峰值电流为 1 A，则 MOSFET 可在 100 ns 内导通。

$$t_{sw} = Q_G / I_{peak} \tag{7.400}$$

实际上，基于 CMOS 的驱动器呈现为电阻性输出阻抗，当 $v_{GS}(t)$ 增加时，驱动电流减小。与基于双极型晶体管输出级的情况不同，如 UC384X 系列电路。在双极型晶体管输出极中，尽管 V_{ce} 变化，仍呈现为几乎理想的电流源。请注意当你让 MOSFET 导通时漏源电压很小或甚至零电压（QR 变换器 ZVS 工作，或同步整流电路）时，MOSFET 的 Q_G 会由于密勒效应消失而显著地减小。驱动电流会大大减小。这种情况在反激式变换器工作于 DCM 时可以看到。观察 MOSFET 栅极和漏极信号，则当 $v_{GS}(t)$ 上升时，栅极信号上看到典型的平台区。现在，减小输入电压直到漏极上 DCM 振铃接近地电平，且 MOSFET 在 0 V $v_{DS}(t)$ 时重新导通：此时栅极信号上的平台区会消失。

确保没有漏极尖峰使栅源电压超过栅极氧化层击穿电压（±20 V 或±30 V，该值与 MOSFET 的类型有关）。栅源齐纳二极管有助于减少相应的由尖峰引起的风险，当漏极出现高压尖峰时，该二极管可把尖峰从漏极耦合到栅极。遗憾的是，假设齐纳二极管很敏感，有时会产生振荡，必须仔细观察，特别是担心存在大杂散电感时（例如，从驱动输出到 MOSFET 栅极有长连线的情况）。可在接近于 MOSFET 栅极接入一个小电阻（10 Ω），这有助于阻尼整个寄生网络。

7B.2 电流

电流应力与功率耗散和瞬态热阻有关。根本上讲，器件的结温必须在可接受的限制范围。这些限制是什么呢？例如，对二极管或晶体管，浇铸化合物（元件引线周围的黑色塑胶）给出了物理的限制，超过该限制 PN 结将不能正常工作。这是因为温度超过限制范围，浇铸粉末会融化并使芯片受到污染并使性能变差。芯片本身（如硅）可承受的温度高达 250℃，温度超过该值，硅芯片将呈现本征的特性（芯片失去半导体特性并变成完全的导体——如果芯片没有损坏，当芯片冷却后，其性能恢复）。在 TO3 封装中，没有浇铸化合物，允许高工作温度。例如，安森美公司的 2N3055 给出的最大结温高达 200℃。把同样的芯片放到传统的 TO220 封装，最大的额定温度降为 150℃。

对最大芯片温度降额 20%是个可接受的折中方案。例如，TO220 MOSFET 可接受的结温可达 150℃，则确保在最差情况下，芯片温度保持在 120℃以下。MUR460 型二极管（4 A/600 V 超快二极管）可接受的结温达 175℃。降额 20%得到的最大结温为 140℃。结温还有另一方面的效应。有些开关电源制造商的质量部门（或终端客户）无法接受在最大环境温度下，即热沉或元件温度超过 100℃。确保包含各种热阻情况下的热沉计算能得到合适的管壳温度。有时，可以发现 MOSFET $R_{DS(on)}$ 可满足技术指标，但假设对热沉尺寸有限制，则需要采用更低电阻型热沉来达到管壳温度要求。选择二极管器件的方法也相同，通常首先基于电流指标来选择，但最终也还要考虑二极管的封装功率散热能力。

另一个鲜为人知的是与所谓热疲劳有关的现象。它发生在很短时间内结温有很大变化时。因为能量持续时间短，热还无法传到管壳和热沉，就出现了局部的发热点。温度梯度很大以至于在结处引入物理应力或经常在焊盘处失效。例如，一工作时平均结温为 90℃并有 20℃的波动的半导体，让它工作在工作时结温小于 60℃但每隔 10 ms 有一个正 50℃的变化的情况。

附录 7C 90 W 适配器的变压器设计

作者：Charles E. Mullet

本附录描述本章介绍的 90 W CCM 反激式变换器中使用的变压器的设计过程。根据推导的表达式和仿真结果，可以收集得到以下与变压器设计相关的电气数据：

$L_p = 320\ \mu H$ 原边电感
$I_{Lp,max} = 4\ A$ 变压器在没有饱和的情况下所应承受的最大峰值电流
$I_{Lp,rms} = 1.8\ A$ 原边电感有效电流
$I_{sec,rms} = 8\ A$ 副边电感有效电流
$F_{sw} = 65\ kHz$ 开关频率
$V_{out} = 19\ V$ 在输出电流为 4.7 A 时的直流输出电压
$N_p : N_s = 1 : 0.25$ 原副边匝数比
$N_p : N_{aux} = 1 : 0.2$ 原边与辅助绕组的匝数比

7C.1 磁心选择

基于以上数据，确定所需磁心尺寸有好几种方法。本附录中，将使用面积乘积定义。因此，第一步是求所需的面积乘积 $W_a A_c$，该式可在文献[1]给出的铁氧体磁心目录中找到：

$$W_a A_c = \frac{P_{out}}{K_c K_t B_{max} F_{SW} J} 10^4 \qquad (7.401)$$

式中，$W_a A_c$ 表示窗口面积和磁心面积的乘积，单位为 cm^4；P_{out} 表示输出功率，单位为 W；J 表示电流密度，单位为 A/cm^2；B_{max} 表示最大磁通密度，单位为 T；F_{sw} 表示开关频率，单位为 Hz；K_c 表示 SI 值（507）转换常数；K_t 表示拓扑常数（空间因子为 0.4），它是窗口填充因子。

对于反激式变换器，单绕组结构 $K_t = 0.000\ 33$，多绕组结构 $K_t = 0.000\ 25$。

由于电流密度和磁通密度要用于设计，需要给出判定。在自然对流条件下，90 W 功率适配器对应的变压器的合理的、保守的电流密度值为 400 A/cm^2。

对于现代铁酸盐，如 Magnetics Kool Mμ 公司的 "P" 材料，频率为 65 kHz 时的磁通密度通常为 100 mT（1000 高斯）。这也可通过选择损耗因子为 100 mW/cm^3（对于温升为 40℃而言，这是个合理的数值），并从制造商磁心材料损耗表查找磁通密度来得到。应用 Magnetics Kool Mμ 公司的材料，按照以上参数可生产得到磁通密度为 45 mT（450 高斯）。本设计中使用该数值。

$$W_a A_c = \frac{P_{out}}{K_c K_t B_{max} F_{sw} J} 10^4 = \frac{90 \times 10\ 000}{507 \times 0.000\ 33 \times 0.045 \times 65\ 000 \times 400} = 4.6\ cm^4 \qquad (7.402)$$

在 Magnetics Kool Mμ 公司的目录中的查看磁心选择表，选择 DIN 42/20 E 型磁 5。该磁心的面积乘积为 4.59 cm^4，与所要求的非常接近。为了供以后参考，给出其磁心面积为 $A_e = 2.37\ cm^2$。

7C.2 原副边绕组匝数的确定

利用铁氧体磁心目录的设计信息并应用法拉第定律，得

$$N_p = \frac{V_{in,min} 10^4}{4 B A_e F_{sw}} \qquad (7.403)$$

式中，N_p表示原边匝数；$V_{in,min}$表示最小原边电压；B表示磁通密度，单位为T；A_e表示磁心有效面积，单位为cm²；F_{sw}表示开关频率，单位为Hz。

上述情况假设了理想方波，其中占空比D为50%。本附录中，占空比限制在0.46，该值出现在输入电压最小或90 Vdc时（电压有效值为85 V，考虑了滤波电容上的25%纹波电压）。可以在式中对上述值进行修正或使用另外的方法，在给定占空比情况下按照电压值来表示同样的要求。

$$N_p = \frac{V_{in,min}t_{on,max}10^4}{2BA_e} \tag{7.404}$$

式中，$t_{on,max}$表示作用于绕组的脉冲最大持续时间。

在分母中，4被2所代替，这是因为方波信号只在周期的一半时间才有电压作用，因此，还伴随另一个因子2。在这种情况下，有

$$t_{on,max} = D_{max}T_{sw} = \frac{D_{max}}{F_{sw}} = \frac{0.46}{65k} = 7.07\,\mu s \tag{7.405}$$

因而，得到

$$N_p = \frac{90 \times 7.07\mu \times 10^4}{2 \times 0.045 \times 2.37} = 30\,匝 \tag{7.406}$$

现在，用所需的匝数比来确定副边匝数，得出

$$N_{S1} = 0.25N_p = 0.25 \times 30 = 7.5\,匝 \tag{7.407}$$

其他副边绕组，如辅助绕组，其匝数比应为0.2，因此，对这两个绕组的最适合的匝数为10匝（电源副边绕组）和8匝（辅助绕组）。把电源副边绕组取整为10匝，可重新计算得到原边匝数为

$$N_p = \frac{10}{0.25} = 40\,匝 \tag{7.408}$$

副边辅助绕组将有8匝，即

$$N_{S2} = 40 \times 0.2 = 8\,匝 \tag{7.409}$$

7C.3 选择原边和副边导线尺寸

基于前面选择的400 A/cm²电流密度值，可以确定导线尺寸。在原边，有效电流为1.8 A，因此，需要的导线面积为

$$A_w(pri) = \frac{I_{L_{p,rms}}}{J} = \frac{1.8}{400} = 0.0045\,cm^2 = 0.45\,mm^2 \tag{7.410}$$

该值与21 AWG的导线尺寸非常接近，其面积为0.4181 mm²。

把绕组绕到线圈架上通常需要一些工程判定（如试验和误差检测），由于绕制时希望避免绕组分层排列（它会增加漏电感，即产生的耦合性较差并使效率减少），并通过把直径保持在肤深以下，使趋肤效应最小。在这种情况下，用两个面积为一半的导体是个明智的选择，就是用两个24 AWG型导线来代替21 AWG导线。最后的选择与线圈架上绕组的绕法有关。

与原边电感绕组交错排列有其优点，因为，这样会大大减少漏电感及相邻损耗。记住这点，尝试把原边绕组分成两层，每层由层数的一半组成，即每层为40/2 = 20匝，把副边绕组夹在两个串联的匝数为一半的原边电感绕组之间。用两个24 AWG型导线，则20匝层（假设在导线上单层隔离）的宽度为直径0.575 mm × 2 × 20，即23 mm。线圈架宽度为27.43 mm，因此，这不能在边上为安全调节需要留出足够的裕度。把导线尺寸减小为25 AWG，就可以解决问题。减小导线尺寸是很正常的，因为分层绕制会增加绕组损耗。

副边的有效电流为 8 A。由于电流密度与原边类似，也为 400 A/cm²，导线尺寸为

$$A_w(\sec) = \frac{I_{\text{sec,rms}}}{J} = \frac{8}{400} = 0.02 \text{ cm}^2 = 2 \text{ mm}^2 \qquad （7.411）$$

相对应的导线尺寸为 14 AWG，面积为 2.0959 mm²。为减少趋肤效应及制作较薄层（并能把它尽可能绕制到线圈架的较大区域），使用两根 17 AWG 导线，则总面积为 2 × 1.0504 mm²。由于单绝缘的 17 AWG 导线的直径为 1.203 mm，由两根导线组成的 10 匝线圈所占的宽度为 10 × 2 × 1.203 mm。这对宽度为 26.2 mm 的线圈架而言，要求的安全裕度也不满足。因此，选两根 18 AWG 导线，后面的检查表明，铜损耗在可接受范围内。

7C.4　基于所设计的电感选择材料，或者如果需要，选择磁心的气隙

基于本章中的详细计算，期望的原边电感为 320 μH，则可确定期望的电感因子 A_L 为

$$A_L = \frac{L_p}{N^2} = \frac{320\mu}{40^2} = 200 \text{ nH/匝}^2 \qquad （7.412）$$

无气隙的 K4022-E060 型磁心的 A_L 为 194，因此，在本例中不需要有气隙的磁心。为什么？因为所选择的磁心材料包含所谓的分布式气隙，就是指在制造过程中磁心中掺入了非磁性颗粒。因此，不需要再切削中心脚来产生气隙，因为材料中已经包含了气隙。如果选择一种没有气隙的磁心，则必须要有如下几个理由之一：（1）需要倾斜的 $B \sim H$ 曲线及增加饱和电流，但要付出电感因子减小的代价，请注意饱和磁通密度不会受气隙存在的影响；（2）需要增加能量储存能力；（3）需要通过让磁心对材料磁导率的离散性不敏感来稳定产品中的电感值。

7C.5　用 Intusoft 公司磁设计软件设计

Intusoft 公司开发的磁设计软件是个功能很强的用于设计变压器和电感器的工具。它能够使设计者快速地得到基本的设计。然后，当设计者为绕组结构、磁心尺寸和形状，以及其他设计选择方面的变化做不同的实验时，通过对损耗、漏电感等参数的快速重新计算对设计进行优化。

如下面两个截屏所示（图 7.154 和图 7.155），设计数据已经输入到软件中。注意，预测的温升是 24.16℃，磁心窗口只占全部大小的 33.43%。该结果显示，在温升不超过 40℃ 的情况下，可

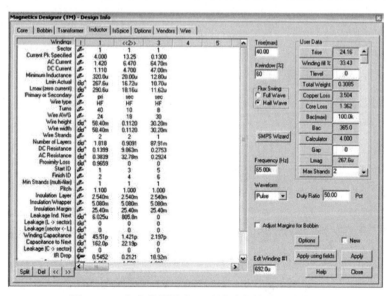

图 7.154　在当前设计中，磁设计软件的设计截图

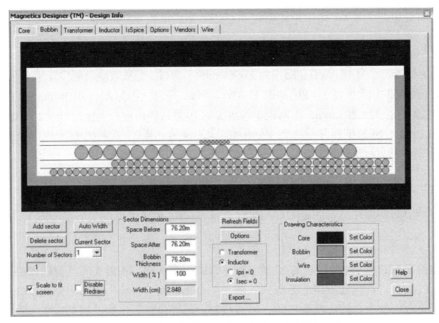

图 7.155　基于数据设计软件产生的绕组结构图

使用较小的磁心。图 7.155 所示为由软件计算的实际绕组结构。EE 42/15 磁心是个很好的选择。
90μ 材料，A_L 值达到 217 nH/turn^2 是可能的。为得到所需要的电感器，可把匝数增加到 48 匝、12 匝
和 10 匝（10 匝足够接近于 9.8）。

图 7.156 所示为详细的设计，预测温升为 40.22℃，填充因子为 27.34%。线圈架仍没有全满，
几种尝试得出的结论是，进一步填充将导致过量的铜损耗。如果材料的磁导率较高，可使用更小
的磁心。最后的绕组结构如图 7.157 所示。

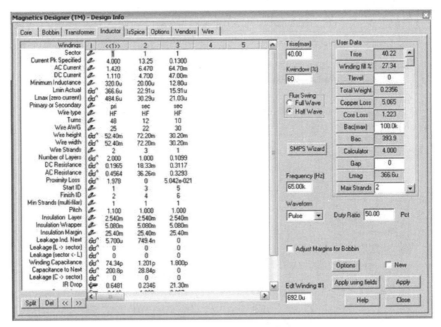

图 7.156　应用 EE 42/15 磁心的设计截图

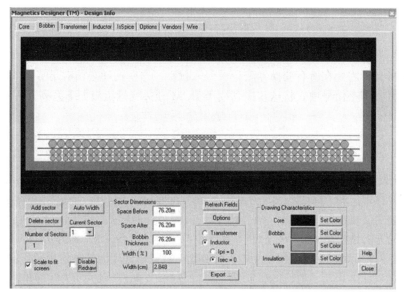

图 7.157 推荐的绕组结构截图

原著参考文献

[1] Technical documents from Magnetics.

附录 7D　工作于准谐振的反激式变换器小信号模型

在第 2 章中，我们引入了工作于所谓准方波谐振模式的 PWM 开关大信号模型，准方波谐振模式也称为准谐振（QR）或边界线导通模式（BCM）。为分析得出工作于 QR 模式的电流模式反激式变换器控制到输出传输函数，须推导小信号模型。在工作于 BCM 的变换器中，死区时间可忽略，流过端点 c 的平均电流简单地为峰值电流除以 2。利用这一事实，原始电流模式 BCM PWM 开关模型可极大地简化，如图 7.158 所示。

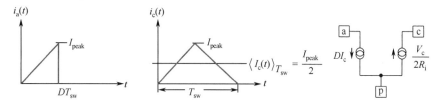

图 7.158　简化了的边界线导通模式 PWM 开关模型

在该模型中，有如下的已在第 2 章推导得到的电源定义：

$$d_1 = \frac{V_c}{R_i} \frac{L}{V_{ac} T_{sw}} \tag{7.413}$$

$$T_{sw} = \frac{V_c L}{R_i} \left(\frac{1}{V_{ac}} + \frac{1}{V_{cp}} \right) \tag{7.414}$$

$$I_c = \frac{V_c}{2R_i} \tag{7.415}$$

$$I_a = d_1 I_c \tag{7.416}$$

如果把式（7.413）和式（7.414）代入式（7.416），有

$$I_{a} = \frac{V_{c}}{R_{i}} \frac{L}{V_{ac} T_{sw}} I_{c} = \frac{1}{V_{ac}\left(\dfrac{1}{V_{ac}} + \dfrac{1}{V_{cp}}\right)} \quad (7.417)$$

经典小信号分析需要在所有变换器变量中引入扰动。这些扰动必须有足够低的幅度来保证系统工作在线性区，即小信号项。将这些概念用于 BCM 开关变量给出如下系列方程：

$$I_{c} = I_{c0} + \hat{i}_{c} \quad (7.418)$$
$$I_{a} = I_{a0} + \hat{i}_{a} \quad (7.419)$$
$$V_{c} = V_{c0} + \hat{v}_{c} \quad (7.420)$$

式中，0 下标项表示变量的 dc 偏置点或 dc 工作点，而符号 ∧ 表示围绕 dc 点的小交流变化。遗憾的是，在多变量方程中，加了扰动之后，会得出一系列 dc 和 ac 表达式。该过程包括将这些 dc 和 ac 项归类，很快会变成冗长乏味的工作并成为出错的根源，特别是在处理大信号方程时。

一种可行的方法是构建一个只有 ac 的模型，没有任何偏置点成分。本方法中，单独考虑 ac 项，而把 dc 解去掉。毕竟可以通过应用基于方程计算结果或简单地用大信号模型运行偏置点仿真来计算 dc 条件，如图 7.158 所示。为只得到 ac 项，可计算式（7.415）和式（7.417）偏微分系数：

$$\hat{i}_{c} = \frac{\partial I_{c}(V_{c})}{\partial V_{c}} \hat{v}_{c} \quad (7.421)$$

$$\hat{i}_{c} = \hat{v}_{c}\left(\frac{1}{2R_{i}}\right) = \hat{v}_{c} k_{c} \quad (7.422)$$

式中，k_{c} 简单地为

$$k_{c} = \frac{1}{2R_{i}} \quad (7.423)$$

类似地，可以对端点 a 的电流求微分：

$$\hat{i}_{a} = \frac{\partial I_{a}(V_{cp}, I_{c}, V_{ac})}{\partial V_{cp}} \hat{v}_{cp} + \frac{\partial I_{a}(V_{cp}, I_{c}, V_{ac})}{\partial I_{c}} \hat{i}_{c} + \frac{\partial I_{a}(V_{cp}, I_{c}, V_{ac})}{\partial V_{ac}} \hat{v}_{ac} \quad (7.424)$$

我们得到如下系数：

$$\hat{i}_{a} = \hat{v}_{cp} \frac{I_{c0} V_{ac0}}{(V_{ac0} + V_{cp0})^{2}} + \frac{V_{cp0}}{V_{cp0} + V_{ac0}} \hat{i}_{c} - \hat{v}_{ac} \frac{V_{cp0} I_{c0}}{(V_{ac0} + V_{cp0})^{2}} \quad (7.425)$$

记为

$$k_{cp} = \frac{I_{c0} V_{ac0}}{(V_{ac0} + V_{cp0})^{2}} \quad (7.426)$$

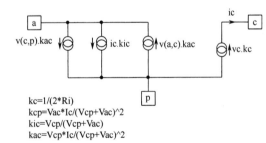

kc=1/(2*Ri)
kcp=Vac*Ic/(Vcp+Vac)^2
kic=Vcp/(Vcp+Vac)
kac=Vcp*Ic/(Vcp+Vac)^2

图 7.159　用 4 个电流源更新的小信号模型

$$k_{ic} = \frac{V_{cp0}}{V_{cp0} + V_{ac0}} \quad (7.427)$$

$$k_{ac} = \frac{I_{cp0} V_{c0}}{(V_{ac0} + V_{cp0})^{2}} \quad (7.428)$$

我们可用更紧凑的方式将式（7.425）重写为

$$\hat{i}_{a} = \hat{v}_{cp} k_{cp} + \hat{i}_{c} k_{ic} - \hat{v}_{ac} k_{ac} \quad (7.429)$$

用这些电源定义来重新整理原始大信号模型，更新后的小信号模型显示在图 7.159 中。

7D.1　BCM 反激式变换器

我们的主要应用是工作于峰值电流模式控制的边界线导通模式反激式变换器。该结构的 BCM

小信号模型方案显示于图 7.160。它是旋转了的 PWM 开关模型以匹配降压-升压结构，结构中加入了隔离变压器。

在本应用中，观察不同的端电压，可更新如下系数定义：

$$V_{ac0} = V_{in} \qquad (7.430)$$

$$V_{cp0} = \frac{V_{out}}{N} \qquad (7.431)$$

$$I_{c0} = \frac{V_{c0}}{2R_i} \qquad (7.432)$$

其他系数遵循相同的过程：

$$k_{cp} = \frac{V_{in}V_{c0}}{2R_i\left(V_{in} + \dfrac{V_{out}}{N}\right)^2} = \frac{V_{in}V_{c0}N^2}{2R_i(V_{out} + NV_{in})^2} \qquad (7.433)$$

$$k_{ic} = \frac{\dfrac{V_{out}}{N}}{\dfrac{V_{out}}{N} + V_{in}} = \frac{V_{out}}{V_{out} + NV_{in}} \qquad (7.434)$$

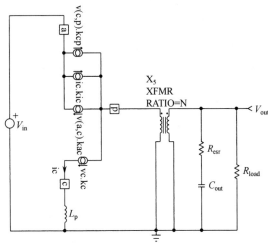

图 7.160 含反激式变换器的小信号模型（$N = -0.25$）

$$k_{ac} = \frac{\dfrac{V_{out}}{N}\dfrac{V_{c0}}{2R_i}}{\left(V_{in} + \dfrac{V_{out}}{N}\right)^2} = \frac{V_{out}V_{c0}N}{2R_i(V_{out} + NV_{in})^2} \qquad (7.435)$$

应用该结构，让我们求 dc 小信号增益 $G_0\big|_{V_{in}(0)=0} = \dfrac{V_{out}(0)}{V_c(0)}$。首先，由于工作在 dc（$s = 0$）且认为求解过程中 V_{in} 恒定，端点 a 与地相连。因此，所有电容断开，电感短路：端点 c 也与地相连。由于 $V(a,c)$ 在交流时为 0，相应的电源消失。然后，负载应用变压器匝数比的平方折算到原边。从副边观察，可以看到包含 k_{cp} 的电流源出现在端点 c 和 p 之间。因此，一数值为 $1/k_{cp}$ 的电阻可放置于端点 p 与地之间。最后，利用这些变化可得出如图 7.161 所示的等效电路。

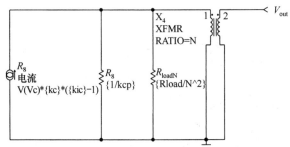

图 7.161 让电感短路和电容开路求得小信号增益。由于分析过程中 V_{in} 是常数，其小信号值为 0

R_8 两端的电压等于电流源值 B_8，即流经 R_8 与负载折算电阻的并联电阻产生的电压。该复合电阻称为 R_{eq}：

$$R_{eq} = \frac{R_{load}}{N^2} // \frac{1}{k_{cp}} = \frac{R_{load}}{R_{load}k_{cp} + N^2} \qquad (7.436)$$

因此，小信号输出电压方程为

$$V_{out}(s) = V_c(s)k_c(1 - k_{ic})R_{eq}N \qquad (7.437)$$

在上述方程中，传递到变压器匝数比的负号已包含在表达式中，记住反激式变换器输出正电压，而降压-升压变换器输出负电压。从式（7.437）可以推导 BCM 反激式变换器 dc 增益：

$$G_0 = k_c(1 - k_{ic})R_{eq}N \qquad (7.438)$$

7D.2 应用举例

使用在第 2 章提出并描述过的大信号 PWM 开关模型构建了一简单的开环反激式变换器。电路图如图 7.162 所示。该变换器在 dc 输入电源为 100 V 时，为 10 Ω 负载输出 19.2 V。控制电压设置为 1.7 V 并施加 1.7 A 峰值电流。

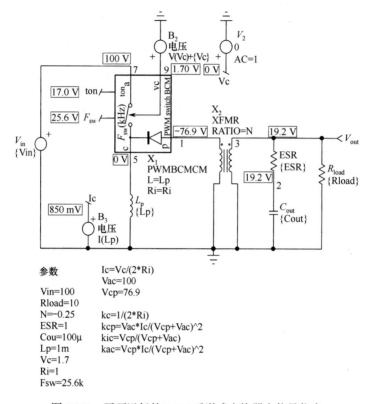

参数

Vin=100
Rload=10
N=−0.25
ESR=1
Cou=100μ
Lp=1m
Vc=1.7
Ri=1
Fsw=25.6k

Ic=Vc/(2*Ri)
Vac=100
Vcp=76.9

kc=1/(2*Ri)
kcp=Vac*Ic/(Vcp+Vac)^2
kic=Vcp/(Vcp+Vac)
kac=Vcp*Ic/(Vcp+Vac)^2

图 7.162　开环运行的 BCM 反激式变换器大信号仿真

从上述 dc 点，可以求得源系数：

$$k_{cp} = \frac{V_{in}V_{c0}N^2}{2R_i(V_{out}+NV_{in})^2} = \frac{100\times1.7\times0.25^2}{2\times1\times(19.2+0.25\times100)^2} = 2.72\,\text{m} \tag{7.439}$$

$$k_{ic} = \frac{V_{out}}{V_{out}+NV_{in}} = \frac{19.2}{19.2+0.25\times100} = 434\,\text{m} \tag{7.440}$$

$$k_{ac} = \frac{V_{out}V_{c0}N}{2R_i(V_{out}+NV_{in})^2} = \frac{19.2\times1.7\times0.25}{2\times1\times(19.2+0.25\times100)^2} = 2.09\,\text{m} \tag{7.441}$$

$$k_c = \frac{1}{2R_i} = \frac{1}{2\times1} = 0.5 \tag{7.442}$$

求得等效电阻为

$$R_{eq} = \frac{R_{load}}{R_{load}k_{cp}+N^2} = \frac{10}{10\times2.72\text{m}+0.25^2} = 111.49\,\text{k}\Omega \tag{7.443}$$

用式（7.438）可推导得到 dc 增益为

$$G_0 = 20\lg(k_c(1-k_{ic})R_{eq}N) = 20\lg(0.5\times(1-0.434)\times111.49\times0.25) = 17.93\,\text{dB} \tag{7.444}$$

如果运行图 7.162 的仿真电路，得到如图 7.163 所示的增益曲线。

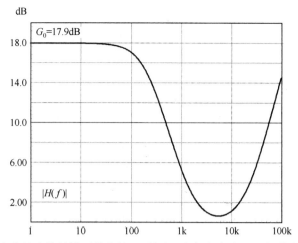

图 7.163　由线性大信号模型给出的 dc 增益，它与由式（7.444）给出的结果匹配

7D.3　交流分析

输出交流分析意指电感和电容都从变压器副边折算到了原边。新电路图如图 7.164 所示。

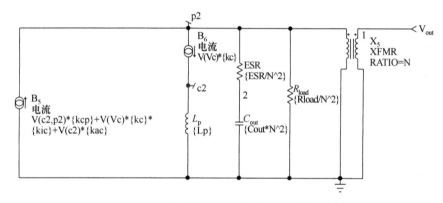

图 7.164　所有元件都为 ac 分析折算到了的原边

乍一看，该电路看上去有点复杂，但细心书写方程将会很快得出正确的结果。在该图中，可看到电流源 B_5，该电流源为由折算的电容 ESR 和负载电阻构成的复阻抗输出电流。然而，B_5 电流通过 B_6 分流到电感。因此，输出电压方程为

$$V(c_2,p_2)k_{cp} = -V(p_2,c_2)k_{cp} = -\left(-\frac{\hat{v}_{out}(s)}{N} - sL_p\hat{i}_c\right)k_{cp} = \left(\frac{\hat{v}_{out}(s)}{N} + sL_p\hat{v}_c(s)\right)k_{cp} \qquad （7.445）$$

该过程现在包括因式分解，合并 $V_c(s)$ 和 $V_{out}(s)$ 项，求解如下：

$$-\left[\frac{V_{out}(s)}{N}k_{cp} + V_c(s)k_ck_{cp}sL_p + V_c(s)k_ck_{ic} + V_c(s)k_ck_{ac}sL_p - V_c(s)k_c\right]Z(s)N = V_{out}(s) \qquad （7.446）$$

$$-V_c(s)k_c[sL_p(k_{cp}+k_{ac}) + k_{ic} - 1]Z(s)N = V_{out}(s) + \frac{V_{out}(s)}{N}k_{cp}Z(s)N \qquad （7.447）$$

方程右边提取因子 $V_{out}(s)$：

$$-V_c(s)k_c[sL_p(k_{cp}+k_{ac}) + k_{ic} - 1]Z(S)N = V_{out}(s)[1 + k_{cp}Z(s)] \qquad （7.448）$$

$$V_c(s)k_c[1 - k_{ic} - sL_p(k_{cp}+k_{ac})]N\frac{Z(s)}{1 + k_{cp}Z(s)} = V_{out}(s) \qquad （7.449）$$

现在，提取因子 $(1-k_{ic})$，有

$$V_c(s)Nk_c(1-k_{ic})\left[1-sL_p\frac{k_{cp}+k_{ac}}{1-k_{ic}}\right]\frac{Z(s)}{1+k_{cp}Z(s)}=V_{out}(s) \qquad (7.450)$$

现很容易求得传输函数：

$$\frac{V_{out}(s)}{V_c(s)}=Nk_c(1-k_{ic})\left[1-sL_p\frac{k_{cp}+k_{ac}}{1-k_{ic}}\right]\frac{Z(s)}{1+k_{cp}Z(s)} \qquad (7.451)$$

$k_{cp}Z(s)$ 项合并了原边的折算元件。让我们看看如何推导它：

$$k_{cp}Z(s)=k_{cp}\frac{\dfrac{R_{load}}{N^2}\left(\dfrac{R_{ESR}}{N^2}+\dfrac{1}{sC_{out}N^2}\right)}{\dfrac{R_{load}}{N^2}+\left(\dfrac{R_{ESR}}{N^2}+\dfrac{1}{sC_{out}N^2}\right)} \qquad (7.452)$$

展开并重新整理所有项给出：

$$\frac{Z(s)}{1+k_{cp}Z(s)}=\frac{1}{k_{cp}+\dfrac{N^2}{R_{load}}}\frac{1+sR_{ESR}C_{out}}{1+sC_{out}\left(\dfrac{N^2+\dfrac{N^2R_{ESR}}{R_{load}}+k_{cp}R_{ESR}}{K_{cp}+N^2/R_{load}}\right)} \qquad (7.453)$$

将该表达式引入小信号增益，在式（7.451）中推导得到

$$\frac{V_{out}(s)}{V_c(s)}=\frac{Nk_c(1-k_{ic})}{k_{cp}+\dfrac{N^2}{R_{load}}}\frac{(1+sR_{ESR}C_{out})\left(1-sL_p\dfrac{k_{cp}+k_{ac}}{1-k_{ic}}\right)}{1+sC_{out}\left(\dfrac{N^2+\dfrac{N^2R_{ESR}}{R_{load}}+k_{cp}R_{ESR}}{k_{cp}+N^2/R_{load}}\right)}=G_0\frac{\left(1+\dfrac{s}{s_{z1}}\right)\left(1-\dfrac{s}{s_{z2}}\right)}{\left(1+\dfrac{s}{s_{p1}}\right)} \qquad (7.454)$$

从该表达式，可确定

$$G_0=\frac{Nk_c(1-k_{ic})}{k_{cp}+N^2/R_{load}} \qquad (7.455)$$

一左半平面零点为

$$s_{z_1}=\frac{1}{R_{ESR}C_{out}} \qquad (7.456)$$

一右半平面零点为

$$s_{z_2}=\frac{1-k_{ic}}{(k_{cp}+k_{ac})L_p}=\frac{1}{L_p\dfrac{V_c}{2R_iV_{in}}} \qquad (7.457)$$

极点为

$$s_{p_1}=\frac{1}{C_{out}\left(\dfrac{N^2+\dfrac{N^2R_{ESR}}{R_{load}}+k_{cp}R_{ESR}}{k_{cp}+N^2/R_{load}}\right)} \qquad (7.458)$$

把式（7.454）输入 Mathcad，得到工作于 BCM 的反激式变换器完整的交流响应，如图 7.165 所示。

7D.4 数值应用

如果现在使用为各种系数计算得到的数值,基于图 7.162 所示电路图,可以定位如下极点和零点:

$$G_0 = 17.9 \text{ dB} \tag{7.459}$$

$$f_{z_1} = 1.59 \text{ kHz} \tag{7.460}$$

$$f_{z_2} = 18.7 \text{ kHz} \tag{7.461}$$

$$f_{p_1} = 199.7 \text{ Hz} \tag{7.462}$$

如果忽略电容 ESR 对式（7.458）的贡献,则新的极点位于 $f_{p1} = 228$ Hz。图 7.165 显示了小信号响应曲线。

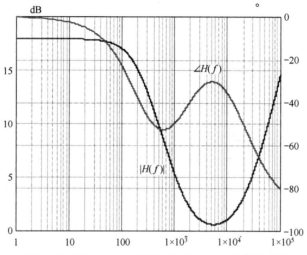

图 7.165　用 Mathcad 绘制的式（7.454）小信号响应

文献[1]描述了使用无损耗网络概念对 BCM 结构的推导,给出了增益、极点和零点表达式如下:

$$G_0 = 20 \lg \left(\frac{R_{\text{load}} N}{2N^2 R_{\text{i}} \left(2 \dfrac{V_{\text{out}}}{N V_{\text{in}}} + 1 \right)} \right) = 20 \lg \left(\frac{10}{2 \times 1 \times 0.25 \times \left(\dfrac{19.2 \times 2}{0.25 \times 100} + 1 \right)} \right) = 17.93 \text{ dB} \tag{7.463}$$

$$f_{p_1} = \frac{1}{2\pi R_{\text{load}} C_{\text{out}}} \frac{2M+1}{M+1} = \frac{1}{6.28 \times 10 \times 100\mu} \times \frac{2 \dfrac{19.2}{0.25 \times 100} + 1}{\dfrac{19.2}{0.25 \times 100} + 1} = 228 \text{ Hz} \tag{7.464}$$

$$f_{z_2} = \frac{R_{\text{load}}}{N^2 2\pi L_{\text{p}}} \frac{1}{M(1+M)} = \frac{10}{0.25^2 \times 6.28 \times 1\text{m}} \frac{1}{\dfrac{19.2}{0.25 \times 100} \left(1 + \dfrac{19.2}{0.25 \times 100} \right)} = 18.7 \text{ kHz} \tag{7.465}$$

文献[1]在模型推导中未考虑电容 ESR。式（7.460）不变。图 7.166 收集了由式（7.454）和用 SPICE 大信号模型得出的交流响应。结果匹配得很好,曲线是重合的。

表 7.2 总结了增益及零-极点位置,这些参数会影响电流模式 QR 反激式变换器。在这些表达式中, N 为变压器匝数比, $M = V_{\text{out}} / N V_{\text{in}}$ 。

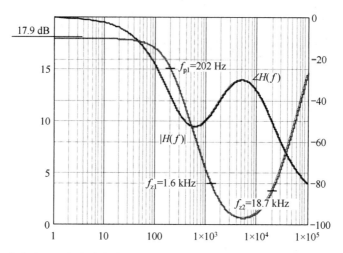

图 7.166　由式（7.454）得出的交流响应与由 CoPEC 模型输出的交流响应重叠得很好

表 7.2　增益及零–极点位置

G_0	$\dfrac{R_{\text{load}}}{2NR_i(2M+1)}$	f_{z1}	$\dfrac{1}{2\pi R_{\text{ESR}}C_{\text{out}}}$
f_{p1}	$\dfrac{1}{2\pi R_{\text{load}}C_{\text{out}}}\dfrac{2M+1}{M+1}$	f_{z2}	$\dfrac{R_{\text{load}}}{N^2 2\pi L_p}\dfrac{1}{M(M+1)}$

原著参考文献

[1] J. Chen, B. Erickson, and D. Masksimović, "Average Switch Modeling of Boundary Conduction Mode Dc-to-Dc Converters," Proc. IEEE Industrial Electronics Society Annual Conference (IECON 01), vol. 2, Nov. 2001, pp. 842–849.

附录 7E　含非线性变化寄生电容的开关损耗

当漏源两端的电压改变时，MOSFET 的漏源电容 C_{OSS} 以非线性方式变化。电容的变化是 MOSFET 端电压函数，它可利用式（7.466）建模。顺便说一下，这是在 SPICE 中用于建立偏置结非线性电容变化的公式：

$$C_{\text{OSS}}(V_{\text{DS}}) = \frac{C_{\text{DO}}}{\sqrt{(1+V_{\text{DS}}/V_{\text{O}})}} \quad （7.466）$$

式中，C_{DO} 表示偏置为 V_{O} 的偏置结的电容值。图 7.167 画出了一型号为 2SK4125,17 A/600 V MOSFET 的典型电容变化曲线。

从图中可以读到，30 V V_{DS} 时电容 C_{OSS} 为 220 pF，V_{DS} 为 5 V 时电容 C_{OSS} 上升为 1.3 nF。图 7.168 显示了 MOSFET 让电容 C_{OSS} 突然放电时的简化电路图。图中电压在 t_1 时间内从 V_{DS} 最大值降到 MOSFET 压降（$\approx 0\,\text{V}$）。在该时段，由于电容两端的电压减小，C_{OSS} 将从最小值（MOSFET 阻断）增加到 $v_{\text{DS}}(t)$ 接近于 0 时的最大值。

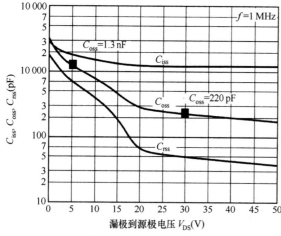

图 7.167　2SK4125, 17 A/600 V 功率 MOSFET 寄生电容变化曲线，它是漏源电压的函数

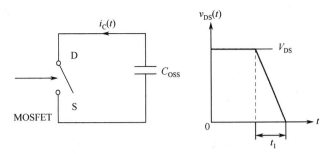

图 7.168 在 t_1 时间内开关导通期间，C_{OSS} 电容通过 MOSFET 放电时的开关结构

存储在 C_{OSS} 电容中并在 t_1 时间内 MOSFET 导通期间消耗掉的能量为

$$W = \int_0^{t_1} i_C(t) \cdot v_C(t) \cdot dt \tag{7.467}$$

电容上的电流依赖于电容两端的电压斜率。该电流是负的，这是由于电容被认为是电压源：

$$i_C(t) = -C \frac{dv_C(t)}{dt} \tag{7.468}$$

考虑到电容两端的电压是 $v_{DS}(t)$，更新式（7.467）得到

$$W = \int_0^{t_1} -C(v_{DS}(t)) \frac{dv_{DS}(t)}{dt} v_{DS}(t) \cdot dt \tag{7.469}$$

式（7.466）可简化为

$$C_{OSS}(V_{DS}) = \frac{C_{DO}}{\sqrt{(1 + V_{DS}/V_O)}} \approx \frac{C_{DO}\sqrt{V_O}}{\sqrt{V_{DS}}} \tag{7.470}$$

因此，改变一下符号，式（7.469）重新整理为

$$W = \int_{t_1}^0 C(v_{DS}(t)) \frac{dv_{DS}(t)}{dt} v_{DS}(t) \cdot dt \approx C_{DO}\sqrt{V_0} \int_{t_1}^0 \sqrt{v_{DS}(t)} \frac{dv_{DS}(t)}{dt} \cdot dt \tag{7.471}$$

已知

$$\frac{d}{dt} f(t)^n = n \cdot f(t)^{n-1} \frac{d}{dt} f(t) \tag{7.472}$$

重新排列该式，有

$$\frac{1}{n} \frac{d}{dt} f(t)^n = f(t)^{n-1} \frac{d}{dt}(t) \tag{7.473}$$

现在，对上述方程两边求积分，得到

$$\int f(t)^{n-1} \frac{d}{dt} f(t) \cdot dt = \int \frac{1}{n} \frac{d}{dt} f(t)^n \cdot dt = \frac{f(t)^n}{n} \tag{7.474}$$

式中，把 $f(t)$ 视为 $v_{ds}(t)$，并令 $v_{ds}(t)^{1/2} = v_{ds}(t)^{n-1}$，对式（7.473）也如此，即 $n-1 = 1/2$ 或 n 为 3/2。则有

$$\int v_{ds}(t)^{1/2} \frac{d}{dt} v_{ds}(t) \cdot dt = \int \frac{d}{dt} \frac{v_{ds}(t)^{3/2}}{3/2} \cdot dt = \frac{2}{3} v_{ds}(t)^{3/2} \tag{7.475}$$

现在式（7.471）可更新为

$$W = C_{DO}\sqrt{V_O}\left[\frac{2}{3} v_{ds}(t)^{3/2}\right]_{t_1}^0 = \frac{2}{3} V_{DS}^{3/2} C_{DO}\sqrt{V_O} \tag{7.476}$$

下面给出的表 7.3 为 MOSFET 数据手册摘录，且给出了 30 V 漏源电压下的 C_{OSS} 数据。

大部分电容损耗的计算是通过数据手册中的 C_{OSS} 值来完成的，如图 7.167 给出的 220 pF。

如认为电容值恒定，且假设电容充电电压为 580 V，应用典型电容损耗方程得到导通时的能量为

$$W = \frac{1}{2}C_{OSS}V_{DS}^2 = 0.5 \times 220p \times 580^2 = 37\,\mu J \tag{7.477}$$

在工作频率为 100 kHz 时，损耗大小为 3.7 W。

现在应用式（7.479），得到

$$W = \frac{2}{3}V_{DS}^{3/2}C_{DO}\sqrt{V_O} = \frac{2}{3} \times 580^{3/2} \times 220p \times \sqrt{30} = 11.2\,\mu J \tag{7.478}$$

在相似的 100 kHz 工作时，损耗大小为 1.1 W，或者说是前面计算值的三分之一。如同大家看到的那样，当考虑 C_{OSS} 电容非线性变化时，功率如何分配是十分重要的。

表征 C_{OSS} 的其他方法描述在文献[1]中。

表7.3 静态寄生电容值数据手册摘录

$T_a = 25℃$时的电特性

参　数	符　号	条　件	等级			单　位
			最小值	典型值	最大值	
漏源击穿电压	$V_{(BR)DSS}$	$I_D = 10\,mA, V_{GS} = 0\,V$	600			V
零栅电压漏极电流	I_{DSS}	$V_{DS} = 480\,V, V_{GS} = 0\,V$			100	μA
栅源漏电流	I_{GSS}	$V_{GS} = \pm30\,V, V_{DS} = 0\,V$			±100	nA
截止电压	$V_{GS}(off)$	$V_{DS} = 10\,V, I_D = 1\,mA$	3		5	V
正向传输导纳	$\lvert y_{fs} \rvert$	$V_{DS} = 10\,V, I_D = 8.5\,A$	4.5	9		S
静态漏源导通电阻	$R_{DS}(on)$	$I_D = 7\,A, V_{GS} = 10\,V$		0.47	0.61	Ω
输入电容	C_{iss}	$V_{DS} = 30\,V, f = 1\,MHz$		1200		pF
输出电容	C_{oss}			220		pF
反向传输电容	C_{rss}			50		pF
导通延迟时间	$t_d(on)$			26.5		ns
上升时间	t_r	$V_{DD} = 300\,V, I_D = 7\,A,$		82		ns
断开延迟时间	$t_d(off)$	$V_{GS} = 10\,V, R_G = 25\,\Omega$		145		ns
下降时间	t_f			52		ns
总栅极电荷	Q_g			46		nC
栅源电荷	Q_{gs}	$V_{DS} = 200\,V, V_{GS} = 10\,V, I_D = 17\,A$		8.3		nC
栅漏米勒电荷	Q_{gd}			26.7		nC
二极管正向电压	V_{SD}	$I_S = 17\,A, V_{GS} = 0\,V$		1.0	1.3	V

原著参考文献

[1] International Rectifier, "A More Realistic Characterization of Power MOSFET Output Capacitance Coss," Application Note AN-1001.

附录 7F　变压器磁心饱和度测试

在反激式变换器中，当原边电流迫使磁心磁通密度 B 达到饱和极限 B_{sat} 时，变压器就出现饱和。该饱和度与温度有关，其最低值必须与设计中选择的最差情况磁通密度相兼容。确保当变换器遭遇故障条件且环境温度最高时变压器离发生饱和还有一定的余量，这一点非常重要。当偶然发生饱和时，材料磁导率 μ_r 下降，原边电感急剧降低。电流斜率变陡，由于过冲电流或开关断开

时的过冲电压，很可能这些过冲会损毁 MOSFET。

让变换器在设置到最高环境温度的老化试验箱内全功率工作，可测试变换器的耐久性。稳定一段时间后，用电流表检测原边电流，确信变换器在处于最高功率、最小输入电压情况下不会发生饱和，而且在启动阶段或过功率的情况下，在跳闸保护之前也不发生饱和。如何检测饱和呢？在开关导通时观察流过功率 MOSFET 的电流斜率。如果电感值恒定，电流的形状是线性曲线直到 MOSFET 断开。当变压器饱和时，斜升电流会突然停顿而使危险增加。

在功率变换器置于老化试验箱进行测试之前，首先将变压器样品连接成图 7.169 所示的测试电路，该电路最初发表于文献 1。MOSFET 受脉冲发生器激励导通和断开。漏极与需要测试的变压器原边相连。续流二极管确保在开关断开时 MOSFET 漏极上不会出现过冲电压。本例中，输入电压相当低，约为 30 V，因此该电路脉冲工作是安全的。MOSFET 栅极由幅度为 15 V 的低频方波信号驱动，方波信号的脉宽可调。确保方波的重复率足够低以便让变压器工作于 DCM。增加脉冲宽度并观察原边电流的增长，直至看到图 7.169 上面图片那样好看的斜坡。然后，继续增加脉宽直到观察到饱和，出现图 7.169 下面图片所示的斜升电流停顿情况。饱和发生时的峰值电流就是当控制器将电流设置点推向最大值时必须远离的数值（留出一些余量），而最大值可以在短路、环路断开、电路启动、过载等情况下出现。图 7.169 中的图片是在室温工作时取得的，而测试必须在磁心能工作的最高温度时进行。遗憾的是，不能使用热吹风机来加热磁心，特别是在大尺寸磁心情况下。电路测试必须在编程的老化试验箱进行，以便让磁心达到其应用时的估计温度。工作大约 30 分钟后检查饱和情况。如果设计能确保良好地在峰值电流变化时不会在任何上面所描述的条件下产生饱和，则就能安全地确保变压器不会出现饱和现象。

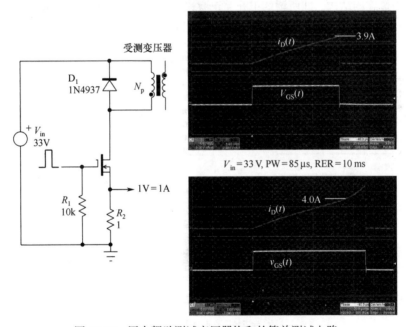

图 7.169　用来帮助测试变压器饱和的简单测试电路

原著参考文献

[1] MOTOROLA Semiconductors, "Linear/Switchmode Voltage Regulator Manual," MOTOROLA INC., 1993.

第 8 章　正激式变换器的仿真和实用设计

反激式变换器在中等输出电流应用中显示了其优越性，而正激式变换器事实上能很好地适用于低输出电压及大电流的应用场合。例如，ATX 电源，或所谓的银盒子，由单开关或双开关正激式变换器构成，其输出电流达 50 A，输出电压范围从 12 V 降到 3.3 V。正激式变换器属于源自降压型拓扑。正激式变换器和降压变换器的区别在于存在变压器，它是隔离所必需的。在做实际设计例子之前，我们来看看正激式变换器是如何工作的。

8.1　隔离降压变换器

图 8.1(a)所示为原始降压变换器具有高边开关的情况。高边是指开关的其中一端没有接参考地。当开关闭合时，输入电压作用到续流二极管阴极。可以看到输入和输出共地，但这不是我们所想要的隔离。在图 8.1(b)中，存在变压器，它把两个地隔离开来。当原边功率开关闭合时，副边功率开关也闭合（对于这种情况，假设隔离驱动），与降压变换器一样，输入电压的一部分加在续流二极管上，只是变压器用匝数比来比例调节输入电压产生输出电压和隔离。因而，变换器可以通过选择不同匝数比 N 来增大或减小输入电压。然而，大多数设计者会减小输入电压。最后，图 8.1(c)所示为最终的结构，即所谓的单开关正激式，其中功率晶体管有参考地（易于驱动），副边开关变为一个二极管。注意变压器的极性（用同名端标出），即在开关闭合时，在串联二极管上作用正电压。

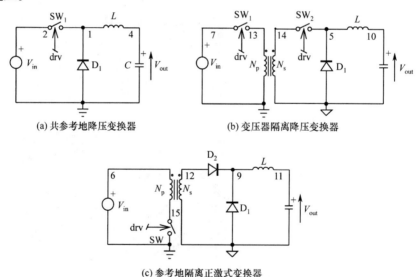

(a) 共参考地降压变换器　　　　　(b) 变压器隔离降压变换器

(c) 参考地隔离正激式变换器

图 8.1　正激式结构把降压式拓扑变换为隔离结构

现在来看功率开关闭合时的实际结构。如果回头看等效变换器模型，可以看到在原边存在一个电感。该电感在反激式中称为 L_p，或在正激式中称为 L_{mag}，它简单地与磁材料上原边线圈匝数产生的电感值有关。在反激式情况下，磁化电感上存储能量，对于正向情况，能量也存储在磁化电感中，但并不参与原边和副边之间的能量传输，这部分能量成为必须处理的不期望出现的能量。图 8.1 给出了导通和截止期间的情况，有助于该问题的解决。图 8.2 所示为导通期间的电路。当 MOSFET 闭合时，输入电压加在磁化电感 L_{mag} 两端。因而，磁化电流 I_{mag} 增加，其变化速率定义为

$$S_{mag,on} = V_{in}/L_{mag} \ (A/s) \tag{8.1}$$

为避免变压器饱和，磁化电流始终是不连续的，其原因会在后面给出。应用式（8.1），可推出磁化电流的时变公式如下：

$$i_{mag}(t) = \frac{V_{in}}{L_{mag}}t \tag{8.2}$$

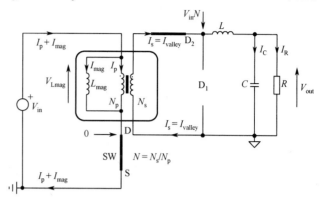

图 8.2　在开关导通期间，变压器转换的输入电压出现在副边，原边电感磁化

然而，给定变压器同名端排列，当原边开关导通，在副边二极管 D_2 上出现正电压并使其导通，电感电流流过变压器副边。给定原边和副边的耦合系数，该电流通过匝数比 N 换算到原边，并在输入源及 MOSFET 漏极上产生电流，其值为

$$i_D(t) = i_{mag}(t) + i_s(t)N \tag{8.3}$$

式中，$N = N_s/N_p$。

副边电流就是上升的电感电流，该电流供给负载和电容。其变化斜率与开关导通期间作用在电感 L 上的电压有关。给定变压器匝数比，有

$$i_s(t) = I_{valley} + \frac{NV_{in} - V_{out}}{L}t \tag{8.4}$$

式中，I_{valley} 表示开关导通时电感的初始电流。

用式（8.2）和式（8.4）更新式（8.3），可通过匝数比 N 得到原边电流为

$$i_D(t) = NI_{valley} + t\left(\frac{V_{in}}{L_{mag}} + \frac{(NV_{in} - V_{out})N}{L}\right) \tag{8.5}$$

电流波形如图 8.3 所示，为清楚起见，分开画出了各种信号。事实上，从总电流中真实地分离出磁化电流是不可能的，意识到这一点很重要。在实验中，在变压器原边串联一个电流探头可得到磁化电流和副边换算电流之和。在图 8.3 中，$i_D(t)$ 表示流经 MOSFET 漏极的总原边电流，包含副边折算电流 $i_p(t)$ 及磁化电流；$i_p(t)$ 表示副边电流折算到原边的电流值，没有磁化电流；在上述定义中，I_{valley} 和 I_{peak} 分别表示滤波电感 L 的谷值电流和峰值电流；$i_{mag}(t)$ 表示流过变压器的理论磁化电流。

因此，在电流模式控制器中，MOSFET 的漏极电流上升，直至电流达到由控制器给定的峰值电流。在电压模式控制器中，当脉宽电路使功率开关截止时，电流停止上升。现在的情况是，存在两个储能电感：副边电感 L 和磁化电感 L_{mag}。图 8.4 所示为原边 MOSFET 断开时的电路。在副边，与任何降压变换器一样，忽略漏电感，续流二极管立即导通并保持电感输出电流方向不变。由于忽略 D_1 正向压降，二极管两个引脚的电压为 0。因此，电感电压下降斜率为

$$S_{L,off} = -V_{out}/L \tag{8.6}$$

遗憾的是，在原边不存在释放存储磁化能的任何回路，而且该能量在正激式功率传输机理中没有任何用处。还记得特殊情况吗？是的，反激式中的漏电感。在这两种情况下，把这些不需要的能量处理为热耗或以某种形式把它重新利用。

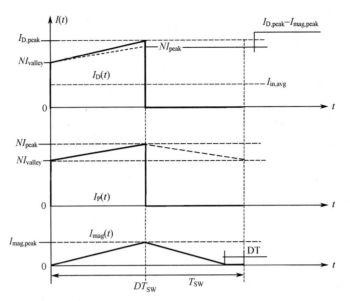

图 8.3　开关闭合时，电流由折算到原边的负载电流、流经 MOSFET 的磁化电流和输入源电流组成

在探讨磁心复位的需要之前，可以观察出现在阴极节点上的电压，注意到该电压是个方波信号，它在 NV_{in}（在功率开关导通期间，D_2 导通）和几乎为零的电压之间触发转换。因此，正激式变换器输出电压遵循与工作在 CCM 的降压变换器类似的规律，输入/输出电压根据变压器匝数比进行转换，即

$$V_{out} = NV_{in}D \tag{8.7}$$

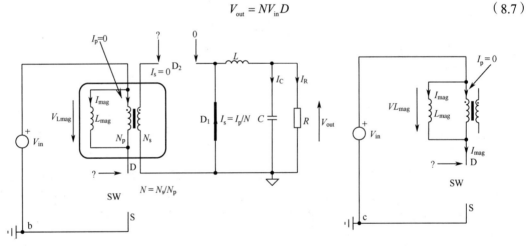

图 8.4　MOSFET 断开时，D_1 立即导通并确保流过电感 L 的安匝数不变

8.1.1　磁心需要完全复位

图 8.5 所示为构建在环状磁心上的变压器。原边绕组由 N_p 匝组成，副边绕组由 N_s 匝组成。当在原边绕组中施加电压时，电流流过原边并在副边上也产生电流。已经知道，原边电流和副边电流由匝数比 N 连接起来。由图可知，原边电感和副边电感由在磁介质中通过的磁通 φ "联系" 在一起。

磁通实际上是由原边电流的一部分产生的磁化电流 I_{mag} 得到的，在原边绕组和副边绕组之间没有电气连接。线圈绕制在磁介质或空气中，产生一个物理电感，该电感可用 L_C 计来测量。磁化电感通过原边电压存储能量并产生磁化电流。图 8.6 通过简单的电路描述了这一情况。

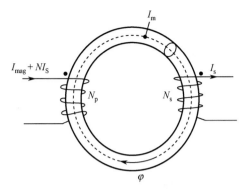

图 8.5 通过磁介质的磁通把
两个绕组连在一起

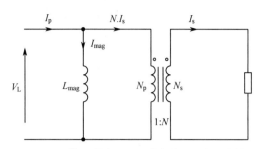

图 8.6 磁化电流从原边电感中分流,在两个绕
组中产生磁通从而把两者联系起来

在附录 4A 中,已看到作用在原边的伏特-秒 $V_{in}t_{on}$ 和电感上磁通变化的关系。合并这些式子得

$$\varphi(t) = \frac{1}{N_p}\int v_L(t)\cdot dt \tag{8.8}$$

由于磁心有效面积 A_e 把磁通和磁通密度两个变量连接起来,得瞬时磁通密度为

$$B(t) = \frac{1}{N_p A_e}\int v_L(t)\cdot dt \tag{8.9}$$

在开关导通期间,当在变压器原边作用阶跃电压时,该电压使变压器内部磁通线性增加。磁通变化不仅与原边线圈上作用的电压持续时间(所谓的伏特-秒)有关,还与原边匝数 N_p 有关,与式(8.8)和式(8.9)描述的一样。图 8.7 简单地画出了磁通变化。可看到在开关导通(周期 1)期间磁通增加,该磁通变化用 ΔB_{on} 表示。如果磁通密度不回到初始点,那么下个周期(标为 2)从周期 1 的顶部开始上升并很快使变压器饱和。

在图 8.7 中有一些罗马数字,它们表示工作象限。当磁通偏移严格为正时,变压器工作在第 I 象限。单开关正激式变换器(或双开关)工作在第 I 象限。由于磁通密度从剩余点 B_r 开始,因此在达到饱和限制值以前允许正向偏移。或者说,如果在开关导通之前,磁通密度起始点为$-B_r$,则从$-B_r$点到正饱和限制点自然增加,较易地避免了变压器设计中的饱和问题。对变换器进行有源钳位使变换器工作在第 I 象限和第 III 象限,自然改善了变压器的利用率。

为避免如图 8.7 所示的饱和问题,需要把磁通密度拉回到每个开关周期的初始点。为实现这一目

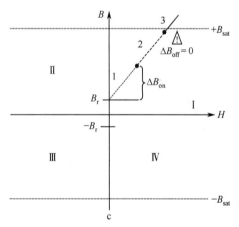

图 8.7 如果磁化电流工作于
CCM,就会很快出现饱和

的,可在开关截止期间在 L_{mag} 两端作用一个极性相反的复位电压使磁心磁通下降。但复位电压出现的时间须持续足够长,使磁通密度回到起始点。或者说,在开关导通期间,所加的伏特-秒须等于在开关截止期间施加在磁化电感上的伏特-秒。否则,表示为

$$V_{in}t_{on} = V_{reset}t_{off} \tag{8.10}$$

式中,V_{reset} 为开关截止期间作用在磁化电感上的电压。

若不能做到这一点,则如图 8.8 所示,会在几个周期后造成变压器饱和。在本图中,标示为 ΔB_{off} 的截止期间偏移不能完全复位磁心。这认为是很容易出现的磁通情况,避免该现象的出现是

设计者的责任。另外，如存在合适的复位电压，如图8.9所示，磁通密度可回到初始点并能安全工作。强调一下在第4章中解释过的内容是很有必要的：正激式变换器中出现变压器饱和是由于不适当的磁电流管理（功率开关导通的持续时间超过了伏特-秒限制、复位电路失效等），而不是由于输出电流过大。另外，变压器磁心损耗只与磁化循环电流有关。

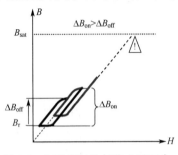

图8.8 如果所加的复位电压不合适，就会很快出现饱和

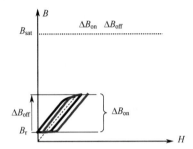

图8.9 如果在磁化和退磁两个方面作用相同数量的伏特-秒，则饱和问题消失

8.2 复位方案1：第3绕组

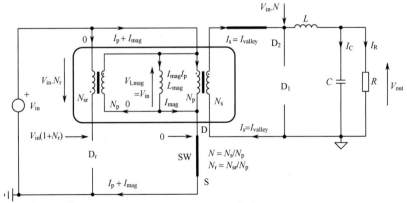

开关截止期间复位磁心的最普通方案是在主变压器上增加另一个绕组 N_{sr}，其电路结构如图8.10所示。根据绕组同名端的位置，该绕组工作在反激式配置下。

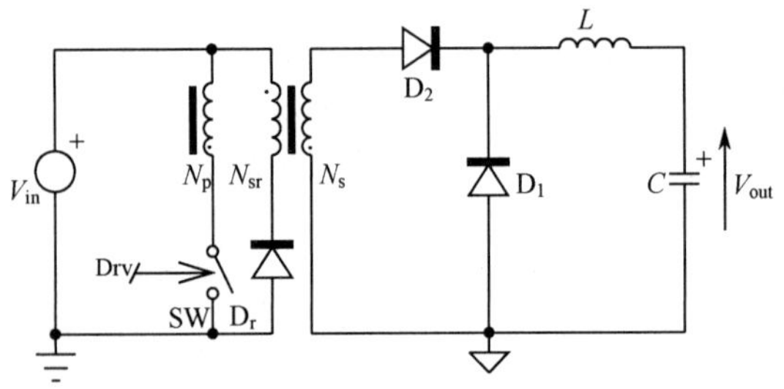

在开关导通期间，开关闭合，复位二极管 D_r 阻断，其阴极电压跳变到

$$V_K = V_{in} + V_{in}N_r = V_{in}(1 + N_r) \quad (8.11)$$

式中，$N_r = N_{sr}/N_p$。

因此，在复位绕组中没有电流流过，如图8.11所示。当控制器使功率开关断开，就回到图8.4

图8.10 第3绕组有助于开关截止期间的磁心复位

所示的情况，该图现在修正为图8.12。磁化电感两端的电压反向并使复位二极管 D_r 正向偏置：磁化电流流过复位绕组并通过输入源流通。重复利用磁化电流有利于提高变换器效率。图8.13放大了原边部分电路，因为副边电路从图中"消失"（D_2 阻断）。由于复位二极管 D_r 导通，输入电压也出现在复位绕组 N_{sr} 的两端。由于变压器的耦合作用，该电压折算到磁化电感的两端并产生下行斜率，其值为

图8.11 在开关闭合期间，复位二极管阴极所偏置的电压由输入电压和复位绕组折算电压构成

$$S_{\text{mag,off}} = -\frac{V_{\text{in}}}{N_r L_{\text{mag}}} \qquad (8.12)$$

从 MOSFET 漏极看到，折算的复位电压与输入源串联。因此，MOSFET 维持的峰值电压为

$$V_{\text{DS}} = V_{\text{in}} + \frac{V_{\text{in}}}{N_r} = V_{\text{in}}\left(1 + \frac{1}{N_r}\right) \qquad (8.13)$$

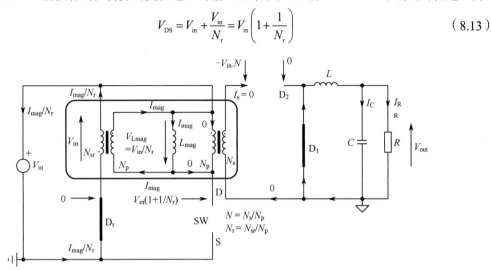

图 8.12　当开关断开时，磁化电流通过第 3 绕组构成回路并流入输入源

如果记得有关磁通的解释，只要磁心磁通把绕组连在一起，变压器绕组就保持耦合状态。当磁心在开关截止的结束时刻最终复位时，磁通回到 0，式（8.13）不再成立，漏极电压回到输入电压值，这与工作在 DCM 的反激式变换器一样。观察信号 $v_{\text{DS}}(t)$，产生了磁心复位点的思路。该思路如图 8.14 所示，图中显示了两个不同复位系数：

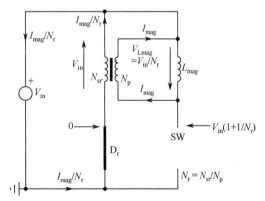

图 8.13　在原边，MOSFET 漏极电压跳至
输入电压和复位电压折算值之和

- $N_r = 1$：这是最普遍的选择。漏极电压跳到输入电压的两倍［见式（8.13）］，占空比不超过 50%。由于复位电压等于 V_{in}，它必须满足式（8.10），除把占空比限制在 50%（即 $t_{\text{on}} = t_{\text{off}}$）以下外，没有其他方案。

通常，选择占空比为 45% 以便包含安全裕度，这可通过在每个开关周期中插入死区时间来实现。

- $N_r < 1$：设计者认可退磁时间比磁化时间更短，因此允许占空比大于 50%。这样需要选择更高 BV_{DSS} 值的 MOSFET［见式（8.13）］，这将会使变压器价格提高。

一个典型的正激式变换器应用电路如图 8.15 所示。它是一个工作于电流模式的 100 W/28 V 变换器。正激式拓扑能工作于电压或电流模式控制。假设电压模式结构的 ac 响应呈现为二阶性能，电流模式补偿较简单。另外，如果选择 TL431 补偿电路而不是运算放大器补偿电路，则设计 TL431 类型 2 补偿电路比类型 3 简单一些。因而，在本章中，将集中举电流模式的例子。与对应的降压变换器一样，正激式变换器在全功率条件下，设计工作于 CCM 模式，只在轻负载条件下进入 DCM 工作模式。请注意有源钳位正激式变换器中的自驱动同步整流电路即使在零负载电流时也保持在 CCM 工作。

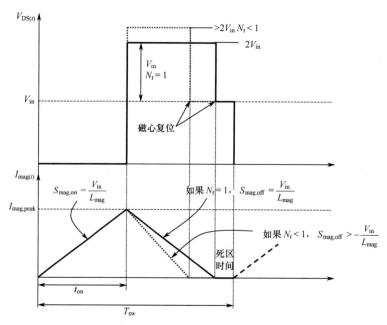

图 8.14　出现磁心复位时，漏极电压回摆到输入电压直到下一循环周期

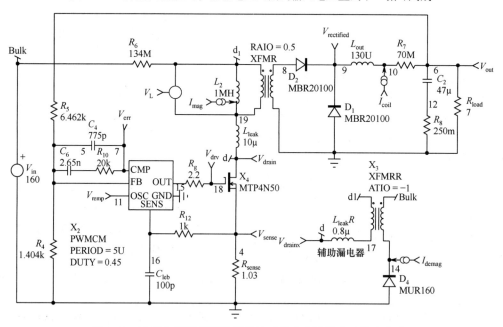

图 8.15　应用电流模式通用模型的正激式变换器典型仿真电流

　　在图 8.15 中，退磁使用 1:1 变压器匝数比，其中加入了漏电感。可以想象，与漏电感相关的尖峰影响 MOSFET 漏源电压的最大偏移，确定变压器指标时必须十分小心。图 8.16 所示为所收集的所有相关波形。第一个信号显示了漏源电压变化。当磁心复位时，漏极节点电压自由回摆到输入电压并保持该电压值直到下一周期。当然，变压器两端的电压必须满足电感电压平衡条件，稳态时的平均电压为 0。第二幅图中的阴影区域对应于导通和截止期间所作用的伏特-秒，两者面积相等。第三个波形与经典降压变换器所得到的类似。关于原边电流，由于副边电感工作在 CCM，漏极电流跳至谷点。注意，检测信息可受尖锐尖峰的影响，并与降压二极管 t_{rr} 有关。需要滤波电

路（这里为 LEB 电路或 RC 电路）来避免电流检测比较器工作的不稳定性。在导通阶段的末端，峰值电流达到折算的降压电流，该电流加入磁化电流中。在本例中，使用了类型 2 补偿电路，该电路构建在模型中内部运算放大器周围。

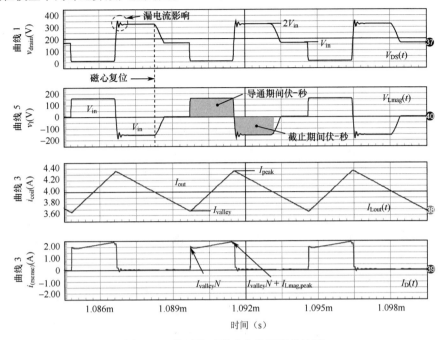

图 8.16　单开关正激式变换器相关波形

观察漏源波形时，有时会产生兴趣：磁心复位时，为什么没有任何全波振铃信号？归根到底，因为磁化电流变为 0，漏极电压突然消失，没有任何振荡，这与 DCM 反激式变换器的情况一样。为什么在 MOSFET 漏极没有任何正弦波？事实上，正弦波是有的，只是该信号很快通过副边二极管被钳位。图 8.17 所示为原边回路闭合并使磁心复位的情况，当 D_2 阻断时，副边电路不存在。磁化电流降为 0 时，V_{in} 不再作用在变压器原边上，存在由 L_{mag} 和 C_{lump} 构成的谐振电路，谐振频率为

$$f_{mag} = \frac{1}{2\pi\sqrt{L_{mag}C_{lump}}} \tag{8.14}$$

在磁心复位点，当二极管 D_r 阻断［图 8.17(a)中开关断开］时，漏极电压开始谐振，其电压从 $2V_{in}$ 值下降［见图 8.17(b)］。结果如图 8.16 所示，磁化电感两端的电压很快减小为 0。当该电压达到 0 时，漏极电压为 V_{in}。由于谐振，漏极电压会进一步下降，这与 DCM 反激式变换器一样。然而，因为 D_1 的续流作用，磁化电感电压开始增加，产生副边电压并对 D_2 正向偏置，D_2 阴极电压为负。如果认为两个二极管正向压降相等，通过 L_{mag} 折算，副边会出现 0 电压：阻断了原边上任何进一步的电压偏移［见图 8.17(c)］。另外，由于 LC 电路的存在，磁化电流在低于 0 电压条件下振荡，又因 D_2 和 D_1 所施加的"短路"而停止。

图 8.18 所示为仿真所得到的信号。实际上，由于续流作用，D_1 正向压降比 D_2 大，导致在 L_{mag} 呈现为负电压。磁化电流保持不变并流经 D_2。该结果可很清楚地在 $i_{d2}(t)$ 曲线上看到，曲线中在导通时间起始点前面存在正阶跃。当功率开关再次导通时，磁化电流从负值开始向峰值增加。

如果正激式变换器工作在 DCM，由于负载较轻，当电感 L 复位时，由于 D_2 阻断，由 D_2 产生的短路消失。在本例中，L 在电感磁化之前得到复位。如在磁化之后 L 复位，则漏极会产生振铃信号，因为钳位条件不存在了（见图 8.19）。

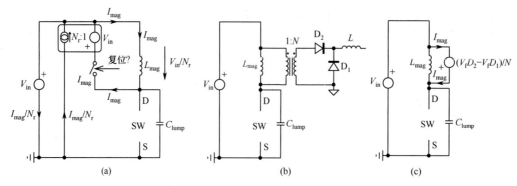

图 8.17 在开关断开时，漏极产生振铃信号并很快被副边二极管钳位

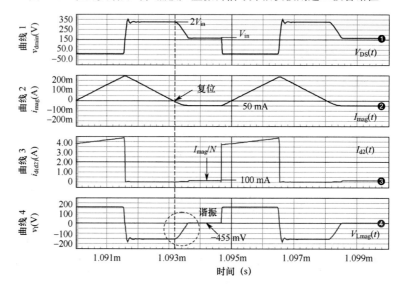

图 8.18 因为 D_1 的续流，阻断了原边的任何电压偏移，从而使漏极振铃停止

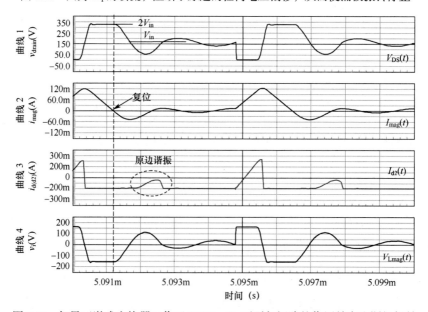

图 8.19 如果正激式变换器工作于 DCM，D_1 不再起短路的作用并产生漏极振铃

8.2.1 漏电感与交叠

与反激式变换器一章中描述的一样，不理想的耦合绕组可用与漏电感相关的理想变压器系数来表示。正激式变换器并不会破坏这种原边和副边绕组之间的耦合规则。等效电路如图 8.20 所示，图中漏电感与副边绕组串联。电路处于续流模式，MOSFET 刚导通：在该模式中，电感电流 I_L 流过 D_1，但由于 D_2 开始导通，副边存在电流 I_s。根据基尔霍夫定律，可以写出

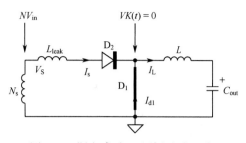

图 8.20　漏电感延迟了副边电流上升时间，使两个二极管导通

$$i_s(t) + i_{d1}(t) = i_L(t) \qquad (8.15)$$

若忽略电感 L（假设 L 很大）的交流纹波，可以认为电感上的电流为直流，其值等于输出电流 I_{out}。由于电感呈现为恒流源性能，如果由于原边 MOSFET 导通，电流 I_s 开始增加，则续流二极管中的电流必须以相同的速率降低，才能满足式（8.15）：当 I_s 达到 I_{out} 时，$I_{d1} = 0$。转换所需的时间 t_1 与副边绕组电压 $v_s(t)$ 和漏电感值有关。如果忽略续流时 D_1 正向压降，就有

$$i_s(t) = \frac{NV_{in}}{L_{leak}}t \qquad (8.16)$$

和

$$i_{d1}(t) \approx I_{out}\left(\frac{t_1 - t}{t_1}\right) \approx \frac{NV_{in}}{L_{leak}}(t_1 - t) \qquad (8.17)$$

在该阶段，两个二极管导通，产生交叠。当两个二极管导通，阴极节点平均电压为 0 V，直到 D_1 完全阻断（$V_K = 0$）。这种情况出现条件为 $t = t_1$ 时，$i_s(t) = I_{out}$，因此有

$$t_1 = \frac{L_{leak}I_{out}}{NV_{in}} \qquad (8.18)$$

该延迟时间减小了电感 L 左端的平均电压并迫使控制器增加占空比。图 8.21 通过从图 8.15 仿真所得的曲线显示了该现象。开关截止期间出现的情况与前面类似。我们将在专门章节中看到，磁放大器利用该现象来提供有效的副边调节技术。

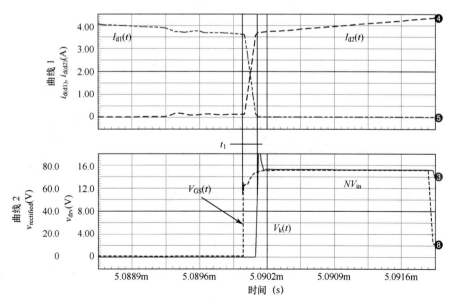

图 8.21　交叠实际上减小了阴极节点的平均电压，迫使占空比加宽来补偿损耗

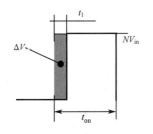

图 8.22 在 t_1 期间损耗的平均电压可通过对阴影区域求积分得到

在交叠处，副边被同时导通的二极管短路。该短路结果折算到原边，使磁化电感两端的电压为 0：磁化电流停止变化并通过匝数比折算流经副边二极管的电流。

当 MOSFET 导通时出现的面积损失显示在图 8.21 的下图中，一直持续到 D_1 阻断。平均电压损耗可通过对图中阴影部分积分求得，图 8.22 特别画出了该区域：

$$\Delta V = \frac{1}{T_{sw}}\int_0^{t_1} NV_{in}\,dt = F_{sw}NV_{in}t_1 \qquad (8.19)$$

将式（8.17）代入式（8.18）得

$$\Delta V = F_{sw}L_{leak}I_{out} \qquad (8.20)$$

该式表明了电源变换器呈现为电压源，交叠期间的输出阻抗为 $L_{leak}F_{sw}$。没有特别与该时间段相关的损耗。然而，与理论计算值相比，占空比必须增加。

图 8.23、图 8.24(a)和(b)给出了在 ATX 单开关正激式变换器电源上得到的示波器波形。图 8.23 所示为漏极（上部曲线）和副边二极管阳极 $v_A(t)$ 波形。可以看出耦合非常好，但实际上变换器使用可变复位绕组技术，该技术当复位绕组为参考地时，在漏极和复位二极管阳极之间插入一个电容。这减小了损耗并改善了效率。参考文献[1]描述了该方法。图 8.24(a)为开关导通期间的原边电压，其中交叠区域显示很清楚。图 8.24(b)所示为开关截止期间出现的交叠波形。

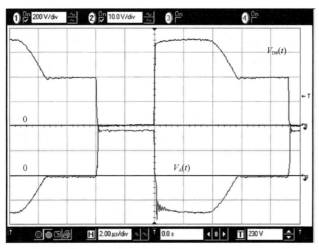

图 8.23 单开关正激式变换器示波器波形显示了原边和复位绕组耦合良好

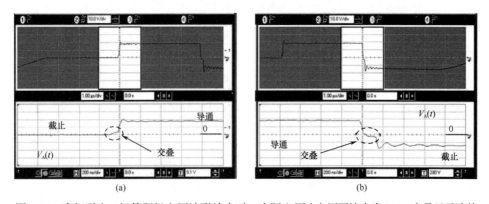

(a)   (b)

图 8.24 当把副边二极管阳极电压波形放大时，实际上原边电压要缩小为 1/N，交叠显示清楚

8.3 复位方案2：双开关结构

与反激式变换器具有泄漏能量一样，在单端电路结构（所谓单端）中磁化电流的重复利用在 MOSFET 导通期间产生电压应力。本例中，尽管最大输入电压达 375 V dc，1:1 复位匝数比迫使采用能维持至少两倍输入电压值的 MOSFET。为安全起见，推荐采用 BV$_{DSS}$ 为 900 V 的 MOSFET，在低价 ATX 电源中使用 BV$_{DSS}$ 为 800 V 的 MOSFET。变换器后面连接的功率电子电路板和驱动电路价值几百美元，值得用 800 V 的 MOSFET 来冒险吗？此时，双开关正激式电源提供了处理磁化电流的更可靠的途径。如果记得双开关反激式变换器，则双开关正激式电源与之没有很大的区别。图 8.25 为双端正激式变换器的典型电路。两个 MOSFET 由共栅驱动变压器驱动，但需要 1:2 变压器匝数比。假设存在耦合电容 C_2（直流阻断），该变换器原边电压在 +V_{DRV}/2 到 −V_{DRV}/2 之间摆动。若希望选择 1:1 栅极驱动变压器，只需在每个副边绕组中插入另一个串联电容，为恢复直流分量增加一条通路。通常一简单的齐纳二极管能很好地完成该任务。在图 8.25 中，我们稍稍改变了最初在第 7 章中给出的这个方法，来压制副边隔直电容。由于存在两个双极型晶体管，使之可以实现。这两个双极型晶体管确保了开关的快速截止并在 DRV 引脚为低电平时，始终把栅极保持在低阻抗状态。该技术避免了控制器出现跳周（如 NCP1217A 控制器）时出现的问题。当驱动器突然停止开关，由于电路进入跳周模式，在 C_2 和栅极驱动变压器之间产生谐振，使电感磁化。原边上的循环电流在副边产生一个不想要的电压，该电压可激活两个 MOSFET，而此时控制器没有输出信号。当然，这种情况很危险。由于双极型晶体管的存在，当驱动器输出为低电平时，二极管 D$_7$ 把栅极驱动变压器原边电压固定为地电压，Q_1/Q_2 使两个 MOSFET 阻断。即使这一时间

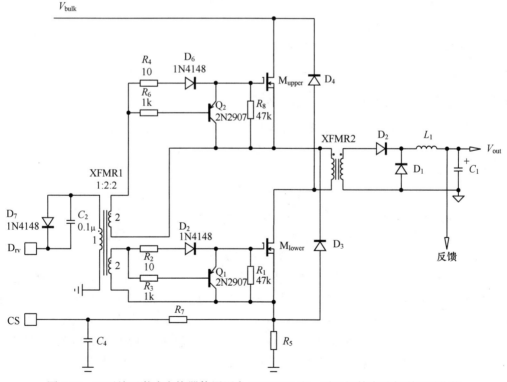

图 8.25　双开关正激式变换器使用两个 MOSFET 和一对二极管来重复利用磁化能

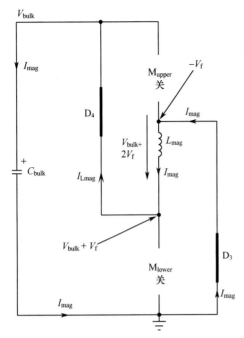

图 8.26 在开关截止时,两个二极管使磁
化电流流回输入源,改善了效率

只持续一会儿,变压器也能完全复位,两个副边绕组短路,使每个 MOSFET 栅极电压适当降低。在用户产品中,对该典型电路进行测试,在跳周模式工作条件下,得到了很好的结果。

在开关导通时,两个功率开关导通,在变压器原边两端产生 V_{bulk} 电压,这与单端电路完全一样。当开关断开(见图 8.26)时,原边绕组两端的电压反向,磁化电流通过 D_4 和 D_3 形成回路。由于存在两个二极管,磁化电流下降斜率为

$$S_{mag,off} = -\frac{V_{bulk} + 2V_f}{L_{mag}} \qquad (8.21)$$

与单开关电路一样,最大占空比必须维持低于 50% 或 45%,该值包含了安全裕度。然而,由于两个 MOSFET 连接成串联形式,可使用耐压为 500 V 的二极管。

仿真电路如图 8.27 所示,该电路使用 PWMCM 单端控制器,它由基于双极型的栅极驱动电路偏置。电路中插入了一个漏电感以便在副边产生交叠。该电路的正确性已由图 8.28 肯定,当两个副边二极管一起导通,磁化电流停止变化,但这一现象无法在实验室进行检验。图 8.29 描述了两个功率 MOSFET 电压:在开关导通时,没有振铃信号,电压峰值等于输入电压。

图 8.30 所示为利用类似栅极驱动电路的实际双开关正激式变换器的示波器波形。它与仿真波形区别不大。参考文献[2]详细地讨论了双开关正激式变换器的设计过程。

8.3.1 双开关正激式变换器和半桥驱动器

在有些情况下,栅极驱动变压器被认为体积过大,特别是在需要紧凑设计的 dc-dc 应用场合,如砖式变换器。附录 8A 详细讨论了半桥式(HB)驱动器,代表了替代变压器驱动的可能方案。该方案的电路如图 8.31 所示。

遗憾的是,双开关正激式并不十分适合用半桥驱动器。因为 C_{boot} 下端点(图 8.31 中的 HB 节点,即 U_2 的引脚 6)电压,在 M_{lower} 导通时不会摆动到地电压,这与经典半桥结构一样。相反,该电压在复位期间下降到 $-V_f$,或者说,当两个 MOSFET 截止,磁化电流流经 D_3/D_4。当磁心完全复位,两个二极管不再导通,HB 节点转变为高阻抗状态(两个 MOSFET 和续流二极管都阻断):自举电容 C_{boot} 刷新过早消失,上方欠压锁定电路很快工作,干扰了变换器的工作。电路中包含的 U_1 和 M_1 实际上产生了一个独立 1.5 μs 脉冲,该脉冲在 M_{lower} 断开后出现几百纳秒的时间。该脉冲驱动 M_1 独自把 HB 节点电压拉到地电压。由于 M_{upper} 截止,没有电流流过。该技术已经在高压双开关正激式变换器中做了成功的测试,该高压双开关正激式变换器用于 ATX 电源中,最初 ATX 电源中使用栅极驱动变压器驱动。图 8.32 所示的典型波形显示了所附加电路的作用。

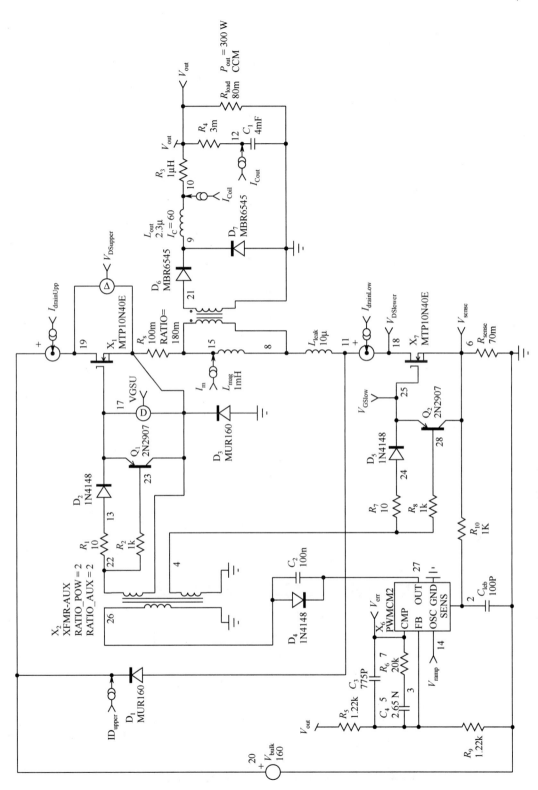

图 8.27 使用 1:2:2 栅极驱动变压器的双开关正激式仿真电路。输出电流为 60 A 时输出电压为 5 V。$v_K(t)$ 为 D_6 和 D_7 阴极节点信号

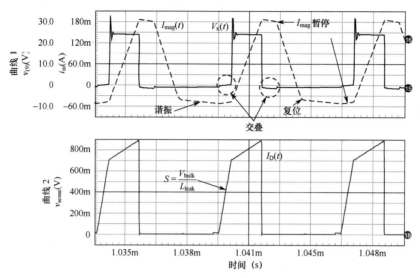

图 8.28　给定漏电感，在交叠区域磁化电流停止变化

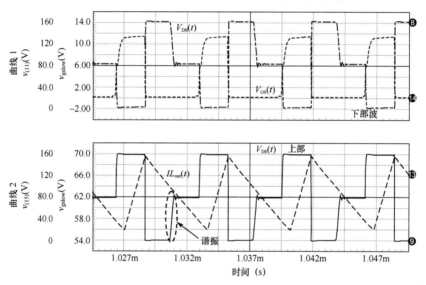

图 8.29　两个漏极的最大电压不超过输入电压

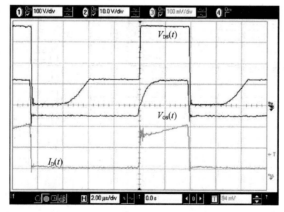

图 8.30　双开关正激式变换器波形

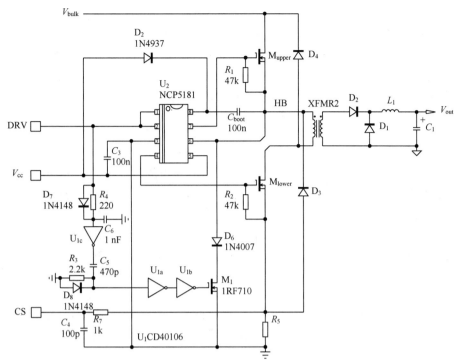

图 8.31　半桥（HB）驱动器可用于双开关正激式应用，但需要在 M_1 和 U_1 周围构建一简单刷新电路

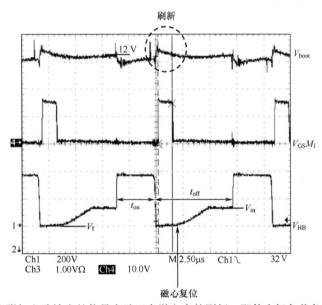

图 8.32　由附加电路输出的信号有助于自举电容的刷新，即使在轻负载条件下也如此

8.4　复位方案 3：谐振退磁

谐振退磁技术提供了另一种复位磁心的无耗散方法。该拓扑常用于低功率 dc-dc 变换器，工作在高开关频率。该方法中构建了一个谐振电路，它由磁化电感和漏极节点电容组成。由该谐振电路产生的谐振通过所有寄生元件复位磁心并提供了把占空比偏移扩展到 50% 以上的方法，如图 8.33 所示。

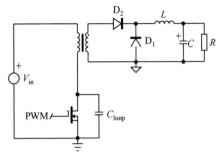

图 8.33 除去退磁绕组，漏源电
容与磁化电感产生谐振

放置在漏源之间的电容合并了所有的电容值，它们是原边存在的电容（MOSFET C_{oss}，变压器寄生电容）以及从副边折算到原边的电容（二极管结电容，来自同步整流器的电容）。图 8.34～图 8.37 分别画出了谐振退磁正激式变换器在不同阶段的电路。为简化起见，电路中忽略了漏电感。

- 图 8.34：功率开关闭合，电流流过 MOSFET。该电流是磁化电感电流和通过变压器匝数比折算到原边的副边电流之和。在传统正激模式中，磁化电流以线性方式增加。上面讨论的合并电容，用一实际的电容连接在漏极和源极之间，放电至电压等于 MOSFET 导通时的漏源电压（≈0 V）。

- 图 8.35：在开关断开时，原本流入漏极的电流流向漏源电容。该电流等于副边电流 I_s 折算到原边的电流和磁化电流之和。考虑到电流在短时间内为常数，漏极电压的增加率由下式给出：

$$\frac{\mathrm{d}v_{DS}(t)}{\mathrm{d}t} = \frac{I_{D,peak}}{C_{lump}} \tag{8.22}$$

式中，$I_{D,peak} = I_{mag,peak} + NI_{s,peak}$。给定开关断开期间的原边电流，上式通常具有很陡的斜率。

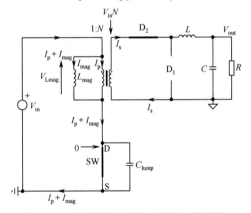

图 8.34 在开关闭合期间，磁化电感两端
的电压等于输入电压，D_2 导通

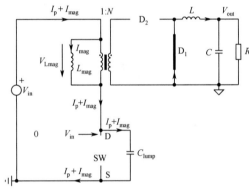

图 8.35 在开关断开期间，漏极电流流向漏源电容，
在 MOSFET 漏源两端产生很陡的电压斜率

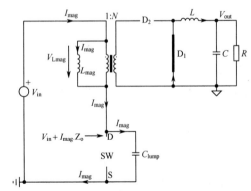

图 8.36 漏极电压达到输入电压值，D_2 阻断：
漏极上在 L_{mag} 和 C_{lump} 之间产生谐振

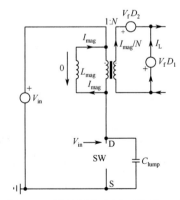

图 8.37 漏极振荡电压下降到 V_{in} 值
时，磁化电流流经副边绕组

- 图 8.36：当漏极电压达到输入电压时，漏极电压的增加率会突然变化。此时二极管 D_2 开始阻断，D_1 开始起续流作用。漏源电容电流下降为磁化电流（见图 8.38），漏端电压变化的斜率变为正弦弓形波形。其频率取决于由磁化电感和漏源电容组成的谐振电路，即

$$f_0 = \frac{1}{2\pi\sqrt{L_{mag}C_{lump}}} \tag{8.23}$$

其中，漏源电容 C_{lump} 为

$$C_{lump} = C_{DS} + C_D N^2 + C_T \tag{8.24}$$

式中，C_{DS} 表示 MOSFET 上的总电容与 C_{oss} 及外部电容之和（若存在外部电容）；C_D 表示副边总电容，它由二极管结电容及相应的其他电容（若连接有其他电容）组成；C_T 表示变压器原边等效电容，它可通过测量实际变压器的谐振频率求得。

漏极上达到的峰值电压为

$$V_{DS,peak} = I_{mag,peak}\sqrt{L_{mag}/C_{lump}} + V_{in} \tag{8.25}$$

磁化电感两端的电压为正弦波，电流也为正弦波，在漏源电压达到最大值（相移为 90°）时，电流刚好穿过零点。此时，磁心复位。由于漏极电压继续向 V_{in} 值下降，磁化电流反向并使 $B \sim H$ 曲线进入第Ⅲ象限。

弓形持续时间为谐振周期的一半，因此有

$$t_r = \pi\sqrt{L_{mag}C_{lump}} \tag{8.26}$$

- 图 8.37：当漏极电压等于 V_{in}，其值停止下降，副边二极管 D_2 又开始导通 [见图 8.17(c)]。磁化电流流过副边绕组，通过匝数比 N 缩放，同时原边电流由于磁化电感两端电压为 0 而保持不变。当 MOSFET 再次截止时，出现新的周期，电流又线性斜向上增加。

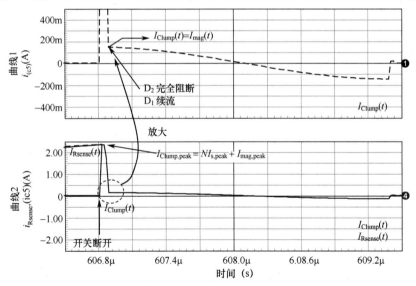

图 8.38　漏源电容的电流从副边电流和磁化电流之和的数值变为只有磁化电流（此时 D_1 100%续流）

图 8.39～图 8.40 为该谐振正激式变换器的正弦波形。漏极峰值电压由式（8.25）定义。此时可以观察到磁化电流为 0，磁心复位。电流继续朝负方向变化，当漏极电压等于输入电压时，电流保持不变。在这些仿真电路中，漏源之间连接了一电容。因而，谐振电流在开关截止期间流过检测电阻，该结果由中间曲线给出。开关导通时，漏源电容通过 MOSFET 放电，开关损耗为

$$P_{SW,lump} = \frac{1}{2} C_{lump} V_{in}^2 F_{sw} \qquad (8.27)$$

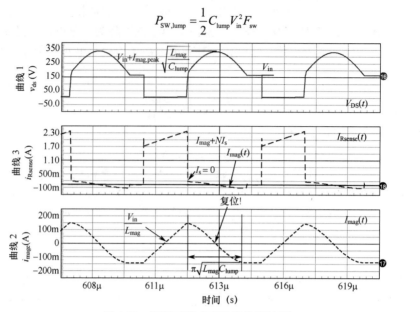

图 8.39　谐振正激式变换器仿真波形

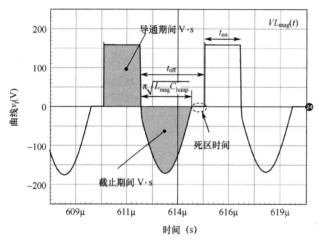

图 8.40　原边两端的电压确认了在开关导通和截止期间的伏特-秒值相等

在图 8.40 中，可观察到变压器原边两端的瞬时电压。与以前解释的一样，开关导通期间的伏特-秒 (V·s) 必须等于开关截止期间的伏特-秒。不满足这一条件，磁心将出现饱和现象。如果由控制器产生的截止持续时间未能使弓形电压回到 V_{in}，则磁心将出现饱和现象。这一现象可表示为

$$\pi\sqrt{L_{mag}C_{lump}} \leqslant (1-D_{max})T_{sw} \qquad (8.28)$$

因此，在设计变换器时，确保在启动阶段存在死区时间，占空比变为最大值。谐振频率取决于磁化电感和寄生电容，在这些寄生电容中变压器杂散元件也起一定作用。一旦变压器制作完成，可以测量得到变压器自身的谐振频率 f_T，即

$$f_T = \frac{1}{2\pi\sqrt{L_{mag}C_T}} \qquad (8.29)$$

式（8.28）定义了最小复位时间（在 $D = D_{max}$ 的条件下）和谐振频率的关系，该谐振频率包含了磁化电感以及在漏极节点上的所有寄生电容。如果只考虑变压器电容的贡献，并在式两端乘以 2，可以得到

$$2\pi\sqrt{L_{mag}C_T} \ll 2T_{sw}(1-D_{max}) \qquad (8.30)$$

或表示为

$$\frac{1}{2\pi\sqrt{L_{mag}C_T}} \gg \frac{1}{2T_{sw}(1-D_{max})} \qquad (8.31)$$

上式左边用式（8.29）代替，可写为

$$f_{\mathrm{T}} \gg \frac{F_{\mathrm{sw}}}{2(1-D_{\mathrm{max}})} \qquad （8.32）$$

因此，不常采用在磁心上加间隙来降低磁化电感，增加变压器的谐振频率。增加磁隙还可以改善产品中的磁化电感分布，但以产生较大磁化电流为代价。

调节漏极峰值电压，可使截止时的伏特-秒值比导通时的伏特-秒值大。该谐振技术允许变换器工作时，占空比超过 50%，但会使 MOSFET 受到更大的电压应力。如前所述，变压器工作在第 I 和第 III 象限，自然使磁心的利用率更高。

用于电信 dc-dc 变换器的谐振正激式拓扑的设计，在参考文献[3]和[4]中有详细描述。

8.5　复位方案 4：RCD 钳位

复位正激式变压器磁心应允许漏极电压的摆幅足够大，在 MOSFET 断开期间超过 V_{in}。摆动偏移量必须在复位电压作用到磁化电感两端后使磁通回到起始点。传统正激式（以及双开关型结构）把复位电压 V_{in} 作用于原边电感两端（在复位绕组匝数比为 1:1 的情况下，漏极峰值电压达到 V_{in} 的两倍），自然把占空比变化限制在 50% 以下。谐振正激式结构让 MOSFET 漏极以平滑的正弦波形式振荡，振荡幅度定义了允许的最大占空比偏移量。因此，工作时占空比超过 50% 是可能的，但 MOSFET 上会承受较高的电压应力。这就是为什么该技术局限于 dc-dc 电信应用的原因（V_{in} 从 36 V dc 到 72 V dc）。

另一种受欢迎的方案是使用 RCD 钳位技术，类似在反激式拓扑中用于复位漏电感的方法。该技术在 ATX 电源的单开关正激式变换器中流行。使用该技术制作的电源比使用第三绕组价格便宜，并允许占空比超过 50%，大大改善了在半周失落测试中的性能。

图 8.41 画出了带 RCD 钳位电路的正激式变换器。

为解释 RCD 钳位网络是如何工作的，只能把每个工作阶段分开，画出多个电路进行研究。实际上，RCD 的工作与谐振复位技术没有实质区别，区别在于在电压达到由式（8.25）给出的峰值之前，对电压偏移值进行钳位。在这些电路图中，RC 电路被固定电压源代替，代表稳态钳位电压。图 8.42 和图 8.43 表示了第一阶段的两个时间段。

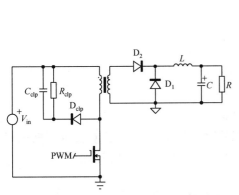

图 8.41　RCD 钳位电路为磁化电流提供通路

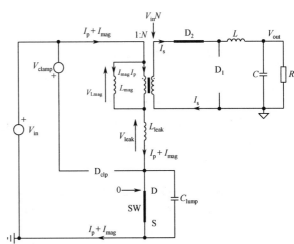

图 8.42　开关导通阶段与传统正激式变换器类似

- 图 8.42：MOSFET 导通，磁化电感上的电流斜向上升高。副边二极管 D_2 导通，D_1 截止。漏源电容放电。
- 图 8.43：MOSFET 刚断开，漏极电压以由原边总电流产生的斜率向上摆动，原边总电流流过漏源电容 [见式（8.22）]。

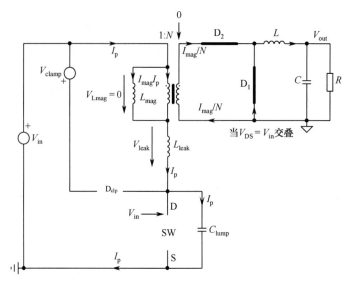

图 8.43　当副边出现交叠时，磁化电感短路。这种情况出现的时间很短暂

- 漏源电压达到输入电压值 V_{in}，当 D_1 开始续流时，D_2 开始阻断。由于两个二极管导通，原边磁化电感两端短路。磁化电流不再变化，L_{mag} 在短暂的交叠期间与电路"断开"。当磁化电感短路时，新的谐振与 L_{leak} 和 C_{lump} 有关，即

$$f_{leak} = \frac{1}{2\pi\sqrt{L_{leak}C_{lump}}} \tag{8.33}$$

- 图 8.44：由于 D_1 完全续流，折算的副边电流为 0。漏电感上的电流降低为磁化电流值（见图 8.38），谐振频率为

$$f_0 = \frac{1}{2\pi\sqrt{(L_{mag}+L_{leak})C_{lump}}} \tag{8.34}$$

其中，漏源电容由下式组成：

$$C_{lump} = C_{DS} + C_D N^2 + C_T$$

其值与式（8.24）所给出的类似。

- 漏极电压以正弦方式增加到超过 V_{in} 直到 D_{clp} 开始导通。漏极电压的偏移被钳位电压固定，磁化电流下降，下降速率（忽略 L_{leak}）为

$$S_{mag,off} \approx -V_{clamp}/L_{mag} \tag{8.35}$$

- 当磁化电流值过 0，变压器磁心复位，D_{clp} 阻断并通过由 L_{mag}、L_{leak} 和 C_{lump} 构成的网络在漏极产生谐振，漏极电压降至 V_{in}。此时，D_2 导通并为副边的磁化电流提供回路（见图 8.45）。

RCD 正激式变换器仿真波形如图 8.46 所示。在开关断开时，漏极电压斜向上增加，这与谐振正激式变换器一样。在某个时刻，漏极电压达到钳位电压值，二极管 D_{clp} 开始导通，并一直导

通直至磁化电流为 0。此时，D_{clp} 截止并出现振荡。电流在负极性区域产生谐振并使变压器工作到第Ⅲ象限。当漏极电压达到输入电压时，副边二极管 D_2 导通并把原边电感电压钳位到几乎为 0：磁化电流停止变化直至 MOSFET 重新导通。图 8.46 画出了原边电感电压波形，它揭示了在截止重叠区由式（8.33）描述的短暂振荡。图 8.47 画出了放大后的副边二极管电流信号，当两个器件同时导通时，可看到小范围内的电流重叠区。

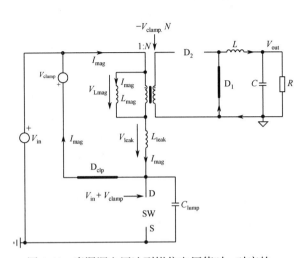

图 8.44　当漏源电压达到钳位电压值时，对应的二极管 D_{clp} 导通，漏极电压不再变化

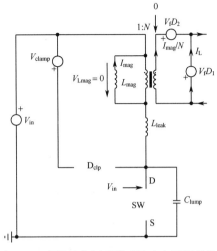

图 8.45　当漏极电压下降到输入电压值并进一步降低时，磁化电流流经副边二极管

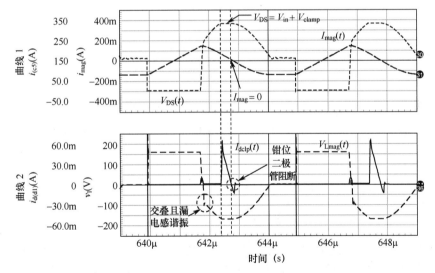

图 8.46　漏极电压增加直至钳位值，钳位值由 RC 网络决定

RCD 正激式变换器的工作方式十分复杂，它假定不同的谐振在起作用。参考文献[5]详细地讨论了这类变换器的工作原理并描述了设计过程。参考文献[6]用不同的方法分析了这类变换器，并包含了漏电感效应。为简化起见，在以下的计算中将忽略这些效应。

为确定钳位元件值，首先需要知道当钳位二极管导通时流过的电流。如图 8.48 所示，把钳位二极管开始导通的起始点电流标为 I_{clp}。

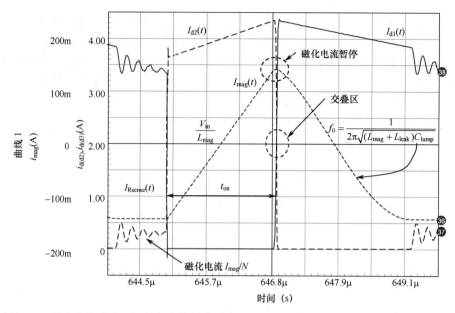

图 8.47 放大后的副边二极管电流信号表明在 MOSFET 再次导通之前磁化电流重新流过 D_2

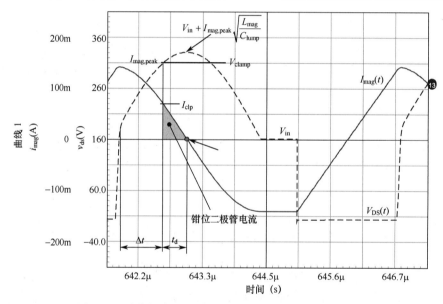

图 8.48 对谐振波形的研究揭示了钳位二极管导通的时刻

为得到 I_{clp} 值，首先计算漏源电压从 V_{in} 开始达到钳位电压所需的时间。该时间段在图 8.48 中标示为 Δt。为简化起见，忽略从 $0 \sim V_{in}$ 的上升时间。如果没有钳位，该波形的尖峰由式（8.25）给出。如果认为 $v_{DS}(t)$ 从输入电压值到钳位电压值过程中按正弦方式变化，可以写出

$$I_{mag,peak}\sqrt{L_{mag}/C_{lump}}\sin\omega\Delta t = V_{clamp} \tag{8.36}$$

求 Δt，得出

$$\Delta t = \arcsin\left(\frac{V_{clamp}}{I_{mag,peak}\sqrt{L_{mag}/C_{lump}}}\right)\frac{1}{2\pi f_0} \tag{8.37}$$

用式（8.34）的定义代替 f_0，忽略漏电感项，得出

$$\Delta t = \arcsin\left(\frac{V_{\text{clamp}}}{I_{\text{mag,peak}}\sqrt{L_{\text{mag}}/C_{\text{lump}}}}\right)\sqrt{L_{\text{mag}}C_{\text{lump}}} \tag{8.38}$$

如果考虑到磁化电流以 0 为中心（对称工作），那么在稳态情况下，磁化电流峰值为

$$I_{\text{mag,peak}} = \frac{V_{\text{in}}}{2L_{\text{mag}}}t_{\text{on}} \tag{8.39}$$

谐振情况下，电流下降直到 $v_{\text{DS}}(t)$ 回到 V_{in}。钳位二极管导通，电流在 Δt 时间内达到 I_{clp}，有

$$I_{\text{clp}} = I_{\text{mag,peak}}\cos(2\pi f_0 \Delta t) \tag{8.40}$$

给定由式（8.35）产生的磁化电流斜率，容易求得二极管导通时间 t_{d}。二极管电流峰值达到 I_{clp} 并下降到 0，产生三角波形：

$$t_{\text{d}} = I_{\text{clp}}\frac{L_{\text{mag}}}{V_{\text{clamp}}} \tag{8.41}$$

现在已经具备计算 RCD 元件值的所有条件。第一个确定的参数是最小钳位电压。记住，在正激式变换器中，用伏特-秒来处理。因而，在开关截止期间，在变压器原边两端必须要有足够电压值，否则会出现饱和现象。或者说，如果钳位电压太低，则在 V_{in} 以上的电压偏移量无法高到在最小截止时间内使磁心复位。为在谐振期间满足伏特-秒的要求，我们来观察图 8.49。

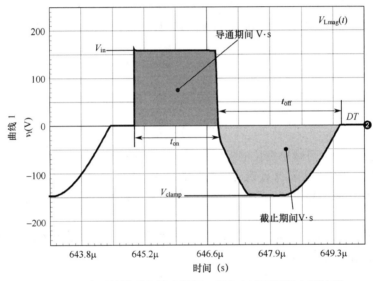

图 8.49 在开关导通和截止期间，磁化电感两端的电压波形

容易计算在开关导通期间作用的伏特-秒：

$$(V-s)_{\text{on}} = V_{\text{in}}t_{\text{on}} \tag{8.42}$$

计算开关截止期间的伏特-秒需要做较大的努力。需要写出开关截止期间的 $v_{\text{Lmag}}(t)$ 的时变式，并对式在谐振周期内进行积分。可得到

$$(V-s)_{\text{off}} = V_{\text{clamp}}\int_0^{t_{\text{off}}}\sin\left(2\pi\frac{t}{2t_{\text{off}}}\right)\cdot\text{d}t = \frac{2V_{\text{clamp}}}{\pi}t_{\text{off}} \tag{8.43}$$

因钳位效应会产生一个小的误差，如果钳位电压接近于峰值电压，该误差可忽略。为在所有条件下，即使截止时间最小时，使磁心退磁，要确保以下不等式成立：

$$V_{\text{in}}t_{\text{on}} \leqslant \frac{2V_{\text{clamp}}}{\pi}t_{\text{off}} \tag{8.44}$$

求钳位电压，可写出

$$\frac{\pi V_{in} t_{on}}{2t_{off}} \le V_{clamp} \qquad (8.45)$$

在最差条件下，即低输入电压和全功率情况，图 8.49 中的死区时间消失，截止时间缩短为

$$t_{off,min} = (1 - D_{max}) T_{sw} \qquad (8.46)$$

基于上式及式（8.7），可把式（8.45）更新为

$$V_{clamp} \ge \frac{\pi V_{out}}{2N(1 - D_{max})} \qquad (8.47)$$

由于开关截止期间电路出现谐振，式（8.30）仍然成立：

$$\pi \sqrt{L_{mag} / C_{lump}} \le (1 - D_{max}) T_{sw} \qquad (8.48)$$

求磁化电感值，得到

$$L_{mag} \le \frac{(1 - D_{max})^2}{F_{sw}^2 \pi^2 C_{lump}} \qquad (8.49)$$

首先必须估计 C_{lump} 值，然后估计 L_{mag} 值。在磁心引入气隙的情况下，L_{mag} 值需要做一些调整。得到最后的结果需要做一些迭代运算。

设降压-升压变换器构建了由 L_{mag}、R_{clp} 和 C_{clp} 组成的钳位电路，就可计算钳位电阻 R_{clp}，它产生钳位电压 V_{clamp}。由于在 D_{clp} 导通时流过 L_{mag} 的电流由式（8.40）计算得到，可写出

$$P_{clamp} = \frac{V_{clamp}^2}{R_{clp}} = \frac{1}{2} I_{clp}^2 F_{sw} L_{mag} \qquad (8.50)$$

求 R_{clp} 得

$$R_{clp} = \frac{2V_{clamp}^2}{I_{clp}^2 F_{sw} L_{mag}} \qquad (8.51)$$

在反激式变换器中，可减小钳位电阻以便把电压偏移限制在安全范围内，而在正激式变换器中，需要超过 V_{in} 的电压偏移来使磁心复位。如果 R_{clp} 太低，磁心不能复位。式（8.50）给出了耗散功率，它可用来指导钳位元件的选择。与其他复位技术不同，钳位电压不随输入电压变化而变化。

需要计算钳位电容以便使纹波 ΔV 保持在一定的范围内。如果回头观察图 8.48，在钳位二极管导通时间内存储在电容上的电荷为

$$Q_{C_{clp}} = I_{clp} \frac{t_d}{2} \qquad (8.52)$$

钳位网络上的电压纹波可简单地（$Q = VC$）表示为

$$I_{clp} \frac{t_d}{2} = C_{clp} \Delta V \qquad (8.53)$$

用式（8.41）代替上式中的 t_d，求 C_{clp} 得到

$$C_{clp} = \frac{I_{clp}^2 L_{mag}}{2V_{clamp} \Delta V} \qquad (8.54)$$

钳位电容在瞬态过程也起作用，因为它不会阻止 V_{clamp} 的上升，如果必要，钳位电容可使磁心复位，即使占空比达到最大值。参考文献[7]对这一主题做了详细讨论。

为检验计算结果，图 8.50 所示为仿真电路。变换器输出电压为 28 V，元件值如下：

$L_{mag} = 1$ mH，$N = 0.51$，$C_{lump} = 700$ pF，$F_{sw} = 200$ kHz，$D = 0.35$，$V_{in} = 160$ Vdc，$f_0 = 190$ kHz

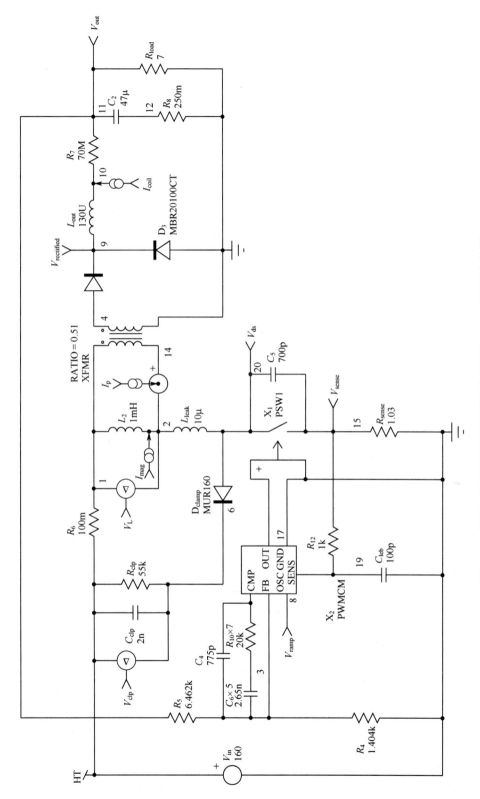

图 8.50 使用由上面推导得到的钳位电压值的 RCD 正激式变换器

首先，计算稳态峰值磁化电流：

$$I_{\mathrm{mag,peak}} = \frac{V_{\mathrm{in}}D}{2L_{\mathrm{mag}}F_{\mathrm{sw}}} = \frac{160 \times 0.35}{2\mathrm{m} \times 200\mathrm{k}} = 140\ \mathrm{mA} \tag{8.55}$$

利用该数值，可检查在没有钳位电路情况下的最大峰值电压为

$$I_{\mathrm{mag,peak}}\sqrt{L_{\mathrm{mag}}/C_{\mathrm{lump}}} + V_{\mathrm{in}} = 0.140\sqrt{1\mathrm{m}/700\mathrm{p}} + 160 = 327\ \mathrm{V} \tag{8.56}$$

为了举例方便，取钳位电压为 150 V，因而电压偏移为 310 V，该值稍低于没有钳位时的最大值。应用式（8.38），可计算漏极电压达到钳位电压所需的时间为

$$\Delta t = \arcsin\left(\frac{V_{\mathrm{clamp}}}{I_{\mathrm{mag,peak}}\sqrt{L_{\mathrm{mag}}/C_{\mathrm{lump}}}}\right)\sqrt{L_{\mathrm{mag}}C_{\mathrm{lump}}} = \arcsin\left(\frac{150}{0.140 \times \sqrt{1\mathrm{m}/700\mathrm{p}}}\right)\sqrt{1\mathrm{m} \times 700\mathrm{p}} \tag{8.57}$$

$$= 1.1 \times 836\mathrm{n} = 920\ \mathrm{ns}$$

另外，计算器要设置在弧度位置，才能得到上述结果。现在求当 $v_{\mathrm{DS}}(t)$ 达到 V_{clamp} 时，流过二极管的磁化电流值为

$$I_{\mathrm{clp}} = I_{\mathrm{mag,peak}}\cos(2\pi f_0\Delta t) = 0.14 \times \cos(6.28 \times 190\mathrm{k} \times 920\mathrm{n}) = 0.14 \times 0.455 = 64\ \mathrm{mA} \tag{8.58}$$

现在已经具备了计算钳位电阻的所有条件，可得到

$$R_{\mathrm{clp}} = \frac{2V_{\mathrm{clamp}}^2}{I_{\mathrm{clp}}^2 F_{\mathrm{sw}}L_{\mathrm{mag}}} = \frac{2 \times 150^2}{64\mathrm{m}^2 \times 200\mathrm{k} \times 1\mathrm{m}} = 55\ \mathrm{k\Omega} \tag{8.59}$$

如果选择典型的纹波为 V_{clamp} 的 5%（7 V_{pp}），那么可求得钳位电容为

$$C_{\mathrm{clp}} = \frac{I_{\mathrm{clp}}^2 L_{\mathrm{mag}}}{V_{\mathrm{clamp}}2\Delta V} = \frac{0.064^2 \times 1\mathrm{m}}{150 \times 2 \times 7} = 2\ \mathrm{nF} \tag{8.60}$$

图 8.50 所示为 RCD 正激式变换器的仿真电路。

图 8.51 给出了经过几分钟仿真后得到的结果。在这些正激式变换器设计中，全谐振或基于 RCD 钳位，仔细考虑变压器结构是很重要的方面。不论任何理由，由于松散耦合的原因，漏电感项不再忽略，如同参考文献[6]建议的那样，上述定义应做适当修正：

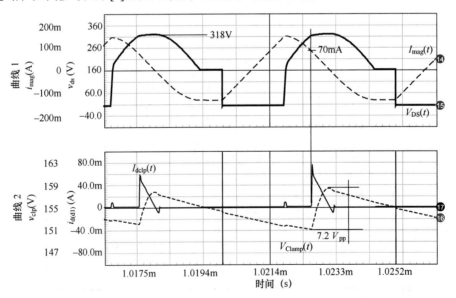

图 8.51　RCD 正激式变换器的仿真结果与计算一致

$$R_{\text{clp}} = 2V_{\text{clamp}}^2 \left[(V_{\text{out}}/N)^2 \frac{T_{\text{sw}}}{L_{\text{mag}}} - \frac{2V_{\text{out}}V_{\text{clamp}}}{N\sqrt{L_{\text{mag}}/C_{\text{lump}}}} + F_{\text{sw}}L_{\text{leak}}(I_{\text{sec}}/N)^2 \right]^{-1} \tag{8.61}$$

$$C_{\text{clp}} = \frac{D_{\text{max}}T_{\text{sw}}}{R_{\text{clp}}\Delta V/V_{\text{clamp}}} \tag{8.62}$$

在具有 1%漏电感的情况下，重新对图 8.50 电路进行仿真，仿真结果如图 8.52 所示。为在漏极保持同一电压值，钳位电阻减小到 4.6 kΩ，钳位电容增大到 22 nF。本例中，钳位电阻耗散功率约为 6 W，忽略漏电感时耗散功率为 410 mW。面对损耗功率的增加，设计者必须问自己，在这种情况下 RCD 技术是否是最好的选择。

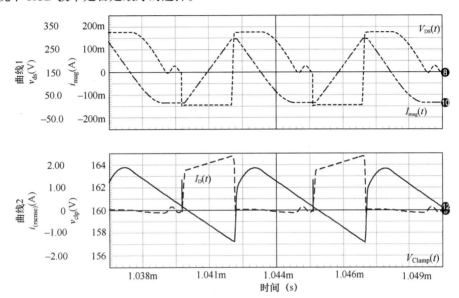

图 8.52　漏电感增加到 1%时，与图 8.50 同样条件下得到的仿真结果

8.6　复位方案 5：有源钳位

正激式有源钳位在通信模块市场上得到广泛应用，但它在离线应用领域不受欢迎。在高压输入时应力和故障管理变得更加困难。与已经研究的其他结构不同，有源钳位的正激式拓扑（ACF）提供了磁化电流再利用的很好手段，磁化电流再利用是通过主功率 MOSFET 上的零电压开关（ZVS）来实现的。图 8.53(a)所示为有源钳位变换器电路，该电路围绕高压侧开关来构建。使用 P 沟道 MOSFET 有可能使开关与地相连，如图 8.53(b)所示。该方法在通信市场很受欢迎，因为它不需要高压侧驱动技术。

有源钳位变换器的优点如下：

（1）变压器在整个截止时间段持续复位。当在副边利用自驱动同步整流时，即意味着可以为续流同步晶体管提供全驱动信号，这是因为磁化电流始终循环并确保原边对副边的耦合。这与常规正激式变换器不同，在常规正激式拓扑中，只要磁心复位，驱动信号就消失，让体二极管单独完成续流任务。

（2）可以看到，变压器工作在第Ⅰ和第Ⅲ象限，使变压器利用率较好。这自然提供了把占空比提高到超过 50%的可能性，使变压器匝数比减少。它减轻了原边开关的电流应力并允许选择较低的副边二极管和 MOSFET 击穿电压。

（3）该技术确保了存储在寄生元件上的能量的重复使用，如漏源电容和漏电感上的能量。通过仔细设计，正激式有源钳位可于功率开关上在标称负载下产生近零电压开关，并在轻负载到无负载条件下实现零电压开关，自然打开了工作于较高开关频率的大门，由此可带来很多实实在在的好处，特别是可用较小尺寸的磁心元件。

（4）功率开关上的电压应力相对不变，与输入电压无关。然而，必须做一些预防，使钳位电压在一些瞬变情况下（如电源中断或负载阶跃）可控。

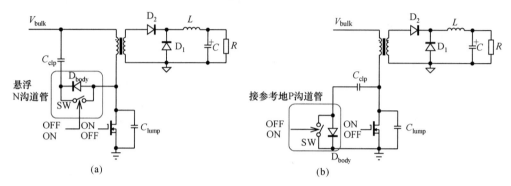

图 8.53　有源钳位正激式变换器需要第二个开关，使钳位电流可流向两个方向

如果把有源钳位正激式（ACF）变换器与第 7 章中介绍的有源钳位反激式变换器比较，两者的工作原理非常接近：如何以非耗散的方式来复位磁化电流以及如何确保当功率开关再次导通时漏极实现零电压开关？

为达到该目的，由具有内部体二极管的 MOSFET 组成的开关 SW 允许电流从两个方向流通：一个方向是自发的，通过体二极管流通；另一个方向，与上面相反，电流流过经适当偏置的 MOSFET。该 MOSFET 应在某个时间断开，使由 L_{mag} 驱动的峰值电感电流可通过漏源电容构成回路。MOSFET可高压侧驱动，即连接到高输入电压端（V_{bulk}）或接到参考地。在第一种情况下，MOSFET 应为 N沟道并需要通过自举技术或栅极驱动变压器来为 MOSFET 提供偏置。第二种技术由 P 沟道构建并自然简化了栅极控制。但在离线应用中，需要高耐压型元件，这就使成本大大增加。

让我们取不同的时间段来逐步介绍有源钳位的工作原理。图 8.54(a)和(b)显示了在开关闭合阶段的电流流向。假设工作在稳态，如 C_{clp} 电压已经充到 V_{clamp}。

- 图 8.54(a)：MOSFET 导通，磁化电感中电流斜向上增加。副边二极管 D_2 导通，D_1 截止。漏源电容放电，V_{DS} 几乎为 0。漏电感流过折算的输出电感电流，该电流峰值为 I_{mag} 与 NI_s 之和。

- 图 8.54(b)：MOSFET 断开，漏极电压由漏电感驱动摆动上升。电压很快增加，其增加速度与峰值电流和漏源电容有关。如果把漏极电流在短时间内当作常数，则斜率为

$$\frac{dv_{DS}(t)}{dt} = \frac{I_{D,peak}}{C_{lump}} \qquad (8.63)$$

式中，$I_{D,peak} = I_{mag,peak} + NI_{s,peak}$。

- 漏极电压达到输入电压。副边电流从 D_2 传输到 D_1，实际上使副边绕组短路，通过折算，原边电感也短路。由于 L_{mag} 短路，磁化电流停止变化。漏源电压保持增加直到 $V_{in} + V_{clamp}$，钳位二极管导通。电流流经钳位电容，V_{clamp} 完全出现在漏电感两端：开始复位。Δt 以后，

漏电感电流下降到磁化电流值，结束交叠过程：D_2 完全截止。在该时间段，钳位电容受到电压突变，在 Δt 期间产生充电荷 Q。在有源钳位变换器中，钳位电容电压在稳态时变化不大。因此，考虑到漏电感恒电压复位，可近似得到交叠持续时间为

$$\Delta t = \frac{NI_s - I_{mag,peak}}{V_{clamp}} L_{leak} \qquad (8.64)$$

图 8.55 所示为交叠区域的放大图形，可清晰地看到漏电感部分复位现象。

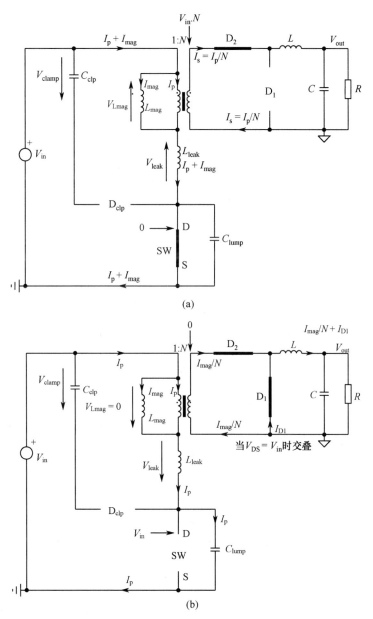

(a)

(b)

图 8.54　当 MOSFET 闭合时，原电感电流上升到由折算的副边谷电流产生的峰值电流值。当漏极电压达到输入电压值时，交叠过程开始，使磁化电感短路

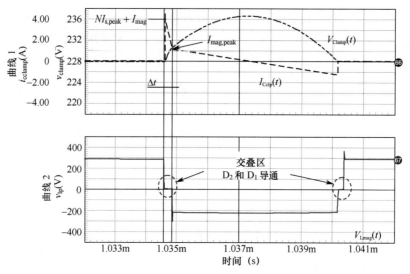

图 8.55 放大的开关断开期间图形表明电压快速上升，直到交叠过程中使原边电感短路

- 当钳位二极管导通时，控制器在零电压条件下使上部开关激活［见图 8.53(a)］。控制器必须产生一个相位反相的信号，该信号与主开关驱动信号相比稍有延迟。这与包含死区时间控制的半桥（HB）结构很像。

- 图 8.56(a)：在交叠区末尾，在与漏电感相关的磁化电感和回路中电容（C_{clp} 和 C_{lump}）之间出现谐振。漏极电压稍稍增加并在磁化电流过 0 时达到峰值，此时磁心复位。把钳位电压当成常数（假设 C_{clp} 足够大可维持低纹波）并忽略漏电感，磁化电流的下降速率定义为

$$S_{mag,off} = -V_{clamp} / L_{mag} \qquad (8.65)$$

- 图 8.56(b)：磁化电流过 0 并改变方向，借助高压侧开关允许电流在两个方向流通。

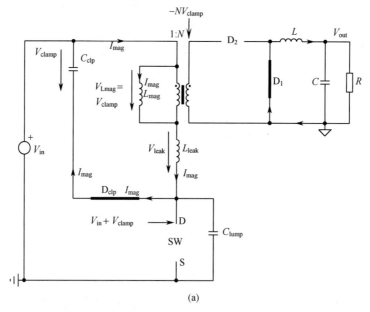

(a)

图 8.56 漏极电压达到钳位电压值，交叠阶段之后，磁化电流通过钳位电容构成通路

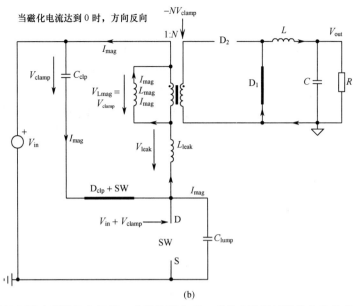

(b)

图 8.56　漏极电压达到钳位电压值，交叠阶段之后，磁化电流通过钳位电容构成通路（续）

- 图 8.57(a)：钳位电压减小，直到磁化电流达到负最大值。此时，控制器使上部开关断开。磁化电流除通过漏源电容流通外没有其他通路，漏源电容开始放电：V_{DS} 下降到 V_{in}。
- 图 8.57(b)：漏源电压为 V_{in}，原边电压再次开始变正，使 D_2 导通。如果 D_2 导通电流流过副边绕组，该电流同样出现在原边绕组中。现在很重要的一点是理解电流在原边是如何分流的。该具体结构的放大图形如图 8.58 所示。漏电感的存在是重要的，因为它在这种情况下起很好的作用。流经漏源电容的电流可表示为

$$i_{C_{lump}}(t) = i_{mag}(t) - Ni_s(t) \tag{8.66}$$

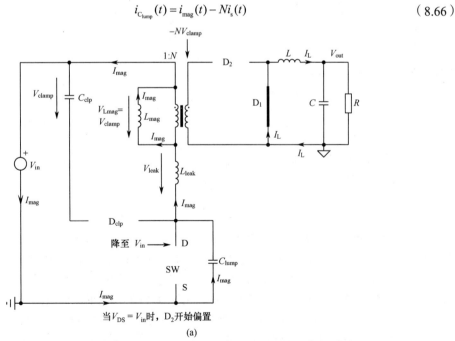

(a)

图 8.57　钳位电压使磁化电流向负峰值变化。在某个时刻，上部
开关断开，磁化电流除流经漏源电容外，没有其他通路

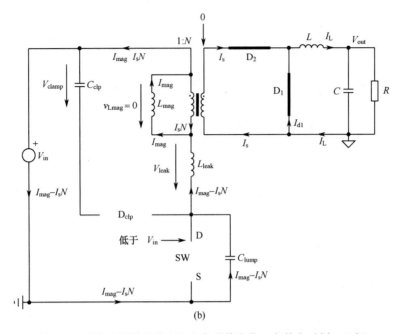

(b)

图8.57 钳位电压使磁化电流向负峰值变化。在某个时刻，上部
开关断开，磁化电流除流经漏源电容外，没有其他通路

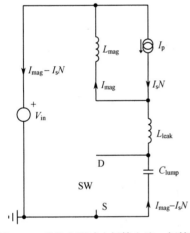

图8.58 磁化电流减去折算电流，折算电流对应于 D_2 开始导通时的电流

若漏电感为0，出现最差的情况，$i_s(t)$ 立即跳变到 I_{out}，应当忽略输出纹波（假设 L 很大）。因此，式（8.66）更新为

$$I_{C_{lump}} = I_{mag,peak-} - NI_{out} \quad (8.67)$$

式中，$I_{mag,peak-}$ 表示磁化电流的负峰值。

如果存在漏电感，它使原边上的电流 NI_s 延迟，在最佳情况下得到

$$I_{C_{lump}} = I_{mag,peak-} \quad (8.68)$$

上式意味着，当上部开关断开时，磁化电流立即反向并只流经放电漏源电容。为满足漏源电容放电的要求，磁化电流必须始终大于折算的副边电流。实际上，为确保 C_{lump} 完全复位，可利用由式（8.67）表示的能量载荷：

$$\frac{1}{2}L_{mag}(I_{mag,peak-} - NI_{out})^2 \geq \frac{1}{2}C_{lump}V_{in}^2 \quad (8.69)$$

如果存在漏电感，从 L_{mag} 传送的电流就变少，V_{DS} 会低于地电平，并为 MOSFET 体二极管提供偏置，因而确保了完全零电压开关（ZVS）。此时，认为存储在漏电感中的能量比存储在磁化电感的能量要低很多。该式表明，在标称电流下要获得零电压开关（ZVS）几乎是不可能的，除非故意不合理地增加磁化电流。设计者通常确保在 MOSFET 导通前漏极电压回到 V_{in}（这样已经降低了开关损耗），并确保在轻负载情况下实现 ZVS，此时 I_{out} 大大减小，自然满足式（8.69）。

图8.59和图8.60放大了该时间段的图形并显示了两个不同漏电感的效应。在图8.59中，折算的副边电流很快出现，并在漏极电压达到0之前从漏源放电电流减掉，无法得到零电压开关

（ZVS）。为使这种情况出现，应增加磁化负峰值电流，表示为

$$I_{\text{mag,peak}-} = \frac{V_{\text{in}}}{2L_{\text{mag}}}t_{\text{on}} \qquad （8.70）$$

由于控制器应固定占空比来维持 V_{out} 值，达到这一目标的唯一方法是给变压器增加磁气隙。增加循环流会使原边的导通损耗稍有增加，但零电压开关（ZVS）的出现能为离线应用和高频应用带来实际好处。

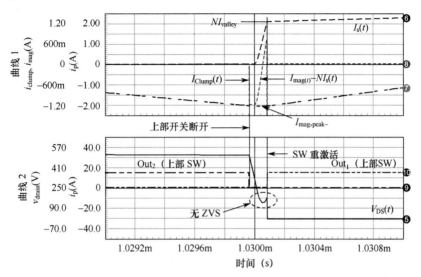

图 8.59　漏电感为磁化电感的 1%，零电压开关（ZVS）工作还没有出现，但漏极电压在 MOSFET 重新导通之前已经降低到接近 100 V，使开关损耗得到改善

在图 8.60 中，原边漏电感延迟了折算的副边电流的出现。因此，磁化电流几乎单独使漏极电压减小：图中波形肯定了这一结论，电路完全零电压开关（ZVS）。然而，如果增加漏电感，交叠区域会人为地使占空比增高并使效率降低。在离线应用中，漏极电压降到约 100 V（见图 8.59），显示了对非零电压开关方案的极大改进。

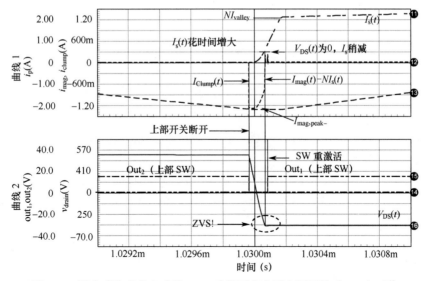

图 8.60　漏电感为磁化电感的 4%，确保了完全零电压开关（ZVS）工作

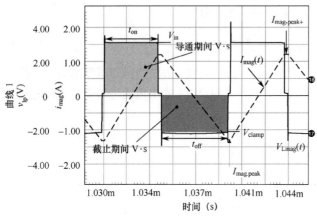

图 8.61 稳态时的电感伏特-秒平衡。磁化电流使变压器工作于
第 I 和 III 象限。注意，磁化电流工作在 CCM 条件

现在到了观察例子的时候，仿真例子中的输入电压为 300 Vdc，输出为 5 V/50 A。变压器匝数比为 1:0.05，变换器工作频率为 100 kHz，漏源电容接近 200 pF。第一个问题，钳位电压为多少？在这些拓扑结构中，没有与反激式电路那样，选择钳位电压来保护 MOSFET。钳位电压实际上由占空比偏移量产生并满足磁心复位的需要。为复位磁心，图 8.61 所示为原边稳态时的电感电压以及相应的磁化电流：在开关导通期间，V_{Lmag} 保持为 V_{in} 值，在开关截止期间，该电压保持为 V_{clamp}。因此，可写出

如下伏特-秒平衡关系式：

$$V_{in}t_{on} = V_{clamp}t_{off} \qquad (8.71)$$

引入占空比 D，求钳位电压得到

$$V_{clamp} = V_{in}\frac{D}{1-D} \qquad (8.72)$$

可以看出，这是工作于 CCM 的降压-升压变换器公式。想应用图 8.53(b) 的参考地选项吗？上面的 dc 传输函数将成为升压变换器。有源钳位正激式（ACF）变换器工作时，磁化电流在一个开关周期内保持连续。

从式（8.7）中，可求出输入电压表达式 V_{in}，把它代入式（8.72），得到

$$V_{clamp} = \frac{V_{out}}{N(1-D)} \qquad (8.73)$$

该式肯定了钳位电压对输入电压变化的不敏感性，只要由反馈环路来调节占空比，就可调节 V_{out}。如果画出式（8.72）的曲线，让输入电压从 200 V 变化到 380 V，V_{clamp}（即漏源电压偏移）保持相对恒定，如图 8.62 所示。

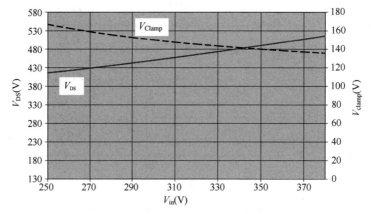

图 8.62 只要反馈环路保持在可控范围内，尽管输入电压变化，钳位电压保持相对恒定。
结果，在整个输入电压范围内，MOSFET 受到的电压应力变化约为 100 V

控制器对占空比的限制是什么？例如，在启动或过载期间，此时环路临时失去作用。观察图8.63，该图显示了在占空比失控情况下的钳位电压偏移。该曲线表明控制器必须对最大占空比进行精确限制，否则在第一次接上电源时就会出问题。

回到设计过程的讨论。假设最大占空比被精确固定在45%。因而，式（8.72）给出平衡时的钳位电压为

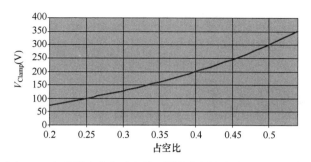

图8.63 如果最大占空比失控，钳位电压消失（$V_{in}=300\,V$）

$$V_{clamp} = V_{in}\frac{D}{1-D} = 300 \times \frac{0.45}{1-0.45} = 245\,V \tag{8.74}$$

对于最大输入电压为300 V的情况（用来举例），采用的MOSFET漏源耐压应为

$$BV_{DSS} \geqslant \frac{V_{in,max}+V_{clamp,max}}{k_d} = \frac{300+245}{0.85} \geqslant 641\,V \tag{8.75}$$

这里应选用漏源耐压为650 V的MOSFET。另外，应注意最大占空比偏移，应确保在所有情况下存在一定的裕度。

钳位电容的选择需要考虑所允许的纹波以及钳位电容与磁化电感组合产生的影响等因素。图8.64所示为在上部二极管导通的情况下，钳位电容两端的电压波形。

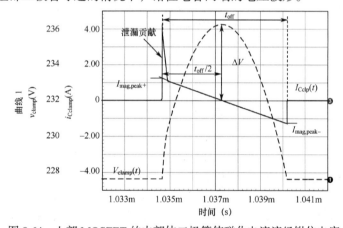

图8.64 上部MOSFET的内部体二极管使磁化电流流经钳位电容

为评估纹波幅度，必须对流过钳位电容的电流进行积分。该纹波具有线性形状，幅度从$I_{mag,peak+}$斜向下降到$I_{mag,peak-}$。起始时电压的非连续性与漏电感有关，在计算中将忽略。纹波电压表示为

$$\Delta V = \frac{1}{C_{clp}}\int_0^{t_{off}/2} i_{C_{clp}}(t)\cdot \mathrm{d}t = \frac{1}{C_{clp}}\int_0^{(1-D)T_{sw}/2}\frac{V_{in}}{2L_{mag}}DT_{sw}\frac{[(1-D)T_{sw}/2]-t}{(1-D)T_{sw}/2}\cdot \mathrm{d}t \tag{8.76}$$

积分后得

$$\Delta V = \frac{DV_{in}(1-D)T_{sw}^2}{8C_{clp}L_{mag}} \tag{8.77}$$

从式（8.72）中求V_{in}，从而更新式（8.77），可得出

$$\Delta V = \frac{V_{clamp}(1-D)^2 T_{sw}^2}{8C_{clp}L_{mag}} \tag{8.78}$$

从式（8.78）中，可推导得到完整的C_{clp}表达式为

$$C_{clp} = \frac{V_{clamp}(1-D)^2 T_{sw}^2}{8 \Delta V L_{mag}} \qquad (8.79)$$

在输入电压最高的条件下来选择电容值，这对电压应力而言，为最差工作条件。为继续本设计，必须求磁化电感。为使变换器零电压开关（ZVS）工作（或接近 ZVS 工作，如图 8.59 所示，如果 V_{DS} 减小到 100 V 是可接受的），则必须满足式（8.69），该式中磁化电流定义由式（8.70）给出。然后，可推导得到磁化电感值：

$$L_{mag} = \frac{C_{lump}V_{in} + NI_{out}T_{sw}D + \sqrt{C_{lump}^2 V_{in}^2 + 2C_{lump}NV I_{out}T_{sw}D}}{2I_{out}^2 N^2} \qquad (8.80)$$

数值计算得出的电感值为 300 μH。为满足这些要求，设计者不得不增加磁心气隙来增加磁化电流，这是 ZVS 工作或近 ZVS 工作所需的条件。在将要讨论的例子中，采用的电感值为 500 μH，电容值为 200 nF（在 $\Delta V = 15$ V 条件下，$V_{clamp} = 245$ V）。参考文献[8]提供了用于有源钳位设计的一些指导，以及用于环路补偿的一些小信号分析。参考文献[9]详细地给出了稳定性分析，特别是 $L_{mag}C_{clp}$ 交互作用与所选交叉频率 f_c 之间的关系。钳位网络的谐振频率与 CCM 电压模式降压-升压变换器完全一样：

$$f_0 = \frac{1-D}{2\pi\sqrt{L_{mag}C_{clp}}} \qquad (8.81)$$

可以想象，由钳位网络产生的谐振影响有源钳位正激（ACF）变换器的波特图，它会压制谐振附近的相位。一般情况下，交叉频率必须避开最低谐振点（在低输入电压时出现），否则相移很难进行补偿。一些选项也可考虑，如通过串联电阻来阻尼钳位电容。

参考文献[10]给出了利用 PWM 开关模型的方法，但没有具体描述图 8.53 所示的有源钳位电路。参考文献[11]描述了用于有源钳位 SEPIC 变换器的平均开关建模技术。没有文献提供简单、随时可用的有源钳位变换器平均模型。第二版介绍了如何仿真工作于电压模式有源钳位变换器的 ac 响应，更好之处在于，附录 8D 推导了完整的控制到输出的传递函数。

8.6.1 有源钳位正激式变换器的平均模式仿真

应用第 2 章中推导的 PWM 开关模型来得到工作于电压模式的有源钳位正激式（ACF）变换器是可能的。如同附录 8D 中所解释的和图 8.65 所示的，需要两个独立的 PWM 模型。本例给出一由通信 dc 电源供电的 3.3 V/30 A dc-dc 变换器，它是典型的 36 V 到 72 V dc 电源。一个 PWM 开关用来建立由有源钳位电容组成的降压-升压变换器，即磁化电感和功率 MOSFET 原边模型。第二个 PWM 开关如同典型正激式变换器仿真电路那样连接，它连接在隔离变压器之后。通过光耦将电流注入电流镜像来实现控制。这是许多有源钳位控制器中的典型结构。光耦集电极与控制器参考电压相连，LED 受类型 3 补偿器控制。请注意源 B_6 的存在可实现第 2 章中推导的前馈项。

在该类型的应用中，必须仔细设计反馈环，尤其是在误差回路中计划使用单运算放大器时。该问题与辅助电源 V_{cc}（图 8.65 中的 vccaux 节点）相关并可交流耦合到 V_{out}。LED 交流电流只依赖于运算放大器输出这一点很重要。不能确保 V_{cc} 和 V_{out} 之间的良好的交流退耦将导致不良的相位裕度，甚至更糟糕，即完全不稳定环路。如果 V_{cc} 输送交流信号并传递到 V_{out}，可人为创建一条与运算放大器并联的快通道来调制 LED 交流电流。

当涉及含 TL431 的类型 3 电路时，如同在第 3 章中描述的那样，在双极型晶体管和齐纳二极管周围构建一小调节器是可能的方案。确保最小整流电压与调节电压 V_{cc} 之差足够大，来提供良好的衰减。当图 8.65 中 LED 的上电阻 R_{13} 连接到外部 dc 电源时，如果观察稳定环路响应，可以确定与人工快通道相关的稳定性问题。这是辅助电源 V_{cc} 受交流污染的标志。此时，我们没有任何选择，除了：(a)用双极型晶体管或低压差线性稳压器（LDO）创建清洁电源 V_{cc}；(b)插入第二个运算放大器，该运放使信号反相并驱动连接到地的 LED。(b)选项的例子由图 8.66 给出。

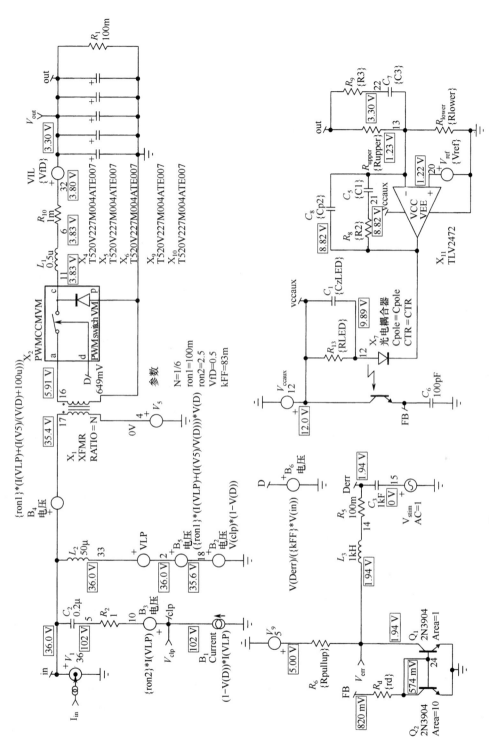

图 8.65 借助 PWM 开关模型的完整隔离源钳位正激式变换器仿真

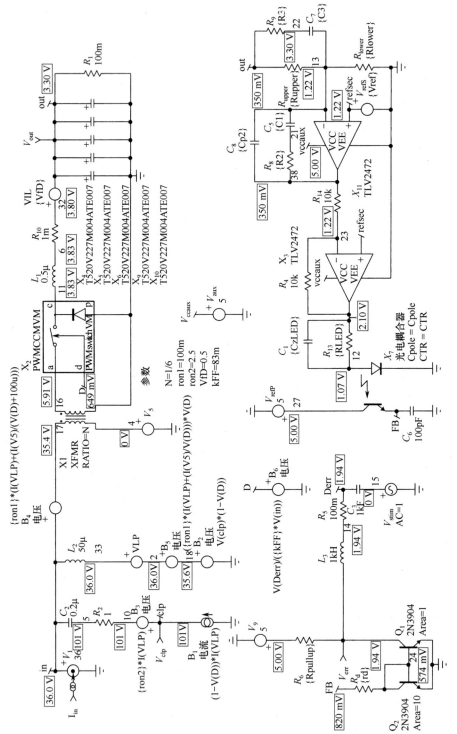

图 8.66 本例中，第二个运算放大器保护电路免受 V_{cc} 调制的影响

为补偿有源钳位正激式（ACF）变换器，需要功率级交流响应。借助于平均模型，很快可得到交流响应，并显示于图 8.67。此时，输入电压为 36 V，全功率输出时的输出电流为 30 A。P 沟道 $R_{DS(on)}$ 加上一附加 1 Ω 电阻提供了良好的阻尼，凹陷几乎不存在了。计算类型 3 元件值使之交叉频率为 30 kHz，相位裕度大于 60°。为满足该目标，通过电容 C_1 补偿光耦极点。在计算 C_1 前，需要求取光耦极点来知道其位置。此时，当反馈引脚的动态电阻为 400 Ω（$R_d = 400$ Ω）时，极点约为 18 kHz。

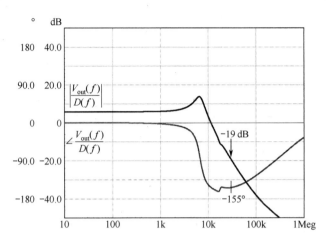

图 8.67　借助于与钳位电容串联的 1Ω 小电阻，如预期的那样，ac 响应显示有一缺口但幅度减小

一旦计算得到补偿元件，就可求得环路响应，如图 8.68 所示。最后的瞬态负载测试确认了变换器的稳定性（见图 8.69）。

电流模式控制可用该结构来仿真。两种模型的 D 输入必须由占空比发生器来驱动，这在第 2 章中已有描述，诀窍是在驱动方程中包含磁化电流的贡献。

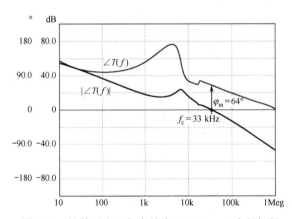

图 8.68　补偿后交叉频率约为 30 kHz，且有很好的相位裕度。V_{in} 为 36 V，输出电流为 30 A

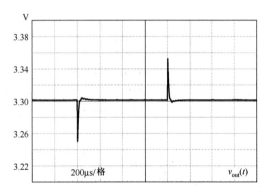

图 8.69　具有 1 A/μs 斜率的 7.5 A 到 15 A 负载阶跃响应，确认了补偿方案的合理性

8.6.2　有源钳位正激式变换器逐周仿真 ac 响应

若不想用平均模型，有些软件能够预测开关变换器的开环增益，如 PSIM 或 TRANSIM/Simplis 软件[12]。图 8.70 所示为电流模式控制有源钳位变换器，它是由 PSIM 画电路图软件做出的，该电路是第 3 章参考文献[8]和[9]中的一个例子。该电路为由理想元件组成的开环电流模式变换器，其

开关频率为 100 kHz。图 8.71 所示为交流响应。图中可很清楚地看到谐振陷落，其位置在 9.4 kHz，得出的占空比为 0.38，这些结果由 PSIM 仿真得到，与式（8.81）的预测结果一致。

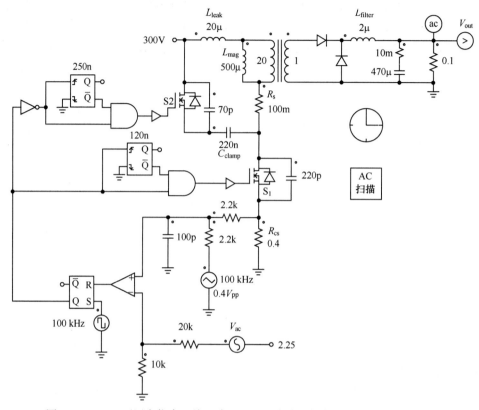

图 8.70　PSIM 可用来仿真开关电路，经过几分钟的仿真后可求得小信号响应

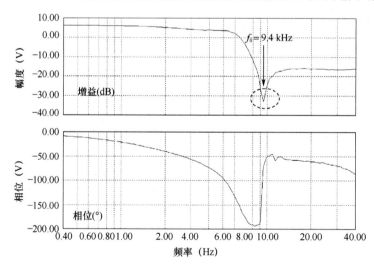

图 8.71　由 PSIM 仿真得到的小信号响应肯定了存在由钳位网络产生的谐振。请注意这是电流模式控制有源钳位变换器

　　图 8.72 所示为已经构建的没有补偿的逐周有源钳位变换器，这是因为只对启动阶段感兴趣。我们选择 PWMCMS 模型，该模型最初由同步变换器仿真推导得到，但该模型具有内在的死区时

间，很适合用于逐周有源钳位变换器的仿真。通常，第一个延迟应调整到在二极管刚好导通后断开上部开关以确保 ZVS 工作。延迟时间值并不十分严格。然而，主开关延迟应仔细调节，使之在漏源电压刚好在谷点时重新启动功率开关。文献[13]给出了一些如何计算这些延迟的提示。图 8.73 所示为启动阶段的情况：钳位电容完全放电，输出电压上升时漏源电压波动。磁化电流为正极性，这在上部开关体二极管和主功率 MOSFET 中引入了附加损耗（见图 8.74）。正常工作情况下，当磁化电流反向时，二极管自然截止。在存在较大正偏移的情况下，当控制器激活主 MOSFET 时，体二极管仍然导通。在稳态时，磁化电流也会存在直流偏置，这是由于寄生项占主导地位，这些寄生元件包括漏电感（负偏置）或过大的漏源电容（正偏置）。文献[9]对该主题做了详细讨论。

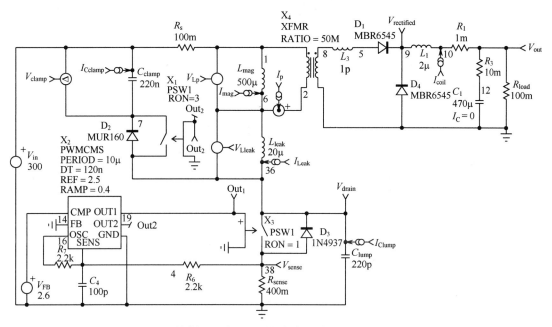

图 8.72　PWMCMS 通用控制器具有死区时间控制的特点，它可用于有源钳位电路的仿真

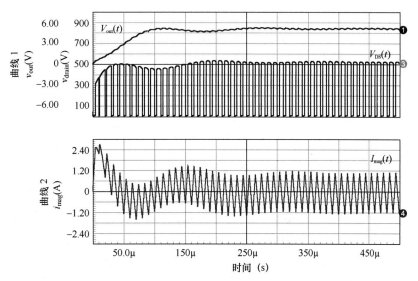

图 8.73　在启动阶段，钳位电容充电，磁化电流成为正向偏置

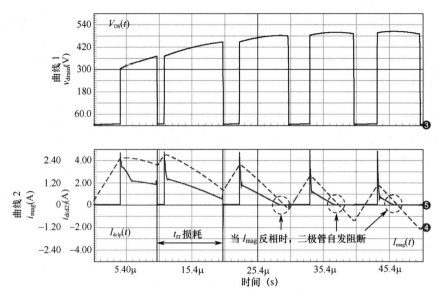

图 8.74 在瞬变期间，如启动时，正磁化电流偏移使上部 MOSFET
内部的体二极管导通。在体二极管和功率 MOSFET 产生损耗

在启动时为磁化电流提供直流偏移，主功率 MOSFET 的 ZVS 工作条件消失，直到出现稳态时才会 ZVS 工作，如图 8.75 所示。

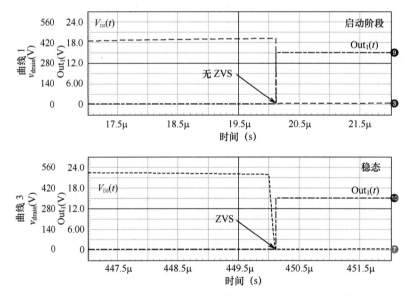

图 8.75 上方图形显示了在启动阶段的漏源信号，电路没有 ZVS 工作。下方图形
显示了在漏极电压降到 0 后，主输出 Out_1 驱动 MOSFET：电路 ZVS 工作

市场上已有一些专用有源钳位控制器，如由 National Semiconductor 公司生产的 LM5025/27 型控制器或由德州仪器公司生产的 UCC2897 控制器。安森美公司最近发布了 NCP1562A 控制器，它具有软停止的特点。软停止是指当控制器进入欠压闭锁或过压时逐渐减小占空比。慢慢减小占空比有助于钳位电容进行适当的放电并预防过量的漏源应力。这三个启动过程在钳位电容上有不同的初始电压，如图 8.76 所示。最好的情况出现在 C_{clp} 完全放电时刻，此时给出 520 V 最大漏源电压。如果

C_{clp} 在前一个开关截止期间未放电，就出现最差的情况，此时，漏源电压达 570 V。在钳位电容两端并联一电阻能有助于在截止期间电容快速放电（如对于 0.22 μF 电容典型地并联 1 MΩ 电阻）。

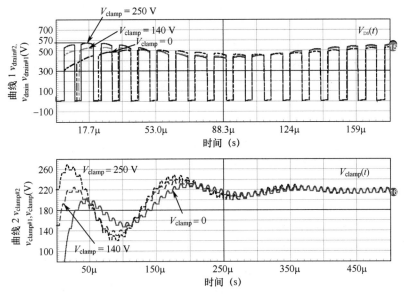

图 8.76 在工作开始阶段，在钳位电容上具有不同初始充电条件下的上电期间波形。
具有软停止电路的 NCP1562A 有助于减小与钳位电容预充电相关的应力

这样就结束了关于有源钳位正激式变换器的讨论，这是一种在通信市场上很受欢迎的结构。

8.7 同步整流

当流过输出二极管的电流超过 10 A 时，正激式变换器功率耗散下降，表明需要寻求替代的整流方案。例如，假设所选择的二极管正向压降在电流为 10 A 时（$T_{\text{j}} = 150℃$）是 500 mV，那么在正激式变换器占空比为 32% 的情况下，每个二极管的导通损耗（忽略有效值的贡献）为

$$P_{\text{D}_2} = I_{\text{out}} D V_{\text{f}} = 10 \times 0.32 \times 0.5 = 16 \text{ W} \tag{8.82}$$

$$P_{\text{D}_1} = I_{\text{out}} (1-D) V_{\text{f}} = 10 \times 0.68 \times 0.5 = 3.4 \text{ W} \tag{8.83}$$

$$P_{\text{tot}} = P_{\text{D}_2} + P_{\text{D}_1} = 1.6 + 3.4 = 5 \text{ W} \tag{8.84}$$

式中，D_2 表示与副边绕组串联的二极管；D_1 表示续流二极管。为减少功率耗散，采用一种称为同步整流的方案，它用低 $R_{\text{DS(on)}}$ MOSFET 代替传统二极管，该 MOSFET 可由副边绕组或专用控制器实现自驱动。如图 8.77 所示，自驱动技术是一种由于实现的成本低而广受欢迎的方案。

串联二极管 M_2 的放置方向做了旋转，M_2 出现在电路的返回路径中。当主 MOSFET 闭合时，M_2 栅极电压跳到 NV_{in}，这确保了在主 MOSFET 导通期间 M_2 有适当的偏置。当导通结束时，只要在主 MOSFET

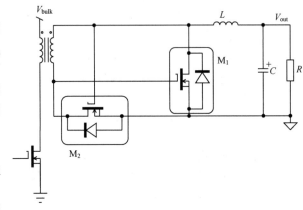

图 8.77 正激式变换器中的自驱动同步 MOSFET

栅源两端存在电压，M_1 就确保了续流电路导通。或者说，当磁心复位时，副边和原边之间的磁通量消失，M_1 失去偏置。电流流经 M_1 体二极管，对体二极管的性能实际上还不清楚，效率下降。图 8.77 显示了几个缺陷。首先，两个驱动电压都与输入电压有关。因而，变压器设计和 MOSFET 选择必须考虑在低输入电压下的最小驱动电压，以及在高输入电压下允许的最大 V_{GS}。可使用齐纳二极管，但由于副边驱动阻抗低，使用齐纳二极管有一定难度。

在离线应用中，PFC 前端电路几乎成为强制配置，因输入电源变化而引起的问题变少。其次，与式（8.82）和式（8.83）强调的一样，每个二极管的负荷与占空比有关：如果占空比为 45%，负荷很好地在二极管之间进行分配。然而，如果占空比降为 30%，续流二极管的耗散会更大，因为 $1-D$ 比 D 大。因此，驱动电压消失并把负荷传输给体二极管，这是自驱动同步整流器的主要缺陷。

图 8.78 所示为典型的仿真波形，仿真电路为输入电压 48 V、输出电压 3.3 V、输出电流 10 A 的正激式变换器。变压器匝数比为 1:0.31，占空比为 32%，在高结温条件下，两个同步 MOSFET 的 $R_{DS(on)}$ 为 20 mΩ。可以很清楚地看到，当续流 MOSFET 没有偏置（磁化电流斜率变平后短路）时，电压降从几百毫伏（MOSFET 导通）变化到很大值，接近 1 V，这与体二极管导通电流有关。每个 MOSFET 的功率耗散可进行修正。若忽略输出电感纹波（循环电流是平台电流值为 I_{out} 的方波），串联 MOSFET 损耗可定义为

$$P_{M2} = I_{out}^2 D R_{DS(on)} = 10^2 \times 0.32 \times 20\text{m} = 0.64 \text{ W} \tag{8.85}$$

续流 MOSFET 损耗的计算需要更多的关注，这是由于这些耗散分散在沟道和体二极管之间。MOSFET 在磁化电流从峰值下降到 0 的时间段内导通。该时间段就是导通时间，因为在导通期间作用的电压等于在磁心复位期间作用的电压（对双开关或单开关结构而言）。沟道导通损耗与由式（8.85）给出的结果相同，即

$$P_{M1,channel} = I_{out}^2 D R_{DS(on)} = 10^2 \times 0.32 \times 20\text{m} = 0.64 \text{ W} \tag{8.86}$$

体二极管在剩余的时间段内导通，该时间等于开关周期减去导通时间的两倍。因此有

$$P_{M1,body} = I_{out}(1-2D)V_f = 10 \times 0.36 \times 950\text{m} = 3.4 \text{ W} \tag{8.87}$$

续流 MOSFET 总损耗为上述两个结果之和，值为 4 W。功率耗散大于使用肖特基二极管的情况。观察图 8.78，体二极管导通时间比同步情况时间长。该体二极管压降约为 1 V，功率耗散实际上抵消了由同步整流带来的优势。进一步减小续流 MOSFET 的 $R_{DS(on)}$ 将不会改善上述情况，因为体二极管是造成这种情况的主要因素。为抗衡这个问题，一些设计者会加入一个肖特基二极管，让它与 M_1 并联，这显然增加了成本。

由于这一原因，自驱动同步整流在单开关或双开关正激式变换器中并没有产生很大兴趣，除非选用高成本的专用控制器，对两个 MOSFET 栅极提供独立驱动，这同时解决了驱动电压电平的问题。当考虑有源钳位复位或谐振复位结构时，描述的式有所变化。与经典结构相比，这些拓扑需要较长的退磁时间，这为驱动电压提供了更长的持续时间。实际上，对于正激式拓扑钳位，续流 MOSFET 的 V_{GS} 在整个截止阶段都是存在的。由于对于自驱动整流电路而言，驱动电压始终存在，即使在无负载时也工作在 CCM。

图 8.79 所示为实现同步整流的驱动电压波形，对应于谐振复位的正激式拓扑。可以看到，体二极管只在截止阶段的一小部分时间内导通，不再对效率造成影响。当然，谐振复位不会在高输入电压的情况下，使驻留时间消失，使占空比减小从而产生了更长的平坦期，即续流驱动电压消失。但在某个输入条件下，效率可达到最佳化。最后，续流时栅源电压保持恒定，其值等于钳位电压，按变压器匝数比比例减小。文献[14]和[15]讨论了同步整流设计并提供了可供研究的方案。

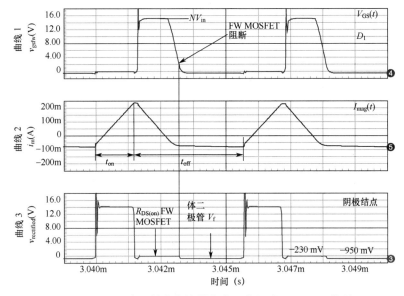

图 8.78   双开关正激式变换器的典型自驱动 MOSFET 信号

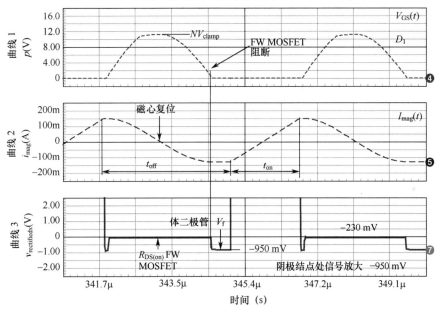

图 8.79   在谐振复位正激式变换器中,续流同步 MOSFET 接受恒定驱动电压。
在有些条件下, 该 MOSFET 与传统复位电路相比, 导通时间较长

8.8   多输出正激式变换器

到目前为止, 所研究的变换器均为单电压输出。在许多应用中, 需要多输出变换器, 正激式必须配置传输几个不同电压, 它们与主输出电压不同, 如输出 12 V、5 V 和 3.3 V, ATX 变换器就是如此。市场上存在几种构建可靠和高效多输出正激式变换器的方案。在这些方案中, 磁放大器是后置调节技术的先驱。后置调节技术应用前沿调制。在经典的 PWM 电压模式或电流模式调制器中使用的后沿调制,在达到目标时中断 MOSFET 栅极驱动脉冲:峰值电流在所期望的窗口内, 或斜坡与误差电压相交叉。相反, 前沿调制延迟 MOSFET 栅极驱动信号的出现, 中断时间被固定。

磁放大器应用前沿调制，如图8.80所示。

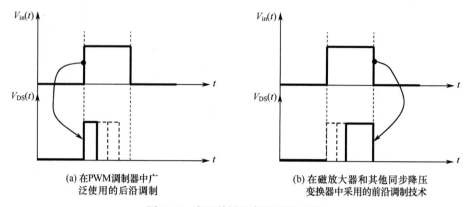

(a) 在PWM调制器中广
泛使用的后沿调制

(b) 在磁放大器和其他同步降压
变换器中采用的前沿调制技术

图 8.80　应用前沿调制的磁放大器

8.8.1　磁放大器

磁放大器实际上指一个饱和电感一头连接至主输出绕组，另一头连接至传统的降压型电路（见图8.81）。由调节单元提供的电流 I_{rst} 调整复位时间并提供了调节输出电压的手段。磁放大电路在高功率应用中使用得很成功，因为它使应用电路具有良好的效率且实现的成本低廉。我们不对该设计做详细讨论，而只尝试理解其工作原理。

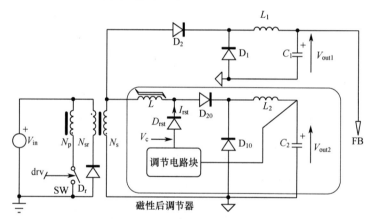

图 8.81　饱和电感直接与现存的副边绕组连接，降压输出另一个比主输出电压低的电压

如果还记得交叠的情况［参考图8.20至图8.24］，饱和电感所起作用类似于漏电感，它延迟串联二极管100%续流的时间。为解释这一不同的现象，图8.82所示为一个简单的 LR 电路，图中 L 表示饱和电感（电感上面的曲线横杆表示饱和性能）。当串联开关闭合，由于电感磁导率 μ_r 高，因而有高电抗，全部输入电压出现在电感两端。电流在线圈中累积直至磁心快速饱和，使 μ_r 变为1：电感呈现很低的阻值，在延迟达到饱和所需的时间后，全部输入电压加在 R_{load} 两端。图8.83所示为输出电压变化并肯定了延迟的存在。

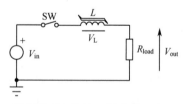

图 8.82　可饱和磁心与输入源串联，在几微秒后饱和，使负载电阻上的电压延迟出现

延迟来自磁通密度 B 积累所需的时间，对应于磁通密度 B 从初始存储值（$t = 0$ 时为 B_0）直至达到饱和（即电感消失）所需的时间。若假设由

式（8.9）给出的磁通密度线性增加，则认为在开关导通期间饱和电感两端电压恒定（参见交叠部分），可写出

$$B_0 + \frac{V_L t}{N_L A_e} = B_{sat}$$ （8.88）

由上式求时间，可得

$$\Delta t = \frac{(B_{sat} - B_0) N_L A_e}{V_L}$$ （8.89）

式中，B_{sat} 表示饱和磁通密度；B_0 表示 $t = 0$ 时的初始磁通密度；N_L 表示饱和电感磁心上的匝数；A_e 表示磁心横截面积；V_L 表示电感电压，在导通期间为 NV_{in}。

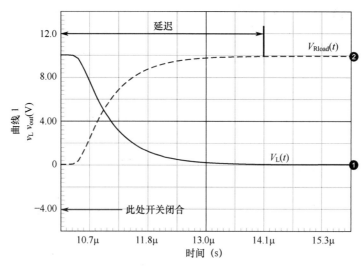

图 8.83　得到的曲线肯定了延迟的存在，它是磁通密度在磁心上积累并达到饱和所需的时间

式（8.89）揭示了磁放大器调节原理。通过控制初始磁通密度 B_0 点（从该点开始磁化），我们有对延迟时间产生作用的手段，因而有很好控制后置调节输出电压的途径。如果把饱和电感置于适当位置，没有任何控制，初始点磁通密度将为剩余值 B_r。由磁心产生的延迟，可把工作点从 B_r 移动到 B_{sat}，它代表一个不可压缩的延迟，这是磁材料的内在性质。

回头观察图 8.81，它描述了后调节降压变换器。在电路图中，可以看到与二极管 D_{20} 串联的饱和电感，它由另一个二极管 D_{rst} 提供偏置。在原边导通期间，副边电压跳到 NV_{in} 并使复位二极管 D_{rst} 截止。在 Δt 内电感饱和，D_{20} 阳极电压为 NV_{in}。图 8.84(a)所示为产生的伏特-秒面积（φ_{mag}），当电感达到饱和时电感电压降到 0。图 8.84(b)所示为延迟时间 Δt，可观察到 D_{20} /D_{21} 阴极电压。与期望的那样，有效导通时间 t_{on2} 与原来的导通时间 t_{on} 相比减少，使后置调节的输出电压下降：

$$V_{out} = NV_{in} \frac{t_{on2}}{T_{sw}} = NV_{in} \frac{t_{on} - \Delta t}{T_{sw}}$$ （8.90）

上述讨论忽略了两个二极管正向压降。

在原边 MOSFET 截止时，副边电压极性改变为 $-NV_{in}$。D_{20} 截止，D_{21} 续流。由于 D_{rst} 阳极电压为 V_c，D_{rst} 导通，饱和电感上的电流 I_{rst} 流向反向。复位伏特-秒用 φ_{rst} 表示，如图 8.84(a)所示。该复位电流，其幅度由调节单元电路控制，用于磁心的退磁，工作点沿 $B\sim H$ 曲线向下滑变。在截止时间的末尾，工作点位于 D 点。图 8.85(a)为典型的磁放大器磁滞曲线，图中标出了工作点 D 的位置。一旦退磁时间结束（截止时间的末尾），电感磁通密度建立，工作点从 D 向饱和方向移

动：如果 D 点位置与饱和很接近（例如，B_r 在启动阶段缺乏控制电流的情况），饱和延迟 Δt 最小。相反，若 D 点降至 0 T 或负象限，如 D′，延迟时间将延长。完整路径如图 8.85(b)所示，在磁化阶段，工作点再次沿第 · 条磁化曲线并向上移动至饱和。因而，通过控制电路来观测输出电压，从而驱动一电流使电感退磁或再磁化，这揭示了磁放大器的基本控制原理。

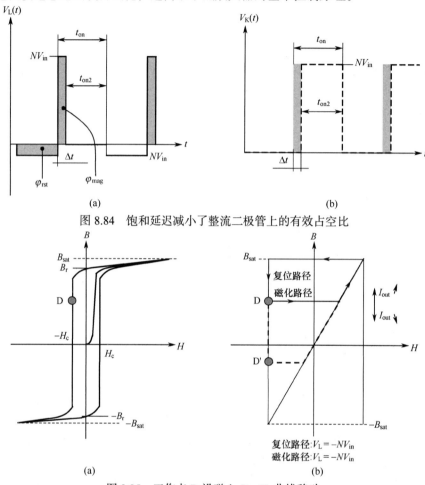

图 8.84　饱和延迟减小了整流二极管上的有效占空比

图 8.85　工作点 D 沿磁心 $B\sim H$ 曲线移动

用于这些磁放大器中的材料必须具有方形 $B\sim H$ 曲线，即所谓的"方形"材料是由 B_r/B_{sat} 比例来定义的，通常接近于 1。为得到方形曲线和最小损耗，磁心用无定形材料制造。文献[16]描述了来自菲利普公司的 3R1 磁心，而文献[17]描述了非晶态合金，该材料在磁放大器设计中广泛使用。

基于以上观察，可写出几个表达式。退磁面积或复位伏特-秒，可通过求 φ_{rst} 的面积来得到：

$$\varphi_{rst} = (NV_{in} - V_c)(1-d)T_{sw} \tag{8.91}$$

磁心中的磁场增加，其值为

$$H_{rst} = \frac{NI_{rst}}{l_e} \tag{8.92}$$

式中，l_e 表示平均磁路长度；I_{rst} 表示由调节环路控制的电感电流。在导通期间，磁心磁通密度增加，其值 φ_{mag} 显示在图 8.82 中，可由下式给出：

$$\varphi_{mag} = NV_{in}\Delta t \tag{8.93}$$

磁心中的磁场增加，其值为

$$H_{\text{rst}} = NI_{\text{s}}/l_{\text{e}} \tag{8.94}$$

式中，I_{s} 表示磁心饱和时的副边电流。

在平衡时，把伏特-秒平衡定律应用于饱和电感，意味着式（8.91）输出的结果等于式（8.93）所得的结果，即

$$NV_{\text{in}}\Delta t = (NV_{\text{in}} - V_{\text{c}})(1-d)T_{\text{sw}} \tag{8.95}$$

如果求延迟时间，可得到

$$\Delta t = \frac{(NV_{\text{in}} - V_{\text{c}})(1-d)T_{\text{sw}}}{NV_{\text{in}}} = \left(1 - \frac{V_{\text{c}}}{NV_{\text{in}}}\right)(1-d)T_{\text{sw}} \tag{8.96}$$

把该结果代入式（8.90），可给出后置调节的输出电压表达式：

$$V_{\text{out}} = NV_{\text{in}}\frac{dT_{\text{sw}} - \left[\left(1 - \dfrac{V_{\text{c}}}{NV_{\text{in}}}\right)(1-d)T_{\text{sw}}\right]}{T_{\text{sw}}} = NV_{\text{in}}\left(d - \left(1 - \frac{V_{\text{c}}}{NV_{\text{in}}}\right)(1-d)\right) \tag{8.97}$$

如果认为稳态时的占空比为常数，输出电压可通过控制电压 V_{c} 来调整。

图 8.86 所示为仿真电路，电路中可看到通过一个简单的由 TL431 驱动的双极型晶体管，实现饱和磁心复位方案。这是个串联复位电路，因为 Q_1 与饱和电感串联。也存在其他复位方案，这些方案可从本章结尾处给出的参考文献中找到。

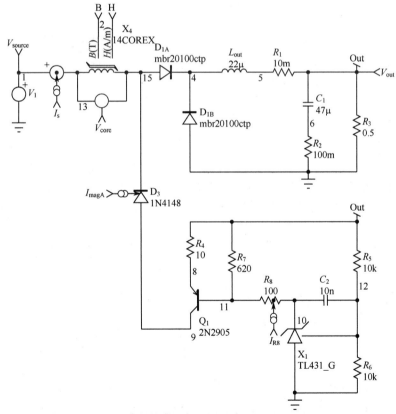

图 8.86 用 TL431 和简单的双极型晶体管构建的串联复位磁放大器电路

在本例中，产生的方波信号极性和幅度接近于正激式变换器副边绕组产生的信号。在输出电流为 10 A 的条件下，输出电压为 5 V。当 TL431 检测到 V_{out} 引脚上的电压过大时，把 Q_1 基极电压降到 0 并迫使产生复位电流。该电流在 R_4 两端产生压降并调节在饱和电感上的复位电压：

$$V_L = I_{rst}R_4 - (NV_{in} + V_{out}) + V_{ce(sat)} \tag{8.98}$$

通过调节该电流，TL431 使图 8.85 中的工作点 D 位置变化，这一变化与功率要求有关。图 8.87 所示为从仿真得到的一些波形。首先电感上电流跳变与点 D 或点 D'在图 8.85 中向右水平移动有关。其次与磁通密度增加直到达到饱和有关。此时，可饱和电感电流等于降压电感电流。

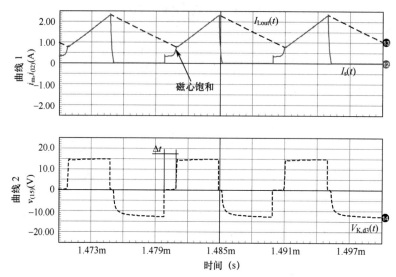

图 8.87　仿真结果显示了电感电流饱和，直到电感电流达到降压变换器纹波电流

磁放大器后置调节器的设计在许多论文中都有描述[16~22]。文献[20]和[21]讨论了小信号模型，描述了 SPICE 模型如何帮助用来补偿磁放大器反馈环路。

8.8.2　同步后置调节

如果上述磁放大器提供了构建低成本后置调节输出的可靠方法，那么它仍存在几个缺陷，其中之一为磁心损耗很大。另外，如果想把高输入电压降为低电压，如 15 V 到 3.3 V，整体性能也受影响。另一个方案开始出现，它利用全降压电路调节副边绕组上的平台电压。图 8.88 是由一个 MOSFET 和一个二极管或两个 MOSFET 组成的电路结构，它与同步半桥（HB）结构有相同的地方。

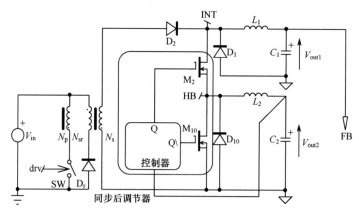

图 8.88　同步后置调节器通过前沿调制来控制输出电压，就像磁放大器那样

调制电路中产生的信号如图 8.89 所示，可以看到当输出接近输出指标时误差信号减小，当输出超过输出指标时误差信号增加。该图中显示的是正斜率斜坡信号，但市场上用于后置调节用途

的集成电路通常采用负斜率斜坡。当在 HB 节点上存在 PWM 图形时，调节采用前沿调制：在图的左边部分，负载电流减小，HB 节点上的占空比很小。当负载电流增加时，误差电压下降。因而，在开关周期内误差电压和斜坡信号之间交叉越快，HB 节点上的占空比增加。在全负载或启动阶段，忽略内部传输延迟，HB 节点上的电压与 INT 节点上的电压完全相同，这在存在磁放大器的情况下是不可能实现的，因为磁放大器的 B_r/B_{sat} 具有内在的延迟性能。

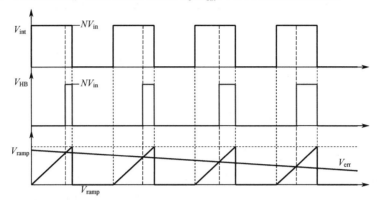

图 8.89　这些信号肯定了在降压后置调节器中实现的前沿调制技术的合理性

作为演示，我们构建一个仿真电路，如图 8.90 所示。电路中使用了两个 N 沟道 MOSFET 以及基于与门的用来产生半桥死区时间的电路。TL431 用于反馈环中，但在给定误差信号极性的情况下，TL431 的信号应反向。把两个 PNP 晶体管连接成电流镜像结构。环路补偿与电压模式降压变压器类似，需要类型 3 补偿网络。只要遵循第 3 章中所给的指导，TL431 就可以提供上述条件。图 8.91 所示为启动阶段受到负载阶跃时的输出电压波形，结果肯定了电路补偿的合理性。图 8.92所示为放大了的负载阶跃阶段的信号，显示了如何变化 PWM 波形来调节电流变化。

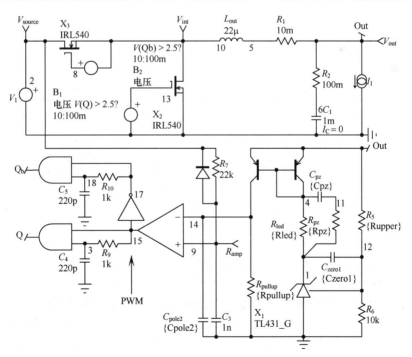

图 8.90　磁放大器用加了 TL431 电路的同步降压变换器代替

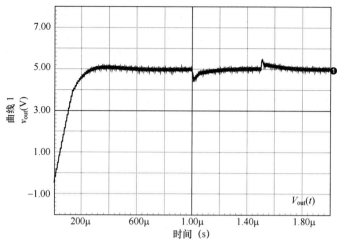

图 8.91　启动阶段的负载阶跃（从 5 A 到 10 A）响应显示了电路的良好稳定性

市场上存在几种能实现上述功能的专用控制器：美国国家半导体公司的 LM5115 或德州仪器公司的 UCC2540。这种同步后置调节技术使磁放大器在多输出正激式设计中被淘汰。然而，磁放大器成本在过去几年中已经下降，由于磁放大器电路的简单性，它仍是很有吸引力的方案。

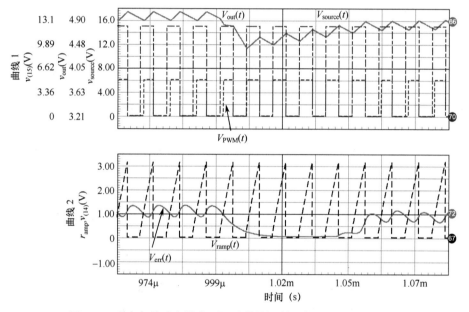

图 8.92　瞬态负载响应给出了通过前沿调制调节误差电压的方法

8.8.3　耦合电感

多输出正激式变换器可通过增加不同副边绕组得到，每个副边绕组连接一个降压电感和一对二极管。如果反馈环能很好地调节一个输出，则第二个或第三个输出会受交叉调节问题的影响，该问题与变压器耦合不良、正向压降的离散性等有关。在同一磁心上的电感耦合是众所周知和极有效的方法。

观察如图 8.93 所示的简化双输出正激式变换器电路，电路中副边电感没有耦合并工作于CCM。第一个输出为 5 V（输出电流为 50 A），第二个输出为 3.3 V（输出电流为 10 A）。反馈环只与 5 V 电压有关。如果认为降压电感两端的平均电压为 0，那么在节点 K_1 或 K_{10} 上观测到的平均电压分别等于各自的输出电压。观察图 8.94，可写出如下表达式：

$$V_{out} = (V_{s,peak} - V_{f2})d - V_{f1}(1-d) \tag{8.99}$$

式中，$V_{s,peak}$ 表示所考虑的副边绕组峰值电压；V_{f2} 表示串联二极管正向压降；V_{f1} 表示续流二极管正向压降。

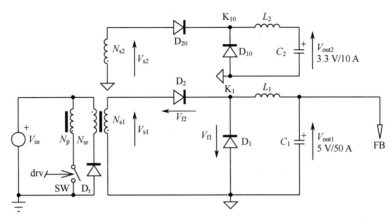

图 8.93　输出电压为 5 V 和 3.3 V 的简化双输出正激式变换器。在 5 V 输出端产生调节作用

如果两二极管的正向压降为 V_f，那么式（8.99）简化为

$$V_{out} = V_{s,peak}d - V_f \tag{8.100}$$

在双输出正激式变换器中，假设设计参数如下：

$n = N_{s2}/N_{s1} = 0.66$	5 V 输出与 3.3 V 输出之间的副边匝数比
$V_{f10} = V_{f20} = 0.6$ V	3.3 V、10 A 输出端二极管正向压降
$V_{f1} = V_{f2} = 0.75$ V	5 V、50 A 输出端二极管正向压降
$D = $ 占空比 $= 30\%$	

由式（8.100），可以计算由 5 V 绕组输出的峰值电压。该电压是可预测的，因为反馈环一直检测着对应的直流输出并确保在输出端输出 5 V 电压。

$$V_{s1,peak} = \frac{V_{out1} + V_{f1}}{d} = \frac{5 + 0.75}{0.3} = 19.17 \text{ V} \tag{8.101}$$

由于副边绕组通过系数比 n 与主输出副边相关联，可以估计其峰值电压为

$$V_{s2,peak} = V_{s1,peak}n = 19.17 \times 0.66 = 12.65 \text{ V} \tag{8.102}$$

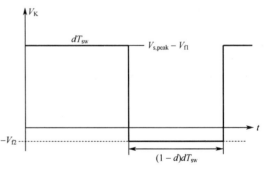

图 8.94　稳态时，阴极节点上的电压等于输出电压

应用式（8.100），可测量得到该副边绕组的直流输出电压为

$$V_{out2} = V_{s2,peak}d - V_{f10} = 12.65 \times 0.3 - 0.6 = 3.2 \text{ V} \tag{8.103}$$

当原边 MOSFET 导通，在每个电感两端产生电压，使各自绕组的电流增加：

$$V_{L1,on} = V_{s1,peak} - V_{f1} - V_{out1} = 19.17 - 0.75 - 5 = 13.42 \text{ V} \tag{8.104}$$

$$V_{L2,on} = V_{s2,peak} - V_{f10} - V_{out2} = 12.65 - 0.6 - 3.2 = 8.85 \text{ V} \tag{8.105}$$

在续流期间，电感偏置电压等于：

$$V_{L1,off} = -V_{f1} - V_{out1} = -0.75 - 5 = -5.75 \text{ V} \tag{8.106}$$

$$V_{L2,on} = -V_{f10} - V_{out2} = -0.6 - 3.2 = -3.8 \text{ V} \tag{8.107}$$

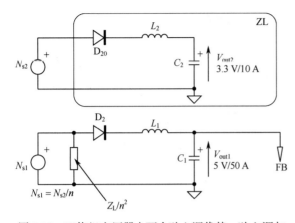

图 8.95 双绕组变压器由两个独立源代替，独立源与
正向压降串联，这与式（8.100）描述的一致

与观察到的结果一样，尽管在非调节输出电压端的电压稍有变化（如输出 3.2 V，而输出指标为 3.3 V），L_1 和 L_2 两个电感在开关导通和截止期间的电压严格与系数比 n 关联。因此，如果决定把两个电感绕在同一个磁心上，推荐在变压器副边和其对应电感绕组之间保持同一个 n 值。否则，会与上述表达式冲突，产生不期望出现的较大纹波电流。

为理解基于多绕组的电路是如何工作的，来观察应用折算元件画出的等效电路。图 8.95 所示为满足式（8.100）的含两个电源的电路。由于变压器的存在，使得把 3.3 V 绕组的全部阻抗负荷折算到 5 V 绕组成为可能。这可按照附录 8B 给出的方法得到：

- 所有阻抗除以 n^2，实际上 ESR 和电感除以 n^2，但电容乘以 n^2；
- 电压源遵循类似的规则，除以 n，而电流乘以 n。

图 8.96 可用来解释这些变化。注意在折算元件上的输出电压也必须做 $1/n$ 变换以便得到最后的 3.2 V 值。在图 8.96(a)中，由于电感和二极管串联，可以把二极管移到电感右端并把电路更新为图 8.96(b)。此时，可通过应用等效变压器 T 模型来耦合两个电感，该 T 模型已经在第 4 章中做了介绍。所得的电路如图 8.97 所示，图中 L_{l1} 和 L_{l2} 为变压器结构内在的漏电感模型。当然，L_{l2} 应根据副边匝数比平方 n^2 进行折算。因为 3.3 V 电压通过匝数比 n 归一化到 5 V 输出端，所有的开关导通和截止期间的电感电压与匝数比 n 关联：这些电压由式（8.104）和式（8.105），以及式（8.106）和式（8.107）给出。或者说，图 8.97 所示为开关导通和截止期间，电感电压相等，也就是电感匝数比为 1:1。

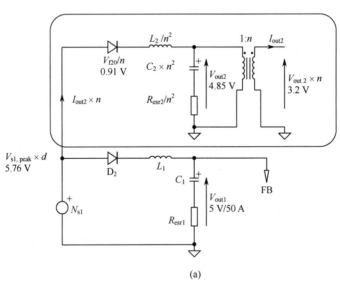

(a)

图 8.96 调节输出端包含通过匝数比 n 折算元件的等效电路。为
更精确地描述，加入了电容 ESR。两个电感仍没有耦合

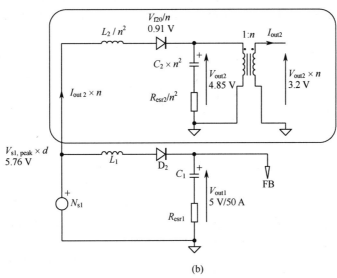

(b)

图 8.96　调节输出端包含通过匝数比 n 折算元件的等效电路。为
更精确地描述，加入了电容 ESR。两个电感仍没有耦合（续）

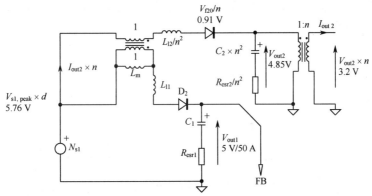

图 8.97　使用 T 模型有助于描述两个电感耦合后的电路

为更好地理解由 1:1 耦合带来的优点，图 8.98(a) 单独描述了电感电路。观察节点 1、x 和 y，可写出

$$V_P = V_s \qquad (8.108)$$

$$V_1 - V_x = V_1 - V_y \qquad (8.109)$$

这意味着

$$V_x = V_y \qquad (8.110)$$

基于这一结果，图 8.98(a) 可更新为图 8.98(b)。最后，把图 8.98(b) 放到原电路图中得到图 8.99。为理解纹波电流如何在输出之间分配，可以进一步把图 8.99 调整为更紧凑的形式。图 8.100 所示为调整后的电路，该电路是所需的形式。

图 8.100 中，清楚地显示了总归一化电流流过 L_m，其值实际上决定了纹波幅度。两个输出端的纹波大小与漏电感有关：漏电感越低，所流过的纹波电流越大。根据电容类型，最好让总纹波电流的大部分流过 C_1。

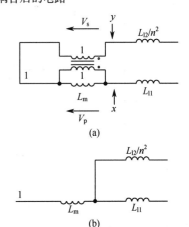

图 8.98　具有漏电感的 T 模型简化为把
漏电感连接在磁化电感后面

在这种情况下，应这样绕制电感：L_{11} 要制作得比 L_{12} 小，使流过 5 V 绕组的电流比流过 3.3 V 绕组的电流大。

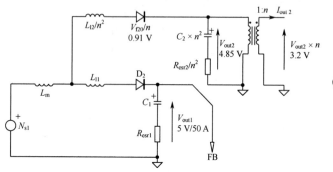

图 8.99 两个漏电感连接在磁化电感后面，与输入电源串联

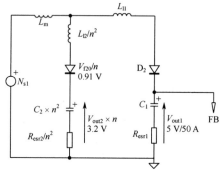

图 8.100 磁化电感清楚地显示了在纹波电流根据漏电感值进行分流之前对总归一化纹波电流的控制

　　多输出正激式变换器的仿真是可行的，图 8.101 和图 8.102 显示了仿真电路，在该电路中，可清楚地看到 T 模型作用于 5 V/50 A 和 3.3 V/10 A 两个输出端。通过检测 5 V 输出端信号应用 TL431 构建反馈环路。应用 TL431 构建的类型 2 电路优化补偿网络。多输出正激式变换器的小信号研究涉及稳定性分析。

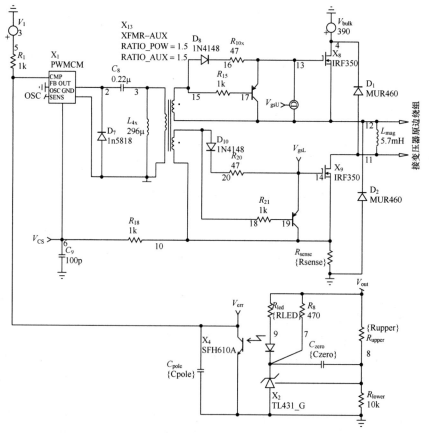

图 8.101 应用 PWMCM 通用控制器的多输出正激式变换器电路的主要部分。反馈环路应用 TL431 来检测 5 V 输出端电压。补偿网络采用类型 2 补偿

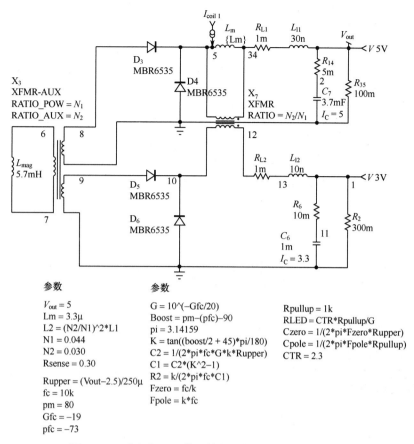

图 8.102　副边应用 T 模型结构，但也可采用耦合系数

　　图 8.103 画出了因耦合电感在两个输出电容上产生的纹波电流，耦合电感的匝数比理论上与变压器副边比完全匹配（0%）。可以看到，存在小失配（这里为 1%）会使纹波电流很快增加。如失配达 3%，纹波电流有效值将要乘以 2.5。

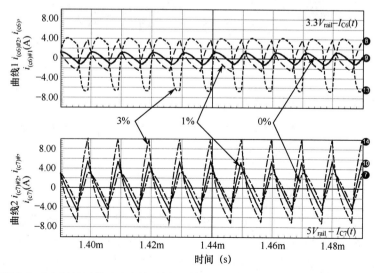

图 8.103　耦合电感之间的匝数比必须与副边匝数比尽可能匹配。小失配会导致较高纹波电流

图 8.104 所示为改变两个副边上漏电感而产生的结果。与期望的一样，如果减小 5 V 输出端的 L_{11}，增加 3.3 V 输出端的 L_{12}，则 5 V 输出端的纹波增加而 3.3 V 输出端的纹波减小。

最后，图 8.105 描述了多输出正激式变换器的负载阶跃响应，其中 3.3 V 输出端负载电流从 2 A 变化到 10 A/5 V 输出端输出连续的 50 A。注意到在 3.3 V 输出端有很好的结果（峰值变化仅 80 mV），电源调节通过 5 V 电压端完成。

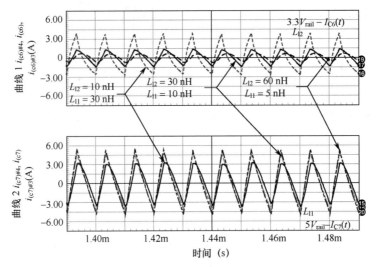

图 8.104　纹波可通过增加一个漏电感，减小另一个漏电感来进行控制

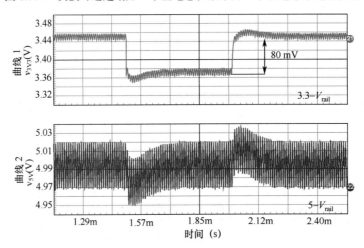

图 8.105　由于电感的耦合，多输出正激式变换器可输出极好的瞬态结果

在文献[23]和[24]中，可以发现更多有关多输出变换器的内容。文献[24]在具有三输出端的例子中，利用悬臂模型给出了预测交叉调节的方法。

8.9　正激式变换器的小信号响应

尽管增加了变压器，小信号响应与简单的降压变换器仍然没有太大的不同。通常，交流响应随工作模式（DCM 和 CCM）而变化，大量正激式变换器设计工作于 CCM 模式。为方便补偿，许多离线正激式变换器应用电流模式。在基于运算放大器补偿的情况下，电压模式工作也是可行的。基于 TL431 类型 3 补偿电路，特别是在低输出电压情况下，实际上无法提供所需的设计灵活性。

8.9.1　电压模式

图 8.106 所示为工作于电压模式的典型正激式结构，它利用自触发模型，即 PWMVM 模型。该电路在输入直流电压从 36 V 到 72 V 的条件下，在输出电流为 20 A 时输出电压为 12 V。TL431 确保类型 3 补偿并假设 PWM 电路的锯齿波幅度为 2.5 V。图 8.107 所示为在输入电压为 36 V 时所得到的开环波特图，变换器工作在 CCM 或 DCM。变换器在输入电压为 36 V 的条件下，两种模式之间的触发转换所对应的载荷点，可应用在降压变换器中已经推导得到的公式求得：

$$R_{\text{critical}} = 2F_{\text{sw}}L \frac{NV_{\text{in}}}{NV_{\text{in}} - V_{\text{out}}} = 2 \times 100k \times 25\mu \frac{0.91 \times 36}{0.91 \times 36 - 12} = 7.9\ \Omega \tag{8.111}$$

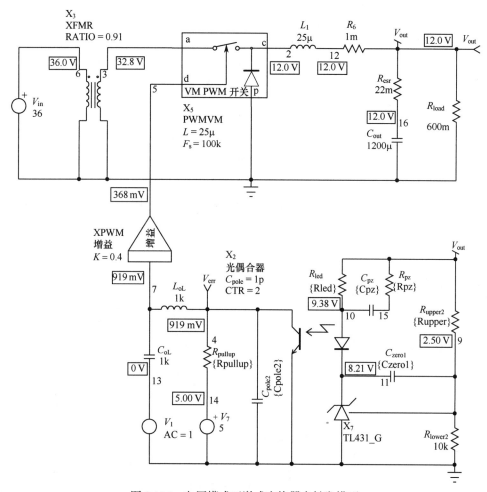

图 8.106　电压模式正激式变换器自触发模型

图 8.107 显示了与输出 LC 滤波器相关的峰值。该二阶网络在谐振点施加了相位延迟，它必须通过在峰值频率处放置双零点来进行补偿。在 DCM 条件下，开环增益下降很快，并由于电路中不存在电感状态变量而没有出现谐振峰。相位裕度达 90°（一阶系统行为），当输出电容及相应的零点起作用后，相位裕度开始改善。考虑带宽为 10 kHz，按照第 3 章描述的方法手动放置极-零点，可给出合理的交叉频率并具有相应的良好相位裕度。图 8.108 肯定了这一结论。

在谐振频率处放置双零点来得到所需的补偿：

$$f_{z1} = f_{z2} = \frac{1}{2\pi\sqrt{LC_{out}}} = \frac{1}{6.28 \times \sqrt{25\mu \times 1.2m}} = 919\,\text{Hz} \qquad (8.112)$$

可放置一个极点来补偿与 ESR 关联的零点，其位置在

$$f_{p1} = \frac{1}{2\pi R_{ESR} C_{out}} = \frac{1}{6.28 \times 22m \times 1.2m} = 6\,\text{kHz} \qquad (8.113)$$

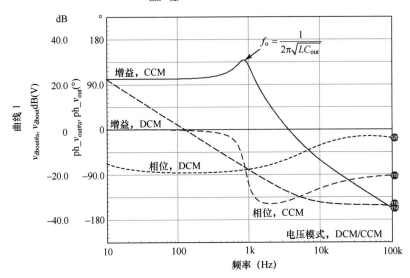

图 8.107　电压模式正激式变换器开环波特图

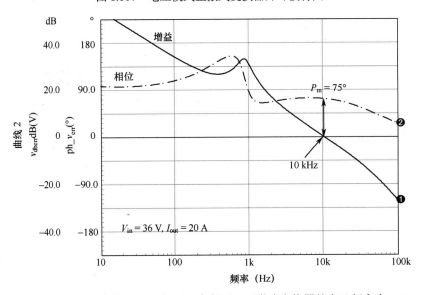

图 8.108　补偿后，在输入电压为 36 V 条件下，正激式变换器的交叉频率为 10 kHz

最后，把第二个极点放置于开关频率的一半或 50 kHz 处。给定上拉电阻为 2.2 kΩ，光耦合器的 CTR 为 2，应用电子表格计算可得对应交叉频率为 10 kHz 时的元件值如下：

$$R_{LED} = 7\,\text{k}\Omega,\ C_{ZERO} = 7\,\text{nF},\ C_{POLE2} = 1.5\,\text{nF},\ C_{PZ} = 33\,\text{nF},\ R_{PZ} = 785\,\Omega$$

为测试稳定性，做负载阶跃仿真，结果如图 8.109 所示。图中没有过脉冲，电压波动在输出电压的 3% 内。

与以前多次解释的一样，TL431 并不很合适来构建类型 3 补偿。LED 串联电阻的计算必须应满足放置第二个极零点网络要求，但也需满足在任何负载情况下的电流偏置条件。由于输出电压低而使该问题恶化，LED 偏置成为实在的问题，特别是在集电极电流相当高时尤其明显（对应于上拉电阻低，无法为 LED 压降、TL431 工作电压提供足够的电压空间）。在这些情况下，达到合适的补偿曲线需要对一些参数进行多次迭代运算，尤其是上拉电阻、光耦合器 CTR 以及采用的带宽等。如果不能得到合适的相位提升，要么用双极型晶体管或齐纳二极管对快通道做 ac 退耦（参考第 3 章），要么采用基于运算放大器的补偿。其他的选项可选用电流模式拓扑来代替电压模式结构：变换器在低频区变成一阶系统，用类型 2 补偿电路很容易稳定该变换器。

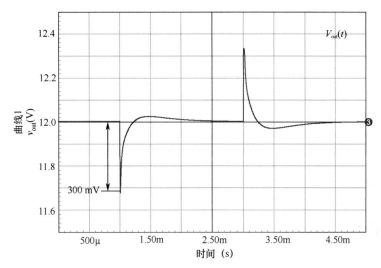

图 8.109　负载瞬态响应肯定了补偿后电压模式正激式变换器的稳定性

表 8.1 列出了工作于 CCM 的电压模式正激式变换器小信号参数。由于降压驱动变换器从不设计使变换器在标称负载条件下工作于 DCM，我们未包括与该模式相关的小信号元件。

表 8.1　小信号参数

	CCM		CCM
一阶极点	—	V_{out}/V_{in} 直流增益	ND
二阶双极点	$\dfrac{1}{2\pi\sqrt{LC_{out}}}$	V_{out}/V_{error} 直流增益	$\dfrac{NV_{in}}{V_{peak}}$
左半平面零点	$\dfrac{1}{2\pi R_{ESR}C_{out}}$	占空比 D	$\dfrac{V_{out}}{NV_{in}}$
右半平面零点	—		

表中，D 表示占空比；F_{sw} 表示开关频率；R_{ESR} 表示输出电容等效串联电阻；$M = V_{out}/NV_{in}$ 表示变换比；R_{load} 表示输出负载；C_{out} 表示输出电容；L 表示副边降压电感；N 表示 N_s/N_p 变压器匝数比；V_{peak} 表示 PWM 锯齿波幅度。

8.9.2　电流模式

图 8.110 画出了一个类似的正激式变换器，但这次它工作于电流模式。该电路使用自触发电流模式模型，其控制电压来自内嵌式 B_1。B_1 源模拟 1 V 钳位作用（与 UC384X 或 NCP120X 系列控制器一样），该钳位用一个分压器实现，分压发生在反馈引脚和内部电流检测比较器之间（见第 7 章）。因此，最大峰值电流钳位在检测电阻上电压为 1 V 时的电流值。模型参数 R_i 对应于实际电路中的检测电阻 R_{sense}，按匝数比 N 比例折算到变压器后面：36.4 mΩ。

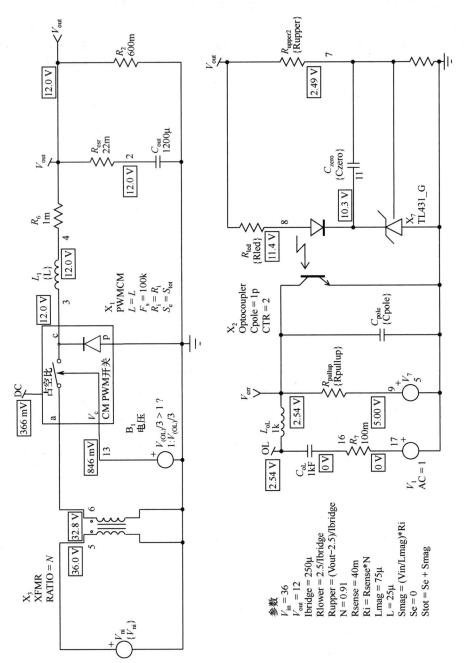

图 8.110　电流模式式正激式变换器

参数
$V_{in} = 36$
$V_{out} = 12$
Ibridge $= 250\mu$
Rlower $= 2.5/$Ibridge
Rupper $= ($Vout$-2.5)/$Ibridge
$N = 0.91$
Rsense $= 40m$
Ri $=$ Rsense*N
Lmag $= 75\mu$
$L = 25\mu$
Smag $= ($Vin/Lmag$)*$Ri
Se $= 0$
Stot $=$ Se $+$ Smag

若观察单开关正激式变换器流过 MOSFET 漏极的电流,形状与图 8.3 类似:为折算的副边电流与磁化电流之和。式(8.3)把这一叙述转换为分析表达式。观察得到,磁化电流在正激式变换器中起斜坡补偿作用。或者说,通常电流模式正激式变换器是稳定的,因为磁化电流自然地补偿电流环路。然而,必须检查斜坡是否大到足以产生补偿作用或需要一些更大的外部斜坡。经常会产生其他的一些情况,磁化电流太大使变换器过补偿,则就没有什么可做的。下面开始讨论现在的情况:

$$S_{\text{off}} = \frac{V_{\text{out}}}{L} = \frac{12}{25\mu} = 480 \, \text{kA/s} \tag{8.114}$$

当通过 R_i 折算(已经通过匝数比缩放),可得到电压斜率为

$$S'_{\text{off}} = S_{\text{off}} R_i = 480\text{k} \times 36.4\text{m} = 17.5 \, \text{mV/}\mu\text{s} \tag{8.115}$$

测试原型变压器的磁化电感值为 75 μH。在低输入电压下产生的电流为

$$S_{\text{mag}} = \frac{V_{\text{in,min}}}{L_{\text{mag}}} = \frac{36}{75\mu} = 480 \, \text{kA/s} \tag{8.116}$$

现在把式(8.116)变换为检测电压,得到

$$S'_{\text{mag}} = S_{\text{mag}} R_{\text{sense}} = 480\text{k} \times 40\text{m} = 19.2 \, \text{mV/}\mu\text{s} \tag{8.117}$$

此时,磁化斜坡提供了近 110% 的补偿。这显然是过补偿设计,但除增加磁化电感外,几乎没有用来改变这种情况的办法。

尽管电路工作于 CCM,占空比接近于 40%(见图 8.111),对该电路做交流扫描并未揭示任何类型的尖峰。

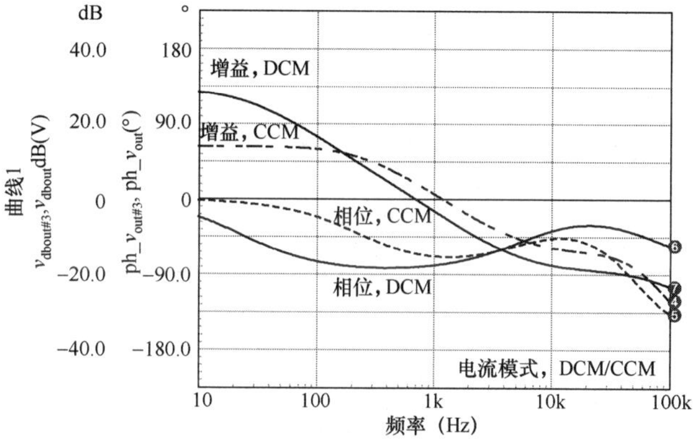

给定一阶行为,交叉频率为 10 kHz(与电压模式正激式变换器匹配),应用于类型 2 补偿电路的 k 因子推荐极点和零点位置如下:

$$f_{\text{z1}} = 7.2 \, \text{kHz} \tag{8.118}$$

图 8.111 由于磁化电流对变换器的补偿作用,交流扫描未显示尖峰

$$f_{\text{p1}} = 14 \, \text{kHz} \tag{8.119}$$

一旦对 TL431 电路做这一计算,就可得如下元件值:$R_{\text{PULL-UP}} = 2.2 \, \text{k}\Omega$, $R_{\text{LED}} = 1 \, \text{k}\Omega$, $C_{\text{ZERO}} = 585 \, \text{pF/680 pF}$, $C_{\text{POLE}} = 5.2 \, \text{nF/6.8 nF}$。

图 8.112 中,在低输入和高输入电压两种条件下,相位裕度接近 60°,显示了设计的可靠性。图 8.113 所示的输出阶跃响应肯定了变换器工作的稳定性。注意,假设频谱的低频部分没有零点(与电压模式情况不一样),与电压模式相比,CCM 具有更快的恢复时间。

与电压模式情况一样,表 8.2 列出了工作于电流模式的正激式变换器小信号元件。另外,CCM 只出现在这一节中。

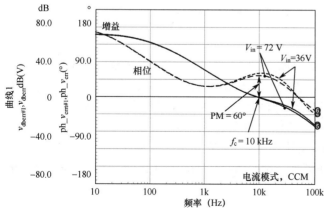

图 8.112 补偿后两种工作电压下(全载条件下)正激式变换器呈现了很好的相位裕度

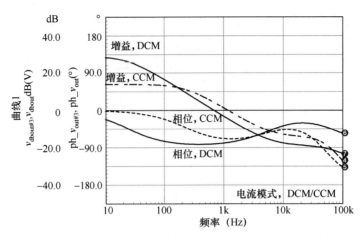

图 8.113　负载阶跃测试确认变换器工作的稳定性并显示了很好的恢复时间，恢复时间比电压模式时快

表 8.2　工作于电流模式的正激式变换器小信号元件

	CCM
一阶极点	$\dfrac{\dfrac{1}{R_{load}C_{out}}+\dfrac{T_{sw}}{LC_{out}}[m_cD'-0.5]}{2\pi}$
二阶极点	—
左半平面零点	$\dfrac{1}{2\pi R_{ESR}C_{out}}$
右半平面零点	—
V_{out}/V_{in} 直流增益	$\dfrac{ND\left[m_cD'-(1-D/2)\right]}{\dfrac{L}{RT_{sw}}+[m_cD'-0.5]}$
V_{out}/V_{error} 直流增益	$\dfrac{R_{load}}{R_i}\dfrac{1}{1+\dfrac{R_{load}T_{sw}}{L}[m_cD'-0.5]}$
占空比 D	$\dfrac{V_{out}}{NV_{in}}$

表中，D 表示占空比；F_{sw} 表示开关频率；T_{sw} 表示开关周期；R_{ESR} 表示输出电容等效串联电阻；$M = V_{out}/NV_{in}$ 表示变换比；L 表示副边电感；L_p 表示原边或磁化电感；R_{load} 表示输出负载；N 表示 N_s/N_p 变压器匝数比；$S_n = \dfrac{NV_{in}-V_{out}}{L}R_i$ 表示导通期间斜率，单位为 V/s；S_e 表示外部补偿斜坡斜率，单位为 V/s；R_i 表示原边检测电阻 R_{sense} 折算到副边（$R_i = NR_{sense}$）；m_c 表示 $1+S_e/S_n$。

8.9.3　多输出正激式变换器

自触发 PWM 开关模型、电流模式或电压模式，都非常适合于构建具有耦合电感的多输出正激式变换器。技巧在于改变变压器位置，这在第 2 章的图 2.139 中已经强调过。然而，由于现在要处理耦合在副边的几个电感，需要计算反映在 PWM 开关模型"C"节点上的电感值是多少。图 8.114 所示为无输出负载情况下的变换器。请注意这些电感是相互耦合的。

本书的第 1 版出版后，Arturo Galgani 先生跟我谈了一些看法，认为第 1 版书中的原有推导只涉及非耦合情况。他友好地与我分享了如下完整的耦合电感推导。电感 L_1 和 L_2 两端电压可表示为

$$V_1 = L_1 \frac{\mathrm{d}i_{L_1}(t)}{\mathrm{d}t} + M\frac{\mathrm{d}i_{L_2}(t)}{\mathrm{d}t} = L_1 S_1 + M \cdot S_2 \tag{8.120}$$

$$V_2 = L_2\frac{\mathrm{d}i_{L_2}(t)}{\mathrm{d}t} + M\frac{\mathrm{d}i_{L_1}(t)}{\mathrm{d}t} = L_2 S_2 + M \cdot S_1 \quad （8.121）$$

式中，S 为每个电感电流的斜率，M 代表互感，其定义为 $M = k\sqrt{L_1 L_2}$，k 为 L_1 和 L_2 的耦合系数。

分别求解电感电流斜率得

$$S_1 = -\frac{L_2 V_1 - M V_2}{M^2 - L_1 L_2} \quad （8.122）$$

$$S_2 = -\frac{L_1 V_2 - M V_1}{M^2 - L_1 L_2} \quad （8.123）$$

已知磁性介质上的线圈匝数受具体电感因子 A_l 的影响，电感值等于 $L = A_l N^2$。因此

$$L_1 = N_{L_1}^2 A_l \quad （8.124）$$

$$L_2 = N_{L_2}^2 A_l \quad （8.125）$$

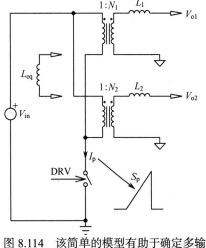

图 8.114 该简单的模型有助于确定多输正激式变换器在原边 PWM 开关上反映出来的等效电感 L_{eq}

从这两个式子得到

$$M = k\sqrt{L_1 L_2} = k N_{L_1} N_{L_2} A_l \quad （8.126）$$

由于耦合电感中电流平衡，有 $N_{L_2}/N_{L_1} = N_2/N_1$。因此，$N_{L_2} = (N_2/N_1)N_{L_1}$，其中 N_2 和 N_1 分别为输出 V_{O1} 和 V_{O2} 的正激变压器的匝数比，N_{L_2} 和 N_{L_1} 为耦合电感的匝数比。

把上述关系代入式（8.126），得出

$$M = k N_{L_1}\frac{N_2}{N_1} N_{L_1} A_l = k N_{L_1}^2 \frac{N_2}{N_1} A_l \quad （8.127）$$

在 CCM 下，两个输出电压通过系数 α 相关联：

$$N_2 = \alpha N_1 \text{ 和 } V_{O2} = \alpha V_{O1}$$

电感两端电压定义为

$$V_2 = V_{in} N_2 - V_{O2} \text{ 和 } V_1 = V_{in} N_1 - V_{O1}$$

M 可更新为

$$M = k N_{L_1}^2 \frac{\alpha N_1}{N_1} A_l = k N_{L_1}^2 \alpha A_l \quad （8.128）$$

输出电压 V_{O2} 及副边电感 L_2 与 V_{O1} 和 L_1 的关系可重新定义为

$$V_2 = V_{in}\alpha N_1 - \alpha V_{o1} = \alpha(N_1 V_{in} - V_{o1}) \quad （8.129）$$

$$L_2 = (N_{L1}\alpha)^2 A_l \quad （8.130）$$

把上述关系式代入第一个变压器定义式得出

$$S_1 = -\frac{V_{o1} - N_1 V_{in}}{A_l N_{L_1}^2 (k+1)} \quad （8.131）$$

$$S_2 = -\frac{V_{o1} - N_1 V_{in}}{A_l N_{L_1}^2 \alpha (k+1)} \quad （8.132）$$

换算所得的原边斜率简单地就是单个斜率之和：

$$S_p = S_1 N_1 + S_2 N_2 \quad （8.133）$$

已知 $N_2 = \alpha N_1$；因此，$S_p = N_1(S_1 + \alpha S_2)$。最后，我们有

$$S_p = -\frac{2N_1(V_{o1} - N_1 V_{in})}{A_l N_{L_1}^2 (k+1)} \quad （8.134）$$

用 L_1 代替 $A_l N_{L_1}^2$ 再除以 N_1，得出

$$S_p = \frac{V_{in} - V_{o1}/N_1}{\dfrac{L_1}{N_1^2}\dfrac{(k+1)}{2}} \tag{8.135}$$

由上式可求得从原边观察的等效电感

$$L_{eq} = \frac{L_1}{N_1^2}\frac{(k+1)}{2} \tag{8.136}$$

对于一个有 p 个输出的变换器，等效电感为

$$L_{eq} = \frac{L_1}{N_1^2}\frac{(p-1)k+1}{p} \tag{8.137}$$

对具有耦合电感的多输出正激式变换器小信号模型感兴趣的读者可参看文献[25]

利用图 8.102、图 8.110 和图 8.114，可以应用耦合电感构建平均模型多输出正激式变换器，如图 8.115 所示。图中使用变压器 T 模型结构，但用传统的 SPICE k 耦合系数也可以得到类似的结果。由于子电路直接与输入电压相连，检测电阻保持为标称值，计算结果取决于传输给模型的等效电感参数。工作点已显示在电路图中，占空比为 39%，峰值电流为 3 A（由加在检测电阻 R_{sense} 上的 B_1 输出电压产生），图 8.116 的上半部分是在输入电压为 330 V dc、标称功率为 280 W 的条件下得到的开环波特图。图中没有谐振尖峰，系统看上去很容易补偿得到 10 kHz 带宽。图 8.116

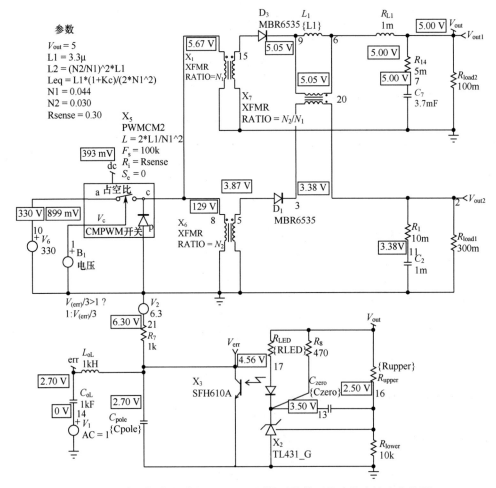

图 8.115　应用耦合电感和 PWMCM 平均开关模型构建的多输出变换器

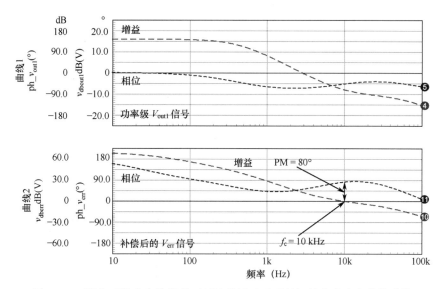

图 8.116　耦合正激式变换器的开环波特图显示了很好的交流响应曲线形状

的下半部分是采用类型 2 补偿后得到的波特图，给出了很好的 80°相位裕度。为测试模型的有效性，应用平均和逐周两种模型，在无调节的 3.3 V 输出端做负载阶跃仿真。图 8.117 所示为由两种方法得到的结果，波形之间显示了良好的一致性。

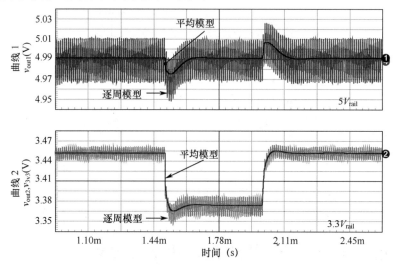

图 8.117　逐周模型的瞬态阶跃与交流模型所得结果完好匹配

　　为确认所用方法的有效性，我们实际构建了双开关电流模式变换器，其特性几乎与仿真结果完全一样，只是实际电路为 12 V 和 5 V 两路耦合输出。TL431 构成的反馈网络只包括 5 V 输出电压，控制器为安森美公司生产的 NCP1217A。通过应用 k 因子（带宽为 10 kHz）对补偿网络进行适当选择，12 V 输出端可得到幅度为 8 A 的负载阶跃响应。

　　图 8.118 所示为 PSpice 仿真结果和实验结果，显示了两个曲线之间的良好一致性。在 12 V 输出端测量得到的电压下降与仿真结果匹配。这显然不仅说明了小信号方法的有效性，也表明了由 TL431 组成的反馈环路模型和光耦合器模型的正确性。

　　对小信号电路的分析结束了对正激式变换器的描述，可以讨论如何应用当代半导体器件设计这种变换器了。

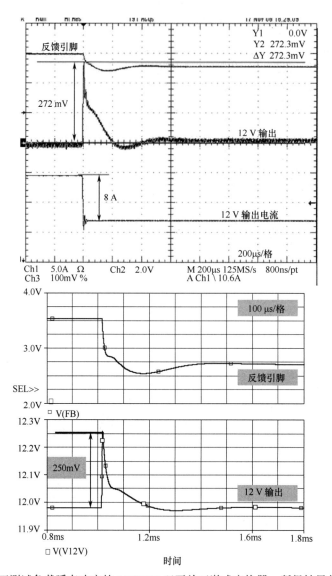

图 8.118　构建了用于测试负载瞬态响应的 5 V/12 V 双开关正激式变换器，所得结果与仿真结果完好匹配

8.10　单输出 12 V/250 W 正激式变换器设计

该变换器产生 12 V 输出电压及 22 A 输出电流，常用于为游戏工作站或多媒体计算机供电。给定功率的大小，推荐应用预变换电路（PFC 电路），但在本节中对其不做讨论（参见第 6 章）。该变换器的技术指标如下：

$V_{\text{bulk,min}} = 350\text{ V dc}$，$V_{\text{bulk,max}} = 400\text{ V dc}$，$V_{\text{out}} = 12\text{ V}$，$V_{\text{ripple}} = \Delta V = 50\text{ mV}$

输出电流 I_{out} 在 10 μs 内从 10 A 变化到 20 A 情况下，最大 $\Delta V_{\text{out}} = 250\text{ mV}$

$I_{\text{out,max}} = 22\text{ A}$，$T_A = 70℃$，$F_{\text{SW}} = 100\text{ kHz}$

MOSFET 降额因子 $k_D = 0.85$，二极管降额因子 $k_d = 0.5$

在这种输出功率值下，不能使用单开关结构，应采用双开关拓扑。首先，计算所需的变压器匝数比，给定最大占空比 D_{max} 为 45%，效率为 90%。基于式（8.7），可写出

$$V_{out} = \eta V_{bulk,min} D_{max} N \tag{8.138}$$

从上式求匝数比，得到

$$N = \frac{V_{out}}{\eta V_{bulk,min} D_{max}} = \frac{12}{0.9 \times 350 \times 0.45} = 0.085 \tag{8.139}$$

把上述值用于式（8.138），把输入电压从最小值改为最大值，可估计在高输入电压条件下的最小占空比为

$$D_{min} = \frac{V_{out}}{\eta V_{bulk,max} N} = \frac{12}{0.085 \times 0.9 \times 400} = 0.39 \tag{8.140}$$

交叉频率 f_c 选为 10 kHz。频率超过该值，变换器会引入开关噪声并需要更仔细地布线。频率低于此值，严格的跌落电压指标会导致需要选择大体积的输出电容。然而，如果在计算的开始阶段未能求到合适的电容，则需要一些迭代运算。考虑到压降大多取决于 f_c、输出电容和阶跃负载电流，可以用已有公式来推导得到第一个电容值：

$$C_{out} \geqslant \frac{\Delta I_{out}}{2\pi f_c \Delta V_{out}} \geqslant \frac{10}{6.28 \times 10k \times 0.25} \geqslant 636\,\mu F \tag{8.141}$$

上面的情况假设了在交叉频率处，ESR 比电容容抗低很多：

$$R_{ESR} \leqslant \frac{1}{2\pi f_c C_{out}} \leqslant \frac{1}{6.28 \times 10k \times 636\mu} \leqslant 25\,m\Omega \tag{8.142}$$

因此，要选择在最差情况下，在交叉频率处，电容 ESR 低于电容阻抗，以限制 ESR 对瞬态输出降落的影响。应用 Rubycon 公司生产的 1000 μF ZL 电容是个不错的选择：

$C = 1000\,\mu F$；$T_A = 105\,℃$时，$I_{C,rms} = 1820\,mA$；$T_A = 20\,℃$时，$R_{ESR,low} = 23\,m\Omega$

$T_A = -10\,℃$时，$R_{ESR,high} = 69\,m\Omega$；ZL 系列，16 V

给定 ΔI_{out} 为 10 A，上述室温下的 ESR 将单独产生输出电压负脉冲，其值为

$$\Delta V_{out} = \Delta I_{out} R_{ESR} = 10 \times 23m = 230\,mV \tag{8.143}$$

如果技术指标为 250 mV，上述计算值是不可接受的。或者说，所选的电容，其 ESR 值至少等于式（8.142）所推荐值的一半（10 mΩ）。需要将三个 ZL 系列电容并联来得到如下等效元件：

$C_{out} = 3000\,\mu F$；$T_A = 105\,℃$时，$I_{C,rms} = 5.5\,A$；$T_A = 20\,℃$时，$R_{ESR,low} = 7.6\,m\Omega$

$T_A = -10\,℃$时，$R_{ESR,high} = 23\,m\Omega$；ZL 系列，16 V

在低温时，负脉冲会达到极限值，除非我们认为游戏工作站工作时温度不会低于 0℃。如果需要在圆顶建筑内玩游戏，显然需要 4 个或 5 个电容。最后需要检查流过的有效电流。然而，假设降压输出具有非脉冲本质，我们不能期望该电流值太高。

给定输出功率值和大体积输出电容，可以认为总纹波电压只取决于 ESR 项。因而，如果电容的 ESR 为 15 mΩ（0℃时的近似值），最大峰-峰输出纹波电流满足

$$\Delta I_L \leqslant \frac{\Delta V}{R_{ESR,max}} \leqslant \frac{50m}{15m} \leqslant 3.3\,A \tag{8.144}$$

为得到电感值，可写出截止期间的降压纹波表达式为

$$\Delta I_L = \frac{V_{out}}{L}(1 - D_{min})T_{sw} \tag{8.145}$$

应用上述式子，可以推导最小电感值 L 满足

$$L \geqslant \frac{V_{out}}{\Delta I_L}(1 - D_{min})T_{sw} \geqslant \frac{12}{3.3}(1 - 0.39)10\mu \geqslant 22\,\mu H \tag{8.146}$$

如果考虑到在高温时，电感值有 10%的下降，让我们选输出电感值为 25 μH。该电感使流过

电容的有效电流值为

$$I_{C_{out},rms} = I_{out} \frac{1-D_{min}}{\sqrt{12\tau_L}} = 20 \times \frac{1-0.39}{3.5 \times 4.17} = 835 \text{ mA} \quad (8.147)$$

式中，$\tau_L = L/(R_{load}T_{sw}) = 25\mu/(600m \times 10\mu) = 4.17$，与第 1 章指出的一样。设等效电容电流容量为 5.5 A，就没有什么问题了。这是典型的降压型派生变换器，假定电感工作平稳，变换器电容应力小。这可用于正激式变换器以防出现可靠性问题。就这方面而言，反激或升压变换器对电容的要求更高，因电容的寿命受高有效电流的影响。

副边电流将达到峰值：

$$I_{s,peak} = I_{out} + \frac{\Delta I_L}{2} = 20 + 1.65 = 21.65 \text{ A} \quad (8.148)$$

在原边，该电流折算为

$$I_{p,peak} = I_{s,peak} N = 21.65 \times 0.085 = 1.84 \text{ A} \quad (8.149)$$

电流谷值达到

$$I_{p,valley} = (I_{out} - \Delta I_L/2)N = (20 - 1.65) \times 0.085 = 1.56 \text{ A} \quad (8.150)$$

如果认为控制器出现最大峰值电流时，对应于检测电阻两端的电压为 1 V，那么通过下式可计算检测电阻，其中考虑了 10% 的裕度：

$$R_{sense} = \frac{1}{I_{p,peak} \times 1.1} = \frac{1}{1.84 \times 1.1} \approx 500 \text{ m}\Omega \quad (8.151)$$

流过 MOSFET、变压器原边和检测电阻的电流在形状上与第 7 章中研究的 90 W CCM 反激式变换器例子中的原边电流类似。有效电流表达式稍有不同，因为该电流包含了副边纹波通过匝数比 N 折算到原边的电流（这里忽略了磁化电流的贡献）：

$$I_{p,rms} = \sqrt{D_{max}\left(I_{p,peak}^2 - I_{p,peak}\Delta I_L N + (\Delta I_L N)^2/3\right)} \quad (8.152)$$

$$I_{p,rms} = \sqrt{0.45 \times \left(1.84^2 - 1.84 \times 3.3 \times 85m + (3.3 \times 85m)^2/3\right)} = 1.14 \text{ A} \quad (8.153)$$

检测电阻上耗散的功率为

$$P_{R_{sense}} = I_{p,rms}^2 R_{sense} = 1.14^2 \times 500m = 650 \text{ mW} \quad (8.154)$$

该数值相当于 250 W 输出功率的 0.3%，但假设要求效率为 90%，仍希望选择能节约功率的电流变压器。这类元件通常通过单匝原边绕组检测电流，把检测得到的电流折算到副边并让其流过负荷电阻。因而，可为控制器检测电流输入端提供相应的电压。该变压器起高通滤波器作用，并具有等效截止频率，显然不能传输直流信号。对该类变压器的设计已超过了本设计示例的范围，但对该主题感兴趣的读者可从参考文献[26]中找到有关电流检测变压器工作的有用描述。

8.10.1 MOSFET 选择

MOSFET 的选择基于最大输入电压和降额因子（$k_d = 0.85$）。如果选择耐压为 500 V 的器件（在双开关反激式变换器中，晶体管应力受输入电压限制），最大输入电压必须限制在

$$V_{bulk,max} = BV_{DSS}k_d = 500 \times 0.85 = 425 \text{ V} \quad (8.155)$$

在轻负载工作时，PFC 不包括跳周模式，输出电压将有可能达过压保护（OVP）值。因而，变换器进入各种自恢复呃逆模式。尽管出现过压保护，检查电路是否遵循式（8.155）是重要的。在 MC33262 控制器中，OVP 设为调节后输出电压的 8%，需要把标称输入电压减小到 390 V dc 以便在 MOSFET 上保持合适的安全裕度。

在浏览了多个制造商网站后，选择由 International Rectifier 公司制造的 IRFB16N50KPBF 型

MOSFET。该器件的技术指标如下：

IRFB16N50KPBF，TO220AB

BV_{DSS} = 500 V；T_j = 110℃时，$R_{DS(on)}$ = 770 mΩ；Q_G = 90 nC，Q_{GD} = 45 nC

借助式（8.153），可以估计 T_j = 110℃时，MOSFET 的导通损耗为

$$P_{cond} = I_{p,rms}^2 R_{DS(on)} = 1.14^2 \times 0.77 \approx 1 \text{ W} \tag{8.156}$$

开关导通损耗需要对实际器件进行测量，但可由下式做粗略估算：

$$P_{SW,on} = \frac{I_{p,valley}V_{bulk}\Delta t}{6}F_{sw} \tag{8.157}$$

但对于双开关正激式变换器，当磁心复位时 MOSFET 导通，两个变压器端口电压为 V_{bulk} 除以 2：

$$P_{SW,on} = \frac{I_{p,valley}V_{bulk}\Delta t}{12}F_{sw} \tag{8.158}$$

如果 MOSFET 启动电路输出的峰值电流为 1 A，那么可估计交叠时间，此时电流和电压彼此交叉，该时间约为

$$\Delta t \approx \frac{Q_{GD}}{I_{DRV}} \approx \frac{45n}{1} \approx 45 \text{ ns} \tag{8.159}$$

这是很粗略的计算，意在给出可能的功率耗散大小的概念。另外，在该计算中，认为驱动电流为常数，与栅源电压无关。该说法对双极型驱动电路（恒电流发生器）而言是对的，如 UC384X 系列电路，但对基于 CMOS 的驱动电路来说并不是这样，其输出电流固有地与 V_{GS} 值的变化有关（电阻性输出行为）。

式（8.159）的计算包含密勒电荷 Q_{GD}，它低于总栅极电荷。$v_{DS}(t)$ 和 $i_D(t)$ 在交叠期间发生转换并产生损耗。把上述数值代入式（8.158），导通损耗为

$$P_{SW,on} = \frac{I_{p,valley}V_{bulk,max}\Delta t}{6}F_{sw} = \frac{1.56 \times 400 \times 45n}{6} \times 100k \approx 470 \text{ mW} \tag{8.160}$$

最差情况下截止损耗可由下式计算：

$$P_{SW,off} = \frac{I_{p,peak}V_{bulk}\Delta t}{2}F_{sw} \tag{8.161}$$

该损耗数值达到

$$P_{SW,off} = \frac{I_{p,peak}V_{bulk,max}\Delta t}{2}F_{sw} = \frac{1.84 \times 400 \times 45n}{2} \times 100k \approx 1.65 \text{ W} \tag{8.162}$$

另外，应用这些数值要十分小心，因为这些数值中包含了非线性参数，也并不能很好地表征如驱动电流能力等特性。这里给出这些数值是为了表示这些变量对最后损耗大小的影响，没有必要坚持在实际电路中测量这些参数。

8.10.2 缓冲器安装

如果在 MOSFET 漏源两端安装缓冲器，可以使漏源电压上升稍做延迟。结果，电压和电流交叠区域面积会稍有减小。缓冲器电路如图 8.119 所示。如在交叠期间忽略 R 和 D，则 C 直接连接于 MOSFET 的漏源两端。

当驱动电路使 MOSFET 断开时，漏极电流下降，下降速度由控制器驱动电流决定。然而，由于电流需要其他通路，该电流转向电容 C。因而，漏源电压增加，增加的速度主要由电容确定。漏源电压为

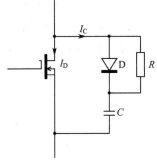

图 8.119　RCD 缓冲器有助于减小截止损耗

$$v_{DS}(t) = \frac{1}{C} \int_0^t i_C(t) \cdot dt \qquad (8.163)$$

电容电流斜向上上升，从 0（MOSFET 闭合）开始直到峰值，该峰值大小为开关断开时的 $I_{D,peak}$。图 8.120 所示为与缓冲作用相关的典型波形。如果 Δt 为原边电流从 MOSFET 漏极转移到缓冲电容所需的时间，可以推导得到漏源电压公式为

$$v_{DS}(t) = \frac{1}{C} \int_0^t I_{D,peak} \frac{t}{\Delta t} \cdot dt = \frac{I_{D,peak} t^2}{2C\Delta t} \qquad (8.164)$$

上式是二次式，电压形状是抛物线曲线。如图 8.120 所示，开关损耗由于电容的作用而减小。借助于式（8.164），可以推导这些损耗的表达式并可用于指导电容的选择：

$$P_{SW,off} = \frac{1}{T_{sw}} \int_0^{\Delta t} i_D(t) v_{DS}(t) \cdot dt = \frac{1}{T_{sw}} \int_0^{\Delta t} \frac{I_{D,peak}(\Delta t - t)}{\Delta t} \frac{I_{D,peak} t^2}{2C\Delta t} \cdot dt = \frac{(I_{D,peak}\Delta t)^2}{24 T_{sw} C} \qquad (8.165)$$

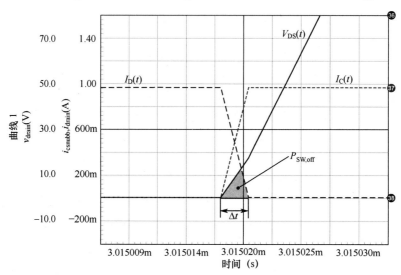

图 8.120　带缓冲电容的电路截止期间波形

遗憾的是，如果加一个电容并让它与功率开关并联，在导通期间附加的开关损耗（电容 C 通过开关放电）将使减小 MOSFET 功率耗散的努力白费。这些电容损耗为

$$j\, P_{SW,cap} = \frac{CV_{bulk}^2}{2T_{sw}} \qquad (8.166)$$

上式表明电容值与产生的功率耗散之间存在线性关系。然而，观察式（8.165）和式（8.166），可看到改变电容值会产生相反的结果：如果 C 增加，导通损耗减小但电容损耗增加。因而，存在两根曲线交叉的点，该点给出了最佳电容值，对应着两种损耗机理产生的功率耗散相等。该点可通过求总损耗表达式对电容 C 求导来得到，并在导数为 0 处求得电容 C 值：

$$P_{tot,SW} = P_{SW,off} + P_{SW,cap} = \frac{(I_{D,peak}\Delta t)^2}{24 T_{sw} C} + \frac{CV_{bulk}^2}{2T_{sw}} \qquad (8.167)$$

$$\frac{d}{dC} \left(\frac{(I_{D,peak}\Delta t)^2}{24 T_{sw} C} + \frac{CV_{bulk}^2}{2T_{sw}} \right) = \frac{V_{bulk}^2}{2T_{sw}} - \frac{(I_{D,peak}\Delta t)^2}{24 T_{sw} C^2} \qquad (8.168)$$

$$\frac{V_{bulk}^2}{2T_{sw}} - \frac{(I_{D,peak}\Delta t)^2}{24 T_{sw} C^2} = 0 \qquad (8.169)$$

根据上式求 C，得

$$C = \frac{\sqrt{3}}{6}\frac{I_{\text{D,peak}}\Delta t}{V_{\text{bulk,max}}} = 288\text{m}\frac{1.84 \times 45\text{n}}{400} = 60\,\text{pF} \qquad (8.170)$$

回到设计示例，把上述公式输入 Mathcad 并求由式（8.165）和式（8.166）给出的两种损耗曲线。结果如图 8.121 所示，它肯定了分析推导的合理性。选择 60 pF 缓冲电容时，总损耗值分配为

$$P_{\text{SW,off}} = P_{\text{SW,cap}} = 0.48\,\text{W} \qquad (8.171)$$

该功率值全部由 MOSFET 在导通和截止期间耗散。

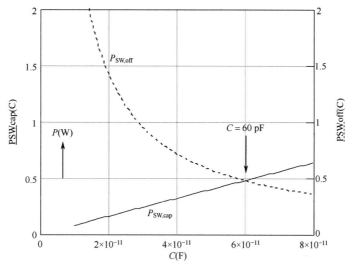

图 8.121　在同一图中画出开关损耗曲线，显示了两根曲线的交点：该点与最佳缓冲电容值相对应

与 1.65 W 相比，已减小了 MOSFET 截止期间的损耗，其值接近于 0.5 W。是否可以进一步减小 MOSFET 结温使它保持在安全温度范围？是的，可以把导通电容耗散通过外部电阻消耗而不是由 MOSFET 来耗散。功率耗散值保持为常数，但约功耗的一半转向增加的电阻而非 MOSFET。该电阻与 C 串联。然而，若电阻耗散功率，该电阻在开关断开期间会引入偏置 $I_{\text{D,peak}}R$，该偏置会破坏缓冲器带来的好处。为避免该串联偏置，用一二极管让电阻在电容充电期间短路（见图 8.119）。在导通期间，最小导通时间应确保电容 C 通过 R 完全充电；否则，截止损耗将增加，因为电容上会累积起偏置值。如果 RC 电路充电或放电条件至少保持 3τ，其中 $\tau = RC$，认为 RC 电路充电或放电。在现在的情况下，该条件变换为

$$3RC < D_{\text{min}}T_{\text{sw}} \qquad (8.172)$$

把已经计算得到的参数值代入上式并求 R，得到

$$R < \frac{D_{\text{min}}T_{\text{sw}}}{3C} < \frac{0.39 \times 10\mu}{3 \times 60\text{p}} < 21.6\,\text{k}\Omega \qquad (8.173)$$

该电阻值的选取应使式（8.171）的计算结果等于 0.5 W，因而一个 1 W 的电阻或把两个 0.5 W 电阻并联使用可允许在高电压下工作。

现在可以计算 MOSFET 总损耗值，包含传导和开关的贡献：

$$P_{\text{tot}} = P_{\text{cond}} + P_{\text{SW,on}} + P_{\text{SW,off}} = 1 + 0.23 + 0.48 \approx 1.7\,\text{W} \qquad (8.174)$$

给定 TO-220 封装，需要一个热沉。设计过程已经在第 7 章的设计示例中描述过。

8.10.3　二极管选择

原边续流二极管的选择与变压器磁化电感有关。通常，在离线应用中，电流值保持足够低以适应 1 A 二极管。在现在的情况下，设变压器的磁化电感为 10 mH。在最大导通时间和最小输入

电压下，磁化电流达到峰值，其值为

$$I_{mag,peak} = \frac{V_{bulk,min}}{L_{mag}} D_{max} T_{sw} = \frac{350}{10m} \times 0.45 \times 10\mu = 157 \text{ mA} \qquad (8.175)$$

如果认为导通和截止斜率相等，在 MOSFET 截止后，经以下延迟时间后磁电流复位：

$$t_{reset} = I_{mag,peak} \frac{L_{mag}}{V_{bulk,min}} = 157m \times \frac{10m}{350} = 4.48 \text{ μs} \qquad (8.176)$$

导通时间和复位时间相等，因为复位电压相似（值为 V_{bulk}）。可很快推导得到平均电流值为

$$I_{mag,avg} = \frac{(t_{on} + t_{reset}) I_{mag,peak}}{2 T_{sw}} = \frac{(0.45 \times 10\mu + 4.48\mu) \times 157m}{2 \times 10\mu} = 70 \text{ mA} \qquad (8.177)$$

在本应用中，MUR160 型二极管可满足要求。下面讨论副边二极管。

在正激式变换器中，两个副边二极管的峰值反向电压（PIV）类似。给定匝数比为 0.085，二极管峰值反向电压（PIV）应保持为

$$\text{PIV} = N V_{bulk,max} = 0.085 \times 400 = 34 \text{ V} \qquad (8.178)$$

那么，本应用中可选用反向耐压为 100 V 的肖特基二极管。TO-220 封装的 MBR60H100CT 型或 TO-247 封装的 MBR40H100WT 型二极管，正向压降为 0.6 V，在 $T_j = 150℃$ 下的平均电流为 20 A。在最差情况下（低输入电压，导通时间最长）串联二极管耗散的功率为

$$P_d = V_f I_{out} D_{max} = 0.6 \times 20 \times 0.45 = 5.4 \text{ W} \qquad (8.179)$$

续流二极管的耗散将稍多，因为续流二极管在截止时间导通，在高输入电压时，截止时间最长使功耗增大：

$$P_d = V_f I_{out}(1 - D_{min}) = 0.6 \times 20 \times (1 - 0.39) = 7.3 \text{ W} \qquad (8.180)$$

平均而言，这些二极管将耗散约 12 W 或总输出功率的 5%。采用同步整流来进一步减小该功率耗散是合理的。在降压驱动的变换器中，可以忽略输出交流纹波，使得用 MOSFET 实现同步整流成为有吸引力的方案。因为在反激式或升压变换器中不存在基于二极管的整流电路，MOSFET 的电阻性通路（$R_{DS(on)}$）又增加了一个耗散因素。事实上，二极管动态电阻 R_d 通常足够小，可忽略它对损耗的贡献，即使存在大的交流纹波时也是如此。这一描述不适合于 MOSFET 的场合，因为 MOSFET 的 $R_{DS(on)}$ 是主要的耗散回路，并会被大交流纹波进一步恶化。在正激式变换器中，输出交流纹波小，这由电容电流低于 1 A 来确认。如果期望每个同步二极管的耗散功率为 2 W，在忽略总有效值中的交流分量的情况下，需要的 $R_{DS(on)}$ 满足

$$R_{DS(on)} \leq \frac{P_D}{I_{out}^2} \leq \frac{2}{20^2} \leq 5 \text{ mΩ} \qquad (8.181)$$

给定低 $R_{DS(on)}$ 值，应用电路中需要几个 MOSFET 并联工作才能满足式（8.181）。$T_j = 150℃$ 时，NTP75N06 型二极管的 $R_{DS(on)}$ 为 19 mΩ。为得到可接受的 $R_{DS(on)}$ 值，把三个 NTP75N06 型二极管并联，使总的 $R_{DS(on)}$ 在 $T_j = 150℃$ 的情况下为 6.6 mΩ。考虑到续流二极管整流器的负担增加，需要 4 个 NTP75N06 型二极管以便达到 5 mΩ。必须考虑价格的平衡，即两个肖特基二极管及其热沉与 9 个 MOSFET 之间价格的平衡，当然，如果总功率耗散在它们之间分散的话，工作时可能不需要热沉。另外，自驱动 MOSFET 并不是万能的，主要是由于磁心复位时，驱动电压不足。这样会短时间内激活续流 MOSFET 的体二极管，从而进一步使效率降低。使用专用控制器有助于解决这一问题，但会增加费用。

8.10.4 小信号分析

图 8.122 所示为应用 PWMCM 自触发交流模型的电流模式正激式变换器电路。所有元件使用

上述计算所得的数值。光耦合器在 25 kHz 处有一个极点，并给定相当低的上拉电阻值。应用自动 k 因子工具或本书提供的教辅中的 Excel 电子表格，为 10 kHz 带宽进行了补偿，并对电路完成了交流扫描，如图 8.123 所示。计算所得到的数值如下：

$$f_z = 2.7 \text{ kHz}, \quad f_p = 37 \text{ kHz}, \quad R_{\text{pull-up}} = 1 \text{ k}\Omega, \quad R_{\text{LED}} = 100 \text{ }\Omega$$

$$R_{\text{upper}} = 38 \text{ k}\Omega, \quad C_{\text{zero}} = 1.5 \text{ nF}, \quad C_{\text{pole}} = 4.7 \text{ nF}$$

构建内部除 3 电路模型的 B_1 源通常用在电流模式控制器中（见第 7 章）。为测试该补偿方法的有效性，构建了逐周模型，由两个瞬态源 V_{reset} 和 V_{set} 组成简单的置位和复位电路。瞬态源由如下语句描述，电路如图 8.124 所示。

```
Vset   3  0 PULSE 0 10 0 1n 1n 50n {Tsw}
Vreset 16 0 PULSE 0 10 {Tsw*Dmax} 1n 1n 50n {Tsw}
```

T_{sw} 和 D_{max} 为传递参数，分别可改变开关频率和最大占空比。如果再看第 2 章，电流模式平均模式计算基于控制电压和斜坡补偿的峰值电流。然后，进一步推导基于开关周期和施加的峰值电流的占空比。有些时候，会发生冲突的情况，此时施加的峰值电流和其相关的导通时间被最大占空比钳位。此时，平均模型无法给出正确的大信号瞬态响应。这从图 8.125 中可以看到，图中比较了由平均模型（没有开关元件）、工作在最大占空比为 80% 的逐周模型及工作在占空比为 45% 的同一变换器的响应。注意，占空比为 80% 的情况没有物理意义，因为这一结构的常规正激式变换器在占空比为 80% 条件下是不能工作的。这显示了占空比对瞬态响应的影响。

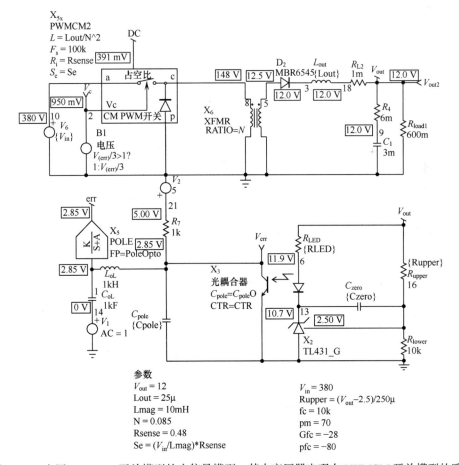

图 8.122　应用 PWMCM 开关模型的小信号模型，其中变压器出现在 PWMCM 开关模型的后面

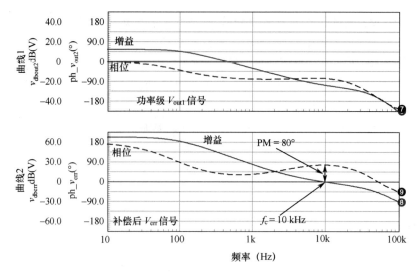

图 8.123　无补偿和适当补偿后的波特图

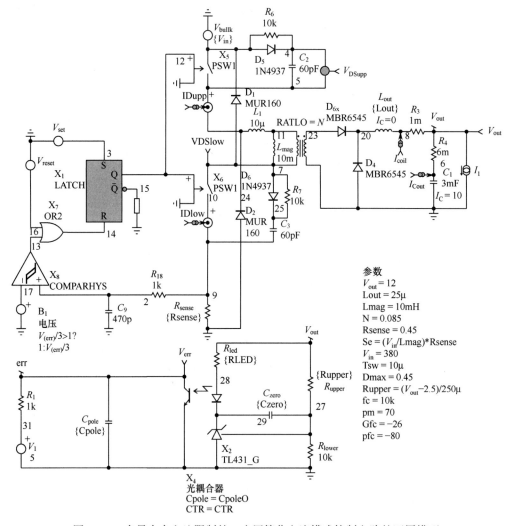

图 8.124　有最大占空比限制的，应用简化电流模式控制电路的逐周模型

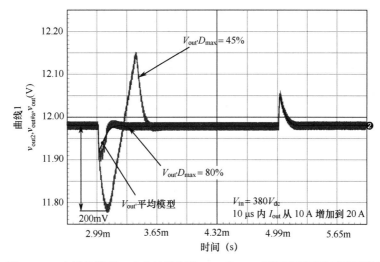

图 8.125 由平均模型、占空比限制为 80% 和 45% 的逐周模型仿真得到的瞬态响应。从压降值可清楚看出 45% 的占空比限制对响应的影响

解释占空比对瞬态响应的影响，在于占空比钳位电路对导通时间产生的限制作用，依次也钳位了最大原边峰值电流。因而，内在地限制了电感电流的上升时间并使其不能以较快的速度增加，尽管反馈环努力把上升速度推到最大值。如图 8.126 所示，比较两个斜率：无限制时为 312 mA/μs，在有钳位的情况下为 80 mA/μs。难怪占空比为 45% 时的瞬态响应给出了较大的电压降（200 mV）。然而，该数值仍然在技术指标范围内。如果电压降落比期望值大，也没有必要提高交叉频率，因为环路已经在寻求最大的功率。应增加输出电容并重新构建补偿电路。

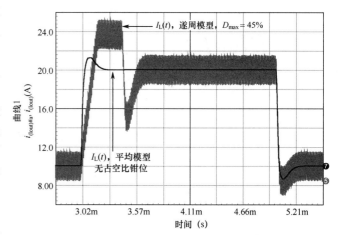

图 8.126 观察瞬态负载变化期间的电感电流斜率可清楚看到占空比限制对瞬态响应的影响

8.10.5 瞬态仿真结果

我们用 MOSFET 模型更新了图 8.124，并重新仿真（见图 8.127）。所选的控制器为 PWMCMS，它的第二个输出直接驱动变压器，避免了直流耦合电容。首先，所选的 MOSFET 与最初的选择不同，最初时缺乏 MOSFET 的 SPICE 模型。仿真时使用 SPP12N50C3 MOSFET，其 $R_{DS(on)}$ 在 25℃ 时为 700 mΩ，密勒电容为 26 nC。图 8.128 所示为放大了的漏极电压和电流波形。对这两个信号的乘积进行积分（平均），可得到每个 MOSFET 的平均功率为 1.3 W，比计算值稍好。然而，应记住，多数 SPICE MOSFET 的 $R_{DS(on)}$ 值对应的工作温度为 25℃，导通损耗应除以 2（当结温超过 100℃ 时，$R_{DS(on)}$ 值通常为室温时的两倍）。

图 8.129 所示为驱动信号和输出电压信号，表明峰-峰纹波低于 20 mV（指标为 50 mV）。另外，电感峰值和谷值电流与初始计算相符。

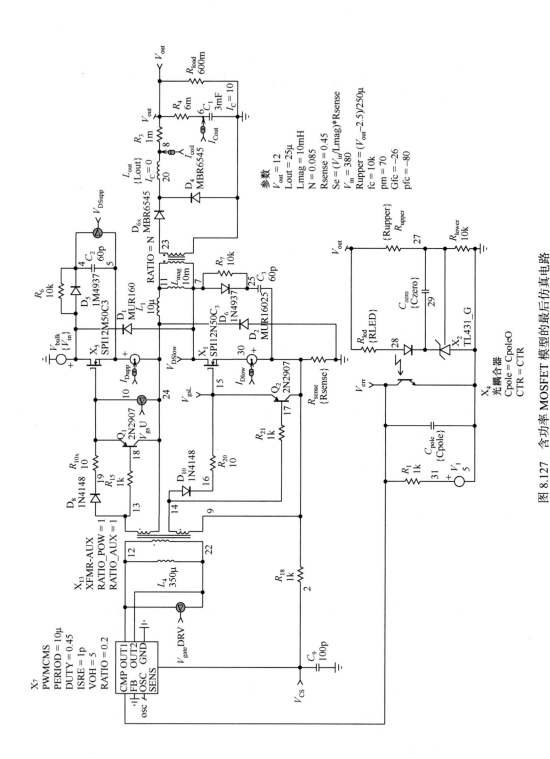

图 8.127 含功率 MOSFET 模型的最后仿真电路

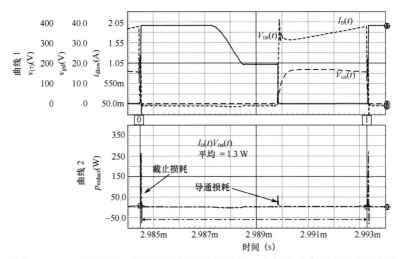

图 8.128 放大 MOSFET 瞬态区信号显示了转换的快速性，在每个功率管上具有良好的功率耗散

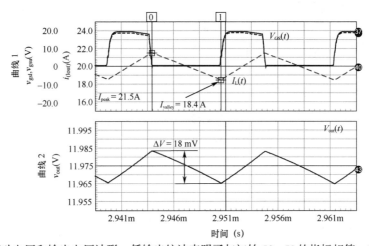

图 8.129 驱动电压和输出电压波形：低输出纹波表明了与初始 50 mV 的指标相符，有足够的裕度

为计算得到效率值，通过测量流过直流源的平均电流，并把它乘以源电压来计算得到 P_{in}。测量得到输出功率 P_{out} 为输入功率 P_{in} 的 95%，当然没有包含其他的损耗，在这些损耗中变压器起着很大作用。该变压器可由专业制造厂根据后面提供的数据制作。这些数据必须包括从原边侧得到的最大伏特-秒数值。参看第 4 章，该数值表示为

$$NB_{sat}A_e > V_{in,max}t_{on,max} \qquad (8.182)$$

这是正激式变换器的设计条件。如果不遵守该条件，变压器将会在几个开关周期之后很快饱和。在本例中，给定输入电压和占空比限制，最大伏特-秒值为

$$V-S_{max} = V_{in,max}T_{sw}D_{max} = 400 \times 10\mu \times 0.45 = 1.8 \, m \qquad (8.183)$$

提供给制造商的参数如下：

$I_{Lp,max} = 2 \, A$，$I_{p,rms} = 1 \, A$，$I_{s,rms} = 12.6 \, A$，$F_{sw} = 100 \, kHz$，$V_{in} = 380 \sim 400 \, Vdc$

$V_{out} = 12 \, V$（电流为 20 A），$N_p : N_s = 1:0.085$

电感本身有一系列技术指标，主要与连续输出电流和最大峰值电流偏移量有关：

$L = 25 \, \mu H$，$I_{p,max} = 25 \, A$，$I_{L,rms} = 20 \, A$，$F_{sw} = 100 \, kHz$，$\Delta I_L = 3 \, A$（峰-峰值）

图 8.130 所示为最终的电路图，图中给出了由开关频率为 100 kHz、型号为 NCP1217A 的

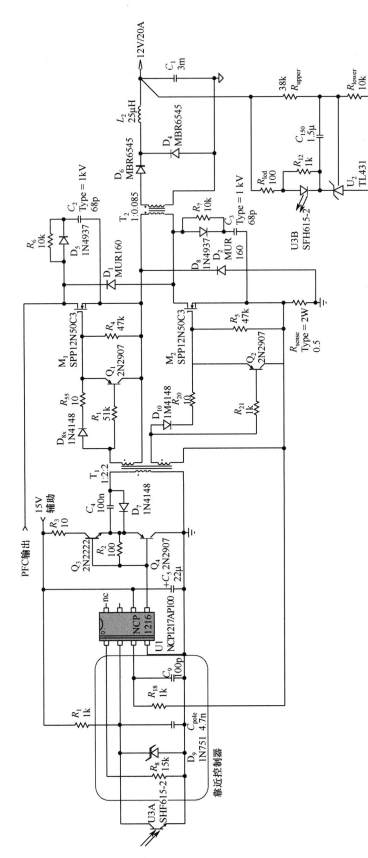

图 8.130 用 NCP1217A 作为主控制器的最终变换器电路

控制电路。该控制器可跳周工作并允许变换器在无负载下工作而不会失控。例如，UC384X系列控制器的致命弱点是占空比不能真的为 0%。这一特性常常造成输出过压的情况，因为当导通时间最小时，在无负载条件下无法把输出电压维持在指标值。跳周能很好地解决该问题。

控制器直流电源来自辅助电路，如低功率反激式控制器（如 NCP101X 系列的单片电路或来自安森美的 NCP1027 能很好地实现该功能）。

8.10.6 短路保护

在前面的电路图中可以看出，没有保护电路。与反激式变换器不同，一个与原边相连的副边绕组只在导通期间传递 NV_{in} 电压，使变换器发现不了副边的问题。遗憾的是，没有一个简单的方法来折算副边电压并在出现问题的情况下发挥作用。一种可能的办法是，在现有磁心上绕几匝线圈从输出电感上引出辅助信号。该信号引回到原边并进行整流。在短路时，辅助 V_{cc} 电压为 0，从而通过重复突发模式（控制器尝试再启动）来保护变换器。这一方案如图 8.131 所示。然而，需遵守的爬电距离及变压器上的安全载荷（在原边和副边地之间应能通过 3 kV 电气强度测试）使该方案变得不切实际和高成本。

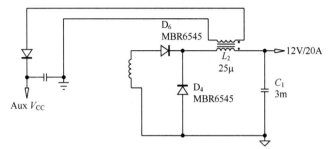

图 8.131 来自副边的电压为控制器提供自供电的可行方案。然而，它给输出电感带来了其他的约束条件，如隔离和高压电介质强度

另外，可以选用在第 7 章中引入的具有保护电路的控制器。在现在的情况下，选择由安森美公司生产的 NCP1212 控制器是个不错的选择。对于单开关正激式应用场合，可利用基于 DSS（动态自供电）的方法，如图 8.132 所示，电路中使用了 NCP1216A 控制器。

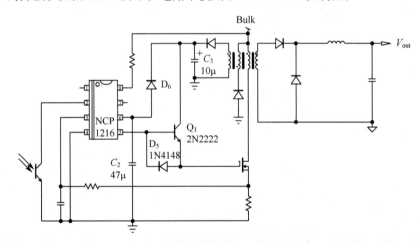

图 8.132 与辅助绕组相关的 DSS 有助于为控制器自供电，并不会给高压电路产生过载。通过监控反馈电压可确保短路检测。或许需要插入一与辅助二极管串联的几欧姆电阻来限制 C_3 的补给电流

该方法利用动态自供电（DSS）来为控制器提供电源。然而，由于控制器自身无法输出总驱动电流（DSS 的驱动能力限制在几毫安），特别是需要驱动大 MOSFET 的情况，需要辅助绕组的帮助。在正激式变换器中，辅助绕组能传递 NV_{in} 电压并允许较宽的电压变化，特别是在通用电源应用的场合。双极晶体管使控制器免受这些变化，让驱动电流流经绕组而不是控制器。因而，

芯片功率耗散限制为内部电路电流消耗与高电压值的乘积。有关这些技巧，可参考安森美公司网站上关于 AND8069D 的介绍。

8.11　正激式变换器的元件约束

作为正激式变换器设计示例讨论的结尾，我们收集了在该结构中所用关键元件的约束条件。这些数据有助于用来选择二极管和功率开关的击穿电压。所有公式都与 CCM 工作条件相关联，与降压变换器时一样。

MOSFET	
$BV_{DSS} > 2V_{in,max}$	含简单第三绕组复位方案的击穿电压
$I_{D,rms} = \sqrt{D_{max}\left(I_{peak}{}^2 - I_{peak}\Delta I_L + \dfrac{\Delta I_L{}^2}{3}\right)}$	忽略磁化电流
二　极　管	
$V_{RRM} > NV_{in,max}$	重复反向峰值电压
$I_{F,avg} = D_{max}I_{out}$	串联二极管连续电流
$I_{F,avg} = (1 - D_{min})I_{out}$	续流二极管连续电流
输出电容	
$I_{C_{out},rms} = I_{out}\dfrac{1 - D_{min}}{\sqrt{12\tau_L}}$	
其中 $\tau_L = \dfrac{L}{R_{load}T_{sw}}$，为归一化时间常数	

8.12　小结

正激式变换器，由于其输出电流的非脉冲特性，广泛应用于通信电源（dc-dc）。ATX 电源中，在单或双开关方案中大量使用此类拓扑，用于功率范围为 150～500 W 的场合。正激式变换器在低输出电压和大输出电流的应用场合有很大优势，如 5 V/50 A 电源。

1．正激式拓扑属于降压驱动变换器家族。能量在开关闭合期间进行传递。变换器利用实际的变压器，与反激式变换器不同，反激式变换器利用耦合电感。

2．与降压变换器一样，正激式变换器输出电流是非脉冲的，自然流过输出电容的电流有效值减小。由于正激式变换器在最大功率时，始终工作于 CCM，流过功率开关的有效电流较低，自然使导通损耗减小并改善长期可靠性。

3．当工作于电压模式时，正激式变换器呈现二阶系统行为，需要采用类型 3 补偿网络。而电流模式下适合使用类型 1 或类型 2 补偿，并可轻易地从一种工作模式转换到另一种工作模式。

4．无论输入或输出条件如何，变压器磁化电感必须工作于 DCM。不能保证该条件将会使变压器饱和，紧跟着很快会产生短暂的大噪声。

5．多数标准的退磁电路使用第 3 绕组，通过输入源重复利用磁化电流。因此，占空比自然限制在 50%，变压器只工作在第 I 象限。

6．双开关正激式变换器对能量进行再利用的方法，在复杂及简易之间做很好的折中。然而，占空比仍然钳位在 50% 以下。

7．把占空比限制引申到 50% 以上有许多方法。然而，没有一种方案是万能的，需要通过仔细的设计去涵盖所有可能的工作情况。

8. 有源钳位正受到普遍欢迎，因为：①它允许重复使用磁化电流；②占空比可大于 50%；③可实现零电压开关，允许较高的开关频率。④它非常适合于自驱动同步整流方案。由于其复杂性，特别在离线应用中，使得变换器的设计变得困难。

9. 在多输出电源中，输出电感与主输出之间的耦合大大改善了交叉调节性能。

10. 在低输出电压的多输出变换器中，存在几种后置调节方法，如磁放大器或最近出现的受控的同步整流等。

原著参考文献

[1] N. Machin and J. Dekter, "New Lossless Clamp for Single-Ended Converter."

[2] Ed Walker, "Design Review: A Step-by-Step Approach to AC Line-Powered Converters," SEM1600, Texas Instruments seminars, 2004 and 2005.

[3] S. Hariharan and D. Schie, "Designing Single Switch Forward Converters," Power Electronics Technology, October 2005, www.powerelectronics.com.

[4] T. Huynh, "Designing a High-Frequency, Self Resonant Reset Forward DC-DC for Telecom Using Si9118/19," Vishay AN724.

[5] C. D. Bridge, "Clamp Voltage Analysis for RCD Forward Converters," APEC 2000.

[6] C. S. Leu, G. C. Hua, and F. C. Lee, "Analysis and Design of RCD Clamp Forward Converter," *VPEC Proceedings*, 1999.

[7] M. Madigan and M. Dennis, "50 W Forward Converter with Synchronous Rectification and Secondary Side Control," SEM1300, Texas Instruments seminars, 1999.

[8] G. Stojcic, F. C. Lee, and S. Hiti, "Small-Signal Characterization of Active-Clamp PWM Converters," *Power Systems World*, 1996.

[9] Q. Li, "Developing Modeling and Simulation Methodology for Virtual Prototype Power Supply System," Ph.D. dissertation, CPES, VPI&SU, March 1999.

[10] I. Jitaru and S. Bîrcă-Gălăteanu, "Small-Signal Characterization of the Forward-Flyback Converters with Active Clamp," *IEEE APEC,* 1998, pp. 626–632.

[11] P. Athalye, D. Maksimović, and B. Erickson, "Average Switch Modeling of Active Clamp Converters," IECON 2001.

[13] D. Dalal, "Design Considerations for the Active Clamp and Reset Technique," Texas Instruments Application Note SLUP112.

[14] Philips, "25 Watt DC-DC Converter Using Integrated Planar Magnetics," Technical Note, Philips Magnetic Products.

[15] C. Bridge, "The Implication of Synchronous Rectifiers to the Design of Isolated, Single-Ended Forward Converters," Texas Instruments Application Note SLUP175.

[18] "Mag-Amp Core and Materials," Bulletin SR4.

[19] B. Mamano, "Magnetic Amplifier Control for Simple Low-Cost, Secondary Regulation."

[20] Sam Ben-Yaakov, "A SPICE Compatible Model of Mag-Amp Post Regulators," APEC, 1992.

[21] M. Jovanović and L. Huber, "Small-Signal Modeling of Mag-Amp PWM Switch," PESC, 1997.

[22] F. Cañizales, "Etat de l'art sur la post-regulation magnétique," *Electronique de Puissance*, no. 9.

[23] L. Dixon, "Coupled Filter Inductors in Multi-Output Buck Regulators," SEM500, Unitrode seminars, 1986.

[24] D. Maksimović, R. Erickson, and C. Griesbach, "Modeling of Cross-Regulation in Converters Containing Coupled Inductor," APEC, 1998.

[25] Q. Chen, M. M. Jovanovic, and F. C. Lee, "Small-Signal Modeling and Analysis of Current-Mode Control for Multiple-Output Forward Converters," *IEEE Power Electronics Specialists Conference (PESC) Rec.*, Taipei, Taiwan, June 20–24, 1994, pp. 1026–1033.

[26] B. Mamano, "Current Sensing Solutions for Power Supply Designers," Texas Instruments Application Note SLUP114.

附录 8A 应用自举技术的半桥驱动器

尽管基于变压器的驱动电路具有内在的简单性和可靠性，当必须开发小型变换器时，设计者不喜欢使用变压器。因此，用自举技术实现高压集成电路是可行的方案，该集成电路用 DIP8 或 SO8 封装。International Rectifier 公司于 20 世纪 80 年代初最先在 IR2110 型集成块中应用了自举技术。现在有几家制造商提供这类高压方案，其摆幅可达 600 V。

图 8.133 所示为标准的半桥（HB）电路，图中快速二极管和电容形成自举结构的核心：当下

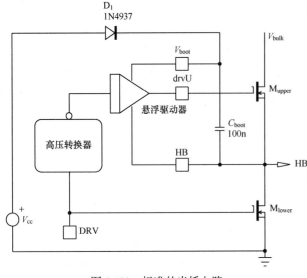

方 MOSFET 导通时，HB 引脚电压降到接近于 0，所谓的自举电容 C_{boot} 立即通过 D_2 充电至 $V_{cc} - V_f$。在下一个周期，一旦 M_{lower} 阻断，上方 MOSFET 导通并使 HB 引脚电压等于电源电压值。因此，C_{boot} 上端点电压立即变换为 $V_{bulk} + V_{cc} - V_f$ 并为 M_{upper} 提供一基于 HB 引脚电压的浮点电压偏置：由于能量传输给驱动器，C_{boot} 能量开始减少。当下一个周期开始时，M_{upper} 断开，M_{lower} 闭合，电容电压立即刷新：在 C_{boot} 两端出现电压纹波 ΔV。为避免在上电时出现反常行为，驱动逻辑通常首先使 M_{lower} 导通，以便使 C_{boot} 在下一个驱动期间为上部 MOSFET 提供浮点电压 V_{cc}。图 8.134 所示为这个连续过程。

图 8.133　标准的半桥电路

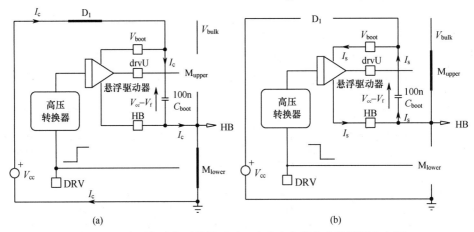

(a)　　　　　　　　　　　　　(b)

图 8.134　当下方功率开关导通时，由充电自举电容提供浮点电源

　　有时在振荡电路中，该逻辑控制不存在，上电时在 HB 引脚上出现奇怪的尖峰信号。该尖峰与自举电容的不完全充电有关，它过早地触发了上部的 UVLO 电路。为防止发生这种情况，可以在 HB 引脚与地之间连接一个几百千欧的电阻。只要用户为变换器上电，该电阻就为 C_{boot} 提供一条直流充电回路。因此，在电路出现实际脉冲之前，上部 MOSFET 已经准备好工作并使尖峰消失。

　　自举电容必须经过仔细计算，应能为上方 MOSFET 提供驱动电流而不会过多地放电。如果该电容不能保持上方 MOSFET 工作所需的能量，专用 UVLO 电路会启动并停止桥电路工作。图 8.135 所示为上部 MOSFET 激活时，通过自举电容的充电过程。

　　图 8.135 中的第一个下降是由于电荷在自举电容和上方 MOSFET 之间传递。传递的电荷等于相连管子栅极上的电荷 Q_G。标示为 Q_{dc} 的第二个损耗区与直流电流有关，该直流电流由自举电容在上方 MOSFET 导通期间产生：Q_{dc} 与驱动器静态电流 I_{drv}（内部偏置损耗）以及连接在上部管子栅极与源极之间的下拉电阻 R_{PD} 有关。在上部的管子导通期间，取自电容的总栅极电荷

可表示为

$$Q_{tot} = Q_G + Q_{dc} = Q_G + D_{max}T_{sw}\left(\frac{V_{cc} - V_f}{R_{PD}} + I_{drv}\right) \qquad (8.184)$$

式中，Q_G 表示上部 MOSFET 总栅极电荷；I_{drv} 表示上部驱动器在导通期间消耗的电流，以及 R_{PD} 上消耗的电流；R_{PD} 表示连接于上部管子栅极与源极之间。如果在导通的末尾电容上的电压压降为 ΔV，C_{boot} 值可通过下式计算：

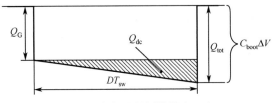

图 8.135　自举电容能量的耗散是由上方 MOSFET 导通以及导通期间消耗的驱动电流引起的

$$C_{boot} \geq \frac{Q_G + D_{max}T_{sw}\left(\dfrac{V_{cc} - V_f}{R_{PD}} + I_{drv}\right)}{\Delta V} \qquad (8.185)$$

假设半桥（HB）设计参数如下：

$Q_G = 50\ nC$，$F_{sw} = 100\ kHz$，$D_{max} = 50\%$，$R_{PD} = 47\ k\Omega$，$I_{drv} = 600\ \mu A$，$V_{cc} = 12\ V$，$V_f = 0.8\ V$

如果假设半桥驱动器包含 UVLO 电路，其闭锁电压为 10 V，不允许电压下降幅度大于

$$\Delta V = V_{cc} - V_f - UVLO = 12 - 0.8 - 10 = 1.2\ V \qquad (8.186)$$

选择电压下降幅度为 1 V 并基于上述数据，可以求得自举电容值为

$$C_{boot} \geq \frac{Q_G + D_{max}T_{sw}\left(\dfrac{V_{cc} - V_f}{R_{PD}} + I_{drv}\right)}{\Delta V} \geq \frac{50n + \left(\dfrac{(12-0.8)}{47k} + 600\mu\right) \times 0.5 \times 10\mu}{1} \geq 54\ nF \qquad (8.187)$$

为包含一些设计裕度，应选择 100 nF/50 V 的电容。在上式中，假设 DT_{sw} 为上部功率开关导通的时间。如果上部功率开关在时钟低电平期间导通，DT_{sw} 应由 $(1 - D)T_{sw}$ 替代。

自举电容的再充电可产生电流尖峰，这是由电路的本性决定的：电压源 V_{cc} 直接驱动电容。为限制电流和辐射噪声，设计者插入一个 10～22 Ω 的电阻，并让电阻与自举二极管串联。应仔细检查影响 M_{lower} 的最小导通时间，该时间应足够长以确保 C_{boot} 在存在串联电阻的情况下能完全再充电（见图 8.135）。二极管必须维持其反向电压，该反向电压与 $V_{bulk} - V_{cc}$ 有关。1N4397 型二极管可满足多数高电压应用的要求，图 8.136 所示为典型的半桥结构，它由 NCP5181 控制器构建并由死区时间发生器驱动。该发生器减小 MOSFET 中的直通电流并改善了效率。

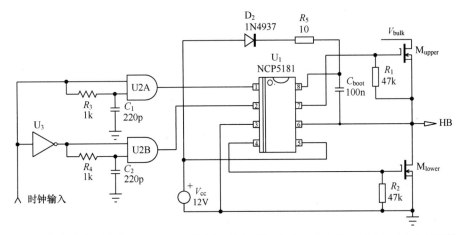

图 8.136　基于安森美公司生产的 NCP5181 控制器的典型半桥（HB）电路，图中加入了死区时间发生器

与任何集成电路一样，半桥驱动器对负偏置敏感。当下方体二极管续流时，HB 节点电压可

摆动到负极性方向。依赖于注入衬底的电子的数量(该数量与峰值电流和持续时间,即库仑有关),会发生很奇怪的行为,导致一些不希望出现的失败。为避免这些问题,应限制包含 M_{lower} 和控制器的环路长度。可在 HB 节点和引脚 6 之间插入一个几欧姆的电阻,在引脚 6 和 3 之间有一个低正向电压 V_f,高反向电压的二极管,并使这些元件靠近控制器。该电阻可影响 M_{upper} 的驱动速度,因此电阻的体积不要过大。

附录 8B 阻抗折算

当电阻 R_L 连接到变压器副边,从原边可求得等效电阻 R_{eq}。图 8.137 所示为这种情况的典型例子,图中匝数比被原边归一化,与全书中一样。

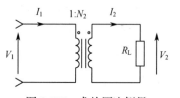

图 8.137 求从原边侧得到的等效电阻

如果变压器磁化电感无穷大,忽略任何漏电感,可写出

$$I_1 = N_2 I_2 \qquad (8.188)$$

另外有

$$V_2 = V_1 N_2 \qquad (8.189)$$

根据定义,有

$$I_2 = V_2 / R_L \qquad (8.190)$$

把式(8.190)代入式(8.188),就有

$$I_1 = \frac{V_1}{R_{eq}} = \frac{N_2 V_2}{R_L} \qquad (8.191)$$

重新整理上述式,得到

$$R_{eq} = \frac{V_1 R_L}{N_2 V_2} \qquad (8.192)$$

根据式(8.189),可推得

$$R_{eq} = R_L / N_2^2 \qquad (8.193)$$

当负载连接到副边绕组时,会产生一种情况。在该情况下变压器约简为单绕组,可简化稳定性分析。典型的例子如图 8.138(a)和(b)所示。

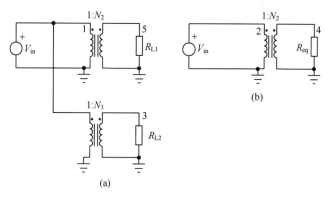

(b)

(a)

图 8.138 当连接到辅助绕组,R_{L2} 可通过 R_{L1} 折算

可以首先应用式(8.193),把 R_{L2} 折算到原边,即

$$R_{eq1} = R_{L2} / N_3^2 \qquad (8.194)$$

然后,仍可以用式(8.193)把 R_{eq1} 通过 R_{L1} 反向折算到副边:

$$R_{eq2} = R_{eq1}N_2^{\ 2} = \frac{R_{L2}N_2^{\ 2}}{N_3^2} \qquad (8.195)$$

最后，可写出 R_{eq} 的定义，与图 8.138b 描述的一样：

$$R_{eq2} = R_{L1} \mathbin{/\!/} \frac{R_{L2}N_2^{\ 2}}{N_3^2} \qquad (8.196)$$

可以用一个电容来代替电阻（见图 8.139）。在这种情况下，对于正弦激励信号，电容阻抗为

$$Z_C = \frac{1}{jC\omega} \qquad (8.197)$$

式（8.193）成立：

$$C_{eq} = CN_2^{\ 2} \qquad (8.198)$$

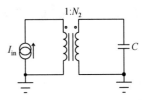

图 8.139　副边连接一个电容

如图 8.140(a)所示，也可折算阻抗。应用与图 8.138(a)类似的方法，可得图 8.140(b)显示的等效电容

$$C_{eq} = C_{L2}\left(N_3 / N_2\right)^2 \mathbin{/\!/} C_{L1} \qquad (8.199)$$

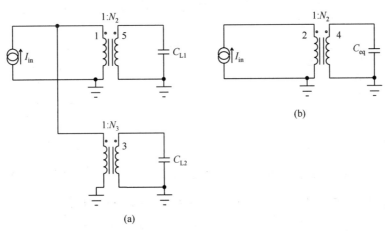

(a)

(b)

图 8.140　当连接到辅助绕组时，C_{L2} 可通过 C_{L1} 折算

如果现在讨论阻抗，基于上述表达式可以把一给定副边阻抗折算到匝数比为 $1{:}N_2$ 的变压器原边，其值为

$$Z_{eq} = Z_L / N_2^2 \qquad (8.200)$$

一般而言，如果阻抗是电阻，就有

$$Z_{eq} = R_L / N_2^2 \qquad (8.201)$$

对电容而言，将得到

$$Z_{eq} = \frac{1}{2\pi C_L N_2^2 f} \qquad (8.202)$$

对电感而言，可写出

$$Z_{eq} = \frac{2\pi L_L f}{N_2^2} \qquad (8.203)$$

式中，f 是正弦波信号频率。

由于电容始终与它们的等效串联电阻（ESR）相关，可以更新图 8.140，如图 8.141 所示。

电容 C 与电阻 R 串联产生复导纳 Y，其值由下式定义：

$$Y = \frac{sC}{1+sRC} = \frac{sC}{1+s\tau} \tag{8.204}$$

式中，$\tau = RC$ 为 RC 回路时间常数。由串联回路产生的阻抗 Z 为

$$Z = \sqrt{R^2 + \left(\frac{1}{C\omega}\right)^2} \tag{8.205}$$

如果应用式（8.193），从原边求得的等效阻抗为

$$Z_{eq} = \sqrt{\left(\frac{R}{N_2^2}\right)^2 + \left(\frac{1}{\omega CN_2^2}\right)^2} \tag{8.206}$$

如图 8.142 所示，并联复阻抗是非常普通的情况，这种情况会在两个电容并联时出现，电容又各自受自身 ESR 的影响。遗憾的是，通过这些元件组合得到的总阻抗不是一个简单的表达式。让我们推导跨导的表达式，在阻抗并联的情况下，跨导容易运算。第一种情况，假设 $R_1C_1 = R_2C_2$。

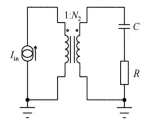
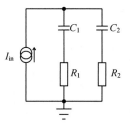

图 8.141　电容自然呈现一串联等效电阻　　图 8.142　两个阻抗并联不是必须等于电阻并联再与电容相加

若把 R_1C_1 的跨导称为 Y_1，把 R_2C_2 的跨导称为 Y_2，两个网络并联，则 $Y_{tot} = Y_1 + Y_2$。有

$$Y_{tot} = \frac{1}{R_1 + \frac{1}{sC_1}} + \frac{1}{R_2 + \frac{1}{sC_2}} = \frac{sC_1}{sR_1C_1 + 1} + \frac{sC_2}{sR_2C_2 + 1} = \frac{sC_1}{s\tau_1 + 1} + \frac{sC_2}{s\tau_2 + 1} \tag{8.207}$$

如果 $\tau_1 = \tau_2 = \tau$，那么最后的跨导简化为

$$Y_{tot} = \frac{s(C_1 + C_2)}{1+s\tau} \tag{8.208}$$

该式与式（8.204）类似，其中电容 C 为两个电容之和（两个电容并联），ESR 为组合后电容 $C_1 + C_2$ 对应的串联等效电阻值，给出的时间常数为 τ_1 或 τ_2。该电阻可简单地表示为

$$R = \frac{\tau_1}{C_1 + C_2} = R_1 /\!/ R_2 \tag{8.209}$$

由于开关频率高，该式是有意义的，两个电容短路。

- 当两个具有类似时间常数的串联 RC 网络 R_1C_1 和 R_2C_2 并联，得到的等效串联 RC 网络由 $C = C_1 + C_2$ 和 $R = R_1 /\!/ R_2$ 组成。

现在，我们选择不同时间常数 R_1C_1 和 R_2C_2。

从式（8.207）出发，式中通过 s 简化和忽略表达式中的 1 之后，变为

$$Y_{tot} = \frac{(C_1 + C_2) + s(\tau_1 C_2 + \tau_2 C_1)}{\left(s\dfrac{\tau_1\tau_2}{(\tau_1 + \tau_2)} + 1\right)(\tau_1 + \tau_2)}$$ （8.210）

上式与式（8.204）有很明显的区别。

- 总之，两个有不同时间常数的 RC 网络不能简化为单一的 RC 网络。

附录 8C 250 W 适配器的变压器和电感设计

作者：Charles E. Mullett

该附录描述了设计 250 W 正激式变换器的变压器和输出电感的过程，该变换器在本章中讨论过。根据推导的公式和仿真结果，我们收集了如下与变压器设计相关的电气数据。

8C.1 变压器变量

$V - s_{max} = V_{in,max}T_{sw}D_{max} = 400 \times 10\mu \times 0.45 = 1.8 \text{ mV}$

$I_{Lp,max} = 2 \text{ A}$，$I_{p,rms} = 1.1 \text{ A}$，$I_{s,rms} = 12.6 \text{ A}$，$F_{sw} = 100 \text{ kHz}$

$V_{in} = 380 \sim 400 \text{ Vdc}$，$V_{out} = 12 \text{ V}$（电流为 20 A），$N_p : N_s = 1 : 0.085$

8C.2 变压器磁心选择

基于上述数据，有几种方法可用来确定所需的磁心大小。在本附录中，使用面积乘积的定义。因此，第一步求需要的面积乘积 W_aA_c，相关公式在参考文献[1]有关磁铁氧体磁心的目录中可找到：

$$W_a A_c = \frac{P_{out}}{K_c K_t B_{max} F_{sw} J} 10^4$$ （8.211）

式中，W_aA_c 表示窗口面积和磁心面积的乘积，单位为 cm^4；P_{out} 表示输出功率，单位为 W；J 表示电流密度，单位为 A/cm^2；B_{max} 表示最大磁通密度，单位为 T；F_{sw} 表示开关频率，单位为 Hz；K_c 表示变换常数（507 型磁心的 SI 值）；K_t 表示拓扑常数（充填系数为 0.4）；K_t 是窗口充填系数，对正激式变换器而言，取 $K_t = 0.0005$。

这里需要一些判据，因为电流密度和磁通密度由设计者决定。对于本例的功率值而言，存在自然对流的情况下，合理且保守的电流密度为 400 A/cm^2。

应用现代功率铁氧体，如磁性 "P" 材料，开关频率为 100 kHz 情况下的磁通密度通常约为 100 mT（1000 高斯）。磁通密度也可以通过选择损耗因子为 100 mW/cm^3（对于温升为 40℃ 情况下是合理的）并在制造商磁心材料损耗数据表中寻找磁通密度值来实现。应用磁性 "P" 材料产生的磁通密度为 110 mT。本设计使用该磁心材料。因此，有

$$W_a A_c = \frac{P_{out}}{K_c K_t B_{max} F_{sw} J} 10^4 = \frac{250 \times 10\,000}{507 \times 0.0005 \times 0.11 \times 100\,000 \times 400} = 2.24 \text{ cm}^4$$ （8.212）

观看磁性铁氧体目录中的磁心选择图表，我们选择 ETD-39 磁心。其面积乘积为 2.24 cm^4，与要求的非常接近，其中磁心面积 $A_e = 1.23 \text{ cm}^2$，该数值可为后面的设计提供参考。

8C.3 确定原边和副边匝数

根据磁性铁氧体目录提供的设计信息并基于法拉第定律，有

$$N_p = \frac{V_{\text{in,min}} 10^4}{4BA_e F_{\text{sw}}} \qquad (8.213)$$

式中，N_p 表示原边匝数；$V_{\text{in,min}}$ 表示原边电压；B 表示磁通密度，单位为 T；A_e 表示有效磁心面积，单位为 cm^2；F_{sw} 表示开关频率，单位为 Hz。

上述描述假设了理想方波，占空比 D 为 0.5。在本例中，占空比将限制在 0.45，该值对应于输入电压为最小的情况，或 380 V dc。可以在式中调整这些数据[调整因子为(0.45/5) × (380/400)]，也可以应用其他方法，只要在给定占空比条件下，能根据电压表示同样的要求。

$$N_p = \frac{V_{\text{in,min}} t_{\text{on,max}} 10^4}{2B_{\max} A_e} \qquad (8.214)$$

式中，$t_{\text{on,max}}$ 表示脉冲作用到绕组的持续时间。在分母中，4 被 2 代替，因为方波实际上只有周期的一半时间有电压作用，因此公式中伴随着另一个因子 2。在这种情况下，

$$t_{\text{on,max}} = D_{\max} T_{\text{sw}} = \frac{D_{\max}}{F_{\text{sw}}} = \frac{0.45}{10^5} = 4.5\ \mu s \qquad (8.215)$$

因此，有

$$N_p = \frac{380 \times 4.5\mu \times 10^4}{2 \times 0.11 \times 1.23} = 63.2\ \text{匝} \qquad (8.216)$$

现在，应用所需的匝数比来确定副边匝数，得到

$$N_s = 0.085 N_p = 0.085 \times 63.2 = 5.37\ \text{匝} \qquad (8.217)$$

把副边匝数取整为 5 匝，然后重新计算原边匝数：

$$N_p = \frac{5}{0.085} = 58.8\ \text{匝} \qquad (8.218)$$

现在把原边匝数取为

$$N_p = 58.8\ \text{匝} \qquad (8.219)$$

8C.4 原边和副边导线尺寸的选择

基于前面选择的电流密度 400 A/cm^2，现在可确定导线尺寸。对于原边，有效电流值为 1.1 A，因此所需的导线面积为

$$A_w(原) = \frac{I_{\text{p,rms}}}{J} = \frac{1.1}{400} = 0.253\ mm^2 \qquad (8.220)$$

该面积对应的导线尺寸为 23 AWG，这种导线面积为 $0.2638\ mm^2$。

把绕组绕到线轴上通常需要一些工程判据，设计者避免分层制作（这会增加漏电感，即会导致耦合性能降低并降低效率），并使趋肤深度最小化，这可通过保持直径小于趋肤深度来达到。在这种情况下，使用面积为原值一半的双导体导线是聪明的选择。建议双导体导线采用 26 AWG。最后的选择取决于线轴上绕组的绕制。

把原边绕组交叉绕制有其优点，这会在大大减小漏电感的同时也减小邻近损耗。记住这一点，我们将把绕组分成两层，每层包含匝数的一半，即每层匝数为 58/2 = 29 匝，并把副边绕组夹在两层串联的半原边绕组的中间。使用 26 号双导体导线，29 匝绕组层（假设导线单层绝缘）的宽度为直径 25.69 mm（0.443 mm×2×29）。绕线轴宽度为 26.2 mm，因此，在边上没有留下足够的裕度来满足安全规则的要求。应把导线尺寸减小为 27 号。导线尺寸的减小是合理的，因为分层肯定会使绕组损耗增加。

副边有效电流为 12.6 A。因为电流密度为 400 A/cm²，导线尺寸为

$$A_w(副) = \frac{I_{p,rms}}{J} = \frac{12.6}{400} = 3.15 \text{ mm}^2 \quad (8.221)$$

上述数值对应的导线尺寸为 12 AWG，导线面积为 3.32 mm²。为减小趋肤效应并产生更薄的层（把绕组绕在绕线轴的更大区域），我们将使用三导体的 17 号导线，17 号导线的总面积为 3.15 mm²（3×1.05 mm²）。由于单绝缘的 17 号导线的直径为 1.203 mm，5 匝三导体导线将占据 18.05 mm（5×3×1.203）的宽度。这样可使绕组能很好地适合于 26.2 mm 绕线轴宽度。

8C.5 磁心气隙

为确保足够的原边磁化电流来复位磁心（驱动寄生电容并允许绕组两端电压反向），通常会减小无气隙磁心的原边电感值，以便得到合适的磁化电流。一种常见的方法是使磁化电流为原边电流的 10%。由于原边电流峰值为 2 A，让磁化电流上升到 0.2 A。在原边电压为 380 V，脉冲持续时间为 4.5 μs 的情况下，期望的原边电感为

$$L_p = \frac{V_{in,min}}{\dfrac{\Delta I_{LP}}{\Delta t}} = \frac{380}{0.2/4.5\mu} = 8.55 \text{ mH} \quad (8.222)$$

现在可确定期望的电感因子 A_L 为

$$A_L = \frac{L_p}{N^2} = \frac{8.55\text{m}}{58^2} = 2542 \text{ nH/匝}^2 \quad (8.223)$$

P 材料 ETD-39 无气隙磁心的 A_L 为 2420，因此无气隙磁心就满足要求。

气隙在正激变压器中是没有必要的，除非需要增加磁化电流，如有源钳位变换器。气隙需要以原边的较高导通损耗为代价。

8C.6 应用 Intusoft 公司的磁设计软件设计

Intusoft 公司的磁设计软件是功能很强的设计工具，它可用于设计变压器和电感。允许设计者很快实现基本的设计，然后通过提供快速的损耗、漏电感等的重复计算来对设计进行优化，如同设计者对绕组结构、磁心尺寸和形状以及其他设计选择等进行实验一样。为演示迭代过程，我们设计了两个不同的变压器。在两个设计中，如图 8.143 至图 8.146 所示，原边电感已经分为串联的两层，副边夹在两个原边层之间。这样使邻近损耗大大减小，因为由原边内层引入的磁动势被副边的反向电流减弱。请注意每层的交流阻抗和绕组损耗。注意如下参数：

磁心类型	ETD 39
原边	60 匝，2×27 号导线
副边	5 匝，3×16 号导线
铜损耗	1.614 W
磁心损耗	3.368 W
温升	39.44℃
层 2 的直流电阻	0.3133 Ω
层 1 的交流电阻	0.4455 Ω
层 3 的交流电阻	0.3460 Ω

注意如下参数：

磁心类型	ETD 34
原边	72 匝，3×29 号导线

	副边	6 匝，3×18 号导线

副边   6 匝，3×18 号导线

铜损耗   2.390 W

磁心损耗   2.525 W

温升   48.81℃

层 1 和层 2 的直流电阻   0.3733 Ω

层 1 交流电阻   0.7415 Ω

层 3 交流电阻   0.5423 Ω

两种设计的比较如下：

	设计 1	设计 2
磁心类型	ETD 39	ETD 34
原边	60 匝，2×27 号导线	72 匝，3×29 号导线
副边	5 匝，3×16 号导线	6 匝，3×18 号导线
铜损耗	1.614 W	2.390 W
磁心损耗	3.368 W	2.525 W
温升	39.44℃	48.8℃
层 1 和层 2 的直流电阻	0.3133 Ω	0.3733 Ω
层 1 交流电阻	0.4455 Ω	0.7415 Ω
层 3 交流电阻	0.3460 Ω	0.5423 Ω

  注意，在设计 2 中交流电阻较高，主要是由于绕组较厚。这就使在设计 2 中的铜损耗增加。在设计 1 中，匝数较少使磁通密度增加，产生较大磁心损耗，但较低的交流电阻对此做了补偿，使总损耗较低，温升也较低（温升较低的部分原因当然是由于结构较大）。

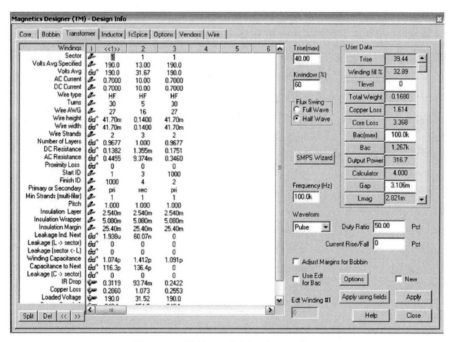

图 8.143　设计 1，使用 ETD-39 磁心

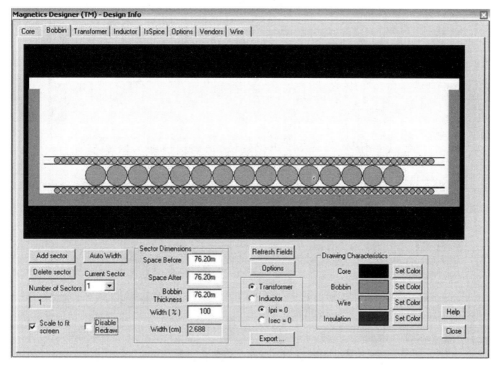

图 8.144　设计 1 的绕组结构

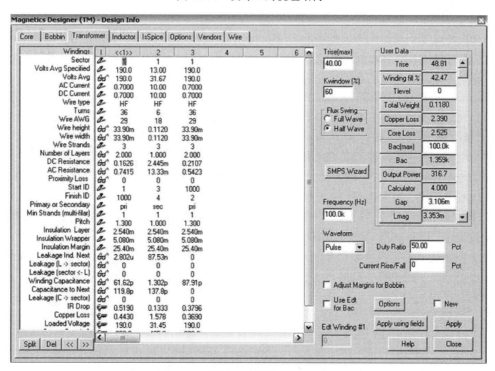

图 8.145　设计 2，使用 ETD-34 磁心

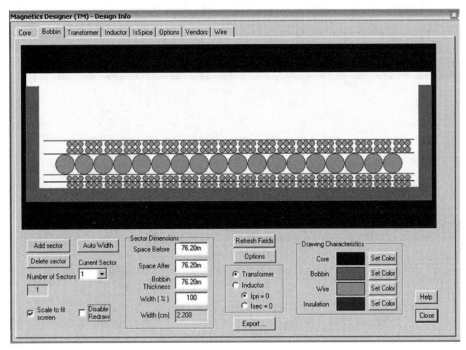

图 8.146　设计 2 的绕组结构

8C.7　电感设计

因为简单，如单绕组电感，有许多无绕线轴的产品，这些产品由著名的全球供应商提供。另外，许多供应商在其网站上和分类目录中提供设计工具。这为设计电感提供了快速和简易的途径。

根据第 8 章的计算和仿真结果，可得到如下电感数据：

电感变量 $L = 25\ \mu H$，$I_{p,max} = 24\ A$，$I_{L,rms} = 20\ A$，$F_{sw} = 100\ kHz$

独立设计的步骤从确定磁心尺寸开始，这基于所需存储的能量；根据成本-性能的折中来确定磁心材料，包括交流磁通密度相对于直流磁通密度的大小考虑。在这种情况下，电感设计用来平滑输出电流，与直流磁通密度相比交流磁通密度相对较低（在反激式变压器和用于功率因数校正电路的电感并不是这样）。假定低交流磁通密度，可以选择低成本和高饱和磁通密度的磁心材料。在这些应用中，粉末铁环形磁心很受欢迎，因为该材料的成本最低。

由于在变压器设计中，尺寸可以按照电感的面积乘积来估算，这基于电感的功率处理能力。在设计过程中，应首先指定许可的损耗和最终的温升，然后计算磁心尺寸并得到这些最终结果。但首先预测损耗及估计表面温度是相对复杂的工作，在此不做讨论。替代上述方法，我们将基于实际经验，为导线选择合理的电流密度，然后设计好的电感、估计最终的功率损耗和温升。

8C.8　磁心选择

由于对热特性和形状的不同考虑，存在许多磁心面积乘积的表达式。但磁心面积乘积的基本计算是通用的。磁心面积乘积等于磁心面积乘以窗口面积。窗口面积与铜面积有关，即元件的电流容量，磁心面积与磁通容量有关，而磁通容量与作用在磁心绕组上的伏特-秒有关。在给定工作频率下，磁心面积乘积由电流和电压确定，显然与功率相关。因此，磁元件的功率处理能力确定其磁心面积乘积，单位为 cm^4。

流行的面积乘积表达式为

$$W_aA_c = \frac{LI_{p,max}I_{L,rms}}{K_{cu}B_{max}J}10^4 \text{ cm}^4 \qquad (8.224)$$

有几种很受欢迎的磁心材料，如 Micrometals 公司生产的铁粉末材料，可以处理磁通密度高达 1.0 T 的情况并可采用环形形状。这些材料的磁导率在饱和之前随磁通密度的增加而减小。因此，取一保守的磁通密度数据，如 0.6 T，可节约设计时间并避免做迭代运算。对于单层绕组，填充因子 K_{cu}（铜面积和窗口面积之比）应约为 0.3。更新式（8.224），得到

$$W_aA_c = \frac{LI_{p,max}I_{L,rms}}{K_{cu}B_{max}J}10^4 = \frac{25\mu \times 24 \times 20}{0.3 \times 0.6 \times 400}10^4 = 1.67 \text{ cm}^4 \qquad (8.225)$$

该面积乘积结果建议采用 Magnetics 公司的 55588 系列磁心，该磁心的外径为 34.3 mm，或采用 Micrometals 公司的 T131 系列磁心。

使用 Magnetics 公司的高磁通材料，用 125μ 材料（磁心编号#58585），自感因素为 79 nH/匝^2=0.079 μH/匝^2，磁程长度为 l_e = 8.95 cm。忽略由于材料饱和产生的磁导率下降，所需匝数为 18（从 17.8 向上取整），计算如下：

$$N = \sqrt{L/A_L} = \sqrt{25/0.079} = 17.8 \text{ 匝} \qquad (8.226)$$

产生的磁场强度为

$$H = \frac{0.4\pi NI}{l_e} = \frac{0.4 \times \pi \times 18 \times 20}{8.95} = 50.5 \text{ Oe} = 0.505 \qquad (\text{安–匝/米}) \qquad (8.227)$$

参考该材料的特性曲线，磁化可使磁导率降低到初始值的 65%。增加匝数来补偿磁导率的下降，计算得新的匝数为

$$N = \frac{18 \text{ 匝}}{0.65} = 28 \text{ 匝} \qquad (8.228)$$

现在匝数为 28，磁导率只有初始值的 43%，但由于增加了匝数，电感值仍然超过所需的 25 μH，计算如下：

$$L = N^2A_L = (28)^2 \times 0.43 \times 0.079 = 26.6 \text{ μH} \qquad (8.229)$$

8C.9 导线尺寸的选择以及直流电阻损耗的检查

在电流密度为 400 A/cm^2、电流为 20 A（忽略电流中的交流成分）情况下，导线中导体面积为

$$A_w = \frac{I_{L,rms}}{J} = \frac{20}{400} = 0.05 \text{ cm}^2 \qquad (8.230)$$

最接近的 AWG 大小为 11，按照磁心数据，单层 26 匝 1 号导线的总电阻 R_{dc} 为 0.00348 Ω。外推到 28 匝时的电阻为 0.003 75 Ω。因而直流电阻损耗为

$$P_{cu} = I_{L,rms}^2 R_{dc} = 20^2 \times 0.003\ 75 = 1.5 \text{ W} \qquad (8.231)$$

8C.10 磁心损耗检查

交流磁通密度是在电感绕组两端出现脉冲波形时产生的。为简化起见，假设波形为方波，其峰值幅度等于输出电压。根据法拉第定律（磁心面积为 A_e = 0.454 cm^2 = 0.454×10^{-4} m^2）可得

$$B_{ac} = \frac{V_{out}}{4NA_eF_{sw}} = \frac{12}{4 \times 28 \times 0.454 \times 10^{-4} \times 100k} = 0.024 \text{ T} \qquad (8.232)$$

应用 Magnetics 公司目录中的磁心损耗曲线，磁心损耗密度约为 150 mW/cm^3。再乘以磁心体积 4.06 cm^3，得到总磁心损耗为

$$P_{\text{core}} = 150 \times 4.06 = 609 \text{ mW} \qquad (8.233)$$

8C.11 温升估算

由于总损耗为 $P_{\text{cu}} + P_{\text{core}} = 1.5 + 0.609 = 2.109 \text{ W}$，在正常对流冷却情况下，温升值为

$$\Delta T(\text{℃}) = \left(\frac{P(\text{W})}{A_s(\text{in}^2)}\right)^{0.8} = \left(\frac{P(\text{W})}{A_s(\text{cm}^2)/(2.54^2)}\right)^{0.8} \times 100 \qquad (8.234)$$

绕制的电感的形状为：直径 50 mm，高度 29 mm。假设一个圆弧表面没有冷却，面积为圆周乘以高度，再加上一个圆弧表面积，即

$$A_s = \pi \times 5 \times 2.9 + \pi(5.0/2)^2 = 65.2 \text{ cm}^2 \qquad (8.235)$$

因此，温升为

$$\Delta T = \left(\frac{P(\text{W})}{65.2/2.54^2}\right)^{0.8} \cdot 100 = \left(\frac{2.109 \times 2.54^2}{65.2}\right)^{0.8} = 28.5 \text{ ℃} \qquad (8.236)$$

该电感的参数都在期望的技术指标内，在本应用中应能很好地工作。

原著参考文献

[1] Technical documents from Magnetics, http://www.mag-inc.com/design/technical-documents.

附录 8D 工作于电压模式控制的有源钳位正激式变换器的小信号模型

本附录给出了工作于电压模式有源钳位正激式（ACF）变换器的小信号模型。变换器的简化

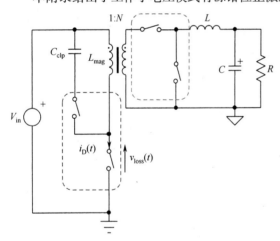

图 8.147 把有源钳位正激式变换器视为两个独立的开关电路就可分析该电路

电路显示在图 8.147 中，图中可以看到有源钳位开关连接到输入电源，而隔离变压器的副边一侧为一降压变换器。可以把该电路视为两部分：第一部分就是左边部分，描述的是围绕着磁化电感和钳位电容构建的等效降压-升压变换器。如果想要将有源钳位开关与地相连，就应用升压变换器结构。该等效变换器将漏源钳位电压、磁化电流和占空比连接在一起。第二部分是电路的右边，表示一经典的降压驱动拓扑。

当研究两部分各自交流响应时，发现标准正向拓扑和 ACF 的唯一差别在于是否考虑导通时的原边损耗。在典型正向结构中，当主开关闭合时，作用于变压器原边两端的电压等于

$$v_{L_{\text{mag}}}(t) \approx V_{\text{in}} \qquad (8.237)$$

该电压马上反映到变压器副边，约等于

$$v_s(t) \approx NV_{\text{in}} \qquad (8.238)$$

在该表达式中，我们有意地忽略流经功率开关及其 $R_{\text{DS(on)}}$（记为 r_{on1}）的瞬时电流 i_D 产生的损耗。该电流实际上是磁化电流 $i_{\text{mag}}(t)$ 和输出电感电流 $i_L(t)$ 折算到原边的电流之和：

$$i_D(t) = i_{\text{mag}}(t) + Ni_L(t) \qquad (8.239)$$

在典型正激式变换器中，磁化电流维持一小的数值，因为该电流并不参与原边和副边之间的

能量传输。由于磁化电流低，式（8.239）简化为

$$i_D(t) \approx Ni_L(t) \tag{8.240}$$

在 ACF 结构中，考虑了磁化电流的方程（8.239）有意地通过让磁心留有缝隙使电流增加，以便有利于在开关导通之前寄生漏极电容的放电。该电流流经磁化电感和钳位电容。可以想象，$L_{mag}C_{clp}$ 电路会引起谐振。该谐振将通过导通时的主开关两端的压降精确地传输到副边：

$$v_{loss}(t) = r_{on1}i_D(t) = r_{on1}[i_{mag}(t) + Ni_L(t)] \tag{8.241}$$

当主开关闭合时，加在变压器原边上的电压不再是如式（8.237）表述的输入电压，而是变成

$$v_{L_{mag}}(t) = V_{in} - V_{loss}(t) = V_{in} - r_{on1}[i_{mag}(t) + Ni_L(t)] \tag{8.242}$$

副边电压由原边电压及变压器匝数比 N 得到：

$$v_s(t) = N\{V_{in} - r_{on1}[i_{mag}(t) + Ni_L(t)]\} \tag{8.243}$$

如果假设磁化电流 i_{mag} 在谐振时增加到无穷大，式（8.243）输出 0 V。对功率级做交流扫描，输出响应消失或急剧衰减：磁化电流在某一频率出现峰值。这完全地解释了位于原边谐振点处的凹陷。原边 $L_{mag}C_{clp}$ 谐振传输到副边，并在传输函数中产生凹陷。忽略主开关导通电阻或忽略磁化电流的贡献将使最后波特图中的凹陷消失。

8D.1 揭秘 PWM 开关

两个 PWM 开关实际上在原始电路的简化 ACF 结构中可以看到，该电路更新于图 8.148 中。在电路图左侧，PWM 开关经旋转与第 2 章中引入的降压-升压变换器结构匹配。在电路图的右侧，插入 PWM 后与典型正激式变换器没有任何区别，就是一简单的隔离降压变换器。唯一的区别在于 a 端点的电压。它是个平均值，通过计算式（8.243）描述的原边损耗获得，我们将在下面看到。

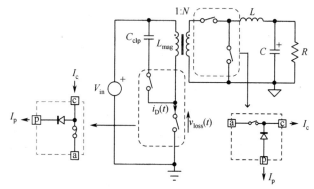

图 8.148　把有源钳位正激式变换器视为两个独立的开关电路就可以进行分析

当主开关闭合时，在开关两端会产生与开关导通电阻 $R_{DS(on)}$ 成正比的电压，形成式（8.241）描述的由 I_{mag} 和 NI_L 组成的环路电流。当主开关断开即截止期间，磁化电流维持原有流向并改变漏源体电容。漏极电压升高直至达到钳位电压 V_{clamp}。此时，电流流经钳位开关及其对应的钳位电容 C_{clp}。钳位电压 V_{clamp} 取决于输入电压、有源钳位开关 $R_{DS(on)}$（记为 r_{on2}）、储存在钳位电容 C_{clp} 的电压以及 v_c：

$$v_{clamp}(t) = V_{in} + v_c(t) + r_{on2}i_C(t) \tag{8.244}$$

因此，可仿真漏极电压，得到如图 8.149 所示的方波信号。漏极节点的平均电压就是面积 A_1 和 A_2 之和在开关周期内的平均 T_{sw}。面积 A_1 与式（8.241）描述的原边损耗有关。t_{on} 期间的平均漏极电流由平均磁化电流和副边折算的平均电感电流之和组成：

$$\langle i_D(t) \rangle_{DT_{sw}} = \langle i_{mag}(t) \rangle_{DT_{sw}} + N\langle i_L(t) \rangle_{DT_{sw}} \tag{8.245}$$

平均磁化电流为 I_{mag}。因为稳态时该电流的平均值为 0，现在想把该电流变为 0 吗？记住，电流和电压可分成直流和交流两个分量：对于磁化电流而言为 $I_{mag} + \hat{i}_{mag}$。如果 dc 分量为 0，当为此变换器运行 ac 分析，我们有不为 0 的小信号正弦磁化电流 $\hat{i}_{mag}$。因此，将 I_{mag} 设为 0 是个错误。平均电感电流除 dc 输出电流 I_{out} 外没有其他成分。

利用这一事实，可把式（8.245）更新为

$$I_\mathrm{D} = I_\mathrm{mag} + NI_\mathrm{out} \tag{8.246}$$

该方程在 DT_sw 时间段是合理的。因此，面积 A_1 等于

$$A_1 = (I_\mathrm{mag} + NI_\mathrm{out})r_\mathrm{on1}DT_\mathrm{sw} \tag{8.247}$$

由图 8.150 可计算面积 A_2。在 $(1-D)T_\mathrm{sw}$ 期间形成磁化电流并在由记为 r_on2 的 $R_\mathrm{DS(on)}$ 表征的有源钳位开关两端产生压降。截止期间平均漏极电压定义为

$$\langle v_\mathrm{DS}(t)\rangle_{(1-D)T_\mathrm{sw}} = V_\mathrm{in} + \langle v_\mathrm{C}(t)\rangle_{(1-D)T_\mathrm{sw}} + r_\mathrm{on2}\langle i_\mathrm{mag}(t)\rangle_{(1-D)T_\mathrm{sw}} \tag{8.248}$$

用大写字母表示平均值，在 t_off 期间如下表达式是合理的：

$$V_\mathrm{DS} = V_\mathrm{in} + V_\mathrm{C} + r_\mathrm{on2}I_\mathrm{mag} \tag{8.249}$$

因此，面积 A_2 等于

$$A_2 = (V_\mathrm{in} + V_\mathrm{C} + r_\mathrm{on2}I_\mathrm{mag})(1-D)T_\mathrm{sw} \tag{8.250}$$

合并式（8.247）和式（8.250），可计算平均漏源电压 V_DS：

$$\langle v_\mathrm{DS}(t)\rangle_{T_\mathrm{sw}} = \frac{A_1 + A_2}{T_\mathrm{sw}} = (I_\mathrm{mag} + NI_\mathrm{out})r_\mathrm{on1}D + (V_\mathrm{in} + V_\mathrm{C} + r_\mathrm{on2}I_\mathrm{mag})(1-D) \tag{8.251}$$

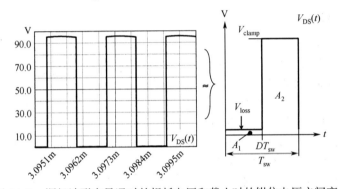

图 8.149　漏极波形在导通时的损耗电压和截止时的钳位电压之间变换

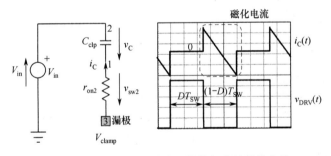

图 8.150　主开关断开时有源钳位部分的等效电路

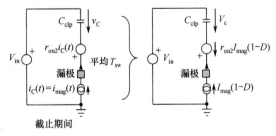

图 8.151　含截止期间磁化电流的钳位电压发生器

现在已知平均漏源电压表达式，可检查磁化电流是如何流过钳位电容的。该电流在截止时，出现在图 8.151 的左侧，而在截止时该电流是合理的。右侧图中在开关周期内也呈现出相同的平均电流。在钳位电容上流经的平均电流可简单地表示如下：

$$\langle i_\mathrm{C}(t)\rangle_{T_\mathrm{sw}} = I_\mathrm{mag}(1-D) \tag{8.252}$$

利用式（8.251）和式（8.252），可画出更新的实现 PWM 开关的钳位电路。该更新电路显示在图 8.152 中，其中钳位电路单独画出。借助于 PWM 开关特性，式（8.251）和式（8.252）自然成立。

副边的 PWM 开关的实现更加直接，只是重复我们在第 2 章中已经看到的。该子电路的连接与任何降压变换器结构相同，如图 8.153 所示。

在该模型中，由磁化电流和副边折算电流引起的原边损耗用一简单的串联电源 V_{loss} 来建模。串联放置一降压变压器，则损耗值与输出电流 I_{out} 的折算电流有关。该电流就是变压器原边电流 I_p。由于是正向结构，变压器原边的平均电流是 DNI_{out}。而我们想要的是 NI_{out}，所以如果要在模型中使用原边电流，必须把原边电流 I_p 除以 D，才重新得到 NI_{out}：

$$V_{loss} = \left(I_{mag} + I_p / D\right) r_{on1} \tag{8.253}$$

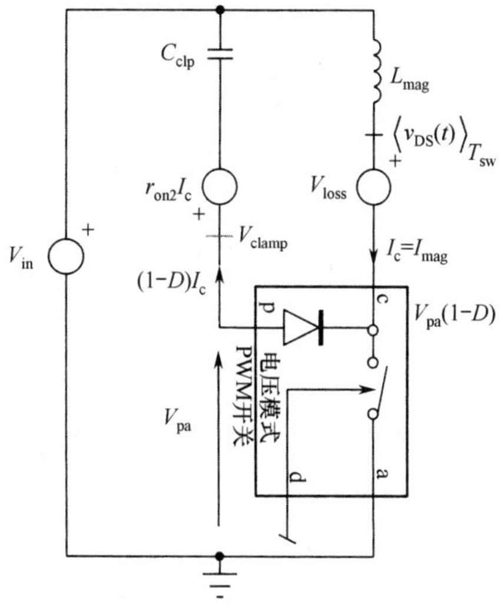

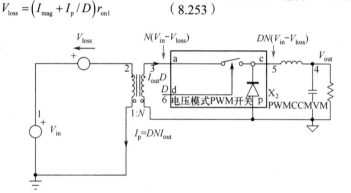

图 8.152　连接了 PWM 开关模型的钳位电路

图 8.153　第二个 PWM 开关位于 ACF 变换器的副边

8D.2　大信号仿真

现在已经具备所有构建两个大信号模型的条件。第一幅图（见图 8.154）用式（8.251）和式（8.252）构建了原边电路。这些方程分别用模拟行为模型（ABM）源 B_2 和 B_1 建模，如图 8.154 所示。副边电压（作用于输出 LC 滤波器，即 L_1 的左端的电压）为式（8.243）在开关周期内的平均：

$$\langle v_s(t)\rangle_{T_{sw}} = ND(V_{in} - r_{on1}[I_{mag} + NI_L]) \tag{8.254}$$

该电压用 ABM 源 B_3 实现。

第二个模型应用早前描述过的两个大信号 PWM 模型。该模型显示在图 8.155 中。

SPICE 只仿真线性方程。在运行 TRAN 或 AC 之前，软件内核计算工作点（dc 或偏置点）并在工作点周围线性化方程。结果，非线性电路在 TRAN 或 AC 仿真完成之前，首先变换为偏置点周围的小信号模型。图 8.154 和图 8.155 中的两个大信号模型就属于这种情况。

大信号模型还可工作在瞬态仿真，并可预测各种性能。为检测大信号方法是否接近于逐周模型，在 SPICE 子电路旁边装一简单的 ACF 变换器。这就是图 8.156 给出的电路。一 PWM 电路产生方波信号，传递到开关的上部和下部。输出端加一阶跃负载，可获得几个关键信号。对图 8.154 和图 8.155 的模型进行类似的仿真。图 8.157 比较了所得到的结果。这些结果几乎相同，确认了我们对 ACF 模型的分析是对的。

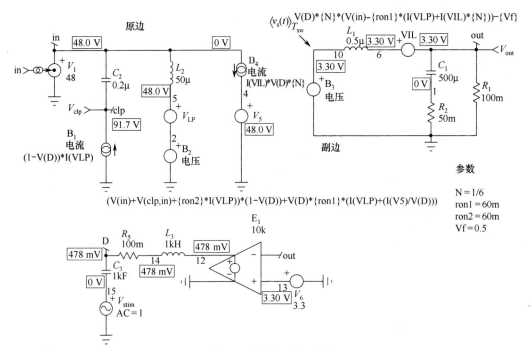

图 8.154　使用平均大信号方程模拟 ACF

为确认图 8.154 给出的基于方程的大信号电流的正确性，我们收集了一些表示 ACF 交流响应的传输函数。这些波形绘制在图 8.158 中，确认了两种方法输出相同的结果。在图 8.158 的上图中，清楚地看到由原边磁化电流响应导致的凹陷。

8D.3　小信号建模

现在我们有两个选项：一是可以线性化大信号模型并求得传输函数；二是利用 PWM 开关模型，简单地用小信号模型代替大信号模型。由于模型是不变的，所以这一选项是可以施行的最快方法。小信号建模的重要一步是简化。对原有小信号电路尽可能简化是一直需要关注的，以便能很方便地揭示传输函数。然而，简化会导致错误。由于这一原因，我们一直将简化电路的响应与图 8.158 电路的响应做比较，把图 8.158 电路的响应作为参考。这两种曲线的任何偏差将告诉我们：(a)在简化电路时有地方出现了错误，(b)一些认为可以忽略的参数的考虑是不对的，必须从方程中拿回来。

损耗的表达式由式（8.253）描述，非线性方程必须线性化。该方程有三个变量，我们可以给它们加上由插入号（变量名上的小帽子）标示的小信号偏差扰动：

$$V_{\text{loss}} + \hat{v}_{\text{loss}} = r_{\text{on1}}(I_{\text{mag}} + \hat{i}_{\text{mag}} + I_{\text{out}}N + \hat{i}_{\text{out}}N) \qquad （8.255）$$

如同前面提到的那样，I_{mag} 为平均磁化电流且在含有源钳位的变换器中其值为 0。I_{mag} 可从方程中移开，只保留其小信号交流部分 $\hat{i}_{\text{mag}}$。一旦归类，我们就有关于损耗发生器的两个方程，即 dc 方程和 ac 方程：

$$V_{\text{loss}} = r_{\text{on1}}NI_{\text{out}} \qquad （8.256）$$

$$\hat{v}_{\text{loss}} = r_{\text{on1}}(\hat{i}_{\text{mag}} + N\hat{i}_{\text{out}}) \qquad （8.257）$$

PWM 开关由第 2 章中研究的小信号模型替代，新的电路显示在图 8.159 中。该过程包括重新整理信号源并进行简化。但在化简步骤之间，推荐进行理性的检查来检验传输函数曲线与图 8.158 产生的参考波形没有偏差。

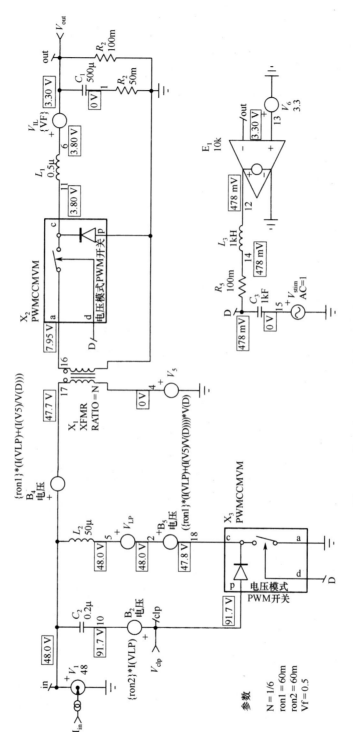

图 8.155 第二个 PWM 开关位于 ACF 变换器的副边

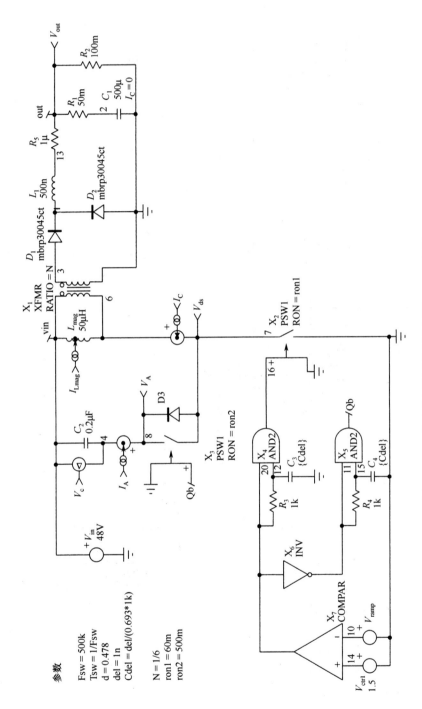

图 8.156 工作于电压模式的简化逐周 ACF 变换器

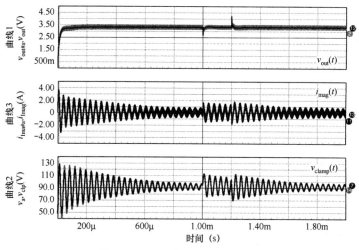

图 8.157 平均模型和逐周仿真波形几乎相同，确认了应用大
信号方程或 PWM 开关模型的平均建模方法的合理性

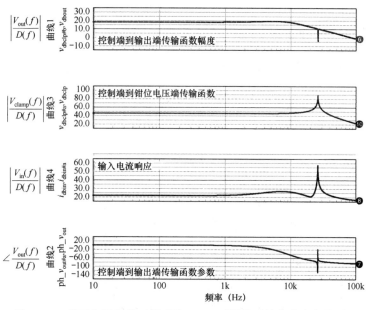

图 8.158 基于方程和基于模型的 PWM 开关模型的交流响应绝对一
致。在控制到输出传输函数幅值曲线中清晰地看到凹陷

为简洁起见，可拿走 PWM 开关模型变压器并用单个电流和电压源代替。这是图 8.160 中所显示的，该图的左下部分包含了一与占空比有关的磁化电流源 I(VLP)。乘以 2 得到了很好的化简：

$$(I_{mag} + \hat{i}_{mag})(D + \hat{d}) = I_{mag}D + I_{mag}\hat{d} + \hat{i}_{mag}D + \hat{i}_{mag}\hat{d} \approx \hat{i}_{mag}D \qquad (8.258)$$

因为平均磁化电流为 0，所以任何项乘以 I_{mag} 为 0，而交流叉积 $\hat{i}_{mag}\hat{d}$ 可忽略。与磁化电感串联的源 B_5 给出了折算的交流和直流电流贡献。该附加源使表达式变得复杂并导致极复杂的结果。我们决定忽略该贡献来进一步简化电路，如图 8.161 所示。在最后阶段，尽管做了所有简化，检验偏置点和交流响应维持良好这一点很重要。折算的偏置点与原电路图的偏置点完好一致。图 8.158 中原图的交流响应与图 8.161 的交流响应之间也符合得很好，如图 8.162 所示。

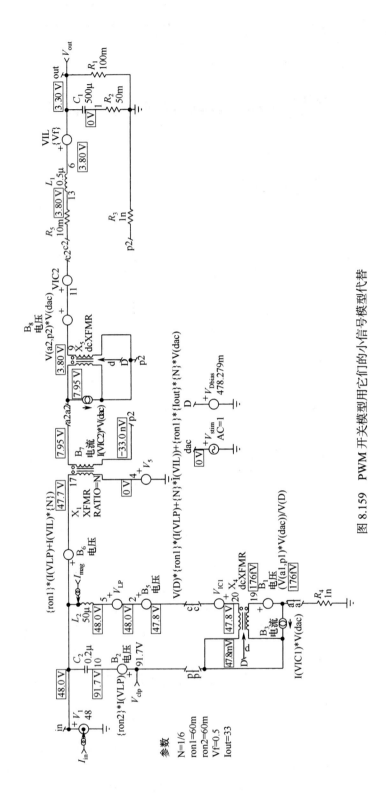

图 8.159 PWM 开关模型用它们的小信号模型代替

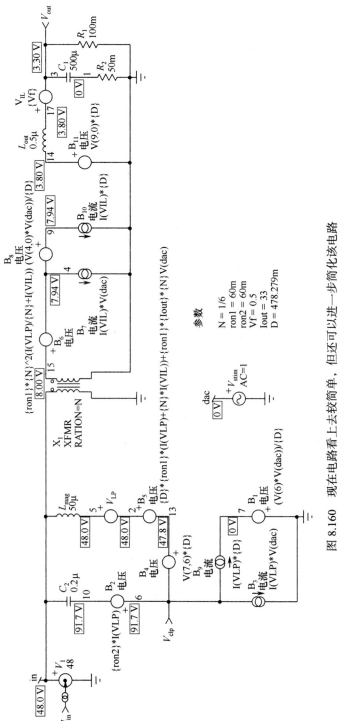

图 8.160　现在电路看上去较简单，但还可以进一步简化该电路

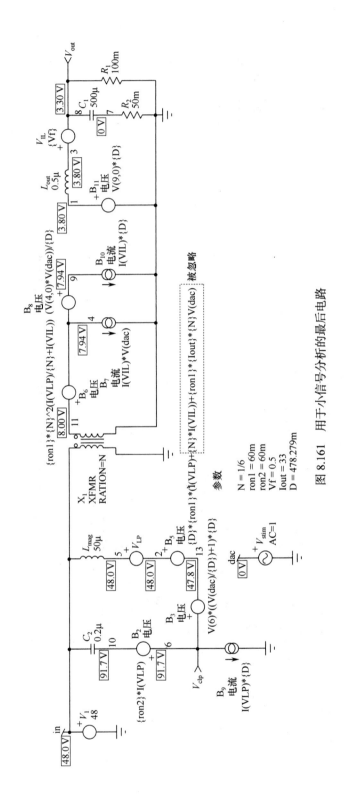

图 8.161 用于小信号分析的最后电路

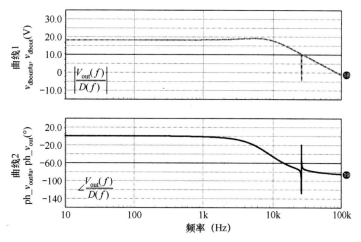

图 8.162 交流响应完美重叠，确认了简化策略的正确性

8D.4 磁化电流谐振电路

在图 8.161 中，可以清楚地看到前面强调的两个不同电路：包含磁化电感和谐振电容的钳位电路。在副边有降压驱动拓扑，通过串联源 B_6 来解释原边损耗。我们首先要研究的问题是磁化电流 $\hat{i}_{mag}$ 与占空比的关系，然后将它并入降压驱动小信号模型中。

电路中有电容和电感；这是个二阶网络。为得到其 dc 传输函数，让我们断开电容，短路电感。这是 SPICE 在仿真之前所要的工作。dc 电路显示在图 8.163 中，图中忽略了 r_{on2} 两端的压降。钳位电容两端的电压简单地写为

$$V_{clp} = V_{(c)}D = V_{clamp}D \qquad (8.259)$$

节点 $V_{(c)}$ 的电压是输入电压和钳位电容电压之和：

$$V_{clamp} = V_{in} + V_{clp} \qquad (8.260)$$

将式（8.260）代入式（8.259）有

$$V_{clp} = (V_{in} + V_{clp})D \qquad (8.261)$$

求解 V_{clp} 给出

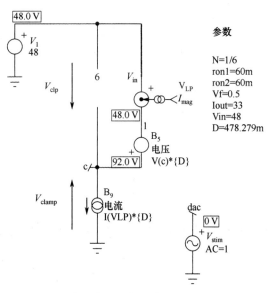

图 8.163 钳位电容和磁化电感形成谐振电路。这里给出了电容断开和电感短路后的直流通路

$$V_{clp} = V_{in}\frac{D}{1-D} \qquad (8.262)$$

这是降压-升压变换器的 dc 传输函数。占空比为 0.478 时，电容电压为 44 V，漏极电压钳位在 92 V，该数值确认了图 8.163 中 dc 偏置点的合理性。

现在已有 dc 传输函数，我们可以查看交流电路。为此，把电容和电感放回原处。图 8.164 给出了更新后的电路。

为实施分析，考虑无调制的输入电压；因此，V_{in} 的+端交流值为 0。电感两端的交流电压为

$$V_{L_{mag}} = V_{(2)} - V_{in} \qquad (8.263)$$

式中，

$$V_{(2)} = V_{(c)} - V_{(c)}(\hat{d} + D_0) + D_0 r_{on1} \hat{i}_{mag} \qquad (8.264)$$

节点(c)上的电压具有 dc 和 ac 分量。合并式（8.263）和式（8.264）同时给变量小扰动，得出

$$V_{L_{mag}} + \hat{v}_{L_{mag}} = V_{(c)} + \hat{v}_{(c)} - (V_{(c)} + \hat{v}_{(c)})(D_0 + \hat{d}) + D_0 r_{on1} \hat{i}_{mag} - V_{in} - \hat{v}_{in} \qquad (8.265)$$

整理上式，得到

$$V_{L_{mag}} + \hat{v}_{L_{mag}} = V_{(c)} + \hat{v}_{(c)} - V_{(c)}\hat{d} - V_{(c)}D_0 - \hat{v}_{(c)}\hat{d} - \hat{v}_{(c)}D_0 + D_0 r_{on1} \hat{i}_{mag} - V_{in} - \hat{v}_{in} \qquad (8.266)$$

上式中，忽略了 ac 叉积，ac 输入 $\hat{v}_{in}$ 为 0。0 下标项代表 dc 值。然后，可以分出两个方程，即 dc 方程和 ac 方程。ac 方程表示为

$$V_{L_{mag}} = V_{(c)} - V_{(c)}D_0 - V_{in} \qquad (8.267)$$

由于磁化电感 $\langle v_{L_{mag}}(t) \rangle_{T_{sw}}$ 两端的平均电压为 0，由式（8.267）可推导 dc 传输函数，该函数把钳位电压和输入电压联系起来：

$$V_{clamp} = \frac{V_{in}}{1 - D_0} \qquad (8.268)$$

如果用 $V_{in} + V_{clp}$ 代替 V_{clamp}，求解 V_{clp}，可再一次求得式（8.262）。ac 表达式简单地写为

$$\hat{v}_{L_{mag}} = \hat{v}_{(c)}(1 - D_0) - V_{clamp}\hat{d} + D_0 r_{on1} \hat{i}_{mag} \qquad (8.269)$$

节点(c)上的 ac 电压与钳位电容容抗及上部的开关两端压降有关。由图 8.164 可写出

$$\hat{v}_{(c)} = \hat{i}_{mag}(1 - D_0)\left(\frac{1}{sC_{clp}}\right) + \hat{i}_{mag} r_{on2} = \hat{i}_{mag}\left[(1 - D_0)\left(\frac{1}{sC_{clp}}\right) + r_{on2}\right] \qquad (8.270)$$

磁化电流定义为磁化电感两端的交流电压除以电感感抗 sL_{mag}。图 8.164 中，电流和电压方向相同，因此

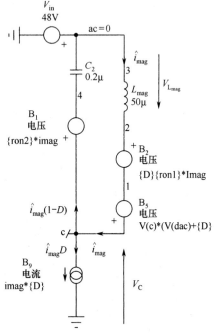

图 8.164　在交流状态下，电容和电感放回原位

$$\hat{i}_{mag} = -\frac{\hat{v}_{L_{mag}}}{sL_{mag}} = -\frac{\hat{v}_{(c)}(1 - D_0) - V_{clamp}\hat{d} + D_0 r_{on1} \hat{i}_{mag}}{sL_{mag}} \qquad (8.271)$$

如果将式（8.270）代入式（8.271），求解磁化电流，得到用拉普拉斯算符表示的式子：

$$I_{mag}(s) = D(s)V_{clamp} \frac{sC_{clp}}{D_0^2 - 2D_0 + 1 + sC_{clp}(r_{on2} + D_0 r_{on1} - D_0 r_{on2}) + s^2 L_{mag} C_{clp}} \qquad (8.272)$$

如果对该方程稍加推敲，重新整理方程使之形成如下二阶多项式的形式：

$$\frac{I_{mag}(s)}{D(s)} = \frac{V_{clamp}}{(1 - D_0)^2} \frac{sC_{clp}}{1 + sC_{clp}\left[\frac{r_{on2}(1 - D_0) + D_0 r_{on1}}{(1 - D_0)^2}\right] + s^2 \frac{L_{mag} C_{clp}}{(1 - D_0)^2}} = M_0 \frac{sC_{clp}}{1 + \frac{s}{\omega_{0M} Q_M} + \left(\frac{s}{\omega_{0M}}\right)^2} \qquad (8.273)$$

从该表达式中，可确定 dc 增益 M_0、品质因数 Q_M 以及自然谐振角频率 ω_{0M}：

$$M_0 = \frac{V_{clamp}}{(1 - D_0)^2} = \frac{V_{in}}{(1 - D_0)^3}, \quad \omega_{0M} = \frac{1 - D_0}{\sqrt{L_{mag} C_{clp}}}, \quad Q_M = \sqrt{\frac{L_{mag}}{C_{clp}}} \frac{1 - D_0}{r_{on2}(1 - D_0) + D_0 r_{on1}} \qquad (8.274)$$

遵照文献[1]的建议，重新应用前面的定义可将式（8.273）变换成更简便的形式：

$$H(s) = A_0 \frac{1}{1 + \left(\dfrac{\omega_{0M}}{s} + \dfrac{s}{\omega_{0M}} \right) Q_M}$$ （8.275）

计算谐振时的增益：

$$A_0 = \frac{V_{clamp}}{r_{on2}(1 - D_0) + D_0 r_{on1}}$$ （8.276）

应用图 8.164 中的数值，求得峰值增益 A_0 为 67.713 dB。

是时候对图 8.165 运行 SPICE 仿真，并把仿真结果曲线与式（8.275）输入 Mathcad 后所得结果进行曲线比较了。如同图 8.166 指出的那样，幅值和相位曲线匹配得很好，由 SPICE 和式（8.276）计算得到的峰值分别为 63.710 dB 和 63.713 dB："成功了"。

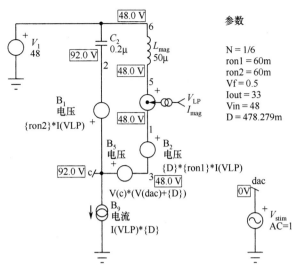

图 8.165　SPICE 仿真将给出我们的分析推导是否正确

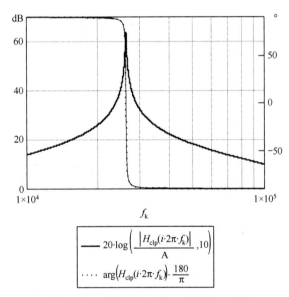

图 8.166　曲线完全重合，推导是合理的

8D.5　最后冲刺：把所有模块连起来

如同我们已经强调过的那样，电路的输出部分除降压变换器外没有其他成分，该部分电路用来计算由功率 MOSFET 中磁化电流引起的原边损耗。磁化电流与占空比的关系已由式（8.273）确定。在图 8.167 的上部，源 B_6 将磁化电流的贡献传递到副边。为进一步简化该电路，可将源 B_8 换算到与源 B_{11} 串联的位置，这样就与典型的变压器结构相同（这是具有 1:D 等效比的 PWM 开关小信号模型）。这就变成图 8.167 下图所示的电路，其中节点 7 电压定义为

$$V_{(7)} = N V_{in} - r_{on1} N^2 \left(\frac{I_{mag}}{N} + I_{out} \right)$$ （8.277）

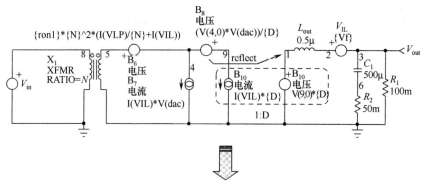

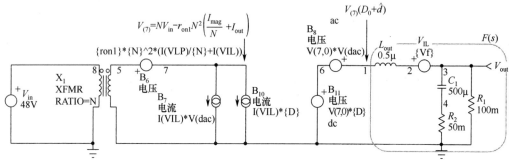

图 8.167　源 B_8 换算完成后，最终得到一简化电路

而降压低通滤波器的输入电压 V 等于

$$V_{(1)} + \hat{v}_1 = V_{(7)}(D_0 + \hat{d}) \tag{8.278}$$

把式（8.277）代入式（8.278）有

$$V_{(1)} + \hat{v}_1 = \left[NV_{in} - r_{on1} N^2 \left(\hat{i}_{mag} / N + (I_{out} + \hat{i}_{out}) \right) \right](D_0 + \hat{d}) \tag{8.279}$$

推导该表达式，给出

$$V_{(1)} + \hat{v}_1 = D_0 N V_{in} + N V_{in} \hat{d} - D_0 N \hat{i}_{mag} r_{on1} - \underset{\approx 0}{N\hat{d}\hat{i}_{mag} r_{on1}} - D_0 I_{out} N^2 r_{on1}$$
$$- D_0 N^2 \hat{i}_{out} r_{on1} - I_{out} N^2 \hat{d} r_{on1} - \underset{\approx 0}{N^2 \hat{d}\hat{i}_{out} r_{on1}} \tag{8.280}$$

式中，有 dc 项和可忽略的 ac 叉积项，重新整理方程，提取公因子，得到较简单的方程：

$$\hat{v}_{(1)} = N V_{in} \hat{d} - D_0 N \hat{i}_{mag} r_{on1} - D_0 I_{out} N^2 r_{on1} - D_0 N^2 \hat{i}_{out} r_{on1} - I_{out} N^2 \hat{d} r_{on1} \tag{8.281}$$

$$\hat{v}_{(1)} = \hat{d}(N V_{in} - I_{out} N^2 \hat{d} r_{on1}) - D_0 N \hat{i}_{mag} r_{on1} - D_0 N^2 \hat{i}_{out} r_{on1} \tag{8.282}$$

现在，把如下参数视为小量：

$$r_{on1} \ll 1, \quad \hat{d} \ll 1, \quad N^2 \ll 1$$

可进一步简化节点 1 处的电压：

$$\hat{v}_{(1)} = \hat{d} N V_{in} - D_0 N \hat{i}_{mag} r_{on1} \tag{8.283}$$

现在，如果应用由式（8.273）描述的控制到磁化电流传输函数 $M(s)$，使用拉普拉斯算符，式（8.283）可更新为

$$V_1(s) = D(s) N V_{in} - D_0 N r_{on1} D(s) M(s) = D(s)[N V_{in} - D_0 N r_{on1} M(s)] \tag{8.284}$$

式中，D_0 为稳态占空比。

节点 1 的电压承受传输函数为 $F(s)$ 的二阶 LC 滤波器，如图 8.168 所示。该传输函数在第 1

章中推导得出，可变换成如下熟悉的形式：

$$F(s) = F_0 \frac{1 + s/\omega_{zF}}{1 + \dfrac{s}{\omega_{0F}Q_F} + (s/\omega_{0F})^2} \quad (8.285)$$

其中，我们定义

$$F_0 = \frac{R_{Load}}{R_{load} + r_L}, \quad \omega_{zF} = \frac{1}{r_C C_{out}}, \quad \omega_{0F} = \frac{1}{\sqrt{L_{out}C_{out}}}\sqrt{\frac{r_L + R_{load}}{r_C + R_{load}}} \quad (8.286)$$

$$Q_F = \frac{L_{out}C_{out}\omega_{0F}(r_C + R_{Load})}{L_{out} + C_{out}[r_L r_C + R_{load}(r_L + r_C)]}$$

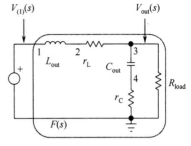

图 8.168 输出部分为典型的 LC 滤波器

最后的传输函数简单通过把式（8.284）与式（8.285）相乘得出：

$$\frac{V_{out}(s)}{D(s)} = F(s)(NV_{in} - D_0 N r_{on1} M(s)) \quad (8.287)$$

进一步推导，我们得到工作于电压模式的 ACF 变换器从控制到输出的完整传输函数：

$$\frac{V_{out}(s)}{D(s)} = F_0 \frac{1 + \dfrac{s}{\omega_{zF}}}{1 + \dfrac{s}{\omega_{0F}Q_F} + (s/\omega_{0F})^2} \cdot N \left(V_{in} - D_0 r_{on1} M_0 \frac{sC_{clp}}{1 + \dfrac{s}{\omega_{0M}Q_M} + (s/\omega_{0M})^2} \right) \quad (8.288)$$

在该方程中，如果把标为 r_{on1} 的原边 N 沟道 MOSFET $R_{DS(on)}$ 设为 0，式（8.288）变成典型正激式变换器的传输函数。如无视磁化电流的作业，输出就会产生凹陷。事实上，当电流谐振并达到峰值，V_{in} 减去该峰值电流引起的电压使输出电压减小：这就形成了图 8.158 中看到的凹陷。

为检测分析推导与 SPICE 仿真匹配，可把式（8.288）输入 Mathcad，绘制出幅值/相位响应，并与图 8.155 所示的初始 SPICE 电路仿真曲线比较。结果如图 8.169 所示，曲线确认了分析推导方法的合理性。

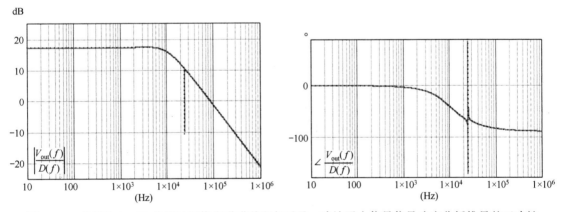

图 8.169 分析和 SPICE 仿真的幅值/相位曲线很好重叠，确认了小信号信号响应分析推导的正确性

8D.6 实验台原型电路响应测试

现在我们有了由式（8.288）描述的传输函数，将该分析方程的交流响应与实际原型电路的交流响应做比较是重要的。在 Yann Vaquette 先生的友好帮助下，按照图 8.170 制作的原型电路装配出来了。它是个简单的 5 V/5 A 变换器，由 51 V 直流电源供电并运行于开环状态。在焊接元件之前，要确认元件特性是正确的，特别是所有寄生元件，如电容和电感的 ESR。ESR 的稍许偏差会使所比较的幅值/相位曲线产生差异。脉宽调制器用 LM393 比较器和 50 kHz 锯齿波发生器制作而

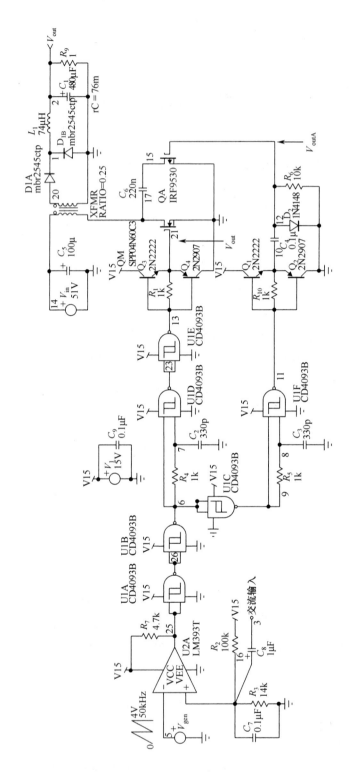

图 8.170 用少量逻辑门和市售变压器装配的简单的有源钳位正激式变换器

成。几个逻辑门用来成形方波信号并产生所有定时。V_{outA} 驱动 P 沟道 MOSFET，而 V_{outM} 驱动主功率开关 MOSFET。这些信号显示在图 8.171 的左侧；图中可以看到插入到波形中的死区时间。该死区时间调节到使功率 MOSFET 漏极处于近 ZVS 工作，这由图 8.171 的右侧图形得到确认。图 8.172 显示了 P 沟道开关处于 ZVS 工作状态，使导通损耗最小化。

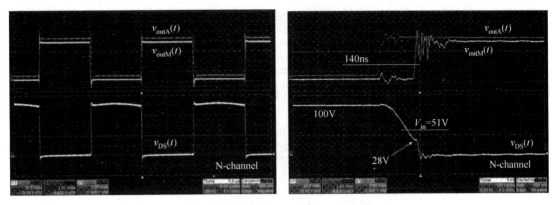

图 8.171　原型电路测试的捕获波形确认了漏极工作于近 ZVS

　　磁化电流 $i_{mag}(t)$ 流经钳位电容可捕获其波形，该波形显示在图 8.172 的左侧。ac 调制通过耦合电容 C_8 注入，同时观测输出信号。幅值和相位响应被存储下来。

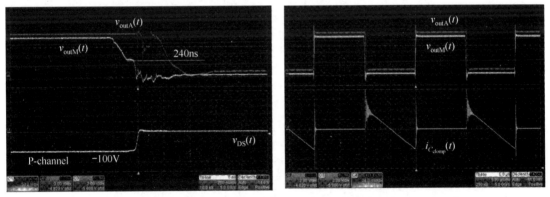

图 8.172　ZVS 工作还可通过 P 沟道 MOSFET 得到确认，该 MOSFET 在其自身体二极管导通后导通，磁化电流很好地围绕在 0 A 周围

　　代表该原型电路的 SPICE 平均模型电路显示在图 8.173 中。子电路 X_4 描述 PWM 调制器增益（对 4 V 峰值锯齿波而言为-12dB）。已确认工作点是正确的。

　　交流调制典型地由 L_{oL}/C_{oL} 网络注入，E_1 让输出维持在合理的水平。收集的幅值和相位曲线分别显示在图 8.174 和图 8.175 中。SPICE 响应和原型电路响应的一致性很好。而 dc 增益有点小差别，这可能与 PWM 斜坡有关，该斜坡峰值幅度与函数发生器指示的稍有不同。建模生成了很好的凹陷。但如式（8.274）所给出的：谐振电路的品质因数受各种杂散元件的影响，其中 MOSFET 的 $R_{DS(on)}$ 起很大作用。因此，建议在做交流响应测试之前要做好预热。

　　插入一与钳位电容串联的小电阻（几欧姆），将有助于阻尼凹陷的形成，并将使传输函数更接近经典正激式变换器传输函数。该模型能很好地起阻尼作用，这一点可由图 8.176 确认。

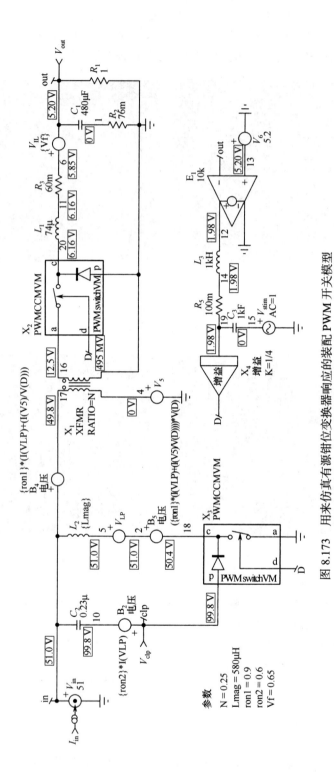

图 8.173　用来仿真有源钳位变换器响应的装配 PWM 开关模型

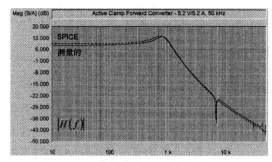
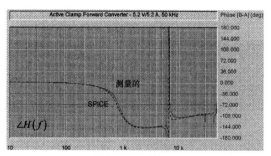

图 8.174　幅值曲线彼此一致性很好。Dc　　　图 8.175　相位曲线也吻合得很好。峰值受
　　　　　增益稍有移位，或许是由于　　　　　　　　　各种阻尼因素影响，比如 $R_{DS(on)}$：
　　　　　PWM 斜波幅值没有精确测量　　　　　　　参数稳定之前预热时间是必要的

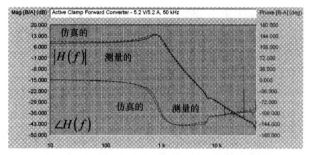

图 8.176　插入一与钳位电容串联的小电阻，将有助于阻尼凹陷的形成并使相位响应更平坦

作者想感谢与自己一起推导大信号模型的同事 José Calilla 博士。这一工作对结果比较和细化分析带来了极大帮助。

原著参考文献

[1]　V. Vorpérian, *Fast Analytical Techniques for Electrical and Electronic Circuits*, Cambridge University Press, 2002.

附录 8E　配套资源

本书配套资源①中没有提供软件编辑器的演示版本，简单地说是因为这些演示版本都可以很容易地直接从对应的网址下载，并且本书出版时这些演示版本通常已经过时。资源中还有几个用 Mathcad 设计的文档和描述所有有效电流波形和表达式的 PDF 文件。

为让读者仿真和用本书学习，书中章节包含了许多 OrCAD Pspice 和 Intusoft IsSpice 例子。有些例子可在受限评估版本中运行，而其他例子需要全功能许可版本。这些文件存储于它们各自的目录中。借助于其他软件编辑器，也可获取大量可运行于它们演示版本的书中例子。

对于感兴趣且随时可用的工业实例，也可获取更综合的模型和应用电路，它们作为另外的文件提供并已转换成可用于不同仿真器的版本。请通过电邮 cbasso@wanadoo.fr 与我联系获得有关如何得到这些电路的信息。

k 因子电子表格包含了独立极-零点放置及 TL431 类型 2 和类型 3 结构。这些同样也包含在配套资源中。

---

① 可通过 yangbo2@phei.com.cn 申请获得。

结　语

科技图书中很少出版结语，或许本书与其他图书的不同点恰恰是存在结语。本书引导读者漫步于 dc-dc 变换器领域中，在这一领域中存在许多暗礁和障碍，现在很有希望能够很好地排除。一些特殊功能电路的详细描述告诉大家，要么越过障碍，要么克服它。一个完美例子是 TL431 电路，在该电路中，乍看起来"快通道"支路显然妨碍了电路的性能。此时可增加电路来尝试抑制其效果，或想出另外一种办法来使电路工作。最终的类型 2 和类型 3 方法显示了如何利用该电路使设计受益。第 7 章中讨论的反激式变换器也把漏电感视为实际不利因素。设计者可通过钳位电路来抑制漏电感的效果，此时钳位电路只产生损耗；也可在有源钳位电路中利用漏电感来改善变换器的整体性能。上述两例显示了面对困难及相关缺陷时的不同态度，应尽可能地想出一个实际的方案，使现存电路功能受益并改善电路的工作。

如同大家已经注意到的，作者努力希望在理论内容和实际例子之间保持平衡。有些设计者可能认为，由于有功能强大且使用简便的 SPICE，可不再需要理论基础，因为试错法看上去像小孩玩计算机游戏。即使该方法在某些低复杂性设计项目中能很好地工作，也需要做一些个性化的修改，如果每个月要讨论的电路数量很多，该方法会变得不现实且危险。电源故障将会很严酷地把设计者带回到参数离散性的现实中，并给设计者上一课：设计者始终应该通过反映隐藏参数影响的方程，以便能有效地解决产品中可能出现的故障。如不这样做，由于时间紧迫，将会出现无法挽回的失败。

我想引用法国哲学家勒内·笛卡儿在其《论方法》中的一句话来结束本书："应避免对一切都想当然"。我也谨慎地建议读者用同样的态度来对待整本书，应亲自推导书中的公式。这是理解和洞察电路工作原理的最佳方法。